JN440076

주기율표 Periodic Table of the Elements

원소 기호 → C 6 ← 원자 번호
영어명 → Carbon
한글명 → 탄소
원자량 → 12.011

금속 (Metal)
준금속 (Semimetal)
비금속 (Nonmetal)

주기＼족	1	2	3	4	5	6	7	8	9	10	11	12	13	14	15	16	17	18
1	H 1 Hydrogen 수소 1.007																	He 2 Helium 헬륨 4.0026
2	Li 3 Lithium 리튬 6.941	Be 4 Beryllium 베릴륨 9.0122											B 5 Boron 붕소 10.811	C 6 Carbon 탄소 12.011	N 7 Nitrogen 질소 14.0067	O 8 Oxygen 산소 15.9994	F 9 Fluorine 플루오린 18.9984	Ne 10 Neon 네온 20.1797
3	Na 11 Sodium 소듐(나트륨) 22.9898	Mg 12 Magnesium 마그네슘 24.305											Al 13 Aluminium 알루미늄 26.9815	Si 14 Silicon 규소 28.0855	P 15 Phosphorus 인 30.9738	S 16 Sulfur 황 32.0650	Cl 17 Chlorine 염소 35.4533	Ar 18 Argon 아르곤 39.948
4	K 19 Potassium 포타슘(칼륨) 39.0983	Ca 20 Calcium 칼슘 40.078	Sc 21 Scandium 스칸듐 44.9559	Ti 22 Titanium 타이타늄 47.867	V 23 Vanadium 바나듐 50.9415	Cr 24 Chromium 크로뮴 51.9961	Mn 25 Manganese 망가니즈 54.938	Fe 26 Iron 철 55.845	Co 27 Cobalt 코발트 58.9332	Ni 28 Nickel 니켈 58.6934	Cu 29 Copper 구리 63.546	Zn 30 Zinc 아연 65.409	Ga 31 Gallium 갈륨 69.723	Ge 32 Germanium 저마늄 72.64	As 33 Arsenic 비소 74.9216	Se 34 Selenium 셀레늄 78.96	Br 35 Bromine 브로민 79.904	Kr 36 Krypton 크립톤 83.798
5	Rb 37 Rubidium 루비듐 85.4678	Sr 38 Strontium 스트론튬 87.62	Y 39 Yttrium 이트륨 88.9059	Zr 40 Zirconium 지르코늄 91.224	Nb 41 Niobium 나이오븀 92.9064	Mo 42 Molybdenum 몰리브데넘 95.94	Tc 43 Technetium 테크네튬 98.9063	Ru 44 Ruthenium 루테늄 101.07	Rh 45 Rhodium 로듐 102.9055	Pd 46 Palladium 팔라듐 06.421	Ag 47 Silver 은 107.8682	Cd 48 Cadmium 카드뮴 112.411	In 49 Indium 인듐 114.818	Sn 50 Tin 주석 118.71	Sb 51 Antimony 안티모니 121.76	Te 52 Tellurium 텔루륨 127.6	I 53 Iodine 아이오딘 126.9045	Xe 54 Xenon 제논 131.293
6	Cs 55 Cesium 세슘 132.9055	Ba 56 Barium 바륨 137.327		Hf 72 Hafnium 하프늄 178.49	Ta 73 Tantalum 탄탈럼 180.9479	W 74 Tungsten 텅스텐 183.84	Re 75 Rhenium 레늄 186.207	Os 76 Osmium 오스뮴 190.23	Ir 77 Iridium 이리듐 192.217	Pt 78 Platinum 백금 95.078	Au 79 Gold 금 196.9666	Hg 80 Mercury 수은 200.59	Tl 81 Thallium 탈륨 204.3833	Pb 82 Lead 납 207.2	Bi 83 Bismuth 비스무트 208.9804	Po 84 Polonium 폴로늄 208.9824	At 85 Astatine 아스타틴 209.9871	Rn 86 Radon 라돈 222.0176
7	Fr 87 Francium 프랑슘 223.0197	Ra 88 Radium 라듐 226.0254		Rf 104 Rutherfordium 러더포듐 261.1088	Db 105 Dubnium 더브늄 262.1142	Sg 106 Seaborgium 시보귬 266.1219	Bh 107 Bohrium 보륨 264.1247	Hs 108 Hassium 하슘 269.13	Mt 109 Meitnerium 마이트너륨 268.1388	Ds 110 Darmstadtium 다름스타튬 271.15	Rg 111 Roentgenuim 뢴트게늄 272.1535	Cn 112 Copernicium 코페르니슘 (277)	Nh 113 Nihonium 니호늄 (284.18)	Fl 114 Flerovium 플레로븀 (289.19)	Mc 115 Moscovium 모스코븀 (288.19)	Lv 116 Livermorium 리버모륨 (293)	Ts 117 Tennessine 테네신 (294)	Og 118 Oganesson 오가네손 (294)

란타넘족 (Lanthanides)	6	La 57 Lanthanum 란타넘 138.9055	Ce 58 Cerium 세륨 140.116	Pr 59 Praseodymium 프라세오디뮴 140.9077	Nd 60 Neodymium 네오디뮴 144.24	Pm 61 Promethium 프로메튬 146.9151	Sm 62 Samarium 사마륨 150.36	Eu 63 Europium 유로퓸 51.964	Gd 64 Gadolinium 가돌리늄 157.25	Tb 65 Terbium 터븀 22.9898	Dy 66 Dysprosium 디스프로슘 162.5	Ho 67 Holmium 홀뮴 164.93	Er 68 Erbium 어븀 167.259	Tm 69 Thulium 툴륨 168.9342	Yb 70 Ytterbium 이터븀 173.04	Lu 71 Lutetium 루테튬 174.967
악티늄족 (Actinides)	7	Ac 89 Actinium 악티늄 227.0278	Th 90 Thorium 토륨 232.0381	Pa 91 Protactinium 프로트악티늄 231.0359	U 92 Uranium 우라늄 238.0289	Np 93 Neptunium 넵투늄 237.0482	Pu 94 Plutonium 플루토늄 244.0642	Am 95 Americium 아메리슘 243.0614	Cm 96 Curium 퀴륨 247.0703	Bk 97 Berkelium 버클륨 247.0703	Cf 98 Californium 캘리포늄 251.0796	Es 99 Einsteinium 아인슈타이늄 252.083	Fm 100 Fermium 페르뮴 257.0951	Md 101 Mendelevium 멘델레븀 258.0984	No 102 Nobelium 노벨륨 259.101	Lr 103 Lawrencium 로렌슘 262.1097

분석화학

박기민 지음

자유아카데미

머리말

행복한 삶을 영위하기 위해서는 의식주에 필요한 물건 외에 건강관리, 자연 자원의 보존, 에너지 문제, 환경 보호 같은 문제들도 원만하게 해결되어야 한다. 이러한 과제의 중심에 화학이 자리 잡고 있다. 화학자들은 수많은 의약품과 농약, 비료 그리고 각종 의류, 신발, 운동용품, 전자제품, 건축자재 등에 사용되는 인공 섬유, 플라스틱 같은 물질을 개발하였다. 그래서 화학은 우리의 일상생활에 커다란 영향을 주고 있다. 그 중에서도 분석 화학은 기초 연구뿐 아니라 생물 공학, 식품 과학, 환경과학, 물질과학, 의약, 약학, 임상화학, 법과학(forensic science) 같은 분야에서 중요한 몫을 차지하고 있다. 이에 화학 관련학과 외에도 자연대, 공대, 농대의 많은 학과에서 분석 화학 강의가 이루어지고 있다. 그러나 안타깝게도 우리말로 쓰이고 우리 실정에 맞는 마땅한 교재가 별로 없었다. 이러한 현실이 저자로 하여금 이 책을 집필하도록 이끌었다.

저자는 이 책에서 현대의 분석 화학에서 다루는 모든 주제를 소개하려고 노력하였으며 두 학기용 교재로 적합하도록 구성하였다. 학생들이 이 책을 통해 어려운 핵심 개념을 쉽게 이해하고 또 이를 응용할 수 있게 최선을 다하였다. 요즘은 분광 분석, 전기 화학, 분리 분석 분야에서 분석 기기가 크게 발달하여 대부분의 분석 화학 실험에서 이러한 기기를 사용하고 있다. 분석 기기를 제대로 활용하려면 이론적인 개념뿐 아니라 이들 기기의 원리와 구조를 제대로 이해해야 한다. 그래서 가능한 한 많은 기기의 원리와 구조를 쉽게 설명하려고 노력하였다. 분석 화학에서 다루는 주제는 시료의 농도를 측정하는 정량 분석이 대부분을 차지한다. 따라서 이 책에서도 대부분 정량 분석을 다루었는데 그 내용을 개략적으로 정리해 보면 다음과 같다.

1장에서 5장까지는 분석 화학을 제대로 공부하기 위해 필요한 일종의 준비 과정에 해당한다. 1장과 2장에서는 분석 화학의 정의, 간단한 실험 기구 다루는 방법을 소개하였다. 3장~5장에서는 실험 오차, 실험 결과를 바르게 처리하는 방법, 실험 결과의 품질과 분석 방법의 타당성을 검정하는 방법을 다루었다.

6장~8장에서는 농도를 계산하기 위해 필요한 개념과 이를 체계적으로 계산하는 법을 소개하였다.

9장, 10장에서는 무게 분석법, 연소 분석 그리고 부피 분석법(적정)을 다루었다. 부피 분석법은 침진 적정을 예로 들어 원리와 방법을 설명하였다.

11장, 12장에서는 산-염기의 평형을 다루고 13장에서는 산-염기 적정을 하는 동안 어떤 화학 평형이 존재하는지 구체적인 예를 들어 설명하였다.

14장에서는 금속 양이온의 농도를 구하기 위해 사용하는 착물화법 적정(EDTA 적정)을 소개하였다.

15장~19장까지는 전기 화학 부분이다. 전기 화학의 기초 개념부터 여러 가지 응용 부분까지 빠짐없이 소개하려고 노력했는데 요즘 널리 쓰이는 전위차법과 전압 전류법을 비중 있게 다루었다. 전위차법에서는 유리 전극과 기타 이온 선택성 전극을 자세하게 소개하였고 전압 전류법에서는 핵심 개념과 함께 펄스 전압 전류법을 가장 비중 있게 설명하였다.

20장~24장에서는 분광 분석을 소개하였다. 자외선-가시광선 분광 분석법을 중심으로 스펙트럼을 이해하는 데 필요한 핵심 개념을 쉽게 이해할 수 있도록 하였다. 또 분광 광도계의 구조와 원리를 잘 이해하도록 이 부분도 자세히 설명하였다. 원자 분광법과 요즘 인기가 있는 질량 분석법도 심도 있게 다루었다.

25장~28장에서는 크로마토그래피를 중심으로 분리 분석을 다루었는데 생명과학 분야에서 많이 쓰이는 모세관 전기 이동도 간단하게 소개하였다. 기체 크로마토그래피와 고성능 액체 크로마토그래피를 중심으로 필요한 개념과 기기의 구조 및 원리를 자세하게 다루었다. 복잡한 혼합물을 분리시켜 원하는 결과를 얻기 위해 체계적으로 접근해 가는 방법도 설명하였다.

정량 분석을 공부할 때 농도를 계산하는 것은 가장 기본적인 일이다. 농도 계산은 자주 연습하는 것 외에는 지름길이 없다. 이를 위해 연습문제에 계산하는 문제를 많이 넣으려고 하였다. 이 책은 중등 교사 임용시험, 기술직 공무원 시험 같은 여러 가지 국가 고사나 환경 측정사 같은 각종 자격시험을 준비하는 학생들에게 적합하도록 저술했기 때문에 이런 시험을 준비하는 수험생에게 많은 도움이 되리라 믿는다. 또 화학이나 응용과학을 전공하는 학생들이 분석 화학에 대한 기초 소양을 기르고 현대의 분석 화학이 어떤 모습으로 발전했는지 이해하는 데 많은 도움이 되기를 희망한다. 출간 후에라도 수정 사항이 있을 경우에는 자유아카데미 홈페이지(www.freeaca.com) 자료실에 정오표를 제공할 예정이다.

마지막으로 이 책이 출판되기까지 도움을 준 많은 분들에게 진심으로 감사하다는 말을 전하고 싶다. 통계학 부분에 필요한 자료와 도표를 기꺼이 제공해 주신 정보통계학과의 이계민 교수님, 각종 그림과 표를 만드는 데 중요한 역할을 해 준 김수진, 이승욱 선생께 감사드린다. 또 이 책을 꼼꼼하게 교정해 준 임창현, 이지윤 학생에게도 고맙다는 말을 전한다. 이 책을 집필할 기회를 주고 순조롭게 출판될 수 있도록 도와준 자유아카데미 모든 분들께도 감사를 드린다. 끝으로 지난 1년 동안 휴가 한번 제대로 못 가고 늘 격려해주고 뒷바라지해 준 아내에게 고마운 마음을 전한다.

2017년 12월

박 기 민

Contents / 차례

22장 분광 광도법의 응용

23장 원자 분광법

24장 질량 분석법

25장 분리 분석의 기초

26장 기체 크로마토그래피

27장 액체 크로마토그래피

28장 초임계 유체 크로마토그래피와 모세관 전기 이동

1장 분석 화학의 목적 및 분석 화학자가 하는 일

1 분석 화학의 정의

텔레비전 뉴스를 시청하다 보면 등에 '과학 수사대'라는 글자가 새겨진 옷을 입은 사람들이 사건, 사고 현장을 누비는 것을 흔히 볼 수 있다. 어떤 강력 사건의 용의자 옷에서 혈액 같은 것이 묻은 자국이 발견되었다고 하자. 현대 실험실에서는 이 자국이 진흙이나 녹, 음식에서 생긴 것인지 아니면 혈액인지 구별할 수 있을 뿐만 아니라 만약 이것이 혈액이라면 동물 혈액인지 사람 혈액인지, 더 나아가 희생자의 혈액인지 용의자의 혈액인지 화학 실험을 통해 확인하는 것이 가능하다.

위와 같이 혈흔을 분석하는 것은 우리가 매일 부딪치는 여러 가지 문제들을 화학 실험을 통해 어떻게 해결하는지 보여 주는 단지 하나의 예에 불과하다. 다른 예로는, 물이나 공기의 오염을 감시하거나 음식이 박테리아나 유해 물질로 오염되었는지 검사하는 일을 들 수 있다. 식품, 섬유, 제약, 플라스틱, 금속 등 여러 산업 현장에서 생산품의 품질이나 순도를 측정하는 데 화학 분석은 매우 중요한 역할을 할 뿐만 아니라 법 과학, 병원의 임상 검사에서 화학 분석은 중요한 역할을 한다. 생물학, 생화학, 의학, 물질과학 분야에서 화학 분석은 연구의 핵심적인 부분을 차지한다.

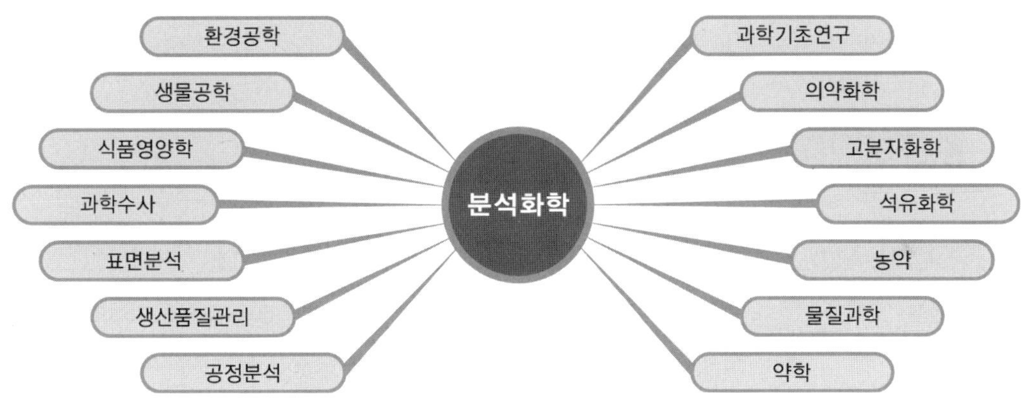

그림 1.1 현대 사회에서 분석 화학이 쓰이는 주요 분야

분석 화학(analytical chemistry)은 시료에 무엇이 들어 있는지 성분들을 분리하고 확인하거나 얼마나 들어 있는지 측정하는 분야를 말한다. 시료에 어떤 성분이 있는지 확인하는 것을 **정성 분석**(qualitative analysis)이라 하고 시료에 있는 성분의 상대적인 양, 즉 농도를 구하는 것을 **정량 분석**(quantitative analysis)이라고 한다. 정량 분석을 하기 전에 통상 정성적인 정보가 필요하다. 분리 단계는 보통 정성 분석이나 정량 분석 모두에서 필요하다. 분석 화학자는 이러한 일을 하기 위해 실험 도구나 장비를 개발하고 이것을 이용한 실험 방법을 발전시켜 나가는 일을 주로 한다. 이 책에서는 주로 정량 분석을 다루게 될 것이다. 분석 화학을 통해 실험 도구 및 분석 방법의 용도, 이들이 실생활에서 부딪치게 되는 다양한 문제를 해결하기 위해 어떻게 쓰이는지 이해하게 될 것이다. 또한 각 실험 방법의 바탕이 되는 원리와 알맞은 실험 도구와 방법을 선택하고 이것을 어떻게 활용하는지 배우게 될 것이다.

2 현대의 분석 화학

현대에 와서도 분석 화학은 계속 발전하여 요즘은 우리의 모든 생활에서 중요한 부분을 차지하게 되었다. 오늘날 분석 화학이 쓰이는 중요한 분야를 정리하면 기초연구, 생물공학(biotechnology), 식품과학, 농약, 환경과학, 산업 공정 분석(industrial process analysis), 제품 품질관리, 물질과학, 표면 분석, 고분자 화학, 의약, 석유화학제품, 임상화학(clinical chemistry), 법과학(forensic science) 등을 들 수 있다. 공장이나 연구소의 실험실, 병원 등에서 이루어지는 많은 화학 분석은 대단히 실용적이다. 품질 관리를 위해 공장의 실험실에서는 생산품이나 원료의 조성과 성질을 측정하여 이들이 판매에 적합한지, 또는 원료가 제품생산에 적합한지 분석 실험을 통해 확인한다. 상수원의 수질을 검사하여 음용수로서 적절한지 판단하거나 대기 오염, 식품을 검사하는 것도 분석 화학이 활용되는 분야이다. 병원에서 환자의 건강 상태를 확인하거나 건강검진을 위해서도 화학 분석이 이용되고 있다. 또, 분석 화학은 암 연구, 신약 개발, 신소재 개발 같은 분야의 연구에도 중요한 기여를 하고 있다. 이러한 연구를 위해서는 보다 깊이 있는 정보가 필요하므로 새로운 기술의 개발을 촉진하게 되고 이로 인해 시료에 대해 보다 나은 자료를 얻게 되는 것이다. 예를 들어 여러 가지 분광법, 자외선-가시광선 흡수 분광법(ultraviolet-visible absorption spectrometry), 적외선 분광법(infrared spectrometry), 핵자기 공명 분광법(nuclear magnetic resonance spectroscopy), 전기 화학 등의 발달로 분자의 구조, 질량, 성질에 대한 자세한 정보를 보다 쉽고 정확하게 구할 수 있게 되었다. 이에 따라 새로운 물질의 합성이나 이들에 대한 여러 가지 형태의 연구가 획기적으로 발전하게 되었다.

분석 화학은 많은 분야의 발전에 기여해 왔기 때문에 다양한 분야에 종사하는 사람들에 의해 발전 해왔다. 새로운 분석 방법을 개발하거나 기존 분석 방법을 크게 향상시킨 공로로 노벨상을 받은 사람을 살펴보면 화학자뿐 아니라 물리학자, 의학자 등도 포함되어 있다. 이는 분석 화학이 모든 과학 분야에서 중요한 위치를 점한다는 것을 의미한다.

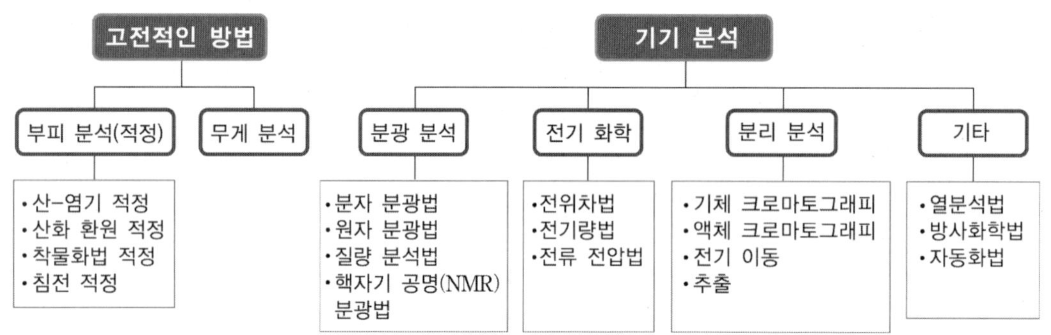

그림 1.2 분석 방법의 종류

3 일반적인 정량 분석 단계

정량 분석에서는 시료에 들어 있는 분석 물질의 양에 비례하는 어떤 성질을 측정하게 된다. 측정의 성격, 즉 무엇을 측정하느냐에 따라 분석 방법을 분류한다. 시료의 질량을 직접 측정하거나 시료의 질량을 결정하기 위해 화학적으로 관련된 화합물의 질량을 측정하는 방법을 **무게 분석**(gravimetric analysis)이라고 한다. 시료와 완전히 반응하는 데 충분한 반응물을 포함하고 있는 용액의 부피를 측정하는 방법을 **부피 분석**(volumetric analysis)이라고 한다. 전압, 전류, 저항, 전기량 같은 전기적 성질을 측정하는 방법은 **전기 분석법**(electroanalytical method)이라고 한다. 시료 원자나 분자에 의한 전자기 복사선(electromagnetic radiation)의 흡수, 산란, 발광, 굴절 등을 측정하는 방법을 **분광 광도법**(spectrophotometry)이라고 한다. 그 밖에도 다양한 분석 방법이 있는

데 그 중 몇 가지 예를 들면 양이온의 질량 대 전하 비[질량 분석법(mass spectrometry)], 방사성 붕괴(radioactive decay) 속도, 반응열, 반응 속도, 열전도도, 광학 활성도(optical activity) 같은 성질을 측정한다.

분석 실험은 보통 분석 화학이란 말이 들어 있지 않은 질문에 의해 시작되는 경우가 많다. 예를 들면, 우리 집에 공급되는 수돗물은 음용수로서 안전한가? 또는, 디젤 자동차 대수를 줄이면 공기가 좀 더 깨끗해질까? 같은 것들이다. 이러한 질문에 대한 해답을 찾기 위해 화학자는 실험을 고안해야 한다. 화학 분석이 끝나고 나면 위와 같은 질문에 대한 답을 해야 하는데 이때는 전문가가 아닌 일반 대중이 알아들을 수 있는 말로 표현해야 한다. 이때 가장 조심해야 하는 부분은 이 실험이 갖고 있는 한계를 명확히 하는 것이다. 예를 들면, 실험 결과에 포함되어 있는 통계학적 불확실성은 어떤 것인가? 시료를 채취하고 준비하는 방법을 바꾸거나 실험 방법을 바꿔도 같은 결과가 나올까? 시료에서 발견된 어떤 미량 성분이 실제 시료에 들어 있던 것인가 아니면 실험 과정에서 오염된 것인가? 같은 것들이다. 실험 결과와 이것이 갖고 있는 한계를 충분히 이해한 후라야 결론을 도출해 낼 수 있다.

이제 정량 분석 과정을 단계별로 알아보자.

(1) 질문의 재구성

어떤 주어진 질문이나 과제를 화학 측정을 통해 결론을 도출해 낼 수 있는 구체적인 것으로 바꾸어 준다.

(2) 분석 방법 선택

적절한 분석 방법을 선택하는 문제는 정량 분석에서 첫 번째 핵심적인 단계인데 많은 경험뿐 아니라 직관력도 요구된다. 이때 요구되는 정확도(accuracy)의 수준을 우선적으로 고려해야 한다. 대부분의 경우 실험 결과의 신뢰도를 올리려면 많은 시간과 경비가 필요하기 때문에 이들을 잘 조화시킬 수 있는 방법을 찾아야 한다. 비용 측면에서 다음으로 고려해야 할 요소는 시료의 숫자이다. 시료의 개수가 많으면 실험 기기나 장비를 설치하고 보정하거나 표준 용액을 준비하는 등 준비 단계에서 많은 시간을 소비하여야 한다. 마지막으로 시료가 얼마나 복잡하고 또, 시료에 얼마나 많은 성분이 포함되어 있느냐 하는 문제도 고려되어야 한다.

(3) 시료 채취

분석 실험을 통해 의미 있는 정보를 얻으려면 시료의 조성이 그 시료를 채취한 물질의 조성을 신뢰성 있게 대표할 수 있어야 한다. 시료를 채취할 대상의 부피가 크고 조성이 불균일하다면 대표성 있는 시료를 채취하는 데 많은 수고를 해야 한다. 예를 들어 어떤 제철소에서 철광석 100,000톤을 수입하려고 한다고 하자. 기본적으로 철광석의 가격은 철광석에 포함된 철의 함량에 의해 결정되므로 파는 사람과 사는 사람이 모두 동의할 수 있는 철의 함량을 구해야 한다. 철의 함량을 구하기 위해 이 철광석에서 시료 1 kg을 채취한다고 가정하자. 철광석 자체는 철의 크기나 함량이 불균일한 다른 많은 덩어리로 되어 있는데 채취한 1 kg 시료의 조성이 철광석 100,000톤(100,000,000 kg) 전체의 평균적인 조성과 일치해야 한다는 것이 핵심이다. 이 조건이 충족될 때 이 채취한 시료는 대표성을 갖는다고 말한다. 때문에 대표성을 갖는 시료를 채취하는 일은 선적한 전체 시료를 대상으로 체계적인 방법으로 조심스럽게 수행해야 하므로 힘든 작업이다. 분석 실험을 시작하기 전에 실험실에 도착해 있는 시료가 시료 전체를 대표한다고 해도 전혀 문제가 없다는 확신이 있어야만 실험을 진행할 수 있다.

(4) 분석 시료 준비

고체 시료는 갈아서 분말로 만들어 균일하다고 확신할 수 있도록 잘 섞어준다. 시료가 수분을 흡수하면 시료의 조성이 바뀌기 때문에 분석을 시작하기 직전에 시료를 말리는 것이 좋다. 대부분의 실험은 시료를 용액으로 만들어서 수행한다. 시료 전체가 빠르고 완벽하게 녹는다면 이상적이다. 용액으로 만드는 과정에서 분석 물질의 손실이 일어나지 않도록 해야 한다. 규산염 광물이나 고분자 물질과 같이 시료가 일반적인 용매에 잘 녹지 않는 경우가 많다. 이러한 시료에 있는 분석 물질을 녹을 수 있는 형태로 바꿔주는 일은 힘들고 시간이 많이 걸릴 수 있다. 흔히 쓰이는 방법으로는 시료를 센산, 센염기, 산화제, 환원제 또는 이들 반응물 몇 개를 섞은 수용액에 넣고 가열하거나, 공기나 산소 존재하에서 태우거나, 또는 시료를 여러 가지 융제와 함께 고온에서 용융시키는 것 등을 들 수 있다. 시료 용액의 농도가 낮으면 농축시키고 너무 높으면 희석시켜 측정하기에 알맞은 농도로 조절한다. 분석 물질이 아닌 어떤 화학종이 최종적인 화학 측정에 영향을 준다면 이것을 방해 물질이라고 한다. 방해 물질이 존재한다면 최종적인 측정이 이루어지기 전에 제거하거나 측정을 방해하지 못하도록 가려 막아야 한다.

(5) 분석 측정

대부분 정량 분석 결과는 전압, 전류, 복사선의 흡수 같은 시료의 물리적 성질을 측정하여 이루어진다. 이렇게 하기 위해서 이 성질이 시료의 농도에 따라 어떤 방식으로 또 재현성 있게 감응하는지 알아내야 한다. 가장 이상적인 경우는 측정한 물리적 성질의 크기가 농도에 직접 비례할 때이다.

$$C = k\mathrm{X}$$

여기서 C는 시료의 농도, X는 측정값, k는 비례 상수이다. 무게 분석법(gravimetric method)과 전기량법(coulometric method)을 제외한 모든 정량 분석에서는 측정을 통해서 k값을 구해야 한다. 이 k 값을 구하는 과정을 보정(calibration)이라 하는데 정량 분석에서 매우 중요한 부분이다. 검정할 때 **표준 용액**(standard solution)이 필요하다. 표준 용액이란 포함된 분석 물질의 농도가 알려진 용액을 말한다.

여러 개의 동일한 **분취량**(aliquot)에 포함되어 있는 시료의 농도를 측정한다. 이렇게 반복해서 측정하면 결과의 불확정성(uncertainty)이 얼마나 되는지 확인할 수 있고 또, 1개의 시료를 측정할 때보다 오차를 줄일 수 있다. 이러한 불확정성은 분석 실험이 얼마나 믿을 만한지 나타내기 때문에 대단히 중요하다.

(6) 계산 및 결과에 대한 신뢰성 평가

실험 결과로부터 시료의 농도를 계산하는 일은 보통 어렵지 않다. 보통 측정 단계에서 얻은 1차 실험 결과, 화학 반응의 화학량론 그리고 기기적인 인자를 바탕으로 하여 농도 계산을 한다. 이러한 계산은 이 책 거의 모든 부분에서 다룰 것이다.

분석 결과의 신뢰성에 대한 평가가 있어야 분석이 끝나게 된다. 실험한 사람은 반드시 계산된 결과에 연관되어 있는 불확정성이 얼마나 되는지 밝혀야 이 측정 자료가 가치가 있다. 가장 기본적인 것은 앞서 언급한 반복 실험을 통해 재현성이 얼마나 되는지 확인하는 것이다. 필요하다면 같은 방법으로 준비한 비슷한 시료에 다른 분석 방법을 사용하여 모든 분석 방법이 동일한 결과를 내는지, 선택한 분석 방법이 편향된 결과를 가져오지 않는지 확인한다. 원한다면 다른 시료를 여러 가지 더 채취한 후 분석 측정하여 시료 채취 과정에서 어떤 새로운 변수가 생기지 않았는지 확인해 볼 필요도 있다.

(7) 실험 보고서 작성

실험 결과를 명확하게 써서 보고서를 만든다. 이때 이 실험 결과가 가지는 한계를 특별히 강조해서 밝혀야 한다. 보고서는 같은 분야의 전문가 또는 비전문가인 일반 대중을 위해서 쓸 수 있다. 대상 독자에 맞추어 보고서를 써야 한다는 사실을 잊지 말자. 보고서를 작성한 뒤에 실험한 사람은 공장의 품질 검사 방법을 바꾼다거나 환경 보호를 위한 새로운 법을 만든다거나 하는 일에 계속 관여해야 할 수도 있다. 보고서를 정확하게 작성해야 이 보고서를 활용하는 사람이 실험 결과를 잘못 해석할 가능성이 줄어든다.

이 책에서는 대부분 균일한 미지 시료에 들어 있는 농도를 측정하는 것을 다루게 될 것이다. 분석 화학에서 다루는 것은 어떤 문제에 대한 질문으로부터 시작하여 측정 실험을 통해 얻은 정보를 바탕으로 정확한 결론을 이끌어 냄으로써 끝나게 되는 분석 전 과정의 중간 부분에 해당할 뿐이다. 검증된 방법으로 시료를 채취하여 신뢰성이 좋은 분석 방법을 선택해서 측정하고, 그 결과를 분명하고 완벽하게 전달하지 않는다면 정량 분석은 무의미하게 될 것이다.

연습문제

1. 정성 분석과 정량 분석은 어떻게 다른가?
2. 환경문제를 다루는 데 분석 화학이 어떤 역할을 할 수 있다고 생각하는가?
3. 건강검진을 받으려 병원에 가면 혈액, 소변 등 시료를 채취한다. 이때 그 사람의 건강 상태를 확인하기 위해 분석 화학이 어떻게 활용되는지 알아보자.
4. 분석 화학에서 고전적인 방법과 기기 분석은 어떻게 다른가?
5. 분석 화학에서 시료를 채취하는 과정이 매우 중요하다. 이 과정에서 가장 중요한 것은 무엇인가?
6. 분광 광도법은 어떻게 정의할 수 있는가?
7. 분석 시료는 시료가 어떤 상태에 있느냐에 따라 시료를 준비하는 과정이 다양하다. 가장 흔히 쓰이는 일반적인 방법을 하나 골라 설명하시오.
8. 표준 용액이란 무엇을 말하는가?
9. 실험 결과에 대한 신뢰성은 어떻게 평가하는가?

2장 실험 기구 및 조작 방법

1 실험 노트

실험실에서 어떤 일을 어떻게 했고 이때 무엇을 관찰했는지 반드시 자세한 기록으로 남겨야 한다. 사람의 기억력은 신뢰할 수 없기 때문이다. 또 여기서 관찰한 사실이 과학적 진실이 되려면 다른 사람들이 같은 실험을 했을 때 같은 결과가 나와야만 가능하다. 그래서 이 기록은 다른 사람이 읽고 쉽게 이해할 수 있도록 작성되어야 한다. 경험 많은 과학자들조차 쉽게 범하는 가장 큰 실수는 실험 노트를 완벽하지 못하거나 난해하게 기록하는 것이다. 불완전한 서술을 최대한 막기 위해 모든 사항을 완성된 문장으로 기록해야 있다.

실험 노트에 실험 목적, 실험 방법, 실험 결과, 결론 등으로 단원 별로 나누어 실험을 자세히 기록하는 것이 필요하다. 실험실에 들어가기 전에 실험을 준비하는 가장 좋은 방법은 필요한 숫자 같은 자료를 실험 노트에 정리하는 것이다. 실험과 관련된 모든 반응을 균형 잡힌 화학 반응식으로 노트에 쓰면 실험실에서 해야 할 일은 무엇이며, 잘 모르고 있던 부분은 어떤 것인지 이해하는 데 도움이 된다. 잘 기록된 실험 노트는 실험실에서 수행하고 관찰한 모든 일을 언급하며, 다음에 다른 사람이 같은 실험을 이 노트를 이용해서 할 수 있어야 한다. 관련된 프로그램이나 실험 자료를 저장한 컴퓨터 파일의 이름을 노트에 기록해 두어야 한다. 중요한 실험 자료는 인쇄하여 실험 노트에 붙여 두는 것이 좋다.

2 실험실 안전, 화학약품과 폐기물의 안전한 취급

화학 실험실에서 일을 하려면 어느 정도의 위험을 감수해야 한다. 이러한 위험을 최소화하기 위해 늘 안전을 염두에 두어야 한다. 안전에 관한 가장 중요한 원칙은 실험을 시작하기 전에 하려는 일의 어떤 부분이 어떻게 위험하고 왜 위험한지 숙지하고, 이런 위험한 일은 않아야 한다는 것이다. 그 다음으로, 실험 조교나 지도교수와 함께 이 문제를 논의하여 실험과 관련된 주의사항이 적절하다고 결론이 나온다면 그때 실험을 시작할 수 있다.

실험실에는 눈 세척기, 비상용 샤워기, 비상용 소화기, 비상 담요 등 안전 장비가 갖춰져 있어야 하고 학생들을 이들의 위치와 용도, 사용법 등을 잘 알고 있어야 한다. 실험실에서는 눈을 보호하기 위해 보안경(goggle)을 착용해야 한다. 콘택트렌즈를 실험실에서 착용하는 것은 바람직하지 않다. 방염 처리된 실험복을 입는 것이 좋고 진한 산을 취급할 때는 손에 고무장갑을 껴야 한다. 휘발성 유기 용매, 진한 산 등은 반드시 후드(fume hood) 안에서 다루도록 해야 한다. 후드는 안쪽으로 공기를 빨아들여 유독성 기체를 희석시키고 배기관을 통해 건물 밖으로 이들을 내보내는 역할을 한다. 미세한 분말로 된 시약을 다룰 때는 방독면을 착용해야 한다.

시약이 실험 테이블 위나 실험실 바닥에 쏟아졌다면 즉시 닦아내야 한다. 피부에 시약이 묻었다면 먼저 물을 그 부위에 충분히 흘려보내서 씻어내는 것이 중요하다. 이때 비상용 샤워기를 이용할 수 있고 눈이나 얼굴에 시약이 묻으면 눈 세척기로 씻어낸다. 옷에 불이 붙으면 비상 담요를 덮어서 불을 끄도록 한다. 비상 상황이 발생한 경우 일차적으로 실험실에 비치된 구조 장비를 사용한다. 학생들은 응급처치를 어떻게 하고 구조 요청을 어디에, 어떻게 하는지 숙지하고 있어야 한다.

시약이 들어 있는 모든 용기에는 반드시 그 내용물이 어떤 것인지 나타내는 라벨(label)을 붙여야 한다. 라벨이 붙어 있지 않은 용기에 들어 있는 무엇인지 알 수 없는 시약을 폐기하려면 처리에 비용이 많이 든다. 이 시약을 합법적으로 폐기하려면 반드시 분석을 해서 어떤 화합물인지 알아내야 하기 때문이다. 판매되고 있는 화학약품을 담은 용기에는 이름, 순도 등 제품에 대한 정보 외에도 화합물의 독성, 취급 시 주의할 점을 수록한 라벨이 붙어 있다.

환경을 보존하여 앞으로도 사람을 포함한 생명체가 지구상에 생존할 수 있도록 화학 분야에서 우리의 행동과 삶의 패턴을 바꾸자는 운동을 녹색화학(green chemistry)이라고 한다. 실험실에서 나오는 폐기물의 양은 최소한으로 줄이고 폐기물 처리도 법을 준수하여 책임 있게 처리해야 한다는 것이 가장 중요한 원칙 중 하나이다. 경제성이 확보된다면 화합물을 폐기하지 않고 재활용하는 것이 가장 바람직하다. 한정된 자원을 낭비하거나 폐기물을 함부로 버리는 것은 녹색화학의 원칙에 어긋나는 행동이다. 또한 자원과 에너지 사용을 줄이고 위험한 폐기물이 보다 적게 나오도록 화학제품과 생산 공정을 설계하는 것이 녹색화학에서 추구하는 원칙이다. 폐기물을 안전하게 처리하는 방법을 개발하는 것보다 새로운 생산 공정을 개발하여 폐기물이 생기지 않도록 하거나 보다 적게 생기도록 하는 것이 훨씬 좋은 선택이 된다. 실험실에서 이러한 원칙을 준수하여 폐시약을 줄이면 비용을 절약할 뿐 아니라 안전사고를 줄일 수 있다.

3 질량 및 부피 측정

실험에 필요한 시료나 반응물을 준비하기 위해 질량과 부피를 측정하는 일은 많은 분석 실험에서 근간을 이루는 것이다. 여기서는 질량과 부피를 측정하는 데 쓰이는 기구와 측정 과정에 대해 알아보고자 한다.

(1) 분석 저울과 질량 측정

분석 저울(analytical balance)에는 기계식 저울(mechanical balance)과 전자식 저울(electronic balance)이 있다. 1980년대까지는 기계식 저울을 썼으나 요즘에는 대부분 전자식 저울을 사용한다. 그림 2.1에 있는 전자식 분석 저울은 최대 100 ~ 200 g까지 측정할 수 있고 $1 \times 10^{-4} \sim 1 \times 10^{-5}$ g까지 읽을 수 있다.

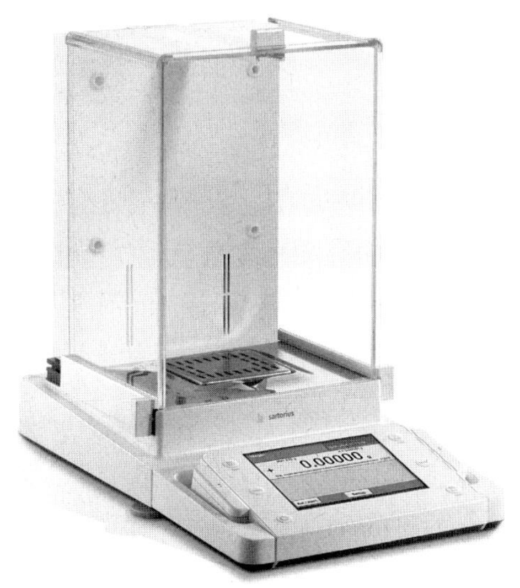

그림 2.1 전자식 분석 저울. 0.001 mg까지 측정할 수 있다. [제공: Sartorious, Göettingen, Germany]

시약의 질량을 측정하기 위해 우선 비커 등 깨끗한 용기를 저울의 접시에 올려놓는다. 이 질량을 빈그릇 무게(tare)라 부른다. 대부분 전자저울에는 'tare'라고 적힌 버튼이 있는데 이것을 누르면 질량이 0으로 표시된다. 그 다음, 시약 일정량을 용기에 넣고 눈금을 읽으면 된다. 기계식 저울은 빈그릇 무게를 0으로 조절하는 기능이 없다. 이 경우는 빈 용기의 질량을 먼저 재고 난 후 빈 용기에 시약을 넣고 다시 질량을 측정한다. 여기서 빈그릇 질량을 빼주면 시료의 질량을 구할 수 있다. 시약을 저울의 접시에 직접 놓으면 저울이 부식되기 때문에 안 된다. 시약을 빈 용기에 덜어 넣을 때 저울 바닥에 쏟지 않도록 조심해야 한다.

흡습성이 있는 시약은 빠른 속도로 공기 중의 수분을 빨아들이기 때문에 다른 방법을 쓴다. 우선 건조된 시약이 담긴 용기의 뚜껑을 잘 닫고 그 질량을 측정한다. 그 다음 이 용기의 뚜껑을 열고 시약 일부를 재빨리 덜어 내어 다른 곳으로 옮긴 후 다시 뚜껑을 닫고 질량을 잰다. 처음 측정한 질량과 두 번째 측정한 질량의 차이가 덜어 낸 시약의 질량이 된다.

① 기계식 저울

19세기에 쓰이던 기계식 저울에는 중앙의 받침대를 중심으로 하나의 지렛대 양쪽 끝에 각기 하나씩 2개의 접시가 균형을 이루며 달려 있다. 이 재래식 저울의 한쪽 접시에 질량을 재고자 하는 시료를 놓고 반대편 접시에 표준 질량을 갖는 추를 놓는다. 시료의 무게가 추의 무게와 같다면 지렛대는 수평이 된다.

이 재래식 저울에서 진화한 것이 그림 2.2에 있는 단일 접시(single-pan) 기계식 저울이다.

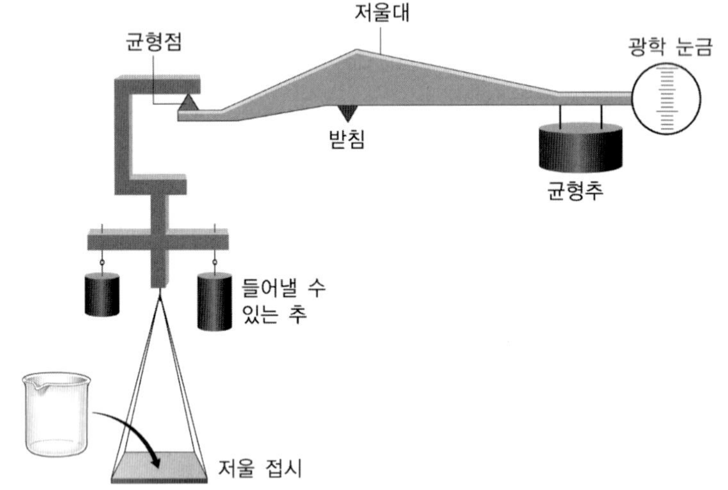

그림 2.2 홑접시 기계식 저울. 이런 분석 저울은 1980년대까지 만들어졌다.

왼쪽 접시와 오른쪽에 있는 균형추(counterweight)는 질량이 같아 균형을 이루고 있다. 질량을 재고자 하는 시료를 왼쪽 접시에 놓는다. 양쪽 질량이 다시 균형을 이루도록 하려면 왼쪽에 있는 제거할 수 있는 추를 떼어내야 한다. 지렛대가 원래 위치에 가능한 한 가까이 올 때까지 기계식 손잡이를 돌려서 추를 떼어낸다. 원래 지렛대 위치와 약간 차이 나는 것은 오른쪽 끝에 있는 눈금에 나타나는데 이 값을 떼어낸 추의 질량에 더해주면 시료의 무게가 된다.

② 전자식 저울

전자식 저울은 전자기 힘(electromagnetic force)을 이용하여 왼쪽 접시에 놓인 시료의 질량과 균형을 이루는 점을 찾아낸다. 그림 2.3에서와 같이 왼쪽에 있는 저울의 접시에 질량이 m인 시료를 놓으면 $m \times g$ 만큼의 힘으로 접시를 아래로 밀어낸다. 여기서 g는 중력 가속도이다. 이 힘에 의해 지렛대의 왼쪽이 아래로 내려가면 반대로 지렛대의 오른쪽 끝은 위로 움직이게 된다. 오른쪽 끝에 달려 있는 영점 감지기(null position sensor)는 지렛대가 영점 위치로부터 벗어나는 것을 감지하여 신호를 보낸다. 그러면 자동귀환 제어장치 증폭기(servo amplifier)가 영구자석에 있는 코일에 전류를 흘려보낸다. 코일에 흐르는 이 전류에 의해 생긴 자기장은 영구자석의 자기장과 상호작용하여 지렛대를 원래 영점 위치로 끌어당긴다. 자동귀환 제어장치 증폭기는 지렛대가 영점 위치를 정확히 유지하는 데 필요한 만큼의 전류를 흘려보낸다. 이 코일에 흐르는 전류를 전압으로 바꾸고 이것을 환산하여 질량으로 표시된다. 전류의 세기를 질량으로 환산하는 작업은 내부의 보정용 표준 질량과 균형을 맞추는 데 필요한 전류를 측정함으로써 가능하다.

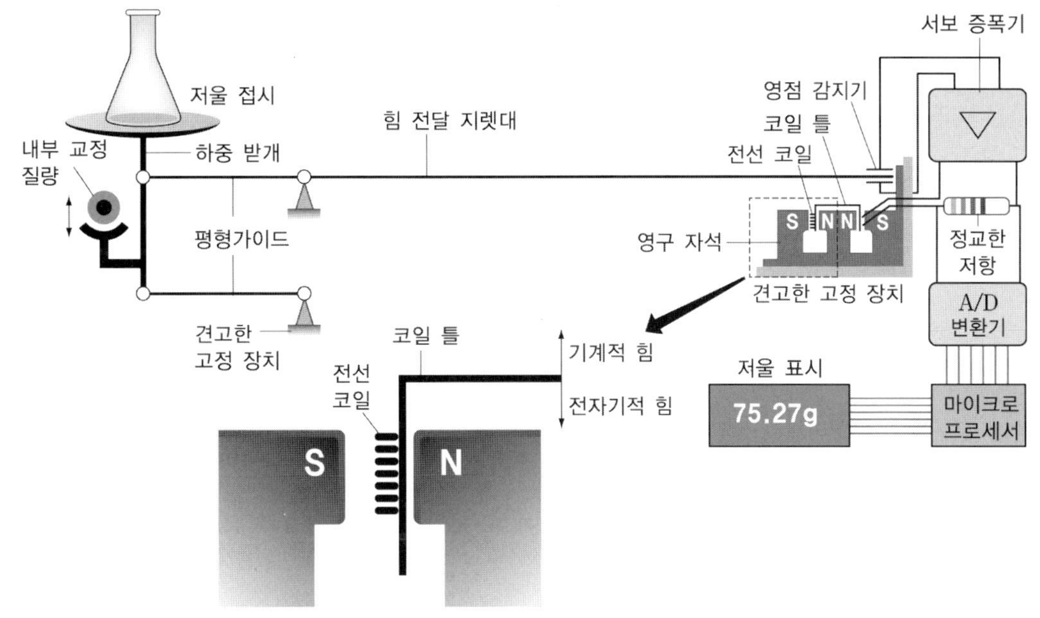

그림 2.3 전자식 저울의 원리

③ 오차

시료의 정확한 질량을 구하려면 세심한 주의가 필요하다. 시료의 온도가 실험실 내의 주위 온도와 다르면 공기의 흐름 때문에 오차가 생길 수 있다. 시료가 따뜻하면 실제보다 가볍게, 차다면 무겁게 나타날 수 있다. 뜨거운 시료를 식혀야 하는 경우 수분이 흡수되는 것을 막기 위해 식는 동안 시료는 데시케이터(desiccator)에 넣어 두어야 한다. 저울의 접시에 시료가 담긴 용기를 올려놓을 때 집게를 사용하거나 휴지로 싸서 옮기는 것이 좋다. 손의 체온이나 손가락의 지문 때문에 질량이 다르게 나타날 수 있기 때문이다. 공기의 흐름이 영향을 줄 수 있기 때문에 질량을 재는 저울의 창문은 닫아둔다. 윗접시 저울(top loading balance)을 쓸 때는 접시 주위를 플라스틱판으로 둘러싸는 것이 좋다. 진동을 줄이기 위해 분석 저울은 대리석 같이 무겁고 난단한 재질로 만들어진 실험대 위에 놓아야 한다. 저울에는 수평계가 있기 때문에 다리 길이를 조절하여 저울이 항상 수평을 이룰 수 있도록 해야 한다. 수평을 이루지 않으면 오차가 생기게 된다. 수평을 맞추고 나면 저울을 다시 검정해 주어야 한다. 질량을 측정하려는 시료는 접시의 중앙에 놓아야 한다. 자장은 전자식 저울에 영향을 준다. 자성을 띠는 물체를 잴 때는 접시 바닥에 플라스틱판 같은 절연체를 두어서 이 물체가 접시와 직접 접촉하지 않도록 해야 한다.

분석 저울은 정기적으로 검정해 주어야 한다. 대부분 저울은 검정 장치가 내장되어 있어서 검정 단추를 누르면 자동으로 검정이 된다. 외부 검정을 하려면 표준 질량을 접시에 놓고 재었을 때 질량이 허용된 범위 내에 들어가는지 확인하면 된다. 표준 질량의 허용 오차(tolerance)는 표 2.1에 정리하였다.

표 2.1 실험실 저울 추의 허용 오차[a]

종류	허용 오차(mg)		종류	허용 오차(mg)	
그램	1급	2급	밀리그램	1급	2급
500	1.2	2.5	500	0.010	0.025
200	0.50	1.0	200	0.010	0.025
100	0.25	0.50	100	0.010	0.025
50	0.12	0.25	50	0.010	0.014
20	0.074	0.10	20	0.010	0.014
10	0.050	0.074	10	0.010	0.014
5	0.034	0.054	5	0.010	0.014
2	0.034	0.054	2	0.010	0.014
1	0.034	0.054	1	0.010	0.014

[a] 이 표에 있는 허용 오차는 ASTM (American Society for Testing and Materials) 표준 E 617에 규정되어 있는 값이다. 1급과 2급은 가장 정확한 것을 말한다.

공기 중에 있는 물체는 그 부피만큼 공기를 밀어냈기 때문에 이렇게 치환된 공기의 질량만큼 물체의 질량이 가벼워진다. 액체나 기체 속에서 물체가 위로 뜨도록 받는 힘을 부력(buoyancy)이라고 하는데, 공기는 밀도가 작기 때문에 부력이 작다. 저울을 검정할 때 사용하는 표준 질량도 부력을 받기 때문에 시료의 밀도와 표준 질량의 밀도가 같으면 부력에 의한 오차는 발생하지 않는다. 정확한 질량, 즉 참질량은 진공에서 측정된 질량이다. 저울에서 측정된 질량을 m_1이라 하면 시료의 참질량 m은 다음과 같이 나타낼 수 있다.

$$m = \frac{m_1\left(1 - \dfrac{d_a}{d_s}\right)}{\left(1 - \dfrac{d_a}{d}\right)} \tag{2-1}$$

여기서 d는 질량을 측정하려는 시료의 밀도, d_a는 공기의 밀도, d_s는 검정용 표준 분동의 밀도이다. 대기압이 1 bar이고 온도가 25 ℃일 때 $d_a = 0.0012$ g/mL이고, 보통 $d_s = 8.0$ g/mL이다. 표준 분동의 밀도보다 낮은 밀도를 가진 고체는 실제 질량보다 작게 나타나고 표준 분동보다 밀도가 큰 고체는 실제보다 질량이 크게 나타난다. 일반적인 고체의 밀도는 2 ~ 15 g/cm³ 정도인데 이때 부력 때문에 생기는 오차는 0.01% 이하이다. 액체의 밀도는 보통 0.8 ~ 2.0 g/cm³ 정도인데 이 시료의 경우 부력 때문에 약 0.1 ~ 0.2% 정도의 오차가 발생한다.

시료의 질량을 유효 숫자 4자리 이상이 되도록 측정하려 할 때, 즉, 0.1 ~ 0.2% 이하의 오차도 중요하게 다루어야 하는 경우, 반드시 부력 때문에 생기는 오차를 고려해야 한다. 부력을 보정하려면 위의 식 (2−1)을 이용하면 된다. 시료의 밀도, 공기의 밀도, 표준 분동의 밀도를 알면 측정한 질량 값 m_1으로부터 시료의 참질량 m을 구할 수 있다.

(2) 부피 측정 기구 및 측정 방법

고체의 부피는 물체의 가로, 세로, 높이를 재어서 계산하거나 고체에 의해 밀려난 액체의 부피를 측정하면 구할 수 있다. 액체의 부피는 용기 내에서 액체가 차지하는 공간을 측정하여 구할 수 있다. 부피 측정은 화학 분석을 위한 시료나 반응 용액을 준비하는 데 매우 중요하며, 화합물의 농도를 결정하는 데 직접 활용될 수 있다.

① **뷰렛**

그림 2.4에서 볼 수 있는 **뷰렛**(buret)은 아래쪽에 잠금 꼭지(stopcock)가 붙어 있고 눈금이 정교하게 매겨진 유리관으로, 주로 **적정**(titration)할 때 가해 주는 표준 용액의 부피가 얼마인지 읽는 데 사용한다. 먼저 뷰렛에 채워진 용액의 높이를 정확하게 읽은 후 잠금 꼭지를 열어 일정량의 용액을 따라낸 후 다시 남아 있는 용액의 높이를 읽는다. 처음 높이에서 남아 있는 높이를 빼준 것이 따라낸 용액의 부피가 된다. 통상 0 mL눈금은 뷰렛 위쪽에 표시되어 있다. 예를 들어 처음 용액의 높이가 5.27 mL였고 나중 높이가 27.65 mL였다면 뷰렛에서 받아낸 부피는 27.65 − 5.27 = 22.38 mL가 되는 것이다. 가장 정확한 등급(흔히 A급)의 뷰렛에 허용되는 오차는 표 2.2와 같다.

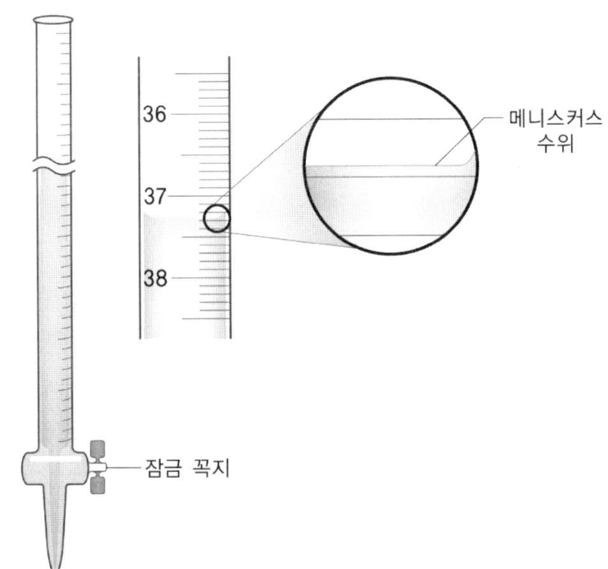

그림 2.4 유리 뷰렛. 잠금 꼭지는 보통 테플론(Teflon)으로 만든다. 확대한 그림을 보면 부피가 37.28 mL임을 확인할 수 있다. 이 뷰렛은 0.1 mL 간격으로 눈금이 매겨져 있으므로 0.01 mL까지 부피를 읽을 수 있다.

뷰렛에 들어 있는 용액의 높이를 정확하게 읽으려면 여러 가지를 세심하게 신경 써야 한다. 우선 뷰렛 내의 용액은 대부분 그림 2.4와 같이 오목한 모양의 메니스커스(meniscus)를 만드는데, 눈높이를 이 메니스커스 높이에 맞추어야 한다. 눈높이가 메니스커스 높이보다 높으면 용액이 실제보다 많은 것으로 읽어지고, 눈높이가 메니스커스 높이보다 낮으면 실제 부피보다 적게 읽어진다. 용액의 색깔이 짙은 경우에는 메니스커스가 2개 나타날 수 있는데 이때는 2개 중 하나를 택하여 눈금을 읽으면 된다. 이때 눈금을 읽을 때 전부 같은 방식으로 읽어야 한다. 용액의 부피는 뒤에 읽은 값에서 먼저 읽은 값을 빼주어서 구하기 때문이다. 그래야 재현성 있는 결과를 얻을 수 있다. 눈금과 눈금의 간격을 눈어림으로 1/10까지 읽어야 한다. 또, 50 mL짜리 뷰렛에 새겨진 눈금의 두께는 대략 0.02 mL에 해당한다고 한다. 즉, 메니스커스가 뷰렛에 새겨진 눈금의 윗부분에 닿았을 때와 아랫부분에 닿았을 때 대략 0.02 mL정도 부피 차이가 난다는 뜻이다. 따라서 어느 지점에서 눈금을 읽든지 같은 방식으로 읽어야 결과의 재현성이 좋아진다.

표 2.2 A급 뷰렛의 허용 오차

부피(mL)	최소 눈금(mL)	허용 오차(mL)
5	0.01	± 0.01
10	0.05 또는 0.02	± 0.02
25	0.1	± 0.03
50	0.1	± 0.05
100	0.2	± 0.10

적정할 때 종말점의 위치를 정확하게 찾아야 한다. 이를 위해 종말점 부근에서는 뷰렛 끝에서 자연스럽게 떨어질 때 생기는 방울보다 더 작은 방울을 용액에 떨어뜨려야 하는 경우가 생긴다. 50 mL짜리 뷰렛에서 떨어지는 보통 수용액 한 방울의 부피는 대략 0.05 mL쯤 된다. 이때는 잠금 꼭지를 조심스럽게 열어 보통 때보다 작은 방울이 매달리게 하고 이 방울이 미지 용액이 담긴 비커 안쪽 벽에 살짝 닿도록 해주면 된다. 적정할 때 통상적으로 표준 용액은 뷰렛에 넣고 일정 부피의 미지 시료는 비커에 담아 뷰렛 아래에 놓는다.

용액이 뷰렛의 벽에 방울을 남기지 않고 균일하게 흘러내리도록 해야 한다. 용액이 천천히 흘러내리도록 하면 용액이 흘러내리지 않고 뷰렛 벽에 부착되어 남는 현상을 줄일 수 있다. 그래도 뷰렛 벽에 작은 방울이 많이 남으면 뷰렛을 세척해야 한다. 뷰렛 같은 부피를 재는 데 쓰는 유리 기구는 세척하기 위해 염기성 용액에 담그면 절대 안 된다. 염기성 용액은 유리를 부식시키기 때문이다.

적정 등에서 뷰렛을 사용할 때 가장 흔히 겪는 문제는 잠금 꼭지 바로 밑에 공기 방울이 생겨서 쉽게 제거되지 않는 것이다. 적정하는 도중에 공기 방울이 생기면 뷰렛 눈금에서 읽은 용액 부피와 실제 뷰렛에서 미지 시료에 가해진 부피 사이에 약간의 차이가 생겨 오차를 일으키는 것이다. 공기 방울이 생기면 잠깐 뷰렛의 잠금 꼭지를 크게 열어 용액을 흘려보내면 대부분 없어진다. 공기 방울이 잘 없어지지 않으면 뷰렛을 세게 흔들어 주면서 동시에 잠금 꼭지를 완전히 열어 용액을 흘려보내면 된다.

새로 만든 용액을 뷰렛에 채워야 할 때는 소량의 새 용액으로 뷰렛 내부를 몇 번 헹구어 낸 다음에 새 용액을 넣는다. 뷰렛을 헹굴 때는 뷰렛 내부에 새 용액이 전부 빠짐없이 닿도록 해야 한다.

요즘에는 그림 2.5와 같은 자동 적정기(autotitrator)를 많이 사용한다. 자동 적정기를 사용하면 매우 간편하게 적정 실험을 할 수 있다. 표준 용액은 저장 용기에 담겨 있고, 센서(sensor)로 쓰이는 전극이 미지 용액에 담겨 있다. 펌프를 이용해 자동으로 표준 용액이 미지 시료에 가해지고 전극의 감응은 저장된다. 컴퓨터 프로그램에 의해 적정의 전 과정이 통제되고 결과는 그림으로 모니터에 나타나게 된다.

적정할 때 가해 주는 표준 용액의 부피 대신 질량을 측정하면 실험 결과의 정밀도가 훨씬 좋아진다. 질량은 부피보다 훨씬 정밀하게 측정할 수 있기 때문이다. 정밀도가 조금 나빠도 크게 문제가 되지 않는 실험에서는 실험의 규모를 대폭 줄이면 시약의 소비와 실험 폐기물을 크게 줄일 수 있다. 미지 시료의 부피를 1 ~ 2 mL 정도로 하고 뷰렛도 2 mL짜리를 쓰는 식이다.

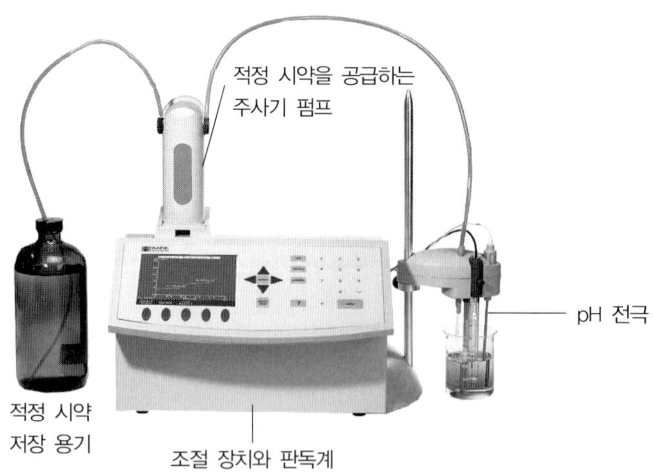

그림 2.5 실험실에서 흔히 쓰이는 자동 적정기. 왼쪽 병에 있는 적정 시약을 오른쪽 비커에 있는 미지 시료에 보내 적정한다. 비커에 담겨 있는 전극으로 용액의 pH나 특정 이온의 농도 변화를 측정할 수 있다. 적정 용액의 부피와 전극으로 측정한 전위차 값을 이용하여 자동으로 적정 곡선을 그리고 종말점을 찾을 수 있다.

② **부피 플라스크**

부피 플라스크(volumetric flask)는 **표준 용액**을 만들거나 이 용액을 특정한 부피로 묽힐 때 쓰는 기구이다. 표준 용액이란 농도를 정확히 알고 있는 용액을 말한다. 이 플라스크는 그림 2.6에서 보는 바와 같이 윗부분은 가늘고 긴 목으로 되어 있고 아랫부분은 용액을 섞거나 담을 수 있게 둥글고 바닥이 편평한 모양으로 되어 있다. 긴 목에는 하나의 눈금이 새겨져 있는데 채워진 용액의 메니스커스가 이 눈금과 일치하는 경우 용액의 부피는 플라스크 표면에 표시된 특정 부피와 같아진다는 것을 의미한다. 눈금을 위쪽이나 아래쪽에서 바라보면 플라스크 목의 앞면과 뒷면에서 눈금이 타원으로 보이는데 메니스커스의 바닥이 이 타원의 중심에 있다면 정확한 위치가 된다. 대부분 플라스크에는 'TC 20 ℃'라는 표시가 있는데 TC는 'to contain'을 의미한다.

20 ℃에서 용액을 긴 목의 눈금까지 채웠을 때 그 부피가 표시된 부피와 같다는 의미이다. 액체나 유리 모두 온도가 올라가면 부피가 보통 늘어나기 때문에 담겨 있는 용액의 온도는 중요하다. 참고로 일정 부피의 용액을 옮기는 데 쓰는 뷰렛이나 피펫(pipet)에는 'TD 20 ℃'라고 표시되어 있는데 온도는 같은 의미이고 TD는 'to deliver'를 의미한다. 눈금까지 채워서 용액을 옮겼을 때 이 옮겨진 부피가 표시된 부피와 같아진다는 의미이다. 이들 유리 기구에 담긴 액체를 부을 때 마지막 소량의 액체는 유리 벽 내부에 묻어서 밖으로 흘러나오지 않기 때문에 TC로 표시된 부피와 TD로 표시된 부피는 약간의 차이가 있다.

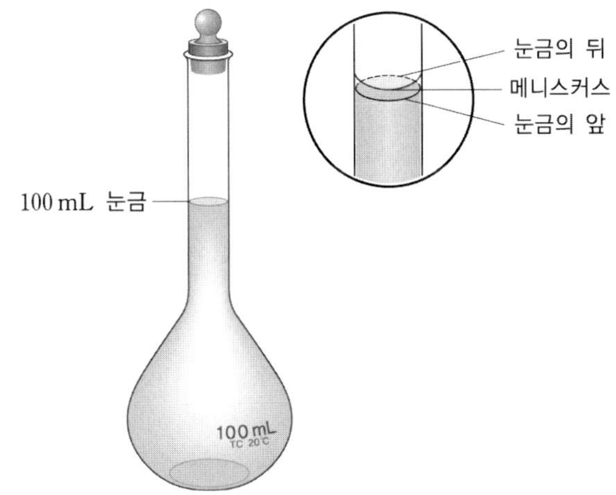

그림 2.6 100 mL짜리 A급 유리 부피 플라스크. 눈금을 위 또는 아래에서 봤을 때 앞과 뒷면에 만들어지는 타원의 중심에 올바른 메니스커스가 나타난다. A급 플라스크의 허용 오차는 표 2.3에 있는 값을 충족시키며 B급 플라스크의 허용 오차는 이보다 2배 정도 크다.

표 2.3 A급 부피 플라스크의 허용 오차

플라스크 용량(mL)	허용 오차(mL)	플라스크 용량(mL)	허용 오차(mL)
1	± 0.02	100	± 0.08
2	± 0.02	200	± 0.10
5	± 0.02	250	± 0.12
10	± 0.02	500	± 0.20
25	± 0.03	1000	± 0.30
50	± 0.05	2000	± 0.50

부피 플라스크를 이용하여 표준 용액을 만들려면 먼저 시약의 질량을 정확하게 측정하여 플라스크에 넣는다. 용액의 최종 부피보다 적은 용매를 넣고 플라스크를 흔들어서 시약을 녹인다. 다 녹지 않으면 용매를 좀 더 넣고 녹인다. 시약이 완전히 다 녹은 뒤에 조금씩 용매를 더 가하여 눈금까지 묽힌다. 액체 또는 고체 상태의 용질이 액체인 용매에 녹으면 부피가 변한다. 다시 말해 용액의 부피는 농도에 따라 조금씩 변하기

때문에 표준 용액은 부피 플라스크를 사용하여 위와 같은 방법으로 만드는 것이다.

부피 플라스크에는 'A' 또는 'B'라는 글자가 쓰여 있는 것을 볼 수 있는데 이것은 A급 또는 B급 유리 기구를 의미한다. A급이나 B급 부피 플라스크를 사용하면 보통 쓰이는 유리 기구보다 훨씬 정확한 부피를 잴 수 있다. 하지만 A급 플라스크의 최대 오차는 B급 플라스크에 비해 절반 정도 밖에 되지 않는다. 대신 A급 플라스크는 가격이 비싸다. B급 플라스크도 학생들 실습이나 통상적인 실험에 사용하는 데는 전혀 문제가 없다. A급 부피 플라스크의 허용 오차는 표 2.3에 정리하였다.

유리에는 양이온 같은 것들이 잘 흡착된다. **흡착**(adsorption)이란 어떤 물질이 고체 표면에 달라붙는 것을 말한다. 흡착된 양이온은 세제로 닦아도 잘 제거되지 않는다. 이 미량의 양이온도 문제가 될 수 있는 실험에서는 이를 제거하기 위해 진한 산을 이용한다. 유리 기구를 잘 씻은 후 3 ~ 6 M 염산(HCl) 또는 질산(HNO_3)에 한 시간 이상 담가 두면 유리 표면에 흡착되었던 양이온이 H^+ 이온과 교환된다. 그 후 증류수로 잘 헹구어 낸 다음 증류수에 담가 두면 된다. 1 M 염산이나 질산에 하루 정도 담가 두어도 된다.

③ 피펫 및 기타 부피 측정 기구

특정한 부피의 액체를 옮겨야 할 때는 그림 2.7에 나타낸 **피펫**(pipet)을 사용하는데 여기에는 부피 피펫(volumetric pipet)과 눈금 피펫(measuring pipet)이 있다. 부피 피펫은 그냥 피펫(transfer pipet)이라고도 하는데 특정 부피의 액체를 다른 용기로 옮길 수 있도록 가는 윗부분에 검정 눈금이 1개 새겨져 있다. 부피 피펫은 0.5 mL짜리부터 100 mL짜리까지 다양한 종류가 있는데 몇 백분의 1 mL 오차 범위 내에서 액체의 부피를 측정하고 다른 용기로 옮길 수 있다. 눈금 피펫에는 뷰렛처럼 정교한 눈금이 조밀하게 새겨져 있어서 피펫 하나로 다양한 부피의 액체를 옮길 수 있다. 처음 액체를 눈금 피펫에 빨아들여 눈금 0.0 mL까지 채운 다음 다른 용기에 대고 액체를 흘려보낸다. 액체의 메니스커스가 4.7 mL에 도달했을 때 흐름을 멈췄다면 옮긴 액체의 부피는 4.7 mL가 되는 것이다. 피펫으로 액체를 빨아올릴 때는 공 모양의 고무 벌브(bulb)를 쓰거나 피펫 필러(pipet filler)를 사용한다. 피펫 필러를 쓰면 더욱 편리하게 액체를 빨아올리고 흘려보낼 수 있다. 부피 플라스크와 같이 피펫에도 A와 B 이렇게 2개의 등급이 있는데 A 등급 피펫의 최대 허용 오차는 B 등급에 비해 절반 정도이다. A급 부피 피펫의 허용 오차는 표 2.4에 주어져 있다.

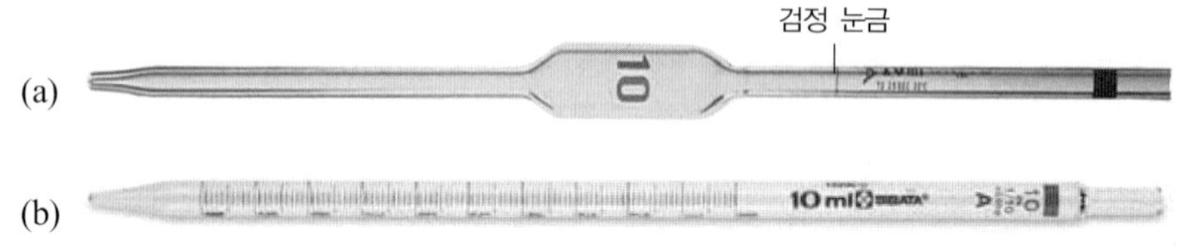

그림 2.7 (a) 부피 피펫과 (b) 눈금 피펫

표 2.4 A급 부피 피펫의 허용 오차

부피(mL)	허용 오차(mL)	부피(mL)	허용 오차(mL)
0.5	± 0.006	10	± 0.02
1	± 0.006	15	± 0.03
2	± 0.006	20	± 0.03
3	± 0.01	25	± 0.03
4	± 0.01	50	± 0.05
5	± 0.01	100	± 0.08

부피 피펫 내부에는 앞서 사용한 시료가 미량 남아 있을 수 있기 때문에 액체를 검정 눈금 위쪽까지 빨아들인 후 버리는 작업을 1 ~ 2회 수행한다. 다시 액체를 피펫의 눈금 위쪽까지 뽑아 올린 다음, 깨끗한 휴지를 사용하여 피펫 바깥에 묻어 있는 액체를 닦는다. 천천히 액체를 흘려보내 메니스커스의 밑바닥이 눈금의 중심에 맞도록 정확히 맞춘다. 피펫의 끝에 매달려 떨어지지 않는 액체는 빈 비커 벽에 살짝 대어 흘려보낸다. 다음에, 액체를 받을 용기의 벽에 피펫 끝을 살짝 대고 액체가 중력에 의해 잘 흘러내리게 피펫을 수직으로 세운다. 액체가 다 흘러나온 후에도 남아 있는 것이 없도록 피펫 끝을 용기 벽에 댄 채 몇 초 정도 더 기다린다. 그래도 미량은 피펫 내에서 흘러나오지 않고 남아 있다. 이것까지 흘러나오게 하려고 고무 벌브나 피펫 필러를 이용해 바람을 불어넣으면 안 된다. 자연스럽게 흘러나오는 것만 용기에 받아야 한다. 쓰고 난 피펫은 증류수로 깨끗이 씻어 말리거나 증류수에 담가두도록 한다.

1 ~ 1000 μL(1 μL = 1 × 10^{-6} L) 정도의 소량의 액체를 옮기는 데 그림 2.8과 같은 **마이크로 피펫**(micropipet)을 사용한다. 여기서는 일회용 폴리프로필렌(polypropylene) 팁(tip) 안으로 액체를 빨아들인다. 폴리프로필렌은 대부분의 수용액과 유기 용매에 대해서는 안정하지만 클로로폼($CHCl_3$) 용매나 진한 질산 및 황산에는 약하다. 마이크로피펫 내부에서 마모가 일어나면 정밀도와 정확도가 10배 이상 감소할 수 있다. 그래서 매 2개월마다 한 번씩 마이크로피펫을 검정해 주는 것이 좋다. 제조회사에서 제공한 허용 오차를 표 2.5에 실었다.

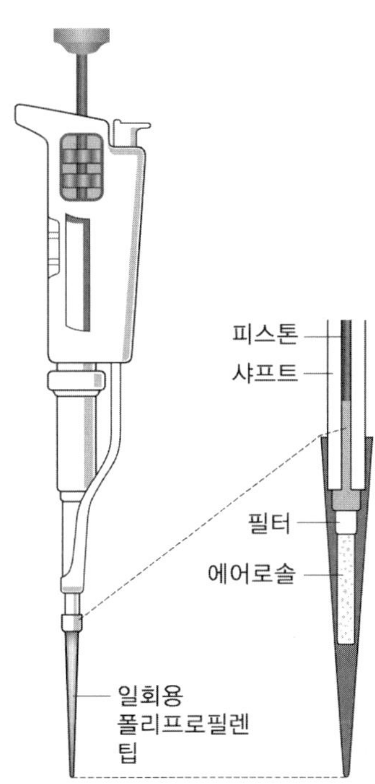

그림 2.8 일회용 폴리프로필렌 팁이 끼워져 있는 1000 μL짜리 마이크로피펫

표 2.5 마이크로피펫 제작 회사가 제공한 허용 오차

피펫 부피(μL)	피펫 부피 10%		피펫 부피 100%	
	정확도(%)	정밀도(%)	정확도(%)	정밀도(%)
조절 가능한 부피				
0.2 ~ 2	± 8	± 4	± 1.2	± 0.6
1 ~ 10	± 2.5	± 1.2	± 0.8	± 0.4
2.5 ~ 25	± 4.5	± 1.5	± 0.8	± 0.2
10 ~ 100	± 1.8	± 0.7	± 0.6	± 0.15
30 ~ 300	± 1.2	± 0.4	± 0.4	± 0.15
100 ~ 1000	± 1.6	± 0.5	± 0.3	± 0.12
고정된 부피				
10			± 0.8	± 0.4
25			± 0.8	± 0.3
100			± 0.5	± 0.2
500			± 0.4	± 0.18
1000			± 0.3	± 0.12

(출처: Hamilton Co., Reno, NV, USA에서 자료 제공)

소량의 액체를 옮기는 데 그림 2.9와 같은 **주사기**(syringe)도 많이 쓰인다(이런 주사기를 microliter syringe라 부르기도 한다). 보통 부피 용량이 1 ~ 500 μL 사이의 다양한 크기가 시판되고 있으며 정밀도와 정확도는 대략 1% 정도 된다. 주사기를 사용하기 전에 주사기 통 내부를 세척하고 공기 방울을 제거해야 한다. 이를 위해 부피를 재고자 하는 액체를 여러 번 부피를 달리 해가며 주사기로 뽑아 올린 다음 버린다. 바늘은 대개 스테인리스강(stainless steel)으로 만들어졌는데 센산을 사용하면 부식되어 용액을 오염시킨다. 주사기는 보통 마이크로피펫보다 정확도나 정밀도가 좋지만 다루기가 까다롭고 세척할 때 세심한 주의를 기울여야 한다.

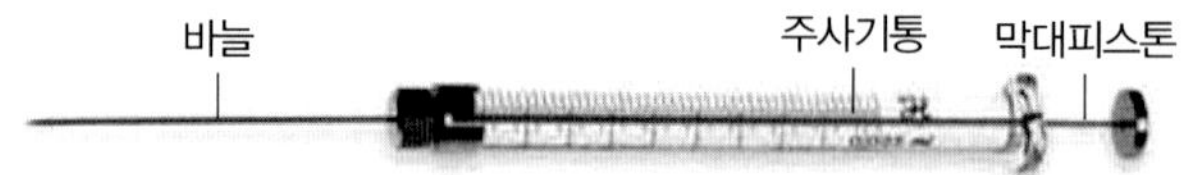

그림 2.9 전체 부피가 25 μL이고 0.5 μL 단위로 눈금이 매겨져 있는 Hamilton 주사기(Hamilton Co., Reno, NV, USA)

④ 부피 측정용 유리 기구의 검정

부피를 측정하는 데 쓰는 유리 기구는 눈금으로 표시된 부피가 실제 부피로부터 특정 오차 범위 안에 들어가도록 검정해서 만든다. 예를 들어 25 mL짜리 A급 부피 플라스크의 허용 오차는 ± 0.03 mL이다. 이 플라스크로 측정된 액체의 부피는 25.00 ± 0.03 mL에 들어가도록 검정되어 있다. 그런데 어떤 실험실에서 이 부피 플라스크를 사용했더니 측정된 부피가 항상 25.023 ± 0.007 mL 범위에 들어 있었다고 하자. 다시 말해 이 플라스크를 사용하면 측정된 부피가 평균적으로 눈금으로 표시된 값보다 0.023 mL 더 많다. 이렇게 기구의 눈금에 표시된 부피와 실제 측정된 부피가 얼마나 다른지 그 차이를 측정하는 것을 **검정**(calibration)이라고 한다. 질량, 힘, 전류와 같은 양을 측정하는 데 쓰는 기구나 기기와 같이 부피 측정에 쓰는 기구도 가끔씩 검정해 주는 것이 좋다. 특히 새로운 부피 측정용 유리 기구를 써야 하는 경우나 원래 이 기구를 검정할 때의 온도와 다른 온도에서 실험할 때는 반드시 검정해 주는 것이 좋다. 유리 기구는 온도가 달라지면 팽창하거나 수축하기 때문이다.

검정하려는 부피 플라스크에 들어 있는 액체나 피펫으로 옮긴 액체의 질량을 측정한다. 물의 밀도를 알고 있기 때문에 이를 이용하여 질량을 부피를 환산하면 실제 부피를 구할 수 있다. 이렇게 부피 측정용 기구를 검정할 때 유리 기구뿐 아니라 액체의 부피도 온도에 따라 변한다는 사실을 알아야 한다. 때문에 용액을 만들거나 사용할 때 실험실 온도를 알아야 한다. 온도 변화에 따른 물의 부피 변화가 유리 기구의 부피 변화보다 훨씬 크다. 예를 들어, 부피 측정용 유리 기구를 만드는 데 많이 쓰이는 파이렉스(Pyrex)는 상온 부근에서 온도가 1 ℃ 올라가면 대략 0.0010% 정도 팽창한다. 온도가 10 ℃ 올라간다 해도 0.010% 팽창하는 셈이다. 이 정도의 부피 변화는 대부분 실험에서 무시해도 무방하다. 반면, 표 2.6에 따르면 20 ℃ 부근에서 온도가 1 ℃ 상승할 때 물의 부피는 약 0.02% 커진다는 사실을 알 수 있다.

표 2.6 물의 밀도

온도(℃)	밀도(g/mL)	물 1 g의 부피(mL)	
		주어진 온도에서[a]	20 ℃로 보정할 경우[b]
10	0.999 702 6	1.001 4	1.001 5
11	0.999 608 4	1.001 5	1.001 6
12	0.999 500 4	1.001 6	1.001 7
13	0.999 380 1	1.001 7	1.001 8
14	0.999 247 4	1.001 8	1.001 9
15	0.999 102 6	1.002 0	1.002 0
17	0.998 777 9	1.002 3	1.002 3
18	0.998 598 6	1.002 5	1.002 5
19	0.998 408 2	1.002 7	1.002 7
20	0.998 207 1	1.002 9	1.002 9
22	0.997 773 5	1.003 3	1.003 3
23	0.997 541 5	1.003 5	1.003 5
24	0.997 299 5	1.003 8	1.003 8
25	0.997 047 9	1.004 0	1.004 0
27	0.996 516 2	1.004 6	1.004 5
28	0.996 236 5	1.004 8	1.004 7
29	0.995 947 8	1.005 1	1.005 0
30	0.995 650 2	1.005 4	1.005 3

[a] (2-1) 식을 이용하여 공기의 부력을 보정한 값

[b] 부력과 borosilicate glass의 팽창(0.0010 %/k)을 모두 보정한 값

예제 | 2.1

100 mL짜리 부피 플라스크에 물을 눈금까지 채우고 물의 질량을 측정했더니 99.847 g이 나왔다. 이 부피 플라스크에 채워져 있는 물의 부피는 얼마인가? 실험실의 온도는 20 ℃였다.

풀이

표 2.6을 이용하여 20 ℃에서 물 1 g의 부피는 1.002_9 mL임을 알 수 있다. 그래서 플라스크에 채워져 있는 물의 부피는 $(99.847\ g)(1.002_9\ mL/g) = 100.1_4$ mL가 된다.

(3) 거르기(filtration)

어떤 반응의 생성물이 고체 침전(precipitate)인 경우 이 침전의 무게를 측정하여 미지 시료의 농도를 구할 수 있다. 이것을 **무게 분석**(gravimetric analysis)이라고 한다. 무게 분석에서 침전은 거른 후 모아서 건조시킨 다음 질량을 측정한다. 그림 2.10과 같은 흡입 장치를 사용하면 침전을 빨리 걸러낼 수 있다. 다공성 유리판이 있는 **소결 유리 깔때기**(fritted glass funnel, Gooch 거름 도가니(filter crucible)라고도 한다)를 씻어서 110 ℃ 정도의 오븐(oven)에서 말린 후 미리 질량을 측정해 둔다. 이 깔때기에 용액을 붓고 흡입 장치에 연결하면 액체는 다공성 유리판으로 빠져 나가고 침전만 깔때기에 남는다. 침전물을 모아서 말리고 소결 유리 깔때기와 침전물 질량을 측정한다. 이 깔때기와 침전물 질량에서 미리 측정해 두었던 깔때기 질량을 빼주면 침전한 미지 시료의 질량이 된다.

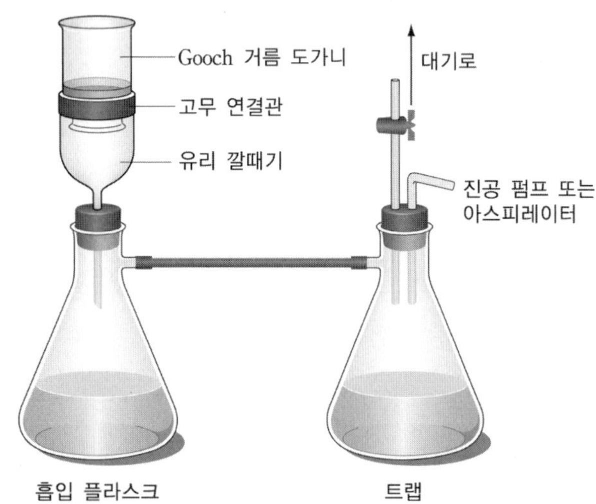

그림 2.10 액체가 통과할 수 있는 다공성 소결 유리판이 들어 있는 유리 깔때기를 이용한 거름 장치. 트랩은 액체가 압력이 낮은 플라스크 속으로 역류하는 것을 막아주는 역할을 한다.

무게 분석법으로 정량할 때 조성이 일정하지 않은 침전이 생성된다면 질량을 측정하기 전에 조성이 알려져 있고 또 조성이 일정한 화합물로 전환시키기 위해 고온으로 침전을 가열하는 경우가 있다. Fe^{3+}을 정량 분석할 때는 침전물을 버너(burner)나 전기로를 이용하여 높은 온도로 가열한 후에 질량을 측정한다. Fe^{3+}은 $FeOOH \cdot xH_2O$ 같은 수화된 산화 철로 침전되기 때문에 조성이 일정하지 않다. 이 침전을 고온으로 가열하면 Fe_2O_3로 바뀐다. 이것을 식힌 후 질량을 측정하면 시료의 Fe^{3+} 농도를 구할 수 있다.

원뿔 모양의 유리 깔때기를 이용하여 침전을 거르려면 거름종이를 사용하면 된다. 거름종이를 그림 2.11과 같이 4등분으로 접어서 깔때기에 잘 붙인 후 증류수를 조금 부어 깔때기 안쪽에 빈틈없이 밀착되도록 한다. 고체 입자가 분산되어 있는 액체를 깔때기에 부을 때 그림 2.12에서 보는 것처럼 유리 막대를 이용하여 밖으로 흘리거나 튀지 않도록 한다. 비커나 유리 막대에 붙어 있는 침전 입자는 고무 폴리스맨 주걱(rubber policeman)으로 긁어내면 된다. 고무 폴리스맨 주걱은 유리 막대 끝에 납작한 모양의 고무 조각을 붙인 것을 말한다. 유리 용기와 폴리스맨 주걱에 묻어 있는 고체 입자는 씻기병으로 용매를 분사시켜 유리 깔때기로 씻어내면 된다.

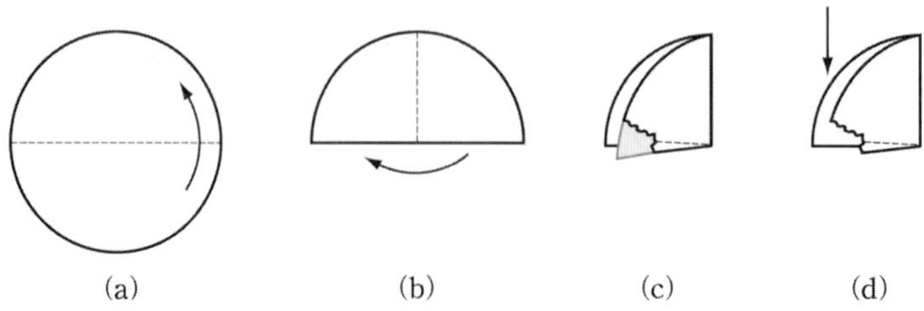

그림 2.11 원뿔형 깔때기에 쓰기 위해 거름종이를 접는 방법. (a) 거름종이를 절반으로 접는다. (b) 다시 절반으로 접는다. (c) 거름종이의 한쪽 귀퉁이를 찢어내서 깔때기에 잘 밀착되도록 한다. (d) 찢어내지 않은 쪽을 열어서 깔때기에 잘 붙인다.

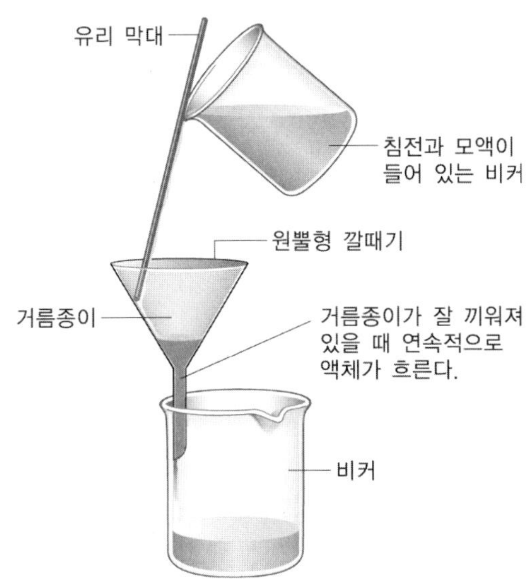

그림 2.12 거름종이를 이용하여 침전을 거르는 방법

(4) 건조

시약, 침전물, 유리 기구 같은 것들은 간편하게 오븐에 넣어서 말린다. 오븐 온도는 보통 110 ℃ 정도로 맞춘다. 화학 실험에서 먼지는 주요 오염원 중 하나인데 오븐 안이나 실험대 위에 있는 용기는 가능하면 시계접시나 먼지 없는 실험실용 화장지 같은 것으로 덮어 두는 것이 좋다.

무게 분석에서 침전물의 질량은 미리 분석에 쓸 빈 도가니를 건조시켜 질량을 측정해 놓고 그 다음 도가니에 침전물을 담아 건조시킨 후 질량을 측정한다. 이 두 질량의 차이가 침전물의 질량에 해당한다. 빈 도가니의 질량을 구하기 위해서 먼저 110 ℃ 정도의 오븐에 도가니를 1시간 이상 넣어 두어 건조시킨다. 도가니를 꺼내어 그림 2.13과 같은 **건조 용기**(desiccator)에 넣어 30분 정도 냉각시킨 후 질량을 측정한다. 도가니가 뜨거우면 주변에 대류에 의한 공기의 흐름이 만들어지기 때문에 정확한 질량을 측정할 수 없다. 건조 용기는 바닥에 건조제를 넣고 뚜껑에는 그리스(grease)를 발라 공기가 통하지 않게 밀폐시킨 유리 용기이다. 여기에 건조시킨 시약이나 실험 기구 같은 것을 넣어 두면 이들이 다시 수분을 흡수하는 것을 막을 수 있다. 흔히 쓰이는 **건조제**(desiccant)는 표 2.7에 정리되어 있다. 다시 도가니를 30분 정도 오븐에서 건조시킨 후 건조 용기에서 냉각시키고 질량을 측정한다. 이런 과정을 여러 번 되풀이하여 질량을 측정했을 때 그 값 차이가 ± 0.3 mg 이내로 줄어들면 도가니는 일단 일정한 질량으로 건조되었다고 간주한다.

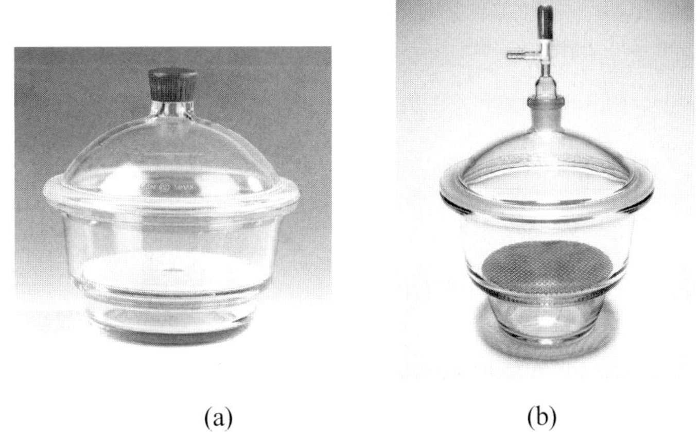

(a) (b)

그림 2.13 (a) 보통 쓰이는 건조 용기, (b) 진공 건조 용기. 이 용기 뚜껑에 달려 있는 꼭지를 진공 펌프와 연결하여 내부의 압력을 낮출 수 있다. 낮은 압력에서는 건조가 훨씬 잘 된다.

표 2.7 흔히 쓰이는 건조제

시약	화학식	공기 중에 남아 있는 수분 함량(μg H_2O/L)
과염소산 마그네슘, 무수	$Mg(ClO_4)_2$	0.2
'Anhydrone'	$Mg(ClO_4)_2 \cdot 1-1.5H_2O$	1.5
산화 바륨	BaO	2.8
알루미나	Al_2O_3	2.9
오산화 인	P_4O_{10}	3.6
황산 칼슘(Drierite)	$CaSO_4$	67
실리카겔	SiO_2	70

연습문제

1. 실험 노트에는 무엇을 기록하고 또 어떻게 기록해야 하는지 설명하시오.
2. 실험실에서는 지켜야 할 여러 가지 안전 규칙이 있다. 이 중 가장 중요한 것은 무엇이라고 생각하는가?
3. 실험실에는 안전 장비가 많이 있다. 어떤 안전 장비가 있는지 찾아서 목록을 만들어 보시오.
4. 시약이 들어 있는 모든 용기에는 라벨을 반드시 붙여야 한다. 그 이유를 설명하시오.
5. 요즘 녹색화학 운동을 많이 펼치고 있다. 이를 위해 실험실에서 학생들이 실천할 수 있는 일은 어떤 것이 있는지 설명해 보시오.
6. 전자식 저울의 작동 원리를 설명하시오.
7. 흡습성 시약의 질량은 어떻게 측정하는가?
8. 메탄올(CH_3OH)의 밀도는 25 ℃에서 0.7865 g/mL이다. 실험실에서 메탄올의 질량을 측정했더니 15.78 g이었다. 공기의 부력을 보정한 참질량을 계산하시오. 이때 공기의 밀도는 0.001_2 g/mL라고 가정한다.
9. 시료의 질량을 측정할 때 오차를 줄이기 위해 유의해야 할 사항에 어떤 것이 있는지 알아보시오.
10. 뷰렛은 주로 어떤 용도로 사용하는가?
11. 뷰렛의 눈금은 어떻게 읽어야 정확한 값을 얻을 수 있는가?
12. 부피 측정용 유리 기구에는 'TC' 또는 'TD'라는 표시가 있다. 이 기호는 무엇을 의미하는가?
13. 부피 플라스크는 어떤 용도로 주로 사용하는가?
14. 피펫은 어떤 용도로 사용하는가?
15. 피펫에는 부피 피펫과 눈금 피펫이 있다. 어느 것이 정확하며 그 이유는 무엇인가?
16. 어떤 용액 120.0 μL를 옮기기 위해 200 μL짜리 마이크로피펫을 사용하려고 한다. 옮기는 방법을 설명하시오.

17. 25 mL 부피 플라스크에 증류수를 눈금까지 채우고 25 ℃, 대기압하에서 증류수의 질량을 측정했더니 24.895_5 g이 나왔다. 25 ℃에서 이 부피 플라스크의 실제 부피는 얼마인가?

18. 뷰렛에 물을 넣어 메니스커스 높이가 20.00 mL가 되도록 맞추었다. 잠금 장치를 열어 일정량의 물을 뷰렛에서 받아냈더니 메니스커스 높이가 5.76 mL가 되었다. 받아낸 물의 질량을 측정했더니 14.189 g이었다. 실험실과 물 등의 온도가 모두 25 ℃라면 받아낸 물의 실제 부피는 얼마인가?

19. 무게 분석법은 생성된 침전의 질량을 측정해서 시료의 농도를 구하는 방법이다. 침전의 질량을 정확히 측정하려면 어떤 과정을 거쳐야 하는지 설명하시오.

20. 농도가 0.0050_0 M인 수용액을 15 ℃에서 만들었다고 하자. 용액의 온도를 25 ℃로 올리면 이 용액의 몰농도는 어떻게 되는가?

21. 건조 용기에 쓰이는 건조제는 여러 가지가 있다. 현재 실험실에서 어떤 건조제를 쓰고 있는지 조사해 보시오.

3장 실험 오차

운동 경기에서 선수들이 경기력 향상을 위해 복용하는 약물의 존재와 이에 따른 문제점들은 갈수록 그 심각성이 더해지고 있다. 오늘날에는 이러한 약물 복용 문제가 프로 운동 경기뿐 아니라 대학이나 고등학교 운동 경기에서도 불거져 나오고 있다. 사실 약물 복용 문제는 유구한 역사를 가지고 있는데, 고대 그리스의 고대 올림픽 경기에서 선수들이 경기력 향상을 위해 아편을 사용하였다는 기록도 있다. 운동선수들의 금지 약물 복용 문제에서 다음 두 가지를 주목할 수 있다. 첫째는 선수들이 약물 복용으로 얻게 되는 실제적인 이득이고, 둘째는 선수들의 삶과 건강에 미치는 이 약물의 위험성이다.

올림픽 같은 운동 경기에서 금지 약물을 복용한 선수를 찾아내는 것은 분석 화학자가 담당한다. 우선 특정 약물이나 화합물의 작용기가 기준치보다 많이 존재하는지 여부를 정성적인 검사를 통해 빠르게 걸러낸다. 음성이 나오면 해당 선수는 약물 검사를 통과한다. 양성이 나오면 보다 선별적이고 정량적인 방법으로 그 결과를 확인한다. 여기서도 약물이 검출되면 그 선수는 법적 절차에 따라 제재를 받게 된다.

이러한 검사에서 가장 중요한 것 중 하나는 분석 화학자가 검사 결과의 신빙성에 대해 충분히 잘 이해하고 있어야 한다는 점이다. 다시 말해 이러한 검사 과정에서 일어날 수 있고 검사 결과의 재현성(reproducibility)에 포함될 수 있는 오차에는 어떤 것들이 있는지 알아야만 올바른 판단을 내릴 수 있기 때문이다. 식품의 안전성을 검사한다거나 건강 검진 결과를 판단하는 것과 같은 결정들이 매일 여러 분야에서 수행되고 있다. 이 장에서는 분석 과정에서 어떤 형태의 오차가 일반적으로 일어나고 이러한 오차가 실험 결과의 불확정성에 어떤 영향을 주는지 알아볼 것이다. 4장에서는 실험 결과의 신빙성을 어떻게 나타내고 또 실험 결과를 다른 방법으로 얻은 값과 비교하는 방법들을 알아볼 것이다. 이러한 사항들은 분석 실험을 통해 얻은 결과를 바탕으로 보다 나은 결정을 내리기 위해 매우 중요하다.

1 오차의 종류

모든 물리적, 화학적 측정에는 어느 정도의 불확실성이 포함되어 있다. 이것을 **실험 오차**(experimental error)라고 하는데 여기에는 **계통 오차**(systematic error)와 **우연 오차**(random error)가 있다. 계통 오차는 **가측 오차**(determinate error)라고도 하며 우연 오차는 **불가측 오차**(indeterminate error)라고도 한다.

(1) 계통 오차

어떤 도구나 장비를 써서 어떤 측정을 했을 때 측정값과 참값 사이에 일정하게 나타나는 차이를 계통 오차라고 한다. 이 계통 오차는 측정하는 사람의 실험 기법이나 기기 또는 실험 설계상의 어떤 일관된 문제 때문에 생긴다. 예를 들어 표준 용액을 만들기 위해 100 mL짜리 A급 부피 플라스크를 사용하였다고 하자. 이 부피 플라스크의 허용 오차는 ± 0.08 mL이다. 액체를 눈금까지 채우면 부피가 100.00 mL이어야 하는데 실제 부피는 100.07 mL였다고 하자. 이 차이는 제작회사의 허용 오차 범위 안에 들어가지만 이 플라스크로 표준 용액을 만들면 항상 용매가 실제보다 0.07 mL 더 많이 들어가기 때문에 실제 농도는 의도했던 농도보다 약간 내려갈 것이다. 이 계통 오차의 주된 특징은 같은 실험을 똑같은 방법으로 반복했을 때 이 오차가 재현된다는 것이다. 위의 부피 플라스크로 같은 실험을 반복하면 항상 용액의 부피는 100.00 mL가 아니고 100.07 mL가 되는 것이다. 이 계통 오차는 좀 힘들 수도 있지만 원칙적으로 원인을 찾아내어 보정이 가능하다. 실험할 때 주의를 기울이면 계통 오차는 없앨 수 있다.

계통 오차를 찾아내는 가장 간단한 방법은 조성을 알고 있는 검증된 기준 물질을 분석하여 동일한 결과가 나오는지 확인하는 것이다. 다음으로는 바탕 시료(blank sample)를 분석하여 측정값이 0이 되는지 확인하는 방법이다. 바탕 시료는 분석할 성분이 포함되어 있지 않으므로 측정값이 0으로 나와야 한다. 여러 가지 다른 방법으로 동일한 양을 측정해서 계통 오차를 찾을 수도 있다. 각 방법으로 측정한 결과가 허용된 범위 내에서 일치하지 않는다면 하나 이상의 방법에 계통 오차가 있다는 것을 의미한다. 마지막으로 같은 시료를 각기 다른 실험실에서 다른 사람이 같은 방법이나 서로 다른 방법으로 분석하는 것이다. 역시 결과가 허용된 범위 내에서 일치하지 않으면 계통 오차가 있다는 것이다.

(2) 우연 오차

우연 오차는 통제되지 않거나 통제할 수 없는 변수들에 의해 일어나는 실험 결과의 무질서한 변동을 말한다. 우연 오차는 모든 측정에 다 존재하며 양수가 되거나 음수가 될 확률이 같다. 뷰렛의 눈금을 읽을 때 같은 사람이 반복해서 측정을 한다 하더라도 읽은 값에는 약간의 차이가 날 것이다. 간단한 분광기로 흡광도를 측정할 때도 같은 값을 사람에 따라 조금씩 달리 읽을 수 있다. 또 다른 예로는 전자식 저울로 시료의 질량을 측정할 때 정전기나 공기 흐름의 변동이 오차를 일으킬 수 있다. 측정을 할 때 우연 오차를 완전히 없앨 수는 없다. 하지만 실험 설계를 적절하게 잘하고 실험 자료를 비교할 수 있는 방법을 제대로 선택하면 우연 오차의 크기를 줄일 수 있다.

2 유효 숫자

유효 숫자(significant figure)의 개수는 어떤 측정값을 과학적 표기법으로 표시할 때 정밀도를 그대로 유지하기 위해 필요한 최소한의 자릿수이다. 이 값이 과학적으로 의미를 가지려면 유효 숫자가 몇 개인지 분명히 표시해야 한다. 예를 들어 어떤 물체의 질량을 측정하는데 한 사람은 154.7 g으로 기록하고 또 어떤 사람은 다른 저울을 사용하여 154.70 g으로 기록한다고 하자. 이 두 숫자는 과학적인 의미가 전혀 다르다. 154.7은 유효 숫자가 4개인데 저울에서 소수점 이하 첫째 자리까지만 정확하게 읽었고 소수점 이하 둘째 자리부터는 얼마인지 모른다는 것을 뜻한다. 154.70은 유효 숫자가 5개로 소수점 이하 둘째 자리까지 저울에서 정확하게 읽었는데 그 값이 0이라는 의미이다. 즉 같은 시료의 측정값은 유효 숫자가 몇 개인가에 따라 그 의미가 달라진다.

그림 3.1에 뷰렛의 액체 부피를 어떻게 읽을 것인가를 보여 준다. 액체의 메니스커스가 8.5와 8.6 사이에 있는데 8.6에 좀 더 가깝다. 8.5 mL까지는 확실하지만 소수점 이하 둘째 자리는 어림짐작으로 추정할 수밖에 없다. 사람에 따라 8.57 mL로 읽을 수도 있고 8.58 mL로 읽을 수도 있다. 때문에 소수점 이하 둘째 자리는 정확한 값이 될 수 없고 단지 추정치일 뿐이다. 이 경우 액체의 부피를 8.57 mL로 읽었다면 관례상 8.5_7 mL로 표기한다. 8.6_7 mL로 표기하면 마지막 '7'은 추정치이므로 유효 숫자가 될 수 없다. 그래서 8.5_7은 유효 숫자가 2개라는 것을 뜻한다.

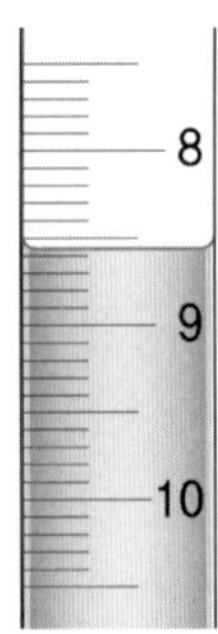

그림 3.1 뷰렛으로 액체의 부피 측정. 메니스커스 높이는 8.5보다 8.6 mL에 더 가깝다는 사실을 보여 준다.

3.072×10^{-4}은 0.0003072라고 쓸 수도 있는데 유효 숫자는 4개이다. 0.0003072의 3 왼쪽에 있는 0은 소수점 자리를 나타낼 뿐이므로 유효 숫자가 아니다. 만약 75000이라는 숫자가 있다면 유효 숫자가 몇 개인지 불분명하다. 7.5×10^4으로 표시하면 유효 숫자는 2개, 7.50×10^4으로 표시하면 유효 숫자는 3개, 7.500×10^4으로 표시하면 유효 숫자는 4개가 된다.

모든 측정값에는 불확정도가 있다. 요즘 쓰이는 많은 디지털 계측기기들은 측정하는 동안 눈금이 흔들리지 않는다. 이런 기기를 사용하더라도 측정값에는 불확정도가 들어 있다. 디지털 pH 미터로 측정한 어떤 시료의 pH가 5.73이라고 하자. 소수점 이하 둘째 자리인 3에는 분명히 불확정도가 있다. 경우에 따라서는 소수점 이하 첫째 자리인 7에도 불확정도가 있을 수 있다. 이러한 불확정도는 유효 숫자로 나타내는 것이다.

3 다양한 계산에서 유효 숫자 결정

원하는 결과를 얻기 위해서는 대부분의 경우 실험을 통해 얻은 측정값으로 여러 가지 계산을 해야 한다. 이때 계산한 결과의 유효 숫자가 몇 개인지 결정하는 방법을 알아야 한다. 반올림은 계산의 중간 결과에 하면 안 되고 마지막 최종 결과에만 해야 한다. 이렇게 해야 반올림에 의한 오차가 누적되는 것을 피할 수 있다.

(1) 더하기와 빼기

소수점 위치가 같은 숫자를 더하거나 뺄 때는 답도 역시 같은 위치에 소수점을 갖도록 한다. 경우에 따라 원래 숫자보다 유효 숫자가 더 많거나 적은 답이 나올 수도 있다.

$$8.64 + 5.79 = 14.43$$

$$2.371 \times 10^5 + 6.433 \times 10^5 = 8.804 \times 10^5$$

$$5.374 \times 10^{-5} - 4.681 \times 10^{-5} = 0.693 \times 10^{-5}$$

만약 덧셈이나 뺄셈을 하는 개개 숫자의 유효 숫자 개수가 서로 다르면 계산 결과가 갖는 유효 숫자는 유효 숫자가 가장 작은 숫자에 맞춘다. CO_2의 분자량을 계산해 보자. C와 O의 원자량은 각각 12.011, 15.9994이다.

$$12.011 + 15.9994 + 15.9994 = 44.0098 = 44.010$$

O의 원자량은 소수점 이하 넷째 자리까지 주어져 있지만 C의 원자량은 소수점 이하 셋째 자리까지 주어져 있으므로 답은 소수점 이하 3자리로 맞춰야 한다. 이렇게 맞추기 위해 소수점 이하 넷째 자리에서 반올림하면 정답은 44.010이 된다.

반올림하려는 숫자가 5일 때는 바로 앞자리 숫자가 홀수이면 반올림해서 올려주고 짝수이면 버린다. 예를 들어 27.55와 1.345를 유효 숫자 3개로 맞춘다고 하자. 27.55의 마지막 5 바로 앞 숫자가 홀수이므로 여기서 반올림해서 27.6으로 써야 한다. 1.345는 마지막 5 바로 앞 숫자가 짝수이므로 이 5는 버리고 1.34가 정답이 된다. 2.62503×10^{-6}을 유효 숫자 3개로 만들려면 소수점 이하 셋째 자리 5에서 반올림해야 하는데 503이 다음 자릿수의 중간 이상이 되므로 2.63×10^{-6}이 정답이 된다. 유효 숫자 개수를 이렇게 맞추는 것은 반올림 오차가 연속적으로 일어나서 규칙적으로 계산 결과가 커지거나 작아지는 것을 방지하기 위함이다.

화학에서는 아주 큰 숫자나 아주 작은 숫자를 많이 사용하므로 지수를 써서 숫자를 많이 표기한다. 이런 숫자를 더하거나 빼서 정답을 얻으려면 우선적으로 모든 숫자의 지수가 같게 통일시켜야 한다. 예를 들어 다음 계산을 해보자.

$$(0.275 \times 10^7) + (4.863 \times 10^5) + (9.324 \times 10^6)$$

이 숫자를 모두 같은 지수를 갖도록 통일시킨 후 계산한다.

$$(2.75 \times 10^6) + (0.4863 \times 10^6) + (9.324 \times 10^6) = 12.56 \times 10^6$$

계산 결과는 12.5603×10^6이 나오지만 2.75×10^6은 소수점 이하 둘째 자리까지가 유효 숫자이므로 소수점 이하 셋째 자리에서 반올림하여 정답은 위와 같다.

(2) 곱셈과 나눗셈

곱셈과 나눗셈에서는 계산 결과의 유효 숫자 개수는 유효 숫자가 가장 작은 숫자에 의해 결정된다. 몇 가지 예를 들어보자.

$$2.73 \times 10^{-4} \times 3.16 = 8.63 \times 10^{-4}$$

$$2.438 \times 10^{-5} \times 1.9327 = 4.712 \times 10^{-5}$$

$$5.326 \div 1.87435 = 2.842$$

(3) 로그와 역로그

로그(logarithm)의 정수 부분은 지표(characteristic)라 하고 소수점 이하는 가수(mantissa)라고 부른다. 어떤 숫자 n에 로그를 취했을 때 가수의 유효 숫자 개수는 n의 유효 숫자 개수와 같도록 한다. 예를 들어보자.

$$\log 543 = 2.735$$

여기서 2는 지표이고 0.735는 가수이다. 543은 3개의 유효 숫자를 가지므로 가수의 유효 숫자도 3개가 되어야 한다. 그래서 정답은 2.735가 된다.

$$\log 1.580 \times 10^{-4} = -3.8013$$

1.580×10^{-4}는 4개의 유효 숫자를 가지므로 가수의 유효 숫자도 4개가 되어야 한다.

로그를 역로그(antilogarithm)로 환산하는 경우 역로그의 유효 숫자는 가수의 자릿수와 같아야 한다. 다음 예를 보자.

$$\text{Antilog}(-4.725) = 10^{-4.725} = 1.88 \times 10^{-5}$$

역로그의 가수가 세 자리이므로 정답의 유효 숫자는 세 자리가 되어야 한다.

4 정밀도와 정확도

실험하는 동안 어떤 오차가 생길 수 있는지 알아보았다. 이제 이 오차가 어떤 모양으로 실험 결과에 반영되어 나타나는지 알아보기 위해 정밀도(precision)와 정확도(accuracy)에 대해 알아보자. 정밀도는 실험 결과의 재현성(reproducibility)을 나타내는 척도이다. 만약 어떤 측정을 여러 번 반복했을 때 그 측정값들이 서로 비슷해서 이들 사이의 차이가 적으면 이 실험 결과는 정밀도가 높다고 한다. 반대로 측정값들 사이의 차이가 크면 정밀도가 나쁘다고 한다. 정확도는 측정값과 참값 사이의 차이가 얼마나 큰지를 나타낸다. 측정값이 참값에 가까이 분포하면 정확도가 좋다고 하고 측정값이 참값으로부터 멀리 떨어져 있으면 정확도가 나쁘다고 한다. 그래서 정확도를 말하려면 참값을 알아야 한다. 이 둘 사이의 차이를 좀 더 명확하게 이해하기 위해 올림픽 양궁 경기를 생각해 보자. 선수들이 쏜 과녁을 그림 3.2에서 볼 수 있다. 1번 선수가 쏜 화살은 과녁 판 여기저기 멀리 떨어져 있고 중심으로부터도 많이 떨어진 위치에 꽂혀 있다. 그래서 이 과녁판은 정밀도가 나쁘고(재현성이 나쁘다) 정확도도 나쁘다(과녁의 중심에서 많이 떨어져 있다)고 말할 수 있다. 2번 선수가 쏜 화살은 여전히 좀 넓게 퍼져 있으므로 정밀도가 나쁘다. 그러나 평균적으로 화살이 과녁의 중심에 가까이 있으므로 정확도는 좋다고 할 수 있다. 3번 선수가 쏜 화살은 과녁의 특정 지점에 서로 가까이 몰려 있으므로 정밀도는 좋다. 그러나 이 지점이 과녁의 중심으로부터 많이 떨어져 있으므로 정확도는 나쁘다. 4번 선수가 쏜 화살은 모두 과녁의 중심에 모여 있다. 이 경우는 정밀도도 좋고 정확도도 좋다. 이 경우가 가장 이상적이다.

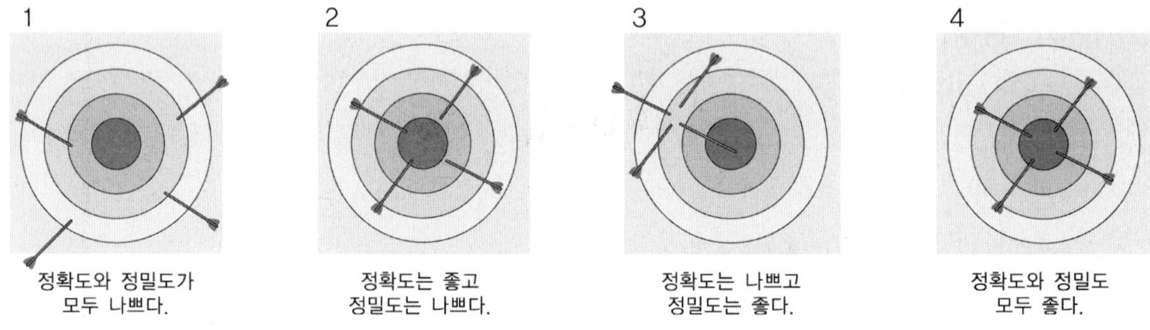

그림 3.2 양궁 경기를 예로 들어 정확도와 정밀도의 차이를 설명하고 있다.

어떤 산 용액의 농도를 구하기 위해 염기 표준 용액을 준비하여 적정 실험을 하였다고 가정하자. 이때 염기 표준 용액을 만들 때 오차가 생겨서 실제 농도는 알고 있는 농도와 조금 달랐다. 이 표준 용액을 이용하여 세심하게 적정해서 재현성이 좋은 실험 결과를 얻었다. 그럼에도 불구하고 이 실험에서 표준 용액의 농도를 잘못 알고 있었기 때문에 참값과는 어느 정도 거리가 있는 결과를 얻을 것이다. 이 경우는 정밀도는 좋지만 정확도는 낮다고 할 수 있다.

정확도를 알려면 참값을 알아야 한다. 모든 측정에는 오차가 생기기 마련이어서 참값을 얻기는 어렵다. 최선의 방법은 숙련된 사람이 잘 검증된 방법으로 실험하여 참값을 얻는 것이다. 이때 여러 가지 다양한 방법으로 결과를 검증하는 것이 필요하다. 각기 다른 방법으로 측정한 결과들이 계통 오차 때문에 서로 일치하지 않을 수도 있다. 만약 다양한 실험 방법으로 측정한 결과가 잘 일치한다면 이 값을 신뢰할 수는 있지만 그렇다고 결과가 정확하다는 증거가 되지는 못한다. 미국 국립표준기술연구소(U.S. National Institute of Standard and Technology)와 몇몇 나라의 국립표준연구소에서는 임상, 환경 그리고 공학기술 관련 표준물질을 판매하고 있다. 이들은 이들 연구소에 의해 보증된 기준 물질로, 실험 방법의 정확도를 검증하는 데 사용된다.

정확도는 **절대 오차**(absolute error)와 **상대 오차**(relative error)의 크기로 나타낸다. 어떤 실험에서 측정값을 x라 하고 참값을 μ라 하면 절대 오차는 다음과 같은 같다.

$$\text{절대 오차} = x - \mu \tag{3-1}$$

실험실에 있는 분석 저울에 질량이 5.0000 g인 표준 분동을 올려놓았더니 5.0006 g이 나왔다고 가정하자. 이때 절대 오차는 (5.0006 g − 5.0000 g) = 0.0006 g이 된다. 상대 오차는 측정값과 참값의 차이를 참값으로 나누어준 값이다.

$$\text{상대 오차} = \frac{x - \mu}{\mu} \tag{3-2}$$

상대 오차는 분율로 나타내거나 백분율(%) 또는 백만분율(parts per million, ppm)로 표시할 수 있다. 위 분석 저울의 오차를 백분율 상대 오차로 계산하면 다음과 같다.

$$\frac{5.0006\ \text{g} - 5.0000\ \text{g}}{5.0000\ \text{g}} \times 100 = 0.012\%$$

분석 측정의 목적은 정밀도와 정확도 모두 다 좋은 결과를 얻는 것이다. 정밀도는 우연 오차에 의해 결정되겠지만 개개 측정 결과의 정확도는 우연 오차와 계통 오차 모두에 의해 영향을 받을 것이다. 다음 장에서는 실험 자료 세트의 크기를 키워서 우연 오차의 영향을 줄임으로써 보다 참값을 신뢰성 있게 예측하는 법을 배우게 될 것이다.

5 오차로 인한 불확정성의 전달

어떤 실험 결과를 얻기 위해서는 여러 단계의 실험을 거쳐야 한다. 최종 실험 결과의 불확정도(uncertainty), 다시 말해 정밀도는 각 단계에서 일어나는 우연 오차에 의해 결정된다. 대부분 실험에서는 각 단계에서 얻은 오차가 포함되어 있는 측정값으로 산술적인 계산을 해서 최종적인 결과를 얻어 낸다. 이때 불확정도가 어떻게 전달되어 가는지 살펴봄으로써 최종 실험 결과의 불확정도 크기를 예측하고 주된 오차의 원인이 무엇인지 밝혀낼 수 있다. 최종 결과에 포함되어 있는 가장 적절한 불확정도 크기는 각 단계에서 일어나는 오차의 단순한 합이 될 수 없다. 어떤 오차는 양의 값이고 어떤 오차는 음의 값이므로 오차의 일부가 서로 상쇄될 것이라는 것을 쉽게 예측할 수 있다. 이때 계통 오차는 찾아내어 보정할 수 있다고 생각하기 때문에 여기서 말하는 오차는 모두 우연 오차이다. 불확정도는 **평균값의 표준 편차**(standard deviation of the mean)나 **신뢰 구간**(confidence interval)으로 주로 나타내는데 이것은 4장에서 다룰 것이다.

(1) 덧셈과 뺄셈

덧셈과 뺄셈을 하는 동안 전달되는 오차를 간단하게 나타내기 위해 몇 가지 부호를 사용하고 불확정도는 표준 편차로 표시하기로 한다. 최종 결과는 y, 이 값의 불확정도는 s_y로 표시한다. 's'는 표준 편차를 의미한다. 덧셈이나 뺄셈을 해야 하는 값은 a, b, c로 표시하고 이들 개개가 갖고 있는 표준 편차(불확정도)는 s_a, s_b, s_c로 표시하기로 한다. 문제를 좀 더 간단하게 하기 위해 a, b, c 모두에 있는 오차는 각기 서로 독립적이고 우연 오차만 있다고 하자. 이 조건하에서 다음과 같은 일반적인 계산을 할 때 y에 들어 있는 오차 s_y는 다음과 같이 계산할 수 있다.

(a) 덧셈과 뺄셈: 예를 들어 $y = a - b + c$를 계산할 때 s_a, s_b, s_c와 s_y 사이의 관계는 다음과 같다.

$$s_y = \sqrt{s_a^2 + s_b^2 + s_c^2} \tag{3-3}$$

그 외의 계산에서 s_a, s_b, s_c와 s_y 사이의 관계는 다음과 같다.

(b) 곱셈과 나눗셈

$y = (a \times b) \div c$를 계산할 때

$$\frac{s_y}{y} = \sqrt{(\frac{s_a}{a})^2 + (\frac{s_b}{b})^2 + (\frac{s_c}{c})^2} \tag{3-4}$$

(c) 로그

$y = \log(a)$를 계산할 때

$$s_y = 0.434(\frac{s_a}{a}) \tag{3-5}$$

$y = \ln(a)$를 계산할 때

$$s_y = \frac{s_a}{a} \tag{3-6}$$

(d) 역로그

$y = 10^a$를 계산할 때

$$\frac{s_y}{y} = 2.303 s_a \tag{3-7}$$

$y = e^a$를 계산할 때

$$\frac{s_y}{y} = s_a \tag{3-8}$$

(e) 지수

$y = a^x$를 계산할 때

$$\frac{s_y}{y} = x(\frac{s_a}{a}) \tag{3-9}$$

그래서 각 단계에서 처음 측정한 값의 우연 오차의 크기를 산정할 수 있다면 최종 결과가 갖고 있는 우연 오차의 크기를 판단할 수 있다.

예제 | 3.1

프탈산 수소 포타슘(potassium hydrogen phthalate)은 1차 산 표준물질로서 염기 용액을 표준화하기 위해 많이 쓰인다. 산 표준 용액을 만들기 위해 전자식 저울에 무게 다는 병을 올려놓고 'tare' 단추를 눌러 질량이 0이 되게 하였다. 프탈산 수소 포타슘을 질량이 51.6 mg이 될 때까지 무게 다는 병에 넣었다. 이 시료를 부피 플라스크로 옮기고 빈 용기를 저울에 올려놓으니 질량이 0.5 mg이 나왔다. 저울의 표준 편차는 ± 0.05 mg이라 하자. 부피 플라스크에 있는 프탈산 수소 포타슘의 질량에 대한 표준 편차(불확정도)는 얼마인가?

풀이

무게 다는 병의 처음 질량 m_t에서 마지막 질량 m_f를 빼준 것이 부피 플라스크에 있는 프탈산 수소 포타슘의 질량 m이 된다. 이런 방법을 **차이에 의한 질량 측정법**이라고 한다.

$m = m_t - m_f = 51.6\ \text{mg} - 0.5\ \text{mg} = 51.1\ \text{mg}$

m_t의 표준 편차를 s_t, m_f의 표준 편차를 s_f라 하면 m에서 표준 편차 s_m는 (3−3) 식에 따라 계산할 수 있다.

$$s_m = \sqrt{s_t^2 + s_f^2} = \sqrt{(0.05\ \text{mg})^2 + (0.05\ \text{mg})^2} = 0.07_1\ \text{mg}$$

$$\therefore\ s_m = 0.07\ \text{mg}$$

s_t와 s_f가 1개의 유효 숫자를 가지므로 s_m은 1개의 유효 숫자를 갖게 된다. 0.07_1 mg에서 가장 끝 숫자를 아래 첨자로 표시한 것은 이 숫자가 유효 숫자가 아니라는 뜻이다. 때문에 부피 플라스크에 있는 프탈산 수소 포타슘의 질량은 51.1 ± 0.07 mg이 된다. ± 0.07은 측정된 질량에서 더하기 또는 빼기 표준 편차 일배수(one standard deviation) 범위를 나타낸다.

예제 3.1은 표준 편차로 표시한 계산 결과의 우연 오차(± 0.07 mg)는 개개 측정값의 우연 오차보다 항상 크다는 것을 보여 준다. 이러한 현상은 계산이나 실험 과정을 거쳐 가면서 우연 오차가 축적되기 때문이다. 실험하는 동안 모든 개별 단계에서 측정할 때마다 오차가 줄어들 수 있도록 노력해야 하는 이유가 바로 여기에 있다.

또한 예제 3.1에서 시료의 질량(51.1 mg)은 소수점 이하 첫째 자리까지가 유효 숫자이다. 그래서 유효 숫자만 따지면 질량 51.1 mg의 불확정도는 ± 0.1 mg이 된다고 볼 수 있다. 하지만 계산 과정에서 오차의 전달(error propagation)에 의한 불확정도를 구했더니 시료의 질량에는 실제로 ± 0.07 mg의 불확정성이 있다는 것을 알 수 있었다. 오차의 전달이 유효 숫자보다 우연 오차의 크기를 보다 더 잘 나타내는 것이다. ± 0.1 mg과 ± 0.07 mg은 그 차이가 크지 않지만 이 값을 다른 계산에 쓰거나 측정값의 정밀도를 올리려고 할 때는 중요한 의미를 갖는다.

(2) 곱셈과 나눗셈

곱셈이나 나눗셈을 할 때 우연 오차가 다음 숫자로 어떻게 전달되어 가는지 알아보자. 시료를 만들기 위해 저장 용액을 묽히거나 농도를 구해야 할 때 이런 계산을 많이 하게 된다.

예제 | 3.2

예제 3.1에서 측정한 51.1 mg의 프탈산 수소 포타슘을 250.00 mL짜리 부피 플라스크에 넣고 증류수를 가하여 녹인 다음 눈금까지 증류수를 더 가하여 묽혔다. 이 부피 플라스크의 허용 오차는 ± 0.12 mL이다. 농도를 간단히 용액의 단위 부피당 용질의 질량(mg/mL)으로 표시했을 때 불확정도(정밀도)는 얼마인가?

풀이

프탈산 수소 포타슘의 농도 C는 용질의 질량 m을 용액의 부피 V로 나눈 값($C = m/V$)으로 정의하였다. 농도에서의 불확정도 s_c는 각기 독립적인 우연 오차만 존재한다고 가정하면 (3−4) 식으로 계산할 수 있다.

$$\frac{s_c}{c} = \sqrt{\left(\frac{s_m}{m}\right)^2 + \left(\frac{s_V}{V}\right)^2}$$

여기서 질량에서의 불확정도 $s_m = 0.07_1$ mg이고 부피에서의 불확정도 $s_V = 0.01_2$ mL이다. 또, m = 51.1 mg, V = 250.00 mL이므로 C를 계산할 수 있다.

$$C = \frac{51.1\ \text{mg}}{250.00\ \text{mL}} = 0.204_4\ \text{mg/mL}$$

분자가 3개의 유효 숫자를 가지므로 C도 3개의 유효 숫자를 갖는다. 이제 이 모든 값을 대입하면 계산한 농도

값에서의 불확정도를 얻을 수 있다.

$$\frac{s_c}{0.204_4\ \text{mg/mL}} = \sqrt{(\frac{0.07_1\ \text{mg}}{51.1\ \ \text{mg}})^2 + (\frac{0.012\ \text{mL}}{250.00\ \text{mL}})^2} = 0.001_{39}$$

$$s_c = (0.2044\ \text{mg/mL})(0.001_{39}) = 0.0002_8\ \text{mg/mL} = 0.0003\ \text{mg/mL}$$

그래서 프탈산 수소 포타슘의 농도는 0.2044 ± 0.0003 mg/mL(± 1s)가 된다. 괄호 안의 s는 표준 편차를 말한다. 이러한 계산에서는 유효 숫자가 아닌 것도 그대로 남겨 두었다가 마지막 결과에서 반올림 하는 것이 바람직하다.

(3-4) 식에 따르면 계산 결과에 나타난 오차의 상대적인 크기 (s_y/y)는 s_a/a, s_b/b, s_c/c의 상대적인 크기에 의해 결정된다는 것이다. 또 하나는 농도가 0.204_4 mg/mL로 나왔지만 오차의 전달을 통한 불확정도를 결정할 때는 0.2044 ± 0.0003 mg/mL로 썼다는 점이다. 다시 말해 오차의 전달을 계산함으로써 마지막 결과에서 유효 숫자가 하나 더 늘어나게 되는 것이다(0.2044 mg/mL). 이러한 차이가 생기는 것은 유효 숫자를 정하는 규정이 우연 오차를 과장시키는 경향이 있기 때문이다. 실험 결과를 이용하여 어떤 계산을 할 때 오차의 전달을 이용하는 것이 보다 좋다는 것을 보여 주고 있다.

(3) 로그, 역로그, 지수

로그, 역로그, 지수를 계산할 때 오차가 전달되어 가는지 살펴보자. 이러한 계산을 할 때 필요한 식은 (3-5) ~ (3-9)에 주어져 있다.

예제 | 3.3

용액의 pH는 다음과 같이 정의한다.

$$\text{pH} = -\log a_{\text{H}^+}$$

여기서 a_{H^+}는 H^+ 이온의 활동도(activity)를 의미한다.

(1) 어떤 표준 용액의 H^+ 이온의 활동도가 $5.0(\pm 0.2) \times 10^{-7}$ M이라고 하자. 이 용액의 pH와 이 pH 값의 불확정도를 계산하시오.

(2) 어떤 미지 시료의 pH를 측정했더니 5.00 ± 0.05가 나왔다고 하자. H^+ 이온의 활동도와 이 값의 불확정도를 계산하시오.

풀이

(1) $\text{pH} = -\log\ a_{\text{H}^+} = -\log(5.0 \times 10^{-7}) = 6.3$

여기에 로그 계산이 들어 있으므로 (3-5) 식을 사용하여 H^+의 활동도에 있는 우연 오차가 pH에 얼마나 영향을 미치는지 구할 수 있다.

$$s_{\text{pH}} = 0.434(\frac{s_{a_{\text{H}^+}}}{a_{\text{H}^+}}) = 0.434(\frac{0.2 \times 10^{-7}}{5.0 \times 10^{-7}}) = 0.01736$$

$$\therefore\ s_{\text{pH}} = 0.02$$

(2) pH = 5.00이므로 $a_{\text{H}^+} = 10^{-5.00} = 1.00 \times 10^{-5}$

이 값에 있는 불확정도는 (3-7) 식으로 얻을 수 있다.

$$\frac{s_{a_{\text{H}^+}}}{a_{\text{H}^+}} = 2.303 s_{\text{pH}}$$

$$s_{a_{\text{H}^+}} = 2.303 \cdot s_{\text{pH}} \cdot a_{\text{H}^+} = 2.303(0.05)(1.00 \times 10^{-5}) = 0.1152 \times 10^{-5}$$

$$\therefore\ s_{a_{\text{H}^+}} = 0.1 \times 10^{-5}$$

답은 다음과 같다.

$a_{H^+} = 1.00(\pm 0.1) \times 10^{-5}$

(4) 혼합된 계산

어떤 결과를 얻기 위해서 여러 형태의 계산을 해야 하는 경우가 많이 있다. 이때는 우선 계산 과정을 여러 단계로 나눈다. 각 단계는 덧셈, 뺄셈, 곱하기, 나누기 같은 하나의 계산으로만 되어 있다. 각 단계에서 이 계산 과정에 들어가는 우연 오차를 앞서 예제에서 살펴본 방식으로 구한다. 이 결과를 다음 단계 계산에서 사용한다. 이렇게 앞 단계에서 얻은 불확정도를 다음 단계 계산에서 사용해서 마지막 결과가 나올 때까지 계속한다. 다음 예제에서 간단한 문제를 다루어 보자.

예제 | 3.4

다음 계산에서 불확정도를 계산해 보자.

$[2.85(\pm 0.04) - 0.87(\pm 0.02)] \div 1.54(\pm 0.03)$

풀이

우선 괄호 안의 뺄셈에 있는 불확정도 s_1을 (3−3) 식을 이용하여 계산한다.

$$s_1 = \sqrt{(0.04)^2 + (0.02)^2} = 0.04_5$$

$$2.85(\pm 0.04) - 0.87(\pm 0.02) = 1.98(\pm 0.04_5)$$

이제 다음 계산을 해야 한다.

$$1.98(\pm 0.04_5) \div 1.54(\pm 0.03) = 1.28_6(\pm s_y)$$

최종 결과에서 불확정도 s_y는 (3−4) 식을 이용하여 계산한다.

$$s_y/1.28_6 = \sqrt{\left(\frac{0.045}{1.98}\right)^2 + \left(\frac{0.03}{1.54}\right)^2} = 0.03_0$$

$$s_y = (1.28_6)(0.03_0) = 0.03_8$$

그래서 답은 $1.29(\pm 0.03_8)$이 된다.

이 계산에서 0.04_5나 1.28_6처럼 유효 숫자가 아닌 것도 최종 결과를 내기 전에는 그대로 둔다는 점을 다시 상기시킬 필요가 있다(이 숫자를 'guard digit'라고도 한다). 이렇게 하는 것은 여러 단계의 계산에서 반올림에 의한 오차를 피하기 위해서 매우 중요하다.

연습문제

1. 우리가 보통 오차라고 하면 우연 오차를 말한다. 우연 오차란 무엇인가?

2. 실험 결과에 계통 오차는 보통 보정해 주어야 한다. 계통 오차를 어떻게 찾아낼 수 있는지 간단한 예를 들어 설명하시오.

3. 우연 오차는 숙련된 과학자가 실험하더라도 줄이는 것은 가능하지만 없애는 것은 불가능하다. 그 이유를 설명하시오.

4. 다음 오차가 계통 오차인지 우연 오차인지 설명하시오.
   (1) 공기의 이동과 진동이 심한 교통이 혼잡한 장소 가까이에 놓여 있는 전자식 저울을 사용하여 나온 측정 결과
   (2) 10 mL짜리 부피 피펫으로 옮긴 용액의 부피는 항상 10.012 ± 0.004 mL 범위에 들어간다.
   (3) 50 mL짜리 뷰렛의 용액을 눈금 0에서 5 mL까지 잠금 장치를 열고 내려 받으면 그 부피가 항상 4.94 ± 0.03 mL가 된다.
   (4) 무게 측정에서 부력 때문에 생기는 오차를 보정하기 위해 밀도가 8.0 g/cm³인 표준 분동을 사용했는데 이 분동의 실제 밀도는 8.1 g/cm³였다.

5. 다음 숫자에서 각각 유효 숫자가 몇 개인지 말하시오.
   (1) 0.0047_2　　(2) 23.03_{10}　　(3) 3.8×10^5

6. 다음 숫자가 지시한 만큼 유효 숫자를 가지도록 반올림하시오.
   (1) 5.42_7 (유효 숫자 3개)
   (2) 0.04675_3 (유효 숫자 4개)
   (3) $1.535_4 \times 10^{-3}$ (유효 숫자 4개)
   (4) $2.08_6 \times 10^5$ (유효 숫자 3개)
   (5) 3.034 (유효 숫자 2개)

7. 다음 계산을 하고 그 결과를 유효 숫자의 자릿수가 맞도록 쓰시오.
   (1) $2.79 + 5.342$
   (2) $15.37 - 2.55$
   (3) 12.95×4.1
   (4) $6.369 \times 10^5 \div 2.5_3 \times 10^3$
   (5) $\log(6.43)$
   (6) $\text{antilog}(-2.297)$

8. 다음 계산의 결과를 유효 숫자의 자릿수가 맞도록 쓰시오.
   (1) $5.12 + 2.0 - 4.173$
   (2) $(1.315 \times 10^3) - 372.65 + (7.44 \times 10^3)$
   (3) $[16.55/(7.26 \times 10^5)] \times (2.753 \times 10^3)$
   (4) $(107.2/5.53) - 6.245$
   (5) $\log(2.89 \times 10^5)$
   (6) $10^{-5.79}$

9. 다음 화합물의 화학식량을 구하시오. 단, 유효 숫자의 개수가 맞아야 하며 주기율표는 이 책의 앞표지 안쪽에 나와 있다.

(1) NaCl

(2) $CaSO_4$

(3) C_6H_6

(4) $C_2H_4O_2$

10. 실험 결과의 재현성이란 무엇을 말하는가?

11. 정밀도와 정확도의 차이를 설명하시오.

12. 정밀도와 정확도는 계통 오차와 우연 오차 크기와 어떤 관계가 있는가?

13. 다음 계산의 절대 불확정도와 백분율로 표시한 상대 불확정도를 구하시오. 계산 결과는 유효 숫자 개수가 맞아야 한다.

(1) $8.5(\pm 0.2) + 3.6(\pm 0.1)$

(2) $57.3(\pm 1.0) \times 15.8(\pm 0.1)/36.5(\pm 0.3)$

(3) $[5.7(\pm 0.1) - 3.9(\pm 0.1)]/8.5(\pm 0.2)$

(4) $3.256(\pm 0.003) \times 1.633_5(\pm 0.002) + 4.20(\pm 0.01)$

(5) $[2.17(\pm 0.07)]^{1/2}$

(6) $\log[4.67(\pm 0.03)]$

14. (1) KCl의 화학식량을 구하고 이 값의 절대 불확정도와 백분율 상대 불확정도를 계산하시오.

(2) 일정량의 KCl 질량을 측정했더니 $4.735(\pm 0.002)$ g이었다. 이 KCl을 $250.00(\pm 0.12)$mL인 부피 플라스크에 넣고 물을 가하여 녹였다. 이 용액의 몰농도와 불확정도를 계산하시오. 유효 숫자의 개수가 맞아야 한다.

15. 은(Ag)이 들어 있는 광석 15.247 ± 0.003 g이 있다. 이 광석의 Ag 함량을 알아보기 위해 광석을 용액에 녹여 Cl^-을 가했더니 AgCl 침전이 만들어졌다.

$Ag^+(aq) + Cl^-(aq) \rightarrow AgCl(s)$

AgCl(s)의 질량이 0.284 ± 0.002 g이었다면 이 광석에서 Ag 함량을 백분율로 계산하고 또 이 결과의 절대 불확정도와 상대 불확정도를 계산하시오.

4장 통계학 – 실험 결과의 올바른 취급

측정값에는 항상 어느 정도의 오차가 포함되어 있어 확정적으로 어떤 결론을 끌어내는 것은 불가능하다. 어떤 결론이 옳을 가능성이 매우 높다면 수용하고 그렇지 않은 것은 폐기해야 하는데 이러한 판단을 이끌어내는 데 통계학이 쓰인다. 뿐만 아니라 축적한 실험 자료의 유효성을 이해하여 각 분석 단계의 한계를 설정하는 데도 통계학이 필요하다. 필요한 시료의 크기, 요구하는 측정값의 정밀도와 정확도, 방법 특이성(method specificity), 직선성(linearity) 등 실험을 올바로 설계하려면 축적된 자료가 무엇을 말하고 있는지 제대로 이해해야 한다.

1 평균, 표준 편차, 확률 – 가우스 분포

측정을 매우 많이 반복하고 또 측정 결과에는 순수한 우연 오차만 있다면 측정 결과는 평균값을 향해 대칭적으로 모이는 경향을 보인다. 측정을 많이 하면 할수록 결과는 점점 더 좌우 대칭인 종 모양의 매끈한 이상적인 곡선에 접근해 가는데 이 분포를 Gauss **분포**(Gaussian distribution) 또는 **정규 분포**(normal distribution)라 하고 이것을 그린 곡선은 Gauss **곡선**(Gaussian curve) 또는 **정규 분포 곡선**(normal distribution curve)이라고 한다. 그림 4.1은 대한민국 20대 남자 3000명의 키를 측정한 가상 자료이다. 막대 그림은 남자의 키를 10 cm 간격으로 그린 것이다. 키를 측정하는 데 우연 오차만 있다고 가정했으므로 키의 분포는 근사적으로 Gauss 분포이고, 곡선은 Gauss 곡선이 된다. 측정을 무한히 많이 하고 우연 오차만 존재하면 측정 결과는 Gauss 분포가 되지만 어떤 한정된 개수의 측정 자료는 Gauss 분포와 어느 정도 차이가 있을 것이다.

문제는 실험실에서 이렇게 많이 반복해서 측정하는 것이 현실적으로 불가능하다는 것이다. 어떤 측정 실험을 3000번 반복하면 측정값이 Gauss 분포를 보이겠지만 통상 우리는 3 ~ 5번 정도 측정하고 많아야 7 ~ 10번 정도 측정한다. 하지만 이렇게 적은 측정 자료를 가지고 많은 측정 자료를 표현할 수 있는 매개 변수를 통계적으로 예측할 수 있다.

남자의 키와 이에 대한 Gauss 분포는 2개의 매개 변수, 즉 산술 **평균**(mean 또는 average) $\bar{x}$와 **표준 편차**(standard deviation), s로 특징지을 수 있다. 평균은 측정값의 합을 측정 횟수로 나눈 것이다.

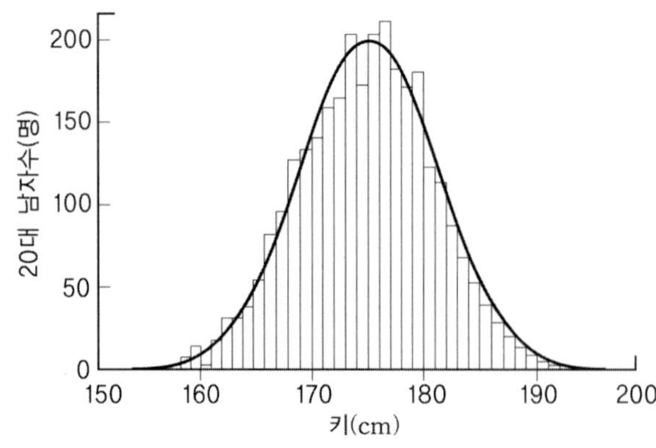

그림 4.1 한국 20대 남성 3000명의 키를 측정한 자료를 그린 Gauss 분포이다. 가상 자료임. 평균: 175.0 cm, 표준 편차: 6.0 cm

$$\text{평균: } \bar{x} = \frac{\sum_i x_i}{n} \tag{4-1}$$

여기서 n은 측정 횟수이고 x_i는 개개인의 키를 말한다. Gauss 분포의 중심점, 즉 최고점이 평균값이 되는데 그림 4.1에서 평균은 175.0 cm이다. 표준 편차는 Gauss 곡선의 넓이, 다시 말해 측정값이 평균값 주변으로 얼마나 가깝게 모여 있는지를 나타낸다. 어떤 측정값의 표준 편차가 작다고 하는 것은 그만큼 정밀도가 높다는 것을 의미한다. 그림 4.1에 있는 분포 곡선의 표준 편차 $s = 6.0$ cm이다. 그림 4.2에서 보는 것처럼 표준 편차가 작아지면 측정값이 평균값 주위로 가깝게 모이기 때문에 Gauss 곡선의 넓이가 좁아진다.

$$\text{표준 편차: } s = \sqrt{\frac{\sum_i (x_i - \bar{x})^2}{n-1}} \tag{4-2}$$

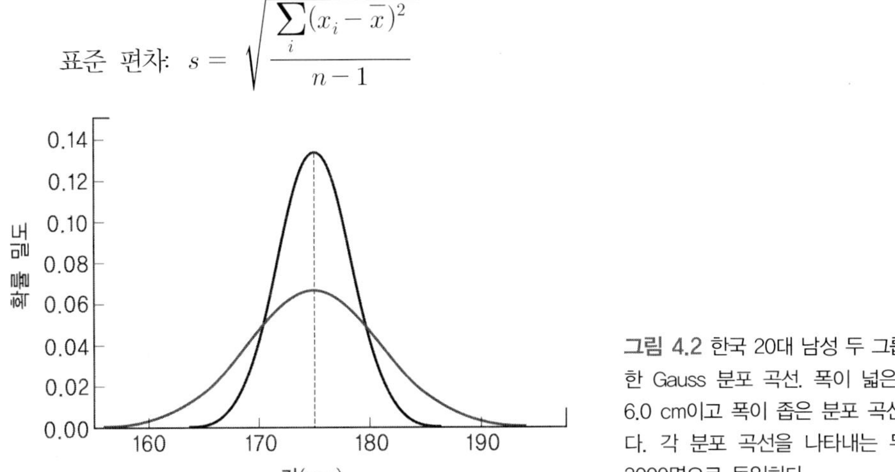

그림 4.2 한국 20대 남성 두 그룹의 키를 측정한 자료에 대한 Gauss 분포 곡선. 폭이 넓은 분포 곡선의 표준 편차는 6.0 cm이고 폭이 좁은 분포 곡선의 표준 편차는 3.0 cm이다. 각 분포 곡선을 나타내는 두 그룹의 사람 수는 모두 3000명으로 동일하다.

측정 횟수가 무한히 많은 자료에 대해서 평균값은 **모집단 평균**(population mean)이라 부르고 μ로 표시하며 표준 편차는 **모집단 표준 편차**(population standard deviation)라 부르고 σ로 표시한다. μ와 σ를 측정하는 것은 불가능하지만 우연 오차만 있는 경우 측정 횟수가 늘어날수록 $\bar{x}$는 μ에 접근하고 s는 σ에 접근해 간다.

식 (4−2)에 있는 $n-1$은 **자유도**(degree of freedom)라 부른다. 평균을 계산할 때는 n으로 나누었는데 표준 편차를 계산할 때는 $n-1$을 나누어 준 이유는 표준 편차를 계산할 때는 $\bar{x}$가 포함되기 때문이다. 평균을 알고 있으면 실험 자료에 대한 추가적인 정보를 얻게 되고 이 때문에 자유도가 하나 줄어드는 것이다. **가변도**(variance)는 표준 편차의 제곱을 말한다. **상대 표준 편차**(relative standard deviation, **가변 계수**(coefficient of variation)라고도 부른다)는 표준 편차를 평균에 대한 백분율($\frac{s}{\bar{x}} \times 100$)로 표시한 것이다.

예제 | 4.1

어떤 사람의 키(cm)를 측정했더니 다음과 같은 결과가 나왔다.

177.5, 177.2, 177.9, 177.0, 177.6

이 측정값에 대한 평균, 표준 편차, 가변 계수를 계산하시오.

풀이

평균 $\bar{x}$는 다음과 같다.

$$\bar{x} = \frac{177.5 + 177.2 + 177.9 + 177.0 + 177.6}{5} = 177.4_4$$

반올림 오차를 피하기 위해 일반적으로 원래 자료보다 유효 숫자 1개를 더 쓴다.

표준 편차 s는 다음과 같이 계산한다.

$$s = \sqrt{\frac{(177.5-177.44)^2+(177.2-177.44)^2+(177.9-177.44)^2+(177.0-177.44)^2+(177.6-177.44)^2}{(5-1)}} = 0.3_5$$

평균과 표준 편차는 같은 소수점 자릿수를 가져야 한다.

가변 계수는 상대 불확정도를 백분율로 표시한 값이다.

$$\text{가변 계수} = \frac{s}{\bar{x}} \times 100 = \frac{0.3_5}{177.4_4} \times 100 = 0.20\%$$

우리는 보통 실험 결과를 $\bar{x} \pm s(n)$로 표시한다. 괄호 안의 n은 자료 숫자(측정 횟수)를 말한다. 앞서 말한 남자의 키를 175 ± 6 cm(n = 4)로 표시하였다면 $\bar{x}$와 s가 중간 결과인 경우 다음 계산에서 반올림할 때 오차가 생길 수 있기 때문에 좋지 않다. 이를 피하기 위해 하나 또는 그 이상의 유효 숫자가 아닌 숫자를 남겨두어야 한다. 결과를 $175._0 \pm 6._0$ cm로 표시하면 된다. 마지막 아래 첨자로 내려 쓴 숫자는 유효 숫자가 아니라는 것을 명심하자.

Gauss 분포 곡선은 측정값 x와 측정할 때 이 값이 나올 확률(y) 사이의 관계를 나타내는 식이다.

$$y = \frac{1}{\sigma\sqrt{2\pi}} e^{-(x-\mu)^2/2\sigma^2} \tag{4-3}$$

여기서 e는 자연 로그의 밑이다. 자료의 숫자가 제한되어 있는 경우 근사적으로 μ 대신 $\bar{x}$를 쓰고 σ 대신 s를 쓴다. 식 (4−3)에 $\mu = 0$, $\sigma = 1$을 대입하여 그린 간단한 Gauss 곡선을 그림 4.3에서 볼 수 있다.

$x = \mu$일 때 y 값이 최대가 되고 이 최댓값을 중심으로 곡선은 좌우 대칭이 된다. 이 곡선 아래 면적을 모두 합하면 1이 되는데 이런 곡선을 **정규 오차 곡선**(normal error curve)이라고 부른다. 이 곡선의 각 부분 아래 면적은 표 4.1에 정리하였다.

표 4.1 정규 오차 곡선의 세로 좌표와 면적

$\|z\|$[a]	y	면적[b]	$\|z\|$[a]	y	면적[b]	$\|z\|$[a]	y	면적[b]
0.0	0.3989	0.0000	1.4	0.1497	0.4192	2.8	0.0079	0.4974
0.1	0.3970	0.0398	1.5	0.1295	0.4332	2.9	0.0060	0.4981
0.2	0.3910	0.0793	1.6	0.1109	0.4452	3.0	0.0044	0.498650
0.3	0.3814	0.1179	1.7	0.0941	0.4554	3.1	0.0033	0.499032
0.4	0.3683	0.1554	1.8	0.0790	0.4641	3.2	0.0024	0.499313
0.5	0.3521	0.1915	1.9	0.0656	0.4713	3.3	0.0017	0.499517
0.6	0.3332	0.2258	2.0	0.0540	0.4773	3.4	0.0012	0.499663
0.7	0.3123	0.2580	2.1	0.0440	0.4821	3.5	0.0009	0.499767
0.8	0.2897	0.2881	2.2	0.0355	0.4861	3.6	0.0006	0.499841
0.9	0.2661	0.3159	2.3	0.0283	0.4893	3.7	0.0004	0.499904
1.0	0.2420	0.3413	2.4	0.0224	0.4918	3.8	0.0003	0.499928
1.1	0.2179	0.3643	2.5	0.0175	0.4938	3.9	0.0002	0.499952
1.2	0.1942	0.3849	2.6	0.0136	0.4953	4.0	0.0001	0.499968
1.3	0.1714	0.4032	2.7	0.0104	0.4965	∞	0	0.5

[a] $z = (x-\mu)/\sigma$

[b] 면적은 $z = 0$으로부터 주어진 표의 값 사이의 면적을 말한다. 예를 들어 $z = 0$에서 $z = 1.0$까지의 면적은 0.3413이 된다. 또 $z = -1.0$에서 $z = 0$까지의 면적은 $z = 0$에서 $z = 1.0$까지의 면적과 같다. $z = -\infty$에서 $z = +\infty$까지 곡선 아래 전체 면적은 1이 된다.

그림 4.3의 x축은 z 값으로 표시했는데 이 값은 측정값과 평균값 사이의 차이를 표준 편차로 나눈 값이다. 즉 z 값은 평균값으로부터의 거리를 표준 편차 단위로 나타낸 것이다. $z = 1.5$라면 평균값으로부터 표준 편차의 1.5배에 해당하는 거리만큼 떨어져 있다는 뜻이 된다.

$$z = \frac{x-\mu}{\sigma} \approx \frac{x-\bar{x}}{s} \tag{4-4}$$

실험 결과가 Gauss 분포를 따른다면 실험 결과가 평균으로부터 어떤 일정한 범위 내에 있을 확률은 그 범위의 면적과 같다. 화학 측정 자료를 설명하기 위해 Gauss 분포를 사용할 때 특별히 기억할 만한 2개의 범위가 있다. 첫째는 평균값 위 또는 아래로 표준 편차의 일배수되는 범위($\mu \pm 1\sigma$)이다. 그림 4.3과 같은 Gauss 분포 곡선에서 이 범위의 면적은 0.6826이다. 이것은 특정 측정값이 $\mu \pm 1\sigma$ 범위에 포함될 확률이 68.26%라는 것을 의미한다. 개략적으로 말하면 모든 측정값의 2/3가 이 범위 안에 있는 셈이다. 기억할 만한 또 다른 범위는 평균값 위 또는 아래로 표준 편차의 2배수 되는 범위($\mu \pm 2\sigma$)이다. Gauss 분포 곡선에서 이 범위의 면적은 0.9544이다. 특정 측정값이 이 범위에 들어갈 확률이 대략 95%라는 말이다. 다시 말해 모든 측정값의 95.44%가 이 범위에 포함된다는 뜻이 된다. 이 두 가지 범위는 자료를 설명하거나 실험 결과를 서로 비교할 때 많이 쓰인다.

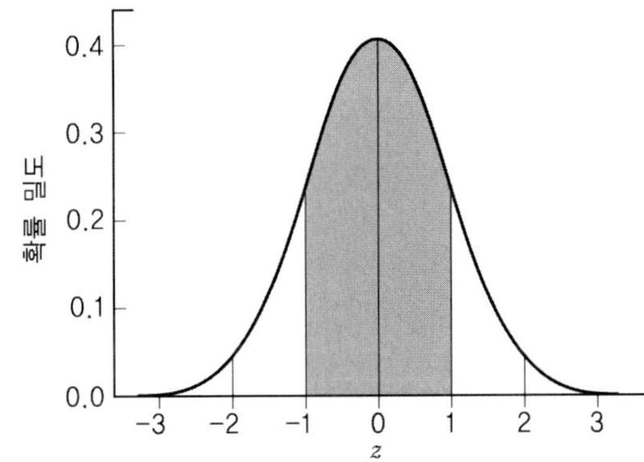

그림 4.3 간단하게 하기 위해 $\mu = 0$이고 $\sigma = 1$이라고 가정한 Gauss 분포 곡선. 곡선 아래 전체 면적은 1이고 가로 좌표 z는 평균값으로부터의 거리를 표준 편차 단위로 나타낸 것이다.

3000명의 평균 신장을 구하기 위해 한 사람씩 모두 측정하여 평균과 표준 편차를 구하였다. 이 값을 모집단 평균, 모집단 표준 편차로 간주하였다. 다른 방법으로 평균 신장을 구할 수 있다. 예를 들어 임의로 4명을 골라 하나의 집단으로 묶는다. 이렇게 하면 750개 집단이 될 것이다. 4명으로 이루어진 각 집단의 신장을 측정하고 평균값을 구한다. 각 집단의 평균값을 모두 평균하면 앞서 얻은 모집단 평균값과 같은 값을 얻게 된다. 하지만 4명으로 구성된 각 집단 평균값의 표준 편차를 $\sigma(4)$라 할 때 이 $\sigma(4)$는 앞에서 계산한 모집단 표준 편차 σ보다 작아진다. 이들 사이의 관계는 $\sigma(4) = \sigma/\sqrt{4}$가 된다. 그래서 n개의 측정값으로 이루어진 집단의 평균값의 표준 편차 $\sigma(n)$은 다음과 같이 된다.

$$\sigma(n) = \frac{\sigma}{\sqrt{n}} \tag{4-5}$$

어떤 측정을 할 때 측정 횟수가 많아질수록 평균값이 모집단 평균값에 접근한다고 더욱 확신하게 된다. n을 측정 횟수라 했을 때 불확정도는 $1/\sqrt{n}$에 비례하여 감소한다. 측정 횟수가 2배가 되면 불확정도는 $1/\sqrt{2}$만큼 줄어들고, 9배 측정하면 불확정도는 1/3만큼 감소한다.

예제 | 4.2

3000명의 신장이 그림 4.1과 같은 분포를 가질 때 신장이 175.0 ~ 178.0 cm 사이에 들어가는 사람은 몇 명이나 되는가?

풀이

우선 이 구간을 표준 편차의 배수, 즉 z 값으로 표시해야 한다. $\bar{x} = 175.0$ cm, $s = 6.0$ cm이므로

$z = \dfrac{178.0 - 175.0}{6.0} = 0.500$이다. 그림 4.1의 정규 오차 곡선의 $z = 0$에서 $z = 0.5$ 사이 면적은 0.1915가 된다. 분포 곡선 아래의 전체 면적이 1.00이므로 이 구간이 차지하는 분율은 0.1915가 된다. 따라서 이 구간에 속하는 사람의 숫자는 다음과 같이 계산할 수 있다.

(3000) × (0.1915) = 574.5이다. 소수점 첫째 자리에서 반올림하면 575명이 된다.

2 신뢰 구간

실험 결과의 변동은 보통 일정 크기의 숫자로 나타낸다. 측정값을 평균값과 그 위 또는 아래로 표준 편차(s) 2배수로 표현하면 $\bar{x} \pm 2s$로 쓸 수 있다. 이때 평균값에 뒤따라 나오는 $\pm 2s$를 **신뢰 한계**(confidence limit)라 하고 평균값에 이 범위를 더해 준 $\bar{x} \pm 2s$를 **신뢰 구간**(confidence interval)이라고 한다. 신뢰 한계는 실험한 사람이 그 결과에 대해 갖고 있는 확실성이 어느 정도 되는지 구체적으로 명시해준다. 정규 분포에서 $\pm 2s$ 범위는 측정값 중 어느 하나가 이 범위 안에 들어 있을 확률이 대략 95%라는 것을 의미한다. 달리 표현하면 한 세트의 측정에서 이 범위 안에 참값이 포함되어 있을 확률이 95%라는 의미이다.

(1) 신뢰 구간의 계산

측정값이 많은 큰 집단의 신뢰 구간이 갖는 의미는 쉽게 파악할 수 있지만 실제 분석 실험에서 얻는 측정 횟수가 많지 않은 소규모 집단이 갖는 이 구간의 의미는 결정하기가 훨씬 복잡하다. 우리가 구할 수 있는 것은 이런 소규모 집단의 평균값 $\bar{x}$와 표준 편차 s인데 이들이 갖는 불확정성이 그만큼 크기 때문에 참값과 차이가 클 가능성이 많다. 측정 횟수가 많을수록 $\bar{x}$와 s가 모집단 평균 μ와 모집단 표준 편차 σ에 접근해 간다. 우연 오차만 있는 경우 우리는 μ를 참값으로 간주한다. 신뢰 구간을 크게 하고 Student's t 값이라 부르는 보정 인자를 사용하여 이 큰 불확정성을 반영시킬 수 있다. 표 4.2에 있는 Student's t 값은 신뢰 구간을 나타내고 다른 실험에서 얻은 결과를 서로 비교하기 위해 가장 자주 쓰이는 통계학적 도구이다. 자유도가 커지면 Student's t 값이 점차 감소하여 일정한 값으로 접근해 간다. 이것은 측정 횟수가 늘어날수록 평균값과 표준 편차가 참값에 접근해 간다는 사실을 반영한다. Student's t 값을 결정하는 다른 요인은 참값이 계산한 신뢰 구간 내에 존재할 가능성이 얼마나 되느냐 하는 점이다. 이러한 가능성을 **신뢰 수준**(confidence level)이라고 한다. 신뢰 수준이 커지면 Student's t 값이 증가한다. 통상적으로 우리는 95% 신뢰 수준을 가장 많이 사용한다. 측정 횟수에 따른 불확정도의 차이를 반영하여 신뢰 구간은 다음과 같이 계산할 수 있다.

$$\text{신뢰 구간} = \bar{x} \pm \frac{ts}{\sqrt{n}} \qquad (4-6)$$

여기서 t는 표 4.2에서 보는 바와 같이 원하는 신뢰 수준에서 Student's t 값이고 $\bar{x}$와 s는 각각 평균값과 표준 편차이다. 이 신뢰 구간의 의미는 다음과 같다. 평균과 표준 편차를 구하기 위해 n번 측정한 값을 하나의 자료 집단으로 만드는데, 이런 실험을 여러 번 반복하여 많은 자료 집단을 얻었다. 95% 신뢰 구간이라는 것은 이 자료 집단의 95%가 이 범위 내에 참값(모집단 평균)을 포함하고 있다는 것이다. 아주 정확하지는

않지만 이 신뢰 구간 내에 참값이 들어 있을 확률이 95%라고 간단히 말할 수 있다.

예제 | 4.3

어떤 식품에 포함된 탄수화물의 함량(wt%)을 6회 반복해서 측정했더니 다음과 같은 결과가 얻어졌다.

13.7, 12.5, 13.1, 14.2, 12.9, 13.3 wt%

이 실험 결과에 대해 50%와 95% 신뢰 구간을 구하시오.

풀이

우선 평균값 $\bar{x}$와 표준 편차 s를 계산하면 다음과 같다.

$\bar{x} = 13.2_8, \quad s = 0.6_0$

표 4.2에서 자유도가 5일 때 50% 신뢰 수준에서 t 값 $= 0.727$, 95% 신뢰 수준에서 t 값 $= 2.571$이다. 각 신뢰 구간은 식 (4−6)을 이용하여 다음과 같이 계산할 수 있다.

$$50\%\ \text{신뢰 구간} = \bar{x} \pm \frac{ts}{\sqrt{n}} = 13.2_8 \pm \frac{(0.727)(0.6_0)}{\sqrt{5}} = 13.2_8 \pm 0.2_0\ \text{wt\%}$$

$$95\%\ \text{신뢰 구간} = \bar{x} \pm \frac{ts}{\sqrt{n}} = 13.2_8 \pm \frac{(2.571)(0.6_0)}{\sqrt{5}} = 13.2_8 \pm 0.6_9\ \text{wt\%}$$

즉, 이 시료에 대해 6번씩 측정하는 실험을 여러 번 반복하면 50% 신뢰 구간의 절반에 참값이 포함될 것이고 90% 신뢰 구간 20개 중 19개에 참값이 포함되어 있을 것이라 기대할 수 있다.

표 4.2 Student's t 값

자유도	신뢰 수준(%)						
	50	90	95	98	99	99.5	99.9
1	1.000	6.314	12.706	31.821	63.656	127.321	636.619
2	0.816	2.920	4.303	6.965	9.925	14.089	31.598
3	0.765	2.353	3.182	4.541	5.841	7.453	12.924
4	0.741	2.132	2.776	3.747	4.604	5.598	8.610
5	0.727	2.015	2.571	3.365	4.032	4.773	6.869
6	0.718	1.943	2.447	3.143	3.707	4.317	5.959
7	0.711	1.895	2.365	2.998	3.500	4.029	5.408
8	0.706	1.860	2.306	2.896	3.355	3.832	5.041
9	0.703	1.833	2.262	2.821	3.250	3.690	4.781
10	0.700	1.812	2.228	2.764	3.169	3.581	4.587
15	0.691	1.753	2.131	2.602	2.947	3.252	4.073
20	0.687	1.725	2.086	2.528	2.845	3.153	3.850
25	0.684	1.708	2.060	2.485	2.787	3.078	3.725
30	0.683	1.697	2.042	2.457	2.750	3.030	3.646
40	0.681	1.684	2.021	2.423	2.704	2.971	3.551
60	0.679	1.671	2.000	2.390	2.660	2.915	3.460
120	0.677	1.658	1.980	2.358	2.617	2.860	3.373
∞	0.674	1.645	1.960	2.326	2.576	2.807	3.291

(2) 신뢰 구간의 의미

신뢰 구간의 의미를 그림 4.4를 이용하여 생각해 보자. 그림 4.1의 20대 남자 3000명의 신장을 측정한 자료에서 평균 신장(μ)은 175.0 cm였고 표준 편차(σ)는 6.0 cm였다. 이것이 참값이다. 그러나 현실적으로 이 모든 사람의 신장을 측정하는 것이 어렵기 때문에 이들 중 4명을 임의로 골라 신장을 측정하여 그 평균값과 표준 편차를 계산하였다. 표 4.2에서 50% 신뢰 수준, 자유도가 3일 때 $t = 0.765$이므로 (4−6) 식을 이용하여 50% 신뢰 구간을 계산하였다. 이 결과를 그림 4.4(a)의 왼쪽 첫 번째 에러 바(error bar)로 표시하였다. 또 4명을 골라 신장을 측정하여 같은 방식으로 50% 신뢰 구간을 계산하여 두 번째 에러 바를 그림 4.4(a)에 표시하였다. 이런 방식의 측정을 100회 반복하여 그림 4.4(a)에 100개의 에러 바를 표시하였다. 50% 신뢰 구간이라는 것은 이런 측정을 무한히 많이 반복했을 때 그림 4.5(a)에 있는 50% 에러 바 범위에 참값 175.0 cm가 포함될 것이라고 정의할 수 있다. 사실 여기서는 100번만 측정했기 때문에 47개의 에러 바가 175.0 cm에 해당하는 수평선을 통과하고 있다.

그림 4.4(b)는 같은 집단에 대한 신장을 측정한 똑같은 실험인데 다만 90% 신뢰 구간을 계산한 점만 다르다. 신뢰 수준이 90%로 올라가므로 $t = 2.353$이 되어 에러 바가 많이 길어진다. 무한히 많은 측정을 하였다면 에러 바의 90%가 참값 175.0 cm에 해당하는 수평선을 통과하겠지만 여기서는 100번만 측정했기 때문에 100개의 에러 바 중에서 89개가 수평선을 통과하고 있다.

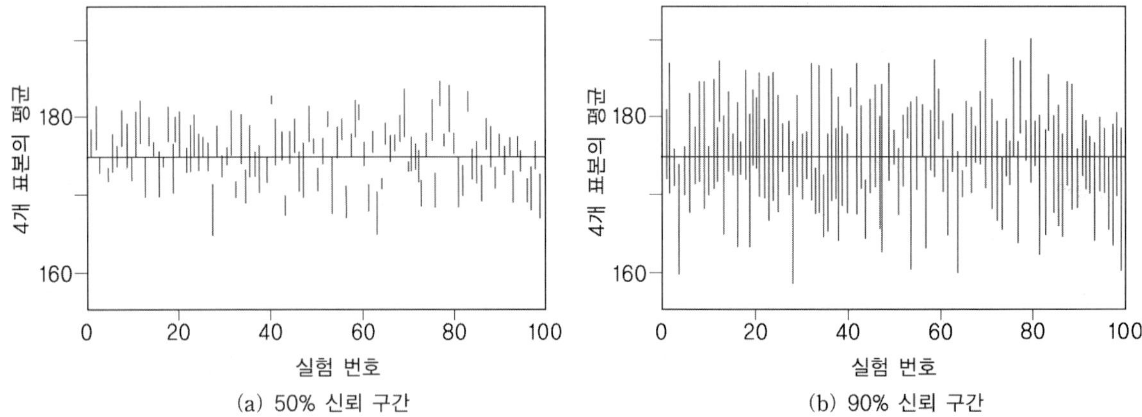

그림 4.4 임의로 남자 4명을 선택하여 계산한 신뢰 구간. (a)는 50% 신뢰 구간을, (b)는 90% 신뢰 구간을 표시한 것이다. 참값이 에러 바로 표시한 구간에 들어갈 확률이 (a)는 50%이고 (b)는 90%이다.

(3) 실험의 불확정도를 나타내는 표준 편차와 신뢰 구간

측정값을 계산할 때 불확정도가 어떻게 전파되어 가는지 3장에서 배웠다. 예를 들어 어떤 용액에 녹아 있는 용질의 몰수를 구하려면 용질의 질량을 분자량으로 나누어야 한다. 그래서 질량과 분자량을 구해야 한다. 이때 몰수가 갖는 불확정도는 질량과 분자량의 불확정도로부터 구할 수 있다. 일반적으로 불확정도는 측정값의 표준 편차와 신뢰 구간으로 표시한다.

10 mL짜리 부피 플라스크를 보정한다고 생각하자. 이 부피 플라스크에 증류수를 눈금까지 채워 질량을 5번 측정하였더니 다음과 같은 결과가 나왔다.

10.0136, 10.0139, 10.0135, 10.0134, 10.0135 g

평균 $\bar{x} = 10.0135_8$ g이고 표준 편차 $s = 0.0001_9$ g이다. 그래서 질량은 $\bar{x} = 10.0135_8 \pm 0.0001_9$ g$(n = 5)$라고 보고한다.

이 실험 결과의 불확정도를 신뢰 구간으로 표시할 수도 있다. 보통 신뢰 구간은 95% 신뢰 수준으로 나타낸다. 이제 불확정도를 나타내기 위해 95% 신뢰 수준에서 신뢰 구간을 계산해 보자. 표 4.2를 보면 95% 신뢰 수준에서 자유도 4일 때 $t = 2.776$이라는 것을 알 수 있다.

$$\pm \frac{ts}{\sqrt{n}} = \pm \frac{(2.776)(0.0001_9)}{\sqrt{5}} = \pm 0.0002_4$$

이 기준으로 봤을 때 질량의 불확정도는 $\pm\ 0.0002_4$ g이 된다. 그래서 질량을 $10.0135_8 \pm 0.0002_4$ g$(n = 5)$라고 보고할 수도 있다. 측정값을 보고할 때는 불확정도를 n번 측정에 대한 표준 편차로 표시한 것인지 아니면 n번 측정에 대한 95% 신뢰 구간으로 표시한 것인지 명확히 해야 한다.

앞서 언급한 것처럼 불확정도를 줄이려면 측정 횟수를 늘려야 한다. 측정 횟수 n이 늘어나면 (4−2) 식에서와 같이 표준 편차가 감소하고, (4−6) 식에서처럼 신뢰 구간도 줄어든다.

3 평균값의 비교 − 차이가 실제 존재하는가?

측정값에는 작지만 항상 우연 오차가 포함되어 있다. 그래서 같은 양을 측정하는 데 서로 다른 방법을 사용하거나 같은 방법이라도 서로 다른 사람이 실험하여 얻은 측정값 두 세트의 평균값이 서로 같지 않을 것이다. 우리는 두 평균값 사이의 이러한 차이가 실험 오차 범위 내에 들어가는지 아닌지 판단해야 한다. 흔히 **t 시험**(t test)을 이용하여 이 두 값을 서로 비교해서 두 세트의 측정값이 통계학적으로 분명히 다른 것인지 아니면 같은 것인지 결정하게 된다. t 시험은 통계학적 인자인 Student's t 값을 이용하는 시험법이다. 이러한 통계학을 이용하여 측정한 두 평균값 사이의 차이가 우연 오차 때문에 생길 확률이 얼마나 되는지 구할 수 있다. 보편적으로 사용되는 불확정도에 대한 기준은 이론상으로 우리가 내린 결론이 옳을 확률이 95%가 되어야 한다. 이 기준대로 한다면 두 평균값이 다르지 않다는 결론을 20번 내렸을 때 틀릴 확률이 1번쯤 된다는 것이다. 실험 자료를 통계학적으로 서로 비교하는 몇 가지 경우를 다루어 보자.

(1) 기준값이 알려져 있는 경우

건물 외벽에 칠하는 납(Pb) 함량이 4 wt%로 표시되어 있는 표준 흰색 페인트를 구입하였다. 이 페인트의 납 함량을 미국 국립표준기술연구소(National Institute of Standards and Technology, NIST)가 측정하여 보증했는데 그 값이 4.34 wt%였다. 이 값은 참값으로 간주할 수 있다. 어떤 실험실에서 새로운 분석 방법을 개발하여 이 방법으로 같은 결과를 얻을 수 있는지 시험해 보기로 하였다. 납의 함량을 5번 측정했는데 그 결과는 4.31, 4.28, 4.30, 4.32, 4.29 wt%였고 평균값 $\bar{x} = 4.30_0$ wt%, 표준 편차 $s = 0.01_6$ wt%였다. 이 결과가 알려진 값과 같은지 아니면 다른지 판단해야 한다. 이를 위해 이 실험 결과에 대한 95% 신뢰 구간을 계산하여 알려진 값이 이 범위 안에 들어가는지 확인하면 된다. 알려진 값이 이 신뢰 구간 안에 들어가면 이 분석 방법의 결과는 실험 오차 범위 내에서 알려진 값과 일치한다고 판단할 수 있다.

5번 측정했기 때문에 자유도는 4이고 표 4.2에서 t(95% 신뢰 수준) = 2.776임을 알 수 있다. 그래서 95% 신뢰 구간은

$$\bar{x} \pm \frac{ts}{\sqrt{n}} = 4.30_0 \pm \frac{(2.776)(0.01_6)}{\sqrt{5}} = 4.30_0 \pm 0.02_0$$

95% 신뢰 구간 = $4.28_0 \sim 4.32_0$ wt%

알려진 납의 함량(4.34 wt%)은 95% 신뢰 구간 바깥에 있다. 따라서 이론상으로 이 실험 결과가 알려진

값과 일치하지 않을 확률이 95% 이상이 된다. 이 결과를 바탕으로 우리는 새롭게 개발한 분석 방법이 정확한 결과를 내지 못하였다고 결론지을 수 있다.

(2) 반복 측정한 결과를 비교하는 경우

어떤 양을 두 개의 다른 실험 방법으로 반복해서 여러 번 측정한다. 이렇게 하면 각기 다른 평균값과 표준 편차를 얻게 되는데 이들 측정값이 서로 실험 오차 범위 내에서 일치하는지 판단해야 하는 경우이다.

두 개의 다른 측정 자료가 실험 오차 범위 내에서 일치하는지 판단하는 예를 하나 들어보자. 여러 고리 방향족 탄화수소(polycyclic aromatic hydrocarbon, PAH)는 대표적인 발암물질 중 하나이다. 콜타르(coal tar)에는 여러 가지 PAH가 많이 포함되어 있다. 그 중 Dibenzo[a,e]pyrene(DB[a,e]P)의 농도를 측정하였다.

두 실험실에서 따로 DB[a,e]P의 농도를 측정하였는데 결과는 다음과 같다. 농도는 콜타르 1 kg에 있는 DB[a,e]P의 mg 수(mg/kg)로 표시하였다.

실험실 A: 9.12, 9.17, 9.05, 9.18, 9.02, $\bar{x}_1 = 9.10_8$, $s_1 = 0.07_1$
실험실 B: 9.10, 9.12, 8.96, 9.07, 9.02, 8.98, $\bar{x}_2 = 9.04_2$, $s_2 = 0.06_5$

여기서 $\bar{x}_1$과 $\bar{x}_2$는 각각의 평균값이고 s_1과 s_2는 각각의 표준 편차를 말한다. 이 두 실험실에서 측정한 결과가 95% 신뢰 수준에서 실험 오차 범위 내에서 같은지, 아니면 다른지 t 시험을 통하여 판단해 보자. 이 경우에 각 실험실에서 측정한 실험값과 이에 대한 표준 편차가 있지만 알려진 기준값(참값)은 없다.

2개 세트의 실험 결과가 있는데 이들의 측정 횟수를 각각 n_1, n_2라 두면 $t_{\text{calculated}}$를 다음과 같이 계산할 수 있다.

$$t_{\text{calculated}} = \frac{|\bar{x}_1 - \bar{x}_2|}{s_{\text{pooled}}} \sqrt{\frac{n_1 n_2}{n_1 + n_2}} \qquad (4-7)$$

여기서 $|\bar{x}_1 - \bar{x}_2|$ 평균값의 차이를 절댓값으로 나타낸 것이고 s_{pooled}는 두 세트의 자료에 쓰기 위해 공동 계산한 표준 편차로서 다음과 같이 계산할 수 있다.

$$s_{\text{pooled}} = \frac{\sqrt{\sum_{\text{set1}}(x_i - \bar{x}_1)^2 + \sum_{\text{set2}}(x_j - \bar{x}_2)^2}}{n_1 + n_2 - 2} = \sqrt{\frac{s_1^2(n_1 - 1) + s_2^2(n_2 - 1)}{n_1 + n_2 - 2}} \qquad (4-8)$$

단, (4-7) 식과 (4-8) 식은 두 세트 측정 자료의 모집단 표준 편차가 같다는 가정하에서만 성립한다는 점을 기억해야 한다.

먼저 (4-8) 식을 사용하여 s_{pooled}를 계산한다. $n_1 = 5$, $n_2 = 6$이고 위에서 계산한 s_1, s_2를 대입하면 구할 수 있다.

$$s_{\text{pooled}} = \sqrt{\frac{(0.07_1)^2(5-1) + (0.06_5)^2(6-1)}{5+6-2}} = 0.06_8$$

이제 이 값을 이용하여 t 값을 계산한다.

$$t_{\text{calculated}} = \frac{|9.11_8 - 9.04_2|}{0.06_8} \sqrt{\frac{(5)(6)}{5+6}} = 1._8$$

t 시험에서는 이 $t_{\text{calculated}}$를 표 4.2의 t_{table}과 비교하여 만약 $t_{\text{table}} < t_{\text{calculated}}$이면 두 세트의 실험 결과는 분명히 다르다고 판단하고 만약 $t_{\text{table}} > t_{\text{calculated}}$이면 두 세트의 결과는 실험 오차 범위 내에서 같다고 판단한다.

95% 신뢰 수준에서 자유도 = 9(5 + 6 − 2)일 때 $t_{\text{table}} = 2.262$이다. 이 값을 위에서 계산한 $t_{\text{calculated}}$와 비교하면 $t_{\text{table}} > t_{\text{calculated}}$이기 때문에 95% 신뢰 수준에서 이 두 실험실에서 측정한 실험 결과는 같다고 결론지을 수 있다.

만약 두 세트 실험 결과의 모집단 표준 편차가 같지 않다면 다음 관계식을 이용할 수 있다.(Ref. NIST/SEMATECH e−Handbook of Statistical Methods, http://www.itl.nist.gov/div898/handbook/prc/section3/ prc31.htm)

$$t_{\text{calculated}} = \frac{|\bar{x}_1 - \bar{x}_2|}{\sqrt{\dfrac{s_1^2}{n_1} + \dfrac{s_2^2}{n_2}}} \tag{4-9}$$

$$\text{자유도} = \frac{(s_1^2/n_1 + s_2^2/n_2)^2}{\dfrac{(s_1^2/n_1)^2}{n_1 - 1} - \dfrac{(s_2^2/n_2)^2}{n_2 - 1}} \tag{4-10}$$

식 (4−10)은 Welch−Satterthwaite 근사라고 부른다.

(3) 개별 측정값의 차이를 비교하기 위한 한 쌍 t 시험

어떤 시료를 정량 분석하는 실험 방법이 두 가지가 있는데 이들을 각각 방법 I, 방법 II라고 하자. 이 두 방법이 실험 오차 범위 내에서 같은 실험 결과를 내는지 알아보기로 하였다. 이를 위해 농도를 달리한 시료 A, B, C, D, E, … 등 n개를 준비하였다. 시료 A를 방법 I로 한번 측정하고 방법 II로 한번 측정한다. 각 방법으로 측정한 결과는 정확히 일치하지 않을 것이다. 다음과 같은 방식으로 시료 B에 대해서 방법 I로 한 번 측정하고 또 방법 II로 한 번 측정한다. 물론 결과가 정확하게 일치하지 않을 것이다. 이렇게 n개의 모든 시료를 방법 I과 방법 II로 한 번씩 측정하였다. 이 방식에서는 여러 개의 다른 시료에 대해 두 가지 방법으로 한 번씩만 측정하였다는 점이 중요하다. 이런 방식으로 얻은 결과를 **한 쌍 t 시험**(paired t test)으로 분석하여 방법 I과 방법 II가 실험 오차 범위 내에서 일치하는 결과를 도출하는지 여부를 판단할 수 있다.

10개의 서로 다른 시료에 포함되어 있는 비소(As)의 농도를 서로 다른 분석 방법인 방법 I과 방법 II로 분석한 결과를 표 4.3에서 볼 수 있다. 시료의 농도는 시료 1 kg에 들어 있는 비소의 질량(μg 단위)으로 표시했고 농도차(d_i)는 각 시료에 대해 두 방법으로 구한 비소의 농도 차이를 의미한다. 10개 시료 농도차의 평균값($\bar{d}$)과 표준 편차(s_d)도 계산하였다.

표 4.3 시료에 들어 있는 비소(As)의 농도를 두 가지 다른 방법으로 측정한 결과

시료 번호	방법 I(μg/kg)	방법 II(μg/kg)	농도차(d_i)
1	257	275	−18
2	284	297	−13
3	315	294	21
4	159	183	−24
5	267	292	−25
6	362	368	14
7	386	409	−23
8	375	412	−37
9	542	515	27
10	463	498	−35
			평균($\bar{d}$) = −11.$_{30}$
			표준 편차(s_d) = 23.$_{35}$

$$s_d = \sqrt{\frac{\sum(d_i - \bar{d})^2}{n-1}} = 23._{35}$$

평균값과 표준 편차를 이용하여 다음과 같이 $t_{\text{calculated}}$를 계산할 수 있다.

$$t_{\text{calculated}} = \frac{|\bar{d}|}{s_d}\sqrt{n} = \frac{11._{30}}{23._{35}}\sqrt{10} = 1.5_{30} \tag{4-11}$$

자유도 $= n - 1 = 10 - 1 = 9$이므로 표 4.2를 이용하여 95% 신뢰 수준에서 $t_{\text{table}} = 2.262$라는 것을 알 수 있다. 이 t_{table} 값을 (4-11) 식을 이용하여 계산한 $t_{\text{calculated}}$와 비교해 보면 $t_{\text{table}} > t_{\text{calculated}}$라는 것을 확인 할 수 있다. 그러므로 방법 I과 방법 II에서 얻은 결과는 95% 신뢰 수준에서 일치한다고 볼 수 있다. 다시 말해 두 세트의 실험 결과가 실험 오차 범위 내에서 다른 값이 될 확률은 5% 미만이라는 뜻이다.

4 표준 편차의 비교 – F 시험

2개의 실험 결과 또는 두 가지 실험 방법의 정밀도가 뚜렷하게 서로 같은지 아니면 다른지 비교해 보아야 할 때가 있다. 이런 경우에는 F **시험**(F test)을 이용한다. 이 시험에서는 표준 편차가 가장 작은 실험 결과나 실험 방법의 표준 편차를 s_1이라 하고 또 다른 실험 결과나 실험 방법의 표준 편차가 s_2라 할 때 이 둘에 같은 통계 모델이 적용된다고 가정한다. 정밀도에 대한 판단은 두 값의 가변도(variance) 비를 계산해서 할 수 있는데 이 비를 F **값**(F value)이라고 한다. 가변도는 표준 편차의 제곱이므로 F 값은 다음과 같이 정의한다.

$$\text{F}_{\text{calculated}} = \frac{(s_2)^2}{(s_1)^2} \tag{4-12}$$

여기서 s_1은 가장 작은 표준 편차인데 이것을 분모로 두기 때문에 $s_2 \geq s_1$이 되어 항상 $\text{F} \geq 1$이 된다.

실험 결과에 대한 F 값을 계산해서 이 값을 원하는 신뢰 수준과 자유도에서 임계값 F_{table}과 비교한다. 이런 임계값은 표 4.4에 주어져 있다. 만약 $\text{F}_{\text{calculated}} < \text{F}_{\text{table}}$라면 두 실험 결과나 방법의 정밀도는 선택한 신뢰 수준에서 같다고 간주할 수 있다. $\text{F}_{\text{calculated}} > \text{F}_{\text{table}}$이면 반대로 정밀도가 서로 다르다고 판단한다.

예제 | 4.4

앞에서 다룬 DB[a,e]P 농도를 두 실험실에서 측정한 자료에서 표준 편차는 $s_1 = 0.06_5$($n = 6$ 회 측정), $s_2 = 0.07_1$($n = 5$회 측정)이었다. 두 실험실에서 측정한 결과는 같은 정밀도를 갖는가?

풀이

먼저 (4-12) 식을 이용하여 F 값을 계산한다.

$$\text{F}_{\text{calculated}} = \frac{(s_2)^2}{(s_1)^2} = \frac{(0.07_1)^2}{(0.06_5)^2} = 1._2$$

자유도는 $n - 1$이므로 s_1에서 자유도 = 5이고, s_2에서 자유도 = 4이다. 이것을 이용하여 표 4.4에서 95% 신뢰 수준에서 $\text{F}_{\text{table}} = 6.26$임을 알 수 있다. $\text{F}_{\text{calculated}}(= 1._2) < \text{F}_{\text{table}}(= 6.26)$가 되므로 95% 신뢰 수준에서 두 실험실에서 얻은 결과의 정밀도는 같다고 판단할 수 있다.

표 4.4 95% 신뢰 수준에서 $F = s_1^2/s_2^2$의 임계값

s_2의	s_1의 자유도													
자유도	2	3	4	5	6	7	8	9	10	12	15	20	30	∞
2	19.0	19.2	19.2	19.3	19.3	19.4	19.4	19.4	19.4	19.4	19.4	19.4	19.5	19.5
3	9.55	9.28	9.12	9.01	8.94	8.89	8.84	8.81	8.79	8.74	8.70	8.66	8.62	8.53
4	6.94	6.59	6.39	6.26	6.16	6.09	6.04	6.00	5.96	5.91	5.86	5.80	5.75	5.63
5	5.79	5.41	5.19	5.05	4.95	4.88	4.82	4.77	4.74	4.68	4.62	4.56	4.50	4.36
6	5.14	4.76	4.53	4.39	4.28	4.21	4.15	4.10	4.06	4.00	3.94	3.87	3.81	3.67
7	4.74	4.35	4.12	3.97	3.87	3.79	3.73	3.68	3.64	3.58	3.51	3.44	3.38	3.23
8	4.46	4.07	3.84	3.69	3.58	3.50	3.44	3.39	3.35	3.28	3.22	3.15	3.08	2.93
9	4.26	3.86	3.63	3.48	3.37	3.29	3.23	3.18	3.14	3.07	3.01	2.94	2.86	2.71
10	4.10	3.71	3.48	3.33	3.22	3.14	3.07	3.02	2.98	2.91	2.84	2.77	2.70	2.54
11	3.98	3.59	3.36	3.20	3.10	3.01	2.95	2.90	2.85	2.79	2.72	2.65	2.57	2.40
12	3.88	3.49	3.26	3.11	3.00	2.91	2.85	2.80	2.75	2.69	2.62	2.54	2.47	2.30
13	3.81	3.41	3.18	3.02	2.92	2.82	2.77	2.71	2.67	2.60	2.53	2.46	2.38	2.21
14	3.74	3.34	3.11	2.96	2.85	2.76	2.70	2.65	2.60	2.53	2.46	2.39	2.31	2.13
15	3.68	3.29	3.06	2.90	2.79	2.71	2.64	2.59	2.54	2.48	2.40	2.33	2.25	2.07
16	3.63	3.24	3.01	2.85	2.74	2.66	2.59	2.54	2.49	2.42	2.35	2.28	2.19	2.01
17	3.59	3.20	2.96	2.81	2.70	2.61	2.55	2.49	2.45	2.38	2.31	2.23	2.15	1.96
18	3.56	3.16	2.93	2.77	2.66	2.58	2.51	2.46	2.41	2.34	2.27	2.19	2.11	1.92
19	3.52	3.13	2.90	2.74	2.63	2.54	2.48	2.42	2.38	2.31	2.23	2.16	2.07	1.88
20	3.49	3.10	2.87	2.71	2.60	2.51	2.45	2.39	2.35	2.28	2.20	2.12	2.04	1.84
30	3.32	2.92	2.69	2.53	2.42	2.33	2.27	2.21	2.16	2.09	2.01	1.93	1.84	1.62
∞	3.00	2.60	2.37	2.21	2.10	2.01	1.94	1.88	1.83	1.75	1.67	1.57	1.46	1.00

5 측정값의 삭제 – Grubbs 시험

같은 측정을 여러 번 반복하면 측정값에는 항상 약간의 변동이 있다. 가끔 같은 조건에서 측정한 값이지만 다른 측정값과 눈에 띄게 차이가 나는 결과가 발견될 때가 있다. 이 결과를 **이탈점**(outlier)이라고 한다. 예측하지 못했던 오차나 변화가 분석하는 동안 발생하는 것처럼 실험에 문제가 있었다면 이 이탈점을 제외시켜 버리면 된다.

문제는 실험 방법이나 측정 장비에 어떤 확인된 문제가 없었는데도 다른 측정값들과 크게 차이가 나는 값이 얻어질 수도 있는 것이다. 이 값을 실험 결과에 포함시킬 것인지 아니면 제외시킬 것인지를 판단하는 데 필요한 근거를 어떻게 마련할 것인지 논의해 보자. 이때는 분석 방법의 성밀도를 따져서 평균으로부터 허용될 수 있는 범위를 벗어난 이탈점은 제외시킬 수 있을 것이다. 측정값이 많으면 평균값과의 차이가 예상한 것보다 큰 이탈점을 쉽게 판단할 수 있다. 예를 들어 측정값이 Gauss 분포를 보일 때 측정값의 약 95%가 평균으로부터 표준 편차의 2배수 범위($\mu \pm 2\sigma$) 안에 들어 있다. 달리 표현하면 측정값이 평균으로부터 $\pm 2\sigma$보다 먼 거리에 나타날 확률이 5% 정도 된다는 말이다. 측정값의 수가 적을 때 표준 편차는 모집단 표준 편차와 차이가 제법 있을 수 있기 때문에 판단이 어렵게 된다. 이런 문제를 해결하기 위해 흔히 쓰이는 통계학적 방법이 **Grubbs 시험**(Grubbs test)이다.

Grubbs 시험을 위해서 다음과 같이 정의되는 통계치 G를 계산한다.

$$G_{calculated} = \frac{|x_q - \bar{x}|}{s} \qquad (4-13)$$

여기서 x_q는 이탈점으로 의심되는 측정값이고 $\bar{x}$는 평균값, s는 표준 편차를 말한다. (4-13) 식의 분자는 이탈점이 될 수 있는 측정값과 평균값 사이의 차이를 절댓값으로 계산한 것이다. 표 4.5에 95% 신뢰 수준에서 G의 한계값이 주어져 있다. 이 G_{table} 값과 (4-13) 식으로 계산한 $G_{calculated}$를 비교하여 만약 $G_{calculated} > G_{table}$이면 의심되는 측정값은 95% 신뢰 수준에서 삭제해야 있다. 반대로 $G_{calculated} < G_{table}$이면 이 측정값은 평균을 계산할 때 포함시키는 것이 이론적으로 옳은 판단이다.

소량의 Ni이 포함된 강철 시료에 포함된 Ni의 함량을 학생들이 무게 분석법으로 정량 분석하였다. 12번 반복 실험한 결과는 다음과 같다.

Ni의 함량(wt%): 3.48, 3.93, 3.70, 4.19, 2.89, 3.78, 3.41, 3.52, 4.29, 3.67, 4.30, 3.99

평균 $\bar{x} = 3.76_3$, 표준 편차 $s = 0.41_2$

측정값 2.89가 다른 값과 비교하여 많이 벗어나 있으므로 이탈점이 된다. 그래서 2.89를 평균값을 계산할 때 포함시켜야 하는지 아니면 제외시켜야 하는지 Grubbs 시험을 통해 판단해 보자.

$$G_{calculated} = \frac{|x_q - \bar{x}|}{s} = \frac{|2.89 - 3.76_3|}{0.41_2} = 2.12$$

표 4.5에서 보면 측정 횟수가 12번일 때 95% 신뢰 수준에서 $t_{table} = 2.285$이다. 따라서 $G_{calculated} < G_{table}$이므로 2.89는 실험 결과에 포함시켜야 한다. 2.89가 측정값에서 삭제되어야 할 확률이 이론적으로 5% 미만이기 때문이다.

명심해야 할 사항은 위와 같은 통계학적 처리는 어디까지나 우연 오차만 있을 때 의미를 가진다는 것이다. 만약 계통 오차가 있거나 실험하는 도중에 어떤 명백한 실수나 문제가 있었을 경우에 측정값은 100% 잘못된 것이므로 삭제해야 한다. 잘못된 실험 방법으로 얻어진 값은 설령 그 값이 나머지 측정값들과 잘 맞는다 하더라도 반드시 폐기해야 하는 것이다.

표 4.5 이탈점 삭제를 위한 G의 한계값(이 값은 ASTM에서 권유하는 한쪽꼬리 시험(one-tailed test)용임)

측정 횟수	G(95% 신뢰 수준)	측정 횟수	G(95% 신뢰 수준)
4	1.463	10	2.176
5	1.672	11	2.234
6	1.822	12	2.285
7	1.938	15	2.409
8	2.032	20	2.557
9	2.110		

(출처: Frank E. Grubbs, Glenn Beck, *Technometrics*, **1972**, 14, 847-854)

연습문제

1. 어떤 실험으로 얻은 측정값이 있다. 이 측정값의 표준 편차와 정밀도 사이에는 어떤 관계가 있는가? 표준 편차와 정확도 사이에는 어떤 관계가 있는가?

2. 모집단 평균과 산술 평균은 어떻게 다른가? 어떻게 하면 이 두 값이 같아지는가?

3. Gauss 분포에서 다음 범위에 들어가는 분율을 표 4.1을 이용하여 구하시오.

   (1) $\mu \pm \sigma$ (2) $\mu \pm 2\sigma$ (3) $\mu \pm 3\sigma$ (4) $\mu + \sigma$ (5) $\mu - 2\sigma$

4. 자유도가 같은 경우 신뢰 수준을 90%에서 95%로 높이면 Student's t 값이 커진다. 이것은 무엇을 의미하는가?

5. 어떤 용기의 부피를 5번 측정했는데 그 결과는 다음과 같다.

   6.375, 6.372, 6.374, 6.377, 6.375 mL

   평균은 6.374_6 mL이고 표준 편차는 0.001_8 mL이다. 90% 신뢰 구간을 계산했더니 $\pm$ 0.001_7 mL가 나왔는데 이 값이 갖는 의미는 무엇인가? 또, 50% 신뢰 구간은 위 값보다 커질 것인지, 아니면 작아질 것인지 그 이유를 설명하시오.

6. 어떤 학생이 자신의 체중을 정확하게 알고 싶어한다. 어떻게 하면 참값을 얻을 수 있는가? 현실적으로 자신이 측정한 값이 참값에 얼마나 가까이 있는지 어떻게 확인할 수 있는가?

7. 그림 4.1을 참조하여 다음 물음에 답하시오.

   (1) 키가 180 cm 이상 되는 사람의 분율은 얼마인가?
   (2) 키가 165 cm 이하 되는 사람의 분율은 얼마인가?
   (3) 키가 170 ~ 180 cm 사이에 들어가는 사람의 분율은 얼마인가?

8. 신뢰 구간이란 무엇을 의미하는가?

9. 그림 4.4에서 90% 신뢰 구간의 에러 바가 50% 신뢰 구간의 에러 바보다 훨씬 길다. 그 이유는 무엇인가?

10. 디젤 자동차의 연료로 쓰는 경유에는 여러 가지 첨가물이 들어가 있다. 이 첨가물의 함량을 무게 백분율로 7회 측정하여 다음과 같은 결과를 얻었다.

    첨가물 함량(wt%): 0.15, 0.13, 0.22, 0.16, 0.12, 0.14, 0.17

    (1) 0.22는 이탈점이다. Grubbs 시험을 이용하여 이 값을 실험 결과에 포함시킬 것인지 아니면 제외시킬 것인지 판단하시오. 다음 (2), (3) 계산은 이 판단에 따라 하시오.
    (2) 첨가물 함량의 평균값과 표준 편차를 계산하시오.
    (3) 이 측정값에 대해 90% 신뢰 구간과 95% 신뢰 구간을 구하시오.

11. 모린(morin)은 대표적인 플라보노이드(flavonoid) 계열 화합물이다. 서로 다른 용매에 녹인 모린 시료 5개의 형광 수명(fluorescence lifetime)을 2곳의 실험실에서 각각 측정하였는데 그 결과는 다음과 같다. 95% 신뢰 수준에서 다른 실험실에서 측정한 결과와 같은지 아니면 서로 다른지 판단하시오.

시료	실험실 I(ns)	실험실 II(ns)
A	0.376	0.391
B	0.377	0.385
C	0.707	0.734
D	0.984	1.012
E	1.021	1.011

12. 어떤 표준물질에 탄화수소 오염 물질이 99.7 ppm 포함되어 있다고 알려져 있다. 이 값은 보증된 값으로 표준으로 쓰인다고 하자. 이 표준 시료를 실험실에서 5회 측정했는데 다음과 같은 결과를 얻었다.

측정값(ppm): 103.5, 102.1, 103.6, 101.3, 99.8

95% 신뢰 수준에서 이 측정값은 보증된 표준값과 같은가? 신뢰 수준을 98%로 올려도 같은 결론을 낼 수 있는가?

5장 정량 분석의 품질 검정과 분석 방법

정량 분석의 실험 결과에 대해 **품질 검정**(quality assurance)을 한다는 것은 처음 의도했던 목적에 맞는 해답을 얻기 위해 수행해야 하는 일이다. 분석 결과가 우수한 정확도와 정밀도를 갖고 있다면 정책 결정권자가 어떤 결론을 내릴 때 충분한 뒷받침을 할 수 있을 것이다. 정확도와 정밀도를 높이려면 비용과 시간이 추가로 든다. 정량 분석에서는 원하는 농도를 얻기 위해 몇 가지 검정 방법(calibration method)을 사용한다. 여기에는 **검정 곡선**(calibration curve)을 이용하는 방법, **표준물 첨가법**(standard addition method), **내부 표준**(internal standard)을 이용하는 방법이 있다. 이 장에서는 품질 검정에 필요한 기본 개념과 분석 방법의 타당성을 어떻게 검증하는지와 또 검정 방법에 대해 알아본다.

1 품질 검정의 기본 개념

제조업체에서는 생산품의 품질을 유지하기 위해 품질관리 부서를 운영한다. 여기서는 품질 검사를 어떻게 하는 것이 가장 경제적이고 회사에 이익이 되는지 따진다. 예를 들어 자동차 부품 제조 공장에서 하루 100개의 부품을 만든다고 하자. 이 부품 모두를 정밀 검사할 수 없기 때문에 그 중 3개를 임의로 골라 검사한다고 하자. 이 3개에 하자가 없으면 모든 부품이 하자가 없는 것으로 간주하여 출고한다. 그랬더니 평균적으로 한 달에 5개 정도의 불량품이 나와서 변상을 해 주었다고 한다. 불량품을 줄이기 위해 하루에 5개씩 부품을 검사하기로 했더니 월 평균 불량품 숫자가 4개로 줄어들었다. 그런데 하루 5개 부품을 검사하려면 예상보다 더 많은 시간과 인력 및 비용이 들었다. 이제 매일 3개씩 검사할 것인지, 아니면 계속 5개씩 검사할 것인지를 판단해야 한다. 물론 이 판단에는 경제적인 이유 말고 불량품이 줄어들면서 얻게 되는 회사의 이미지 제고도 고려해야 할 것이다. 이것을 생산품의 품질 검정이라고 한다.

분석 화학에서 생산품은 측정 자료(raw data), 처리한 자료(treated data) 그리고 실험 결과라 할 수 있다. 측정 자료란 1차적으로 측정한 개별 자료를 뜻한다. 뷰렛에서 읽은 표준 용액의 부피, 분광기로 측정한 흡광도, 이온 선택성 전극으로 측정한 전압 같은 것이다. 처리한 자료란 검정 방법을 통해 측정 자료로부터 얻은 농도를 말한다. 실험 결과란 최종적으로 보고서에 들어가는 평균값, 표준 편차, 신뢰 구간 등을 말한다. 이 실험 결과는 처리한 자료에 통계 기법을 적용하여 얻는다. 분석 화학에서도 실험 결과에 대한 품질 관리를 해야 한다.

(1) 실험 결과의 용도

품질 검증을 하는 중요한 목적은 실험 결과가 고객의 요구를 충족시킬 수 있는지 여부를 확실히 하는 것이다. 딸기 잼을 만들 때 각 성분의 조성은 정확도나 정밀도가 좀 떨어져도 괜찮지만 항암제를 만들 때는 그 기준이 엄격해야 한다. 체중계는 mg까지 측정할 필요가 없지만 분석 저울은 0.1 mg까지 보통 측정할 수 있다. 어떤 실험 자료(data)를 어떤 방법으로 모을 것인가는 이 실험 자료를 어떻게 쓸 것인지 사용 목적에 의해 결정된다. 실험 자료와 결과에 사용 목적을 명확하고 간결하게 적어두어야 이것들이 잘못 사용되는 것을 막을 수 있다.

예를 하나 들어보자. 우리나라는 대기 오염이 심해서 큰 문제가 되고 있다. 서울 지역에 경유 자동차가 증가하여 질소 산화물인 NO_x 농도가 매년 증가하고 있다. 대책을 세우기 위해서는 경유 자동차 증가와 NO_x 농도 증가 사이의 상관관계를 알아야 한다. 즉, 현재 대기 중 NO_x의 농도가 얼마인지 측정해서 5년 전 또는 10년 전에 측정한 자료와 비교 분석해야 한다. 따라서 분석 실험의 사용 목적을 다음과 같이 적었다.

"분석 자료와 결과는 현재 서울 지역 NO_x 농도가 5년이나 10년 전에 비해 얼마나 증가했는지 확인하여 NO_x 농도와 경유 자동차 증가 사이에 어떤 상관관계가 있는지 증명하는 데 사용할 것이다."

현재 대기 중 NO_x 농도가 5년이나 10년 전보다 높다는 것을 증명하려면 측정 결과의 불확정도가 NO_x 농도 차이보다 훨씬 적어야 한다. 그래야만 NO_x 농도가 증가하였다고 분명히 말할 수 있다. 이러한 결론을 내리기 위해 요구되는 정확도와 정밀도를 이 실험에서는 충족시켜야만 한다.

(2) 시료 준비 및 실험 방법의 선택

실험 목적이 정해지면 분석 방법을 결정해야 하는데 이를 위해서는 시료나 실험 방법에 관해 여러 가지 정보가 있어야 하고 또 확인해야 하는 사항도 많이 있다. 먼저 시료와 관계되는 부분에 대해 정리해 보자.

우선 분석해야 할 물질이나 시료가 어떤 형태로 존재하는지 알아야 한다. 분석 물질과 매트릭스(matrix)의 물리적, 화학적 성질이 실험하기에 적합한 형태인지 아닌지 정보가 필요하기 때문이다. 이들의 형태에 따라 시료 준비 과정이 달라진다. 분석 물질이 여러 가지 상태로 존재한다면 어떤 상태에 있는 분석 물질을 실험할 것인지 결정해야 한다. 예를 들어 사람의 혈장(blood plasma)에는 Ca^{2+}가 8가지 형태로 존재한다. Ca^{2+} 이온으로 존재하는 것이 가장 많고 나머지는 단백질이나 리간드와 결합하고 있다. 단독으로 있는 Ca^{2+} 이온 농도만 필요하다면 이온 선택성 전극으로 쉽게 측정할 수 있다. 또, 측정해야 하는 분석 물질의 농도 범위를 알아야 한다. 만약 시료에 방해 물질이 존재한다면 사전에 제거하거나 차단시키도록 해야 한다. 흔히 쓰지 않는 특별한 시료 준비 과정이 필요한 경우도 있기 때문에 확인이 필요하다. 실험하는 데 필요한 시간을 예측하기 위해 분석해야 할 시료의 개수도 알아야 한다. 마지막으로 안전을 위해서 시료에 대해 특별히 주의해야 할 사항이 있는지 확인해야 한다.

실험 방법과 관련해서 확인하고 숙지해야 할 사항을 정리해 보자. 가장 먼저, 현재 쓰려는 실험 방법이 원하는 시료와 분석 물질을 큰 문제없이 정량 분석할 수 있는지 잘 따져 보아야 한다. 이때는 실험 결과의 질뿐만 아니라 필요한 경비와 소요 시간 등도 함께 고려해야 한다. 어떤 형태의 정확도와 정밀도가 필요한지 확인한다. 선택한 실험 방법이 이 요구 사항을 충족시킬 수 있어야 하기 때문이다. 또, 기대할 수 있는 검출 한계가 얼마나 되는지 알아야 하고 실험의 선택성과 안정성(robust)은 무리가 없을 정도로 양호해야 한다. 시료를 얼마나 빨리 분석할 수 있고 얼마나 많은 개수의 시료를 감당할 수 있는지 확인해야 한다. 실험하는 사람의 숙련도도 중요하다. 어느 정도의 숙련도가 요구되는지 알아야 한다. 실험을 수행하는 데 어떤 장비들이 필요하고 이 기술을 활용하는 데 얼마만한 경비가 필요한지 확인한다. 마지막으로 안전과 관련하여 특별한 주의사항이 있는지 확인하는 것도 중요하다.

2 분석 방법의 타당성 검증

정량 분석 방법의 특성을 설명해 줄 수 있는 여러 가지 성질들이 있는데 이들을 잘 이해하면 분석 방법을 선택할 때 많은 도움이 된다. 이러한 성질들을 방법의 **감도 지수**(figure of merit)라고 한다. 감도 지수에는 **방법 특이성**(method specificity), **직선성**(linearity), **정확도**(accuracy), **정밀도**(precision), **범위**(range), **검출 한계**(detection limit), **정량 한계**(limit of quantitation), **안정성**(robustness) 등이 있다. 일상적으로 쓰이는 많은 분석 방법에 대해서는 감도 지수가 잘 정리되어 있다. 그러나 만약 새로운 실험 방법을 개발하였다면 이 방법을 통상적인 분석에 사용하기 앞서 감도 지수를 먼저 결정해야 한다. 분석 방법의 특성을 규정하고 이 방법이 의도한 목적에 적합하다는 것을 증명하는 작업을 **방법의 타당성 검증**(method validation)이라고 한다. 이제 이 검증 과정을 좀 더 자세히 들여다보면서 분석 방법을 어떻게 규정하고 타당성을 검증하는지 알아보자.

(1) 특이성

특이성(specificity)은 여러 혼합물이 섞인 시료를 어떤 분석 방법으로 분리할 때 특정 화합물을 다른 화합물로부터 구별해 낼 수 있는 능력을 말한다. 예를 들어 기체 크로마토그래피(gas chromatography)로 어떤 혼합물을 분리시키는 경우를 생각하자. 특이성을 충족시키려면 시료의 피크가 다른 성분들의 피크로부터 바탕선 분리(baseline separation)가 이루어져야 한다. 시료의 어떤 피크가 완전히 바탕선에 내려올 때까지 바로 뒤따라 나오는 화합물이 검출기에 도달하지 않는 경우 바탕선 분리가 이루어졌다고 말한다. 이렇게 되면 2개 피크가 전혀 겹치지 않게 된다. 앞선 피크의 신호가 바탕선에 내려오기 전에 뒤에 있는 시료가 검출기에 도달하게 되면 2개 피크는 일부 겹치게 된다. 이렇게 되면 정량 분석에서 정확한 결과를 얻을 수 없다. 시료의 농도는 피크의 면적에 비례하는데, 2개 피크가 일부 겹쳐 있어서 각 피크의 면적을 정확히 측정할 수 없기 때문이다.

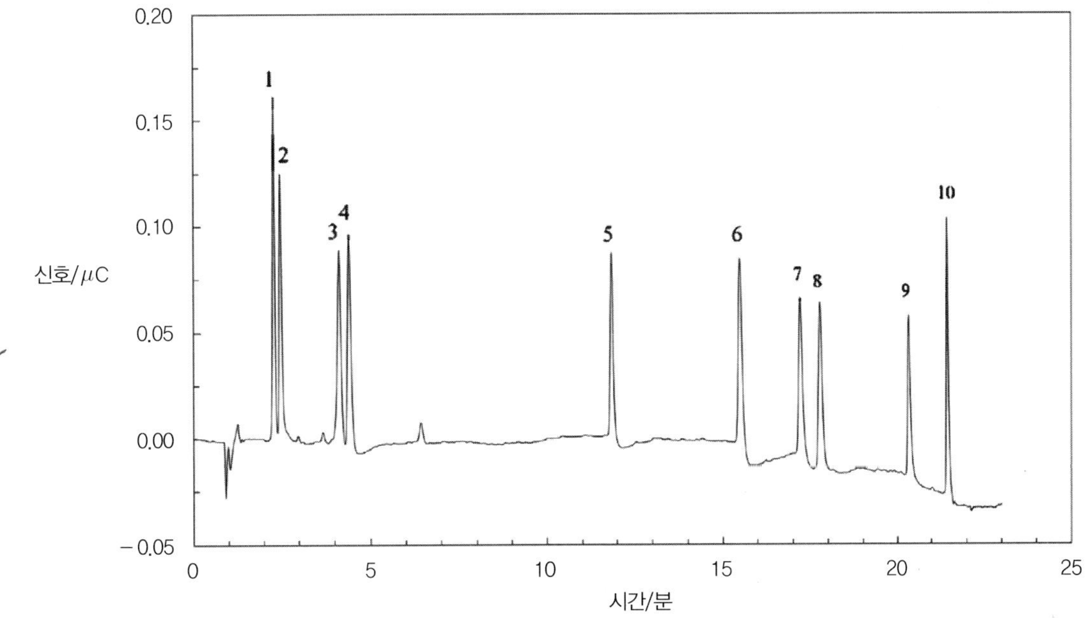

그림 5.1 채소에서 추출한 시료에 들어 있는 폴리페놀 화합물(polyphenolic compound)을 고성능 액체 크로마토그래피(high-performance liquid chromatography, HPLC)로 분리한 크로마토그램(chromatogram). 검출 방법은 유리 탄소 전극(glassy carbon electrode)을 이용한 펄스 전기량법을 사용하였다. 0.06% 아세트산과 아세토나이트릴(acetonitrile)에서 최대 30%까지 2성분 기울기 용리 방법으로 분리하였다. 시료에 포함된 성분은 다음과 같고 농도는 25 mg/L이다; (1) neochlorogenic acid, (2) chlorogenic acid, (3) cynarin, (4) criptochlorogenic acid, (5) 1,5-di-O-caffeoylquinic acid, (6) 3,5-di-O-caffeoylquinic acid, (7) 4,5-di-O-caffeoylquinic acid, (8) 3,4-di-O-caffeoylquinic acid (9) cinaroside, (10) apigetrin. [출처; A. Natale, D. Nardiello, C. Palermo, M. Muscarella, M. Quinto, D. Centonze, " Development of an analytical method for the determination of polyphenolic compounds in vegetable origin samples by liquid chromatography and pulsed amperometric detection at a glassy carbon electrode," *J. Chromatogr. A*, 2015, *1420*, 66-73.

그림 5.1에 있는 크로마토그램(chromatogram)을 보면 3번, 4번 피크의 바탕선 분리가 완전히 이루어져 있어서 이 2개 피크의 특이성은 양호하다고 할 수 있다. 그러나 1번, 2번 피크는 바탕선 부근에서 2개 피크가 약간 겹쳐 있기 때문에 바탕선 분리가 완전히 되지 않은 것을 볼 수 있다. 따라서 정량 분석을 위해 1번 피크와 2번 피크의 면적을 정확하게 측정하는 것은 어렵다. 이 경우 1번과 2번 피크의 특이성은 나쁘다고 할 수 있다.

(2) 직선성

흡광도, 전압, 전류의 세기 같이 검출기로 측정한 시료의 감응이 농도에 비례하는 경우 검정 곡선을 그리면 직선이 나올 것이다. 그러나 측정 오차 때문에 측정값이 직선으로부터 조금씩 벗어나게 된다. 검정 곡선이 직선에 얼마나 가까운지를 나타내는 척도를 **직선성**(linearity)이라고 한다.

직선성의 척도는 흔히 **상관 계수**(correlation coefficient)**의 제곱**, R^2으로 나타낸다. R^2은 다음과 같이 정의한다.

$$R^2 = \frac{[\Sigma(x_i - \bar{x})(y_i - \bar{y})]^2}{\Sigma(x_i - \bar{x})^2 \Sigma(y_i - \bar{y})^2} \tag{5-1}$$

여기서 $\bar{x}$는 모든 x값을 평균한 평균값이고 $\bar{y}$는 모든 y값을 평균한 평균값이다. 모든 측정값이 정확하게 직선상에 놓이면 $R^2 = 1.000$이 된다. 다시 말해 R^2이 1에 가까워질수록 측정값은 직선에 가까워지는 것이다. 대개의 경우 $R^2 > 0.995$이면 직선에 잘 맞는다고 할 수 있다. 만약 어떤 실험 방법을 확정지었는데 R^2이 감소한다면 실험 과정 어딘가에 문제가 있다는 것을 의미한다.

직선성이 좋다고 하려면 검정 곡선의 y 절편이 0에 매우 가까워야 한다. 물론 이때 y값은 바탕 용액의 감응을 빼준 값을 말한다. y 절편의 크기가 시료에 대해 예상되는 신호 크기와 비교해서 2% 이내면 0에 가깝다고 말할 수 있다.

(3) 정확도

정확도(accuracy)는 측정값이 참값에 가까운 정도를 나타낸다. 정확도는 여러 가지 방법으로 알아낼 수 있다.

미지 시료와 매트릭스가 유사한 **공인된 기준 물질**(certified reference material)이 있는 경우라면 정확도는 간단히 확인할 수 있다. 미지 시료를 분석하여 허용된 정밀도 내에서 공인된 값과 일치하는 결과가 나오는지 확인하면 되는 것이다. 동일한 시료를 2가지 이상 다른 방법으로 실험하여 그 결과가 허용된 정밀도 내에서 일치하는지 확인한다. 만약 일치한다면 결과는 참값에 가깝다고 할 수 있다. 바탕 시료에 농도를 아는 소량의 표준 시료를 첨가하여 분석함으로써 정확도를 알 수 있다. 이 시료의 매트릭스는 미지 시료와 동일해야 한다. 일반적으로 주 성분을 분석할 때는 3개 세트의 시료를 준비하는데 각 세트는 예상되는 미지 분석 물질 농도의 0.5 ~ 1.5배 범위 내에서 서로 다른 농도를 갖는 3개의 시료로 구성한다. 일반적으로 이 방법이 가장 널리 쓰인다. 공인된 기준 물질을 구하는 것이 쉽지 않고 또 다른 분석 방법을 찾는 것도 용이하지 않는 경우가 많기 때문이다. 이때 첨가하는 표준물질의 양이 소량이기 때문에 매트릭스는 변하지 않는다고 가정할 수 있다. 만약 바탕 시료의 매트릭스를 미지 시료와 같도록 만들 수 없을 때는 **표준물 첨가법**(standard addition method)을 사용한다. 표준물 첨가법은 다음 절에서 살펴볼 것이다.

(4) 정밀도

정밀도(precision)는 같은 측정을 여러 번 반복했을 때 실험 결과가 서로 얼마나 잘 일치하는지를 나타낸다. 다시 말해 재현성(reproducibility)을 나타내는 것인데 보통 표준 편차로 표시한다. 정밀도는 몇 가지 형태로 구분할 수 있다.

기기 정밀도(instrument precision)는 **주입 정밀도**(injection precision)라고도 부르는데 주로 기체 또는 액체 크로마토그래피 실험에서 사용된다. 이것은 동일한 양의 어떤 시료를 10회 이상 여러 번 반복해서 기기에 주입했을 때 나타나는 재현성을 말한다. 매번 측정 때마다 주입된 시료의 양에 작은 차이가 있고 기기 감응에도 작은 변화가 있기 때문에 측정값에 변동이 생기는 것이다.

한 사람이 같은 날, 같은 기기를 써서 균일한 시료를 나누어 독립적으로 여러 번 분석하여 측정한 정밀도를 **내부 검정 정밀도**(intra－assay precision)라고 한다. 이 정밀도는 분석 방법의 재현성이 얼마나 되는지를 나타낸다. 분석 방법에는 여러 단계가 있으므로 내부 검정 정밀도는 기기 정밀도보다 나쁘다. 예를 들어 어떤 규격(specification)에 기기 정밀도는 ≤1%이고 내부 검정 정밀도는 ≤2%라고 된 것을 볼 수 있다.

조정 정밀도(intermediate precision)는 이전에 **견고성**(ruggedness)이라고 불렀다. 이것은 같은 실험실에서 다른 사람이 다른 날짜에 다른 기기를 사용하여 분석했을 때 나타나는 재현성을 말한다. 매 실험 때마다 새로운 시약을 사용하고 새로운 전극 또는 크로마토그래피 칼럼을 사용하는 것이라 할 수 있다.

실험실 간 정밀도(interlaboratory precision)는 그냥 재현성이라고도 부르는데 재현성을 나타내는 가장 일반적인 형태이다. 이것은 같은 시료를 여러 개로 나누어서 다른 사람이 다른 실험실에서 분석했을 때 얻어지는 재현성을 말한다.

(5) 범위

범위(range)란 규격에서 요구하는 검정 곡선의 직선성, 측정값의 정확도, 정밀도를 모두 충족시킬 수 있는 시료의 농도 구간을 말한다. 예를 들어 혼합물의 주성분을 분석할 때 검정 곡선의 직선성은 상관 계수 $R^2 \geq 0.995$이어야 하고 정확도를 나타내는 소량 첨가 회수율(spike recovery)은 100 ± 2%, 실험실 간 정밀도는 ± 3%를 충족해야 한다고 규격에 명시되어 있는 경우를 생각하자. 모든 농도의 시료가 이 규격을 충족시킬 수는 없다. 여기서 말하는 범위란 이 규격을 충족시킬 수 있는 시료의 농도 구간을 의미한다. 어떤 실험 방법의 범위가 넓을수록 쓰임새가 좋아질 것이다. 이 범위를 다음 절의 검정 곡선에서 나오는 선형 범위(linear range), 동적 범위(dynamic range)와 혼돈하지 않도록 하자. 선형 범위는 검정 곡선이 직선으로 나타나는 시료의 농도 범위를 말하고, 동적 범위는 측정할 수 있는 감응이 나타나는 시료의 농도 범위를 뜻한다.

(6) 검출 한계와 정량 한계

검출 한계(detection limit 또는 lower limit of detection)란 바탕 신호보다는 분명히 크다고 판단할 수 있는 신호를 검출할 수 있는 시료의 최소 농도를 말한다. 어떤 실험의 검출 한계를 미지 시료의 신호 세기가 바탕 신호보다 크게 나올 확률이 약 99% 되는 점으로 정의한다고 가정하자. 이때는 미지 시료가 없는데도 불구하고 신호의 세기가 검출 한계보다 크게 나타날 확률은 약 1%밖에 되지 않는다는 뜻이다. 검출 한계 부근에서 미지 시료에서 나온 신호와 바탕 시료에서 나온 신호의 표준 편차가 같다고 가정하고 검출 한계를 어떻게 정의하는지 알아보자(그림 5.2).

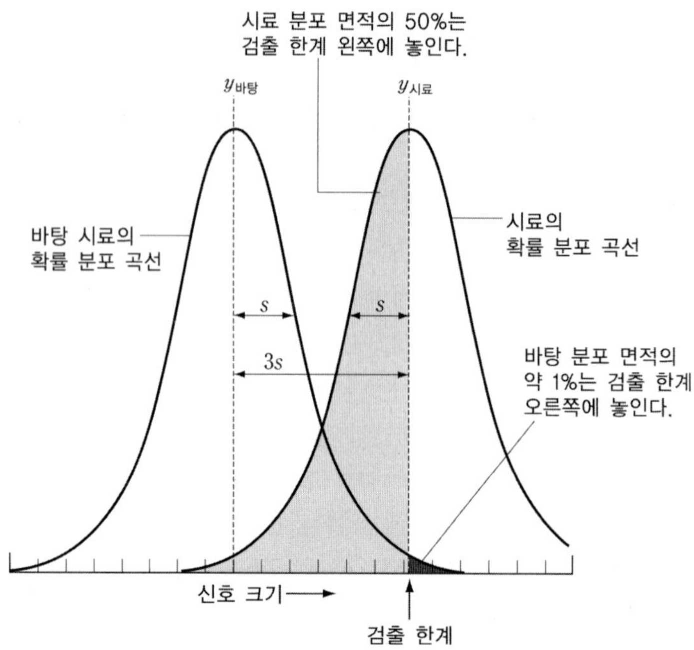

그림 5.2 검출 한계의 정의를 보여 주는 바탕 시료와 분석 물질의 농도가 검출 한계인 시료에 대한 측정값 분포. 어떤 영역의 면적은 측정값이 그 영역에 포함되는 횟수에 비례한다. 바탕 시료에 대한 측정값 중 1% 정도는 검출 한계보다 크다고 나올 것이다. 그래서 바탕 시료의 농도가 검출 한계보다 크다는 결론이 나올 가능성은 1% 정도 된다. 분석 물질의 농도가 검출 한계인 시료에 대한 측정값의 50%는 검출 한계보다 적다고 나오므로 분석 물질이 없다고 결론지을 것이다.

우선 개략적으로 예상되는 검출 한계보다 약 1 ~ 5배 사이의 농도를 갖는 시료를 준비한다. 시료의 신호 세기를 7회 이상 측정한다. 이렇게 측정한 신호의 표준 편차를 계산한다. 표준 편차는 바탕 신호나 시료의 신호 세기의 무작위한 변동, 다시 말해 잡음(noise)의 크기를 나타내는 지표이다. 이 표준 편차를 s라 하자. 미지 시료가 들어 있지 않은 바탕 시료의 신호를 미지 시료와 같은 횟수로 측정한다. 바탕 신호의 크기를 평균하여 y_{blank}라 하자. 신호의 검출 한계를 y_{det}라 하면 다음과 같이 정의할 수 있다.

$$y_{\mathrm{det}} = y_{\mathrm{blank}} + 3s \qquad (5-2)$$

바탕 신호 크기에 표준 편차의 3배수를 더한 값을 신호의 검출 한계로 잡은 것이다. 이제 이 값을 이용하여 검정 곡선에서 검출할 수 있는 최소 농도, 검출 한계를 구해 보자. 시료의 농도(C_{sample})는 보정 신호의 세기($y_{\mathrm{sample}} - y_{\mathrm{blank}}$)에 비례한다. 시료의 신호 세기($y_{\mathrm{sample}}$)는 이 경우 검정 곡선이 직선이 되기 때문에 다음과 같이 쓸 수 있다.

$$y_{\mathrm{sample}} - y_{\mathrm{blank}} = m \times C_{\mathrm{sample}} \qquad (5-3)$$

m은 직선으로 나타나는 검정 곡선의 기울기이다. 정의에 의해 검출 한계에서는 $y_{\mathrm{sample}} = y_{\mathrm{det}}$가 된다. (5−2) 식의 y_{det}를 (5−3) 식의 y_{sample}에 대입한다. 이때 시료 농도 C_{sample}은 검출 한계 C가 된다.

$$C(\text{검출 한계}) = \frac{3s}{m} \qquad (5-4)$$

신호의 검출 한계를 잡음의 3배로 설정했는데 이 농도에서 신호를 쉽게 검출할 수는 있지만 신호의 세기를 정확하게 측정하는 것은 어렵다. 농도를 구하려면 신호의 세기를 수용할 수 있는 정확도와 정밀도를 갖도록 측정해야 하므로 정량 분석이 가능하려면 이보다 농도가 훨씬 더 높아야 한다. 정량 분석이 가능한 최소 농도를 **정량 한계**(quantitation limit 또는 lower limit of quantitation)라 하는데 이것은 신호의 세기가 잡음의 10배, 다시 말해 표준 편차의 10배가 되는 농도로 정의한다.

$$정량\ 한계 = \frac{10s}{m} \tag{5-5}$$

검출 한계도 **기기 검출 한계**(instrument detection limit)와 **방법 검출 한계**(method detection limit)로 구분한다. 기기 검출 한계는 하나의 시료를 준비하여 이것을 7회 이상 반복 측정해서 얻은 값이다. 방법 검출 한계는 7개 이상의 시료를 준비하여 각 시료를 한 번씩 측정하여 얻은 값이다. 방법 검출 한계가 기기 검출 한계보다 크다.

특히 식품이나 환경 관련 규정에는 특정 성분이 검출되면 안 된다는 것이 많다. 검출되지 않아야 한다는 것은 특정 물질이 설정된 농도 이하 존재해야 한다는 것이다. 이렇게 법이나 규정에 의해 설정된 농도를 **보고 한계**(reporting limit)라고 한다. 보고 한계는 보통 적어도 검출 한계보다 5 ~ 10배 이상 높게 설정되어 있다.

식품 포장에는 그 식품의 영양 성분을 표시하도록 되어 있다. 어떤 식품의 포장에 콜레스테롤(cholesterol) 함량이 0 mg으로 표시되어 있다고 해서 콜레스테롤이 검출되지 않았다는 것은 아니다. 검출된 콜레스테롤의 함량이 보고 한계보다 낮게 나왔다면 이렇게 표시하는 것이다.

(7) 안정성

좋은 결과를 얻기 위해서는 분석 방법의 **안정성**(robustness)도 중요하다. 어떤 분석 방법의 실험 조건이 약간 변해도 실험 결과가 눈에 띄는 영향을 받지 않는다면 안정성이 좋다고 말한다. 고성능 액체 크로마토그래피(high－performance liquid chromatography)를 이용하여 어떤 시료를 분석한다고 하자. 이때 이동상의 조성, 온도, 주입한 시료의 부피, 검출기 파장 등에 작은 변화가 있어도 수용할 수 있는 결과가 나온다면 이 실험 방법은 안정성이 있다고 말한다.

3 정량 분석 방법

무게 분석(gravimetric analysis)이나 **적정**(titration)과 같은 실험에서는 측정한 무게나 부피를 이용하여 직접 시료에 있는 분석 물질의 농도를 구할 수 있다. 무게 분석이나 적정을 제외한 대부분의 정량 분석에서는 대부분 분광기나 전기 화학 기기 또는 크로마토그래피 같은 분석 기기를 사용한다. 이들 분석 기기에서 측정한 흡광도, 전압, 전류 같은 신호의 세기와 농도 사이의 관계는 화합물에 따라 다르다. 예를 들어 농도가 같은 두 분석 물질이 들어 있는 시료를 크로마토그래피를 사용하여 분석했을 때 검출기에서 측정되는 신호의 세기는 같지 않다. 정량 분석에서 농도를 구하기 위해 **표준 용액**(standard solution)이 필요하다. 표준 용액이란 농도를 알고 있는 용액을 말한다. 이렇게 정량 분석하는 방법에는 **검정 곡선**(calibration curves)을 이용하는 방법, **표준물 첨가법**(standard addition method), **내부 표준**(internal standards)을 이용하는 방법이 있다.

(1) 검정 곡선의 이용

분석 물질의 농도와 분석 기기에서 측정한 신호 세기 사이의 관계를 알기 위해 다른 농도를 가진 여러 개의 표준 용액을 준비한다. 표준 용액의 농도 범위는 예상되는 분석 시료의 농도가 이 범위 안에 들어가도록 조절한다. 표준 용액의 신호 세기를 측정하여 이 값을 y값으로 하고, 농도를 x값으로 하여 그린 도표를 **검정 곡선**(calibration curves)이라고 한다.

표 5.1 Na 농도를 구하기 위해 표준 용액과 미지 시료에 대해 측정한 방출 세기(바탕 보정한 측정값, 단위는 V)

[Na](ppm)	1회	2회	3회	4회	5회	평균	표준 편차
0	−0.0018	0.0002	−0.0018	0.0002	0.0032	0.0000	0.0020
5	0.0202	0.0182	0.0252	0.0202	0.0232	0.0214	0.0028
10	0.0472	0.0492	0.0392	0.0512	0.0522	0.0478	0.0052
20	0.0912	0.0882	0.0842	0.0782	0.0862	0.0856	0.0049
30	0.1182	0.1242	0.1232	0.1142	0.1282	0.1216	0.0055
40	0.1562	0.1462	0.1582	0.1602	0.1572	0.1556	0.0055
50	0.2032	0.1952	0.1832	0.1992	0.1882	0.1938	0.0081
미지 시료	0.0892	0.0812	0.0892	0.0912	0.0812	0.0864	0.0048

(출처: C. N. LaFratta, S. Jain, I. Pelse, O. Simoska, and K. Elvy, J. Chem. Educ. 2013, 90, 372-375)

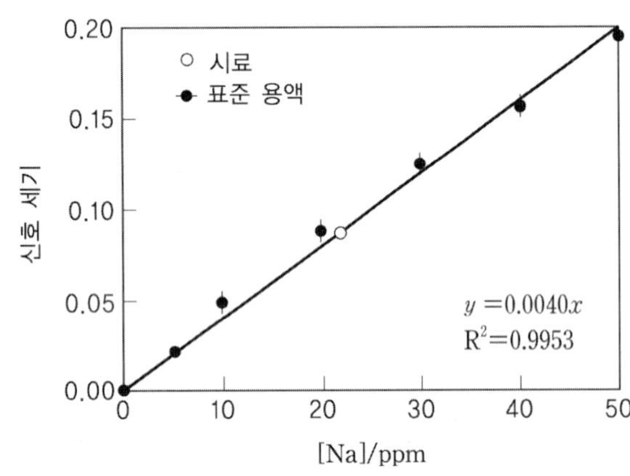

그림 5.3 표 5.1의 측정 결과를 이용하여 그린 검정 곡선. 5회 측정한 신호 세기의 평균값을 표준 용액의 농도에 대해 도시하였다.

표 5.1은 간단한 불꽃 원자 방출 분광기를 사용하여 스포츠 음료에 들어 있는 소듐(Na) 농도를 구하기 위해 방출 세기를 측정한 자료이다. 표준 용액을 준비할 때 가능한 한 미지 시료와 매트릭스(matrix)가 동일하게 만들어야 한다. 매트릭스란 시료 용액에서 분석 물질만 빼고 용매를 포함한 나머지 모든 화학종을 말한다. 매트릭스(즉 용매, 불순물 또는 방해 화학종)가 분석 물질의 신호 세기에 상당한 정도의 영향을 주는데 이것을 **매트릭스 효과**(matrix effect)라고 한다. 표준 용액 외에 **바탕 용액**(blank solution)을 준비해서 측정값을 보정해 주기도 한다. 바탕 용액이란 분석 물질은 들어 있지 않고 용매와 나머지 모든 시약이 표준 용액과 같은 용액을 말한다. 분석 신호로서 흡광도를 측정할 때 바탕 용액으로 보정해 주면 효과적이다. 시료 용액의 조성이 잘 알려져 있지 않고 복잡하여 표준 용액과 미지 시료의 매트릭스를 같게 만들 수 없을 때는 다음 절에서 다룰 표준물 첨가법을 쓰는 것이 효과적이다.

그림 5.3은 표 5.1에 있는 측정 자료를 이용하여 그린 검정 곡선이다. 여기서 검정 곡선은 직선으로 나오는데 $R^2 > 0.995$이므로 직선에 잘 맞는다고 할 수 있다. 이렇게 분석 신호의 세기와 농도가 비례하는 경우를 **선형 감응**(linear response)이라고 하며 가능하면 검정 곡선이 직선으로 나오는 것이 좋다. 그리기 간편하고 정밀도와 정확도가 좋기 때문이다. 그래서 가능하면 검정 곡선에서 선형 감응을 보이는 실험 방법과 농도 범위에서 과제를 수행하려고 한다. 그림 5.3에서 측정한 미지 시료(스포츠 음료)의 신호 세기(0.0864)가 검정 곡선과 만나는 점(○)에 해당하는 농도를 읽으면 이 값이 미지 시료의 농도에 해당한다. 만약 검정 곡선이 직선에서 벗어나더라도 많은 경우 수용할 수 있는 결과를 얻을 수 있다. 이렇게 검정 곡선에서 직선으로 나타나는 농도 구간을 **선형 범위**(linear range)라고 한다. 반면 그림 5.4에서처럼 검정 곡선이 직선으로부터 벗어났지만 타당성 있는 결과를 얻을 수 있는 구간이 있다. 이 농도 범위를 **동적 범위**(dynamic range)라고 한다.

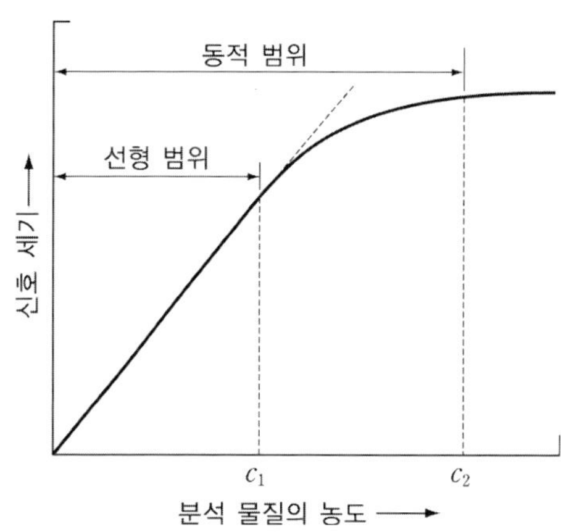

그림 5.4 검정 곡선에서 선형 범위와 동적 범위가 어떻게 다른지 확인할 수 있다.

측정값에는 오차가 포함되어 있으므로 검정 곡선을 그리기 위해 측정값을 점으로 찍으면 선형 범위 내에서도 이 점들이 정확하게 직선상에 놓이지 않는다. 이 점들을 지나는 최적의 직선을 그리는 방법이 여러 가지가 있지만 **최소 제곱법**(method of least squares)이 가장 널리 쓰인다.

최소 제곱법은 2가지 가정을 바탕으로 한다. 첫째 y값의 오차가 x값의 오차보다 훨씬 크다고 가정한다. 대부분 실험에서 측정한 신호의 세기(y값)의 불확정도(표준 편차)가 표준 용액 농도(x값)의 불확정도보다 훨씬 크다. 두 번째 가정은 모든 y값이 갖는 불확정도가 모두 비슷하다는 것이다.

그림 5.3에서 보는 것처럼 점과 직선 사이의 수직 편차를 최소로 만들어 주면 점들을 지나는 최적의 직선을 얻을 수 있다. y값의 불확정도가 x값의 불확정도보다 훨씬 크다고 가정했기 때문에 수직 편차만 최소화시키는 것이다. 점(x_i, y_i)과 직선 사이의 수직 편차를 d_i라 하면 $d_i = y_i - y$이다. y는 $x = x_i$일 때 직선의 세로 좌표 값이다. 편차에는 양수도 있고 음수도 있으므로 이것을 제곱하면 $d_i^2 = (y_i - y)^2$이 된다. 이렇게 하면 부호와 관계없이 편차의 크기만을 나타낼 수 있다. 이 d_i^2이 최소가 되는 직선을 구하려 하기 때문에 최소 제곱법이라 부르는 것이다.

각 점의 d_i^2을 합친 값이 최소가 되는 직선이 구하려는 최적 직선인데 이 식의 방정식을 다음과 같이 쓰도록 하자.

$$y = mx + b \qquad (5-6)$$

m은 직선의 **기울기**(slope)이고 b는 y축상의 **절편**(intercept)이다. m과 b 값을 구하는 과정은 생략하고 결과만 적으면 다음과 같다.

$$m = \frac{n\Sigma(x_i y_i) - \Sigma x_i \Sigma y_i}{n\Sigma(x_i^2) - (\Sigma x_i)^2} \qquad (5-7)$$

$$\frac{b = \Sigma(x_i^2)\Sigma y_i - \Sigma(x_i y_i)\Sigma x_i}{n\Sigma(x_i^2) - (\Sigma x_i)^2} \qquad (5-8)$$

(2) 표준물 첨가법

미지 시료에 농도를 알고 있는 분석 물질, 즉 표준 용액을 소량을 가하면 신호의 세기가 증가한다. 만약 분석 기기의 신호 세기와 시료의 농도 사이의 관계가 직선으로 나타난다면 신호의 세기가 얼마나 증가했는지 측정함으로써 시료에 들어 있던 분석 물질의 농도를 구할 수 있다. 이 방법을 **표준물 첨가법**(standard addition method)이라고 한다. 이때 표준 용액의 부피가 아닌 질량을 측정하여 첨가해 주면 적정에서와 같이 더욱 정밀도가 높은 결과를 얻을 수 있다. 표준물 첨가법은 앞서 언급한 것과 같이 미지 시료와 같은 매트릭스를 갖는 표준 용액을 만들 수 없을 때 검정 곡선을 사용하는 대신 쓸 수 있는 효과적인 방법이다. 미지 시료에 소량의 표준 용액을 첨가해도 매트릭스는 거의 변하지 않기 때문에 매트릭스 효과를 피해갈 수 있다.

어떤 시료가 있는데 미지 분석 물질의 처음 농도를 $[A]_i$라 하고 이때 신호의 세기를 I_A라 하자. 농도를 아는 표준 용액 S를 일정량의 미지 시료에 첨가했더니 신호의 세기가 I_{A+S}가 되었다고 하자. 이때 주의해야 할 점은 표준 용액을 미지 시료에 넣게 되면 용액의 부피가 늘어나 희석되기 때문에 원래 분석 물질의 농도는 감소한다는 사실이다. 이렇게 희석된 시료 용액의 분석 물질 농도는 $[A]_f$이고 표준물질의 농도는 $[S]_f$라고 하자. 여기서 분석 물질 A와 표준물질 S는 같은 화학종이라는 사실을 잊지 말아야 한다.

신호의 세기는 분석 물질의 농도에 직접 비례한다. 그래서 I_A와 I_{A+S}는 다음과 같이 쓸 수 있다.

$$I_A = k[A]_i$$

$$I_{A+S} = k([A]_f + [S]_f)$$

여기서 k는 비례 상수이다.

I_A를 I_{A+S}로 나누어주면 다음과 같이 된다.

$$\frac{I_A}{I_{A+S}} = \frac{[A]_i}{[A]_f + [S]_f} \qquad (5-9)$$

미지 시료의 처음 부피를 V_o라 하고 농도가 $[S]_i$인 표준 용액을 V_s만큼 첨가하였다고 하면 시료의 전체 부피 $V = V_o + V_s$가 되고 분석 물질과 표준 용액의 최종 농도는 다음과 같이 된다.

$$[A]_f = [A]_i\left(\frac{V_0}{V}\right), \qquad [S]_f = [S]_i\left(\frac{V_s}{V}\right) \qquad (5-10)$$

(5−10) 식을 (5−9) 식에 대입하면 분석 물질의 처음 농도 $[A]_i$를 구할 수 있다.

$$[A]_i = \frac{I_A[S]_i\left(\frac{V_s}{V}\right)}{I_{A+S} - I_A\left(\frac{V_0}{V}\right)} \qquad (5-11)$$

실제 표준물 첨가법으로 실험할 때는 미지 시료의 농도를 구하기 위해 신호의 세기를 여러 번 측정한 뒤 그래프를 그린다. 여러 번 측정하면 실험 결과의 불확정도를 줄일 수 있기 때문이다. 여기에는 하나의 시료 용액에 표준물을 첨가해 가면서 신호의 세기를 측정하는 방법이 있고 부피가 같은 용액 여러 개를 준비해서 신호의 세기를 측정하는 방법이 있다.

① 하나의 용액에 표준물을 첨가하여 그래프를 그리는 방법

실험할 때 시료 용액이 소모되지 않을 때 이 방법을 쓴다. 표준 용액을 미지 시료와 함께 준비한다. 표준 용액의 농도는 미지 시료에 비해 진하게 해야 한다. 그래야 소량을 미지 시료에 첨가해도 되기 때문이다. 표준 용액은 소량 첨가해야 미지 시료의 매트릭스가 거의 변하지 않게 된다. 이런 준비가 끝나고 나면 우선 미지 시료에 대한 분석 신호의 세기를 측정한다. 그 다음 소량의 표준 용액을 미지 시료에 첨가하여 다시 분석 신호의 세기를 측정한다. 이 과정을 여러 번 반복한다. 첨가하는 표준물질의 양은 분석 신호의 세기가 약 1.5 ~ 3배 증가하는 정도로 조절한다.

브라질산 호두에는 셀레늄(Selenium, Se)이 많이 들어 있는데 그 농도를 형광 분광법을 이용하여 표준물 첨가법으로 측정한 결과를 그림 5.5에서 볼 수 있다. (5-11) 식을 재배열하면 다음 식을 얻을 수 있다.

$$I_{A+S}\left(\frac{V}{V_0}\right) = I_A + \frac{I_A}{[A]_i}[S]_i\left(\frac{V_s}{V_0}\right) \tag{5-12}$$

여기서 I_A는 분석 물질의 처음 형광 세기이고 I_{A+S}는 표준 용액을 첨가한 용액의 형광 세기이다. 보정한 형광 세기인 $I_{A+S}\left(\frac{V}{V_0}\right)$를 y축 값으로 하고 보정한 표준 용액의 농도 $[S]_i\left(\frac{V_s}{V_0}\right)$를 x축 값으로 하여 그래프를 그리면 그림 5.5에서 보는 바와 같은 직선이 나온다. $[S]_i\left(\frac{V_s}{V_0}\right) = -[A]_i$ 일 때 이 직선이 x축과 만나게 된다. 그래서 이 x축상의 절편이 브라질산 호두에 들어 있는 Se의 농도(0.0383 ppm)가 된다.

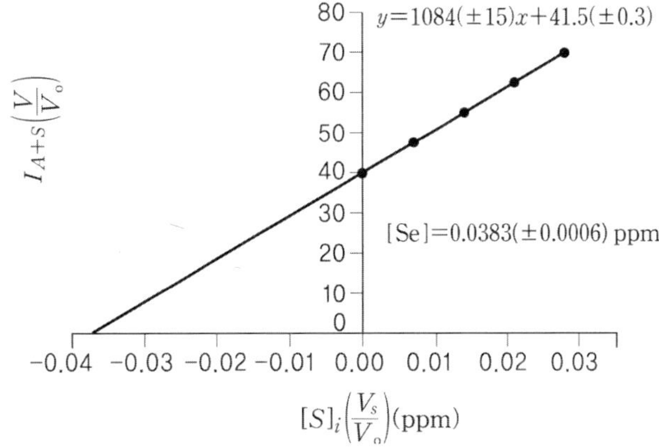

그림 5.5 브라질산 호두 시료(0.1053 g)에 대한 표준물 첨가법 도시. V_0는 미지 용액의 부피, V_S는 첨가한 표준 용액 부피를 말한다. 그래서 $V = V_0 + V_S$가 되고 $[S]_i$는 표준 용액의 농도인데 여기서는 1.40 ppm이다(출처; Marie-Christine Sheffield, Tal M. Narir, J. Chem. Educ. 2002, 79, 1345-1347).

② 부피가 같은 여러 개 시료 용액을 준비하여 그래프를 그리는 방법

크로마토그래피 같은 실험에서는 분석 신호를 측정할 때 시료를 소모하게 된다. 이런 경우에는 여러 개의 시료를 준비한다. 그림 5.6과 같이 같은 부피의 부피 플라스크(100 mL)를 여러 개(여기서는 6개) 준비한다. 각 부피 플라스크에 같은 양의 미지 시료(예를 들어 10 mL)를 넣는다. 각 부피 플라스크에 소량의 표준 용액을 첨가하는데 처음 0 mL에서 시작해서 조금씩 그 부피를 증가시킨다. 예를 들어 1번 플라스크부터 0, 1, 2, 3, 4, 5 mL 표준 용액을 첨가한다. 마지막으로 용매를 가해 섞어주면서 눈금까지 채운다. 이렇게 되면 모든 플라스크에서 미지 시료의 농도는 같고 첨가한 표준 용액의 농도는 다르게 된다. 상대적으로 첨가한 표준 용액의 부피가 크지 않기 때문에 모든 시료의 매트릭스는 근사적으로 동일하다고 가정할 수 있다.

(5-9) 식을 다시 정리하면 다음과 같이 쓸 수 있다.

$$I_{A+S}[A]_i = I_A\{[A]_f + [S]_f\} \tag{5-13}$$

I_{A+S}를 y축 값으로 하고 $[S]_f$를 x축 값으로 하여 도시하면 그림 5.7과 같은 직선이 나올 것이다. I_{A+S}이 0이 되면 $[S]_f = -[A]_f$가 되어야 한다. 다시 말해 x절편이 최종 부피로 희석된 미지 시료의 최종 농도 $[A]_f$가 되는 것이다.

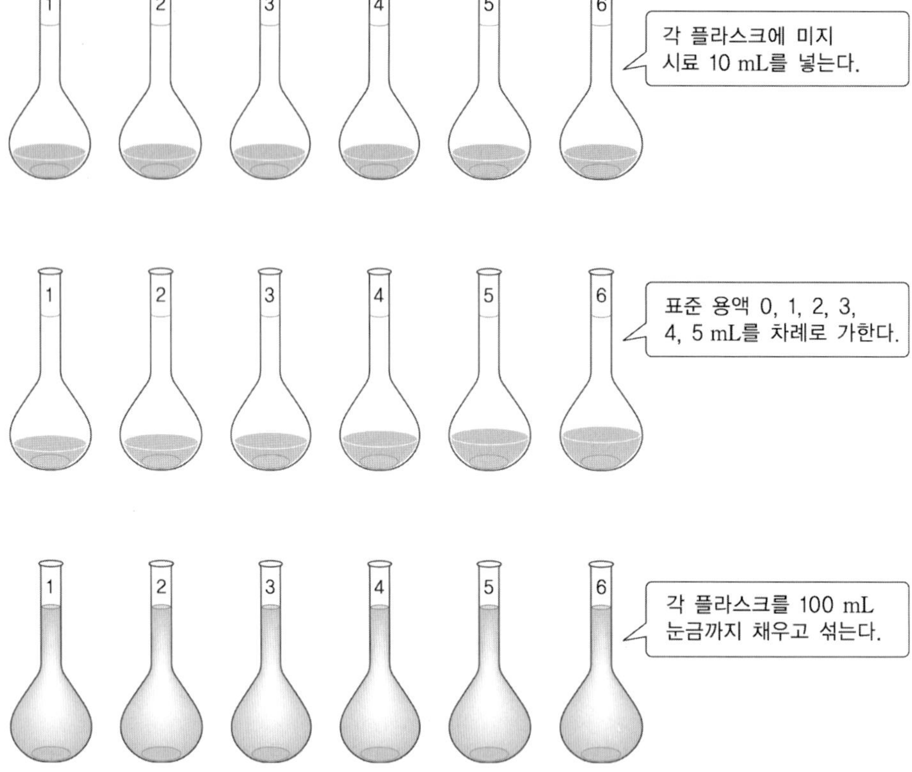

그림 5.6 표준물 첨가 실험을 위해 부피가 같은 시료 용액 여러 개를 준비하는 방법

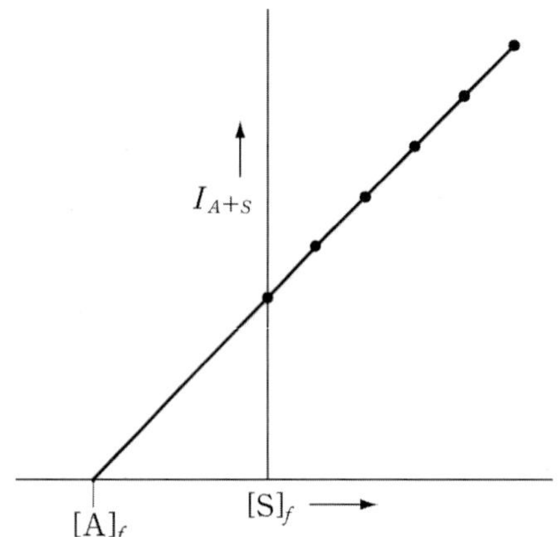

그림 5.7 최종 부피가 일정하도록 하는 표준물 첨가법에서 농도를 얻기 위한 그래프 처리 방법. I_{A+S}를 y축 값으로 하고 $[S]_f$를 x축 값으로 하여 도시하면 x축의 절편이 $[A]_f$가 된다.

(3) 내부 표준

분석 물질과는 다른 화합물로서 시료 용액 속에 일정량 첨가되어 있는 물질을 **내부 표준**(internal Standard)이라고 한다. 표준물 첨가법에서는 표준물질과 분석 시료가 같은 화합물이지만 내부 표준물질은 분석 물질과 서로 다른 화합물이라는 사실을 명심하자. 내부 표준은 농도를 정확하게 알고 있기 때문에 분석 물질의 신호 세기와 내부 표준의 신호 세기를 측정하여 비교하면 미지 시료의 농도를 구할 수 있다.

내부 표준은 같은 실험을 반복할 때마다 분석 물질의 양이 변하거나 기기의 감응(response)이 변하거나 또는 측정하기 전 시료를 준비하는 단계에서 손실이 생기는 경우 유용하게 쓸 수 있는 방법이다. 기체 크로마토그래피를 예로 들면 소량의 시료를 주입하게 되는데 실제 칼럼에 들어가는 시료의 양이 일정하지 않다. 주입되는 시료의 양에 변화가 생겨도 분석 물질과 내부 표준물질의 농도 비는 변하지 않는다. 기체 또는 액체 크로마토그래피를 사용할 때 이동상의 유속에 몇 % 정도의 변동은 늘 생길 수 있는데 이 때문에 검출기의 감응에 변화가 생길 수 있다. 선형 범위 내에서 검정 곡선은 직선으로 나타나는데 이 범위 내에서 검출기의 감응이 변한다 하더라도 분석 물질과 내부 표준물질의 상대적인 감응은 변하지 않는다. 다시 말해 이동상의 유속 변화 때문에 분석 물질에 대한 감응이 작아지면 같은 비율만큼 내부 표준물질에 대한 감응도 작아지는 것이다. 또, 어떤 실험 단계에서 시료의 손실이 생긴다 해도 표준물질이 시료에 첨가되어 있기 때문에 분석 물질과 내부 표준물질의 농도 비는 변하지 않는다. 분석 물질과 내부 표준물질이 같은 비율로 손실되기 때문이다.

내부 표준법을 이용하려면 분석 물질과 내부 표준물질의 상대적인 검출기 감응이 어떻게 되는지 알아야 한다. 이를 위해 농도를 알고 있는 분석 물질과 내부 표준물질의 혼합 용액을 만들어야 한다. 예를 들어 분석 물질 A와 내부 표준물질 S를 섞어서 혼합 용액을 만들었는데 A와 S의 농도는 1.00×10^{-3} M로 서로 같은 농도를 갖는다고 하자. 고성능 액체 크로마토그래피에 이 시료를 주입해서 그림 5.8과 같은 크로마토그램을 얻었다. 각 피크의 면적은 농도에 비례하는데 두 피크의 면적이 같지 않다. 각 화학종에 대한 검출기의 감응이 다르기 서로 때문이다. 분석 물질 A 피크의 면적은 내부 표준물질 S 피크의 면적보다 1.83배 크다면 이 비를 감응 인자(response factor), F라고 한다. 이 경우 $F = 1.83$이다. 분석 물질 A 피크의 면적을 P_A, 표준물질 S 피크의 면적을 P_S, 그리고 A와 S의 농도를 각각 $[A]$, $[S]$라 하자. 또, P_A와 A 그리고 P_S와 S 사이에 직선 관계가 유지된다면 이들 사이에 다음과 같은 관계가 성립할 것이다.

$$\frac{P_A}{[A]} = F\left(\frac{P_S}{[S]}\right) \tag{5-14}$$

그래서 표준 시료를 준비하여 F 값을 구한 후 미지 시료에 농도를 아는 내부 표준을 첨가하여 P_A와 P_S를 구하면 $[S]$는 이미 알고 있는 값이기 때문에 (5-14) 식으로부터 미지 시료의 농도 $[A]$를 얻을 수 있다.

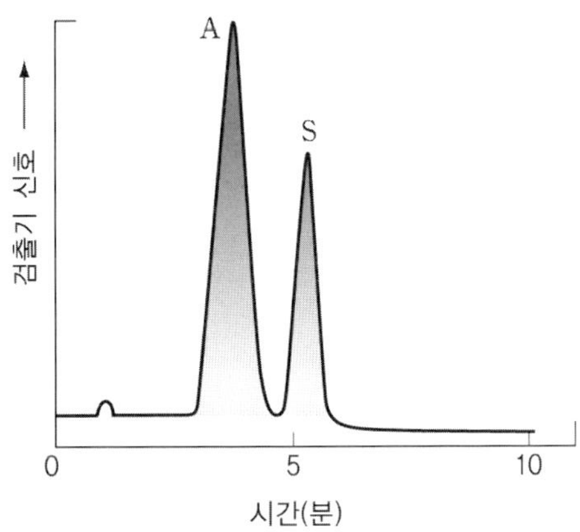

그림 5.8 분석 물질 A와 내부 표준물질 S를 액체 크로마토그래피로 분리한 크로마토그램. 분석 물질의 농도를 구하기 위해 일정량의 내부 표준물질을 넣었다. 먼저 농도를 아는 A와 S를 섞은 표준 시료를 준비하여 두 물질의 상대적 신호의 세기(피크의 면적)로부터 감응 인자를 구해야 A의 농도를 얻을 수 있다.

연습문제

1. 정량 분석의 실험 결과를 품질 검정한다는 것은 어떤 일을 수행하는 것인지 설명하시오.

2. 어떤 실험 결과의 품질 검정을 할 때 가장 먼저 고려해야 할 사항은 실험 결과의 용도이다. 품질 검정에서 실험 결과의 용도가 왜 중요한지 설명하시오.

3. 실험 결과의 정확도와 정밀도가 좋다고 꼭 좋은 것은 아니다. 그 이유는 무엇인가?

4. 실험 방법을 선택할 때 확인하고 명심해야 할 중요한 일들이 여러 가지가 있다. 어떤 일들이 있는지 설명하시오.

5. 정량 분석에서 얻는 생산품은 측정 자료, 처리한 자료, 그리고 실험 결과이다. 이들은 각각 무엇을 의미하는가?

6. 정량 분석할 때는 바탕 시료가 필요하다. 바탕 시료를 사용하는 목적은 무엇인가?

7. 분석 방법의 감도 지수란 무엇을 의미하는가? 또, 감도 지수에는 어떤 항목들이 있는지 나열하시오.

8. 방법 검증(method validation)에서는 특이성과 직선성을 우선적으로 따진다. 이 두 용어의 의미를 정확히 설명하시오.

9. 검출 한계와 정량 한계는 어떻게 다른가? 또, 기기 검출 한계와 방법 검출 한계의 차이는 무엇인가?

10. 정량 분석을 위해 A와 B 두 성분이 들어 있는 표준 용액을 여러 개 준비하였다. 모든 표준 용액에서 두 성분의 농도는 같다. A와 B의 신호 세기를 측정하여 검정 곡선을 그렸더니 기울기가 서로 달랐다. 그 이유는 무엇인가?

11. 실험 결과 신호의 세기가 시료 농도에 비례한다면 검정 곡선은 직선이 될 것이다. 실험 결과에 가장 잘 맞는 직선을 그리는 가장 간단하고 널리 쓰이는 방법은 어떤 것인지 설명하시오.

12. 정량 분석할 때 특별한 경우를 제외하고는 대부분 검정 곡선을 이용하는 방법과 표준물 첨가법을 사용한다. 이에 대한 다음 물음에 답하시오.
    (1) 정량 분석의 마지막 단계는 검정 곡선을 그리는 것이다. 검정 곡선을 그리는 목적은 무엇인가?
    (2) 검정 곡선을 그리는 방법을 간략하게 설명하시오.
    (3) 검정 곡선을 이용할 때 표준 용액과 미지 시료의 매트릭스가 동일해야만 신뢰할 수 있는 실험 결과가 나온다고 한다. 그 이유는 무엇인가?
    (4) 검정 곡선에서 선형 범위와 동적 범위란 각각 무엇을 말하는가?
    (5) 보통 검정 곡선을 이용하는 방법을 선호하는데 이 방법을 쓰지 못하고 표준물 첨가법을 써야만 하는 경우가 생긴다. 어떤 경우에 이런 문제가 생기는가?

13. 표준물 첨가법으로 좋은 결과를 얻으려면 어떤 조건이 충족되어야 한다. 어떤 조건이 필요한지 설명하시오.

14. 표준물 첨가법으로 정량 분석할 때 농도가 진한 표준 용액을 준비하여 소량 첨가하는 것이 바람직하다. 그 이유는 무엇인가?

15. 기체 크로마토그래피에서 내부 표준법을 많이 이용한다. 그 이유를 설명하시오.

6장 화학 측정 및 화학량론 계산

1 기본 개념

정량 분석에서는 실험실에서 측정한 질량, 부피와 같은 자료를 시료의 농도로 바꾸어야 한다. 이때 매우 넓은 범위에 걸쳐 사용할 수 있는 측정 단위가 필요하다. 이 장에서는 이러한 단위들을 소개하고 농도, 표준 용액 만들기, 간단한 화학량론 등에 대해 알아보고자 한다.

(1) SI 단위

세계의 모든 과학자들은 표준화된 단위 체계를 사용하는데 이것을 SI 단위(International System of Units)라고 한다. 이 이름은 프랑스어인 Système International d'Unités에서 유래한다. 이 체계는 표 6.1에서와 같은 7개의 기본 단위를 기반으로 하며 다양한 다른 단위들은 이 기본 단위로부터 유도할 수 있다.

표 6.1 SI 기본 단위

물리적 양	단위 명칭	약자
질량	킬로그램(kilogram)	kg
길이	미터(meter)	m
시간	초(second)	s
온도	켈빈(Kelvin)	K
물질의 양	몰(mole)	mol
전류	암페어(ampere)	A
빛의 세기	칸델라(candela)	cd

측정된 양이 매우 크거나 작은 경우 간단한 몇 개의 숫자로 표시하기 위해 표 6.1에 있는 기본 단위나 다른 유도 단위에 다양한 접두사를 사용한다. 표 6.2는 이러한 접두사를 보여 준다.

표 6.2 접두사

접두사	기호	승수	접두사	기호	승수
제타(zetta)	Z	10^{21}	데시(deci)	d	10^{-1}
엑사(exa)	E	10^{18}	센티(centi)	c	10^{-2}
페타(peta)	P	10^{15}	밀리(milli)	m	10^{-3}
테라(tera)	T	10^{12}	마이크로(micro)	μ	10^{-6}
기가(giga)	G	10^{9}	나노(nano)	n	10^{-9}
메가(mega)	M	10^{6}	피코(pico)	p	10^{-12}
킬로(kilo)	k	10^{3}	펨토(femto)	f	10^{-15}
헥토(hector)	h	10^{2}	아토(atto)	a	10^{-18}
데카(deca)	da	10^{1}	젭토(zepto)	z	10^{-21}

(2) 원자량, 분자량, 화학식량

원자나 분자와 같은 입자의 개수를 세는 단위를 몰(mol)이라 하는데 1몰은 아보가드로수(6.022×10^{23})만큼의 입자(원자, 분자, 이온 등)수를 말한다. ^{12}C 원자 1몰의 질량은 12 g인데 이를 **원자량**(atomic weight)이라고 한다. 자연에 존재하는 원소들은 여러 동위 원소의 혼합물로 존재하므로 실제 원소의 원자량은 각 동위 원소의 자연 존재비를 이용한 평균값이 된다. 분자는 여러 개의 원자로 구성되어 있으므로 분자를 구성하는 원자들의 원자량의 합이 **분자량**(molecular weight)이 된다. 강전해질 같은 화합물은 분자로 존재하지 않고 이온 결합 화합물로 존재하므로 이들은 **화학식량**(formula weight)이라고 부른다.

2 용액의 농도

2가지 이상의 물질이 균일하게 섞인 혼합물을 **용액**(solution)이라 하는데 소량 성분을 **용질**(solute), 과량으로 존재하는 성분을 **용매**(solvent)라고 한다. 물을 용매로 사용하여 만든 용액을 **수용액**(aqueous solution)이라고 한다. 일정 부피나 질량의 용액 또는 용매에 녹아 있는 용질의 양을 **농도**(concentration)라고 하는데 흔히 사용되는 몇 가지 농도에 대해 알아보자.

(1) 몰농도와 몰랄 농도

용액 1리터에 녹아 있는 용질의 몰수를 **몰농도**(molarity)라고 한다. 몰농도는 가장 널리 쓰이는 농도 단위이며 대괄호로 표시한다. 예를 들어 $[Na^+]$는 Na^+의 몰농도를 나타내는데 단위는 mol/L 또는 M이다. 용액에서 이온으로 해리하는 화합물을 전해질(electrolyte)이라고 한다. 보통 전해질은 물에서 더 잘 해리한다. 용액에서 대부분 이온으로 해리하는 전해질은 강전해질, 일부만 해리하는 전해질을 약전해질이라고 한다. 바닷물에 많이 존재하는 NaCl은 강전해질이므로 수용액에서 대부분 이온으로 존재하고 NaCl의 농도는 거의 0이다. 이러한 강전해질의 몰농도는 **포말 농도**(formal concentration, F)로 흔히 나타낸다. 용질이 용액에서 실제 다른 화학종으로 존재한다는 것을 강조하기 위함이다.

용매의 부피는 온도에 따라 작지만 변하며, 농도에 따라 용액의 부피도 약간의 변화가 있다. 이러한 문제를 해결하기 위해 **몰랄 농도**(molality, m)를 사용하는데 몰랄 농도는 온도 변화의 영향을 받지 않는다. 몰랄 농도는 용매 1000 g당 녹아 있는 용질의 몰수로서 나타낸다. 이 몰랄 농도는 증기 압력 내림, 어는점 내림, 끓는점 오름, 삼투압과 같은 총괄성(colligative property)을 측정하는 데 편리하게 쓰인다. 총괄성은 용매의 몰당 용액에 존재하는 용질 입자수에 의해서만 결정되기 때문이다.

예제 | 6.1

사람의 혈중 글루코스(glucose, $C_6H_{12}O_6$, M.W. = 180.16 g/mol)의 평균적인 농도(이를 혈당치라고 함)는 식사 전에는 80 mg/100 mL(혈액 100 mL 중 글루코스가 80 mg)이고, 식사 후에는 120 mg/100 mL로 증가한다. 식전, 식후 혈액 속에 있는 글루코스의 몰농도를 계산하시오.

풀이

식사 전: 80 mg/100 mL = 800 mg/1000 mL = 0.800 g/1.000 L가 된다.

$$\frac{\frac{0.800\ \text{g}}{1.000\ \text{L}}}{180.16\ \text{g/mol}} = 4.44 \times 10^{-3}\ \text{mol/L} = 4.44 \times 10^{-3}\ \text{M}$$

식사 후: 120 mg/100 mL = 1200 mg/1000 mL = 1.200 g/1.000 L

$$\frac{\frac{1.200\ \text{g}}{1.000\ \text{L}}}{180.16\ \text{g/mol}} = 6.66 \times 10^{-3}\ \text{mol/L} = 6.66 \times 10^{-3}\ \text{M}$$

예제 | 6.2

농도가 무게 백분율로 5.50%인 과염소산(perchloric acid, $HClO_4$) 수용액 32.5 g에는 과염소산이 몇 g 들어 있는가? 또, 이 용액의 몰농도와 몰랄 농도를 계산하시오. 이 용액의 밀도는 1.060 g/mL이다.

풀이

과염소산의 무게를 x라 두면 다음과 같이 쓸 수 있다.

$$(\frac{x}{32.5}) \times 100 = 5.50,\ x = 1.79\ \text{g}$$

용액의 부피는 다음과 같이 계산한다.

$$\text{부피} = \frac{\text{무게}}{\text{밀도}} = \frac{32.5\ \text{g}}{1.060\ \text{g/mL}} = 30.7\ \text{mL}$$

과염소산의 분자량이 100.458 g/mol이므로

$$\text{과염소산의 몰수} = \frac{1.79\ \text{g}}{100.458\ \text{g/mol}} = 0.0178\ \text{mol}$$

용매의 무게 = 32.5 g - 1.79 g = 30.7 g

이 값들을 이용하여 과염소산의 몰농도(M), 몰랄 농도(m)를 계산할 수 있다.

$$\text{과염소산의 몰농도} = \frac{0.0178\ \text{mol}}{(\frac{30.7}{1000})\ \text{L}} = 0.580\ \text{M}$$

$$\text{과염소산의 몰랄 농도} = \frac{0.0178\ \text{mol}}{(\frac{30.7}{1000})\ \text{kg}} - 0.580\ \text{m}$$

이 문제에서 몰농도와 몰랄 농도가 비슷하다는 것을 확인할 수 있다.

---

(2) 퍼센트 조성: 무게 퍼센트, 부피 퍼센트

혼합물이나 시료에서 특정 성분의 백분율은 보통 무게로 나타내는데 이를 무게 퍼센트(wt%)라고 한다.

$$\text{무게 퍼센트} = \frac{\text{용질의 질량}}{\text{혼합물이나 용액의 전체 질량}} \times 100$$

부피 퍼센트(vol%)는 무게 대신 부피를 사용한다.

$$\text{부피 피센트} = \frac{\text{용질의 부피}}{\text{용액의 전체 부피}} \times 100$$

예제 | 6.3

어떤 CH_3OH 수용액 1.00 L가 있는데 농도는 0.415 M이다. 이 용액의 CH_3OH 농도를 무게 퍼센트(wt%)로 나타내면 얼마가 되는가? CH_3OH의 분자량은 32.04 g/mol이며, 이 용액의 밀도는 1.00 g/mL라고 가정한다.

풀이

CH_3OH의 무게: (0.415 mol/L)(32.04 g/mol)(1.000 L) = 13.30 g

용액의 무게: (1000 mL)(1.00 g/mL) = 1000 g

$$\text{용액의 무게 퍼센트} = \frac{13.30\ \text{g}}{1000\ \text{g}} \times 100 = 1.33\%$$

(3) ppm(parts per million), ppb(parts per billion)

시료의 농도가 아주 묽은 경우에는 백만분율(parts per million, ppm) 또는 십억분율(parts per billion, ppb)로 표시한다. 어떤 시료 1×10^6 g당 특정 용질 1 g이 있으면 그 농도는 1 ppm이 되고 1×10^9 g당 특정 용질이 1 g 있으면 농도가 1 ppb가 된다. 기체의 경우에는 흔히 질량 대신에 부피를 사용한다. 대기 중 CO_2의 농도가 370 ppm이라고 하면 이것은 공기 1 L 속에 CO_2가 370 μL가 있다는 의미이다.

$$\text{ppm} = \frac{\text{용질의 질량}}{\text{용액의 총 질량}} \times 10^6$$

$$\text{ppb} = \frac{\text{용질의 질량}}{\text{용액의 총 질량}} \times 10^9$$

예제 | 6.4

어떤 물속에 실험식이 $C_{20}H_{42}$인 화합물이 8.75×10^{-7} M 들어 있다는 사실을 확인하였다. 이 화합물의 분자량은 282.55 g/mol이고 이 시료의 밀도는 1.00 g/mL라고 가정한다. $C_{20}H_{42}$의 농도를 ppm으로 나타내면 얼마가 되는가? 또, ppb로 나타내면 얼마가 되는가?

풀이

$C_{20}H_{42}$의 무게를 다음과 같이 계산할 수 있다.

$(8.75 \times 10^{-7}$ mol/L)(282.55 g/mol)(1.000 L) = 2.47×10^{-4} g

ppm과 ppb에 대한 정의에 의해 다음과 같이 계산할 수 있다.

$$\text{ppm} = \frac{\text{용질의 질량}}{\text{용액의 총 질량}} \times 10^6 = \frac{2.47 \times 10^{-4}\ \text{g}}{1000\ \text{g}} \times 10^6 = 0.247\ \text{ppm}$$

$$\text{ppb} = \frac{\text{용질의 질량}}{\text{용액의 총 질량}} \times 10^9 = \frac{2.47 \times 10^{-4}\ \text{g}}{1000\ \text{g}} \times 10^9 = 247\ \text{ppb}$$

3 표준 용액 준비하기

정량 분석에서 믿을 수 있는 결과를 내기 위해서는 사용한 반응물 하나의 양을 정확하게 알아야 한다. 이를 위해 순수한 반응물의 무게를 정확하게 측정하여 용액에 녹여 일정한 부피가 되도록 하면 농도를 계산할 수 있다. 이러한 용액을 **표준 용액**(standard solution)이라고 한다. 이때 **부피 플라스크**(volumetric flask)가 필요하다.

예제 | 6.5

0.0100 M 탄산 소듐(Na_2CO_3) 표준 용액 500.0 mL를 만들려고 한다. 탄산 소듐 몇 그램이 필요하며, 또 어떻게 만들면 되는가?

풀이

탄산 소듐의 화학식량은 105.9 g/mol이므로 필요한 양은 다음과 같이 계산할 수 있다.

$$(0.0100 \text{ mol/L})(105.99 \text{ g/mol})(0.5000 \text{ L}) = 0.530 \text{ g}$$

분석 저울로 탄산 소듐 0.530 g을 정확히 재어서 500 mL 부피 플라스크에 넣는다. 여기에 증류수를 약 400 mL 정도 가하여 천천히 흔들어서 완전히 녹인다. 그 다음 증류수를 더 가하여 500 mL 표시선까지 묽힌 후 마개를 막고 플라스크를 몇 차례 거꾸로 뒤집어서 용액이 완전히 섞이도록 한다.

예제 6.5에서와 같은 표준 용액을 만들 때 일정량의 탄산 소듐을 증류수 500 mL에 넣어서 녹이면 용액의 부피가 변한다. 용액의 부피는 용질의 농도에 따라 변한다는 사실을 명심해야 한다.

4 부피 분석에서 화학량론 계산

부피 분석(volumetric analysis)이란 미지 시료의 분석 물질(analyte)과 반응하는 데 필요한 표준 용액의 부피를 측정하여 농도를 구하는 방법이다. 부피 분석에서 가장 많이 쓰이는 방법은 **적정**(titration)이다. 적정에서는 미지 시료가 완전히 반응할 때까지 표준 용액에 가하여 반응이 완결되는 데 필요한 부피를 측정한다.

예제 | 6.6

분말 형태의 발 흡습제(foot powder)에는 Zn^{2+}가 들어 있다. 이 흡습제에 들어 있는 Zn^{2+} 농도를 구하기 위해 이 시료 7.50 g을 물에 녹여 100.0 mL 용액으로 만들었다. 이 용액 10.0 mL를 덜어내어 0.0150 M EDTA 표준 용액으로 적정했더니 2.13 mL를 가했을 때 종말점이 나타났다. EDTA는 대표적인 킬레이트제로서 금속 양이온과 1:1로 반응하여 착화합물을 형성한다. 종말점이란 Zn^{2+}이 전부 EDTA와 반응한 지점을 말한다. 시료 용액의 몰농도와 흡습제에 들어 있던 Zn^{2+}의 질량 백분율을 계산하시오. 적정 반응은 다음과 같다.

$$Zn^{2+} + \text{EDTA} \rightarrow [\text{Zn}-\text{EDTA}]^{2+}$$

풀이

Zn^{2+}와 EDTA는 1:1로 반응하므로 종말점에서 Zn^{2+}와 EDTA의 몰수는 같다. 그래서 시료 용액의 Zn^{2+} 몰농도를 x라 두면 다음 관계식이 성립한다.

$$(x \text{ mol/L})\left(\frac{10.0}{1000} \text{ L}\right) = (0.0150 \text{ mol/L})\left(\frac{2.13}{1000} \text{ L}\right)$$

$x = 3.20 \times 10^{-3}$ M

100.0 mL 시료 용액에 들어 있는 Zn^{2+}의 몰수는 다음과 같다.

$$(3.20 \times 10^{-3}\ \text{mol/L})(\frac{100.0}{1000}\ \text{L}) = 3.20 \times 10^{-4}\ \text{mol/L}$$

Zn의 원자량이 65.409 g/mol이므로 시료에 들어 있는 Zn^{2+}의 질량은 다음과 같다.

$$(3.20 \times 10^{-4}\ \text{mol})(65.409\ \text{g/mol}) = 0.0209\ \text{g}$$

따라서 흡습제에 들어 있는 Zn^{2+}의 질량 백분율은 다음과 같다.

$$Zn^{2+}\text{의 wt\%} = (\frac{0.0209}{0.750}) \times 100 = 2.79\%$$

---

5 무게 분석에서 화학량론 계산

무게 분석(gravimetric analysis)은 화학 반응에 의해 생성된 생성물의 질량을 측정하여 미지 시료의 농도를 구하는 방법이다. 부피 분석에 비해 검출 한계와 정량 한계가 낮고 정밀도가 높은 결과를 얻을 수 있지만 실험이 번거롭고 시간이 대체로 많이 걸리기 때문에 실제 실험실에서는 많이 쓰이지 않는 편이다.

예제 | 6.7

KIO_3(aq) (아이오딘산 포타슘, potassium iodate) 용액 50.0 mL에 Ag^+ 용액을 가했더니 0.3634 g의 $AgIO_3$(s)(아이오딘산은) 침전이 생성되었다.

$$Ag^+(aq) + IO_3^-(aq) \rightarrow AgIO_3(s) \qquad K_{sp} = 3.1 \times 10^{-8}$$

(1) KIO_3(aq)의 몰농도는 얼마인가?

(2) Ag^+ 용액의 농도가 0.0500 M이라면 IO_3^-를 모두 침전시키기 위해 가해야 할 Ag^+ 용액의 부피는 얼마인가?

풀이

(1) 주기율표에 있는 원소의 원자량을 이용하여 $AgIO_3$의 화학식량을 계산하면 282.77 g/mol이 된다.

$$\text{생성된 } AgIO_3\text{의 몰수} = \frac{0.3634\ \text{g}}{282.77\ \text{g/mol}} = 0.001285\ \text{mol}$$

IO_3^-의 몰수는 생성된 $AgIO_3$의 몰수와 같다. 그래서 IO_3^-의 몰농도를 x라 두면 다음 관계식을 얻는다.

$$(x\ \text{mol/L})(\frac{50.0}{1000}\ \text{L}) = 0.00128_5\ \text{mol}$$

$$x = 0.0257\ \text{mol/L} = 0.0257\ \text{M}$$

(2) Ag^+ 용액의 부피를 V라 하면 다음 관계식이 성립한다.

$$(0.0500\ \text{mol/L})(\text{V L}) = 0.001285\ \text{mol}$$

$$\text{V} = 0.0257\ \text{L} = 25.7\ \text{mL}$$

연습문제

1. 부피 플라스크를 사용하여 0.25 M K_2SO_4 수용액 250.0 mL를 만들려고 한다. 어떻게 만들 것인지 그 과정을 설명하시오.

2. NaCl(F.W. = 58.44 g/mol) 0.85 g을 물에 녹여 500.0 mL의 표준 용액을 만들려고 한다.
   (1) 이 표준 용액을 만드는 과정을 간단히 설명하시오.
   (2) 이 표준 용액의 몰농도를 계산하시오.
   (3) 이 표준 용액의 농도를 무게 백분율과 ppm 단위로 계산하시오. 이 용액의 밀도는 1.00 g/mL라고 가정한다.

3. 0.050 M 붕산(boric acid, $B(OH)_3$, F.W. = 61.83 g/mol) 1.00 L를 만들려고 한다.
   (1) 필요한 붕산은 몇 g인가?
   (2) 이 용액의 밀도를 1.0 g/mL라고 가정하고 농도를 무게 백분율(%)과 ppm 단위로 계산하시오.

4. $CHCl_3$ 용매에 CH_3OH(M.W. = 32.04 g/mol, 밀도 = 0.7914 g/mL) 25.0 mL를 가하여 최종 부피가 500.0 mL가 되게 하였다.
   (1) 이 용액에서 CH_3OH의 몰농도를 계산하시오.
   (2) 이 용액의 밀도는 1.454 g/mL였다. CH_3OH의 몰랄 농도는 얼마인가?
   (3) 이 용액에서 CH_3OH의 농도를 ppm 단위로 나타내면 어떻게 되는가?

5. 자동차용 부동액은 물에 에틸렌 글리콜(ethylene glycol, $HOCH_2CH_2OH$)을 녹여 만든다. 어떤 부동액의 에틸렌 글리콜 농도가 6.067 M이고 밀도는 1.046 g/mol이라고 하자.
   (1) 이 부동액 1.00 L에 들어 있는 에틸렌 글리콜의 무게는 몇 g인가?
   (2) 이 용액에 있는 에틸렌 글리콜의 몰랄 농도는 얼마인가?
   (3) 에틸렌 글리콜의 농도를 무게 백분율로 계산하면 얼마인가? 또, 이것을 ppm 단위로 나타내면 어떻게 되는가?

6. 1.27×10^{-3} M $MgCl_2$ 용액 250.0 mL가 있다.
   (1) 이 용액에 녹아 있는 $MgCl_2$는 몇 g인가?
   (2) 이 용액의 $MgCl_2$ 농도는 ppm 단위로 계산하면 얼마인가? 단, 이 용액의 밀도는 1.00 g/mL라고 가정한다.

7. HCl 용액의 몰농도를 구하기 위해 순수한 탄산 소듐(sodium carbonate, Na_2CO_3) 용액으로 적정하였다.

   $2H^+(aq) + Na_2CO_3(aq) \rightarrow 2Na^+(aq) + H_2O(l) + CO_2(g)$

   탄산 소듐 0.8576 g이 완전히 반응하는 데 HCl 용액 26.47 mL가 필요하였다. HCl 용액의 몰농도를 계산하시오.

8. 미지의 Hg_2^{2+} 용액 50.0 mL를 0.100 M I^- 표준 용액으로 적정한다. 당량점에 도달하는 데 I^- 표준 용액이 13.5 mL 필요하였다면 미지 시료의 Hg_2^{2+} 농도는 얼마인가? 적정 반응은 다음과 같다.

   $Hg_2^{2+} + 2I^- \rightarrow Hg_2I_2(s)$

9. NaBr 수용액 100.0 mL에 과량의 $AgNO_3$를 가했더니 0.558 g의 AgBr 침전이 생겼다. 처음 NaBr 용액의 몰농도가 얼마인지 계산하시오.

   $NaBr(aq) + AgNO_3(aq) \rightarrow AgBr(s) + NaNO_3(aq)$

10. Na_2CO_3 수용액에 $AgNO_3$를 가하면 Ag_2CO_3 침전이 생성된다.

    $Na_2CO_3(aq) + 2AgNO_3(aq) \rightarrow Ag_2CO_3(s) + 2NaNO_3(aq)$

    Na_2CO_3 3.56 g이 반응하면 몇 g의 Ag_2CO_3가 생성되는가?

11. 제산제로 주로 쓰이는 $Al(OH)_3$는 HCl과 다음과 같이 반응한다.

$Al(OH)_3(s) + 3HCl(aq) \rightarrow AlCl_3(aq) + 3H_2O(l)$

(1) $Al(OH)_3$ 3.00 g이 반응하기 위해 필요한 HCl의 무게를 계산하시오.

(2) $Al(OH)_3$ 3.00 g이 반응할 때 생성되는 $AlCl_3(aq)$의 무게를 계산하시오.

12. 강염기인 NaOH 용액을 중화시키는 데 0.255 M HCl 용액 76.3 mL가 필요하였다. 이 용액에는 NaOH가 몇 g 들어 있었는가?

$NaOH(aq) + HCl(aq) \rightarrow NaCl(aq) + H_2O(l)$

13. 벤젠(C_6H_6)에 브로민(Br_2)을 반응시키면 브로모벤젠(C_6H_5Br)이 생성된다.

$C_6H_6 + Br_2 \rightarrow C_6H_5Br + HBr$

벤젠 25.0 g과 브로민 78.3 g이 반응하면 브로모벤젠 몇 g이 생성되는가?

14. 다음 반응을 생각하자.

$AgNO_3(aq) + NaCl(aq) \rightarrow AgCl(s) + NaNO_3(aq)$

0.250 M $AgNO_3$ 용액 25.0 mL가 있다. 이 용액의 은 이온(Ag^+)을 모두 염화 은(AgCl)으로 침전시키려면 몇 g의 NaCl이 필요하겠는가?

15. 다음 반응식에 대한 물음에 답하시오.

$4C_2H_5NH_2(g) + 15O_2(g) \rightarrow 8CO_2(g) + 14H_2O(g) + 2N_2(g)$

(1) $C_2H_5NH_2$ 15.0 g이 반응하면 몇 g의 CO_2가 생성되는가?

(2) N_2 기체 8.60 g이 생성되려면 몇 g의 O_2가 필요한가?

16. $Ba(NO_3)_2$ 수용액에 H_2SO_4를 가하면 다음 반응에 의하여 $BaSO_4$ 침전이 만들어진다.

$Ba^{2+}(aq) + SO_4^{2-}(aq) \rightarrow BaSO_4(s)$

어떤 고체 시료에 22.5 wt%의 $Ba(NO_3)_2$가 포함되어 있다. 이 고체 시료 5.87 g을 물에 녹인 다음 3.20 M H_2SO_4를 가해 Ba^{2+}를 모두 $BaSO_4$로 침전시키려고 한다. 3.20 M H_2SO_4가 몇 mL 필요한지 계산하시오.

17. 묽은 질산(HNO_3)에서 구리는 다음 반응과 같이 녹는다.

$3Cu(s) + 8HNO_3(aq) \rightarrow 3Cu(NO_3)_2(aq) + 2NO(g) + 4H_2O$

Cu(s) 18.43 g을 녹이는 데 필요한 HNO_3의 무게는 몇 g인가?

18. 제철소에서는 적철광 + (Fe_2O_3)를 탄소와 반응시켜 철(Fe)을 생산한다.

$2Fe_2O_3 + 3C \rightarrow 4Fe + 3CO_2$

(1) 적철광 637.0 g이 반응하는 데 탄소 몇 g이 필요한가?

(2) 적철광 637.0 g이 반응하면 Fe 몇 g이 생성되는가?

19. $H_2C_2O_4$ 2.50 g을 정확히 달아 물에 녹여 500 mL의 용액을 만들었다. 이 용액 40.0 mL를 다른 용기에 옮기고 0.100 M NaOH 100.0 mL를 첨가하였다. NaOH와 $H_2C_2O_4$ 사이의 화학 반응은 다음과 같다.

$2NaOH + H_2C_2O_4 \rightarrow Na_2C_2O_4 + 2H_2O$

반응이 끝난 후 반응하지 않고 남아 있는 NaOH의 몰수는 얼마인가?

7장 화학 평형과 활동도

화학 평형은 화학뿐만 아니라 지질학, 해양학과 같은 다른 분야를 공부하는 데도 꼭 필요한 기초 개념이다. 어떠한 반응도 한 방향으로만 진행되는 경우는 없다. 반응이 평형에 도달하게 되면 두 방향의 반응 속도는 같아지게 된다. 이 장에서는 평형의 개념을 설명하고 여러 가지 평형에 대한 평형 상수와 이를 이용한 농도 계산을 설명할 것이다. 또 이온성 화학종의 활동도를 다룬다. 특히 수용액에서 이온성 화학종의 평형을 이해하고 계산하는 데 활동도는 필수적인 개념이다.

1 열역학에 대한 간단한 복습

화학 평형을 이해하려면 화학 반응에 관련된 열역학을 이해해야 한다. 화학 반응이 일어나면 엔탈피 변화(반응열)가 생기고 반응물과 생성물의 무질서도, 즉 엔트로피 변화가 일어나게 된다. 화학 반응이 어느 방향으로 진행하느냐의 문제는 이렇게 화학 반응에 따른 엔탈피와 엔트로피 변화에 의해 결정되기 때문이다.

(1) 엔탈피

화학 반응이 일어날 때 외부로 열을 방출하거나 열을 흡수한다. 화학 반응이 일정한 압력하에서 일어날 때 이 에너지 변화를 **엔탈피 변화**(enthalpy change)라고 한다. 반응에 따라 일어나는 엔탈피 변화를 **반응 엔탈피**(enthalpy of reaction) 또는 간단하게 **반응열**(heat of reaction)이라 부르며 ΔH로 표시한다. 모든 반응물과 생성물이 표준 상태에 있을 때 반응 엔탈피는 $\Delta H°$로 나타내며 **표준 엔탈피 변화**(standard enthalpy change)라고 한다. 도시가스의 주성분인 CH_4가 연소하는 반응을 보자.

$$CH_4(g) + 2O_2(g) \rightarrow CO_2(g) + 2H_2O(l), \qquad \Delta H = -890 \text{ kJ/mol} \qquad (7-1)$$

ΔH가 음수라는 것은 생성물이 만들어질 때 열이 방출되는 것을 의미한다. 가정에서는 이 열을 요리나 난방에 이용하는데 이 반응을 **발열 반응**(exothermic reaction)이라고 한다. 만약 어떤 반응의 ΔH가 양수이면 외부로부터 열을 흡수한다는 것을 의미하므로 **흡열 반응**(endothermic reaction)이라고 부른다.

(2) 엔트로피

어떤 화합물의 엔트로피(entropy)는 S로 표기하는데 '무질서'한 정도를 나타낸다. 여기서는 정성적인 설명만 하기로 한다. 온도에 따른 물의 상변화를 살펴보자. 0 ℃ 이하에서 물은 얼음으로 존재하는데 얼음 결정 내에서 물 분자는 수소 결합으로 고정되어 진동 운동은 할 수 있으나 병진 운동과 회전 운동은 자유롭게 할 수 없다. 그래서 엔트로피는 상대적으로 작다. 온도가 올라가서 얼음이 녹으면 물 분자 사이의 수소 결합은 그대로 있지만 병진 운동과 회전 운동은 훨씬 쉬워진다. 따라서 물 분자는 얼음 상태일 때보다 훨씬 무질서해지므로 엔트로피는 증가한다. 온도가 더 올라가서 수증기가 되면 분자들이 거의 독립적으로 병진 운동, 진동 운동, 회진 운동을 자유롭게 할 수 있기 때문에 얼음이나 물에 비해 훨씬 무질서해지고 따라서 훨씬 큰 엔트로피를 갖게 된다.

$N_2(g)$와 $H_2(g)$로부터 NH_3(암모니아)가 생성되는 반응을 생각하자.

$$N_2(g) + 3H_2(g) \rightarrow 2NH_3(g) \quad \Delta S° = -198.3 \text{ J/mol·K} \qquad (7-2)$$

N_2 1몰과 H_2 3몰이 반응하면 생성물인 NH_3는 2몰이 생기며 반응몰과 생성몰이 모두 기체이다. 다시 말해 계의 분자수가 줄어들게 된다. 이렇게 되면 계의 무질서도는 감소하므로 엔트로피가 감소하는 것이다. $\Delta S°$는 표준 상태에서 엔트로피 변화이다.

예제 | 7.1

NaCl이 물에 녹는 반응을 생각해 보자.

$NaCl(s) \rightarrow Na^+(aq) + Cl^-(aq)$

이 반응에서 계의 엔트로피가 어떻게 변하는지 정성적으로 설명하시오.

풀이

반응물은 고체인데 반해 생성물은 액체 상태에 있다. 액체 상태에서는 이온들의 병진 운동과 회전 운동이 고체 상태에서보다 자유로우므로 더 무질서해진다. 그래서 엔트로피는 증가한다.

(3) 자유 에너지

엔탈피는 작고 엔트로피는 클수록 계는 안정하다. 일정 온도와 압력하에서 어떤 반응의 $\Delta H<0$이고 $\Delta S>0$이면 반응은 정반응, 즉 생성물이 만들어지는 쪽으로 자발적으로 진행하려고 할 것이다. 그러나 $\Delta H>0$, $\Delta S<0$이면 반응은 자발적으로 일어나지 않을 것이다. 이 경우 반응을 일으키려면 주위로부터 일의 형태로 에너지를 가해야만 한다. 만약 $\Delta H>0$, $\Delta S>0$이거나 $\Delta H<0$, $\Delta S<0$인 경우 반응이 자발적으로 일어날 것인지 아닌지 어떻게 판단할지 생각해 보자.

일정 온도와 압력하에서 반응이 자발적으로 일어나는지 또는 자발적으로 일어나지 않는지 판단하는 데 Gibbs **자유 에너지**(Gibbs free energy) **변화**(ΔG)를 사용한다. 일정한 온도에서 일어나는 반응에 대해 ΔG는 다음과 같이 정의한다.

$$\Delta G = \Delta H - T\Delta S$$

온도와 압력이 일정할 때 자발적인 반응은 항상 Gibbs 자유 에너지가 감소하는 쪽으로 일어난다. 따라서 ΔG와 반응이 자발적으로 일어나는 방향 사이의 관계는 다음과 같이 정리할 수 있다.

(a) $\Delta G<0$이면 정반응이 자발적으로 일어난다.

(b) $\Delta G>0$이면 정반응은 비자발적이고 역반응은 자발적으로 일어난다. 정반응이 일어나도록 하려면 계에 에너지를 가해야 한다.

(c) $\Delta G=0$이 되면 반응은 평형 상태에 있다.

계가 표준 상태에 있을 때 (7-2) 식과 같이 NH_3가 생성되는 반응의 $\Delta H° = -92.38$ kJ/mol이고 $\Delta S° = -198.3$ J/mol·K이다. 이 반응이 정반응 쪽으로 자발적으로 일어날 것인지 $\Delta G°$를 계산하여 판단해 보자. 온도는 298.15 K이다.

$$\begin{aligned}\Delta G° &= \Delta H° - T\Delta S° = (-92380 \text{ J/mol}) - [(298.15 \text{ K})(-198.3 \text{ J/mol·K})] = -33257 \text{ J/mol} \\ &= -33.257 \text{ kJ/mol}\end{aligned}$$

표준 상태에서 이 반응은 $\Delta G°$가 음수이므로 자발적으로 일어날 것이다. 이 반응은 $\Delta S°$는 감소했지만 $\Delta H°$의 감소 폭이 더 크기 때문에 $\Delta G°$가 감소하는 것이다.

어떤 반응의 $\Delta G°$ 와 평형 상수 사이의 관계를 알아보자. 여기서 자유 에너지를 언급하는 이유는 평형은 자유 에너지가 감소하는 쪽으로 이동하는데 자유 에너지는 반응열($\Delta H°$)과 엔트로피 변화($\Delta S°$) 값에 의해 결정되기 때문이다. 이 관계식은 Nernst 식(15장 참조)으로부터 얻을 수 있다. 자유 에너지와 전위차(전압) 사이에는 다음 관계가 성립한다.

$$\Delta G° = -nFE° \qquad (7-3)$$

$E°$ 는 표준 상태에서 전위차이다. 또, $E°$와 평형 상수 K 사이에는 다음 관계식이 성립한다.

$$E° = \frac{RT}{nF}\ln K$$

여기서 R은 기체 상수(8.3144 J/(K·mol)), T는 절대 온도, n은 전자의 몰수, F는 Faraday 상수 (9.649 × 10^4 C)이다. 따라서

$$-\Delta G° = RT \ \ln K$$

$$K = e^{-\Delta G°/RT} \qquad (7-4)$$

위 식에서 $\Delta G°$ 가 커지면 평형 상수가 커진다는 것을 알 수 있다. 표준 상태에서 (7−2) 반응의 평형 상수를 계산해 보자.

$$K = e^{-(-33257\frac{\text{J}}{\text{mol}})/[(8.3144\frac{\text{J}}{\text{K}\cdot\text{mol}}](298.15\,\text{K})} = 6.7053 \times 10^5$$

(7−2) 반응은 평형 상수가 크기 때문에 NH_3가 생성되는 쪽으로 평형이 이동할 것이다.

화학 반응은 열이 방출($\Delta H<0$)되고 무질서도가 증가하는 방향($\Delta S>0$)으로 진행하려고 한다. 실제 반응의 진행 방향은 ΔH와 ΔS 효과를 합친 ΔG 값에 의해 결정된다. ΔG가 음수이면 $K>1$이 되므로 반응이 스스로 정방향 쪽으로 진행될 것이다. 이때 반응이 **자발적**(spontaneous)이라고 한다. ΔG가 양수이면 $K<1$이 되므로 반응은 비자발적이다.

2 화학 평형과 평형 상수

(1) 평형 상수

다음과 같은 화학 반응을 생각하자.

$$a\text{A} + b\text{B} \rightleftarrows c\text{C} + d\text{D} \qquad (7-5)$$

평형 상수를 K라 하면 이 반응의 평형 상수는 다음과 같이 쓸 수 있다.

$$K = \frac{[\text{C}]^c[\text{D}]^d}{[\text{A}]^a[\text{B}]^b} \qquad (7-6)$$

대문자는 화학종을 나타내고 위 첨자는 화학량론 계수를 뜻한다. (7−4) 식에서 대괄호로 나타낸 항은 각 화학종의 표준 상태에 대한 농도비를 의미한다. 표준 상태는 용질인 경우는 1 M, 기체인 경우는 1 bar(1기압 = 1.013 bar), 그리고 고체나 액체인 경우에는 순수한 고체나 액체가 표준 상태이다. 그래서 (7−6) 식의 [A]는 A가 용질이면 [A]/(1 M)을 의미하고 B가 기체이면 [B]는 (P_B)/(1 bar)를 의미한다. P_B는 B의 압력이다. 흔히 [B] 대신에 P_B로 쓰는 경우가 많다. 이런 이유로 (7−6) 식의 각 항은 단위가 없고 모든 평형 상수는 단위가 없다. 만약 C가 순수한 고체나 액체라면 이 상태가 바로 표준 상태이기 때문에 [C] 항은 '1' 이 된다. D가 용매이면 그 농도가 순수한 액체에 가깝기 때문에 [D]의 값은 실질적으로 '1' 이라 할 수 있다. 그래서 평형 상수를 계산할 때 첫째, 용질의 농도는 반드시 몰농도(mol/L) 단위를 사용해야 한다. 둘째, 기체의 농도

는 바(bar)로 나타내야 한다. 셋째, 순수한 고체나 액체, 그리고 용매는 '1'이므로 삭제한다.

어떤 화학 평형에서 역반응의 평형 상수는 어떻게 될지 생각해 보자. 아세트산은 다음과 같은 평형을 이룬다.

$$CH_3COOH \rightleftarrows CH_3COO^- + H^+ \quad (7-7)$$

$$K = \frac{[CH_3COO^-][H^+]}{[CH_3COOH]}$$

식 (7−7) 반응의 역반응은 다음과 같이 쓸 수 있다.

$$CH_3COO^- + H^+ \rightleftarrows CH_3COOH$$

이 역반응의 평형 상수를 K'이라 하면,

$$K' = \frac{[CH_3COOH]}{[CH_3COO^-][H^+]} = 1/K$$

그래서 역반응의 평형 상수는 원래 반응의 평형 상수의 역수가 된다.

두 반응을 더해서 생긴 반응의 평형 상수는 개개 반응의 평형 상수의 곱이 된다. N개의 반응을 합치면 전체 반응의 평형 상수는 n개의 개개 반응의 평형 상수를 곱한 것이 된다. 다음과 같은 기체 반응을 생각하자.

$N_2(g) + O_2(g) \rightleftarrows 2NO(g)$	K_1
$2NO(g) + O_2(g) \rightleftarrows 2NO_2(g)$	K_2
$N_2(g) + 2O_2(g) \rightleftarrows 2NO_2(g)$	K_3

$$K_3 = K_1K_2 = \frac{[NO]^2}{[N_2][O_2]} \times \frac{[NO_2]^2}{[NO]^2[O_2]} = \frac{[NO_2]^2}{[N_2][O_2]^2}$$

(2) Le Châtelier 원리

평형 상태에 있는 계에 온도나 압력을 변화시키거나 반응물 또는 생성물의 농도를 변화시키는 등 계를 교란시키게 되면 반응물과 생성물의 평형 농도가 바뀔 수 있다. 평형에 있던 계를 교란시키면 이 계는 다시 평형으로 돌아가려고 하는데 그 방향은 이 변화를 완화하거나 상쇄시키는 쪽으로 일어난다는 것이다. 이것을 Le Châtelier **원리**라고 한다. 벤조산($C_6H_5CO_2H$)은 약한 산으로서 수용액에서 다음과 같은 평형이 존재한다.

$$C_6H_5CO_2H + H_2O \rightleftarrows C_6H_5CO_2^- + H_3O^+ \quad (7-8)$$

$$K_a = \frac{[C_6H_5CO_2^-][H_3O^+]}{[C_6H_5CO_2H]} = 6.28 \times 10^{-5} \ (25\ ℃에서) \quad (7-9)$$

이 반응은 산 해리 반응이기 때문에 이 반응의 평형 상수 K_a는 **산 해리 상수**(acid dissociation constant)라고 한다. 산−염기 화학 평형에 대해서는 나중에 구체적으로 다룰 것이다. 이 계가 어떤 평형 상태에 있을 때 각 화학종의 농도는 다음과 같다고 가정하자.

$$[C_6H_5CO_2H] = 0.10\ M,\ [C_6H_5CO_2^-] = 0.628\ M,\ [H_3O^+] = 1.0 \times 10^{-5}\ M$$

만약 여기에 벤조산을 더 가하여 그 농도를 0.20 M이 되도록 하였다면 반응은 어떤 방향으로 진행할지 생각해 보자.

Le Châtelier 원리에 의하면 평형은 벤조산의 농도를 줄이는 쪽으로, 즉 (7−8) 반응은 오른쪽으로 진행될 것이다. 평형에 있던 계가 교란되면 새로운 평형 상태로 이동하게 되는데 이때 반응이 어떤 방향으로 진행되느냐의 문제는 **반응 지수**(reaction quotient, Q)를 사용하여 쉽게 판단할 수 있다. 반응 지수 Q는 평형 상수와 똑같은 형태인데, 계가 평형에 있든 아니든 상관없이 어떤 순간 계에 있는 화학종의 농도를 사용하여 계산한다. 만약 계가 평형에 도달하면 $Q = K$가 된다. 식 (7-8)에서 다른 화학종의 농도는 그대로 있고 벤조산의 농도만 0.20 M이 되면,

$$Q = \frac{(0.628)(1.0 \times 10^{-5})}{(0.20)} = 3.14 \times 10^{-5}$$

이 경우 $Q < K$이므로 평형에 도달하기 위해서는 Q가 더 커져야 한다. 즉 분모는 작아지고 분자가 커져야 하므로 생성물이 더 생기고 반응물은 줄어들어야 한다. 따라서 반응은 오른쪽으로 진행한다. 또 $C_6H_5CO_2^-$를 가하면 반대로 $Q > K$가 되므로 계는 새로운 평형 상태에 도달하기 위해 반응이 왼쪽으로 진행될 것이다.

계의 농도, 압력, 부피 등이 변해도 평형 상수는 변하지 않는다. 그러나 온도가 변하면 평형 상수가 변하게 된다. 따라서 평형 상수는 계의 온도가 일정하다는 조건에서만 상수(constant)가 될 수 있다. 평형 상수와 온도 사이에는 다음과 같은 관계가 있다.

$$K = e^{-\Delta G°/RT} = e^{-(\Delta H° - T\Delta S°)/RT} = e^{-\Delta H°/RT} \cdot e^{-\Delta S°/R} \qquad (7-10)$$

$e^{\Delta S°/R}$항은 $\Delta S°$가 상수인 온도 범위 내에서는 온도에 따라 변하지 않는다. $e^{-\Delta H°/R}$항은 온도가 변수로 포함되어 있다. 흡열 반응에서는 $\Delta H° > 0$이므로 온도가 올라가면 $e^{-\Delta H°/RT}$항이 커지고, 따라서 평형 상수도 커지며 온도가 내려가면 반대로 평형 상수가 작아진다. 발열 반응에서는 $\Delta H° < 0$이므로 온도가 올라가면 $e^{-\Delta H°/RT}$항이 작아지고 따라서 평형 상수도 작아지며 온도가 내려가면 반대가 된다. 흡열 반응인 계의 온도를 올려주기 위해 열을 가하면 계는 이 열을 흡수하는 쪽으로 평형이 이동하게 된다. 즉, 정반응 쪽으로 평형이 이동하게 되므로 평형 상수는 커지는 것이다. 발열 반응인 계에 열을 가하면 열을 흡수하기 위해 역반응 쪽으로 평형이 이동할 것이고 따라서 평형 상수는 감소하게 된다.

평형 상수의 크기는 열역학적인 예측이지 속도론적 예측이 아니라는 사실을 명심해야 한다. 이 말은 계가 평형에 도달하기 위해 무엇이 일어나야 하는지를 계산하는 것이지 이 일이 일어나는 데 시간이 얼마나 걸리는지를 계산하는 것이 아니라는 것이다. 어떤 반응은 몇 μs 내에 끝나지만 몇만 년이 흘러도 아직 평형에 도달하지 못한 반응도 있다. 평형 상수가 크다는 것이 결코 반응이 빠르다는 것을 의미하지 않는다. 평형 상수의 크기는 반응의 속도에 대해서는 아무런 정보도 주지 못한다.

(3) 공통 이온 효과

침전 적정, 무게 분석뿐 아니라 전위차법(potentiometry)에서도 염의 용해도 문제를 만나게 된다. 석회석이나 대리석이 산성비에 녹아내리는 현상이나 대기 중 CO_2의 농도가 산호초의 용해도에 미치는 영향 같은 것은 환경 분야에서 매우 중요하다. 화학 평형에 대한 이해를 돕기 위해 물에 잘 녹지 않는 난용성 염의 용해도에 대해 알아보자.

염화 은(AgCl)은 물에 잘 녹지 않는 대표적인 난용성 염이다. 미량이지만 염화 은은 다음과 같이 용해된다.

$$AgCl(s) \rightleftarrows Ag^+(aq) + Cl^-(aq) \qquad (7-11)$$

이렇게 고체 염이 용액에서 용해하여 이온으로 되는 반응의 평형 상수를 **용해도곱 상수**(solubility product)라 하며 K_{sp}로 표시한다. (7-11) 반응의 용해도곱 상수는 다음과 같다.

$$K_{sp} = [Ag^+][Cl^-] = 1.8 \times 10^{-10} \qquad (7-12)$$

고체는 그 자체가 표준 상태에 있기 때문에 생략한다. 수용액에 과량의 AgCl 고체를 넣어 두면 고체는 (7-12) 식이 만족될 때까지 녹는다. 그 이후에는 녹지 않은 고체의 양이 변하지 않게 되는데 이때 용액은 **포화**되었다고 말한다. 용액 속에 용해되지 않은 과량의 고체가 없으면 이 용액은 포화되었다고 말할 수 없다.

Ag^+와 Cl^-를 섞었을 때 $[Ag^+][Cl^-]$이 K_{sp}보다 크면 AgCl(s) 침전이 만들어질 것이고 $[Ag^+][Cl^-]$이 K_{sp}보다 작으면 (7−12) 식이 만족될 때까지 AgCl(s)이 녹을 것이다.

이제 AgCl(s)의 용해도를 구해 보자. AgCl(s)의 용해도는 (7−11) 식이 평형 상태에 도달했을 때 Ag^+(aq)나 Cl^-(aq) 이온의 농도로 정의할 수 있다. Ag^+(aq)와 Cl^-(aq)의 농도는 같기 때문에 (7−12) 식은 다음과 같이 쓸 수 있다.

$$K_{sp} = [Ag^+][Cl^-] = [Ag^+]^2 = 1.8 \times 10^{-10}$$

$$[Ag^+] = [Cl^-] = (1.8 \times 10^{-10})^{1/2} = 1.3 \times 10^{-5}$$

따라서 AgCl(s)의 용해도는 1.3×10^{-5}이 된다.

이제 Cl^-을 이 계에 넣어주면 평형이 어떻게 될지 생각해 보자. NaCl 0.020 M이 들어 있는 용액에 AgCl(s)을 과량 넣어서 포화 용액을 만들었다고 가정하자. 이때 AgCl(s)의 용해도가 어떻게 되는지 계산해 보자. 다음과 같이 농도를 표시한 표를 만들면 이러한 문제를 계산하는 데 편리하다.

	AgCl(s)	⇄	Ag^+(aq)	+	Cl^-(aq)
초기 농도	고체		0		0.020
최종 농도	고체		x		$x + 0.020$

(7−13)

NaCl은 물에 잘 녹기 때문에 수용액에서 완전히 이온화하여 Na^+와 Cl^-로 해리한다. Cl^-의 농도는 NaCl과 AgCl에서 생성된 이온의 합이 될 것이고 Ag^+의 농도는 모르기 때문에 x로 두었다. 이것을 (7−12) 식에 대입하면

$$K_{sp} = [Ag^+][Cl^-] = (x)(x + 0.020) = 1.8 \times 10^{-10}$$

이제 이것을 계산하면 되는데 2차 방정식을 푸는 수고를 할 필요 없이 간단하게 원하는 결과를 얻을 수 있다. 이제 x 값의 크기를 생각해 보자. 앞서 계산한 것처럼 AgCl(s)만 용액에 있을 때 $[Ag^+] = 1.3 \times 10^{-5}$이었다. 계에 Cl^-를 더 가해 주면 Le Châtelier 원리에 따라 평형이 왼쪽으로 이동할 것이므로 AgCl(s)의 용해도는 감소하리라고 생각할 수 있다. 따라서 $[Ag^+]$의 농도는 이보다 더 작을 것이다. $x \ll 0.020$이기 때문에 $x + 0.020 \approx 0.020$이라 가정할 수 있다. 위 식은 다음과 같이 간단히 쓸 수 있다.

$$K_{sp} = (x)(0.020) = 1.8 \times 10^{-10}$$

$$x = 9.0 \times 10^{-9}$$

9.0×10^{-9}은 0.020보다 훨씬 작기 때문에 위의 가정은 타당하다고 판단할 수 있다. 정량 분석에서는 농도를 계산할 때 근사적인 방법을 많이 쓴다. 이때 꼭 명심해야 할 것은 계산이 끝난 후 이와 같이 근사적인 계산이 타당한지 확인해야 한다.

AgCl 포화 용액에서 이온 곱 $[Ag^+][Cl^-]$는 일정하다. 그런데 NaCl로부터 과량의 Cl^-가 첨가되었기 때문에 Le Châtelier 원리에 의하면 평형이 왼쪽으로 이동, 다시 말해 AgCl의 용해도가 감소할 것이라고 예상할 수 있다. 계산 결과 과량의 AgCl만 있을 때 Ag^+의 농도는 1.3×10^{-5} M인데 0.020 M NaCl 용액에서 Ag^+의 농도는 9.0×10^{-9} M이 되었다. 난용성 염의 용해도는 용액 속에 그 성분 이온이 이미 존재하는 경우 감소한다. 이러한 현상을 **공통 이온 효과**(common ion effect)라고 한다.

정량 분석에서 농도를 계산할 때 근사적인 방법을 사용해도 무방한 이유를 한번 생각해 볼 필요가 있다. 어떤 화학 반응의 평형 상수를 다른 두 책에서 찾아보면 많은 경우 평형 상수 값이 다르다는 것을 알 수 있다. 어떤 경우에는 10배 또는 그 이상인 경우도 있다. 이런 차이가 나타나는 것은 평형 상수는 실험으로 측정하는데 각기 다른 실험 조건에서 구했거나 아니면 서로 다른 방법을 사용했기 때문이다. 용해도곱 상수를 예로 들면 이러한 차이가 생기는 가장 흔한 이유는 K 값을 특정한 이온 조성, 예를 들어 1 M $HClO_4$에서 구했는가 아니면 K 값을 이온 농도가 0인 상태로 외삽하여 구했는가 하는 점이다. 만약 어떤 평형 상수 값이 필요하다면 지금 하고 있는 실험과 가장 가까운 조건에서 측정한 K 값을 선택해야 한다. 그리고 모든 실험에는 우연 오차가 포함되어 있다. 그래서 측정한 평형 상수 값에도 우연 오차가 들어 있다.

3 이온 세기

전해질 용액에 녹아 있는 전체 이온의 농도는 **이온 세기**(ionic strength), μ로 나타내며 다음과 같이 정의한다.

$$\text{이온 세기}(\mu) = 1/2(c_1 z_1{}^2 + c_2 z_2{}^2 + \ldots) = 1/2\sum_i c_i z_i{}^2 \qquad (7-14)$$

여기서 c_i는 i번째 이온의 농도이고 z_i는 그 이온의 전하이다. 합은 용액 속에 있는 모든 이온이 전부 포함된다.

예제 | 7.2

다음 용액의 이온 세기를 계산하시오.

(1) 0.10 M KI

(2) 0.10 M $Pb(NO_3)_2$

(3) 0.20 M NaCl + 0.10 M K_2SO_4

풀이

(1) $\mu = 1/2\{[K^+](+1)^2 + [I^-](-1)^2\} = 1/2\{(0.10)(1) + (0.10)(1)\} = 0.10$ M

(2) $\mu = 1/2\{[Pb^{2+}](+2)^2 + [NO_3^-](-1)^2\} = 1/2\{(0.10)(4) + (0.20)(1)\} = 0.30$ M

(3) $\mu = 1/2\{[Na^+](+1)^2 + [Cl^-](-1)^2 + [K^+](+1)^2 + [SO_4^{2-}](-2)^2\}$

$= 1/2\{(0.20)(1) + (0.20)(1) + (0.20)(1) + (0.10)(4)\} = 0.50$ M

강전해질 용액이 전부 1가 이온들로 구성되어 있으면 이온 세기가 염의 전체 몰농도와 같다는 것을 알 수 있다. 강전해질 용액에 다가 이온들이 있으면 이온 세기가 몰농도보다 크다는 것을 알 수 있다.

4 난용성 염의 용해도

대부분의 이온 용액에서 평형의 위치는 용액의 이온 세기에 따라 달라진다는 것이 실험적으로 증명되었다. 가해진 전해질이 평형 반응에 있는 이온을 갖지 않은 경우도 마찬가지이다.

$Hg_2(IO_3)_2$는 난용성 염 가운데 하나이다. 순수한 물에서 이 염의 용해도는 쉽게 계산할 수 있다.

	$Hg_2(IO_3)_2(s)$	$\rightleftarrows$	Hg_2^{2+}	+	$2IO_3^-$	$K_{sp} = 1.3 \times 10^{-18}$
초기 농도	고체		0		0	
최종 농도	고체		x		$2x$	

(7-15)

$$[Hg_2^{2+}][IO_3^-]^2 = (x)(2x)^2 = 1.3 \times 10^{-18}$$

$$x = [Hg_2^{2+}] = 6.9 \times 10^{-7}\ M$$

이 용액에 물에 잘 녹는 강전해질인 $Ba(NO_3)_2$, KNO_3, $NaClO_4$ 등을 가하면 이 난용성 염의 용해도가 변한다. 이 전해질은 $Hg_2(IO_3)_2$과 공통 이온을 갖고 있지 않을 뿐더러 Hg_2^{2+}나 $2IO_3^-$과 반응하지 않는데도 평형이 이동하는 것이다. 예를 들어 0.050 M KNO_3를 $Hg_2(IO_3)_2$ 포화 용액에 가했더니 이 염의 용해도가 약 50% 증가한다는 사실이 알려져 있다. 이것은 일반적으로 발견되는 현상으로, 난용성 염에 불활성 염을 가하면 난용성 염의 용해도가 증가한다. 여기서 불활성 염이란 이 염의 이온이 평형을 이루고 있는 화합물과 반응하지 않는다는 것을 의미한다.

전해질 용액에서 이온은 전하를 갖고 있기 때문에 이 이온들 사이에는 쿨롱 힘(coulombic force)이 작용한다. 두 이온 사이의 쿨롱 힘은 거리의 제곱에 반비례하고 전하량의 곱에 비례한다. 중성 분자와 비교해서 이 쿨롱 힘은 상당히 먼 거리까지 영향을 미친다. 어떤 특정 Hg_2^{2+} 이온을 생각하자. 이온들이 끊임없이 확산에 의해 움직이지만 양이온은 음이온을 끌어당기고 같은 양이온을 밀어내기 때문에 평균적으로 Hg_2^{2+} 주변에는 음이온이 많을 것이다. 다시 말해 양이온 주변에는 알짜 음전하를 갖는 영역이 생성되는데 이 공간을 **이온 분위기**(ionic atmosphere)라고 한다(그림 7.1 참조). 용액의 이온 세기가 커질수록 이온 분위기의 알짜 전하가 커진다. 또, 이온의 크기가 작고 전하량이 많으면 전하 밀도가 커지므로 중심에 있는 이온의 전하 밀도가 커질수록 이온 분위기가 커지고 알짜 전하도 많아질 것이다. 하지만 이온 분위기의 알짜 전하는 평균적으로 중심에 있는 이온의 전하량보다 절댓값이 작다. 같은 방식으로 IO_3^- 주변에는 양이온이 모여들어 알짜 양전하를 갖는 이온 분위기가 만들어진다. 이러한 현상을 **용매화**(solvation), 용매가 물인 경우에는 **수화**(hydration)라고 한다.

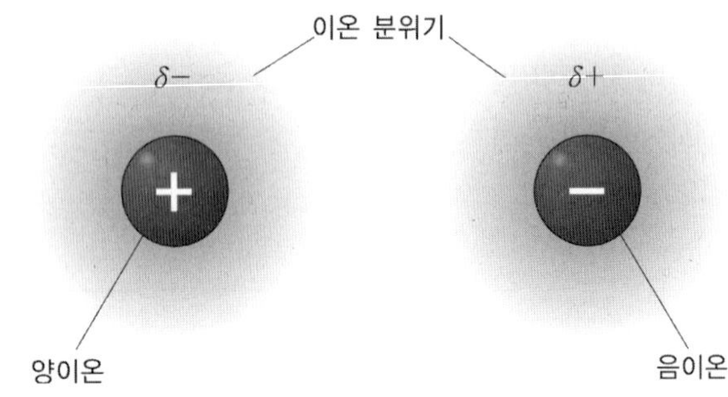

그림 7.1 전해질 용액에서 중심 이온 주위로 반대 전하를 가진 이온이 구형으로 둘러싸서 전하 구름 모양으로 형성된 이온 분위기. 이온 분위기의 총 전하량을 $\delta+$ 또는 $\delta-$로 표시했는데 이 $\delta+$나 $\delta-$는 중심 이온의 전하량보다 작다. 용액의 이온 세기가 커질수록 각 이온 분위기의 전하량도 따라서 커진다.

Hg_2^{2+} 이온 주위에 음이온들이 이온 분위기를 형성하면 Hg_2^{2+}의 알짜 전하가 감소한다. 마찬가지로 IO_3^- 주변에 양이온들이 이온 분위기를 형성하면 IO_3^-의 알짜 전하가 감소한다. 이 때문에 Hg_2^{2+}와 IO_3^- 사이의 인력이 감소하게 된다. 이렇게 되면 Hg_2^{2+}와 IO_3^-이 이온 분위기가 형성되지 않을 때에 비해 더 안정하게 존재할 수 있고 (7-15) 식의 평형이 오른쪽으로 이동하게 될 것이라 생각할 수 있다. $Ba(NO_3)_2$나 KNO_3 같은 불활성 강전해질을 가해 주면 이온 세기가 증가하여 이온 분위기의 알짜 전하가 커진다. 결국 Hg_2^{2+}와 IO_3^-의 알짜 전하는 더욱 작아지고 두 이온들 사이의 인력이 더욱 감소하여 (7-15) 평형이 보다 더 오른쪽으로 이동하므로 $Hg_2(IO_3)_2(s)$의 용해도가 증가하게 된다.

5 활동도

전해질 용액에서 이온과 이온 사이에 작용하는 정전기적 인력이 난용성 염의 용해도 평형에 미치는 영향을 살펴보았다. 현재까지 살펴본 평형 상수에는 이온 반응에서 전해질의 이온 세기 때문에 생기는 어떤 영향도 포함되어 있지 않다. 분석 화학에서 다루는 시료는 대부분 수용액이고 전해질 용액이 많기 때문에 이 문제는 매우 중요하다. 이온 세기의 영향을 고려하기 위해 농도 대신 **활동도**(activity)를 사용해야 한다. (7－11) 식의 AgCl의 용해도 평형에서 Ag^+의 활동도는 다음과 같이 정의한다.

$$A_{Ag^+} = [Ag^+]\gamma_{Ag^+} \qquad (7-16)$$

여기서 A_{Ag^+}는 Ag^+의 활동도, γ_{Ag^+}는 활동도 계수이며 $\gamma_{Ag^+} \le 1$이다.

(7－6) 식과 같은 평형의 올바른 평형 상수는 다음과 같이 표시해야 한다.

$$K = \frac{A_C^c A_D^d}{A_A^a A_B^b} = \frac{[C]^c\gamma_C^c[D]^d\gamma_D^d}{[A]^a\gamma_A^a[B]^b\gamma_B^b} \qquad (7-17)$$

이온 세기가 작아지면 활동도 계수는 증가하여 '1'에 접근해 간다. 그래서 (7－17) 식과 같은 열역학적 평형 상수는 (7－6) 식과 같은 '농도' 평형 상수에 접근하는 것이다. 열역학적 평형 상수를 구하는 하나의 방법은 이온 세기를 계속 연속적으로 줄여 가면서 (7－6) 식과 같은 농도비를 측정하여 이를 이온 세기가 0이 되는 점까지 외삽하는 것이다. 아주 일반적으로 표에 나와 있는 평형 상수는 실질적으로 열역학적 상수가 아니라 단순히 어떤 특정 조건에서 측정한 (7－6) 식과 같은 농도비가 된다.

<Debye-Hückel 법칙>

이온의 전하와 평균적인 크기를 이용하여 활동도 계수를 계산할 수 있는 이론적인 방법을 Debye와 Hückel은 이온 분위기 모형에서 찾았다. 이 모형에서 활동도가 농도보다 작아지는 이유는 이온 사이의 정전기적 상호 작용 때문이다. 이온들이 각자 위치에 그대로 있으면서 모든 이온들 사이의 정전기적 상호 작용은 없는 가상적인 상태를 생각해 보자. 이 상태에서 이온들이 평균적인 각기 분포는 그대로 유지하면서 원래의 전하를 갖는 상태, 실제로 존재하는 상태로 변하는 데 발생하는 몰당 Gibbs 함수(화학 퍼텐셜)의 크기를 구하면 활동도 계수를 결정할 수 있다. 이러한 개념을 바탕으로 Debye와 Hückel은 Debye-Hückel 식을 발표하였다. 요즘은 더욱 발선한 **확장된** Debye-Hückel **식**(extendcd Dcbye-Hückel equation)이 사용된다.

$$\text{확장된 Debye－Hückel 식 (25 ℃에서): } \log\gamma = \frac{-0.51z^2\sqrt{\mu}}{1+(\alpha\sqrt{\mu}/305)} \qquad (7-18)$$

(7－18) 식에서 γ는 전하가 $\pm z$이고 크기가 α(pm)인 이온이 이온 세기가 μ인 수용액에 있을 때 활동도 계수이다. 여기서 α는 **유효 수화 반경**(effective hydrated radius)인데 보통 수화 반경이라고 한다. (7－18) 식은 이온 세기가 0.1 M 이하일 때 잘 들어맞는다.

수용액인 경우 이온 주변은 주로 이온과 H_2O 분자 사이의 정전기적 인력에 의해 물 분자들이 단단하게 둘러싸고 있다. 이러한 현상을 용매가 물인 경우에는 **수화**(hydration)라 하고 모든 용매로 범위를 넓히면 **용매화**(solvation)라고 한다. 수화 반경은 이온 자체의 반지름과 이 수화된 물 분자 층을 합한 것이 된다. 전하량이 크고 크기가 작은 이온일수록 이온의 전하 밀도가 높기 때문에 용매 분자들이 좀 더 많이 수화되어 α 값이 커지고, 전하량이 작고 크기가 클수록 그 반대가 된다. 그림 7.2에서 보는 바와 같이 Na^+와 K^+ 이온을 예로 들면 이온 반지름은 K^+가 크지만 수화 반경은 Na^+ 이온이 훨씬 크다. 흔히 볼 수 있는 이온들에 대해 이러한 방법으로 계산한 활동도 계수를 이온의 수화 반경과 전하에 따라 표 7.1에 정리하였다. 같은 크기와 전하를 갖는 이온은 활동도 계수가 같기 때문에 같은 줄에 나와 있다.

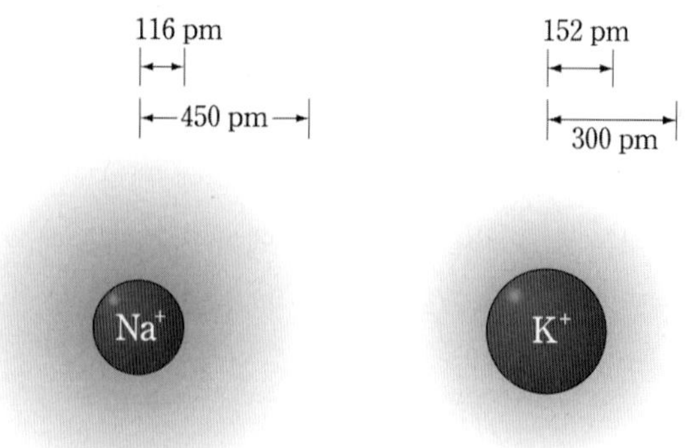

그림 7.2 수용액에서 Na^+ 이온과 K^+ 이온의 이온 반경과 수화 반경의 크기. Na^+와 K^+는 같은 +1가 이온이지만 Na^+ 이온의 크기가 작기 때문에 전하 밀도가 높다. 따라서 더 많은 물 분자가 Na^+ 이온 주위에 수화되어 수화 반경은 Na^+ 이온이 더 크다.

표 7.1 25 ℃ 수용액에서 이온들의 활동도 계수

이온	이온 크기 (α, pm)	이온 세기(μ, M) 0.001	0.005	0.01	0.05	0.1
전하 = ±1		활동도 계수(γ)				
H^+	900	0.967	0.933	0.914	0.86	0.83
$(C_6H_5)_2CHCO_2^-$, $(C_3H_7)_4N^+$	800	0.966	0.931	0.912	0.85	0.82
$(O_2N)_3C_6H_2O^-$, $(C_3H_7)_3NH^+$, $CH_3OC_6H_4CO_2^-$	700	0.965	0.930	0.909	0.845	0.81
Li^+, $C_6H_5CO_2^-$, $HOC_6H_4CO_2^-$, $ClC_6H_4CO_2^-$, $C_6H_5CH_2CO_2^-$, $CH_2=CHCH_2CO_2^-$, $(CH_3)_2CHCH_2CO_2^-$, $(CH_3CH_2)_4N^+$, $(C_3H_7)_2NH_2^+$	600	0.965	0.929	0.907	0.835	0.80
$Cl_2CHCO_2^-$, $Cl_3CCO_2^-$, $(CH_3CH_2)_3NH^+$, $(C_3H_7)NH_3^+$	500	0.964	0.928	0.904	0.83	0.79
Na^+, $CdCl^+$, ClO_2^-, IO_3^-, HCO_3^-, $H_2PO_4^-$, HSO_3^-, $H_2AsO_4^-$, $Co(NH_3)_4(NO_2)_2^+$, $CH_3CO_2^-$, $ClCH_2CO_2^-$, $(CH_3)_4N^+$, $(CH_3CH_2)_2NH_2^+$, $H_2NCH_2CO_2^-$	450	0.964	0.928	0.902	0.82	0.775
$^+H_3NCH_2CO_2H$, $(CH_3)_3NH^+$, $CH_3CH_2NH_3^+$	400	0.964	0.927	0.901	0.815	0.77
OH^-, F^-, SCN^-, OCN^-, HS^-, ClO_3^-, ClO_4^-, BrO_3^-, IO_4^-, MnO_4^-, HCO_2^-, $H_2citrate^-$, $CH_3NH_3^+$, $(CH_3)_2NH_2^+$	350	0.964	0.926	0.900	0.81	0.76
K^+, Cl^-, Br^-, I^-, CN^-, NO_2^-, NO_3^-	300	0.964	0.925	0.899	0.805	0.775
Rb^+, Cs^+, NH_4^+, Tl^+, Ag^+	250	0.964	0.924	0.898	0.80	0.75
전하 = ±2		활동도 계수(γ)				
Mg^{2+}, Be^{2+}	800	0.872	0.755	0.69	0.52	0.45
$CH_2(CH_2CH_2CO_2^-)_2$, $(CH_2CH_2CH_2CO_2^-)_2$	700	0.872	0.755	0.685	0.50	0.425
Ca^{2+}, Cu^{2+}, Zn^{2+}, Sn^{2+}, Mn^{2+}, Fe^{2+}, Ni^{2+}, CO^{2+}, $C_6H_4(CO_2^-)_2$, $H_2C(CH_2CO_2^-)_2$, $(CH_2CH_2CO_2^-)_2$	600	0.870	0.749	0.675	0.485	0.405
Sr^{2+}, Ba^{2+}, Cd^{2+}, Hg^{2+}, S^{2-}, $S_2O_4^{2-}$, WO_4^{2-}, $H_2C(CO_2^-)_2$, $(CH_2CO_2^-)_2$, $(CHOHCO_2^-)_2$	500	0.868	0.744	0.67	0.465	0.38
Pb^{2+}, CO_3^{2-}, SO_3^{2-}, MoO_4^{2-}, $Co(NH_3)_5Cl^{2+}$, $Fe(CN)_5NO^{2-}$, $C_2O_4^{2-}$, $Hcitrate^{2-}$	450	0.867	0.742	0.665	0.455	0.37
Hg_2^{2+}, SO_4^{2-}, $S_2O_3^{2-}$, $S_2O_6^{2-}$, $S_2O_8^{2-}$, SeO_4^{2-}, CrO_4^{2-}, HPO_4^{2-}	400	0.867	0.740	0.660	0.445	0.355
전하 = ±3		활동도 계수(γ)				
Al^{3+}, Fe^{3+}, Cr^{3+}, Sc^{3+}, Y^{3+}, In^{3+}, lanthanides	900	0.738	0.54	0.445	0.245	0.18
$citrate^{3-}$	500	0.728	0.51	0.405	0.18	0.115
PO_4^{3-}, $Fe(CN)_6^{3-}$, $Cr(NH_3)_6^{3+}$, $Co(NH_3)_6^{3+}$, $Co(NH_3)_5H_2O^{3+}$	400	0.725	0.505	0.395	0.16	0.095
전하 = ±4		활동도 계수(γ)				
TH^{4+}, Zr^{4+}, Ce^{4+}, Sn^{4+}	1100	0.588	0.35	0.255	0.10	0.065
$Fe(CN)_6^{4-}$	500	0.57	0.31	0.20	0.048	0.021

(출처: J. Kielland, J. Amer. Chem. Soc. 1937, 57, 1675)

활동도 계수는 다음과 같은 특성을 갖는다.

① 이온 세기가 '0'에 접근해 가면 활동도 계수는 '1'에 접근해 가고 이때는 활동도와 몰농도가 같아진다. 이온 세기가 증가하게 되면 활동도 계수는 감소하기 시작한다. 이온 세기가 매우 커지면($\mu > 0.1$ M) Debye-Hückel 모델을 적용하기가 힘들어져서 오히려 이온 세기에 따라 활동도 계수는 커지게 되고 1보다 커지는 경우도 나타난다. 그리고 용액의 농도가 매우 진하지 않으면 어떤 이온의 활동도 계수는 전해질의 성질과는 무관하고 이온 세기에만 영향을 받는다.

② 특정 이온 세기에서 용질 이온의 전하가 클수록 활동도 계수는 1보다 더 작아진다. 그림 7.3에서 이 관계를 살펴볼 수 있다. 용질 이온의 전하량이 클수록 용액의 이온 세기 증가에 따른 활동도 계수의 감소가 더욱 빠르게 일어난다. 중성 분자의 활동도 계수는 이온 세기에 상관없이 근사적으로 1이라고 할 수 있다.

③ 주어진 특정 이온 세기에서 같은 전하를 갖는 이온의 활동도 계수는 근사적으로 동일하다고 할 수 있다.

④ 이온의 수화 반경이 작을수록 활동도의 영향이 커지는데 묽은 용액에서는 활동도 계수가 소폭 감소한다 (표 7.1 참조).

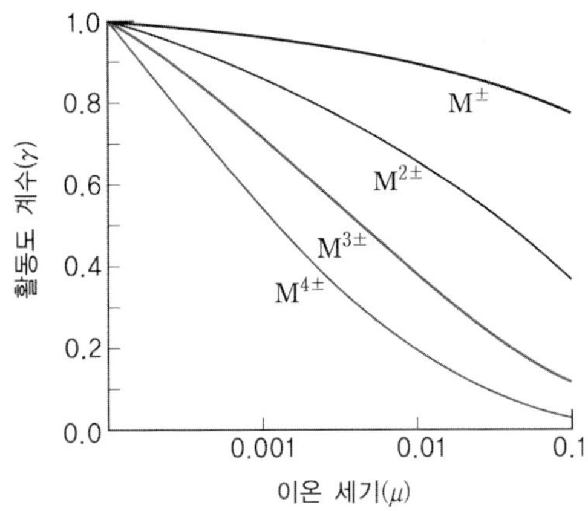

그림 7.3 이온 크기(α)는 같지만(500 pm) 전하량이 다른 여러 가지 이온들이 용액의 이온 세기(μ)에 따라 활동도 계수(γ)가 어떻게 변하는지 나타낸 도표. 모든 이온은 $\mu = 0$일 때 $\gamma = 1$이지만 μ가 증가할수록 γ가 감소한다. 그러나 이온의 전하량이 클수록 감소하는 속도가 현저히 빨라진다는 것을 볼 수 있다. 가로축은 로그함수 단위로 되어 있다.

연습문제

1. 평형 상수에는 단위가 없다. 그 이유를 설명하시오.

2. 다음 반응의 평형 상수를 쓰시오.
   (1) $CaCl_2(aq) + Na_2CO_3(aq) \rightleftarrows CaCO_3(s) + 2NaCl(aq)$
   (2) $NH_3(aq) + H_2O(l) \rightleftarrows NH_4^+(aq) + OH^-(aq)$
   (3) $Ag^+(aq) + 2NH_3(aq) \rightleftarrows Ag(NH_3)_2^+(aq)$
   (4) $Co(H_2O)_6^{2+}(aq) + 4Cl^-(aq) \rightleftarrows CoCl_4^{2-}(aq) + 6H_2O(l)$

3. 다음과 같은 반응이 있다.
   $A(g) + 2B(aq) \rightleftarrows C(s) + 3D(g)$
   각 반응물과 생성물의 농도 및 분압은 아래와 같다.
   A: 3.7×10^3 Pa, B: 1.9×10^{-2} M, D: 5.1×10^4 Torr
   이 반응의 평형 상수 값을 계산하시오.

4. 다음 화학 반응이 평형 상태에 있는데 외부 환경이 바뀌면 평형이 이동하게 된다.

$4C(s) + 6H_2(g) + O_2(g) \rightleftarrows 2C_2H_5OH(l)(g)$ $\Delta H° = -277.7$ kJ/mol

다음의 각 경우에 평형은 어느 쪽으로 이동하는가?

(1) 반응계의 온도를 올린다.

(2) 반응계의 부피를 증가시킨다.

(3) O_2 기체를 반응계에 더 넣어준다.

5. 자발적으로 일어나는 흡열 반응도 많이 있다. 흡열 반응이 어떻게 자발적으로 일어날 수 있는가?

6. 아세트산(CH_3COOH)은 대표적인 약산이다. 이 용액에 강염기 NaOH를 가하면 중화 반응이 일어난다.

$CH_3COOH(aq) + NaOH(aq) \rightarrow CH_3COONa(aq) + H_2O$

NaOH의 몰수가 CH_3COOH의 몰수와 같을 때 이 용액의 액성은 어떻게 되는지 설명하시오.

7. CuBr(s)은 난용성 염이다.

$CuBr(s) \rightleftarrows Cu^{2+}(aq) + Br^-(aq)$ $K_{sp} = 5 \times 10^{-9}$

(1) CuBr(s)의 용해도를 계산하시오.

(2) 0.10 M Br^- 용액에서 CuBr(s)의 용해도를 계산하시오.

8. $R_3NHBr(s)$ 포화 용액을 생각하자. 여기서 R은 알킬기를 의미한다.

$R_3NH^+Br^-(s) \rightleftarrows R_3NH^+ + Br^-$ $K_{sp} = 4.0 \times 10^{-8}$

$R_3NH^+ \rightleftarrows R_3N + H^+$ $K_a = 2.3 \times 10^{-9}$

$H_2O \rightleftarrows H^+ + OH^-$ $K_w = 1.0 \times 10^{-14}$

(1) 용액의 pH = 9.50일 때 R_3NHBr의 용해도(mol/L)를 계산하시오.

(2) 용액의 pH가 변한다면 R_3NHBr의 용해도는 어떻게 변할 것인지 설명하시오.

9. $Hg_2Cl_2(s)$는 난용성 염이다.

$Hg_2Cl_2(s) \rightleftarrows Hg_2^{2+}(aq) + 2Cl^-(aq)$ $K_{sp} = 1.2 \times 10^{-18}$

(1) $Hg_2Cl_2(s)$의 용해도를 계산하시오.

(2) 0.020 M NaCl 용액에서 $Hg_2Cl_2(s)$의 용해도를 계산하시오.

(3) 위 (1)과 (2)의 결과가 다르다면 그 이유는 무엇인지 설명하시오.

10. 어떤 아크릴산의 염은 $M(H_2C{=}CHCO_2)_2$와 같은 화학식을 갖는다(M은 2가 금속 양이온을 말한다). 관련된 화학 평형은 다음과 같다.

$M(H_2C{=}CHCO_2)_2(s) \rightleftarrows M^{2+} + 2H_2C{=}CHCO_2^-$ $K_{sp} = 6.3 \times 10^{-14}$

$H_2C{=}CHCO_2^- + H_2O \rightleftarrows H_2C{=}CHCO_2H + OH^-$ $K_b = 1.8 \times 10^{-10}$

$H_2O \rightleftarrows H^+ + OH^-$ $K_w = 1.0 \times 10^{-14}$

이 용액의 pH가 변하면 M^{2+}의 몰농도가 어떻게 변하는지 설명하시오.

11. 페놀(C_6H_5OH) 수용액은 약산인데 여기에 KOH를 가하여 중화시켰다. C_6H_5OH와 가한 KOH의 몰수가 같을 때 중화 반응이 완결되었다고 한다.

(1) 이 용액에서 일어나는 화학 평형을 모두 쓰시오.

(2) 중화 반응이 완결되었을 때 용액의 액성이 어떻게 될지 위 화학 평형을 이용하여 설명하시오.

12. CH_3NH_3Cl 일정량을 물에 녹여 용액을 만들었다. CH_3NH_3Cl은 약한 염기 CH_3NH_2와 센산 HCl이 반응하여 생성된다.

$CH_3NH_2(aq) + HCl(aq) \rightarrow CH_3NH_3Cl$

CH_3NH_3Cl 용액의 액성이 산성이 되는지, 염기성이 되는지 화학 평형을 이용하여 설명하시오.

13. 다음 전해질 용액의 이온 세기를 계산하시오.

(1) 0.0548 M KNO_3 (2) 0.00751 M $CaCl_2$

(3) 0.00164 M H_2SO_4 (4) 0.000965 M $AlBr_3$

14. 전해질 용액의 이온 세기가 증가하면 활동도 계수의 크기는 감소한다. 그 이유를 설명하시오.

15. 어떤 이온의 활동도와 그 이온의 전하량 사이에는 어떤 관계가 있는지 설명하시오.

16. 전해질 용액을 관찰하여 다음과 같은 현상을 발견하였다. 이러한 현상이 나타나는 이유를 설명하시오.

(1) Mg^{2+}의 수화 반경이 Ba^{2+}의 수화 반경보다 더 크다.

(2) Na^{+}의 수화 반경이 Cl^{-}의 수화 반경보다 더 크다.

(3) 용액의 이온 세기가 증가할수록 활동도 계수는 감소한다.

17. (7−18) 식을 이용하여 다음 각 이온의 활동도 계수를 계산하시오. 용액의 이온 세기는 괄호 안에 있다.

(1) Li^{+} ($\mu = 0.05$) (2) SCN^{-} ($\mu = 0.005$)

(3) Ni^{2+} ($\mu = 0.1$) (4) Fe^{3+} ($\mu = 0.01$)

18. $CaSO_4(s)$는 물에 잘 녹지 않는 난용성 염이다.

$$CaSO_4(s) \rightleftarrows Ca^{2+} + SO_4^{2-} \qquad K_{sp} = 2.4 \times 10^{-5}$$

(1) 과량의 $CaSO_4(s)$를 물에 녹여 포화 용액을 만들었다. 이 용액에 불활성 염인 KNO_3를 가했더니 $CaSO_4$의 용해도가 증가하였다. 그 이유를 설명하시오.

(2) (1)에서 관찰된 현상과 Ca^{2+}와 SO_4^{2-} 이온의 활동도 사이에는 어떤 관계가 있는가?

(3) 용질이 중성 분자일 때는 농도가 묽어지면 활동도 계수를 '1'로 가정해도 된다. 그러나 용질이 이온인 경우에는 묽은 용액에서도 이러한 가정이 성립하지 않는다. 그 이유를 설명하시오.

19. 용질이 이온인 경우에는 정량 분석할 때 미지 시료와 표준 용액에 과량의 불활성 염을 같은 농도가 되도록 가하여 이온 세기를 동일하게 맞춘다. 이렇게 하는 이유는 무엇인가?

20. $AgCl(s)$은 난용성 염이다.

$$AgCl(s) \rightleftarrows Ag^{+}(aq) + Cl^{-}(aq) \qquad K_{sp} = 1.8 \times 10^{-10}$$

(1) $AgCl(s)$의 용해도를 계산하시오.

(2) 0.10 M NaCl 용액에서 $AgCl(s)$의 용해도는 얼마인지 계산하시오.

(3) 활동도 계수를 이용하여 0.10 M NaCl 용액에서 $AgCl(s)$의 용해도를 계산하시오.

21. $PbI_2(s)$는 난용성 염이다.

$$PbI_2(s) \rightleftarrows Pb^{2+}(aq) + 2I^{-}(aq) \qquad K_{sp} = 7.9 \times 10^{-9}$$

다음과 같은 경우에 $PbI_2(s)$의 용해도를 계산하시오.

(1) 순수한 물에 녹였을 때

(2) 0.10 M KI 수용액에 녹였을 때

(3) 활동도 계수를 이용하여 0.10 M KI 용액에서 $PbI_2(s)$의 용해도를 계산하시오.

22. $Zn_2Fe(CN)_6$는 난용성 염이다.

$$Zn_2Fe(CN)_6(s) \rightleftarrows 2Zn^{2+} + Fe(CN)_6^{4-} \qquad K_{sp} = 2.1 \times 10^{-16}$$

(1) 순수한 물에서 $Zn_2Fe(CN)_6$의 용해도를 계산하시오.

(2) 0.050 M $ZnSO_4$ 용액에 $Zn_2Fe(CN)_6$를 과량 가하여 포화 용액으로 만들었을 때 $Fe(CN)_6^{4-}$의 농도를 계산하시오. $ZnSO_4$는 센 전해질이므로 용액에서 Zn^{2+}과 SO_4^{2-}로 완전히 해리한다고 가정한다.

(3) (2)에서 활동도 계수를 이용하여 $Fe(CN)_6^{4-}$의 농도를 계산하시오.

8장 평형 농도를 계산하는 체계적인 방법

석회암은 비교적 가공이 쉽기 때문에 건축이나 조각 등에 많이 이용되는데, 석회암을 깎고 다듬은 것을 대리석이라고 한다. 이 석회암의 주성분은 탄산 칼슘($CaCO_3$)인데 이것은 난용성 염의 일종이다. 탄산 칼슘을 물에 녹였을 때 그 용해도를 계산하려면 이 계에 포함된 화학 평형을 충분히 이해해야 하고, 6개의 화학종 Ca^{2+}, CO_3^{2-}, HCO_3^- , OH^-, H_2CO_3, H^+의 농도를 계산해야 한다. 이 계에는 다음과 같이 여러 개의 화학종이 평형을 이루고 있다.

$$CaCO_3(s) \rightleftarrows Ca^{2+}(aq) + CO_3^{2-}(aq) \qquad (8-1)$$

$$CO_3^{2-}(aq) + H_2O \rightleftarrows HCO_3^-(aq) + OH^- \qquad (8-2)$$

$$HCO_3^-(aq) + H_2O \rightleftarrows H_2CO_3(aq) + OH^- \qquad (8-3)$$

$$H_2O \rightleftarrows H^+ + OH^- \qquad (8-4)$$

탄산 칼슘의 용해도를 계산하기 위해 6개 미지수가 들어 있는 6개의 독립적인 방정식이 있어야 하고 이것들을 동시에 풀어야 하는데 이러한 작업은 지루하고 또 실수하기도 쉽다. 보통 이것을 풀기 위해서는 어떤 특별한 조건이나 가정을 통하여 계산을 단순화시키는 경우가 많다. 필요하면 컴퓨터 프로그램을 이용할 수도 있다.

이 평형을 다루는 체계적인 방법은 우선 농도를 구해야 하는 미지 화학종의 수만큼 방정식을 세워야 한다. 계에 대한 화학 평형을 충분히 이해하지 못하면 불가능한 작업이다. 각 평형에 대해 평형 상수를 적고 다음에는 **전하 균형**(charge balance)과 **질량 균형**(mass balance) 식을 적는다. 전해질 용액에는 단 하나의 전하 균형이 존재하지만 질량 균형은 여러 개 있을 수 있다.

1 평형의 체계적인 처리 방법

(1) 전하 균형

전해질 용액에서 용액 속에 있는 양전하의 총합은 음전하의 총합과 같다. 이것을 **전하 균형**(charge balance)이라고 한다.

위에서 언급한 탄산 칼슘 용액에 대해 전하 균형을 구해 보자. 이 평형 계에 포함되어 있는 이온을 전부 나열하면 다음과 같다.

Ca^{2+}, CO_3^{2-}, HCO_3^-, H^+, OH^-

양이온에 의한 양전하의 총합과 음이온에 의한 음전하의 총합이 같아야 하므로 전하 균형은 다음과 같다.

$$2[Ca^{2+}] + [H^+] = 2[CO_3^{2-}] + [HCO_3^-] + [OH^-] \qquad (8-5)$$

Ca^{2+} 이온은 H^+ 이온에 비해 2배의 전하를 가지므로 2가 이온에는 계수 2를 곱하였다. 여기서는 활동도 계수가 들어가지 않는다. 이러한 전하 균형은 모든 전해질 용액에 적용된다. 평형 상태에서 전하 균형이 성립되지 않는 전해질 용액은 존재할 수 없다.

탄산 칼슘 용액이 평형에 있을 때 이온들의 농도를 계산하였더니 다음과 같았다.

$[H^+] = 7.94 \times 10^{-7}$ M, $[OH^-] = 1.26 \times 10^{-8}$ M, $[Ca^{2+}] = 6.71 \times 10^{-5}$ M

$[CO_3^{2-}] = 6.71 \times 10^{-5}$ M, $[HCO_3^-] = 1.13 \times 10^{-8}$ M, $[H_2CO_3] = 2.03 \times 10^{-8}$

이 농도 값을 (8−5) 식에 대입하면,

$$2(6.71 \times 10^{-5}) + 7.94 \times 10^{-7} = 2(6.71 \times 10^{-5}) + 1.13 \times 10^{-8} + 2.03 \times 10^{-8}$$

$$1.34 \times 10^{-4} = 1.34 \times 10^{-4}$$

이렇게 전해질 용액에서 양이온의 총 전하량은 음이온의 총 전하량과 같다. 어떤 전해질 용액의 전하 균형은 다음과 같은 일반적인 형태로 쓸 수 있다.

$$n_1[A_1] + n_2[A_2] + n_3[A_3] + \cdots = m_1[B_1] + m_2[B_2] + m_3[B_3] + \cdots \quad (8-6)$$

여기서 [A]는 양이온의 몰농도, n은 양이온의 전하이고, [B]는 음이온의 몰농도, m은 음이온의 전하이다.

(2) 질량 균형

질량 균형(mass balance 또는 material balance)은 물질의 보존을 말한다. 어떤 화합물의 일부가 용액에서 여러 이온이나 분자와 평형을 이루고 있는 경우를 생각해 보자. 용액 중에 특정 원자 또는 이 원자를 포함하는 원자단(group)을 갖고 있는 모든 화학종의 농도는 이 용액에 들어간 원자나 원자단의 농도와 같아야 한다.

0.10 M 폼산(HCOOH) 용액을 생각하자.

$$HCOOH \rightleftarrows HCOO^- + H^+$$

용액에서 폼산의 일부가 해리하여 폼산 이온($HCOO^-$)이 되었다. 용액에 존재하는 폼산의 농도는 생성된 폼산 이온의 농도만큼 감소하였다. 따라서 수용액에서 폼산의 질량 균형은 다음과 같이 쓸 수 있다.

$$[HCOOH] + [HCOO^-] = 0.10 \text{ M}$$

또 다른 예로 앞에서 언급한 물에 탄산 칼슘을 과량 녹였을 때 일어나는 평형의 질량 균형을 생각해 보자. $CaCO_3$가 녹으면 하나의 Ca^{2+}와 CO_3^{2-}이 생긴다. Ca^{2+}는 용액 속에서 안정하지만 CO_3^{2-}은 물과 산−염기 반응을 하여 일부는 HCO_3^-로 바뀐다. HCO_3^- 일부는 또 다른 산−염기 평형을 통해 H_2CO_3로 바뀐다. 이 평형의 질량 균형은 다음과 같다.

$$[Ca^{2+}] = [CO_3^{2-}] + [HCO_3^-] + [H_2CO_3]$$

이렇게 화합물이 여러 단계로 해리하는 경우에는 모든 생성물이 질량 균형에 들어가야 한다.

(3) 평형 계의 농도를 체계적으로 계산하는 방법

어떤 계에 여러 개의 평형이 존재하는 경우 농도를 구해야 하는 미지 화학종의 숫자와 같은 개수의 독립적인 방정식이 있어야 개개 화학종들의 농도를 계산할 수 있다. 이러한 문제를 해결하는 데 널리 쓰이는 체계적인 방법을 소개하고자 한다.

우선 다단계 평형을 다루는 데 3가지 형태의 방정식을 사용한다.

(1) 전하 균형(이것은 하나 밖에 없다) (2) 물질 균형(이것은 하나 이상이 될 수도 있다) (3) 각 평형 단계의 평형 상수 식. 이 방법을 간단히 정리하면 다음과 같다.

단계 1. 계에서 일어나는 모든 평형에 대한 화학 반응식을 쓴다.

단계 2. 가능하다면 전하 균형 방정식을 쓴다. 이것을 쓸 수 없는 경우도 있다.

단계 3. 가능한 물질 균형 방정식을 모두 쓴다.

단계 4. 단계 1에서 구한 화학 반응식에 대한 평형 상수 식을 쓴다.

단계 5. 단계 2, 3, 4에서 구한 방정식에 있는 미지수 개수가 방정식 숫자와 같은지 확인한다. 빠뜨린 것이 없으면 미지수와 방정식의 개수는 같아야 하는데 이것이 확인되면 다음 단계로 넘어간다. 이 개수가 동일하지 않으면 방정식을 더 찾아야 한다. 만약 방정식을 더 찾을 수 없으면 미지수 중 하나 이상의 미지수의 농도에 대해 적절한 근사적인 추정을 함으로써 미지수를 줄이도록 한다. 이렇게 할 수 없으면 문제를 풀 수 없다.

단계 6. 문제를 쉽게 풀 수 있도록 적절한 근사법이나 가정을 활용한다. 주어진 실험 조건에서 특정 미지수 값을 추정할 수 있는 경우가 많이 있다.

단계 7. 모든 미지수에 대해 방정식을 푼다.

단계 8. 단계 6에서 근사법이나 가정을 사용하였다면 단계 7에서 나온 결과를 사용하여 이들의 타당성을 확인한다.

단계 1이 문제의 핵심이다. 계에서 일어나는 모든 화학 평형을 찾아내어 평형 상수 식을 쓰려면 상당한 수준의 화학적 지식이 필요하다. 계에 존재하는 화학 평형은 대부분 서로 연관되어 있기 때문에 이 모든 평형을 알지 못하면 화학종들의 농도를 제대로 계산하는 것이 불가능하다. 단계 5, 6, 7은 방정식을 푸는 일인데 수학과 다른 점은 근사적인 방법을 도입할 수 있다는 점이다. 그 이유에 대해서는 앞 절에서 언급하였다. 미지수가 여러 개이고 또 이만한 개수의 방정식이 있는 문제를 푸는 것은 보통 쉽지 않고 지루하다. 그러나 이런 문제를 열심히 풀어 보아야 여기에 관련된 화학 평형을 제대로 이해할 수 있다.

2 체계적으로 계산하는 방법의 응용

(1) 난용성 염의 용해도

이제 평형을 체계적으로 다루는 방법을 실제 문제에 적용해서 풀어보자. 평형 상수 식에는 활동도 계수가 들어가야 하지만 당분간 활동도 계수는 '1'이라 가정한다.

PbI_2는 난용성 염의 일종이다. PbI_2가 포화된 수용액에서 용해도를 체계적인 방법으로 계산해 보자.

단계 1. 관련된 화학 평형을 쓰자. 2개의 평형이 존재한다는 것을 알 수 있다.

$$PbI_2(s) \leftrightarrows Pb^{2+} + 2I^- \quad K_{sp} = 7.9 \times 10^{-9} \qquad (8-7)$$

$$H_2O \leftrightarrows H^+ + OH^- \quad K_w = 1.0 \times 10^{-14} \qquad (8-8)$$

단계 2. 전하 균형을 쓴다. 양전하와 음전하의 전하량은 같아야 한다.

$$2[Pb^{2+}] + [H^+] = [I^-] + [OH^-] \qquad (8-9)$$

단계 3. 물질 균형을 쓴다. 2개의 물질 균형을 쓸 수 있다. PbI_2가 녹으면 1개의 Pb^{2+}과 2개의 I^-이 나온다. 또, 물 분자가 해리하면 H^+와 OH^-가 각각 1개씩 생성된다.

$$2[Pb^{2+}] = [I^-] \qquad (8-10)$$

$$[H^+] = [OH^-] \qquad (8-11)$$

H^+나 OH^-가 관여하는 다른 반응이 있다면 (8-11) 식은 쓸 수 없다.

단계 4. 평형 상수를 쓴다. 2개의 평형 상수 식을 쓸 수 있다.

$$K_{sp} = [Pb^{2+}][I^-]^2 = 7.9 \times 10^{-9} \qquad (8-12)$$

$$K_w = [H^+][OH^-] = 1.0 \times 10^{-14} \qquad (8-13)$$

단계 5. 방정식과 미지수의 숫자를 센다. 방정식은 5개(식 (8-9)에서 식 (8-13)까지)이고, 미지수는 4개이다.

$[Pb^{2+}]$, $[I^-]$, $[H^+]$, $[OH^-]$

단계 6. 방정식이 5개이므로 어떤 근사적인 방법을 도입하지 않고도 쉽게 풀 수 있다.

단계 7. 문제를 푼다. 이 경우는 PbI_2에서 생성된 이온과 H_2O에서 생성된 이온 사이에 어떤 반응도 일어나지 않기 때문에 실제로는 두 개의 별도 문제이다. PbI_2 문제를 우선 푼다. $[I^-] = 2[Pb^{2+}]$이므로

$$K_{sp} = [Pb^{2+}][I^-]^2 = [Pb^{2+}](2[Pb^{2+}])^2 = 7.9 \times 10^{-9}$$

$$[Pb^{2+}] = (K_{sp}/4)^{1/3} = 1.26 \times 10^{-3}$$

용매인 물에 대해서 풀면 $[H^+] = [OH^-]$이므로

$$[H^+][OH^-] = [H^+]^2 = 1.0 \times 10^{-14}$$

$$[H^+] = [OH^-] = 1.0 \times 10^{-7}$$

(2) pH에 따른 난용성 염의 용해도 변화

앞서 살펴본 문제는 체계적인 방법을 사용하지 않아도 되는 간단한 문제였다. 그런데 많은 화합물의 화학 평형은 한 반응의 생성물이 다음 반응의 반응물이 되는 식으로 여러 개의 반응이 얽혀서 복잡하게 된다. 용액 속의 각 화학종의 농도는 여러 개의 화학 평형을 동시에 만족시켜야 하는 까닭에 체계적인 방법을 사용하지 않고는 농도를 계산하는 것이 거의 불가능하다. 비교적 복잡한 화학 평형을 체계적으로 다루는 방법을 알아보자.

① MgF_2의 용해도

MgF_2는 무색의 금홍석(rutile) 형태의 결정으로 빛을 쪼이면 연한 보라색 형광을 낸다. 물에 잘 녹지 않는 난용성 염으로 세라믹이나 유리산업에서 많이 쓰인다.

이제 이 MgF_2의 물에 대한 용해도를 계산해 보자. 우선 MgF_2의 해리 반응은 다음과 같다.

$$MgF_2(s) \rightleftarrows Mg^{2+}(aq) + 2F^-(aq) \qquad K_{sp} = 6.6 \times 10^{-9} \qquad (8-14)$$

F^- 이온은 HF가 약한 산이기 때문에 염기성을 갖는다. 이 이유에 대해서는 나중 산-염기 부분에서 배우게 될 것이다.

$$F^-(aq) + H_2O \rightleftarrows HF + OH^- \qquad K_b = 1.5 \times 10^{-11} \qquad (8-15)$$

모든 수용액에서는 물의 자동 이온화 평형이 있다.

$$H_2O \rightleftarrows H^+ + OH^- \qquad K_w = 1.0 \times 10^{-14} \qquad (8-16)$$

(8-14) 반응에서 생성된 F^-는 (8-11)과 같은 산-염기 반응을 하기 때문에 F^- 일부가 소모되어 농도가 감소한다. Le Châtelier 원리에 의하면 (8-14) 반응의 평형이 오른쪽으로 기울어 MgF_2의 용해도가 증가할 것으로 예상할 수 있다. (8-14) 반응과 (8-15) 반응은 서로 연관되어 있고 (8-15) 반응과 (8-16) 반응도 서로 연관되어 있다. 이렇게 반응들이 평형을 통해 서로 연결되어 있으면 문제가 복잡해진다. 평형 상태에서 이 계에 있는 화학종들의 정확한 농도를 계산하려면 이들 반응에 의해 생기는 전체 효과를 알아야 하기 때문이다. 평형 계를 다루는 체계적인 방법을 사용하면 간편하게 원하는 결과를 얻을 수 있다.

단계 1. 관련된 화학 반응식을 쓴다. (8-14) 반응부터 (8-16) 반응까지 3개가 있다.

단계 2. 전하 균형

$$2[Mg^{2+}] + [H^+] = [F^-] + [OH^-] \qquad (8-17)$$

단계 3. 물질 균형. (8−15) 반응이 없다면 $2[Mg^{2+}] = [F^-]$라고 쓰면 된다. 그러나 일부 F^-가 HF로 바뀌기 때문에 플루오린 원자의 전체 농도는 F^-와 HF의 합이 된다. 그래서 물질 균형은 다음과 같이 쓸 수 있다.

$$2[Mg^{2+}] = [F^-] + [HF] \qquad (8-18)$$

단계 4. 평형 상수

$$K_{sp} = [Mg^{2+}][F^-]^2 = 6.6 \times 10^{-9} \qquad (8-19)$$

$$K_b = \frac{[HF][OH^-]}{[F^-]} = 1.5 \times 10^{-11} \qquad (8-20)$$

$$K_w = [H^+][OH^-] = 1.0 \times 10^{-14} \qquad (8-21)$$

단계 5. 방정식과 미지수의 개수를 확인한다. 미지수는 5개, 즉 $[Mg^{2+}]$, $[F^-]$, [HF], $[OH^-]$, $[H^+]$이며 방정식도 (8−17)부터 (8−21)까지 5개이다.

단계 6. 이 용액의 pH가 4.0으로 맞추어져 있다고 가정하자.

그러면 $[H^+] = 1.0 \times 10^{-4}$ M, $[OH^-] = K_w/[H^+] = 1.0 \times 10^{-10}$이 되므로 방정식을 풀기가 한결 쉬워진다.

단계 7. 문제를 푼다.

(8−20) 식에서

$$\frac{[HF]}{[F^-]} = \frac{1.5 \times 10^{-11}}{[OH^-]} = \frac{1.5 \times 10^{-11}}{1.0 \times 10^{-10}} = 0.15$$

$\Rightarrow [HF] = 0.15[F^-]$ 이것을 물질 균형 식 (8−14) 식에 대입하면,

$$2[Mg^{2+}] = [F^-] + [HF] = [F^-] + 0.15[F^-] = 1.15[F^-]$$

$$[F^-] = 1.74[Mg^{2+}]$$

결국 $[F^-]$를 용해도 곱 식 (8−19)에 대입하면 $[Mg^{2+}]$를 구할 수 있다.

$$[Mg^{2+}][F^-]^2 = K_{sp}$$

$$[Mg^{2+}](1.74[Mg^{2+}])^2 = K_{sp}$$

$$[Mg^{2+}] = (K_{sp}/3.03)^{1/3} = 1.3 \times 10^{-3}\ M$$

그리고

$$[F^-] = (K_{sp}/[Mg^{2+}])^{1/2} = 2.3 \times 10^{-3}$$

마지막으로 [HF]는

$$[HF] = 0.15[F^-] = 3.4 \times 10^{-4}$$

이 계산에서 전하 균형 식은 사용하지 않았다. 용액의 pH를 4.0으로 맞추려면 이 용액에 산이나 염기 같은 이온 결합 화합물이 가해져야 하는데 이 문제에서는 여기에 대한 언급이 없다. 그래서 전하 균형 식 (8−17)은 아직 완성되지 않았고, 때문에 이 계산에 포함시키지 않았다. 전하 균형 식을 제외하더라도 $[H^+]$ 값이 주어졌기 때문에 문제를 푸는 데 지장이 없다.

(8−14) 식과 (8−15) 식은 서로 연관되어 있고 (8−15) 식은 산−염기 반응이다. 따라서 용액의 pH가 바뀌면 (8−15) 식뿐 아니라 (8−14) 식의 평형도 이동하게 되어 Mg^{2+}, F^-, HF의 농도가 변하게 된다. 용액의

pH가 내려가면 (8－15) 식의 평형이 오른쪽으로 이동하게 되어 F^-의 농도가 줄어들기 때문에 (8－14) 식의 평형이 오른쪽으로 이동하여 Mg^{2+}의 농도가 증가한다. 그래서 pH가 낮으면 F^-가 대부분 HF로 존재하게 되어 $[HF] \approx 2[Mg^{2+}]$가 된다. 용액의 pH가 올라가면 정반대 현상이 나타나 높은 pH에서는 플루오린 원자가 대부분 F^-로 존재하게 되어 $[F^-] \approx 2[Mg^{2+}]$가 된다. 이렇게 용액의 pH에 따라서 Mg^{2+}, F^-, HF의 농도가 어떻게 변하는지 따져 보면 평형을 이해하는 데 많은 도움이 될 것이다.

② 옥살산 칼슘의 용해도

F^- 외에도 OH^-, S^{2-}, CO_3^{2-}, $C_2O_4^{2-}$, PO_4^{3-} 등은 수용액에서 염기성을 띠는데 이 음이온들이 $CaCO_3$, MgF_2, $Ba(C_2O_4)$처럼 난용성 염을 형성하는 경우가 많다. 이들의 용해도는 용액의 액성이 산성이 되면 증가한다. 인간의 활동에 의해 빗물의 pH가 내려가는데 이를 산성비라고 한다. 유럽 지역의 많은 조각품, 건축물들은 대리석으로 되어 있는데 이런 문화재가 산성비에 의해 녹아 훼손되는 일이 벌어지고 있다(그림 8.1). 대리석이 산성비에 녹는 이유는 MgF_2가 산성에서 용해도가 증가하는 것과 같은 이유 때문이다. 이 장의 첫머리에서 대리석의 주성분인 $CaCO_3$의 용해도 평형을 언급하였다. 용액의 pH가 내려갈수록 $CaCO_3$의 용해도가 왜 증가하는지 잘 따져 보기 바란다. 이제 좀 더 복잡한 평형계인 옥살산 칼슘$[Ca(C_2O_4)]$의 용해도를 체계적인 방법으로 다뤄 보고자 한다. 옥살산 칼슘에서 해리된 옥살산 음이온은 물과 두 번의 연쇄 반응을 한다.

$$Ca(C_2O_4)(s) \rightleftarrows Ca^{2+} + \underset{\text{옥살산 이온}}{C_2O_4^{2-}} \qquad K_{sp} = 1.3 \times 10^{-8} \qquad (8-22)$$

$$C_2O_4^{2-} + H_2O \rightleftarrows HC_2O_4^- + OH^- \qquad K_{b1} = 1.85 \times 10^{-10} \qquad (8-23)$$

$$HC_2O_4^- + H_2O \rightleftarrows H_2C_2O_4(aq) + OH^- \qquad K_{b2} = 1.79 \times 10^{-13} \qquad (8-24)$$

$$H_2O \rightleftarrows H^+ + OH^- \qquad K_w = 1.0 \times 10^{-14} \qquad (8-25)$$

옥살산 이온은 염기이므로 (8－23) 식과 같이 물과 반응하여 $HC_2O_4^-$를 생성한다. $HC_2O_4^-$는 (8－24) 식과 같이 물과 한 번 더 반응한다. (8－23) 식과 (8－24) 식 때문에 $Ca(C_2O_4)$의 용해도는 증가한다. 이제 이 계에 있는 화학종들의 농도를 계산해 보자.

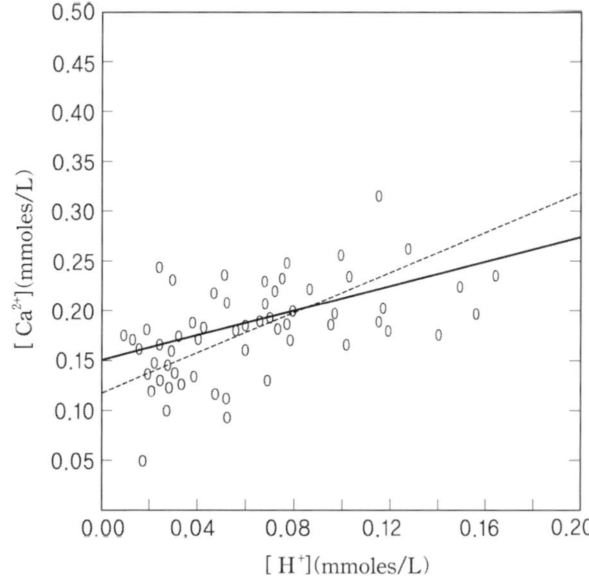

그림 8.1 산성비에 의해 대리석이 녹아내린다는 사실을 보여 주는 자료. 가로축은 빗물의 수소 이온(H^+) 농도이고 세로축은 대리석 표면을 흐르는 빗물에 녹아있는 칼슘 이온(Ca^{2+})의 농도이다. H^+ 농도가 증가함에 따라 대리석이 녹아 생성된 Ca^{2+}의 농도가 증가하는 것을 확인할 수 있다. (출처: P. A. Baedecker, M. M. Reddy, 'The Erosion of Carbonate Stone by Acid Rain' J. Chem. Edu. 1993, 70(2), 104)

단계 1. 관련된 화학 반응식은 (8−22) 식에서 (8−25) 식까지 주어져 있다. 이 계에서 일어나는 반응식 중 어느 하나라도 누락되면 화학종들의 농도를 바르게 계산할 수 없다. 따라서 이 단계가 가장 중요한 것이다.

단계 2. 전하 균형. 이 계에 별도의 화합물을 가하여 pH를 조절하지 않았으면 다음과 같은 전하 균형이 성립한다.

$$2[Ca^{2+}] + [H^+] = 2[C_2O_4^{2-}] + [HC_2O_4^-] + [OH^-] \qquad (8-26)$$

단계 3. 물질 균형. 옥살산 칼슘이 해리하면 하나의 Ca^{2+}와 하나의 $C_2O_4^{2-}$ 이온이 생성된다. Ca^{2+} 이온은 더 이상 반응하지 않는 반면 $C_2O_4^{2-}$ 이온은 물과 연속적으로 반응하여 $HC_2O_4^-$와 $H_2C_2O_4$를 생성한다. 그래서 물질 균형은 다음과 같이 쓸 수 있다.

$$[Ca^{2+}] = [C_2O_4^{2-}] + [HC_2O_4^-] + [H_2C_2O_4] \qquad (8-27)$$

단계 4. 평형 상수. 계에 4개의 평형이 존재하므로 4개의 평형 상수를 쓸 수 있다.

$$K_{sp} = [Ca^{2+}]\,[C_2O_4^{2-}] \qquad (8-28)$$

$$K_{b1} = \frac{[HC_2O_4^-][OH^-]}{[C_2O_4^{2-}]} \qquad (8-29)$$

$$K_{b2} = \frac{[H_2C_2O_4][OH^-]}{[HC_2O_4^-]} \qquad (8-30)$$

$$K_w = [H^+][OH^-] \qquad (8-31)$$

단계 5. 미지수와 방정식의 개수가 같은지 확인한다. 미지수는 $[Ca^{2+}]$, $[C_2O_4^{2-}]$, $[HC_2O_4^-]$, $[H_2C_2O_4]$, $[H^+]$, $[OH^-]$로 6개이다. 방정식도 (8−26) 식부터 (8−31) 식까지 모두 6개이다.

단계 6. 6개의 방정식을 풀려면 힘들고 시간도 많이 걸린다. 문제를 간단하게 하기 위해 완충 용액을 사용하여 계의 pH가 3.0이 되도록 조절하였다고 가정하자. 이렇게 하면 전하 균형을 쓸 수 없다는 점을 명심해야 한다. 이렇게 하면 미지수의 숫자가 줄어들므로 문제를 푸는 데 아무런 제약이 생기지 않는다.

단계 7. 문제를 푼다. 앞서 풀었던 문제와 비슷한 방법을 사용하면 간편하게 원하는 농도를 구할 수 있다. pH가 3.0이므로 $[H^+] = 1.0 \times 10^{-3}$, $[OH^-] = K_w/[H^+] = 1.0 \times 10^{-11}$이 된다. $[OH^-]$ 값을 (8−29) 식에 대입하면 $[C_2O_4^{2-}]$와 $[HC_2O_4^-]$의 농도 비를 구할 수 있다.

$$\frac{[HC_2O_4^-]}{[C_2O_4^{2-}]} = \frac{K_{b1}}{[OH^-]} = 18.5$$

$$[HC_2O_4^-] = 18.5[C_2O_4^{2-}] \qquad (8-32)$$

(8−30) 식에서 $[HC_2O_4^-]$와 $[H_2C_2O_4]$의 농도 비를 구한다.

$$\frac{[H_2C_2O_4]}{[HC_2O_4^-]} = \frac{K_{b2}}{[OH^-]} = 0.018$$

$$[H_2C_2O_4] = 0.018[HC_2O_4^-] \qquad (8-33)$$

(8−33) 식에 (8−32) 식을 대입하면

$$[H_2C_2O_4] = 0.018(18.5[C_2O_4^{2-}]) = 0.331[C_2O_4^{2-}] \qquad (8-34)$$

(8−32) 식과 (8−34) 식을 (8−27) 식에 대입하면

$$[Ca^{2+}] = [C_2O_4^{2-}] + 18.5[C_2O_4^{2-}] + 0.331[C_2O_4^{2-}] = 19.8[C_2O_4^{2-}]$$

$$[C_2O_4^{2-}] = 0.0504[Ca^{2+}] \qquad (8-35)$$

(8−35) 식을 (8−28) 식에 대입하면 $[Ca^{2+}]$을 구할 수 있다.

$$[Ca^{2+}][C_2O_4^{2-}] = K_{sp} = [Ca^{2+}](0.0504[Ca^{2+}]) = 1.3 \times 10^{-8}$$

$$[Ca^{2+}] = (2.58 \times 10^{-7})^{1/2} = 5.08 \times 10^{-4}$$

$$[C_2O_4^{2-}] = 0.0504[Ca^{2+}] = 2.56 \times 10^{-5}$$

$$[HC_2O_4^{-}] = 18.5[C_2O_4^{2-}] = 4.74 \times 10^{-4}$$

$$[H_2C_2O_4] = 0.331[C_2O_4^{2-}] = 8.47 \times 10^{-6}$$

단계 8. 단계 6에서 근사법을 사용한 것이 없다.

용액의 pH에 따라 이들 화학종의 농도가 어떻게 변하는지 따져보는 것은 화학 평형을 이해하는 데 매우 유익하다. pH가 작아지면 (8−23) 식과 (8−24) 식의 평형이 오른쪽으로 기울어지기 때문에 $Ca(C_2O_4)(s)$의 용해도가 증가한다. 옥살산($H_2C_2O_4$)의 pK_{a1}은 1.252이기 때문에 용액의 pH가 이 값보다 작아지면 해리된 옥살산 이온은 대부분 $H_2C_2O_4$로 존재하게 되어 $[Ca^{2+}] \approx [H_2C_2O_4]$가 된다. pH가 옥살산의 pK_{a1}과 pK_{a2}(= 4.266) 사이가 되면 해리된 옥살산 이온이 대부분 $HC_2O_4^{-}$로 존재하게 되어 $[Ca^{2+}] \approx [HC_2O_4^{-}]$가 된다. pH가 4.266보다 커지면 대부분 $C_2O_4^{2-}$로 존재하게 되고 $[Ca^{2+}] \approx [C_2O_4^{2-}]$가 된다.

연습문제

1. 전하 균형과 질량 균형이란 무엇인지 설명하시오.

2. 전하 균형식과 질량 균형식을 쓸 때는 활동도를 쓰지 않고 농도를 써야 정확한 표현이 된다. 그 이유를 설명하시오.

3. 다음과 같은 이온들이 들어 있는 용액의 전하 균형을 쓰시오.
   (1) H^+, Na^+, Cl^-, HCO_3^-
   (2) Ca^{2+}, SO_4^{2-}, H^+, OH^-
   (3) H^+, SO_4^{2-}, OH^-, K^+
   (4) MnO_4^-, Fe^{2+}, H^+, OH^-, Mn^{2+}, Fe^{3+}

4. 다음 용액에 대해 전하 균형식과 질량 균형식을 쓰시오.
   (1) 1.0×10^{-8} M HCl 수용액
   (2) 0.050 M HCOOH 수용액(HCOOH은 약한 산이다.)
   (3) 0.100 M Na_2CO_3 수용액(Na_2CO_3는 센전해질이다.)
   (4) 0.200 M CH_3COONa 수용액(CH_3COONa는 센전해질이다.)

5. 대리석의 주성분은 물에 대해 난용성 염인 $CaCO_3$이다.
   (1) 과량의 이 염을 물에 넣었을 때 일어날 수 있는 가능한 화학 평형을 모두 쓰시오.
   (2) 전하 균형식과 질량 균형식을 쓰시오

(3) 산성비 때문에 대리석으로 만든 건축물이나 조각품이 많이 훼손된다고 한다. 그 이유를 화학 평형을 이용하여 설명하시오.

6. $Hg_2(IO_3)_2$는 물에 잘 녹지 않는 난용성 염이다. 물에 과량의 $Hg_2(IO_3)_2$를 넣으면 다음과 같은 평형이 일어난다.

$Hg_2(IO_3)_2 \rightleftarrows Hg_2^{2+}(aq) + 2IO_3^-(aq)$ $\qquad K_{sp} = 1.3 \times 10^{-18}$

(1) 전하 균형식과 물질 균형식을 쓰시오.

(2) $Hg_2(IO_3)_2$의 용해도를 체계적인 방법으로 계산하시오.

7. $Mn(OH)_2$는 난용성 염이다.

$Mn(OH)_2 \leftrightarrows Mn^{2+} + 2OH^-$ $\qquad K_{sp} = 1.58 \times 10^{-13}$

0.00100 M KOH 용액에서 $Mn(OH)_2$의 용해도를 체계적인 방법으로 계산하시오.

8. 메틸아민(CH_3NH_2)은 대표적인 약한 염기이다.

$CH_3NH_2 + H_2O \leftrightarrows CH_3NH_3^+ + OH^-$ $\qquad K_b = 4.29 \times 10^{-4}$

체계적인 방법을 이용하여 0.100 M CH_3NH_2 용액에 존재하는 CH_3NH_2, $CH_3NH_3^+$, H^+, OH^-의 농도를 계산하시오.

9. 물에 난용성 염 AgCN을 과량 가하면 용액에서는 다음과 같은 평형이 존재하게 된다.

$AgCN(s) \rightleftarrows Ag^+(aq) + CN^-(aq)$ $\qquad K_{sp} = 2.2 \times 10^{-16}$

$CN^- + H_2O \rightleftarrows HCN + OH^-$ $\qquad K_b = 1.6 \times 10^{-5}$

$H_2O \rightleftarrows H^+ + OH^-$ $\qquad K_w = 1.0 \times 10^{-14}$

(1) 체계적인 방법을 이용하여 AgCN(s) 포화 용액에서 Ag^+, CN^-, HCN의 농도를 계산하시오. 용액의 pH는 9.00으로 고정되어 있다.

(2) 용액의 pH가 변한다면 Ag^+, CN^-, HCN의 농도가 어떻게 변하는지 설명하시오.

10. $Ba(C_2O_4)(s)$는 난용성 염이다.

$Ba(C_2O_4)(s) \rightleftarrows Ba^{2+} + C_2O_4^{2-}$ $\qquad K_{sp} = [Ba^{2+}][C_2O_4^{2-}] = 1.0 \times 10^{-6}$

$H_2C_2O_4 \rightleftarrows HC_2O_4^- + H^+$ $\qquad K_{a1} = 5.4 \times 10^{-2}$

$HC_2O_4^- \rightleftarrows C_2O_4^{2-} + H^+$ $\qquad K_{a2} = 5.42 \times 10^{-5}$

$H_2O \rightleftarrows H^+ + OH^-$ $\qquad K_w = 1.0 \times 10^{-14}$

(1) 용액의 pH가 8.0으로 고정되어 있을 때 $Ba(C_2O_4)(s)$의 용해도를 계산하시오.

(2) 용액의 pH가 내려가면 $Ba(C_2O_4)(s)$의 용해도는 어떻게 변하는지 체계적으로 설명하시오.

11. $PbSO_4$는 물에 잘 녹지 않는 난용성 염이다.

$PbSO_4 \rightleftarrows Pb^{2+} + SO_4^{2-}$ $\qquad K_{sp} = 1.6 \times 10^{-8}$

$H_2SO_4 \rightleftarrows HSO_4^- + H^+$ $\qquad K_{a1} \gg 1$

$HSO_4^- \rightleftarrows SO_4^{2-} + H^+$ $\qquad K_{a2} = 1.2 \times 10^{-2}$

0.100 M HCl 용액에서 $PbSO_4$의 용해도를 계산하시오.

12. 형석(fluorite)이라고 알려진 CaF_2는 물에 잘 녹지 않는 대표적인 난용성 염이다.

$CaF_2(s) \rightleftarrows Ca^{2+}(aq) + 2F^-(aq)$ $\qquad K_{sp} = 3.9 \times 10^{-11}$

$F^-(aq) + H_2O \rightleftarrows HF(aq) + OH^-$ $\qquad K_b = 1.5 \times 10^{-11}$

$H_2O \rightleftarrows H^+ + OH^-$ $\qquad K_w = 1.0 \times 10^{-14}$

(1) 모든 화학종의 활동도 계수는 '1'로 가정하고 체계적인 방법으로 CaF_2의 용해도를 계산하시오. 단, 용액의 pH는 3.0으로 고정되어 있다고 가정한다.

(2) 용액의 pH가 증가하면 CaF_2의 용해도는 어떻게 변하는지 설명하시오.

9장 무게 분석법과 연소 분석

무게 분석(gravimetric analysis)이란 반응 생성물이 침전을 형성하는 경우 그 질량을 측정하여 원래 시료에 있던 분석 물질의 양을 구하는 분석법을 말한다. 요즘에는 많이 사용하지 않지만 18~19세기에는 무게 분석이 주된 분석 방법이었다. 많은 원소의 원자량이 무게 분석법으로 정확하게 측정되었다. 20세기 초 미국의 T. W. Richard와 그의 학생들은 무게 분석법으로 55개 원소들의 원자량을 측정하였는데 현재 알고 있는 원자량과 대단히 비슷하다. 그 공로로 Richard는 1914년에 미국인으로는 처음으로 노벨상을 받았다. 오늘날에도 무게 분석은 가장 정확한 분석법 중 하나이다. 기기를 검정하는 데 사용하는 표준물질들은 아직도 자주 무게 분석법을 이용하여 정확한 농도를 구한다. **연소 분석**(combustion analysis)에서는 시료에 과량의 산소를 가하여 태우고 이때 나오는 생성물을 분석하는 방법이다. 유기 화합물의 실험식을 구하기 위해 이 시료에 들어 있는 C, H, N, S 그리고 할로젠 원소의 함량을 측정하는 데 연소 분석이 널리 쓰인다. 유기 합성하는 연구자가 새로운 유기 화합물을 합성했을 때 이 화합물의 구조를 밝히고 성질을 알아보기 위해 요즘에는 적외선 분광법(infrared spectroscopy), 핵자기 공명 분광법(nuclear magnetic resonance spectroscopy), 질량 분석법(mass spectrometry) 등 최신 기기를 많이 이용하지만 아직도 새로 합성한 유기 화합물의 실험식을 확인하기 위해서는 연소 분석을 많이 이용한다.

1 침전 생성

무게 분석에서는 침전이 생성되어야 한다. 무게 분석에서 많이 쓰이는 대표적인 무게 분석 사례를 표 9.1에 정리하였다. 이상적인 침전은 순수하고 잘 녹지 않으며 쉽게 거를 수 있어야 하고 조성을 알고 있어야 한다. 그러나 이러한 조건을 충족시키는 화합물은 별로 없기 때문에 적절한 기술을 사용하여 이 조건에 가까운 침전이 만들어지도록 해야 한다.

우선 침전 결정의 크기가 작으면 거르개(filter)가 막히거나 침전이 이를 통과해 버릴 수 있으므로 크기가 작으면 안 된다. 또, 크기가 큰 결정은 표면적이 작아서 다른 화학종이나 불순물이 적게 달라붙는다. 침전이 형성되는 조건에 따라 결정의 크기가 달라지므로 침전이 어떻게 만들어지는지 알아본다.

(1) 결정 성장

결정이 만들어지는 과정은 결정핵의 생성과 이 핵의 크기가 성장하는 두 단계로 나눌 수 있다. 용액 속에 부유하고 있는 불순물 입자나 용기의 거친 표면 같은 곳에서 핵이 주로 생성된다. 핵의 생성은 일단 충분한 크기의 무질서한 덩어리가 먼저 만들어진 후 이것이 큰 입자로 성장할 수 있는 규칙적인 구조로 다시 재배열된다고 할 수 있다.[1] 예를 들어 25 ℃에서 Fe^{3+}가 0.1 M 수산화 테트라메틸암모늄(tetramethylammonium hydroxide)과 반응하여 만들어진 수화된 $Fe(OH)_3$ 핵은 지름이 4 nm 정도이고 약 50개의 Fe 원자가 들어 있다.[2] 결정 성장 단계가 되면 이온이나 분자들이 핵으로 응축하여 보다 큰 결정이 만들어진다. $Fe(OH)_3$ 핵은 60 ℃에서 15분 뒤에는 측면 치수가 대략 7×30 nm 정도의 크기로 성장한다고 알려져 있다.

표 9.1 대표적인 무게 분석 사례

분석 이온	침전 화학종	무게 측정 화학종	방해 이온
K^+	$KB(C_6H_5)_4$	침전과 동일	NH_4^+, Ag^+, Hg^{2+}, Tl^+, Rb^+, Cs^+
Mg^{2+}	$Mg(NH_4)PO_4 \cdot 6H_2O$	$Mg_2P_2O_7$	Na^+, K^+를 제외한 여러 가지 금속들
Ca^{2+}	$CaC_2O_4 \cdot H_2O$	$CaCO_3$ 또는 CaO	Mg^{2+}, Na^+, K^+를 제외한 여러 가지 금속들
Ba^{2+}	$BaSO_4$	$BaSO_4$	Na^+, K^+, Li^+, Ca^{2+}, Al^{3+}, Cr^{3+}, Fe^{3+}, Sr^{2+}, Pb^{2+}, NO_3^-
Ti^{4+}	TiO(5,7-dibromo-8-hydroxyquinoline)$_2$	침전과 동일	Fe^{3+}, Zr^{4+}, Cu^{2+}, $C_2O_4^{2-}$, citrate, HF
Cr^{3+}	$PbCrO_4$	$PbCrO_4$	Ag^+, NH_4^+
Mn^{2+}	$Mn(NH_4)PO_4 \cdot H_2O$	$Mn_2P_2O_7$	여러 가지 금속
Fe^{3+}	$Fe(HCO_2)_3$	Fe_2O_3	여러 가지 금속
Co^{2+}	Co(1-nitroso-2-naphtholate)$_2$	$CoSO_4$(H_2SO_4와 반응)	Fe^{3+}, Pd^{2+}, Zr^{4+}
Ni^{2+}	Ni(dimethylglyoximate)$_2$	침전과 동일	Pd^{2+}, Pt^{2+}, Bi^{3+}, Au^{3+}
Cu^{2+}	CuSCN(HSO_3^-로 Cu^{2+}를 Cu^+로 환원한 후)	CuSCN	NH_4^+, Pb^{2+}, Hg^{2+}, Ag^+
Zn^{2+}	$Zn(NH_4)PO_4 \cdot H_2O$	$Zn_2P_2O_7$	여러 가지 금속
Ce^{4+}	$Ce(IO_3)_4$	CeO_2	Th^{4+}, Ti^{4+}, Zr^{4+}
Al^{3+}	Al(8-hydroxyquinolate)$_3$	침전과 동일	여러 가지 금속
Sn^{4+}	Sn(cupferron)$_4$	SnO_2	Cu^{2+}, Pb^{2+}, As(III)
Pb^{2+}	$PbSO_4$	$PbSO_4$	Ca^{2+}, Sr^{2+}, Ba^{2+}, Hg^{2+}, Ag^+, HCl, HNO_3
NH_4^+	$NH_4B(C_6H_5)_4$	$NH_4B(C_6H_5)_4$	K^+, Rb^+, Cs^+
Cl^-	AgCl	AgCl	Br^-, I^-, SCN^-, S^{2-}, $S_2O_3^{2-}$, CN^-
Br^-	AgBr	AgBr	Cl^-, I^-, SCN^-, S^{2-}, $S_2O_3^{2-}$, CN^-
I^-	AgI	AgI	Cl^-, Br^-, SCN^-, S^{2-}, $S_2O_3^{2-}$, CN^-
SCN^-	CuSCN	CuSCN	NH_4^+, Pb^{2+}, Hg^{2+}, Ag^+
CN^-	AgCN	AgCN	Cl^-, Br^-, I^-, SCN^-, S^{2-}, $S_2O_3^{2-}$
F^-	$(C_6H_5)_3SnF$	$(C_6H_5)_3SnF$	알칼리 금속을 제외한 여러 가지 금속, SiO_4^{4-}, CO_3^{2-}
ClO_4^-	$KClO_4$	침전과 동일	
SO_4^{2-}	$BaSO_4$	침전과 동일	Na^+, K^+, Li^+, Ca^{2+}, Al^{3+}, Cr^{3+}, Fe^{3+}, Sr^{2+}, Pb^{2+}, NO_3^-
PO_4^{3-}	$Mg(NH_4)PO_4 \cdot 6H_2O$	$Mg_2P_2O_7$	Na^+, K^+를 제외한 여러 가지 금속
NO_3^-	Nitron nitrate	침전과 동일	ClO_4^-, I^-, SCN^-, CrO_4^{2-}, ClO_3^-, NO_2^-, Br^-, $C_2O_4^{2-}$
CO_3^{2-}	CO_2(산과 반응하여 생성됨)	침전과 동일	(유리된 CO_2를 Ascarite에 포집하여 무게 측정)

침전이 생성되려면 일단 용액이 과포화 상태가 되어야 한다. 평형 상태보다 용질이 많이 녹아 있는 용액을 **과포화 용액**(supersaturated solution)이라고 한다. 용액의 과포화도가 높을수록 핵의 크기가 성장하는 속도보다 핵이 생성되는 속도가 빨라서 매우 작은 입자가 만들어지거나 심지어 콜로이드가 되기도 한다. 반면 과포화도가 낮으면 핵의 생성 속도가 느려지기 때문에 다루기 쉬운 큰 입자로 자랄 수 있는 기회가 많아진다. 결정 입자 크기를 크게 하려면 과포화도를 낮추어야 한다. 우선 용액의 온도를 올려주면 용해도가 커지기 때문에 과포화도가 낮아진다. 반응물을 분석 시료에 가할 때 반응물이 처음 섞이는 곳에 지역적으로 높은 과포화 상태가 만들어진다. 이를 피하기 위해 용액을 격렬하게 저어주면서 반응물을 천천히 가해야 한다. 마지막으로 시료 용액과 반응물 용액의 부피를 크게 하여 이들의 농도를 낮게 유지한다.

쉽게 거를 수 있는 크기가 큰 침전 입자를 만들기 위해 **균일 침전법**(homogeneous precipitation)이 많이 사용된다. 이 방법에서는 **침전제**(precipitant)를 반응 용액에 직접 가하는 것이 아니라 반응 용액 속에서 침전제가 서서히 생성되도록 한다. 이렇게 되면 침전 반응이 천천히 일어나므로 큰 입자의 침전을 쉽게 만들 수 있다. 간단한 예를 들면 폼산 이온(formate, $HCOO^-$)을 Fe^{3+}에 가하면 폼산 이온 Fe^{3+} 침전이 생성되므로 폼산 이온을 침전제로 사용하여 Fe^{3+}의 농도를 구할 수 있다. 이때 폼산 이온을 직접 가하지 않고 폼산(formic acid, HCOOH) 용액에 요소(urea, NH_2CONH_2)를 넣고 가열하면 다음 반응에 의해 OH^-가 서서히 생성되어 폼산 이온이 천천히 만들어진다.

$$\underset{\text{요소}}{NH_2CONH_2} + 3H_2O \xrightarrow{\text{가열}} CO_2 + 2NH_4^+ + 2OH^- \tag{9-1}$$

$$\underset{\text{폼산}}{HCOOH} + OH^- \rightarrow \underset{\text{폼산 이온}}{HCOO^-} + H_2O \tag{9-2}$$

침전제인 폼산 이온이 천천히 만들어지는 탓에 다음 침전 반응도 천천히 일어나게 되므로 입자 크기가 큰 침전이 만들어질 수 있는 것이다.

$$3HCOO^- + Fe^{3+} \rightarrow \underset{\text{폼산 } Fe^{3+} \text{ 이온}}{Fe(HCOO)_3 \cdot nH_2O(s)} \downarrow \tag{9-3}$$

여기서는 침전제인 폼산 이온이 Fe^{3+}와 같은 용액에서 생성되므로 균일 침전법이라고 한다. 일반적으로 균일 침전법에 많이 사용되는 대표적인 시약과 침전 반응, 침전되는 원소를 표 9.2에 정리하였다.

(2) 전해질 용액에서 침전 생성

이온성 결정은 전해질 용액에서 잘 자라기 때문에 이온 결합 화합물은 전해질 용액에서 침전시킨다. 가장 흔히 볼 수 있는 AgCl 침전은 보통 0.1 M HNO_3 용액에서 만들어지는데 이 경우를 예로 들어 처음 만들어진 아주 작은 결정핵(이것은 보통 콜로이드 입자 크기 정도 된다.)이 어떻게 성장해서 큰 결정이 되는지 그 과정을 알아본다.

Ag^+, H^+, NO_3^-이 과량 들어 있는 전해질 용액에서 콜로이드 입자 크기의 AgCl 결정이 어떻게 자라는지 그림 9.1에 나타내었다. 이온성 결정 주변에는 많은 이온들이 둘러싸서 이온 분위기를 형성하고 있다. 입자의 표면에 노출되어 있는 Cl^-에는 여분의 Ag^+이 **흡착**(adsorption)되기 때문에 입자 표면은 여분의 양전하를 갖게 되므로 음이온을 끌어당기고 양이온은 밀어낸다. 그래서 입자 표면에는 많은 양이온이 흡착되어 있고 그 다음에는 음이온이 둘러싸게 되는데 이 두 층을 **전기 이중층**(electric double layer)이라 부른다. 이 경우 입자 표면은 일짜 음전하를 띠게 된다.

표 9.2 균일 침전에 많이 사용되는 대표적인 시약

침전제	시약	반응	침전되는 원소
OH^-	요소(Urea)	$(H_2N)_2CO + 3H_2O \rightarrow CO_2 + 2NH_4^+ + 2OH^-$	Al, Ga, Th, Bi, Fe, Sn
OH^-	사이안산 포타슘 (potassium cyanate)	$HOCN + 2H_2O \rightarrow NH_4^+ + CO_2 + OH^-$	Cr, Fe
S^{2-}	싸이오아세트아마이드 (thioacetamide)	$CH_3CSNH_2 + H_2O \rightarrow CH_3CONH_2 + H_2S$	Sb, Mo, Cu, Cd
SO_4^{2-}	설팜산(sulfamic acid)	$H_3N^+SO_3^- + H_2O \rightarrow NH_4^+ + SO_4^{2-} + H^+$	Ba, Ca, Sr, Pb
$C_2O_4^{2-}$	옥살산 다이메틸 (dimethyl oxalate)	$CH_3OOCCOOCH_3 + 2H_2O \rightarrow 2CH_3OH + C_2O_4^{2-} + 2H^+$	Ca, Mg, Zn
PO_4^{3-}	인산 트라이메틸 (trimethyl phosphate)	$(CH_3O)_3P{=}O + 3H_2O \rightarrow 3CH_3OH + PO_4^{3-} + 3H^+$	Zr, Hf
CrO_4^{2-}	브로민산염을 가한 크로뮴(III) 이온(chromic ion plus bromate)	$2Cr^{3+} + BrO_3^- + 5H_2O \rightarrow 2CrO_4^{2-} + Br^- + 10H^+$	Pb

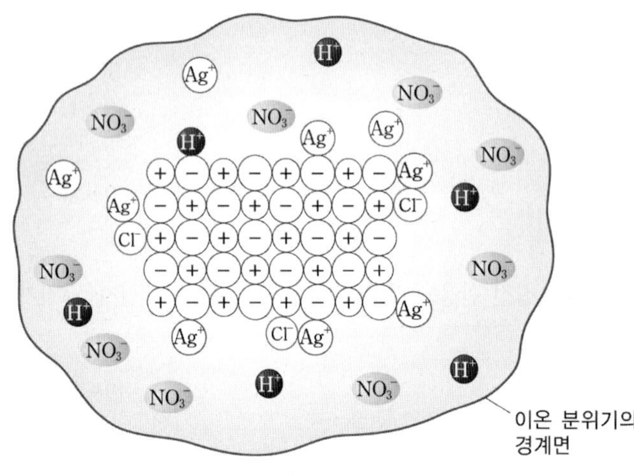

그림 9.1 과량의 Ag^+, H^+, NO_3^-를 포함하는 전해질 용액에 Cl^-를 가해 줌으로써 콜로이드 입자 크기의 AgCl 침전이 성장하는 모양. 입자 표면에 Ag^+ 이온이 흡착되어서 입자는 알짜 양전하를 띠고 있다. 입자가 음이온은 끌어당기고 양이온은 밀어내기 때문에 입자를 둘러싸고 있는 용액 층은 알짜 음전하를 가지고 있는데 이 영역을 이온 분위기라고 한다.

아주 작은 입자가 커지려면 이 입자들이 서로 충돌해서 뭉쳐야 한다. 그러나 이렇게 입자들 주위에 전기 이중층이 형성되어 많은 음전하가 여분으로 존재하면 서로 반발하기 때문에 뭉치기가 어렵다. 용액에 과량의 HNO_3 같은 불활성 염을 가하여 이온 세기가 커지면 입자 주위에 전기 이중층이 잘 형성되지 않는다. 따라서 전기 이중층으로 이루어진 이온 분위기의 부피가 줄어들어 입자 사이의 반발력이 감소하여 입자들이 서로 뭉치기가 쉬워진다. 결과적으로 이온 세기가 큰 전해질 용액에서 부피가 큰 입자가 쉽게 만들어질 수 있는 것이다. 대부분 무게 분석에서 반응물을 침전시킬 때 전해질 용액을 활용한다. 이러한 원리는 강 하구에서 강물이 바닷물과 만나게 되면 콜로이드 입자들이 쉽게 뭉쳐서 침전으로 가라앉아 삼각주를 형성하는 데도 적용된다.

결정의 성장을 촉진하기 위해 대부분의 경우 용액의 온도를 올려준다. 입자들이 충돌하여 서로 뭉치려면 입자간 정전기적 반발력을 이길 수 있는 충분한 운동 에너지를 가져야만 한다. 용액의 온도가 높으면 입자의 운동 에너지가 커지므로 결정 입자가 쉽게 뭉쳐서 큰 결정으로 자라게 된다.

(3) 침전의 숙성과 순도

대부분의 경우 침전이 끝나면 바로 침전 결정을 거르지 않고 고온으로 가열된 상태 그대로 일정 시간 동안 놓아두어야 한다. 이 과정을 **숙성** 또는 **삭임**(digestion)이라 부른다. 무게 분석에서 침전이 생성되고 결정이 만들어지는 용액을 **모액**(mother liquor)이라고 하는데 이 시간 동안 모액 속에서 침전의 재결정(recrystallization)이 천천히 일어나게 된다. 이 과정을 거치면서 결정의 크기가 증가하고 불순물이 결정으로부터 빠져나가서 순도는 올라가게 된다.

침전이 생성되는 동안 불순물이 결정의 표면에 흡착되거나 결정 내부로 흡수된다. 결정 내부에 흡수되어 있는 불순물은 또 포함(inclusion)된 것과 내포(occlusion)된 것으로 구분할 수 있다. 결정을 구성하고 있는 이온들이 차지하고 있어야 할 결정 격자의 자리를 불규칙하게 점유하고 있는 불순물이 있는데 이것을 포함된 불순물이라고 한다. 침전 결정을 구성하는 이온과 크기와 전하량이 비슷한 불순물이 있다면 이런 현상이 더욱 잘 일어날 것이다. 또, 결정이 성장할 때 그 내부에 포획되어 갇혀버린 불순물 덩어리가 있을 수 있는데 이것은 내포된 불순물이라고 한다.

이렇게 흡착되거나 결정에 흡수되어 있는 불순물은 대부분 이들이 과포화 상태에 있지 않음에도 불구하고 우리가 원하는 생성물과 함께 침전된다. 이런 현상을 **공동 침전**(coprecipitation)이라고 한다. $BaSO_4$, $Al(OH)_3$, $Fe(OH)_3$ 같은 화합물은 콜로이드 입자 정도 크기의 침전을 만드는데, 이들은 표면적이 크기 때문에 공동 침전이 가장 잘 일어난다. 이 불순물을 제거하기 위해 걸러낸 결정을 **재침전**(reprecipitation)시킨다. 이때 결정에 묻어 있는 모액을 씻어낸 후 용매에 잘 녹인 뒤 다시 침전시키는 것이다. 이때 용액 중에 있는 불순물의 농도가 처음 생성물을 침전시킬 때에 비해 적기 때문에 공동 침전이 적게 일어난다. 이런 재침전 과정을 여러 번 되풀이하면 불순물을 대부분 제거할 수 있다.

시료에 포함되어 있는 미량 성분을 제거하기 위해 일부러 공동 침전을 시키는 경우가 있다. 용액 중의 주성분이 결정을 형성할 때 특정 미량 성분이 공동 침전함으로써 제거되는 것이다. 미량 성분을 포집하기 위해 쓰는 이러한 방법을 **모음**(gathering)이라 하고 이때 사용하는 침전물을 **모음제**(gathering agent)라고 한다. 예를 들면 식수에 들어 있는 미량의 비소를 제거하기 위해 $Fe(OH)_3$ 공동 침전을 사용하는 경우가 있다.

침전을 거를 때 거름종이에 남은 침전물 표면에는 과량의 용질이 녹아있는 용액 방울이 묻어 있다. 이것을 제거하기 위해 침전물을 씻어야 하는데 증류수로 일부 불순물을 제거할 수 있다. 하지만 침전이 이온 결합 화합물인 경우 전해질 용액으로 씻어야 거르기 전에 이들이 작은 입자로 분해되는 것을 피할 수 있다. 이런 침전이 작은 입자로 분해되지 않고 안정하게 있도록 하려면 표면에 있는 이온 또는 작은 입자가 가진 표면 전해를 중화시켜야 하는데 침전 표면에는 이온 분위기가 형성되어 있다. 이런 침전을 물로 씻으면 표면에서 이온 분위기를 형성하는 전해질이 제거된다. 그러면 표면에 있는 전하를 가진 입자들의 반발 때문에 침전은 작은 입자로 깨져서 많은 양이 거름종이를 빠져나간다. 이렇게 부피가 큰 침전이 작은 입자로 분해되는 것을 **풀림**(peptization)이라고 한다. 풀림 현상을 막기 위해 휘발성 전해질 용액으로 침전을 씻는다. 침전을 말리는 동안 이 전해질은 증발하기 때문에 쉽게 제거된다. HNO_3, HCl, NH_4NO_3, NH_4Cl, $(NH_4)_2CO_3$ 등이 흔히 쓰이는 휘발성 전해질이다.

(4) 침전의 조성

최종 생성물인 침전은 조성이 잘 알려져 있고 동시에 조성이 안정해야 정량 분석을 할 수 있다. **흡습성 물질**(hygroscopic substance)은 공기 중의 수분을 흡수하고 많은 경우 결정수도 들어 있다. 대부분 침전물들이 함유하고 있는 물의 양은 일정하지 않아 침전에 포함되어 있는 모든 종류의 물을 완전히 제거하거나 아니면 알고 있는 화학량론적인 물(결정수)만이 남아 있도록 침전물을 말려야 한다.

침전물에서 물을 제거하거나 침전물을 안정한 조성을 가진 화합물로 바꾸는 데 가장 널리 쓰이는 방법이 강하게 가열하는 것이다. $Fe(HCO_2)_3 \cdot nH_2O$ 침전을 850 ℃로 1시간 동안 가열하면 안정하고 조성이 알려진

Fe_2O_3가 된다. $CuSO_4 \cdot 5H_2O$는 온도에 따라 다음과 같이 분해된다.

	대략적인 온도 범위(℃)
$CuSO_4 \cdot 5H_2O \rightarrow CuSO_4 \cdot H_2O + 4H_2O$	90 ~ 150
$CuSO_4 \cdot H_2O \rightarrow CuSO_4 + H_2O$	200 ~ 275
$CuSO_4 \rightarrow CuO + SO_2 + 1/2\ O_2$	700 ~ 900
$2CuO \rightarrow Cu_2O + 1/2\ O_2$	1000 ~ 1100

생성물의 조성은 온도와 가열하는 실험 과정에 따라 변한다는 사실을 명심해야 한다.

2 무게 분석

Cl^-, Br^-, I^- 같은 할로젠화 이온은 Ag^+와 침전을 만든다. 따라서 생성된 침전의 질량을 측정하면 음이온의 농도를 계산할 수 있다.

$$Ag^+ + I^- \rightarrow AgI(s) \qquad (9-4)$$

예제 | 9.1

I^-가 들어 있는 용액 25.00 mL에 과량의 Ag^+를 가하였더니 AgI 침전이 1.611 g 생성되었다. 이 용액에 있는 I^- 농도가 얼마인지 계산하시오. 단, AgI의 화학식량은 234.773 g/mol이다.

풀이

우선 생성된 AgI의 몰수를 계산한다.

$$\frac{1.611\ g}{234.773\ g/mol} = 6.863 \times 10^{-3}\ mol$$

농도는 몰수를 용액의 부피로 나누어주면 된다.

$$[I^-] = \frac{6.863 \times 10^{-3}\ mol}{\frac{25.00}{1000}\ L} = 0.2745\ M$$

침전물의 무게를 측정하면 원래 시료에 포함되어 있는 특정 물질의 양이 얼마나 되는지 구할 수 있다. 침전 반응의 반응식으로부터 생성물과 반응물 사이의 화학량론적 관계를 알 수 있기 때문이다.

예제 | 9.2

Ba^{2+}가 포함되어 있는 어떤 고체 시료 2.987 g을 물에 녹였다. 이 용액에 KIO_3를 과량으로 가해서 Ba^{2+}을 다음과 같이 모두 침전시켰다.

$$Ba^{2+} + 2IO_3^- \rightarrow Ba(IO_3)_2(s)$$

이 침전을 잘 씻은 후 말려서 무게를 측정하였더니 3.725 g이 나왔다. 원래 시료에 포함되어 있던 Ba^{2+}의 함량은 무게 백분율로 얼마인가?

풀이

생성된 $Ba(IO_3)_2(s)$의 몰수는 시료에 함유되었던 Ba^{2+}의 몰수와 같고 $Ba(IO_3)_2$의 화학식량은 487.1 g/mol이다.

$$\text{생성된 } Ba(IO_3)_2\text{의 몰수} = \text{시료에 함유된 } Ba^{2+}\text{의 몰수} = \frac{3.725\ g}{487.1\ g/mol} = 7.647 \times 10^{-3}\ mol$$

Ba의 원자량이 137.33 g/mol이므로

시료에 들어 있던 Ba^{2+}의 무게 = $(7.647 \times 10^{-3}\ mol)(137.33\ g/mol) = 1.050\ g$

시료에 들어 있던 Ba^{2+}의 무게 백분율 = $\frac{1.050\ g}{2.987\ g} \times 100 = 35.15\%$

예제 | 9.3

어떤 고체 시료는 $BaCl_2 \cdot 2H_2O(s)$와 KCl(s)이 섞여 있다. 이 시료를 160 ℃로 가열하면 $BaCl_2 \cdot 2H_2O(s)$에 있는 결정수가 빠져나간다.

$$BaCl_2 \cdot 2H_2O(s) \rightarrow BaCl_2(s) + 2H_2O(g)$$

원래 시료의 무게는 2.145 g이었는데 결정수를 모두 제거하고 났더니 무게가 1.952 g으로 줄어들었다. 원래 이 혼합 시료에 들어 있던 성분 원소인 Ba, Cl, K의 무게 백분율이 얼마인지 계산하시오.

풀이

시료의 가열 전후의 무게 차이가 결정수의 무게가 되고 이 값으로부터 결정수의 몰수를 계산할 수 있다. $BaCl_2 \cdot 2H_2O(s)$에는 2개의 결정수가 있으므로 $BaCl_2$와 KCl의 몰수도 계산할 수 있다.

$$\text{생성된 } H_2O\text{의 몰수} = \frac{2.145\ g - 1.952\ g}{18.015\ g/mol} = 0.01071\ mol$$

$$\text{시료에 들어 있던 } BaCl_2 \cdot 2H_2O(s)\text{의 무게} = \frac{1}{2}(0.01071\ mol)(244.26\ g/mol) = 1.308\ g$$

시료에 들어 있던 KCl의 무게 = 2.145 − 1.308 = 0.837 g

시료에 들어 있던 각 원소의 무게는 다음과 같이 계산할 수 있다.

$$Ba = \left(\frac{\text{Ba 원자량}}{BaCl_2 \cdot 2H_2O\text{ 화학식량}}\right)(BaCl_2 \cdot 2H_2O\text{ 무게}) = \left(\frac{137.327\ g/mol}{244.26\ g/mol}\right)(1.308\ g) = 0.735\ g$$

$$K = \left(\frac{\text{K 원자량}}{\text{KCl 화학식량}}\right)(\text{KCl 무게}) = \left(\frac{39.098\ g/mol}{74.551\ g/mol}\right)(0.837\ g) = 0.439\ g$$

$$Cl = \left(\frac{2 \times \text{Cl 원자량}}{BaCl_2 \cdot 2H_2O\text{ 화학식량}}\right)(BaCl_2 \cdot 2H_2O\text{ 무게}) + \left(\frac{\text{Cl 원자량}}{\text{KCl 화학식량}}\right)(\text{KCl 무게})$$
$$= \left(\frac{2 \times 35.453\ g/mol}{244.26\ g/mol}\right)(1.308\ g) + \left(\frac{35.453\ g/mol}{74.551\ g/mol}\right)(0.837\ g) = 0.778\ g$$

각 원소의 무게 백분율은 다음과 같다.

Ba: $\frac{0.735}{2.145} \times 100 = 34.27\%$

K: $\frac{0.439}{2.145} \times 100 = 20.47\%$

Cl: $\frac{0.778}{2.145} \times 100 = 36.27\%$

---

3 연소 분석

무게 분석법에서는 생성되는 침전의 무게를 측정하여 시료의 농도나 특정 성분의 함량을 계산하였다. 연소 분석은 주로 유기 화합물을 태웠을 때 발생하는 CO_2나 H_2O 같은 기체의 무게를 측정하여 이 화합물의 조성을 구하는 것이다. 좀 더 세분해서 이러한 방법을 **무게 연소 분석**(gravimetric combustion analysis)이라 부른다. 요즘에는 기체의 무게를 측정하는 대신 현대적 분석 기기를 사용하여 열전도도법, 적외선 흡수 분광법, 불꽃 광도법(flame photometry), 전기량법 같은 방법으로 생성물의 농도를 측정한다. 불꽃 광도법은 황의 함량을 측정하는 데 쓰고, 전기량법은 할로젠 원소의 함량을 측정하는 데 쓰인다.

(1) 무게 연소 분석

어떤 유기 화합물이 C, H, O 원자로 구성되어 있다는 사실을 안다면 이 화합물의 실험식을 $C_xH_yO_z$라고 쓸 수 있다. 이 화합물을 과량의 산소를 가하여 완전 연소시키면 다음과 같은 반응이 일어날 것이다.

$$C_xH_yO_z + O_2(\text{과량}) \rightarrow xCO_2 + \frac{y}{2}H_2O(g) \qquad (9-5)$$

시료가 타서 나오는 기체는 각 기체와 반응하거나 특정 기체를 흡수할 수 있는 U자관 또는 카트리지(cartridge)들을 연속적으로 통과하도록 되어 있다. 실험을 시작하기 전에 각 U자관의 무게는 정확히 측정해 두어야 한다. 이러한 장치의 간단한 예를 그림 9.2에서 볼 수 있다. 첫 번째 U자관에는 $Mg(ClO_4)_2$나 P_4O_{10} 같은 화합물을 채워두는데 이들은 기체 혼합물에서 물을 강하게 흡수한다. 발생한 H_2O만큼 이 관의 질량은 증가한다.

$$Mg(ClO_4)_2(s) + 2H_2O(g) \rightarrow Mg(ClO_4)_2 \cdot 2H_2O(s) \qquad (9-6)$$

다음 번 U자관에는 아스카라이트(Ascarite)가 채워져 있는데 이것은 석면에 NaOH를 입혀 놓은 것을 말한다. 여기에 있는 NaOH는 기체 중의 CO_2와 반응하여 탄산 소듐과 물을 만든다. 발생한 CO_2만큼 U자관의 질량이 증가한다.

$$2NaOH(s) + CO_2(g) \rightarrow Na_2CO_3(s) + H_2O(l) \qquad (9-7)$$

시료가 완전히 연소한 뒤 이들 U자관의 무게를 측정하면 발생한 H_2O와 CO_2의 무게를 얻을 수 있다. 이렇게 측정한 H_2O와 CO_2의 질량으로부터 시료에 포함된 H와 C 원자의 질량과 몰수를 구할 수 있다. 시료에 포함된 C와 H의 무게를 구했기 때문에 시료의 무게에서 이 C와 H의 무게를 빼주면 나머지는 O 원자의 무게가 된다.

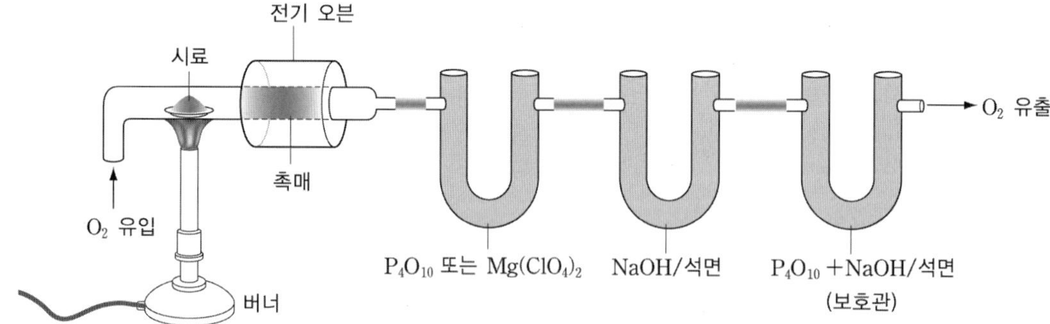

그림 9.2 유기 화합물의 탄소와 수소 함량을 측정하는 연소 분석 장치. 오른쪽 마지막 U자관은 공기 중의 H_2O나 CO_2가 들어가는 것을 막아주는 역할을 한다.

예제 | 9.4

C와 H로 이루어진 어떤 화합물 4.286 mg을 과량의 산소로 연소시켰더니 CO_2 13.13 mg과 H_2O 6.271 mg이 생성되었다.

(1) 이 화합물의 실험식을 구하고 C와 H의 무게 백분율을 구하시오.

(2) 시료에 포함되어 있는 C 원자와 H 원자의 무게 백분율을 구하시오.

풀이

(1) CO_2 1몰에는 탄소 1몰이 들어 있다. 그래서

$$\text{시료에 들어 있는 C의 몰수} = \text{생성된 } CO_2\text{의 몰수} = \frac{13.13 \times 10^{-3}\ \text{g } CO_2}{44.010\ \text{g/mol } CO_2} = 2.983 \times 10^{-4}\ \text{mol}$$

$$\text{시료에 들어 있는 H의 몰수} = 2 \times (\text{생성된 } H_2O\text{의 몰수}) = 2 \times \frac{6.271 \times 10^{-3}\ \text{g } H_2O}{18.015\ \text{g/mol } H_2O} = 6.962 \times 10^{-4}\ \text{mol}$$

C의 몰수: H의 몰수 $= 2.983 \times 10^{-4}$ mol : 6.962×10^{-4} mol $= 3 : 7$

이 화합물의 실험식은 C_3H_7이다.

(2) 시료에 들어 있는 C의 질량 $= (2.983 \times 10^{-4}\ \text{mol})(12.011\ \text{g/mol}) = 3.584\ \text{mg}$

$$\text{C의 무게 백분율} = \frac{3.583\ \text{mg C}}{4.286\ \text{mg 시료}} \times 100 = 83.60\%$$

시료에 들어 있는 H의 질량 $= (6.962 \times 10^{-4}\ \text{mol})(1.008\ \text{g/mol}) = 0.702\ \text{mg}$

$$\text{H의 무게 백분율} = \frac{0.702\ \text{mg H}}{4.286\ \text{mg 시료}} \times 100 = 16.40\%$$

연소 분석의 결과를 결정하는 데 이러한 무게 분석은 오래 동안 중요한 역할을 해 왔다. 그러나 요즘에는 보다 자동화된 측정 방법이 연소 분석에서 함께 널리 쓰이고 있다.

(2) 자동화된 연소 분석

요즘은 유기 화합물의 C와 H의 함량을 결정하는 데 무게 분석을 하지 않고 다른 방법을 많이 이용한다. 예를 들어 시료가 연소되어 생성된 CO_2, H_2O, 그리고 그 외의 기체를 모아서 무게를 달지 않고 기체 크로마토그래피를 이용하여 이 혼합 기체를 바로 분리하여 농도를 측정할 수 있고 또 적외선 분광법을 이용하여 분리시키는 과정을 거치지 않고 정량 분석할 수도 있다. 이런 기기는 보통 시료의 탄소, 수소, 질소의 함량을 측정하기 위해 만들어졌기 때문에 CHN 분석기(analyzer)라고 부른다. 유기 화합물에 들어 있는 그 외 대부분의 원소를 측정하는 데 비슷한 형태의 기기가 쓰이고 있다. 또 다른 예를 들어보면, 탄소, 수소, 질소 이외의 원소들을 정량 분석하기 위해 유기 화합물을 밀폐된 공간에서 연소시킨 후 그 생성물과 고체 잔류물(재)을 산이나 염기에 녹인다. 이 시료를 유도 결합 플라스마(inductively coupled plasma)를 이용한 원자 발광 분광법이나 질량 분석법으로 분석하는 방법도 있다.

한 번에 자동으로 C, H, N, S의 함량을 정량 분석할 수 있는 기기의 대략적인 구조를 그림 9.3에 나타내었다. 몇 mg 정도의 미량 시료를 정확하게 무게를 달아 주석이나 은으로 된 캡슐에 넣고 봉인한다. 실험하기 전에 고순도 He 기체를 흘려보내 장치 내부를 청소하고 잔류 기체를 제거한 후 부피를 정확히 알고 있는 과량의 O_2 기체를 주입한다. 시료 캡슐을 1050 ℃ 정도 고온의 도가니에 떨어뜨려 순간적으로 시료를 태운다. 이 장치의 특징은 시료가 짧은 시간 내에 순식간에 연소하여 기체 크로마토그래피에 주입되도록 되어 있다는 것이다. 기체 크로마토그래피로 분석하려면 전체 시료가 한꺼번에 순간적으로 칼럼에 주입되어야 하기 때문이다.

$$C,\ H,\ N,\ S \xrightarrow{1050\ ℃/O_2} CO_2(g) + H_2O(g) + N_2(g) + SO_2(g) + SO_3(g)$$

C를 CO_2로 완전 연소시키기 위해 WO_3 촉매를 사용한다. S이 연소하면 대부분 SO_2로 되지만 일부 SO_3도 생성된다. 다음 단계에서 Cu 금속을 이용하여 850 ℃ SO_3를 모두 SO_2로 환원시키고 남아있는 O_2를 제거한다.

$$Cu + SO_3 \xrightarrow{850\ ℃} SO_2 + CuO(s)$$

$$Cu + \frac{1}{2}O_2 \xrightarrow{850\ ℃} CuO(s)$$

이렇게 생성된 CO_2, H_2O, N_2, SO_2 혼합 기체는 기체 크로마토그래피로 들어가서 칼럼에서 분리되고 검출기로 신호의 세기를 측정한다.

산소 함량을 측정하기 위해서는 산소를 넣어주지 않고 시료를 **열분해**(pyrolysis)시킨다. 이때 시료에서 나온 산소를 탄화 니켈(nickelized carbon)을 촉매로 써서 1075 ℃에서 일산화 탄소(CO)로 바꾸어준다. 그 외 생성물로는 N_2, H_2, CH_4, HX(X = 할로젠 원소) 등이 있을 것이다. 산성을 띠는 생성물을 아스카라이트(NaOH)로 제거한 후 기체 크로마토그래피로 이 기체 혼합물을 분리하여 측정한다. 할로젠 원소의 함량을 측정하기 위해서는 시료가 연소되어 CO_2, H_2O, N_2, HX가 생성되도록 한다. HX를 수용액에 녹인 후 Ag^+ 표준 용액으로 적정하면 HX의 농도를 구할 수 있다.

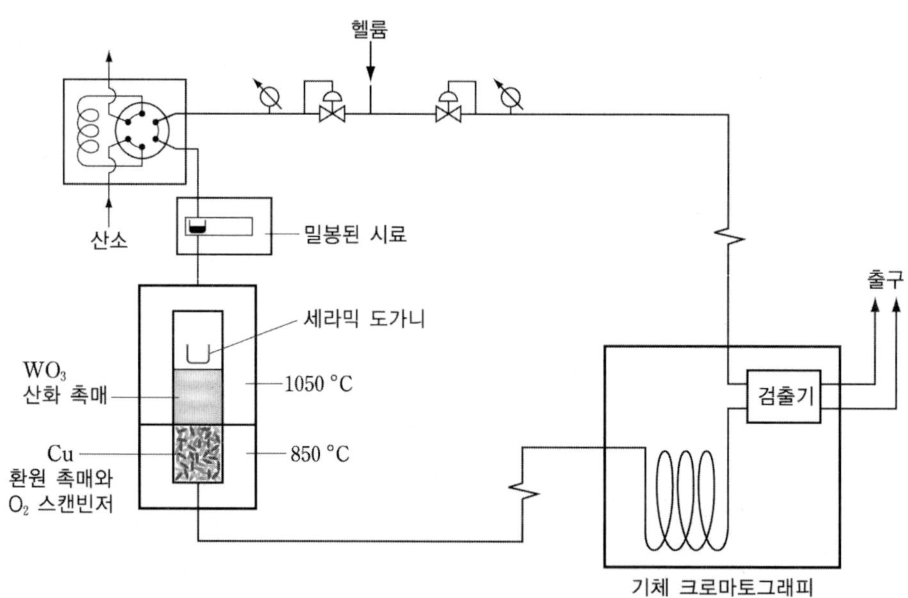

그림 9.3 시료의 C, H, N, S 함량을 한 번의 실험으로 동시에 측정할 수 있는 원소 분석기. 시료가 연소하여 생성된 CO_2, H_2O, N_2, SO_2 기체를 기체 크로마토그래피에서 분리와 동시에 신호의 세기를 측정하여 농도를 구할 수 있다.

연습문제

1. 결정이 만들어지는 과정은 두 단계로 나눌 수 있다. 어떤 단계가 있는가?

2. 크기가 큰 결정을 만들려면 어떻게 해야 하는가?

3. 과포화도와 결정의 성장 속도 사이에는 어떤 관계가 있는가?

4. 균일 침전법은 어떤 장점이 있는가?

5. 이온 결합 화합물은 이온 세기가 큰 전해질 용액에서 침전시킨다. 그 이유를 설명하시오.

6. 침전에 있는 불순물은 재침전시키면 대부분 제거할 수 있다. 재침전이란 어떻게 하는 것이며 불순물이 제거되는 이유는 무엇인가?

7. 공동 침전이란 무엇을 말하는가?

8. Na_2CO_3 수용액에 $AgNO_3$를 가하면 Ag_2CO_3 침전이 생성된다.

   $Na_2CO_3(aq) + 2AgNO_3(aq) \rightarrow Ag_2CO_3(s) + 2NaNO_3(aq)$

   Na_2CO_3 3.38 g이 반응하는 데 몇 g의 $AgNO_3$가 필요한가? 이때 Ag_2CO_3는 몇 g이 생성되는가?

9. 0.550 M NaCl 수용액 50.0 mL에 0.625 M $AgNO_3$ 30.0 mL를 가하였다.

   $NaCl(aq) + AgNO_3(aq) \rightarrow AgCl(s) + NaNO_3(aq)$

   생성된 AgCl(s)의 무게는 얼마인가?

10. 제철소에서는 적철광(Fe_2O_3)을 탄소와 반응시켜 철(Fe)을 생산한다.

    $2Fe_2O_3 + 3C \rightarrow 4Fe + 3CO_2$

    적철광 374 g이 반응하는 데 탄소 몇 g이 필요한가? 또, 이때 몇 g의 Fe가 생성되는가?

11. 장석은 흔한 암석인데 이 암석의 한 종류는 화학식이 $CaAl_2Si_2O_8$이다. 100 kg의 장석에서 이론상으로 몇 kg의 규소를 얻을 수 있는가?

12. Ag^+는 Cl^-과 반응하여 AgCl(s) 침전을 만든다.

    $AgNO_3(aq) + NaCl(aq) \rightarrow AgCl(s) + NaNO_3(aq)$

    0.150 M $AgNO_3$ 용액 50.0 mL가 있다. 이 용액의 은 이온(Ag^+)을 모두 염화 은(AgCl)으로 침전시키는 데 NaCl 몇 g이 필요한지 계산하시오. 이때 몇 g의 AgCl(s) 침전이 생성되는가?

13. 어떤 고체에 포함되어 있는 Ce^{4+}의 함량을 구하기 위해 이 시료 5.24g을 녹인 후 과량의 IO_3^-를 가하여 $Ce(IO_3)_4$ 침전을 만들었다. 이 침전을 모아서 씻은 후 말리고 태웠더니 0.116 g의 CeO_2가 얻어졌다. 원래 시료 속에 있던 Ce의 무게 백분율은 얼마인가?

14. K_2SO_4와 $(NH_4)_2SO_4$가 섞여 있는 시료가 있다. 이 시료 0.778 g을 물에 녹인 후 $Ba(NO_3)_2$를 가하여 SO_4^{2-}를 모두 $BaSO_4$로 침전시켰다. 이때 얻어진 침전의 무게가 1.08 g이었다면 원래 시료에 포함되어 있던 K_2SO_4의 무게 백분율(%)은 얼마인가?

15. CH_4의 연소 반응은 다음과 같다.

    $CH_4(g) + 2O_2(g) \rightarrow CO_2(g) + 2H_2O(l)$

    CH_4 기체 2.63 g이 연소하면 몇 g의 CO_2와 H_2O가 생성되는가?

16. Al_2O_3와 Fe_2O_3가 섞인 분말이 있는데 그 무게는 2.423 g이었다. 이 시료에 H_2 기체를 흘려주면서 가열하면 Al_2O_3는 변하지 않고 Fe_2O_3는 Fe 금속과 $H_2O(g)$로 바뀐다.

$Fe_2O_3(s) + 3H_2(g) \rightarrow 2Fe(s) + 3H_2O(g)$

반응이 끝난 후 고체 잔류물의 무게가 2.129 g이라면 원래 시료에 있던 Fe_2O_3의 무게 백분율은 얼마인가?

17. 벤조산(C_6H_5COOH)은 연소하여 CO_2와 H_2O를 생성한다. 벤조산 연소 반응의 반응식을 쓰고 6.536 mg의 벤조산을 연소시키면 몇 mg의 CO_2와 H_2O가 생성되는지 계산하시오.

18. NH_3는 N_2와 H_2를 반응시켜 만든다.

$N_2(g) + 3H_2(g) \rightarrow 2NH_3(g)$

N_2 3.46 g이 모두 반응하는 데 필요한 H_2는 몇 g이고, 또 이때 생성되는 NH_3는 몇 g인가?

19. 질소 46.23 g이 산소 26.40 g, 52.80 g, 105.6 g, 132.00 g과 각각 반응하여 4개의 화합물이 생성된다는 사실을 발견하였다. 이 4개 화합물의 실험식을 구하시오.

20. C와 H로 이루어진 화합물 6.234 mg을 태웠더니 12.123 mg의 CO_2와 2.529 mg의 H_2O가 생성되었다. 이 시료에 있는 C와 H의 무게 백분율을 구하고 실험식을 구하시오. 시료는 완전 연소되었다고 가정한다.

21. 어떤 화합물을 원소 분석하였더니 원소의 질량 조성비가 다음과 같았다. 이 화합물의 실험식을 구하시오.

C: 21.7%, O: 9.6%, F: 68.7%

22. 어떤 화합물을 원소 분석을 하였더니 원소의 질량 조성비가 다음과 같았다. 이 화합물의 실험식을 구하시오.

C: 10.4%, S: 27.8%, Cl: 61.7%

23. 어떤 화합물은 C, H, N, O 원자로 되어 있는데 이 화합물을 연소 분석한 결과 각 원소의 조성은 무게 백분율(wt%)로 다음과 같았다. 이 화합물의 실험식을 구하시오.

C: 46.21%, H: 9.02%, N: 13.74%, O: 31.03%

• 참고문헌

1. D. Erdemir, Y. Lee, and A. S. Myerson, "Nucleation of crystals from solution: classical and two-step models," *Acc. Chem. Res.* 2009, *42*, 621.
2. A. Abou-Hassan, O. Sandre, S. Neveu, and V. Cabuil, "Synthesis of goethite by separation of the nucleation and grouth processes of ferrihydrite nanoparticles using microfluidics," *Angrerw. Chem. Int. Ed.* 2009, *48*, 2342.

10장 부피 분석법

일정량의 미지 시료(analyte)와 반응하는 데 필요한 표준 용액의 부피를 측정하면 미지 시료의 농도를 구할 수 있다. 반응물 사이의 몰수비는 일정하기 때문이다. 이러한 분석법을 **부피 분석**(volumetric analysis)이라고 한다. 부피 분석은 무게 분석에 비해 간편하게 실험할 수 있기 때문에 지금도 널리 쓰이고 있다. 대부분의 부피 분석은 **적정법**(titration)을 이용한다. 이 방법에서는 미지 시료의 농도를 구하기 위해 표준 용액을 준비하는데 이것을 **적정 시약**(titrant)이라고 한다. 이 적정 시약을 보통 뷰렛에 넣어 미지 시료에 조금씩 넣어준다. 이렇게 하면 첨가해 준 적정 시약의 부피를 읽을 수 있다. 미지 시료와 분석 물질 사이의 반응을 **적정 반응**(titration reaction)이라고 한다. 미지 시료에 들어 있는 분석 물질이 모두 반응하는 데 소모된 적정 시약의 부피를 측정하면 이 분석 물질의 농도를 계산할 수 있다. 적정법에는 적정 반응의 종류나 실험 방법에 따라 여러 가지 종류가 있다. 이 장에서는 앞서 배운 침전 반응을 이용한 침전 적정(precipitation titration)을 예로 들어 적정법에 대한 일반적인 원리와 실험 방법에 대해 알아본다. 그 다음 적정하는 동안 미지 시료나 적정 시약의 농도가 어떻게 변하는지 이론적인 계산을 통해 확인하고 마지막으로 적정 반응이 완결되는 지점을 찾는 방법에 대해 알아본다.

1 적정법에 대한 개요

적정 실험에서 정확한 결과를 얻으려면 적정 반응의 평형 상수가 매우 커서 반응이 사실상 완결되어야 하고 또 반응 속도가 빨라야 한다. 적정 시약을 가해주면 미지 시료가 전부 소모될 때까지 적정 시약이 완전하고 또 빠른 속도로 적정 반응에 의해 소모되어야 한다는 것이다. 가장 널리 쓰이는 적정법으로 산-염기 적정, 산화-환원 적정, 착물 적정, 침전 적정 같은 것이 있다.

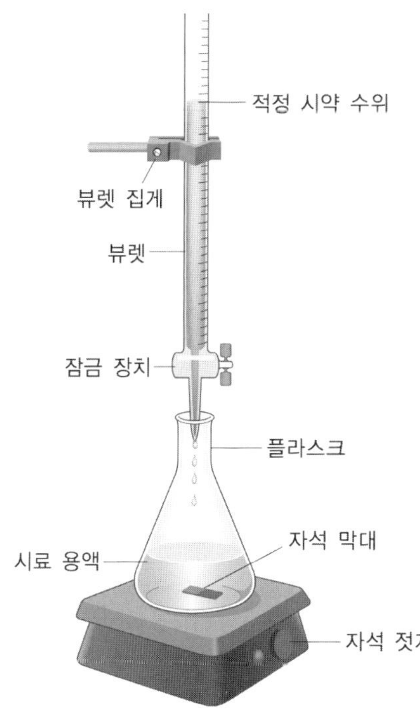

그림 10.1 보통 사용되는 적정 실험 장치. 미지 시료는 플라스크에 넣고 적정 시약은 뷰렛에 넣는다. 자석 막대는 금속이 용액과 반응하는 것을 막기 위해 테플론(Teflon)을 입혀 놓았다. 자석 젓개 모터 안에 있는 자석이 회전하면 이 자석 막대도 따라서 회전하므로 시료와 적정 시약이 플라스크 안에서 재빨리 섞이게 된다.

적정 실험에서 가장 중요한 것은 미지 시료가 모두 반응해서 완전히 소멸되는 지점을 정확하게 찾아내는 것이다. 흔히 쓰이는 방법으로는 (a) 지시약의 색깔 변화, (b) 한 쌍의 전극 사이에 전압이나 전류의 흐름이 급격히 변하는 지점, (c) 분광학적 방법으로 흡광도의 변화를 측정하는 방법이 있다. 일반적인 적정 실험 장치를 그림 10.1에서 볼 수 있다.

Cl^-, Br^-, I^- 같은 할로젠 음이온은 Ag^+ 이온과 난용성 침전을 만든다. 즉, 용액에 존재하는 할로젠 음이온을 Ag^+ 표준 용액으로 적정하면 이들의 농도를 구할 수 있다. 이러한 적정법을 **은법 적정**(argentometric titration)이라 부른다. 그 중에서도 미지 시료에 소량의 CrO_4^{2-}를 첨가한 후 Ag^+ 표준 용액으로 적정하여 Cl^- 이온의 농도를 구하는 방법이 있다. 이 방법을 **모아 적정**(Mohr titration)이라고 하는데 적정 반응은 다음과 같다.

$$\underset{\text{적정 시약}}{Ag^+(aq)} + \underset{\text{미지 시료}}{Cl^-(aq)} \rightarrow \underset{\text{흰색}}{AgCl(s)} \qquad (10-1)$$

첨가한 적정 시약의 몰수와 미지 시료가 화학량론적으로 완전히 반응하는 데 필요한 몰수가 같아지면 적정 반응이 완료된다. 이 지점을 **당량점**(equivalence point)이라고 한다. 위 반응의 경우 Ag^+와 Cl^-가 1 : 1로 반응한다. 그래서 가해 준 Ag^+의 몰수가 용액에 있던 Cl^-의 몰수와 같아질 때가 당량점이 된다. 만약 용액에 존재하는 Cl^-의 양이 0.00500몰이었다면 첨가한 Ag^+가 0.00500몰일 때 Ag^+ 표준 용액의 부피가 당량점이 되는 것이다.

그러나 당량점은 이론적인 결과이다. Cl^-이 완전히 반응하여 침전으로 사라지는 지점을 확인하려면 어느 순간 용액의 색깔이 변하거나 전극의 전압이 변하는 등 갑작스런 어떤 변화가 일어나야 되는데 이 지점을 **종말점**(end point)이라고 한다. 모아 적정의 경우 당량점 이전에는 흰색의 AgCl 침전이 만들어지므로 용액이 흰색으로 보인다. 당량점에 도달하면 (10-1) 반응에 의해 Cl^-이 모두 소모되어 버린다. 그러면 이때부터 Ag^+은 CrO_4^{2-}과 반응하여 붉은색 침전을 만들기 때문에 갑자기 붉은색이 나타난다. 붉은색이 처음 나타나는 때가 종말점이 된다.

$$2Ag^+ + CrO_4^{2-} \rightarrow \underset{\text{붉은색}}{Ag_2CrO_4(s)} \qquad (10-2)$$

그런데 이때는 이미 당량점을 조금 지나쳤기 때문에 Ag^+가 미량이지만 과량으로 들어간 상태이다. 종말점이 당량점과 일치하면 가장 이상적이지만 현실은 그렇지 않다. 우리는 당량점은 확인할 수가 없고 종말점만 확인할 수 있는데 모아 적정을 할 때 당량점과 종말점은 일치하지 않는다. 많은 적정에서 이러한 현상이 일어난다. 당량점 부근에서 색깔 변화 같은 어떤 물리적 특성이 갑자기 변해서 종말점을 찾을 수 있도록 해주는 화합물을 **지시약**(indicator)이라고 한다. 당량점을 지나가면 적정 반응 때문에 용액에서 갑자기 미지 시료가 사라지고 여분의 적정 시약이 남아 있게 되므로 이런 현상이 일어난다. 모아 적정의 경우 CrO_4^{2-} 이온이 지시약 역할을 한다.

예제 | 10.1

모아 적정법으로 어떤 미지 시료의 Cl^- 농도를 구하였다. 미지 시료 25.00 mL를 0.0533 M Ag^+ 표준 용액으로 적정했는데 종말점은 이 Ag^+ 표준 용액 37.42 mL를 가했을 때 나타났다. 미지 시료에 있는 Cl^-의 농도는 얼마인가?

풀이

Ag^+와 Cl^-는 1 : 1로 반응하기 때문에 종말점에서 미지 시료의 Cl^- 이온 몰수와 가해 준 Ag^+ 이온의 몰수는

같다. 미지 시료의 농도를 x M이라 하면 다음 관계식이 성립한다.

$$(x\ \text{mol/L})(\frac{25.00}{1000}\ \text{L}) = (0.0533\ \text{mol/L})(\frac{37.42}{1000}\ \text{L})$$

$$x = 0.0798\ \text{M}$$

당량점과 종말점 사이에 차이가 생기는 것은 피할 수 없는 일인데 이것을 **적정 오차**(titration error)라고 부른다. 적정법에서는 이 적정 오차를 줄이는 것이 가장 중요한 문제 중 하나이다. 적정 오차를 줄이기 위해 가장 많이 쓰이는 방법은 **바탕 적정**(blank titration)이다. 바탕 적정은 미지 분석 물질만 없고 나머지는 똑같은 시료를 준비해서 적정하는 것이다. 모아 적정의 경우 Cl^- 이온만 없고 나머지는 미지 시료와 똑같은 시료를 준비해서 같은 Ag^+ 표준 용액으로 적정하는 것이다. 이렇게 하면 눈으로 붉은색을 확인할 수 있는 $Ag_2CrO_4(s)$ 침전이 만들어지는데 얼마만한 Ag^+ 표준 용액이 추가로 더 필요한지 측정할 수 있다. 이렇게 측정한 Ag^+ 표준 용액의 부피를 미지 시료를 적정해서 얻은 결과에서 빼주면 당량점을 지나서 종말점까지 가기 위해 추가로 들어간 Ag^+ 용액의 부피가 보정되는 것이다.

일정량의 순수한 시약의 질량을 정확하게 측정한 후 용매에 녹여 부피 플라스크를 이용해서 일정한 부피의 용액을 준비하였다면 이 용액의 농도를 정확하게 계산할 수 있다. 시약의 순도가 매우 높다면 질량을 측정한 후 바로 직접 표준 용액으로 만들어 쓸 수 있다. 이런 시약을 **일차 표준물질**(primary standard)이라고 부른다. 일차 표준물질이 되려면 순도가 적어도 99.9% 이상이 되어야 하고 상온, 대기압에서 보관했을 때 분해되지 않아야 한다. 뿐만 아니라 시약이 고체인 경우 공기 중의 수분이 흡착될 수 있는데 이렇게 아주 미량 존재하는 물을 제거하려면 가열하거나 진공 중에서 말려야 한다. 일차 표준물질이 되려면 이런 상황에서도 안정해야 한다.

적정 시약으로 많이 쓰이는 HCl이나 NaOH 같은 시약은 이러한 요구를 충족시키지 못하기 때문에 일차 표준물질이 될 수 없고 이 시약을 사용해서 표준 용액을 만들 수 없다. 때문에 대략 원하는 농도와 비슷한 용액을 만든 후 이것을 미지 시료로 하고 일차 표준물질로 만든 표준 용액(이것이 적정 시약이 된다)으로 적정해서 정확한 농도를 구한다. 이러한 과정을 **표준화**(standardization)라고 한다. 이렇게 표준화 과정을 거쳐 정확한 농도가 얻어지면 이 용액을 **표준 용액**(standard solution)으로 쓸 수 있다. 표준 용액이란 농도를 정확히 알고 있는 용액을 말한다. 분석 실험의 결과가 갖는 신뢰성은 궁극적으로 일차 표준물질의 조성을 얼마나 정확히 아느냐에 좌우된다. 나중에 여러 가지 적정법을 다룰 때 일차 표준물질에 대해 좀 더 구체적으로 다루게 될 것이다.

예제 | 10.2

설팜산(sulfamic acid, H_2NSO_3H)은 일차 표준물질로 쓸 수 있다. NaOH 용액을 표준화하기 위해 설팜산 0.5017 g을 물에 녹여 표준 용액 50.00 mL를 만들었다. 이 설팜산 용액에 NaOH 용액 25.86 mL를 가했을 때 당량점이 되었다. NaOH 용액의 농도는 얼마인가?

$$H_2NSO_3H + OH^- \rightarrow H_2NSO_3^- + H_2O$$

풀이

설팜산의 화학식량이 97.094 g/mol이므로 설팜산 0.5017 g의 몰수를 다음과 같이 계산할 수 있다.

$$\text{설팜산의 몰수} = \frac{0.5017\ \text{g}}{97.094\ \text{g/mol}} = 0.005167\ \text{mol}$$

설퍼산은 NaOH와 1 : 1로 반응하므로 NaOH 몰농도를 x라 두면 다음과 같은 관계식이 성립한다.

$$(x\ \text{mol/L})(\frac{25.86}{1000}\ \text{L}) = 0.005167\ \text{mol}$$

$$x = 0.1998\ \text{M}$$

모아 적정에서는 시료를 Ag^+ 표준 용액으로 적정하여 Cl^- 농도를 구하였다. 이런 적정법을 **직접 적정**(direct titration)이라고 한다. 그러나 종말점을 정확하게 찾기가 어렵거나 적정 반응의 평형 상수가 비교적 적어서 미지 시료가 완전히 반응하기 위해서는 과량의 적정 시약이 필요하거나 아니면 적정 반응의 속도가 느린 경우에는 직접 적정하기가 어렵다. 이런 경우에 **역적정**(back titration)을 한다. 역적정에서는 우선 미지 시료에 부피를 정확하게 알고 있는 과량의 표준 용액을 가해 준다. 그러면 이 표준 용액에 있던 화합물 중 일부는 미지 시료와 반응하지 못하고 남게 된다. 이 남아 있는 화합물을 두 번째 표준 용액으로 적정해서 농도를 구한다. 처음 과량으로 넣어준 화합물의 몰수에서 반응하고 남아 있는 화합물의 몰수를 빼주면 미지 시료와 반응한 화합물의 몰수가 된다. 이 결과를 이용해서 직접 적정과 같은 방법으로 미지 시료의 농도를 계산할 수 있다. 모아 적정을 예로 들면 우선 미지 시료에 부피를 아는 과량의 Ag^+ 표준 용액을 가해 준다. 그 다음 Cl^- 이온과 반응하지 못하고 남아 있는 Ag^+의 몰수를 또 다른 표준 용액으로 적정하여 구한다. 처음 미지 시료에 가해 준 Ag^+의 몰수에서 남아 있는 Ag^+의 몰수를 빼주면 Cl^- 이온과 반응한 Ag^+의 몰수가 되는 것이다.

지금까지의 적정법에서는 뷰렛을 이용하여 가해 준 적정 시약의 부피를 측정하는데, 부피 대신 무게를 측정할 수도 있다. 가해 준 적정 시약의 무게는 이러한 용도로 제작된 피펫을 사용하면 어렵지 않게 측정할 수 있다. 이러한 방법을 **무게 적정**(gravimetric titration)이라고 한다. 무게 적정에서는 적정 시약의 농도를 몰랄 농도로 표시한다. 분석 저울을 이용하여 무게를 측정하면 부피를 측정할 때에 비해 정밀도가 크게 향상된다. 부피를 측정할 때 얻을 수 있는 정밀도는 보통 0.3% 정도까지인데 무게를 측정하게 되면 정밀도가 0.1% 정도까지 내려갈 수 있다.

2 침전 적정 곡선

이 장에서 부피 분석을 하기 위해 은법 적정을 이용하였다. 이 절에서도 계속 은법 적정을 이용하여 적정법을 설명할 것이다. 어떤 미지의 Cl^- 용액이 있는데 이 용액의 농도를 구하려고 한다고 가정하자. 무게 분석법을 이용하면 이 용액에 과량의 Ag^+을 가하고 이때 생성된 AgCl 침전의 무게를 측정하여 Cl^-의 농도를 계산한다. 부피 분석법(적정법)을 이용하여 Cl^-의 농도를 구하려면 미지 시료에 Ag^+ 적정 시약을 가해 주면서 당량점의 위치를 찾는다. 당량점의 위치를 이용하여 Cl^- 이온이 모두 반응하는 데 필요한 Ag^+의 몰수를 계산하면 미지 시료에 들어 있는 Cl^-의 농도를 얻을 수 있다. 이때 당량점을 찾아야 하지만 용액의 색깔이나 전압, 전류 등이 갑자기 변하는 종말점을 구할 수밖에 없다.

이제 미지 시료를 Ag^+ 표준 용액으로 적정하는 동안 용액의 Ag^+ 농도나 Cl^-의 농도가 어떻게 변해 가는지 계산해 보자. 이 결과를 바탕으로 **적정 곡선**(titration curve)을 그려 모양을 살펴볼 것이다. 이런 계산을 하고 적정 곡선을 예측해 봄으로써 적정하는 동안 계에 어떤 화학 평형이 존재하고 이 평형이 어떻게, 왜 이렇게 변하는지 이해할 수 있을 것이다. 덧붙여 좋은 실험 결과를 얻기 위해 실험 조건을 어떻게 조절해야 하는지도 배우게 될 것이다. 적정 곡선의 모양과 종말점이 얼마나 분명하게 나타나느냐 하는 것은 미지 시료와 적정 시약의 농도, 그리고 적정 반응의 평형 상수 크기에 의해 결정된다.

0.100 M Cl^- 용액 20.00 mL가 있다. 이 용액을 0.100 M Ag^+ 표준 용액으로 적정한다고 하자. 적정하는 동안 Ag^+의 농도가 어떻게 변하는지 계산하고 적정 곡선의 모양도 알아보자. 적정 반응은 다음과 같다.

$$Ag^+ + Cl^- \rightarrow AgCl(s) \tag{10-3}$$

적정 반응의 평형 상수가 커야만 당량점 부근에서 농도 변화가 크게 일어나므로 평형 상수의 크기를 확인해 보아야 한다. 이 적정 반응은 AgCl(s) 해리 반응의 역반응이다.

$$AgCl(s) \rightleftarrows Ag^+ + Cl^- \qquad K_{sp} = [Ag^+][Cl^-] = 1.8 \times 10^{-10} \tag{10-4}$$

그래서 (10-3) 식의 평형 상수는 다음과 같다.

$$K = \frac{1}{K_{sp}} = \frac{1}{1.8 \times 10^{-10}} = 5.6 \times 10^9$$

평형 상수가 충분히 크기 때문에 적정 반응은 완전히 진행된다고 가정할 수 있다.

다음으로 당량점에 도달하려면 Ag^+ 용액을 얼마나 가해야 하는지 확인해야 한다. 이 부피를 V_e라 하면 Cl^- 1몰이 반응하는 데 Ag^+ 1몰이 필요하므로 다음 관계식이 성립한다.

$$(0.100\ \text{mol}\ Cl^-/L)(\frac{20.00}{1000}\ L) = (0.100\ \text{mol}\ Ag^+/L)(V_e)$$

$$V_e = 20.00\ \text{mL}$$

적정 실험에서 미지 시료나 적정 시약의 농도 변화는 매우 크게 일어난다. 그래서 이들의 농도를 p 함수로 표시하고 적정 곡선도 p 함수로 그리는 것이 편리하다. 어떤 화학종 X의 p 함수는 다음과 같이 정의한다.

$$pX = -\log_{10}[X] \tag{10-5}$$

[X]는 X의 몰농도이다.

적정 과정은 크게 당량점 이전, 당량점, 당량점 이후의 세 부분으로 나눌 수 있다. 당량점 이전에는 가해 준 Ag^+가 사실상 전부 Cl^-와 반응해서 침전을 형성하기 때문에 아주 미량의 Ag^+만 용액에 남아 있다. 당량점을 지나면 용액에 Ag^+와 반응할 Cl^-가 남아 있지 않으므로 Ag^+의 농도가 갑자기 증가한다. 그래서 갑작스러운 Ag^+의 농도 변화가 당량점 전후에서 일어난다. 이제 각 영역에서 Ag^+의 농도가 어떻게 변하는지 계산해 보자.

(1) 당량점 이전

5.00 mL의 Ag^+ 용액을 가했을 때를 생각하자. 이때는 사실상 모든 Ag^+가 AgCl(s)로 침전한다. 용액에 존재하는 Ag^+는 AgCl의 해리에 의해 생성된 것이다. Ag^+ 농도를 구하기 위해 우선 Cl^-의 농도를 계산해야 한다. 용액에 존재하는 Cl^-는 Ag^+와 반응하지 않고 남아 있는 것과 AgCl의 해리에 의한 것이 있다. AgCl은 난용성 염이기 때문에 아주 미량이 해리하므로 AgCl의 해리에 의한 Cl^-의 농도는 무시할 수 있다.

반응하지 않고 남아 있는 Cl^-의 농도는 다음과 같이 계산할 수 있다.

$$\begin{aligned} \text{남은 } Cl^-\text{의 몰수} &= \text{원래 있던 } Cl^-\text{의 몰수} - \text{가해 준 } Ag^+\text{의 몰수} \\ &= (0.100\ \text{mol/L})(0.0200\ L) - (0.100\ \text{mol/L})(0.00500\ L) \\ &= 0.001500\ \text{mol} \end{aligned}$$

용액의 부피는 원래 부피(0.0200 L)와 가해 준 Ag^+ 용액의 부피(0.00500 L)를 합한 값이므로 0.02500 L가 된다. 그래서 Cl^-의 농도는 다음과 같다.

$$[Cl^-] = \frac{0.001500\ \text{mol}}{0.02500\ L} = 0.0600\ M \tag{10-6}$$

이 Cl^-와 평형을 이루고 있는 Ag^+의 농도는 (10−4) 식으로부터 계산할 수 있다.

$$[Ag^+] = \frac{K_{sp}}{[Cl^-]} = \frac{1.8 \times 10^{-10}}{0.0600} = 3.0 \times 10^{-9} \text{ M}$$

이 값을 p 함수로 계산하면

$$pAg^+ = -\log[Ag^+] = -\log(3.0 \times 10^{-9}) = 8.52$$

Ag^+의 농도를 훨씬 간편하게 1단계 계산으로 구할 수 있다. 그런데 이와 같은 계산 방식은 위에 설명한 개념을 충분히 이해한 다음에 하는 것이 좋다. 여기서 핵심은 V_e = 20.00 mL라는 것이다. Cl^-를 모두 반응시키기 위해 20.00 mL Ag^+ 용액이 필요한데 지금 5.00 mL를 가했기 때문에 Cl^-의 1/4이 Ag^+와 반응하고 3/4이 남아 있다. 그래서 Cl^-의 농도는 원래 농도의 3/4이 될 것이다. 그러나 Ag^+ 용액을 가함으로써 용액의 부피가 20.00 mL에서 25.00 mL로 늘어났다. 그래서 Cl^-의 농도는 (20.00/25.00)만큼 묽어졌는데 이것을 희석율이라고 한다. 이런 요인들을 모두 계산에 넣으면 남아 있는 Cl^-의 농도는 다음과 같이 간편하게 얻는다.

$$[Cl^-] = \underbrace{(0.100 \text{ M})}_{\text{원래 농도}}\underbrace{\left(\frac{3}{4}\right)}_{\text{남은 분율}}\underbrace{\left(\frac{20.00}{25.00}\right)}_{\text{희석율}} = 0.0600 \text{ M}$$

이 결과는 위 (10−6) 식에 있는 결과와 같다.

(2) 당량점에서

당량점에서는 가한 Ag^+의 몰수와 용액에 있던 Cl^-의 몰수가 정확히 일치한다. 그래서 용액에 있던 모든 Cl^-가 AgCl로 침전한다. 용액에 존재하는 Ag^+는 모두 미량의 AgCl이 녹아서 만들어진 것이다. 때문에 Ag^+와 Cl^-의 농도가 같아진다. 이 관계를 용해도곱 상수에 대입하면 다음과 같다.

$$K_{sp} = [Ag^+][Cl^-] = [Ag^+]^2 = 1.8 \times 10^{-10}$$

$$[Ag^+] = \sqrt{1.8 \times 10^{-10}} = 1.34 \times 10^{-5}$$

$$pAg^+ = 4.87$$

(3) 당량점 이후

Ag^+ 용액을 22.00 mL 가했을 때를 생각해 보자. 당량점 이전에는 실질적으로 가해 준 모든 Ag^+가 침전하였다. 그러나 당량점 이후에 더 들어간 Ag^+는 더 이상 반응할 수 없으므로 그대로 용액에 남아 있게 된다. AgCl(s) 침전이 해리해서 만들어진 Ag^+ 농도는 당량점 이후에 가한 Ag^+에 비해 매우 작기 때문에 무시할 수 있다. 지금 당량점 이후에 가한 Ag^+ 용액의 부피는 2.00 mL이다. Ag^+의 농도는 다음과 같이 계산한다.

$$\text{남은 } Ag^+ \text{ 몰수} = (0.100 \text{ mol } Ag^+/L)(0.00200 \text{ L}) = 0.000200 \text{ mol}$$

용액의 부피는 (20.00 mL + 22.00 mL) = 42.00 mL = 0.04200 L이므로 Ag^+의 몰농도를 계산할 수 있다.

$$[Ag^+] = \frac{0.000200 \text{ mol}}{0.04200 \text{ L}} = 4.76 \times 10^{-3} \text{ M}$$

$$pAg^+ = 2.32$$

Ag^+의 농도를 간편하게 계산할 수 있다. 0.100 M인 Ag^+ 표준 용액 2.00 mL가 들어가서 42.00 mL로 희석된 셈이 된다. 그래서

$$[Ag^+] = \underset{Ag^+ \text{ 원래 농도}}{(0.100\ M)}\underset{\text{희석율}}{\left(\frac{2.00}{42.00}\right)} = 4.76 \times 10^{-3}\ M$$

같은 결과가 나온다는 사실을 확인할 수 있다.

(4) 적정 곡선의 모양

Cl^- 미지 시료에 가해 준 Ag^+ 표준 용액의 부피를 x축으로 하고 Ag^+의 농도를 y축으로 하여 도시하면 그림 10.2를 얻을 수 있다. Ag^+의 농도를 p 함수로 표시했기 때문에 기울기가 음수로 나온다. 이 적정에서는 반응물이 1 : 1로 반응하기 때문에 Ag^+의 농도 변화가 가장 급격하게 일어나서 곡선의 기울기가 가장 많이 변하는 부분의 중심이 당량점에 해당한다. 곡선의 기울기는 당량점에서 최댓값이 된다. 또, 당량점을 중심으로 곡선이 대칭이다. 반응물이 1 : 1로 반응하지 않는 경우에는 당량점은 곡선의 기울기가 가장 크게 변하는 부분의 중심에 있지 않고 적정 곡선이 당량점을 중심으로 대칭이 되지도 않는다. 시료의 Cl^-의 농도가 클수록 당량점 부근에서 Ag^+의 농도 변화가 큰 것을 볼 수 있다. Cl^- 농도가 0.00100 M일 때는 당량점 부근에서 Ag^+의 농도 변화가 적어서 정확한 당량점을 찾기가 쉽지 않다는 것을 알 수 있다.

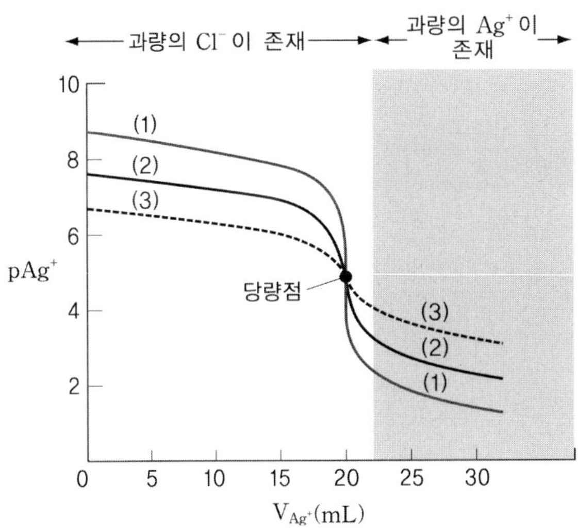

그림 10.2 여러 가지 농도의 Cl^- 용액을 같은 농도의 Ag^+ 표준 용액으로 적정했을 때 나타나는 적정 곡선. (1) 0.100 M Cl^- 20.00 mL를 0.100 M Ag^+으로 적정, (2) 0.0100 M Cl^- 20.00 mL를 0.0100 M Ag^+으로 적정 (3) 0.00100 M Cl^- 20.00 mL를 0.00100 M Ag^+으로 적정

은법 적정에서 은 양이온과 할로젠 음이온 사이의 K_{sp} 값에 따라 적정 곡선이 어떻게 변하는지 그림 10.3에서 볼 수 있다. 적정 반응의 평형 상수는 K_{sp} 값의 역수이므로 적정 반응의 평형 상수가 클수록 당량점

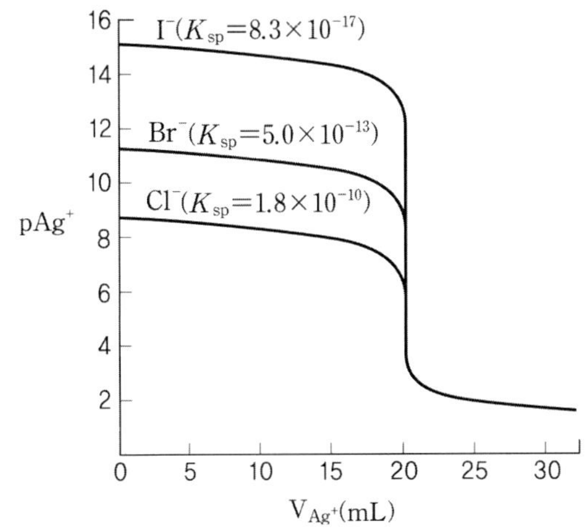

그림 10.3 0.100 M Cl^-, Br^-, I^- 용액 각 20.00 mL를 0.100 M Ag^+ 표준 용액으로 적정하여 얻은 적정 곡선. K_{sp} 값이 작아질수록 당량점 부근에서 Ag^+의 농도 변화가 커진다. 당량점은 각 적정 곡선에서 pAg^+가 급격하게 감소하는 부분의 중심에 위치한다.

부근에서 농도 변화가 더욱 크게 일어나서 당량점을 찾기가 용이하다는 것을 알 수 있다. 그러나 AgCl은 평형 상수가 가장 적지만 적정 곡선이 당량점 부근에서 충분히 가파르게 변해서 정확한 당량점을 찾는 데 전혀 무리가 없다는 것을 확인할 수 있다.

예제 | 10.3

0.0520 M Br^- 용액 25.00 mL를 0.0472 M Hg^{2+} 표준 용액으로 적정한다.

$Hg^{2+} + 2Br^- \rightarrow HgBr_2(s)$

$HgBr_2(s)$에 대한 $K_{sp} = 1.3 \times 10^{-19}$이다.

Br^- 용액에 가해 준 Hg^{2+} 표준 용액의 부피가 다음과 같을 때 용액에 존재하는 Hg^{2+} 이온의 농도를 계산하시오.

(1) 10.00 mL (2) 당량점에서 (3) 15.00 mL

풀이

우선 당량점이 어디서 나오는지부터 계산해야 한다. Hg^{2+}를 V_e mL 가했을 때 당량점이 나타났다면 다음 관계식이 성립한다.

$$(0.0520\ M)(25.00\ mL) = 2(0.0472\ M)V_e$$

이것을 계산하면, $V_e = 13.77$ mL

(1) 10.00 mL 가했을 때는 당량점 이전이므로 용액에 있던 Br^-가 모두 반응하지 않고 상당량이 남아 있다. 이 남아 있는 Br^-의 농도는 다음과 같이 계산할 수 있다.

$$[Br^-] = (0.0520\ M)\left(\frac{13.77 - 10.00}{13.77}\right)\left(\frac{25.00}{35.00}\right) = 0.0102\ M$$

$$[Hg^{2+}] = \frac{K_{sp}}{[Br^-]^2} = 1.2_5 \times 10^{-15}$$

$$pHg^{2+} = 14.9_0$$

(2) 당량점에서는 모든 Br^-가 $HgBr_2(s)$로 침전하고 극미량의 Hg^{2+} 이온이 $HgBr_2(s)$의 해리에 의해 생성된다.

$$HgBr_2(s) \rightleftarrows Hg^{2+} + 2Br^-$$
$$x \qquad 2x$$

$$K_{sp} = [Hg^{2+}][Br^-]^2 = x(2x)^2 = 1.3 \times 10^{-19}$$

$$x = 3.1_9 \times 10^{-7}$$

$$pHg^{2+} = 6.4_5$$

(3) 15.00 mL를 가했을 때는 당량점을 지났다. (15.00 - 13.77) = 1.23 mL의 Hg^{2+} 표준 용액이 과량으로 들어간 상태이다. 남아 있는 Hg^{2+}의 농도는 다음과 같이 계산할 수 있다.

$$[Hg^{2+}] = (0.0472\ M)\left(\frac{1.23}{40.00}\right) = 1.45 \times 10^{-3}$$

$$pHg^{2+} = 2.84$$

지금까지의 계산은 양이온이 음이온과 반응하여 침전을 생성하는 반응만 일어나는 경우를 다루었다. 용액에서 착화합물 형성, 이온쌍 형성 같은 다른 화학 반응이 일어난다면 계산 방법을 대폭 수정해야 한다.

3 종말점 검출

침전 적정에서는 보통 지시약을 쓰거나 전위차법을 사용하여 종말점을 찾는다. 전위차법에 대해서는 16장에서 다룰 것이다. 여기서는 미지 시료에 들어 있는 Cl^- 이온의 농도를 구하기 위해 Ag^+ 표준 용액으로 적정하는 경우 지시약으로 종말점을 어떻게 찾는지 다루도록 하겠다.

(1) 모아 적정

모아 적정법은 Cl^-와 Br^-를 정량 분석하는 데 유용하지만 I^-를 분석하는 데는 적절하지 않다.

적정 반응: $Ag^+(aq) + Cl^-(aq) \rightarrow AgCl(s)$

흰색

종말점 반응: $2Ag^+ + CrO_4^{2-} \rightarrow Ag_2CrO_4(s)$

붉은색

적정 오차를 줄이려면 CrO_4^{2-}의 농도를 세심하게 조절할 필요가 있고 용액의 pH는 보통 4 ~ 10 사이로 조절해 주어야 한다. 용액의 pH가 4 이하로 산성이 너무 크면 CrO_4^{2-}가 H^+에 의해 환원되고 pH가 10 이상이 되면 수산화물 침전, AgOH(s)이 만들어질 수 있기 때문이다.

당량점을 조금 지나야만 $Ag_2CrO_4(s)$ 붉은색 침전이 생긴다. 정확도를 높이려면 이러한 적정 오차를 보정해 주어야 하는데 모아 적정에서는 2가지 방법을 쓸 수 있다. 첫째는 바탕 적정을 해주는 것이다. 두 번째 방법으로는 적정하려는 미지 시료와 같은 부피의 NaCl 표준 용액을 사용하여 모아 적정법으로 Ag^+ 용액을 표준화하는 것이다.

(2) 볼하르트 적정

볼하르트 적정(Volhard titration)은 질산(HNO_3) 용액에서 Ag^+ 표준 용액으로 정량 분석하는 방법인데 미지 시료가 Cl^- 용액일 때는 역적정을 해야 한다. 우선 미지 시료에 과량의 Ag^+ 표준 용액을 가하여 Cl^- 이온을 모두 AgCl(s)로 침전시킨다. 이때 Ag^+ 용액의 부피는 사전에 정확히 측정하여 알고 있어야 한다.

$Ag^+ + Cl^- \rightarrow AgCl(s)$

AgCl 침전을 거르고 잘 씻어낸다. 침전을 씻어낸 용액을 여과액과 합쳐서 침전되고 남아 있는 Ag^+를 KSCN 표준 용액으로 적정한다. 이때 용액에 소량의 Fe^{3+}를 첨가해 주어야 하는데 이것이 지시약 역할을 한다. 모든 Ag^+이 SCN^-와 반응해서 침전되고 나면 SCN^-이 Fe^{3+}와 반응하여 붉은색 착화합물을 만들므로 용액이 붉은색으로 변한다. 이 지점이 종말점이다.

적정 반응: $Ag^+ + SCN^- \rightarrow AgSCN(s)$

종말점 반응: $Fe^{3+} + SCN^- \rightarrow FeSCN^{2+}$

붉은색 착물

이 역적정에서 종말점까지 가해 준 SCN^- 용액의 부피로부터 SCN 의 몰수를 계산할 수 있고 이 값은 Cl^-와 침전되고 용액에 남아 있는 Ag^+의 몰수와 같다. 처음 Cl^- 미지 시료에 과량으로 가해 준 Ag^+의 몰수를 알고 있으므로 이 값에서 남아 있는 Ag^+의 몰수를 빼주면 Cl^-와 반응한 Ag^+의 몰수가 되고 또, 이 값은 시료에 들어 있던 Cl^-의 몰수와 같은 것이다. 이 적정법은 전형적인 역적정법 중 하나이다.

이렇게 Cl^-를 정량할 때 AgCl 침전을 걸러내는 것은 AgCl이 AgSCN보다 용해도가 더 커서 그대로 적정하는 경우 AgCl(s) 침전이 천천히 녹아 AgSCN(s) 침전으로 바뀌기 때문이다. AgCl 침전을 걸러내고 나면 여과액에는 Ag^+ 이온만 남아 있으므로 이런 문제를 피할 수 있다. Br^-나 I^-를 볼하르트법으로 적정할 때는

AgBr(s)과 AgI(s)의 용해도가 AgSCN(s)보다 작기 때문에 침전을 걸러내지 않고 그대로 SCN^- 표준 용액으로 적정해도 아무런 문제가 일어나지 않는다.

(3) 파얀스 적정

흡착 지시약(adsorption indicator)을 쓰는 은법 적정이 있는데 이것을 **파얀스 적정**(Fajans titration)이라고 한다. 이 지시약의 원리를 이해하려면 Cl^-의 농도를 구하기 위해 Ag^+ 표준 용액으로 적정하는 경우를 예로 들어 당량점 전후로 AgCl 침전 표면의 전하가 어떻게 변하는지 살펴보자(그림 10.4 참조). 적정을 시작하고 당량점이 되기 전에는 Cl^- 이온이 용액에 과량으로 존재한다. 때문에 일부 Cl^- 이온이 AgCl 침전 표면에 흡착될 수 있고 침전 표면은 여분의 음전하를 갖게 된다. 당량점을 지나고 나면 상황이 반대로 되어 용액에는 Ag^+가 과량으로 존재하게 된다. 때문에 Ag^+가 침전 표면에 흡착될 수 있으므로 침전은 여분의 양전하를 갖게 된다. 이렇게 침전의 표면이 음전하를 갖고 있다가 당량점을 지나면서 갑자기 양전하를 갖는 상황으로 바뀌는 것이다.

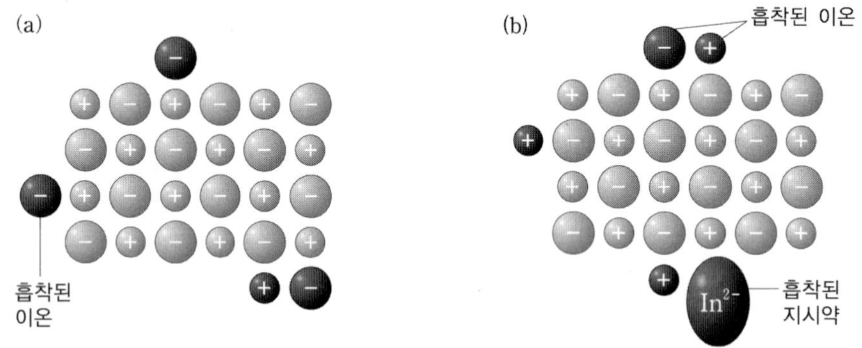

그림 10.4 흡착 지시약의 색깔 변화가 일어나는 과정. 용액에서 자라는 결정 표면에 여러 이온들이 흡착된다. 그러나 결정을 구성하는 격자 이온(lattice ion)은 결정에 잘 흡착되지만 나머지 이온은 잘 흡착되지 않는다. (a) 격자 음이온이 과량으로 존재할 때(당량점 이전) 자라고 있는 결정에는 음이온이 우선적으로 흡착되어 결정 표면은 약간의 음전하를 갖는다. (b) 반대로 과량의 격자 양이온이 존재할 때(당량점 이후) 자라는 결정 표면은 약간의 양전하를 갖게 되고 이때 음전하를 가진 지시약이 흡착될 수 있다. 이 그림에는 격자 이온과 지시약만 표시했는데 용액에는 여러 가지 이온들이 있을 것이다. 용액에 있는 이온과 성장하는 결정에 있는 이온을 합치면 전체적으로 총 전하는 '0' 이다.

음이온 염료(anionic dye)가 흡착 지시약으로 흔히 쓰인다. 이 지시약은 음이온이므로 당량점을 지나면서 침전의 표면이 양전하를 띠게 되면 정전기적 인력으로 끌려간다. 이렇게 음이온인 지시약이 양전하를 띤 침전 표면에 흡착되면 지시약의 색깔이 변하는데 이 성질을 이용하여 종말점을 확인할 수 있다. 지시약이 침전 표면에 잘 흡착되게 하려면 침전 결정의 표면적이 가능한 한 커야 한다. 입자 크기가 작을수록 부피에 비해 입자의 표면적이 커지므로 침전 입자의 크기가 가능한 범위 내에서 작게 만들어지게 해야 한다. 용액의 이온 세기가 작아지면 침전 입자가 잘 자라지 못하므로 크기가 작은 침전이 보다 쉽게 만들어진다.

은법 적정에서 흡착 지시약으로 널리 쓰이는 염료로는 다이클로로플루레세인(dichlorofluorescein)과 테트라브로모플루레세인(tetrabromofluorescein)이 있다. 테트라브로모플루레세인은 보통 에오신(eosin)이라고 많이 부른다. 다이클로로플루레세인은 Cl^-를 정량할 때 많이 쓴다. 이 지시약은 용액에서 원래 연두색인데 AgCl 침전에 흡착되면 분홍색으로 색깔이 바뀐다. 주의할 점은 이 지시약은 약한 산이기 때문에 음이온으로 존재하려면 용액의 액성이 염기성이어야 한다. 에오신은 다이클로로플루레세인보다 종말점이 훨씬 예리하게 나타나고 감도가 좋아서 할로젠 이온의 농도가 더 낮은 시료의 종말점도 쉽게 찾을 수 있다. 그러나 에오신은 Br^-이나 I^-를 적정하는 데 많이 쓰이고 Cl^-를 적정하는 데는 쓸 수 없다. 에오신은 AgCl 결정이 양전하를 띠기도 전에 AgCl 결정에 흡착될 수 있기 때문이다.

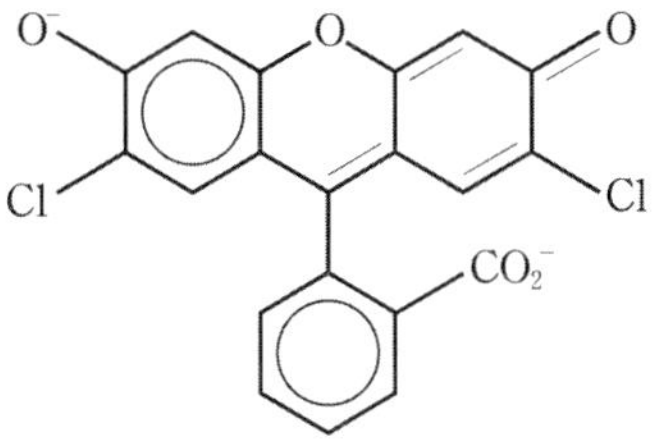

다이클로로플로레세인(dichlorofluorescein)

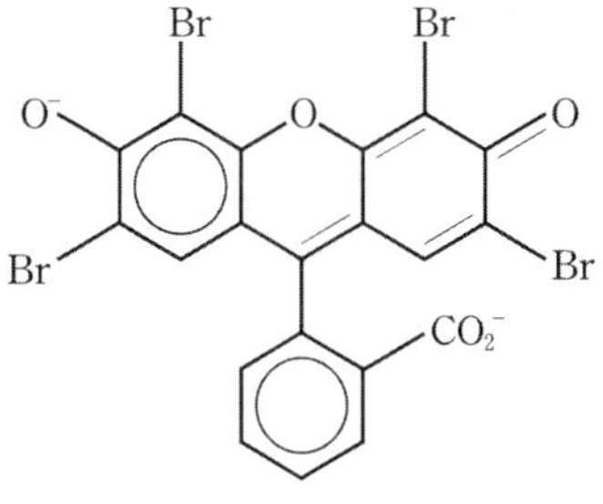

테트라브로모플로레세인(에오신)
(tetrabromofluorescein, eosin)

모든 은법 적정 실험에 해당되는 사항이지만, 특히 파얀스 적정에서 조심해야 할 것은 유리창을 통해 들어오는 햇빛 같은 강한 광선을 피해야 한다는 것이다. 이러한 빛은 AgCl, AgBr, AgI 같은 염을 분해시키는데, 특히 흡착 지시약은 이러한 빛에 더욱 취약하다.

연습문제

1. 당량점과 종말점은 어떻게 다른가?
2. 바탕 적정이란 어떻게 하며, 왜 하는가?
3. 표준화란 어떻게 하는 것이며 표준 용액이란 무엇을 말하는가?
4. 많은 시약이 일차 표준물질로 쓰는 것이 부적절하다. 그 이유는 무엇인가?
5. 역적정을 하는 경우가 많다. 역적정은 어떻게 하며, 어떤 경우에 사용하는가?
6. 적정 반응의 평형 상수가 클수록 당량점 부근에서 곡선의 급격한 변화 폭이 커진다. 그 이유를 설명하시오.
7. 파얀스 적정에서는 흡착 지시약을 사용한다. 이 지시약을 쓰는 경우 당량점 부근에서 용액의 색깔이 변하는 이유는 무엇인가?
8. 무게 적정은 어떻게 실험하는 것인가? 또, 무게 적정은 어떤 장점이 있는가?
9. Mg^{2+}는 F^-과 반응해서 MgF_2 침전을 만든다.

   $Mg^{2+} + 2F^- \rightarrow MgF_2(s)$

   0.0550 M F^- 용액 25.0 mL를 0.106 M Mg^{2+} 표준 용액으로 적정할 때 당량점은 Mg^{2+} 용액 몇 mL 가했을 때 나타나는가?
10. 0.10 M Br^- 용액 25.0 mL를 0.10 M Ag^+ 표준 용액으로 적정한다.

    $Ag^+(aq) + Br^-(aq) \rightleftarrows AgBr(s)$

    가해 준 Ag^+ 용액의 부피가 다음과 같을 때 Ag^+ 용액의 농도를 계산하시오.

    (1) 10.0 mL
    (2) 25.0 mL
    (3) 30.0 mL

11. 0.0500 M Cl^- 용액 25.0 mL를 0.050 M Ag^+ 표준 용액으로 적정한다.

$$Ag^+ + Cl^- \rightarrow AgCl(s)$$

가한 0.0500 M Ag^+ 표준 용액의 부피가 다음과 같을 때 용액에 있는 Ag^+의 농도를 계산하시오.

(1) 15.0 mL

(2) 25.0 mL

(3) 30.0 mL

12. 0.0750 M KI 용액 25.0 mL를 0.0532 M $AgNO_3$ 표준 용액으로 적정한다고 가정하자.

$$Ag^+ + I^- \rightarrow AgI(s)$$

가해 준 0.0532 M $AgNO_3$ 표준 용액의 부피가 다음과 같을 때 Ag^+의 농도를 pAg^+ 값으로 계산하시오.

(1) 30.00 mL

(2) 당량점에서

(3) 37.0 mL

13. KI와 KCl이 섞인 혼합 용액 50.00 mL가 있다. KI의 몰농도는 0.0503 M이고 KCl의 몰농도는 0.0576 M이라고 가정하자. 이 용액을 0.0983 M $AgNO_3$ 표준 용액으로 적정한다. 다음 물음에 답하시오.

(1) 첫 번째 당량점과 두 번째 당량점은 각각 $AgNO_3$ 용액 몇 mL를 가했을 때 나오는가?

(2) 다음 각 영역에서 어떤 화학 평형이 존재하고, 또 Ag^+ 이온의 농도는 어떻게 계산하는지 설명하시오.

(a) 첫 번째 당량점 이전

(b) 첫 번째 당량점에서

(c) 첫 번째 당량점과 두 번째 당량점 사이

(d) 두 번째 당량점에서

(e) 두 번째 당량점 이후

(3) 위 (2)에서 설명한 방법대로 가한 $AgNO_3$ 용액의 부피가 증가함에 따라 Ag^+ 농도가 어떻게 변하는지 pAg^+ 값으로 계산하시오. 그리고 pAg^+ 값을 $AgNO_3$ 부피에 대해 도시하여 적정 곡선을 그리시오.

14. KCl과 KI가 섞인 고체 시료 0.257 g이 있다. 이것을 물에 녹여 용액을 만든 후 0.0523 M Ag^+ 표준 용액으로 적정할 때 두 번째 당량점에 도달하는 데 45.20 mL가 필요하였다(Cl^-와 I^-는 Ag^+와 반응하여 각각 AgCl과 AgI 침전을 만든다). 이 고체 시료에 들어 있는 KI의 무게 백분율을 계산하시오.

11장 산-염기 평형

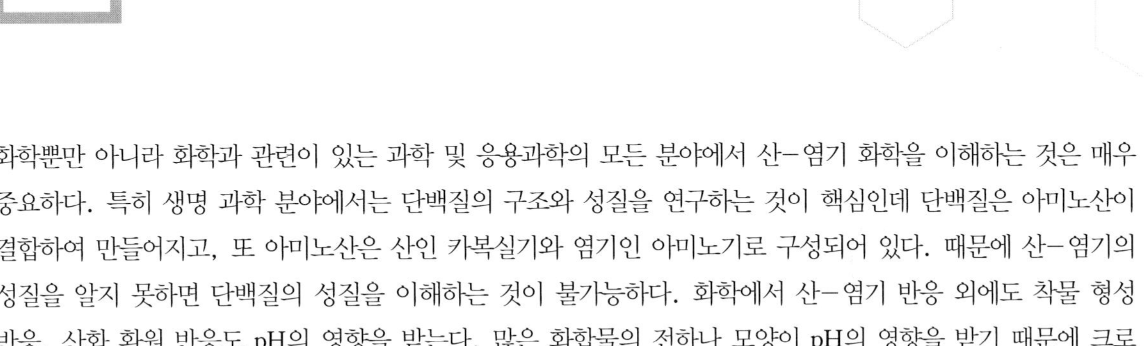

화학뿐만 아니라 화학과 관련이 있는 과학 및 응용과학의 모든 분야에서 산-염기 화학을 이해하는 것은 매우 중요하다. 특히 생명 과학 분야에서는 단백질의 구조와 성질을 연구하는 것이 핵심인데 단백질은 아미노산이 결합하여 만들어지고, 또 아미노산은 산인 카복실기와 염기인 아미노기로 구성되어 있다. 때문에 산-염기의 성질을 알지 못하면 단백질의 성질을 이해하는 것이 불가능하다. 화학에서 산-염기 반응 외에도 착물 형성 반응, 산화 환원 반응도 pH의 영향을 받는다. 많은 화합물의 전하나 모양이 pH의 영향을 받기 때문에 크로마토그래피나 전기 영동(electrophoresis) 같은 분리 분석에서 어떤 화합물이 혼합물에서 성공적으로 분리될 수 있을지 예측하는 데 산-염기 화학에 대한 기초 지식이 중요한 역할을 할 때가 많다.

1 산-염기의 정의

(1) 산-염기의 정의

우선 어떤 화합물이 산이고 어떤 화합물이 염기인지 그 정의부터 생각해 보자. 수용액에서 **산**은 H_3O^+를 내놓는 물질이고 **염기**는 OH^-를 내놓는 물질이라고 정의하였다. 수용액에서 OH^-가 증가하면 H_3O^+는 감소하기 때문에 염기는 H_3O^+를 감소시키는 물질이라 할 수 있다. H^+가 용매인 물 분자와 결합하면 H_3O^+가 되는데 이것이 H^+보다 더 정확한 표현이지만 보통 간단히 H^+로 표기한다. H^+는 수소 원자에서 전자 1개가 떨어져 나간 것이기 때문에 흔히 양성자(proton)라고 부른다. 어떤 분자에서 다른 분자로 H^+가 이동할 때 양성자성(protic)이란 말을 앞에 붙인다. H_2O나 CH_3OH는 다른 분자에 H^+를 줄 수 있기 때문에 양성자성 용매(protic solvent)라고 부르고 CH_3CN은 다른 분자에 H^+를 주지 않기 때문에 비양성자성 용매(aprotic solvent)라 부른다. 이러한 산-염기 정의를 **아레니우스**(Arrhenius) **정의**라고 한다. 아레니우스 정의는 수용액에서만 쓸 수 있다.

브뢴스테드(Brönsted)와 로리(Lowry)는 수용액이 아닌 계에도 적용할 수 있는 산-염기 정의를 제안하였다. **브뢴스테드-로리**는 H^+를 주는 것이 산이고 H^+를 받는 것이 염기라고 정의한다. CH_3COOH를 물에 녹이면 다음과 같은 평형이 존재한다.

$$CH_3COOH + H_2O \rightleftarrows CH_3COO^- + H_3O^+ \qquad (11-1)$$

CH_3COOH는 H^+를 H_2O에 주었기 때문에 산이고 H_2O는 H^+를 받았기 때문에 염기가 된다.

NH_3는 대표적인 염기 중 하나인데 물에 녹으면 다음과 같은 평형이 존재하게 된다.

$$NH_3 + H_2O \rightleftarrows NH_4^+ + OH^- \qquad (11-2)$$

NH_3는 H^+를 받았기 때문에 염기이고 H_2O는 H^+를 주었기 때문에 산이 된다.

분석 화학에서는 브뢴스테드-로리 정의만 사용해도 충분하기 때문에 지금부터는 특별한 언급이 없는 한 산-염기는 모두 브뢴스테드-로리 산-염기를 뜻한다고 알기 바란다.

(2) H^+와 OH^-의 성질

양성자는 수용액에서 그 자체로 존재할 수 없고 강한 수소 결합으로 물 분자와 결합되어 있다. 우리가 생각할 수 있는 가장 간단한 형태가 그림 11.1과 같은 H_3O^+인데 일부 결정성 염에서 이런 형태가 발견된다. 수용액에서 H_3O^+ 이온은 흔히 3개의 물 분자와 강한 수소 결합을 하고 하나의 물 분자는 이보다 약한 이온-쌍극자 인력으로 결합하여 $(H_2O)_4H_3O^+$ 구조를 갖고 있다. H_3O^+가 양전하를 갖고 있기 때문에 이온과 물 분자 사이의 수소 결합은 물 분자-물 분자 사이의 수소 결합보다 훨씬 강한 수소 결합을 만들며 결합 길이도 짧다. 또 다른 결정에서는 $(H_2O)_3H_3O^+$ 양이온이 발견됐는데 이 양이온은 $(H_2O)_4H_3O^+$에서 약하게 결합된 H_2O 분자만 없어지고 나머지는 구조가 동일하다.

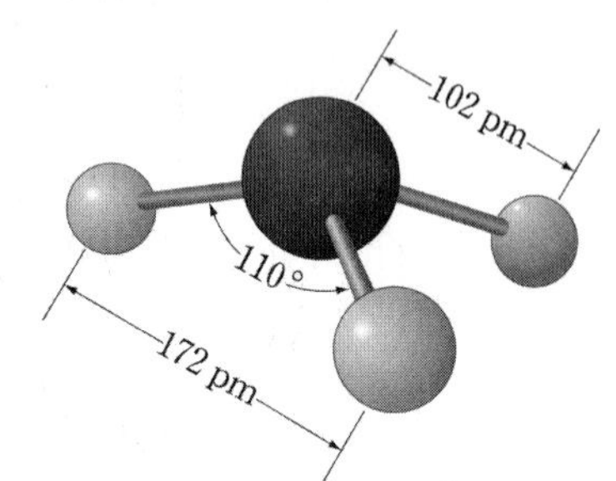

그림 11.1 많은 결정에서 발견되는 H_3O^+의 구조. O-H의 결합 엔탈피는 544 kJ/mol인데 H_2O의 결합 엔탈피보다 훨씬 큰 값이다(대략 84 kJ/mol 정도 더 큰 것으로 알려져 있다).

OH^-도 H^+와 마찬가지로 수용액에서 H_2O와 결합되어 있다. OH^-H_2O 이온이 X선 결정학으로 관찰되었는데, OH^-가 음전하를 갖고 있기 때문에 이 음이온과 물 분자간의 수소 결합이 강하고 결합 길이도 짧다. 보통 대부분의 화학 반응에서 H^+로 쓰지만 사실은 H_3O^+를 의미하고 꼭 필요할 때만 H_3O^+로 쓴다.

H
O---H---O
H
229 pm

(3) 자체 양성자 이전 반응

물은 (11-1) 식과 (11-2) 식에서처럼 산이 되기도 하고 염기가 되기도 한다. 이러한 용매를 양쪽성 용매(amphiprotic solvent)라고 한다. 그 외에 흔히 쓰이는 메탄올, 에탄올, 무수 아세트산 등이 있다. 예를 들어 물의 경우 스스로 이온화하는데 이를 **자체 양성자 이전 반응**(autoprotolysis)이라 하며 산이나 염기로 모두 작용할 수 있다.

$$H_2O + H_2O \rightleftarrows H_3O^+ + OH^- \qquad (11-3)$$

또는 이것을 간단히 다음과 같이 쓴다.

$$H_2O \rightleftarrows H^+ + OH^- \qquad (11-4)$$

이외에도 양성자성 용매는 반응성이 있는 H^+를 갖고 있기 때문에 모든 양성자성 용매는 자체 양성자 이전 반응을 할 수 있다. 자체 양성자 이전 반응은 산-염기 성질의 또 다른 예가 된다.

$$CH_3OH + CH_3OH \rightleftarrows CH_3OH_2^+ + CH_3O^-$$

$$HCOOH + HCOOH \rightleftarrows HCOOH_2^+ + HCOO^-$$

$$NH_3 + NH_3 \rightleftarrows NH_4^+ + NH_2^-$$

이 자체 양성자 이전 반응은 아주 작은 범위 내에서 일어나기 때문에 반응의 평형 상수가 매우 작다. 물의 경우 25 ℃에서 1.0×10^{-14}이기 때문에 $[H_3O^+] = [OH^-] = 1.0 \times 10^{-7}$이다. 이들의 농도는 이렇게 작지만 이러한 해리 반응은 수용액의 성질을 이해하는 데 매우 중요하다는 것을 알게 될 것이다.

(4) 짝산-짝염기

브뢴스테드-로리 개념에서는 산이 H^+를 주고 나면 이 생성물은 H^+를 받을 수 있는 능력이 있기 때문에 역반응에서는 염기가 될 수 있다. 염기의 경우에도 똑같은 개념이 성립한다. 다음 반응을 생각해 보자.

$$HCOOH \ + \ CH_3NH_2 \rightleftarrows HCOO^- + CH_3NH_3^+ \qquad (11-5)$$

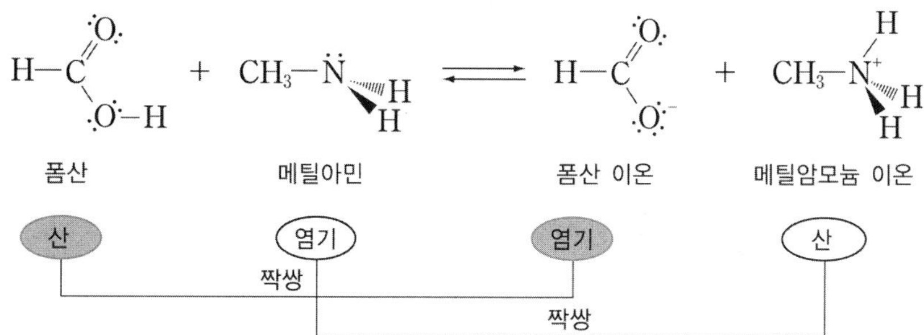

(11-5) 반응에서 폼산은 산이고 메틸아민은 염기로 작용한다. 그런데 역반응을 보면 폼산 이온은 염기가 되고 메틸암모늄 이온은 산이 된다. 정반응에서 산, 염기와 구별하기 위해 역반응에서 산, 염기 역할을 하는 메틸암모늄 이온과 폼산 이온은 **짝산**(conjugate acid), **짝염기**(conjugate base)라고 부른다. 폼산과 폼산 이온은 짝산-염기쌍(conjugate acid-base pair)이라고 부른다. 메틸아민과 메틸암모늄 이온도 짝산-염기쌍이 된다. 이렇게 산-염기, 짝산-짝염기는 서로 H^+ 하나를 주고받는 관계가 된다.

2 pH

물의 자체 양성자 이전 반응에 대한 평형 상수는 K_w로 표시한다.

$$H_2O \rightleftarrows H^+ + OH^- \qquad K_w = [H^+][OH^-] = 1.0 \times 10^{-14} \ (25\ ℃\text{에서}) \qquad (11-6)$$

수용액에서 H^+ 이온의 농도는 매우 작아 편의상 H^+ 농도를 pH로 표시하며, 정의는 다음과 같다.

$$pH = -\log[H^+] \qquad (11-7)$$

pH를 정확히 정의하려면 활동도를 써야 하지만 보통 몰농도를 사용한다.

순수한 물이 있다고 하자. 이때 물질 균형과 전하 균형은 $[H^+] = [OH^-]$가 된다. (11-6) 식에서

$$K_w = [H^+][OH^-] = [H^+]^2 = 1.0 \times 10^{-14}$$

$$[H^+] = [OH^-] = 1.0 \times 10^{-7}$$

$$pH = 7.00$$

이때 이 용액은 중성이 된다. 여기에 산을 가하여 $[H^+] = 1.0 \times 10^{-4}$ M이 되었다고 가정하자. 이 용액의 액성은 산성이고 pH는 다음과 같다.

$$pH = -\log(1.0 \times 10^{-4}) = 4.0$$

이 용액의 OH^- 농도는 (11-6) 식을 이용하여 계산할 수 있다.

$$[OH^-] = \frac{K_w}{[H^+]} = \frac{1.0 \times 10^{-14}}{1.0 \times 10^{-4}} = 1.0 \times 10^{-10}$$

pOH는 pH와 같은 방법으로 정의한다.

$$pOH = -\log[OH^-] = -\log(1.0 \times 10^{-10}) = 10.0$$

그래서 pH와 pOH 사이에는 유용하게 쓸 수 있는 관계식이 성립한다.

$$\mathrm{pH} + \mathrm{pOH} = -\log K_w = 14.0 \text{ (25 ℃에서)} \quad (11-8)$$

어떤 염기성 용액의 OH^- 몰농도가 1.0×10^{-3} M이라 하자.

$$[OH^-] = 1.0 \times 10^{-3} \text{ M}$$

$$[H^+] = \frac{K_w}{[OH^-]} = \frac{1.0 \times 10^{-14}}{1.0 \times 10^{-3}} = 1.0 \times 10^{-11}$$

따라서 pH = 11.0이다.

수용액에서 $[H^+] > [OH^-]$이면 산성이고, $[H^+] < [OH^-]$이면 염기성이며, $[H^+] = [OH^-]$이면 중성이다. 따라서 pH = 7.0이면 중성이고 pH < 7이면 산성인데 pH가 작아질수록 산성이 강해진다는 사실을 명심해야 한다. pH > 7이면 염기성으로 pH가 커질수록 염기성이 강해진다.

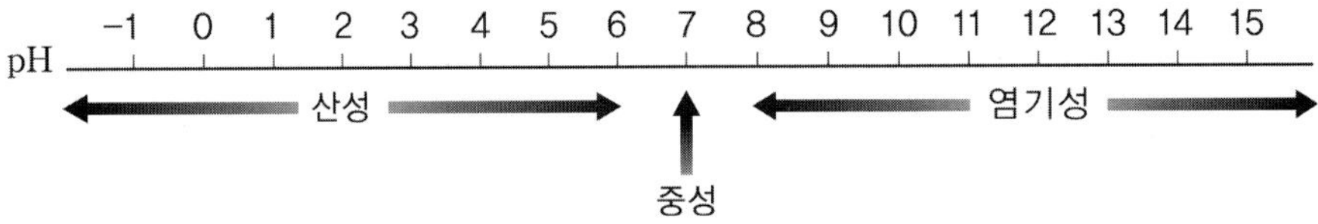

보통 pH 값은 0 ~ 14 사이에 있지만 사실 pH 값에는 아무런 제한이 없다. 어떤 용액의 $[H^+] = 10.0$이라면, $\mathrm{pH} = -\log[H^+] = -\log(10.0) = -1.0$이 된다.

표 11.1 주변에서 흔히 볼 수 있는 여러 물질들의 pH

물질	pH	물질	pH
잿물	13	침	5.7 ~ 7.1
암모니아	12	'순수한' 비(이론값)	5.6
마그네슘 유제(하제, 제산제)	10.6	대부분 물고기의 죽음	4.5 ~ 5.0
베이킹 소다	8.6	토마토 주스	4.5
바닷물	8.3	사과	3.1
사람의 혈액	7.5	식초	2.8
사람의 소변	7.6	레몬 주스	2.3
우유	6.8	축전지의 산 용액	0.1

3 센산, 센염기

(1) 센산, 센염기의 종류

산이나 염기 중에서 이들이 모두 반응하여 H^+나 OH^-를 생성하고 해리하지 않은 용질이 남아 있지 않으면 **센산, 센염기**라고 한다. 반면 부분적으로 반응하여 H^+나 OH^-를 생성하고 나머지 대부분은 해리하지 않고 용액 속에 남아 있으면 약한 산, 약한 염기로 분류한다. 그러나 명확하게 나누기는 어렵다. 일부 거의 완전하게 반응하는 것은 센산, 센염기가 되지만 나머지 대부분은 약한 산, 약한 염기이다. 대표적인 센산, 센염기는 표 11.2에 정리하였다.

$$HCl(aq) \rightarrow H^+(aq) + Cl^-(aq)$$

$$NaOH(aq) \rightarrow Na^+(aq) + OH^-(aq)$$

이들의 평형 상수는 매우 크고 사실상 해리하지 않은 HCl이나 NaOH는 수용액에 존재하지 않는다. 그래서 반응식의 화살표를 평형(⇌)으로 표시하지 않고 정반응 쪽(→)으로만 표시한다.

할로젠화 수소화물(hydrogen halide)인 HCl, HBr, HI는 대표적인 센산이지만 HF는 약한 산이다. 알칼리 금속 수산화물(alkali metal hydroxide)은 대표적인 센염기이고 알칼리 토금속 수산화물(hydroxide of alkaline earth metal, Mg^{2+}, Ca^{2+}, Sr^{2+}, Ba^{2+})은 MOH^{+}(M은 금속)와 같은 착물을 만들려는 경향이 있어서 알칼리 금속 수산화물에 비해 훨씬 덜 녹지만 보통 센염기로 간주한다.

표 11.2 많이 쓰이는 센산과 센염기

산		염기	
화학식	이름	화학식	이름
HCl	염산	LiOH	수산화 리튬
HBr	브로민화 수소	NaOH	수산화 소듐
HI	아이오딘화 수소	KOH	수산화 포타슘
H_2SO_4[a]	황산	RbOH	수산화 루비듐
HNO_3	질산	CsOH	수산화 세슘
$HClO_4$	과염소산	R_4NOH	사차 수산화 암모늄

[a] H_2SO_4의 경우 첫 번째 산 해리 반응만 완전히 일어난다. 두 번째 양성자의 해리 반응에 대한 평형 상수는 1.0×10^{-2}이다.

(2) 센산, 센염기의 pH

0.010 M HCl의 pH를 계산해 보자. HCl은 센산이므로 완전히 반응하여 수용액에 HCl 분자는 남아 있지 않다.

$$HCl \rightarrow H^{+} + Cl^{-}$$

따라서 $[H^{+}] = 0.010$ M이 된다.

$$pH = -\log[H^{+}] = -\log(0.010) = 2.00$$

다시 한번 상기시키는데 엄밀하게 말하면 몰농도 대신 활동도를 써야 한다. 그러나 당분간 활동도 대신 몰농도를 쓰기로 한다.

이제 센염기의 pH를 생각해 보자. 0.010 M NaOH 용액이 있다.

$$NaOH \rightarrow Na^{+} + OH^{-}$$

NaOH는 완전히 해리하기 때문에 $[OH^{-}] = 0.010$ M이 된다. 따라서

$$[H^{+}] = \frac{K_w}{[OH^{-}]} = \frac{1.0 \times 10^{-14}}{0.010} = 1.0 \times 10^{-12}$$

$$pH = -\log[H^{+}] = 12.00$$

또 다른 예로서 1.0×10^{-8} M HCl 용액의 pH를 계산해 보자.

$$[H^{+}] = 1.0 \times 10^{-8}\ M,\ pH = -\log[H^{+}] = 8.00$$

분명히 센산인 HCl 용액인데 pH > 7.0이 되는 결과가 나왔다. 이 결과는 분명히 잘못된 것이다. 이제부터 무엇이 문제인지 찾아보자. 용매인 H_2O도 산-염기 반응을 한다. 그러나 H_2O는 매우 약한 산이나 염기이기 때문에 그 역할을 무시했던 것이다. 지금은 HCl의 농도가 매우 낮기 때문에 H_2O에서 생성되는 H^{+}의 농도를 무시할 수 없다. 누구나 쉽게 빠질 수 있는 함정이다. 1.0×10^{-8} M HCl 용액으로 다시 돌아가서 체계적인 방법으로 pH를 계산하자.

단계 1. 관련된 화학 반응식

$HCl \rightarrow H^+ + Cl^-$

$H_2O \rightleftarrows H^+ + OH^-$

단계 2. 전하 균형

$[H^+] = [Cl^-] + [OH^-]$

단계 3. 물질 균형

Cl^-는 모두 HCl에서 생긴 것이므로 $[Cl^-] = 0.010$ M이다.

단계 4. 평형 상수식을 쓴다.

$K_w = [H^+][OH^-] = 1.0 \times 10^{-14}$

단계 5. 미지수는 3개(Cl^-, H^+, OH^-)이고 수식도 3개이다.

단계 6. 적절한 근사법이나 가정을 사용한다.

0.010 M HCl의 경우를 생각해 보자. 물의 자체 양성자 이전 반응에 의해 생성된 H^+를 무시하면 H^+는 모두 HCl의 해리에 의해 생성된다. 그래서 $[H^+] = 0.010$ M이 되고 $[OH^-] = 1.0 \times 10^{-12}$ M이 된다. 그러면 물의 자체 양성자 이전 반응에 의해 생성된 H^+의 농도도 1.0×10^{-12} M이 된다. 따라서 $[H^+] = 0.010$ M이라는 가정은 타당하다.

이제 다시 1.0×10^{-8} M HCl 용액을 생각하자. 순수한 물인 경우 물에서 생성된 $[H^+] = 1.0 \times 10^{-7}$인데 반해 HCl에서 생성된 $[H^+] = 1.0 \times 10^{-8}$이므로 0.010 M HCl에서와 같은 근사법을 사용할 수 없다. 다시 말해 HCl의 농도가 너무 묽은 것이다. 그래서 수식을 풀어야 한다.

$[H^+] = x$라 두면, $[Cl^-] = 1.0 \times 10^{-8}$

$[OH^-] = [H^+] - [Cl^-] = x - 1.0 \times 10^{-8}$

이 값을 K_w 평형 상수식에 대입한다.

$K_w = [H^+][OH^-] = x(x - 1.0 \times 10^{-8}) = 1.0 \times 10^{-14}$

x가 음수로 나오는 경우를 제외하면

$x = [H^+] = 1.05 \times 10^{-7}$, $pH = 6.98$

1.0×10^{-8} M HCl 용액의 pH가 아주 약한 산성이라는 사실은 매우 타당성 있는 결과이다. 센산의 농도가 클 때는 물의 자체 양성자 이전 반응에 의해 만들어진 H^+ 농도를 무시해도 되지만 센산의 농도가 매우 작을 때는 물에서 생성된 H^+ 농도를 무시할 수 없다는 사실을 알 수 있다.

물이 해리하면 항상 1×10^{-7} M의 H^+와 1×10^{-7} M의 OH^-를 생성한다는 잘못된 개념을 가진 사람들이 많이 있다. 순수한 물에서만 물이 자체 양성자 이전 반응하여 $[H^+] = [OH^-] = 1 \times 10^{-7}$ M을 생성한다. 0.010 M HCl 수용액인 경우 $[H^+] = 0.010$ M, $[OH^-] = 1.0 \times 10^{-12}$ M이다. 이 용액에서 OH^-를 생성하는 반응은 물의 자체 양성자 이전 반응뿐이고 물이 해리하여 1개의 OH^-를 만들면 H^+도 1개가 생성된다. 따라서 물이 해리하여 만들어진 H^+는 1.0×10^{-12} M이다. 이렇게 산이 녹았을 때 물의 해리도가 감소하는 것은 르샤틀리에 원리를 생각하면 쉽게 이해할 수 있다.

센산이나 센염기를 물에 가했을 때 용액의 pH가 어떻게 되느냐 하는 문제는 다음과 같이 세 가지 경우로 나누어서 생각해 보자.

1. 가해 준 센산의 농도가 10^{-6} M 이상으로 큰 경우에는 물의 자체 양성자 이전 반응에 의해 만들어지는 H^+나 OH^-의 농도는 무시할 수 있다. 따라서 가해 준 H^+나 OH^-의 농도만으로 pH를 계산한다.
2. 가해 준 센산이나 센염기의 농도가 10^{-8} M 이하인 경우에는 이 산이나 염기의 농도가 물이 자체 양성자 이전 반응하여 만들어진 H^+나 OH^-보다 훨씬 작기 때문에 실질적으로 pH에 영향을 미치지 않는다. 용액의 pH는 그냥 7.00이라고 하면 된다.
3. 가해 준 센산이나 센염기의 농도가 $10^{-6} \sim 10^{-8}$ M 사이에 있는 경우에는 가한 산이나 염기의 농도와 물의 자체 양성자 이전 반응에 의해 만들어진 H^+나 OH^- 이온의 농도가 크게 다르지 않게 된다. 이때에는 앞에서 배운 평형을 체계적으로 계산하는 방법에 따라 pH를 계산해야 한다.

4 약한 산, 약한 염기

(1) 약한 산, 약한 염기

대표적인 **약한 산**으로는 카복실산(carboxylic acid)이 있는데 일반적인 분자식은 R−COOH이고 −COOH기를 카복실기라고 한다. R은 알킬기를 뜻한다. 대부분의 카복실산은 약한 산이며 그 짝염기인 카복실산 이온(carboxylate anion)은 대부분 약한 염기이다.

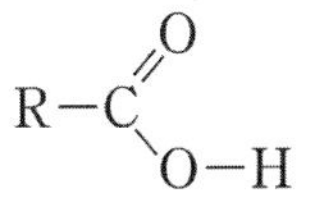

R−C(=O)−O−H

카복실산
(약한 산, HA로 표시)

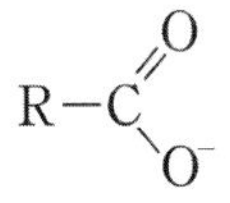

R−C(=O)−O⁻

카복실산 이온
(약한 염기, A^-로 표시)

대표적인 카복실산인 아세트산의 평형을 살펴보자.

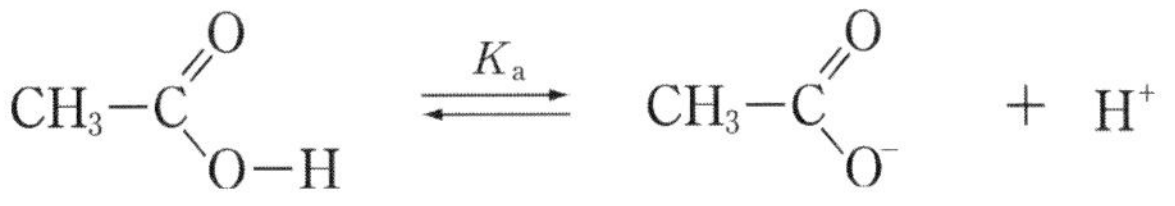

$$CH_3-C(=O)-OH \overset{K_a}{\rightleftharpoons} CH_3-C(=O)-O^- + H^+$$

$$K_a = \frac{[CH_3COO^-][H^+]}{[CH_3COOH]} = 1.75 \times 10^{-5}$$

평형 상수 K_a를 **산 해리 상수**(acid dissociation constant)라고 한다. 아세트산의 K_a 값이 작다는 것은 소량의 아세트산만이 물에서 해리한다는 것이다.

대표적인 **약한 염기**로는 암모니아(NH_3)를 들 수 있으며 그 짝산인 암모늄 이온(NH_4^+)은 약한 산이다.

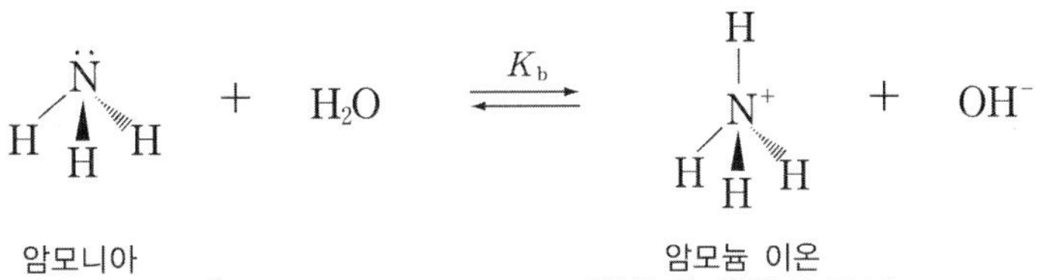

$$NH_3 + H_2O \overset{K_b}{\rightleftharpoons} NH_4^+ + OH^-$$

암모니아
(약한 염기, B로 표시)

암모늄 이온
(약한 산, BH^+로 표시)

$$K_b = \frac{[NH_4^+][OH^-]}{[NH_3]} = 1.76 \times 10^{-5}$$

K_b는 염기 해리 상수(base dissociation constant)라 하며 암모니아의 K_b 값이 작다는 것은 수용액에서 소량의 암모니아만이 해리한다는 것이다. 그래서 약한 산과 약한 염기는 약전해질이다.

암모니아 유도체를 아민(amine)이라 하는데 질소 원자는 1개의 비결합 전자쌍을 갖고 있기 때문에 1개의 양성자를 받을 수 있고 이 때문에 염기가 된다.

1차 아민	$R\ddot{N}H_2$	RNH_3^+
2차 아민	$R_2\ddot{N}H$	$R_2NH_2^+$
3차 아민	$R_3\ddot{N}$	R_3NH^+
	아민	암모늄 이온

흔히 평형 상수를 p-함수로 많이 표시한다.

$$pK_a = -\log K_a$$

$$pK_b = -\log K_b$$

$$pK_w = -\log K_w$$

평형 상수 K가 커지면 pK 값은 작아지고 그 반대도 성립한다. 폼산과 아세트산의 K_a와 pK_a 값을 비교해 보자.

$$\underset{\text{폼산}}{H-\overset{\overset{\displaystyle O}{\|}}{C}-O-H} \rightleftharpoons \underset{\text{폼산 이온}}{H-\overset{\overset{\displaystyle O}{\|}}{C}-O^-} + H^+ \qquad K_a=1.80\times10^{-4},\ pK_a=3.744$$

$$\underset{\text{아세트산}}{CH_3-\overset{\overset{\displaystyle O}{\|}}{C}-O-H} \rightleftharpoons \underset{\text{아세트산 이온}}{CH_3-\overset{\overset{\displaystyle O}{\|}}{C}-O^-} + H^+ \qquad K_a=1.75\times10^{-5},\ pK_a=4.757$$

폼산이 아세트산보다 K_a 값이 크기 때문에 산성이 더 크다. 그러나 pK_a 값은 더 작다. 폼산이 아세트산보다 산성이 크다는 것은 폼산 이온이 아세트산 이온보다 더 안정하여 반응성이 작다는 것을 의미한다. 이러한 사실은 화학에 대한 기초 지식이 어느 정도 있다면 쉽게 이해할 수 있을 것이다.

어떤 산 HA와 그 짝염기 A^-는 짝산-염기쌍(conjugate acid-base pair)이다. 이들의 K_a와 K_b 사이에는 수용액에서 매우 중요한 관계식이 존재한다. HA와 A^- 사이의 산-염기 평형을 더하면 다음과 같다.

$$HA \rightleftharpoons H^+ + A^- \qquad K_a = \frac{[H^+][A^-]}{[HA]}$$

$$A^- + H_2O \rightleftharpoons HA + OH^- \qquad K_b = \frac{[HA][OH^-]}{[A^-]}$$

$$H_2O \rightleftharpoons H^+ + OH^- \qquad K_w = K_a \cdot K_b = \frac{[H^+][A^-]}{[HA]} \cdot \frac{[HA][OH^-]}{[A^-]} = [H^+][OH^-]$$

따라서 $K_w = K_a \cdot K_b$ (11-9)

마찬가지로 어떤 염기 B와 그의 짝산 BH^+ 사이에도 같은 관계식이 성립한다. 다시 말해서 이 관계식은 수용액에서 어떤 산과 그 짝염기, 또는 어떤 염기와 그 짝산 사이에도 성립한다. 여기서 산과 염기는 모두 약한 산과 약한 염기를 의미한다.

이제 약한 산과 약한 염기의 평형에서 대단히 중요한 개념을 정리해 보자. 약한 산의 짝염기는 약한 염기이다. 또 약한 염기의 짝산은 약한 산이다. 폼산과 아세트산을 예로 들어 이 개념을 설명해 보자. 폼산 이온의

K_b 값은 다음과 같다.

$$K_b = K_w / K_a = (1.0 \times 10^{-14})/(1.80 \times 10^{-4}) = 5.56 \times 10^{-11}$$

폼산은 약한 산이고, 폼산 이온은 약한 염기이다. 아세트산 이온의 K_b 값을 계산하자.

$$K_b = K_w / K_a = (1.0 \times 10^{-14})/(1.75 \times 10^{-5}) = 5.71 \times 10^{-10}$$

이것을 정리하면 다음과 같다.

	K_a(산)	$K_b = K_w/K_a$ (짝염기)
폼산	1.80×10^{-4}	5.56×10^{-11}
아세트산	1.75×10^{-5}	5.71×10^{-10}

폼산의 산성은 아세트산보다 강하다. 그러나 폼산 이온의 K_b 값이 아세트산 이온의 K_b 값보다 작기 때문에 폼산 이온의 염기성이 아세트산 이온보다 약하다. 그래서 약한 산의 산성이 약해지면 그 짝염기의 염기성은 커지고 약한 산의 산성이 강해지면 그 짝염기의 염기성은 약해진다. 약한 염기와 그 짝산에 대해서도 똑같은 현상이 나타난다. 그러나 HA나 A^-는 모두 약한 산, 약한 염기이지 센산이나 센염기가 될 수 없다. 만약 HA가 센산인 HBr이라면 그 짝염기 Br^-는 염기성이 너무 약해서 수용액에서 염기 역할을 전혀 할 수 없다. 이러한 관계는 오직 약한 산과 약한 염기에만 적용되는데 화학 평형의 원리를 이해한다면 쉽게 알 수 있다.

(2) 약한 산의 평형

① 약한 산의 pH 계산

어떤 약한 산 HA 수용액이 있는데 이 용액의 포말 농도(formal concentration)와 K_a 값이 주어졌을 때 용액의 pH를 계산하는 문제를 생각해 보자. 여기서 포말 농도는 용액에 녹은 특정 용질의 전체 몰농도를 뜻한다. 약한 산 HA가 물에 녹으면 일부는 해리하여 A^-가 되고 나머지는 그대로 남아 있는데 이들을 전부 합친 전체 농도가 포말 농도이다. 용액의 포말 농도를 F라고 할 때 체계적인 방법으로 풀어 보자.

1. 관련된 화학 반응식

$$HA \overset{K_a}{\rightleftharpoons} H^+ + A^-, \quad H_2O \overset{K_w}{\rightleftharpoons} H^+ + OH^-$$

2. 전하 균형: $[H^+] = [A^-] + [OH^-]$ (11−10)

3. 물질 균형: $F = [A^-] + [HA]$ (11−11)

4. 평형 상수식: $K_a = \dfrac{[H^+][A^-]}{[HA]}$ (11−12)

$$K_w = [H^+][OH^-]$$

5. 미지수는 모두 4개([HA], $[A^-]$, $[H^+]$, $[OH^-]$)이고 방정식도 모두 4개이다.

6. 이제 이 문제를 풀어야 하는데 4개의 연립방정식을 푸는 일은 결코 쉽지 않다. 이들을 결합하면 3차 방정식이 나올 것이다. 근사적으로 푸는 방법을 찾아보자.

지금 HA가 폼산인데 F = 0.10 M이라 가정하면 $K_a = 1.80 \times 10^{-4}$이다. 어떤 약한 산에서도 HA가 H_2O보다 훨씬 더 많이 해리한다. HA가 해리하여 생성한 H^+는 H_2O가 해리하여 만든 H^+보다 훨씬 많다는 것이다. 그래서 H_2O에서 만들어진 H^+는 무시할 수 있다. A^-는 HA의 해리에 의해 만들어지고 OH^-는 H_2O의 해리에 의해 만들어지므로 $[A^-] \gg [OH^-]$가 된다. 그래서 전하 균형은 다음과 같이 간단히 쓸 수 있다.

$$[H^+] \approx [A^-] \quad (11-13)$$

$[H^+] = x$라 두면 $[A^-] = x$가 된다. (11−11) 식에서

$[HA] = F - [A^-] = 0.10 - x$

이것을 (11−12) 식에 대입하면

$$K_a = \frac{[H^+][A^-]}{[HA]} = \frac{x^2}{0.10 - x} = 1.80 \times 10^{-4}$$

$$x^2 + 1.80 \times 10^{-4}x - 1.80 \times 10^{-5} = 0$$

이것을 풀고 농도가 음수가 될 수 없기 때문에 음수 값은 버린다.

$x = 4.16 \times 10^{-3}$

$[H^+] = [A^-] = 4.16 \times 10^{-3}$ M

$[HA] = 0.10 - 4.16 \times 10^{-3} = 0.0958$ M

$[OH^-] = K_w/[H^+] = 2.40 \times 10^{-12}$ M

$pH = -\log(4.16 \times 10^{-3}) = 2.38$

이제 마지막 단계로서 $[H^+] = [A^-]$라는 가정이 타당한지 따져 보아야 한다. A^-는 HA의 해리에 의해서만 생성되므로 HA가 해리하여 만들어진 H^+는 4.16×10^{-3} M이다. OH^-는 H_2O의 해리에 의해서만 만들어지므로 H_2O의 해리에 의해 만들어진 H^+는 2.40×10^{-12} M이다. 때문에 용액 속의 H^+는 모두 HA의 해리에 의해 만들어졌다는 가정은 매우 타당하다.

예제 | 11.1

0.0500 M 플루오린화 수소산(HF) 용액의 pH를 계산하시오.

풀이

HF는 약한 산이다.

$$\begin{array}{ccc} HF & \rightleftarrows & H^+ + F^- \quad K_a = 6.80 \times 10^{-4} \\ F - x & & x \quad\; x \end{array}$$

$$K_a = \frac{[H^+][F^-]}{[HF]} = \frac{x^2}{0.0500 - x} = 6.80 \times 10^{-4}$$

$x = [H^+] = 5.50 \times 10^{-3}$

pH = 2.26

② 해리 분율

이제 약한 산의 **해리 분율**(fraction of dissociation)에 대해 알아보자. 해리 분율 α는 용액 속에 존재하는 산의 전체 몰농도(포말 농도)에 대한 해리된 형태인 A^-의 농도비로 정의한다.

$$\alpha = \frac{[A^-]}{[HA] + [A^-]} = \frac{[A^-]}{F} \qquad (11-14)$$

위의 0.10 M 폼산의 해리 분율을 계산해 보자.

$\alpha = 4.16 \times 10^{-3}$ M/0.10 M = 0.0416

0.10 M 폼산은 4.16%만이 폼산 이온으로 해리하고 나머지는 폼산 분자로 존재한다는 것을 알 수 있다.

물에 녹였을 때 소량만이 해리하는 화합물을 약전해질이라 하는데 약한 산은 대표적인 약전해질에 해당한다. 약한 염기 용액도 마찬가지로 약전해질이다. 약전해질은 농도가 묽어질수록 해리도가 증가하고 산의 세기가 증가하면 또 커진다. 폼산과 아세트산을 서로 비교하면 포말 농도가 같을 때 폼산의 해리 분율이 더 크다.

(3) 약한 염기의 평형

약한 산의 평형과 똑같은 방식으로 다룰 수 있다. 어떤 염기 B의 평형을 생각하자.

1. 관련된 화학 반응식

$$B + H_2O \overset{K_b}{\rightleftarrows} BH^+ + OH^-, \quad H_2O \overset{K_w}{\rightleftarrows} H^+ + OH^-$$

2. 전하 균형: $[OH^-] = [BH^+] + [H^+]$
3. 물질 균형: $F = [B] + [BH^+]$
4. 평형 상수식

$$K_b = \frac{[BH^+][OH^-]}{[B]}, \qquad K_w = [H^+][OH^-]$$

H_2O의 해리에 의해 생성된 OH^-는 무시하고 용액 속의 OH^-는 전부 B와 H_2O 사이의 반응에 의해 생성되었다고 가정하면 $[BH^+] \gg [H^+]$가 된다. 그러면 $[BH^+] \approx [OH^-] = x$라 둘 수 있다.

$$[B] = F - [BH^+] = F - x$$

이것을 평형 상수 식에 대입하면 약염기에 대한 식을 얻을 수 있다.

$$K_b = \frac{[BH^+][OH^-]}{[B]} = \frac{x^2}{F-x} \qquad (11-15)$$

이제 실제 약한 염기의 pH를 계산해 보자. 사이클로헥실아민(cyclohexylamine)의 산-염기 평형은 다음과 같다.

$$C_6H_{11}NH_2 + H_2O \overset{K_b}{\rightleftarrows} C_6H_{11}NH_3^+ + OH^- \quad K_b = 3.69 \times 10^{-4}$$

사이클로헥실아민의 포말 농도가 0.050 M일 때 용액의 pH와 염기의 결합 분율(fraction of association)을 계산해 보자. 다음과 같은 방법으로 쉽게 pH를 구할 수 있다. 앞으로 산-염기 평형에서는 이와 같은 방법으로 pH를 계산할 것이다.

$$\underset{0.050-x}{B} + H_2O \rightleftarrows \underset{x}{BH^+} + \underset{x}{OH^-}$$

$$K_b = \frac{x^2}{0.050-x} = 3.69 \times 10^{-4}$$

$$x^2 + 3.69 \times 10^{-4}x - 1.85 \times 10^{-5} = 0$$

$$x = [OH^-] = [BH^+] = 0.00412\ M$$

$$[H^+] = K_w/[OH^-] = (1.0 \times 10^{-14})/(0.00412) = 2.43 \times 10^{-12}$$

$$pH = 11.6$$

마지막으로 $[BH^+] \approx [OH^-]$란 가정이 타당한지 생각해 보자. $[BH^+] = 0.00412$ M이고 물에 의해 생성된 $[OH^-] = 2.43 \times 10^{-12}$ M이므로 용액 속의 모든 OH^-는 B가 물과 반응하여 만들어졌다는 가정이 매우 타당하기 때문에 $[BH^+] = [OH^-]$가 된다.

이제 B의 결합 분율 α를 계산해 보자. 결합 분율 α는 B의 포말 농도에 대한 $[BH^+]$ 농도 비로 정의한다.

$$\alpha = \frac{[BH^+]}{[BH^+]+[B]} = \frac{x}{F} = \frac{0.00412}{0.050} = 0.0824$$

약한 산과 마찬가지로 B는 일부만 반응하므로 약한 염기 수용액도 약전해질이다.

예제 | 11.2

트라이메틸아민 $(CH_3)_3N$은 약염기이다. 0.0500 M 트라이메틸아민 용액의 pH를 계산하시오.

풀이

$$\underset{F-x}{(CH_3)_3N} + H_2O \rightleftarrows \underset{x}{(CH_3)_3NH^+} + \underset{x}{OH^-} \qquad K_b = 6.29 \times 10^{-5}$$

$$K_b = \frac{[(CH_3)_3NH^+][OH^-]}{[(CH_3)_3N]} = \frac{x^2}{0.0500 - x} = 6.29 \times 10^{-5}$$

$$x = [OH^-] = 1.74 \times 10^{-3}$$

$$[H^+] = \frac{K_w}{[OH^-]} = 5.73 \times 10^{-12}$$

pH = 11.2

이제 다시 약한 산과 약한 염기의 성질에서 짝산-염기쌍의 평형에 대해 생각해 보자. 이 짝산-염기쌍 사이에는 $K_a \cdot K_b = K_w$라는 매우 중요한 관계식이 성립하기 때문에 약한 산의 산성이 커지면 그 짝염기의 염기성은 약해지고 그 반대도 성립한다. 이 관계를 아세트산(CH_3COOH)과 클로로아세트산($ClCH_2COOH$)을 상호 비교하여 다시 한번 생각해 보기로 한다.

$$CH_3COOH \rightleftarrows CH_3COO^- + H^+$$

$$ClCH_2COOH \rightleftarrows ClCH_2COO^- + H^+$$

아세트산 소듐(CH_3COONa)은 물에 녹으면 Na^+ 이온과 아세트산 이온으로 완전히 해리하며 Na^+ 이온은 산-염기 반응을 하지 않는다. 클로로아세트산 소듐($ClCH_2COONa$)도 마찬가지이다.

$$\underset{F-x}{CH_3COO^-} + H_2O \rightleftarrows \underset{x}{CH_3COOH} + \underset{x}{OH^-} \qquad (11-16)$$

$$K_b = \frac{x^2}{F-x} \qquad K_b = K_w/K_a$$

$$ClCH_2COO^- + H_2O \rightleftarrows ClCH_2COOH + OH^- \qquad (11-17)$$

0.050 M 아세트산과 0.050 M 클로로아세트산 용액의 pH, 그리고 0.050 M 아세트산 이온과 0.050 M 클로로아세트산 이온 용액의 pH를 각각 계산하여 이들의 K_a, K_b 값과 서로 비교하였다.

	K_a	K_b	pH
아세트산	1.75×10^{-5}		3.03
클로로아세트산	1.36×10^{-3}		2.12
아세트산 이온		5.71×10^{-10}	8.73
클로로아세트산 이온		7.35×10^{-12}	7.78

클로로아세트산 용액의 pH가 아세트산보다 낮다는 것을 알 수 있다. 그러나 이들의 짝염기에서는 아세트산 이온의 염기성이 더 크다.

(4) 약한 산, 약한 염기의 염

산과 염기가 반응하여 염과 물을 만드는 반응을 **중화 반응**이라고 한다. 센산과 센염기 사이의 중화 반응을 보자.

$$HCl(aq) + NaOH(aq) \rightarrow NaCl(aq) + H_2O(l)$$

이 반응에서 왜 오른쪽 방향의 화살표만을 그렸는지 그 이유를 생각해 볼 필요가 있다. NaCl은 센산과 센염기가 반응하여 만들어진 염이므로 반응성이 없어서 어떠한 산-염기 반응도 더 이상 하지 않기 때문에 용액의 액성은 중성이 된다. 이제 센산과 약한 염기 사이의 중화 반응을 생각해 보자. HCl은 약한 염기인 메틸아민과 반응하여 **염**(salt)인 염화 메틸암모늄(methylammonium chloride)을 만든다.

$$HCl + CH_3NH_2 \rightarrow CH_3NH_3Cl(s)$$

염화 메틸암모늄은 센전해질이므로 수용액에서 메틸암모늄 이온과 염화 이온으로 해리한다.

$$CH_3NH_3Cl(s) \rightarrow CH_3NH_3^+(aq) + Cl^-(aq)$$

메틸암모늄 이온은 약한 염기인 메틸아민의 짝산이므로 약한 산이다. 그러나 Cl^-는 센산인 HCl의 짝염기이므로 더 이상 산-염기 반응을 하지 않는다.

$$CH_3NH_3^+(aq) \rightleftarrows CH_3NH_2(aq) + H^+$$

따라서 수용액에서 약한 염기가 센산과 반응하면 용액의 액성은 산성이 된다.

이제 약한 산이 센염기와 중화 반응했을 때 염의 산-염기 평형과 용액의 액성을 살펴보자. 아세트산과 수산화 소듐 사이의 중화 반응을 예로 들어보자.

$$CH_3COOH(aq) + NaOH(aq) \rightarrow CH_3COONa(aq) + H_2O(l)$$

수용액에서 아세트산 소듐은 아세트산 이온과 소듐 이온으로 존재한다.

$$CH_3COONa \rightarrow CH_3COO^- + Na^+$$

소듐 이온은 센염기의 짝산이므로 반응성이 없지만 아세트산 이온은 약한 산의 짝염기이므로 염기가 된다.

$$CH_3COO^- + H_2O \rightleftarrows CH_3COOH + OH^-$$

따라서 약한 산을 센염기로 중화시키면 수용액의 액성은 염기성이 된다.

5 완충 용액

어떤 약한 산과 그 짝염기를 섞거나 어떤 약한 염기와 그 짝산을 섞은 혼합 용액을 **완충 용액**(buffer solution)이라고 한다. 완충 용액은 산이나 염기를 가하거나 물을 가하여 묽히더라도 pH가 잘 변하지 않는다. 완충 효과를 제대로 내려면 용액 속의 짝산과 염기의 양이 서로 비교할 수 있을 정도(보통 0.1 ~ 10배 이내) 존재해야 한다. 화학 실험실에서 용액의 pH를 일정하게 하거나 미리 정해진 어떤 값을 유지하도록 해야 할 필요가 있을 때 완충 용액을 사용한다. 완충 용액은 생명과학에서 더욱 중요하다. 사람을 비롯한 모든 생명체는 완충 용액으로 되어 있다. 사람 혈액의 pH는 7.35~7.45 범위에 들어가야 하는데 이 범위를 조금이라도 벗어나면 생명이 위태로울 수 있다.

(1) 약한 산과 그 짝염기 또는 약한 염기와 그 짝산 사이의 평형

약한 산과 약한 염기는 약전해질이므로 해리도가 낮다. 그러므로 약한 산과 그 짝염기를 섞거나, 약한 염기와 그 짝산을 섞은 용액은 그 용액 속의 산과 염기의 몰수가 이들의 포말 농도와 거의 같을 것이다. 예를 들어 약산 HA 0.050몰과 짝염기 A^- 0.050몰을 섞어서 최종 부피가 1.0 L가 되도록 한 완충 용액이 있다고 하자. 이 용액 속에는 여전히 HA가 0.050몰, A^-가 0.050몰 존재할 것이다. 이들의 농도를 바꿀 수 있는 반응은 거의 일어나지 않는다. 르샤틀리에 원리를 이용하면 이를 쉽게 이해할 수 있다.

이제 0.050 M HA 용액에서 HA의 해리도를 계산해 보자. HA의 K_a는 1.0×10^{-5}이라 가정한다.

$$\underset{0.050-x}{\mathrm{HA}} \rightleftarrows \underset{x}{\mathrm{H^+}} + \underset{x}{\mathrm{A^-}} \qquad K_a = 1.0 \times 10^{-5} \qquad (11-18)$$

$$K_a = \frac{[\mathrm{H^+}][\mathrm{A^-}]}{[\mathrm{HA}]} = \frac{x^2}{0.050-x} = 1.0 \times 10^{-5}$$

$$x = [\mathrm{H^+}] = 7.0 \times 10^{-4}$$

그래서 해리도 α는 다음과 같다.

$$\alpha = \frac{[\mathrm{A^-}]}{\mathrm{F}} = \frac{7.1 \times 10^{-4}}{0.050} = 0.014$$

이 조건에서 HA의 1.4%만이 해리되었다는 것을 알 수 있다.

이제 0.050 M A^- 용액의 결합 분율을 계산해 보자.

$$\underset{0.050-x}{\mathrm{A^-}} + \mathrm{H_2O} \rightleftarrows \underset{x}{\mathrm{HA}} + \underset{x}{\mathrm{OH^-}} \qquad K_b = \frac{K_w}{K_a} = 1.0 \times 10^{-9}$$

$$K_b = \frac{[\mathrm{HA}][\mathrm{OH^-}]}{[\mathrm{A^-}]} = \frac{x^2}{0.050-x} = 1.0 \times 10^{-9}$$

$$x = [\mathrm{HA}] = 7.1 \times 10^{-6}$$

$$\alpha = \frac{[\mathrm{HA}]}{\mathrm{F}} = \frac{7.1 \times 10^{-6}}{0.050} = 1.42 \times 10^{-4}$$

A^- 중 0.0142%만이 H_2O와 반응한다는 것을 알 수 있다.

이와 같이 HA는 매우 소량만 해리하는데 여기에 A^-를 가하면 해리하는 HA의 양이 더욱 감소한다. 또 A^-는 아주 소량만이 물과 반응하는데 여기에 HA를 가해주면 물과 반응하는 A^-의 양은 더욱 감소한다. 따라서 HA 0.050몰과 A^- 0.050몰을 섞어서 완충 용액을 만들면 용액에는 HA가 0.050몰 있고 A^-도 0.050

몰 존재하게 된다. 다시 한번 정리하면 완충 용액에 존재하는 HA와 A^-의 몰농도는 이들의 포말 농도와 같다고 할 수 있다.

(2) Henderson-Hasselbalch 식과 이 식의 성질

이러한 사실을 바탕으로 완충 용액의 pH는 무척 간단하게 계산할 수 있다. (11−18) 반응의 산 해리 상수에 로그를 도입하여 다시 정리하면 pH를 계산하는 데 편리하게 쓸 수 있는 관계식을 얻을 수 있다.

$$K_a = \frac{[H^+][A^-]}{[HA]}$$

$$\log K_a = \log \frac{[H^+][A^-]}{[HA]} = \log[H^+] + \log \frac{[A^-]}{[HA]}$$

$$-\log[H^+] = -\log K_a + \log \frac{[A^-]}{[HA]}$$

정의에 의해 $-\log[H^+] = pH$, $-\log K_a = pK_a$이므로

$$pH = pK_a + \log \frac{[A^-]}{[HA]} \qquad (11-19)$$

이 식을 (11−18)과 같은 산 HA에 대한 Henderson−Hasselbalch **식**이라고 한다. 어떤 산의 pK_a 값을 알고 이 산과 짝염기의 농도비만 알면 (11−19) 식을 이용하여 간단하게 pH를 계산할 수 있다.

약한 염기 B와 그 짝산 BH^+를 이용하여 완충 용액을 만든 경우도 위와 같은 관계식을 얻을 수 있다.

$$B + H_2O \rightleftarrows BH^+ + OH^-$$

$$pH = pK_a + \log \frac{[B]}{[BH^+]} \qquad (11-20)$$

여기서 pK_a는 약한 산 BH^+의 산 해리 상수이다. 이 두 식의 중요한 특징은 pK_a가 분모에 있는 산(HA, BH^+)에 대한 평형 상수이고 염기(A^-, B)는 분자가 된다.

Henderson−Hasselbalch 식은 평형 상수식을 단순히 재배열한 것이기 때문에 근사적인 방법이 아니라는 점을 분명히 알아야 한다. HA와 A^- 그리고 BH^+와 B의 농도를 구하는 데 근사적인 방법이 도입된다. 대부분의 경우 용액에 존재하는 HA와 A^-의 실제 몰농도와 이들의 포말 농도가 같다는 가정은 앞에서 살펴본 바와 같이 매우 타당하다. 다만 용액이 너무 묽거나 산성이 너무 강하면 이러한 가정을 적용할 수 없는 경우도 생긴다. 용액이 묽어지면 해리도가 증가하고 산성이 너무 세지면 가해 준 산이 쉽게 이온화되기 때문에, 이때는 평형을 체계적으로 다루는 방법을 이용하여 HA와 A^-의 농도를 계산해야 한다.

(11−19) 식에서 $[HA] = [A^-]$이면 $pH = pK_a$가 된다.

$$pH = pK_a + \log \frac{[A^-]}{[HA]} = pK_a + \log(1) = pK_a$$

(11−20) 식에서도 $[BH^+] = [B]$이면 $pH = pK_a$가 성립한다. 이 성질을 이용하면 어떤 약한 산이나 약한 염기의 pK_a와 pK_b를 간단하게 구할 수 있다. 이 식의 또 다른 특징은 $[A^-]/[HA]$ 비가 10배씩 변할 때마다 pH는 한 단위씩 변한다는 사실이다. A^- 농도가 커지면 pH는 증가하고 HA 농도가 증가하면 pH는 감소한다. $[A^-] = 10[HA]$이면 $pH = pK_a + 1$이 되고 $[HA] = 10[A^-]$이면 $pH = pK_a - 1$이 된다.

항상 명심해야 하는 것은 어떤 용액이 평형 상태에 있을 때 이 계에 있는 모든 평형이 동시에 만족되어야

한다는 것이다. 어떤 용액에 7개의 산이 그 짝염기와 평형을 이루고 있으면 개개 산-염기에 대해 하나씩 모두 7개의 (11-19) 식을 쓸 수 있다. 그러나 이 7개의 방정식에서 모두 같은 pH 값이 나와야 한다. 어떤 용액에 있는 H^+의 농도는 하나일 수밖에 없기 때문이다.

(3) 완충 용액의 성질

이제 2-아미노에탄올(2-aminoethanol)을 이용하여 완충 용액의 성질을 알아보자.

$$\underset{BH^+}{HOCH_2CH_2NH_3^+} \rightleftarrows \underset{B}{HOCH_2CH_2NH_2} + H^+ \qquad pK_a = 9.498$$

BH^+는 염화 2-암모늄에탄올($HOCH_2CH_2NH_3Cl$) 염으로 존재하는데 BH^+Cl^-로 표기한다. BH^+Cl^-가 물에 녹으면 BH^+와 Cl^-로 해리한다.

이제 이들로 만든 완충 용액의 pH를 계산해 보자. 2-아미노에탄올(B, F.W.=61.09) 7.37 g과 염화 2-암모늄에탄올(BH^+Cl^-, F.W.=97.55) 5.25 g을 물에 녹여 1.00 L의 완충 용액을 만들었다고 가정하자. 이 용액의 pH를 계산하려면 우선 B와 BH^+의 농도를 계산해야 한다.

$$[B] = \frac{7.37\ g/L}{61.09\ g/mol} = 0.121\ M$$

$$[BH^+] = \frac{5.25\ g/L}{97.55\ g/mol} = 0.0538\ M$$

용액에 존재하는 B와 BH^+의 농도는 이들의 포말 농도와 같을 것이다. 이 농도를 Henderson-Hasselbalch 식에 대입하면 pH를 계산할 수 있다.

$$pH = pK_a + \log\frac{[B]}{[BH^+]} = 9.498 + \log\frac{0.121}{0.0538} = 9.850$$

위 식에서 BH^+와 B는 같은 용액 속에 있으므로 로그항에서 부피는 분모와 분자에서 서로 상쇄된다. 그래서 몰농도를 계산하지 않고 몰수를 대입해도 같은 결과가 나온다.

$$pH = pK_a + \log\frac{[B]}{[BH^+]} = pK_a + \log\frac{\text{B의 몰수}}{BH^+\text{의 몰수}}$$

이제 2-아미노에탄올/2-암모늄에탄올 이온 완충 용액에 1.00 M HCl 20.0 mL를 가했을 때 용액의 pH가 어떻게 되는지 알아보자. 여기서 중요한 점은 센산이 약한 염기와 만나면 서로 완전히 반응하여 B가 BH^+로 바뀐다는 사실이다.

가한 HCl의 몰수 = (1.00 mol/L)(20.0/1000 L) = 0.0200 mol

그래서 HCl을 가하면 B는 0.0200몰 줄어들고 BH^+는 0.0200몰 늘어난다. 이 관계를 다음과 같은 표로 만들면 계산하는 데 편리하다.

	B	+	H^+ HCl로부터	→	BH^+
처음 몰수	0.121		0.0200		0.0538
마지막 몰수	0.101 (0.121 − 0.0200)		0		0.0738 (0.0538 + 0.0200)

이제 pH를 쉽게 계산할 수 있다.

$$pH = pK_a + \log(\text{B의 몰수})/(BH^+\text{의 몰수}) = 9.498 + \log(0.101)/(0.0738) = 9.638$$

1.00 M HCl 20.0 mL를 2-아미노에탄올 완충 용액에 가했더니 pH가 9.850에서 9.634로 감소하였다. 만약 이 센산을 용해된 CO_2를 제거한 순수한 물 1.00 L에 가하였다면 pH는 7에서 1.7 정도로 낮아질 것이다.

이제 완충 용액에 산이나 염기를 가했을 때 pH가 왜 이렇게 크게 변하지 않는지 그 이유를 생각해 봐야 한다. 앞서 본 바와 같이 완충 용액에는 산(BH^+)과 염기(B)가 같이 공존하고 있다. HCl을 가하면 B가 중화 반응하여 BH^+로 바뀌면서 HCl을 소진시킨다. 만약 NaOH를 가한다면 BH^+가 중화 반응하여 B로 바뀌면서 NaOH를 소모한다. 센산이나 센염기를 과량 첨가하여 용액에 있는 B나 BH^+를 없애지 않는 한 Henderson–Hasselbalch 식의 로그 항은 크게 변하지 않기 때문에 pH도 크게 변하지 않는다. 만약 용액에 있는 B나 BH^+가 모두 소모되면 이 용액은 완충 능력을 상실하게 된다. 또 완충 용액에 물을 가하여 묽히면 B와 BH^+의 해리도가 증가하여 이 효과를 상쇄시키기 때문에 pH가 역시 크게 변하지 않는다.

(4) 완충 용량

센산이나 센염기를 완충 용액에 가했을 때 이 용액이 얼마나 pH 변화를 잘 막아내는지 그 척도를 **완충 용량**(buffer capacity, β)이라고 한다. 완충 용량의 정의는 다음과 같다.

$$\text{완충 용량}(\beta) = \frac{dC_b}{dpH} = -\frac{dC_a}{dpH} \tag{11-21}$$

여기서 C_a와 C_b는 pH가 1.00 변하는 데 필요한 센산이나 센염기의 몰수이다. 완충 용량이 크다는 것은 용액의 pH가 그만큼 잘 변하지 않는다는 것을 의미한다. 완충 용량의 크기는 이를 구성하는 산–염기의 전체 농도뿐만 아니라 이들의 농도 비와도 직접 관련된다. 완충 용액을 구성하는 산–염기의 농도가 올라가면 완충 용량이 커진다. $[HA] = [A^-]$ 또는 $[B] = [BH^+]$일 때 pH = pK_a가 된다. 그리고 이때는 용액에 있는 산과 염기의 몰수가 같기 때문에 완충 용량이 가장 크고 pH 변화도 가장 잘 일어나지 않는다(그림 11.2). 어떤 특정 pH를 갖는 완충 용액을 만들기 위해 어떤 산이나 염기를 사용할 것인지 그 선택의 기준은 원하는 pH에 가장 근접한 pK_a 값을 가진 산을 찾으면 된다. 예를 들어 pH = 5.0인 완충 용액을 만들려면 pK_a 값이 5.0에 가장 가까운 산을 선택하는 것이 최선이라는 것이다. 완충 용액의 유용한 pH 범위는 보통 pK_a ±1이라고 한다. 이 범위는 [A]/[HA] 비가 10 ~ 1/10이 되는 것인데 이 범위를 벗어나면 외부에서 가해 준 산이나 염기와 반응할 산이나 염기가 용액에 충분히 존재하지 않기 때문에 완충 효과를 제대로 내기 어렵다.

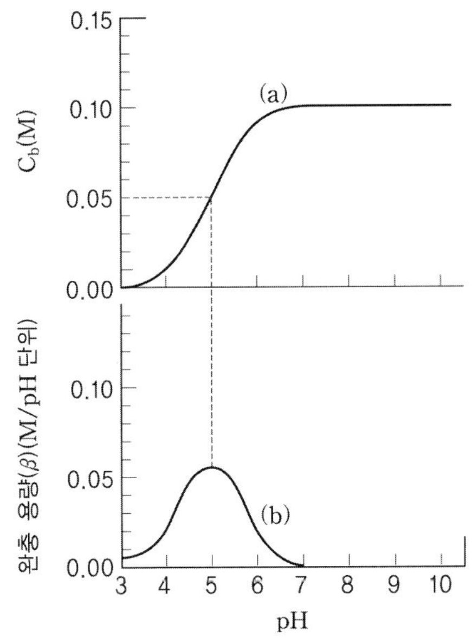

그림 11.2 (a) pK_a = 5.00인 어떤 약한 산 HA 0.100 M 용액의 C_b 값을 pH에 대해 도시한 그림. (b) 같은 용액의 완충 용량을 pH에 대해 도시한 그림. 이 그림은 위 (a) 그림을 미분한 것이다. 여기서 pH = pK_a일 때 완충 용량이 최댓값이 됨을 확인할 수 있다.

(5) 완충 용액을 만드는 법

이론상으로 어떤 특정 pH를 갖는 완충 용액을 만들려면 알맞은 짝산/염기쌍을 선택한 후 필요한 양을 계산하여 만들 수 있다. 그러나 현실적으로 이렇게 만든 완충 용액의 pH는 예측한 값과 일치하지 않는다. 주된 이유는 보통 완충 용액의 이온 세기가 너무 높아서 Debye–Hückel 식으로 제대로 된 활동도 계수를 구할 수 없다는 것이다. 완충 용액의 pK_a 값은 온도에 따라 변할 뿐 아니라 많은 산–염기 해리 상수에는 상당한 크기의 오차가 포함되어 있다. 계산을 할 때 근사법을 즐겨 사용하는데 이 때문에 생기는 오차도 있다. 이러한 불확실성 때문에 완충 용액을 준비할 때는 우선 대략 원하는 pH를 갖는 용액을 만든다. 그 후 pH 미터를 사용하여 용액의 pH를 확인하면서 센산이나 염기를 가하여 정확하게 원하는 pH가 되도록 조절한다.

예를 들어 pH = 4.60인 0.100 M 아세트산 완충 용액 1.00 L를 만드는 방법을 생각해 보자.

1. 아세트산 0.100몰의 무게를 계산하여 분석 저울로 무게를 측정한다. 이것을 비커에 넣고 대략 800 mL 정도의 물을 가한다. 1 M NaOH 용액을 준비한다.
2. 유리 전극을 잘 보정하여 용액에 담그고 pH를 측정한다.
3. 용액의 pH가 정확히 4.60이 될 때까지 NaOH 용액을 가한다.
4. 용액을 1.00 L짜리 부피 플라스크로 옮긴다. 비커를 물로 여러 번 헹구어 부피 플라스크에 넣는다.
5. 물을 부피 플라스크 눈금까지 채우고 잘 섞는다.

표 11.3 1차 표준 용액으로 쓸 수 있는 완충제

완충 용액의 형태	내용물	완충제 농도	pH (25 ℃)	온도에 따른 pH 변화(dpH/dT)	완충 지수 (dB/dpH)
타타르산염 (Tartrate)	타타르산 포타슘($KHC_4H_4O_6$) 포화 용액	0.0341 m 타타르산염	3.557	−0.0014 pH 단위/°C	0.027 eq/pH 단위
프탈산염 (Phthalate)	10.12 g/L 프탈산포타슘 ($KHC_8H_4O_4$)을 포함	0.05 m 프탈산염	4.008	+0.0012 pH 단위/°C	0.016 eq/pH 단위
인산염 (Phosphate) D	3.39 g/L KH_2PO_4 + 3.53 g/L Na_2HPO_4를 포함	0.050 m 인산염[a]	6.865	−0.0028 pH 단위/°C	0.029 eq/pH 단위
인산염 (Phosphate) E	1.179 g/L KH_2PO_4 + 4.30 g/L Na_2HPO_4를 포함	0.039125 m 인산염[b]	7.413	−0.0028 pH 단위/°C	0.016 eq/pH 단위
붕산염 (Borate)	3.80 g/L 붕산염 소듐 ($Na_2BO_4 \cdot 10H_2O$)을 포함	0.010 m 붕산염	9.180	−0.0082 pH 단위/°C	0.020 eq/pH 단위

[a] 인산염 D 완충 용액에서 개개 인산염의 농도는 $H_2PO_4^-$와 HPO_4^{2-} 모두에 대해 각각 0.025 m이다.

[b] 인산염 E 완충 용액에서 개개 인산염의 농도는 $H_2PO_4^-$에 대해 0.008685 m이고 HPO_4^{2-}에 대해 0.03043 m이다.

* 출처: D. S. Hage와 J. D. Carr의 “Analytical Chemistry and Quantitative Analysis”의 표 8-6 (p 181)을 참조

(6) 농도가 포말 농도와 일치하지 않는 경우

완충 용액이 매우 묽거나 pH가 너무 크거나 또는 작은 경우 HA와 A^-의 농도가 이들의 포말 농도와 같다고 하기 어려운 경우가 있다. HA F_{HA}몰과 Na^+A^- F_{A^-}몰을 섞어 완충 용액을 만든 경우를 생각해 보자.

$$HA \rightleftarrows H^+ + A^-$$

$$H_2O \rightleftarrows H^+ + OH^-$$

만약 $[HA] \approx F_{HA}$, $[A^-] \approx F_{A^-}$라 가정할 수 있다면 이것을 Henderson−Hasselbalch 식에 대입하여 pH를 계산할 수 있다. 만약 그렇게 하기 힘든 경우에는 평형을 체계적으로 다루는 방법을 이용하여 pH를 계산할 수 있다.

물질 균형: $F_{HA} + F_{A^-} = [HA] + [A^-]$

전하 균형: $[Na^+] + [H^+] = [OH^-] + [A^-]$

$$K_a = \frac{[H^+][A^-]}{[HA]}$$

$$K_w = [H^+][OH^-]$$

만약 F_{HA} 또는 F_{A^-}가 매우 작거나, $[H^+]$ 또는 $[OH^-]$가 매우 큰 경우에는 $[HA] \approx F_{HA}$, $[A^-] \approx F_{A^-}$라는 가정이 잘 맞지 않는다. 산성 용액에서는 $[H^+] \gg [OH^-]$이므로 $[OH^-]$를 무시할 수 있고 염기성 용액에서는 $[OH^-] \gg [H^+]$이므로 $[H^+]$를 무시할 수 있어서 문제를 훨씬 간편하게 풀 수 있다.

활동도 계수가 들어 있는 Henderson−Hasselbalch 식은 단순히 평형 상수 K_a 식을 재배열한 것이기 때문에 정확하다. $[HA] \approx F_{HA}$와 $[A^-] \approx F_{A^-}$라는 가정은 항상 성립하는 것이 아니기 때문에 이러한 가정이 타당한지, 아닌지 항상 잘 따져 보아야 한다.

완충 용액은 약한 산과 그 짝염기 또는 약한 염기와 그 짝산의 혼합물로 되어 있다. 완충 용액은 pH = pK_a일 때 완충 용량이 최대가 되므로 이 관계식이 성립할 때 가장 유용하다. 완충 용액의 pH는 상당한 농도 범위에 걸쳐서 산이나 염기의 농도와는 거의 무관하고 이들의 농도 비에 따라 변한다. 완충 용액에는 산과 염기가 모두 있으므로 산이나 염기가 가해졌을 때 이들이 어느 것과도 중화 반응을 할 수 있기 때문에 pH가 크게 변하는 것을 막아준다. 그러나 과량의 산이나 염기를 가하면 용액에 있던 산이나 염기가 고갈되어 더 이상 pH 변화를 막아주지 못한다.

연습문제

1. 순수한 물과 비교할 때 물에 소량의 KOH가 첨가된 용액에서 물의 해리도는 어떻게 변하는지 설명하시오.

2. HCN의 K_a 값은 6.2×10^{-10}이다. CN^-의 K_b 값은 얼마인가?

3. 다음 수용액의 pH는 얼마인가? 유효 숫자가 세 자리가 되도록 계산하시오.

(1) 0.0100 M HCl　　(2) 0.00100 M NaOH

(3) 1.00×10^{-8} M HBr　　(4) 1.00×10^{-7} M KOH

4. 다음 산이나 염기의 평형 상수에 대한 화학 반응식을 쓰시오.

(1) 클로로아세트산($ClCH_2COOH$)의 K_a

(2) 클로로아세트산 이온($ClCH_2COO^-$)의 K_b

(3) 에틸아민($CH_3CH_2NH_2$)의 K_b

(4) 에틸암모늄 이온($CH_3CH_2NH_3^+$)의 K_a

5. CH_3COOH와 $ClCH_2COOH$는 모두 약한 산이다.

$CH_3COOH \rightleftarrows CH_3COO^- + H^+$　　$K_a = 1.75 \times 10^{-5}$

$ClCH_2COOH \rightleftarrows ClCH_2COO^- + H^+$　　$K_a = 1.36 \times 10^{-3}$

CH_3COOH보다 $ClCH_2COOH$의 산성이 더 강한 이유는 무엇인가? 또 CH_3COO^-와 $ClCH_2COO^-$의 염기성의 세기는 어느 것이 더 강한지 말하고 그 이유를 설명하시오.

6. CH_3NH_2에 HCl을 가하여 반응시켰다. 이때 가한 CH_3NH_2와 HCl의 몰수가 같다고 가정하자. 이때 용액 속에서 일어나는 화학 반응을 전부 쓰고 어떤 것이 산이고 어떤 것이 염기인지 설명하시오. 또 용액의 액성이 어떻게 되는지 설명하시오.

7. 페놀(phenol, C_6H_5OH)은 약한 산이다. 페놀산 포타슘(potassium phenolate, $C_6H_5O^-K^+$) 수용액의 액성은 어떻게 되는지 화학 평형을 이용하여 설명하시오.

8. CH_3COOH와 강염기 NaOH는 다음과 같이 중화 반응을 한다.

$CH_3COOH + NaOH(aq) \rightarrow CH_3COONa(aq) + H_2O$

CH_3COONa는 염(salt)이라 하는데 이렇게 생성된 $CH_3COONa(s)$를 물에 녹이면 용액의 액성은 어떻게 되는가? 화학 평형을 이용하여 설명하시오.

9. $NH_3(g)$가 HCl(g)와 반응하면 다음과 같은 중화 반응이 일어난다.

$NH_3(g) + HCl(g) \rightleftarrows NH_4Cl(s)$

$NH_4Cl(s)$을 물에 녹이면 용액의 액성은 어떻게 되는지 화학 평형을 이용하여 설명하시오.

10. 0.10 M 아닐린($C_6H_5NH_2$) 수용액이 있다.

(1) 이 용액의 pH를 계산하시오.

(2) 이 용액에 물을 가하여 용액의 농도가 1/5이 되도록 희석하였다. 아닐린의 해리 분율이 어떻게 변하는지 화학 평형을 이용하여 설명하시오.

11. 0.050 M HCOOH 수용액 50.0 mL가 있다. 다음 물음에 답하시오.

(1) 이 용액의 pH와 HCOOH, $HCOO^-$, OH^-의 농도를 계산하시오.

(2) 이 용액에서 HCOOH의 해리 분율(α)을 계산하시오.

(3) 이 용액에 0.10 M NaOH 10.0 mL를 가하였다. 이 용액의 pH를 계산하시오.

12. 어떤 약한 산 HA 용액의 농도가 0.0500 M일 때 해리 분율이 0.25%라고 한다. HA의 K_a 값을 계산하시오.

13. 아세트산(CH_3COOH) 10.7 g과 아세트산 소듐(CH_3COONa) 12.62 g을 물에 녹여 용액의 부피가 500.0 mL가 되게 하였다.

(1) 이 용액의 pH를 계산하시오.

(2) 이 용액에 1.0 M KOH 20.0 mL를 가하였다. 용액의 pH는 어떻게 되는가?

14. CH_3NH_2 0.955 g을 물에 녹여 용액의 최종 부피가 250.0 mL가 되게 하였다.

(1) 이 용액의 pH를 계산하시오.

(2) 이 용액에 CH_3NH_3Cl 1.823 g을 가하여 녹였다. 이 용액의 pH를 계산하시오.

(3) 이 용액에 1.0 M HCl 10.0 mL를 가하였다. pH는 어떻게 되겠는가?

(4) 위 (3)에서 HCl을 가했을 때 pH가 왜 그 정도 변했는지 그 이유를 화학 평형을 이용하여 설명하시오.

15. CH_3COOH 1.50 g을 물에 녹여 500.0 mL 용액을 만들었다.

(1) 이 용액의 pH와 CH_3COOH, CH_3COO^-의 농도를 계산하시오.

(2) 이 CH_3COOH 용액을 50.0 mL씩 3개의 비커에 옮긴 다음, 각 비커에 0.100 M NaOH를 각각 10.0 mL, 15.0 mL, 25.0 mL를 가하였다. 각 용액의 pH는 어떻게 되는가?

(3) 위 (2)의 계산 결과 NaOH를 10.0 mL 가했을 때와 15.0 mL 가했을 때 pH는 차이가 많이 나는가 아니면 적게 나는가? 이 정도로 pH가 변하는 이유를 화학 평형을 이용하여 설명하시오.

16. 뷰탄산($CH_3CH_2CH_2COOH$) 1.50 g을 물에 녹여 최종 부피가 50.0 mL가 되게 하였다. 다음 물음에 답하시오.

(1) 이 용액의 pH를 계산하시오.

(2) 위 용액에 0.500 M NaOH 12.00 mL를 가한 후 물을 더 가하여 최종 부피가 100.00 mL가 되게 하였다. pH는 얼마인가?

(3) 위 (2)에서 준비한 용액에 다시 0.200 M HCl 5.00 mL를 가하였다. 용액의 pH는 얼마인가?

17. HCOOH와 HCOONa를 섞어서 1.00 L 완충 용액을 만들고자 한다. 만약 이 용액에 HCOOH 4.603 g이 녹아 있다면 완충 용액의 pH가 4.150이 되도록 하기 위해 HCOONa 몇 g이 필요한가?

18. 완충 용액을 만드는 데 널리 쓰이는 tris(hydroxymethyl)aminomethane(줄여 'tris'라 부름, F.W.=121.135 g/mol, K_b=1.18 × 10^{-6}) 25.50 g을 물에 녹여 용액의 최종 부피가 500.0 mL 되게 하였다.

(1) 이 용액의 pH를 계산하시오.

(2) 위 (1)에서 만든 tris 용액에 1.00 M HCl 100.0 mL를 가하였다. 용액의 pH는 어떻게 되는가?

(3) 위 (2)에서 준비한 용액에 다시 1.00 M HCl 20.0 mL를 또 가하였다. 용액의 pH는 얼마인가?

19. 완충 용액을 만들 때는 용액에 센산이나 센염기를 가해 주면서 유리 전극으로 용액의 pH를 확인하여 원하는 pH가 되도록 조정해 주어야 한다. 왜 이론적으로 계산한 용액의 pH는 실제 pH 값과 다르게 나타나는가?

12장 다양성자성 산-염기 평형

지금까지 살펴본 산과 염기는 하나의 H^+를 주거나 받는 것이었다. 이러한 산과 염기를 **일양성자성 산** 또는 **염기**(monoprotic acid or base)라고 한다. 그러나 자연계에는 하나 이상의 H^+를 주거나 받을 수 있는 산이나 염기가 훨씬 더 많이 존재한다. 탄산(H_2CO_3)은 2개의 H^+를 줄 수 있기 때문에 **이양성자성 산**(diprotic acid)이라 부른다. 인산(H_3PO_4)은 3개의 H^+를 줄 수 있다. 아미노산(amino acid)은 모두 다양성자성 산이고 이들의 염기성형은 다양성자성 염기이다. 이러한 산이나 염기들을 **다양성자성 산-염기**(polyprotic acid-base)라고 부른다.

이 장에서는 먼저 2개의 산이나 염기 자리를 가진 이양성자성 계(diprotic system)에 대한 화학 평형을 살펴본 후 이 개념을 3개 이상의 산이나 염기 자리를 갖는 다양성자성 계(polyprotic system)에 그대로 적용할 것이다. 다양성자성 계는 여러 개의 화학 평형이 존재하므로 체계적으로 다루기가 좀 복잡하다. 그러나 일양성자성 계의 화학 평형을 잘 이해한다면 어렵지 않게 이러한 계의 화학 평형를 이해할 수 있을 것이다. 또 다양성자성 계에는 pH에 따라 가장 많이 존재하는 화학종(주화학종이라 부른다)이 다양하게 바뀐다. pH에 따라 주화학종이 어떻게 바뀌는지를 이해하는 것은 생명과학 분야에서 매우 중요하다.

1 이양성자성 산, 염기

아미노아세트산(aminoacetic acid, H_2NCH_2COOH)은 관용명으로 글리신(glycine)이라고 부르는데 아미노산의 일종이다. 글리신의 산성형 $^+H_3NCH_2COOH$는 이양성자성 산이다.

$$^+H_3NCH_2COOH \rightleftarrows {}^+H_3NCH_2COO^- + H^+ \qquad K_{a1} = 4.47 \times 10^{-3}\ (pK_{a1} = 2.350)$$

$$^+H_3NCH_2COO^- \rightleftarrows H_2NCH_2COO^- + H^+ \qquad K_{a2} = 1.67 \times 10^{-10}\ (pK_{a2} = 9.777)$$

$^+H_3NCH_2COO^-$는 **쯔비터 이온**(zwitterion)이라 부르는데 (+) 자리와 (−) 자리를 같이 가지고 있다. 카복실기가 암모늄기보다 산성이 크기 때문에 아미노산은 수용액에서 쯔비터 이온으로 존재한다. 기체 상태에서는 쯔비터 이온이 갖고 있는 전하를 안정화시킬 수 있는 용매가 없기 때문에 전하가 없는 분자(H_2NCH_2COOH)로 존재할 것이다. 글리신을 간단히 HA로 표기하면 산성형은 H_2A^+, 염기성형은 A^-로 표기할 수 있다. H_2A^+는 이양성자성 산이고 A^-는 이양성자성 염기인데 이들의 산-염기 평형을 다시 쓰면 다음과 같다.

$$H_2A^+ \rightleftarrows HA + H^+ \qquad K_{a1} \qquad (12-1)$$

$$HA \rightleftarrows A^- + H^+ \qquad K_{a2} \qquad (12-2)$$

$$A^- + H_2O \rightleftarrows HA + OH^- \qquad K_{b1} \qquad (12-3)$$

$$HA + H_2O \rightleftarrows H_2A^+ + OH^- \qquad K_{b2} \qquad (12-4)$$

이양성자성 산과 염기의 해리 상수 사이에는 다음과 같은 관계가 성립한다.

$$K_{a1} \cdot K_{b2} = K_w \qquad (12-5)$$

$$K_{a2} \cdot K_{b1} = K_w \tag{12-6}$$

이제 각각 H_2A^+, HA, A^- 용액이 있을 때 이 용액에 존재하는 화학종들의 농도를 체계적인 방법으로 어떻게 계산하는지 알아보자. 마찬가지로 이런 일을 할 때 가장 중요한 것은 계에 어떤 화학 평형이 존재하는지 알아내는 것이다.

(1) 산성형 H_2A^+의 평형

글리신의 산성형인 H_2A^+로 만든 용액의 화학 평형에 대해 알아보고 이 용액에 존재하는 H^+를 포함한 모든 화학종의 농도를 계산해 보자. H_2A^+의 포말 농도는 0.100 M이라 가정한다. H_2A^+는 이양성자성 산이므로 이 계에는 (12−1)과 (12−2) 반응과 같은 화학 평형이 있다. 물의 자체 양성자 이전 반응 평형은 따로 표시하지 않았다. $K_{a1} = 4.47 \times 10^{-3}$이므로 H_2A^+는 약한 산이다. 그래서 미량의 H_2A^+만 (12−1) 식과 같이 해리한다. $K_{a2} = 1.67 \times 10^{-10}$이므로 HA는 더욱 약한 산이다. 더군다나 K_{a1} 값과 K_{a2} 값의 차이도 굉장히 크다. 따라서 H^+는 (12−1)과 (12−2) 반응 모두에 의해 생성되지만 (12−2) 반응에 의해 생성되는 농도는 아주 작다고 판단할 수 있다. 때문에 근사적으로 (12−2) 반응에 의해 만들어지는 H^+는 무시할 수 있을 것이다. 이렇게 되면 H_2A^+를 $K_a = K_{a1}$인 일양성자성 산으로 취급할 수 있다.

이제 0.100 M H_2A^+의 pH와 다른 화학종의 농도를 쉽게 계산할 수 있다. H_2A^+의 농도를 x라 하면 다음과 같이 된다.

$$\begin{array}{ccccc} H_2A^+ & \rightleftarrows & HA & + & H^+ \\ 0.100-x & & x & & x \end{array}$$

$$K_{a1} = \frac{[HA][H^+]}{[H_2A^+]} = \frac{x^2}{0.100-x} = 4.47 \times 10^{-3}$$

이 식을 x에 대해 풀면, $x = 0.0190$ M이다. 근사적으로 $x \cong [H^+] \cong [HA]$로 둘 수 있으므로

$$[H^+] = 0.0190 \text{ M},\ pH = 1.72,\ [HA] = 0.0190 \text{ M}$$

$$[H_2A^+] = 0.100 - 0.0190 = 0.081 \text{ M}$$

이제 A^-의 농도를 구해야 한다. K_{a2}가 워낙 작기 때문에 A^-의 농도도 매우 작겠지만 0은 아니다. A^-의 농도를 계산하려면 (12−2) 식의 평형을 이용해야 한다.

$$K_{a2} = \frac{[H^+][A^-]}{[HA]},\quad [A^-] = K_{a2}\frac{[HA]}{[H^+]}$$

$[HA] \cong [A^-]$로 두었으므로

$$[A^-] \cong K_{a2} = 1.67 \times 10^{-10}$$

이제 지금 사용한 근사적인 방법이 타당한지 확인해 보아야 한다. 위 계산에 의하면 H_2A^+의 해리에 의해 생성된 HA의 농도는 HA의 해리에 의해 만들어진 A^-의 농도보다 10^8배 이상 더 크다. 따라서 HA의 해리는 H_2A^+의 해리에 비해 무시할 수 있다. 대부분의 이양성자성 산의 K_{a1}은 K_{a2}에 비해 너무 크기 때문에 이상과 같은 근사법을 적용할 수 있다. 이 절에서 다룬 내용을 한마디로 다시 정리하면 H_2A^+ 용액에 존재하고 있는 화학종의 농도를 계산할 때 K_{a1} 값이 K_{a2}보다 훨씬 크다면 이양성자성 산을 $K_a = K_{a1}$인 일양성자성 산으로 취급할 수 있다는 것이다.

(2) 중간형 HA의 평형

0.100 M 글리신, HA 용액이 있다. 이 용액에 존재하는 H^+를 포함한 화학종의 농도를 계산해 보자. HA는 H^+를 받을 수도 있고 H^+를 다른 화학종에 줄 수도 있다. 즉 산도 염기도 될 수 있다. 분자가 이런 성질을 갖고 있으면 **양쪽성 양성자성**(amphiprotic)을 갖는다고 말한다.

$$HA \rightleftarrows A^- + H^+ \qquad K_a = K_{a2} = 1.67 \times 10^{-10} \qquad (12-7)$$

$$HA + H_2O \rightleftarrows H_2A^+ + OH^- \qquad K_b = K_{b2} = 2.24 \times 10^{-12} \qquad (12-8)$$

이런 양쪽성 양성자성을 갖는 분자의 산-염기 성질을 좀 더 설명할 필요가 있다. HA의 K_a 값이 K_b 값보다 크기 때문에 이 용액은 분명히 산성일 것이다. 더군다나 K_a 값과 K_b 값의 차이가 상당히 크기 때문에 (12-8) 반응은 무시할 수 있을 것이라고 생각하기 쉽다. 그러나 (12-8) 반응을 무시하면 안 된다. 여기서 K_a, K_b 값은 각각 H_2A^+ 용액과 A^- 용액에서 일어나는 반응에 대한 값이다. 반면 (12-7)과 (12-8) 반응은 같은 계에서 같은 분자, HA에 의해 일어나는 반응이기 때문에 두 반응이 서로에게 상당한 영향을 미친다. (12-7) 반응에서 H^+가 더 많이 생성되지만, 이 H^+는 (12-8) 반응에서 생긴 OH^-와 반응해서 H_2O를 만든다. 따라서 (12-8) 반응이 오른쪽으로 더 많이 진행되도록 끌어주게 된다. 즉 K_a 값이 K_b 값보다 훨씬 크지만 (12-7) 반응과 (12-8) 반응은 비슷한 정도로 진행될 것이라고 예상할 수 있다.

이제 이러한 예상이 맞는지 용액에 존재하는 여러 화학종들의 농도를 계산해서 확인해 보자. (12-8) 반응을 무시할 수 없기 때문에 체계적인 방법으로 평형을 다루어야 한다. HA의 포말 농도 F = 0.100 M이다. 전하 균형은 다음과 같이 쓸 수 있다.

$$[H^+] + [H_2A^+] = [A^-] + [OH^-]$$

$$[H_2A^+] - [A^-] + [H^+] - [OH^-] = 0 \qquad (12-9)$$

질량 균형은 다음과 같다.

$$F = [HA] + [A^-] + [H_2A^+] \cong [HA]$$

각 반응에 대한 평형 상수식은 다음과 같다.

$$K_a = K_{a2} = \frac{[H^+][A^-]}{[HA]}, \qquad K_b = K_{b2} = \frac{[H_2A^+][OH^-]}{[HA]}$$

$$K_w = [H^+][OH^-]$$

평형 상수식을 이용하여 H_2A^+, A^-, OH^- 농도를 다음과 같이 쓸 수 있다.

$$[H_2A^+] = \frac{K_{b2}[HA]}{[OH^-]} = \frac{[H^+][HA]}{K_{a1}} \qquad (12-10)$$

$$[A^-] = \frac{K_{a2}[HA]}{[H^+]} \qquad (12-11)$$

$$[OH^-] = \frac{K_w}{[H^+]} \qquad (12-12)$$

(12-9) 식에 (12-10), (12-11), (12-12) 식을 대입한다. 또 F ≅ [HA]이므로 이 관계식을 대입하면 (12-9) 식은 다음과 같이 쓸 수 있다.

$$\frac{F[H^+]}{K_{a1}} - \frac{F \cdot K_{a2}}{[H^+]} + [H^+] - \frac{K_w}{[H^+]} = 0$$

$$[H^+] \cong \sqrt{\frac{K_{a1} \cdot K_{a2} \cdot F + K_{a1} \cdot K_W}{K_{a1} + F}} \tag{12-13}$$

이제 (12−13) 식에 평형 상수 값과 포말 농도만 대입하면 H^+ 농도를 구할 수 있다.

$F = 0.100$ M, $K_{a1} = 4.47 \times 10^{-3}$, $K_{a2} = 1.67 \times 10^{-10}$, $K_w = 1.00 \times 10^{-14}$를 대입해 주면,

$$[H^+] = 8.46 \times 10^{-7}\ M,\ pH = 6.07$$

(12−10) 식, (12−11) 식에 H^+ 농도, 포말 농도, 평형 상수 값을 대입하면 H_2A^+와 A^- 농도를 구할 수 있다.

$$[H_2A^+] = \frac{[H^+][HA]}{K_{a1}} = \frac{F[H^+]}{K_{a1}} = 1.89 \times 10^{-5}\ M$$

$$[A^-] = \frac{K_{a2}[HA]}{[H^+]} = \frac{K_{a2} \cdot F}{[H^+]} = 1.97 \times 10^{-5}\ M$$

지금까지 계산하면서 $F \cong [HA] = 0.100$ M이라고 가정했는데 이것이 타당한지 한번 잘 살펴볼 필요가 있다. (12−7), (12−8) 반응에서 보는 것처럼 HL이 산이나 염기 반응을 하면 H_2A^+와 A^-를 만든다. 그러나 $[H_2A^+]$(=1.89×10^{-5} M)와 $[A^-]$(=1.97×10^{-5} M)는 [HA](≅0.100 M)에 비해 매우 작다. 이 사실은 HA 대부분은 반응하지 않고 그대로 있다는 것이다. 그래서 [HA]가 포말 농도와 같다고 해도 무방하다는 것을 확인할 수 있다. 그 다음으로 확인할 수 있는 것은 $[H_2A^+]$와 $[A^-]$ 값이 거의 비슷하게 나온다는 사실이다. 이 결과는 HA의 K_a 값이 K_b 값보다 75배 정도나 더 크지만 (12−7)과 (12−8) 반응이 거의 비슷한 정도로 진행된다는 것을 의미한다. 같은 이유로 HA 용액의 pH는 중성에 가깝다. 이러한 성질은 이양성자성 산의 중간형 같은 모든 양쪽성 양성자성을 갖는 분자가 공통적으로 갖는 특성이다.

(12−13) 식은 근사적인 값이지만 참값에 매우 가깝다. 그러나 이 계산은 다소 복잡해서 간단하게 대략적인 값을 알 필요가 있을 때는 쓰기가 불편하다. 참값으로부터 좀 거리가 있지만 이 식을 더욱 간단하게 만들어 개략적인 값을 계산해 보는 것이 유용할 때가 많이 있다. 우선 생각해 볼 수 있는 것이 (12−13) 식의 분자에서 보통 $K_{a1} \cdot K_{a2} \cdot F \gg K_{a1} \cdot K_w$ 관계가 성립한다. 그래서 $K_{a1} \cdot K_w \approx 0$으로 놓을 수 있다는 것이다. 그 다음으로는 이 식의 분모에서 보통 $F \gg K_{a1}$ 관계가 성립한다. 그래서 $K_{a1} \approx 0$이라고 가정할 수 있다. 그래서 (12−13) 식 분자에 있는 $K_{a1} \cdot K_w$ 값과 분모에 있는 K_{a1} 값을 무시하면 식이 매우 간단해진다.

$$[H^+] \approx \sqrt{K_{a1} \cdot K_{a2}}$$

이 식의 양변에 로그를 취하고 (−)를 곱해주면 다음과 같다.

$$-\log[H^+] \approx -\frac{1}{2}(\log K_{a1} + \log K_{a2})$$

그래서 이양성자성 산의 중간형을 녹인 용액의 대략적인 pH는 다음과 같이 간단하게 계산할 수 있다.

$$pH \approx \frac{1}{2}(pK_{a1} + pK_{a2}) \tag{12-14}$$

이 식이 말하는 것은 이양성자성 산 중간형으로 만든 용액의 pH는 포말 농도와는 상관없이 이 산의 pK_{a1}과 pK_{a2}를 평균한 값과 비슷하다는 것이다. (12−13) 식으로 계산한 0.100 M 글리신 용액의 pH는 6.07이다. 그러나 (12−14) 식으로 계산하면 $pH = \frac{1}{2}(2.350+9.777) = 6.06$이다. 이 두 값은 실질적으로 차이가 없다. 그래서 (12−14) 식은 용액의 pH를 간단히 예측하는 데 대단히 유용하다.

(3) 염기성형 A^-의 평형

이제 글리신의 염기성형인 A^-로 만든 용액의 화학 평형에 대해 알아보고 이 용액의 pH와 기타 다른 화학종들의 농도를 계산해 보자. 앞서와 같이 A^-의 포말 농도는 0.100 M이라 가정한다. A^-는 이양성자성 염기이므로 이 용액에는 (12-3) 식과 (12-4) 반응과 같은 화학 평형이 있다.

$$A^- + H_2O \rightleftarrows HA + OH^- \qquad K_{b1} = K_w/K_{a2} = 5.99 \times 10^{-5}$$

$$HA + H_2O \rightleftarrows H_2A^+ + OH^- \quad K_{b2} = K_w/K_{a1} = 2.24 \times 10^{-12}$$

A^-는 K_{b1} 값이 크지 않기 때문에 약한 염기이다. 그래서 대부분이 A^-로 존재하고 소량이 H_2O와 반응해서 HA가 만들어진다. HA의 K_{b2} 값은 훨씬 더 작아서 더욱 약한 염기이고 H_2A^+는 거의 만들어지지 않는다고 볼 수 있다. K_{b1}과 K_{b2}는 크기가 10^7배 이상 차이가 난다. 그래서 H_2A^+ 용액의 화학 평형과 같은 논리로 A^-를 $K_b = K_{b1}$인 일양성자성 염기로 취급할 수 있다.

0.100 M A^- 용액의 pH와 여러 화학종의 농도를 어렵지 않게 계산할 수 있다. HA의 농도를 x라 두면 다음과 같이 쓸 수 있다.

$$\begin{array}{ccccccc} A^- & + & H_2O & \rightleftarrows & HA & + & OH^- \\ 0.100-x & & & & x & & x \end{array}$$

$$K_{b1} = \frac{[HA][OH^-]}{[A^-]} = \frac{x^2}{0.100-x} = 5.59 \times 10^{-5}$$

이 식을 x에 대해 풀면, $x = 2.34 \times 10^{-3}$ M

$$x = [HA] \cong [OH^-] = 2.34 \times 10^{-3}\ M$$

$$[H^+] = \frac{K_w}{[OH^-]} = 4.27 \times 10^{-12}\ M,\ pH = 11.37$$

$$[A^-] = 0.100 - x = 0.0977\ M$$

H_2A^+ 농도를 구하려면 K_{b2} 평형을 이용할 수밖에 없다.

$$K_{b2} = \frac{[H_2A^+][OH^-]}{[HA]}, \qquad [H_2A^+] = K_{b2}\frac{[HA]}{[OH^-]}$$

$[HA] \cong [OH^-]$로 두었으므로

$$[H_2A^+] \cong K_{b2} = 1.67 \times 10^{-10}\ M$$

이런 계산에서는 지금 사용한 근사적인 방법이 타당한지 확인해 보는 습관이 중요하다. A^-의 반응에 의해 생성된 HA의 농도는 HA의 반응에 의해 만들어진 H_2A^+의 농도보다 10^7배 이상 더 크다. 때문에 HA의 반응은 A^-의 반응에 비하면 충분히 무시할 수 있다. 이양성자성 산의 경우와 같이 대부분의 이양성자성 염기의 K_{b1}은 K_{b2}에 비해 매우 크기 때문에 이상과 같은 근사법을 적용할 수 있다. 즉 이양성자성 염기인 A^- 용액의 pH와 기타 화학종의 농도를 계산할 때 K_{b1}과 K_{b2} 값의 차이가 상당히 크다면 이양성자성 염기를 $K_b = K_{b1}$인 일양성자성 염기와 같이 다룰 수 있다.

예제 | 12.1

$$H_3\overset{+}{N}CHCO_2H \underset{}{\overset{pK_{a1}=2.328}{\rightleftharpoons}} H_3\overset{+}{N}CHCO_2^- \overset{pK_{a2}=9.744}{\rightleftharpoons} H_2NCHCO_2^-$$

H_2L^+ HL(루신) L^-

루신(leucine)은 아미노산의 일종으로 이양성자성 산의 중간형이다. 0.100 M과 0.0100 M 루신 용액의 pH를 계산하시오.

풀이

(12-13) 식을 이용하여 pH를 계산한다.

0.100 M 루신에 대해서 $K_{a1} = 4.699 \times 10^{-3}$, $K_{a2} = 1.803 \times 10^{-10}$이므로

$$[H^+] \cong \sqrt{\frac{K_{a1} \cdot K_{a2} \cdot F + K_{a1} \cdot K_w}{K_{a1} + F}}$$

$$= \sqrt{\frac{(4.699\times10^{-3})(1.803\times10^{-10})(0.100)+(4.699\times10^{-3})(1.00\times10^{-14})}{4.699\times10^{-3}+0.100}}$$

$$= 9.00\times10^{-7}$$

$pH = 6.05$

0.0100 M 루신에 대해서

$$[H^+] \cong \sqrt{\frac{(4.699\times10^{-3})(1.803\times10^{-10})(0.0100)+(4.699\times10^{-3})(1.00\times10^{-14})}{4.699\times10^{-3}+0.0100}} = 7.61\times10^{-7}$$

$pH = 6.12$

(12-14) 식을 이용하면 농도에 관계없이

$$pH \approx \frac{1}{2}(pK_{a1} + pK_{a2}) = \frac{1}{2}(2.328 + 9.744) = 6.04$$

2 이양성자성 완충 용액

일양성자성 산과 마찬가지로 이양성자성 산이나 다양성자성 산으로 완충 용액을 만들 수 있다. 단지 자이는 화학 평형이 하나 더 있다는 것이다. 앞서 다룬 글리신의 산성형 H_2A^+를 생각하자.

$$H_2A^+ \rightleftharpoons H^+ + HA$$

$$HA \rightleftharpoons H^+ + A^-$$

$$K_{a1} = \frac{[H^+][HA]}{[H_2A^+]}, \qquad K_{a2} = \frac{[H^+][A^-]}{[HA]}$$

약한 산이나 염기 용액이 평형 상태에 있으면 항상 Henderson-Hasselbalch 식이 성립한다. 평형 상수식에 로그를 도입하여 정리하면 Henderson-Hasselbalch 식을 얻을 수 있다. 이 관계식을 이용하면 용액의 pH를 편리하게 계산할 수 있다.

$$pH = pK_{a1} + \log\frac{[HA]}{[H_2A^+]} \qquad (12-15)$$

$$pH = pK_{a2} + \log\frac{[A^-]}{[HA]} \qquad (12-16)$$

$[H_2A^+]$와 [HA]를 알면 (12-15) 식을 이용하여 pH를 계산할 수 있고 [HA]와 $[A^-]$를 알면 (12-16) 식을 이용하여 pH를 계산할 수 있다.

예제 | 12.2

N-tris(hydroxymethyl)methylglycine, $(HOCH_2)_3CNHCH_2COOH$은 약칭으로 TRICINE이라 부르는데 이것의 산성형인 $(HOCH_2)_3CN^+H_2CH_2COOH$(F.W.=180.17)는 완충 용액 만드는 데 쓰이는 이양성자성 산이다. 이 산을 H_2T^+라 표기하면 다음과 같은 평형이 존재한다.

$$H_2T^+ \rightleftarrows H^+ + HT \qquad K_{a1} = 9.55 \times 10^{-3}$$

$$HT \rightleftarrows H^+ + T^- \qquad K_{a2} = 7.24 \times 10^{-9}$$

(1) H_2T^+ 1.00 g을 녹여 100.0 mL 용액을 만들었다. 이 용액의 pH는 얼마인가?

(2) 이 용액에 NaOH(F.W.= 40.00 g/mol) 0.0400 g을 넣었다. 이 용액의 pH를 계산하시오.

풀이

(1) H_2T^+의 몰농도 $= \left(\dfrac{1.00\ \text{g}}{180.17\ \text{g/mol}} \times \dfrac{1}{0.100\ \text{L}}\right) = 0.056\ \text{M}$

H_2T^+는 K_{a1}과 K_{a2} 값 차이가 크기 때문에 일양성자성 산처럼 취급할 수 있다.

$$\begin{array}{ccccc} H_2T^+ & \rightleftarrows & H^+ & + & HT \\ 0.056-x & & x & & x \end{array}$$

$$K_{a1} = \frac{x^2}{0.056 - x} = 9.55 \times 10^{-3}$$

$x = [H^+] = 0.0188\ \text{M}$

pH = 1.73

(2) 이 용액에 가한 NaOH의 몰수 $= \dfrac{0.0400\ \text{g}}{40.00\ \text{g/mol}} = 0.00100\ \text{mol}$

가한 OH^-는 H_2T^+와 중화 반응을 한다.

	H_2T^+	+ OH^-	→	HT + H_2O
반응 전 몰수	0.0056	0.00100		—
반응 후 몰수	0.0046	—		0.00100

$$pH = pK_{a1} + \log \frac{[HT]}{[H_2T^+]} = 2.02 + \log \frac{0.00100}{0.0046} = 1.36$$

3 주화학종

어떤 산이나 염기는 pH와 같은 조건에 따라 주로 산성형으로 존재하거나 염기성형으로 존재하거나 아니면 중간형이 주로 많이 존재할 수 있다. 어떤 주어진 조건에서 시료가 주로 어떤 형태로 존재하고 있는지 알아야 하는 경우가 흔히 있다. 예를 들면 어떤 혼합물을 크로마토그래피로 분리시키고자 할 때 시료가 대부분 어떤 형태로 존재하는지 꼭 알아야 한다. 시료가 중성 분자, 양이온, 또는 음이온일 때 각기 서로 다른 분리 방법을 사용해야 하기 때문이다. 주어진 조건에서 대부분의 시료가 어떤 특정 형태로 존재할 때 이 화학종을 **주화학종**(principal species)이라고 부른다.

우리 주변에서 흔히 볼 수 있는 아세트산을 생각하자.

$$CH_3COOH \rightleftarrows CH_3COO^- + H^+ \qquad pK_a = 4.56$$

용액이 산성일 때는 평형이 왼쪽으로 이동하므로 주로 CH_3COOH로 존재할 것이다. 용액이 염기성이 되면 평형이 오른쪽으로 이동할 것이므로 CH_3COO^- 형태로 주로 존재할 것이다.

용액의 pH = 6.0일 때 주화학종이 무엇인지 생각해 보자. 아세트산의 pH는 다음과 같이 계산한다.

$$pH = pK_a + \log\frac{[CH_3COO^-]}{[CH_3COOH]} = 4.56 + \log\frac{[CH_3COO^-]}{[CH_3COOH]}$$

pH = 4.56일 때 $[CH_3COOH] = [CH_3COO^-]$가 된다. pH > pK_a이면 로그 항이 양수가 되어야 하므로 $[CH_3COOH] < [CH_3COO^-]$이다. pH < pK_a이면 로그 항이 음수가 되어야 하므로 $[CH_3COOH] > [CH_3COO^-]$이다. 그래서 pH = 5.56이면 pH = pK_a+1이므로 $\frac{[CH_3COO^-]}{[CH_3COOH]}$=10이 된다. pH = 6.0이면 CH_3COO^- 농도가 CH_3COOH 농도보다 10배 이상이 된다. 그러므로 이때는 CH_3COO^-가 주화학종이다.

용액의 pH = 3.0일 때를 생각해 보자. pH = 3.56이면 pH = pK_a − 1이므로 $\frac{[CH_3COO^-]}{[CH_3COOH]}$=1/10이 된다. pH = 3.0이면 CH_3COOH 농도가 CH_3COO^- 농도보다 10배 이상이 된다. 그러므로 이때는 CH_3COOH가 주화학종이 된다.

정리하면 일양성자성 산 HA의 경우, pH > pK_a이면 염기성형 A^-가 주화학종이 되고, pH < pK_a이면 산성형 HA가 주화학종이 되는 것이다. pH = pK_a일 때는 $[HA] = [A^-]$가 된다.

예제 | 12.3

메틸아민(CH_3NH_2)은 약한 염기이다. 용액의 pH = 7.50일 때 주화학종은 무엇인가?

풀이

$$CH_3NH_2 + H_2O \rightleftarrows CH_3NH_3^+ + OH^-$$

$CH_3NH_3^+$의 pK_a = 10.632이다. 용액의 pH는 다음과 같이 계산할 수 있다.

$$pH = pK_a + \log\frac{[CH_3NH_2]}{[CH_3NH_3^+]} = 10.632 + \log\frac{[CH_3NH_2]}{[CH_3NH_3^+]}$$

pH = 10.632일 때 $[CH_3NH_2] = [CH_3NH_3^+]$가 된다. pH < 10.632이면 로그 항이 음수가 되어야 하므로 $[CH_3NH_2] < [CH_3NH_3^+]$이 된다. pH가 pK_a보다 3 pH 단위 이상 작으므로 $[CH_3NH_2]/[CH_3NH_3^+]$는 1 : 1000 이하가 된다. 99.9% 이상이 $CH_3NH_3^+$ 형태로 있다. 그래서 이때는 $CH_3NH_3^+$가 주화학종이다.

만약 pH > 10.632가 되면 로그 항이 양수가 되어야 한다. 따라서 $[CH_3NH_2] > [CH_3NH_3^+]$가 되고 CH_3NH_2가 주화학종이 된다.

이양성자성 산의 주화학종이 pH에 따라 어떻게 바뀌는지 살펴보자. 아미노산의 일종인 루신($NH_2CHCH_2CH(CH_3)_2COOH$)를 HA로 표기하자. 산성형은 H_2A^+이고 염기성형은 A^-가 된다.

$$H_2A^+ \rightleftarrows HA + H^+ \qquad pK_{a1} = 2.328$$

$$HA \rightleftarrows A^- + H^+ \qquad pK_{a2} = 9.744$$

pH는 다음과 같이 나타낼 수 있다.

$$pH = pK_{a1} + \log \frac{[HA]}{[H_2A^+]} = 2.328 + \log \frac{[HA]}{[H_2A^+]} \tag{12-17}$$

$$pH = pK_{a2} + \log \frac{[A^-]}{[HA]} = 9.744 + \log \frac{[A^-]}{[HA]} \tag{12-18}$$

pH = 2.328이면 $[H_2A^+] = [HA]$이고 pH = 9.744이면 $[HA] = [A^-]$가 된다. pH < 2.328일 때는 (12-17) 식의 로그 항이 음수가 되어야 하므로 $[H_2A^+] > [HA]$가 되어 H_2A^+가 주화학종이 된다. 2.328 < pH < 9.744이면 (12-17) 식의 로그 항은 양수가 되고 (12-18) 식의 로그 항은 음수가 되어야 한다. 그래서 $[HA] > [H_2A^+]$와 $[HA] > [A^-]$가 동시에 성립해야 한다. 이때는 HA가 주화학종이다. 마지막으로 pH > 9.744일 때는 (12-18) 식의 로그 항이 양수가 되어야 한다. 따라서 $[A^-] > [HA]$가 되어야 하므로 A^-가 주화학종이 된다.

예제 | 12.4

옥살산(HOOCCOOH)은 이양성자성 산이다. 옥살산 용액의 pH가 각각 0.5, 3.0, 6.0일 때 주화학종이 무엇인지 말하시오.

풀이

옥살산을 간단히 H_2Ox라고 표기하면 H_2Ox의 화학 평형과 용액의 pH는 다음과 같이 쓸 수 있다.

$H_2Ox \rightleftarrows HOx^- + H^+ \quad pK_{a1} = 1.250$

$HOx^- \rightleftarrows Ox^{2-} + H^+ \quad pK_{a2} = 4.266$

$$pH = pK_{a1} + \log \frac{[HOx^-]}{[H_2Ox]} = 1.250 + \log \frac{[HOx^-]}{[H_2Ox]}$$

$$pH = pK_{a2} + \log \frac{[Ox^{2-}]}{[HOx^-]} = 4.266 + \log \frac{[Ox^{2-}]}{[HOx^-]}$$

pH = 0.5일 때는 $[H_2Ox] > [HOx^-]$가 되어야 하므로 H_2Ox가 주화학종이다. pH = 3.0이면 $[HOx^-] > [H_2Ox]$와 $[HOx^-] > [Ox^{2-}]$가 동시에 성립해야 하므로. HOx^-가 주화학종이 된다. pH = 6.0일 때는 $[Ox^{2-}] > [HOx^-]$가 되어야 하므로 Ox^{2-}가 주화학종이 된다.

4 분율 조성식

약한 산이나 염기는 용액의 pH에 따라 평형이 이동하므로 각 화학종의 농도비가 변한다. 이제 어떤 pH에서 각 화학종의 분율을 나타내는 식을 유도해 보자. 이러한 식을 **분율 조성식**(fractional composition equation)이라고 부른다. 분율 조성식은 산-염기 평형, 착물화법 적정, 그리고 전기 화학에서 산화 환원 평형을 공부하는 데도 유용하게 쓰일 것이다.

(1) 일양성자성 계

어떤 일양성자성 산 HA는 HA나 A^- 형태로 존재할 수 있다. 이들의 분율을 pH의 함수로 표시하기 위해서는 평형 상수식과 질량 균형식을 이용해야 한다. HA의 포말 농도는 F라고 하자.

$HA \rightleftarrows A^- + H^+$

$$K_a = \frac{[H^+][A^-]}{[HA]} \quad (12-19)$$

질량 균형: $F = [HA] + [A^-]$ (12−20)

(12−20) 식을 재배열하면 $[A^-] = F - [HA]$이 되고 이것을 (12−19) 식에 대입한다.

$$K_a = \frac{[H^+]\{F - [HA]\}}{[HA]}$$

이것을 정리하면,

$$[HA] = \frac{[H^+]F}{K_a + [H^+]} \quad (12-21)$$

다시 (12−20) 식에서 $[HA] = F - [A^-]$이므로 이것을 (12−19) 식에 대입하여 같은 방식으로 풀면 다음과 같다.

$$K_a = \frac{[H^+][A^-]}{F - [A^-]}$$

이것을 정리하면,

$$[A^-] = \frac{K_a F}{K_a + [H^+]} \quad (12-22)$$

HA 형태로 있는 산의 분율을 α_{HA}라 하고 A^- 형태로 있는 산의 분율을 α_{A^-}라고 하면 이들을 다음과 같이 정의할 수 있다.

$$\alpha_{HA} = \frac{[HA]}{[HA] + [A^-]} = \frac{[HA]}{F} \quad (12-23)$$

$$\alpha_{A^-} = \frac{[A^-]}{[HA] + [A^-]} = \frac{[A^-]}{F} \quad (12-24)$$

(12−23) 식에 (12−21) 식을 대입하고 (12−24) 식에 (12−22) 식을 대입하여 정리하면 HA와 A^-의 분율을 얻을 수 있다.

$$\alpha_{HA} = \frac{[HA]}{F} = \frac{[H^+]}{K_a + [H^+]} \quad (12-25)$$

$$\alpha_{A^-} = \frac{[A^-]}{F} = \frac{K_a}{K_a + [H^+]} \quad (12-26)$$

HA가 $pK_a = 4.756$인 CH_3COOH일 때 α_{HA}와 α_{A^-}를 pH에 대해 도시한 것이 그림 12.1에 있다. pH가 낮을 때는 대부분의 산이 HA(CH_3COOH) 형태로 있고 pH가 커질수록 A^-(CH_3COO^-) 형태로 있는 산의 농도가 커진다. pH가 더욱 커져서 염기성이 되면 대부분의 산이 A^- 형태로 존재하게 된다는 사실을 확인할 수 있다.

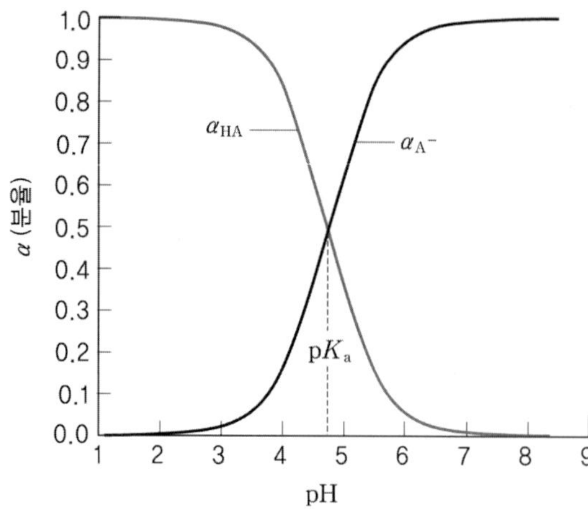

그림 12.1 $pK_a = 4.756$인 CH_3COOH의 분율 조성 그림. pH가 pK_a보다 작을 때는 주로 CH_3COOH 형태로 있고 pH가 pK_a보다 커지면 주로 CH_3COO^- 형태로 있는 것을 알 수 있다.

(2) 이양성자성 계

이제 이양성자성 산의 분율 조성식을 구해 보자. 계산하는 방법은 일양성자성 산과 같고 단지 화학 평형이 하나 더 존재하기 때문에 수식이 좀 복잡해진다는 것뿐이다. 어떤 이양성자성 산을 간단히 H_2A로 표기하면 존재하는 화학 평형과 이에 대한 평형 상수를 다음과 같이 쓸 수 있다.

$$H_2A \rightleftarrows H^+ + HA^- \qquad K_{a1} = \frac{[H^+][HA^-]}{[H_2A]}$$

$$HA^- \rightleftarrows H^+ + A^{2-} \qquad K_{a2} = \frac{[H^+][A^{2-}]}{[HA^-]}$$

평형 상수식을 이용하여 $[H_2A]$, $[HA^-]$, $[A^{2-}]$를 다음과 같이 쓸 수 있다.

$$[H_2A] = \frac{[H^+][HA^-]}{K_{a1}}$$

$$[HA^-] = \frac{K_{a1}[H_2A]}{[H^+]}$$

$$[A^{2-}] = \frac{K_{a1}K_{a2}[H_2A]}{[H^+]^2}$$

이 관계식을 이용하여 질량 균형식을 다음과 같이 쓸 수 있다.

$$F = [H_2A] + [HA^-] + [A^{2-}] = [H_2A]\left(\frac{[H^+]^2 + [H^+]K_{a1} + K_{a1}K_{a2}}{[H^+]^2}\right)$$

$$F = [HA^-]\left(\frac{[H^+]^2 + [H^+]K_{a1} + K_{a1}K_{a2}}{K_{a1}[H^+]}\right)$$

$$F = [A^{2-}]\left(\frac{[H^+]^2 + [H^+]K_{a1} + K_{a1}K_{a2}}{K_{a1}K_{a2}}\right)$$

H_2A, HA^-, A^{2-}의 분율을 각각 α_{H_2A}, α_{HA^-}, $\alpha_{A^{2-}}$라 하면 이들을 다음과 같이 나타낼 수 있다.

$$\alpha_{H_2A} = \frac{[H_2A]}{F} = \frac{[H^+]^2}{[H^+]^2 + [H^+]K_{a1} + K_{a1}K_{a2}} \qquad (12-27)$$

$$\alpha_{HA^-} = \frac{[HA^-]}{F} = \frac{K_{a1}[H^+]}{[H^+]^2 + [H^+]K_{a1} + K_{a1}K_{a2}} \tag{12-28}$$

$$\alpha_{A^{2-}} = \frac{[A^{2-}]}{F} = \frac{K_{a1}K_{a2}}{[H^+]^2 + [H^+]K_{a1} + K_{a1}K_{a2}} \tag{12-29}$$

그림 12.2는 이양성자성 산인 옥살산(HOOCCOOH)의 α_{H_2A}, α_{HA^-}, $\alpha_{A^{2-}}$ 값을 pH에 대해 도시한 것이다. 옥살산은 $pK_{a1} = 1.250$이고 $pK_{a2} = 4.266$이다. pH가 작을 때는 산의 대부분이 H_2A 형태로 존재한다. pH가 증가함에 따라 H_2A 분율은 감소하고 HA^-의 분율이 증가한다. 계속 pH가 증가함에 따라 HA^-의 분율이 최댓값을 나타낸 후 감소하기 시작하고 A^{2-}의 분율이 증가하기 시작한다. pH가 더욱 커지면 산은 대부분 A^{2-} 형태로 존재하게 된다.

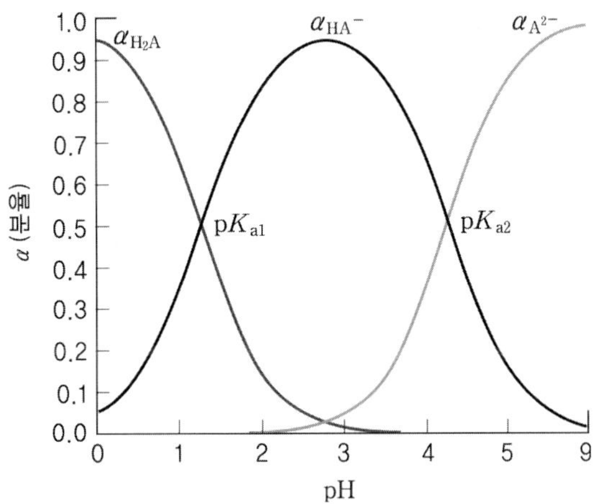

그림 12.2 옥살산($pK_{a1} = 1.250$, $pK_{a2} = 4.266$)의 분율 조성 그림. pH가 pK_{a1}보다 작을 때는 주로 H_2A 형태로 존재하고 pH가 pK_{a1}과 pK_{a2} 사이의 값을 가질 때는 주로 HA^- 형태로 존재하며 pH가 pK_{a2}보다 커지면 주로 A^{2-} 형태로 존재하는 것을 알 수 있다

(12−27), (12−28), (12−29) 식은 그대로 이양성자성 염기에 적용할 수 있다. 어떤 이양성자성 염기 B가 있다고 하자. 이 염기의 산성형, 중간형, 염기성형은 각기 BH_2^{2+}, BH^+, B로 쓸 수 있다. 분율 α_{H_2A}는 BH_2^{2+}에 대해 그대로 쓸 수 있고, α_{HA^-}는 BH^+에 대해, $\alpha_{A^{2-}}$는 B에 대해 그대로 쓸 수 있다. K_{a1}, K_{a2} 값은 BH_2^{2+}의 산 해리 상수인데 이 값은 $K_{a1} = K_w/K_{b2}$, $K_{a2} = K_w/K_{b1}$ 관계식으로부터 계산할 수 있다. K_{b1}, K_{b2}는 B의 염기 해리 상수이다.

연습문제

1. 어떤 이양성자성 산 H_2A는 $K_{a1} = 1.00 \times 10^{-4}$이고 $K_{a2} = 1.00 \times 10^{-8}$이다. 0.0500 M Na_2A 용액의 pH와 H_2A, HA^-, A^{2-}의 농도를 계산하시오.

2. 어떤 이양성자성 산 H_2A가 있다. 산 해리 평형은 다음과 같다.

   $H_2A \rightleftarrows HA^- + H^+ \qquad K_{a1} = 6.31 \times 10^{-3}$

   $HA^- \rightleftarrows A^{2-} + H^+ \qquad K_{a2} = 4.90 \times 10^{-10}$

   다음 용액의 pH, H_2A, HA^-, A^{2-}의 농도를 각각 계산하시오.

   (1) 0.100 M H_2A (2) 0.100 M HA (3) 0.100 M A^{2-}

3. 어떤 이양성자성 염기 B가 있다. 수용액에서 평형은 다음과 같다.

   $B + H_2O \rightleftarrows BH^+ + OH^- \qquad K_{b1} = 6.62 \times 10^{-5}$

   $BH^+ + H_2O \rightleftarrows BH_2^{2+} + OH^- \qquad K_{b2} = 8.70 \times 10^{-10}$

   B의 농도가 0.050 M일 때 용액의 pH를 계산하시오.

4. 어떤 이양성자성 산 H_2L^+ 0.100 M 수용액이 있다.

   $H_2L^+ \rightleftarrows HL + H^+ \qquad K_{a1} = 4.70 \times 10^{-3}$

   $HL \rightleftarrows L^- + H^+ \qquad K_{a2} = 1.80 \times 10^{-10}$

   (1) 이 용액의 pH와 그 외 H_2L^+, HL, L^-의 농도를 계산하시오.

   (2) 위 (1)에서 각 화학종들의 농도를 계산하기 위해 어떤 가정과 근사적인 방법을 사용했는가? 또 이런 근사적인 방법으로 계산해도 무방한 이유를 설명하시오.

5. 어떤 이양성자성 H_2A가 있다. 이 산의 중간형인 HA^-의 $K_a = 1 \times 10^{-5}$이고 $K_b = 1 \times 10^{-7}$라고 하자. K_a 값과 K_b 값이 상당히 다름에도 불구하고 HA^-를 물에 녹였을 때 산 해리 반응(K_a 반응)과 염기 해리 반응(K_b 반응)은 비슷한 정도로 일어난다. 그 이유를 설명하시오.

6. HCOOH는 약한 산이다.

   $HCOOH \rightleftarrows HCOO^- + H^+ \qquad K_a = 1.80 \times 10^{-4}$

   pH = 2.00일 때와 pH = 5.00일 때 각각 주화학종이 어느 것인지 설명하시오.

7. 어떤 이양성자성 산 H_2A는 $pK_{a1} = 3.50$이고 $pK_{a2} = 8.00$이다. 다음 물음에 답하고 그 이유를 함께 설명하시오.

   (1) pH가 2.0, 5.0, 9.0일 때 어떤 것이 주화학종인가?

   (2) pH = 4.0일 때 $[HA^-]/[H_2A]$의 비는 얼마인가? 또, pH = 7.3일 때 $[A^{2-}]/[HA^-]$ 비는 얼마인가?

   (3) A^{2-}의 pK_{b1} 값과 HA^-의 pK_{b2} 값을 계산하시오.

8. 옥살산(HOOCCOOH)은 이양성자성 산이다. 옥살산을 간단히 H_2Ox라 표기하면 수용액에서 다음과 같은 평형이 존재한다.

   $H_2Ox \rightleftarrows HOx^- + H^+ \qquad K_{a1} = 5.62 \times 10^{-2}$

   $HOx^- \rightleftarrows Ox^{2-} + H^+ \qquad K_{a2} = 5.42 \times 10^{-5}$

   용액의 pH가 (1) 1.0, (2) 3.0, (3) 6.0일 때 어느 것이 주화학종이 되는지 화학 평형을 이용하여 설명하시오.

9. 어떤 이양성자성 산 H_2A의 $pK_{a1} = 4.00$이고 $pK_{a2} = 8.00$이라고 가정하자. 용액의 pH가 2.0, 4.0, 6.0, 7.0, 8.0, 10.0으로 증가할 때 각 화학종들의 농도가 어떻게 변하는지 설명하고 어떤 것이 주화학종인지 설명하시오.

10. 알라닌(alanine)은 이양성자성 산인데 간단히 BH_2^+로 표기하기로 한다.

$BH_2^+ \rightleftarrows BH + H^+$ $\qquad K_{a1} = 4.53 \times 10^{-3}$

$BH \rightleftarrows B^- + H^+$ $\qquad K_{a2} = 1.36 \times 10^{-10}$

(1) 0.050 M BH_2^+ 용액의 pH와 BH_2^+, BH, B^-의 농도를 계산하시오.

(2) 이 용액의 pH가 각각 1.50, 6.0, 11.0일 때 어느 것이 주화학종이 되는지 화학 평형을 이용하여 설명하시오.

11. 프탈산(phthalic acid)은 이양성자성 산인데 간단히 H_2A로 표기하자.

$H_2A \rightleftarrows HA^- + H^+$ $\qquad K_{a1} = 1.12 \times 10^{-3}$

$HA^- \rightleftarrows A^{2-} + H^+$ $\qquad K_{a2} = 3.90 \times 10^{-6}$

(1) 다음 용액의 pH, H_2A, HA^-, A^{2-}의 농도를 각각 계산하시오.

(a) 0.050 M H_2A (b) 0.050 M HA (c) 0.050 M A^{2-}

(2) 0.050 M H_2A 용액의 pH를 다음과 같이 조절하였다.

(a) pH = 1.50 (b) pH = 4.0 (c) pH = 6.50

각 경우에 어떤 화학종이 주화학종이 되는지 화학 평형을 이용하여 판단하시오.

(3) 용액의 pH가 1.0, 2.0, 4.0, 6.0, 8.0, 10.0으로 증가할 때 H_2A, HA^-, A^{2-}의 농도가 각각 어떻게 변하는지 설명하시오.

12. K_2CO_3 4.00 g에 $NaHCO_3$를 섞어 완충 용액 500.0 mL를 만들려고 한다. 이때 $NaHCO_3$를 몇 g 녹이면 완충 용액의 pH가 10.80이 되겠는가? 이양성자성 산인 H_2CO_3의 K_{a1}은 4.46×10^{-7}이고 K_{a2}는 4.69×10^{-11}이다. 또 이 용액에 1.00 M HCl 10.0 mL를 가하면 용액의 pH는 어떻게 되는가?

13. Na_2HPO_4와 Na_3PO_4를 섞어 인산 완충 용액(phosphate buffer) 100.0 mL를 만들었다. 이 용액에서 Na_2HPO_4의 농도는 0.0200 M이고 Na_3PO_4의 농도는 0.160 M이다. 이 완충 용액에 8.00밀리몰(mmol)의 H^+를 가하였다. 평형이 이루어지고 난 뒤에 이 완충 용액의 pH는 얼마인가? (단, H_3PO_4에 대해 $pK_{a1} = 2.149$, $pK_{a2} = 7.199$, $pK_{a3} = 12.15$이다.)

14. 0.100 M H_3PO_4 용액 1000.0 mL가 있다. 이 용액의 pH가 7.199가 되게 하려면 NaOH 몇 g을 가해야 하는가? (단, H_3PO_4의 $pK_{a1} = 2.149$, $pK_{a2} = 7.199$, $pK_{a3} = 12.15$이다.)

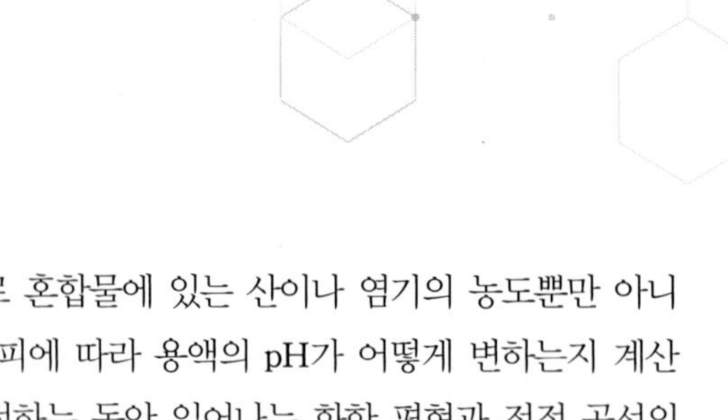

13장 산-염기 적정

산-염기 적정은 대표적인 부피 분석법(volumetric analysis)으로 혼합물에 있는 산이나 염기의 농도뿐만 아니라 pK_a 값도 구할 수 있다. 이 장에서는 가한 표준 용액의 부피에 따라 용액의 pH가 어떻게 변하는지 계산하여 적정 곡선을 그릴 것이다. 이러한 계산을 해 봄으로써 적정하는 동안 일어나는 화학 평형과 적정 곡선의 모양을 이해하게 된다. 그리고 산과 염기의 성질도 더 잘 알 수 있게 될 것이다. 그리고 지시약이나 전극을 사용하여 종말점을 정확하게 찾는 방법도 배우게 될 것이다.

1 센염기를 센산으로 적정

0.100 M NaOH 25.0 mL를 0.100 M HCl로 적정하는 경우를 알아보자. 가장 먼저 해야 할 일은 적정 시약(titrant)과 분석 시료(analyte) 사이에 일어나는 산-염기 반응(적정 반응)을 쓰는 것이다. 다음에는 적정 시약을 가하기 시작한 후부터 용액의 조성과 pH가 어떻게 변하는지 계산하는 것이다. 센산과 센염기 사이의 반응은 간단히 쓸 수 있다.

$$H^+ + OH^- \rightarrow H_2O \qquad K = 1/K_w = 1.0 \times 10^{14}$$

이 반응의 평형 상수는 대단히 크기 때문에 반응이 완전히 진행된다고 할 수 있다. 다시 말해 가해 준 H^+의 몰수만큼 OH^-가 소모된다는 말이다.

적정 곡선을 이론적으로 계산하기 위해 **당량점**(equivalence point)이 어디에 있는지 아는 것이 중요하다. 당량점은 가한 HCl의 몰수가 NaOH 몰수와 같아지는 점을 말하는데 이것을 V_e라고 하자.

$$(0.100\ M)(25.0/1000\ L) = (0.100\ M)(V_e)$$

$$V_e = 0.0250\ L = 25.0\ mL$$

부피 단위를 처음부터 mL로 하면 더욱 편리할 것이다.

$$(0.100\ M)(25.0\ mL) = (0.100\ M)(V_e)$$

$$V_e = 25.0\ mL$$

mL × (mol/L)는 mL × (mmol/mL)와 같기 때문에 왼쪽 항은 NaOH의 mmol 수가 되고 오른쪽 항은 가한 HCl의 mmol 수가 된다.

당량점은 중화 반응이 완결되는 점이므로 HCl 25.0 mL를 가하게 되면 중화 반응이 끝나게 된다. 당량점 이전에는 반응하지 않은 OH^-가 용액에 남아 있고 당량점에서는 OH^-가 H^+에 의해 완전히 중화되며 당량점을 지나고 나면 이제 가해 준 H^+가 용액에 남아 있게 된다. 당량점은 이론상으로 계산한 점이고 실제 적정에서 지시약의 색깔이나 전극 전위의 급격한 변화 등을 통해 구한 점은 **종말점**(end point)이라고 한다. 당량점과 종말점 간 차이는 피할 수 없는 적정 오차인데 이것을 줄이는 것이 적정 실험에서 가장 중요한 핵심이 된다.

센염기를 센산으로 적정할 때 적정 곡선을 3개 영역으로 나눌 수 있는데 각 영역에서는 서로 다른 계산 방식이 필요하다.

1. 당량점 이전에는 가해 준 H^+가 모두 OH^-에 의해 중화되므로 pH는 용액에 과량으로 남아 있는 OH^-에 의해 결정된다.
2. 당량점에서는 OH^-와 같은 몰수의 H^+가 가해졌기 때문에 산과 염기가 모두 물로 바뀌었다. pH는 물의 자체 양성자 이전 반응에 의해 결정된다.
3. 당량점 이후에는 반응하지 않은 H^+가 용액에 남게 된다. 그래서 pH는 이 과량의 H^+에 의해 결정된다.

(1) 당량점 이전

이때 pH 계산은 간단히 할 수 있다. 10.0 mL HCl를 가했을 때를 생각하자.

1. 가한 HCl의 밀리몰수 = (0.100 M)(10.0 mL) = 1.00 mmol
2. 반응 후 남은 NaOH의 밀리몰수는 반응 전에 있던 NaOH의 밀리몰수에서 가한 산의 밀리몰수를 빼주면 된다.

   반응 전 NaOH의 밀리몰수 = (0.100 M)(25.0 mL) = 2.50 mmol

   용액에 남은 NaOH의 밀리몰수 = 2.50 mmol − 1.00 mmol = 1.50 mmol
3. OH^-의 몰농도는 남은 NaOH의 밀리몰수를 용액의 전체 부피로 나누면 된다.

   용액의 부피 = 25.0 mL + 10.0 mL = 35.0 mL

   $[OH^-] = (1.50\ \text{mmol})/(35.0\ \text{mL}) = 0.0429\ \text{M}$

   $[H^+] = K_w/[OH^-] = (1.0 \times 10^{-14})/0.0429 = 2.3_3 \times 10^{-13}$

   pH = 12.6

이제 이러한 계산을 간편하게 할 수 있는 방법을 소개하기로 한다. V_e = 25.0 mL이므로 반응은 10.0/25.0이 진행되었고 반응하지 않고 남은 OH^-는 15.0/25.0이 된다. 적정에 의해 용액의 부피가 25.0 mL에서 35.0 mL로 늘어났기 때문에 희석률은 (25.0/35.0)이 된다. 그래서 OH^-의 농도는 다음과 같이 간편하게 계산할 수 있다.

$$[OH^-] = \underbrace{(0.100\ \text{M})}_{OH^-\text{의 처음 농도}}\underbrace{\left(\frac{25.0 - 10.0}{25.0}\right)}_{\text{남아 있는 } OH^-\text{의 분율}}\underbrace{\left(\frac{25.0}{25.0 + 10.0}\right)}_{\text{희석률}} = 0.0429\ \text{M} \qquad (13-1)$$

$[H^+] = K_w/[OH^-] = 2.33 \times 10^{-13}$ pH = 12.6

OH^-의 농도는 처음 농도 중 반응하고 남아 있는 분율을 희석률로 보정한 것이라는 사실을 (13−1) 식에서 알 수 있다. 희석률은 용액의 처음 부피를 최종 부피로 나눈 것이다.

(2) 당량점에서

당량점에서는 OH^-를 중화시키는 데 필요한 만큼의 H^+를 가했기 때문에 이때는 KCl을 물에 녹인 용액과 동일하다. H^+를 만들 수 있는 평형은 물의 자체 양성자 이전 반응밖에 없다.

$H_2O \rightleftharpoons H^+ + OH^-$

$K_w = [H^+][OH^-] = [H^+]^2 = 1.0 \times 10^{-14}$

$[H^+] = 1.0 \times 10^{-7}$, pH = 7.00

어떤 센염기를 센산으로 적정하거나 또는 어떤 센산을 센염기로 적정하든지 25 ℃에서 용액의 pH는 7.00이 될 것이다.

(3) 당량점 이후

당량점 이후에는 과량으로 가해진 HCl에 의해 pH가 결정된다. HCl을 26.0 mL 가했을 때 pH를 계산해 보자. 과량으로 들어간 HCl은 26.0 − 25.0 = 1.0 mL이고 용액의 부피는 25.0 + 26.0 = 51.0 mL이다.

$$[H^+] = \frac{(0.100\ \text{mol/L})(1.0/1000\ \text{L})}{(51.0/1000\ \text{L})} = 0.00196\ \text{M}$$

$$\text{pH} = 2.71$$

좀 더 간편한 방법으로 다음과 같이 계산할 수 있다.

$$[H^+] = \underbrace{(0.100\ \text{M})}_{H^+\text{의 처음 농도}}\underbrace{\left(\frac{1.0}{25.0 + 26.0}\right)}_{\text{희석률}} = 0.00196\ \text{M}$$

$$\text{pH} = 2.71$$

이 적정을 하는 동안 pH 변화를 계산한 결과는 표 13.1에 정리하였고 이것을 도시한 적정 곡선은 그림 13.1에 나타내었다. 이 적정 곡선을 보면 당량점 부근에서 pH가 급격하게 변한다는 사실을 알 수 있다. 당량점에 도달하기 전에는 용액에 중화 반응을 하지 않은 OH^-가 여분으로 남아 있다. 당량점에서는 모든 OH^-가 H^+에 의해 중화되고 물의 자체 양성자 이전 반응에 의해 생성된 미량의 OH^-만 남아 있으므로 실질적으로 용액에 OH^-는 없는 것이나 마찬가지이다. 당량점을 지나고 나면 가해 준 H^+가 아무 반응도 하지 않고 그대로 용액에 남게 된다. 때문에 당량점 부근에서 급격한 pH 변화가 나타나는 것이다. 가한 HCl의 부피를 V_a라 하면 적정 곡선에서 기울기(dpH/dV_a)가 최댓값을 갖는 점이 당량점이 된다. 또, 이 당량점은 적정 곡선의 2차 도함수가 0이 되며 변곡점(inflection point)이 된다. 어떤 센산−센염기 사이의 적정도 당량점에서 pH는 7.00이다. 하지만 산−염기 중 어느 한쪽이 약하거나 둘 다 약할 때는 당량점의 pH가 7.00이 아니라는 사실을 기억해야 한다.

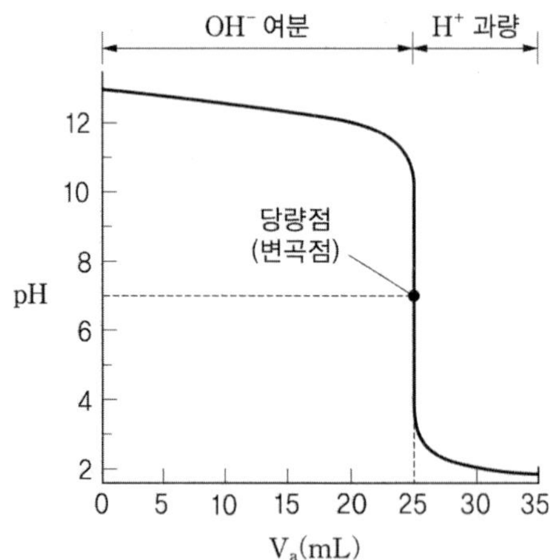

그림 13.1 0.100 M NaOH 25.0 mL를 0.100 M HCl로 적정하는 경우 pH 변화를 계산한 적정 곡선. 당량점은 일차 도함수가 최대가 되고 2차 도함수는 0이 되는 변곡점이다.

표 13.1 0.100 M NaOH 25.0 mL를 0.100 M HCl로 적정할 때 적정 곡선 계산 결과

	가해 준 HCl의 부피(V_a) (mL)	남은 OH^-의 농도(M)	과량의 H^+의 농도(M)	pH
영역 1 (과량의 OH^-)	0.0	0.1000		13.00
	1.0	0.0923		12.97
	3.0	0.0786		12.90
	5.0	0.0667		12.82
	7.0	0.0563		12.75
	9.0	0.0471		12.67
	11.0	0.0389		12.59
	13.0	0.0316		12.50
	15.0	0.0250		12.40
	17.0	0.0190		12.28
	19.0	0.0136		12.13
	21.0	0.0087		11.94
	22.0	0.0064		11.81
	23.0	0.0042		11.62
	24.0	0.0020		11.31
영역 2	25.0	–	–	7.00
영역 3 (과량의 H^+)	26.0		0.0019608	2.71
	27.0		0.0038462	2.41
	28.0		0.0056604	2.25
	29.0		0.0074074	2.13
	31.0		0.0107143	1.97
	33.0		0.0137931	1.86
	35.0		0.0166667	1.78

2 약한 산을 센염기로 적정

약한 산을 센염기로 적정할 때 pH를 계산하는 일은 그렇게 간단하지 않다. 약한 산은 용액에서 산-염기 반응이 평형을 이루고 있기 때문이다. 예로서 0.100 M 프로판산(propanoic acid) 25.0 mL를 0.100 M NaOH로 적정하는 경우 pH가 어떻게 변하는지 계산해 보자. 프로판산의 K_a는 1.34×10^{-5}이고 pK_a는 4.87이다. 적정 반응은 다음과 같다.

$$CH_3CH_2COOH + OH^- \rightarrow CH_3CH_2COO^- + H_2O \quad (13-2)$$

HA (프로판산) $\qquad A^-$

가장 먼저 이 적정 반응의 평형 상수를 알아봐야 한다. 평형 상수가 작으면 종말점을 찾기가 힘들어지기 때문이다. (13-2) 식은 수용액에서 A^-가 물과 반응하는 염기 반응의 역반응이라는 것을 알 수 있다. 그래서 (13-2) 반응의 평형 상수 K는 다음과 같다.

$$K = 1/K_b = K_a/K_w = (1.34 \times 10^{-5})/(1.0 \times 10^{-14}) = 1.34 \times 10^9$$

여기서 K_a는 HA에 대한 산 해리 상수 값이다. 평형 상수가 상당히 크기 때문에 이 적정 반응은 센염기가 가해지면 완전하게 진행된다고 볼 수 있다. 보통 약한 산 또는 약한 염기와 센염기 또는 센산이 중화 반응하면 반응은 실질적으로 완결된다. 다음에는 당량점이 어디에서 나타나는지 알아봐야 한다. 당량점에 도달하기 위해 필요한 NaOH의 부피를 V_e(mL)라고 하면

$(0.100\ \mathrm{M})(25.0\ \mathrm{mL}) = (0.100\ \mathrm{M})(V_e)$

$V_e = 25.0\ \mathrm{mL}$

이제 적정하는 동안 용액의 pH가 어떻게 변하는지 계산할 것인데 적정 과정을 다음과 같이 4개로 나눌 수 있다; (1) 적정하기 전, (2) 적정을 시작한 후부터 당량점에 도달하기 전, (3) 당량점에서, (4) 당량점 이후.

(1) 적정하기 전

용액에 약한 산 HA만 있기 때문에 약한 산의 pH를 구하는 문제이다.

$$\underset{0.100 - x}{\mathrm{HA}} \rightleftarrows \underset{x}{\mathrm{H^+}} + \underset{x}{\mathrm{A^-}} \qquad K_a = 1.34 \times 10^{-5}$$

$$K_a = \frac{[\mathrm{H^+}][\mathrm{A^-}]}{[\mathrm{HA}]} = \frac{x^2}{0.100 - x} = 1.34 \times 10^{-5}$$

$$x = [\mathrm{H^+}] = 1.15 \times 10^{-3}, \qquad \mathrm{pH} = 2.94$$

(2) 적정을 시작한 후부터 당량점에 도달하기 전

적정을 시작한 이후에는 가한 NaOH 몰수만큼 HA는 감소하고 A^-가 생성된다. 용액은 HA와 A^-의 혼합물이기 때문에 완충 용액이 되고 따라서 Henderson-Hasselbalch 식으로부터 pH를 계산할 수 있다. NaOH 10.0 mL를 가했을 때를 생각해 보자.

HA의 밀리몰수 = 처음 HA의 밀리몰수 − 가해 준 NaOH의 밀리몰수

= (0.100 M)(25.0 mL) − (0.100 M)(10.0 mL)

= 1.50 mmol

A^-의 밀리몰수 = 가해 준 NaOH mmol = (0.100 M)(10.0 mL) = 1.00 mmol

$\mathrm{pH} = \mathrm{p}K_a + \log\{[\mathrm{A^-}]/[\mathrm{HA}]\} = 4.87 + \log(1.00)/(1.50) = 4.69$

pH는 $[A^-]/[HA]$ 비에 의해 결정되므로 계산을 보다 간단히 할 수 있다. 당량점에 도달하기 위해 25.0 mL의 NaOH가 필요한데 현재 10.0 mL가 가해졌으므로 반응은 (10.0/25.0)만큼 진행되었다. 그래서 반응이 시작되기 전과 끝난 후 이들의 상대적 농도를 다음과 같은 표로 만들 수 있다.

적정 반응	HA	+	OH^-	→	A^-	+	H_2O
반응 전 상대적 양(HA = 1)	1		10/25		−		−
반응 후 상대적 양	15/25		−		10/25		−

HA와 A^-의 상대적인 농도만 알면 pH를 계산할 수 있다.

$$\mathrm{pH} = \mathrm{p}K_a + \log\frac{[\mathrm{A^-}]}{[\mathrm{HA}]} = 4.87 + \log\frac{(10.0/25.0)}{(15.0/25.0)} = 4.69$$

NaOH를 12.5 mL 가했을 때 pH를 계산해 보자. 이때는 가한 적정 용액의 부피가 $(1/2)V_e$(V_e는 당량점에 도달하는 데 필요한 NaOH의 부피)이므로 상대적 농도는 다음과 같다.

적정 반응	HA	+	OH^-	→	A^-	+	H_2O
반응 전 상대적 양	1		1/2		−		−
반응 후 상대적 양	1/2		−		1/2		−

$$\mathrm{pH} = \mathrm{p}K_a + \log\frac{[\mathrm{A^-}]}{[\mathrm{HA}]} = 4.874 + \log\frac{(1/2)}{(1/2)} = \mathrm{p}K_a$$

이와 같이 가한 적정 용액의 부피가 (1/2)V_e가 되면 용액의 pH는 HA의 pK_a와 같아진다. 그래서 가한 염기의 부피가 (1/2)V_e가 되는 지점에서 pH를 읽으면 HA의 근사적인 pK_a를 구할 수 있다. 여기서 근사적인 pK_a라고 하는 것은 화학종들의 활동도 계수를 무시했기 때문이다. 정확한 pK_a 값을 구하기 위해서는 활동도 계수가 필요하다.

(3) 당량점에서

당량점에서는 HA를 중화시키는 데 필요한 NaOH와 정확히 같은 양이 가해졌기 때문에 HA는 전부 A^-로 바뀌어 용액에는 A^-만 존재한다. Na^+A^- 염을 물에 녹이면 이와 똑같은 용액을 만들 수 있다. 이때 pH를 계산하는 문제는 단순히 약한 염기의 pH를 계산하는 문제가 된다.

$$\underset{F'-x}{A^-} + H_2O \rightleftarrows \underset{x}{HA} + \underset{x}{OH^-} \qquad K_b = K_w/K_a = 7.46 \times 10^{-10}$$

이때 조심해야 할 점은 A^-의 농도가 0.100 M이 아니라는 것이다. 적정하느라 NaOH 표준 용액을 가했기 때문에 그만큼 용액이 희석된 것이다. 때문에 포말 농도를 F'라고 표시하였다.

$$F' = \underset{\text{HA의 처음 농도}}{(0.100\ M)}\underset{\text{희석률}}{\left(\frac{25.0}{25.0+25.0}\right)} = 0.050\ M$$

희석률에서 분자는 HA의 처음 부피이고 분모는 용액의 총 부피가 된다.

$$K_b = \frac{x^2}{F'-x} = \frac{x^2}{0.0500-x} = 7.46 \times 10^{-10}$$

$$x = [OH^-] = 6.11 \times 10^{-6}$$

$$[H^+] = \frac{K_w}{[OH^-]} = \frac{1.0 \times 10^{-14}}{6.11 \times 10^{-6}} = 1.64 \times 10^{-9}$$

$$pH = -\log(1.64 \times 10^{-9}) = 8.79$$

당량점에서 용액의 pH는 7.00이 아니고 염기성이다. 약한 산을 센염기로 적정하면 당량점에서 약한 산이 전부 그 짝염기로 바뀌기 때문에 용액의 액성은 항상 염기성이 된다.

(4) 당량점 이후

이제는 A^- 용액에 NaOH를 가하는 것이다. 용액에는 2개의 염기, A^-와 NaOH가 존재하는데 A^-는 약한 산의 짝염기이므로 약한 염기인 반면 NaOH는 센염기이다. 근사적으로 용액의 pH는 당량점 이후 가해진 NaOH에 의해 결정된다고 볼 수 있다. 이 가정이 타당하다는 사실을 확인해 보는 것은 의미가 있기 때문에 따져 볼 것을 적극 권장한다.

NaOH 26.0 mL를 가했을 때 pH를 계산해 보자. 당량점 이후에 더 가해진 NaOH의 부피는 1.0 mL이다.

$$[OH^-] = \underset{OH^-\text{의 처음 농도}}{(0.100\ M)}\underset{\text{희석률}}{\left(\frac{1.0}{25.0+26.0}\right)} = 0.00196\ M$$

희석률에서 분자는 당량점 이후 들어간 OH^-의 부피이고 분모는 용액 전체의 부피이다.

$$[H^+] - (1.0 \times 10^{-14})/(0.00196) = 5.10 \times 10^{-12}$$

$$pH = -\log(5.10 \times 10^{-12}) = 11.29$$

표 13.2 0.100 M 프로판산 25.0 mL를 0.100 M NaOH 용액으로 적정했을 때 계산한 결과

	가한 NaOH 부피(mL)	pH
영역 1 (약한 산)	0.00	2.94
영역 2 (완충 용액)	1.00	3.49
	3.00	4.01
	5.00	4.27
	7.00	4.46
	9.00	4.62
	11.00	4.77
	13.00	4.91
	15.00	5.05
	17.00	5.20
	19.00	5.38
	21.00	5.59
	23.00	5.94
	24.00	6.25
	24.50	6.56
영역 3 (약한 염기)	25.00	8.79
영역 4 (과량의 OH^-가 남음)	25.50	11.00
	26.00	11.29
	28.00	11.75
	30.00	11.96
	32.00	12.09
	34.00	12.18

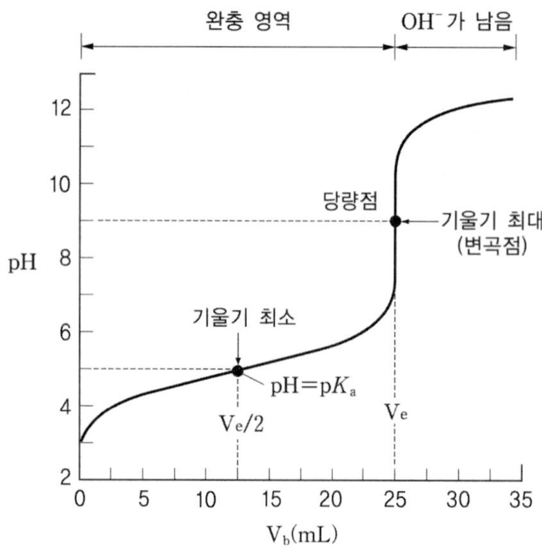

그림 13.2 0.100 M 프로판산 25.0 mL를 0.100 M NaOH 용액으로 적정했을 때 pH 변화를 계산한 적정 곡선. 당량점까지 필요한 적정 용액 부피의 절반을 가했을 때 기울기가 최소가 되고(pH $= \mathrm{p}K_a$), 당량점에서 기울기가 최대가 된다. 당량점에서 용액의 액성은 염기성이다.

(5) 적정 곡선의 모양

프로판산을 NaOH로 적정할 때 염기 부피(V_b)에 따른 pH 변화를 계산하여 그 결과를 표 13.2에 정리하였고 적정 곡선은 그림 13.2와 같다. 적정 곡선에는 쉽게 확인할 수 있는 점이 2개 있다. 하나는 당량점인데, 이 점은 적정 곡선의 기울기가 최대가 되는 변곡점이다. 다른 하나는 $V_b = (1/2)V_e$이고 적정 곡선의 기울기가 최소가 되는 변곡점인데 이때 $\mathrm{pH} = \mathrm{p}K_a$가 성립한다. 앞서 완충 용액 부분에서 $\mathrm{pH} = \mathrm{p}K_a$일 때 완충 용량이 최대가 된다는 사실을 배웠다. 다시 말하면 $V_b = (1/2)V_e$이고 $\mathrm{pH} = \mathrm{p}K_a$가 되는 점에서 용액의 pH가 가장

잘 변하지 않기 때문에 이 점에서 적정 곡선의 기울기(dpH/dV_b)가 최소가 되는 것이다.

이제 HA의 K_a 값과 농도에 따라 적정 곡선의 모양이 어떻게 변하는지 알아보자. HA의 pK_a 값이 커지면, 다시 말해 HA의 산성이 약해지면 적정 반응의 평형 상수가 작아져서 반응이 완전히 완결되지 않게 된다. 그렇게 되면 당량점 부근에서 일어나는 급격한 pH 변화가 줄어들고, pK_a 값이 너무 크면 정확한 당량점을 찾아내기가 힘들어진다. 약한 산의 pK_a 변화에 따른 적정 곡선의 변화를 그림 13.3(a)에서 확인할 수 있다. 역시 HA의 농도가 묽어지면 당량점 부근에서 적정 곡선의 급격한 변화가 감소하여 농도가 너무 묽으면 당량점을 찾기가 어려워진다. 약한 산의 농도에 따른 적정 곡선을 변화를 그림 13.3(b)에서 확인할 수 있다. 때문에 적정하기 전에 적정 반응의 평형 상수 크기를 확인해 볼 필요가 있고 농도는 너무 묽지 않게 해야 한다.

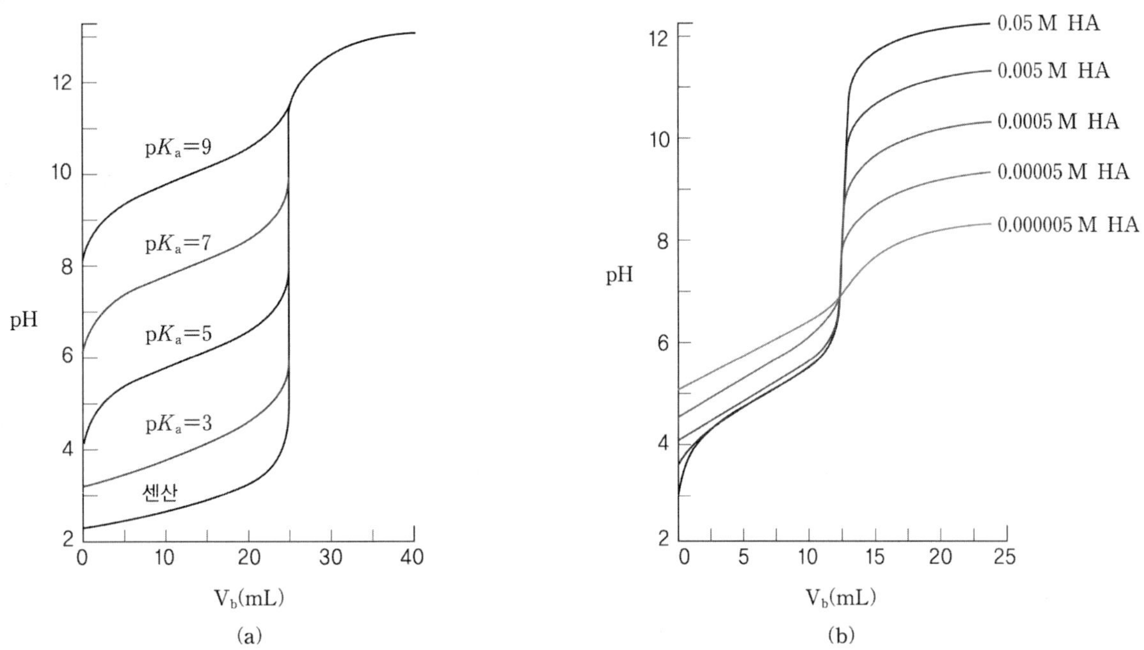

그림 13.3 (a) 0.0500 M 약한 산 HA 25.00 mL를 0.0500 M NaOH로 적정하는 경우 pH 변화를 계산한 적정 곡선. HA의 산성이 약해질수록 당량점이 분명하게 나타나지 않는다. (b) HA (pK_a = 5.0) 25.00 mL를 NaOH로 적정한 경우 계산한 적정 곡선. NaOH의 농도는 HA 농도보다 2배 진하다. HA의 농도가 묽어질수록 당량점이 불분명해진다는 것을 확인할 수 있다.

3 약한 염기를 센산으로 적정

약한 염기를 센산으로 적정하는 경우는 약한 산을 센염기로 적정하는 경우와 반대인데 화학 평형에 대한 개념과 계산하는 원리는 같다. 0.100 M 아지리딘(aziridine, ▷NH) 25.0 mL를 0.100 M HCl로 적정하는 경우를 알아보자. 적정 반응은 다음과 같다.

$$\underset{B}{\triangleright NH} + H^+ \longrightarrow \underset{BH^+}{\triangleright NH_2^+} \qquad (13-3)$$

$$K_b = 1.10 \times 10^{-6}, \; pK_b = 5.96$$

이 반응의 평형 상수는 매우 크기 때문에 적정 반응은 완결된다고 볼 수 있다. 적정 곡선을 네 개의 영역으로 나누어 pH를 계산한다.

(1) 적정을 시작하기 전

용액에는 약한 염기 B만 존재하므로 약한 염기의 pH를 계산하는 문제가 된다.

$$\begin{array}{ccccccc} B & + & H_2O & \rightleftarrows & BH^+ & + & OH^- \\ 0.100-x & & & & x & & x \end{array}$$

$$K_b = \frac{x^2}{0.100 - x} = 1.10 \times 10^{-6}$$

(2) 적정을 시작한 후부터 당량점에 도달하기 전

이 영역에서는 B와 그 짝산인 BH^+가 섞여 있기 때문에 완충 용액이다. pH는 Henderson−Hasselbalch 식으로 계산할 수 있다.

$$pH = pK_a + \log \frac{[B]}{[BH^+]}$$

여기서 pK_a는 BH^+에 대한 값이다. 가한 산의 부피 V_a가 $(1/2)V_e$가 되면 $pH = pK_a$가 되어 pH를 측정함으로써 BH^+의 근사적인 pK_a 값을 구할 수 있다.

(3) 당량점에서

여기서는 B가 약한 산인 BH^+로 모두 바뀌었기 때문에 약한 산의 pH를 계산하는 문제이다.

$$\begin{array}{ccccc} BH^+ & \rightleftarrows & B & + & H^+ \\ F'-x & & x & & x \end{array} \qquad K_a = K_w/K_b$$

적정함에 따라 용액의 부피가 늘어나기 때문에 포말 농도 F'는 B의 원래 포말 농도와 다르다. 용액에는 산인 BH^+만 실질적으로 존재하기 때문에 액성은 산성이고 pH는 7보다 작다.

(4) 당량점 이후

당량점 이후에는 센산이 여분으로 남아 있고 BH^+도 존재하는데 이 BH^+의 영향은 무시할 수 있다. 용액의 pH는 당량점 이후 가해진 센산에 의해 결정된다.

4 이양성자성 계에서의 적정

지금까지는 일양성자성 산과 염기에 대해 알아보았는데 이 개념을 그대로 다양성자성 계에도 적용할 수 있다. 이 양성자성 산이나 염기를 센염기나 센산으로 적정하는 경우를 살펴보자.

어떤 이양성자성 산 H_2A의 $pK_{a1} = 3.00$이고 $pK_{a2} = 8.00$이라고 가정하자. 0.100 M H_2A 20.00 mL를 0.100 M NaOH로 적정한다고 하자. 적정 반응은 다음과 같다.

$$H_2A + OH^- \rightarrow HA^- + H_2O \qquad K_{a1} = 1.00 \times 10^{-3}$$

$$HA^- + OH^- \rightarrow A^{2-} + H_2O \qquad K_{a2} = 1.00 \times 10^{-8}$$

적정 곡선에는 2개의 pH가 급격하게 증가하는 구간이 있어서 위 적정 반응의 당량점에 해당하는 점을 쉽게 찾을 수 있다. 첫 번째 당량점을 V_{e1}이라 하면

$$(0.100\ M)(20.00\ mL) = (0.100\ M)(V_{e1}), \qquad V_{e1} = 20.00\ mL$$

두 번째 적정 반응은 첫 번째 적정 반응과 같은 몰수의 NaOH를 필요로 하기 때문에 두 번째 당량점 V_{e2}가 나타나는 지점은 다음과 같다.

$$V_{e2} = 2V_{e1} = 2(20.00\ \text{mL}) = 40.00\ \text{mL}$$

pH를 계산하는 방법은 일양성자성 산이나 염기를 적정할 때 하던 것과 비슷하다. 그림 13.4에 있는 적정 곡선의 점 A에서 F까지 용액의 pH를 계산해 보자.

(1) 점 A

NaOH를 가하기 전에는 약한 산 H_2A만 용액에 존재한다.

$$\begin{array}{ccccc} H_2A & \rightleftarrows & H^+ & + & HA^- \\ 0.100-x & & x & & x \end{array} \qquad K_{a1} = 1.00 \times 10^{-3}$$

$$K_{a1} = \frac{x^2}{0.100 - x} = 1.00 \times 10^{-3}$$

$$x = [H^+] = 9.51 \times 10^{-3} \qquad \text{pH} = 2.02$$

(2) 점 B

점 A와 첫 번째 당량점(점 C) 사이에서는 H_2A와 HA^-가 공존하므로 완충 용액이 된다.

$$H_2A \rightleftarrows H^+ + HA^-$$

이 평형에 대한 Henderson−Hasselbalch 식으로 pH를 계산할 수 있다.

$$\text{pH} = \text{p}K_{a1} + \log\frac{[HA^-]}{[H_2A]}$$

점 B는 점 A와 C 사이의 중간이므로 $[H_2A] = [HA^-]$가 된다.

$$\text{pH} = \text{p}K_{a1} + \log(1) = 3.00$$

이 완충 영역에서는 $[HA^-]/[H_2A]$ 비만 알면 pH를 계산할 수 있기 때문에 점 A에서 출발하여 점 C에 도달할 때까지 적정이 얼마만큼 진행되었는지를 알면 쉽게 pH를 계산할 수 있다. NaOH 5.00 mL를 가한 경우를 생각하자. 첫 번째 당량점까지 20.00 mL가 필요하므로 반응은 5.00/20.00이 진행되었고 15.00/20.00 만큼 더 진행되어야 점 C에 도달한다. 그래서

$$\text{pH} = 3.00 + \log\frac{(5.00/20.00)}{(15.00/20.00)} = 2.52$$

(3) 점 C

점 C는 첫 번째 당량점이므로 모든 산이 HA^-로 바뀐다. 이것은 H_2A의 중간형인데 산도 되고 염기도 되는 양쪽성(amphiprotic)이다. 12장에서 이양성자성 산의 중간형으로 만든 용액의 pH를 어떻게 계산하는지 살펴보았다.

$$[H^+] \approx \left(\frac{K_{a1}K_{a2}F + K_{a1}K_w}{K_{a1} + F}\right)^{1/2} \qquad (13-4)$$

F는 HA^-의 포말 농도이다.

$$F = \underbrace{(0.100\ \text{M})}_{H_2A\text{의 처음 농도}}\underbrace{\left(\frac{20.00}{20.00 + 20.00}\right)}_{\text{희석률}}$$

희석률에서 분자는 H_2A의 처음 부피이고 분모는 점 C에서 용액의 전체 부피이다. 평형 상수와 포말 농도를 (13-4) 식에 대입한다.

$$[H^+] = [\frac{(1.00 \times 10^{-3})(1.00 \times 10^{-3})(0.050) + (1.00 \times 10^{-3})(1.00 \times 10^{-14})}{1.00 \times 10^{-3} + 0.0500}]^{1/2} = 3.13 \times 10^{-6}$$

$$pH = 5.50$$

(4) 점 D

점 C와 E 사이는 첫 번째 당량점을 지났기 때문에 HA^-와 A^{2-}가 공존하는 완충 용액이다.

$$HA^- \rightleftarrows A^{2-} + H^+$$

$$pH = pK_{a2} + \log \frac{[A^{2-}]}{[HA^-]}$$

NaOH를 30.00 mL 가했을 때는 $[HA^-] = [A^{2-}]$이므로

$$pH = pK_{a2} = 8.00$$

가한 NaOH가 35.00 mL일 때는 첫 번째 당량점 이후 15.00 mL가 첨가되었다. 첫 번째 당량점 이후 20.00 mL가 더 가해지면 두 번째 당량점에 도달한다. 따라서 다음과 같이 된다.

$$pH = 8.00 + \log \frac{(15.00/20.00)}{(5.00/20.00)} = 8.48$$

(5) 점 E

점 E는 두 번째 당량점이므로 H_2A가 전부 A^{2-}로 바뀌었다. 이 용액은 Na_2A를 물에 녹여 만든 용액과 실질적으로 같으므로 이양성자성 염기의 pH를 계산하는 문제이다. 이때 적정에 의해 용액의 부피가 늘어났기 때문에 A^{2-}의 포말 농도는 H_2A보다 작다는 것을 명심해야 한다. 나머지는 이양성자성 염기의 pH를 계산하는 문제와 같다.

$$F = (0.100)(\frac{20.00\ mL}{20.00 + 40.00\ mL}) = 0.0333\ M$$

$$\begin{array}{ccccccc} A^{2-} & + & H_2O & \rightleftarrows & HA^- & + & OH^- \\ 0.0333-x & & & & x & & x \end{array} \qquad K_{b1} = K_w/K_{a2} = 1.0 \times 10^{-6}$$

$$K_{b1} = \frac{x^2}{0.0333 - x} = 1.0 \times 10^{-6}$$

$$x = [OH^-] = 1.82 \times 10^{-4}$$

$$[H^+] = K_w/[OH^-] = 5.49 \times 10^{-11}, \ pH = 10.26$$

(6) 두 번째 당량점 이후

이제 두 번째 당량점을 지나고 나면 가한 염기가 더 이상 반응을 하지 못하고 용액 속에 남게 된다. A^{2-}는 약한 염기이지만 NaOH는 센염기이므로 용액의 pH는 점 E 이후에 가해진 NaOH의 농도에 의해 결정된다고 볼 수 있다. NaOH를 42.00 mL 가했을 때의 pH를 계산해 보자. 두 번째 당량점 이후 0.100 M NaOH 2.0 mL가 가해졌고 용액의 전체 부피는 20.00 + 42.00 = 62.00 mL이다.

용액의 pH는 다음과 같이 계산할 수 있다.

$$[OH^-] = (0.100\ M)(2.00/62.00) = 0.00323\ M$$

$$[H^+] = K_w/[OH^-] = 3.10 \times 10^{-12}$$

$$pH = 11.51$$

이렇게 이양성자성 산 H_2A를 NaOH 용액으로 적정한 경우 계산한 결과를 도시한 적정 곡선을 그림 13.4에서 볼 수 있다.

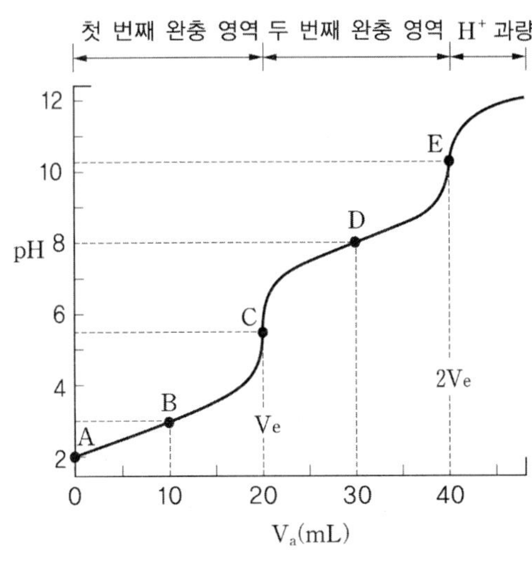

그림 13.4 0.100 M 이양성자성 산 H_2A($pK_{a1} = 3.00$, $pK_{a2} = 8.00$) 20.00 mL를 0.100 M NaOH로 적정할 때 pH 변화를 나타낸 적정 곡선. C와 E는 각각 첫 번째, 두 번째 당량점이고 B와 D는 각기 당량점까지 필요한 적정액 부피의 절반이 첨가된 지점으로 각각 pK_{a1}과 pK_{a2}에 해당한다.

5 종말점 결정

(1) 지시약의 성질

적정은 미지 시료의 농도를 구하기 위해 가장 널리 쓰이는 방법인데 종말점을 찾기 위해 지시약을 가장 많이 사용한다. 산-염기 지시약으로 쓰이는 화합물은 약한 산이거나 약한 염기인데 산성형, 염기성형 혹은 중성형이 각기 다른 색깔을 띤다. 대표적인 지시약으로는 아조(azo) 화합물인 메틸 오렌지(methyl orange)를 들 수 있다.

$[{}^-O_3S-C_6H_4-\overset{+}{N}H=N-C_6H_4-N(CH_3)_2 \longleftrightarrow {}^-O_3S-C_6H_4-NH-N=C_6H_4=\overset{+}{N}(CH_3)_2]$

붉은색(HA)

$\rightleftharpoons {}^-O_3S-C_6H_4-N=N-C_6H_4-N(CH_3)_2 + H^+$

노란색(A^-)

$pK_a = 3.40$, 변색 범위: 3.1 ~ 4.4

메틸 오렌지의 산성형을 HA, 염기성형을 A^-라 하면 산-염기 평형과 pH는 다음과 같이 나타낼 수 있다.

$$HA \rightleftharpoons A^- + H^+$$

$$pH = pK_a + \log([A^-]/HA]) \qquad (13-5)$$

HA가 주화학종이면 용액은 붉은색이 되고 A^-가 주화학종이면 노란색이 된다. 이것을 좀 더 정량적으로 표현하면 $[A^-]/[HA] \le 1/10$이면 붉은색이 되고 $[A^-]/[HA] \ge 10$이면 노란색이 될 것이다.

pH = pK_a = 3.40이면 [HA] = [A^-]이므로 용액은 주황색이 된다. 이것은 용액의 pH가 pH ≤ pK_a−1 = 2.40이면 붉은색이고 pH ≥ pK_a+1 = 4.40이면 노란색이 된다는 것이다. 2.40 < pH < 4.40이면 붉은색과 노란색이 여러 가지 비율로 섞인 다양한 오렌지색을 띨 것이다. 이렇게 색깔이 변하는 pH 범위를 변색 범위라고 한다. 산−염기 적정에 쓰이는 지시약은 여러 종류가 있는데 이들은 각기 고유의 색깔과 변색 범위를 갖는다.

(2) 지시약의 선택

약한 산과 센염기 사이의 적정, 약한 염기와 센산 사이의 적정에서 당량점에 도달했을 때 용액의 pH는 7이 아니다. 종말점을 정확히 찾으려면 용액이 당량점에 도달했을 때 지시약의 색깔이 변해야 한다. 다시 말하면 당량점에서 용액의 pH가 지시약의 변색 범위와 일치해야 한다. 약한 산을 센염기로 적정했을 때 적정 곡선의 예를 그림 13.5에서 볼 수 있다. 당량점에서 적정 용액의 pH가 8.79이므로 이 지점에서 용액의 색깔이 변해야 종말점이 당량점과 일치하게 된다. 실험에서 색변화를 통해 구한 종말점과 당량점의 차이를 **지시약 오차**(indicator error)라 하는데 이것을 줄이려면 당량점에서 pH와 지시약의 변색 범위가 일치해야 한다. 그림 13.5를 보면 페놀프탈레인(phenolphthalein)이 이에 해당한다. 그러나 당량점 부근에서 소량의 산에 의해 pH가 급격히 변하므로 당량점에서 pH와 지시약의 변색 범위가 정확하게 일치하지 않더라도 지시약 오차가 작기 때문에 지시약으로 사용할 수 있다. 그러나 산의 세기가 약해질수록, 산의 농도가 묽어질수록 종말점 부근에서 pH 변화 폭이 작아진다. 이렇게 되면 지시약 오차가 커지기 때문에 정확한 종말점을 찾기가 힘들어진다. 그림 13.5에서 페놀프탈레인의 변색 범위는 당량점에서의 pH와 잘 일치한다. 반면, 티몰프탈레인(thymolphthalein)의 변색 범위는 pH = 8.79보다 약간 위쪽으로 치우쳐 있다. 그러나 미량의 NaOH에 의해 용액의 pH가 6에서 11 정도까지 급격하게 변하기 때문에 지시약 오차는 문제가 되지 않는다. 적정할 때 당량점의 pH가 지시약의 변색 범위 내에 들어가는 것을 선택하고 그런 지시약을 찾기 힘든 경우에는 변색 범위가 적정 곡선의 급격한 pH가 일어나는 부분에 가능한 한 근접해 있는 것을 찾아야 한다.

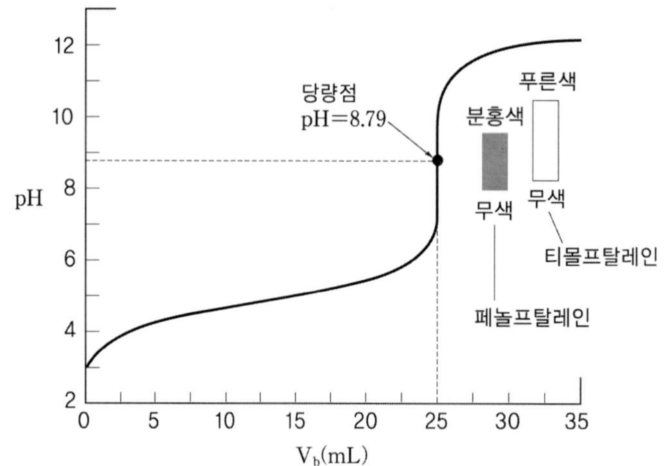

그림 13.5 0.100 M 프로판산 25.0 mL를 0.100 M NaOH 용액으로 적정했을 때 어떤 지시약을 선택해야 하는지 보여 주는 그림

지시약은 약한 산 아니면 약한 염기이므로 이들도 미지 시료나 적정 시약과 반응한다. 그래서 지시약을 너무 많이 사용하면 적정 오차가 생긴다. 가한 지시약의 몰수는 시료의 몰수에 비해 무시할 수 있을 정도가 되어야 한다. 흔히 쓰이는 산−염기 지시약을 표 13.3에 정리하였다.

표 13.3 많이 쓰이는 산–염기 지시약

지시약	변색 범위(pH)	산성색	염기성색	제조 방법
Methyl Violet	0.0~1.6	노랑	보라	0.05 wt% 수용액
Cresol Red	0.2~1.8	빨강	노랑	0.01 M NaOH 26.2 mL에 0.1 g 녹인 후 ~225 mL H_2O 첨가
Thymol Blue	1.2~2.8	빨강	노랑	0.01 M NaOH 21.5 mL에 0.1 g 녹인 후 ~225 mL H_2O 첨가
Cresol Purple	1.2~2.8	빨강	노랑	0.01 M NaOH 26.2 mL에 0.1 g 녹인 후 ~225 mL H_2O 첨가
Erythrosin, disodium	2.2~3.6	오렌지	빨강	0.1 wt% 수용액
Methyl Orange	3.1~4.4	빨강	노랑	0.01 wt% 수용액
Congo Red	3.0~5.0	보라	빨강	0.1 wt% 수용액
Ethyl Orange	3.4~4.8	빨강	노랑	0.1 wt% 수용액
Bromocresol Green	3.8~5.4	노랑	파랑	0.01 M NaOH 14.3 mL에 0.1 g 녹인 후 ~225 mL H_2O 첨가
Methyl Red	4.8~6.0	빨강	노랑	60 mL 에탄올에 0.02 g 녹인 후 40 mL H_2O 첨가
Chlorophenol Red	4.8~6.4	노랑	빨강	0.01 M NaOH 23.6 mL에 0.1 g 녹인 후 ~225 mL H_2O 첨가
Bromocresol Purple	5.2~6.8	노랑	자주색	0.01 M NaOH 18.5 mL에 0.1 g 녹인 후 ~225 mL H_2O 첨가
p-Nitrophenol	5.6~7.6	무색	노랑	0.1 wt% 수용액
Litmus	5.0~8.0	빨강	파랑	0.1 wt% 수용액
Bromothymol Blue	6.0~7.6	노랑	파랑	0.01 M NaOH 16.0 mL에 0.1 g 녹인 후 ~225 mL H_2O 첨가
Phenol Red	6.4~8.0	노랑	빨강	0.01 M NaOH 28.2 mL에 0.1 g 녹인 후 ~225 mL H_2O 첨가
Neutral Red	6.8~8.0	빨강	노랑	50 mL 에탄올에 0.01 g 녹인 후 50 mL H_2O 첨가
Cresol Red	7.2~8.8	노랑	빨강	위와 같음.
α-Naphtholphthalein	7.3~8.7	분홍	초록	50mL 에탄올에 0.1 g 녹인 후 50 mL H_2O 첨가
Cresol Purple	7.6~9.2	노랑	자주색	위와 같음
Thymol Blue	8.0~9.6	노랑	파랑	위와 같음
Phenolphthalein	8.0~9.6	무색	분홍색	50 mL 에탄올에 0.05 g 녹인 후 50 mL H_2O 첨가
Thymolphthalein	8.3~10.5	무색	파랑	50 mL 에탄올에 0.04 g 녹인 후 50 mL H_2O 첨가
Alizarin Yellow	10.1~12.0	노랑	오렌지–빨강	0.01 wt% 수용액
Nitroamine	10.8~13.0	무색	오렌지–갈색	70 mL 에탄올에 0.1 g 녹인 후 30 mL H_2O 첨가
Tropaeoline O	11.1~12.7	노랑	오렌지색	0.1 wt % 수용액

(출처: D.C. Harris, Quantitative Chemical Analysis (8판), Freeman, New York, NY, 2010)

(3) pH 전극을 이용한 종말점 결정

지금까지 보여 준 적정 곡선은 세로축이 pH이다. pH는 유리 전극을 이용하여 측정하는데, 유리 전극은 전기화학 부분에서 배우게 될 것이다. 이 적정을 통해 미지 시료의 농도를 구하고, 또 약한 산이나 약한 염기의 평형 상수를 구할 수 있다. 종말점은 적정 곡선의 기울기(dpH/dV)가 최대가 되는 변곡점이다. 보통 실험으로 dpH/dV를 구할 수 없기 때문에 ΔpH/ΔV를 측정한다. 여기서 ΔpH는 연속적으로 측정된 이웃한 두 pH 사이의 차이이고 ΔV는 이웃한 두 적정 용액의 부피 변화이다. 또 적정 곡선의 이차 도함수가 0이 되는 지점이 종말점이 되기 때문에 이를 이용하여 종말점을 구할 수도 있다.

(4) Gran 도시를 이용한 종말점 결정

도함수를 이용하여 종말점을 구하는 방법의 가장 큰 문제점은 종말점 부근에서 pH가 급격하게 변하기 때문에 유리 전극으로 pH를 정확하게 측정하는 것이 힘들다. 이 때문에 정확한 적정 곡선을 얻기가 쉽지 않다. 이러한 문제를 해결하기 위해 Gran 도시를 많이 이용한다. 이 방법은 종말점 이전의 pH만 있으면 되기 때문에 위와 같은 문제를 쉽게 피할 수 있다. 당량점에 도달하는 데 필요한 NaOH 부피를 V_e라 하면 보통 $0.8V_e \sim 0.9V_e$까지의 측정값을 사용한다.

앞에서 본 0.100 M 프로판산(HA) 25.0 mL를 0.100 M NaOH로 적정하는 경우를 다시 생각해 보자.

$$HA \rightleftarrows H^+ + A^-$$

$$K_a = \frac{[H^+]\gamma_{H^+}[A^-]\gamma_{A^-}}{[HA]\gamma_{HA}}$$

Gran 도시를 하려면 유리 전극으로 pH를 측정해야 하는데 전극은 H^+의 농도가 아닌 활동도에 감응하기 때문에 평형 상수에 활동도 계수를 사용하였다. HA의 포말 농도를 F_a, 부피를 V_a라 하고 가한 NaOH의 포말 농도를 F_b, 부피를 V_b라고 하자. 적정 반응인 (13−2) 식의 평형 상수가 매우 크기 때문에 NaOH 1몰이 가해지면 1몰의 HA가 1몰의 A^-로 바뀐다고 할 수 있다. 그래서 HA와 A^-의 몰농도를 다음과 같이 쓸 수 있다.

$$[HA] = \frac{F_aV_a - F_bV_b}{V_a + V_b} \qquad [A^-] = \frac{F_bV_b}{V_a + V_b}$$

이것을 평형 상수식에 대입하면 다음과 같다.

$$K_a = \frac{[H^+]\gamma_{H^+}F_bV_b\gamma_{A^-}}{(F_aV_a - F_bB_b)\gamma_{HA}}$$

이 식을 다시 정리하면 다음과 같이 된다.

$$V_b[H^+]\gamma_{H^+} = (\gamma_{HA}/\gamma_{A^-})K_a(F_aV_a/F_b - V_b)$$

pH 정의에 의하면 $[H^+]\gamma_{H^+} = 10^{-pH}$가 되고 $V_e = F_aV_a/F_b$가 된다(V_e: 당량점에 도달하는 데 필요한 NaOH 부피).

그래서 위 식은 다음과 같이 된다.

$$V_b \cdot 10^{-pH} = (\gamma_{HA}/\gamma_{A^-})K_a(V_e - V_b)$$

$V_b \cdot 10^{-pH}$를 세로축으로, V_b를 가로축으로 해서 그린 그림을 Gran **도시**라고 한다. $NaNO_3$와 같은 불활성 염은 과량의 프로판산 용액에 가해 주면 적정하는 동안 용액의 이온 세기를 거의 일정하게 유지할 수 있기 때문에 $(\gamma_{HA}/\gamma_{A^-})$는 상수가 된다. 이때 Gran 도시는 기울기가 $-K_a(\gamma_{HA}/\gamma_{A^-})$인 직선이 되고 x축 절편은 V_e가 된다. 이러한 Gran 도시는 다양성자성 산이나 염기에 대해서도 할 수 있다. 그림 13.2에 나타낸 적정을

Gran 도시한 결과가 그림 13.6에 있다. Gran 도시의 최대 장점은 종말점을 찾기 위한 방법이지만 종말점에 도달하기 전의 자료만 있으면 가능하고 K_a 값도 구할 수 있다는 것이다. 종말점 이전에는 완충 영역이라 pH 변화가 크지 않기 때문에 쉽게 정확한 pH를 측정할 수 있다.

Gran 도시를 보면 V_b가 종말점에 가까이 다가가면 직선에서 벗어나게 되고 $V_b \cdot 10^{-pH}$ 값은 실질적으로 0이 되지 않는다. 10^{-pH}는 0이 되지 않기 때문이다. 그래서 종말점 이전의 값으로 외삽해야 종말점을 구할 수 있다. 이런 현상이 나타나는 이유는 2가지로 요약할 수 있다.

첫째, 적정 반응의 평형 상수가 크기 때문에 가해진 OH^-가 전부 HA와 반응하여 A^-를 만들므로 생성된 A^-의 몰수는 가한 OH^-의 몰수와 같다는 근사이다. 이러한 가정은 V_b가 V_e에 접근해 가면 맞지 않게 된다. 때문에 직선으로 나타나는 부분만 사용하여 종말점을 구한다.

둘째, 적정하는 동안 이온 세기가 변하면 $(\gamma_{HA}/\gamma_{A^-})$가 변한다는 것이다. $NaNO_3$ 같은 불활성 염을 사용하여 이온 세기를 실질적으로 일정하게 유지시켜 주면 이러한 문제는 해결할 수 있다. 이러한 불활성 염을 사용하지 않더라도 보통 종말점 직전 10~20%를 제외한 완충 영역에서는 $(\gamma_{HA}/\gamma_{A^-})$ 비가 거의 변하지 않아 도시가 대부분 직선으로 나타난다.

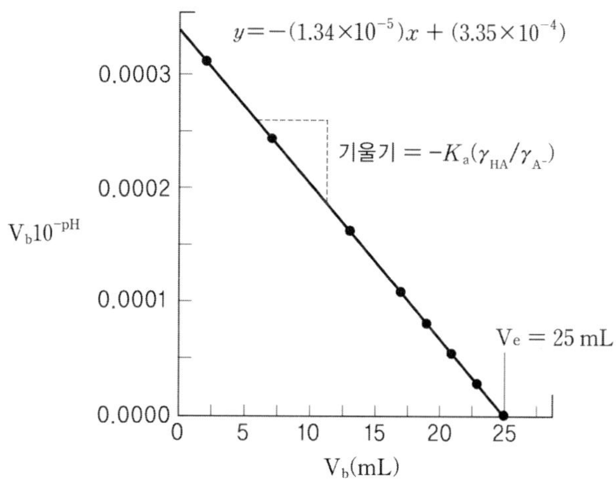

그림 13.6 0.100 M 프로판산 25.0 mL를 0.100 M NaOH 용액으로 적정했을 때(그림 13.2) 종말점을 찾기 위한 Gran 도시. 보통 가해 준 적정 용액의 부피가 V_e의 80 ~ 90%가 될 때까지 얻은 측정값을 Gran 도시에 사용한다.

6 중화 적정에서 유의해야 할 사항

약한 산이나 약한 염기 중에는 1차 표준 용액(primary standard)으로 쓸 수 없는 것이 많이 있다. 예를 들어 NaOH나 KOH는 대기 중의 CO_2와 반응하여 탄산 이온을 포함하고 있고 또 물을 흡착하기 때문에 1차 표준 용액으로 쓸 수 없다.

$$NaOH + CO_2 \rightarrow NaHCO_3$$

그래서 이 용액들은 프탈산수소 포타슘과 같은 1차 표준 용액으로 표준화하여야 한다.

NaOH와 같은 염기성 용액은 대기 중의 CO_2와 반응하여 농도가 변하고, 또 약한 산과 적정할 때 종말점 근처에서 반응의 진행 정도를 바꾸기 때문에 장기간 보관할 때는 대기와 접촉하지 않게 해야 한다.

$$OH^- + CO_2 \rightarrow HCO_3^-$$

또 강염기 용액은 유리를 녹이기 때문에 고밀도 폴리에틸렌 같은 플라스틱 용기에 보관하는 것이 가장 좋다. 이 용액을 적정하기 위해 뷰렛에 넣었을 때는 가능한 한 그 시간을 줄여야 한다. 0.01 M NaOH를 유리로 만든 플라스크에 넣고 1시간 정도 끓이면 OH^-와 유리 사이의 반응 때문에 염기의 몰농도가 10% 정도 감소한다고 한다.

7 평준화 효과

어떤 산이 용매에 녹으면 용매가 산으로부터 양성자를 받고 염기가 녹으면 용매가 양성자를 주게 된다. 이렇게 용질인 산이나 염기의 세기는 용매가 양성자를 얼마나 잘 주느냐 아니면 잘 받느냐에 따라 결정된다. 예를 들어 $HClO_4$와 HCl이 물에 녹으면 이들은 둘 다 강한 산이고 물은 양성자를 잘 받기 때문에 둘 다 완전히 해리하므로 수용액에서 이들은 산의 세기가 같은 것처럼 보인다. 이것을 **평준화 효과**(leveling effect)라고 한다.

$$HClO_4 + H_2O \rightarrow H_3O^+ + ClO_4^-$$

$$HCl + H_2O \rightarrow H_3O^+ + Cl^-$$

만약 H_2O보다 훨씬 약한 염기인 아세트산(CH_3COOH)을 용매로 사용하면 $HClO_4$와 HCl은 같은 세기로 평준화되지 않는다.

$$HClO_4 + CH_3COOH \rightleftarrows CH_3COOH_2^+ + ClO_4^- \qquad K = 1.3 \times 10^{-5}$$

$$HCl + CH_3COOH \rightleftarrows CH_3COOH_2^+ + Cl^- \qquad K = 2.8 \times 10^{-9}$$

아세트산 용매에서는 $HClO_4$가 HCl보다 훨씬 강한 산이라는 것을 알 수 있다.

약한 염기 수용액을 강한 산으로 적정할 때 염기의 K_b 값이 너무 작으면 적정 반응의 평형 상수가 너무 작아 종말점이 정확히 나타나지 않는다. 이때 물이 아닌 다른 용매를 사용하여 적정 반응의 평형 상수가 커진다면 종말점을 정확히 찾아낼 수 있다.

예를 들어 글리신($HOOCCH_2NH_2$, K_b=2.3 × 10^{-12}) 또는 요소($(H_2N)_2C=O$, K_b=1.3 × 10^{-14})를 $HClO_4$로 적정하는 경우 정확한 종말점을 구하기가 쉽지 않다. 이때 아세트산을 용매로 사용하여 $HClO_4$로 적정하면 적정 반응의 평형 상수가 커지기 때문에 종말점을 정확하게 구할 수 있다.

$$B + HClO_4 \rightleftarrows \underset{\text{이온쌍}}{BH^+ClO_4^-}$$

이렇게 수용액에서는 적정이 어려운 경우 물이 아닌 다른 용매를 선택하여 적정에 성공하는 경우가 많이 있다.

연습문제

1. 어떤 약한 염기를 센산으로 적정할 때 이 염기의 염기성이 매우 약하거나 농도가 너무 묽으면 정확한 종말점을 찾기가 어려워진다. 그 이유는 무엇인가?

2. 산-염기 적정에서 적정 곡선은 보통 pH 값을 적정 시약의 부피로 도시한다. 그런데 당량점 부근에서는 이 적정 곡선에 급격한 변화가 일어난다. 그 이유는 무엇인가?

3. 아세트산(CH_3COOH) 0.751 g을 물에 녹여 용액의 최종 부피가 250.0 mL가 되게 하였다.
   (1) 이 용액의 pH는 얼마인가?
   (2) 이 아세트산 용액 50.0 mL를 취하여 0.063 M NaOH로 적정하였다. 당량점에서 용액의 pH는 얼마인가?

4. 농도가 0.0500 M인 어떤 약한 염기 B($K_b = 1.0 \times 10^{-5}$) 50.00 mL를 0.100 M HCl 표준 용액으로 적정하였다. 가해 준 HCl의 부피가 다음과 같을 때 pH를 계산하시오.
   (1) 적정하기 전 (2) 10.0 mL (3) 25.0 mL (4) 27.0 mL

5. 0.0500 M KOH 50.0 mL를 0.100 M HCl 표준 용액으로 적정하였다.
   (1) 가한 HCl 부피가 다음과 같을 때 용액의 pH를 계산하시오.
      (a) 5.00 mL (b) 15.0 mL (c) 25.0 mL (d) 30.0 mL
   (2) 이 적정의 적정 곡선 모양을 대략 그리시오. 그리고 (a) 적정 시작 후부터 당량점 이전, (b) 당량점 부근, (c) 당량점 이후, 이렇게 3영역으로 나누어 적정 곡선이 왜 이런 모양으로 나오는지 설명하시오.
   (3) 이 적정에서 페놀프탈레인을 지시약으로 사용하였다. 이 적정에서 페놀프탈레인이 지시약으로 적합한 이유는 무엇인가?

6. 0.0500 M CH_3COOH 용액 40.0 mL를 0.100 M NaOH 표준 용액으로 적정하였다.
   (1) 적정하기 전 용액의 pH는 얼마인가?
   (2) NaOH 표준 용액을 (a) 10.0 mL 가했을 때, (b) 13.0 mL 가했을 때 pH는 각각 얼마인가?
   (3) NaOH를 10.0 mL 가했을 때와 13.0 mL 가했을 때 pH는 서로 많이 다른가? 왜 pH 차이가 이 정도 나는지 설명하시오.
   (4) NaOH 표준 용액을 20.0 mL 가했을 때 용액의 pH를 계산하시오.
   (5) NaOH 표준 용액을 20.5 mL 가했을 때 용액의 pH는 얼마인가? 이때 pH는 HCl 20.0 mL를 가했을 때와 비교해서 얼마나 차이가 나는가? 이 정도 차이가 나는 이유가 무엇인지 설명하시오.
   (6) 종말점을 찾기 위해 지시약을 사용한다면 어떤 지시약을 선택해야 하는가?

7. 약한 산을 센염기로 적정하는 경우 당량점에서 pH는 7보다 크다. 그 이유를 설명하시오.

8. 어떤 약산 HA($pK_a = 5.00$) 0.100 M 용액이 있다. 이 약산 용액 50.0 mL를 0.200 M NaOH 표준 용액으로 적정하였다. 다음 물음에 답하시오.
   (1) 가한 0.200 M NaOH의 부피가 다음과 같을 때 용액의 pH를 계산하시오.
      (a) 적정하기 전 (b) 10.0 mL (c) 25.0 mL (d) 30.0 mL
   (2) 이 실험의 적정 곡선 모양을 대략적으로 그리시오. 그리고 이에 대한 다음 물음에 답하시오.
      (a) 적정 곡선을 적정 시작 후부터 당량점이 되기 전, 당량점 부근, 당량점 이후로 나누어 각 구간에서 적정 곡선의 모양이 왜 이렇게 나오는지 그 이유를 설명하시오.
      (b) 적정 반응의 평형 상수 크기는 적정 곡선의 모양에 어떤 영향을 주는가? 또 이 평형 상수의 크기는 실험 결과의 정밀도에 어떤 영향을 주는가?
   (3) 이 경우 약한 산의 K_a 값이 작아지면 적정 곡선의 모양은 어떻게 변하는가? 또 그 이유는 무엇인가?

9. 메틸아민(CH_3NH_2)은 약한 염기이다. 0.0500 M 메틸아민 50.00 mL를 0.100 M HCl로 적정하였다.

(1) 가한 0.100 M HCl의 부피가 다음과 같을 때 용액의 pH를 계산하시오.

(a) 적정하기 전 (b) 5.0 mL (c) 10.0 mL (d) 24.0 mL (e) 25.0 mL (f) 26.0 mL

(2) 이 적정에서 적정 곡선(세로축이 pH, 가로축은 HCl 부피)은 어떤 모양이 되는지 그림으로 그려보시오. 또 적정 곡선의 모양이 왜 이렇게 나타나는지 그 이유를 당량점 이전, 당량점 부근, 당량점 이후로 나누어 설명하시오.

(3) 위와 같은 적정에서 약한 염기의 K_b 값이 작아진다면 적정 곡선의 모양이 어떻게 변하는가?

(4) 산-염기 적정에서 지시약을 사용하여 종말점을 찾는 경우가 많다. 산-염기 적정에 쓰이는 지시약은 종류가 다양하다. 이때 적정 오차를 줄이려면 어떤 지시약을 선택해야 하는가? 또 이외에도 실험 오차를 줄일 수 있는 방법에는 어떤 것이 있는가?

10. 페놀프탈레인 지시약은 변색 범위가 pH = 8.0 ~ 9.6인데 pH < 8.0일 때는 무색이고 pH > 9.6이면 붉은색이 된다. 이렇게 pH에 따라 색깔이 변하는 이유를 설명하시오.

11. 아조(azo) 화합물의 일종인 메틸 오렌지는 산-염기 지시약으로 널리 쓰인다. 메틸 오렌지는 약한 산인데 이것을 HA라 하면 수용액에서 다음과 같은 평형이 존재하게 된다.

$HA \rightleftharpoons H^+ + A^-$ $\quad pK_a = 3.40$

붉은색 노란색

메틸 오렌지의 변색 범위는 pH = 3.1 ~ 4.4 정도 된다. 메틸 오렌지의 색깔이 왜 이 범위에서 변하는지 그 이유를 화학 평형을 이용하여 정량적으로 설명하시오.

12. 0.0500 M 클로로아세트산($ClCH_2COOH$, $K_a = 1.36 \times 10^{-3}$) 용액 25.0 mL와 별도의 0.0500 M 아세트산(CH_3COOH, $K_a = 1.75 \times 10^{-5}$) 용액 25.0 mL가 있다. 이 두 종류의 용액을 0.100 M NaOH 표준 용액으로 각각 적정한다고 가정하자.

(1) 클로로아세트산의 K_a 값이 아세트산의 K_a 값보다 큰 이유를 설명하시오.

(2) 클로로아세트산과 아세트산의 각 적정 반응을 쓰고 이 적정 반응의 평형 상수를 구하시오.

(3) 클로로아세트산 용액과 아세트산 용액에 각각 0.100 M NaOH 표준 용액을 가한 부피가 다음과 같을 때 용액의 pH를 계산하시오.

(a) 적정하기 전 (b) 5.0 mL (c) 12.0 mL (d) 12.5 mL (e) 13.0 mL

(4) 위에서 계산한 결과를 바탕으로 두 산의 적정 곡선을 각기 대략적으로 그리시오. 그리고 적정 곡선의 모양이 왜 이렇게 다른지 그 이유를 설명하시오.

(5) 두 산을 각기 10배씩 묽혀서 적정하였다고 가정하자. 그러면 적정 곡선의 모양이 어떻게 변할지 예측하고 그 이유를 설명하시오.

13. 2-아미노에탄올(2-aminoethanol, $HOCH_2CH_2NH_2$)은 약한 염기의 일종이다. 0.050 M 2-아미노에탄올 50.0 mL를 0.10 M HCl 표준 용액으로 적정한다고 하자. 다음 물음에 답하시오.

(1) 0.10 M HCl 표준 용액을 각각 10.0 mL, 그리고 15.0 mL를 가했을 때 pH는 어떻게 되는지 계산하시오. 또 HCl을 10.0 mL 가했을 때와 15.0 mL 가했을 때 pH의 차이는 얼마인지 확인하고 pH가 왜 이 정도 차이가 나는지 그 이유를 설명하시오.

(2) 당량점에서 용액의 pH를 계산하시오.

(3) 0.100 M HCl 용액을 30.0 mL 가했을 때 pH를 계산하시오.

(4) 이 적정에 가장 적합한 지시약 하나를 선택하시오. 그리고 이 지시약을 선택한 이유를 설명하시오.

14. 완충 용량이란 무엇을 말하는가? 또 약한 산을 센염기로 적정하는 경우 어느 지점에서 완충 용량이 최대가 되는가?

15. Gran 도시는 어떤 장점을 갖고 있는가?

16. 산-염기 적정에서 종말점을 정확하게 찾기 힘든 경우가 가끔 일어난다. 어떤 경우에 이런 일이 생기며 또 이런 일이 일어나는 이유는 무엇인가?

17. 어떤 이양성자성 산 H_2A(pK_{a1} = 4.00, pK_{a2} = 8.00)가 있다. 0.100 M H_2A 20.00 mL를 0.100 M KOH 표준 용액으로 적정한다고 하자.

(1) 가한 0.100 M KOH 부피를 V_b라 하고, V_b가 다음과 같을 때 용액의 pH를 구하시오.

V_b = 0, 2, 10, 19, 20, 21, 30, 39, 40, 41, 50 mL

(2) 위 계산 결과를 바탕으로 pH를 V_b에 대해 도시한 적정 곡선을 그리시오.

18. 피페라진(piperazine)은 이양성자성 염기이다. 0.0500 M 피페라진 50.00 mL를 0.100 M HCl 표준 용액으로 적정하였다. 다음 물음에 답하시오.

(1) 가한 0.100 M HCl의 부피 V_a가 다음과 같을 때 pH를 계산하시오.

V_a = 0, 5, 20, 24, 25, 26, 40, 49, 50, 51, 60 mL

(2) 위 계산 결과를 바탕으로 pH를 V_a에 대해 도시한 적정 곡선을 그리시오.

19. 센염기 용액은 플라스틱 용기에 담아서 대기와 접촉하지 못하도록 밀봉해서 보관해야 한다. 그 이유를 설명하시오.

20. 평준화 효과란 무엇인지 설명하시오.

21. 표준화할 때 1몰의 H^+를 제공하거나 또는 소모시키는 데 필요한 질량이 큰 1차 표준 용액을 사용하는 것이 보다 정확하다. 그 이유를 설명하시오.

14장 착물화법 적정

에틸렌다이아민테트라아세트산(ethylenediaminetetraacetic acid)은 약자로 간단히 EDTA라고 부르는데 대부분의 금속 양이온과 강한 1:1 **배위 화합물**(coordination compound)을 형성한다. 배위 화합물은 보통 간단히 **착화합물**(complex compound)이라고도 부른다. EDTA는 마요네즈나 샐러드소스 같이 지방이나 오일이 들어 있는 가공식품에 방부제로 많이 들어간다. 이런 가공식품에 Fe^{3+} 같은 금속 이온이 들어 있으면 불포화 지방의 산화를 촉진시켜 불쾌한 맛이나 냄새가 나게 한다. EDTA는 Fe^{3+} 같은 금속 이온과 배위 화합물을 만들어 이들 금속이 불포화 지방의 산화를 돕지 못하게 막는다. 또 EDTA는 공장의 제조 공정에 쓰이고 합성세제, 세척제 등에도 들어간다. 그 외에도 폐수처리장에서 많이 쓰인다. EDTA를 가해 주면 폐수에 들어 있는 Ni^{2+}, Pb^{2+}, Fe^{3+}, Zn^{2+}, Cu^{2+} 같은 금속 양이온이 EDTA와 강한 착화합물을 형성하게 된다. 이 EDTA 착물은 그냥 외부에 방출되어도 환경에 나쁜 영향을 별로 주지 않는다.

EDTA가 금속 이온과 강한 배위 화합물을 만드는 성질을 이용하여 시료에 있는 금속 양이온의 농도를 측정하는 데 쓸 수 있다. 정량 분석을 위해 미지 시료를 적정하는 데 EDTA 표준 용액을 적정 시약으로 쓰는 것이다. 이런 적정법을 **착물화법 적정**(complexometric titration)이라 부른다. 착물화법 적정에서 EDTA 외의 다른 화합물을 적정 시약으로 쓸 수도 있지만 대부분 EDTA를 사용하기 때문에 이 적정법을 흔히 EDTA **적정**이라고 부른다. 이 장에서는 우선 착화합물 형성 반응과 EDTA의 성질에 대해 알아보고 그 다음 EDTA 적정에 대해 알아볼 것이다.

1 착화합물 형성 반응

금속 양이온은 전자쌍을 받을 수 있기 때문에 **루이스 산**(Lewis acid)이 된다. 금속 양이온에 전자를 제공하는 화합물을 **리간드**(ligand)라 하는데 리간드는 **루이스 염기**(Lewis base)가 된다. 리간드와 금속 양이온 사이의 루이스 산-염기 상호 작용에 의해 일어나는 화학 결합을 **배위 결합**(coordinate bond)이라고 부른다. 리간드에 있는 원자 중에서 금속 양이온에 직접 전자쌍을 제공하여 배위 결합을 형성하는 원자를 **주개 원자**(donor atom)라고 한다. $\ddot{N}H_3$에서 N 원자는 루이스 염기로 작용할 수 있는 비결합 전자쌍을 1개 갖고 있으므로 주개 원자가 된다. $\ddot{N}H_3$처럼 1개의 주개 원자를 가진 리간드를 **한자리**(monodentate) 리간드라 부른다. 에틸렌다이아민(ethylenediamine, $H_2\ddot{N}CH_2CH_2\ddot{N}H_2$)은 2개의 N 원자를 갖고 있는데 이들이 서로 충분히 떨어져 있어서 금속 양이온과 2개의 배위 결합을 동시에 만들 수 있어 **두자리**(bidentate) 리간드가 된다. 이처럼 2개 이상의 주개 원자를 갖고 있어서 2개 이상의 배위 결합을 만들 수 있는 리간드를 **여러 자리**(multidentate) 리간드 또는 **킬레이트제**(chelating agent)라 부른다. 킬레이트제는 **킬레이트 리간드**라고도 한다. 전이 금속은 대부분 4개 또는 6개의 배위 결합을 만들 수 있다.

여러 자리 리간드는 비슷한 한자리 리간드보다 훨씬 안정한 착화합물을 만든다. 이것을 **킬레이트 효과**(chelating effect)라고 한다. Ni^{2+}는 6개의 배위 결합을 만드는데 6개의 NH_3와 결합하여 $[Ni(NH_3)_6]^{2+}$ 착화합물을 형성한다. 반면 Ni^{2+}는 3개의 에틸렌다이아민(약자로 'en'으로 표기하도록 한다) 분자와 결합하여 $[Ni(en)_3]^{2+}$ 착화합물을 만든다. 이 두 착화합물이 형성되는 반응의 평형 상수(형성 상수라고 부르며 K_f로 표기한다)를 비교해 보자.

$$[Ni(H_2O)_6]^{2+}(aq) + 6NH_3(aq) \rightleftarrows [Ni(NH_3)_6]^{2+}(aq) + 6H_2O(l) \qquad K_f = 1.2 \times 10^9 \qquad (14-1)$$

$$[Ni(H_2O)_6]^{2+}(aq) + 3en(aq) \rightleftarrows [Ni(en)_3]^{2+}(aq) + 6H_2O(l) \qquad K_f = 6.8 \times 10^{17} \qquad (14-2)$$

열역학적 관점에서 위 두 반응을 비교해 보자. NH_3와 en은 모두 N이 주개 원자이므로 $[Ni(NH_3)_6]^{2+}$와 $[Ni(en)_3]^{2+}$ 모두 6개의 $Ni^{2+}-N$ 배위 결합을 갖고 있다. 때문에 두 반응의 반응 엔탈피(ΔH)는 크게 다르지 않을 것이다. 그러나 두 반응의 엔트로피는 크게 차이가 날 것으로 쉽게 예상할 수 있다. (14-1) 반응에서는 7개의 반응물이 반응해서 7개의 생성물을 만든다. 이때 반응 엔트로피는 0에 가까울 것이다. 반면 (14-2) 반응을 보면 4개 반응물이 반응해서 7개의 생성물을 만든다. 생성물 개수가 더 많기 때문에 반응 엔트로피는 큰 양의 값을 가질 것이다. 자유 에너지 변화 $\Delta G = \Delta H - T\Delta S$에서 보면 ΔS가 증가하면 ΔG가 감소한다. 자발적인 변화는 ΔG가 감소하는 방향으로 이동하므로 (14-2) 반응이 더 잘 일어날 것이다. 따라서 (14-2) 반응의 K_f 값이 더 크다고 할 수 있다. 그래서 킬레이트 효과는 엔트로피 변화 때문에 생기는 효과라는 것을 알 수 있다.

킬레이트 효과는 생화학이나 분자생물학 분야에서 매우 중요하다. 포피린은 금속-킬레이트 생물 무기 착물(bioinorganic complex)인데 킬레이트 효과 때문에 매우 안정하다. 따라서 산화 환원 반응에 의해 금속 양이온의 산화 상태가 변할 때 착물의 구조가 전혀 흐트러지지 않고 완벽하게 유지되는 것이다.

2 EDTA의 성질

분석 화학에서 가장 널리 쓰이는 킬레이트제는 단연 EDTA이다. 실질적으로 주기율표에 있는 거의 모든 원소들을 직접 적정이나 간접적인 일련의 반응을 통한 EDTA 적정법으로 정량 분석하는 것이 가능하다. EDTA 적정법을 이해하려면 우선적으로 EDTA의 산-염기 성질이나 EDTA 착화합물의 성질을 이해해야 한다.

(1) 산-염기 성질

양성자가 모두 결합한 EDTA의 산성형은 6개의 양성자를 제공할 수 있는 육양성자성 산(hexaprotic acid)인데 약자로 H_6Y^{2+}로 표기하자. EDTA의 pK_a 값은 표 14.1에 정리하였다.

표 14.1 EDTA의 pK_a 값*

산-염기 반응	K_a(25 ℃에서)[a]	pK_a = −log(K_a)
$H_6EDTA^{2+} \rightleftarrows H^+ + H_5EDTA^+$	$K_{a1} = 1.0$	p$K_{a1} = 0.0$[b,c]
$H_5EDTA^+ \rightleftarrows H^+ + H_4EDTA$	$K_{a2} = 3.2 \times 10^{-2}$	p$K_{a2} = 1.5$[c]
$H_4EDTA \rightleftarrows H^+ + H_3EDTA^-$	$K_{a3} = 1.02 \times 10^{-2}$	p$K_{a3} = 1.99$
$H_3EDTA^- \rightleftarrows H^+ + H_2EDTA^{2-}$	$K_{a4} = 2.14 \times 10^{-3}$	p$K_{a4} = 2.67$
$H_2EDTA^{2-} \rightleftarrows H^+ + HEDTA^{3-}$	$K_{a5} = 6.92 \times 10^{-7}$	p$K_{a5} = 6.16$
$HEDTA^{3-} \rightleftarrows H^+ + EDTA^{4-}$	$K_{a6} = 6.46 \times 10^{-11}$	p$K_{a6} = 10.19$[d]

* 이 표에 있는 자료는 미국 "NIST 표준 데이터베이스(Standard Reference Database) 46, NIST, Gaithersburg, MD, 2004"에서 인용한 것임.

[a] K_{a1}과 K_{a2}는 1개의 유효 숫자를 가지며 나머지는 전부 2개의 유효 숫자를 갖는다.

[b] 이 pK_a 값은 이온 세기가 1.0 M일 때의 값이고 나머지는 모두 이온 세기가 0.10 M일 때의 값이다.

[c] NIST 표준 데이터베이스 46에 있는 이 값은 정확성에 의문이 있다.

[d] 이 값은 전해질로 K^+를 사용해서 얻은 값이다.

진하게 표시한 산성 수소 원자들은 금속 양이온과 착화합물을 형성할 때 해리된다.

$pK_{a1} \sim pK_{a4}$ 값은 카복실기에 있는 양성자에 대한 것이고 pK_{a5}와 pK_{a6}는 암모늄기에 있는 양성자에 대한 값이다. 전하가 없는 H_4Y는 사양성자성 산이다. 양성자 6개가 모두 해리한 Y^{4-} 형태는 카복실기에 있는 산소 원자 4개, 아민기에 있는 질소 원자 2개, 즉 총 6개의 주개 원자가 있다. 따라서 Y^{4-}는 하나의 금속 양이온과 6개 배위 결합을 만들어 안정한 팔면체 착물을 형성한다.

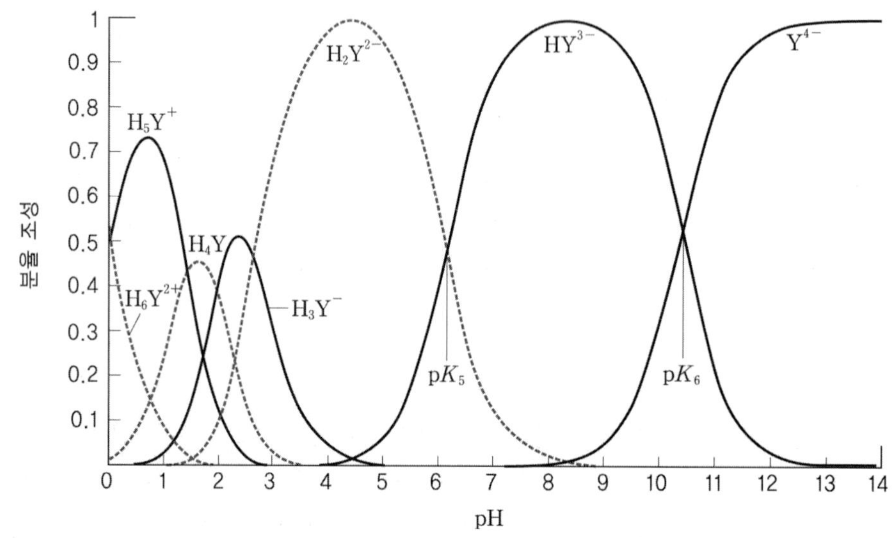

그림 14.1 pH에 따른 EDTA의 분율 변화

금속과 결합하지 않은 자유 EDTA는 7개 화학종, H_6Y^{2+}, H_5Y^+, H_4Y, H_3Y^-, H_2Y^{2-}, HY^{3-}, Y^{4-}로 존재할 수 있다. 각 화학종의 분율은 용액의 pH에 따라 달라진다. 그림 14.1에서 pH에 따라 각 화학종의 분율이 어떻게 변하는지 그린 그림을 볼 수 있다. 12장 4절에서 각 화학종의 분율 α 값을 다뤘는데 EDTA의 분율도 같은 방식으로 정의할 수 있다. 실제로 금속 이온과 결합하는 것은 대부분 Y^{4-} 형태이다. Y^{4-} 형태로 존재하는 EDTA의 분율은 다음과 같이 정의할 수 있다.

$$\alpha_{Y^{4-}} = \frac{[Y^{4-}]}{[H_6Y^{2+}] + [H_5Y^+] + [H_4Y] + [H_3Y^-] + [H_2Y^{2-}] + [HY^{3-}] + [Y^{4-}]}$$

용액에 있는 모든 자유 EDTA 전체 농도를 [EDTA]로 표기하면 위 식을 간단히 쓸 수 있다.

$$\alpha_{Y^{4-}} = \frac{[Y^{4-}]}{[EDTA]} \qquad (14-3)$$

$$[EDTA] = [H_6Y^{2+}] + [H_5Y^+] + [H_4Y] + [H_3Y^-] + [H_2Y^{2-}] + [HY^{3-}] + [Y^{4-}]$$

12장 4절에서 공부한 방법을 이용하여 $\alpha_{Y^{4-}}$을 유도하면 다음과 같은 결과를 얻을 수 있다.

$$\alpha_{Y^{4-}} = \frac{K_1K_2K_3K_4K_5K_6}{[H^+]^6 + [H^+]^5K_1 + [H^+]^4K_1K_2 + [H^+]^3K_1K_2K_3 + [H^+]^2K_1K_2K_3K_4 + [H^+]K_1K_2K_3K_4K_5 + K_1K_2K_3K_4K_5K_6} \qquad (14-4)$$

pH에 따른 $\alpha_{Y^{4-}}$ 값은 표 14.2에 정리하였다.

표 14.2 25 ℃, μ = 0.10 M일 때 pH에 따른 EDTA의 $\alpha_{Y^{4-}}$ 값

pH	$\alpha_{Y^{4-}}$	pH	$\alpha_{Y^{4-}}$
0	1.3×10^{-23}	8	4.2×10^{-3}
1	1.4×10^{-18}	9	0.041
2	2.6×10^{-14}	10	0.30
3	2.1×10^{-11}	11	0.81
4	3.0×10^{-9}	12	0.98
5	2.9×10^{-7}	13	1.00
6	1.8×10^{-5}	14	1.00
7	3.8×10^{-4}		

(2) EDTA 착화합물

어떤 금속 양이온 M^{n+}와 EDTA 사이의 착화합물 형성 반응을 생각하자. 이 반응의 평형 상수 K_f를 **형성 상수**(formation constant) 또는 **안정도 상수**(stability constant)라고 부른다.

$$M^{n+} + Y^{4-} \rightleftarrows MY^{n-4} \qquad K_f = \frac{[MY^{n-4}]}{[M^{n+}][Y^{4-}]} \tag{14-5}$$

표 14.3 금속–EDTA 착화합물에 대한 형성 상수(K_f)*

이온	$\log K_f$	이온	$\log K_f$	이온	$\log K_f$
Li^{+}	2.95	V^{3+}	25.9	Tl^{3+}	35.3
Na^{+}	1.86	Cr^{3+}	23.4	Bi^{3+}	27.8[a]
K^{+}	0.8	Mn^{3+}	25.2	Ce^{3+}	15.93
Be^{2+}	9.7	Fe^{3+}	25.1	Pr^{3+}	16.30
Mg^{2+}	8.79	Co^{3+}	41.4	Nd^{3+}	16.51
Ca^{2+}	10.65	Zr^{4+}	29.3	Pm^{3+}	16.9
Ba^{2+}	7.88	VO^{2+}	18.7	Eu^{3+}	17.25
Sc^{3+}	23.1	Ag^{+}	7.20	Tb^{3+}	17.87
Y^{3+}	18.08	Tl^{+}	6.41	Dy^{3+}	18.30
La^{3+}	15.36	Pd^{2+}	25.6	Ho^{3+}	18.56
V^{2+}	12.7[a]	Zn^{2+}	16.5	Er^{3+}	18.89
Cr^{2+}	13.6[a]	Cd^{2+}	16.5	Tm^{3+}	19.32
Mn^{2+}	13.89	Hg^{2+}	21.5	Yb^{3+}	19.49
Fe^{2+}	14.30	Sn^{2+}	18.3[b]	Lu^{3+}	19.74
Co^{2+}	16.45	Pb^{2+}	18.0	Th^{4+}	23.2
Ni^{2+}	18.4	Al^{3+}	16.4	U^{4+}	25.7
Cu^{2+}	18.78	Ga^{3+}	21.7		
Ti^{3+}	21.3	In^{3+}	24.9		

* 이 표에 있는 자료는 미국 "NIST 표준 데이터베이스(Standard Reference Database) 46, NIST, Gaithersburg, MD, 2001"에서 인용한 것이며 특별한 언급이 없으면 25 ℃, 이온 세기 0.1 M에서 얻은 값이다.

[a] 20 ℃, 이온 세기 = 0.1 M

[b] 20 ℃, 이온 세기 = 1 M

EDTA는 7개의 화학종으로 존재하므로 Y^{4-}가 아닌 다른 화학종도 금속 이온과 반응할 수 있다. 다만 Y^{4-}가 가장 잘 결합한다는 것이다. 위 (14−5) 식은 꼭 Y^{4-}만이 금속과 반응한다는 의미는 아니다. 금속−EDTA 착화합물의 형성 상수를 표 14.3에 정리하였다. 이 표에 의하면 대부분 금속−EDTA 착화합물의 형성 상수는 크고 금속 양이온의 전하량이 클수록 더욱 커진다는 사실을 확인할 수 있다.

(14−5) 식의 형성 상수는 금속과 Y^{4-} 사이의 반응를 나타낸 것인데 그림 14.1을 보면 pH < 10.37일 때 대부분의 EDTA가 Y^{4-} 형태로 존재하지 않는다. pH가 작아질수록 H_2Y^{2-}, H_3Y^-, H_4Y 같이 양성자를 많이 가진 형태의 분율이 증가한다. (14−3) 식을 이용하여 Y^{4-}의 농도는 다음과 같이 쓸 수 있다.

$$[Y^{4-}] = \alpha_{Y^{4-}}[EDTA]$$

앞서 설명한 것과 같이 [EDTA]는 모든 EDTA 화학종의 농도를 합친 값이다. 이 관계를 (14−5) 식에 대입하면 다음과 같다.

$$K_f = \frac{[MY^{n-4}]}{[M^{n+}]\alpha_{Y^{4-}}[EDTA]}$$

용액의 pH가 일정하면 $\alpha_{Y^{4-}}$는 상수가 된다. 그러면 위 식을 다음과 같이 다시 쓸 수 있다.

$$K_f' = \alpha_{Y^{4-}} K_f = \frac{[MY^{n-4}]}{[M^{n+}][EDTA]} \qquad (14-6)$$

K_f'를 **조건 형성 상수**(conditional formation constant) 또는 **유효 형성 상수**(effective formation constant)라 부르는데 어떤 특정 pH에서 착화합물 MY^{n-4} 형성을 나타낸다. 조건 형성 상수를 사용하면 금속과 결합하지 않은 모든 EDTA가 마치 하나의 화학종으로 존재하는 것처럼 다룰 수 있다.

$$M^{n+} + EDTA \rightleftarrows MY^{n-4} \qquad K_f' = \alpha_{Y^{4-}} K_f$$

표 14.1과 같은 자료에서 특정 pH에서 $\alpha_{Y^{4-}}$ 값을 구할 수 있고 이 값을 이용하여 K_f' 값을 계산할 수 있다.

EDTA 적정법으로 믿을 만한 결과를 얻으려면 적정 반응의 평형 상수가 커야 한다. 그래야만 당량점에서 미지 시료와 적정 시약이 완전히 반응하기 때문에 종말점이 분명히 나타나서 적정 오차를 줄일 수 있다. 보통 99.9% 이상 반응하면 완전히 반응했다고 할 수 있다. pH가 작아지면 $\alpha_{Y^{4-}}$ 값이 작아지고 따라서 K_f' 값이 작아진다. 그러면 금속−EDTA 착화합물이 불안정해져서 정확한 종말점을 찾기가 어려워진다. 그래서 대부분 EDTA 적정 실험은 염기성 용액에서 하게 된다.

예제 | 14.1

0.050 M MgY^{2-} 용액이 있다. 용액의 pH = 10.00일 때와 7.00일 때 용액에 있는 결합하지 않은 자유 Mg^{2+} 농도를 계산하시오.

풀이

Mg^{2+}와 EDTA 사이의 착화합물 형성 반응은 다음과 같다.

$$Mg^{2+} + EDTA \rightleftarrows MgY^{2-} \qquad K_f' = \alpha_{Y^{4-}} K_f$$

여기서 EDTA는 결합하지 않은 모든 EDTA 화학종을 말한다. 표 14.3에 의하면 $K_f = 6.17 \times 10^8$이다. 또 표 14.2에서 $\alpha_{Y^{4-}}$ 값을 구할 수 있고 이 값을 이용하여 K_f' 값을 계산한다.

pH = 10.00일 때, $K_f' = \alpha_{Y^{4-}} K_f = (0.30)(6.17 \times 10^8) = 1.85 \times 10^8$

pH = 7.00일 때, $K_f' = \alpha_{Y^{4-}} K_f = (3.8 \times 10^{-4})(6.17 \times 10^8) = 2.34 \times 10^5$

MgY^{2-}가 해리하면 같은 몰수의 Mg^{2+}와 EDTA를 만든다. 그래서 다음과 같이 쓸 수 있다.

	Mg^{2+}	+ EDTA	$\rightleftarrows$ MgY^{2-}
처음 농도(M)	0	0	0.050
마지막 농도(M)	x	x	$0.050 - x$

pH = 10.00일 때

$$K_f' = \frac{[MgY^{2-}]}{[Mg^{2+}][EDTA]} = \frac{0.050 - x}{x^2} = 1.85 \times 10^8$$

$$x = [Mg^{2+}] = 1.64 \times 10^{-5}\ M$$

pH = 7.00일 때

$$K_f' = \frac{0.050 - x}{x^2} = 2.34 \times 10^6$$

$$x = [Mg^{2+}] = 4.60 \times 10^{-4}\ M$$

pH가 내려가면 K_f' 값이 작아지기 때문에 MgY^{2-}가 좀 더 많이 해리하고 따라서 용액에 있는 자유 Mg^{2+}의 농도가 많아진다는 것을 확인할 수 있다. 그리고 용액의 pH가 일정하면 K_f'을 쓸 수 있고 이때 해리된 EDTA가 마치 하나의 화학종으로 존재하는 것처럼 다룰 수 있다.

3 EDTA 적정

(1) EDTA 적정 곡선

이제 어떤 금속 양이온의 농도를 구하기 위해 EDTA 표준 용액으로 적정할 때 결합하지 않은 자유 금속 양이온의 농도가 어떻게 변하는지 계산해 보자. 이를 위해 0.0500 M Mg^{2+} 용액 50.0 mL를 0.100 M EDTA 표준 용액으로 적정하는 경우를 생각해 보자. 용액은 완충 용액으로 만들어 pH = 10.0으로 고정되어 있다고 가정한다.

$$Mg^{2+} + EDTA \rightleftarrows MgY^{2-}$$

$$K_f' = \alpha_{Y^{-4}} K_f = (0.30)(6.17 \times 10^8) = 1.85 \times 10^8$$

K_f' 값이 크기 때문에 EDTA 용액을 가하면 반응이 완전히 진행된다고 가정하는 것이 타당하다. 당량점은 Mg^{2+}와 EDTA가 1:1로 반응하기 때문에 EDTA 25.0 mL를 가했을 때 나타날 것이다. 적정 과정을 산–염기 적정에서와 같이 당량점 이전, 당량점에서, 당량점 이후의 세 부분으로 나누어 결합하지 않고 남아 있는 Mg^{2+}의 농도를 계산할 것이다. 그리고 가한 EDTA 용액의 부피를 x축으로 하고 Mg^{2+}의 농도를 y축으로 한 적정 곡선이 어떤 모양이 되는지 살펴보자. 이 적정 곡선은 용액의 pH를 적정 시약의 부피에 대해 도시한 산–염기 적정의 적정 곡선과 비슷한 모양으로 나타날 것이다.

① 적정 곡선 계산

(a) **당량점 이전**: 이 영역에서는 가한 EDTA가 모두 반응하고 난 뒤에 여분의 Mg^{2+}가 남아 있다. 그래서 결합하지 않은 Mg^{2+}의 농도는 반응하지 않은 과량의 Mg^{2+} 농도와 같다고 가정할 수 있다. 물론 MgY^{2-}가 해리하여 생성된 Mg^{2+}가 있겠지만 해리 반응의 평형 상수 $(1/K_f')$가 매우 작기 때문에 무시할 수 있다.

EDTA 용액 10.0 mL를 가했다고 생각하자. 당량점에 도달하려면 EDTA 25.0 mL가 필요한데 10.0 mL를 가했으므로 반응하지 않고 남은 분율은 (25.0−10.0)/(25.0) = (15.0/25.0)가 된다. 또 용액의 부피가 50.0 mL에서 60.0 mL로 늘어났으므로 희석률은 (50.0/60.0)이 된다. 그래서 남은 Mg^{2+}의 농도는 다음과 같이 계산할 수 있다.

$$[Mg^{2+}] = (0.0500\ M)(\frac{15.0}{25.0})(\frac{50.0}{60.0}) = 0.0250\ M$$

$$pMg^{2+} = -\log[Mg^{2+}] = 1.60$$

가한 EDTA의 부피가 당량점 이전일 때는 이와 같은 방법으로 자유 Mg^{2+}의 농도를 계산할 수 있다.

(b) **당량점에서**: 이제 모든 Mg^{2+}가 MgY^{2-} 형태로 있다. 용액에 존재하는 미량의 자유 Mg^{2+}는 모두 MgY^{2-}의 해리에 의해 생성된 것이다. MgY^{2-}의 몰수는 원래 용액에 있던 Mg^{2+}의 몰수와 같다고 가정할 수 있지만 용액의 부피가 50.0 mL에서 75.0 mL로 늘어났으므로 농도는 다음과 같다.

$$[MgY^{2-}] = (0.0500\ M)(\frac{50.0}{75.0}) = 0.0333\ M$$

MgY^{2-}의 해리에 의해 생성된 Mg^{2+}의 농도는 다음과 같이 계산한다.

	Mg^{2+}	+	EDTA	⇄	MgY^{2-}
처음 농도(M)	0		0		0.0333
마지막 농도(M)	x		x		$0.0333 - x$

$$K_f' = \frac{[MgY^{2-}]}{[Mg^{2+}][EDTA]} = \frac{0.0333 - x}{x^2} = 1.85 \times 10^8$$

$$x = [Mg^{2+}] = 1.34 \times 10^{-5}\ M$$

$$pMg^{2+} = 4.87$$

(c) **당량점 이후**: 당량점에서와 같이 당량점 이후에도 실질적으로 모든 Mg^{2+}가 MgY^{2-}로 존재하고 미량의 자유 Mg^{2+}는 MgY^{2-}의 해리에 의해 만들어진 것이다. 다른 점은 EDTA가 과량으로 가해졌기 때문에 반응하지 않은 여분의 EDTA가 남아 있고 용액의 부피가 좀 더 늘어났기 때문에 MgY^{2-}의 농도가 좀 더 묽어졌다는 것이다. MgY^{2-}의 해리에 의해 만들어진 EDTA도 있지만 여분으로 남아 있는 EDTA에 비해 미량이므로 무시할 수 있다.

0.100 M EDTA 27.0 mL를 가했을 때 Mg^{2+}의 농도를 계산해 보자. 이때는 2.0 mL의 EDTA가 과량으로 들어갔고 용액의 부피는 77.0 mL이므로 EDTA와 MgY^{2-}의 농도는 다음과 같이 계산한다.

$$[EDTA] = (0.100\ M)(\frac{2.0}{77.0}) = 2.60 \times 10^{-3}\ M$$

$$[MgY^{2-}] = (0.0500\ M)(\frac{50.0}{77.0}) = 3.25 \times 10^{-2}\ M$$

$$K_f' = \frac{[MgY^{2-}]}{[Mg^{2+}][EDTA]}\text{이므로}$$

$$[Mg^{2+}] = \frac{[MgY^{2-}]}{K_f'[EDTA]} = \frac{3.25 \times 10^{-2}}{(1.85 \times 10^8)(2.60 \times 10^{-3})} = 6.73 \times 10^{-8}$$

$$pMg^{2+} = 7.17$$

당량점 이후 영역에서는 이런 방법으로 Mg^{2+}의 농도를 계산하면 된다.

② 적정 곡선의 모양

Mg^{2+}를 EDTA로 적정한 적정 곡선을 Ca^{2+}를 적정한 곡선과 함께 그림 14.2에 나타냈다. 산-염기 적정 곡선과 마찬가지로 곡선의 기울기가 최댓값이 되는 당량점 부근에서 금속의 농도가 크게 변하는 것을 확인할 수 있다. CaY^{2-}에 대한 K_f' 값이 MgY^{2-}에 대한 것보다 크다. 그래서 Ca^{2+}의 경우 Mg^{2+}보다 당량점 부근에서 곡선이 더 급격하게 변하므로 종말점이 더욱 뚜렷하게 나온다. 용액의 pH가 낮아지면 EDTA의 $\alpha_{Y^{4-}}$ 값이 작아지는 관계로 K_f' 값이 줄어들어 종말점 부근에서 곡선의 변화폭이 감소한다.

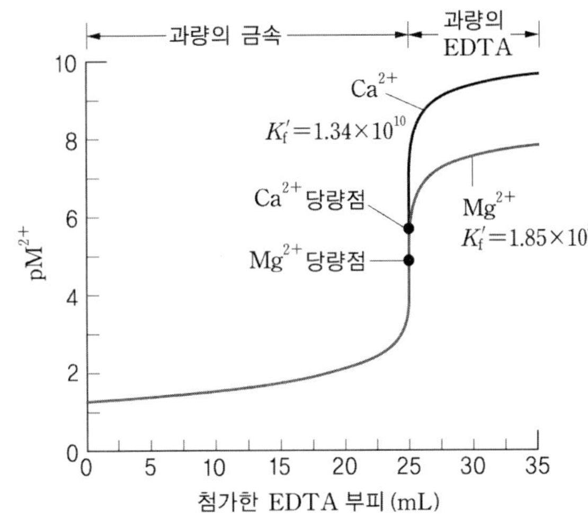

그림 14.2 0.0500 M Mg^{2+}와 0.0500 M Ca^{2+} 용액 각 50.0 mL를 0.100 M EDTA 표준 용액으로 적정할 때 금속 이온의 농도 변화를 도시한 이론적인 적정 곡선. 용액의 pH는 10.0으로 고정되어 있다. pM^{2+}는 Mg^{2+}나 Ca^{2+} 농도의 p 값($-\log[Mg^{2+}]$ 또는 $-\log[Ca^{2+}]$)을 말한다. CaY^{2-}의 K_f' 값이 MgY^{2-}보다 더 크기 때문에 Ca^{2+} 적정 곡선의 당량점이 더욱 분명하게 나타난다.

(2) 보조 착화제

실제 EDTA 적정 실험을 할 때는 **보조 착화제**(auxiliary complexing agent)가 반드시 필요하다. 보조 착화제는 리간드로서 암모니아(ammonia), 타타르산(tartrate), 시트르산(citrate), 트라이에탄올아민(triethanolamine) 같은 것이 주로 쓰이는데 이들은 EDTA보다 약한 리간드이다. 보조 착화제가 필요한 이유는 2가지로 정리할 수 있는데 첫 번째 EDTA 적정에서는 염기성 용액을 사용해야 한다. 그래야 종말점이 뚜렷하게 나온다. 그런데 많은 금속 양이온이 염기성 용액에서 금속 수산화물 침전을 형성한다. 그래서 보조 착화제는 금속과 착화합물을 형성하여 적정을 시작하기 전에 금속 수산화물 침전이 만들어지는 것을 막는 역할을 한다. 그러나 EDTA가 가해지면 이 착화합물은 금속 이온을 EDTA에 내어 주므로 금속-EDTA 착화합물이 형성된다. 다시 말해 보조 착화제는 금속과 EDTA 사이의 착화합물 형성 반응을 크게 방해하지 않는다. 두 번째 이유는 시료의 pH가 일정해야 한다. 그래야만 $\alpha_{Y^{4-}}$가 상수가 되어 조건 형성 상수를 사용할 수 있는 것이다. 가장 널리 쓰이는 보조 착화제는 NH_3이다. 그래서 많은 EDTA 적정에서는 $NH_3-NH_4^+$ 완충 용액을 사용한다. $NH_3-NH_4^+$ 완충 용액은 염기성이기 때문에 정확한 종말점을 찾는 데 유리하다.

① 금속 양이온-리간드 평형

Cd^{2+}와 보조 착화제 NH_3 사이의 평형을 예로 들어 생각하자. Cd^{2+}는 NH_3와 4개의 착화합물을 만든다.

$$Cd^{2+} + NH_3 \rightleftarrows Cd(NH_3)^{2+} \qquad \beta_1 = \frac{[Cd(NH_3)^{2+}]}{[Cd^{2+}][NH_3]} \tag{14-7}$$

$$Cd^{2+} + 2NH_3 \rightleftarrows Cd(NH_3)_2^{2+} \qquad \beta_2 = \frac{[Cd(NH_3)_2^{2+}]}{[Cd^{2+}][NH_3]^2} \tag{14-8}$$

$$Cd^{2+} + 3NH_3 \rightleftarrows Cd(NH_3)_3^{2+} \qquad \beta_3 = \frac{[Cd(NH_3)_3^{2+}]}{[Cd^{2+}][NH_3]^3} \tag{14-9}$$

$$Cd^{2+} + 4NH_3 \rightleftarrows Cd(NH_3)_4^{2+} \qquad \beta_4 = \frac{[Cd(NH_3)_4^{2+}]}{[Cd^{2+}][NH_3]^4} \tag{14-10}$$

β_1은 **총괄**(overall) 또는 **누적 형성 상수**(cumulative formation constant)라고 한다. 리간드와 결합하지 않은 상태로 있는 Cd^{2+}의 분율은 다음과 같이 쓸 수 있다.

$$\alpha_{Cd^{2+}} = \frac{[Cd^{2+}]}{[Cd^{2+}] + [Cd(NH_3)^{2+}] + [Cd(NH_3)_2^{2+}] + [Cd(NH_3)_3^{2+}] + [Cd(NH_3)_4^{2+}]} = \frac{[Cd^{2+}]}{Cd_{tot}} \tag{14-11}$$

Cd_{tot}는 용액에 존재하는 모든 형태의 Cd 농도를 합한 값을 말한다.

$$Cd_{tot} = [Cd^{2+}] + [Cd(NH_3)^{2+}] + [Cd(NH_3)_2^{2+}] + [Cd(NH_3)_3^{2+}] + [Cd(NH_3)_4^{2+}]$$

(14−7), (14−8), (14−9), (14−10) 식을 이용하여 Cd_{tot}를 다음과 같이 쓸 수 있다.

$$\begin{aligned} Cd_{tot} &= [Cd^{2+}] + \beta_1[Cd^{2+}][NH_3] + \beta_2[Cd^{2+}][NH_3]^2 + \beta_3[Cd^{2+}][NH_3]^3 + \beta_4[Cd^{2+}][NH_3]^4 \\ &= [Cd^{2+}]\{1 + \beta_1[NH_3] + \beta_2[NH_3]^2 + \beta_3[NH_3]^3 + \beta_4[NH_3]^4\} \end{aligned}$$

이 값을 (14−11) 식에 대입하면 결합하지 않은 Cd^{2+}의 분율은 다음과 같이 된다.

$$\alpha_{Cd^{2+}} = \frac{1}{1 + \beta_1[NH_3] + \beta_2[NH_3]^2 + \beta_3[NH_3]^3 + \beta_4[NH_3]^4} \tag{14-12}$$

예제 | 14.2

Cd^{2+}는 NH_3와 위 (14−7) ~ (14−10) 식과 같은 착화합물을 형성한다. NH_3의 농도가 0.10 M일 때 자유 Cd^{2+}의 분율($\alpha_{Cd^{2+}}$)을 계산하시오. 특정 pH에서 일정 농도의 NH_4^+도 용액에 존재한다.

풀이

부록을 이용하여 $Cd^{2+}-NH_3$ 착화합물 형성 상수를 구하면 다음과 같다; $\beta_1 = 324$, $\beta_2 = 2.95 \times 10^4$, $\beta_3 = 5.89 \times 10^5$, $\beta_4 = 3.63 \times 10^6$. 이 값들과 NH_3의 농도를 (14−12) 식에 대입하면 $\alpha_{Cd^{2+}}$를 계산할 수 있다.

$$\alpha_{Cd^{2+}} = \frac{1}{1 + \beta_1[NH_3] + \beta_2[NH_3]^2 + \beta_3[NH_3]^3 + \beta_4[NH_3]^4} = 7.81 \times 10^{-4} \tag{14-13}$$

이 결과를 보면 NH_3와 결합하지 않고 있는 자유 Cd^{2+} 농도는 매우 작다는 것을 알 수 있다. 따라서 적정하기 전에 Cd^{2+}가 수산화물로 침전되는 것을 막을 수 있다.

② 보조 착화제를 이용한 EDTA 적정

NH_3-NH_4^+ 완충 용액에서 0.0100 M Cd^{2+} 용액 50.0 mL를 0.0100 M EDTA 표준 용액으로 적정할 때 자유 Cd^{2+}의 농도가 어떻게 변하는지 알아보자. NH_3의 농도는 0.10 M이고 용액의 pH = 10.00이라고 가정한다. 이때는 EDTA 중 일부만이 Y^{4-} 형태로 있을 뿐 아니라 카드뮴 중 소량만이 EDTA와 결합하지 않고 자유 Cd^{2+}로 존재한다는 사실도 포함시켜서 (14−6) 식을 변형한 새로운 조건 형성 상수를 사용해야 한다. 이 조건 형성 상수를 K_f''라 하면 다음과 같이 정의한다.

$$K_f'' = \alpha_{Cd^{2+}} + \alpha_{Y^{4-}} K_f \tag{14-14}$$

여기서 $\alpha_{Cd^{2+}}$ 값은 (14−12) 식에 주어져 있고 $\alpha_{Y^{4-}}$ 값은 (14−4) 식에 주어져 있다. 따라서 pH와 NH_3 농도가 주어지면 K_f'' 값을 계산할 수 있다. 그러면 K_f' 대신 K_f'' 값을 이용하여 앞 절에서 한 것과 같은 방법으로 적정하는 동안 자유 Cd^{2+} 농도가 어떻게 변하는지 계산할 수 있는 것이다. EDTA가 NH_3보다 훨씬 강한 착화제이기 때문에 Cd^{2+}가 완전히 소모될 때까지 모든 EDTA가 Cd^{2+}와 결합한다고 가정하면 이런 방법을 쓰는 것이 가능하다.

(14−13) 식에서 $\alpha_{Cd^{2+}} = 7.81 \times 10^{-4}$이고 표 14.2에서 $\alpha_{Y^{4-}} = 0.30$임을 알 수 있다.

또 표 14.3에서 $K_f = 3.16 \times 10^{16}$이라는 것을 알 수 있다. 이 값들을 이용하여 K_f'' 값을 계산한다.

$$K_f'' = \alpha_{Cd^{2+}}\alpha_{Y^{4-}}K_f = (7.81 \times 10^{-4})(0.30)(3.16 \times 10^{16}) = 7.40 \times 10^{12}$$

K_f'' 값이 충분히 크기 때문에 적정이 가능하다는 사실을 확인할 수 있다.

(a) **당량점 이전**: EDTA 용액 30.0 mL를 가했을 때를 생각하자. 당량점은 50.0 mL일 때 나타나므로 반응하지 않고 남아 있는 Cd^{2+}의 분율은 (20.0/50.0)이고 희석률은 (50.0/80.0)이 된다. EDTA와 결합하지 않은 Cd^{2+} 전체 농도를 $C_{Cd^{2+}}$라 하면 다음과 같다.

$$C_{Cd^{2+}} = (0.0100\ \text{M})\left(\frac{20.0}{50.0}\right)\left(\frac{50.0}{80.0}\right) = 2.50 \times 10^{-3}\ \text{M}$$

EDTA와 결합하지 않은 Cd^{2+}는 대부분 NH_3와 착화합물을 형성하고 있다. 그래서 자유 Cd^{2+} 농도는 다음과 같이 계산할 수 있다.

$$[Cd^{2+}] = \alpha_{Cd^{2+}}C_{Cd^{2+}} = (7.81 \times 10^{-4})(2.50 \times 10^{-3}) = 1.95 \times 10^{-6}\ \text{M}$$

$$pCd^{2+} = 5.71$$

(b) **당량점에서**: 용액의 부피가 50.0 mL에서 100.0 mL로 늘어났으므로 $[CdY^{2-}]$는 다음과 같다.

$$[CdY^{2-}] = (0.0100\ \text{M})\left(\frac{50.0}{100.0}\right) = 0.00500\ \text{M}$$

CdY^{2-}의 해리에 의해 생성된 Cd^{2+}의 농도는 앞 절에서와 같은 방법으로 계산한다.

	$C_{Cd^{2+}}$	+	EDTA	⇄	CdY^{2-}
처음 농노(M)	0		0		0.00500
마지막 농도(M)	x		x		$0.00500 - x$

$$K_f'' = \frac{[CdY^{2-}]}{[C_{Cd^{2+}}][EDTA]} = \frac{0.00500 - x}{x^2} = 7.40 \times 10^{12}$$

$$x = C_{Cd^{2+}} = 2.60 \times 10^{-8}\ \text{M}$$

$$[Cd^{2+}] = \alpha_{Cd^{2+}}C_{Cd^{2+}} = (7.81 \times 10^{-4})(2.60 \times 10^{-8}) = 2.03 \times 10^{-11}\ \text{M}$$

$$pCd^{2+} = 10.7$$

(c) **당량점 이후**: EDTA 55.0 mL를 가했을 때를 생각하자. 용액의 부피가 50.0 mL에서 105.0 mL로 늘어났다. 그래서

$$[CdY^{2-}] = (0.0100\ \text{M})\left(\frac{50.0}{105.0}\right) = 0.00476\ \text{M}$$

EDTA 5.0 mL가 과량으로 들어갔으므로 여분으로 남은 EDTA의 농도는 다음과 같다.

$$[EDTA] = (0.0100\ M)(\frac{5.0}{105.0}) = 4.76 \times 10^{-4}\ M$$

$$K_f' = \alpha_{Y^{4-}} K_f = \frac{[CdY^{2-}]}{[Cd^{2+}][EDTA]} = (0.30)(3.16 \times 10^{16}) = 9.5 \times 10^{15}$$

$$[Cd^{2+}] = \frac{[CdY^{2-}]}{(9.5 \times 10^{15})[EDTA]} = \frac{0.00476}{(9.5 \times 10^{15})(4.76 \times 10^{4})} = 1.05 \times 10^{-15}\ M$$

$$pCd^{2+} = 15.0$$

당량점 이후에는 EDTA가 과량으로 용액에 남아 있으므로 $Cd^{2+}-NH_3$ 착화합물은 형성되지 않고 Cd^{2+}는 거의 Cd^{2+}−EDTA 착화합물로 존재한다. 그래서 K_f''를 쓰지 않고 K_f'를 썼다는 사실을 명심하라.

보조 착화제의 농도를 달리해서 Cd^{2+}를 적정한 적정 곡선을 그림 14.3에서 비교하였다. NH_3 농도가 커질수록 당량점 부근에서 pCd^{2+} 값의 도약이 작아지는 현상을 볼 수 있다. NH_3 농도가 커지면 그만큼 NH_3가 EDTA와 더 많이 경쟁하기 때문에 $\alpha_{Cd^{2+}}$ 값이 작아진다. 그 결과 K_f'' 값도 작아지기 때문이다. 그래서 보조 착화제는 적정 곡선에서 종말점을 찾는 데 지장을 주지 않을 정도로 넣어주어야 한다.

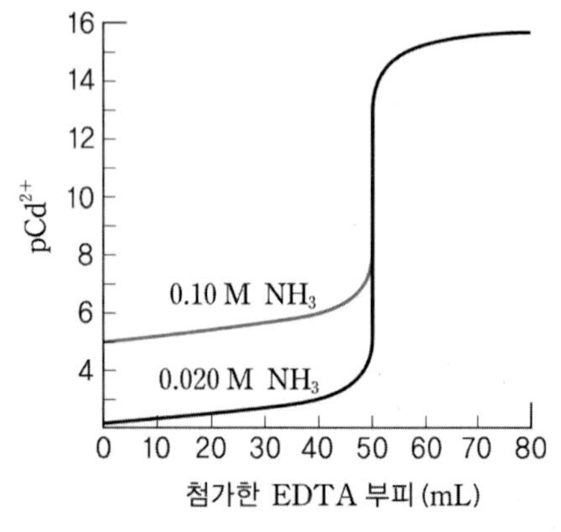

그림 14.3 서로 다른 농도의 NH_3 - NH_4^+ 완충 용액에서 0.0100 M Cd^{2+} 용액 50.0 mL를 0.0100 M EDTA 표준 용액으로 적정할 때 자유 Cd^{2+}의 농도 변화를 도시한 적정 곡선. 용액의 pH는 10.0으로 고정되어 있다. pCd^{2+}는 자유 Cd^{2+} 농도의 p 값($-\log[Cd^{2+}]$)을 말한다.

(3) 종말점 결정-금속 이온 지시약

다른 여러 가지 다른 적정법에서와 같이 EDTA 적정에서도 종말점을 확인하기 위해 지시약을 가장 많이 사용한다. 그 외에 수은 전극이나 이온 선택성 전극(ion−selective electrode)을 사용하는 경우도 있다. 이런 전극에 대해서는 다음 장부터 나오는 전기 화학 부분에서 배우게 될 것이다.

EDTA 적정에서 쓰는 지시약은 **금속 이온 지시약**(metal ion indicator)이라 부른다. 이 지시약은 리간드인데 금속 이온과 착화합물을 형성하면 색깔이 변한다. 그러나 보조 착화제로 쓰이는 NH_3처럼 EDTA보다는 금속과 약하게 결합해야 한다.

에리오크롬 블랙 T(Eriochrome black T) 지시약을 사용하여 pH = 10에서 Ca^{2+} 용액을 EDTA로 적정하는 경우를 생각하자. 지시약을 간단히 In이라 하면 적정 반응은 다음과 같다.

$$\underset{\text{붉은색}}{Ca^{2+}-In} + \underset{\text{무색}}{EDTA} \rightarrow \underset{\text{무색}}{Ca^{2+}-EDTA} + \underset{\text{청색}}{In} \qquad (14-15)$$

적정하기 전에 소량의 지시약을 무색의 Ca^{2+} 용액에 가하면 붉은색 착화합물이 소량 만들어지므로 용액이 붉은색이 된다. 적정을 시작하면 EDTA는 우선 결합하지 않은 자유 Ca^{2+}와 반응하여 착화합물을 만든다. 당량점 근처에 접근해 가서 자유 Ca^{2+}이 모두 소모되고 나면 EDTA는 Ca^{2+}−In과 (14−15)와 같은 치환 반응을 하여 In이 생성되는데 이 유리된 In은 청색을 띤다. 그래서 용액의 색깔이 붉은색에서 청색으로 바뀌므로 종말점을 확인할 수 있다.

표 14.4 대표적인 금속 이온 지시약*

이름	구조	pK_a	유리된 지시약 색깔	금속 이온 착물의 색깔
Calmagite	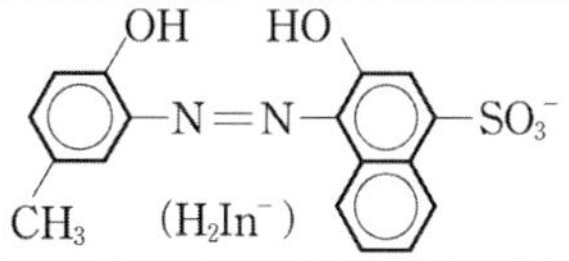 (H_2In^-)	pK_2 = 8.1 pK_3 = 12.4	H_2In^- 붉은색 HIn^{2-} 푸른색 In^{3-} 오렌지색	짙은 붉은색
Eriochrome black T	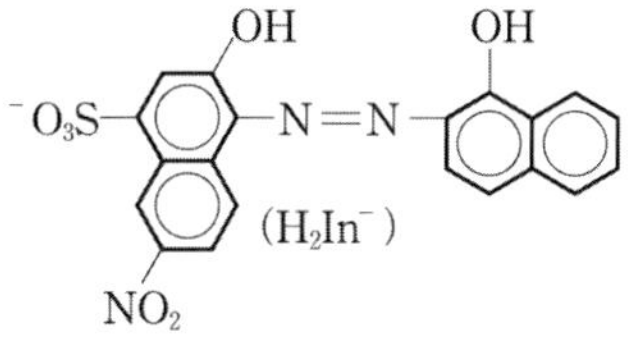 (H_2In^-)	pK_2 = 6.3 pK_3 = 11.6	H_2In^- 붉은색 HIn^{2-} 푸른색 In^{3-} 오렌지색	짙은 붉은색
Murexide	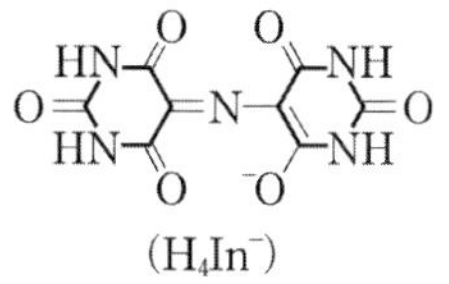 (H_4In^-)	pK_2 = 9.2 pK_3 = 10.9	H_4In^- 붉은색–보라색 H_3In^{2-} 보라색 H_2In^{3-} 푸른색	노란색(Co^{2+}, Ni^{2+}, Cu^{2+} 착화합물), Ca^{2+}인 경우는 붉은색
Xylenol orange	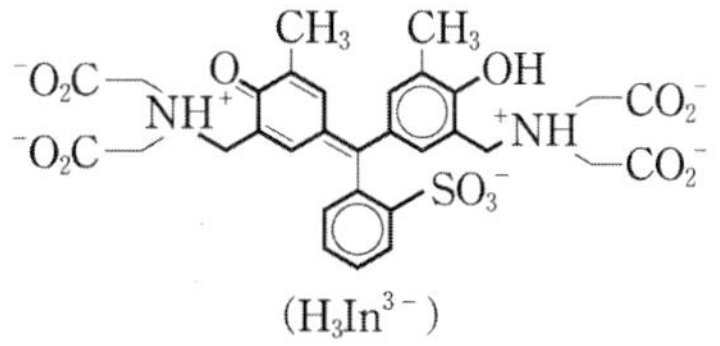 (H_3In^{3-})	pK_2 = 2.32 pK_3 = 2.85 pK_4 = 6.70 pK_5 = 10.47 pK_6 = 12.23	H_5In^- 노란색 H_4In^{2-} 노란색 H_3In^{3-} 노란색 H_2In^{4-} 보라색 HIn^{5-} 보라색 In^{6-} 보라색	붉은색
Pyrocatechol violet	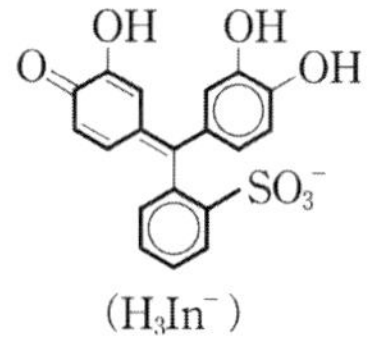 (H_3In^-)	pK_1 = 0.2 pK_2 = 7.8 pK_3 = 9.8 pK_4 = 11.7	H_4In 붉은색 H_3In^- 노란색 H_2In^{2-} 보라색 HIn^{3-} 자주색	푸른색

* 이 표는 "D.C. Harris, Quantitative Chemical Analysis (8판), Freeman, New York, NY (2010)" 에 있는 자료를 이용하여 만들었음.

대부분의 금속 이온 지시약은 표 14.4에서 보는 것처럼 pH에 따라 색깔이 변하므로 산–염기 지시약으로도 쓰일 수 있다. 이처럼 지시약 자체의 색깔이 pH에 따라 변하므로 대부분의 금속 이온 지시약은 특정 pH 범위에서만 쓸 수 있다. 그래서 특정 pH에서 색깔이 어떻게 변하는지 잘 확인한 후 사용해야 한다.

(14–15) 반응처럼 금속과 결합한 지시약은 EDTA를 만나면 금속 이온을 EDTA에 내주고 유리되어 나와야 한다. 지시약과 결합한 어떤 금속이 잘 해리되지 않는 경우가 있는데 이때는 금속이 지시약을 막았다(block)고 표현한다. 예를 들어 에리오크롬 블랙 T는 Ni^{2+}, Co^{2+}, Cu^{2+}, Fe^{3+}, Cr^{3+}, Al^{3+}에 의해 막힌다. 이럴 때 직접 적정법은 사용할 수 없고 역적정법이나 다른 적정법을 이용해야 한다.

4 여러 가지 EDTA 적정 방법

EDTA 적정법으로 어떤 원소를 정량 분석하는 방법은 무척 많이 개발되어 있다. 따라서 주기율표에 있는 많은 원소들을 EDTA 적정법으로 정량할 수 있다. EDTA 적정법도 기본 개념은 앞서 공부했던 산–염기 적정이나 침전 적정 등과 같다. 여기서는 이들 적정법과 실험 방법상 다른 EDTA 적정만이 갖는 특이 사항을 중심으로 여러 가지 적정법을 간단히 알아본다.

(1) 직접 적정법

직접 적정법에서는 미지 시료를 EDTA 표준 용액으로 적정한다. 미지 시료는 완충 용액으로 준비해야 한다. 이때 미지 시료의 pH는 금속–EDTA 착화합물의 조건 형성 상수가 커야 하고 유리된 지시약과 금속–지시약 착화합물의 색깔을 쉽게 구별할 수 있을 정도로 차이가 많이 나야 한다는 2가지 조건을 충족시킬 수 있는 값으로 조정해야 한다. EDTA를 가하기 전에 금속 이온이 수산화물로 침전되는 것을 막기 위해 많은 경우 암모니아, 타타르산, 시트르산, 트라이에탄올아민 같은 보조 착화제를 사용한다.

(2) 역적정법

역적정에서는 먼저 몰수를 정확히 알고 있으며 필요한 양보다 많은 과량의 EDTA를 미지 시료에 가한다. 그 후 여분으로 남아 있는 EDTA의 몰수를 다른 금속 이온 표준 용액으로 적정해서 구한다. 이 두 번째 금속으로는 Zn^{2+}나 Mg^{2+} 이온이 널리 쓰이는데 이들은 시료 금속–EDTA 착화합물과 치환 반응을 하면 안된다. 다시 말해 두 번째 금속은 EDTA와 시료 금속–EDTA보다 약한 착화합물을 만들어야 한다는 것이다. 처음 가해 준 EDTA의 몰수에서 반응하고 남은 EDTA의 몰수를 빼주면 미지 시료와 반응한 EDTA의 몰수가 된다. 다음과 같은 경우에 역적정법이 필요하다. 첫째, EDTA를 가하기 전에 시료 금속이 침전하는 경우, 둘째, 금속 이온과 EDTA 사이의 반응이 너무 느린 경우, 셋째, 금속 이온이 지시약을 막을 때나 쓸만한 금속 이온 지시약이 없는 경우를 들 수 있다.

역적정법의 예로서 Al^{3+} 농도를 구하는 경우를 들 수 있다. 시료 용액의 pH를 7~8 정도로 조절한 후 EDTA 표준 용액을 과량으로 넣어준다. 몇 분 동안 용액을 끓여서 Al^{3+}–EDTA 착화합물이 완전히 형성되게 한 뒤 용액을 상온으로 식힌다. 다시 용액의 pH가 7~8 정도 되게 조절한 후 $ZnSO_4(aq)$ 표준 용액으로 적정해서 남은 여분의 EDTA 몰수를 측정한다.

예제 | 14.3

어떤 미지의 Al^{3+} 용액의 농도를 구하기 위해 역적정법을 사용하였다. Al^{3+} 용액 25.00 mL에 0.0500 M EDTA 표준 용액 25.0 mL를 가하였다. 반응하고 여분으로 남은 EDTA의 mol 수를 구하기 위해 이 용액을 0.0300 M Zn^{2+} 표준 용액으로 적정하였더니 Zn^{2+} 용액 15.76 mL를 가했을 때 종말점이 나왔다. 미지 용액의 Al^{3+} 농도는 얼마인가?

풀이

가한 EDTA의 mol 수 $= (0.0500\ \text{M})(\frac{25.0}{1000}\ \text{L}) = 1.25 \times 10^{-3}$ mol

남은 EDTA의 mol 수 = 가한 Zn^{2+}의 mol 수 $= (0.0300\ \text{M})(\frac{15.76}{1000}\ \text{L}) = 4.73 \times 10^{-4}$ mol

시료에 들어 있던 Al^{3+}의 mol 수 = 가한 EDTA의 mol 수 − 남은 EDTA의 mol 수

$$= 1.25 \times 10^{-3}\ \text{mol} - 4.73 \times 10^{-4}\ \text{mol}$$

$$= 7.77 \times 10^{-4}\ \text{mol}$$

$$Al^{3+}\text{의 농도} = \frac{7.77 \times 10^{-4}\ \text{mol}}{\frac{25.0}{1000}\ \text{L}} = 0.0311\ \text{M}$$

(3) 치환 적정

치환 적정(displacement 또는 substitution titration)은 어떤 미지의 금속 이온이 금속 지시약과 반응하지 않거나 이 금속 이온이 Mg^{2+} 또는 Ca^{2+} 같은 금속보다 EDTA와 더 안정한 착화합물을 만드는 경우에 사용한다. 어떤 금속 이온 M^{n+}의 농도를 구하기 위해 Mg^{2+}−EDTA 착화합물을 용액에 가하면 다음과 같은 반응이 일어난다.

$$M^{n+} + MgY^{2-} \rightleftarrows (MY)^{(n-4)} + Mg^{2+}$$

여기서 유리된 Mg^{2+}의 몰수는 시료에 들어 있던 M^{n+}의 몰수와 같다. 이 M^{n+}의 몰수를 EDTA 표준 용액으로 적정해서 구하면 M^{n+}의 농도를 알 수 있다.

(4) 알칼리 적정법

금속 양이온 M^{n+}이 있는 용액에 Na_2H_2Y를 가하면 다음과 같이 금속−EDTA 착화합물이 만들어지면서 M^{n+} 이온 1몰당 2몰의 H^+ 이온이 방출된다.

$$M^{n+} + H_2Y^{2-} \rightleftarrows (MY)^{n-4} + 2H^+$$

이렇게 생성된 H^+ 농도를 NaOH 표준 용액으로 적정해서 측정하면 M^{n+}의 농도를 구할 수 있다. 이런 EDTA 적정법을 **알칼리 적정법**(alkalimetric titration)이라고 한다.

(5) 가림제

여러 금속 이온이 섞여 있는 혼합 용액을 EDTA 적정법으로 바로 정량하려면 일부 금속 이온이 EDTA와 반응하지 못하도록 만들어야 한다. 이런 과정을 **가림**(masking)이라 하고 이 목적으로 쓰는 화학종을 **가림제**(masking agent)라고 한다. 반대로 가려져 있는 화학종이 다시 EDTA와 반응하도록 풀어주는 과정을 **가림 벗기기**(demasking)라고 한다. 예를 들어 Al^{3+}와 Mg^{2+}가 섞여 있는 혼합 용액에서 Mg^{2+}의 농도를 구하는 경우를 생각해 보자. 혼합 용액에 F^-를 가하면 Al^{3+}가 F^-와 결합하여 가려진다. 이 용액을 EDTA로 적정하면 Mg^{2+}만이 EDTA와 반응할 수 있으므로 Mg^{2+}의 농도를 구할 수 있다. 또 다른 가림제로는 CN^-를 들 수 있다. CN^-는 Cd^{2+}, Zn^{2+}, Hg^{2+}, Cu^{2+}, Co^{2+}, Ni^{2+}, Ag^+, Pt^{2+}와 안정한 착화합물을 형성하므로 효과적인 가림제 역할을 한다. 그러나 알칼리 금속, Mn^{2+}, Pb^{2+} 등과는 반응하지 않는다.

$$M^{2+} + 4CN^- \rightarrow [M(CN)_4]^{2-}$$

그래서 Ca^{2+}, Mg^{2+}, Pb^{2+}, Mn^{2+} 같은 금속 이온을 정량하려 할 때 CN^-과 착화합물을 형성하는 위에 열거한 금속 이온이 섞여 있으면 이들을 CN^-를 써서 가리고 난 뒤에 분석할 수 있다.

가림 벗기기의 예로는 Zn^{2+}나 Cd^{2+} 이온이 $[Zn(CN)_4]^{2-}$나 $[Cd(CN)_4]^{2-}$로 가려져 있는 경우를 생각하자. 이 CN^- 착화합물에 폼알데하이드(formaldehyde) − 아세트산 용액이나 염소 수화물(chloral hydrate)을 가해 주면 금속 이온이 유리되어 나온다.

$$[Zn(CN)_4]^{2-} + 4H^+ + 4HCHO \rightarrow Zn^{2+} + 4HOCH_2CN$$

유리된 Zn^{2+}의 농도를 EDTA 적정으로 구할 수 있다.

연습문제

1. 주개 원자와 리간드가 무엇인지 설명하시오.

2. 킬레이트제란 무엇을 말하는가?

3. 킬레이트 효과란 무엇을 말하고, 또 이런 현상이 왜 나타나는지 설명하시오.

4. 다음 물음에 답하시오.
   (1) $\alpha_{Y^{4-}}$란 무엇을 말하는가?
   (2) pH = 8.00일 때 $Ca(EDTA)^{2-}$의 조건 형성 상수(K'_f) 값은 얼마인가?
   (3) pH = 8.00일 때 0.100 M $Na_2[Ca(EDTA)]$ 용액에서 결합하지 않고 있는 자유 Ca^{2+}의 농도를 계산하시오.

5. 0.050 M Mg^{2+} 용액 50.0 mL를 0.050 M EDTA 표준 용액으로 적정한다. Mg^{2+} 용액은 완충 용액으로 pH=10.0으로 조절하였다.
   $Mg^{2+} + EDTA \rightarrow MgY^{2-}$
   $K'_f = \alpha_{Y^{4-}} K_f = (0.36)(6.2 \times 10^8) = 2.2 \times 10^8$
   (1) Mg^{2+} 용액의 pH를 일정하게(이 경우는 10.0) 조절하는 이유는 무엇인가?
   (2) 시료의 pH는 어떤 방법으로 조절할 수 있는가?
   (3) 가한 EDTA 표준 용액의 부피가 다음과 같을 때 Mg^{2+}의 농도를 계산하시오.
   (a) 10.0 mL (b) 15.0 mL (c) 30.0 mL (d) 40.0 mL
   (e) 45.0 mL (f) 50.0 mL (g) 55.0 mL (h) 65.0 mL

6. 0.050 M Cu^{2+} 용액 50.0 mL를 0.100 M EDTA로 적정한다. 용액의 pH는 5.0으로 조절하였다.
   $Cu^{2+} + Y^{4-} \rightleftarrows MY^{2-}$ $K_f = 6.03 \times 10^{18}$ (단, pH = 5.0에서 $\alpha_{Y^{4-}} = 2.9 \times 10^{-7}$)
   가한 EDTA 용액의 부피가 다음과 같을 때 용액의 Cu^{2+} 농도를 계산하시오.
   (1) 5.0 mL (2) 10.0 mL (3) 20.0 mL (4) 24.0 mL (5) 25.0 mL (6) 26.0 mL (7) 30.0 mL

7. 0.050 M Co^{2+} 용액 50.0 mL를 0.100 M EDTA 표준 용액으로 적정한다. 용액의 pH는 9.0으로 고정되어 있다.
   $Co^{2+} + EDTA \rightarrow CoY^{2-}$ $K_f = 2.82 \times 10^{16}$
   pH = 9.0에서 $\alpha_{Y^{4-}} = 0.041$이다. 가해 준 0.100 M EDTA 표준 용액의 부피가 다음과 같을 때 Co^{2+}의 농도를 계산하시오.
   (1) 5.0 mL (2) 20.0 mL (3) 24.0 mL (4) 25.0 mL (5) 26.0 mL (6) 30.0 mL

8. 0.0500 M Mn^{2+} 용액 25.0 mL를 0.0500 M EDTA 표준 용액으로 적정한다. 용액의 pH 는 8.00으로 고정되어 있다.
   $Mn^{2+} + EDTA \rightleftarrows MnY^{2-}$ $K_f' = \alpha_{Y^{4-}}$ $K_f = 4.1 \times 10^{11}$
   가해 준 0.100 M EDTA 용액의 부피가 다음과 같을 때 Mn^{2+}의 농도를 계산하시오.
   (1) 5.0 mL (2) 20.0 mL (3) 24.0 mL (4) 25.0 mL (5) 26.0 mL (6) 30.0 mL

9. 실제 EDTA 적정을 하려면 보조 착화제가 꼭 필요하다. 보조 착화제가 필요한 이유는 무엇인가?

10. 가장 널리 쓰이는 보조 착화제는 NH_3이다. NH_3 농도가 커지면 적정 곡선은 어떻게 변하며, 또 그 이유는 무엇인가?

11. EDTA 적정에서 미지 시료의 pH는 매우 중요하다. 용액의 pH가 달라지면 적정 곡선의 모양은 어떻게 변하는가? 또 그 이유는 무엇인가?

12. 대부분의 금속 이온 지시약은 특정 pH 범위에서만 쓸 수 있다. 그 이유는 무엇인가?

13. 가림제란 무엇을 말하는가?

14. pH = 10.00인 $NH_3-NH_4^+$ 완충 용액에서 Zn^{2+}를 EDTA로 적정할 때 조건 형성 상수 값을 계산하시오. NH_3의 농도는 0.100 M이다.

15. Zn^{2+}를 EDTA 용액으로 적정할 때 믿을 만한 결과를 얻으려면 최소한 K_f'' 값이 10^8 이상이 되어야 한다고 하자. 이때 용액의 pH를 정수로 나타낼 때 최소한 얼마 이상이 되어야 하는가? (단, $\alpha_{Zn^{2+}} = 1$이라고 가정한다.)

$$Zn^{2+} + Y^{4-} \rightleftarrows ZnY^{2-} \qquad \log K_f = 16.5$$

16. 순수한 $CaCO_3$ 0.2284 g을 HCl에 녹인 후 물로 묽혀서 250.0 mL 용액을 만들었다. 이 Ca^{2+} 용액 50.00 mL를 덜어내어 EDTA 표준 용액으로 적정하였다. EDTA 표준 용액 41.36 mL를 가했을 때 종말점이 나타났다면 이 EDTA 용액의 농도는 얼마인가?

17. 혈청에 있는 Ca^{2+}의 농도는 미소 EDTA 적정으로 측정할 수 있다. 혈청 0.100 mL를 취한 뒤 여기에 2 M KOH 2방울을 넣고 Cal−Red 지시약을 가한 후 0.001000 M EDTA로 적정하였다. 이때 마이크로뷰렛을 사용하였다. 종말점에 도달하는 데 이 EDTA 용액 0.246 mL가 필요했다면 혈청에 있는 Ca^{2+}의 농도는 얼마인가?

18. 1.00×10^{-3} M Zn^{2+} 용액 50.0 mL를 2.00×10^{-3} M EDTA 표준 용액으로 적정한다. 이때 미지 시료에 해당하는 Zn^{2+} 용액은 $NH_3-NH_4^+$ 완충 용액으로 되어 있다. pH = 10.00으로 고정되어 있고 NH_3의 농도는 0.10 M이다. 물론 용액에는 일정량의 NH_4^+도 들어 있다.
   (1) NH_4^+의 pK_a 값은 9.25이다. 적정하기 전 용액의 NH_4^+의 몰농도는 얼마인가?
   (2) 이 적정을 $NH_3-NH_4^+$ 완충 용액에서 하는 이유는 무엇일까?
   (3) 가해 준 EDTA 표준 용액의 부피가 다음과 같을 때 용액에 있는 자유 Zn^{2+}의 농도가 얼마인지 계산하시오. (단, Zn^{2+}와 EDTA(Y^{4-}) 사이의 안정도 상수(K_f)는 3.16×10^{16}이고 $\alpha_{Zn^{2+}} = 1.8 \times 10^{-5}$, $\alpha_{Y^{4-}} = 0.30$이다.)
   (a) 5.0 mL (b) 20.0 mL (c) 24.0 mL (d) 25.0 mL (e) 26.0 mL (f) 30.0 mL

15장 전기 화학의 기초

전기 화학(electrochemistry)은 어떤 계의 전압, 전기량 등을 측정하여 이를 분석에 활용하는 분석 화학의 중요한 분야 중 하나이다. 다시 말해 전기와 화학 반응 사이의 관계를 연구하고 이용하는 분야인데 자발적 과정도 있고 비자발적 과정도 포함되어 있다. 분석 화학에서는 주로 비자발적 과정을 이용한다. 이때 일어나는 화학 반응을 산화 환원 반응이라고 한다. 일상생활에서 많이 사용하는 각종 전지, 금속의 부식, 화석 연료의 연소, 동물의 호흡 등 많은 현상이 산화 환원 반응에 의해 일어난다. 이 장에서는 전기 화학을 이해하는 데 필요한 기초 개념을 공부해 보기로 한다.

1 전기 화학이란?

(1) 산화 환원 반응

산화 환원 반응(redox reaction)은 화학종 사이에 전자가 이동하는 반응을 말한다. 어떤 화학종이 전자를 잃으면 **산화**되었다고 하며 전자를 얻으면 **환원**되었다고 한다. 화학 반응에서 어떤 화학종이 다른 화학종으로부터 전자를 얻어 산화시켰다면 **산화제**(oxidizing agent 또는 oxidant)라 부르는데 결과적으로 자신은 환원되었다. 반대로 어떤 화학종이 다른 화학종에 전자를 제공하여 환원시켰다면 **환원제**(reducing agent 또는 reductant)라 부르는데 자신은 산화되었다. 아연 막대를 센산에 담그면 다음과 같은 산화 환원 반응이 일어난다.

$$Zn(s) + 2H^+(aq) \rightarrow Zn^{2+}(aq) + H_2(g)$$

환원제　산화제

2개의 전자가 아연에서 수소 이온으로 이동하여 아연은 아연 양이온으로 산화되었고 수소 이온은 수소 기체로 환원되었다. 결과적으로 아연이 수소 이온을 환원시켰기 때문에 아연은 환원제이고 수소 이온은 아연을 산화시켰기 때문에 산화제이다.

(2) 화학 반응과 전기 사이의 관계

전기 화학에서 다루는 반응은 전부 산화 환원 반응인데 이들은 2가지 서로 다른 방식으로 진행될 수 있다. 첫째, 위의 아연과 수소 이온 사이의 반응처럼 산화제와 환원제가 반응 용기에서 직접 만나 반응하도록 할 수 있다. 둘째, 산화 반응과 환원 반응이 서로 분리된 다른 특정 장소(이것을 전극이라고 한다)에서 일어나게 하고 산화제와 환원제 사이의 전자의 이동은 외부 전기 회로를 통해 이루어지도록 한다. 이러한 목적으로 만들어진 계를 **전기 화학 전지**(electrochemical cell) 또는 줄여서 **전지**(cell)라고 부른다. 전기 화학 전지에는 **갈바니 전지**(galvanic cell)[(볼타 전지(voltaic cell)라고도 함]와 **전해 전지**(electrolytic cell)가 있다. 갈바니 전지에서는 반응이 자발적으로 일어나 전극 사이에 전류가 흐른다. 반면, 전해 전지에서는 외부 전원에서 전기 에너지를 공급하여 반응을 일으킨다. 이때 두 전극 사이의 전압과 흐르는 전류를 측정하여 반응에 대한 여러 가지 정보를 얻을 수 있다. 전류의 세기는 전지에서 일어나는 산화 환원 반응의 반응 속도에 비례하고 흐른 전하량은 반응물의 농도를 알려준다. 전기 화학 전지의 전압은 그 크기가 전기 화학 반응의 자유 에너지 변화에 비례한다. 전해 전지에서 반응에 필요한 전압은 미지의 반응물을 확인하는 데 유용하다.

2 전기에 대한 기본 개념

(1) 전하, 전류

전하(charge)를 갖는 기본 입자는 양성자와 전자이다. 이들은 전하량이 같고 부호는 반대인데 단위는 **쿨롱**(coulomb, C)을 사용한다. 전자 1개가 갖는 전하량은 1.602×10^{-19} C이다. 1몰의 전자가 갖는 전하량을 Faraday 상수(F)라고 하는데 다음과 같이 계산한다.

Faraday 상수(F) $= (1.602 \times 10^{-19}\ \text{C})(6.022 \times 10^{23}\ \text{mol}^{-1}) = 9.649 \times 10^{4}\ \text{C}$

전지에 흐른 전하량과 흐른 전자의 몰수 사이의 관계는 다음과 같다.

$$q(\text{쿨롱}) = n \cdot F \qquad (15-1)$$

여기서 q는 흐른 전하량, n은 흐른 전자의 몰수, F는 Faraday 상수이다.

단위 시간당 흐른 전하량을 **전류**(current)라고 하는데 전류의 단위는 **암페어**(ampere, A)를 사용한다. 어떤 지점을 1초 동안에 1 C의 전하가 통과했다면 1 A의 전류가 흘렀다고 말한다.

$$1\ \text{A} = 1\ \text{C/s}$$

(2) 전위차, 일, 자유 에너지

회로상의 두 지점 사이에 전위(electric potential)가 달라지면 전하가 이동한다. 이렇게 전하를 이동시키는 데 필요한 일을 전위차 또는 전압이라고 하는데 단위로 볼트(volt, V)를 사용한다. 두 지점 사이의 전위차가 커지면 전자와 같은 전하를 띤 입자가 이동하도록 미는 힘이 보다 강해진다. 1 C의 전하를 한 지점에서 다른 지점으로 옮기는 데 1줄(Joule, J)의 일이 필요하다면 이 두 지점 사이의 전위차는 1 V가 된다. 그래서 전압(E)과 일(W) 사이의 관계는 다음과 같이 쓸 수 있다.

$$W = E \cdot q \qquad (15-2)$$

이러한 힘은 전자기력(electromagnetic force) 때문에 생기는데 물이 높은 곳에서 낮은 곳으로 흐르는 것은 중력 때문이다. 높은 지점에 있는 물통의 물이 고무호스를 통해 아래로 흐르는 경우를 생각해 보자. 이 물통의 높이를 올리면 중력으로 인해 생기는 수압이 커지므로 호스를 통해 흐르는 물의 유속이 빨라진다. 두 지점 사이의 전위차가 커지면 전자를 미는 힘이 강해져서 전류가 많이 흐르게 되는 것은 이와 비슷한 현상이다.

이제 자유 에너지와 전위차 사이의 관계를 알아보자. 일정한 온도와 압력에서 화학 반응이 가역적으로 일어날 때 자유 에너지 변화를 ΔG라 하면, 계에서 이 반응에 의해 주위에 할 수 있는 전기적 일의 최대치가 ΔG와 같다고 할 수 있다.

$$\text{계에서 주위에 한 최대의 일} = -\Delta G \qquad (15-3)$$

ΔG에 음의 부호가 붙은 것은 주위에 일을 하게 되면 계의 에너지가 감소하기 때문이다. (15-1), (15-2), (15-3) 식을 결합하면 다음과 같이 화학 반응에 의한 자유 에너지 변화, 이 반응에서 생기는 전위차 그리고 흐르는 전하량 사이의 매우 중요한 관계식을 얻을 수 있다.

$$\Delta G = -(\text{주위에 한 일}) = -E \cdot q = -nFE$$

$$\Delta G = -nFE \qquad (15-4)$$

(3) 저항, 공률

유체가 관 속을 흐를 때 마찰에 의한 저항이 생기는 것과 마찬가지로 회로에 전류가 흐르면 저항이 생긴다. 이때 흐르는 전류 I의 세기는 전위차에 비례하고 저항(R)에 반비례한다.

$$I = E/R \qquad (15-5)$$

이것을 옴의 법칙(Ohm's law)이라 하며 단위는 오메가(Ω)를 쓴다.

공률(power)은 일률이라고도 하는데 단위 시간당 한 일로 정의한다. 공률의 SI 단위는 와트(watt, W)인데 1 W = 1 J/s이다. 공률 P는 다음과 같이 표시할 수 있다.

$$P = \text{일}/s = E \cdot (q/s) = E \cdot I \qquad (15-6)$$

전류 I = q/s이다.

3 갈바니 전지

$CuSO_4$를 물에 녹이면 Cu^{2+} 때문에 용액은 푸른색을 띤다. 이 용액에 Zn 금속 조각을 담그면 Cu 금속이 Zn 금속 조각 표면에 석출되고 동시에 Zn은 Zn^{2+}로 산화된다. Zn 금속 표면에서 일어나는 반응은 다음과 같다.

$$Zn(s) + Cu^{2+}(aq) \rightarrow Zn^{2+}(aq) + Cu(s) \qquad (15-7)$$

그림 15.1에서 Zn 막대 표면에 환원된 Cu 금속과 용액의 푸른색이 서서히 엷어지는 현상을 보여 주고 있다.

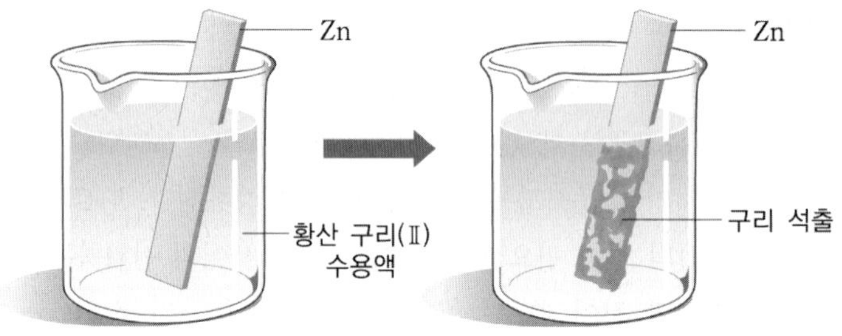

그림 15.1 자발적으로 일어나는 산화 환원 반응. Cu^{2+} 이온이 Zn 막대 표면에서 환원되어 흡착되고 Zn은 산화되어 용액으로 녹아들어간다. Cu^{2+}는 수용액에서 푸른색을 띠지만 Zn^{2+}는 무색이므로 용액의 푸른색이 엷어지게 된다.

상대적으로 Zn은 산화가 잘되고 Cu는 환원이 잘되기 때문에 이러한 반응이 자발적으로 일어난다. 때문에 이 두 금속을 이용하여 갈바니 전지를 만들 수 있지만 Zn(s)과 Cu^{2+}가 직접 만나서 반응하도록 하면 전류를 얻을 수 없다. 그래서 이들을 떼어내어 Zn 조각은 $ZnSO_4(aq)$ 용액에 담그고 Cu 조각은 $CuSO_4(aq)$ 용액에 담근 후 Zn과 Cu 금속을 도선으로 연결한다. Zn 금속과 Cu 금속은 **전극**(electrode)이라 하고 Zn 전극과 Zn^{2+} 용액, Cu 전극과 Cu^{2+} 용액은 각기 전지의 반쪽이 되기 때문에 **반쪽 전지**(half cell)라고 부른다. 그러면 다음 반응이 일어날 수 있다.

산화:	$Zn(s) \rightarrow Zn^{2+}(aq) + 2e^-$
환원:	$Cu^{2+}(aq) + 2e^- \rightarrow Cu(s)$
전체 반응:	$Zn(s) + Cu^{2+}(aq) \rightarrow Zn^{2+}(aq) + Cu(s)$

Zn이 산화되면서 생성된 전자는 외부 회로를 통하여 Cu 금속으로 이동하여 Cu^{2+}가 환원되는 데 필요한 전자로 사용된다. 그러나 한 순간이 지난 뒤 Zn 반쪽 전지에는 Zn^{2+}의 농도가 늘어나 용액의 전하 균형이 깨지고 Cu 반쪽 전지에는 Cu^{2+} 이온이 환원되어 줄어들므로 역시 음이온이 모자라서 전하 균형이 깨지게 된다. 어떤 전해질에서도 양이온의 총 전하량은 음이온의 총 전하량과 같아야 한다. 때문에 외부 회로에는 전류가 흐르지 않는다. 이 전지에 전류가 흐르도록 하기 위해서는 양쪽 반쪽 전지의 전하 균형을 맞춰줘야 하는데 가장 많이 사용하는 방법이 **염다리**(salt bridge)를 사용하여 두 반쪽 전지를 연결하는 방법이다.

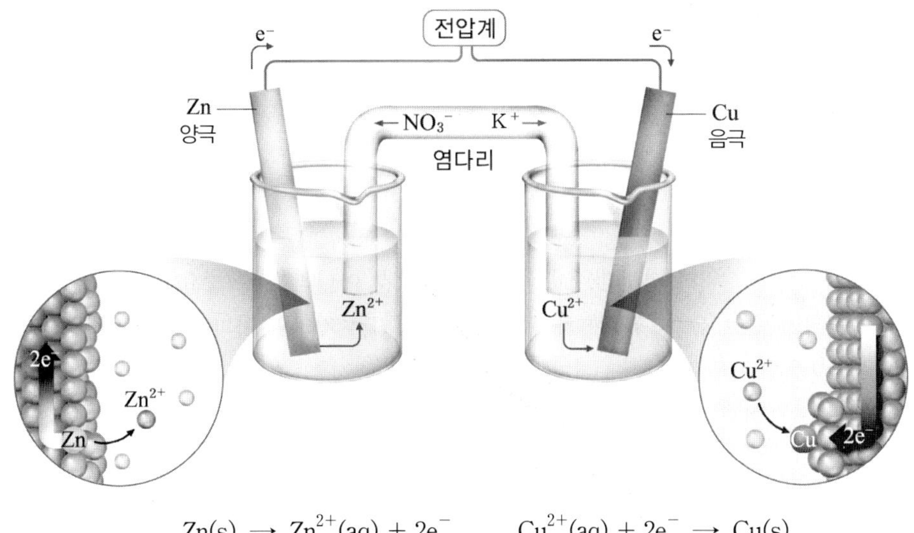

그림 15.2 실험실에서 간단히 만들 수 있는 갈바니 전지. 염다리에 의해 전지 내에서 전기 회로가 완성된다는 것을 알 수 있다. 화살표로 표시한 것과 같이 전자가 양극에서 음극으로 흐른다면 이때 전위차는 양수가 된다.

그림 15.2에 나타낸 염다리는 일반적으로 KCl을 고농도로 젤(gel)에 녹여 이것을 U자 모양의 관에 채워서 만든다. 만약 KCl이 전지 반응에 관여한다면 전지 반응과 무관한 다른 전해질을 사용한다. 염다리 끝은 다공성 유리판으로 막아서 이온들은 확산되어 이동할 수 있으나 염다리 안과 바깥의 용액이 서로 섞이는 것은 최소화되도록 한다. 그림 15.2에 있는 염다리는 Cl^-가 금속 양이온과 난용성 염을 만들 수 있기 때문에 KNO_3를 사용하였다. 이와 같이 염다리를 연결하면 염다리에 있는 K^+ 이온은 Cu 반쪽 전지로 이동하고 이 반쪽 전지에 있던 SO_4^{2-}는 염다리 내로 이동하여 전하 균형을 맞춘다. Zn 반쪽 전지에서는 NO_3^- 이온이 염다리 내에서 반쪽 전지로 이동하고 반쪽 전지에 있던 Zn^{2+} 이온은 염다리 내로 이동하여 전하 균형을 맞추게 된다. 염다리 내의 염의 농도가 반쪽 전지의 농도보다 훨씬 높기 때문에 염다리 안에서 바깥으로 이동하는 이온의 양이 염다리 안으로 들어가는 이온의 양보다 훨씬 많다.

일반적으로 KCl로 염다리를 만든다. KCl 30 g과 한천 3 g에 물 100 mL를 가하여 가열한다. 용액이 투명하게 맑아지면 U자관에 붓고 식혀서 양쪽 끝을 다공성 유리판으로 막은 후 사용한다. 염다리를 보관할 때는 포화 KCl 수용액에 넣어 준다.

이제 화학자들 사이에 약속된 전기 화학에서 사용하는 몇 가지 정의에 대해 생각해 보자. 산화가 일어나는 전극을 **양극**(anode, 또는 산화 전극), 환원이 일어나는 전극을 **음극**(cathode, 또는 환원 전극)이라고 한다. 그림 15.2에서 Zn 전극이 양극(산화 전극), Cu 전극이 음극(환원 전극)이 된다. 전지를 표시할 때는 반드시 양극을 왼쪽에, 음극을 오른쪽에 놓아야 한다(그림 15.2 참조). 이 전지의 전위차는 전위차계(전압계)를 사용하여 측정하는데, 이것을 **전지 전위**라고 한다. 양극의 전위를 E_a, 음극의 전위를 E_c라 하면 전지 전위 E_{cell}은 다음과 같이 정의한다.

$$E_{cell} = E_c - E_a \qquad (15-8)$$

그림 15.2에서 보는 것처럼 전자가 양극에서 음극으로 흐를 때 전위차(전압)는 양수가 된다.

전기 화학 전지를 간단히 표시하는 **선 표시법**이 널리 쓰이는데 이 방법은 딱 두 개의 부호만 사용한다.

- 상 사이의 경계: |
- 염다리: ‖

그림 15.2에 있는 갈바니 전지를 선 표시법으로 표시하면 다음과 같다.

$$Zn(s) \mid Zn^{2+}(aq) \parallel Cu^{2+}(aq) \mid Cu(s)$$

여기서도 양극을 염다리를 중심으로 왼쪽에 표기했다는 점을 유념해야 한다.

4 표준 전위

갈바니 전지에서 각 전극 전위의 절댓값은 측정할 수 없을 뿐 아니라 별로 중요하지도 않다. 두 지점의 높이가 같으면 물이 흐르지 않고 유속이 높이 차이에 의해 결정되는 것과 마찬가지로 두 전극의 전위, 즉 퍼텐셜 에너지가 같으면 전자가 이동하지 않고 전자가 흐르는 속도는 전위차에 의해 결정된다. 이 전위차는 전자가 양극에서 음극으로 흐르면서 할 수 있는 일의 양을 나타낸다. 그림 15.2에서 측정한 전위차는 Cu 전극과 Zn 전극 사이의 전극 전위차일 뿐 개개 전극의 전극 전위는 측정할 수가 없다. 때문에 어떤 전극의 전위를 구하려면 전위를 알고 있는 전극을 이 전극과 짝지어 전지를 만든 후 이 전지의 전지 전위를 측정하여 (15−8) 식을 이용하면 된다. 이러한 목적으로 쓰이는 것이 **표준 수소 전극**(standard hydrogen electrode, SHE)이다.

표준 수소 전극의 구조와 전극 반응은 다음과 같다. Pt 금속을 A_{H^+}(H^+의 활동도) =1인 산 용액에 넣고 여기에 $H_2(g)$를 흘러 보내 용액이 $H_2(aq)$로 포화되게 한다. $H_2(g)$의 압력은 1 bar를 유지하여 $H_2(g)$의 활동도 역시 1이 된다. Pt 표면에서 다음 반응이 평형을 이루는데, Pt는 촉매 역할을 한다.

$$\text{SHE 전극 반응: } H^+(aq,\ A=1) + e^- \rightleftarrows \frac{1}{2}H_2(g,\ A=1) \quad E^\circ = 0 \qquad (15-9)$$

25 ℃에서 이 표준 수소 전극의 전위 E°를 0으로 하여 모든 전극의 전위를 결정하는 기준이 되도록 한다. E°는 표준 상태에서 전위차를 의미한다. 전극 전위를 결정하기 위해서 표준 수소 전극의 전위를 0으로 설정하는 것은 산의 높이를 결정하기 위해 해수면의 평균 높이를 0으로 설정하는 것과 같은 이치이다.

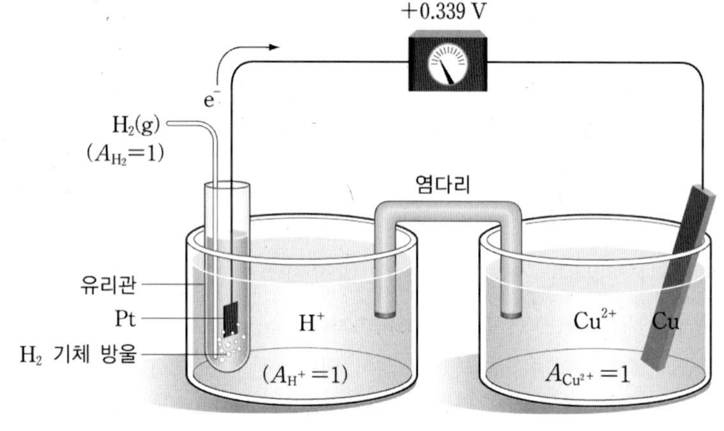

그림 15.3 반응 $Cu^{2+}(aq) + 2e^- \rightarrow Cu(s)$의 표준 환원 전위를 측정하기 위한 전지. 그러나 전지 내에 있는 모든 화학종의 활동도를 1로 맞추는 것이 통상적으로 불가능하기 때문에 이 전지는 어디까지나 가상적인 것이다.

$$\underbrace{Pt(s) \mid H_2(g,\ A=1) \mid H^+(aq,\ A=1)}_{\text{표준 수소 전극}} \parallel Cu^{2+}(aq,\ A=1) \mid Cu(s)$$

어떤 전극의 전위는 반드시 **환원 전위**(reduction potential)를 사용해야 한다. 산화 전위를 알고 싶으면 산화 반응은 환원 반응의 역반응이므로 환원 전위 값의 부호만 바꿔주면 된다. 표준 상태에서 측정한 환원 전위는 **표준 환원 전위**가 된다. 전극 반응을 표시할 때도 특별한 언급이 없으면 환원 반응으로 쓴다. 이것은 혼란을 피하기 위한 약속이다. 이제 Cu 전극의 표준 환원 전위를 구하는 방법을 알아보기로 한다. 그림 15.3과 같이 표준 수소 전극은 양극이 되도록 왼쪽에 배치하고, Cu 전극은 음극이 되도록 오른쪽에 배치한다. 이 전지를 선 표시법으로 나타내면 다음과 같다.

$Pt(s) \mid H_2(g,\ A = 1) \mid\ H^+(aq,\ A = 1) \parallel Cu^{2+}(aq,\ A = 1) \mid Cu(s)$

이것을 흔히 간단하게 다음과 같이 표시하기도 한다.

$SHE \parallel Cu^{2+}(aq,\ A = 1) \mid Cu(s)$

(15－8) 식과 같은 정의에 의해 Cu의 표준 전극 전위는 다음과 같이 정의한다.

$$E_{cell}{}^o = E_c{}^o - E_a{}^o = E_{Cu/Cu^{2+}}{}^o - 0 = E_{Cu/Cu^{2+}}{}^o$$

그림 15.3에서 전위차계에 나타난 전압이 +0.339 V이므로 Cu/Cu^{2+} 전극의 표준 환원 전위는 +0.339 V가 된다.

$$Cu^{2+}(aq) + 2e^- \rightarrow Cu(s) \qquad E^o = +0.339\ V$$

환원 전위가 양수라는 사실은 Cu^{2+}가 환원되는 반응이 자발적으로 일어나고 전자는 양극에서 음극으로 흐른다는 사실을 나타낸다. 열역학 2법칙에 의하면 화학 반응은 자유 에너지가 감소하는 방향으로 일어난다고 말한다. 그러나 (15－4) 식에 따르면 전위차 E 앞에 음의 부호가 붙어 있다. 이것은 자발적인 반응이 전위차가 증가하는 방향으로 일어난다는 것을 의미한다. 따라서 갈바니 전지의 전위차는 항상 양수가 되어야 한다는 사실을 명심해야 한다.

이제 Zn/Zn^{2+} 전극의 표준 환원 전위를 알아보자. 같은 방법으로 다음과 같은 전지를 만들어 전위를 측정하였더니 −0.762 V가 나왔다.

$SHE \parallel Zn^{2+}(aq,\ A = 1) \mid Zn(s)$

$$E_{cell}{}^o = E_c{}^o - E_a{}^o = E_{Zn/Zn^{2+}}{}^o - 0 = E_{Zn/Zn^{2+}}{}^o = -0.762\ V$$

그래서

$$Zn^{2+}(aq) + 2e^- \rightarrow Zn(s) \qquad E^o = -0.762\ V$$

이 전극의 전위가 음수라는 사실은 이 전지에서 아연은 환원되지 않고 산화된다는 것을 의미한다. 그래서 아연 전극이 양극이 되고 표준 수소 전극은 음극이 되기 때문에 위 전지는 아연 전극이 왼쪽에 오도록 해야 옳다. 그래서 전자는 아연 전극에서 표준 수소 전극으로 흐르게 된다.

표 15.1에 대표적인 반쪽 반응의 표준 환원 전위를 정리하였다. E^o 값이 가장 큰 것부터 시작해서 줄어드는 순서로 배열하였다. 그래서 맨 위에 있는 반응이 환원이 가장 잘 되고 맨 아래에 있는 반응이 환원이 가장 잘 되지 않는다. 환원이 가장 잘 안 된다는 말은 산화가 가장 잘 된다는 말과 같다. 즉 가장 위쪽에 있는 것이 가장 강한 산화제이고 가장 아래에 있는 것이 가장 강한 환원제이다. 따라서 위로 올라갈수록 산화제의 산화력(oxidizing power)이 증가하고, 내려갈수록 환원제의 환원력(reducing power)이 증가한다.

표준 전극 전위는 반쪽 전지 반응의 추진력에 대한 정량적인 정보를 주는 중요한 물리적 상수이다. 이 상수가 갖는 중요한 특성은 다음과 같다.

1. 표준 전극 전위는 표준 수소 전극이 양극으로 하여 만들어진 전기 화학 전지의 전지 전위를 측정하여 구한 상대적인 값이다. 표준 수소 전극의 전위는 임의로 0 V로 설정한다.
2. 반쪽 반응은 환원 반응으로 써야 하고 표준 전극 전위는 환원 전위를 뜻한다.
3. 표준 전극 전위가 양수이면 반쪽 전지 반응이 표준 수소 전극의 전극 반응에 대해 자발적으로 일어나는 것을 의미하고, 음수이면 반대 방향으로 반응이 진행한다는 것을 의미한다. 표준 환원 전위가 클수록 반응의 추진력이 크다.
4. 표준 전위는 세기 성질이므로 균형 잡힌 반쪽 전지 반응에 나타난 반응물과 생성물의 몰수와는 무관하다.
5. 표준 전극 전위는 온도에 따라 변한다.

표 15.1 수용액상에서 대표적인 표준 환원 전위(25 ℃)

E°_{red}(V)	환원 반쪽 반응
+2.890	$F_2(g) + 2e^- \rightarrow 2F^-(aq)$
+1.507	$MnO_4^-(aq) + 8H^+(aq) + 5e^- \rightarrow Mn^{2+}(aq) + 4H_2O(l)$
+1.360	$Cl_2(g) + 2e^- \rightarrow 2Cl^-(aq)$
+1.36	$Cr_2O_7^{2-}(aq) + 14H^+(aq) + 6e^- \rightarrow 2Cr^{3+}(aq) + 7H_2O(l)$
+1.229	$O_2(g) + 4H^+(aq) + 4e^- \rightarrow 2H_2O(l)$
+1.098	$Br_2(l) + 2e^- \rightarrow 2Br^-(aq)$
+0.955	$NO_3^-(aq) + 4H^+(aq) + 3e^- \rightarrow NO(g) + 2H_2O(l)$
+0.799	$Ag^+(aq) + e^- \rightarrow Ag(s)$
+0.771	$Fe^{3+}(aq) + e^- \rightarrow Fe^{2+}(aq)$
+0.695	$O_2(g) + 2H^+(aq) + 2e^- \rightarrow H_2O_2(aq)$
+0.620	$I_2(s) + 2e^- \rightarrow 2I^-(aq)$
+0.40	$O_2(g) + 2H_2O(l) + 4e^- \rightarrow 4OH^-(aq)$
+0.339	$Cu^{2+}(aq) + 2e^- \rightarrow Cu(s)$
0	$2H^+(aq) + 2e^- \rightarrow H_2(g)$
−0.236	$Ni^{2+}(aq) + 2e^- \rightarrow Ni(s)$
−0.44	$Fe^{2+}(aq) + 2e^- \rightarrow Fe(s)$
−0.762	$Zn^{2+}(aq) + 2e^- \rightarrow Zn(s)$
−0.828	$2H_2O(l) + 2e^- \rightarrow H_2(g) + 2OH^-(aq)$
−1.677	$Al^{3+}(aq) + 3e^- \rightarrow Al(s)$
−2.714	$Na^+(aq) + e^- \rightarrow Na(s)$
−3.040	$Li^+(aq) + e^- \rightarrow Li(s)$

환원력의 세기 증가 (↓)

산화력의 세기 증가 (↑)

5 농도와 전위 사이의 관계 – Nernst 식

지금까지 표준 상태에서 전지 전위에 대해 살펴보았는데 이제 농도가 전지 전위에 어떤 영향을 주는지 알아보자. 화학 평형에 대한 르샤틀리에 원리에 의하면 화학 평형은 농도의 영향을 받는다. 반응물의 농도가 증가하면 평형은 생성물 쪽으로 이동하고 생성물의 농도를 증가시키면 평형은 반응물 쪽으로 이동한다. 전극 전위는 반쪽 전지에 존재하는 화학종의 농도가 평형 농도로부터 얼마나 다른지를 표시하는 척도가 된다. 농도와 전위차 사이의 관계식을 Nernst **식**이라고 한다.

(1) Nernst 식

다음과 같은 반쪽 전지 반응을 생각하자.

$$aA + ne^- \rightleftarrows bB$$

이 반응의 자유 에너지 변화(ΔG)는 다음과 같이 쓸 수 있다.

$$\Delta G = \Delta G^{o} + RT\ln(A_B^{\,b}/A_A^{\,a}) \qquad (15-10)$$

자유 에너지와 전위차 사이의 관계식은 다음과 같다

$$\Delta G = -nFE,\ \Delta G^{o} = -nFE^{o}$$

이것을 (15−10) 식에 대입하여 정리하면

$$E = E^{o} - \frac{RT}{nF}\ln\frac{A_{B}^{b}}{A_{A}^{a}} \quad (15-11)$$

여기서 E^{o}: 표준 환원 전위($A_A = A_B = 1$)

R: 기체 상수 [8.314 J/(K · mol) = 8.314 (V · C)/(K · mol)]

T: 온도(K)

n: 반쪽 반응의 전자수

F: Faraday 상수(9.649×10^4 C/mol)

A_i: 화학종 i의 활동도

(15−11) 식을 Nernst 식이라고 한다. 이 식에 있는 로그 항은 반응 지수(reaction quotient)인데 Q로 표시한다.

$$Q = A_{B}^{b}/A_{A}^{a}$$

반응 지수는 활동도를 써야 하는데 많은 경우 편의상 몰농도를 사용한다. 반응 지수는 평형 상수와 같은 형태이지만 계가 평형 상태에 있지 않는 경우에 보통 사용한다. 계가 평형에 도달하면 Q는 평형 상수 K가 된다. 계가 표준 상태에 있으면 모든 화학종의 활동도가 1이 되므로 $Q = 1$, $\ln Q = \ln(1) = 0$이 되기 때문에 $E = E^{o}$가 된다.

(15−11) 식의 자연 로그를 상용 로그로 바꾸고, $T = 298.15$ K(25.00 ℃), Faraday 상수, 그리고 기체 상수 값을 대입하면 사용하기에 편리한 Nernst 식이 된다.

$$E = E^{o} - \frac{0.05916}{n}\log\frac{A_{B}^{b}}{A_{A}^{a}} \quad (25.00\ ℃에서) \quad (15-12)$$

반응 지수가 10 변하면 반쪽 전지 전위는 $\frac{59.16}{n}$ mV만큼 변한다는 것을 알 수 있다.

(2) 전지 반응과 전지 전위

갈바니 전지의 전체 전지 반응과 전지 전위를 구하는 방법을 체계적으로 정리해 보기로 한다.

1. 양극과 음극의 전극 반응을 쓰고 각 전극 반응의 E^{o} 값을 이 책의 부록이나 핸드북에서 찾는다. 이때 전극 반응은 반드시 환원 반응으로 쓰고 양극에서 생성되는 전자와 음극에서 소모되는 전자는 같은 양이 되어야 하므로 두 전극 반응의 전자수가 같도록 필요하면 전극 반응에 숫자를 곱한다. 이때 E^{o}는 세기 성질이기 때문에 E^{o} 값에는 숫자를 곱하면 안 된다.
2. 각 전극의 전극 전위를 Nernst 식을 이용하여 계산한다. 이때 나온 두 전극의 전극 전위는 모두 환원 전위라는 사실을 명심해야 한다.
3. (15−8) 식, $E_{cell} = E_c - E_a$를 이용하여 전체 전지 전위를 구한다.
4. 오른쪽 전극(음극)의 반쪽 전지 반응식에서 왼쪽 전극(양극)의 반응식을 빼면 전체 전지 반응식을 얻는다. 양극에서는 실제 산화 반응이 일어나므로 산화 반응식으로 써서 음극의 반응식을 더해 주어도 같은 결과가 나온다.

갈바니 전지에서는 전지 반응이 자발적으로 일어나므로 전체 전지 전압(E_{cell})은 반드시 양수가 되어야 한다. 만약 음수가 나왔다면 역방향으로 반응이 자발적으로 진행되는 것이기 때문에 양극과 음극을 서로 바꾸어야 한다.

(3) 반쪽 반응을 찾는 방법

다음 전지를 예로 들어 반쪽 선지 반응을 찾는 방법을 알아보자.

$$Cu(s)\ |\ Cu^{2+}(aq,\ 0.055\ M)\ \|\ Br^{-}(aq,\ 0.120\ M),\ AgBr(s)\ |\ Ag(s) \quad (15-13)$$

가장 먼저 해야 할 일은 2개의 산화 상태를 갖는 원소가 어떤 것인지 찾는 것이다. Cu는 Cu(s)와 Cu^{2+} 2개의 산화 상태로 존재하고 Ag도 Ag(s)와 AgBr(s) 산화 상태로 존재한다. Br는 Br^- 산화 상태로만 존재하기 때문에 산화 환원 반응을 하지 않는다는 것을 알 수 있다. 따라서 반쪽 전지 반응은 다음과 같다.

$$\text{양극: } Cu^{2+} + 2e^- \rightleftarrows Cu(s) \qquad (15-14)$$

$$\text{음극: } AgBr(s) + e^- \rightleftarrows Ag(s) + Br^- \qquad (15-15)$$

음극 반응을 다음과 같이 적을 수도 있다.

$$Ag^+ + e^- \rightleftarrows Ag(s) \qquad (15-16)$$

AgBr이 존재하면 용액에는 어느 정도의 Ag^+가 존재할 것이기 때문에 (15-15) 식과 (15-16) 식은 모두 옳은 표현이다. 어느 것을 선택하느냐 하는 문제는 Ag^+와 Br^- 중 어느 것의 농도를 구하기가 쉬운지 따져서 결정하면 된다.

이제 (15-15) 식과 (15-16) 식이 실제로 같은지, 즉 같은 전극 전위가 나오는지 계산해 보자.

$$AgBr(s) + e^- \rightleftarrows Ag(s) + Br^- \qquad E^o = +0.071\ V \qquad (15-17)$$

(15-16) 식에 대해 Nernst 식을 이용해 전극 전위를 계산하면 다음과 같다.

$$E_c = E^o - 0.05916\ \log[Br^-] = 0.071 - 0.05916 \log(0.120) = 0.126\ V$$

$$Ag^+ + e^- \rightleftarrows Ag(s) \qquad E^o = +0.799\ V \qquad (15-18)$$

이제 (15-17) 식에 대한 전극 전위를 Nernst 식을 이용하여 계산하자.

$$E_c = E^o - 0.05916 \log(1/[Ag^+])$$

AgBr(s)의 용해도곱 상수를 이용하여 Ag^+의 농도를 구할 수 있다.

$$[Ag^+] = K_{sp}/[Br^-] = (5.0 \times 10^{-13})/0.120 = 4.17 \times 10^{-12}$$

이 값을 위의 Nernst 식에 대입하면

$$E_c = E^o - 0.05916 \log(1/[Ag^+]) = 0.799 - 0.05916 \log(1/4.17 \times 10^{-12}) = 0.126\ V$$

(15-17) 식과 (15-18) 식은 같은 반응을 나타내므로 계산한 전극 전위도 동일하다.

6 표준 전위와 평형 상수

갈바니 전지에서 반응이 일어나면 전류가 흐른다. 두 전극 사이에 전위차계를 연결해 놓으면 전위차계는 저항이 매우 커서 무시할 수 있을 정도의 전류만 흐른다. 그래서 각 반쪽 전지에 있는 반응물의 농도는 일정하다고 볼 수 있다. 양극과 음극을 도선으로 직접 연결하면 전류가 많이 흘러 반응물의 농도가 변하게 된다. 전지 반응이 평형에 도달하게 되면 더 이상 반응이 일어나지 않게 되어 전지 전위는 0이 되고 전지에는 더 이상 전류가 흐르지 않는다. 이렇게 되면 이 갈바니 전지는 더 이상 쓸모가 없게 된다.

이제 전지 (15-13) 식을 이용하여 전지의 전위와 전지 반응의 평형 상수 사이의 관계를 알아보자.

양극:	$Cu^{2+} + 2e^- \rightleftarrows Cu(s)$	E_a^o
음극:	$2AgBr(s) + 2e^- \rightleftarrows 2Ag(s) + 2Br^-$	E_c^o
전지 반응:	$Cu(s) + 2AgBr(s) \rightleftarrows 2Ag(s) + Cu^{2+} + 2Br^-$	

전지 전위는 다음과 같이 계산할 수 있다.

$$E = E_c - E_a = E_c^{\circ} - \frac{0.05916}{2}\log[Br^-]^2 - (E_a^{\circ} - \frac{0.05916}{2}\log\frac{1}{[Cu^{2+}]})$$

$$= (E_c - E_a) - \frac{0.05916}{2}\log[Cu^{2+}][Br^-]^2$$

이것을 일반화하여 다시 쓰면 다음과 같이 된다.

$$E = E^{\circ} - \frac{0.05916}{n}\log Q \qquad (15-19)$$

여기서, $E^{\circ} = E_c - E_a$, n = 반응에 포함된 전자수, 반응 지수 $Q = [Cu^{2+}][Br^-]^2$이다.

이 전지가 평형 상태에 도달하면 $Q = K$(평형 상수)이고 E = 0이 된다. 그래서 평형 상태에서 (15-19) 식은 다음과 같이 된다.

$$E^{\circ} = \frac{0.05916}{n}\log K \quad (25\ ℃에서) \qquad (15-20)$$

$$K = 10^{\frac{nE^{\circ}}{0.05916}} \quad (25\ ℃에서) \qquad (15-21)$$

어떤 반응의 E° 값을 구하면 (15-21) 식을 이용하여 평형 상수를 계산할 수 있다. 이 방법은 평형 상수를 구하기 위해 널리 쓰이는 방법 중 하나이다.

연습문제

1. 전하, 전류, 전압이 무엇인지 설명하시오.

2. 다음 각 전지의 전극 반응과 전지 반응을 구하고 전지 전위도 계산하시오.
   (1) Cu(s) | $Cu(NO_3)_2$(aq, 0.020 M) ‖ $Fe(NO_3)_2$(aq, 0.050 M) | Fe(s)
   (2) Pb(s) | PbF_2(s) | F^-(aq, 0.10 M) ‖ Cl^-(aq, 0.10 M) | AgCl(s) | Ag(s)
   (3) Cu(s) | Cu^{2+}(aq, 0.050 M) ‖ Ag^+(aq, 0.050 M) | Ag(s)
   (4) Fe(s) | $Fe(NO_3)_2$(0.050 M) ‖ $Cu(NO_3)_2$(0.020 M) | Cu(s)

3. $Pb(NO_3)_2$ 용액 500 mL를 30분 동안 4.00 A의 전류가 흐르도록 하여 전기 분해하였다. 환원 전극에서 생성된 Pb의 무게는 몇 g인가? 환원 반응은 다음과 같다.
   $Pb^{2+} + 2e^- \rightarrow Pb(s)$

4. 어떤 갈바니 전지의 전지 반응은 다음과 같다. 이때 온도는 298 K(25 ℃)이다.
   $Zn(s) + Ni^{2+}(aq) \rightarrow Zn^{2+}(aq) + Ni(s)$
   (1) 어떤 전극이 양극(산화 전극)이 되고 어떤 전극이 음극(환원 전극)이 되는가? 양극(또는 음극)이 되는 이유도 함께 설명하시오.
   (2) 표준 상태에서 이 전지의 전지 전위(기전력)는 얼마인가?
   (3) $[Ni^{2+}]$=3.00 M, $[Zn^{2+}]$=0.100 M일 때 이 전지의 전지 전위(기전력)는 얼마인가?

5. 전압(전위차)이 8.00 V인 어떤 갈바니 전지가 25000 Ω 저항과 연결되어 있다. 다음 물음에 답하시오.

(1) 이 회로에 매초당 흐르는 전자의 몰수는 얼마인가?

(2) 전자 1.00몰이 흐르는 동안 이 회로에서 발생하는 열은 J 단위로 계산해서 얼마인가?

(3) 이 회로에 60.0분 동안 전류가 흘렀다면 이 회로에 흘러간 전자의 몰수는 얼마인가?

6. 갈바니 전지는 자발적인 화학 반응에 의해 전기를 생산한다. 갈바니 전지는 어떻게 해서 이렇게 전기를 생산하는지 설명하시오.

7. 다음과 같은 갈바니 전지가 있다.

$Cd(s) \mid Cd(NO_3)_2 \parallel AgNO_3(aq) \mid Ag(s)$

(1) 양극과 음극에서 일어나는 전극 반응을 쓰고 전지 반응도 구하시오.

(2) 양극과 음극의 표준 환원 전위는 어떻게 구하는가?

(3) 이 전지에는 염다리가 꼭 필요하다. 염다리가 하는 역할은 무엇인가?

(4) 전지에 1.00 A의 전류가 5.00시간 동안 흘렀다면 소모된 Cd(s)의 질량은 얼마인가?

8. 수은 전지의 전지 반응은 다음과 같다.

$Zn(s) + HgO(s) \rightarrow ZnO(s) + Hg(l) \qquad E^o = 1.35\ V$

(1) 이 전지의 전지 전위를 계산하시오.

(2) 이 전지를 계산기의 전원으로 사용하고 있는데 계산기를 작동하는 데 필요한 소비 전력은 0.0150 W (1 W = 1 J/s)이다. 이 계산기를 24시간 동안 연속으로 사용했을 때 ZnO(s)는 몇 g 생성되는가?

9. Ag 전극의 전극 반응은 다음과 같다.

$Ag^+ + e^- \rightleftarrows Ag(s)$

이 전극의 표준 환원 전위를 측정하려고 한다. 그 방법을 설명하시오.

10. 다음과 같은 갈바니 전지가 있다.

$Fe(s) \mid Fe(NO_3)_2\ (0.050\ M) \parallel Cu(NO_3)_2\ (0.020\ M) \mid Cu(s)$

(1) 이 전지의 전지 반응을 구하고 전지 전위를 계산하시오.

(2) 10.0 g의 Cu(s)가 생성되었다면 흐른 전하량은 몇 쿨롱인가? 또 이때 흐른 전자는 몇 몰인가?

(3) 10.0 g의 Cu(s)가 생성되는 데 10분이 걸렸다면 이 전지에 흐른 전류는 얼마인가? 단, 이때 일정한 크기의 전류가 흘렀다고 가정한다.

(4) 이 전지가 10.0 J의 일을 했다고 가정하자. 이 전지에서 몇 g의 Cu(s)가 생성되는가? 단, 전지가 이 일을 하는 동안 전지 전위는 변하지 않는다고 가정한다.

(5) 각 전극의 E^o(표준 환원 전위) 값은 어떻게 구하는지 그 방법을 설명하시오.

(6) 모든 전극의 E^o 값은 각기 다르다. 이 값의 크기가 갖는 화학적 의미에 대해서 설명하시오.

11. 실험실에서 사용하는 대부분의 전극 내부는 포화 KCl 용액이 채워져 있다. 포화 KCl 용액을 전해질로 쓰는 이유는 무엇인가?

12. 다음과 같은 갈바니 전지가 있다.

$Zn(s) \mid Zn^{2+}(aq,\ 0.010\ M) \parallel Cu^{2+}(aq,\ 0.015\ M) \mid Cu(s)$

(1) 이 전지의 전지 반응과 기전력(전지 전위)을 계산하시오.

(2) 선 표기법에서 "ǁ" 표시는 염다리를 의미한다. 염다리는 전지에서 어떤 기능을 하는가?

(3) 염다리를 만드는 데 대부분 KCl을 쓴다.그 이유는 무엇인가?

(4) Zn 전극이 왼쪽에 있는데, 이 전극을 왜 왼쪽에 표시해야 하는가?

(5) 이 전지에 0.030 A의 전류가 100시간 동안 흘렀다면 양극의 무게는 얼마나 변하는가?

13. 다음과 같은 갈바니 전지가 있다.

$Cd(s) \mid Cd(NO_3)_2(aq) \parallel AgNO_3(aq) \mid Ag(s)$

(1) 이 전지의 각 전극 반응과 전지 반응을 구하시오.

(2) 이 전지에 0.0010 A의 전류가 30일 동안 흘렀다면 음극에서 석출되는 Ag의 무게는 얼마인가?

14. 자동차용 철판은 부식을 막기 위해 Zn으로 도금이 되어 있다. Zn 막이 철(Fe)의 산화를 막아줄 수 있는 이유는 무엇인가?

15. 다음과 같은 전지가 있다.

$Ni(s) \mid Ni^{2+}(aq,\ 0.0200\ M) \parallel KCl(0.0300\ M),\ AgCl(s) \mid Ag(s)$

(1) 이 전지의 전지 전위를 구하시오.

(2) 이 전지는 갈바니 전지인지 아니면 전해 용기인지 결정하고 그 이유를 설명하시오.

16. 다음 전지의 전지 전위를 측정했더니 +0.463 V가 나왔다.

$Cu(s) \mid Cu^{2+}(aq,\ 0.0100\ M) \parallel Ag^{+}(aq,\ x\ M) \mid Ag(s)$

오른쪽 전극에 있는 Ag^+의 농도를 구하시오.

17. 다음 자료를 이용하여 ZnS(s)의 용해도곱 상수(K_{sp})를 계산하시오.

$Zn^{2+} + 2e^- \rightleftarrows Zn(s)$ $\qquad E^o = -0.763\ V$

$ZnS(s) + 2e^- \rightleftarrows Zn(s) + S^{2-}$ $\qquad E^o = -1.44\ V$

18. 다음과 같은 전지가 있다.

$SHE \parallel Zn^{2+}(aq,\ 1.00\ M) \mid Zn(s)$

온도가 298 K, $P_{H_2} = 1.00$기압일 때 이 전지의 전위가 0.45 V였다. H^+의 몰농도를 계산하시오.

19. 금속의 부식을 막기 위해 사용하는 방법 중에는 음극화 보호라는 것이 있다. 음극화 보호가 어떤 방법인지 설명하시오.

20. 다음 전지 반응의 E^o, ΔG^o, 그리고 평형 상수 K를 계산하시오.

(1) $Fe(s) + 2Ag^+(aq) \rightarrow Fe^{2+}(aq) + 2Ag(s)$

(2) $Tl^{3+}(aq) + 2Cr^{2+}(aq) \rightarrow Tl^+(aq) + 2Cr^{3+}(aq)$

16장 전위차법

전극 전위를 이용하여 시료의 농도를 구하는 방법을 **전위차법**(potentiometry)이라고 한다. 예를 들어 백금선으로 만든 전극을 시료 용액에 담그면 분석 물질이 전극에서 전자를 주거나 받는 산화 환원 반응을 한다. 이러한 분석 물질을 **전기 활성 물질**(electroactive species)이라고 한다. 이 전극의 전위를 측정하면 Nernst 식을 이용하여 분석 물질의 농도를 구할 수 있다. 이렇게 분석 물질에 직접 감응하는 전극을 **지시 전극**(indicator electrode)이라고 한다. 그런데 전극 하나의 전위차를 측정할 수 없으므로 표준 수소 전극처럼 일정한 전위를 갖는 전극과 염다리를 통해 연결하여 전지를 만든다. 이 전지의 전위차를 측정하면 지시 전극의 전위를 구할 수 있다. 일정한 전위를 갖는 전극, 즉 반쪽 전지를 **기준 전극**(reference electrode)이라고 한다.

시료에 포함되어 있는 특정한 화학종에만 선택적으로 감응하는 전극들이 널리 쓰이고 있다. 이러한 전극을 이온 선택성 전극이라고 하는데 일반적으로 쓰이는 것은 볼펜 정도의 크기를 갖고 있다. 혈관이나 세포에 직접 삽입하여 특정한 화학종의 농도를 구할 수 있는 수십 내지 수백 마이크로미터(μm) 크기의 전극도 쓰인다. 이러한 미소 전극(microelectrode)에 대해서는 전압 전류법(voltammetry)에서 다루게 될 것이다.

1 기준 전극

표준 수소 전극은 사용이 힘들고 불편하기 때문에 실험실에서 쓰이지 않는다. 그래서 표준 수소 전극에 대해 일정한 전위를 갖는 전극이 실제 기준 전극으로 사용된다. 이상적인 기준 전극이 갖춰야 할 조건은 표준 수소 전극에 대한 전극 전위를 정확하게 알고 있어야 하고 또 그 값이 일정해야 하며 분석 용액의 조성에 대해서는 전혀 영향을 받아서는 안 된다. 뿐만 아니라 이 전극은 조작이 간편하고 실험 조건이나 외부 환경 변화에 민감하지 않아야 하며 소량의 전류가 흐를 때에도 전극 전위가 일정해야 한다. **칼로멜 전극**(calomel electrode)과 **은-염화 은 전극**(silver-silver chloride electrode)이 가장 널리 쓰인다.

(1) 칼로멜 기준 전극

칼로멜 전극을 선 표시법으로 나타내면 다음과 같다.

$$Hg \mid Hg_2Cl_2(sat'd),\ KCl(x\ \text{M}) \parallel$$

'sat'd'는 포화 용액이라는 표시이고 x는 용액에서 염화 포타슘의 몰농도를 나타낸다. 실제 칼로멜 전극에서 쓰이는 염화 포타슘의 농도는 0.1 M, 1 M, 그리고 포화 용액(상온에서 약 4.6 M)인데 이 포화 용액이 준비하기가 가장 쉽기 때문에 가장 널리 사용된다. 염화 포타슘 포화 용액을 사용하는 전극을 **포화 칼로멜 전극**(saturated calomel electrode, SCE)이라고 하는데 이 전극의 주된 단점은 0.1 M, 1 M 용액을 사용할 때보다 온도 변화에 따른 전극 전위의 변동이 크다는 것이다. 이 문제는 전위를 측정하는 동안에 실질적으로 온도 변화가 일어나는 경우에만 의미를 갖는다. 이 전극의 전극 반응과 전극 전위는 다음과 같다.

$$Hg_2Cl_2(s) + 2e^- \rightleftarrows 2Hg(l) + 2Cl^- \qquad E^\circ = +0.268\ \text{V}$$

$$E(\text{포화 KCl}) = +0.241\ \text{V}$$

전극 전위는 다음과 같이 계산할 수 있다.

$$E = E^o - 0.05916 \log[Cl^-]$$

전극 전위는 전적으로 Cl^-의 농도에 의해 결정되는데 표준 환원 전위는 25 ℃일 때 +0.268 V이고 같은 온도에서 전지가 KCl로 포화되어 있으면 전극 전위는 +0.241 V이다. 일정 온도에서 KCl의 용해도가 일정하므로 Cl^-의 농도가 일정하다. 그래서 온도가 변하지 않으면 포화 칼로멜 전극은 일정한 전위를 갖는 것이다. 흔히 쓰이는 포화 칼로멜 전극의 구조는 그림 16.1과 같다.

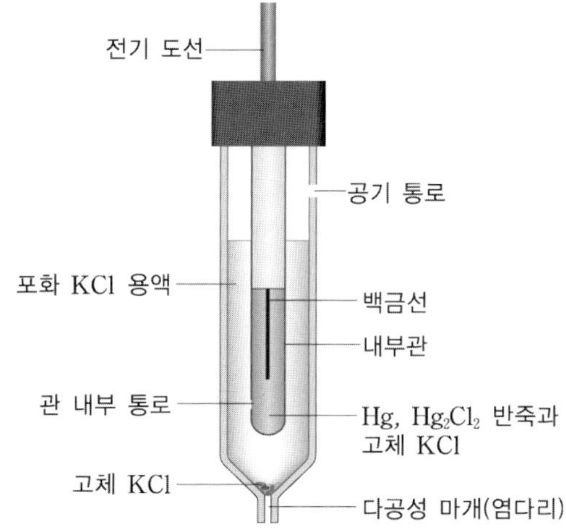

그림 16.1 일반적인 포화 칼로멜 전극(SCE)의 구조. 칼로멜 전극은 위와 구조가 같지만 바닥에 고체 KCl이 없다. 칼로멜 전극은 포화 KCl 용액이 아니라 이보다 농도가 낮은 특정 농도의 KCl 용액을 사용한다.

(2) 은-염화 은(Ag-AgCl) 기준 전극

이 전극은 포화 칼로멜 전극과 구조가 비슷한데 염화 포타슘과 염화 은이 포화된 용액에 은 전극을 담근 것이다.

Ag | AgCl(sat'd), KCl(sat'd) ‖

전극 반응과 전극 전위는 다음과 같다.

$$AgCl(s) + e^- \rightleftarrows Ag(s) + Cl^- \qquad E^o = +0.222 \text{ V}$$

$$E(\text{포화 KCl}) = +0.197 \text{ V}$$

$$E = E^o - 0.05916 \log[Cl^-]$$

25 ℃에서 표준 환원 전위는 +0.222 V이고 같은 온도에서 KCl로 포화된 전극의 전위는 +0.197 V이다. 일반적인 은-염화 은(Ag-AgCl) 기준 전극의 구조는 그림 16.2와 같다.

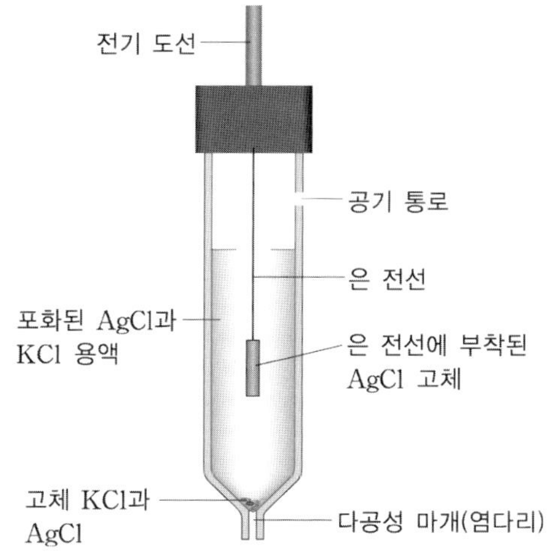

그림 16.2 흔히 쓰이는 은-염화 은(Ag-AgCl) 기준 전극의 일반적인 구조

2 지시 전극

시료의 농도 변화에 대해 빠르고 재현성 있게 감응하는 전극이 이상적인 지시 전극이다. 지시 전극은 **금속 지시 전극**(metallic indicator electrode)과 **이온 선택성 전극**(ion−selective electrode)으로 나눌 수 있다. 금속 지시 전극은 전극 표면에서 일어나는 산화 환원 반응에 의해 전극 전위가 변하게 되고 이를 측정하여 농도를 구한다. 전극의 표면적이 크고 깨끗해야 반응이 잘 일어난다. 이온 선택성 전극은 막 전극(membrane electrode)이라고도 부르는데 전극 전위는 산화 환원 반응과는 관계없이 특정 부류의 이온이 선택적으로 막에 결합함으로써 생긴다. 때문에 시료에 있는 특정 이온의 농도를 선택적으로 측정할 수 있다. 이온 선택성 전극에 대해서는 뒤에 자세히 다루도록 한다.

금속 지시 전극은 다음과 같이 두 종류로 나눌 수 있다. 첫째는 백금이나 금 같은 비활성 금속을 사용한 전극인데 이 전극은 직접 반응을 하지 않고, 용액 속의 활성 물질이 전자를 주고받는 산화 환원 반응을 할 수 있도록 장소만 제공한다. 여러 가지 형태의 탄소도 표면에서 산화 환원 반응이 빨리 일어나기 때문에 이러한 지시 전극으로 널리 쓰인다. 둘째는 순수한 금속 전극이 직접 반응하여 용액에 있는 양이온과 화학 평형을 이루는 것이다.

Ce^{3+}와 Ce^{4+}가 들어 있는 용액에서 이 두 이온의 상대적인 양을 측정한다고 생각하자. 이 용액에 Pt 전극을 넣어 음극으로 하고 기준 전극으로 은−염화 은 전극을 양극으로 하여 그림 16.3과 같은 전지를 만들었다.

음극: $Ce^{4+} + e^- \rightleftarrows Ce^{3+}$ $\qquad E_c^o = +1.70\ V$

양극: $AgCl(s) + e^- \rightleftarrows Ag(s) + Cl^-$ $\qquad E_a^o = +0.222\ V$

두 전극 전위와 전지 전위는 다음과 같이 구할 수 있다.

$$E_c = 1.70 - 0.05916 \log([Ce^{3+}]/[Ce^{4+}])$$

$$E_a = 0.222 - 0.05916 \log[Cl^-] = 0.197\ V$$

$$E = E_c - E_a = \{1.70 - 0.05916 \log([Ce^{3+}]/[Ce^{4+}])\} - 0.197$$

$$E = 1.50 - 0.05916 \log([Ce^{3+}]/[Ce^{4+}])$$

KCl로 포화된 은−염화 은 전극의 전위는 0.197 V이다. 전위차계를 이용하여 이 전지의 전위 E를 측정하면 $[Ce^{3+}]/[Ce^{4+}]$ 비를 구할 수 있다. 이때 Pt 전극은 반응이 일어나는 장소를 제공하는 역할만 한다.

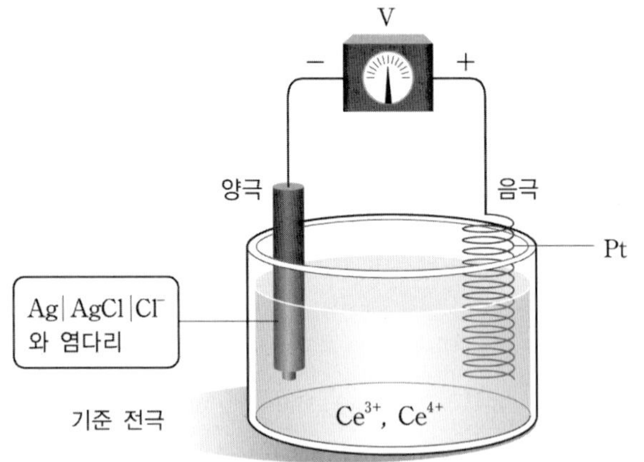

그림 16.3 $[Ce^{3+}]/[Ce^{4+}]$ 농도 비를 측정하기 위한 전지. Pt 선은 지시 전극으로 작용한다. 기준 전극의 전위가 일정하므로 전지 전위를 측정하면 $[Ce^{3+}]/[Ce^{4+}]$를 구할 수 있다.

이제 은 전극과 포화 칼로멜 전극을 이용하여 은 이온의 농도를 구하는 방법을 생각해 보자. 각 전극의 전극 반응과 전극 전위는 다음과 같다.

$$Ag^+ + e^- \rightleftarrows Ag(s) \qquad E_c^o = 0.799\ V$$

$$Hg_2Cl_2(s) + 2e^- \rightleftarrows 2Hg(l) + 2Cl^- \qquad E_a^o = 0.268\ V$$

포화 칼로멜 전극의 전위는 0.241 V이다. 따라서 이 전지의 전위는 다음과 같이 구할 수 있다.

$$E = E_c - E_a = \{0.799 - 0.05916 \log(1/[Ag^+])\} - 0.241$$

$$E = 0.558 + 0.05916 \log[Ag^+] \qquad (16-1)$$

그래서 그림 16.4에 있는 전지의 전압 E를 측정하면 (16−1) 식을 이용하여 Ag^+의 농도를 구할 수 있다. 이 식에 따르면 25 ℃에서 Ag^+ 농도가 10배 변하면 전압은 0.05916 V가 변할 것이다. 그러나 이것은 어디까지나 이상적인 경우이고 실제로는 약간의 차이가 있다.

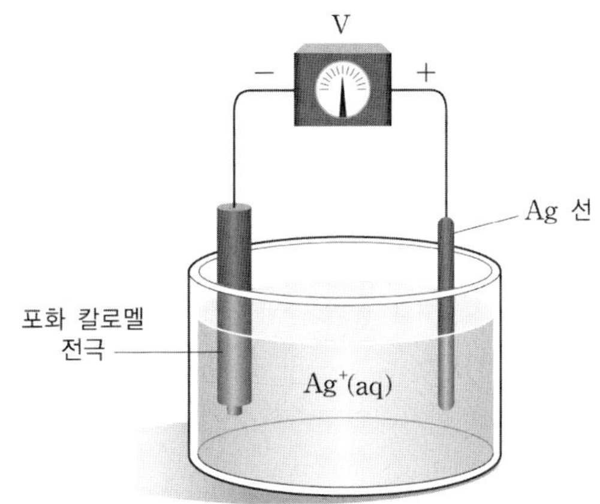

그림 16.4 Ag 전극과 포화 칼로멜 전극을 사용하여 시료 용액의 Ag^+ 농도를 구할 수 있다. 이 전지에서는 Ag 전극이 직접 반응한다.

용액에 AgCl(s)이 포함되어 있다면 이 전지의 전압을 측정하여 Cl^-의 농도를 구할 수 있다. 식 $[Ag^+] = K_{sp}/[Cl^-]$를 (16−1) 식에 대입하면 다음 식을 얻는다.

$$E = 0.558 + 0.05916 \log \frac{K_{sp}}{[Cl^-]} \qquad (16-2)$$

Ag 지시 전극과 같이 전극이 해당 금속 이온의 농도를 구하는 데 사용되려면 금속 표면에서 산화 환원 반응이 빠르게 일어나야 한다. Ag 전극 외에도 Cu, Zn, Cd, Hg 같은 금속은 이러한 지시 전극으로 쓰일 수 있다. 그러나 많은 다른 금속들은 금속 표면에서 반응이 느리기 때문에 이러한 지시 전극으로 사용하기에 적합하지 않다.

3 액간 접촉 전위

조성이 다른 두 전해질 용액이 접촉하면 그 경계면에 항상 **액간 접촉 전위**(liquid junction potential)가 생긴다. 전지에서 두 반쪽 전지를 연결하는 염다리 양쪽 끝에서 액간 접촉 전위가 나타난다. 이 전압은 보통 몇 밀리볼트(mV) 정도로 작지만 크기를 알 수 없기 때문에 전위차법에서 측정값의 정확도(accuracy)에 기본적인 제한을 초래하게 된다. 그래서 이 전압은 크기가 가능한 한 실험 오차 범위 안에 들어가도록 줄이는 것이 최선이다.

우선 접촉 전위가 생기는 이유를 알아보기 위해 그림 16.5와 같은 1 M HCl 용액이 0.01 M HCl 용액과 접촉하고 있는 경우를 생각하자. 소결 유리판(fritted glass plate) 같은 것이 이 두 용액이 섞이는 것을 막아준다. 수소 이온과 염화 이온은 진한 용액에서 묽은 용액으로 확산되기 시작하는데 각 이온에 대한 추진력의 크기는 두 용액 사이의 활동도 차이에 비례한다. 수소 이온이 염화 이온보다 **이동도**(mobility)가 크기 때문에 수소 이온이 더 빠르게 확산한다. 그러므로 앞쪽 영역은 H^+ 이온이 많아 양전하를 띠게 되고 뒤쪽 영역은

Cl^- 이온이 많아 음전하를 띠게 되어 두 상의 경계면에 전위차가 발생한다. 이 접촉 전위는 H^+의 이동을 억제하고 Cl^-의 이동을 촉진시키게 된다. 이온들의 이동도 차이 때문에 전하 불균형이 발생하고, 또 이 전하 불균형을 없애기 위해 두 이온 사이의 이동도 차이를 줄이려는 경향이 균형을 이루는 점에서 정류 상태(steady state)에 도달하게 된다.

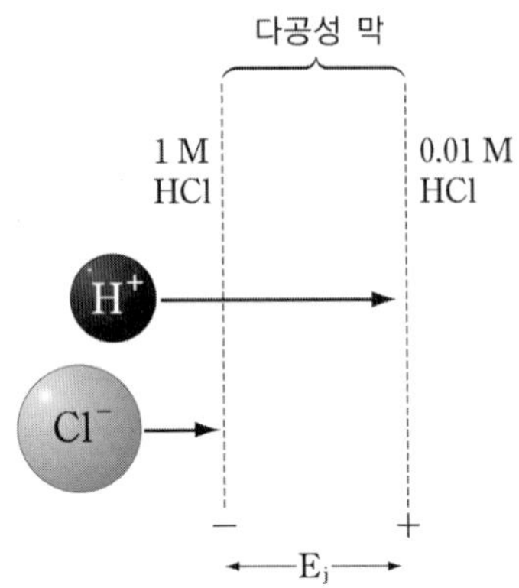

그림 16.5 액간 접촉 전위 E_j가 생기는 원인을 보여 주는 그림. 화살표의 길이는 두 이온의 상대적인 이동도를 나타낸다.

액간 접촉 전위를 줄이기 위해서는 염다리에 양이온과 음이온의 이동도가 비슷한 염을 사용하고 또 염의 농도를 높이면 된다. K^+와 Cl^-는 이동도가 비슷하기 때문에 포화 KCl 용액을 염다리로 사용하면 염다리의 경계면에서 접촉 전위가 작기 때문에 이상적이다. 그래도 pH 측정을 위해 유리 전극을 0.1 M HCl 용액에 넣으면 약 3 mV의 접촉 전위가 생기는데 이 오차를 pH 단위로 환산하면 0.05 정도가 되는 셈이다. 주요 이온들의 이동도와 액간 접촉 전위를 표 16.1과 16.2에 정리하였다.

표 16.1 25 ℃ 수용액에서 이온의 이동도

이온	이동도[M^2/(s · V)]	이온	이동도[M^2/(s · V)]
H^+	3.630×10^{-7}	$Fe(CN)_6^{4-}$	1.145×10^{-7}
Rb^+	7.92×10^{-8}	$Fe(CN)_6^{3-}$	1.047×10^{-7}
K^+	7.62×10^{-8}	SO_4^{2-}	8.27×10^{-8}
NH_4^+	7.61×10^{-8}	Br^-	8.13×10^{-8}
La^{3+}	7.21×10^{-8}	I^-	7.96×10^{-8}
Ba^{2+}	6.59×10^{-8}	Cl^-	7.91×10^{-8}
Ag^+	6.42×10^{-8}	NO_3^-	7.40×10^{-8}
Ca^{2+}	6.12×10^{-8}	ClO_4^-	7.05×10^{-8}
Cu^{2+}	5.56×10^{-8}	F^-	5.70×10^{-8}
Na^+	5.19×10^{-8}	HCO_3^-	4.61×10^{-8}
Li^+	4.01×10^{-8}	$CH_3CO_2^-$	4.24×10^{-8}
OH^-	2.050×10^{-7}		

표 16.2 25 ℃에서의 액간 접촉 전위

접촉면에서 용액 조성	전위(mV)	접촉면에서 용액 조성	전위(mV)
0.1 M NaCl | 0.1 M KCl	−6.4	0.1 M HCl | 3.5 M KCl	+3.1
0.1 M NaCl | 3.5 M KCl	−0.2	0.1 M HCl | 포화 KCl	+4.6
1 M NaCl | 3.5 M KCl	−1.9	0.01 M NaOH | 포화 KCl	+2.3
0.01 M HCl | 포화 KCl	+3.0	0.1 M NaOH | 포화 KCl	−0.4
0.1 M HCl | 0.1 M KCl	+27	1.0 M NaOH | 포화 KCl	−8.6

주: 플러스 부호는 접촉면의 오른쪽이 왼쪽보다 더 많은 양전하를 갖고 있다는 것을 의미한다.

4 이온 선택성 전극

(1) 이온 선택성 전극의 원리

병원 응급실에 환자가 실려오면 신속한 진단을 위해 즉각 혈액 검사를 실시한다. 여러 가지 검사 항목 중에서 Na^+, K^+, Cl^-의 농도, pH, CO_2 분압 같이 중요한 것들을 이온 선택성 전극으로 측정할 수 있다. 이온 선택성 전극(ion-selective electrode)은 특정한 이온에 대해서만 선택적으로 감응하는데 이러한 특징은 이 전극의 구성 요소 중 핵심인 막(membrane) 때문에 생긴다. 기준 용액과 시료 용액을 분리시키는 얇은 막은 특정 이온에만 감응하여 일종의 접촉 전위가 발생하는 것이다. 이러한 전위차는 산화 환원 반응과 관련이 없기 때문에 금속 전극과는 근본적으로 다르다. 이온 선택성 전극의 종류는 크게 다음과 같이 나눌 수 있다.

1. 결정성 막 전극: F^- 정량을 위한 LaF_3 단결정으로 만들어진 전극, S^{2-}와 Ag^+ 정량을 위한 Ag_2S 전극 등이 있다.
2. 비결정성 막 전극: 대표적으로 pH 측정이나 Na^+ 정량에 쓰이는 유리 전극이 있다. 액체 막 전극은 Ca^{2+} 정량이나 K^+ 등의 정량에 쓰이고 액체 이온 운반체를 고체 PVC에 고정시킨 막 전극도 Ca^{2+}, NO_3^- 등의 정량에 쓰인다.

이제 이온 선택성 전극의 원리에 대해 알아보자. 특정 이온과 착화합물을 만들 수 있는 리간드를 **이온 운반체** 또는 **이온 운반 물질**(ionophore)이라고 한다. 이 화합물을 고분자 막에 소량 섞어 넣으면 이 리간드가 용액의 특정 이온과 착화합물을 형성하여 용액-막 경계면에서 이 이온을 운반할 수 있는 이온 교환체 역할을 할 수 있다. 특정 이온에 대한 막의 선택성은 이온 운반 물질이 특정 이온과 얼마나 안정한 착화합물을 만드느냐에 따라 결정된다. 특정 이온에 대한 선택성을 극대화하기 위해 많은 이온 운반 물질이 합성되었다. 포타슘 양이온에 대해 매우 높은 선택성을 갖고 있는 발리노마이신(valinomycin)은 가장 널리 쓰이는 이온 운반 물질 중 하나이다. 발리노마이신을 첨가하여 만든 막은 K^+ 이온만 선택적으로 통과시키게 되는데 이것을 예로 들어 이온 선택성 전극의 작동 원리를 알아보자.

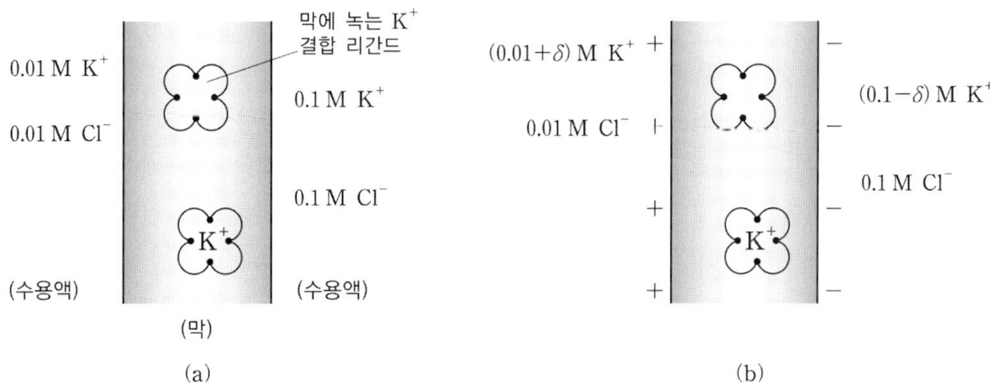

그림 16.6 이온 선택성 전극의 메커니즘. (a) K^+ 이온이 막을 가로질러 이동하기 전 처음 조건. (b) δ mol/L의 K^+가 막을 건너 이동한 뒤에는 막 왼쪽에 $+\delta$ mol/L만큼 양전하가 많아지고 막 오른쪽은 $-\delta$ mol/L만큼 양전하가 줄어든다.

그림 16.6에서와 같이 이 막을 경계로 양쪽에 KCl 수용액이 있는데 왼쪽은 농도가 0.01 M이고 오른쪽은 농도가 0.1 M이라 가정하자. 각 용액에 있는 K^+ 이온의 활동도를 각각 a_1, a_2라 하면 활동도 차이 때문에 생기는 자유 에너지 차이 ΔG는 다음과 같다.

$$\Delta G = -RT\ln(a_1/a_2) \qquad (16-3)$$

전해질 용액은 모두 중성이므로 처음에는 막 양쪽에 전위차가 존재하지 않는다. 자유 에너지 차이 때문에 이온들은 활동도가 높은 쪽에서 낮은 쪽으로 이동하려고 하는데 K^+ 이온은 막에 녹아 있는 리간드와 결합할 수 있기 때문에 막을 통과하지만 Cl^- 이온은 막을 통과할 수 없다. 그래서 활동도가 낮은 왼쪽 용액에는 양이온이 많아져서 양전하를 띠게 되고 활동도가 높은 오른쪽 용액에는 양전하가 모자라서 음전하를 띠게 된다. 이 전위차는 K^+가 막 왼쪽으로 이동하는 것을 막는다. 전위차를 E라 하면 이 때문에 생기는 자유 에너지는 다음과 같다.

$$\Delta G = -nFE \tag{16-4}$$

K^+ 이온이 이동하여 두 용액의 활동도 차이가 줄어들면 자유 에너지 차이는 감소하게 되고 막 양쪽의 전위차는 증가하여 이로 인한 자유 에너지((16-4) 식)는 커진다. 이 두 힘이 같아지게 되면 더 이상 K^+ 이온이 이동하지 않게 되어 다음 관계식이 성립한다.

$$-RT\ln(a_1/a_2) = -nFE$$

$$E = \frac{RT}{nF}\ln\frac{a_1}{a_2} = \frac{0.05916}{n}\log\frac{a_1}{a_2} \ (25\ ℃에서) \tag{16-5}$$

K^+ 이온의 활동도 차이가 10이 되면 59.16 mV만큼 전위차가 생기게 된다.

<선택 계수>

시료에 존재하는 여러 가지 이온들 중에서 하나의 특정 이온에만 100% 감응하고 다른 이온들의 방해를 전혀 받지 않는 전극이 가장 이상적인 전극이다. 그러나 이런 전극은 존재할 수 없고 모든 전극은 정도 차이가 크지만 어느 정도 다른 이온의 방해를 받는다. 어떤 이온 S의 농도를 측정하는 데 사용하는 전극이 다른 이온 X에도 약간 감응한다고 가정하자. 이 두 이온에 대한 전극의 상대적인 감응의 세기를 **선택 계수**(selectivity coefficient)라고 하며 정의는 다음과 같다.

$$\text{선택 계수: } K_{S,X} = \frac{\text{X에 대한 감응}}{\text{S에 대한 감응}} \tag{16-6}$$

X에 의한 방해가 작을수록 선택 계수는 작아지므로 선택 계수는 작을수록 좋다. 다음 절에서 배울 유리 전극은 선택성이 가장 좋은 이온 선택성 전극이므로 선택 계수가 매우 작다. Na^+는 유리 전극의 주된 간섭 이온인데 보통 $[H^+] \le 10^{-12}$ M, $[Na^+] \ge 10^{-2}$ M이 되어야 pH 측정값에 대한 Na^+의 영향이 나타난다. 앞서 언급한 발리노마이신을 사용한 K^+ 이온 선택성 전극의 Na^+와 Cs^+에 대한 선택 계수는 $K_{K^+,Na^+} = 1 \times 10^{-5}$, $K_{K^+,Cs^+} = 0.44$이다. 시료에 있는 K^+와 Na^+의 농도가 같다면 K^+에 의한 전위차가 Na^+에 의한 것보다 1×10^5만큼 크기 때문에 Na^+에 의한 방해는 거의 없다고 할 수 있다. 그러나 K^+와 Cs^+가 같은 농도로 존재한다면 Cs^+에 의한 전위차 크기가 K^+에 의한 전위차 크기의 44%나 되기 때문에 Cs^+에 의한 방해는 매우 크다. 만약 Cs^+의 농도가 K^+의 2배라면 두 이온에 의한 감응이 거의 비슷한 수준이 될 것이기 때문이다.

각 이온들의 감응이 Nernst 식을 따른다면 농도를 구하고자 하는 시료 이온과 같은 전하를 갖는 다른 방해 이온들에 의한 이온 선택성 전극의 감응, E는 다음과 같이 표현할 수 있다. 전하가 다른 이온들은 거의 방해를 하지 않기 때문에 포함하지 않는다.

$$E = \text{상수} \pm \frac{0.05916}{Z_S}\log\left[\mathcal{A}_S + \Sigma K_{S,X}\mathcal{A}_X\right] \tag{16-7}$$

여기서 Z_S는 S의 전하이고 $\mathcal{A}_S$와 $\mathcal{A}_X$는 활동도이며 $K_{S,X}$는 방해 이온들의 선택 계수이다. 이상적인 전극에서는 상수가 E^o가 되겠지만 실제 전극은 차이가 있기 때문에 그냥 '상수'라고 썼다. 로그 항 앞의 부호는 S가 양이온이면 '+'이고 음이온이면 '−'가 된다.

(2) 유리 전극-pH 측정

이온 선택성 전극 가운데 가장 먼저 나왔고 또 널리 쓰이는 전극이 용액의 pH를 측정하는 데 쓰이는 **유리 전극**(glass electrode)이다. 이른 1930년대 이래로 pH를 측정하는 가장 편리한 방법으로 일정한 산성을 갖는 내부의 기준 용액과 시료 용액 사이에 있는 유리막 양쪽의 전위차를 측정하는 방법이 사용되어 왔다. 유리막이 pH에 대해 갖는 감도를 체계적으로 연구함으로써 1960년대 말부터 K^+, Na^+, Ca^{2+}, F^-, NO_3^- 등 많은 이온들에 쓰이는 막 전극이 개발되고 쓰이게 되었다.

요즘 널리 쓰이는 일반적인 유리 복합 전극의 구조는 그림 16.7과 같다. 이 전극은 기준 전극인 Ag/AgCl 전극과 작업 전극인 유리 전극을 합쳐서 하나의 전극을 구성하고 있다. 전극 유리막과 전기적 접촉이 이루어지도록 하기 위해서는 내부 기준 전극과 전해질이 있어야 하는데 전해질로 HCl을 사용하고 농도를 일정하게 해 주어야 일정한 전위를 유지할 수 있다. 선 표시법으로 전지를 나타내면 다음과 같다.

$$\underbrace{Ag(s)\,|\,AgCl(s)\,|\,Cl^-(aq)}_{\text{외부 기준 전극}}\,\|\,H^+\ (aq,\ \text{미지 용액})\,|\,\text{유리막}\,|\,\underbrace{H^+(aq,\ \text{내부})\,|\,Cl^-(aq)\,|\,AgCl(s)\,|\,Ag(s)}_{\text{내부 기준 전극}}$$

이 전극의 바닥에는 공 모양의 얇은 유리막이 붙어 있는데 이 부분이 pH에 감응한다. 이제 이 유리막의 구조와 이 막이 H^+ 이온에 어떻게 감응하는지 그 메커니즘을 알아보자.

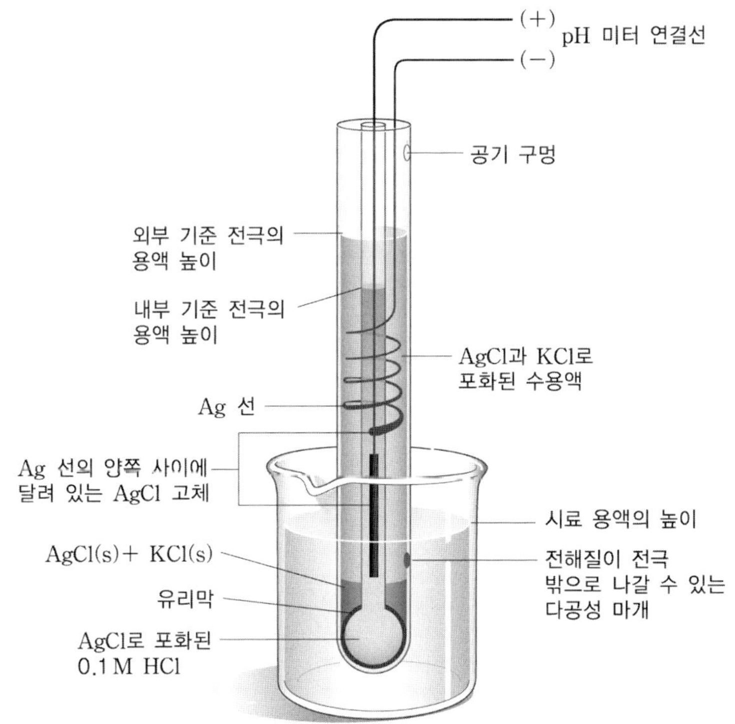

그림 16.7 Ag/AgCl 기준 전극이 결합된 유리 복합 전극. 이 유리 전극을 미지 용액에 넣어서 pH를 측정할 때 전극 오른쪽 아랫부분에 있는 다공성 마개가 용액 표면 아래로 잠기도록 해야 한다. 2개의 Ag/AgCl 기준 전극으로 유리막 양쪽의 전위차를 측정한다.

유리막을 만드는 데 사용하는 규산염 유리(silicate glass)는 그림 16.8에서 보는 것과 같이 SiO_4^{4-} 기가 불규칙적으로 사면체 그물망 구조를 이루고 있는데, 각 규소는 4개의 산소와 결합을 이루고 각 산소는 2개의 규소에 의해 공유되어 있다. 이 구조에 있는 틈새는 크기가 크기 때문에 규산염 기가 갖고 있는 음전하와 전하 균형을 맞추기 위한 양이온이 들어갈 수 있다. 소듐 이온, 리튬 이온과 같은 1가 양이온이 여기에 들어가며 결정 내에서 이동할 수 있기 때문에 막 내부에서 전기 전도가 가능하고, 또 용액에 있는 H^+와 이온 교환 평형이 가능하다. 2가나 3가 양이온은 유리 결정 내에서 너무 강하게 결합하기 때문에 이러한 역할을 하지 못한다. 유리막을 용액에 넣어두면 유리 표면이 물을 흡수하여 팽창한다. 이때 유리 표면은 수화

(hydration)되었다고 하는데 이 수화 젤(hydrated gel) 층에 있는 금속 양이온은 유리 표면으로부터 용액으로 확산될 수 있고 대신 용액 속에 있던 H^+는 유리막 안으로 확산되어 들어갈 수 있다. 이렇게 유리막 내에서 금속 양이온과 H^+가 교환되는 이온 교환 평형(ion−exchange equilibrium)은 H^+만이 거의 유일하게 반응할 수 있기 때문에 이 유리막으로 만들어진 pH 전극은 H^+에 선택적으로 감응하는 것이다. 수화 젤 층에서 일어나는 전형적인 이온 교환 평형은 다음과 같이 쓸 수 있다.

$$\underset{\text{용액}}{H^+} + \underset{\text{유리}}{Na^+Gl^-} \rightleftarrows \underset{\text{용액}}{Na^+} + \underset{\text{유리}}{H^+Gl^-}$$

하나의 규소 원자에 결합한 산소 원자들은 음전하를 갖게 되는데 이것을 Gl^-로 표시하였다. 만약 유리막 양쪽에 있는 용액의 H^+ 농도가 다르면 이러한 이온 교환 평형 때문에 전위차가 발생하게 된다.

전위차를 측정하려면 아주 미량이더라도 유리 전극을 포함한 회로 전체에 전류가 흘러야 한다. H^+ 이온은 유리막을 통과하지 못하고, 느리지만 Na^+가 통과한다는 사실이 알려졌다. 그래서 유리막의 양쪽 표면은 H^+에 감응하고 막의 양쪽 표면은 Na^+에 의해 전기적 접촉이 이루어진다. 보통 유리막의 전기 저항은 $10^8\,\Omega$ 정도로 매우 큰 편이기 때문에 미량의 전류가 흐를 수 있다.

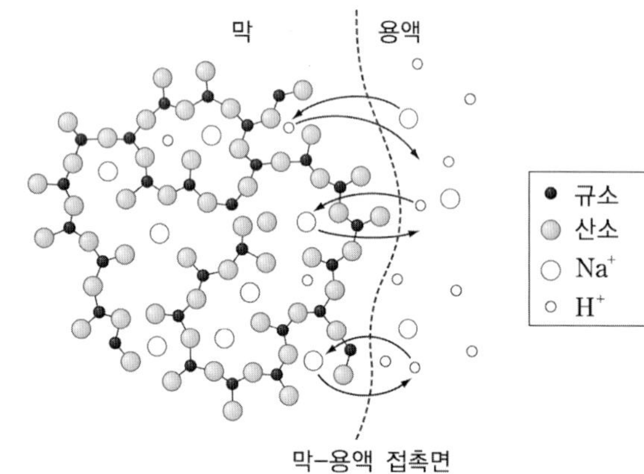

그림 16.8 규산염 유리의 단면 구조와 막–용액 경계면에서 이온 교환을 보여 주는 모형도. 이 유리는 SiO_4^{4-} 사면체 그물망 구조로 되어 있는데 이것을 평면에 투영한 그림이다. 3개의 Si−O 결합은 보이지만 나머지 하나의 Si−O 결합은 산소 원자가 평면의 위 또는 아래에 위치하므로 보이지 않는다. 유리막–용액 경계 면에서 H^+ 이온이 유리막의 규산염 구조에 있는 Na^+ 이온과 이온 교환이 일어난다.

그림 16.7과 같은 유리 전극에서 내부와 외부 은−염화 은 기준 전극 사이의 전위차는 각 전극에서 Cl^- 이온의 농도, 유리막 양쪽 간의 전위차에 의해 결정된다. 각 전극 부분에서 Cl^- 이온의 농도는 고정되어 있고 유리막 내부에 들어 있는 용액의 H^+ 이온의 농도도 일정하기 때문에 유일한 변수는 유리막 외부에 있는 시료 용액의 H^+ 이온 농도이다. (16−8) 식에 따르면 시료의 pH가 한 단위, 다시 말해 H^+의 농도가 10배 변할 때 이상적인 유리 전극의 전위차는 25 ℃에서 59.16 mV 변한다는 사실을 알 수 있다. 실제 유리 전극의 전위차(E)는 Nernst 식과 비슷한 형태로 표시할 수 있다.

$$E = \text{상수} - \beta(0.05916)\ \log \frac{1}{A_{H^+}(\text{시료 용액})}$$

$$E = \text{상수} - \beta(0.05916)\ \text{pH}\ (25\ ℃\text{에서, 시료 용액}) \qquad (16-8)$$

β는 기전 효율(electromotive efficiency)이라고 하는데 이상적인 전극이라면 1.00이고 보통 $\beta > 0.98$이다. (16−8) 식의 상수 값과 β 값은 pH를 알고 있는 표준 용액을 이용하여 구할 수 있다.

<유리 전극의 보정 및 사용상 주의할 점>

요즘 사용하는 pH 미터는 미지 시료에 담그기만 하면 스스로 pH를 계산하여 표시해 준다. 그러나 믿을 수 있는 결과를 얻기 위해서는 2시간마다 **보정**(calibration)을 해 주어야 하고 보관에도 신경을 써야 한다. 먼저 유리 전극을 보정하는 방법부터 알아보자. 보통 유리 전극은 전극 내에 있는 용액의 증발을 막기 위해 전극 위쪽에 있는 구멍을 막아두는데 이 구멍을 일단 열어야 한다. 전극은 증류수로 씻고 실험실용 휴지로 가볍게 물기를 제거한다. 휴지로 문지르면 정전기가 발생하기 때문이다.

유리 전극을 보정하기 위해 2개의 표준 완충 용액이 필요하다. 완충 용액의 pH는 예상되는 미지 시료의 pH 값보다 큰 것을 하나 선택하고 나머지는 이보다 작은 것을 선택한다. 우선 pH가 7에 가까운 표준 완충 용액에 전극을 담그고 1분 이상 저어주면서 평형에 도달하도록 기다린다. 그 후 보정 다이얼을 조정하여 pH 미터의 pH가 표준 완충 용액의 pH와 같아지도록 조절한다. 다시 전극을 꺼내어 증류수로 씻고 가볍게 물기를 제거한 후 두 번째 표준 완충 용액에 담근다. 이 두 번째 완충 용액의 pH는 7로부터 차이가 많이 나는 것이다. 이때에도 pH 미터의 pH 값은 완충 용액의 pH와 다르게 나오기 때문에 다시 pH 미터를 조작하여 일치하도록 한다. 이렇게 보정이 끝나면 미지 시료에 전극을 넣고 용액을 저어준 후 눈금이 안정화되고 나면 pH 값을 읽는다.

pH 측정값의 정확도는 보정에 사용하는 표준 완충 용액의 pH가 얼마나 정확한지에 달려 있다. 화학자들은 미국의 국립표준연구소(National Institute of Standards and Technology, NIST)에서 제공한 완충 용액의 pH 값을 사용하는데 이 표준 용액의 정확도는 pH 단위로 ±0.01까지이다. 그래서 측정값에서 소수점 이하 둘째 자리까지만 유효 숫자가 될 수 있다.

유리 전극의 유리막은 항상 수용액에 담가 두어야 한다. 만약 유리막이 말라버렸다면 묽은 산 용액에 3 ~ 4시간 정도는 담가두어야 유리막이 충분히 수화되어 용액과 평형을 이루게 된다. 이때 유리 전극에 들어 있는 내부 기준 전극에 사용한 것과 똑같은 용액에 전극을 넣어 보관하는 것이 가장 이상적이다. 측정할 시료의 pH가 9 이상이면 염기성 완충 용액에 담가 두는 것이 좋다.

유리막 표면이 오염되면 전극의 감응이 느리거나 보정이 어려워진다. 이때는 6 M HCl에 담가 두었다가 씻어서 사용하면 된다. 그래도 안 되면 유리를 녹이는 20% 바이플루오린화 암모늄(ammonium bifluoride, NH_4HF_2) 수용액에 1분 정도 담근 후 씻어서 보정하도록 한다. 바이플루오린화 암모늄이 피부에 닿으면 화상을 입을 수 있기 때문에 조심해야 한다.

<pH 측정 때 생기는 오차>

유리 전극을 사용하여 pH를 측정할 때는 다양한 오차가 포함될 수 있기 때문에 각별히 주의해야 한다. 그래서 이러한 오차가 생길 수 있는 원인을 정리해 볼 필요가 있다.

1. **완충 용액**: 유리 전극의 보정에 쓰이는 표준 완충 용액의 정확도가 pH 단위로 ±0.01 정도이므로 측정값의 정확도가 이보다 더 좋을 수는 없다.
2. **접촉 전위**: 유리 전극 아랫부분에는 염다리 역할을 하는 다공성 유리로 된 마개가 있는데 여기에 접촉 전위가 발생한다. 시료 용액과 표준 완충 용액의 이온 조성이 다르면 두 용액의 pH가 같다 하더라도 접촉 전위는 달라진다. 이 때문에 생기는 오차가 최소한 pH 단위로 약 0.01이 된다. 뿐만 아니라 이 접촉 전위의 크기가 유동적으로 변하는 경우가 흔히 있다. 기준 전극으로는 대부분 포화 KCl 용액이 들어 있는 Ag | AgCl 전극을 사용하는데 소량의 Ag가 대부분 $AgCl_4^{3-}$, $AgCl_3^{2-}$ 형태로 녹는다. 이 때문에 다공성 마개에 AgCl(s) 침전이 생기고 만약 시료에 환원제가 들어 있었다면 Ag(s)이 여기에 침전하기도 한다. 이렇게 되면 침전이 다공성 마개를 막아 이온의 이동을 방해하므로 접촉 전위가 변하게 되고 결국 pH 값도 서서히 변하게 된다. 대략 2시간마다 전극을 보정하면 이렇게 생기는 오차를 상쇄시킬 수 있다.
3. **알칼리 오차**: 유리막이 H^+뿐만 아니라 다른 1가 양이온에도 감응하기 때문에 생기는 오차가 알칼리 오차(alkaline error)이다. 1가 양이온 중에서도 특히 Na^+가 유리막에 두드러지게 감응한다. Na^+ 외의 1가 양이온 때문에 일어나는 효과는 미미하기 때문에 소듐 오차(sodium error)라고도 한다. 보통 $[Na^+] = 1$ M 이고 pH가 12 이상이 되면 이 문제가 두드러지는데 실제보다 낮은 pH 값이 나온다.

4. **산 오차**: 용액의 pH가 낮아지면, 보통 ≤ 0.5가 되면 알칼리 오차와 반대로 측정된 pH 값이 실제보다 높게 나온다. 이것을 산 오차(acid error)라고 하는데 H^+ 농도가 너무 높으면 유리막 표면이 H^+로 포화되어 H^+가 더 이상 결합할 수 없기 때문에 일어나는 현상이라고 판단한다.
5. **유리막의 수화와 평형 시간**: 유리막이 말라 있으면 최소한 3~4시간 정도 증류수에 담가두어서 유리 표면이 충분히 수화되도록 한 후 사용해야 한다. 전극을 용액에 넣었을 때 유리막이 용액과 평형을 이루는 데 약간의 시간이 필요하다. 잘 저어주는 경우 완충 용액은 30초 정도 지나면 되지만 산-염기 적정 때 당량점 부근에서와 같이 pH가 쉽게 급격히 변할 수 있는 용액인 경우는 몇 분이 걸릴 수 있다.
6. **용액의 온도**: pH 미터를 보정할 때 쓰는 표준 완충 용액과 시료의 온도가 같아야 한다. 온도가 다르면 이 차이를 보정해 주어야 한다.
7. **전극의 세척**: 유리막은 오염되지 않고 청결해야 한다. 유리막이 지방과 같은 소수성 물질에 오염되었으면 이들을 잘 녹이는 용매로 씻어낸 후 수용액에 몇 시간 담가서 수화시킨 후 사용해야 한다.

보정에 사용한 표준 완충 용액의 pH에 대한 정확도와 접촉 전위, 이 두 가지 요인 때문에 유리 전극을 사용하여 pH를 측정할 때 최소한 ±0.02 pH 단위 정도의 오차가 생긴다. 하지만 시료 간의 pH 차이는 ±0.002 pH 단위까지 정확히 측정하는 것이 가능하다. 시료의 pH 절댓값을 측정할 때는 불확실성이 이보다 10배 정도 커지는 것이다. pH 단위로 ±0.02 정도의 오차를 H^+의 활동도로 환산하면 ±5% 정도의 오차에 해당한다.

(3) 고체상 이온 선택성 전극

대표적인 이온 선택성 전극인 **고체상 이온 선택성 전극**(solid-state ion-selective electrode)은 무기 결정을 막으로 사용하는데, 가장 널리 쓰이는 것이 플루오린화(F^-) 전극이다. 이 전극의 막은 LaF_3 결정으로 만들어졌으며, 이 결정에는 La^{3+} 대신에 미량의 Eu^{2+}가 **도핑**(dopping)되어 있다. 도핑이란 말은 반도체나 전극의 막(membrane) 같은 결정에 미량의 다른 성분을 첨가하는 것을 의미한다. 전극 내의 기준 용액에는 0.1 M NaF와 0.1 M NaCl이 녹아 있다. 미국이나 유럽의 여러 도시는 충치 예방을 위해 수돗물에 F^-를 소량 가하는데 이 농도를 측정하기 위해 F^- 전극을 사용한다.

그림 16.9에서 보는 것처럼 LaF_3 결정에 F^-가 하나 적은 EuF_2를 도핑하면 결정 내에 F^-가 들어갈 수 있는 빈 공간이 생긴다. 이 막의 양쪽에 있는 용액의 F^- 농도가 다르면 농도가 높은 쪽에서 낮은 쪽으로 이 빈 공간을 활용하여 F^-가 이동할 수 있다. 옆에 있던 F^-가 이 공간으로 이동하면 본래 자리에 새로운 빈 공간이 생기는 식인데 이러한 과정이 반복되면서 F^-가 이동할 수 있는 것이다. 이렇게 F^-가 이동하면 막의 양쪽에 전위차가 생기는데 이것의 크기는 Nernst 식과 비슷한 형태로 표시할 수 있다.

$$E = 상수 - \beta(0.05916)\ \log A_{F^-}\ (외부\ 용액) \tag{16-9}$$

F^-가 음이온이기 때문에 로그 항 앞의 부호가 '−'이고 β는 1.00에 가까운 값을 갖는다.

$[F^-] = 1 \times 10^{-6} \sim 1$ M 범위에 걸쳐 (16−9) 식은 잘 맞는다. 이 전극의 선택성은 좋은 편이고 OH^- 이온

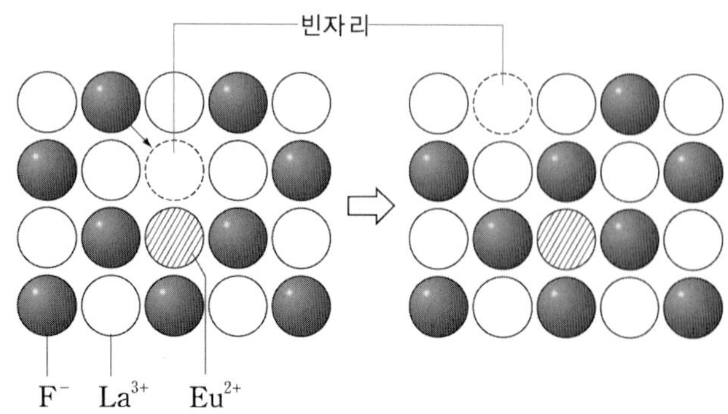

그림 16.9 EuF_2가 도핑되어 있는 LaF_3 결정에서 F^- 이온이 이동하는 메커니즘. Eu^{2+}는 La^{3+}보다 양전하를 적게 가지고 있으므로 각각의 Eu^{2+} 이온은 음이온이 들어갈 수 있는 1개의 빈 공간을 갖고 있다. 옆에 있는 F^-가 이 빈 공간으로 이동한다면 빈 공간이 다른 자리로 이동하는 셈이 된다. 이런 과정이 반복되면서 F^-가 결정을 통해 이동하게 된다.

이 유일한 방해 이온인데 선택 계수는 $K_{F^-,OH^-} = 0.1$ 정도가 된다.

F^-의 농도를 구하기 위해 우선 아세트산, 염화 소듐, 수산화 소듐을 이용하여 이온 세기가 크고 pH를 5.5로 조절한 완충 용액을 준비한다. 이 완충 용액을 이용하여 미지 시료를 묽히고 모든 표준 용액을 준비하여 이들의 이온 세기가 같도록 한다. 이렇게 하면 모든 표준 용액과 미지 시료에서 F^-의 활동도 계수가 동일하므로 전위차를 측정하면 직접 F^-의 농도를 구할 수 있다.

$$E = \text{상수} - \beta(0.05916)\log\gamma_{F^-}[F^-] = \{\text{상수} - \beta(0.05916)\log\gamma_{F^-}\} - \beta(0.05916)\log[F^-]$$

$$E = E' - \beta(0.05916)\log[F^-] \qquad (16-10)$$

여기서 $E' = \text{상수} - \beta(0.05916)\log\gamma_{F^-}$이다. 이 조건에서는 γ_{F^-}가 상수가 되므로 E'은 또 다른 상수가 된다. 그래서 전위차를 측정하면 F^-의 농도를 직접 구할 수 있다. F^-는 약산인 HF($pK_a = 3.17$)의 짝염기이므로 pH < 5가 되면 $F^- + H^+ \rightarrow HF$로 바뀐다. 또 pH > 8이면 OH^- 이온의 방해가 심각해진다. 이러한 문제를 피하기 위해 완충 용액의 pH는 5.5로 조절한다.

그 외 널리 쓰이는 무기 결정 전극으로는 Ag_2S 결정을 막으로 쓰는 것이 있다. 이 전극은 Ag^+와 S^{2-}에 감응한다. 또 이 결정을 CuS, CdS, PbS로 도핑하면 각각 Cu^{2+}, Cd^{2+}, Pb^{2+}에 감응하는 전극을 만들 수 있다.

(4) 액체상 이온 선택성 전극

액체상 이온 선택성 전극(liquid-based ion-selective electrode)의 막은 불활성인 다공성 고체에 물에 녹지 않는 액체 이온 운반체를 흡착시켜 만든다. 이 이온 교환체는 특정 이온과 감응하여 막을 통과할 수 있게 한다. 그림 16.10과 같은 Ca^{2+} 전극의 경우 Ca^{2+} 이온 운반체인 소수성 리간드와 소수성 음이온 염(Na^+R^-)이 소수성 용매에 녹은 용액을 고체 지지체 역할을 하는 다공성 폴리염화바이닐[poly(vinyl chloride), PVC] 판에 흡수시켜서 막으로 사용한다. 전극 내부의 수용액에는 특정 농도의 $CaCl_2$와 AgCl이 포화되어 있고 Ag-AgCl 전극이 잠겨 있는데 이것이 기준 전극 역할을 한다. Ca^{2+} 이온만이 이 막을 쉽게 통과하기 때문에 이 막은 Ca^{2+} 이온에 감응한다. 전극의 감응 메커니즘은 고체상 이온 선택성 전극과 비슷하다. Ca^{2+} 선택성 전극의 감응은 다음과 같다.

$$E = \text{상수} + \beta\left(\frac{0.05916}{2}\right)\log A_{Ca^{2+}}(\text{외부 용액}) \qquad (16-11)$$

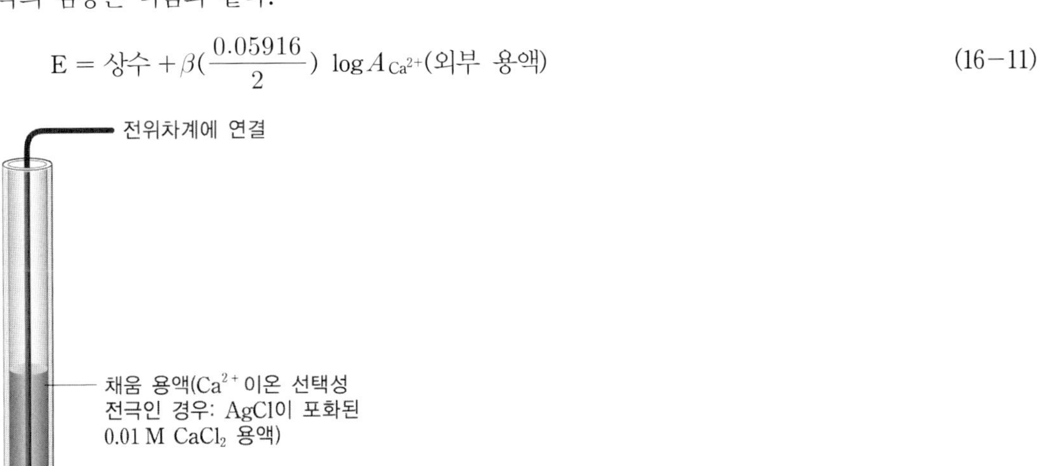

그림 16.10 액체 이온 운반체를 이용한 Ca^{2+} 이온 선택성 전극

마찬가지로 β는 1.00에 가깝고 양이온이기 때문에 로그 항 앞의 부호가 +이며 2가 이온이므로 2로 나누었다. Ca^{2+} 전극의 주된 방해 이온은 Sr^{2+}인데 이 이온에 대한 선택 계수 $K_{Ca^{2+},Sr^{2+}} = 0.13$이다. 다른 대부분의 양이온에 대해서는 이 선택 계수가 1×10^{-3} 이하이다.

(5) 분자 선택성 전극계

분자 선택성 전극계(molecular-selective electrode system)에는 두 가지 형태가 있다. 하나는 CO_2나 NH_3 같이 용해된 기체를 선택적으로 정량하는 것이고 다른 하나는 생체 촉매 막(biocatalytic membrane)을 사용하여 글루코스나 요소 같은 여러 가지 유기 화합물을 정량하는 데 쓴다.

그림 16.11에서 CO_2 농도를 측정하는 데 사용하는 기체 감응 전극계를 볼 수 있다. 유리 전극을 폴리테트라플로로에틸렌(polytetrafluoroethylene)이나 폴리프로필렌(polypropylene) 같은 얇은 소수성 고분자 막으로 둘러싸고 유리 전극과 막 사이에는 약한 탄산 수소 완충 용액과 KCl 전해질이 들어간다. Ag-AgCl 전극도 기준 전극으로서 전해질 용액에 담겨 있다. 고분자 막은 1 μm 이하의 많은 미세 구멍이 있는데 소수성이므로 CO_2 같은 무극성 분자는 자유로이 통과하지만 물이나 전해질 이온은 통과하지 못한다. 외부 용액으로부터 CO_2가 이 막을 통해 내부로 확산되면 내부 용액의 pH가 감소한다. 이 pH 변화를 유리 전극이 측정하여 전극 외부의 CO_2 농도를 얻을 수 있다. 이 방법은 여러 가지 산성이나 염기성 시료에 들어 있는 NH_3, SO_2, H_2S, NO_x, HN_3 등의 기체 농도를 측정하는 데 쓸 수 있다.

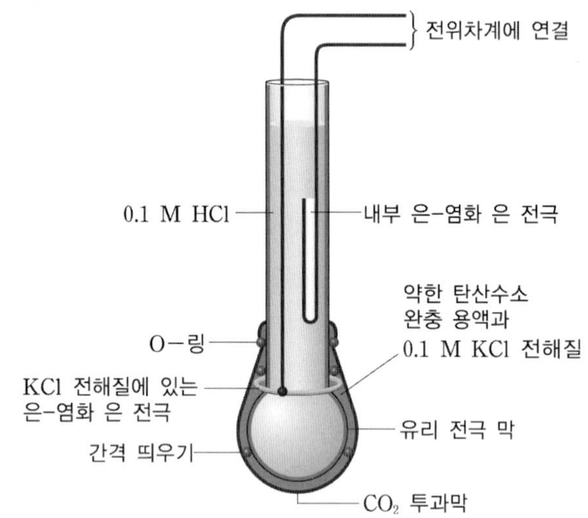

그림 16.11 CO_2 기체 감응 전극의 구조. 막은 팽팽하게 당겨져 있고 막과 유리 전극 막 사이에는 얇은 전해질 층이 있다.

효소(enzyme)를 이용한 생체 센서(biosensor)도 널리 쓰인다. 위에 언급한 분자 선택성 전극계의 소수성 고분자 막에 효소를 코팅해 두면 시료 분자가 막을 통과하면서 반응하여 암모니아, 이산화 탄소, 수소 이온, 과산화 수소 등을 생성하는데 이들의 농도를 측정하면 원래 존재하던 시료의 농도를 구할 수 있다. 이들 생성물의 농도는 시료의 농도에 비례하기 때문이다. 이 막 전극을 기초로 한 생체 센서는 여러 장점을 갖고 있다. 우선 복잡한 유기 화합물을 편리하고 빠르고 쉽게 정량할 수 있다는 것이다. 또 효소 촉매 반응은 온도나 pH 같은 조건이 온건하고 기질의 농도가 비교적 낮아도 일어난다는 것이다. 마지막으로 효소 반응과 전극 감응의 선택성이 결합한 결과 다른 화학종의 방해를 거의 받지 않고 분석이 가능하다는 점이다.

5 이온 선택성 전극의 응용

이온 선택성 전극은 이온의 활동도에 감응한다. 직접 농도를 구하기 위해 표준 용액과 시료에 과량의 불활성 염을 가하여 이온 세기를 동일하게 맞춰주면 전극 전위는 앞서 F^- 전극에서 언급한 것처럼 농도에 직접 비례하게 된다. 선형 감응 범위(linear response range)는 $10^4 \sim 10^6$ 정도 크게 나쁘지 않고 전극이 시료를 오염시키거나 파괴하지 않는다. 감응 시간이 수 초에서 수 분 정도로 짧기 때문에 수돗물의 F^- 이온 농도를 감시할 때와 같이 연속적으로 측정하는 것이 가능하다. 색깔이 있거나 콜로이드 용액 같이 혼탁한 용액에서도 쓸 수 있고 미세 전극을 사용하면 살아 있는 세포 내에 있는 화학종의 농도도 측정할 수 있다. 전극은 금속 이온이 리간드와 착화합물을 형성하게 되면 감응하지 못하므로 금속 이온과 결합할 수 있는 리간드나 화합물은 제거하거나 차폐시켜야 한다.

이온 선택성 전극의 검출 한계는 전극 내부 채움 용액의 농도를 얼마나 낮게, 그리고 일정하게 유지하느냐에 의해 결정된다. Pb^{2+}, Ca^{2+}, Ag^+ 전극들의 검출 한계는 대략 1×10^{-6} M 정도이다. 전극 내부 용액의 농도가 대략 1×10^{-6} M 이하가 되면 막을 통해 소량의 이온이 이동하더라도 농도가 무시할 수 없을 정도로 변하기 때문에 더 이상 농도를 낮출 수 없다. 또 시료 농도가 1×10^{-6} M 이하가 되면 전극 내부 용액에서 이동해 들어오는 이온 때문에 농도가 변한다. 때문에 검출 한계를 더 이상 낮추려면 분석 이온의 농도를 크게 낮추어 농도를 일정하게 유지시키고 다른 이온, 방해 이온들의 농도를 높여 이온 세기를 유지해 주는 방법을 사용한다.

Ca^{2+}를 예로 들어 **금속 이온 완충 용액**(metal ion buffer)에 대해 알아보자. 이온 선택성 전극을 표준화하거나 전극 내부 채움 용액으로 쓰기 위해 $CaCl_2$ 용액을 1×10^{-6} M 이하로 묽히는 것은 무의미하다. 이렇게 낮은 농도에서 Ca^{2+} 이온은 유리벽에 흡착되거나 다른 화학종과 반응하거나 또는 전극 내부 채움 용액으로부터 이동해 오는 이온에 의해 농도가 큰 의미가 있을 정도로 변하기 때문이다. 이 문제를 해결하기 위해 적절한 리간드와 Ca^{2+} 이온을 사용하여 금속 이온 완충 용액을 만들어 사용한다. 리간드로 EDTA를 사용하는 경우를 예로 들어 생각해 보자. pH = 6.00일 때 Y^{4-} 형태의 EDTA 분율, $\alpha_{Y^{4-}}$는 1.8×10^{-5}이다.

$$Ca^{2+} + Y^{4-} \rightleftarrows CaY^{2-}$$

$$K_f = \frac{[CaY^{2-}]}{\alpha_{Y^{4-}}[Ca^{2+}][EDTA]} = 4.47 \times 10^{10}$$

$$[Ca^{2+}] = \frac{CaY^{2-}}{(K_f)(\alpha_{Y^{4-}})[EDTA]}$$

[EDTA]는 EDTA의 포말 농도를 말한다. 만약 $[CaY^{2-}]$ = [EDTA]라면, $[Ca^{2+}] = 1.2 \times 10^{-6}$ M이 된다. 그래서 $[CaY^{2-}]$와 [EDTA]가 일정한 값을 갖도록 조절하면 $[Ca^{2+}]$를 일정하게 유지할 수 있다. 그리고 평형의 원리에 의해 Ca^{2+}가 유리벽에 흡착되거나 막을 통해 이동해 오더라도 Ca^{2+}의 농도 변화는 거의 없다. 그래서 이러한 금속 이온 완충 용액을 이용해서 Pb^{2+}의 경우 농도를 10^{-12} M 정도에서도 일정하게 유지할 수 있다. Pb^{2+}의 경우 이러한 금속 이온 완충 용액을 사용하여 내부 채움 용액의 Pb^{2+} 농도를 1×10^{-12} M로 유지시킨 결과 ~10^{-11} M까지 정량 분석하는 데 성공한 사례가 있다.

검정 곡선을 이용하는 방법이 정량 분석에서 가장 널리 쓰이지만 **매트릭스**(matrix)가 복잡하거나 그 구성 성분을 모르는 경우에는 **표준물 첨가법**(standard addition method)을 사용한다. 용액에서 분석하고자 하는 화학종을 제외한 나머지(용매까지 포함)를 매트릭스라고 한다. 이온 선택성 전극을 사용할 때는 표준물 첨가법을 써야 하는 경우가 많다. 먼저 표준 용액을 준비한 후 시료의 전위를 측정한다. 소량의 표준 용액을 가하여 다시 전위를 측정한다. 이런 과정을 여러 번 반복한 후 그래프를 그려서 농도를 구한다. 가하는 표준 용액의 양은 미지 시료의 이온 세기에 영향을 주지 않을 정도로 소량으로 하는데 보통 초기 농도의 1.5 ~ 3배 정도가 될 때까지 표준 용액을 가해 주는 경우에 가장 좋은 결과가 나온다.

6 이온 선택성 장 효과 트랜지스터 – 또 다른 화학 센서

트랜지스터(transistor)는 신호의 증폭이나 스위치 장치에 쓰이는 기초적인 반도체(semiconductor)이다. 이러한 트랜지스터에는 몇 가지 형태가 있는데 그 중 하나가 장 효과 트랜지스터(field–effect transistor)이다. 1970년이 지나면서 이 장치를 여러 가지 이온에 대해 선택적으로 전위차법 정량 분석이 가능하도록 발전시켰는데, 이것을 **이온 선택성 장 효과 트랜지스터**(ion–selective field effect transistor, ISFET)라고 한다. 이 ISFET는 유리 전극처럼 매우 중요한 위치를 차지하는 **화학 센서**(chemical sensor) 중 하나가 되었다. ISFET를 공부하기 위해 우선 반도체와 다이오드(diode)의 원리를 이해해야 한다. 또 나중에 분광기기 등의 검출기(detector)를 공부하려면 이 개념을 반드시 이해해야만 한다.

(1) 반도체와 다이오드

Si, Ge, GaAs 같은 물질을 반도체라고 하는데 이들의 전기 전도도는 도체와 절연체 사이의 값을 갖는다. Si는 14족 원소이므로 각 Si 원자는 4개의 이웃한 Si 원자와 공유 결합을 형성하여 사면체 구조를 만든다. 이 순수한 Si는 전기 전도성이 거의 없는데 여기에 그림 16.12와 같이 다른 원자를 도핑하여 전기 전도도를 높일 수 있다. 5개의 원자가 전자를 갖는 P를 순수한 Si 결정에 도핑하면 하나의 전자가 여분으로 남게 되는데 이 전자는 결정들 사이를 자유롭게 움직일 수 있기 때문에 전도도가 올라간다. 도핑된 P의 농도가 올라가면 전도도도 올라간다. 이러한 반도체를 **n형**이라고 한다. 13족 원소인 Al을 도핑하면 Al은 결합을 만드는데 1개의 전자가 모자라기 때문에 빈자리가 생기게 되는데 이것을 **정공**(hole)이라고 한다. 이웃에 있는 전자가 정공을 채우면 원래 자리에 다시 정공이 생기고 이런 과정이 반복되어 전하가 이동하게 된다. 이러한 반도체를 **p형**이라고 한다.

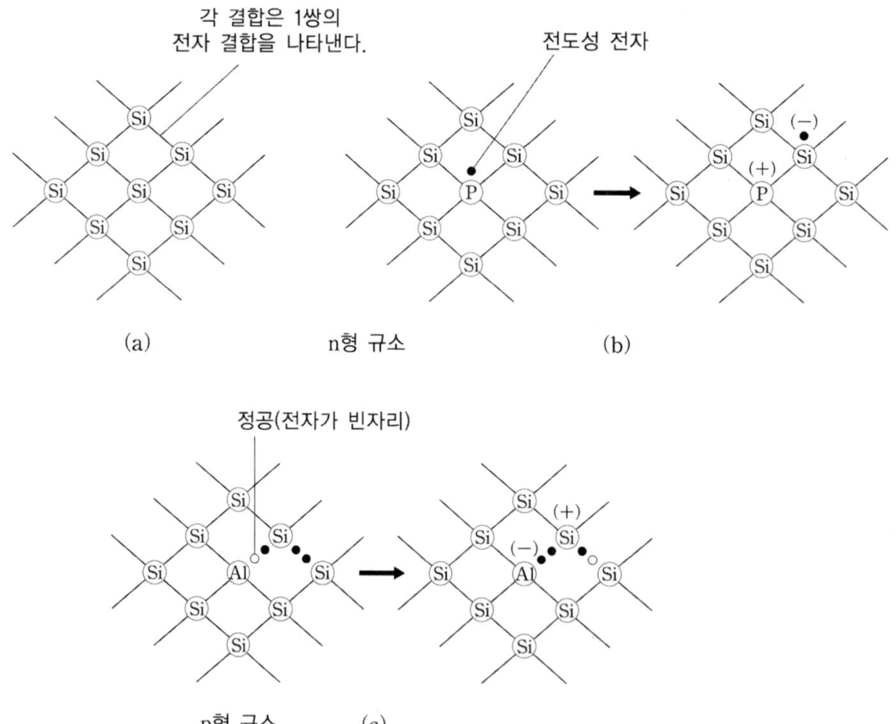

그림 16.12 (a) 순수한 규소에 있는 전자는 모두 시그마(σ) 결합 골격에 포함되어 있다. (b) 인(P)과 같은 원자가 도핑되면 이 원자는 여분의 전자(●) 1개를 제공하게 되는데 이 전자는 결정 내를 비교적 자유롭게 움직일 수 있다. (c) 알루미늄(Al)이 도핑되면 시그마 결합 골격에 1개의 전자가 모자라게 된다. Al 원자에 의해 생긴 이 정공(○)에는 이웃한 결합에 있는 전자가 이동하여 점유할 수 있는데 이렇게 되면 정공이 이웃한 결합으로 이동한 효과가 나타난다.

다이오드는 한쪽 방향으로만 전류가 흐르도록 하는 장치로서 Si나 Ge 단결정 내에 n형과 p형 영역이 서로 접촉하도록 붙인 것이다. 이 접촉 영역을 pn **접합**(pn junction)이라고 부른다. n형 Si가 p형 Si에 비해 상대적으로 음의 전위를 갖도록 해주면 어떻게 되는지 생각해 보자. 그림 16.13에서 보는 것처럼 n−Si 내부의 여분의 전자는 pn 접합 쪽으로 흐르고 외부 회로에서 전자가 n−Si로 흘러들어간다. p−Si 쪽은 상대적으로 양의 전압이 걸리므로 정공은 pn 접합으로 이동하고 전자가 외부 회로로 빠져나가면서 새로운 정공이 생성된다. pn 접합에서 전자와 정공은 결합하여 소멸된다. 결국 n−Si 쪽에서 p−Si 쪽으로 전자가 흐르게 된다. 이때 다이오드는 정방향으로 바이어스(bias)되었다고 말한다. 만약 걸어 주는 전압의 극성을 바꾸어 n−Si의 전위가 상대적으로 양이 되도록 해주면 n−Si에서 전자가 외부로 빠져나가고 p−Si에서는 정공이 외부로 빠져나간다. 다이오드는 이때 역방향으로 바이어스되었다고 한다. pn 접합 부분에는 전하를 운반할 전자와 정공이 없어져서 결핍 영역이 형성된다. 이 경우에는 전류가 흐르지 않는다.

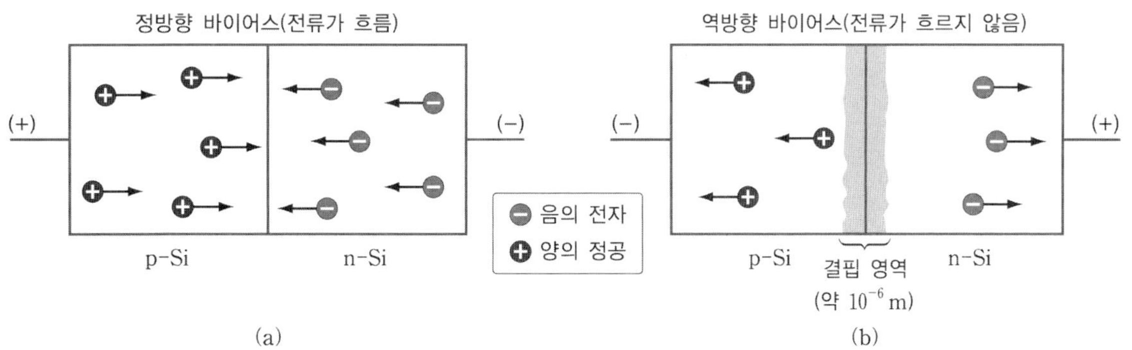

그림 16.13 pn 접합의 성질. (a) pn 접합이 정방향으로 바이어스되어 있으면 전류가 흐를 수 있다. (b) 역방향으로 바이어스되어 있으면 전류가 흐르지 못한다.

(2) 이온 선택성 장 효과 트랜지스터

그림 16.14에서 보는 것처럼 장 효과 트랜지스터의 본체는 p−Si로 되어 있고 여기에 두 개의 분리된 n−Si 영역이 들어가 있는데 하나는 소스(source)이고 하나는 드레인(drain)이다. 이 두 영역은 절연체 SiO_2의 얇은 막으로 덮여 있다. 이 절연층은 금속과 접촉하고 있는데 이것을 게이트라고 한다. 소스와 본체는 같은 전압이 걸리도록 연결되어 있다. 소스에 (−)전압이 걸리고 드레인에 (+)전압이 걸리면 드레인과 본체가 접촉하는 pn 접촉면은 역방향으로 바이어스되어 있기 때문에 소스와 드레인 사이에는 전류가 흐르지 않는다. 게이트에

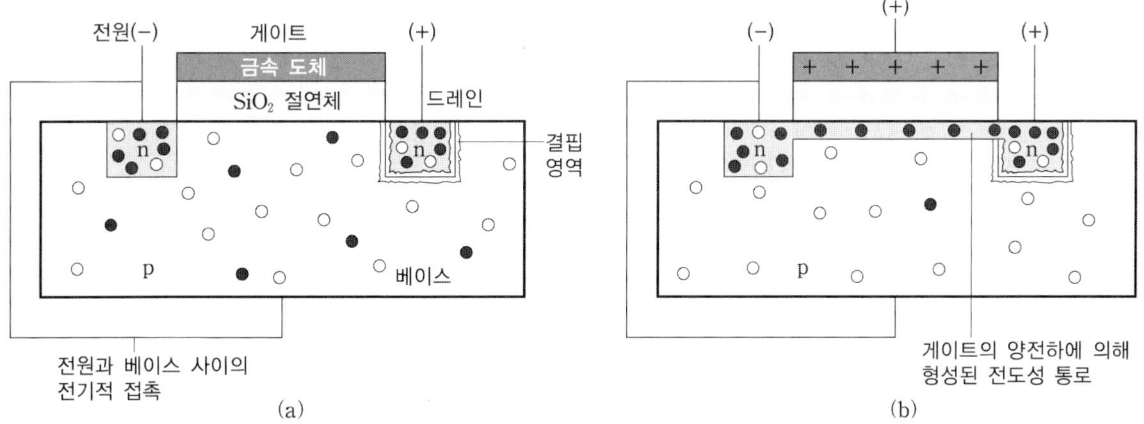

그림 16.14 장 효과 트랜지스터의 작동 원리. (a) 게이트에 전압이 걸리지 않으면 베이스에 전자와 정공이 무질서에 가깝게 분포되어 있다. 드레인과 베이스 사이 경계면에 결핍 영역이 만들어진다. (b) 게이트에 (+)전압이 걸리면 베이스에 있는 전자가 끌려와서 게이트 아래에 전도성 통로가 만들어진다. 이 통로를 이용해 전원과 드레인 사이에 전류가 흐를 수 있다.

(+)전압이 걸리면 본체에 있던 전자가 게이트로 이동하여 SiO_2 층 바로 밑에 띠를 만들어 소스와 드레인 사이에 전류가 흐르도록 한다. 게이트의 (+)전압이 커지면 더 많은 전류가 흐르게 된다.

이 장 효과 트랜지스터의 금속 게이트를 용액 속의 특정 이온이 선택적으로 흡착할 수 있는 화학적으로 민감한 층으로 대체시킨 것이 이온 선택성 장 효과 트랜지스터(ISFET)이다. 게이트 표면을 아질산 규소(Si_3N_4) 절연층으로 피막을 입힌 경우를 생각하자. 용액에 있는 H^+가 아질산 규소 표면에 선택적으로 흡착할 수 있기 때문에 유리 전극과 유사한 역할을 한다. 용액의 H^+ 농도가 증가하면 흡착되는 H^+의 양이 증가하여 게이트 표면의 양전하가 증가하여 소스와 드레인 사이에 전류가 많이 흐르게 된다. 전류의 세기를 처음 값으로 되돌리기 위해서 전압을 걸어야 하는데 이것이 신호이고 그 크기는 용액에 있는 H^+ 농도의 로그 값에 비례한다. ISFET의 아질산 규소 게이트 절연체를 수소 이온 외의 다른 화학종과 착화합물을 만드는 분자가 함유된 고분자 물질로 코팅하면 다른 여러 가지 화학종에 감응하는 게이트를 만들 수 있다. 막 전극과 비교하여 ISFET의 장점은 크기가 작고(감응하는 표면적이 보통 약 1 mm^2), 단단하고, 가혹한 조건에서 잘 견디며, 감응이 빠르고 전기 임피던스(impedance)가 작다는 것이다. 현재 H^+, NH_4^+, Ca^{2+}, NO_3^-, CO_2, 살충제, 아드레날린, 특정 DNA 조각 등을 정량하는 데 ISFET가 쓰인다.

연습문제

1. 기준 전극은 어떤 기능을 하며, 또 어떤 특성을 가져야 하는가?

2. 은-염화 은 전극과 포화 칼로멜 전극에 대해 다음 물음에 답하시오.
   (1) 이 두 전극의 전극 반응을 쓰시오.
   (2) 이 두 전극이 어떻게 기준 전극으로서 기능을 할 수 있는지 그 이유를 설명하시오.
   (3) 이 두 전극의 장단점을 간단히 설명하시오.

3. 전극의 전위는 사용한 기준 전극에 따라 달라진다. 다음과 같이 전극 전위를 변환하시오. SHE는 표준 수소 전극, SCE는 포화 칼로멜 전극, Ag | AgCl은 포화 은-염화 은 전극을 말한다.
   (1) 1.053 V 대 SHE = (?) V 대 Ag | AgCl
   (2) −0.075 V 대 SCE = (?) V 대 SHE
   (3) 0.024 V 대 Ag | AgCl = (?) V 대 SCE
   (4) −1.172 V 대 SHE = (?) V 대 SCE
   (5) 0.875 V 대 SCE = (?) V 대 Ag | AgCl
   (6) 1.624 V 대 Ag | AgCl = (?) V 대 SHE

4. 지시 전극은 일종의 센서인데 크게 금속 전극과 이온 선택성 전극이 있다. 이 두 종류의 전극은 전압이 발생하는 이유가 어떻게 다른가?

5. 은(Ag) 전극이 어떻게 Ag^+나 할로젠화 이온(Cl^-, Br^-, I^- 등)에 대한 지시 전극이 될 수 있는가? 또한 그 이유를 설명하시오.

6. 0.100 M Pd^{2+} 용액에 Pd 선과 포화 칼로멜 전극(SCE)을 담가 전지를 만들었다. SCE는 왼쪽에, Pd 선은 오른쪽에 위치하고 있다.
   (1) Pd 전극의 전극 반응을 쓰시오.
   (2) Pd 전극에 대해 Nernst 식을 쓰고 전지의 전압을 계산하시오.

7. 0.100 M $AgNO_3$ 용액 25.0 mL를 0.050 M NaCl 표준 용액으로 다음과 같은 장치에서 적정하였다.

SCE ‖ 적정 용액 | Ag(s)

가해 준 NaCl 표준 용액의 부피가 다음과 같을 때 전지의 전압을 계산하시오.

(1) 10.0 mL (2) 50.0 mL (3) 60.0 mL

8. 다음과 같은 전지가 있다.

$Cu(s) \mid Cu^{2+}(0.0100\ M) \parallel Ag^{+}(x\ M) \mid Ag(s)$

측정한 이 전지의 전압은 +0.463 V였다. 오른쪽 전극에 있는 Ag^+의 농도를 계산하시오.

9. 전극 내부에 들어 있는 전해질 용액은 특별한 경우가 아니면 KCl 포화 용액이다. 이렇게 KCl 용액을 사용하는 이유는 무엇인가?

10. 염다리는 포화 KCl 용액으로 만든다. 그 이유는 무엇인가?

11. 이온 선택성 전극이 갖는 장점에 대해 설명하시오.

12. 이온 선택성 전극의 선택 계수란 무엇을 말하는가? 이 값이 큰 경우 또는 작은 경우 이것이 의미하는 것은 무엇인가?

13. 수돗물에 있는 Pb^{2+}의 농도를 구하기 위해 이온 선택성 전극을 이용하여 측정하고 또 같은 시료를 원자 흡수 분광법으로 측정하였다. 원자 흡수 분광법으로 측정하였을 때 Pb^{2+}의 농도가 10배 정도 높게 나왔다. 이렇게 결과가 다르게 나오는 이유가 무엇인지 설명하시오.

14. 유리 전극을 이용하여 환자로부터 채취한 소변의 pH를 측정하려고 한다. 이 시료의 pH는 대략 7 근처이고 온도는 37 ℃이다. 이 시료의 pH를 측정하기 위해 유리 전극을 검정하는 방법과 pH를 측정하는 방법을 설명하시오.

15. 플루오린화 이온(F^-) 전극은 대표적인 고체 이온 선택성 전극 중 하나로서 F^- 농도를 측정하는 데 사용한다. 이 전극에 대한 다음 물음에 답하시오.

(1) 고체막을 사용하는 이 전극이 F^- 농도에 감응하는 메커니즘을 설명하시오.

(2) 이 전극을 사용하여 정량 분석할 때 어떤 장점이 있는가?

(3) 이 전극으로 분석하기 위해 준비하는 미지 시료와 표준 용액은 아세트산, 시트르산 소듐, NaCl, NaOH를 사용하여 이온 세기가 높고, 또 이온 세기가 같도록 조절한다. 이렇게 모든 시료의 이온 세기가 같도록 맞춰 주는 이유를 설명하시오.

(4) 모든 미지 시료와 표준 용액은 완충 용액이며 pH는 5.5가 되도록 조절한다. 이렇게 pH를 5.5로 조절하는 이유는 무엇인가?

(5) 이 전극의 전압(포화 칼로멜 전극에 대해)과 F^- 농도 사이의 관계는 다음과 같이 쓸 수 있다.

$$E = 상수 - 0.05916 \log [F^-]$$

$[F^-] = 1.00 \times 10^{-4}$ M일 때 E = 0.0417 V였다. 위 식의 상수 값은 얼마인가? 또 E = 0.0655 V라면 F^-의 몰농도는 얼마인가?

16. 25 ℃에서 유리 전극으로 어떤 용액의 pH를 측정하였더니 3.74였다. 이때 전극의 유리 막 안쪽과 바깥쪽 사이의 전압 차이는 얼마인가?

17. 유리 전극에 대한 다음 물음에 답하시오.

(1) 이 전극은 용액의 H^+ 이온 농도에 감응하는데 그 원리를 설명하시오. 또 왜 H^+ 이온에만 선택적으로 감응하는지 설명하시오.

(2) 유리 전극은 보관할 때 수용액에 담가 놓는다. 그 이유를 설명하시오.

(3) 강한 산성 용액의 pH를 측정할 때 오차가 상대적으로 커진다. 그 이유는 무엇인가?

(4) pH가 11 ~ 12 정도 되는 염기성 용액의 pH를 측정할 때 그 결과가 상대적으로 정확하지 못하다. 그 이유는 무엇인가?

(5) 요즘 쓰이는 유리 전극은 대부분 Ag | AgCl 기준 전극이 같은 몸체에 들어 있는 복합 전극이다. 이 전극에서는 액간 접촉 전위가 표류하는 경우가 흔히 생긴다. 그 이유를 설명하시오.

18. 다이오드에서는 왜 한쪽 방향으로만 전류가 흐를 수 있는가?

19. n형 반도체와 p형 반도체는 각각 어떤 것인지 설명하시오.

20. 그림 16.14(a)에 있는 장 효과 트랜지스터에서 드레인과 베이스의 경계면에 결핍 영역이 왜 만들어지는지 설명하시오.

17장 산화 환원 적정

미지 시료의 농도를 구하기 위해 이 시료와 적정 시약 사이의 산화 환원 반응을 이용하는 적정법을 **산화 환원 적정**(redox titration)이라고 한다. 화학뿐 아니라 생물학, 환경과학, 물질과학 분야에서도 이 적정법은 많이 쓰인다. 다른 적정법과 다른 중요한 특징 중 하나를 예로 들어 보면 반도체나 레이저 발생 장치에 쓰이는 새로운 인공 물질에 들어 있는 원소가 알려지지 않은 산화 상태를 갖는다는 사실이 산화 환원 적정을 통해 발견되었다는 것이다. 레이저 발생 장치에 쓰는 결정의 효율을 올리기 위해 이 결정에 Cr을 첨가한다. 통상적으로 Cr은 +3이나 +6의 산화 상태를 갖는데 이 결정에 들어간 Cr의 산화 상태는 +4라는 것이 이 적정법을 통해 밝혀졌다.

표 17.1 일반적으로 쓰이는 산화제와 환원제

산화제	환원제
BiO_3^-(Bismuthate)	HO, HO, H, O, O, HO, OH (Ascorbic acid(vitamin C))
BrO_3^-(Bromate)	
Br_2(Bromine)	
Ce^{4+}(Ceric)	BH_4^-(Borohydride)
Cl_2(Chlorine)	Cr^{2+}(Chromous)
ClO_2(Chlorine dioxide)	$S_2O_4^{2-}$(Dithionite)
$Cr_2O_7^{2-}$(Dichromate)	Fe^{2+}(Ferrous)
FeO_4^{2-}(Ferrate(VI))	N_2H_4(Hydrazine)
H_2O_2(Hydrogen peroxide)	HO—⟨⟩—OH (Hydroquinone)
Fe^{2+} + H_2O_2(Fenton reagent)	
OCl^-(Hypochlorite)	NH_2OH(Hydroxylamine)
IO_3^-(Iodate)	H_3PO_2(Hypophosphorous acid)
I_2(Iodine)	Sn^{2+}(Stannous)
$Pb(acetate)_4$(Lead(IV) acetate)	SO_3^{2-}(Sulfite)
HNO_3(Nitric acid)	SO_2(Sulfur dioxide)
O(Atomic oxygen)	$S_2O_3^{2-}$(Thiosulfate)
O_2(Dioxygen (oxygen))	
O_3(Ozone)	
$HClO_4$(Perchloric acid)	
IO_4^-(Periodate)	
MnO_4^-(Permanganate)	
$S_2O_8^{2-}$(Peroxydisulfate)	

(출처: D.C. Harris, Quantitative Chemical Analysis (8판), Freeman, New York, NY, 2010)

산화 환원 적정에서도 지시약을 쓰거나 아니면 적절한 지시 전극으로 전위차를 측정하여 적정 곡선을 그릴 수 있다. 전위차를 측정하여 종말점을 구하는 실험법을 **전위차 적정법**(potentiometric titration)이라고 한다. 이 장에서는 대표적인 산화 환원 적정을 이용하여 적정하는 동안 전위차가 어떻게 변하는지 이론적으로 계산하고 이를 기준으로 그린 적정 곡선의 모양에 대해 알아볼 것이다. 산화 환원 적정에서 많이 쓰이는 산화제와 환원제를 표 17.1에 정리하였다.

1 산화 환원 적정법

(1) 산화 환원 적정법의 원리 및 실험 장치

Ce^{4+}를 1 M $HClO_4$ 용액에서 전위차법을 이용하여 Cu^+ 표준 용액으로 적정하는 경우를 생각하자. 적정하는 동안 전위차 변화를 측정하기 위한 전위차계(potentiometer)는 Pt 지시 전극과 칼로멜(calomel) 기준 전극으로 이루어져 있는데 이러한 실험 장치를 그림 17.1에서 볼 수 있다. 적정 반응은 다음과 같이 쓸 수 있다. Ce^{4+}와 Cu^+는 1:1로 반응한다.

$$\underset{\text{미지 시료}}{Ce^{4+}} + \underset{\text{적정 시약}}{Cu^{+}} \rightleftarrows Ce^{3+} + Cu^{2+} \qquad (17-1)$$

Pt 지시 전극에서는 다음 두 반쪽 반응이 평형에 있다.

$$Ce^{4+} + e^- \rightleftarrows Ce^{3+} \qquad E^\circ = 1.70 \text{ V} \qquad (17-2)$$

$$Cu^{2+} + e^- \rightleftarrows Cu^{+} \qquad E^\circ = 0.161 \text{ V} \qquad (17-3)$$

E° 값은 1 M $HClO_4$ 용액에 적용할 수 있는 형식 전위(formal potential)인데 여기서 표준 전위로 사용한다. (17−2), (17−3) 식을 이용하여 (17−1) 적정 반응의 표준 전위 E° 값을 구하면 1.70 − 0.161 = 1.539 V가 된다. 이 값을 앞서 배운 (15−21) 식에 대입하면 (17−1) 반응의 평형 상수 K를 얻을 수 있다.

$$K = 10^{nE^\circ/0.05916} = 10^{26.01} = 1.02 \times 10^{26}$$

적정 반응의 평형 상수가 매우 크기 때문에 Cu^+를 가해주면 모두 완전히 Ce^{4+}와 반응한다고 가정할 수 있다.

지시 전극에서는 (17−2)와 (17−3) 반쪽 반응이 다같이 평형 상태에 있다. 따라서 전위차계의 전위를 계산할 때 두 반응 모두를 이용할 수 있다. 계산하기에 편리한 반응을 선택해서 계산하면 된다. 전위차계는 내부 저항이 커서 무시할 수 있을 정도의 전류만 흐르므로 적정 반응에 실질적으로 아무런 영향을 미치지 않는다.

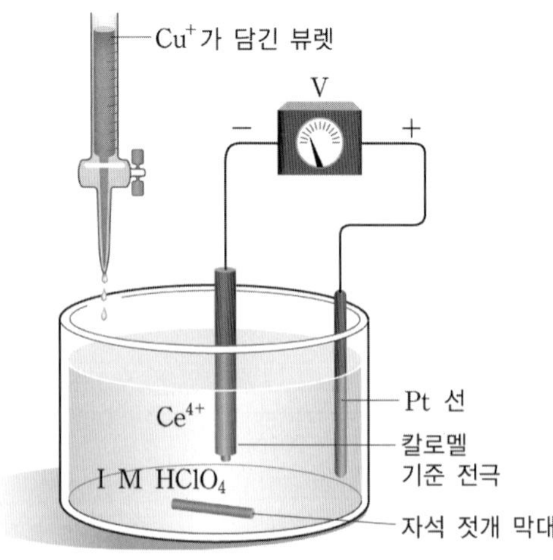

그림 17.1 Ce^{4+} 시료를 Cu^+ 표준 용액으로 적정하는 전위차 적정 장치

(2) 산화 환원 적정 곡선

이제 0.0500 M Ce^{4+} 용액 50.0 mL를 0.0500 M Cu^{+} 표준 용액으로 적정하는 경우 전압이 어떻게 변하는지 계산해 보자. 이때 Pt 지시 전극과 포화 칼로멜 기준 전극을 사용한다. 미지 시료인 Ce^{4+}는 1 M $HClO_4$ 용액으로 준비하였고 적정 곡선을 세 영역으로 나누어 계산할 것이다. 당량점 V_e는 Cu^{+} 표준 용액 50.0 mL를 가했을 때 나타난다는 것을 쉽게 알 수 있다.

① 당량점 이전

0.0500 M Cu^{+} 용액 20.0 mL를 가했을 때를 생각하자. 이때 가해 준 Cu^{+}는 전부 Ce^{4+}와 반응하여 같은 몰수의 Ce^{3+}와 Cu^{2+}를 만든다. 당량점 이전이므로 반응하지 않은 여분의 Ce^{4+}가 용액에 남아 있다. 때문에 Ce^{3+}와 Ce^{4+}의 농도는 쉽게 알 수 있지만 Cu^{+}의 농도는 평형 상수식을 이용해서 계산해야 하므로 시간이 좀 많이 걸린다. 용액에 존재하는 Cu^{+}는 모두 (17−1) 반응의 역반응에 의해 만들어지기 때문이다. 그래서 (17−2) 식을 이용해서 지시 전극의 전위차를 계산한다.

금속 이온의 농도를 계산할 필요 없이 이들의 농도비만 알면 전압을 계산할 수 있다. 반응하지 않고 남아 있는 Ce^{4+}는 원래 농도의 (30.0/50.0)이고 생성된 Ce^{3+}는 원래 Ce^{4+} 농도의 (20.0/50.0)이 된다. 이 관계를 (17−2) 반응에 대한 Nernst 식에 대입하면

$$E_{+} = E^{o} - 0.05916 \log\frac{[Ce^{3+}]}{[Ce^{4+}]} = 1.70 - 0.05916 \log(\frac{20.0/50.0}{30.0/50.0}) = 1.71 \ \text{V}$$

$$E = E_{+} - E_{SCE} = 1.71 - 0.241 = 1.47 \ \text{V}$$

여기서 E_{SCE}는 포화 칼로멜 전극의 전위인데 그 값이 0.241 V이다.

Cu^{+} 용액 25.0 mL를 가하면 당량점까지 필요한 양의 절반($V = \frac{1}{2}V_e$)이 들어간 셈이다. 이때는 $[Ce^{4+}] = [Ce^{3+}]$가 되므로 위 Nernst 식의 로그 항이 0이 된다. 그래서 E_{+}는 $Ce^{4+} | Ce^{3+}$ 전극 전위의 E^{o} 값과 같아진다. $V = \frac{1}{2}V_e$일 때 전위는 산−염기 적정에서 $V = \frac{1}{2}V_e$일 때 $pH = pK_a$가 되는 것과 같다.

② 당량점에서

이때는 모든 Ce^{4+}가 반응하는 데 필요한 만큼의 Cu^{+}가 정확히 가해졌기 때문에 실질적으로 모든 세슘 이온은 Ce^{3+}로 존재하고 모든 구리 이온은 Cu^{2+}로 존재한다. 때문에 적정 반응 (17−1)의 화학량론으로부터 다음 사실을 알 수 있다.

$$[Ce^{3+}] = [Cu^{2+}] \qquad (17-4)$$

당량점에서는 다음과 같은 평형이 존재한다.

$$Ce^{3+} + Cu^{2+} \rightleftarrows Ce^{4+} + Cu^{+}$$

이 반응은 (17−1) 식의 역반응이다. 이 반응에 의해 미량의 Ce^{4+}가 생성되고 같은 몰수의 Cu^{+}가 생성된다. 따라서 다음과 같은 관계도 성립한다.

$$[Ce^{4+}] = [Cu^{+}] \qquad (17-5)$$

(17−2)와 (17−3) 반응은 둘 다 Pt 전극에서 평형에 있다. 당량점에서 전위차계의 전지 전압을 계산하는 데 두 반응을 같이 쓰는 것이 좋다. Pt 전극의 전압은 이 두 반응에 대한 Nernst 식으로 나타낸다.

$$E_+ = 1.70 - 0.05916 \log \frac{[Ce^{3+}]}{[Ce^{4+}]} \tag{17-6}$$

$$E_+ = 0.161 - 0.05916 \log \frac{[Cu^{+}]}{[Cu^{2+}]} \tag{17-7}$$

E_+를 구하려면 Ce^{4+}와 Cu^+의 농도를 알아야 한다. 이를 위해 (17−4) 식부터 (17−7) 식까지 4개의 식을 연립으로 풀 수 있다. 우선 (17−6) 식과 (17−7) 식을 더해주면 다음과 같이 된다.

$$2E_+ = 1.861 - 0.05916 \log \frac{[Ce^{3+}]}{[Ce^{4+}]} - 0.05916 \log \frac{[Cu^{+}]}{[Cu^{2+}]}$$

$$2E_+ = 1.861 - 0.05916 \log \frac{[Ce^{3+}][Cu^{+}]}{[Ce^{4+}][Cu^{2+}]}$$

(17−4) 식과 (17−5) 식에서 $[Ce^{3+}] = [Cu^{2+}]$이고 $[Ce^{4+}] = [Cu^{+}]$이므로 로그 항에 있는 농도비는 1이 되고 따라서 로그 항이 0이 된다. 그래서

$$2E_+ = 1.861\ \text{V}$$

$$E_+ = 0.931\ \text{V}$$

전지 전압 E는 다음과 같다.

$$E = E_+ - E_{SCE} = 0.931 - 0.241 = 0.690\ \text{V} \tag{17-8}$$

이상과 같이 당량점에서 전지 전압을 계산했는데 계산 과정에 반응물의 농도나 부피가 포함되지 않았다. 따라서 전위차 적정의 전지 전압은 당량점에서 농도나 부피와 무관하다는 것이다.

③ 당량점 이후

Cu^+ 용액을 55.0 mL 가했을 때를 생각해 보자. 이때는 실질적으로 모든 세륨 이온이 Ce^{3+}로 존재한다. 생성된 Ce^{3+}와 Cu^{2+}의 몰수는 같고 반응하지 않은 여분의 Cu^+가 남아 있다. 생성된 Cu^{2+}와 과량으로 남아 있는 Cu^+의 농도를 쉽게 알 수 있으므로 (17−3) 반응을 이용하여 Pt 지시 전극의 전압을 계산하는 것이 좋다. Cu^+와 Cu^{2+}의 농도 비를 쉽게 알 수 있으므로 이 값을 Nernst 식에 대입한다.

$$E_+ = 0.161 - 0.05916 \log \frac{[Cu^{+}]}{[Cu^{2+}]} = 0.161 - 0.05916 \log \frac{5.0/50.0}{50.0/50.0} = 0.220\ \text{V}$$

$$E = E_+ - E_{SCE} = 0.220 - 0.241 = -0.0210\ \text{V} \tag{17-9}$$

당량점 이전에는 지시 전극의 전압이 (17−2) 반응($Ce^{4+} | Ce^{3+}$)의 E^o 값 근처에서 서서히 변하고 당량점 이후에는 (17−3) 반응 ($Cu^{2+} | Cu^+$)의 E^o 값 근처에서 서서히 변한다. 당량점 부근에서는 전압이 급격히 변한다. 그래서 시료와 적정 시약의 산화 환원 반응에 대한 표준 환원 전위(E^o) 값의 차이가 클수록 당량점 전후에 전압의 변화가 크다는 사실을 확인할 수 있다.

(3) 좀 더 복잡한 산화 환원 적정 곡선

이제 미지 시료와 적정 시약이 1:2 또는 2:1로 반응하는 경우를 알아보자. 진한 HCl 용액에서 Tl^+ 농도를 구하기 위해 IO_3^- 표준 용액으로 적정할 수 있다. 마찬가지로 Pt 지시 전극과 포화 칼로멜 기준 전극을 사용한다고 가정한다. 미지 시료인 Tl^+ 용액과 적정 시약인 IO_3^- 표준 용액에 있는 HCl의 농도는 모두 1.00 M이라고 가정한다. Tl^+는 IO_3^-와 2:1로 반응한다. 적정 반응은 다음과 같다.

$$IO_3^- + 2Tl^+ + 2Cl^- + 6H^+ \rightarrow ICl_2^- + 2Tl^{3+} + 3H_2O \qquad (17-10)$$

각 전극 반응의 표준 환원 전위는 다음과 같다.

$$IO_3^- + 2Cl^- + 6H^+ + 4e^- \rightarrow ICl_2^- + 3H_2O \qquad E^o = 1.24\ V \qquad (17-11)$$

$$Tl^{3+} + 2e^- \rightarrow Tl^+ \qquad E^o = 0.77\ V \qquad (17-12)$$

(17−10) 반응의 E^o는 0.47 V(1.24 − 0.77 = 0.47)이므로 평형 상수 K는 다음과 같다.

$$K = 10^{4E^o/0.05916} = 10^{31.8} = 6.31 \times 10^{31}$$

평형 상수가 매우 크므로 IO_3^-를 가하면 적정 반응이 완결된다고 할 수 있다.

① 당량점 이전

Tl^+와 Tl^{3+}의 농도를 알고 있으므로 (17−12) 반응을 이용한다.

$$E_+ = 0.77 - \frac{0.05916}{2}\log\frac{[Tl^+]}{[Tl^{3+}]} \qquad (17-13)$$

$$E = E_+ - E_{SCE} = E_+ - 0.241 \qquad (17-14)$$

Tl^+와 Tl^{3+}의 농도비를 로그 항에 대입하면 E_+를 계산할 수 있다.

② 당량점에서

이제 모든 반응물이 생성물로 바뀌었다. ICl_2^- 1몰이 생성될 때마다 Tl^{3+} 2몰이 생성되므로 다음과 같은 질량 균형이 성립한다.

$$[Tl^{3+}] = 2[ICl_2^-] \qquad (17-15)$$

(17−10) 반응의 역반응에 의해 미량의 반응물도 존재하게 된다. 이때 IO_3^- 1몰이 생성될 때 Tl^+는 2몰이 생성된다. 그래서

$$[Tl^+] = 2[IO_3^-] \qquad (17-16)$$

앞서와 같이 2개의 전극 반응 (17−11)과 (17−12) 모두를 사용해서 E_+를 계산하는 것이 편리하다. (17−11) 반응과 (17−12)의 E_+는 다음과 같다.

$$E_+ = 1.24 - \frac{0.05916}{4}\log\frac{[ICl_2^-]}{[IO_3^-][Cl^-]^2[H^+]^6} \qquad (17-17)$$

$$E_+ = 0.77 - \frac{0.05916}{2}\log\frac{[Tl^+]}{[Tl^{3+}]} \qquad (17-18)$$

(17−15) 식부터 (17−18) 식까지 4개의 식을 연립으로 풀기 위해 (17−17) 식과 (17−18) 식을 더해준다. 두 식의 로그 항 앞에 있는 계수를 같게 해 주기 위해 (17−17) 식에 2를 곱해야 한다.

$$2E_+ = 2.48 - \frac{0.05916}{2}\log\frac{[ICl_2^-]}{[IO_3^-][Cl^-]^2[H^+]^6} \qquad (17-19)$$

이제 (17−18) 식과 (17−19) 식을 더해준다.

$$3E_+ = 3.25 - \frac{0.05916}{2}\log\frac{[ICl_2^-][Tl^+]}{[IO_3^-][Cl^-]^2[H^+]^6[Tl^{3+}]}$$

(17−15) 식과 (17−16) 식에서 $[Tl^{3+}] = 2[ICl_2^-]$, $[Tl^+] = 2[IO_3^-]$이므로 이 값을 대입하면 다음과 같이 된다.

$$3E_+ = 3.25 - \frac{0.05916}{2}\log\frac{1}{[Cl^-]^2[H^+]^6} \quad (17-20)$$

이제 $[H^+]$와 $[Cl^-]$ 값을 대입하면 되는데 앞에서 $[H^+] = [Cl^-] = 1.00$ M이라고 가정했으므로 (17−20) 식의 로그 항은 0이 된다.

$$3E_+ = 3.25, \quad E_+ = 1.08 \text{ V}$$

$$E = E_+ - E_{SCE} = 1.08 - 0.241 = 0.84 \text{ V} \quad (17-21)$$

로그 항에서 생성물의 농도가 모두 제거되지 않는 경우도 있다. 이때는 반응물이 모두 생성물로 바뀌었다고 가정하고 생성물의 몰농도를 계산해서 대입해 주면 된다.

③ 당량점 이후

이때는 IO_3^-가 과량으로 가해졌기 때문에 반응하고 남은 IO_3^-가 여분으로 남아 있다. 때문에 IO_3^-와 ICl_2^-의 농도를 알고 있으므로 (17−11) 반응을 이용하여 E_+를 계산하면 좋다. $[H^+] = [Cl^-] = 1.00$ M이므로 로그 항은 IO_3^-와 ICl_2^-의 농도비로 구성된다. 그래서 이들의 농도를 계산할 필요 없이 농도비만 알면 간단히 E_+를 구할 수 있다.

$$E_+ = 1.24 - \frac{0.05916}{4}\log\frac{[ICl_2^-]}{[IO_3^-][Cl^-]^2[H^+]^6} = 1.24 - \frac{0.05916}{4}\log\frac{[ICl_2^-]}{[IO_3^-]} \quad (17-22)$$

$$E = E_+ - E_{SCE} = E_+ - 0.241 \quad (17-23)$$

예제 | 17.1

0.010 M Tl^+ 용액 50.0 mL를 0.010 M IO_3^- 표준 용액을 적정한다고 하자. 전위차계는 Pt 지시 전극과 포화 칼로멜 기준 전극을 사용한다. 미지 시료인 Tl^+ 용액과 적정 시약인 IO_3^- 용액에 있는 HCl의 농도는 모두 1.00 M이라고 가정한다. 가한 0.010 M IO_3^- 용액의 부피가 10.0, 25.0, 30.0 mL일 때 전지 전압을 계산하시오.

풀이

(1) 10.0 mL일 때

IO_3^-와 Tl^+가 1:2로 반응하므로 IO_3^- 25.0 mL를 가했을 때 당량점이 된다. 당량점 이전이므로 (17−13) 식을 이용하여 E_+를 계산한다. 이때 $\frac{[Tl^+]}{[Tl^{3+}]} = \frac{10.0/25.0}{15.0/25.0}$이 되므로 이 관계식을 (17−13) 식에 대입한다.

$$E_+ = 0.77 - \frac{0.05916}{2}\log\frac{[Tl^+]}{[Tl^{3+}]} = 0.77 - \frac{0.05916}{2}\log\frac{10.0/25.0}{15.0/25.0} = 0.775 \text{ V}$$

$$E = E_+ - E_{SCE} = 0.775 - 0.241 = 0.534 \text{ V}$$

(2) 25.0 mL일 때

이때는 당량점이다. 당량점에서 전압은 농도나 부피와 무관하다. 그래서 위에 계산한 결과와 같을 것이다.

$$E = 0.84 \text{ V}$$

(3) 30.0 mL일 때

당량점 이후이므로 (17−22) 식을 이용하여 E_+를 계산한다.

$$E_+ = 1.24 - \frac{0.05916}{4}\log\frac{[ICl_2^-]}{[IO_3^-]} = 1.24 - \frac{0.05916}{4}\log\frac{25.0/25.0}{5.0/25.0} = 1.23 \text{ V}$$

$$E = E_+ - E_{SCE} = 1.23 - 0.241 = 0.989 \text{ V}$$

(4) 산화 환원 적정 곡선의 모양

Ce^{4+} 시료를 Cu^{+} 표준 용액으로 적정하는 경우 계산한 결과를 이용하여 전위차계의 전지 전위를 가해 준 적정 시약의 부피에 대해 도시하면 그림 17.2와 같은 적정 곡선을 얻을 수 있다. 가한 Cu^{+}의 부피가 $\frac{1}{2}V_e$일 때 $\frac{[Ce^{3+}]}{[Ce^{4+}]} = 1$이 되므로 E_+ 값은 (17−2) 반응의 E^o 값과 같아진다. V_e는 당량점에 도달하는 데 필요한 Cu^{+} 용액의 부피를 말한다. 당량점 부근에서는 전압이 급격히 감소하는데 이 부분의 중심에 당량점이 위치한다. 시료와 적정 시약이 1 : 1로 반응하기 때문에 당량점 근처에서 적정 곡선의 모양은 당량점을 중심으로 대칭이 된다. 미지 시료와 적정 시약의 표준 환원 전위(E^o)의 차이가 클수록 당량점 전후 전압이 급격히 변하는 폭이 커진다. 당량점 전에는 E_+ 값이 (17−2) 반응의 E^o 값(1.70 V) 부근에 있고 당량점 이후에는 E_+ 값이 (17−3) 반응의 E^o 값(0.161 V) 부근에 나타나기 때문이다. 이렇게 두 전극 반응의 표준 환원 전위 값 차이가 클수록 적정 반응의 표준 환원 전위 값이 커지고 따라서 적정 반응의 평형 상수가 커진다. 적정할 때 각 영역에서 전압을 계산했는데 이 예에서 보면 모든 지점의 전압이 반응물의 농도비에 의해서만 결정된다는 사실을 확인할 수 있다. 반응물의 농도는 어떤 계산에도 들어 있지 않다. 그래서 시료와 적정 용액을 같이 묽게 해도 이들의 농도비는 변하지 않기 때문에 적정 곡선의 모양은 변하지 않는다.

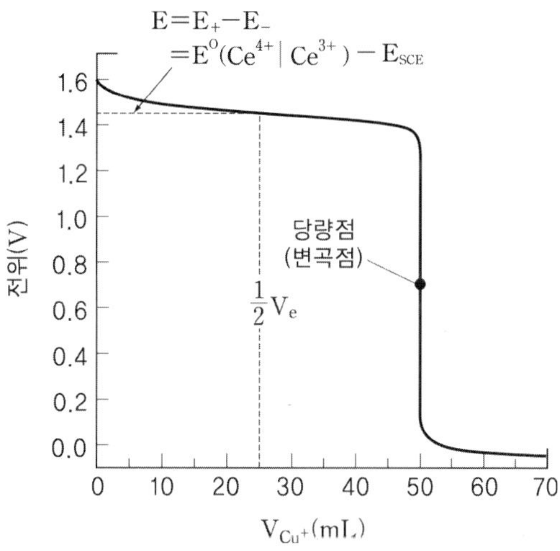

그림 17.2 1 M $HClO_4$ 용액에서 0.0500 M Ce^{4+} 50.0 mL를 0.0500 M Cu^{+} 표준 용액으로 적정하는 경우 계산한 전위차 적정 곡선. 세로축은 SCE에 대한 전위를 말한다.

Tl^{+}를 IO_3^{-} 표준 용액으로 적정하는 경우는 Tl^{+}과 IO_3^{-}가 2 : 1로 반응한다. 위에서 설명한 방법대로 적정하는 동안 일어나는 전지 전위의 변화를 계산해서 적정 곡선을 그리면 그림 17.3과 같다. 당량점 부근에서 전압이 급격히 증가하는데 반응물이 2 : 1로 반응하므로 당량점이 그 중심에 놓여 있지 않고, 또 이 부근에서 당량점을 중심으로 적정 곡선이 대칭적으로 나타나지 않는다. 그러나 적정 곡선이 당량점 부근에서 너무 급하게 점프하기 때문에 이 부분의 중심을 당량점으로 잡더라도 오차는 거의 생기지 않는다. 그 외 부분의 적정 곡선 모양은 1 : 1 반응인 경우와 같이 설명할 수 있다.

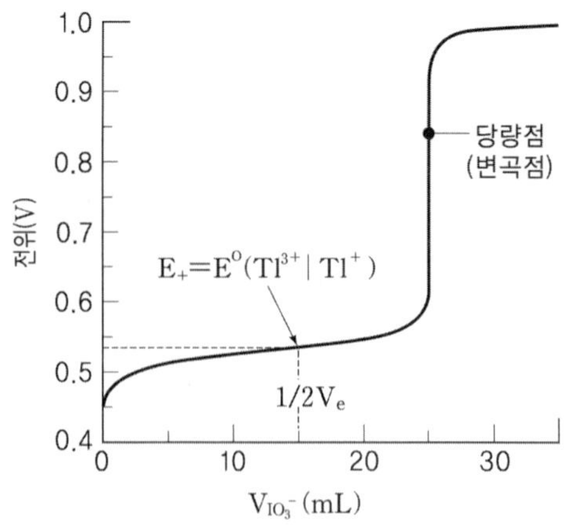

그림 17.3 1 M HCl 용액에서 0.010 M Tl^+ 50.0 mL를 0.010 M IO_3^- 표준 용액으로 적정하는 경우 계산한 전위차 적정 곡선. 세로축은 SCE에 대한 전위를 말한다. Tl^+와 IO_3^-가 2:1로 반응하기 때문에 당량점이 전위가 급격히 증가하는 부분의 중간이 아니라 이 구간을 3등분했을 때 위에서 1/3 지점에 나타난다.

2 종말점 찾기

산화 환원 적정에서도 다른 적정법과 유사하게 지시약을 쓰거나 전위차계로 전지 전압을 측정하여 종말점을 구한다. 이 장에서의 적정 곡선은 모두 전지 전압을 측정한 것이다. 적정 곡선을 얻으면 종말점은 쉽게 찾을 수 있다.

(1) 산화 환원 지시약

산화 환원 지시약은 가역적으로 쉽게 산화 또는 환원될 수 있는 화학종인데, 단 산화된 형태와 환원된 형태가 다른 색깔을 띤다. 이런 화학종은 적정하는 동안 시료와 적정 시약의 농도 변화에 따라 산화되거나 환원되면 용액의 색깔이 변하게 된다. 예를 들면 2,2'-바이피리딘(2,2'-bipyridine)은 3개 분자가 철 이온과 결합하여 착화합물을 형성하는데, 산화된 형태는 하늘색을 띠고 환원된 형태는 붉은색을 띤다. 그래서 산화된 형태가 주화학종으로 되면 용액은 하늘색이 되고 환원된 형태가 주화학종으로 되면 용액은 붉은색이 된다.

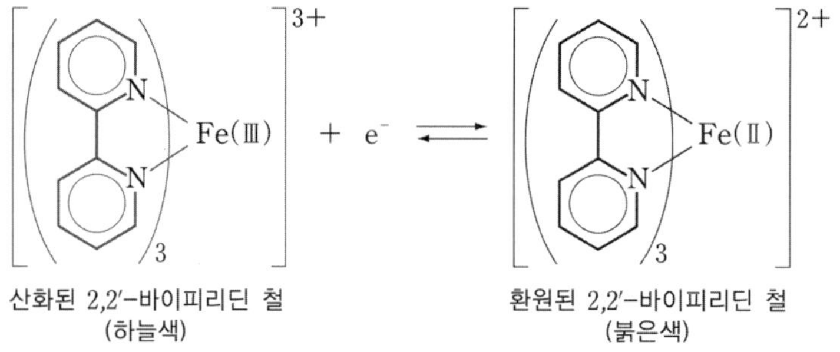

지시약을 간단히 In이라 쓰고 산화된 형태는 In(ox), 환원된 형태는 In(red)으로 표기하자. 이제 지시약의 색깔이 변하는 전압 범위를 이론적으로 예측해 보자. 이를 위해 우선 지시약의 산화 환원 반응에 대한 Nernst 식을 쓰면 다음과 같다.

$$\mathrm{In(ox)} + ne^- \rightleftarrows \mathrm{In(red)}$$

$$E = E^\circ - \frac{0.05916}{n}\log\left(\frac{[\mathrm{In(red)}]}{[\mathrm{In(ox)}]}\right) \qquad (17-24)$$

산-염기 지시약에서 했던 것처럼 In(ox)의 농도가 In(red)보다 10배 이상 커지면 용액은 In(ox) 색깔로 보일 것이다. 이때 (17−24) 식의 로그 항은 $\log\left(\frac{[\mathrm{In(red)}]}{[\mathrm{In(ox)}]}\right) = \log\left(\frac{1}{10}\right) \le -1$ 이 된다. 또 In(red)의 농도가

In(ox)보다 10배 이상 커지면 용액은 In(red) 색깔로 보일 것이다. $\log(\frac{[In(red)]}{[In(ox)]}) = \log(\frac{10}{1}) \geq +1$ 이 된다. 이것을 (17−24) 식에 대입하면 지시약의 색깔은 다음 농도 범위에서 일어날 것이다.

$$E = (E^o \pm \frac{0.05916}{n})\ V$$

2,2'-바이피리딘 철의 경우 $E^o = +0.970$ V이다. 그래서 색깔 변화는 0.97±0.05916 V = 0.911 ~ 1.029 V에서 일어날 것이다. 조심해야 되는 점은 이 범위는 표준 수소 전극(SHE)에 대한 전압 범위이다. 포화 칼로멜 전극(SCE)을 기준 전극으로 쓰는 경우 이 범위는 SCE의 전극 전압 0.241 V를 빼주면 된다. 그래서

$$\text{SCE에 대한 2,2'-바이피리딘 철 지시약의 변색 범위} = (+0.970 \pm 0.05916) - 0.241 = 0.670 \sim 0.788\ V \qquad (17-25)$$

Ce^{4+}를 Cu^+로 적정한 그림 17.2의 경우 당량점에서 전압이 이 변색 범위와 비슷하므로 이 적정에서 2,2'-바이피리딘 철을 지시약으로 쓸 수 있다. Tl^+를 IO_3^-로 적정한 그림 17.3의 경우는 당량점에서 전압과 변색 범위가 조금 다르지만 변색 범위가 적정 곡선에서 전압이 급격히 증가하는 부분에 포함되어 있기 때문에 2,2'-바이피리딘 철을 지시약으로 써도 적정 오차가 문제되지 않을 것이다. 흔히 많이 쓰이는 지시약의 색깔과 E^o 값을 표 17.2에서 확인할 수 있다.

표 17.2 **일반적으로 쓰이는 산화 환원 지시약**

지시약	색깔		E^o(V)
	산화된 형태	환원된 형태	
Phenosafranine	붉은색	무색	0.28
Indigo tetrasulfonate	푸른색	무색	0.36
Methylene blue	푸른색	무색	0.53
Diphenylamine	보라색	무색	0.75
Diphenylamine sulfonic acid	붉은색−보라색	무색	0.85
Diphenylbenzidine sulfonic acid	보라색	무색	0.87
Tris(2,2'-bipyridine)iron (ferroin)	연한 푸른색	붉은색	1.120
Tris(1,10-phenanthroline)iron (ferroin)	연한 푸른색	붉은색	1.147
Tris(5-nitro-1,10-phenanthroline)iron	연한 푸른색	붉은색−보라색	1.25
Tris(2,2'-bipyridine)ruthenium	연한 푸른색	노란색	1.29

(출처: D.C. Harris, Quantitative Chemical Analysis (8판), Freeman, New York, NY, 2010)

다시 정리하면 미지 시료와 적정 시약의 표준 전위 E^o가 많이 다르면 적정 반응의 평형 상수가 커지므로 당량점 부근에서 적정 곡선의 급격한 변화가 커진다. 이 변화폭이 클수록 적정 오차가 줄어든다. 최소한 두 반응물의 표준 전위 E^o 차이가 0.2 V 이상은 되어야 하는데 지시약을 써서 종말점을 구하려면 E^o 차이가 적어도 0.4 V 이상은 되어야 한다. 그래야 적정 오차가 큰 문제가 되지 않는다. E^o 차이가 0.4 V보다 작으면 전위차법으로 적정해야 정확한 종말점을 찾을 수 있다.

(2) Gran 도시

그림 17.1과 같은 실험 장치를 이용해서 산화 환원 적정을 하는 동안 전위차계의 전압을 측정하여 이 값을 적정 시약 부피에 대해 도시하여 적정 곡선을 얻었다. 당량점(V_e)은 이 적정 곡선의 1차 도함수가 최대가 되거나 2차 도함수가 0이 되는 점에 해당한다. 산-염기 적정 등 다른 적정법과 마찬가지로 당량점 부근에서 정확한 전압을 측정하기가 어렵다. 당량점 부근에서는 시료와 적정 시약의 농도가 워낙 작아서 전극이 이들과

평형을 이루는 데 시간이 많이 걸리기 때문이다. 같은 이유 때문에 13장 5절에서 산−염기 적정에 대한 Gran 도시를 다루었다. Gran 도시는 당량점 훨씬 이전의 측정값을 이용하여 당량점을 정확하게 구할 수 있기 때문이다. 당량점 훨씬 이전에 측정한 값은 당량점 부근에서 측정한 값에 비해 정밀도와 정확도가 매우 높다.

전위차법을 이용한 산화 환원 적정에서도 Gran 도시를 활용하여 당량점을 쉽고 정확하게 구할 수 있다. (17−1) 적정 반응을 다시 생각하자.

$$\underset{\text{미지 시료}}{Ce^{4+}} + \underset{\text{적정 시약}}{Cu^{+}} \rightleftarrows Ce^{3+} + Cu^{2+}$$

Ce^{4+}가 Ce^{3+}로 환원되는 반응에 대해 당량점 V_e에 도달하기 전 전지 전위는 다음과 같이 쓸 수 있다.

$$E = E_+ - E_{SCE} = [E^o - 0.05916 \log(\frac{[Ce^{3+}]}{[Ce^{4+}]})] - E_{SCE} \qquad (17-26)$$

사실 표준 환원 전위 E^o 대신 형식 전위를 써야 하는데 실험 조건이 표준 상태와 크게 다르지 않다면 E^o를 써도 무방하다. 기준 전극으로 포화 칼로멜 전극을 쓴다고 하고 E_{SCE}는 이 전극의 전압을 말한다. 가한 적정 시약의 부피를 V라고 하면 (17−26) 식의 로그 항은 다음과 같이 된다.

$$\frac{[Ce^{3+}]}{[Ce^{4+}]} = \frac{[V]}{[V_e - V]}$$

이것을 (17−26) 식에 대입한다.

$$E = [E^\circ - 0.05916 \log \frac{[V]}{[V_e - V]}] - E_{SCE}$$

이 식을 재배열해서 정리하면 다음과 같은 식을 얻는다.

$$V \cdot 10^{-E/0.05916} = V_e \cdot 10^{(E_{SCE}-E^\circ)/0.05916} - V \cdot 10^{(E_{SCE}-E^\circ)/0.05916} \qquad (17-27)$$

여기서 $y = V \cdot 10^{-E/0.05916}$, $x = V$, $m = 10^{(E_{SCE}-E^\circ)/0.05916}$, $b = V_e \cdot 10^{(E_{SCE}-E^\circ)/0.05916}$라고 두면, $y = mx + b$라는 직선이 되는데 m은 기울기에 해당하고 b는 절편에 해당한다. 이 직선이 x축과 만나는 절편이 V_e가 된다. 이렇게 도시한 직선을 그림 17.4에서 볼 수 있다. 적정하는 동안 용액의 이온 세기가 일정하면 활동도 계수가 상수가 되므로 (17−27) 식은 y 값이 0에 가까이 접근해도 거의 직선이 된다. 만약 이온 세기가 변한다면 당량점 직전 V_e의 10 ~ 20% 정도가 되는 구간의 측정값은 제외하고 직선을 그리도록 한다.

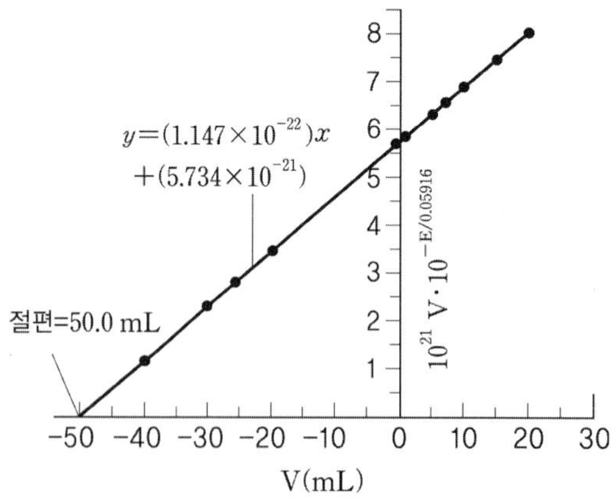

그림 17.4 그림 17.2에서 보여 준 1 M $HClO_4$ 용액에서 0.0500 M Ce^{4+} 50.0 mL를 0.0500 M Cu^{+} 표준 용액으로 적정한 경우 계산한 Gran 도시. y축의 숫자는 간단하게 표시하기 위해 10^{21}을 곱하였다. 이렇게 숫자를 곱해도 x축의 절편은 변하지 않는다.

연습문제

1. 0.0500 M Fe^{2+} 용액 25.00 mL를 0.0500 M Ce^{4+} 표준 용액으로 전위차 적정법을 이용하여 적정하였다. 적정 곡선을 얻기 위해서 Pt 전극(지시 전극)과 포화 칼로멜 전극(SCE, 기준 전극)을 사용하여 적정하는 동안 전지 전위 변화를 측정하였다.

(1) 균형 잡힌 적정 반응식을 쓰시오.

(2) Pt 전극에는 2개의 화학 반응이 평형에 도달한다. 2개의 전극 반응을 쓰시오.

(3) Pt 전극과 SCE는 하나의 전지를 구성한다. 이 전지 반응은 2개를 쓸 수 있는데 이 전지 반응을 쓰시오.

(4) 전지 전위를 계산하기 위한 Nernst 식 2개를 쓰시오.

(5) 가해 준 Ce^{4+} 표준 용액의 부피(mL)가 다음과 같을 때 전지 전위를 계산하시오.

(a) 1.00 (b) 3.00 (c) 7.00 (d) 12.50 (e) 20.00 (f) 24.00 (g) 25.00 (h) 26.00 (i) 30.00

(6) 위 계산 결과를 바탕으로 그림 17.2와 같은 적정 곡선을 그리시오.

(7) 적정 곡선을 그렸더니 이 곡선의 모양이 미지 시료나 적정 시약의 농도와는 무관하다는 사실을 알게 되었다. 적정 과정을 당량점 이전, 당량점, 당량점 이후로 나누어 그 이유를 설명하시오.

2. 0.00500 M Sn^{2+} 40.0 mL를 1 M HCl 용액에서 전위차 적정법을 이용하여 0.0100 M Ce^{4+} 표준 용액으로 적정한다. Pt 지시 전극과 포화 칼로멜 전극(SCE)을 사용하여 전지 전위 변화를 측정하였다.

(1) 균형 잡힌 적정 반응식을 쓰시오.

(2) Pt 전극에서 평형을 이루고 있는 2개의 화학 반응을 쓰시오.

(3) Pt 전극과 SCE로 구성된 전지의 전지 반응 2개를 쓰시오.

(4) 전지 전위를 계산하기 위한 2개의 Nernst 식을 쓰시오.

(5) 가해 준 Ce^{4+} 표준 용액의 부피(mL)가 다음과 같을 때 전지 전위를 계산하시오.

(a) 1.00 (b) 3.00 (c) 6.00 (d) 10.00 (e) 15.00 (f) 19.00 (g) 20.00 (h) 21.00 (i) 25.00

(6) 위 계산 결과를 바탕으로 그림 17.2와 같은 적정 곡선을 그리시오.

(7) 위 (6)에서 그린 적정 곡선은 문제 1의 (6)에서 그린 적정 곡선과 비교하여 무엇이 다른가? 또 이런 차이가 나는 이유는 무엇인가?

3. 다른 적정에서와 마찬가지로 산화 환원 적정에서도 지시약을 많이 사용한다. 다음 물음에 답하시오.

(1) 당량점 부근에서 지시약의 색깔이 변하는 이유는 무엇인가?

(2) 적정 오차(종말점과 당량점 사이의 차이)를 줄이려면 어떤 방법으로 지시약을 선정해야 하는가?

(3) 위 문제 1과 2에서 전위차 적정법을 쓰지 않고 지시약을 사용하여 종말점을 찾는다면 각각 어떤 지시약을 쓰는 것이 좋은가? 그 이유도 같이 설명하시오.

(4) 그림 17.2와 그림 17.3에 있는 적정에서 지시약을 쓴다면 어떤 지시약이 좋을까? 그 이유를 쓰시오.

4. 1 M HCl 용액에서 0.0500 M Sn^{2+} 용액 40.00 mL를 0.100 M Tl^{3+}로 적정하였다. 전위차법으로 적정하는데 Pt 전극을 지시 전극으로, 포화 Ag/AgCl 전극을 기준 전극으로 사용하였다.

(1) 균형 잡힌 적정 반응식을 쓰시오.

(2) 평형을 이루고 있는 2개의 전극 반응을 쓰시오.

(3) Pt 전극과 포화 Ag/AgCl 전극으로 구성된 전지의 전지 반응 2개를 쓰고 Nernst 식도 쓰시오.

(4) 가해 준 0.100 M Tl^{3+} 표준 용액의 부피(mL)가 다음과 같을 때 전지 전위를 계산하시오.

(a) 1.00 (b) 3.00 (c) 6.00 (d) 10.00 (e) 15.00 (f) 19.00 (g) 20.00 (h) 21.00 (i) 25.00

(5) 위 계산 결과를 바탕으로 적정 곡선을 그리시오.

(6) 지시약을 사용하여 종말점을 찾는다면 어떤 지시약을 쓰는 것이 좋을까?

5. 산화 환원 적정에서도 종말점을 찾기 위해 Gran 도시를 많이 활용한다. Gran 도시가 갖는 장점에 대해 설명하시오.

18장 전기 무게 분석법 및 전기량법

전기 무게 분석법 및 전기량법(electrogravimetric and coulometric analysis)은 몇 가지 점에서 전위차법과 다르다. 첫째, 전위차법에서는 무시할 수 있을 정도의 전류만 흘렸지만 여기서는 시료가 들어 있는 전지에 상당한 양의 전류가 흐르게 된다. 둘째, 전위차법에서는 측정할 때 시료 농도에 미치는 영향이 무시할 수 있는 정도이지만 이 장에서는 시료가 정량적으로 산화 또는 환원되어 새로운 산화 상태로 바뀐다. 셋째, 전위차법에서는 갈바니 전지를 쓰지만 여기에서 다룰 전지는 대부분 전해 전지이다. 마지막으로 전위차법에서는 전지 전위가 최종 측정값이지만 이 방법에서 최종적으로 측정하는 자료는 전기 분해에 의해 만들어진 생성물의 질량 아니면 시료가 새로운 산화 상태로 전부 반응하는 데 필요한 전하량이 된다. 즉 이 장에서는 전기 분해(electrolysis)를 이용하는데 이것은 전극에 전압을 걸어서 강제로 화학 반응이 일어나도록 하는 것이다. 전기 무게 분석법과 전기량법은 감도도 괜찮고 화학자들이 사용하는 분석 방법 가운데 정확도나 정밀도 면에서는 가장 뛰어난 기술에 속한다. 무게 분석법과 마찬가지로 이 방법은 측정값과 시료 농도 사이의 관계를 이론이나 원자량 자료로 구할 수 있기 때문에 표준 용액을 이용해서 검정 곡선을 그릴 필요가 없다.

1 전기 분해의 원리

Cd^{2+} 농도를 구하기 위해 다음과 같은 전지를 많이 사용한다.

$$Ag(s)\,|\,AgCl(s),\ Cl^-(0.250\ M),\ Cd^{2+}(0.00500\ M)\,|\,Cd(s)$$

전지 반응은 다음과 같다.

양극:	$2Ag(s) + 2Cl^- \rightleftarrows 2AgCl(s) + 2e^-$	
음극:	$Cd^{2+} + 2e^- \rightleftarrows Cd(s)$	
전체 반응:	$Cd^{2+} + 2Ag(s) + 2Cl^- \rightleftarrows Cd(s) + 2AgCl(s)$	(18−1)

이 실험을 하기 위한 **전해 전지**(electrolytic cell)는 그림 18.1에서 볼 수 있다. 카드뮴으로 코팅한 금속 전극을 음극(환원 전극)으로 사용하고 양극(산화 전극)은 은−염화 은 전극인데 이 전극의 전극 전위는 분석하는 동안 거의 일정하게 유지되므로 기준 전극이 된다. 전해 전지를 표시하는 방법은 갈바니 전지와 같기 때문에 양극이 왼쪽에 있고 음극은 오른쪽에 있다. 외부 전원을 이용하여 반응이 일어나기에 충분한 전압을 걸어 주면 음극에서 카드뮴이 석출된다. 전위차계에서는 외부 전원에 의해 가해지는 전압을 읽을 수 있고 전해 전지에서 반응이 일어날 때 흐르게 되는 전류는 전류계로 측정한다. 갈바니 전지에서와는 반대로 양극에 (+) 전압이 걸리고 음극에 (−)전압이 걸린다는 점에 유의하라. 갈바니 전지와 달리 이 전지에서는 외부 전원에 의해 강제로 반응이 일어나기 때문이다.

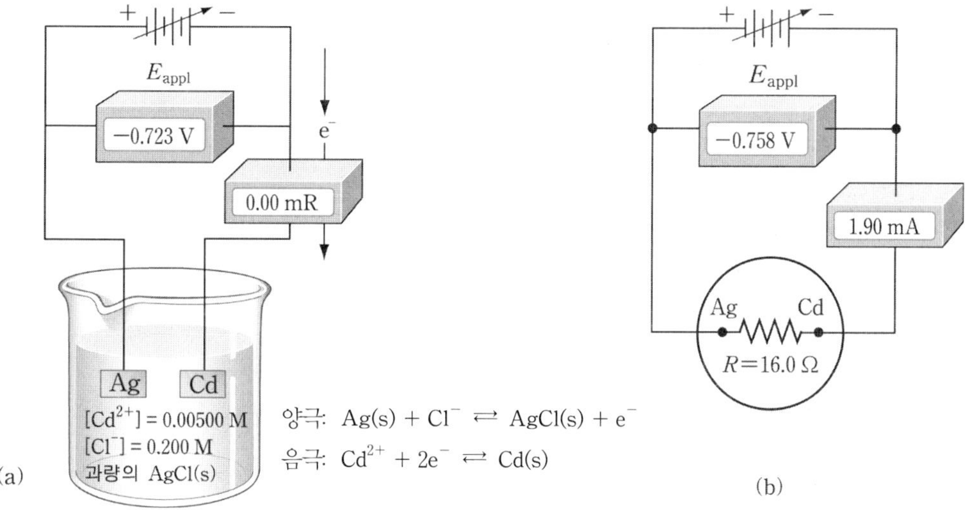

그림 18.1 비커에 담겨 있는 시료의 Cd^{2+} 농도를 구하기 위한 전해 용기. (a) 전류가 흐르지 않는다. (b) E_{appl}(전극에 걸어 준 전압)를 약간 올려 전지에 1.90 mA의 전류가 흐르도록 하였다. (a)에 있는 전지 그림을 16.0 Ω의 내부 저항을 가진 전지로 간단히 표시하였다.

(1) 농도, 전류, 시간 사이의 관계

전지에 흐르는 전류의 크기는 반응 속도를 나타내고 흐른 총 전하량을 측정하면 반응한 시료의 양을 구할 수 있다. 전류 I가 t시간 동안 흘렀다면 이때 흐른 전하량 q는 다음과 같이 계산한다.

$$q(\text{쿨롱}) = I(\text{암페어}) \cdot t(\text{초}) \quad (18-2)$$

이것을 전자의 몰수로 바꾸려면 전하량을 전자 1몰이 갖는 전하량, 즉 패러데이 상수(F)로 나누어주면 된다.

$$\text{전지에 흐른 전자의 몰수} = \frac{Q(\text{쿨롱})}{F(\text{쿨롱/몰})} = \frac{I \cdot t}{F}$$

어떤 화학종 하나가 반응하는 데 n개의 전자가 필요하다면 시간 t 동안 반응한 화학종의 몰수는 다음과 같이 계산할 수 있다.

$$\text{반응한 시료의 몰수} = \frac{I \cdot t}{nF} \quad (18-3)$$

예제 | 18.1

그림 18.1에 있는 전해 전지에 무시할 수 있을 정도의 전류만 흐른다고 가정하자. 이때 전지 전위는 어떻게 되는가?

풀이

표준 환원 전위는 다음과 같다.

$Cd^{2+} + 2e^- \rightleftarrows Cd(s)$ $\quad E^o_{Cd} = -0.403$ V

$AgCl(s) + e^- \rightleftarrows Ag(s) + Cl^-$ $\quad E^o_{Ag} = +0.222$ V

카드뮴 전극과 은 전극의 전극 전위를 계산한다.

$C_{cathode} = E^o_{Cd} - (0.05916/2)\log(1/[Cd^{2+}]) = -0.403 - (0.05916/2)\log(1/0.00500) = -0.471$ V

$E_{anode} = E^o_{Ag} - 0.05916\log[Cl^-] = +0.222 - 0.05916\log(0.250) = 0.258$ V

$E_{cell} = E_{cathode} - E_{anode} = -0.471 - 0.258 = -0.729$ V

예제 18.1에서 얻은 전지 전위는 음수이므로 전지 반응의 자유 에너지는 증가한다. 따라서 반응은 비자발적이기 때문에 외부 전원을 이용하여 0.729 V보다 큰 전압을 걸어 준다면 반응이 일어날 것이다.

예제 | 18.2

그림 18.1의 전해 전지에서 0.100 A의 전류가 10.0분 동안 흘렀다고 하자. 음극에서 환원된 Cd(s)의 무게는 몇 g이겠는가? (단, Cd의 원자량은 112.411 g/mol이다.)

풀이

먼저 전지에 흐른 전자의 몰수를 계산해야 한다.

$$\text{전자의 몰수} = \frac{I \cdot t}{F} = \frac{(0.100\ C/s)(10.0\ min)(60\ s/min)}{96486\ C/mol} = 6.22 \times 10^{-4}\ mol$$

카드뮴 이온 한 개가 환원되는 데 2개의 전자가 필요하다. 따라서

$$\text{환원된 카드뮴의 몰수} = \frac{1}{2}(6.22 \times 10^{-4}\ mol) = 3.11 \times 10^{-4}\ mol$$

$$\text{환원된 카드뮴의 질량} = (3.11 \times 10^{-4}\ mol)(112.411\ g/mol) = 0.0350\ g$$

(2) 전기 분해에 필요한 전지 전위

그림 18.1에 있는 전해 전지에 무시할 수 있을 정도의 전류만 흐를 때 전지 전위는 다음과 같이 구할 수 있다.

$$E_{cell} = E_{cathode} - E_{anode} = E_{right} - E_{left}$$

E_{right}, E_{left}는 각기 오른쪽에 있는 전극 전위, 왼쪽에 있는 전극 전위를 의미한다. 이 경우 E_{cell}을 열역학적 전지 전위(thermodynamic cell potential)라 하는데, 앞에서 배운 갈바니 전지나 전위차법에서 설명한 전지 전위가 이 열역학적 전지 전위이다. 전위차를 측정하기 위해 전위차계를 회로에 연결하는데 전위차계는 저항이 매우 커서 무시할 수 있을 정도의 전류만 흐르기 때문이다. 그러나 그림 18.1과 같은 전해 전지를 이용하여 Cd^{2+}의 농도를 구하려면 전지 용액에 있는 Cd^{2+}가 전부 반응해야 한다. 즉 전지에는 실제로 측정할 수 있는 전류가 흘러야 한다. 이렇게 전해 용기에 전류가 흐르게 예제 18.1에서 계산한 0.729 V를 걸어 주면 (18-1) 식의 반응은 일어나지 않는다. 전류가 흐르게 하려면 **저항 전위**(ohmic potential), **과전위**(overpotential), **농도차 편극**(concentration polarization) 같은 현상 때문에 열역학적 전지 전위보다 큰 전압을 걸어 주어야 한다.

저항 전위는 전지 내에 전류가 흐를 때 전지 자체의 저항 때문에 생기는 전위차이다. 이 전위차를 극복해야만 전류가 흐를 수 있다. 이때 전류가 I이고 저항이 R이면 저항 전위 E_{ohmic}는 옴의 법칙(Ohm's law)에 따라 다음과 같다.

$$E_{ohmic} = IR \tag{18-4}$$

E_{ohmic}의 단위는 볼트(V), I는 암페어(A), R은 옴(Ω)인데 이것을 IR 강하(drop)라고도 부른다. 전지의 저항이 R일 때 전류 I가 흐르도록 하기 위해서는 열역학적 전위보다 −IR 볼트만큼 더 전압을 가해 주어야 한다. 그래서 전지에 가해 줘야 할 전압 $E_{applied}$는 다음과 같이 된다.

$$E_{applied} = E_{cathode} - E_{anode} - IR \tag{18-5}$$

전극 전위 $E_{cathode}$와 E_{anode}는 Nernst 식으로 계산한다.

화학 반응이 일어나려면 활성화 에너지(activation energy)가 필요하다. 전극 표면에서 반응이 일어나려고 해도 이와 유사한 일종의 활성화 에너지가 필요한데 이를 극복하기 위해 전지에는 더 큰 전압을 걸어줘야 반응이 일어난다. 이것을 **과전위**(overpotential)이라고 한다. 전극에 과전위를 걸어 주면 그림 18.2에서 보는 것처럼 산화 환원 반응이 일어나는 데 필요한 활성화 에너지가 감소하므로 반응 속도가 빨라지고 더 많은 전류가 흐르게 된다. 전극의 표면적이 커지면 반응이 일어나는 면적이 커져서 전류가 보다 많이 흐르게 되므로 반응 속도는 전류 밀도(current density)에 비례하게 된다. 전류 밀도는 단위 면적당 흐르는 전류를 말하며 SI 단위는 A/m^2이다. 활성화 에너지는 전극의 재질이나 같은 금속으로 만든 전극이라도 표면의 특성에 따라 달라지므로 과전위도 이에 따라 변한다. 같은 백금 전극이라도 표면이 매끈한 것보다는 표면에 미세한 구멍이 있는 다공성 백금 전극은 표면적이 크기 때문에 과전위가 작다. 수소가 생성되는 반응의 경우 백금 전극에서는 과전위가 매우 작지만 수은 전극에서는 1 V 가까이로 매우 크다. 반응 중에서도 특히 기체가 발생하는 반응이 일어나는 경우에 과전위가 크다. 그래서 과전위가 포함되면 전지에 걸어 줘야 할 전압은 다음과 같이 된다.

$$E_{applied} = E_{cathode} - E_{anode} - IR - E_{over} \qquad (18-6)$$

E_{over}는 과전위를 말한다.

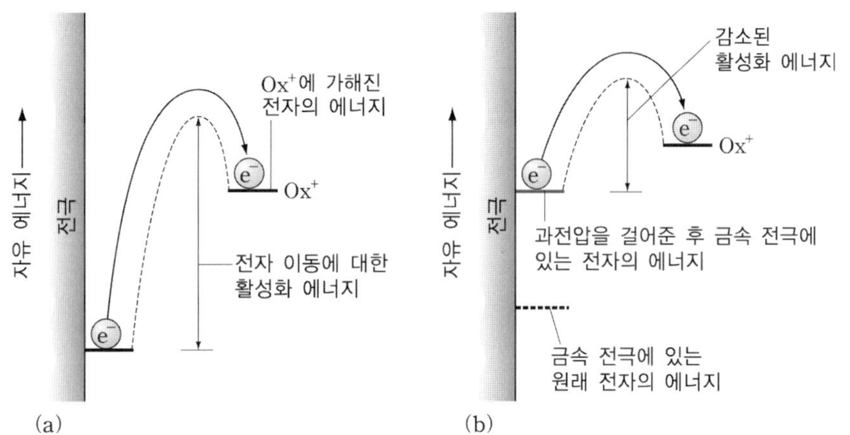

그림 18.2 (a) 금속 전극 표면으로부터 Ox^+로 전자가 이동할 때 에너지 변화를 보여 주는 내락적인 그림. Ox^+는 양이온을 밀하는데 전극으로부터 전자를 받아 환원된다. (b) 금속 전극에 전압을 걸어 주게 되면 전극에 있는 전자의 에너지가 올라가게 되고 때문에 전자가 이동할 때 필요한 활성화 에너지는 줄어든다.

용액에 있는 화학종과 전극 사이의 산화 환원 반응에 의한 전자 이동은 전극 표면과 직접 접하고 있는 매우 얇은 용액 층(두께가 보통 1 nm의 몇 분의 1 정도)에서만 일어난다. 일정한 크기의 전류가 전지에 계속 흐르기 위해서는 이 층에 멀리 있는 용액으로부터 반응물이 계속 공급되어야 하고 생성물은 이 층으로부터 빨리 이동하여 용액 속으로 들어가야 한다. 반응물이 전극 표면에 도달하거나 생성물이 전극을 떠나는 속도가 전극에서 일어나는 반응 속도보다 느리면 **농도차 편극**(concentration polarization)이 일어난다. 전극 표면에 접하고 있는 층과 전극으로부터 떨어진 지점에서 반응물이나 생성물의 농도가 전극으로부터의 거리에 따라 달라지는 것이다. 이런 현상이 일어나게 되면 전기 분해를 위해 필요한 전압이 증가하게 된다. 그림 18.3에 농도차 편극이 일어나는 이유를 간단하게 보여 주고 있다.

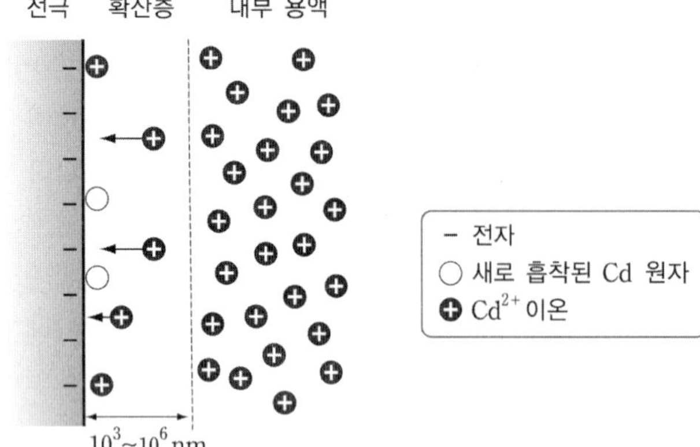

그림 18.3 전극 표면에서 Cd^{2+} 이온의 농도 변화를 보여 주는 그림. 전극 표면에서 Cd^{2+}이 Cd 원자로 환원됨에 따라 표면 근처에서는 Cd^{2+}의 농도가 매우 작아진다. 그러면 용액 내부로부터 전극 표면으로 Cd^{2+}이 확산되기 때문에 농도 기울기가 생기게 된다.

그림 18.1에 있는 전해 전지의 음극에서는 다음 반응이 일어난다.

$$Cd^{2+} + 2e^- \rightleftarrows Cd(s)$$

Cd^{2+}의 벌크 농도(bulk concentration, 전극과 접하고 있는 층을 제외한 용액 내에서 평균 농도)를 $[Cd^{2+}]_0$, 전극과 직접 접하고 있는 층에서 농도를 $[Cd^{2+}]_s$라고 하자. 전극에서 떨어진 곳에 있던 Cd^{2+}가 전극 표면까지 이동하는 속도가 전극에서 위 반응이 일어나는 속도보다 느리면 $[Cd^{2+}]_0 > [Cd^{2+}]_s$가 되는데 이렇게 농도차 편극이 일어나면 음극의 전위 E는 $[Cd^{2+}]_0$가 아니라 $[Cd^{2+}]_s$에 의해 결정된다.

$$E = E^o - \frac{0.05916}{2}\log\frac{1}{[Cd^{2+}]_s}$$

$[Cd^{2+}]_s$가 작아질수록 E의 음수 값이 커지게 된다. 그래서 농도차 편극 때문에 생기는 여분의 전압을 E_{conc}라 하면 이때 전해 전지에서 반응이 일어나는 데 필요한 전압은 다음과 같다.

$$E_{applied} = E_{cathode} - E_{anode} - IR - E_{over} - E_{conc} \qquad (18-7)$$

Cd^{2+} 이온은 확산, 대류, 그리고 정전기적 힘에 의해 전극으로 이동할 수 있는데 이러한 요인들이 농도차 편극의 크기에 영향을 준다. 온도가 올라가면 확산 속도가 빨라지고 용액을 저어 주면 대류에 의해 이온의 이동이 빨라져서 농도차 편극을 줄일 수 있다. 이온 세기를 증가시키면 전극과 이온 사이의 정전기적 힘을 줄일 수 있다. 뿐만 아니라 전극의 표면적이 커지면 농도차 편극이 심하게 일어나지 않는다.

2 전기 무게 분석법

음극에서 Cd^{2+}가 환원되어 석출되면 음극의 무게가 증가한다. 반응이 끝난 뒤에 늘어난 음극의 무게를 측정하면 Cd^{2+}의 농도를 구할 수 있다. 이러한 방법을 **전기 무게 분석법**(electrogravimetric analysis)이라고 한다. 이 방법은 화학종들의 표준 환원 전위가 각각 다르기 때문에 이론상으로 많은 이온들을 분리시키고 정량하는 데 괜찮은 선택성을 갖고 있다. 이러한 선택성은 **작업 전극**(원하는 반응이 일어나는 전극, 보통 음극인 경우가 많고 이때는 금속이 석출된다)의 전압이 일정하게 유지될 때 한해서 실현된다. 전지에 걸어 준 전압이 일정하다 하더라도 저항 전위, 과전위, 또 반응이 진행되면서 일어나는 농도차 편극 때문에 작업 전극의 전압이 변하게 된다. 이런 문제를 피하기 위해 요즘엔 대부분 전기 분해하는 동안 작업 전극의 전압을 조절해 주는 방법을 쓰고 있다.

(1) 2개 전극을 갖는 전지를 이용한 전기 무게 분석법

Cu^{2+} 용액의 농도를 구하기 위해 전기 분해를 한다고 가정하자. 양극은 표면이 매끈한 Pt 전극을 사용하고 작업 전극인 음극은 Pt로 그물망처럼 만들었다. 이러한 실험 장치를 그림 18.4에서 볼 수 있다. 전지 반응은 다음과 같다.

양극:	$H_2O \rightleftharpoons \frac{1}{2}O_2(g) + 2H^+ + 2e^-$
음극:	$Cu^{2+} + 2e^- \rightleftharpoons Cu(s)$
전체 반응:	$Cu^{2+} + H_2O \rightleftharpoons Cu(s) + \frac{1}{2}O_2(g) + 2H^+$

여기서 $[Cu^{2+}] = 0.10$ M, $[H^+] = 1.0$ M, 그리고 양극에서 발생하는 O_2의 분압이 0.10 bar라 가정하고 열역학적 전지 전위, E_{cell}를 계산해 보자.

$$E_{cathode} = 0.339 - \frac{0.05916}{2}\log\frac{1}{[Cu^{2+}]} = 0.309 \text{ V}$$

$$E_{anode} = 1.2291 - \frac{0.05916}{2}\log\frac{1}{P_{O_2}^{1/2}[H^+]^2} = 1.2143 \text{ V}$$

$$E_{cell} = E_{cathode} - E_{anode} = 0.309 - 1.2143 = -0.905 \text{ V}$$

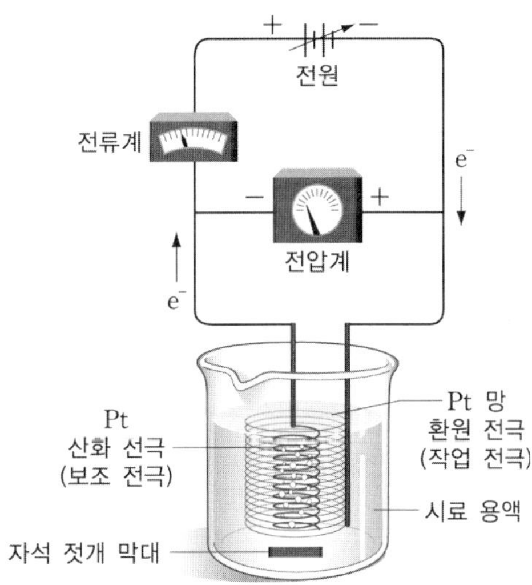

그림 18.4 전기 무게 실험 장치. 시료는 환원되어 Pt 망으로 된 작업 전극에 흡착된다. 용액에 있는 시료가 빨리 반응하도록 하기 위해 작업 전극을 그물망 형태로 만들었다. 전극과 용액이 접하는 면적이 커지면 반응 속도가 빨라진다.

그림 18.4에 있는 장치를 이용하여 Cu^{2+}를 환원시켰을 때 전극에 걸어 준 전압에 대한 전류의 세기를 측정한 그림을 그림 18.5에서 볼 수 있다. 이론상 −0.905 V의 전압을 전해 전지에 걸어 주면 음극에서 구리가 석출되어야 하지만 실제로 반응이 일어나지 않는다. 전극에서 반응이 일어나려면 과전위가 필요한데 이것이 주된 이유이다. 표 18.1에 따르면 매끈한 Pt 전극에서 O_2 기체가 생성되는 반응이 일어나려면 약 1 V에 가까운 과전위가 필요하다는 것을 알 수 있다. 전지에 걸어 준 전압을 계속 증가시키면 −1 V 근처에서도 반응이 일어나지 않다가 −2 V에 가까운 전압이 걸리면 반응이 시작되어 전류가 흐르기 시작한다. 전압을 계속 증가시키면 이에 비례하여 전류가 증가한다(옴의 법칙). 이 직선의 기울기로부터 전해 전지의 저항을 알 수 있다.

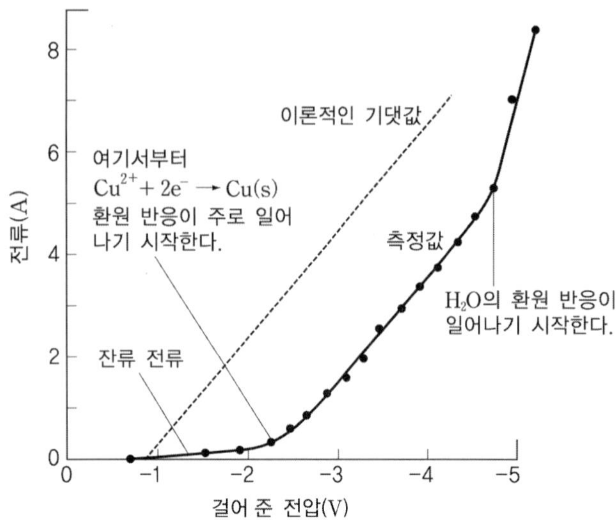

그림 18.5 그림 18.4에 있는 장치를 이용하여 0.10 M $CuSO_4$를 1.0 M $HClO_4$ 용액에서 전기 분해했을 때 측정된 전류 − 전압 관계를 나타낸 그림. 실험할 때 시료 용액 위로 N_2 기체를 불어넣어 공기 중의 O_2가 시료와 접촉하는 것을 막아 준다.

전지에 걸어 준 전압이 계속 증가하여 약 −4.5 V 이상이 되면 음극에서 H_3O^+가 H_2 기체로 환원되기 시작하므로 전류가 급격하게 증가한다. 이렇게 되면 기체 거품 때문에 구리의 석출이 방해 받는다.

표 18.1 대표적인 몇 가지 전극에서 전류 밀도(A/m^2)에 따른 기체 생성 반응의 과전위(V) 변화(25 ℃)

전극	10 A/m^2		100 A/m^2		1000 A/m^2		10000 A/m^2	
	H_2	O_2	H_2	O_2	H_2	O_2	H_2	O_2
백금 입힌 Pt[a]	0.0154	0.398	0.0300	0.521	0.0405	0.638	0.0483	0.766
평탄한 Pt	0.024	0.721	0.068	0.85	0.288	1.28	0.676	1.49
Cu	0.479	0.422	0.584	0.580	0.801	0.660	1.254	0.793
Ag	0.4751	0.580	0.7618	0.729	0.8749	0.984	1.0890	1.131
Au	0.241	0.673	0.390	0.963	0.588	1.244	0.798	1.63
흑연	0.5995		0.7788		0.9774		1.2200	
Pb	0.52		1.090		1.179		1.262	
Zn	0.716		0.746		1.064		1.229	
Hg	0.9		1.0		1.1		1.1	

* 출처: D.C. Harris, Quantitative Chemical Analysis (8판), Freeman, New York, NY (2010)

[a] 이 전극은 Pt 표면에 미세한 구멍이 수없이 많아서 용액과 전극 표면 사이의 접촉 면적을 극대화시킨 전극을 말한다.

이제 이 전해 전지에 걸어 준 전압이 −2.5 V로 고정되어 있다고 가정하고 작업 전극인 음극에서 무슨 일이 일어나는지 생각해 보자. 외부 전원으로 걸어 준 전압과 전지의 전극 전압 사이의 관계는 다음과 같다.

$$E_{applied} = E_{cathode} - E_{anode} - IR - E_{over} \quad (18-8)$$

처음 반응이 시작될 때는 농도차 편극이 일어나지 않기 때문에 (18−7) 식에서 E_{conc}는 제외하였다. Cu^{2+}가 석출되어 농도가 감소하면 반응 속도가 늦어지기 때문에 전류가 감소하고 이 때문에 저항 전위와 과전위도 따라서 감소한다. 이 전해 전지의 양극에서는 용매인 물이 산화되는데 물의 농도가 매우 크기 때문에 농도 편극이 일어나지 않고 E_{anode}도 거의 변하지 않는다. 이렇게 되면 (18−8) 식에서 $E_{applied}$가 일정하기 때문에 $E_{cathode}$는 감소해야 한다. $E_{cathode}$는 처음에 +0.3 V 보다 약간 큰 값에서 출발하여 계속 감소하다가 −0.4 V 정도까지 떨어지면 이때부터는 H_3O^+가 H_2O로 환원되는 반응이 일어나기 때문에 더 이상 떨어지지 않는다. 이렇게 전해 전지에 일정한 전압을 걸어 주면 작업 전극의 전압이 크게 변한다. 음극의 전압이 +0.3 V에서

−0.4 V까지 변한다면 Co^{2+}, Sn^{2+}, Ni^{2+} 같은 양이온이 환원될 수 있다. 시료에 이런 금속 양이온이 존재하면 이들이 Cu^{2+}의 정량을 방해하게 된다.

작업 전극의 전위가 너무 크게 감소하여 다른 이온들의 방해가 일어나는 경우 NO_3^-를 용액에 넣어 주기도 한다. NO_3^-는 H_3O^+보다 쉽게 환원되기 때문에 전극의 전위가 크게 감소하는 것을 막아준다. NO_3^-가 환원되기 시작하면 작업 전극의 전위는 더 이상 떨어지지 않기 때문이다. NO_3^-는 환원 전극의 **감극제**(depolarizer)인데 여러 가지 감극제가 쓰이고 있다.

$$NO_3^- + 10H^+ + 8e^- \rightarrow NH_4^+ + 3H_2O$$

(2) 3개 전극을 갖는 전지를 이용한 조절 전위 전해

음극에서 농도차 편극이 일어나면 전극 전위가 음의 값으로 크게 떨어져 시료가 모두 석출되기 전에 다른 전기 활성 화학종(electroactive species)이 함께 석출된다는 것을 배웠다. 표준 환원 전위의 차이가 0.1 V보다 적은 화학종들을 정량 분석하기 위해서는 선택성을 크게 향상시켜야 한다. 그래서 나온 방법이 3개의 전극을 갖는 전해 전지(three−electrode cell)을 이용한 **조절 전위 전해**(controlled−potential electrolysis)이다. 이러한 간단한 장치를 그림 18.6에서 볼 수 있다. 3개의 전극은 **작업 전극**(working electrode), **보조 전극**(auxiliary electrode), **기준 전극**(reference electrode)으로 구성된다. 분석하고자 하는 화학종이 반응하는 곳이 작업 전극인데 대부분 환원 반응을 많이 이용하기 때문에 음극인 경우가 많다. 산화 반응을 원할 때는 작업 전극이 양극이 된다. 작업 전극에서 반응이 일어나려면 짝이 되는 전극이 있어야 전지에 전류가 흐르게 된다. 이 전극을 보조 전극이라 하는데 상대 전극(counter electrode)이라고도 한다. 작업 전극이 음극이면 보조 전극은 양극이 되고, 작업 전극이 양극이면 보조 전극은 음극이 된다. 이 전지에는 기준 전극이 하나 더 추가되어 3전극 전지가 되는데 기준 전극은 작업 전극의 전압을 측정하기 위해 필요하다. 작업 전극은 전류가 흐르게 되면 전위가 쉽게 변하는 전극인데 이를 편극이 쉬운 전극(polarizable electrode)이라 부르고 칼로멜 전극이나 은−염화 은 전극처럼 보통의 전류가 흐르더라도 전위가 변하지 않는 전극을 편극이 안 되는 전극(nonpolarizable electrode)이라고 한다.

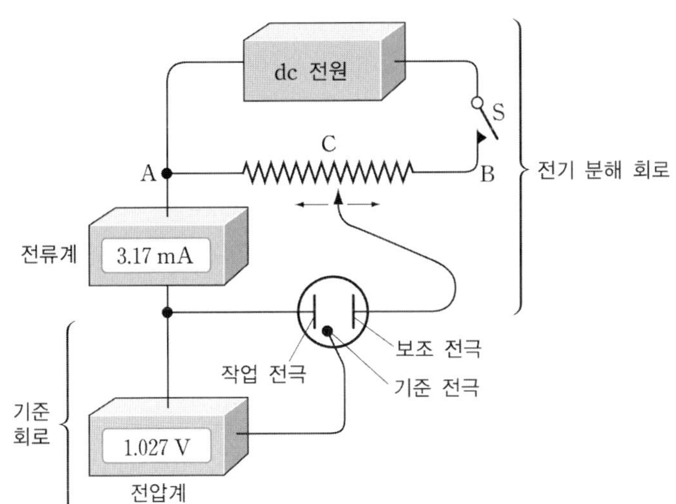

그림 18.6 조절 전위 전해 장치. 접촉점 C를 조절하여 작업 전극의 전위가 일정한 값이 되도록 통제한다. 기준 전극 회로에서는 항상 실질적으로 전류가 흐르지 않는다.

산화 환원 반응에 의한 전류는 작업 전극과 보조 전극 사이에 흐르고 기준 전극에는 무시할 수 있을 정도의 소량의 전류만 흐르도록 한다. 따라서 기준 전극의 전위는 저항 전위, 과전위, 농도차 편극의 영향을 받지 않고 일정하게 된다. 작업 전극과 기준 전극 사이의 전위차를 **일정 전위기**(potentiostat)를 통해 조절해 주면 기준 전극의 전위가 일정하므로 작업 전극의 전위가 통제된다. 따라서 다른 화학종의 간섭 없이 원하는 반응만이 작업 전극에서 일어나도록 할 수 있다.

작업 전극과 보조 전극 모두에서 과전위와 농도차 편극에 의한 전위차가 생기고 전류의 세기에 따라 이들 사이에 저항 전위의 변화도 일어난다. 기준 전극이 가능한 한 작업 전극 가까이 위치하도록 하는 것이 작업 전극의 전위를 측정하고 조절할 수 있는 가장 좋은 방법이 된다.

시료에 있는 어떤 이온의 농도를 구하기 위해 전기 무게 분석법을 사용한다면 이 이온이 전부 작업 전극에 석출되어야만 정확한 결과가 나온다. 이 점이 전기 무게 분석법의 가장 중요한 단점 중 하나이다. 그래서 작업 전극은 표면적이 커야 하는데 이 때문에 그물망 형태로 만든 Pt 전극이 많이 쓰인다. 다음으로 생각해야 할 점은 전기 분해가 완료됐다는 것을 어떻게 알아낼까 하는 점이다. Cu^{2+}, Co^{2+} 같은 이온은 수용액에서 색깔이 있기 때문에 육안으로 쉽게 색깔이 사라지는 것을 확인할 수 있다. 또 작업 전극의 일부는 용액에 잠기지 않도록 해두고 전기 분해한다. 반응이 끝났는지 확인하기 위해 전극을 아래로 내리거나 물을 더 가하여 밖으로 노출되어 있던 전극 표면이 용액에 조금 잠기도록 하여 전기 분해를 계속한다. 새로 잠긴 전극 표면에 석출된 금속이 있는지 확인한다. 이러한 과정을 여러 번 되풀이해도 석출된 금속이 보이지 않는다면 전기 분해는 완결된 것이다. 마지막으로 전기 분해 후 용액 한 방울을 떠내서 화학종이 남아 있는지 정성적인 검사를 해 보는 것이다.

3 전기량법과 전류법

전기량법(coulometry)은 시료에 있는 특정 화학종이 정량적으로 산화되거나 환원되는 데 필요한 전기량(전자의 몰수)을 측정하여 농도를 구하는 방법이다. 전기량법과 무게 분석법은 측정한 값으로부터 시료의 질량을 구하는 데 필요한 비례 상수를 정확히 알려진 물리적 상수 값으로부터 얻을 수 있기 때문에 검정을 위한 표준 용액이 필요하지 않다는 장점이 있다. 또 전기량법은 빠르고 편리하며 무게 분석법과 달리 산화 환원 반응의 생성물이 무게를 잴 수 있는 고체일 필요가 없다. 전기량법의 정확도는 흔히 쓰는 무게 분석법이나 부피 분석법과 비슷하지만 쉽게 자동화할 수 있다는 장점도 있다. 전기 분해에서 흐르는 전류를 보통 실험실에서 사용하는 전기량계를 사용하여 측정할 때 얻을 수 있는 정확도는 약 0.1%이다. Ag^{2+}, Cu^{+}, Mn^{3+}, Ti^{3+} 등과 같이 불안정한 이온들은 용기 안에서 만들어져 바로 반응할 수 있다.

전기량을 측정하는 방법에는 **정전위법**(potentiostatic coulometry, 조절 전위법(controlled potential coulometry)이라고도 함)과 **일정 전류법**(constant current coulometry, 전기량 적정법(coulometric titrimetry)이라고도 함)이 있다. 정전위법에서는 조절 전위 무게 분석법(controlled-potential gravimetric method)과 똑같이 3개 전극을 이용하여 전기 분해하는 동안 작업 전극의 전압을 일정한 값으로 유지시키기 때문에 선택성은 뛰어나다. 그러나 분석 물질의 농도가 감소함에 따라 전류의 세기는 시간에 따라 지수함수적으로 감소한다. 전하량은 전류를 반응 시간에 대해 적분하여 얻는다.

$$q = \int_0^t I dt \tag{18-9}$$

일정 전류법은 전류의 세기와 반응 시간을 알면 쉽게 계산할 수 있다($q = I \cdot t$). 전기량 적정(coulometric titration)은 다른 적정법과 유사한데 전자가 반응물이 되고 크기를 알고 있는 일정한 세기의 전류가 표준 용액 역할을 하는 것이다. 종말점에 도달할 때까지 전류가 흘러서 시료에 전자가 공급되거나 시료와 즉각 반응하는 반응물에 전자가 공급된다. 종말점에서 전기 분해를 멈추고 이때까지 공급된 전기량이나 걸린 시간을 이용하여 시료의 농도를 구한다. 몇 암페어(A) 전류가 흘렀는가 하는 것은 적정할 때 사용된 표준 용액의 몰농도와 같고 종말점까지 시간이 얼마나 걸렸느냐 하는 것은 이때까지 가해진 표준 용액의 부피와 같다.

모든 전기량법에서 전류 효율이 100%가 되어야 한다는 것은 가장 기본적인 필수 조건이다. 다음 반응에서 1몰의 전류가 작업 전극에 흘렀을 때 1몰의 Ag(s)이 석출된다면 이때 전류 효율은 100%가 된다.

$$Ag^{+} + e^{-} \rightarrow Ag(s)$$

다시 말하면 시료에 있는 반응물이 모두 반응해야만 정확한 농도를 얻을 수 있는 것이다. 전극에서 반응이 쉽게 일어나도록 하려면 전극이 시료 용액과 접촉하는 면적이 커야 한다. 따라서 그림 18.4에서 보는 것처럼 많은 경우 작업 전극을 그물망처럼 만들어 사용한다.

전극에서 시료가 직접 산화 환원 반응에 참여하지 않아도 100% 전류 효율이 이루어질 수 있다. 예를 들면 Cl^{-}의 농도를 구하기 위해서 Ag 전극에서 Ag^{+}을 만들어 낸다. 생성된 Ag^{+}와 Cl^{-}가 반응하여 AgCl(s)이 만들어지는데 이것이 침전을 형성하거나 Ag 전극에 석출된다. 모든 Cl^{-}가 AgCl(s)을 형성하는 데 필요한 전하량을 구하면 Cl^{-}의 농도를 계산할 수 있다. 이 경우 Cl^{-}가 전극 표면에서 직접 반응하지 않지만 흐른 전자의 몰수와 시료에 있던 Cl^{-}의 몰수가 같기 때문에 100% 전류 효율이 달성되는 것이다.

예제 | 18.3

시료에 들어 있는 Fe^{3+}의 함량은 Fe^{3+}를 Pt 전극에서 Fe^{2+}로 환원시킬 때 흐른 전기량을 측정하여 구할 수 있다. 어떤 시료 0.9840 g에 들어 있는 $Fe_2(SO_4)_3$의 함량을 구하기 위해 이 시료를 환원시켰더니 전기량계에 135.60 C의 전기가 흘렀다. $Fe_2(SO_4)_3$의 질량 백분율은 얼마인가?

풀이

흐른 전자의 몰수 $= 135.60\ C\left(\frac{1\ mol}{9.649 \times 10^{4}\ C}\right) = 1.405 \times 10^{-3}\ mol$

1몰의 $Fe_2(SO_4)_3$가 환원되려면 전자 2몰이 필요하고 $Fe_2(SO_4)_3$의 화학식량이 399.88 g/mol이므로

$Fe_2(SO_4)_3$의 질량 $= (1.405 \times 10^{-3}\ mol)(399.88\ g/mol) = 0.2809\ g$

$Fe_2(SO_4)_3$의 질량 백분율(%) $= \frac{0.2809\ g\ Fe_2(SO_4)_3}{0.9840\ g\ \text{시료}} \times 100 = 28.55\%$

전류법(amperometry)은 전기 분해 반응이 일어나는 한 쌍의 전극 사이에 흐르는 전류를 측정하는 방법이다. 전기량법에서는 반응이 일어나는 데 쓰인 전자의 전체 몰수를 측정하여 시료의 농도를 구한다. 그래서 시료가 100% 모두 반응해야만 정확한 농도를 얻을 수 있다. 전류법에서는 시료의 농도와 전류의 세기가 비례한다면 전류의 세기를 측정하여 농도를 구할 수 있다.

생물 감지기(biosensor)는 어떤 하나의 시료에 대단히 선택적으로 감응하는 효소, 항체, DNA 같은 생물학적 성분을 사용한다. 이런 생물 감지기는 대부분 산화 또는 환원되면서 전기적 신호를 발생시키기 때문에 전류법에서 많이 활용한다. 생물 감지기를 사용하여 전류법으로 분석하는 예를 들어 보면 휴대용 혈당(혈액에 들어 있는 포도당 농도) 측정기, 생체 조직에 있는 ATP(adenosine triphosphate) 농도, 극미량(10^{-18}몰 수준)의 유전자 검출, 지하수에 있는 과염소산 이온의 농도 측정 등을 예로 들 수 있다. 특히 휴대용 혈당 측정기는 많은 당뇨병 환자들이 식이 요법과 인슐린 주사로 자신의 병을 관리하기 위해 하루에도 여러 번 혈당을 측정하는 데 사용한다.

연습문제

1. 농도차 편극은 왜 생기며, 또 작업 전극의 전압에 어떤 영향을 주는가?

2. 농도차 편극은 어떻게 하면 줄일 수 있는가?

3. 전기 분해할 때 전극에서 반응이 실제 시작되는 전압은 이론적으로 계산한 값과 차이가 크다. 그 이유는 무엇인가?

4. Cu^{2+} 용액에 전극을 담그고 외부에서 전압을 걸어서 Cu^{2+}를 환원시킨다. 이때 전극 반응과 전지 반응은 다음과 같다.

음극:	$Cu^{2+} + 2e^- \rightleftarrows Cu(s)$	$E^\circ = 0.339\ V$
양극:	$H_2O \rightleftarrows \frac{1}{2}O_2(g) + 2H^+ + 2e^-$	$E^\circ = -1.229\ V$
전지 반응:	$H_2O + Cu^{2+} \rightleftarrows Cu(s) + \frac{1}{2}O_2(g) + 2H^+$	

이 전지에 대한 다음 물음에 답하시오.

(1) $[Cu^{2+}] = 0.30\ M$, $[H^+] = 1.0\ M$, O_2의 부분 압력 $P_{O_2} = 1.0$ bar일 때 이 전지 반응을 위해 필요한 전압(이론적인 값) E를 계산하시오.

(2) 위 (1)에서 계산한 전압을 전지에 걸어 주었더니 반응이 일어나지 않았다. 그보다 훨씬 큰 전압을 걸어 주니 반응이 시작되었다. 그 이유는 무엇인가?

(3) 이 전지에 일정한 크기의 전압을 걸어 주어 Cu^{2+}를 환원시켰더니 음극의 전압이 계속 변하였다. 그 이유는 무엇인가?

(4) 음극의 전압을 일정하게 유지시키기 위해 3개의 전극으로 구성된 전해 용기를 사용하였다. 이 전해 용기는 어떤 전극으로 구성되어 있고 각 전극의 역할은 무엇인지 간략하게 설명하시오.

(5) 이 전지에 5.0 A의 전류를 10.0시간 동안 흘렸다고 하자. 음극에서 석출된 Cu의 질량은 몇 g인가?

(6) 음극의 전압이 변하면 어떤 문제가 생기는가? 또, 이 문제를 어떤 방법으로 해결할 수 있는지 간단히 설명하시오.

5. 어떤 미지 시료 0.391 g에는 일정량의 $Pb(CH_3CHOHCO_2)_2$ (F.W.=385.3 g/mol)가 포함되어 있다. 나머지는 반응하지 않는 비활성 물질이다. 이 시료를 전기 분해하였더니 PbO_2 (F.W.=239.2 g/mol) 0.124 g이 생성되었다. 이 미지 시료에 $Pb(CH_3CHOHCO_2)_2$이 얼마나 들어 있는지 질량 백분율로 계산하시오.

6. 어떤 시료에 들어 있는 Cd^{2+}의 농도를 구하기 위해 그림 18.1과 같은 전해 용기를 사용하였다. 전지 반응은 (18-1) 식과 같다.

양극:	$2Ag(s) + 2Cl^- \rightleftarrows 2AgCl(s) + 2e^-$
음극:	$Cd^{2+} + 2e^- \rightleftarrows Cd(s)$
전지 반응:	$Cd^{2+} + 2Ag(s) + 2Cl^- \rightleftarrows Cd(s) + 2AgCl(s)$

(1) 시료에 있는 Cd^{2+}가 모두 환원되는 데 300.0 mA의 전류가 29.00분 동안 흘렀다고 가정하자. 이때 흐른 전자의 몰수는 얼마인가?

(2) 환원된 Cd의 질량은 얼마인가?

(3) 시료 용액의 부피가 100.0 mL였다면 Cd^{2+}의 몰농도는 얼마인가?

7. 양극과 음극으로만 이루어진 전해 용기는 여러 가지 문제점 때문에 요즘은 쓰이지 않는다. 어떤 문제점들이 있으며 이 문제점들은 왜 생기는가?

8. 요즘에는 모두 3개의 전극으로 이루어진 전해 전지를 사용한다. 이러한 전해 용기는 어떤 구조로 되어 있고 각 전극의 기능은 무엇인가?

9. 3개 전극을 갖는 전해 전지에서 작업 전극의 전압은 어떻게 조절하는가?

10. 과전위를 줄이려면 어떻게 하면 되는가?

11. 전기량법을 사용할 때 작업 전극의 표면적이 클수록 좋다. 그 이유를 설명하시오.

12. 전기량법에서 작업 전극에서 반응이 종료되었는지, 진행 중인지 확인하려고 한다. 어떻게 확인할 수 있는가?

13. 2개 전극으로 이루어진 전해 전지에서는 감극제를 사용하는 경우가 있다. 감극제는 어떤 기능을 하는가?

14. 0.050 M Cu^{2+}와 0.050 M Sn^{2+}가 들어 있는 혼합 용액이 있다. 2개 전극으로 이루어진 전해 전지로 Cu^{2+} 99.99%를 환원시키려면 음극의 전압이 얼마가 되면 되는가? 또, Sn^{2+}는 환원시키지 않고 Cu^{2+}의 99.99%를 환원시키는 것이 가능한가?

15. 전기량법과 전류법은 어떻게 다른가?

16. 0.100 M Ni^{2+} 용액에서 Ni^{2+}를 Pt 음극에서 환원시켜 석출한다. 용액은 완충 용액으로 pH = 2.00으로 조절되어 있다. Pt 양극에서는 O_2가 생성되는데 O_2의 분압이 1.00 bar이다. 이 전해 전지의 저항은 3.00 Ω이고 온도는 25 ℃이다. 또 음극은 전극 면적이 140 cm^2이고 양극의 면적은 100 cm^2이다. 다음 물음에 답하시오.

음극: $Ni^{2+} + 2e^- \rightleftarrows Ni(s)$

양극: $H_2O \rightleftarrows \frac{1}{2}O_2(g) + 2H^+ + 2e^-$

전지 반응: $Ni^{2+} + H_2O \rightleftarrows Ni(s) + \frac{1}{2}O_2(g) + 2H^+$

(1) Ni^{2+}가 환원되는 데 필요한 열역학적 전지 전위를 계산하시오.
(2) 이 전지에 0.500 A의 전류가 흐른다면 저항 전위는 얼마인가?
(3) 양극과 음극의 전류 밀도를 계산하시오.
(4) 이 조건에서 Pt 전극에서 O_2가 생성될 때 과전위는 대략 0.75 V라고 하자. 이때 걸어 준 전압이 얼마가 되면 반응이 시작되는지 계산하시오.
(5) 걸어 준 전압이 얼마가 될 때 Ni^{2+}의 농도가 5.00×10^{-5} M이 되는지 계산하시오(단, Ni^{2+}의 농도를 제외하고 나머지 변수는 변동이 없다고 가정한다).

19장 전압 전류법

전압 전류법(voltammetry)이란 작업 전극에 다양한 형태의 전압을 걸어 주고 이때 흐르는 전류의 크기를 전압의 함수로 측정하여 시료에 대한 다양한 정보를 얻는 방법을 총칭한다. 이때 작업 전극에 농도차 편극이 완전히 이루어진 조건하에서 측정이 이루어져야 한다. 일반적으로 농도차 편극이 잘 이루어지도록 하기 위해 표면적이 보통 몇 mm^2, 간혹 몇 μm^2 정도까지 되는 미소 전극(microelectrode)을 사용한다.

먼저 전압 전류법과 앞에서 배운 여러 가지 전기 화학적 방법 사이의 기본적인 차이를 정리해 보는 것은 매우 의미 있는 일이다. 전압 전류법은 농도차 편극이 완전히 이루어진 조건에서 전류를 측정한다. 이 전류의 세기는 시료의 농도에 비례한다. 전위차법에서는 사실상 전류가 흐르지 않기 때문에 농도차 편극이 없고 전기 무게 분석법이나 전기량법에서도 가능한 한 농도차 편극이 생기지 않도록 한다. 또 전기 무게 분석법이나 전기량법에서는 시료 모두가 다른 산화 상태로 반응해야 하지만 전압 전류법에서는 아주 일부만 반응한다.

폴라로그래피(polarography)는 1920년대 초반 체코 화학자 J. Heyrovsky에 의해 발전되었는데 여기서부터 전압 전류법이 발달하기 시작하였다. 여러 가지 형태의 전압 전류법 중에서 적하 수은 전극(dropping mercury electrode, DME)을 작업 전극으로 사용하는 특별한 경우를 폴라로그래피라 하는데 지금도 가장 널리 쓰이고 있는 중요한 기술이다. 그러나 초기에는 선택성이나 감도에 많은 문제점이 있어 크게 인기를 끌지 못하였다. 1950년대 후반부터 1960년대 중반을 넘어가면서 연산 증폭기(operational amplifier)의 발달로 일정 전위 3전극 전지(potentiostatic three−electrode cell)가 출현하여 이러한 단점들을 획기적으로 개선하여 전압 전류법이 큰 인기를 끌기 시작하였다. 오늘날 전압 전류법은 많은 화학종들, 특히 생리 활성 물질이나 의약품으로 중요한 화합물들을 정량 분석하는 데 많이 쓰인다. 그 외에도 여러 가지 매질에서 산화와 환원 과정에 대한 기초적인 연구, 표면에서 흡착 과정, 화학적으로 처리된 전극 표면에서 전자 이동 메커니즘 등을 연구하는 데 널리 활용되고 있다.

1 적하 수은 전극

적하 수은 전극은 모세관이 수은 방출기에 연결되어 수은이 흐르게 되어 있다. 수은 방출기가 흐르는 수은을 조절하여 모세관 끝에 수은 방울이 매달리게 되는데 이것이 폴라로그래피에서 작업 전극 역할을 한다. 전류와 전압을 측정하고 나면 내장되어 있는 해머가 모세관을 쳐서 수은 방울을 떨어뜨린다. Pt 선은 보조 전극이 되고 포화 칼로멜 전극은 기준 전극이 된다. 전류는 작업 전극과 보조 전극 사이에 흐르고 기준 전극으로는 무시할 수 있을 정도의 전류만 흐른다. 그림 19.1은 흔히 사용하는 폴라로그래피 장치이다.

전극 전위는 전극 표면의 상태에 따라 달라지므로 Pt 전극 같은 고체 전극은 한번 쓰고 나서 표면을 깨끗하게 닦아서 재사용하는데, 이때 표면을 처음과 똑같은 상태로 만들기 어렵기 때문에 재현성이 문제가 된다. 적하 수은 전극에서 모세관 끝에 달린 수은 방울이 떨어지고 나면 새로운 방울이 생겨서 새로운 전극 표면이 노출된다. 이런 과정이 계속 반복되므로 재현성이 좋은 전류−전압 데이터를 간편하게 얻을 수 있다. 이것이 적하 수은 전극이 갖는 최대의 장점이다.

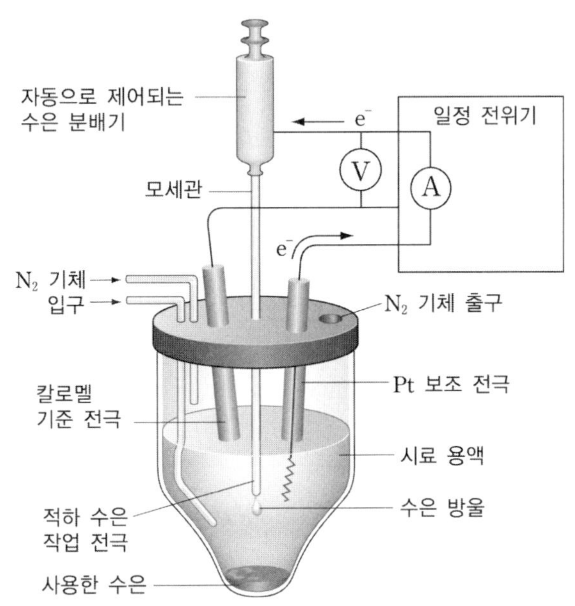

그림 19.1 적하 수은 작업 전극을 사용하는 일반적인 폴라로그래피 장치

수은 전극은 대부분 음극으로 환원 반응을 연구하는 데 사용한다. 용매나 산성 용액에 존재하는 H^+ 이온이 쉽게 환원 반응을 하게 되면 많은 시료들이 환원되는 데 서로 경쟁하게 된다. 특히 Pt 전극을 쓰는 경우 이 문제는 심각하다.

$$2H^+(aq) + 2e^- \rightarrow H_2(g) \qquad E^\circ = 0$$

Hg 표면에서 H^+가 환원될 때는 과전위가 매우 크다. 덕분에 열역학적으로 H^+의 환원보다 더 어려운 반응들도 Hg 전극에서 H^+와 경쟁 없이 일어날 수 있다. 중성이나 염기성 용액에서 알칼리 금속 양이온 같은 것도 H^+보다 더 쉽게 환원된다. 뿐만 아니라 Hg 전극에서 환원된 금속이 수은 아말감(amalgam)을 형성하는 경우는 고체 상태로 환원되는 것보다 더 쉽게 반응이 일어난다.

$$Na^+ + e^- \rightleftarrows Na\ (Hg에서) \qquad E^\circ = -1.959\ V$$

$$Na^+ + e^- \rightleftarrows Na(s) \qquad E^\circ = -2.714\ V$$

적하 수은 전극이 갖는 큰 단점은 수은은 쉽게 산화되기 때문에 산화 전극으로 쓰기 힘들다는 것이다. 용액에서 착화합물을 형성하지 않는다면 Hg는 +0.25 V(SCE 기준 전극에 대해) 근처에서 산화된다. 용액에 1 M Cl^-가 존재한다면 Hg는 0 V(SCE에 대해) 근처에서 산화된다. Pt, Au, 탄소 전극 등과 여기에 맞는 용매를 사용하면 산화 반응을 포함하여 넓은 전압 범위에서 연구할 수 있다. 유리질 탄소 전극(glassy carbon electrode)이 가격이 싸고 사용하기에 편리하기 때문에 요즘 많이 쓰인다.

모세관은 막히지 않으면 수년간 쓸 수 있다. 모세관을 용액에 담그기 전에 미리 수은이 흐르기 시작해야 모세관 안으로 용액이 들어가지 못한다. 실험이 끝난 뒤에도 수은이 계속 흐르는 상태에서 모세관을 증류수로 씻어내야 한다. 깨끗한 모세관은 그냥 마른 상태로 보관해도 되고 액체 수은에 담가 두어도 된다.

최근 들어 폴라로그래피가 수은 전극을 사용하지 않는 전압 전류법으로 많이 대체된 주된 이유는 수은의 독성 때문이다. 그러나 적하 수은 전극이 갖는 고유한 장점을 무시할 수 없기 때문에 지금도 폴라로그래피는 많이 쓰이고 이에 적용되는 이론은 그대로 다른 고체 전극을 사용하는 전압 전류법에 활용된다.

2 전압 전류법에 쓰이는 들뜸 신호

전압 전류법에서는 여러 가지 형태의 전위를 작업 전극에 걸어 주는데 이를 들뜸 신호(excitation signal)라고 한다. 어떤 특정 형태의 전류 신호가 나오느냐 하는 것은 이 들뜸 신호에 의해 결정된다. 전압 전류법에서 가장 널리 쓰이는 들뜸 신호의 모양에는 그림 19.2에서 보는 바와 같이 선형 주사(linear scan), 펄스 차이(differential pulse), 네모파(square wave), 그리고 삼각형(triangular)이 있다.

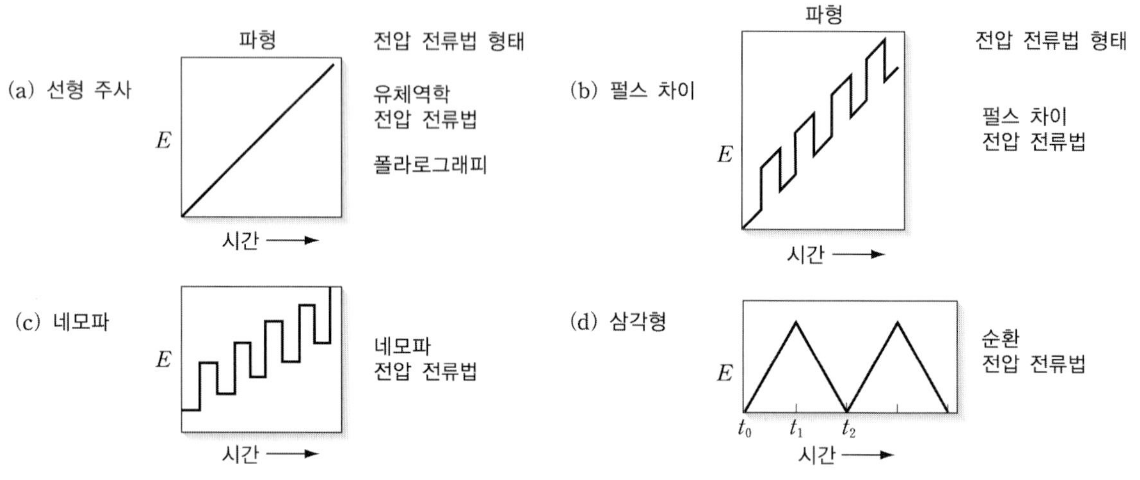

그림 19.2 전압 전류법에서 쓰이는 들뜸 신호. 시간의 함수로 전압(E)을 표시하였다.

선형 주사(그림 19.2(a))는 가장 먼저 사용된 고전적인 들뜸 신호인데 작업 전극에 걸어 준 직류(direct current, dc) 전위의 크기를 시간의 함수로서 이에 비례하여 커지도록(보통 2 ~ 3 V 범위) 한 것이다. 이때 발생하는 전류를 시간, 또는 걸어 준 전압의 함수로 기록한다. 이러한 들뜸 신호는 폴라로그래피나 유체역학 전압 전류법(hydrodynamic voltammetry)에서 사용한다. 그림 19.2(b)와 (c)에 있는 2개의 펄스(pulse) 형태 들뜸 신호는 선형 주사에서 나타나는 단점을 보완하기 위해 개발되었는데 이러한 펄스가 걸리는 동안 여러 가지 시점에서 전류의 세기를 측정한다. 이들 들뜸 신호를 사용하는 전압 전류법에는 펄스 차이 폴라로그래피(differential pulse polarography)와 네모파 전압 전류법(square wave voltammetry)이 있다.

그림 19.2(d)와 같은 삼각형 들뜸 신호는 전압이 처음에 최댓값까지 일정하게 증가하고 다음에는 원래 값까지 일정하게 감소한다. 두 값 사이에서 전압이 증가할 때와 감소할 때 기울기의 절댓값은 같고 이 과정이 반복해서 되풀이되면서 흐르는 전류를 시간의 함수로 기록하게 된다. 이 방법은 순환 전압 전류법(cyclic voltammetry)이라 하는데 정량 분석이 아니라 여러 가지 조건에서 산화 환원 반응의 메커니즘에 대한 정보를 얻기 위해 사용된다.

3 선형 주사 전압 전류법

(1) 폴라로그램의 모양

폴라로그래피를 이용하여 선형 주사 전압 전류법(linear scan voltammetry)에 대해 알아보자. 폴라로그래피에서 전류 세기를 전압에 대해 그린 그래프를 폴라로그램(polarogram)이라고 한다. HCl 용액에서 Cd^{2+}가 환원되는 반응에 대한 선형 주사 폴라로그램을 그림 19.3에서 볼 수 있다.

$$Cd^{2+} + 2e^- \rightleftarrows Cd \text{ (Hg에서)}$$

−0.1 V에서부터 전극의 전위를 음의 값으로 증가시켜 주면 전극에서는 반응이 일어나지 않기 때문에 실질

적으로 전류가 흐르지 않아야 하지만 미량의 전류가 흐르는데 이것을 **잔류 전류**(residual current)라고 한다. −0.6 V 근처에서 Cd^{2+}가 환원되기 시작하면 전류가 급격히 증가한다. 환원된 Cd는 수은에 녹아서 아말감을 만든다. 잠시 후 전류의 세기는 용액 내부로부터 전극 표면까지 Cd^{2+}가 확산되는 속도에 의해 결정된다. 이때 농도차 편극이 이루어졌다고 말한다. 농도차 편극이 이루어지고 나면 전압이 음의 값으로 증가해도 전류가 증가하지 않는데 이 전류를 **확산 전류**(diffusion current, I_d)라고 한다. 측정된 전류에서 잔류 전류를 빼면 확산 전류가 된다. 확산 전류의 크기는 Cd^{2+} 농도에 비례하기 때문에 이 크기를 측정하여 농도를 구할 수 있다. **반파 전위**(half−wave potential), $E_{1/2}$는 전류가 $1/2I_d$일 때 전극에 걸어 준 전위를 말한다. 이 값은 특정 매질에서 어떤 화학종이 갖는 고유한 특성이기 때문에 정성 분석에서 화학종들을 구분하는 데 쓸 수 있다.

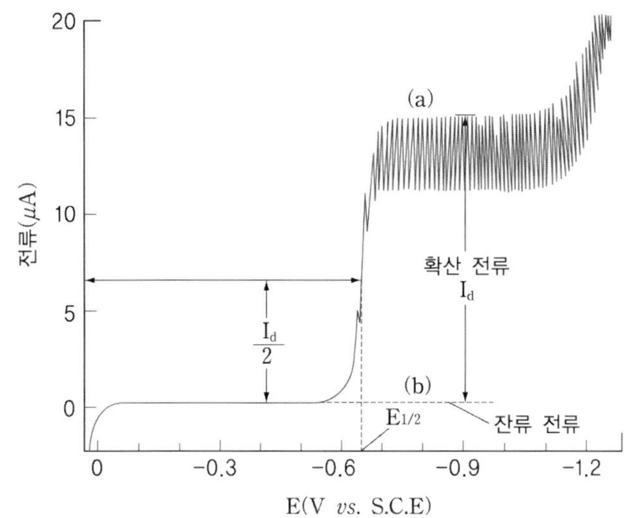

그림 19.3 1 M HCl 용액에서 5 × 10^{-4} M Cd^{2+}에 대한 선형 주사 폴라로그램. 전압은 오른쪽으로 갈수록 음의 값이 커지고 전류는 μA 단위로 되어 있다는 사실을 주의해야 한다. [출처 : D. T. Sawyer, J. L. Roberts, Experimental Electrochemistry for Chemists, New York: Wiley, 1974.]

그림 19.3의 폴라로그램 윗부분은 진동을 하는데 이것을 **폴라로그래피 파동**(polarographic wave)이라고 한다. 이것이 생기는 이유는 처음 수은 방울이 생길 때는 표면적이 작아서 소량의 전류가 흐른다. 방울이 커지면 표면적도 커지고 단위 시간 동안 표면에 도달하는 Cd^{2+}의 양이 증가하므로 흐르는 전류도 증가한다. 방울이 기계적으로 떨어지면 전류는 급격히 감소한다. 이런 과정이 계속 반복되므로 이런 파동이 생기는 것이다.

전압이 −1.2 V 정도가 되면 H^+의 환원이 일어나기 시작하기 때문에 곡선이 다시 급격히 증가한다. 전압을 왼쪽으로 변화시켜 0 V 근처가 되면 Hg 전극이 산화되면서 음의 전류가 흐르게 된다. 전기 화학에서는 관례적으로 작업 전극이 음극일 때 흐르는 전류를 양의 전류라 하고 작업 전극이 양극일 때는 음의 전류라고 부른다.

(2) 확산 전류

그림 19.3을 보면 −0.7 ~ −1.1 V 범위에서는 전류가 거의 일정한데 그 이유는 Cd^{2+}이 전극 표면까지 이동하는 속도에 의해 전류의 크기가 결정되기 때문이다. 용질은 확산, 저어주거나 대류에 생기는 기계적인 이동 그리고 용질과 전극 사이의 정전기적 힘에 의해 전극까지 이동한다. 폴라로그래피에서는 용질이 확산에 의해서만 이동하도록 기계적인 이동과 정전기적 인력을 최소화시킨다. 그래야만 재현성 있는 결과를 얻을 수 있기 때문이다. 기계적인 이동을 최소화시키기 위해 용액을 젓지 않고 진동을 줄이기 위해 장치를 무거운 토대 위에 설치한다. 용질 이온과 전극 사이의 인력이나 반발력은 **지지 전해질**(supporting electrolyte)을 과량 가하여 최소화시킬 수 있다. 지지 전해질의 농도가 시료의 농도보다 50 ~ 100배 정도 되도록 가해 주면 이와

같은 목적을 달성할 수 있다. 그림 19.3에서 1 M HCl이 지지 전해질이다. Cd^{2+}이 환원되는 속도가 이 이온이 전극까지 확산에 의해 이동하는 속도에 의해 결정될 때 이 한계 전류를 **확산 전류**(diffusion current)라고 부른다.

용질이 벌크 용액으로부터 전극 표면까지 확산되는 속도는 이 두 지점 사이의 농도차에 비례한다.

$$\text{확산 전류} \propto \text{확산 속도} \propto [Cd^{2+}]_O - [Cd^{2+}]_S \qquad (19-1)$$

$[Cd^{2+}]_O$는 벌크 용액에서 Cd^{2+}의 농도이고 $[Cd^{2+}]_S$는 전극 표면에서 Cd^{2+}의 농도이다. 가해 준 전압이 커서 환원 속도가 매우 빠르면 $[Cd^{2+}]_O \gg [Cd^{2+}]_S$가 된다. $[Cd^{2+}]_S = 0$가 되면 농도차 편극이 완성되었다고 한다. 이때 (19−1) 식은 다음과 같이 쓸 수 있다.

$$\text{확산 전류} \propto [Cd^{2+}]_O \qquad (19-2)$$

이렇게 확산 전류의 크기가 농도에 비례하기 때문에 폴라로그래피를 정량 분석에 이용할 수 있다. 폴라로그래피를 이용하여 정량 분석하는 경우 온도가 1 ℃ 올라갈 때마다 확산 계수가 약 2% 증가하기 때문에 온도를 일정하게 유지해 주는 것이 매우 중요하다.

O_2 분자는 다음 반응에 의해 폴라로그램에 2개의 띠를 만든다.

$$O_2 + 2H^+ + 2e^- \rightleftarrows H_2O_2 \qquad E_{1/2} \approx -0.1\ \text{V (SCE에 대해)}$$

$$H_2O_2 + 2H^+ + 2e^- \rightleftarrows 2H_2O \qquad E_{1/2} \approx -0.9\ \text{V (SCE에 대해)}$$

그래서 시료 용액에 녹아 있는 산소를 제거하기 위해 N_2 기체를 10분 정도 용액 속으로 불어 넣는다. 그 후에도 측정하는 동안 산소가 용액으로 들어가는 것을 막기 위해 용액 위로 가볍게 N_2 기체를 흘려보낸다. 용액에서 대류가 일어나면 안 되기 때문에 일단 측정이 시작되고 나면 용액 속으로는 N_2를 불어넣어서는 안 된다.

(3) 패러데이 전류와 충전 전류

전압 전류법에서 측정되는 전류에는 **패러데이 전류**(faradaic current)와 **충전 전류**(charging current)가 있다. 패러데이 전류는 작업 전극에서 시료의 산화나 환원 반응 때문에 생기는 전류를 말하는데 이것이 측정하고자 하는 신호이다. 충전 전류는 산화 환원과는 상관이 없는 전류이기 때문에 최소화해야 한다. 전압 전류법의 감도와 측정 한계는 주로 이 충전 전류 때문에 제한을 받는다.

그림 19.4는 패러데이 전류와 충전 전류가 생기는 이유를 설명해 주고 있다. 수은 전극에 (−)전압을 걸어 주면 양이온을 전극으로 끌어당긴다. 전극에 인접한 층에는 양이온이 많아져서 (−)전하를 띤 전극 표면과 함께 전기 이중층(electric double layer)이 만들어진다. 이 양이온에 의해 전극의 음전하가 일부 상쇄되므로 외부에서 전극으로 전자가 더 공급되어야 한다. 수은 방울이 이 전하를 가지고 떨어지면 새로운 수은 전극이 만들어지고 같은 현상이 되풀이되어 전자가 계속 전극으로 흘러야 한다. 이렇게 흐르는 전류를 충전 전류라고

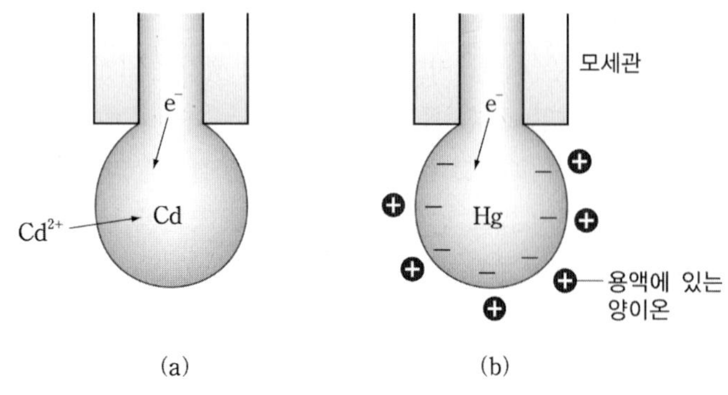

그림 19.4 패러데이 전류와 충전 전류. (a) 패러데이 전류는 전극에서 산화 환원 반응에 의해 생긴다. (b) 충전 전류는 전극에 있는 전자와 용액에 있는 이온 간의 정전기적 인력이나 반발력 때문에 생긴다. 패러데이 전류는 측정하고자 하는 신호이지만 충전 전류는 일종의 바탕 신호(background signal) 또는 잡음(noise)이므로 감도를 올리거나 측정 한계를 낮추기 위해서는 제거해야 한다.

한다. 전기 이중층이 축전지(capacitor 또는 condenser) 같은 역할을 하기 때문에 **축전지 전류**(capacitor current 또는 condenser current)라고도 한다. 감도와 검출 한계를 높이려면 이 충전 전류를 최소화해야 한다. 패러데이 전류(I_F)와 충전 전류(I_C)는 시간 t에 따라 감소하는데 I_F는 $\sqrt{t}$ 에 반비례하여 천천히 감소하는 반면, I_C는 t에 대해 지수함수적으로 빠르게 감소한다.

$$I_F \propto 1/\sqrt{t}$$

$$I_C \propto e^{-t}$$

분석 물질이 없을 때 흐르는 잔류 전류에는 전극 표면이나 용액에 존재하는 불순물 때문에 생기는 것도 있고 충전 전류도 있다.

충전 전류를 줄이는 한 가지 방법은 그림 19.5에서와 같이 계단 형태의 경사진 전압(staircase voltage ramp)을 들뜸 신호로 사용하는 표본 전류 폴라로그래피(sampled current polarography)를 이용하는 것이다. 모세관 끝에 수은 방울을 매단 뒤 전위를 −4 mV 증가시킨다. 약 1초 기다렸다가 17 ms 동안 전류를 측정하고 곧바로 수은 방울을 떨어뜨린다. 다시 새로운 수은 방울을 매달고 같은 과정을 되풀이한다. 전위를 증가시키고 1초 정도 기다린 뒤에 전류를 측정하므로 충전 전류는 거의 사라진 반면, 패러데이 전류는 상당히 많이 남아 있기 때문에 감도와 검출 한계가 향상된다. 그리고 수은 방울이 떨어지기 직전에만 전류를 측정하므로 폴라로그래피 파동이 나타나지 않는다. 표본 전류 폴라로그램의 예를 그림 19.6에서 볼 수 있다.

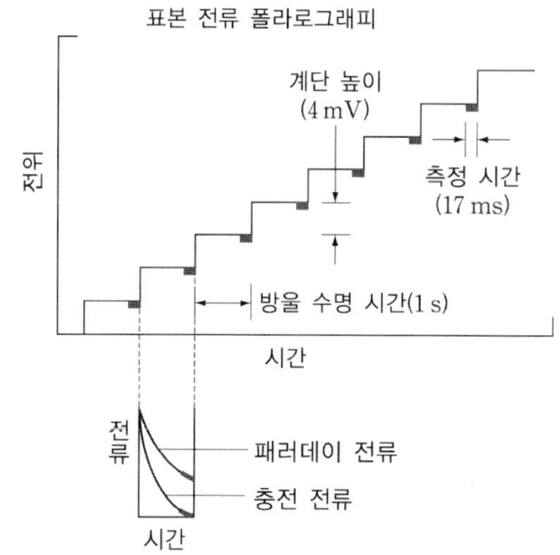

그림 19.5 표본 전류 폴라로그래피에서 작업 전극에 걸어 주는 계단 모양의 전압을 나타낸 그림. 전류의 세기는 두껍게 칠한 시간 동안에만 측정한다. 실험하는 동안 전압은 음의 값이 커지는 방향으로 주사한다. 아래 그림은 계단 형태의 전압이 걸린 뒤 패러데이 전류보다 충전 전류가 훨씬 빨리 감소하는 것을 보여 주고 있다.

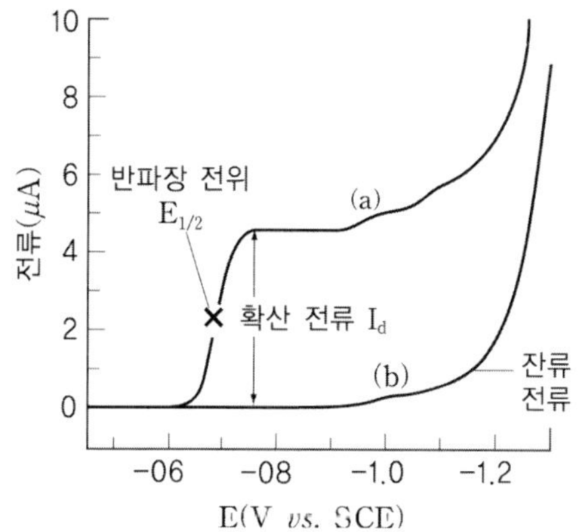

그림 19.6 (a) 1 M HCl에서 5×10^{-3} M Cd^{2+} 용액, (b) 1 M HCl만 있는 용액에 대한 표본 전류 폴라로그램 (출처: D.C. Harris, Quantitative Chemical Analysis (8판), Freeman, New York, NY, 2010)

4 펄스 전압 전류법

지금까지 선형 주사 폴라로그래피에 대해 알아보았다. 그러나 이 방법은 충전 전류 때문에 검출 한계가 10^{-5} M 정도로 비교적 낮고 신호가 계단 형태이며 폴라로그래피 파동이 나타나는 덕택에 $E_{1/2}$이 0.2 V 정도는 차이가 나야 구분이 가능할 정도로 분해능이 좋지 않다. 이러한 문제를 해결하기 위해 펄스 차이 폴라로그래피(differential pulse polarography)나 네모파 전압 전류법(square wave voltammetry) 같은 펄스 전압 전류법(pulse voltammetry)이 발달하게 되었다. 이 방법의 핵심은 충전 전류를 제거하고 신호 형태를 봉우리 모양으로 바꾸어 폴라로그래피 파동을 없애는 것인데 이렇게 함으로써 검출 한계가 10^{-7} M 정도, 분해능은 0.05 V 정도로 개선되었다.

(1) 펄스 차이 폴라로그래피

선형 주사 폴라로그래피에서는 작업 전극에 시간에 따라 일정하게 세기가 증가하는 전압을 걸어 주고 이때 생기는 전류를 그대로 연속적으로 기록하는데 이것을 **직류**(direct current, DC) 폴라로그램이라고 보통 부른다. 그리고 이런 들뜸 신호를 **경사진 선형 전압**(linear voltage ramp)이라 하는데 펄스 차이 폴라로그래피(differential pulse polarography)에서는 그림 19.7에서 보는 바와 같이 이 경사진 선형 전압에 펄스를 중첩시켜 들뜸 신호로 사용한다. 펄스의 높이를 **변조 진폭**(modulation amplitude)이라 하며 보통 그 크기는 5 ~ 100 mV이다. 모세관에 수은 방울을 매달고 기계적으로 떨어뜨리기 직전 이 펄스를 60 ms 동안 걸어 준다. 펄스가 걸리기 직전(I_1)과 펄스가 끝나기 직전(I_2)에 17 ms 동안 전류를 측정한다. I_2를 측정하고 나면 수은 방울은 기계적으로 떨어뜨린다. 이 두 전류의 차이, $\Delta I = I_2 - I_1$을 걸어 준 전압에 대해 도시하면 펄스 차이 폴라로그램을 얻는다. 이 펄스 차이 폴라로그램은 기본적으로 직류 폴라로그램을 미분한 모양으로 대칭형 봉우리 형태로 신호가 나타난다. 봉우리 꼭짓점에 해당하는 전압은 반파 전위($E_{1/2}$)이다.

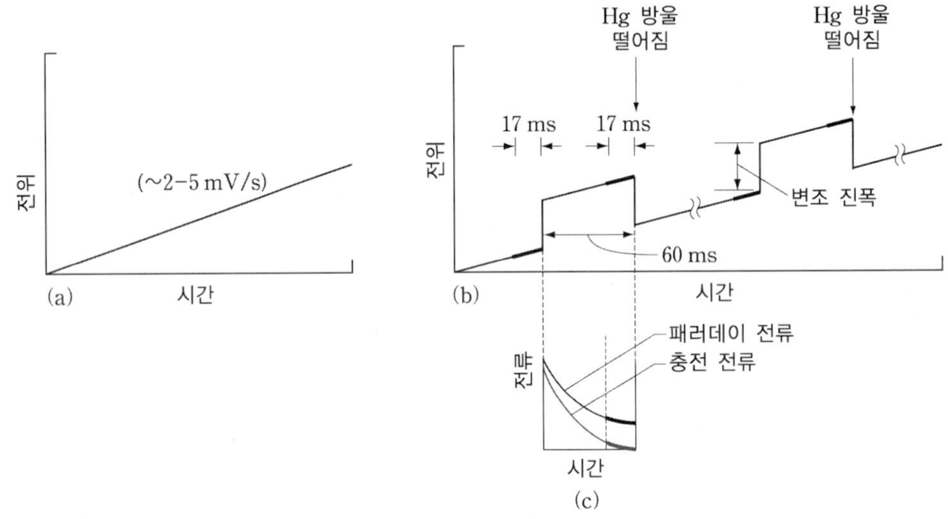

그림 19.7 (a) 직류 폴라로그래피에 쓰이는 경사진 선형 전압. (b) 펄스 차이 폴라로그래피에 쓰는 펄스 경사로(pulsed ramp). (c) 각 펄스가 걸리는 동안 패러데이 전류와 충전 전류의 변화

작업 전극에 펄스가 걸리면 갑작스러운 전압의 증가 때문에 패러데이 전류와 충전 전류가 순간적으로 증가한다. 시료의 농도가 전극의 전압에 맞는 새로운 정상 상태(steady state)에 해당하는 값으로 감소함에 따라 패러데이 전류가 감소한다. 펄스가 가해지는 순간 전극을 새로운 정상 상태 전하로 충전시키기 위해 증가했던 충전 전류도 수은 방울이 충전됨에 따라 감소한다. 그러나 충전 전류가 감소하는 속도가 훨씬 빠르기

때문에 펄스가 걸리고 약 40 ms 뒤에 전류를 측정할 때 충전 전류는 거의 사라졌지만 패러데이 전류는 상당히 남아 있다. 이렇게 충전 전류가 사실상 없기 때문에 신호를 대폭 증폭할 수 있으므로 감도가 크게 증가하고 검출 한계는 크게 감소한다. 그리고 신호의 모양이 대칭형 봉우리 형태로 되면 계단 형태에 비해 가까이 있어서 부분적으로 중첩되는 띠를 구분하기가 훨씬 용이하므로 분해능도 크게 향상된다. 전류를 측정하는 동안 수은 방울의 크기가 변하지 않으므로 폴라로그래피 파동은 나타나지 않는다.

그림 19.8에서 펄스 차이 폴라로그램의 장점을 극명하게 확인할 수 있다. 그림 19.7(a)와 (b)는 실험 조건은 동일하고 시료의 농도만 서로 다르다. 그림 19.7(a)의 펄스 차이 폴라로그램에서는 −1.0 V와 −1.17 V 부근에서 2개의 뚜렷한 신호를 확인할 수 있다. 그림 19.7(b) 선형 주사 폴라로그램에서는 시료 농도가 (a)에 비해 500배나 진하지만 2개 신호의 존재를 확인하기도 어렵고 서로 구분되지도 않는다.

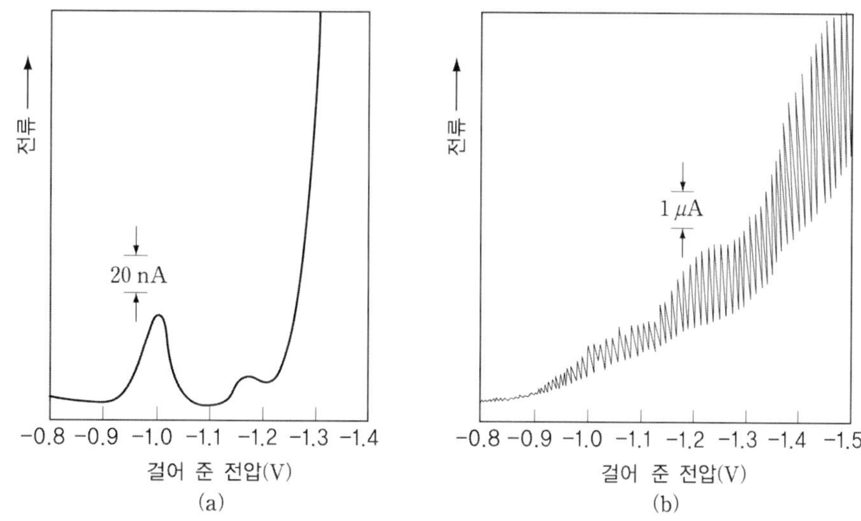

그림 19.8 (a) 0.1 M 아세트산 완충 용액(pH = 4)에서 0.36 ppm tetracycline.HCl의 펄스 차이 폴라로그램. (b) 0.1 M 아세트산 완충 용액(pH = 4)에서 180 ppm tetracycline.HCl의 선형 주사 폴라로그램. 실험 조건은 (a)와 동일함(출처: J. B. Flato, Anal. Chem., 44(11), 75A, 1972)

(2) 네모파 전압 전류법

펄스 차이 폴라로그래피를 사용함으로써 검출 한계와 분해능은 선형 주사 폴라로그래피에 비해 크게 향상되었지만 속도, 즉 폴라로그램을 얻는 데 걸리는 시간은 별반 차이가 없다. 펄스가 끝나기 전에 I_2를 측정하고 나면 수은 방울을 떨어뜨리고 새로운 방울이 달린 뒤 기다렸다가 펄스가 걸리고 다음 측정을 하게 되기 때문이다. 이러한 문제점을 개선하기 위해 네모파 전압 전류법(square wave voltammetry)이 1990년대 초에 등장했으며 요즘은 여러 가지 전압 전류법 중 가장 인기 있는 기술이 되었다.

네모파 전압 전류법의 들뜸 신호는 그림 19.9에 있는 것처럼 네모 형태의 펄스를 계단 형태로 전압의 세기가 증가하는 파동에 겹쳐서 만든다. 펄스의 진폭은 대략 (50/n) mV로 조절하는 것이 적절한데 이때 n은 산화환원 반응에 포함된 전자 수이다. 전류는 매 파동의 꼭대기에서 마지막 지점(영역 1, I_1)과 바닥의 마지막 부분(영역 2, I_2)에서 짧은 시간 동안 측정한다. 이 두 전류의 차이, $\Delta I = I_1 - I_2$를 계단 형태의 전압에 대해 도시한 것이 네모파 폴라로그램인데 그 모양은 펄스 차이 폴라로그램과 비슷한 대칭에 가까운 봉우리를 갖는다. ΔI는 농도에 직접 비례하고 봉우리의 전압은 반파 전위($E_{1/2}$)에 해당한다. 네모파 전압 전류법의 감도는 펄스 차이 폴라로그래피와 비교하여 5배 정도 증가하는데 그 이유는 펄스 차이 폴라로그래피에서는 산화 전류가 측정되지 않기 때문이다. 네모파 전압 전류법의 검출 한계는 $10^{-7} \sim 10^{-8}$ M 정도 된다.

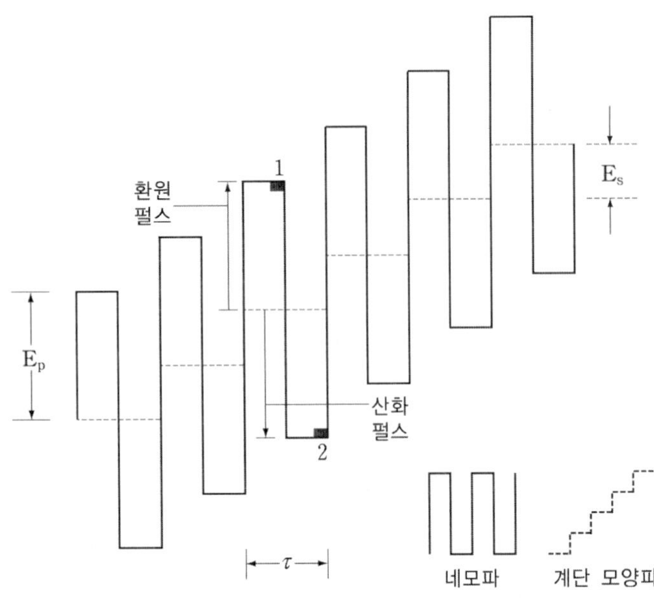

그림 19.9 네모파 전압 전류법에 쓰는 들뜸 신호. 보통 쓰이는 변수는 다음과 같다. 펄스 높이(E_p) = 25 mV, 계단 높이(E_s) = 10 mV, 펄스 주기(τ) = 5 ms. E_p와 E_s의 최적 조건은 E_p = 50/n mV, E_s = 10/n mV이다. 여기서 n은 전극 반응에 포함되는 전자의 개수이다.

네모파 전압 전류법의 원리를 알아보면 이 기술이 왜 펄스 차이 폴라로그래피보다 주사 속도가 훨씬 빠른지 이해할 수 있다. 정방향 펄스(환원 펄스)가 걸리면 시료가 환원된다. I_1을 측정하고 나면 역방향 펄스(산화 펄스)가 걸려서 방금 환원된 생성물을 모두 산화시킨다. 때문에 적하 수은 전극을 쓰는 경우처럼 I_2 측정 후 수은 방울을 떨어뜨릴 필요없이 수은 한 방울로 폴라로그램을 얻을 수 있다. 계단식 파동의 각 계단 길이와 펄스의 주기(τ)는 같고 보통 5 ms이다. 계단식 파동의 한 단계는 보통 10 mV이고 펄스의 크기 E_{SW}는 보통 25 mV로 한다. 이 조건에서 1 V 범위를 주사하여 폴라로그램을 얻는 데 0.5초가 걸린다. 펄스 차이 폴라로그래피와 비교하면 100배 정도 빠른 셈이다. 주사 속도가 이렇게 빠르므로 같은 폴라로그램을 여러 번 반복하여 측정한 후 신호를 평균하면 정밀도를 높일 수 있다. 더욱 중요한 것은 네모파 전압 전류법은 고성능 액체 크로마토그래피(HPLC)에서 검출기로 쓸 수 있다는 것이다.

5 벗김 분석법

벗김 분석법(stripping analysis)은 묽은 용액을 정량 분석하는 데 쓰는 기술인데 첫 단계가 시료를 미세 전극에 석출시키는 것이다. 보통 용액을 일정한 속도로 저어주면서 정확하게 시간을 재어 일정 시간 동안 석출되도록 한 후 이것을 전압 전류법 중 하나를 이용하여 전극으로부터 벗겨내거나 녹여내면서 농도를 결정하는 것이다. 여기에는 **양극 벗김 분석법**(anodic stripping analysis)과 **음극 벗김 분석법**(cathodic stripping analysis)이 있다. 양극 벗김 분석법에서는 석출 단계에서 작업 전극이 음극이 되어 묽은 용액 속의 시료가 환원되어 작업 전극에 농축된다. 벗김 단계에서는 작업 전극이 양극이 되도록 전압을 걸어 농축되었던 시료가 다시 산화되어 용액 속으로 원래 형태가 되어 돌아가고 전극에는 산화 전류가 흐르게 되는데 이 크기를 측정하여 농도를 구하게 된다. 음극 벗김 분석법에서는 반대로 석출 단계에서 작업 전극이 양극이 되고 벗김 단계에서는 음극이 되는 것이다.

어떤 수용액에 있는 Cd^{2+}와 Cu^{2+}의 농도를 양극 벗김 분석법으로 정량하는 예를 그림 19.10에서 볼 수 있다. 우선 용액을 저어주면서 −1 V 크기의 전압을 일정하게 전극에 걸어서 Cd^{2+}와 Cu^{2+}가 환원되어 금속으로 석출되도록 한다. 이때 용액을 저어 주는 속도와 방법이 재현성이 있어야 한다. 수분 동안 이 전압을 유지해서 정량하기에 충분한 금속이 전극에 축적되도록 한 뒤 저어주는 것을 멈추고 전극의 전압은 그대로 유지한 채 30초 정도 기다린다. 그 뒤 선형 주사 전압 전류법으로 전극에 축적된 금속을 정량한다. 금속을 전극에 석출시키는 시간은 시료의 농도에 따라 조절하는데, 보통 5분 정도 하며 농도가 묽으면 시간을 늘려야 한다. 전극의 전압을 양의 방향으로 일정하게 변화시키면서 시간이나 전압의 함수로서 전류를 측정한다. 이렇게 얻은 결과는 그림 19.9(b)에서 볼 수 있다. 전압이 −0.8 V보다 커지면 Cd가 산화되기 시작하면서 큰 피크가 나온다. Cu가 산화되는 두 번째 피크는 −0.1 V 근처에서 나타난다. 두 피크의 높이는 석출된 금속의 무게에 비례한다.

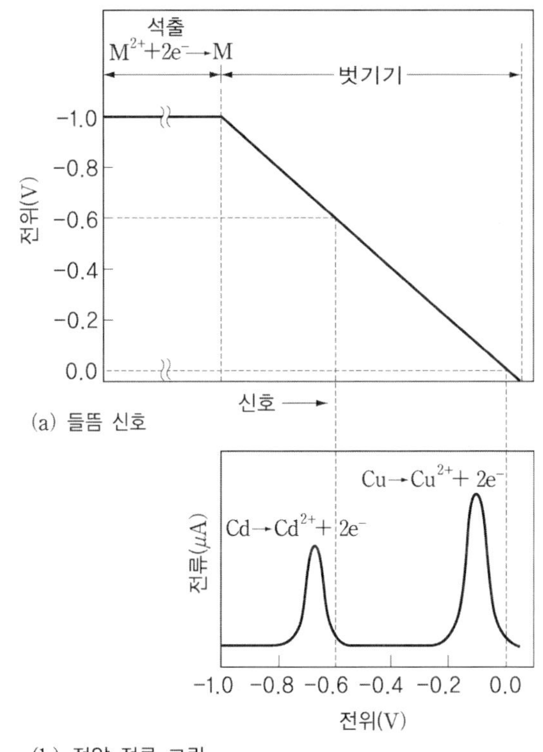

그림 19.10 (a) Cd^{2+}와 Cu^{2+} 농도를 벗김 분석법으로 측정할 때 사용한 들뜸 신호. (b) 측정된 전압 전류 그림 (출처: D. A. Skoog, D. M. West and F. J. Holler; Fundamentals of Analytical Chemistry, Sanders College Publishing, Philadelphia, PA, 1996)

화학종이 전극에 농축되는 과정에서 실제 석출되는 양은 전체 시료 중 일부이기 때문에 정량 분석 결과는 시료와 표준 용액 모두에 대해 전극 전위의 조절, 전극 크기, 석출시키는 시간, 젓는 속도와 같은 변수에 의해 결정된다. 벗김 분석법에 사용하는 전극은 여러 가지 형태의 금, 은, 백금, 탄소 등으로 만든다. 가장 널리 쓰이는 것은 **매달린 수은 방울 전극**(hanging mercury drop electrode, HMDE)인데 이것은 수은 한 방울을 백금 선에 매달아 놓은 것이다. 이 전극에는 수은 방울 크기를 정밀하게 조절하기 위해 미세 조절이 가능한 정밀 주사기(microsyringe)가 붙어 있다.

HMDE에 석출된 시료를 정량하기 위해 선형 주사 전압 전류법을 쓰는 경우는 앞서 설명하였다. 다른 방법으로 널리 쓰이는 것 중 하나가 양극 펄스 차이 전압 전류법이다. 이 방법을 쓰면 띠너비가 좁아지기 때문에 혼합물을 분석할 때 유리하다. 띠너비를 좁힐 수 있는 다른 방법으로는 수은 막 전극(mercury film electrode)이 있다. 여기서 얇은 수은 막은 유리질 탄소와 같은 비활성 전극 표면에 전기적으로 석출시켜 입힌다. 이 막으로부터 용액 경계선까지의 평균 확산 거리는 수은 방울일 때와 비교하여 훨씬 짧다. 따라서 시료가 빨리 확산되어 나갈 수 있기 때문에 피크 폭이 좁아지고 크기는 더 커지기 때문에 감도와 분해능이 훨씬 좋아진다. 그러나 재현성은 HMDE가 더 좋은데 시료의 농도가 높을 때 특히 이 점이 두드러진다. 이런 이유 때문에 HMDE가 가장 널리 쓰인다.

벗김 분석법은 펄스 전압 전류법에 비해 재현성은 떨어지지만 검출 한계가 낮기 때문에 흔적량 정도의 미량 성분을 분석하는 데 무척 유용하다. 석출시키는 단계를 재현성 있게 하면 정확도가 크게 나쁘지 않고 검출 한계가 10^{-12} M 가까이 내려가는 경우도 있다.

6 순환 전압 전류법

지금까지 공부한 전압 전류법은 시료의 농도를 구하기 위한 정량 분석에 주로 사용한다. 이와 달리 **순환 전압 전류법**(cyclic voltammetry, CV)은 정량 분석에는 쓰이지 않고 다양한 산화 환원 반응의 열역학적 특성과 반응 메커니즘을 연구하는 데 쓰인다. 유기화학이나 무기화학에서 다루는 간단한 산화 환원 반응의 연구로부터 생화학이나 고분자 화학에서 다루는 불균일 다전자 이동 반응의 특성을 연구하는 데에도 쓰인다. 그래서 순환 전류법은 전기 화학 분광학(electrochemical spectroscopy)이라고도 불린다. **순환 전압 전류 그래프**(cyclic voltammogram)는 모양이 간단해서 이해하기가 쉽고 그래프를 얻는 기술도 상대적으로 어렵지 않기 때문에 더욱 인기를 끌고 있다. 순환 전압 전류 그래프의 특징적인 모양과 전압 눈금 상에 나타난 정확한 위치는 개개 산화 환원 반응의 전기 화학적 성질을 설명해 주는 지문과 같은 역할을 한다.

순환 전압 전류법에서는 그림 19.2(d)에 있는 것 같은 삼각형 형태의 전압이 작업 전극에 걸린다. 시간 t_o에서 t_1까지 전압이 일정한 기울기로 증가하고 t_1에서 t_2까지는 전압은 반대로 일정한 기울기로 감소하여 처음 값으로 돌아간다. t_o에서 t_1, t_1에서 t_2 사이의 시간 간격은 동일하며 보통 몇 초 정도로 주사 속도가 매우 빠른 편이다. 이러한 순환은 흔히 여러 번 반복하며 이때 작업 전극에 흐르는 전류를 측정하여 전압에 대해 도시한 것이 순환 전압 전류 그래프이다. 작업 전극에서 일어나는 산화 환원 반응의 메커니즘에 따라 고유한 특징적인 모양의 그래프가 얻어지는데 주사 속도가 바뀜에 따라 그래프가 어떻게 변하는지 관찰하면 매우 중요한 정보를 얻을 수 있다.

그림 19.11에 순환 전압 전류 그래프를 볼 수 있는데 (a)는 가역 반응, (b)는 유사 가역 반응, (c)는 비가역 반응에 대한 것이다. 여기서 가역 반응이라 함은 전극의 전압이 빠르게 변해도 정반응과 역반응의 속도가 충분히 빨라서 전극 표면에서 반응물과 생성물이 평형 농도를 유지하는 경우를 말한다. 이때 전극 경계면에서 불균일 전하 이동은 Nernst 식으로 나타낼 수 있다. 전극 표면에서 일어나는 반응은 전극과 이에 접하고 있는 용액 사이에서 일어나기 때문에 불균일 전하 이동 반응이라고 한다. 우선 가역 반응에 대한 순환 전류 전압 그래프가 어떤 모양으로 나오는지 알아보자. 처음 전압이 (−) 방향으로 계속 증가하게 되면 시료가 환원되기 시작하여 환원 전류가 급격히 증가한다. 전기 화학에서는 관례적으로 환원 전류를 양의 값으로 간주한다. 전극 근처에서 용질의 농도가 급격히 줄어들어 농도차 편극이 일어나면 반응 속도가 줄어들고 전류가 감소한다. 최대 전압이 걸리는 t_1까지 계속 감소한다. 이때까지 그래프에 나온 부분을 **환원파**(cathodic wave)라고

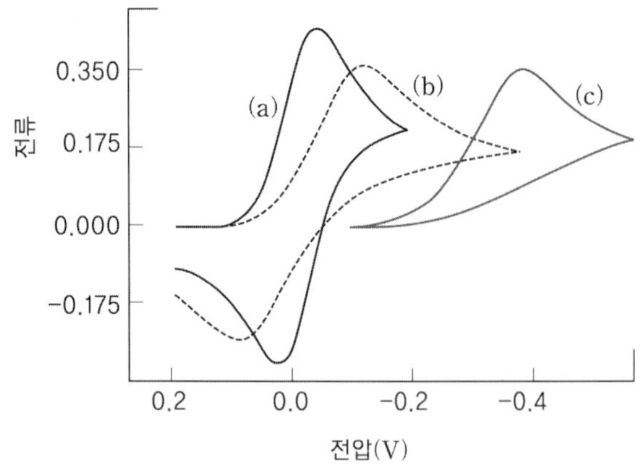

그림 19.11 (a) 가역 반응, (b) 유사 가역 반응, (c) 비가역 반응에 대한 순환 전압 전류 그래프의 모양.

한다. t_1 이후에는 전압이 거꾸로 변하지만 처음에 전압이 용질을 환원시킬 정도의 음의 값을 아직 갖고 있다면 계속 환원 전류가 흐른다. 전압이 계속 양의 방향으로 변하여 전극 주변의 환원된 용질을 산화시킬 정도가 되면 이들이 산화되기 시작하여 **산화파**(anodic wave)가 생긴다. 환원된 용질이 고갈되어 가면 산화 전류는 감소하여 t_2에서 처음 값으로 되돌아간다.

가역 반응인 경우 산화파의 꼭짓점에 해당하는 전압을 E_{pa}, 환원파의 꼭짓점에 해당하는 전압을 E_{pc}라 했을 때 이들 사이의 전위차는 다음과 같이 표현된다.

$$E_{pa} - E_{pc} = \frac{2.22RT}{nF} = \frac{57.0}{n}(\text{mV}) \quad (25\ ℃\text{에서}) \qquad (19-3)$$

n은 산화 환원 반응에 포함된 전자 수이고 E_{pa}와 E_{pc}의 중간에 해당하는 값이 반파 전위 $E_{1/2}$가 된다.

전극에서 전하 이동 반응이 느려져서 용질이 전극으로 확산되는 속도와 비슷한 수준이 되면 전류의 세기는 전하 이동과 물질 이동 모두에 의해 결정된다. Nernst 식은 근사적으로만 만족된다. 이때는 반응이 느리기 때문에 그림 19.11(b)처럼 산화파와 환원파가 옆으로 늘어지고 둘 사이의 거리가 멀어지며 모양도 서로 다르게 된다. 전하 이동 반응 속도가 매우 느려지면 이 반응 속도에 의해 전류의 세기가 대부분 결정된다. 전압에 따라서 산화와 환원 중 하나만 측정 가능한 속도를 가지기 때문에 그림 19.11(c)처럼 환원파나 산화파 중 하나만 나타나게 될 것이다.

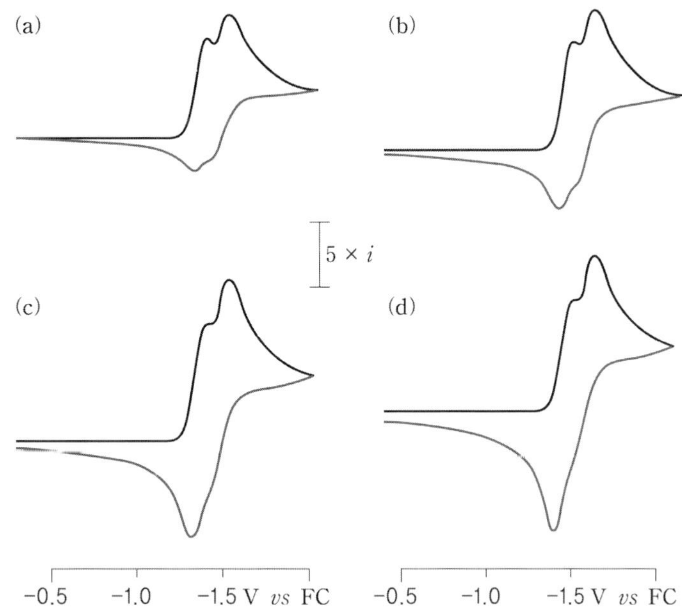

그림 19.12 0.5 mM $[\{\eta^6\text{–}C_6(CH_3)_6\}_2Ru][BF_4]_2$ 용액을 Pt 디스크 (d = 0.21 cm) 전극을 이용하여 느린 주사 속도로 얻은 순환 전압 전류 그래프. 용매: CH_2Cl_2, 주사 속도: (a) 0.1, (b) 0.2, (c) 0.5, (d) 2.0 V/s. 세로축(전류 세기)은 주사 속도에 따라 조절되었다. $i = 1\ \mu A\ (V.s^{-1})^{-1/2}$, T = 298 K. 주사 속도에 따라 파의 모양이 많이 변하는 것을 알 수 있다. FC는 ferrocene(FC)/ferrocenium 기준 전극을 의미한다(출처: D. T. Pierce, W. E. Geiger, J. Am. Chem. Soc. **1992**, 114, 6063.).

순환 전압 전류 그래프의 모양은 주사 속도(V/s)에 의해 많이 변한다. 주사 속도가 느릴 때는 가역 반응이었지만 주사 속도가 빨라지면 유사 가역 반응이나 비가역 반응이 될 수 있기 때문이다. 예를 들어 보통 환원 반응과 산화 반응은 속도가 다른데 주사 속도 변화에 따라 환원파와 산화파의 모양이 어떻게 변하는지 측정하면 이들의 상대적인 반응 속도를 알 수 있다. 주사 속도에 따라 순환 전압 전류 그래프의 모양이 어떻게 변하는지 측정한 예를 그림 19.12에서 볼 수 있다.

7 미소 전극을 이용한 전압 전류법

전압 전류법에서는 농도차 편극이 쉽게 이루어질 수 있도록 작은 크기의 작업 전극을 사용한다. 적하 수은 전극의 지름은 보통 0.5 ~ 1 mm 정도이다. 여기서 말하는 **미소 전극**(microelectrode)은 이것보다 훨씬 작아서 전극의 표면적이 몇 십 μm에서 nm 단위 정도까지 내려간다. 이런 미소 전극은 일반 전극에 비해 뚜렷하게 구별되는 전기 화학적 특성을 갖고 있고 덕분에 여러 가지 장점이 있다. 처음 이러한 전극을 개발하게 된 중요한 이유 중 하나는 포유동물의 뇌와 같이 살아 있는 생명체의 내부 기관에서 일어나는 화학적 변화를 연구하기 위함이었다. 전극을 매우 작게 만들면 장기의 기능에 아무런 영향을 주지 않고 원하는 실험을 할 수 있을 것이기 때문이다. 이런 전극은 생체 세포에 삽입해서 원하는 실험을 할 수 있다. 탄소 섬유에 고분자 절연체를 입혀서 지름이 1 μm 정도 되는 작업 전극도 만들 수 있다. 이러한 전극은 이렇게 작은 장소에 사용할 수 있다는 점 외에도 여러 가지 장점이 있다. 전극의 작은 표면적 때문에 매우 적은 양의 전류가 흐르게 되고 따라서 저항 전위 강하(IR drop)가 작아서 유전 상수가 작은 무극성 용매에도 사용할 수 있다. 전극이 작기 때문에 전기 이중층의 전기 축전 용량(electric capacitance)이 매우 작다. 따라서 충전 전류가 작아지므로 일반 전극에 비해 검출 한계가 ~10^3배 정도 낮아지고 감도도 매우 크게 증가한다. 이렇게 전기 이중층의 축전 용량이 작기 때문에 전극 전위의 주사 속도를 매우 빠르게 할 수 있어 최대 500 kV/s까지 가능하다. 그래서 수명이 1 μs 이하인 빠른 전기 화학 반응의 중간체에 대한 연구도 가능하다.

미소 전극을 사용하는 실험 장치는 3개 전극으로 구성할 필요가 없기 때문에 기기가 간단하다. 기준 전극이 없어도 되는 이유는 전극에 흐르는 전류가 피코암페어(pA)에서 나노암페어(nA) 정도로 매우 적은 탓에 저항 전위 강하가 전극에 걸리는 전압 들뜸 신호를 왜곡시킬 정도로 크지 않기 때문이다.

연습문제

1. 적하 수은 전극의 수은 방울은 직경이 매우 작다. 작업 전극으로 사용하는 수은 방울의 크기가 이렇게 작아야 하는 이유는 무엇인가?
2. 전압 전류법에서는 적하 수은 전극이 작업 전극으로 많이 쓰인다. 그 이유를 설명하시오.
3. 폴라로그래피에서는 대부분의 금속 이온을 정량 분석하는 데 H^+의 환원에 의한 방해를 받지 않는다. 그 이유는 무엇인가?
4. 선형 주사(직류) 폴라로그래피의 감도는 대략 ~10^{-5} M 정도로 크게 뛰어나지 못하다. 선형 주사 폴라로그래피의 감도가 이렇게 뛰어나지 못한 이유는 무엇인가?
5. 확산 전류란 무엇을 말하는가? 또 확산 전류의 크기는 왜 시료의 농도에 비례하는가?
6. 충전 전류란 무엇인가? 충전 전류는 어떻게 제거하는가?
7. 전압 전류법에 쓰는 시료에는 과량의 지지 전해질이 들어간다. 지지 전해질이 들어가는 이유는 무엇인가? 또, 어떤 화합물을 지지 전해질로 쓸 수 있는가?
8. 벗김 분석법은 특별한 경우에 쓰는 분석법이다. 어떤 경우에 쓰는지 설명하시오. 또 이 방법의 장점과 단점에 대해 설명하시오.

9. 네모파 전압 전류법은 주사 속도가 매우 빨라서 크로마토그래피의 검출기로 쓸 수 있다. 주사 속도를 빠르게 할 수 있는 이유는 무엇인가?

10. 펄스 전압 전류법에는 펄스 차이 폴라로그래피와 네모파 전압 전류법이 있다. 이 펄스 전압 전류법은 선형 주사 폴라로그래피에 비해 감도가 매우 뛰어나고 분해능도 좋다. 그 이유는 무엇인가?

11. 미소 전극이란 어떤 전극을 말하는가?

12. 미소 전극이 갖는 장점에 대해 설명하시오.

13. 순환 전압 전류법은 산화 환원 반응의 메커니즘을 알아보기 위해 사용한다. 어떤 반응이 전극에서 가역적으로 일어나는 경우 순환 전압 전류 그래프의 모양은 대략 어떻게 되는가? 또 반응이 비가역적인 경우에는 순환 전압 전류 그래프의 모양은 어떻게 되는가? 이유도 같이 설명하시오.

14. 1 M HCl 용액에서 Fe^{3+}는 포화 칼로멜 전극(SCE)에 대해 +0.5 V 근처에서 Fe^{2+}로 환원된다. 또 Fe^{2+}는 Hg 전극에서 −0.7 V(SCE에 대해) 부근에서 Fe로 환원된다.
   (1) Fe^{2+} 용액에 대한 표본 전류 폴라로그램을 정성적으로 그리시오.
   (2) 같은 방식으로 Fe^{3+} 용액에 대해 정성적인 표본 전류 폴라로그램을 그리시오.
   (3) 작업 전극으로 Hg 전극을 Pt 전극으로 바꿨다고 가정하자. 철의 환원 전위는 어떻게 되는가? 그 이유도 같이 설명하시오.
   (4) 그림 19.5에 있는 표본 전류 폴라로그래피의 들뜸 신호를 보면 전압이 한 계단 증가한 뒤 바로 전류를 측정하지 않고 1 s 정도 기다린 뒤 마지막에 전류를 측정한다. 이렇게 하는 이유는 무엇인가?

15. 5×10^{-4} M Cd^{2+} 용액 50.0 mL를 선형 주사 폴라로그래피로 그림 19.3과 같은 폴라로그램을 얻었다. Hg 전극에 흐르는 확산 전류의 크기는 15.0 μA이고 −0.6 V에서 −1.2 V까지 스캔(scan)하는 데 3.7분이 걸렸다고 가정하자. 이때 시료에 있던 Cd^{2+} 중 몇 %가 Cd로 환원되었는가?

16. 순환 전압 전류 그래프의 모양은 주사 속도에 따라 달라진다. 왜 달라지며, 또 어떻게 달라지는지 설명하시오.

17. 그림 19.1에 있는 폴라로그래피 장치를 보면 시료 용액 위로 N_2 기체가 흐르고 있다. 이렇게 N_2 기체를 흘려주는 이유는 무엇인가?

18. 매달린 수은 방울 전극과 적하 수은 전극은 어떻게 다른가?

20장 분광 분석의 기초

분광법(spectroscopy)이란 원래 가시광선을 각 성분 파장으로 나누어 스펙트럼을 만들어내는 과학의 한 분야를 언급하는 말이었다. 스펙트럼은 복사선의 세기를 파장이나 진동수의 함수로 나타낸 도표를 말한다. 현대에 들어와서 분광법의 의미는 크게 확장되어 가시광선뿐 아니라 자외선, 적외선, 마이크로파, 무선 주파수(radio frequency), X선 같이 다양한 형태의 전자기 복사선을 이용하는 분야까지 확장되었다. 현재에는 분광법의 의미가 더욱 확장되어 광음향(photoacoustic), 질량, 전자 분광법처럼 전자기 복사선과 크게 관련이 없는 분야까지도 포함된다. 분광법은 분자나 그 외 화학종의 구조를 밝혀내거나 성질을 연구하는 데 뿐만 아니라 미지 시료의 농도를 구하는 정량 분석에서도 가장 널리 쓰인다.

이 장에서는 전자기 복사선의 성질에 대해 설명하고 흡수, 발광과 같은 복사선과 물질 사이의 상호 작용에 대해 다룰 것이다. 또 이러한 상호 작용과 화합물의 성질 사이에 어떤 관계가 있는지도 간단하게 설명할 것이다. 분광법에서는 복사선의 흡수를 가장 많이 측정한다. 스펙트럼의 자외선, 가시광선, 적외선 영역에서 측정이 주로 이루어진다. 파장 영역의 선택은 다음과 같은 요인들에 의해 결정된다. 활용 가능한 기기가 있는지, 시료가 입사광을 흡수하거나 아니면 흡수할 수 있는 유도체로 바꿀 수 있는지, 시료 용액에 입사광을 흡수하는 다른 화학종이 존재하는지 같은 것이다. 적외선 분광법은 감도가 낮고 시료 준비에 까다로운 점이 있어 정량 분석에는 적절하지 않고 화합물을 확인하고 구조를 알아내는 정성 분석에 적합하다. 반면 자외선-가시광선 분광법은 감도가 우수하고 스펙트럼의 피크가 넓고 미세 구조가 별로 없기 때문에 정량 분석에 널리 쓰인다. 그래서 자외선-가시광선 흡수 분광법을 중점적으로 다룰 것이다. 발광 분광법(luminescence spectroscopy)도 감도가 매우 뛰어나고 선택성도 괜찮기 때문에 공부하게 될 것이다.

1 전자기 복사선과 물질의 상호 작용

분광 분석에서 시료 용액에 있는 화학종은 입사광의 일부를 흡수하고 이렇게 흡수된 양은 시료의 농도와 관계된다. 예를 들어 Ni^{2+} 이온을 물에 녹이면 초록색을 띤다. 이는 입사광 중에서 시료가 붉은색의 가시광선(파장이 약 680 ~ 780 nm 정도에 해당)을 흡수했다는 것을 의미한다. 관찰되는 색깔은 시료가 흡수한 색깔의 **보색**(complementary color)이라고 한다. Ni^{2+}의 농도가 증가할수록 붉은색이 더 많이 흡수되고 용액의 초록색은 더 짙어진다. 흡수된 복사선의 세기를 구하면 Ni^{2+}의 농도를 구할 수 있다.

(1) 전자기 복사선의 성질

보통 빛이라 부르는 **전자기 복사선**(electromagnetic radiation)은 고전적으로 사인(sine) 곡선 모양을 갖는 **파동 모델**로 나타낸다. 파동은 파장, 진동수, 속도, 진폭과 같은 변수로 정의한다. 전자기 복사선은 이동하는 데 매질이 필요하지 않으므로 진공 속을 쉽게 통과한다.

원자나 분자가 복사 에너지를 흡수하거나 방출할 때 일어나는 현상들을 파동 모델로 설명할 수가 없다. 그래서 전자기 복사선을 **광자**(photon)라고 부르는 불연속적인 입자로 설명하는 입자 모델로 다루는 것이 필요하다. 광자가 갖는 에너지는 복사선의 진동수에 비례한다.

$$E = h\nu \tag{20-1}$$

여기서 h는 Planck 상수로서 6.63×10^{-34} J·s이고 ν는 진동수이다. 전자기 복사선에 대한 이런 파동성과 입자성은 서로 배타적이지 않고 상호 보완적이다. 전자 살(beam)이나 양성자 같은 입자의 흐름을 파동 역학으로 완전히 설명할 수 있다는 사실은 이런 이중성을 설명하는 좋은 예가 된다.

전자기 복사선은 흔히 전기장과 자기장이 서로 수직이며 또 진행 방향에 대해 수직으로 같은 상에서 사인(sine) 곡선 모양으로 진동하는 것으로 나타낸다. 이런 방식으로 한 가닥의 평면 편광(plane-polarized) 전자기 복사선을 그림 20.1(a)에 나타냈다. 평면 편광이란 전기장이나 자기장이 모두 같은 단일 평면에서 진동하는 것을 뜻한다. 이 전자기 복사선의 전기장 부분을 2차원 평면으로 그린 것이 그림 20.1(b)이다. 이 그림에서 전기장의 세기는 벡터로 표시했는데 전기장의 세기는 길이에 비례한다. 가로축은 복사선이 특정 지점을 지나는 시간, 또는 시간을 일정하게 했을 때 거리를 표시한다. 이 장이나 나머지 대부분에서 복사선의 전기장 부분만 생각할 것이다. 투과, 반사, 굴절 같이 관심의 대상이 되는 대부분의 현상들이 전기장에 의해 야기되기 때문이다. 핵자기 공명에서 무선 주파수 파동의 흡수는 복사선의 자기장 성분에 의해 일어난다.

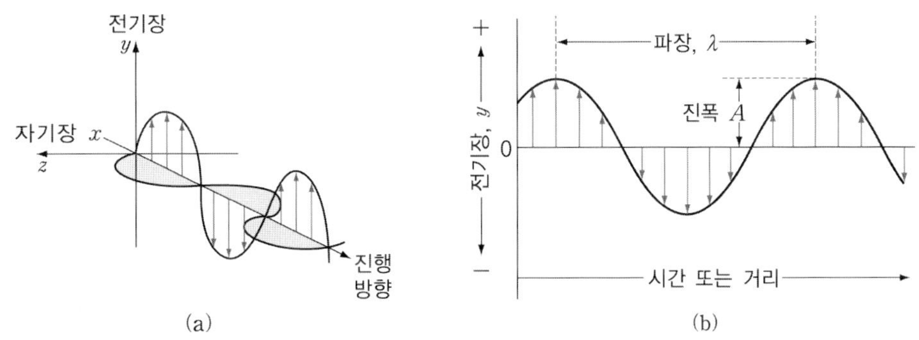

그림 20.1 단색광이고 평면 편광인 전자기 복사선을 나타낸 그림. (a) 전기장과 자기장은 서로 수직이고 또, 이들은 모두 진행 방향에 대해서도 수직이다. (b) 전기장의 세기를 2차원에서 벡터(vector)로 나타냈다.

사인 곡선 모양인 파동의 최고점에서 전기장 벡터의 길이를 **진폭**(amplitude)이라 하며 A로 표시한다. 파동의 연속해 있는 최곳값이나 최젓값 사이의 거리는 **파장**(wavelength, λ)이라 하며 공간의 특정 지점을 연속한 최고점이나 최저점이 통과하는 데 필요한 시간을 **주기**(period, p)라고 한다. 매 초당 일어나는 전기장이나 자기장의 진동수를 **진동수**(frequency, ν)라 부르는데 $\nu = 1/p$가 된다. 진동수에 파장을 곱하면 파동의 전파 속도 v_i가 된다($v_i = \nu\lambda_i$). 파수(wave number, $\bar{\nu}$)는 파장의 역수로 정의하는데 이때 파장의 단위는 반드시 cm 단위로 써야 한다. 파수는 파장과 달리 그 값이 진동수와 에너지에 직접 비례하므로 유용한 단위이다. 특히 파수는 적외선 분광법에서 널리 쓰인다.

전자기 복사선의 진동수는 광원에 의해 정해지며 어떤 매질에서도 변하지 않는다는 점을 명심해야 한다. 반면, 복사선의 전파 속도는 매질의 조성에 따라 달라지는데 이것은 복사선의 파장이 매질에 따라 변한다는 것을 의미한다. 진공에서 복사선의 진행 속도는 가장 빠르고 또 그 속도가 파장과 무관하다. 이 속도 c는 다음과 같다; $c = 2.99792 \times 10^8$ m/s. 공기 속에서 복사선의 속도는 이 c와 거의 비슷해서 보통 같은 값을 갖는 것으로 취급한다(약 0.03% 느리다).

물이나 유리 같은 매질 속을 복사선이 지나가게 되면 복사선의 전자기장이 원자나 분자에 있는 결합 전자와 상호 작용을 하게 된다. 이 때문에 복사선이 진공에서 어떤 물질 속으로 들어가면 진행 속도가 느려진다. 복사선의 진동수는 변하지 않기 때문에 이때 파장이 줄어들어야 한다. 물질 속에서 진공으로 복사선이 다시 나올 때는 파장이 원래 값으로 길어져서 진행 속도가 원래 값으로 돌아간다(그림 20.2).

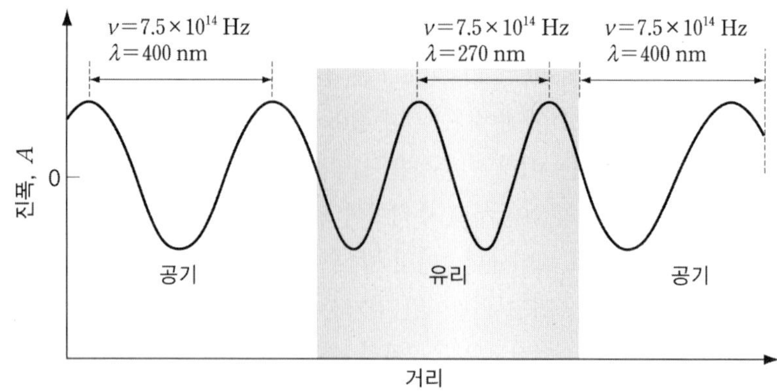

그림 20.2 전자기 복사선이 공기에서 밀도가 큰 유리로 들어갔다가 다시 공기로 나올 때 파장의 변화를 나타낸 그림. 진동수는 광원에 의해 결정되므로 복사선이 통과하는 매질이 바뀐다고 해도 변하지 않는다.

전자기 복사선은 그림 20.3과 같이 파장에 따라서 여러 가지 영역으로 나눈다. X선과 γ선은 여기서 다루지 않는다. X선을 화합물에 쪼이면 화학 결합이 깨져 이온화가 일어난다. 자외선의 파장 범위는 약 10 ~ 400 nm인데 화학에서 유용하게 쓸 수 있는 영역은 근자외선(near−ultraviolet radiation)이라 부르는 185 ~ 400 nm 사이의 복사선이다. 파장이 185 nm 이하가 되면 공기(N_2, O_2 기체 등)가 흡수할 수 있기 때문이다. 그래서 이 파장 영역을 진공 자외선(vacuum−ultraviolet) 영역이라 부른다. 가시광선은 약 390 ~ 750 nm 영역의 복사선을 말하는데 전자기 복사선에서 아주 작은 부분을 차지한다. 가시광선의 흡수나 방출이 일어나면 색깔을 육안으로 확인할 수 있다. 근자외선과 가시광선 영역의 복사선이 갖는 에너지는 화학 결합 에너지와 비슷하기 때문에 이 복사선은 전자 전이(electronic transition)를 일으킬 수 있다.

적외선(infrared)은 파장이 약 750 nm(0.78 μm) ~ 1 mm에 해당하는 복사선을 말하는데 화학적으로 많이 쓰이는 영역은 약 2.5 μm(4000 cm^{-1}) ~ 16 μm(625 cm^{-1}) 사이인데 이 부분을 중간 적외선 영역이라 부른다. 중간 적외선 영역의 복사선은 분자의 진동 운동 에너지와 크기가 비슷하기 때문에 이 영역에서 복사선의 흡수 스펙트럼을 측정하면 분자의 진동 운동에 대한 정보를 얻을 수 있다. 마이크로파(microwave)는 파장이 약 1 mm ~ 1 m(300 GHz ~ 300 MHz) 정도인데 분자의 회전 운동 에너지와 그 크기가 비슷하다.

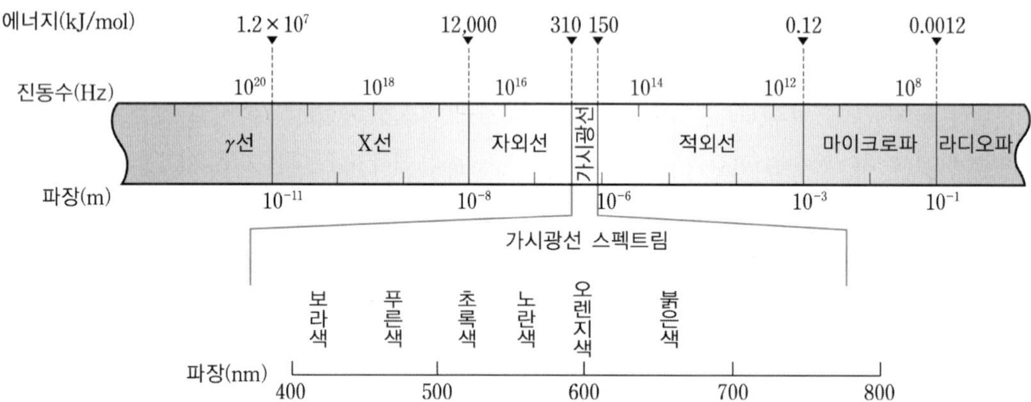

그림 20.3 여러 가지 전자기 복사선의 에너지, 진동수, 파장을 상호 비교하여 나타낸 그림. 파장이 380 ~ 780 nm 범위에 들어가는 전자기 복사선을 가시광선이라 부른다(1 nm = 1 × 10^{-9} m).

(2) 복사선의 흡수 및 방출

가시광선을 예로 들어 복사선의 흡수를 정성적으로 생각해 보자. 어떤 물체를 가시광선의 특정 부분이 투과하거나 여기서 반사되면 우리는 이 복사선의 색깔을 보게 된다. 백색광은 가시광선 전 파장의 스펙트럼을 모두 포함하고 있는데 이것을 시료에 조사하면 특정 파장의 복사선이 흡수되고 나머지는 투과한다. 이 투과되는 복사선의 색깔이 눈에 보이게 된다. 입사광이 불투명한 물질에 조사되면 특정 파장은 흡수되고 나머지는 반사되어 보이게 된다. 이렇게 투과하거나 반사되어 보이는 색깔은 흡수된 색깔의 보색인데 이 관계를 표 20.1에 정리하였다.

표 20.1 가시광선의 색깔

최대 흡광 파장(nm)	흡수되는 색깔	관찰되는 색깔
380 ~ 420	보라색	초록색-노란색
420 ~ 440	보라색-푸른색	노란색
440 ~ 470	푸른색	주황색
470 ~ 500	연두색	붉은색
500 ~ 520	초록색	자주색
520 ~ 550	노란색-초록색	보라색
550 ~ 580	노란색	보라색-푸른색
580 ~ 620	주황색	푸른색
620 ~ 680	붉은색	연두색
680 ~ 780	붉은색	초록색

바닥 상태(ground state)에 있던 어떤 분자가 특정 에너지를 갖는 복사선을 흡수하면 에너지가 높은 들뜬 상태(excited state)로 전이된다. 이 분자가 에너지가 낮은 상태로 전이하면서 이에 해당하는 에너지를 갖는 복사선($h\nu$)을 방출할 수 있다. 분자는 양자화된 3가지 형태의 내부 에너지, **회전 에너지**(rotational energy), **진동 에너지**(vibrational energy), **전자 에너지**(electronic energy)를 갖는다. 우선, 분자는 여러 가지 축에 대해 회전 운동을 할 수 있는데 이 에너지를 회전 에너지라 하며 특정 양자화된 회전 에너지 준위에 속하게 된다. 그래서 분자가 특정 에너지를 갖는 복사선을 흡수하게 되면 에너지가 더 높은 회전 준위로 올라가게 되는데 이것을 **회전 전이**(rotational transition)라고 한다. 회전 전이에 필요한 에너지는 매우 작기 때문에 이 때는 원적외선이나 마이크로파 영역의 복사선이 사용된다. 상온에서 대부분 분자들은 가장 낮은 전자 에너지 상태(바닥 상태)에 있기 때문에 순수한 회전 전이는 바닥 상태 전자 준위에서 일어난다. 회전 전이만 일어난다면 특정 전이에 해당하는 개개 흡수선이 스펙트럼 상에 나타날 것이다. 이 스펙트럼으로 분자의 회전 에너지 준위에 대한 기초적인 정보를 얻을 수 있다. 그러나 회전 스펙트럼은 분자간 충돌이 매우 드물게 일어나는 기체 상태에서만 얻을 수 있기 때문에 분광 분석에서는 잘 쓰이지 않는다.

분자를 구성하는 원자나 원자 집단은 서로 진동 운동을 하는데 이 진동 에너지는 특정한 양자화된 값을 갖는다. 분자가 특정 에너지의 복사선을 흡수하면 더 높은 진동 준위로 올라갈 수 있는데 이것을 **진동 전이**(vibrational transition)라고 한다. 진동 에너지는 회전 에너지보다 크기 때문에 진동 전이를 위해서는 적외선 영역의 복사선이 사용된다. 진동 전이가 일어날 때는 회전 전이도 같이 일어난다. 가장 낮은 진동 준위에 있는 각 회전 준위는 들뜬 진동 준위에 있는 다른 회전 준위로 전이하는 것이다. 다시 말해 진동 전이가 일어나면 분자의 회전 운동 상태도 같이 변한다는 것이다. 분자에는 여러 개의 들뜬 진동 준위가 있고 각 진동 준위에는 또 여러 개의 회전 전이가 있다. 따라서 많은 개수의 불연속적인 개개 전이가 일어나는데 이들 사이의 에너지 차가 크지 않다. 특히 용액 상태에서는 용질-용매 분자간 상호 작용 때문에 미세 구조가 분리되지 않고 뭉쳐서 스펙트럼상에 선이 아닌 피크(peak) 또는 띠(band)로 나타난다. 스펙트럼상에 피크가 나타나는 위치나 피크의 모양은 분자의 진동 방식(vibrational mode)과 연관되므로 적외선 흡수 스펙트럼을 분석하면 분자의 구조에 대한 기초적인 정보를 얻을 수 있다.

분자 오비탈(molecular orbital)은 분자의 전자 분포를 나타낸다. 분자 오비탈은 특정한 크기의 에너지를 갖는데 이를 전자 에너지라고 한다. 분자가 복사선을 흡수하면 더 높은 전자 에너지를 갖는 에너지 준위로 들뜨게 되고 이를 **전자 전이**(electronic transition)라고 한다. 전자 전이에 필요한 에너지는 매우 커서 이를 위해서는 가시광선이나 자외선 영역의 복사선이 필요하다. 전자 전이가 일어날 때는 진동 전이와 회전 전이도 같이 일어난다. 덕분에 훨씬 많은 숫자의 가능한 전이가 존재하게 된다. 개개 전이는 특정 에너지를 갖는 양자화된 상태에서 일어나지만 가능한 전이가 너무 많아서 이들 사이의 에너지 차가 작다. 따라서 흡수 스펙트럼에서 이들 개개의 흡수선이나 흡수 피크가 분리되지 않고 매우 넓은 흡수띠로 나타난다.

2 분광법의 기초

스펙트럼을 관찰해 보면 스펙트럼 선들의 세기가 무척 다양하다. 어떤 스펙트럼 선은 세고 어떤 것은 약하고, 또 어떤 것은 너무 약해서 측정이 어려운 경우도 있다. 뿐만 아니라 어떤 스펙트럼 선은 예상과 달리 전혀 나타나지 않기도 한다. 스펙트럼 선의 세기가 어떤 에너지 상태에 있는 분자 수에 따라 어떻게 변하고, 개개 분자가 광자를 얼마나 잘 방출하거나 흡수할 수 있는지 살펴보자.

(1) 입자수와 세기

전이가 일어나기 이전 상태의 에너지를 E_i, 전이가 일어난 후의 마지막 에너지 상태를 E_f라 하고 이 두 상태 사이의 에너지 차를 ΔE라고 하면 $\Delta E = E_f - E_i = h\nu$가 된다. 그래서 이 두 상태 사이에 전이가 일어나면 진동수 $\nu = \Delta E/h$의 복사선을 흡수하거나 방출할 것이다. 이때 일차적으로 스펙트럼 선의 세기는 E_i 상태에 있는 입자 수(population)에 의해 결정된다. 어떤 시료에 N개의 분자가 있고 온도가 T일 때 에너지가 E_i인 상태에 있는 분자 수 $N(E_i)$은 다음과 같은 Boltzmann 분포 식으로 구할 수 있다.

$$N(E_i) = N\exp(-E_i/kT)$$

여기서 k는 Boltzmann 상수인데 그 값은 1.381×10^{-23} J K^{-1}이다.

(2) 선택 규칙

어떤 전이가 **허용 전이**(allowed transition)인지 아니면 **금지 전이**(forbidden transition)인지를 결정하는 개념을 **선택 규칙**(selection rule)이라고 한다. 허용 전이는 전이가 일어날 확률이 높기 때문에 해당 피크가 스펙트럼에 나타난다. 금지 전이는 전이가 일어날 확률이 0이거나 매우 낮아서 피크가 스펙트럼에 나타나지 않는다. 선택 규칙의 바탕을 이루는 개념은 진동수가 ν인 전자기 복사선을 발생시키려면 전기 쌍극자(electric dipole)를 진동수 ν로 진동시키면 된다는 사실이다. 이 개념을 여러 가지 형태의 흡수나 방출 전이에 대해 적용해 보자.

① 회전 전이

영구 쌍극자(permanent dipole moment)를 가진 분자가 회전 운동을 하고 회전하는 면에서 관찰하면 쌍극자가 진동하는 것을 볼 수 있다. 영구 쌍극자를 갖지 않는 분자에서는 쌍극자가 진동하는 것을 볼 수 없다. 그래서 영구 쌍극자 모멘트를 가진 분자만이 복사선을 흡수하거나 방출하면서 다른 회전 상태로 전이할 수 있다. 이렇게 영구 쌍극자를 가진 분자가 회전 운동하는 것은 이 분자들이 전자기장을 휘저어 진동하도록 해주는 것으로 생각할 수 있다.

② 진동 전이

분자가 신축 운동이나 굽힘 운동과 같은 진동 운동을 하게 되면 쌍극자 모멘트가 변할 것이다. 쌍극자의 진동에 의해서 전자기장이 진동하게 되면 복사선이 흡수되거나 방출될 수 있다. 동핵 이원자 분자가 대칭 신축 진동을 하면 분자의 쌍극자 모멘트가 변하지 않으므로 이러한 진동 운동은 복사선을 흡수하거나 방출하지 못한다. 때문에 쌍극자 모멘트의 변화가 수반되는 진동 운동만이 전자기 복사선을 흡수하거나 방출할 수 있다.

③ 전자 전이

전자 전이가 일어나면 분자의 전자 분포가 재배열하게 된다. 분자의 전자 분포가 변하면 쌍극자 모멘트도 변할 수 있고 쌍극자 모멘트가 변하면 분자는 복사선을 흡수하거나 방출할 수 있다. 만일 전자의 재배열이 대칭적으로 일어나면 쌍극자 모멘트의 변화는 일어나지 않고 따라서 전이가 금지된다. 이 경우에는 복사선의 흡수나 방출은 일어나지 않을 것이다. 예를 들어 Na 원자를 생각해 보자. Na 원자의 바닥 상태에서 가장 낮은 들뜬 상태로의 전이는 다음과 같다.

$$[Ne]3s^1 \rightarrow [Ne]3p^1$$

[Ne]은 Ne의 바닥 상태 전자 배치를 나타낸다. 원자는 영구 쌍극자를 가질 수 없지만 s 오비탈과 p 오비탈의 모양이 달라서 전자 배치가 다르다. 이 전이가 일어날 때 전하의 이동이 동반되기 때문에 이 전이는 허용된다. 다음 전이를 생각해 보자.

$$[Ne]3s^1 \rightarrow [Ne]4s^1$$

3s와 4s는 크기만 다를 뿐 모두 구형으로 모양이 같다. 그래서 전이가 일어날 때 쌍극자 모멘트의 변화가 없기 때문에 이 전이는 금지된다. 분자의 경우에도 마찬가지로 전이할 때 전하의 재배열에 따른 쌍극자 모멘트의 변화 여부에 따라 허용 전이인지 금지 전이인지가 결정된다.

3 자외선-가시광선 스펙트럼

분자 내에 있는 특정 기(group)나 작용기(functional group), 결합이 자외선이나 가시광선을 흡수하면 전자 전이가 일어난다. 흡수 파장은 전이에 필요한 에너지에 의해 결정되고 흡수띠의 세기는 전이가 일어날 확률에 의해 결정된다.

모든 유기 화합물은 높은 에너지 준위로 들뜰 수 있는 원자가 전자를 갖고 있기 때문에 복사선을 흡수할 수 있다. 대부분 단일 결합(σ 결합)을 형성하는 전자들이 들뜨기 위해서는 진공 자외선(λ < 185 nm) 영역의 복사선을 흡수해야 한다. $\sigma \rightarrow \sigma*$ 전이와 $n \rightarrow \sigma*$ 전이가 여기에 해당한다. $\sigma*$는 반결합성 오비탈(antibonding orbital), n은 비결합성 오비탈(nonbonding orbital)을 의미한다. 진공 자외선 영역에서는 실험하기가 어렵기 때문에 대부분 분광 광도계는 185 nm보다 긴 파장의 복사선을 사용한다.

유기 화합물에 대한 흡수 분광법은 대부분 $\pi \rightarrow \pi*$ 또는 $n \rightarrow \pi*$ 전이에 따른 입사광의 흡수를 바탕으로 한다. 이 전이에 필요한 에너지가 자외선-가시광선 영역에 들어가기 때문이다. $\pi*$는 반결합성 오비탈을 말한다. π 오비탈을 갖는 불포화 작용기가 있는 분자에서 이러한 $\pi \rightarrow \pi*$ 또는 $n \rightarrow \pi*$ 전이가 일어날 수 있다. 분자에서 자외선-가시광선을 흡수할 수 있는 작용기를 **발색단**(chromophore)이라 부른다. 전자 전이가 일어날 때 진동 전이도 같이 일어나기 때문에 많은 흡수선들이 복잡하게 겹쳐서 발색단을 가진 분자의 흡수띠는 서로 분리되지 않고 폭이 넓은 연속적인 띠로 나타난다. 이런 특성 때문에 스펙트럼을 이론적으로 자세히 분석하는 것은 힘들거나 거의 불가능하다.

흡수띠의 위치, 즉 최대 흡광도(λ_{max})와 피크의 세기(ε_{max})는 용매 효과와 분자의 세세한 구조에 따라 영향을 받기 때문에 용질 분자를 확인하는 데 대략적인 지표 역할만 할 수 있다. 또 2개 이상의 발색단이 콘쥬게이션(conjugation)되어 있으면 파장이 긴 쪽으로 흡수띠의 이동이 일어난다. 더구나 흡수띠의 폭이 매우 넓어서 최대 흡광도를 정확하게 결정하는 것도 쉽지 않다.

비결합성 오비탈은 π 오비탈보다 에너지가 높기 때문에 $n \to \pi*$ 전이에 의한 흡수띠는 가시광선 영역에 나타나는 경우가 많다. 또 이 전자들은 상대적으로 넓은 공간에 퍼져 있는 까닭에 $n \to \pi*$ 전이가 일어날 때 쌍극자 모멘트의 변화가 작다. 따라서 $n \to \pi*$ 전이의 몰흡광도는 10 ~ 100 L/mol · cm 정도로 작다. π 오비탈은 n 오비탈보다 상대적으로 에너지가 낮기 때문에 $\pi \to \pi*$ 전이에 의한 흡수띠는 대부분 자외선 영역에서 나타난다. 또 π 전자는 상대적으로 좁은 공간에 국한되어 있기 때문에 $\pi \to \pi*$ 전이가 일어날 때 쌍극자 모멘트의 변화가 크고 따라서 $\pi \to \pi*$ 전이의 몰흡광도는 1000 ~ 15,000 L/mol · cm 정도로 크다. 과일, 채소 등에 풍부하게 존재하는 유명한 생리 활성 물질인 플라보노이드(flavonoid) 화합물의 일종으로 퀴르세틴(quercetin; 3,3',4',5,7-pentahydroxyflavone)이 있다. 이 화합물의 자외선-가시광선 흡수 스펙트럼을 그림 20.4에서 볼 수 있다.

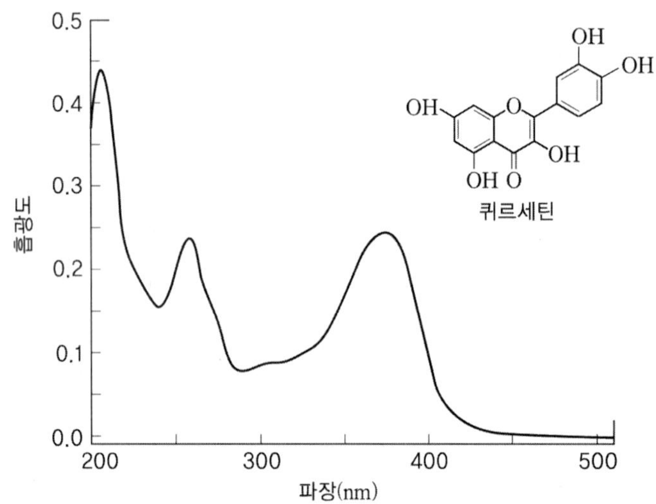

그림 20.4 CH_3OH 용매에서 1×10^{-5} M 퀴르세틴의 자외선-가시광선 흡수 스펙트럼

산소, 질소, 황, 할로젠 원소가 들어 있는 포화 탄화수소는 비결합 전자를 갖기 때문에 170 ~ 250 nm 범위의 자외선을 흡수할 수 있다. 몇 가지 예를 들면, CH_3OH(167 nm), $(CH_3)_2O$(184 nm), CH_3I(258 nm), $(CH_3)_2S$(229 nm), CH_3NH_2(215 nm) 등을 들 수 있다. 소괄호 안의 숫자는 λ_{max}를 가리킨다. NO_3^-(313 nm), NO_2^-(280, 360 nm), CO_3^{2-}(217 nm), N_3^-(230 nm) 등과 같은 많은 무기 음이온도 비결합 전자를 갖고 있기 때문에 자외선 영역에 흡수띠가 있다.

4 적외선 스펙트럼

적외선 분광법은 분자에 대한 정성적인 정보를 얻는 데 대단히 유용하다. 이원자 분자는 영구 쌍극자를 가져야만 적외선을 흡수할 수 있다. N_2 분자는 영구 쌍극자가 없기 때문에 적외선을 흡수하지 않지만 CO 분자는 영구 쌍극자를 가지므로 적외선을 흡수할 수 있다. 3원자 분자 이상이 되면 얘기가 다르다.

이산화 탄소(O = C = O)는 영구 쌍극자를 갖지 않는다. 2개의 탄소-산소 결합이 동시에 늘어나고 줄어들고 하는 대칭 신축 진동을 할 때는 쌍극자 모멘트의 변화가 없어서 흡수가 일어나지 않는다. 탄소-산소 결합이 하나가 늘어날 때 다른 하나는 줄어들고, 그리고 또 반대로 일어나는 비대칭 신축 진동을 할 때는 쌍극자 모멘트의 변화가 일어나기 때문에 흡수가 일어난다.

적외선 영역에서 흡광도를 갖는 원자단의 흡수 피크는 특정 크기의 넓이를 가지며 피크의 위치는 이웃한 원자단의 영향을 많이 받기 때문에 정확하게 말하기 어렵다. 그러나 자외선-가시광선 영역의 흡수 피크에 비하면 그 폭이 매우 좁고 확인하기도 쉽다. 더구나 각 분자는 그 분자만의 독특하고 고유한 흡수 스펙트럼을 가지기 때문에 이 스펙트럼이 그 분자의 지문 역할을 할 수 있다. 사건 현장에서 얻은 지문으로 범인을 잡을 수 있는 것처럼 미지 시료의 스펙트럼을 이용하여 이 시료가 어떤 분자인지 검색하여 찾을 수 있다는 것이다. 많은 화합물의 적외선 흡수 스펙트럼이 확보되어 있는데 어떤 미지 화합물의 스펙트럼을 이 자료에 있는 스펙트럼과 비교하여 똑같은 것을 찾아냈다면 이것은 이 두 화합물이 동일하다는 거의 확정적인 증거가 되는 것이다. 특히 스펙트럼의 1200 ~ 600 cm^{-1} 영역은 미지 화합물을 확인하는 데 특히 유용하게 쓰이기 때문에 **지문 영역**(fingerprint region)이라 부른다. 그 이유는 분자의 구조와 구성 원소의 차이가 적더라도 이 영역에 있는 흡수띠의 모양과 위치가 크게 달라지기 때문이다. 퀴르세틴(quercetin)의 적외선(IR) 흡수 스펙트럼을 그림 20.5에서 볼 수 있다.

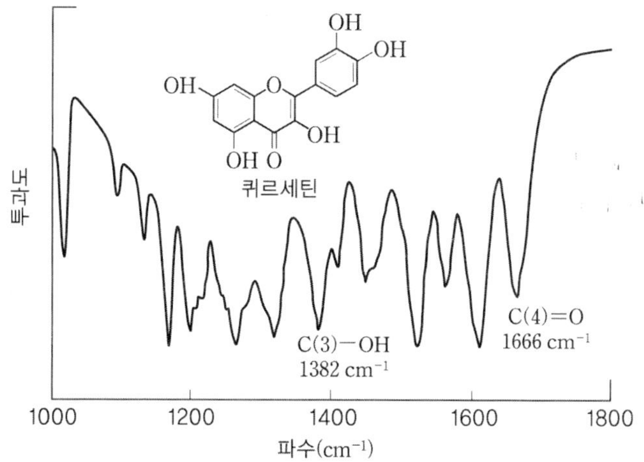

그림 20.5 퀴르세틴의 적외선(IR) 흡수 스펙트럼

적외선 흡수 스펙트럼은 매우 복잡하며 흡수띠가 좁고 분광기의 기기적 한계 때문에 감도가 낮아 적외선 분광법의 가장 중요한 용도는 미지 화합물을 확인하고 구조를 알아내는 것이다. 가끔 비슷한 분자들이 섞인 복잡한 혼합물을 정량 분석하는 데 쓰이기도 한다. 각 화합물의 어떤 일부 흡수띠는 정확하고 엄선된 파장에서 나타나고 그 세기가 시료의 농도에 비례하기 때문이다. 특히 최신 Fourier 변환(Fourier transform) 분광기는 감도가 뛰어날 뿐 아니라 정밀도와 정확도가 뛰어나기 때문에 이런 용도에 적합하다. 적외선 분광법을 정량 분석에 사용하는 문제는 이 책에서 더 이상 다루지 않는다.

5 전자기 복사선의 흡수와 정량 분석

(1) Beer 법칙

분광 분석에서 가장 널리 쓰이는 방법은 시료에 의한 복사선의 흡수를 측정하는 것이다. 복사선의 흡수와 시료의 농도 사이의 관계를 알아보자.

분광 광도법 실험 과정을 간략하게 그림 20.6에서 보여 주고 있다. 광원에서 나온 입사광은 단색화 장치(monochromator)에 통과시켜 단일 파장을 갖는 **단색광**(monochromatic light)으로 바꾼다. 파장의 폭이 매우 좁은 복사선을 단색광이라고 한다. 단위 시간당(초), 단위 면적당 빛살(light beam)이 갖는 에너지를 복사선의 세기(irradiance)라 하며 보통 P로 표시한다. 시료에 쪼이는 입사광의 세기를 P_0라 하자. 시료가 입사광의 일부를 흡수하면 그 세기가 감소하여 P가 된다. P_0는 항상 P보다 크거나 같다. 입사광이 지나가는 시료의 길이는 b이다.

T는 **투과율**(transmittance)이라 부르는데 시료를 통과한 복사선의 세기를 시료에 쪼여 주는 복사선의 세기로 나눈 값으로 정의한다.

$$T = \frac{P}{P_0} \tag{20-2}$$

따라서 T는 0 ~ 1 사이의 값을 가지며 이것을 백분율로 표시하면 0 ~ 100% 사이의 값을 갖게 된다. 흡광도(absorbance) A는 다음과 같이 정의한다.

$$A = \log(\frac{P}{P_0}) = -\log T \tag{20-3}$$

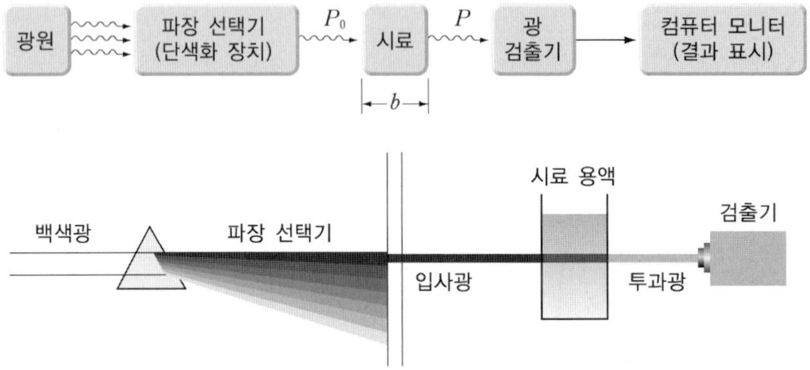

그림 20.6 홑살 분광계(single-beam spectrometer)를 이용하여 흡광도를 측정하는 과정을 간단하게 나타낸 그림. P_0는 시료에 쪼여 주는 입사광의 세기, P는 시료를 통과한 복사선의 세기, b는 입사광이 시료를 통과하는 거리를 말한다. 홑살 분광계에서는 기준 셀을 놓고 P_0를 측정한 뒤 다시 시료 셀로 바꾸어 놓고 P를 측정해야 한다.

흡광도를 **광학 농도**(optical density)라고 부르기도 한다. 투과율과 흡광도 사이의 관계를 생각해 보자. 시료가 입사광을 전혀 흡수하지 않으면 $P = P_0$가 되고 $A = 0$이 된다. 시료가 입사광의 90%를 흡수하면 나머지 10%만 투과하게 된다. $P = P_0/10$가 되어 흡광도 $A = 1$이 된다. 시료가 입사광의 99%를 흡수하고 1%만 투과한다면 $A = 2$가 된다.

흡광도는 시료에 존재하는 복사선을 흡수하는 화합물의 농도에 비례한다. (20−4) 식은 분광 분석에서 가장 중요한 관계식인데 Beer−Lambert **법칙**이라고 하며 보통 간단히 Beer **법칙**이라고 부른다.

$$A = \varepsilon bc \tag{20-4}$$

흡광도는 단위가 없으며 농도 c는 몰농도(mol/L, M)를 사용하고 입사광의 경로 길이(pathlength) b는 cm 단위를 사용한다. 비례 상수 ε은 몰흡광 계수(molar absorptivity)라 부르며 단위는 $M^{-1}\ cm^{-1}$이다. 옛 문헌에서는 흡광 계수(extinction coefficient)라고도 불렀다. 몰흡광 계수가 클수록 흡광도가 커지므로 ε은 어떤 화합물이 복사선을 얼마나 잘 흡수하는지를 나타낸다. 흡광도와 몰흡광 계수는 입사광의 파장이 변하면 따라서 변한다. 흡수 스펙트럼(absorption spectrum)은 흡광도 A를 파장의 함수로 그린 그래프를 말한다. 분자의 어떤 부분은 입사광을 흡수하게 되는데 이 부분을 **발색단**(chromophore)이라고 한다. 어떤 화합물이 가시광선을 흡수하면 색깔을 띠게 된다.

(2) Beer 법칙의 한계

Beer 법칙은 시료의 농도가 비교적 묽을 때(보통 0.01 M 이하) 잘 성립하기 때문에 일종의 한계 법칙(limiting law)이고 또 단색광에서 적용할 수 있다. 농도가 진해지면 입사광을 흡수하는 용질들 사이의 거리가 평균적으로 가까워져서 각기 서로 이웃한 용질들의 전하 분포에 영향을 미친다. 용질들 사이의 상호 작용은 이들의 성질을 변화시킬 수 있고 흡광도의 크기에도 영향을 주게 된다. 이렇게 되면 흡광도와 농도 사이의 비례 관계도 깨어지게 된다. 농도가 증가하면 이러한 상호 작용도 증가하게 되고 Beer 법칙은 더욱 직선으로부터 벗어나게 된다. 용매도 용질의 성질에 영향을 주기 때문에 용매가 달라지면 흡광도가 변한다. 용액 중에 입사광에 대하여 흡광도가 없는 화학종이 존재하면 이들과의 상호 작용 때문에 시료 용질의 흡광도가 변하게 된다. 특히 전해질 용액에서 이온들은 시료와 정전기적 상호 작용을 하기 때문에 시료 용질의 흡광도에 큰 영향을 줄 수 있다. 또 용질의 몰흡광 계수는 용액의 굴절률에 따라 변하기 때문에 용액의 굴절률이 농도에 따라 뚜렷한 변화를 보인다면 역시 Beer 법칙으로부터 벗어나게 된다. 농도가 묽어지면 이러한 영향은 무시할 수 있을 정도로 작아진다.

화합물의 농도는 화학 평형에도 영향을 미친다. 입사광에 대해 흡광도를 갖는 어떤 미지 시료의 평형 상태가 농도에 따라 변한다면 몰흡광 계수는 농도 변화에 영향을 받는다. 간단하게 약전해질인 어떤 약산 HA를 생각하자.

$$HA \rightleftarrows H^+ + A^-$$

농도가 진할 때는 해리도가 낮지만 농도가 묽어지면 해리도가 증가하여 A^-의 농도가 상대적으로 증가한다. 보통 HA와 A^-의 몰흡광도는 다르다. 이럴 경우 시료의 농도가 변하면 Beer 법칙으로부터 벗어나게 될 것이다.

Beer 법칙에 정확하게 맞으려면 진정한 단일 파장을 사용하여 흡광도를 측정해야 한다. 입사광의 파장이 변하면 몰흡광 계수가 달라지고 따라서 흡광도가 달라지기 때문이다. 그러나 현실적으로 엄밀한 의미에서 단일 파장을 사용한다는 것은 대단히 어렵다. 연속적인 복사선을 방출하는 광원에서 특정 파장 부분을 분리해내면 원하는 파장 주변으로 대칭적인 파장 띠가 만들어지기 때문이다. 이것은 Beer 법칙의 또 다른 한계이다.

흡광도를 측정하기 위해 사용하는 복사선에는 미량의 떠돌이 복사선(stray radiation)이 항상 포함되어 있다. 이 떠돌이 복사선은 주로 프리즘, 렌즈, 필터, 거울 등의 표면에서 엉뚱한 방향으로 산란되거나 기기 내에 떠도는 먼지 같은 입자에서 산란된 것이다. 이 복사선의 파장은 보통 흡광도 측정에 쓰이는 입사광의 파장과 많이 다르기 때문에 미량이라도 눈에 띄는 오차를 일으키는 경우가 있다.

(3) 흡광도 측정

흡광도를 측정하는 기기인 분광 광도계(spectrophotometer)는 기본적으로 광원, 단색화 장치(파장 선택기), 시료, 복사선 검출기를 갖춰야 한다. 광원으로부터 나오는 연속적인 복사선은 단색화 장치를 통과하면서 특정 파장의 좁은 띠로 바뀐다. 이 입사광은 경로 길이 b인 시료를 통과하면서 일부 흡수되고 남은 복사선의 세기를 검출기에서 측정한다. 자외선-가시광선 분광법과 적외선 분광법은 기본적으로 흡광도를 측정하는 방법이 같다고 볼 수 있다. 다만 적외선 분광법은 미지 시료를 확인하고 그 구조와 성질을 연구하는 정성 분석에서 주로 쓴다. 자외선-가시광선 분광법은 일반적으로 흡수띠가 매우 넓어서 정성 분석에서는 그 용도가 제한적이지만 감도가 좋고 실험하기가 쉽기 때문에 정량 분석에 주로 쓴다. 그래서 여기서는 자외선-가시광선 분광법을 주로 다룰 것이다.

자외선-가시광선 분광법에서는 용질을 액체 용매에 녹여서 주로 사용한다. 이 시료를 담는 용기(cell)를 **큐벳**(cuvet)이라 부르는데 주로 용융 실리카로 만든 것을 사용한다. 그 이유는 자외선과 가시광선 모두 용융 실리카를 통과하기 때문이다. 유리는 가시광선은 통과하지만 자외선은 통과할 수 없다. 유리로 만든 큐벳은 가시광선 영역에서 흡광도를 측정할 때는 쓸 수 있지만 자외선 영역에서는 쓸 수 없다. 가장 널리 쓰이는 큐벳의 경로 길이는 1.000 cm이다. 자외선-가시광선 분광법에 쓰이는 큐벳들을 그림 20.7에서 볼 수 있다. 시료가 기체인 경우, 복사선 경로 길이가 10 cm에서 수 m에 이르는 용기를 사용한다. 경로 길이가 수 m 이상 되도록 하려면 입사광이 여러 번 시료 용기를 통과한 다음 검출기에 도달하게 하면 된다.

적외선 분광법에 쓰이는 시료 용기는 보통 NaCl이나 KBr로 만든다. 원적외선 영역(400 ~ 50 cm^{-1})에서는 폴리에틸렌(polyethylene)을 사용한다. 고체 시료는 미세한 분말로 갈아서 Nujol이라 부르는 광물질 기름(mineral oil)과 섞어서 반죽(이것을 mull이라 부른다)을 만들고 이것을 두 개의 KBr 판 사이에 끼워 눌러서 측정한다. 고체 시료를 준비하는 또 다른 방법은 시료를 KBr과 질량 백분율로 1% 정도 되도록 혼합한 뒤 갈아서 고운 분말로 만든다. 이것을 약 600 bar(60 MPa)의 압력으로 눌러서 펠릿(pellet)으로 만들어 흡광도를 측정한다. 액체 시료에 대해서는 NaCl 창으로 만든 용기를 가장 널리 사용한다. 이때 NaCl에 손상을 주지 않는 용매를 사용해야 한다. 또 NaCl 용기는 보관할 때 공기 중 수분의 영향을 받지 않도록 해야 하고, 용매에 들어 있는 미량의 수분에 의해서도 손상을 입지 않도록 해야 한다.

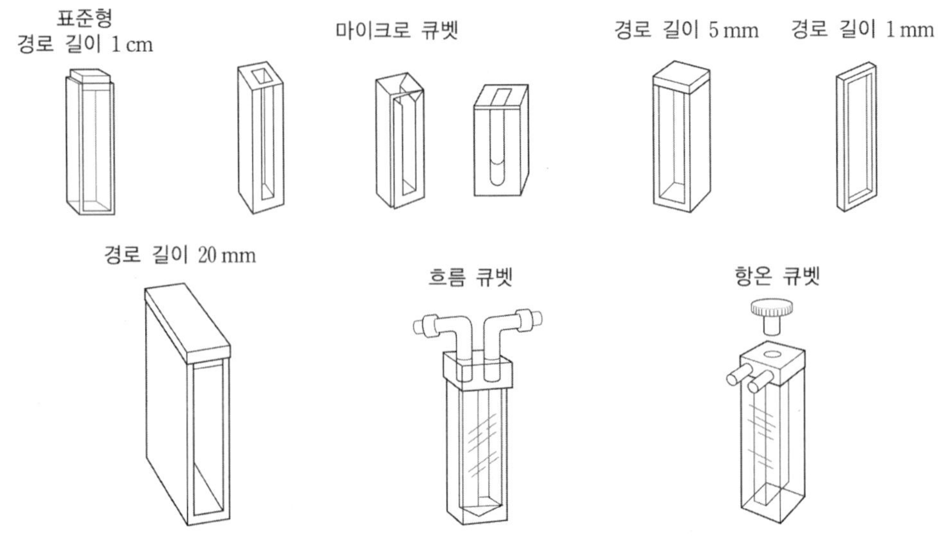

그림 20.7 자외선-가시광선 분광법에서 일반적으로 쓰이는 큐벳. 흐름 큐벳은 시료 용액이 큐벳 내로 계속해서 흐를 수 있도록 되어 있다. 항온 큐벳은 큐벳의 외피 속으로 항온조로부터 일정 온도의 액체가 흘러갈 수 있도록 되어 있어서 큐벳 내의 시료 용액이 일정한 온도를 유지할 수 있다.

흡광도를 측정하려면 P_0와 P를 측정해야 하는데 이때 사용하는 P_0는 입사광의 세기와 다르다. 시료가 입사광을 전혀 흡수하지 않더라도 큐벳을 통과하는 동안 입사광의 세기가 상당히 감소한다. 그림 20.8에서 보는 것처럼 2개의 공기-용기 벽 경계면과 2개의 용기 벽-용액 경계면에서 반사가 일어난다. 예를 들면 물이

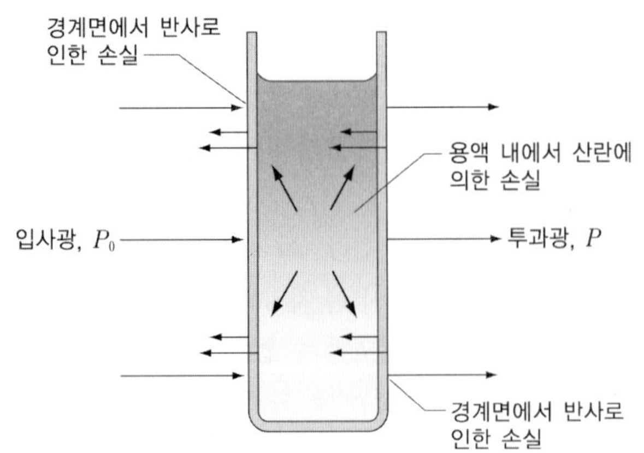

그림 20.8 입사광이 시료 큐벳을 통과할 때 흡수가 아닌 반사나 산란 때문에 일어나는 손실

담겨 있는 유리 큐벳을 노란색 가시광선을 수직으로 조사하면 이러한 반사에 의해 8.5% 정도 손실이 생긴다고 알려져 있다. 덧붙여 시료에 포함되어 있는 입사광을 흡수하지 않는 큰 분자들에 의한 산란과 큐벳 자체의 흡수에 의해서도 입사광의 손실이 생긴다. 따라서 큐벳에 순수한 용매나 바탕 시약만 넣고 이를 통과한 입사광의 세기를 P_0로 정의한다. 그림 20.6에 있는 기기는 하나의 빛살을 사용하는 **홑살 분광계**(single-beam spectrometer)이다. 이 기기에서는 용매를 담은 큐벳으로 P_0를 측정한 다음 용매를 버리고 여기에 다시 시료를 담아 P를 측정한다. 이렇게 측정한 P_0와 P를 이용하여 투과도와 흡광도를 계산한다. 아니면 동일한 2개의 큐벳에 하나에는 용매나 바탕 시약을 넣고(이것은 기준 큐벳이라 부른다), 나머지 큐벳에는 시료를 넣어(이것은 시료 큐벳이다) 기준 큐벳으로 P_0를 측정하고 시료 큐벳으로 P를 측정한다. 파장에 따른 흡광도 변화를 연속적으로 측정하려면 그림 20.9에서 보는 것과 같은 **겹살 분광 광도계**(double-beam spectrophotometer)를 사용해야 한다. 겹살 분광 광도계에서는 P_0와 P를 동시에 측정한다. 겹살 분광 광도계에 대해서는 21장에서 알아볼 것이다.

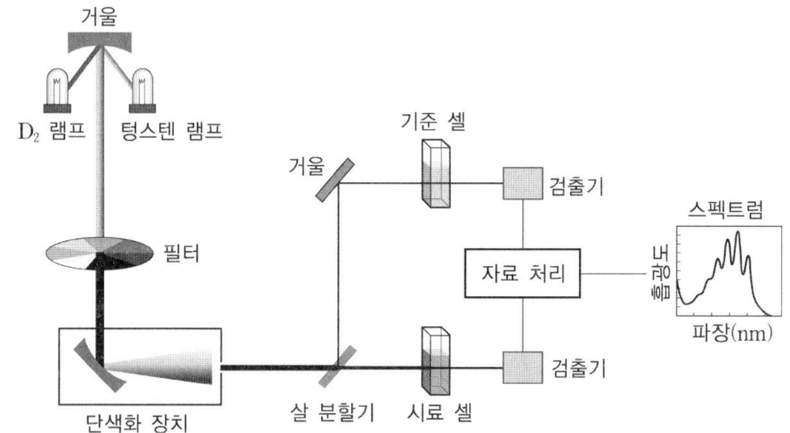

그림 20.9 겹살 자외선-가시광선 분광계의 대략적인 구조. 이 분광계에서는 입사광이 둘로 나누어져서 기준 셀과 시료 셀을 동시에 지나가므로 P_0와 P를 동시에 측정한다.

흡수 스펙트럼을 얻기 위해서는 바탕선 스펙트럼(baseline spectrum)을 먼저 측정하는 것이 기본이다. 바탕선 스펙트럼이란 동일한 2개의 큐벳에 똑같은 기준 용액(순수 용매나 바탕 시료를 말함)을 넣고 흡광도를 측정한 것을 말한다. 분광기나 시료 용기 등이 완벽하다면 어느 파장에서나 흡광도가 0이 되어야 한다. 그러나 실제로 기기나 시료 등이 완벽하지 못하기 때문에 흡광도는 0으로부터 조금 벗어난 양이나 음의 값을 가질 것이다. 시료에 대해 측정한 흡광도 값에서 이 바탕선 흡광도를 빼주면 보다 정확한 흡광도를 얻게 된다.

분광 광도법으로 정량 분석을 할 때는 흡수띠의 꼭짓점, 즉 최대 흡광도를 보이는 파장을 선택해야 한다. 그 이유는 우선 흡수띠의 꼭짓점에서 흡광도 값이 가장 크기 때문이다. 이 파장에서 흡광도를 측정하면 감도가 가장 좋다. 두 번째는 흡수띠의 꼭짓점은 평평하다. 그래서 단색화 장치가 조금 표류하거나 투과하는 띠의 넓이가 조금 변한다 하더라도 흡광도의 변화는 거의 일어나지 않는다. 선택된 파장 범위 내에서 흡광도가 일정할 때 Beer 법칙을 잘 따르는 것이다. 사실 이 두 번째 이유가 더 중요하다.

시료의 흡광도가 매우 크면 P 값이 너무 작아서 측정할 때 상대적으로 오차가 커진다. 또 시료의 흡광도가 너무 낮으면 P_0 값과 P 값의 크기가 비슷해져서 또 상대적으로 오차가 커진다. 그래서 흡광도의 크기가 중간 정도($A \approx 0.3 \sim 2$)일 때 정밀도가 가장 높게 나온다. 어떤 시료의 흡광도가 이 범위를 벗어난다면 농도를 조절하여 흡광도가 이 범위 안에 들어가도록 해야 한다.

흡광도를 측정할 때 떠돌이 복사선으로 인한 문제가 생기지 않도록 분광 광도계의 시료 큐벳이 들어가는 부분은 뚜껑이 잘 닫혀 있어야 한다. 시료 용액이나 기준 용액에 먼지가 들어 있으면 이것이 입사광을 산란시켜 떠돌이 복사선을 만든다는 사실을 명심해야 한다. 매우 정교한 실험에서는 시료 용액과 기준 용액을 매우 미세한 필터로 걸러서 쓰기도 한다. 큐벳 표면에 지문이 남지 않도록 조심해야 한다. 큐벳 걸이(cuvet holder)에 큐벳을 넣을 때 정확한 위치에 놓이도록 신경을 써야 한다. 큐벳을 바꿀 때 미세한 위치 변화가 생기면 재현성에 영향을 줄 수 있다. 최신형 큐벳 걸이가 있는 새 분광 광도계를 사용하면 재현성이 우수한 결과를 얻을 수 있지만 오래된 큐벳 걸이를 사용하는 기기에서는 재현성이 많이 떨어질 수 있다.

6 발광

어떤 분자가 복사선을 흡수하면 분자는 에너지가 높은 **들뜬 상태**(excited state)로 전이된다. 들뜬 상태는 불안정하기 때문에 머무르는 시간이 짧다. 분자는 흡수한 에너지를 여러 가지 방법으로 방출하고 다시 안정한 **바닥 상태**(ground state)로 돌아간다. 바닥 상태로 돌아가는 방법에는 흡수한 에너지가 열로 바뀌는 **비복사 전이**(nonradiative transition)와 **발광**(luminescence)을 하는 **복사 전이**(radiative transition)가 있다. 대부분의 분자는 흡수한 에너지를 비복사 전이로 방출한다. 소수의 분자들은 자외선 같이 에너지가 큰 복사선을 흡수한 후 일부 에너지만 비복사 전이로 방출하고 나머지는 광자(photon)로 방출하고 바닥 상태로 돌아간다. 이러한 발광에는 형광(fluorescence)과 인광(phosphorescence)이 있다. 이제 분자가 복사선을 흡수하여 들뜬 상태로 전이한 후 어떤 과정을 거쳐 바닥 상태로 다시 돌아가는지 먼저 살펴보자.

(1) 흡수된 에너지의 행방

상온에서 대부분의 분자는 바닥 상태에 머물고 있다. 바닥 상태는 보통 모든 전자들의 스핀 상태가 서로 반대가 되어 짝을 이루고 있는 **단일항 상태**(singlet state, S_0)이다. 전자들의 스핀 상태가 모두 같아 나란하면 **삼중항 상태**(triplet state)에 있다고 한다. 전자의 이러한 스핀 상태를 **다중도**(multiplicity)라고 한다.

그림 20.10에서 보는 것과 같이 어떤 분자가 자외선이나 가시광선을 흡수하여 들뜬 전자 상태로 전이하였다고 가정하자. 이런 흡수 과정은 10^{-15} s 정도로 대단히 빨리 일어난다. 대부분 유기 화합물에서 이러한 흡수는 바닥 상태의 가장 낮은 진동 준위로부터 같은 다중도를 갖는 첫 번째(S_1) 또는 두 번째(S_2) 혹은 그 이상 들뜬 전자 상태의 어떤 진동 준위로 일어난다. 일단 분자가 입사광을 흡수하여 S_0 상태에서 S_1 상태에 있는 어떤 들뜬 진동 및 회전 준위로 전이했다고 가정하자. 들뜬 상태 분자가 바닥 상태로 돌아가기 위해서는 여러 단계를 거쳐야 한다. 이때 분자는 들뜬 상태에 머무르는 시간을 최소화시킬 수 있는 과정을 거쳐서 바닥 상태에 도달하게 된다. S_1 상태로 전이한 후 분자 내에서 가장 먼저 일어나는 일은 일반적으로 **진동 이완**(vibrational relaxation)에 의해 S_1의 가장 낮은 진동 준위로 내려가는 것이다. 이 진동 에너지는 충돌에 의해 용매나 다른 분자로 이동하여 열에너지로 전환된다. 결국 흡수된 에너지의 일부에 의해 용액의 온도가 미세하게 증가할 것이다. S_1 준위의 가장 낮은 상태에서 여러 가지 일들이 일어날 수 있다. 가장 흔히 일어나는 일이 S_1의 바닥 상태와 에너지가 같은 S_0의 높은 들뜬 진동 준위로 이동하는 것이다. 이 과정을 **내부 전환**(internal conversion)이라고 부른다. 이제 분자는 진동 이완에 의해 바닥 상태로 내려가게 된다. 이때 가까이 있는 다른 분자들과 충돌에 의해 진동 에너지는 이들 분자에 전달된다. 이렇게 되면 분자가 흡수한 입사광의 에너지는 전부 열로 전환되는 셈이다. 이것이 분자가 들뜬 후 가장 보편적으로 일어나는 과정이다. 진동 이완과 내부 전환 같은 **비복사 전이**(radiationless transition)는 소요 시간이 ~10^{-12} s 정도로 빠르게 일어나기 때문이다.

분자가 S_1의 바닥 상태로부터 T_1의 어떤 들뜬 진동 준위로 건너뛸 수도 있다. 이것을 **계간 전이**(intersystem crossing)이라 부르는데 내부 전환과 같이 S_1과 T_1 상태의 진동 준위 에너지가 같으면 쉽게 일어날 수 있다. 계간 전이가 일어나려면 전자의 스핀 상태가 바뀌어야 한다. 분자가 I나 Br 같이 무거운 원자를 갖고 있으면 계간 전이가 일어날 확률이 올라간다. 이 경우 스핀-오비탈(orbital) 상호 작용이 증가하여 스핀 상태의 변화가 잘 일어날 수 있기 때문이다. 이것을 **중원자 효과**(heavy-atom effect)라고 한다. T_1의 들뜬 진동 상태에서 분자는 진동 이완에 의해 T_1의 가장 낮은 진동 준위에 도달하게 된다. 이 준위에서 다시 S_0의 들뜬 진동 상태로 다시 한 번 계간 전이가 일어날 수 있다. 그 다음 분자는 진동 이완에 의해 S_0의 가장 에너지가 낮은 바닥 상태에 도달하게 된다. 현재까지 설명한 모든 과정은 비복사 전이로서 흡수된 에너지는 전부 열에너지로 바뀌었다.

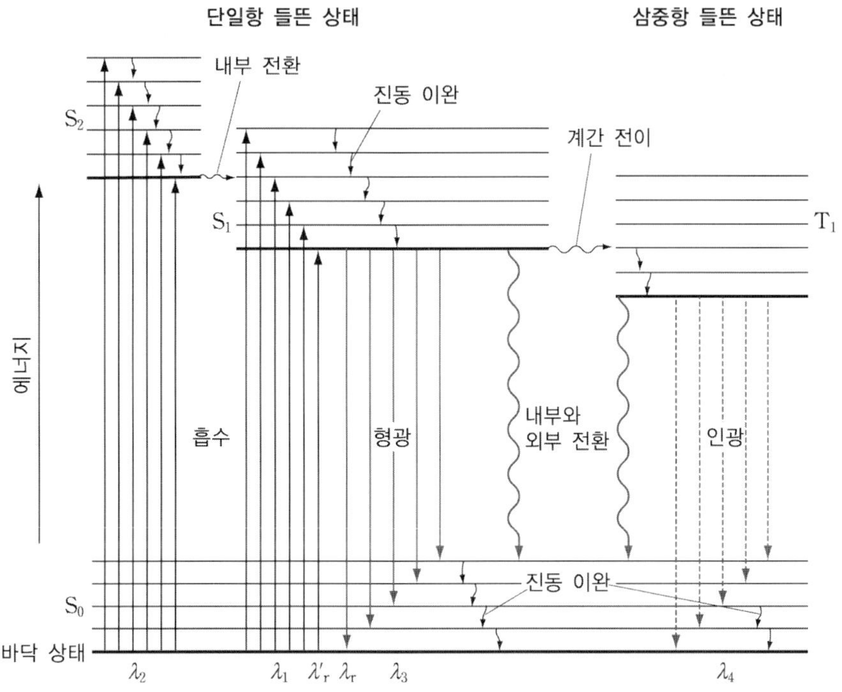

그림 20.10 어떤 분자가 자외선이나 가시광선을 흡수한 뒤 분자 내에서 일어날 수 있는 여러 가지 물리적 현상. S_0는 바닥 전자 상태, S_1과 T_1은 각각 첫 번째 들뜬 단일항 상태와 삼중항 전자 상태를 말한다. 직선으로 그린 화살표는 광자의 흡수나 방출을 말하고 물결 모양 화살표는 비복사 전이를 말한다.

S_1이나 T_1의 가장 안정한 상태에 있는 분자는 복사선을 방출하여 S_0 상태로 이완될 수 있다. 이러한 **복사 전이**(radiational transition)에는 **형광**(fluorescence)과 **인광**(phosphorescence)이 있다. 형광은 $S_1 \rightarrow S_0$ 복사 전이를 말하고 인광은 $T_1 \rightarrow S_0$ 복사 전이를 말한다. 복사 전이는 양자화된 과정이므로 비양자화된 과정인 비복사 전이보다 훨씬 느리게 일어나기 때문에 형광과 인광이 나타나는 경우는 흔치 않다. 다수의 분자들은 흡수한 에너지를 비복사 전이를 통해 잃고 안정한 바닥 상태로 돌아간다. 단일항 사이의 복사 전이는 양자 역학적으로 허용된 전이이다. 따라서 형광의 수명은 상대적으로 짧아서 $10^{-8} \sim 10^{-4}$ s 정도 된다. 인광은 다중도가 다른 상태 사이에 일어나기 때문에 양자 역학적으로 금지된 전이이고 따라서 수명이 $10^{-4} \sim 10^{2}$ s 정도로 길다. 또, T_1 상태는 S_1 상태보다 에너지가 낮아 인광은 형광보다 긴 파장에서 나타난다. 시료 분자와 용매나 산소와의 충돌로 인해 용액 상태에서 인광은 거의 측정할 수 없고 액체 질소(끓는점 −196 ℃)를 이용하여 시료를 얼리거나 고체 지지체에 흡착시켜서 측정한다. 내부 전환, 계간 전이, 형광 및 인광의 상대적인 속도는 일차적으로 시료 분자의 특성에 의해 결정되고 용매의 성질, 그리고 온도 및 압력과 같은 물리적 조건에 따라 변한다.

분자가 S_2 상태로 들뜬 경우에도 진동 이완과 $S_2 \rightarrow S_1$ 내부 전이가 보통 빠르게 일어난다. 때문에 분자가 S_1 상태로 들뜨거나 S_2 상태로 들뜨거나 형광은 대부분의 경우 S_1 상태의 가장 낮은 진동 준위에서 일어난다.

결국 입사광의 파장이 얼마가 되는지 상관없이 동일한 형광 스펙트럼을 얻게 된다. 또, 형광 방출 복사선의 세기는 입사광의 세기, 다시 말해 흡수한 광자의 수에 비례한다.

(2) 형광과 인광

발광에는 앞서 설명한 형광과 인광 외에도 화학 발광(chemiluminescence)이 있다. 화학 발광은 화학 반응하는 동안 만들어진 들뜬 상태 생성물이 바닥 상태로 돌아가면서 발광을 하는 것이다. 예를 들면 어떤 시료가 오존이나 과산화 수소 같은 강한 산화제와 반응하여 들뜬 상태 생성물을 만드는 경우가 있다. 이때 발광 스펙트럼은 시료나 반응물이 산화되어 만들어진 생성물의 특성을 보여 준다.

발광법이 갖는 가장 큰 매력은 감도가 매우 높다는 것이다. 흡수 분광법과 비교하면 보통 검출 한계가 10 ~ 1000배 정도 낮다. 잘 조절된 조건하에서 특정한 한 개의 분자를 형광 분광법으로 관찰한 경우도 있다. 형광 방출 스펙트럼(fluorescence emission spectrum) 외에도 형광 들뜸 스펙트럼(fluorescence excitation spectrum), 형광 수명(fluorescence lifetime) 등 여러 가지 변수를 측정할 수 있다는 것도 강점이다. 농도와 신호의 세기가 비례하는 범위가 흡수 분광법보다 훨씬 크다는 장점도 있다. 다만 들뜬 상태는 충돌이나 다른 과정에 의해 매우 민감하게 붕괴되므로 형광이나 인광을 방출하는 분자가 많지 않다는 점이 최대 약점이다. 흡수 분광법에 비하면 정확도나 정밀도도 많이 떨어진다. 발광 분광법은 자외선이나 가시광선을 흡수한 후 발광을 하는 화합물에 대해서만 사용할 수 있기 때문에 흡수 분광법보다 널리 쓰이지는 못한다. 여기서는 형광 분광법을 주로 다루기로 한다.

① 흡수 스펙트럼과 형광 방출 스펙트럼 사이의 관계

흡수 스펙트럼과 발광 스펙트럼은 여러 가지 구조를 갖고 있으며 많은 분자의 경우 흡수 스펙트럼과 발광 스펙트럼은 그 모양이 대략적으로 거울상 관계에 있다. 또 형광과 인광 스펙트럼은 흡수 스펙트럼보다 파장이 긴 쪽에 나타난다. 그 이유를 그림 20.11에서 찾아볼 수 있다. S_0에 여러 개의 진동 준위가 있고 S_1에도 여러 개의 진동 준위가 있다. S_0와 S_1 상태에서 분자의 진동 에너지는 크기가 비슷하다. Franck-Condon 원리에 따르면 전자 전이가 일어날 때 진동 전이도 같이 일어난다. 이 진동 전이가 일어날 확률이 S_0와 S_1 상태에서 비슷할 것이다.

흡수 스펙트럼에서 S_0의 바닥 상태 진동 준위 ($\nu = 0$)로부터 S_1의 바닥 상태 진동 준위로 일어나는 전이는 파장 λ_0에서 나올 것이다. 흡수 스펙트럼에서 λ_0의 파장이 가장 길다는 사실을 기억하라. 이것을 0-0 전이라 하며 사실 이 전이가 일어날 확률은 거의 0이다. 전자 전이가 일어날 때 진동 전이가 일어나지 않았기 때문이다. 다음은 S_0의 $\nu = 0$에서 S_1의 $\nu = 1$ 준위(λ_1)로, 또 그 다음은 역시 S_0의 같은 상태에서 S_1의 $\nu =$ 2 상태(λ_2)로 이렇게 다양한 전이가 가능하다. 만약 S_0, $\nu = 0 \rightarrow S_1$, $\nu = 3(\lambda_3)$ 전이가 일어날 확률이 가장 크다면 λ_3에서 최대 흡광도가 나타날 것이다. 용매의 극성이 작거나 무극성이면 분자의 진동 구조가 흡수 스펙트럼에 나타난다. 그러나 용매의 극성이 크면 용매-용질 사이의 상호 작용이 커지고 때문에 진동 구조는 서로 겹쳐 구별하기 힘들 정도로 되거나 아예 사라져서 하나의 넓은 흡수띠로 나타나기도 한다.

입사광을 흡수하여 S_1의 들뜬 진동 상태에 도달한 분자는 진동 이완에 의해 S_1의 바닥 진동 상태에 도달한다. 발광보다는 진동 이완 속도가 훨씬 빠르기 때문이다. 발광은 S_1, $\nu = 0$ 상태에서 S_0의 어느 진동 준위로도 일어날 수 있다. 이때 0-0 전이(S_1, $\nu = 0 \rightarrow S_0$, $\nu = 0$)에 해당하는 λ_0는 흡수 스펙트럼과는 반대로 발광 스펙트럼에서는 파장이 가장 짧은 쪽에 나타난다. 다른 S_0의 들뜬 진동 준위로 일어나는 전이에 해당하는 피크들은 이보다 파장이 긴 쪽에 나타난다. 앞서 설명한 대로 S_0와 S_1의 진동 구조가 비슷하여 진동 준위간 에너지 차이가 비슷하고 전이가 일어날 확률도 비슷하다면 흡수 스펙트럼과 발광 스펙트럼의 모양은 대략적으로 거울상 관계가 될 것이다.

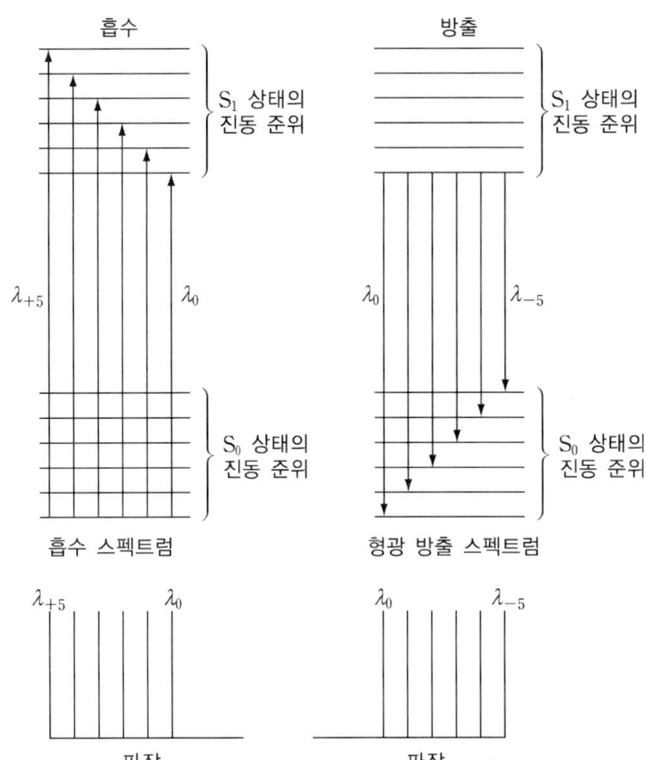

그림 20.11 흡수 스펙트럼과 형광 방출 스펙트럼에 왜 진동 구조가 나타나며 또 두 스펙트럼의 모양이 왜 서로 근사적인 거울상 관계가 되는지 설명해 주는 에너지 준위 그림. 흡수 스펙트럼에서 λ_0는 가장 작은 에너지에 해당하고 λ_{+5}는 가장 큰 에너지에 해당한다. 그러나 형광 방출 스펙트럼에서는 반대가 되어 λ_0가 가장 큰 에너지에 해당하고 λ_{-5}는 가장 작은 에너지에 해당한다.

② 형광 스펙트럼에 미치는 용매 효과

형광 방출은 입사광의 에너지에 상관없이 S_1의 바닥 상태에서 일어나므로 형광 스펙트럼은 흡수 스펙트럼보다 긴 파장 쪽에서 나타난다. 이에 덧붙여 용매의 극성이 증가하면 형광 스펙트럼은 이에 비례하여 파장이 긴 쪽으로 더 많이 이동하게 된다. 그림 20.12를 이용하여 그 이유를 알아보자.

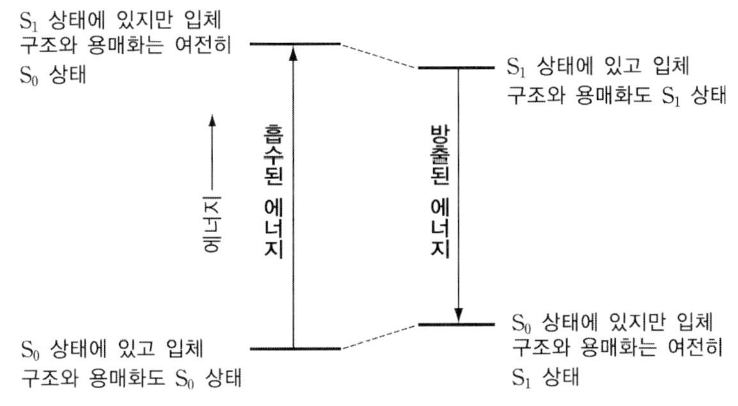

그림 20.12 흡수 스펙트럼과 형광 방출 스펙트럼에 미치는 용매의 영향. 용매 때문에 흡수 스펙트럼과 형광 방출 스펙트럼의 λ_0가 정확하게 일치하지 않는다.

입사광을 흡수하기 전 용질 분자는 바닥 상태인 S_0에 있다. 용질 분자는 S_0 상태에 적합한 구조를 갖고 있으며 주위에서 용매화하고 있는 용매 분자는 여기에 맞춰 가장 안정한 배향으로 배치되어 있다. 이때 에너지를 E_0라 하자. 용질 분자가 입사광을 흡수하여 S_1로 들뜬다고 가정하자. 원자의 진동 운동이나 용매 분자의 병진 운동보다 전자 전이가 훨씬 빠르다. 그래서 들뜬 순간에 용질 분자의 전자 구조는 S_1 상태로 바뀌었지만 용질 분자의 기하학적 모양과 주변 용매의 배향은 미쳐 바뀌지 못한다. 따라서 용질 분자는 여전히 S_0 구조를 가지고 주변 용매도 S_0일 때의 배향을 그대로 갖는다. 이에 용질 분자는 불안정하고 용질과 용매 분자 사이의 관계는 불안정해진다. 그래서 흡수가 일어날 때 이론상으로 예측한 값보다 더 큰 여분의 에너지가 필요하다

(E_1'). 입사광의 흡수가 일어난 다음에는 곧 용질 분자의 기하학적 구조가 S_1 상태에 맞는 구조로 바뀌고 용매의 배향도 이에 가장 적합한 안정한 형태로 바뀐다. 이러한 재배열 과정에서 들뜬 상태 용질 분자의 에너지는 낮아진다(E_1). 용매의 극성이 커지면 용질-용매간 상호 작용이 증가하므로 E_1'도 증가한다. 따라서 용매의 극성이 증가하면 이에 비례해서 $\Delta E_1 (= E_1' - E_1)$이 커지고 흡수 스펙트럼은 파장이 짧은 쪽으로 이동한다. 재배열이 끝난 후 용질 분자가 형광을 방출하게 되는데 이때도 같은 현상이 일어난다. 전자 전이에 의해 용질 분자는 S_0 상태가 되었지만 분자의 기하학적 구조는 여전히 S_1 구조로 되어 있고 용매의 배향도 S_1에 최적화된 상태로 남아 있다. 이렇게 용질 구조와 용매 배향이 불안정한 상태의 에너지 E_0'은 용질 분자의 구조와 용매 배향이 S_0에 최적화된 상태의 에너지 E_0보다 높다. 그래서 형광 스펙트럼은 파장이 긴 쪽으로 이동하게 된다. 마찬가지로 용매의 극성이 증가하면 E_0'가 커지므로 형광 스펙트럼의 장파장 이동도 더 큰 폭으로 일어난다.

기체 상태 분자는 개개 분자들이 서로 부딪치는 횟수가 적기 때문에 서로 자유로이 진동 및 회전 운동을 할 수 있어서 개개 진동 에너지와 회전 에너지에 해당하는 많은 흡수 피크들이 나타난다. 다시 말해 자외선-가시광선 흡수 및 형광 스펙트럼에서 진동 및 회전 구조를 관측할 수 있다. 용액 상태에서는 용질 분자가 용매와의 충돌 때문에 회전 운동을 할 수가 없고 진동 준위의 에너지도 수많은 배향을 가진 용매 분자들과의 상호 작용에 의해 조금씩 바뀌기 때문에 흡수나 형광 스펙트럼의 폭이 크게 증가하여 넓은 연속적인 흡수띠나 방출띠가 나오게 된다.

(3) 형광 스펙트럼의 종류

그림 20.13에 발광 분광 광도계의 기본적인 구조를 보여 주고 있다. 흡수 분광 광도계와 가장 큰 차이는 단색화 장치가 2개 있다는 사실이다. 들뜸 단색화 장치는 광원에서 방출된 복사선을 파장 별로 선별하는 역할을 하고 방출 단색화 장치는 시료에서 방출된 발광을 파장 별로 분리하는 역할을 한다. 방출 단색화 장치는 시료 큐벳 등에서 산란된 복사선이 검출기에 들어가는 것을 최소화하기 위해 입사광의 진행 방향과 90° 각도를 갖는 지점에 위치한다.

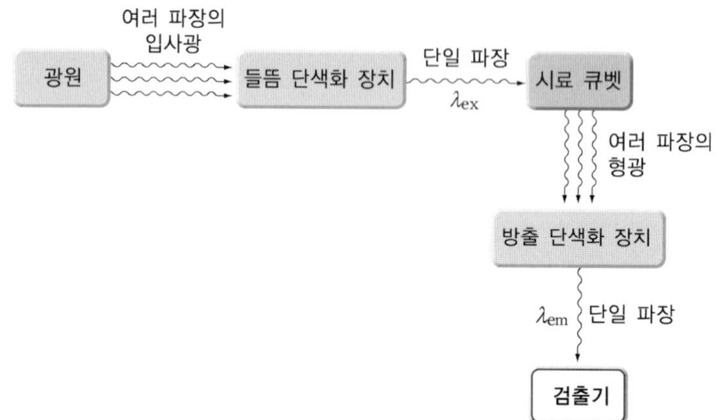

그림 20.13 발광 스펙트럼을 측정하는 분광계의 기본 구조. 시료에 특정 파장의 입사광을 쪼여주고 여기서 나오는 방출의 세기를 넓은 파장 범위에 걸쳐 측정한다. 들뜸 단색화 장치를 이용하여 입사광으로 쓰는 들뜸 파장(λ_{ex})을 선택하고 방출 단색화 장치를 이용하여 어떤 순간에 방출 세기를 측정할 하나의 파장(λ_{em})을 골라낸다.

가장 흔히 보는 발광 스펙트럼은 **형광 방출 스펙트럼**(fluorescence emission spectrum)이다. 들뜸 단색화 장치를 통해 특정 파장(λ_{ex})을 선택하여 시료에 조사하면 형광이 방출된다. 이것을 방출 단색화 장치로 주사(scanning)하여 방출 형광의 세기를 파장의 함수로 기록한 것을 형광 방출 스펙트럼이라고 한다. **형광 들뜸 스펙트럼**(fluorescence excitation spectrum)은 광원에서 나오는 복사선을 들뜸 단색화 장치로 주사하여 시료에 조사되는 입사광의 파장이 연속적으로 변화하도록 하고 이때 방출되는 형광은 고정된 특정 파장(λ_{em})에서 측정하여 얻는다.

형광 들뜸 스펙트럼은 형광 방출의 세기를 들뜸 파장의 함수로 기록한 것이다. 형광 방출 스펙트럼의 가로축 파장은 시료에서 방출된 형광의 파장이고 형광 들뜸 스펙트럼의 이 파장은 시료에 조사된 입사광의 파장을 가리킨다. 형광 들뜸 스펙트럼은 같은 조건에서 측정한 흡수 스펙트럼과 실질적으로 같다. 시료가 들뜸 파장을 많이 흡수하면 들뜬 상태로 전이한 분자의 숫자가 많아지고 들뜬 상태에 있는 분자가 많을수록 더 많은 형광이 방출될 것이기 때문이다. 입사광의 산란 때문에 흡수 스펙트럼을 측정하기 힘든 콜로이드 용액이나 고체 시료의 흡수 스펙트럼이 필요한 경우 형광 들뜸 스펙트럼을 측정하여 대신 사용하기도 한다. 그림 20.14에서 대표적인 형광 물질 중 하나인 안트라센(anthracene)의 형광 방출 스펙트럼과 형광 들뜸 스펙트럼을 볼 수 있다.

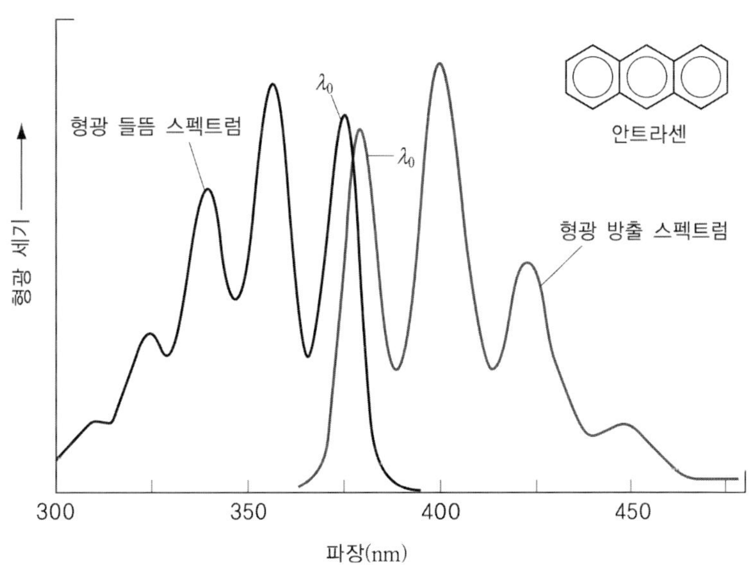

그림 20.14 비극성 용매에서 안트라센 화합물의 형광 방출 스펙트럼과 형광 들뜸 스펙트럼. 두 스펙트럼은 거울상 관계를 가지며 용매 효과 때문에 이들의 λ_0가 정확히 일치하지 않는 것을 확인할 수 있다. 형광 들뜸 스펙트럼은 흡수 스펙트럼과 모든 면에서 거의 같다.

발광 분광법에서는 시료에서 방출된 복사선의 세기를 측정한다. 검출기의 감응은 파장에 의해 달라지고 단색화 장치의 효율도 파장에 따라 변한다. 또, 광원에서 나오는 복사선의 세기도 파장에 따라 다르다. 그래서 측정된 발광 스펙트럼은 실제와 차이가 있다.

정확한 발광 스펙트럼을 얻으려면 스펙트럼의 보정이 필요하다. 흡광도는 입사광의 세기와 시료를 통과한 복사선의 세기를 비교하여 얻기 때문에 흡수 스펙트럼에서는 이러한 문제가 생기지 않는다. 발광 스펙트럼을 보정하는 문제는 이 책의 범위를 벗어나므로 생략한다.

(4) 형광의 세기

형광 방출의 세기 I는 시료에 의해 흡수된 입사광의 세기에 비례하며 다음과 같이 쓸 수 있다.

$$I = \Phi K''(P_0 - P) = K'(P_0 - P) \qquad (20-5)$$

여기서 P_0는 시료에 조사되는 입사광의 세기, P는 경로 길이 b인 시료를 통과한 뒤 입사광의 세기, Φ는 **형광 양자 수율**(quantum yield), K"은 기기의 구조나 기타 여러 요인에 의해 결정되는 상수이다. 형광 양자 수율, Φ는 들뜬 상태에서 형광을 방출한 분자 수를 같은 들뜬 상태에 있는 전체 분자 수로 나눈 값을 말한다. 주어진 조건에서 어떤 분자의 형광 양자 수율은 일정하다. 그래서 ΦK"은 상수가 되므로 이것을 또 다른 상수 K'으로 나타낸 것이다. I와 시료의 농도 c 사이의 관계를 구하려면 Beer 법칙을 이용해야 한다. Beer 법칙은 다음과 같이 쓸 수 있다.

$$\frac{P}{P_0} = 10^{-\varepsilon bc} \qquad (20-6)$$

여기서 ε는 형광을 방출하는 시료의 몰흡광도이고 εbc는 흡광도 A이다. (20−6) 식을 (20−5) 식에 대입하여 정리하면 다음과 같이 쓸 수 있다.

$$I = K' P_0(1 - 10^{-\varepsilon bc}) \qquad (20-7)$$

괄호 안에 있는 지수 항은 Maclaurin 급수로 전개시킬 수 있다.

$$I = K' P_0[2.303\varepsilon bc - \frac{(2.303\varepsilon bc)^2}{2!} + \frac{(2.303\varepsilon bc)^3}{3!} + \cdots\cdots\cdots] \qquad (20-8)$$

용액의 농도가 묽으면 εbc 값이 작다. $2.303\varepsilon bc < 0.05$이면 위 대괄호 안의 첫째 항에 비해 나머지 항의 크기가 매우 작아지므로 무시할 수 있다. 그래서 (20−8) 식은 다음과 같이 간단하게 쓸 수 있다.

$$I = K' P_0 2.303\varepsilon bc$$

위 식의 상수를 모두 모아서 K로 두면 형광의 세기 I는 다음과 같이 간단하게 표시할 수 있다.

$$I = K P_0 c \qquad (20-9)$$

여기서 $K = K'2.303\varepsilon b$이다. P_0가 일정하다면 시료의 농도가 묽을 때 형광의 세기를 농도에 대해 도시(plot)하면 직선이 나온다. 또, 형광의 세기는 입사광의 세기 P_0에 비례하기 때문에 P_0를 2배로 하면 형광의 세기도 2배가 된다는 것을 알 수 있다. 반면 흡광도는 입사광의 세기와 무관하다.

이러한 형광의 세기와 시료의 농도 사이의 비례 관계는 농도가 커지면 성립하지 않게 된다. 농도가 진해져서 대략적으로 $2.303\varepsilon bc > 0.05$이 되면 (20−8) 식의 두 번째 이상 되는 항의 크기를 무시할 수 없는 상황이 된다. 이렇게 되면 I와 c 사이의 비례 관계는 더 이상 성립하지 않는다. I 값은 직선으로 예측되는 값보다 작아서 음의 편차를 보인다.

높은 농도에서 음의 편차가 나오게 하는 또 다른 요인은 형광 방출띠와 흡수띠가 일부 서로 겹치는 경우에 생긴다. 이런 경우 용액 내부에서 방출된 형광이 용액을 빠져 나오는 동안 같은 시료 분자에 의해 재흡수될 수 있는데 이것을 **자체 흡수**(self−absorption)라고 한다. 또 용액 속에 있던 다른 화학종에 의해서도 흡수될 수 있다. 이러한 현상 때문에 I vs c 도시가 최댓값을 보이는 경우도 있다. 이런 여러 요인을 통틀어 **내부 필터 효과**(inner filter effect)라고 보통 부른다.

연습문제

1. 전자기 복사선의 파동성을 나타내는 대표적인 성질 하나를 예를 들어 그 현상이 어떻게 파동의 성질을 증명해 주는지 설명하시오.

2. 광전 효과는 복사선의 특성을 잘 설명해 준다. 광전 효과로부터 복사선의 어떤 특성을 확인할 수 있는지 설명하시오.

3. 다음 파장을 갖는 자외선이나 가시광선의 진동수(Hz), 파수(cm^{-1}), 그리고 에너지(Joules/photon과 Joules/mole of photon)를 계산하시오.
   (1) 276 nm　　(2) 355 nm　　(3) 562 nm　　(4) 680 nm

4. Na($1s^2 2s^2 2p^6 3s^1$) 원자의 흡수 스펙트럼을 측정하였다.
   (1) 3s → 3p 전이에 해당하는 흡수띠는 589 nm에서 나타나지만 3s → 4s 전이에 해당하는 흡수띠는 측정되지 않는다. 그 이유는 무엇인가?
   (2) Na 원자의 흡수 스펙트럼을 자세히 관찰해 보았더니 589 nm에서 선 스펙트럼으로 나타나지 않고 어떤 일정한 넓이를 가지는 흡수띠로 나타났다. 이렇게 흡수선의 폭이 넓어지는 이유가 무엇인지 설명하시오.
   (3) 이 Na 원자의 흡수띠는 온도가 올라가면 그 폭이 넓어졌다. 그 이유를 설명하시오.

5. 분자에서는 회전 전이, 진동 전이, 전자 전이가 일어날 수 있다. 이러한 전이가 일어날 확률은 정성적으로 어떤 경우에 높은지, 즉 어떤 경우에 전이가 가능한지 위 세 가지 경우 각각에 대해 설명하시오.

6. CO_2(O=C=O)는 선형 분자이고 대칭 신축 운동, 비대칭 신축 운동, 굽힘 운동의 세 가지 형태의 진동 운동을 할 수 있다. 그런데 비대칭 신축 운동에 해당하는 흡수띠는 스펙트럼에서 관찰되지만 대칭 신축 운동에 해당하는 흡수띠는 나타나지 않는다. 그 이유는 무엇인가?

7. 전자 전이가 일어날 때 진동 전이도 같이 일어난다. 이런 현상이 일어나는 이유를 간략하게 설명하시오.

8. 폼알데하이드(HCHO) 분자가 397 nm 가시광선을 흡수한다면 n → π^* (T_1) 전이가 일어나는 것이고 자외선인 355 nm를 흡수한다면 n → π^* (S_1) 전이가 일어난다는 것을 말한다. 그런데 폼알데하이드 용액은 무색투명하다. 그 이유는 무엇인가?

9. 혈청(serum)에 있는 철(Fe) 이온의 농도를 분광 분석법으로 구하려고 한다. 우선 시료의 모든 철 이온을 Fe^{2+} 상태로 환원시킨 후 용액에 있는 단백질을 제거한다. 여기에 ferrozine을 가하면 $(ferrozine)_3Fe^{4-}$ 착화합물이 생성된다. 이 화합물은 최대 흡광도가 562 nm에서 나타나는데 이 파장에서 흡광도를 측정하여 농도를 구할 수 있다. 흡광도를 5번 측정했는데 그 결과는 다음과 같다.

2.77	2.75	2.71	2.82	2.79

   그런데 실험이 잘못되었다고 다시 하라는 지시를 받았다고 하자.
   (1) 이 실험 결과는 무엇이 문제인가?
   (2) 이 문제를 해결하려면 어떻게 하면 되는가?
   (3) 이 실험에서 먼저 시료에 Cl_3CCOOH를 가한 후 원심 분리하여 단백질을 제거하였다. 흡광도를 측정하기 전에 혈청 속에 있는 단백질을 제거하는 이유는 무엇인가?

10. 분광 광도계로 흡광도를 측정할 때 흡광도(A)가 중간 정도의 값(대략 0.3 ~ 1.0, 최근에는 0.3 ~ 2.0)을 가질 때 가장 정확한 결과를 얻을 수 있다. 그 이유는 무엇인가?

11. 흡광도는 홑살 분광계나 겹살 분광계를 사용하여 측정할 수 있다. 홑살 분광계에 비해 겹살 분광계는 어떤 장점을 갖고 있는가?

12. 홑살 분광계를 사용하여 흡광도를 측정하려고 한다. 어떻게 하면 되는지 방법을 간단히 설명하시오.

13. 어떤 화합물의 자외선-가시광선 흡수 스펙트럼은 이 화합물의 상태에 따라 그 모양이 많이 달라진다. 벤젠이 다음과 같은 상태에 있을 때 스펙트럼의 모양이 어떻게 달라지며, 또 이렇게 나타나는 이유는 무엇인지 간단히 설명하시오.
(1) 기체 상태
(2) n-헥세인에 녹인 용액
(3) 에탄올에 녹인 용액

14. 정량 분석에서 가장 널리 쓰이는 방법은 자외선, 가시광선 영역에서 흡광도를 측정하여 Beer 법칙으로 농도를 구하는 것이다. 이때 실험 오차를 줄여 신뢰할 수 있는 결과를 얻으려면 어떻게 해야 하는지 간략하게 설명하시오.

15. 바닥 전자 상태 S_0에 있던 어떤 분자가 입사광을 흡수하여 들뜬 전자 상태 S_1으로 전이했다고 가정하자. 이 분자가 다시 S_0 상태로 돌아가는 방법은 크게 복사 전이와 비복사 전이로 나눌 수 있다. 복사 전이와 비복사 전이에는 어떤 것들이 있고, 또 어떻게 일어나는 전이인지 간략하게 설명하시오.

16. 형광 분광법은 여러 가지 많은 장점이 있음에도 불구하고 형광을 방출하는 화합물이 많지 않다는 제약이 있다. 형광을 방출하는 화합물이 많지 않은 이유를 설명하시오.

17. 형광은 S_1 전자 상태 중 가장 에너지가 낮은 상태에서 방출된다. 그 이유는 무엇인가?

18. 형광 방출 스펙트럼의 방출띠는 흡수 스펙트럼의 흡수띠보다 항상 파장이 긴 쪽에 나타난다. 그 이유를 간략하게 설명하시오.

19. 어떤 화합물의 흡수 스펙트럼과 형광 들뜸 스펙트럼은 그 모양이 거의 같다. 그 이유를 설명하시오.

20. 용매와 용질 사이에 특별한 상호 작용이 없는 경우에 용매의 극성이 증가하면 흡수 스펙트럼의 흡수띠는 단파장 쪽으로, 형광 스펙트럼의 방출띠는 장파장 쪽으로 이동한다. 그 이유를 설명하시오.

21. 형광 스펙트럼에는 형광 방출 스펙트럼과 형광 들뜸 스펙트럼이 있다. 이들 스펙트럼을 각각 어떻게 측정하는지 설명하시오.

22. 시료가 고체이거나 분자량이 매우 큰 고분자 물질 또는 콜로이드 용액일 때 흡수 스펙트럼을 찍기가 매우 힘들다. 이러한 시료는 형광 들뜸 스펙트럼을 찍어서 흡수 스펙트럼 대신 사용한다. 이렇게 할 수 있는 이유가 무엇인지 설명하시오.

21장 분광 광도계

자외선, 가시광선, 적외선 영역에서 흡수, 형광, 발광 등을 측정하는 분석기기의 기본적인 구조와 각 부분의 기능, 요구되는 성능 같은 것들이 매우 유사하다. 그래서 이런 기기들을 흔히 **광학기기**(optical instrumental)라고 부른다. 이 장에서는 흡수 분광법에 쓰이는 기기를 중심으로 모든 광학기기에 공통으로 쓰이는 각 부분들의 원리, 특징을 살펴볼 것이다. 그리고 널리 쓰이는 기기의 일반적인 구조상 특징에 대해 알아볼 것이다.

1 분광 광도계의 기본 구조

대부분의 분광기(spectrometer)는 기본적으로 다음과 같은 5가지 구성 성분을 필요로 한다: (1) 일정한 세기를 갖는 안정적인 광원, (2) 좁은 파장을 분리해 낼 수 있는 파장 선택기[대부분 단색화 장치(monochromator) 사용], (3) 하나 이상의 시료 용기, (4) 복사 에너지를 측정 가능한 신호(보통 전류, 전압 같은 전기 신호)로 바꿔주는 검출기[변환기(transducer)라고도 함], (5) 신호 처리기(signal processor)와 판독기(readout). 그림 21.1(a)에서 하나의 기기를 구성하기 위해 이러한 부분들이 어떻게 모여서 연결되는지 간략하게 보여 주고 있다(검출기 다음에 위치하는 신호 처리기와 판독기는 여기에 표시하지 않았음). 그림 21.1(b)에서는 널리 쓰이는 분광계를 볼 수 있다.

흡수나 형광 분광기와 달리 발광 분광기는 광원을 필요로 하지 않는다. 아크(arc), 스파크(spark), 유도 결합 플라스마(inductively coupled plasma), 불꽃 등이 시료 용기가 되는데 여기에 시료가 들어 있어서 특정 파장의 복사선을 방출한다. 반면 흡수나 형광 분광법에서는 복사선을 방출하는 광원이 필요하고 시료는 큐벳

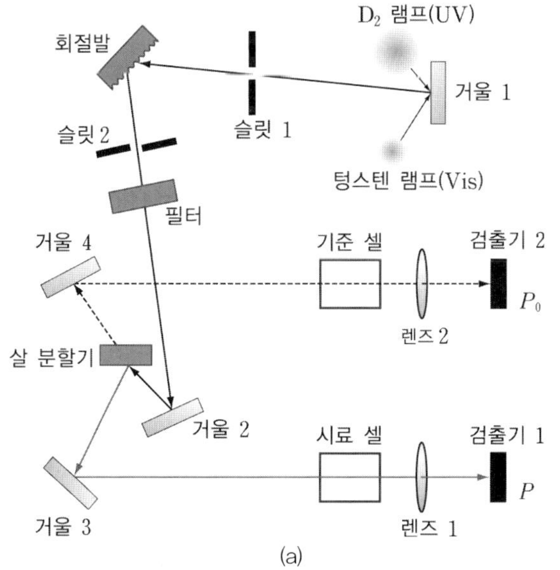

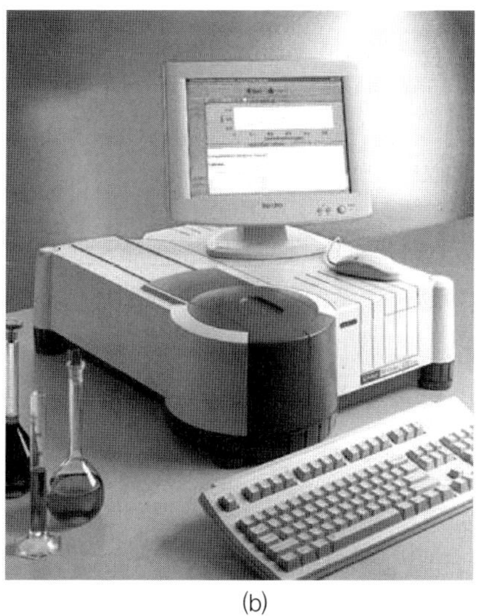
(b)

그림 21.1 (a) 겹살 주사 분광 광도계의 개략도. 슬릿 1부터 회절발, 슬릿 2까지가 단색화 장치이다. 단색화 장치에서 나온 입사광이 살 분할기에서 2개의 빛살로 나누어져서 기준 셀과 시료 셀을 동시에 통과하므로 P_0와 P를 동시에 측정할 수 있다. (b) 가장 널리 쓰이는 분광계 중 하나인 Varian Cary 50B 자외선-가시광선 겹살 분광 광도계(한국 Varian 제공).

같은 시료 용기에 들어간다. 자외선-가시광선 영역에서 흡광도를 측정하는 기기는 보통 광원에서 나온 복사선이 단색화 장치를 통과하고 이때 선택된 특정 파장이 시료를 통과하도록 되어 있다. 그러나 적외선 영역에서 흡광도를 측정하는 기기의 경우 보통 단색화 장치와 시료의 이 순서가 바뀌어 있다. 형광을 측정하는 분광기는 광원에서 나온 빛살을 시료에 쪼이면 특정 파장의 복사선이 방출된다. 이 형광의 세기는 광원에서 나온 입사광과 90° 되는 각도에서 보통 측정된다.

흡광도를 측정하는 분광 광도계에는 홑살 분광 광도계(single-beam spectrophotometers)와 겹살 분광 광도계(double-beam spectrophotometers)가 있다. 20장에서 간단히 언급한 바와 같이 그림 20.6에 있는 기기는 홑살 분광 광도계이다. 기준 큐벳(용매 또는 바탕 시약)을 넣고 입사광을 조사한 후 검출기에 도달하는 복사선의 세기는 P_0이다. 큐벳에 시료를 담아서 같은 방법으로 측정한 복사선의 세기는 P이다. 투과율(transmittance) $\mathrm{T} = P/P_0$이며 이것은 0 ~ 1 사이의 값을 갖는다. 흡광도(absorbance) $A = -\log \mathrm{T} = \log P_0/P$인데 Beer 법칙에 따라 A는 몰농도에 비례한다.

홑살 분광 광도계는 시료와 기준 용매를 바꿔가면서 측정을 해야 하므로 불편하고 무엇보다 연속적으로 파장을 변화시키면서 흡광도 변화를 측정[이것을 주사(scan)한다고 말한다]하는 것이 불가능하다. 뿐만 아니라 반응 속도 실험에서 시간에 따른 흡광도 변화를 측정할 때 홑살형 기기는 적합하지 않다. 광원의 세기와 검출기의 감응이 시간에 따라 약간씩 변동을 일으키기 때문이다.

그림 21.1(a)는 겹살 주사 분광 광도계(double-beam scanning spectrophotometers)의 개략적인 구조를 보여 주고 있다. 단색화 장치에서 나온 입사광은 살 분할기에 의해 두 토막으로 나뉘어 시료 큐벳과 기준 큐벳을 번갈아 지나간다. 시료 큐벳을 통과한 복사선의 세기는 P가 되고 기준 큐벳을 통과한 복사선의 세기는 P_0가 된다. 매 초당 회전 거울이 여러 번 회전하면서 입사광을 토막 내어 보낸다. 기기는 자동으로 P와 P_0를 비교하여 투과도와 흡광도를 계산해 낸다. 이렇게 되면 P와 P_0의 세기가 매우 자주 비교되기 때문에 시간이나 파장 변화에 따른 입사광의 세기와 검출기 감응의 변동이 자동적으로 보정된다. 대부분 연구용 분광 광도계는 이런 겹살 분광 광도계인데 자동적으로 입사광을 시료와 기준 큐벳에 주사하면서 연속적으로 파장 변화에 따른 흡광도 변화를 측정하여 기록한다. 흡수 스펙트럼을 측정하기 전에 가장 먼저 2개의 큐벳에 같은 용매나 바탕 용액을 넣고 바탕선(baseline) 스펙트럼을 측정한다. 다음 시료를 넣고 흡수 스펙트럼을 측정한 다음 여기서 바탕선 스펙트럼을 빼 준다. 이렇게 보정해 주면 보다 정확한 흡수 스펙트럼을 얻을 수 있다.

2 광원

분광 광도계에 쓰이는 광원은 우선 쉽게 신호를 검출하고 측정할 수 있도록 복사선의 세기가 강해야 하고 또, 측정하는 동안 세기가 일정하게 안정되어야 한다. 광원의 복사 세기는 보통 전원의 전압에 따라 지수 함수 형태로 변하기 때문에 요구되는 안정성을 담보할 수 있도록 잘 조정된 전원이 필요하다. 다행히 겹살 분광 광도계는 시료 큐벳을 통과한 복사선의 세기와 기준 큐벳을 통과한 복사선의 세기를 동시에 측정하거나 거의 동시에 측정한 후 그 비를 구해서 흡광도를 계산한다. 따라서 광원의 세기에 변동이 일어나고 이로 인해 발생하는 문제는 대부분 제거된다.

광원에는 **연속 광원**(continuum source)과 **선 광원**(line source)이 있다. 연속 광원은 세기가 파장에 따라 천천히 변하는 복사선을 방출하며 선 광원은 제한된 개수의 선이나 파장 범위가 좁은 띠를 방출한다.

(1) 연속 광원

텅스텐 램프(tungsten lamp)는 가시광선과 근적외선 영역의 연속적인 복사선을 방출하는 광원으로 널리 쓰인다. 텅스텐 필라멘트의 온도는 보통 3000 K 정도이며 이때 320 ~ 2500 nm 범위의 복사선을 방출한다. **중수소 아크 램프**(deuterium arc lamp)는 자외선 영역에서 사용한다. 전극이 들어 있는 진공관에 중수소(D_2)를 소량 넣고 전극에 전압을 걸어 방전시키면 중수소가 분해되면서 110 ~ 400 nm 영역의 연속적인 자외선이 방출된다. 보통 쓰이는 자외선-가시광선 분광 광도계에는 텅스텐 램프와 중수소 아크 램프가 같이 설치되어 있어서 360 nm보다 짧은 파장에서는 중수소 아크 램프에서 나온 복사선이 입사광으로 쓰이고, 기기가 장파장 쪽으로 주사하여 파장이 360 nm를 지나가면 자동으로 텅스텐 램프에서 나온 복사선이 입사광으로 쓰이도록 설계되어 있다. 특별하게 강한 광원이 필요할 때 사용하는 램프는 진공관에 Ar, Xe, Hg 같은 기체를 비교적 높은 압력으로 채우고 전극으로 방전시켜 입사광을 얻도록 되어 있다.

보통 **글로바**(globar)라고 부르는 탄화 규소(silicon carbide) 막대에 전류를 흘러 보내 약 1500 K 정도로 가열하면 4000 ~ 200 cm^{-1} 영역의 적외선을 얻을 수 있다. 이 램프는 적외선 분광법에서 광원으로 쓰인다.

(2) 선 광원

몇 개의 특정 파장의 방출 선을 내는 선 광원은 원자 흡수 분광법, 형광 분광법, Raman 분광법, 굴절 측정법(refractometry), 편광 측정법(polarimetry) 등에서 널리 쓰인다. 수은이나 소듐 기체 램프는 자외선과 가시광선 영역에서 소수의 좁은 선을 방출한다. 속빈 음극 램프(hollow cathode lamp)와 무전극 방전등(electrode discharge lamp)은 원자 흡수 분광법, 원자 형광 분광법에서 가장 널리 쓰이는 선 광원이다.

(3) 레이저

레이저(laser) 광의 특징은 단일 파장(monochromatic)을 가지며, 모든 파동의 위상이 같고(이런 성질을 부합성(coherent)이라고 한다), 단일 파장에서 세기가 매우 강하며, 파동의 전장이나 자장이 한 면에서만 진동하는 편광(polarized light)이며, 진행하면서 옆으로 퍼지지 않고 직진하는 평행성을 갖는다. 이러한 특성 때문에 1960년 레이저(laser)가 처음 등장한 이후 고분해능 분광학, 수명(lifetime)이 10^{-9} ~ 10^{-12} 정도인 여러 가지 과정의 반응 속도 연구, 대기에 있는 극미량 성분의 분석, 동위 원소 선택적 반응 유도 등 많은 부분에 응용되어 왔다. 또, 레이저는 Raman 분광법, 분자 흡수 분광법, 방출 분광법 등 여러 가지 널리 쓰이는 분석법에서 광원으로 중요한 위치를 점하고 있으며 푸리에 변환(Fourier transform) 적외선 분광기의 구성 성분으로도 쓰인다. 다시 말해 레이저는 자외선, 가시광선, 적외선 부분에서 아주 중요한 광원이 되었다. 초기 레이저의 단점은 이들이 적은 숫자의 방출선만 낸다는 것이었다. 그러나 요즘은 일정한 범위 내에서 특정 파장의 방출선을 선택할 수 있는 색소 레이저(dye laser)가 발달해서 이런 문제를 상당 부분 해소하였다.

① 레이저 구성 요소

대표적인 레이저의 구성 요소를 그림 21.2에서 볼 수 있다. 레이저 발생 장치의 핵심은 **활성 물질**(acting material)이다. 활성 물질은 이들이 외부 광원이나 전류 또는 전기 방전 등에 의해 들뜨게 되면 특정 에너지를 갖는 일부 광자가 같은 에너지를 갖는 광자를 폭포수처럼 쏟아져 나오도록 이끌어 낼 수 있는 물질을 말한다. 다시 말해 이 물질이 레이저 광을 방출하는 것이다. 루비나 Nd-YAG 같은 고체 결정, 비소화 갈륨(gallium arsenide) 반도체, 유기 염료 용액, Ar, Kr, N_2 같은 기체들이 활성 물질로 쓰인다. 활성 물질이 고체나 액체인 레이저는 외부 광원을 써서 에너지를 가한다. 반면, 기체 레이저는 보통 외부 광원을 쓰지 않고 기체가 들어 있는 용기에 한 쌍의 전극을 넣고 방전시켜서 들뜨게 한다.

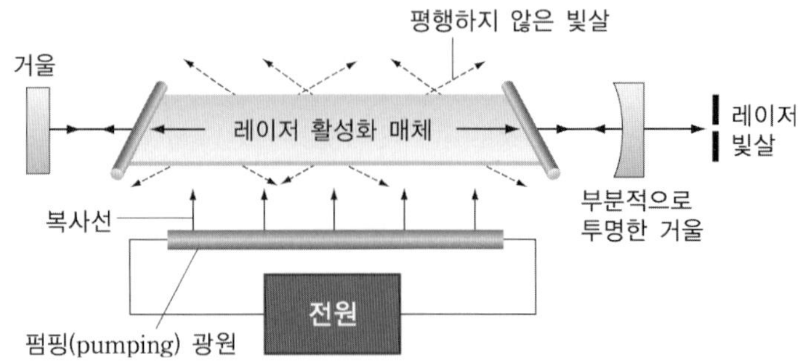

그림 21.2 일반적인 레이저 광원의 구조를 나타낸 개략도

활성 물질이 들어가 있는 레이저 발생 장치는 그림 21.3과 같은 Fabry－Perot **간섭계**(interferometer) 원리를 이용한다. 한쪽은 완전히 반사하는 거울이고 다른 한쪽은 일부만 투과하고 나머지는 반사하는 거울로 되어 있다. 레이저 활동(lasing action)에 의해 만들어진 복사선이 이 두 거울 사이를 왔다 갔다 하며 활성 물질을 여러 번 반복해서 통과하게 된다. 활성 물질을 통과할 때마다 광자들이 추가로 생성되므로 커다란 증폭이 일어나게 된다. 또 이렇게 여러 번 통과함으로써 고도로 평행한 빛이 만들어진다. 평행하지 않은 빛은 두 거울 사이를 왕복하다 밖으로 빠져 나가 버릴 것이기 때문이다. 한쪽 거울은 미량의 복사선이 투과할 수 있기 때문에 레이저 광을 얻게 된다.

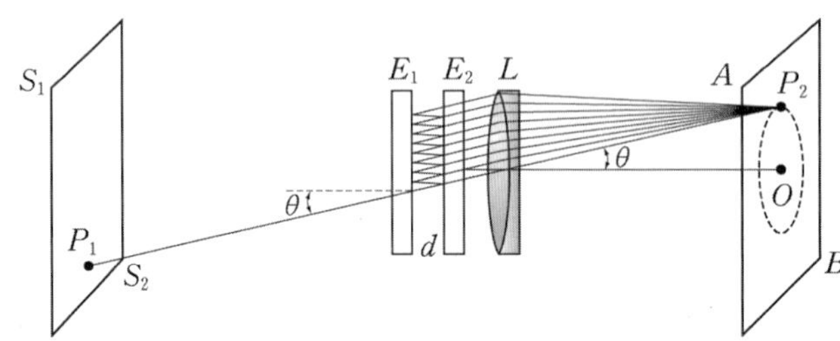

그림 21.3 Fabry–Perot 간섭계. E_1은 100% 반사되는 거울이고 E_2는 일부만 투과하고 나머지는 반사되는 거울이므로 대부분의 입사광은 스크린에 도달하기 전에 두 거울 사이를 여러 번 왕복하게 된다. 이때 간섭에 의해 $2d\cos\theta = n\lambda$를 충족시키는 파장의 복사선만 살아남아 스크린에 회절 무늬를 만들 수 있다. 여기서 d는 두 거울 사이의 거리, θ는 입사광의 입사각이며 n은 정수(1,2,3 …)이다.

② 레이저 발생 원리

레이저 발생 원리의 핵심은 "**자극 방출**(stimulated emission)에 수반되는 부합성의 원리"라고 한마디로 정리할 수 있다(그림 21.4 참조). 두 거울 사이에 활성 물질로서 어떤 기체 상태 분자가 들어 있다고 가정하자. 이 분자가 활성 물질이 되려면 여러 개의 들뜬 상태 중에서 하나는 **준안정 상태**(metastable state)여야 한다. 준안정 상태는 다른 들뜬 상태에 비해 상대적으로 안정해서 여기에 머무르는 시간이 길다. 외부 광원을 이용하여 복사선을 쪼이면 많은 분자들이 들뜬 상태로 전이된다. 이런 흡수 과정을 흔히 **펌프질**(pumping)이라 부른다. 분자들이 다시 바닥 상태로 돌아갈 때 준안정 상태에 머무르는 분자들이 많을 것이다. 외부 광원의 세기가 강하면 바닥 상태보다 이 들뜬 상태의 분자수가 더 많아질 수 있다. 이런 상태를 **입자수 반전**(population inversion)이라고 한다.

이 준안정 상태에 있는 분자 하나가 바닥 상태로 떨어지면서 $h\nu$ 만한 에너지를 갖는 광자를 방출했다고 하자. 이것은 형광인데 이러한 방출은 **자발 방출**(spontaneous emission)이라고 한다. 이 광자가 지나가다가 같은 준안정 상태에 있는 다른 분자와 부딪쳐 자극하면 이 분자도 정확히 같은 진동수의 광자를 방출하면서 바닥 상태로 돌아가게 된다. 이것을 자극 방출이라고 한다. 자극 방출에 의해 생성된 광자는 이 방출을 유발

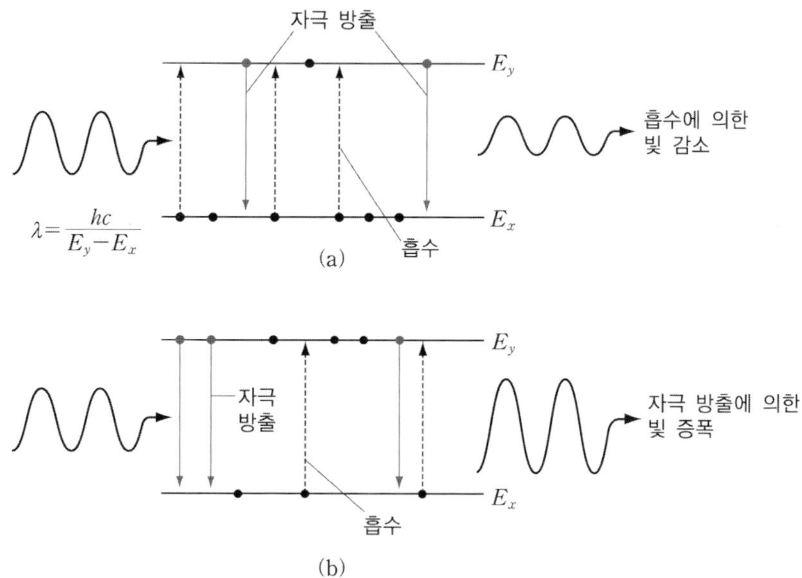

그림 21.4 외부 광원에 의해 E_x 에서 E_y(들뜬 상태. 준안정 상태라 부른다)로 전자가 들뜨게 된다(pumping). (a) E_x와 E_y 사이에 입자수 반전이 일어나지 않은 경우는 입사광의 세기가 감소한다. (b) 입자수 반전이 일어난 경우는 자극 방출에 의해 입사광의 세기가 증가한다.

시킨 광자와 진동수, 방향, 편극(polarization)이 정확하게 같고(공간 부합성(spatial coherence)) 위상과 속도도 정확하게 같다(시간 부합성(temporal coherence)).

이렇게 방출된 광자가 두 거울 사이를 왕복하면서 바닥 상태에 있는 분자와 만나면 흡수된다. 그러나 들뜬 상태(준안정 상태)에 있는 분자를 만나면 자극 방출을 일으킨다. 만약 활성 물질 중 바닥 상태보다 들뜬 상태에 있는 분자가 더 많다면 흡수보다는 자극 방출이 더 많이 일어난다. 레이저 발생 장치의 투과성이 있는 거울도 보통 투과도가 낮아 소량의 복사선만 투과할 수 있으므로 이 발생 장치를 광자가 빠져 나오기 전에 여러 번 두 거울 사이를 왕복하게 된다. 입자수 반전이 이루어진 조건하에서는 자극 방출이 연쇄 반응처럼 계속 빠르게 일어나 증폭되므로 강한 부합성 레이저 광을 얻게 된다. 입자수 반전이 일어나지 않으면 반대로 흡수가 더 많이 일어나 방출되었던 광자는 소멸해 버리게 된다. 그래서 레이저 광을 얻기 위해서는 활성 물질의 입자수 반전이 필히 이루어져야 한다.

앞서 언급한 대로 레이저 발생 장치는 Fabry−Perot 간섭계의 거울 사이 간격을 늘리고 여기에 활성 물질을 넣은 것이므로 조건에 맞는 특정 파장의 복사선만 증폭된다. 그렇지 못한 복사선은 간섭에 의해 소멸된다. 또 발생 장치의 두 거울을 연결하는 축과 평행하게 움직이는 복사선은 양 거울을 왕복하면서 증폭되지만 그렇지 못한 광자는 밖으로 빠져 나가 사라질 것이다.

레이저 시스템에는 그림 21.5에서 보는 것과 같이 3−준위(3−level)와 4−준위(4−level) 시스템이 있다. 3−준위 시스템에서는 3개의 에너지 준위가 레이저 발생에 관여한다. 들뜬 상태 E_y와 바닥 상태 E_0 사이의 전이에 의해 레이저 광이 만들어진다. 4−준위 시스템에서는 4개의 에너지 준위가 관여한다. E_y로부터 바닥 상태보다 에너지가 높은 E_x 준위로 전이가 일어나면서 레이저 광이 발생된다. 또, E_x에서부터 바닥 상태로 비복사 전이가 매우 빠른 속도로 일어난다.

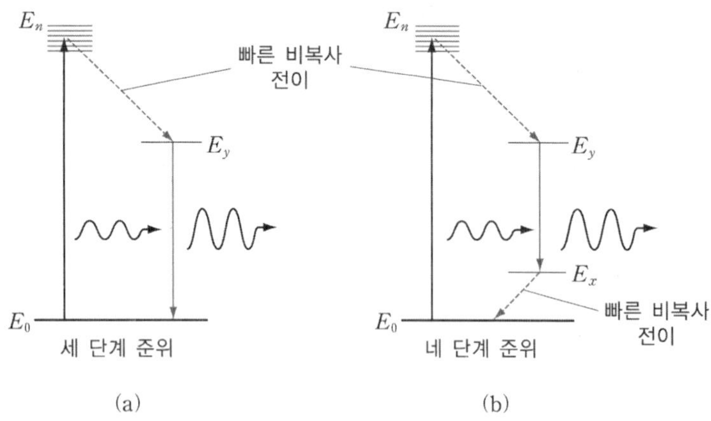

그림 21.5 두 가지 형태 레이저 시스템의 에너지 준위 그림

두 시스템 모두 상온에서 활성 물질 거의 대부분은 바닥 상태 에너지 준위 E_0에 있다. 입자수 반전을 일으키기 위해 3-준위 시스템에서는 많은 에너지를 가하여 활성 물질의 절반 이상이 E_y 준위에 오도록 만들어야 한다. 반면, 4-준위 시스템에서는 E_y 준위의 입자수가 E_x 준위보다 많게 펌프질을 해주면 된다. E_x 준위는 바닥 상태가 아니기 때문에 불안정하여 E_0로 빠르게 전이된다. 따라서 E_x 준위에 있는 입자수는 E_0에 있는 입자수에 비하면 보통 무시할 수 있는 수준이고 펌프질 에너지가 적절하다면 E_y 준위의 입자수보다도 적다. 3-준위 레이저에 비해 4-준위 레이저는 작은 펌프질 에너지를 갖고도 보통 쉽게 레이저 발생에 필수인 입자수 반전을 시킬 수 있다.

③ 몇 가지 유용한 레이저

고체 상태 레이저로 가장 먼저 출현한 것은 루비(ruby) 레이저로, 3-준위 시스템이며 강한 펄스를 내는데, 요즘은 연속적인 복사선을 내는 것도 쓰인다. 또 다른 고체 레이저로는 Nd-YAG 레이저를 들 수 있다. 이 레이저는 4-준위 시스템이고 1064 nm의 강한 복사선을 방출한다. 보통 이 레이저광의 진동수를 2배로 바꾸어($\lambda = 532$ nm) 광원으로 사용한다.

널리 쓰이는 기체 레이저에는 여러 종류가 있다. 대표적인 것으로는 He-Ne 레이저, Ar^+ 또는 Kr^+ 레이저, CO_2 또는 N_2 레이저, 엑시머(excimer) 레이저 등을 들 수 있다. 가장 흔히 볼 수 있는 것으로는 He-Ne 레이저를 들 수 있다. 이것은 632.8 nm 빛을 내며 값이 싸고 유지 관리가 쉽다. Ar^+ 레이저는 강한 514.5 nm와 488.0 nm 빛을 내는 4-준위 시스템이다. Ar^+ 레이저는 방출 복사선이 매우 세기 때문에 형광이나 Raman 분광법에서 광원으로 유용하게 쓰인다. N_2 레이저는 337.1 nm의 짧고(몇 ns 정도) 강한(최대 1 MW) 펄스를 낸다. 이 레이저는 형광 분광법과 색소 레이저를 펌프질하는 데 많이 쓰인다. CO_2 레이저는 10.6 μm의 적외선을 방출한다. 엑시머 레이저는 He, F_2 기체 중 하나와 Ar, Kr, Xe 기체 중 하나를 섞어서 쓴다. 이들은 자외선 영역의 고에너지 펄스를 방출한다. 예를 들면 XeF는 351 nm, KrF는 248 nm, ArF는 193 nm 복사선을 만들어낸다.

3 단색화 장치

많은 분광학 실험에서 복사선의 파장을 넓은 범위에 걸쳐서 연속적으로 바꿔줄 필요가 있다. 이런 과정을 소위 스펙트럼을 **주사**(scanning)한다고 하고 이를 위해 **단색화 장치**(monochromator)가 필요하다. 자외선, 가시광선, 적외선 영역에서 쓰이는 단색화 장치는 기기 구조가 모두 기본적으로 같으며 입구 및 출구 슬릿(slit), 렌즈, 거울, 창, 회절발(grating)로 구성되어 있다. 회절발은 복사선을 파장에 따라 분산시키는 역할을 하는

데 옛날에는 프리즘(prism)을 썼지만 요즘은 거의 쓰지 않는다. 입구와 출구 슬릿은 먼지나 부식성 매연 같은 것이 내부로 들어가지 못하도록 창으로 밀봉되어 있다. 이들 구성 성분을 만드는 데 쓰는 재료는 사용할 파장 영역에 따라 달라진다.

(1) 단색화 장치의 구조

간단한 단색화 장치의 구조와 구성 성분을 그림 21.6에서 볼 수 있다. 입사광이 입구 슬릿을 통과하면서 직사각형 광학 영상(optical image)이 만들어지고 조준 거울(collimating mirror)에 의해 평행한 복사선으로 바뀌어 반사 회절발의 표면에 어떤 각도로 부딪친다. 간단하게 설명하기 위해 입사광에는 파장 λ_1과 λ_2($\lambda_1 > \lambda_2$)만 있다고 가정한다. 회절발의 반사면에서 일어나는 회절(diffraction)에 의해 λ_1과 λ_2는 다른 각도로 분산된다. 분산된 복사선은 반사 거울에 의해 초점면(focal plane)에 모이게 되는데 λ_1과 λ_2가 서로 다른 위치에 집중된다. 회절발의 각도에 따라 하나의 좁은 파장의 띠가 출구 슬릿으로 빠져나가 검출기에 도달하게 된다. 회절발을 회전시키면 다른 파장의 띠가 출구 슬릿을 통과하게 되어 λ_1과 λ_2의 세기를 각각 측정할 수 있다.

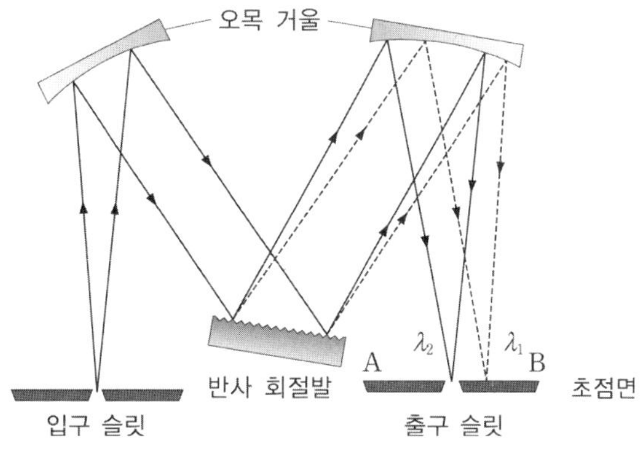

그림 21.6 Czerney-Turner 회절발 단색화 장치

요즘 대부분의 단색화 장치에서 반사 회절발을 쓰는데 그 이유는 값싸고 파장에 따른 띠의 분리 능력이 좋으며 초점면에 복사선을 선형으로 분산시키기 때문이다. 선형 분산(linear dispersion)이라는 말은 분산(dispersion)의 크기가 파장에 따라 변하지 않고 일정하다는 것을 의미한다.

(2) 회절발

회절발은 표면에 똑같은 형태의 평행한 홈을 좁은 간격으로 새긴 부품이다. 자외선-가시광선 영역에서 쓰이는 회절발은 보통 mm당 300 ~ 2000개의 홈이 있는 것을 쓰는데 그 중에서도 1200 ~ 1400 홈/mm가 가장 널리 쓰인다. 적외선 영역에 쓰이는 회절발은 보통 10 ~ 200 홈/mm가 쓰인다. 가장 널리 쓰이는 적외선 범위인 5 ~ 15 μm에서 쓰이는 분광기는 100 홈/mm가 적당하다.

복사선은 회절발 표면에서 반사되기도 하고 투과하기도 한다. 그림 21.7에 있는 것은 echellette 형태라고 부르는 반사 회절발(reflection grating)인데 홈의 넓은 면에서 반사가 일어난다. 이런 구조에서는 회절이 매우 효율적으로 일어나고 특정 방향으로 복사선을 집중할 수 있다. 각 넓은 반사면은 각기 하나의 광원처럼 생각할 수 있다. 때문에 인접한 반사면에서 반사되는 빛은 서로 간섭을 일으킬 수 있다. 그림 21.8에서 보여 주는 것처럼 서로 인접한 반사면에서 반사되는 빛(파동)의 위상이 같으면 빛은 강해진다. 이것을 **보강 간섭**(constructive interference)이라고 한다. 반대로 서로 위상이 다르면 세기가 약해지고 완전히 소멸될 수도 있다. 이것을 **상쇄 간섭**(destructive interference)이라고 한다.

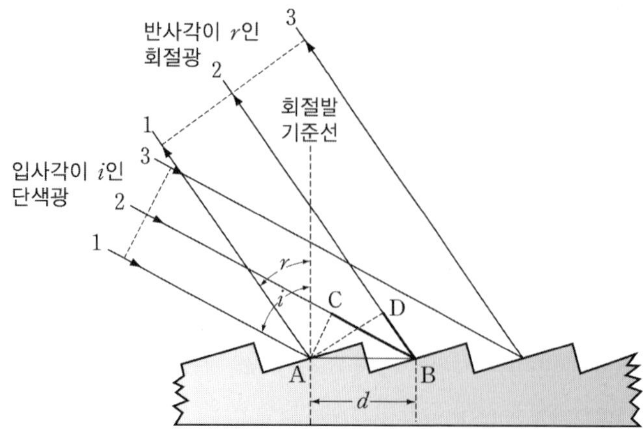

그림 21.7 Echellette 형태의 반사 회절발에서 회절이 일어나는 원리

그림 21.7에서 보는 것처럼 단색광 1과 2가 입사각 i로 평행하게 회절발에 부딪치는 경우를 생각하자. 이때 반사각 r에서 최대 보강 간섭이 일어난다. 입사광 2는 1보다 그림에서 굵은 선으로 표시한 (CB + BD)만큼 더 먼 거리를 이동한다. 입사광의 파장을 λ라고 할 때 이 경로 차이가 nλ이면 최대 보강 간섭이 일어날 것이다.

$$n\lambda = (CB + BD) \tag{21-1}$$

여기서 n은 정수인데 **회절 차수**(diffraction order)라 부른다. 각 CAB는 입사각 i와 같고 각 DAB는 반사각 r과 같다는 것을 알 수 있다. 그래서 반사면 사이의 간격을 d라 하면 CB와 BD는 다음과 같이 쓸 수 있다.

$$CB = d\sin i$$

$$BD = d\sin r$$

이 두 식을 (21−1) 식에 대입하면 다음과 같은 관계식을 얻는다.

$$n\lambda = d(\sin i + \sin r) \tag{21-2}$$

(21−2) 식에 의하면 어떤 반사각 r에서 이 조건을 충족시키는 λ가 여러 개 있다는 것을 알 수 있다. n = 1일 때 1차 회절, n = 2일 때 2차 회절 등으로 부른다. 주어진 r에서 n = 1일 때 λ = 750 nm이면, n = 2일 때 λ = 400 nm, n = 3일 때 λ = 375 nm 빛이 같은 r에서 나타난다. 1차 회절선이 보통 가장 강하기 때문에 대부분 분광기에서는 이 회절선을 이용한다.

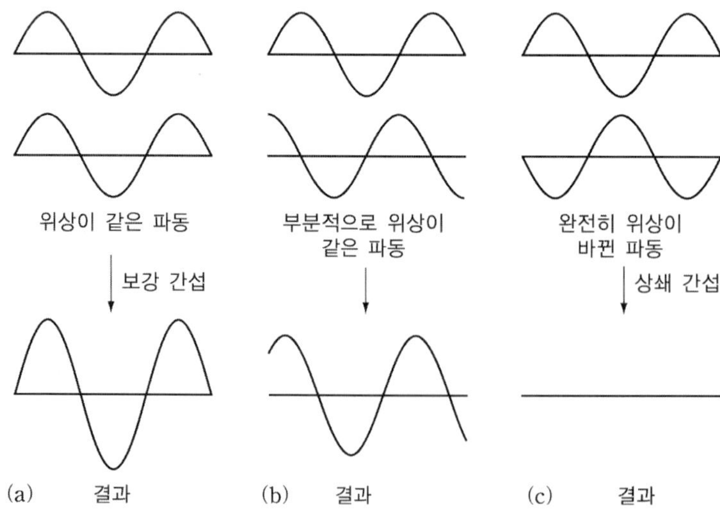

그림 21.8 위상차가 다음과 같은 두 이웃한 파동 사이에 일어나는 간섭 현상; (a) 0°, (b) 90°, (c) 180°.

(3) 회절발 단색화 장치의 성능

단색화 장치의 성능은 스펙트럼의 순도, 인접한 파장을 분리시키는 분리능, 집광력(light-gathering power), 스펙트럼의 띠너비 등으로 결정된다.

가까이 인접해 있는 띠가 서로 겹치지 않도록 얼마나 잘 분리할 수 있는가 하는 능력을 **분리능**(resolution)이라고 한다. 회절발의 분리능은 다음과 같이 표현한다.

$$R = \frac{\lambda}{\Delta\lambda} = nN \qquad (21-3)$$

여기서 λ는 파장, n은 식 (21-2)에 있는 회절 차수, N은 입구 슬릿에서 들어온 복사선이 조사되는 회절발에 있는 홈의 개수이다. 그래서 회절발이 길고 홈 사이의 간격이 좁으며 회절 차수가 높으면 분리능이 좋아진다.

분산(dispersion)이란 단색화 장치가 파장이 다른 복사선을 분리시키는 능력을 말한다. **각 분산**(angular dispersion)은 $dr/d\lambda$로 정의하는데 파장이 $d\lambda$만큼 변할 때 반사각(또는 회절각)은 dr만큼 변한다는 것을 의미한다. 반사각 r은 그림 21.7에서 정의하였다. 다시 말해 분산이 커지면 인접한 띠 사이의 거리가 더 멀어진다는 것을 의미한다.

회절발의 각 분산은 i를 일정하게 놓고 (21-2) 식을 미분하면 얻을 수 있다. 그래서 어떤 주어진 입사각에서 각 분산은 다음과 같이 쓸 수 있다.

$$\frac{dr}{d\lambda} = \frac{n}{d\cos r} \qquad (21-4)$$

분리능과 마찬가지로 회절 차수 n이 증가할수록 분산은 커지고 홈 사이의 간격 d가 감소할수록 분산은 커진다.

분광기의 신호 대 잡음비를 향상시키려면 가능한 한 검출기에 도달하는 복사선의 세기가 크도록 해야 한다. 단색화 장치가 입구 슬릿으로 들어온 복사선을 모으는 능력을 F라 하는데 이것을 'f-number' 라 부르며 다음과 같이 정의한다.

$$F = f/d \qquad (21-5)$$

여기서 f는 조준 거울(collimating mirror) 또는 조준 렌즈의 초점 거리이고 d는 조준 거울의 반경이다. 초점 거리가 같을 때 d가 2배가 되면 거울의 면적은 4배가 되고 거울의 면적이 커지면 그만큼 많은 빛을 모을 수 있다. 광학 장치의 집광력은 f-number의 제곱에 반비례한다.

회절발의 상대적인 효율은 다음과 같이 정의한다.

$$\text{효율} = \frac{E_\lambda{}^n(\text{회절발})}{E_\lambda(\text{거울})} \qquad (21-6)$$

여기서 $E_\lambda{}^n$(회절발)은 회절 차수 n일 때 회절발에서 회절된 파장 λ를 가진 복사선의 세기이고 E_λ(거울)은 회절발과 같은 코팅을 가진 거울에서 반사된 파장 λ를 가진 복사선의 세기이다. 보통 회절발의 효율은 45 ~ 80% 정도이다. 효율은 회절발 홈의 반사면 각도(blaze angle)에 의해 일부 조절할 수 있다. 표면이 평평하다면 입사각(α)과 반사각(β)이 같을 때 반사가 최대가 된다. 특정 파장에 대해 회절이 최적화되게 하기 위해서는 다음 두 식, 즉 $n\lambda = d(\sin i + \sin r)$과 $\alpha = \beta$ 식을 충족시킬 수 있도록 회절발의 반사면 각을 선택하면 된다. 회절발은 분광 광도계에 입사되는 전 파장에 대해 최적화시킬 수는 없고 제한된 범위 내에서만 최적화되어 있다.

(4) 단색화 장치의 슬릿 너비 선택

슬릿은 폭으로 표시하지 않고 슬릿을 통과하는 띠의 넓이로 표시한다. 1.0 nm 슬릿이라고 하면 슬릿을 통과하는 띠의 넓이가 1.0 nm라는 것을 의미한다. 같은 슬릿이라도 회절발의 분산이 커지면 통과하는 띠너비는 줄어들기 때문이다. 띠의 넓이는 전체 높이의 중간 지점에서 측정한 넓이를 사용한다.

인접한 봉우리들이 겹치지 않도록 하려면, 즉 분해능을 향상시키려면 두 가지 방법이 있다. 첫째는 출구 슬릿 폭을 좁히는 것이다. 슬릿 폭이 좁아지면 복사선의 띠너비가 좁아져서 분리능이 증가한다. 두 번째는 회절발의 mm당 홈의 개수를 늘리는 것이다. 이렇게 해주면 분산이 커짐에 따라 띠 사이의 거리가 멀어져서 슬릿을 통과하는 띠의 폭이 감소하고, 이에 따라 분해능이 증가한다. 그러나 분해능이 향상되면 검출기에 도달하는 복사선의 세기가 약해지므로 신호 대 잡음비는 감소한다. 반대로 슬릿이 넓어지면 검출기에 도달하는 복사선의 세기가 강해져서 신호 대 잡음비가 증가하므로 정밀도가 좋아진다. 그러나 그림 21.9에서 볼 수 있는 것처럼 단색화 장치의 띠너비가 흡수띠보다 크면 흡수띠의 모양이 달라진다. 따라서 흡수띠의 모양이 크게 변하지 않는 범위 내에서 가능한 한 많은 복사선이 검출기에 도달하도록 회절발의 분산과 슬릿 너비를 조절해야 한다. 보통 정량 분석할 때 단색화 장치의 슬릿 폭은 흡수띠 넓이의 1/5 정도가 알맞다.

(a)

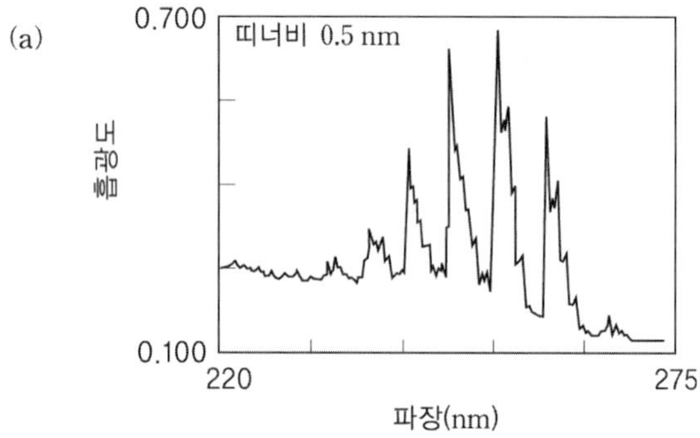

(b)

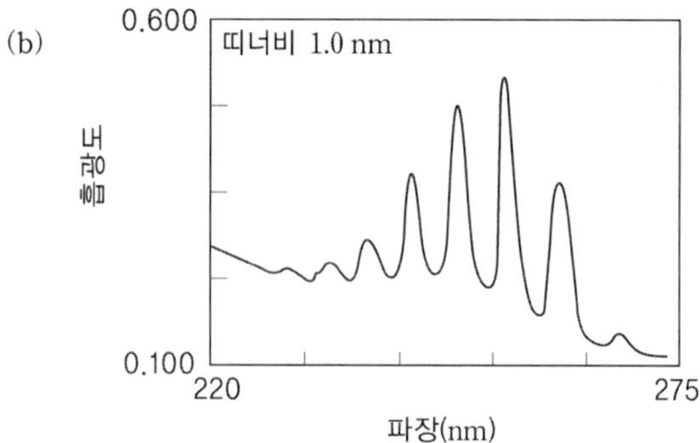

(c)

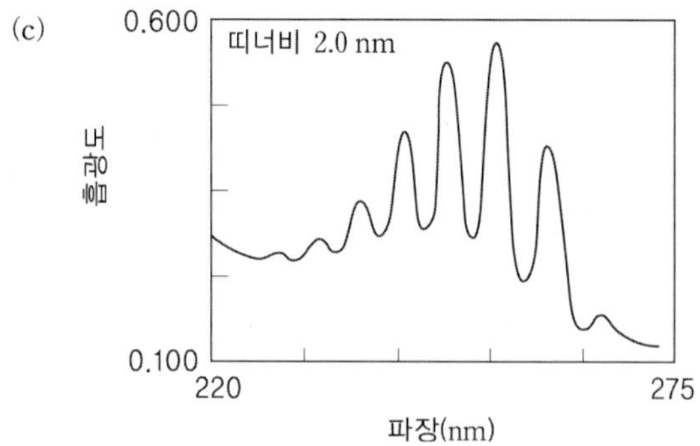

그림 21.9 단색화 장치의 슬릿 폭만 다르게 해서 측정한 기체 상태 벤젠의 흡수 스펙트럼. 슬릿 폭이 넓어질수록 스펙트럼의 미세 구조가 없어진다. (a) 0.5 nm, (b) 1.0 nm, (c) 2.0 nm.(출처: Kohler, V. A., Amer. Lab., *1984*, 11, 132. Copyright; 1984 International Scientific Communications Inc.)

(5) 떠돌이 빛

흔히 단색화 장치에서 방출되는 빛에는 단색화 장치에서 기대할 수 있는 띠너비 밖의 파장을 갖는 산란광이나 **떠돌이 빛**(stray light)이 소량 섞여 있다. 이런 원치 않는 빛이 단색화 장치를 통과하여 검출기에 도달하는 이유는 여러 가지 광학 부품이나 기기의 표면에서 복사선의 난반사가 일어날 수 있고, 또 이들 표면에 묻어 있거나 기기 내부에 떠 있는 먼지에 의해 산란이 일어나 떠돌이 빛이 생길 수 있기 때문이다. 또 시료 큐벳이 들어가는 부분이 제대로 밀폐되어 있지 않으면 외부에서 빛이 들어갈 수도 있다. 간혹 실험할 때 관이나 전선을 시료 용기에 연결하기 위해 구멍을 뚫었다면 잘 밀폐시켜야 한다. 흡광도가 높으면 검출기에 도달하는 복사선의 세기가 약하다. 여기에 떠돌이 빛이 소량 섞이더라도 전체 신호 세기에서 떠돌이 빛이 차지하는 비중은 상당히 커진다. 이런 경우에는 특히 떠돌이 빛 때문에 생기는 오차가 매우 크게 된다. 보통 이런 문제는 단색화 장치 내부에 배플(baffle)을 장치하거나 기기 내부를 검은 페인트로 칠하고 슬릿은 창으로 밀봉하여 최소화시킬 수 있다.

(6) 광학 필터

그림 21.6에 있는 회절발 단색화 장치는 회절 차수 $n = 1$인 빛(1차 회절 복사선)만 출구 슬릿을 통과하도록 되어 있다. 그러나 $n = 2$, $n = 3$ 등 고차 회절 복사선도 같은 각도에서 보강 간섭을 일으키기 때문에 같이 출구 슬릿을 통과할 수 있다. 1차 회절 복사선의 파장이 600 nm라 하면 파장이 300 nm, 200 nm인 복사선도 출구 슬릿을 통과할 수 있다. 이러한 높은 차수의 회절선을 제거하기 위해 보통 슬릿 앞에 광학 필터를 설치한다. 자외선, 가시광선 등 넓은 영역의 복사선을 사용하는 경우 여러 개의 광학 필터가 필요하게 된다. 파장 영역이 바뀌면 필터도 바꿔야 하기 때문이다.

가장 간단한 것으로는 흡수 필터(absorption filter)가 있다. 색유리를 예로 들 수 있는데 스펙트럼의 좁은 부분만 통과시키고 나머지 넓은 부분은 전부 흡수한다. 흡수 필터는 통과하는 띠너비(band width)가 대략 30 ~ 250 nm 정도로 넓다. 매우 좁은 파장의 띠를 얻으려면 **간섭 필터**(interference filter)나 **홀로그래피 필터**(holographic filter)를 사용해야 한다. 이들 필터는 특정 파장의 아주 좁은 띠만 통과시키고 나머지는 모두 차단한다. 그 기본 원리는 내부에서 일어나는 전자기파의 보강 및 상쇄 간섭이다. 이들 광학 필터의 유효 띠너비는 그림 21.10에서 서로 비교해 볼 수 있다.

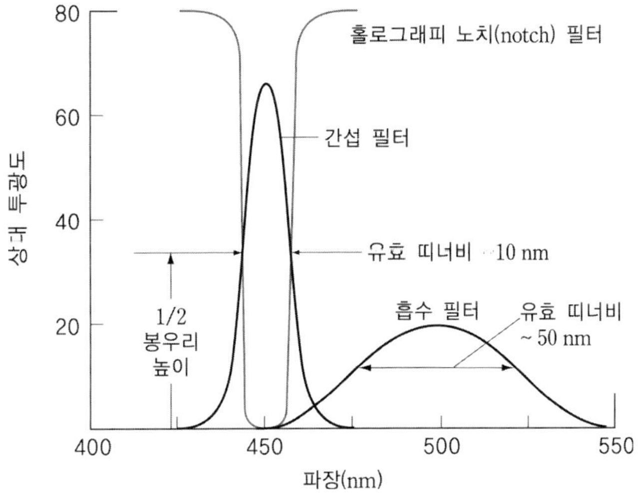

그림 21.10 흡수 필터, 간섭필터, 홀로그래피 노치 필터의 유효 띠너비(effective bandwidth). 유효 띠너비는 봉우리(띠) 높이의 절반에 해당하는 위치에서 봉우리의 넓이를 말한다.

4 검출기

검출기(detector)는 **변환기**(transducer)라고도 부르는데 복사 에너지를 전압이나 전류 같은 전기적 신호로 바꾸는 장치를 말한다. 이상적인 검출기는 (1) 감도가 높고, (2) 신호 대 잡음비(signal-to-noise ratio)가 높으며, (3) 넓은 파장 범위에 걸쳐 일정한 감응을 나타내고, (4) 감응 시간이 빠르며, (5) 빛이 조사되지 않을 때 신호가 0이어야 하고, (6) 생성된 전기 신호의 크기는 복사선의 세기에 비례해야 한다.

일반적으로 복사선 검출기는 2가지 형태로 나눌 수 있다. 하나는 광자에 감응하는 것으로, **광 검출기**(photon detector) 또는 **광전자 검출기**(photoelectric detector)라 부른다. 또 하나는 열에 감응하는 것으로, **열 검출기**(thermal detector)라고 한다. 광 검출기는 주로 자외선, 가시광선, 근적외선 영역의 복사선을 검출하는 데 사용한다. 광 검출기는 광자를 흡수하여 광전자를 방출하고(광전 효과) 이로 인해 흐르는 광전류를 측정하거나 전자를 전도도띠로 들뜨게 하여 전도도 증가(광전도)를 측정한다. 광 검출기에서 발생하는 광전자는 단일 광자의 흡수에 의해 생기는 일련의 개별 사건이고 따라서 이에 대한 확률을 통계학적으로 다룰 수 있다. 광 검출기는 감도가 높지만 파장에 따라 감도가 크게 변한다. 반면 열 검출기는 적외선 영역에서 쓰인다. 적외선 광자는 에너지가 적어서 감광 표면(photosensitive surface)에서 전자의 방출을 일으키거나 실리콘의 원자가띠에 있는 전자를 전도띠로 들뜨게 할 만큼 에너지가 크지 않기 때문이다. 열 검출기 신호는 입사광의 평균적인 세기에 감응한다. 따라서 열 검출기의 감도는 파장에 따라 거의 변동이 없지만 광 검출기보다 감도가 낮다. 광 검출기와 열 검출기에서 나타나는 우연 오차(random error)는 발생 메커니즘이 근본적으로 다르다.

(1) 광 검출기

① 광전관

광전관(phototube)은 내부가 진공으로 되어 있고 여기에 반원통형의 음극과 막대 모양의 양극이 들어 있다. 음극의 표면은 광 방출 물질로 되어 있어서 자외선이나 가시광선을 쪼이면 전자가 방출된다. 두 전극 사이에는 90 V 정도의 전압이 걸려 있어서 이렇게 방출된 전자는 양극으로 끌려가기 때문에 광전류가 흐르며 그 세기는 복사선의 세기에 비례한다. 광전관에는 보통 입사광이 없어도 소량의 암전류(dark current)가 흐른다. 암전류가 생기는 주요 원인은 열에 의해 유도된 전자 방출이지만 그 외에도 특정 원소에 의한 천연 방사능, 반도체 장치에서 전자나 정공(hole)의 자발적 방출 등이 있다.

여러 가지 광 방출 물질이 음극으로 쓰이는데 그림 21.11에서 보는 것과 같이 이들의 감응이 입사광의 파장에 따라 달라진다. 이들을 개략적으로 매우 감도가 높은 것, 감도가 균일한 것, 붉은색 영역에서 감도가 높은 것, 자외선 영역에서 감도가 높은 것으로 나눌 수 있다.

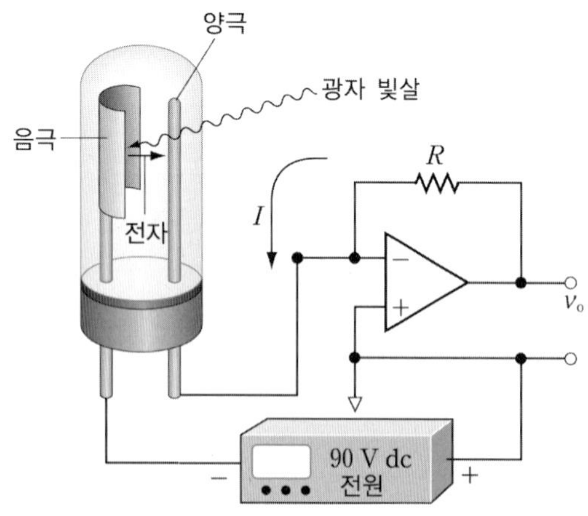

그림 21.11 광전관과 연산 증폭기(operational amplifier). 복사선에 의해 생긴 광전류가 저항 R을 통과할 때 전압 강하(voltage drop)가 일어나는데 이 값(v_o)이 신호의 세기가 된다.

② 광전 증배관

광전 증배관(photomultiplier tube, PMT)은 감도가 대단히 뛰어나서 약한 복사 에너지를 측정하는 데 유용하다. 그래서 자외선-가시광선 영역의 분광기에서는 검출기로 광전 증배관을 가장 많이 사용한다. 그 구조를 그림 21.12에서 볼 수 있다.

광전 증배관의 음극은 광전관의 음극과 조성이 비슷하다. 그런데 광전 증배관에는 다이노드(dynode)라 부르는 전극이 여러 개(보통 9개) 있다. 첫 번째 다이노드는 음극보다 +90 V 정도 전압이 높고 두 번째 다이노드는 첫 번째보다 또 +90 V 전압이 더 높다. 이런 식으로 세 번째, 네 번째 … 마지막 다이노드까지 계속 +90 V씩 더 높은 전압이 걸려 있다. 입사광이 음극을 때리면 전자가 방출되는데 광자 1개당 여러 개의 광전자가 튀어나온다. 이 전자들은 첫 번째 다이노드로 가속된다. 1개의 전자가 다이노드 표면에 충돌하면 또 여러 개의 전자가 방출되고 이 전자들은 다시 2번째 다이노드로 가속된다. 이렇게 해서 마지막 다이노드로부터 방출된 전자는 최종적으로 양극에 모이고 이 전류는 전압으로 바뀌어 측정하게 된다. 광자 1개가 음극에 부딪치면 보통 $10^6 \sim 10^7$개 정도의 광전자가 생성된다. 이런 연유로 해서 광증배관은 자외선과 가시광선에 대해 대단히 감도가 좋다. 뿐만 아니라 감응 시간도 대단히 빠르다. 광증배관의 감도를 제한하는 가장 중요한 요인은 암전류이다. 따라서 광증배관을 냉각시키면 성능이 크게 향상되는데 −30 ℃가 되면 실질적으로 암전류가 사라진다고 볼 수 있다.

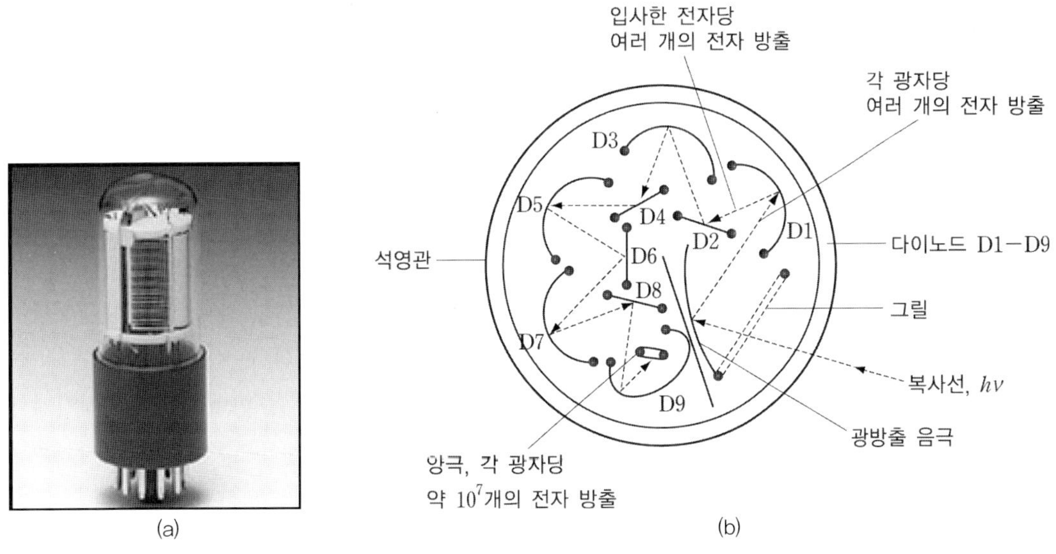

그림 21.12 광전 증배관(PMT): (a) 일반적으로 많이 쓰이는 PMT (b) PMT의 단면

(2) 다채널 광검출기(multichannel photon detector)

광전 증배관 검출기를 장착한 분광 광도계는 한 번에 한 파장의 흡광도만 측정할 수 있으므로 흡수 스펙트럼을 얻으려면 시간이 많이 걸린다. 예를 들어 250 nm에서 750 nm까지 흡수 스펙트럼을 측정한다고 가정하자. 만약 1 nm 간격으로 투과도를 측정하고 한번 측정하는 데 0.5초가 걸린다면 250초, 4분 이상의 시간이 필요하다.

다채널 광검출기는 사진 찍듯이 한꺼번에 스펙트럼 전체를 얻을 수 있기 때문에 시간이 1초도 걸리지 않는다. 다채널 광검출기는 같은 스펙트럼을 여러 번(수백, 수천 번 이상) 찍어서 평균함으로써 신호 대 잡음비를 크게 향상시킬 수 있다. 반응 메커니즘이나 반응 속도를 연구할 때 마이크로초(μs)나 밀리초(ms) 단위로 스펙트럼의 변화를 관측할 수 있다. 뿐만 아니라 크로마토그래피나 흐름 주입 분석법(flow injection analysis)에서 검출기로 사용하면 시료가 지나가는 짧은 시간 내에 전체 스펙트럼을 기록할 수 있다. 이러한 다채널 광검출기는 자외선이나 가시광선 영역에서 사용할 수 있다.

① 배열 광다이오드

배열 광다이오드(photodiode array)는 가장 먼저 상용화된 다채널 광검출기이다. 이 검출기는 그림 21.13에서 보여 주는 것처럼 아래쪽의 n−형 실리콘 기질에 p−형 실리콘을 일렬로 배열하여 연속적으로 pn 접합 다이오드가 형성되도록 구성되어 있다. 이 다이오드 하나가 하나의 검출기 역할을 하게 되는 것이다. 하나의 칩(chip)에 있는 이런 광검출기 숫자는 64 ~ 4096 범위에 있는데 1024개 짜리가 가장 널리 쓰인다. 이 개수가 많을수록 분리능이 좋아진다. 각 다이오드에는 전압이 역바이어스(reverse bias)로 걸려서 pn 접합 부분에는 전자와 정공이 거의 없는 결핍층이 만들어진다. 이 결핍층은 축전기(capacitor)와 같은 기능을 하기 때문에 이 층의 양쪽에는 전하가 축적된다.

복사선이 이 검출기에 조사되면 전자와 정공이 만들어져서 서로 반대 전하를 가진 영역으로 이동하기 때문에 이 접합면에 축적되어 있던 전하를 일부 방전시킨다. 각 다이오드에 복사선이 많이 조사될수록 방전이 많이 일어나 마지막에 남아 있는 전하가 작아진다. 또 복사선이 조사되는 시간이 길수록 각 접합면에 남아 있는 전하는 감소한다. 이렇게 사라진 축전기 전하를 다음 주기 동안 재충전하여 원래 상태로 되돌리게 되는데 이를 위해 충전 전류가 흐른다. 충전 전류는 전치 증폭기(preamplifier) 회로에서 합쳐져서 전위차로 나타나는데 이 전위차가 복사선의 세기에 비례한다.

배열 광다이오드 분광 광도계에서는 모든 파장을 포함하고 있는 백색광이 시료 큐벳을 통과한다. 그 다음, 이 빛은 **다색화 장치**(polychromator)에 들어가서 파장에 따라 분산된 다음 초점면에 놓여 있는 배열 광다이오드로 간다. 각 다이오드에는 다른 파장의 복사선이 도달하므로 모든 파장의 빛이 동시에 측정되는 것이다. 분해능은 다이오드가 얼마나 촘촘하게 배열되어 있는지, 다색화 장치에서 분산이 얼마나 크게 일어나는지에 의해 결정된다.

배열 광다이오드를 사용하는 기기는 한 순간에 전체 스펙트럼을 측정할 뿐만 아니라 작동할 때 움직이는 부분이 거의 없어서 광전 증배관을 사용하는 분산형 기기에 비해 보다 견고하다. 분산형 기기는 스펙트럼을 얻기 위해 주사하는 동안 회절발을 회전시켜야 하고 광학 필터를 바꿔주어야 한다. 분산형 기기에서는 약 0.1 nm 정도의 분리능을 얻을 수 있는 반면, 배열 광다이오드를 쓰는 기기에서는 약 0.5 ~ 1.5 nm의 분리능만 얻을 수 있다. 또 배열 광다이오드 기기에 비해 파장의 정확도도 분산형 기기가 뛰어나고 떠돌이 빛도 분산형 기기가 적어서 흡광도가 큰 시료를 측정할 때 동적 범위(dynamic range)도 늘어난다.

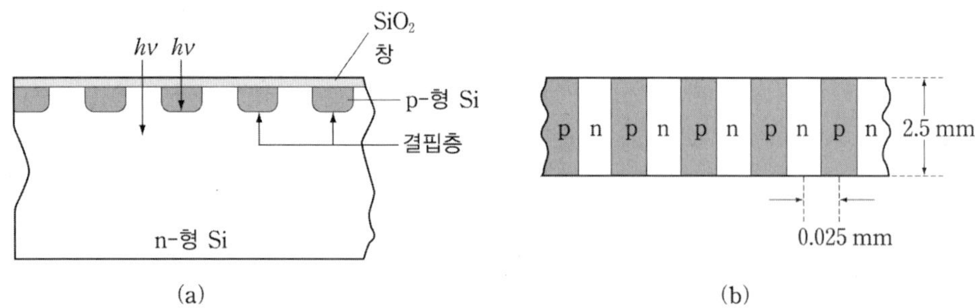

그림 21.13 역방향 바이어스되어 있는 선형 배열 광다이오드(reverse−biased linear diode−array) 검출기: (a) 단면, (b) 위에서 본 모양

② 전하 이동 장치

배열 광다이오드는 감도, 동적 범위, 신호 대 잡음비 등에서 광전자 증배관의 성능보다 떨어져 대부분 흡수 분광법처럼 높은 감도나 큰 동적 범위가 필요하지 않는 경우에 사용되어 왔다. 반면 **전하 이동 장치**(charge-transfer device) 검출기는 그 성능이 광전자 증배관과 거의 유사한 수준으로 뛰어나고 다채널 검출기가 갖는 장점도 있어 점점 더 많이 쓰이고 있다. 배열 광다이오드는 광다이오드가 1차원적으로 배열된데 비해 전하 이동 장치 검출기에서는 개별 검출기들이 가로줄과 세로줄의 2차원으로 배열되어 있다는 장점도 있다. 예를 들어, 어떤 전하 이동 장치에 가로줄 244개 검출기 요소(detector element)와 388개 검출기 요소가 있다면 19,672개의 화소(pixel)라 부르는 개별 검출기가 6.5 mm × 8.7 mm 크기의 실리콘 칩에 2차원으로 배열되어 있다는 말이 된다. 이런 전하 이동 장치를 가지고 2차원 스펙트럼 전체를 찍을 수 있다.

전하 이동 장치의 작동 원리는 사진 필름과 매우 유사하다. 복사선이 칩을 때리면 신호 정보가 축적되기 때문이다. 그림 21.14는 전하 이동 장치를 구성하고 있는 화소의 단면을 보여 준다. 이 화소는 p형 실리콘 기질(substrate) 위에 SiO_2 절연체로 표면을 피복시킨 n형 실리콘을 붙이고, SiO_2 층 위에 전도성 전극 한 쌍이 있어 전압이 걸리게 되어 있다. 이렇게 만들어진 화소는 반도체 축전기처럼 되어 복사선이 n형 실리콘을 때려서 전자나 정공(hole)을 만들면 이들을 저장할 수 있게 된다. 전극에 (−)전압이 걸리면 전극 아래로는 양의 정공이 모일 수 있는 영역이 만들어지는데, 이것을 **퍼텐셜 우물**(potential well)이라 한다. 입사광을 흡수하여 만들어진 정공은 이 영역으로 모이며, 보통 10^5 ~ 10^6개 정도의 전하를 모을 수 있다. 그림에서 오른쪽에 있는 전극의 (−)전압이 더 크므로 전극 아래에 (+)전하가 모인다. 이렇게 입사광에 화소가 노출되는 동안 만들어진 전하량이 분석 신호가 되는데 이것을 측정하는 방법에는 **전하 주입 장치**(charge-injection device)와 **전하 결합 장치**(charge-coupled device)가 있다. 전하 주입 장치에서는 어떤 전극 아래에 있는 전하가 다른 전극 아래의 영역으로 이동함으로써 생기는 전압의 변화를 측정한다.

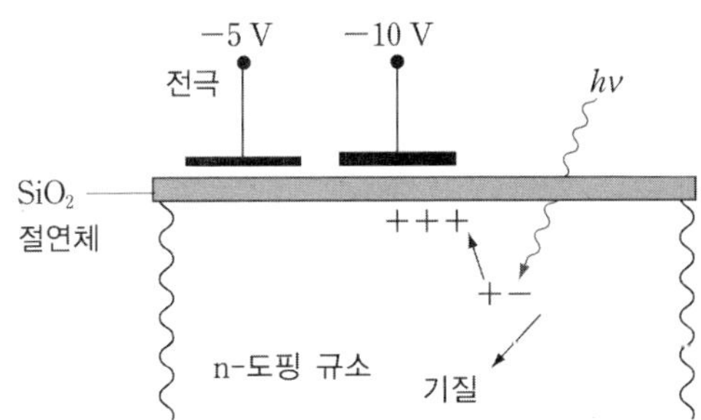

그림 21.14 전하 이동 장치 화소 단면의 개략도. 광자에 의해 만들어진 양의 정공이 음전하를 띤 전극 아래에 모여 저장된다.

반면 전하 결합 장치에서는 전하 감응 증폭기(charge-sensing amplifier)를 이용하여 전하를 측정한다(그림 21.15 참조). 전하 결합 장치는 복사선의 세기가 약할 때 감도가 뛰어나다는 장점이 있다.

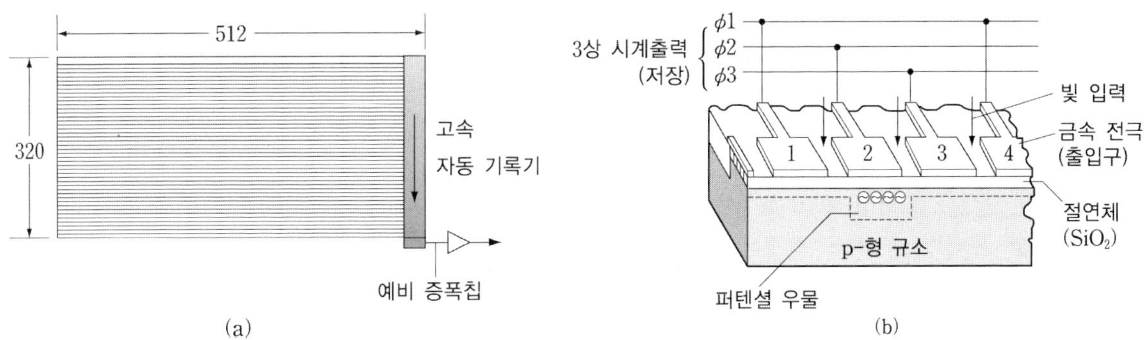

그림 21.15 전하 결합 장치의 배열: (a) 512 × 320 화소(pixel)의 배열, (b) 개별 검출기 4개를 개략적으로 보여 주고 있다.

(3) 적외선 검출기

광자의 에너지가 작은 적외선 영역에서는 지금까지 다룬 검출기를 쓸 수 없고 열 검출기를 써야 한다. 열 검출기는 적외선을 흡수할 수 있는 작은 흑체(blackbody)로 되어 있어서 입사광을 쪼이면 온도가 올라간다. 이 온도 상승을 전기 신호로 바꿔서 증폭한 후 측정한다. 이 온도 상승은 최적 환경에서도 섭씨 몇천 분의 1 정도 밖에 일어나지 않고 주위에서 열복사가 일어나기 때문에 측정에 어려움이 있다. 이런 주위의 열복사 때문에 생기는 문제를 최소화하기 위해 열 검출기는 진공에 들어 있고 근처에 있는 다른 물체들이 방출하는 열 복사선을 철저하게 차단하도록 만들어져 있다. 뿐만 아니라 이런 외부 요인에 의한 잡음을 더욱 최소화하기 위해 흔히 입사광을 토막내어 시료에 조사한다. 이렇게 되면 주변의 열복사 때문에 생기는 잡음은 검출기에서 직류 신호로 나오는 반면 투과도를 측정하기 위한 분석 신호는 교류로 잡히기 때문에 이를 용이하게 분리하여 증폭시킬 수 있다. 그럼에도 불구하고 적외선 측정은 자외선이나 가시광선 측정에 비해 정밀도가 크게 떨어진다.

① 열전기쌍

두 개의 서로 다른 전기 전도체가 접촉하도록 붙여 놓은 것이 열전기쌍(thermocouple)이다. 두 전도체에 있는 전자는 서로 다른 자유 에너지를 가지므로 자유 에너지가 낮은 쪽으로 전자가 이동한다. 경계면에는 전위차(이를 접촉 전위라고 한다)가 생겨 전자의 이동을 방해하게 되는데 이 두 힘이 균형을 이루는 점에서 전자의 이동이 멈춘다. 온도가 올라가면 전자들이 자유 에너지가 높은 쪽으로 도로 돌아갈 수도 있기 때문에 이 접촉 전위의 크기는 온도에 따라 변한다. 열전기쌍을 복사선을 흡수하는 흑체로 만들어 놓으면 접촉 전위의 크기가 온도에 따라 변하기 때문에 열 검출기 역할을 할 수가 있다.

잘 만들어진 열전기쌍 검출기는 10^{-6} K 정도의 온도 변화에도 감응할 수 있다. 이 차이는 6 ~ 8 $\mu V/\mu W$ 정도의 전위차에 해당한다.

② 볼로미터

볼로미터(bolometer)는 Pt, Ni 같은 금속이나 반도체 조각으로 만들어진 일종의 저항 온도계(resistance thermometer)이다. 이런 물질들은 온도 변화에 따른 저항의 변화가 상대적으로 크다. 특히 반도체로 만든 볼로미터는 흔히 **더미스터**(thermistor)라고 부른다. 복사선이 닿는 부분은 크기가 작고 복사선을 잘 흡수할 수 있도록 흑체로 만들어져 있다.

③ 열전기 검출기(pyroelectric detector)

열전기 물질(pyroelectric material)은 매우 독특한 열적, 전기적 성질을 가진 절연체이다. 이런 성질을 갖는 대표적 물질로는 황산트라이글리신(triglycine sulfate, $(NH_2CH_2COOH)_3 \cdot H_2SO_4$)을 들 수 있는데 보통 중수소화되거나 글리신 일부가 알라닌(alanine)으로 교체된 것을 쓴다. 어떤 절연체에 전기장을 걸어 주면 전기 분극(electric polarization)이 일어나지만 외부 자기장이 없어지면 대부분 절연체의 경우 이 유도 분극은 재빨리 사라진다. 반면 황산트라이글리신은 결정에서 분자 배열 때문에 영구 전기 분극을 가지고 있다. 결정의 한쪽 면은 양전하를 가지고 있고 반대편은 음전하를 가지고 있다. 이 분극의 크기는 온도가 올라가면 감소하는데 이것을 **열전기 효과**(pyroelectric effect)라 부른다. 이 열전기 결정을 두 전극 사이에 끼워놓으면 온도에 따라 변동되는 축전기가 된다. 결정이 적외선을 흡수하여 온도가 변하면 분극도 변한다. 이 때문에 축전기 양쪽 면을 연결하는 외부 회로에 전류가 흐르게 되고 이것을 전압으로 변환하여 측정한다.

열전기 검출기는 간섭계의 시간 영역 신호(time-domain signal)의 변화를 따라갈 수 있을 정도로 감응이 빠르다. 그래서 푸리에 변환(Fourier transform) 적외선 분광기에서는 열전기 검출기를 많이 사용한다.

④ **광전도도 검출기, 광기전력 검출기**

광전도도(photoconductivity) 검출기는 근적외선 영역(0.75 ~ 3 μm) 영역에서 가장 민감하고 검출기를 냉각시키면 원적외선 영역까지 사용 가능하다. 이 검출기는 Pb, Cd, Ga, In 같은 금속의 황화물(sulfide), 셀레늄화물(selenide) 등으로 만들어진 결정성 반도체를 사용한다. 이러한 물질이 복사선을 흡수하면 결합 전자 중 일부가 자유로이 움직일 수 있는 에너지 상태로 들떠서 전기 저항이 감소한다. 이 전기 전도도 변화를 분석 신호로 사용하는 것이다. 광전도도 검출기는 적외선 푸리에 변환 분광기에서 많이 쓰인다.

광기전력(photovoltaic) 검출기는 pn 접합을 가지고 있는데 여기에 전압이 걸려 있다. 적외선을 흡수하면 전자와 정공이 만들어지는데 이들이 pn 접합의 반대편으로 이동하여 접합 사이의 전압이 바뀌게 된다. 이것이 분석 신호이다. 이 검출기에 쓰이는 대표적인 물질로는 수은 카드뮴 텔루르 화합물($Hg_{1-x}Cd_xTe$)을 들 수 있는데 x는 0 ~ 1 사이의 값을 가지며 x 값에 따라 여러 가지 파장 영역에서 감도가 달라진다. 광전도도 검출기와 광기전력 검출기를 액체 질소를 이용하여 77 K로 냉각시키면 열적 잡음(thermal noise)을 10배 이상 줄일 수 있다.

5 광센서

(1) 광섬유

광섬유(optical fiber)는 통신뿐만 아니라 분광기에서도 널리 쓰이고 있다. 광섬유를 기반으로 여러 가지 화학센서(chemical sensor)도 발달하였는데 이들을 광센서(optical sensor)라고 한다.

어떤 매질 속으로 복사선이 들어가면 이들과의 상호 작용 때문에 속도가 느려진다. 진공에서 복사선의 속도에 대한 특정 매질에서의 속도 비를 그 매질의 **굴절률**(refractive index)이라고 한다.

$$n = c/v$$

여기서 n은 굴절률, c는 진공에서 광속도, v는 어떤 매질에서 광속도를 말한다. 액체의 굴절률은 보통 소듐 D 선(λ = 589.3 nm)을 이용하여 20 ℃에서 측정한 값을 사용한다. 복사선의 진동수는 진공으로부터 어떤 매질 속으로 들어가도 변하지 않지만 파장이 줄어든다. 즉, $\lambda\nu = v = c/n$ 관계식을 보면 쉽게 이해할 수 있다. 여기서 λ는 파장, ν는 진동수이다.

복사선이 어떤 매질에서 다른 매질로 들어갈 때 그 경계면에서 꺾인다. 이것을 굴절(refraction)이라 하며 다음과 같은 관계식이 성립한다. 이것을 **Snell의 법칙**이라고 한다.

$$n_1\sin\theta_1 = n_2\sin\theta_2 \qquad (21-7)$$

여기서 n_1, n_2는 각 매질의 굴절률, θ_1은 입사각, θ_2는 굴절각이다(그림 21.16 참조).

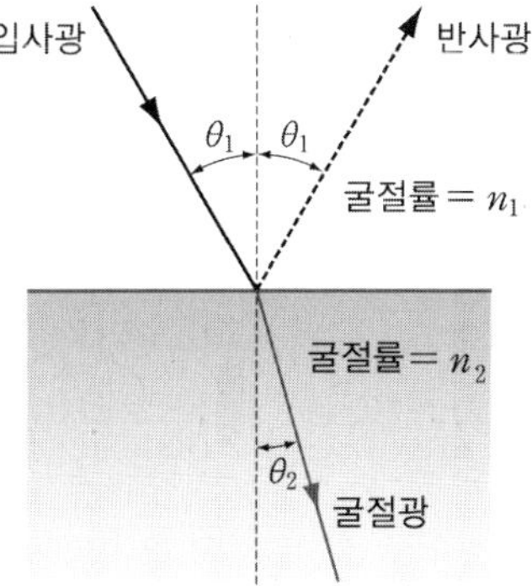

그림 21.16 Snell의 법칙을 보여 주는 그림. 빛이 공기로부터 보다 큰 굴절률을 가진 어떤 매질로 들어갈 때 ($n_1 < n_2$) 굴절각 θ_2는 입사각 θ_1보다 작아진다.

광섬유(optical fiber)는 복사선이 투과할 수 있는 유리나 플라스틱으로 만든 가는 줄 또는 섬유를 말한다. 광섬유의 직경은 0.05 μm부터 굵은 것은 0.6 cm까지 다양하다. 이러한 광섬유의 주된 용도는 내시경 같은 의학 진단기기, 전기선을 대신한 통신, 분광기기 등이다. 광섬유는 전기적 잡음에 대해 덜 민감하고 자료를 더 빨리 보내고, 또 더 많은 신호를 처리할 수 있기 때문에 전기선을 대신해서 통신에 쓰인다. 광섬유를 이용하면 광학 신호를 반응기 안으로부터 분광 광도계로 보내서 반응이 일어나는 과정을 관찰할 수 있다. 광섬유는 주로 관찰하기 위해 쓰지만 복사선을 특정 부위나 물체에 조사하기 위해서도 사용한다.

그림 21.17에서 보는 바와 같이 광섬유 내에서 복사선이 투과할 수 있는 이유는 **내부 전반사**(total internal reflection) 때문이다. 내부 중심 부분은 굴절률이 큰 투과성 물질로 되어 있고 상대적으로 굴절률이 낮은 투과성 물질로 바깥을 피복시켜서 광섬유를 만든다. 일반적인 유리로 만들어진 광섬유의 중심 부분은 굴절률이 1.6 정도이고 바깥 부분은 굴절률이 약 1.5인 유리로 피복되어 있다. 일반적인 플라스틱 광섬유는 중심 부분의 굴절률이 약 1.5이면 굴절률이 약 1.4인 플라스틱으로 바깥 부분을 피복하여 만든다.

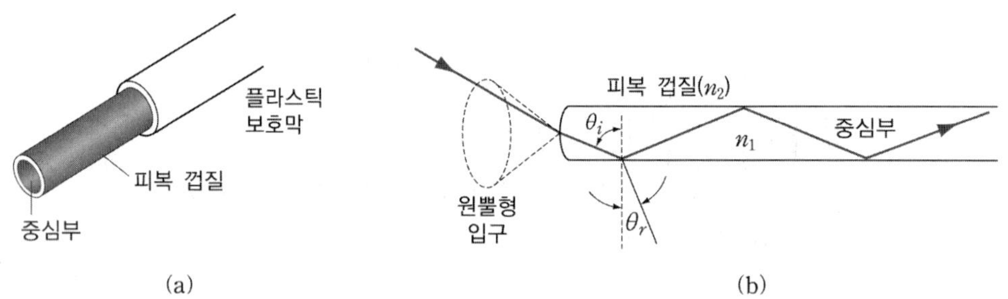

그림 21.17 (a) 흔히 쓰이는 광섬유의 구조. (b) 광섬유의 원리. 점선으로 표시한 원뿔형 공간 안으로 들어오는 빛의 입사각은 모두 임계각보다 크기 때문에 광섬유의 경계면에서 전반사가 일어난다.

그림 21.17(b)에서 보는 것처럼 입사광이 광섬유의 중심 부분으로 들어가는데 이때 입사각이 θ_i이다. 이 중 일부는 중심 부분과 피복 사이의 경계면에서 반사되고 일부는 피복제 속으로 굴절되는데 이때 굴절각을 θ_r이라 하자. 중심 부분의 굴절률은 n_1이고 피복의 굴절률은 n_2라 하면 식 (21−7)과 같은 Snell의 법칙이 성립한다.

$$n_1 \sin\theta_i = n_2 \sin\theta_r$$

이것을 정리하면

$$\sin\theta_r = \frac{n_1}{n_2}\sin\theta_i \tag{21-8}$$

$\sin\theta_r$가 가질 수 있는 최댓값은 1이다. $(n_1/n_2)\sin\theta_i = 1$일 때 θ_i를 **임계각**(critical angle)이라고 한다. θ_i가 임계각보다 커지면 $(n_1/n_2)\sin\theta_i > 1$이 되고 빛이 피복 속으로 투과하지 못하고 경계면에서 전부 반사하게 된다. 이것을 **전반사**(total reflection)라고 한다. 이렇게 임계각보다 큰 각도를 갖고 광섬유의 한쪽 끝으로 들어가는 모든 복사선은 손실이 거의 없이 반대편 끝으로 나오게 된다.

(2) 광전극

광섬유의 한쪽 끝에 화학적으로 민감한 층을 만들어 고정해 놓으면 특정 시료를 분석할 수 있는 광센서(optical sensor)를 만들 수 있다. 이러한 광섬유 센서를 **광전극**(optode)이라 부른다. 광센서의 반응물과 시료의 상호 작용에 의해 흡광도, 반사, 형광 등에 변화가 생기고 이 신호가 다시 광섬유를 타고 검출기에 도달하여 신호를 측정하게 된다. 예를 들면 광전극을 이용하여 용존 산소, pH, 혈액 속의 Li^+ 농도, 세포에 있는

NO 농도, 음식에 함유된 아황산염 등을 측정할 수 있다. 광섬유 센서는 보통 간단하고 쉽게 소형화할 수 있는 비싸지 않은 장비이다. 특히 생물학적 시료를 분석하는 데 널리 쓰여 생물 센서(biosensor)라고 한다.

6 Fourier 변환 적외선 분광법

앞에서 배열 광다이오드나 전하 이동 장치 같은 다채널 광검출기는 전체 스펙트럼을 한꺼번에 찍을 수 있다고 설명하였다. 이 장치는 회절발을 이용하여 스펙트럼을 파장별로 분산시켜 각 성분 띠가 해당하는 검출기 소자에 닿도록 되어 있다. 적외선 영역에서는 이런 다채널 광검출기를 쓸 수 없기 때문에 한 번에 전체 스펙트럼을 얻기 위해 Fourier 변환 분광법(Fourier transform spectroscopy)을 사용한다.

Fourier 변환 분광법은 1950년대 초반 멀리 있는 별의 적외선 스펙트럼을 찍기 위해 천문학자에 의해 개발되었다. 화학에서는 1960년대 말 원적외선 영역(10 ~ 400 cm^{-1})과 통상적인 적외선 영역에서 처음 사용되기 시작하였다. 기술적인 이유 때문에 Fourier 변환 분광법은 자외선/가시광선 영역에서는 잘 쓰지 않고 적외선 영역에서 주로 사용한다. 요즘 적외선 영역에서는 단색화 장치를 쓰는 분산형 기기는 대부분 사라지고 Fourier 변환 분광기로 대체되었다.

(1) 시간 영역 분광법

보통 우리가 사용하는 분광법은 복사 에너지 자료를 진동수나 파장의 역수와 관련된 함수로 기록하기 때문에 **진동수 영역 분광법**(frequency-domain spectroscopy)이라 할 수 있다. 반면, **시간 영역 분광법**(time-domain spectroscopy)은 복사 에너지 세기를 시간의 함수로 기록하는 것이다. 시간 영역 스펙트럼을 Fourier **변환**(Fourier transform)하면 진동수 영역 스펙트럼으로 바꿀 수 있다(그림 21.18).

그림 21.18(a)는 진동수가 ν_1, ν_2 Hz인 2개의 단일 파장 신호가 있는 보통 접하는 진동수 영역 스펙트럼인데 복사선의 세기 P(ν)를 진동수(Hz)에 대해 도시한 것이다. 괄호 안의 ν는 복사선의 세기가 진동수에 따라 변한다는 것을 강조하고 있고 Hz는 '헤르츠(hertz)' 라 읽는다. 그림 21.18(b)는 2개의 단일 파장 신호에 대한 각각의 시간 영역 스펙트럼을 같이 그려 놓은 것인데 두 신호의 진동수 차이를 분명히 볼 수 있다. 여기서는 시간에 따라 변하는 복사선 세기 P(t)를 시간의 함수로 도시한 것이다. 2개의 신호가 같이 존재하면 서로 간섭하므로 그림 21.18(c)와 같은 시간 영역 스펙트럼이 얻어진다. 여기서 스펙트럼은 2개 파동의 위상차가 작아지다가 다시 커지는 식으로 변함에 따라 그 세기도 같은 식으로 약해지다가 다시 강해져서 최대치가 되고

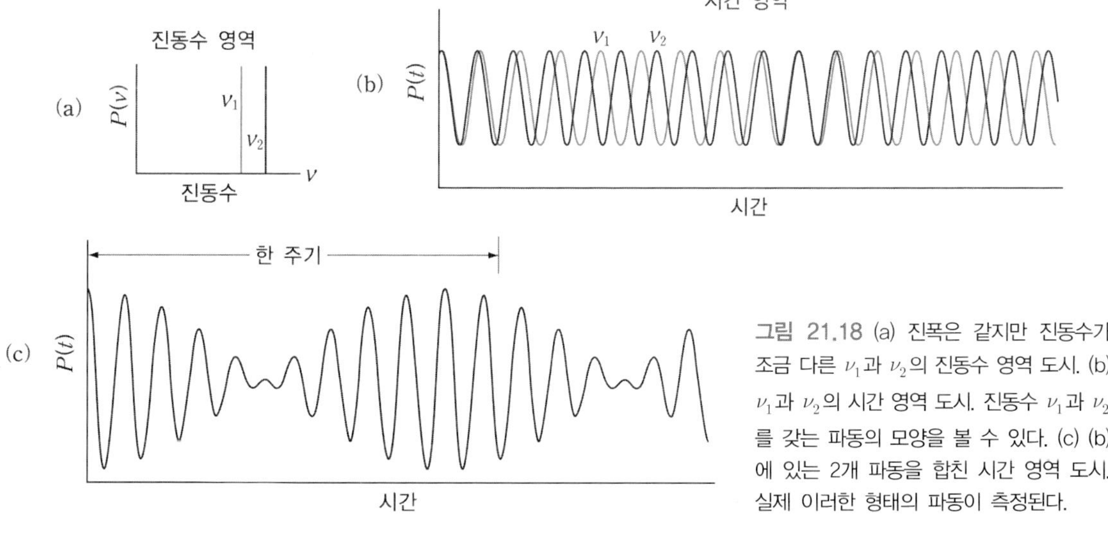

그림 21.18 (a) 진폭은 같지만 진동수가 조금 다른 ν_1과 ν_2의 진동수 영역 도시. (b) ν_1과 ν_2의 시간 영역 도시. 진동수 ν_1과 ν_2를 갖는 파동의 모양을 볼 수 있다. (c) (b)에 있는 2개 파동을 합친 시간 영역 도시. 실제 이러한 형태의 파동이 측정된다.

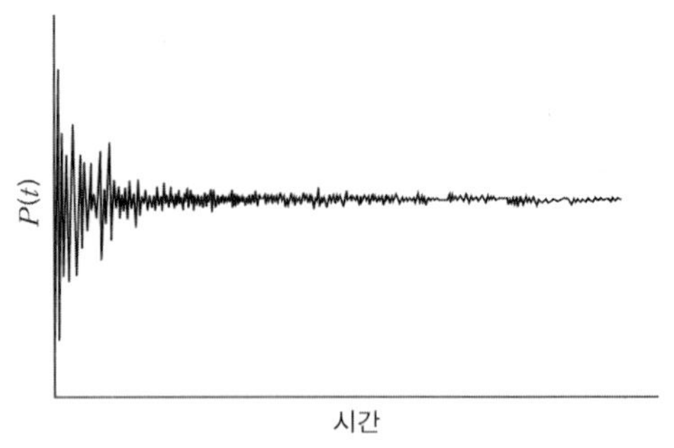

그림 21.19 많은 파장의 빛이 합쳐져 있는 신호의 시간 영역 도시

다시 약해지는 주기성을 보인다. 수평으로 그린 화살표는 1주기를 나타내며 같은 형태가 계속 반복하여 나타나는데 이 1주기를 **1비트**(beat)라고 한다.

많은 파장의 전자기 복사선(빛)이 포함되어 있는 신호의 시간 영역 스펙트럼은 여러 개의 sin 파동이 합쳐져서 나타나기 때문에 그림 21.19처럼 복잡한 형태로 나타난다. 여기서는 스펙트럼이 복잡해서 완전한 주기가 보이지 않는다. 신호 세기가 시간에 따라 감소하는데 이것은 일반적인 현상으로 파장 차이가 작은 많은 신호들이 서로 간섭하게 되면 위상차가 점점 커지기 때문이다.

시간 영역 스펙트럼은 진동수 영역 스펙트럼과 동일한 정보를 갖고 있다는 점을 명심해야 한다. 그러나 시간 영역 스펙트럼은 복잡하여 해석하기 힘들기 때문에 이것을 Fourier 변환하면 단색화 장치를 사용하는 분산형 분광기에서 얻은 것과 같은 진동수 영역 스펙트럼을 얻게 된다. 그림 21.18(c)와 (a) 사이의 관계는 다음 식으로 나타낼 수 있다.

$$I(t) = k\cos(2\pi\nu_1 t) + k\cos(2\pi\nu_2 t) \qquad (21-9)$$

여기서 I(t)는 검출기에 도달하는 복사선의 세기, k는 상수, t는 시간이다.

(2) 간섭 측정법(interferometry)

진동수가 $10^{12} \sim 10^{16}$ Hz 범위에 들어가는 자외선, 가시광선, 적외선 영역(이 영역을 광학 영역(optical region)이라고 부른다.)에서는 그림 21.18(c)와 그림 21.19와 같은 시간 영역 스펙트럼을 실험으로 측정할 수가 없다. 복사선의 진동수가 너무 커서 복사선 세기의 주기적 변동에 감응할 수 있는 검출기가 없기 때문이다. 그래서 시간 영역 신호를 얻으려면 높은 진동수의 신호를 측정 가능한 진동수를 갖는 신호로 바꿔 주어야 한다. 이런 변환을 **변조**(modulation)라 하는데 물론 이때 변조된 신호의 진동수는 원래 신호의 진동수에 직접 비례해야만 한다. 여러 가지 파장 영역에서 다양한 신호 변조 방법이 쓰이고 있지만 광학 영역에서 복사선을 변조하는 데는 Michelson 간섭계(Michelson interferometer)가 가장 널리 쓰인다.

Michelson 간섭계의 기본 원리는 광원에서 나온 복사선을 거의 같은 세기의 2개 빛살로 나누었다가 다시 합치는데 이때 2개 빛살이 지나온 경로가 서로 다르므로 위상이 서로 달라진다. 따라서 간섭에 의해 복사선의 세기가 주기적으로 변하게 되는데 이 변동을 2개 빛살이 지나온 경로 차이의 함수로 측정하는 것이다.

Fourier 변환 분광 광도계(Fourier transform spectrophotometer)에서는 광원으로 적외선 연속 광원(continuum source)을 쓰지만 여기서는 설명을 간단하게 하기 위해 광원에서 특정한 단색 파장의 복사선만 방출한다고 가정한다. 그림 21.20에서와 같이 광원에서 나온 복사선이 **살 분할기**(beam splitter)에서 절반은 통과하고 절반은 반사된다. 2개의 거울이 있는데 하나는 고정된 거울이며 그 위치를 F라 하고 나머지 하나는 움직이는 거울인데 그 위치를 M이라 하자. 살 분할기 위치를 O라 하면 여기에 부딪친 복사선 절반은 반사되어 OF 거리에 있는 고정된 거울로 가고 나머지 절반은 투과하여 OM 거리에 있는 움직이는 거울로 간다.

각 거울에서 반사된 복사선은 다시 살 분할기로 되돌아와서 절반은 투과하여 시료와 검출기로 향하고 절반은 반사되어 광원으로 되돌아간다.

만약 OF와 OM이 같다면 2개 빛살은 위상이 같으므로 보강 간섭(constructive interference)을 하여 진폭이 2배가 될 것이다. OF와 OM이 달라서 두 빛살의 위상차가 $\lambda/2(180°)$만큼 되면 상쇄 간섭(destructive interference) 일어나 진폭이 0이 될 것이다. 보통은 두 빛살의 위상차가 이 두 극단의 중간 정도가 될 것이므로 부분적으로 상쇄 간섭이 일어날 것이다.

이 빛살의 경로 차이는 그림 21.20에서 보는 바와 같이 2(M − F)가 되는데 이것을 **지연**(retardation)이라 부르며 기호 δ로 나타낸다. 검출기에 측정되는 빛살의 세기를 δ에 대해 도시한 것을 **간섭그림**(interferogram)이라 부른다. 여기서 δ는 파장 λ의 정수배($\delta = n\lambda$, n=1, 2, 3, …)가 되면 보강 간섭 때문에 빛의 세기가 최대가 되고 δ는 λ의 반정수배($\delta = 1/2n\lambda$)가 되면 빛의 세기가 최소가 된다. 거울 M이 일정한 속도로 살 분할기로부터 움직인다면 두 빛살의 위상차에 따른 간섭으로 인해 검출기에 도달하는 복사선의 세기는 연속적으로 번갈아 최댓값과 최솟값을 보일 것이다. 그래서 그림 21.20에서 볼 수 있는 단일 파장에 대한 간섭그림이 나타나게 된다.

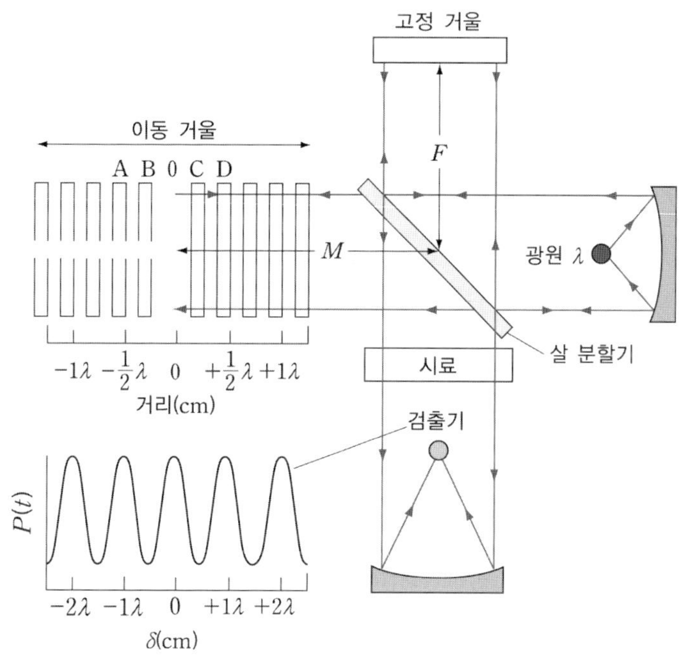

그림 21.20 단일 파장의 광원을 사용한 Michelson 간섭계의 개략적인 구조와 원리

Michelson 간섭계에 의해 만들어진 간섭그림의 진동수는 광원의 진동수보다 훨씬 적다. 이제 이 두 진동수 사이의 관계를 생각해 보자. 간섭그림에서 거울이 반파장($\lambda/2$)에 해당하는 거리를 움직일 때 한 주기가 된다. 거울이 v_M 만한 일정한 속도로 움직이는데, 이 거울이 ($\lambda/2$) cm 이동하는 데 걸리는 시간을 τ라 하면 v_M은 다음과 같이 쓸 수 있다.

$$v_M = \frac{\lambda}{2} \qquad (21-10)$$

검출기에 잡히는 간섭그림의 진동수 f는 주기 τ의 역수가 된다. 그래서

$$f = \frac{1}{\tau} = \frac{2v_M}{\lambda} \qquad (21-11)$$

파장 λ와 진동수 ν 사이의 관계는 $\lambda = c/\nu$로 쓸 수 있다. 이것을 (21−11) 식에 대입하면 광원의 진동수(ν)와 간섭그림의 진동수(f) 사이의 관계식을 얻을 수 있다. 여기서 광속도 $c = 3.0 \times 10^{10}$ cm/s이다.

$$f = (\frac{2v_M}{c})\nu \qquad (21-12)$$

광속도 c는 상수이므로 거울의 움직이는 속도 v_M이 일정하다면 간섭그림의 진동수 f는 광원의 진동수 ν에 직접 비례하게 된다. 만약 $v_M = 3$ cm/s라면 이들 사이의 관계는 다음과 같다.

$$f = (\frac{2v_M}{c})\nu = \frac{2\times 3\ \text{cm/s}}{3.0\times 10^{10}\ \text{cm/s}}\nu = 2\times 10^{-10}\ \nu$$

예제 | 21.1

어떤 Michelson 간섭계의 거울 속도 $v_M = 1.5$ cm/s이고 입사광의 파장은 10 μm라고 하자. 입사광은 적외선 영역에 들어간다. 입사광의 진동수와 이 간섭계에서 얻은 간섭그림의 변조된 진동수를 계산하시오.

풀이

$$\nu = \frac{c}{\lambda} = \frac{3.0\times 10^{10}\ \text{cm/s}}{10\times 10^{-4}\ \text{cm}} = 3\times 10^{13}\ \text{s}^{-1} = 3\times 10^{13}\ \text{Hz}$$

$$f = (\frac{2v_M}{c})\nu = (\frac{2\times 1.5\ \text{cm/s}}{3.0\times 10^{10}\ \text{cm/s}})\nu = 1\times 10^{-10}\ \nu = (1\times 10^{-10})\ (3\times 10^{13}\ \text{Hz}) = 3000\ \text{Hz}$$

3×10^{13} Hz 같은 적외선 영역의 진동수를 갖는 시간 영역 신호는 검출기가 잡아내지 못한다. 그러나 간섭계에 의해 정확하게 변조된 신호는 3000 Hz로 저주파 영역에 들어가므로 검출기에서 시간 영역 신호를 잡아내는 데 아무런 문제가 없다. 그리고 원래 신호와 변조된 신호는 진동수가 직접 비례하기 때문에 시간 영역 신호가 원래 갖고 있던 모든 정보가 변조된 신호에도 그대로 포함되어 있다.

(3) Fourier 변환 분광법

그림 21.21(a)는 단일 파장의 시간 영역 스펙트럼이므로 다음과 같이 간단히 쓸 수 있다.

$$I(\delta) = \frac{1}{2}I(\bar{\nu})\cos 2\pi ft \qquad (21-13)$$

여기서 $I(\delta)$는 간섭그림 신호의 세기, $I(\bar{\nu})$는 간섭계에 들어오는 복사선의 세기를 말한다. 괄호 안의 δ는 지연(retardation)이고 $\bar{\nu}$는 파수(wavenumber)이다. 이들은 각각 시간 영역과 진동수 영역을 강조하기 위해 표시하였다. 그러나 간섭계의 살 분할기로 나누어진 2개의 빛살은 그 세기가 정확히 같지 않고 검출기의 감응과 증폭기 성질은 진동수에 따라 달라지므로 (21−13) 식을 수정해야 한다. 그래서 $I(\bar{\nu})$ 대신 새 변수 $B(\bar{\nu})$를 쓰기로 한다. $B(\bar{\nu})$에는 앞서 언급한 요인들이 모두 들어가 있다.

$$I(\delta) = B(\bar{\nu})\cos 2\pi ft \qquad (21-14)$$

이제 간섭그림의 진동수 f를 지연 δ로 바꾸어주자. $\bar{\nu} = 1/\lambda$이고 거울의 속도 $v_M = \delta/2t$이므로 (21−11) 식에서

$$f = \frac{2v_M}{\lambda} = 2v_M\bar{\nu} = \frac{\delta}{t}\bar{\nu}$$

가 된다. 이 f 값을 (21−14) 식에 대입하면 다음과 같이 된다.

$$I(\delta) = B(\bar{\nu})\cos 2\pi\delta\bar{\nu} \qquad (21-15)$$

이 식은 단일 파장으로 이루어진 신호의 간섭그림 신호 I(δ)를 지연과 파수의 함수로 표시한 것이다. 그림 21.21(c)와 (d)는 2개의 단일 파장 신호로 이루어진 간섭그림과 진동수 영역 스펙트럼이다. 그래서 각 신호의 파수로 나타낸 2개 항으로 이루어져 있는데 같은 방법으로 구할 수 있다.

$$I(\delta) = B_1(\bar{\nu}_1)\cos 2\pi\theta\bar{\nu}_1 + B_2(\bar{\nu}_2)\cos 2\pi\theta\bar{\nu}_2 \qquad (21-16)$$

그림 21.21(f)와 같은 연속적인 신호에 대한 간섭그림은 다음과 같이 무한히 많은 항의 합으로 나타낸다.

$$I(\delta) = \int_{-\infty}^{\infty} B(\bar{\nu})\cos 2\pi\bar{\nu}\delta \, d\bar{\nu} \qquad (21-17)$$

이 적분의 Fourier 변환은 다음과 같다.

$$B(\bar{\nu}) = \int_{-\infty}^{\infty} I(\delta)\cos 2\pi\bar{\nu}\delta \, d\delta \qquad (21-18)$$

Fourier 변환 분광법은 (21－17) 식처럼 δ의 함수로 I(δ)를 측정(시간 영역 간섭그림)한 후 이것을 Fourier 변환하여 (21－18) 식 같이 $\bar{\nu}$ 함수로 $B(\bar{\nu})$(진동수 영역 스펙트럼)를 얻는 것이다.

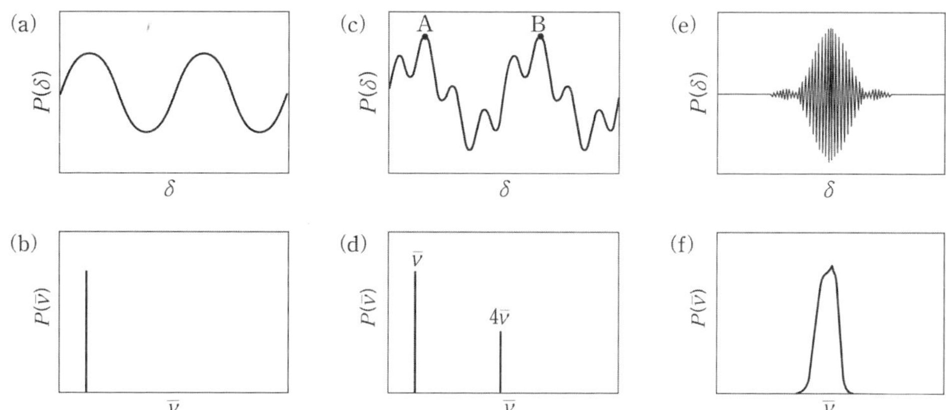

그림 21.21 Michelson 간섭계에 나타나는 간섭그림과 진동수 영역 스펙트럼. (a) 사인 곡선(sine curve) 형태의 단일 파장 간섭그림. (b) (a)에 있는 신후를 Fourier 변환하여 얻은 진동수 영역 스펙트럼. (c) 진동수가 다른 2개 신호에 의해 만들어진 간섭그림. 지연 δ = 0인 지점은 점 A로 표시하였다. (d) (c)에 있는 간섭그림을 Fourier 변환하여 얻은 진동수 영역 스펙트럼. (e) 여러 파장의 신호로 이루어진 넓은 발광 띠(emission band)의 간섭그림. (f) (e)에 있는 간섭그림을 Fourier 변환하여 얻은 넓은 발광 띠의 진동수 영역 스펙트럼.

그림 21.20에서 보는 바와 같이 시료는 통상적으로 간섭계와 검출기 사이에 놓인다. 스펙트럼을 얻기 위해 먼저 셀(cell)에 용매만 들어 있는 기준 시료의 간섭그림을 측정하여 스펙트럼으로 변환한다. 다음 같은 용매에 녹인 시료를 동일한 셀에 넣어 간섭그림을 측정하여 스펙트럼으로 변환한다. 시료의 스펙트럼을 기준 시료의 스펙트럼으로 나누면 이 시료의 투과 스펙트럼이 얻어진다. 이 결과는 투과도($T = P/P_0$)를 계산하는 것과 같다. 여기서 T는 투과도이고 P_0는 기준 셀을 통과한 입사광의 세기이며 P는 시료 셀을 통과한 입사광의 세기를 말한다.

Fourier 변환 스펙트럼의 분해능은 지연(retardation)의 최댓값을 Δ라 하면 근사적으로 (1/Δ) cm^{-1}과 같다. 예를 들어 거울의 이동 거리가 ±5 cm일 때 분해능을 계산해 보자. 이때 Δ = ±10 cm가 되므로, 분해능 = (1/10 cm) = 0.10 cm^{-1}가 된다. 이 관계는 분해능(cm^{-1})은 거울이 이동한 거리의 역수에 비례한다는 것을 뜻하므로 거울이 이동하는 거리가 길수록 분해능이 좋아진다.

간섭그림은 일정 간격의 불연속적인 점으로 기록되는데, 이 점 사이의 간격에 의해 스펙트럼의 파수(cm^{-1})

범위가 결정된다. 간섭그림의 점 사이 간격이 좁아지면 스펙트럼의 범위가 넓어진다. $\Delta\bar{\nu}$ cm^{-1} 범위의 스펙트럼을 측정하려 할 때 간섭그림을 얻기 위해 취해야 하는 지연 간격 δ는 다음과 같이 계산할 수 있다.

$$\delta = \frac{1}{2\Delta\bar{\nu}}$$

예제 | 21.2

Fourier 변환 분광기로 3500 cm^{-1} 범위의 스펙트럼을 찍으려고 한다. 간섭그림의 측정 간격을 얼마로 해야 할까?

풀이

$\Delta\bar{\nu} = 3500\ cm^{-1}$이므로

$$\delta = \frac{1}{2(3500\ cm^{-1})} = 1.43 \times 10^{-4}\ cm = 1.43\ \mu m$$

간섭그림을 측정하기 위해 지연이 1.43 μm일 때마다 한 번씩 자료를 채취하면 3500 cm^{-1} 범위의 스펙트럼을 얻을 수 있다는 것을 알 수 있다. 이 채취 간격을 거울의 이동 거리로 표시하면 0.715 μm가 된다. 다시 말해 거울이 0.715 μm 움직일 때마다 한 번씩 자료를 채취한다는 뜻이 된다.

간섭그림을 얻으려면 시료 채취 간격을 통제해야 하고 지연이 0이 되는, 다시 말해 간섭그림이 시작되는 지점($\delta = 0$)을 알려 주어야 한다. 그래서 보통 흔히 쓰이는 Fourier 변환 적외선 분광 광도계에는 3개의 간섭계가 같이 설치되어 있다. 첫 번째 간섭계는 적외선 스펙트럼을 얻기 위한 것으로 적외선 램프를 광원으로 쓴다. 2번째 간섭계는 가시광선 영역의 레이저를 광원으로 하는데 여기서 나온 신호를 이용하여 시료 채취 간격이 일정하게 되도록 통제할 수 있다. 3번째 간섭계는 가시광선을 방출하는 텅스텐 램프를 광원으로 하는데 간섭그림이 시작되는 출발 지점을 알려주는 역할을 한다. 간섭그림은 시간 함수이므로 이런 기능이 필요하다. 이 분광기기의 구조와 원리에 대한 자세한 설명은 이 책의 범주를 벗어나므로 생략한다.

(4) Fourier 변환 분광법의 장점

우선 Fourier 변환 분광기는 렌즈 같은 광학 부품이 적고 단색화 장치가 없어서 검출기에 도달하는 복사선의 세기가 분산형 기기보다 크기 때문에 신호 대 잡음비(signal-to-noise, S/N ratio)가 훨씬 좋다. 다음으로 Fourier 변환 분광기를 사용하면 분해능과 스펙트럼의 재현성이 매우 뛰어나기 때문에 피크 숫자가 많고 서로 겹쳐서 개개 피크들을 확인하기 힘든 복잡한 스펙트럼을 분석할 수 있다. 가장 중요한 장점은 광원의 모든 요소가 검출기에 동시에 도달하므로 한꺼번에 전체 스펙트럼을 찍을 수 있고 재현성과 정확도가 뛰어나기 때문에 스펙트럼을 여러 번 찍어서 평균하는 것이 가능하다는 것이다. 이렇게 하면 신호 대 잡음비가 훨씬 더 많이 향상된다. 이러한 효과를 그림 21.22에서 확인할 수 있다. 다시 말해 다채널 광검출기에서 얻을 수 있었던 장점을 대부분 그대로 누릴 수 있다. 그 외에 간섭그림의 측정, Fourier 변환 등이 컴퓨터에서 처리되므로 자료 처리 속도도 매우 빠르다.

Fourier 변환 적외선 분광도계는 워낙 많은 장점을 갖고 있기 때문에 요즘에는 분산형 적외선 분광 광도계를 거의 시판하지 않는다. 반면 자외선-가시광선 영역에서 사용하는 Fourier 변환 분광 광도계는 광원에서 나오는 복사선의 진동수가 매우 크다. 간섭계에서 $\delta = \frac{1}{2\Delta\bar{\nu}}$ 간격으로 시료 채취를 해야 하는데 이 요구를 맞추기가 어렵기 때문에 거의 쓰이지 않는다. 예를 들어 $\Delta\bar{\nu} = 20,000\ cm^{-1}$라면 $\delta = 0.25\ \mu m$가 되고 이것을

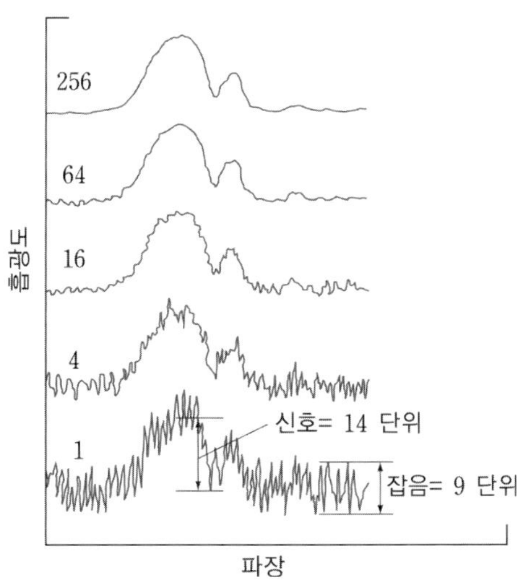

그림 21.22 잡음이 많은 모의실험 스펙트럼을 이용하여 신호 평균의 효과를 보여 주고 있다. 스펙트럼 왼쪽에 있는 숫자는 평균하기 위해 주사한 횟수를 말한다(출처: R. Q. Thomson, Experiments in Software Data Handling, J. Chem. Ed. *1985*, 62, 866.).

거울이 이동한 거리로 따지면 0.125 μm에 해당한다. 이것은 거울이 0.125 μm 이동할 때마다 한 번씩 시료 채취를 해야 한다는 것을 의미한다. 이 정도 수준에서 거울의 움직임을 정교하게 통제하기는 쉽지 않다. 참고로 20,000 cm^{-1}를 파장으로 환산하면 500 nm가 된다.

7 신호와 잡음

잡음(noise)은 광원, 검출기, 신호 처리 부분 등 기기의 각 부분에서 발생한다. 또 기기의 각 부분에서 발생하는 잡음에는 여러 가지 형태가 있고, 또 여러 가지 요인에 의해 일어날 것이다. 그러나 마지막에 관찰되는 잡음은 이런 것들이 혼합된 복잡한 형태가 되므로 보통 그 특성을 완전히 이해하는 것은 불가능하다. 기기에서 발생하는 잡음은 다음과 같이 크게 3가지로 나눌 수 있다: (a) 백색 잡음(white noise), (b) 깜박이 잡음(flicker noise), (c) 환경 잡음(environmental noise). 이들 잡음에 대해 간단히 알아보자(그림 21.23 참조).

(1) 백색 잡음

이 잡음은 그 크기가 진동수와 무관하기 때문에 백색 잡음이라 부르는데 다른 말로 **가우스 잡음**(Gaussian noise)이라고도 부른다. 여기에는 **존슨 잡음**(Johnson noise)과 **산탄 잡음**(shot noise)이 있다.

존슨 잡음은 **열잡음**(thermal noise)이라고도 부르는데 기기 내의 저항, 축전기(capacitor), 검출기 등에서 전자나 기타 전하 운반체의 무질서한 열적 운동 때문에 생긴다. 전하를 가진 입자가 이렇게 움직이면 주기적으로 전하의 불균일이 생기고 이 때문에 생긴 전압의 변동이 잡음으로 나타나게 된다. 이 존슨 잡음은 저항 부분에 전류가 흐르지 않는 경우에도 존재하며 절대 온도가 0이 되는 경우에만 없어진다. 존슨 잡음을 줄이려면 띠너비(bandwidth)를 좁게 하고 기기 회로의 전기 저항을 줄이고 온도를 낮추면 된다. 흔히 검출기를 냉각시킴으로써 이 부분에서 생기는 존슨 잡음을 줄일 수 있다. 적외선 분광기에서는 열 검출기(heat detector)를 쓰는데 이 검출기의 성질은 흔히 열잡음에 의해 제약을 받는다.

산탄 잡음은 전자 또는 다른 전하를 띤 입자가 어떤 경계면을 건너갈 때 늘 생기는 잡음이다. 전기 회로에서 보통 볼 수 있는 경계면으로는 다이오드(diode)나 트랜지스터(transistor)에 있는 pn 접촉면, 광전지(photocell)나 광전관(phototube)의 양극과 음극 사이의 빈 공간 같은 것을 들 수 있다. 어떤 경계면을 가로질러 전류가 흐른다는 것은 전자 하나하나가 경계면을 건너가는 양자화된 사건이 연속적으로 일어나는 것이라고 설명할 수 있다. 이런 건너뜀은 무질서하게 일어나고 이 일이 일어나는 속도는 통계학적인 분포를 보일 것이다. 이 때문에 경계면에서 산탄 잡음이 생긴다. 전류를 측정할 때 이 산탄 잡음을 줄일 수 있는 유일한 방법은 띠너비를 줄이는 것이다. 자외선−가시광선 영역에 쓰이는 광 검출기(photon detector)에서 생기는 가장 중요한 잡음은 산탄 잡음이다. 따라서 이 검출기의 성질은 산탄 잡음에 의해 제약을 받는 경우가 많다.

(2) 깜박이 잡음

깜박이 잡음(flicker noise)의 원인은 잘 알려져 있지 않지만 그 크기와 신호의 진동수 사이의 관계 때문에 그 존재를 확인할 수 있다. 깜박이 잡음의 크기는 측정하는 신호 진동수의 역수에 비례하여 1/f 잡음이라고도 한다. 여기서 f는 신호의 진동수를 말한다. 그래서 깜박이 잡음은 진동수가 0일 때 최대가 되고 진동수가 증가함에 따라 감소한다. 신호의 진동수가 100 Hz 이하가 되면 깜박이 잡음이 뚜렷하게 드러나게 된다. 예를 들어 dc 증폭기, 광원, 전압계, 전류계 같은 것에서 긴 호흡으로 천천히 일어나는 신호의 불규칙한 변동을 볼 수 있다. 이러한 변동을 드리프트(drift)라 하는데 온도와 시간에 따른 기기의 느린 변화 또는 전력선 전압의 느린 변동 같은 것 때문에 생긴다.

(3) 환경 잡음

우리 주변을 둘러싸고 있는 환경에서 생기는 잡음을 **환경 잡음**(environmental noise)이라고 한다. 각종 전력선에 흐르는 ac 전류, 라디오나 TV 방송국, 무선 통신 기지국, 공항의 레이더, 전기 모터의 브러시(brush), 번개, 전리층 교란 등과 같이 주변에는 전자기 복사선을 방출하는 많은 소스와 현상들이 있는데 이런 것들이 큰 문제를 일으킬 수 있다. 기기에 있는 각종 도체는 안테나처럼 전자기 복사선을 흡수해서 이를 전기적 신호로 바꿀 수 있는 능력을 갖고 있기 때문이다. 이 중에서 전력선이나 방송국에서 나오는 전자파는 진동수 띠너비가 비교적 좁다.

시간이나 계절에 따른 온도 변화 같은 것은 크고 연속적이며 진동수가 매우 작은 잡음을 일으킬 수 있는데 보통 큰 문제가 되지는 않는다. 이러한 잡음은 원인을 정확히 모르는 깜박이 잡음과 같은 성질을 갖는데 이것이 깜박이 잡음과 겹쳐져 나타날 수 있다.

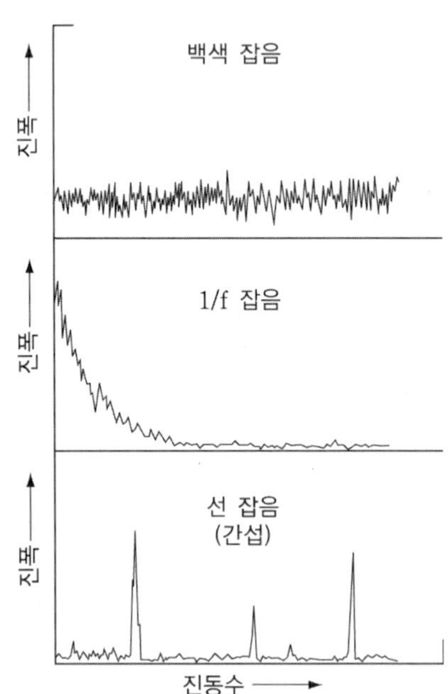

그림 21.23 전자 기기에 생기는 잡음. 백색 잡음은 늘 존재하는 것이고 1/f 잡음은 살 토막내기(beam chopping)나 진동수 변조(modulation)를 통해 줄일 수 있다. 선 잡음은 주변 환경에서 생기므로 환경 잡음에 속한다.

8 신호 대 잡음비 향상

대부분의 측정에서 잡음 크기의 평균값 N은 일정하고 신호의 크기 S와 무관하다. 그래서 신호의 크기가 작아질수록 잡음의 영향이 커진다. 따라서 어떤 분석 방법의 장점이나 기기의 성능을 나타낼 때 잡음만 말하는 것보다 신호 대 잡음비(signal－to－noise, S/N ratio)가 훨씬 유용하다.

직류 신호인 경우 신호 세기를 측정한 횟수가 아주 많을 때 잡음의 크기는 보통 표준 편차 s로 정의하고 신호의 크기는 평균값 $\bar{x}$로 나타낸다. 그래서 신호 대 잡음비(S/N)는 다음과 같이 쓸 수 있다.

$$\frac{\mathrm{S}}{\mathrm{N}} = \frac{\text{평균}}{\text{표준 편차}} = \frac{\bar{x}}{s} \tag{21-19}$$

보통 실험실에서 하는 많은 실험은 신호가 잡음에 비해 매우 커서 S/N 비에 대해 특별히 신경 쓰지 않아도 된다. 그러나 높은 감도와 정확도가 요구될 때 측정값의 정밀도를 향상시키는 데 S/N 비가 제한 요인으로 작용할 때가 있다. 기기 분석 방법을 사용할 때 S/N 비를 향상시키기 위해 사용할 수 있는 방법은 크게 하드웨어(hardware) 방법과 소프트웨어(software) 방법으로 나눌 수 있다.

(1) 하드웨어 방법

S/N 비를 향상시키기 위해 사용하는 하드웨어 방법은 필터, 단속기(chopper), 가려막이(shield), 조절자(modulator), 동시 검출기(synchronous detector) 같은 기기 부품을 사용하는 것이다. 이런 장비를 사용하여 분석 신호에는 뚜렷한 영향을 주지 않고 잡음을 대폭 줄일 수 있다.

외부에서 발생하는 전자기 복사선(전자파) 때문에 생기는 잡음은 가려막이(shielding)와 접지(grounding)를 하고 기기 내부의 도체 길이를 최소화함으로써 줄일 수 있다. 가려막이는 회로나 회로에 있는 가장 민감한 도체를 전기 전도성이 좋은 물질로 둘러싸서 이것을 접지에 연결해둔 것이다. 이렇게 하면 이 가려막이가 전자파를 흡수하므로 잡음을 줄일 수 있다. 검출기 회로에 어떤 잡음이 생기면 보통 이것이 기기의 판독(readout) 장치에 증폭된 형태로 나타나므로 특히 문제가 된다. 이러한 형태의 잡음을 줄이기 위해서 대부분의 기기는 증폭시키는 첫 번째 단계에서 **차이 증폭기**(difference amplifier)를 사용한다. 만약 차이 증폭기를 사용해도 이런 잡음이 충분히 제거되지 않으면 **장치 증폭기**(instrumentation amplifier)를 사용한다.

아날로그 필터(analog filter)는 분석기기에서 S/N 비를 향상시키기 위해 가장 흔히 쓰이는 방법 중 하나이다. 아날로그 필터에는 저주파(low frequency) 신호만 통과할 수 있는 저역 필터(low－pass filter)와 고주파(high frequency) 신호만 통과할 수 있는 고역 필터(high－pass filter)가 있다. 분석 기기에서 나오는 많은 신호는 띠너비가 몇 Hz 정도밖에 되지 않는 저주파 신호이므로 저역 필터를 쓰면 존슨 잡음과 산탄 잡음 같은 것이 들어 있는 많은 고주파 성분을 신호에서 효과적으로 제거할 수 있다. 분석 신호가 상대적으로 고주파에 들어가는 기기는 고역 필터를 써서 드리프트(drift) 때문에 생기는 영향이나 진동수가 적은 깜박이 잡음을 효율적으로 제거할 수 있다.

기기에서 증폭기 드리프트나 깜박이 잡음이 보일 때 저주파 신호나 직류 신호를 바로 직접 증폭시키면 깜박이 잡음 때문에 제대로 된 결과를 얻을 수 없다. 보통 이때 생기는 깜박이 잡음은 고주파 영역에서 나타나는 다른 큰 잡음보다 몇 배나 더 크다. 이 때문에 검출기에서 나오는 저주파 또는 직류 신호를 깜박이 잡음이 적은 고주파 신호로 보통 전환시키는데 이 과정을 **변조**(modulation)라고 한다. 이 변조된 신호를 증폭시킨 후 고역 필터로 걸러서 증폭기에서 생긴 깜박이 잡음을 제거한다. 이후 **복조**(demodulation) 과정을 통해 원래 진동수를 가진 신호로 바꾸고 마지막으로 저역 필터로 잡음을 제거하면 실험 결과로 쓰기에 알맞은 증폭된 직류 신호를 얻을 수 있다.

잡음에 파묻혀 전혀 구별할 수 없는 신호를 복원해 내는데 **맞물린 증폭기**(lock−in amplifier)가 사용된다. 이 증폭기는 기준 신호와 맞물려 있는 신호만 증폭되고 복조되기 때문에 다른 진동수와 위상을 가진 관계가 없는 신호들은 제거된다. 따라서 상대적으로 잡음의 영향을 거의 받지 않는다.

(2) 소프트웨어 방법

앞서 언급한 S/N 비를 향상시키는 많은 방법들이 요즘에는 소프트웨어 방법으로 대체되고 있다. 그 중에서도 가장 널리 쓰이는 것이 **신호 평균**(signal averaging)이다.

만약 어떤 시료의 스펙트럼을 똑같이 2번 찍어서 이것을 합쳤다고 생각해 보자. 각 스펙트럼의 신호는 동일하기 때문에 신호 세기가 2배로 커질 것이다. 그러나 잡음은 무질서하기 때문에 2배로 커지지 않고 이론적으로 $\sqrt{2}$ 배가 된다는 것이 밝혀졌다. 똑같은 스펙트럼을 n번 찍어서 합치면 신호 세기는 원래 스펙트럼의 신호 세기보다 n배 커지고 잡음은 $\sqrt{n}$ 배 커지게 된다. 동일한 스펙트럼을 n번 찍어서 합치게 되면 S/N 비는 다음과 같이 $\sqrt{n}$ 배 커지게 된다.

$$\frac{S}{N} = \frac{n}{\sqrt{n}} = \sqrt{n}$$

동일한 스펙트럼 n개를 평균하면 S/N 비는 $\sqrt{n}$ 배 증가한다. 4개 스펙트럼을 평균하면 S/N 비는 2배로 커지고 100개 스펙트럼을 평균하면 S/N 비는 10배로 커진다. 약한 신호를 측정하기 위해 10^4번 스펙트럼을 찍어서 평균하면 S/N 비는 100배 증가한다. 그러나 이것은 이론적인 것이고 실제 측정하면 기기의 불안정성 때문에 드리프트가 생기고, 이것이 무질서한 잡음에 더해져서 실제 S/N 비가 증가하는 폭은 이보다 조금 작다.

자외선/가시광선 분광법에서는 다채널 광검출기를 이용하여, NMR 분광법과 적외선 분광법에서는 Fourier 전환 분광법을 이용하여 한꺼번에 전체 스펙트럼을 찍을 수 있다. 이런 방법으로 짧은 시간 동안 많은 수의 동일한 스펙트럼을 반복해서 찍을 수 있기 때문에 신호 평균으로 작은 신호도 측정하는 것이 가능해지는 것이다. 이렇게 측정한 자료를 S/N 비를 향상시키기 위해 신호 처리하는 방법에는 **앙상블 평균법**(ensemble averaging), **박스카 평균법**(Boxcar averaging), **디지털 거름법**(digital filtering) 등이 있다.

연습문제

1. 자외선-가시광선 영역에서 쓰이는 광원은 연속 광원과 선 광원으로 나눌 수 있다. 연속 광원과 선 광원에는 어떤 것이 있는지 예를 들어 보시오.

2. 레이저에 대한 다음 물음에 답하시오.
   (1) 레이저 광의 특징을 간단히 설명하시오.
   (2) 어떤 전자기 복사선이 부합성을 갖는다는 것은 무엇을 말하는가?
   (3) 레이저에는 활성 물질이 무엇이냐에 따라 여러 종류가 있다. CO_2 레이저는 CO_2가 활성 물질이고 N_2 레이저는 N_2가 활성 물질이다. 어떤 성질을 갖는 화합물이 레이저 광을 발생시키는 활성 물질로 쓰일 수 있는지 간략하게 설명하시오.
   (4) 레이저 광을 얻기 위해서는 입자수 반전이 이루어져야 한다. 입자수 반전이란 어떤 상태를 말하는가? 또 입자수 반전이 이루어져야만 레이저 광을 얻을 수 있는 이유는 무엇인가?
   (5) 자극 방출은 자발 방출과 어떻게 다른가?
   (6) 레이저 광은 Fabry-Perot 간섭계를 이용하여 얻는다. Fabry-Perot 간섭계를 이용하면 왜 간섭무늬가 얻어지는지 그 원리를 간략하게 설명하시오.
   (7) 3-준위 시스템보다 4-준위 시스템이 더 널리 쓰인다. 그 이유는 무엇인가?

3. 파장 선택기의 띠너비가 커지면 스펙트럼의 모양이 어떻게 변하는가? 또, 그 이유는 무엇인가?

4. 정량 분석을 할 때는 파장 선택기의 띠너비를 크게 하는 것이 유리하다고 한다. 그 이유는 무엇인가?

5. 파장 선택기에 쓰이는 회절발의 홈수(mm당)를 늘리면 어떤 일이 일어나는가? 또, 출구 슬릿 너비를 크게 하면 스펙트럼은 어떻게 변하는가?

6. 파장 선택기의 입구 슬릿으로 들어온 입사광은 회절발에서 파장에 따라 분산된다. 회절발에서 입사광이 분산되는 원리를 간략하게 설명하시오.

7. 파장 선택기에서 회절발을 천천히 회전시키면 출구 슬릿으로 나오는 빛의 파장이 연속적으로 바뀐다. 회절발이 회전하면 왜 이런 현상이 일어나는지 간략하게 설명하시오.

8. 회절발 파장 선택기에는 필터가 필요하다. 이 필터는 어떤 역할을 하는가?

9. 그림 21.7에 있는 회절발에서 입사각 i가 40°라고 하자.
   (1) 만약 500 nm 가시광선의 1차 회절각이 25°가 되려면 cm 당 회절발의 홈수가 몇 개가 되어야 하는가?
   (2) (1)에서 입사광만 700 nm로 달라진다면 cm 당 회절발의 홈수는?
   (3) (1)의 같은 회절발에서 700 nm 가시광선이 같은 입사각으로 들어올 때 1차 회절각은 몇 도가 되는가?

10. 회절발 단색화 장치의 분해능에 대한 다음 물음에 답하시오.
   (1) 파장이 456.32 nm와 456.36 nm인 두 피크를 분리하려면 회절발의 분리능이 얼마가 되어야 하는가?
   (2) 만약 회절발의 분리능이 5×10^4이라면 456.32 nm와 분리될 수 있는 가장 가까운 피크의 위치는 어디가 되겠는가?
   (3) 홈의 수가 300 홈/mm이고 반사각 $r = 4°$인 회절발을 사용하여 파장이 456.32 nm와 456.36 nm인 두 피크를 분산시켰을 때 1차 회절(n = 1)과 10차 회절(n = 10)의 각 분산(Δr)은 각각 얼마가 되겠는가?

11. 어떤 과제를 수행할 때 파장 선택기의 분해능이 뛰어나다고 해서 좋은 것만은 아니라고 한다. 왜 그런지 그 이유를 설명하시오.

12. 자외선, 가시광선, 적외선 영역에서 쓰이는 검출기는 크게 나누어 광 검출기와 열 검출기로 나눌 수 있다. 이들의 간단한 원리, 용도, 장단점을 설명하시오.

13. 광전 증배관(PMT)은 대표적인 광 검출기이다. PMT의 장단점을 그 이유와 함께 간략하게 설명하시오.

14. 적외선 분광기에 널리 쓰이는 열전기 검출기는 중수소화된 황산 트라이글리신(triglycine sulfate)이라는 열전기 물질을 사용한다. 이 물질이 어떻게 신호를 감지해 내는지 그 원리를 간략하게 설명하시오.

15. 배열 광다이오드나 전하 이동 장치 같은 다채널 광 검출기는 어떤 장점을 갖고 있는지 설명하시오.

16. 한번에 스펙트럼 전체를 찍을 수 있는 방법에는 다채널 검출기를 쓰는 방법과 Fourier 변환 분광법을 이용하는 방법이 있다. 이들 방법이 공통적으로 갖는 장점에는 어떤 것이 있는지 설명하시오.

17. Fourier 변환 분광법에 대해 다음 물음에 답하시오.

(1) 간섭그림이 왜 필요하고, 또 간섭그림을 어떻게 얻는지 설명하시오.
(2) 이 방법은 고유한 장점이 있다. 어떤 장점들이 있는지 설명하시오.
(3) 지연 간격 1.525×10^{-4} cm로 하여 간섭그림을 얻었다. 이론적으로 얻을 수 있는 스펙트럼의 파수 범위는 얼마가 되겠는가?

18. 광섬유는 거의 손실 없이 신호를 먼 거리까지 보낼 수 있다. 어떻게 이런 일이 가능한지 그 원리를 간단히 설명하시오.

19. 잡음의 종류에는 크게 나누어 백색 잡음, 깜박이 잡음, 그리고 환경 잡음이 있다. 다음 잡음을 줄이려면 어떻게 하면 되는지 간략하게 설명하시오.

(1) 백색 잡음 (2) 깜박이 잡음 (3) 환경 잡음

20. 백색 잡음에는 어떤 것들이 있고 이러한 잡음이 생기는 이유는 무엇인가?

21. 신호 대 잡음비(S/N)를 향상시키는 방법 중 소프트웨어를 쓰는 방법이 널리 쓰이고 있다. 그 중에서 가장 널리 쓰이는 방법을 하나 골라 원리를 간단히 설명하시오.

22. 변조를 이용하여 신호 대 잡음비를 크게 향상시킬 수 있다. 이 방법은 어떻게 하는 것인가?

22장 분광 광도법의 응용

자외선, 가시광선, 적외선 영역의 복사선을 광원으로 이용하는 분자 분광법은 많은 유기 화합물, 무기 화합물, 생화학 물질을 확인하고 농도를 결정하는 데 널리 쓰이고 있다. 자외선/가시광선 분자 흡수 분광법은 주로 Beer 법칙을 이용하여 정량 분석하기 위해 쓰이는데 화학뿐 아니라 약학, 의학, 식품 관련 실험실에서 다른 어떤 방법보다도 더 광범위하게 많이 쓰이고 있다. 적외선 흡수 분광법은 유기 화합물이나 무기 화합물의 구조를 결정하는 데 가장 유용한 방법 중 하나이다. 이 장에서는 자외선/가시광선 영역에서 흡수나 형광 분광법으로 정량 분석하는 문제를 다룰 것이다. 또 이 영역에서 중요한 정량 분석 방법으로 쓰이는 **흐름 주입 분석법**(flow injection analysis)도 소개할 것이다.

1 분광법에서 용매의 영향 및 선택

시료를 준비할 때 사용하는 용매는 측정이 이루어지는 파장 영역에서 입사광을 많이 흡수하면 안 된다. 뿐만 아니라 용매는 용질과 화학적 상호 작용을 하지 않아야 하고 스펙트럼에 미치는 영향이 가능하면 적어야 한다. 아주 일반적으로 말해서 물, 알코올, 에스터(ester), 케톤(ketone) 같은 극성 용매는 분자의 진동 운동 때문에 생기는 스펙트럼의 미세한 구조를 없애는 경향이 있다. 헵테인(heptane) 같은 비극성 탄화수소를 용매로 쓰면 기체 상태에서 찍은 스펙트럼처럼 이런 미세 구조가 남아 있는 것을 볼 수 있다. 덧붙여 일반적으로 용매의 극성이 증가하면 흡수 스펙트럼의 피크는 단파장 쪽으로 이동하고 형광 스펙트럼의 피크는 장파장 쪽으로 이동하는 경향을 보인다. 화합물을 확인하기 위해 흡수 스펙트럼이나 형광 스펙트럼을 비교할 때는 반드시 같은 용매를 써야 한다.

표 22.1에 흔히 쓰이는 용매와 이들의 **차단 파장**(cutoff wavelength)을 정리하였다. 차단 파장이란 입사광을 흡수하기 때문에 용매로 쓸 수 없는 대략적인 한계 파장을 말한다. 차단 파장보다 파장이 짧은 영역에서는 용매로 쓸 수 없는 것이다.

자외선 영역에서 흔히 쓰이는 용매는 물, 에탄올, 사이클로헥세인(cyclohexane), 1,4-다이옥세인(dioxane) 등이 있고 가시광선 영역에서는 색깔이 없는 용매이면 대부분 쓸 수 있다.

표 22.1 대표적인 용매의 자외선, 가시광선 영역 차단 파장

용매	차단 파장(nm)	용매	차단 파장(nm)
Water	180	Diethyl ether	210
Ethanol	220	Acetone	330
Hexane	200	Dioxane	320
Cyclohexane	200	Cellosolve	320
Carbon tetrachloride	260		

2 정량 분석에 응용

(1) 자외선/가시광선 분광 광도법의 장점

자외선/가시광선 흡수 분광법은 정량 분석에서 가장 널리 쓰이는 방법 중 하나이다. 이 분광법의 중요한 장점을 먼저 알아보자.

수많은 유기 화합물, 무기 화합물, 생화학 물질들이 자외선이나 가시광선을 흡수하므로 이 분광법으로 직접 정량 분석하는 것이 가능하고, 따라서 응용 가능성이 매우 넓다. 자외선이나 가시광선을 흡수하지 않는 많은 화합물들도 화학 반응을 통해 이들을 흡수하는 유도체로 바꿔서 정량 분석하는 것이 가능하다. 병원의 임상 실험실에서 이루어지는 정량 분석의 90% 이상이 이 방법을 이용한다고 한다. 이 방법은 비교적 감도가 좋다. 이 흡수 분광법의 일반적인 검출 한계는 10^{-4} ~ 10^{-5} M 정도이지만 실험 방법을 개선하면 이 범위가 10^{-6} M이나 10^{-7} M까지도 가능하다. 화합물의 특정 작용기(이를 발색단(chromophore)이라고 한다)가 자외선/가시광선을 흡수하여 그 피크가 스펙트럼에 나타나기 때문에 이 분광법은 상당히 양호한 선택성을 갖는다. 스펙트럼에 시료 분자만에 의한 피크가 있으면 혼합물 시료를 미리 분리시키지 않아도 정량 분석이 가능하다. 더욱이 다른 분자의 흡수띠와 서로 겹쳐 있는 경우라도 다른 파장에서 흡광도를 추가로 측정함으로써 분리시키지 않고도 정량 분석할 수도 있다. 또 자외선/가시광선 흡수 분광법은 농도에 있어서 보통 상대 오차가 1 ~ 5% 범위에 들어갈 정도로 정확도가 좋다. 특별히 조심해서 실험한다면 이 오차를 몇십 분의 일 % 수준으로 줄일 수 있는 경우도 많다. 이 분광법은 현대식 기기를 이용하여 쉽고 빠르게 실험할 수 있고 쉽게 자동화할 수도 있다.

(2) 응용 범위

이 자외선/가시광선 분광법은 정량 분석이 필요한 모든 분야에 활용할 수 있다. 표 22.2에는 흔히 볼 수 있는 유기 발색단이 나와 있다. 이런 발색단을 하나 이상 갖고 있는 유기 화합물은 이 분광법으로 정량 분석할 수 있다. 많은 무기 화합물도 이 영역의 복사선을 흡수한다. 많은 전이 금속의 이온 수용액은 색깔을 띠고 있기 때문에 이 방법으로 정량이 가능하다. 아질산염, 질산염, 크로뮴산염 이온, 할로젠 원소, 오존 같은 화학종도 자외선/가시광선 영역에 고유의 흡수 피크가 있어서 정량 분석이 가능하다.

표 22.2 몇 가지 흔한 발색단의 흡수 성질

발색단	예	용매	λ_{max}(nm)	ε_{max}	전이 형태
Alkene	$C_6H_{13}CH{=}CH_2$	n-헵테인	177	13,000	$\pi \rightarrow \pi^*$
Alkyne	$C_5H_{11}C{\equiv}C{-}CH_3$	n-헵테인	178	10,000	$\pi \rightarrow \pi^*$
			196	2,000	–
			225	160	–
Carbonyl	$CH_3C(=O)CH_3$	n-헥세인	186	1,000	$n \rightarrow \sigma^*$
			280	16	$n \rightarrow \pi^*$
	$CH_3C(=O)H$	n-헥세인	180	큰 값	$n \rightarrow \sigma^*$
			293	12	$n \rightarrow \pi^*$
Carboxyl	CH_3COOH	에탄올	204	41	$n \rightarrow \pi^*$
Amido	$CH_3C(=O)NH_2$	물	214	60	$n \rightarrow \pi^*$
Azo	$CH_3N{=}NCH_3$	에탄올	339	5	$n \rightarrow \pi^*$
Nitro	CH_3NO_2	아이소옥테인	280	22	$n \rightarrow \pi^*$
Nitroso	C_4H_9NO	에틸 에터	300	100	–
			665	20	$n \rightarrow \pi^*$
Nitrate	$C_2H_5ONO_2$	다이옥세인	270	12	$n \rightarrow \pi^*$

(출처: D. A. Skoog, F. J. Holler, S. R. Crouch, “Principles of Instrumental Analysis”, Thomson Brooks/Cole, Belmont, CA, USA; 2007, 6th Ed. p369.)

자외선/가시광선을 흡수하지 않는 많은 화학종도 이들을 발색 반응물과 반응시켜 이 영역의 복사선을 흡수하는 생성물로 변환시킨 후 정량 분석할 수 있다. 이렇게 색깔을 만드는 화합물은 분석 신호와 거의 완전히 반응해야만 활용이 가능하다. 이런 용도로 널리 쓰이는 무기 반응물을 예로 들어 보면 다음과 같다.

- 싸이오사이안산염: 철, 코발트, 몰리브데넘
- 과산화 수소(hydrogen peroxide) 음이온: 타이타늄, 바나듐, 크로뮴
- 아이오딘화 이온: 비스무트, 팔라듐, 텔루륨

양이온과 색깔을 띠는 안정한 착화합물을 만드는 유기 킬레이트 반응물을 예로 들면 다음과 같다.

- 다이에틸다이싸이오카바메이트(diethyldithiocarbamate): 구리
- 다이페닐싸이오카바존(diphenylthiocarbazone): 납
- 다이메틸글리옥심(dimethylglyoxime): 니켈

(3) 실험 방법

다른 정량 분석 방법과 같이 분광 분석에서도 가장 먼저 해야 하는 단계는 흡광도와 시료 농도 사이에 재현성 있는 관계가 형성될 수 있도록 조건을 설정하는 것이다. 물론 이 관계가 선형(1차 함수관계)이 되면, 다시 말해 Beer 법칙에 잘 맞으면 가장 좋다.

가장 먼저 흡광도를 측정할 파장을 선택해야 한다. 일반적으로 흡수띠의 봉우리에 해당하는 파장에서 흡광도를 측정한다. 이렇게 하면 피크의 봉우리에서는 곡선의 기울기가 크게 변하지 않고 편평하기 때문에 시료의 흡광 계수가 입사광의 좁은 띠 범위 내에서 거의 일정하다. 따라서 농도와 흡광도 사이에 Beer 법칙이 잘 성립한다. 덧붙여 이 봉우리에서 농도에 따른 흡광도 변화가 최대가 되므로 흡광도를 측정하면 감도가 가장 좋아진다. 이 관계를 그림 22.1에서 확인해 볼 수 있다.

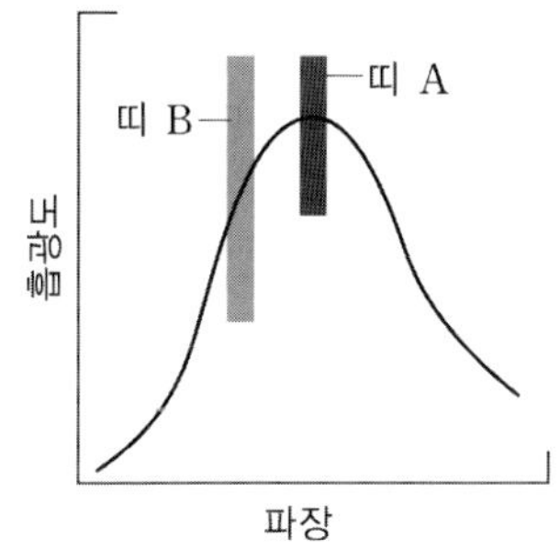

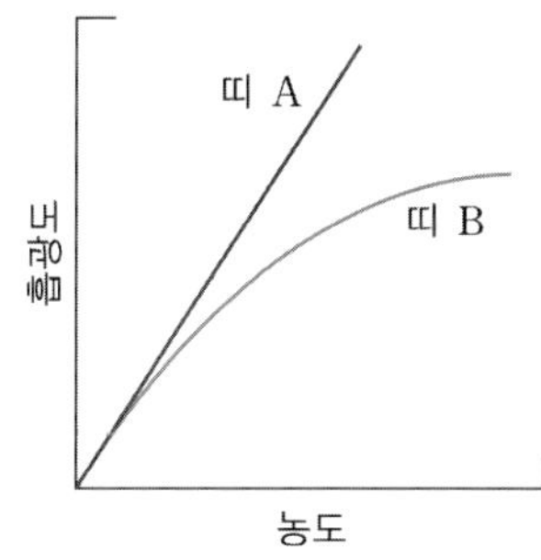

그림 22.1 입사광에 여러 파장의 복사선이 섞여 있을 때 이것이 Beer 법칙에 미치는 영향. 위 그림의 띠 A를 입사광으로 쓰는 경우는 이 파장 범위 내에서 시료의 몰흡광도가 거의 일정하기 때문에 오른쪽 그림에서 보는 것처럼 Beer 법칙을 도시했을 때 직선이 나온다. 그러나 띠 B를 입사광으로 쓰면 이 범위 내에서 흡광도가 크게 변하기 때문에 Beer 법칙에서 벗어나게 된다.

시료의 흡수 스펙트럼에 영향을 주는 일반적인 변수에는 용매의 성질, 용액의 pH, 온도, 높은 이온 세기, 방해 물질의 존재 여부 같은 것이 있다. 이 변수들의 영향을 잘 알고 있어서 흡광도가 크지는 않지만 조절되지 않은 이들 변수에 의한 영향을 받지 않게 해야 한다.

보통 셀(cell) 또는 큐벳(cuvet)이라 부르는 시료 용기는 스펙트럼을 측정하려고 하는 범위의 복사선을 흡수하지 않아야 한다. 자외선/가시광선 영역에서는 석영(quartz)이나 용융 실리카(fused silica)를 가장 많이 쓰고 적외선 영역에서는 NaCl 결정을 시료 용기로 가장 많이 쓴다. 분광 분석에서 좋은 실험 결과를 얻기 위해 가장 중요한 점은 셀이 서로 잘 맞아야 하고 유지 관리를 잘 해야 한다는 것이다. 셀이 잘 맞아야 한다는 말은 똑같은 2개의 셀을 하나는 기준 셀로, 나머지는 시료 셀로 써야 하기 때문이다. 셀의 창에 지문이 남거나 그리스나 다른 물질이 묻어 있으면 셀의 투과성이 크게 바뀐다. 그래서 셀을 사용 전후에 잘 씻는 것이 매우 중요하고 씻고 난 후에는 셀의 창에 손이 닿거나 해서 오염되는 것을 적극 피해야 한다. 서로 잘 맞도록 만들어진 셀은 말릴 때 뜨거운 건조 오븐에 넣거나 불꽃으로 가열하지 말아야 한다. 정기적으로 셀이 잘 맞는지 보정해 주는 것도 잊지 말아야 한다.

시료 용액과 **매트릭스**(matrix)가 같은 표준 용액을 준비할 수 있으면 **검정 곡선**(calibration curve)을 이용하고 이런 표준 용액을 준비하기 어려우면 **표준물 첨가법**(standard addition method)으로 정량 분석한다.

3 등흡광점

화학 반응 과정에서 반응 조건에 따라 어떤 화합물 A가 B로, 또는 B가 A로 바뀌는 경우가 흔히 있다. 이때 A와 B는 모두 입사광을 흡수하는 화학종이라고 하자. 순수한 A의 스펙트럼과 순수한 B의 스펙트럼이 어떤 파장에서 서로 만난다면 반응 조건을 달리 해서 측정한 모든 스펙트럼은 이 같은 점을 통과할 것이다. 이 점을 **등흡광점**(isosbestic point)이라 하는데 등흡광점이 하나 있다는 것은 시료에 2개의 주화학종만이 존재한다는 좋은 증거가 된다.

산-염기 지시약으로 쓰이는 페놀 레드(phenol red)를 생각해 보자. 이 지시약은 20 ℃에서 $pK_a = 8.00$이고 $pH < 6.8$일 때는 노란색, $pH > 8.2$일 때는 붉은색을 띤다. 이 페놀 레드는 약한 산이므로 간단히 HIn이라고 표기하면 다음과 같은 평형이 존재한다.

HIn(붉은색) ⇌ In^-(노란색) + H^+

그림 22.2에서 여러 가지 pH에서 측정한 페놀 레드의 흡수 스펙트럼을 볼 수 있다.

같은 농도의 순수한 HIn과 In^-의 스펙트럼은 480 nm에서 만나기 때문에 모든 스펙트럼이 이 점을 지나게 되고 따라서 등흡광점은 480 nm가 된다.

왜 등흡광점이 나타나는지 생각해 보자. Beer 법칙을 이용하여 480 nm에서 흡광도는 HIn과 In^- 각각 흡광도의 합으로 쓸 수 있다.

$$A^{480} = \varepsilon_{HIn}^{480} b[HIn] + \varepsilon_{In^-}^{480} b[In^-] \qquad (22-1)$$

여기서 A^{480}은 480 nm에서 흡광도, ε_{HIn}^{480}과 $\varepsilon_{In^-}^{480}$는 480 nm에서 HIn과 In^- 각각의 몰흡광 계수(molar

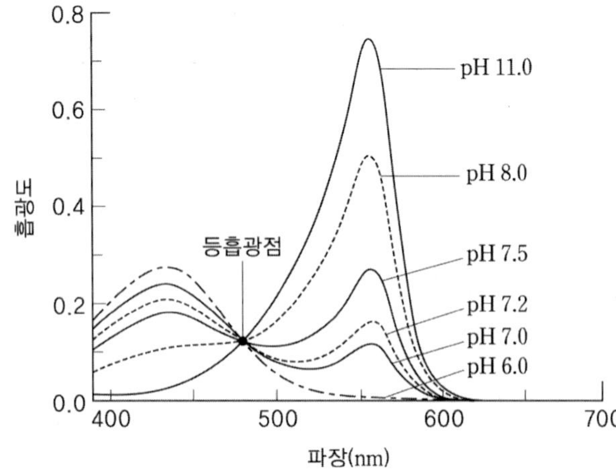

그림 22.2 pH 변화에 따른 페놀 레드의 흡수 스펙트럼의 변화. 페놀 레드의 산성형과 염기성형은 서로 다른 흡수 스펙트럼을 보여 주는데 용액의 pH가 변함에 따라 이들 산성형과 염기성형의 농도비가 변하기 때문에 스펙트럼의 모양이 변하게 된다. 이 그림에서 등흡광점은 480 nm에서 나타난다(출처: D. S. Hage, J. D. Carr, "Analytical Chemistry and Quantitative Analysis", Pearson Edu. NJ. USA; *2011*, p426).

absorptivity)이다. 같은 농도의 순수한 HIn과 In^-의 스펙트럼은 480 nm에서 만나기 때문에 ε^{480}_{HIn}과 $\varepsilon^{480}_{In^-}$는 같아야 한다. 그래서 $\varepsilon^{480}_{HIn} = \varepsilon^{480}_{In^-} = \varepsilon^{480}$으로 쓸 수 있기 때문에 (22-1) 식은 다음과 같이 쓸 수 있다.

$$A^{480} = \varepsilon^{480} b([HIn] + [In^-]) \qquad (22-2)$$

페놀 레드의 산성형과 염기성형은 평형을 이루고 있기 때문에 모든 pH에서 전체 농도($[HIn] + [In^-]$)는 일정하다. (22-2) 식의 $[HIn] + [In^-]$이 pH에 상관없이 일정하기 때문에 A^{480}도 일정한 값을 갖게 된다.

4 혼합물 분석

혼합 용액에 있는 화학종들 사이에 화학적 상호 작용이 없는 경우 어떤 파장에서 이 용액의 흡광도는 모든 개개 화학종의 흡광도를 합쳐준 값이 될 것이다. 개개 화합물의 흡광도는 Beer 법칙으로 표시할 수 있으므로 이 혼합 용액의 흡광도는 다음과 같이 표시할 수 있다.

$$A = \varepsilon_X b[X] + \varepsilon_Y b[Y] + \varepsilon_Z b[Z] + \cdots\cdots \qquad (22-3)$$

여기서 A는 혼합 용액의 흡광도, ε_X, ε_Y, ε_Z ……는 특정 파장에서 각 화학종 X, Y, Z ……의 몰흡광계수이며 b는 셀의 경로 길이를 말한다. 혼합물을 분리시키지 않고 흡수 스펙트럼을 찍으면 개개 스펙트럼이 정도 차이는 있지만 서로 겹쳐서 개별 화학종의 스펙트럼을 확인할 수 없다. 그러나 각 성분의 표준 용액을 만들어 측정하면 이들 순 성분의 스펙트럼을 얻을 수 있다. 이렇게 혼합물에 들어 있는 순수한 각 화학종들의 스펙트럼을 알고 있다면 컴퓨터 분석 프로그램을 이용하여 이 혼합물 스펙트럼에서 개개 순수한 성분들의 스펙트럼을 분리해 내는 것이 가능하다.

예를 들어 어떤 약한 산 HA가 있다고 하자. 이 산은 $HA \rightleftarrows A^- + H^+$와 같이 평형을 이루고 있는데 HA와 A^-의 농도 비는 pH에 의해서 결정된다. 순수한 HA와 A^-의 스펙트럼을 알고 있다면 이 용액의 스펙트럼에서 HA와 A^-의 개별 스펙트럼을 분석 프로그램으로 분리해 내어 HA와 A^-의 농도를 구할 수 있다. 그 다음 이 값을 이용하여 Henderson-Hasselbalch 식으로 이 용액의 pH를 계산할 수 있다.

X와 Y라는 어떤 두 성분으로 된 혼합 용액이 있다고 하자. 이때 그림 22.3에서 보는 것처럼 2가지 경우를 생각할 수 있다. 그림 22.3(a)와 (b)는 둘 다 순수한 X와 Y의 흡수 스펙트럼을 보여 주고 있는데 그림 22.3(a)에서는 2개 스펙트럼의 흡수띠가 크게 겹치지 않는 부분이 있다. 반면 그림 22.3(b)에서는 순수한 X와 Y의 스펙트럼 흡수띠가 전 파장 범위에 걸쳐 크게 겹친다. X와 Y가 섞인 혼합 용액에서 각기 농도를 어떻게 구할 수 있는지 알아보자.

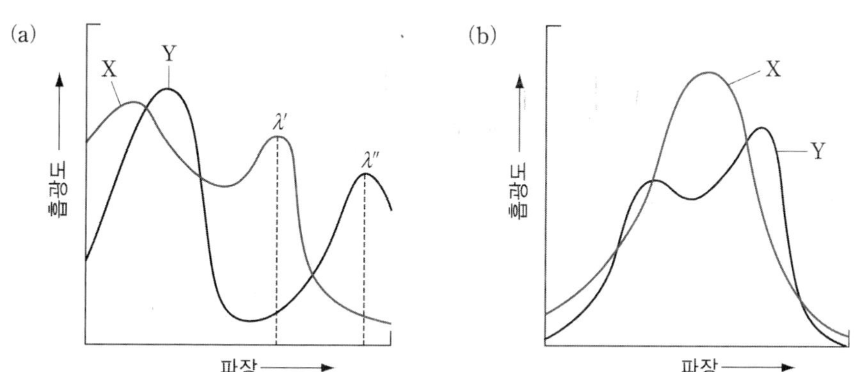

그림 22.3 분광 분석법으로 혼합물을 분석할 때 만나게 되는 2가지 경우. (a) 순수한 X와 Y 성분의 스펙트럼이 겹치기는 하지만 λ'과 λ" 부근에서 하나의 성분은 흡광도가 매우 작아서 개별 스펙트럼이 분리되어 있다. (b) 전 파장 범위에 걸쳐 X와 Y가 큰 흡광도를 갖는다.

(1) 개별 스펙트럼의 흡수띠가 어느 정도 분리되어 있는 경우

MnO_4^-(X)와 $Cr_2O_7^{2-}$(Y)가 섞인 혼합 용액을 분광 광도법으로 정량 분석하는 경우를 생각해 보자. 그림 22.4를 보면 X와 Y의 흡수띠가 λ'과 λ"에서 많이 겹치지 않고 서로 상당히 잘 분리되어 있다. 이때는 혼합 용액의 스펙트럼을 개별 성분에 대한 스펙트럼으로 분리하지 않고도 쉽게 농도를 구할 수 있다. λ'과 λ"에서 혼합 시료의 흡광도는 각 성분의 흡광도를 더한 값이 되므로 성분 각각에 대해 Beer 법칙을 적용하여 2개의 방정식을 얻을 수 있다.

$$A' = \varepsilon_X' b[X] + \varepsilon_Y' b[Y], \quad A'' = \varepsilon_X'' b[X] + \varepsilon_Y'' b[Y] \qquad (22-4)$$

여기서 A'과 A''은 각각 λ'과 λ"에서 흡광도이고 ε_X', ε_Y', ε_X'', ε_Y''는 각 파장에서 X와 Y의 몰흡광 계수이다. 이들 몰흡광 계수는 순수한 X와 Y 표준 용액을 만들어서 흡광도를 측정하여 구한다. A'과 A''은 스펙트럼에서 읽으면 되고 몰흡광 계수는 별도 실험으로 구했으면 (22−4) 식에서 남은 미지수는 [X]와 [Y]뿐이다. 이렇게 방정식이 2개이고 미지수가 2개이므로 이들을 연립으로 풀면 X와 Y의 농도를 구할 수 있다.

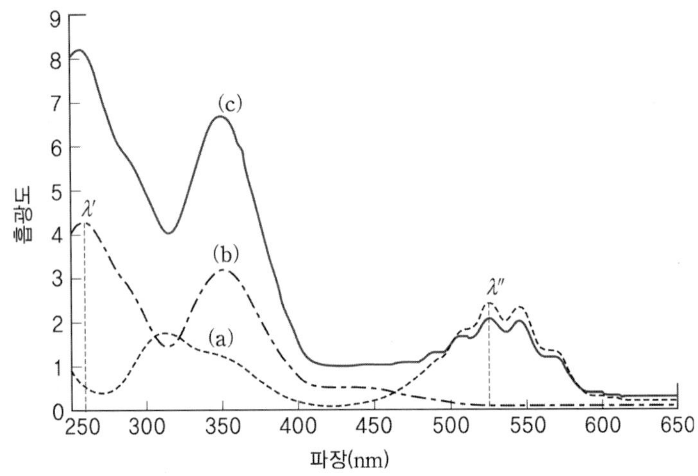

그림 22.4 (a) 1.0×10^{-4} M MnO_4^-, (b) 1.0×10^{-4} M $Cr_2O_7^{2-}$, (c) 이들의 혼합물에 대한 자외선/가시광선 흡수 스펙트럼(출처: M. Blanco, H. Iturriaga, S. Maspoch, and P. Tarin, J. Chem. Edu. 1989, 66,178).

예제 | 22.1

어떤 화합물 X와 Y 표준 용액을 각각 준비한 후 2개 파장(430, 570 nm)에서 경로 길이 1.00 cm짜리 셀을 사용하여 측정한 흡광도(A)와 몰흡광 계수(ε)은 다음과 같다. 이 혼합물에서 X와 Y의 농도를 계산하시오.

		ε(M^{-1} cm^{-1})	
λ(nm)	A	X	Y
430	0.236	630	20600
570	0.073	7120	961

풀이

430 nm에서 흡광도를 A'이라 하고 570 nm에서 흡광도를 A''이라 하면 Beer 법칙에 의해 흡광도와 농도 사이에는 다음 관계식이 성립된다.

$$A' = \varepsilon_X' b[X] + \varepsilon_Y' b[Y] = (630\ M^{-1}\ cm^{-1})(1\ cm)[X] + (20600\ M^{-1}\ cm^{-1})(1\ cm)[Y] = 0.236$$

$$A'' = \varepsilon_X'' b[X] + \varepsilon_Y'' b[Y] = (7120\ M^{-1}\ cm^{-1})(1\ cm)[X] + (961\ M^{-1}\ cm^{-1})(1\ cm)[Y] = 0.073$$

이 식을 정리하면 다음과 같이 간단히 쓸 수 있다.

$$630[X] + 20600\ [Y] = 0.236 \qquad (22-5)$$

$$7120[X] + 961[Y] = 0.073 \qquad (22-6)$$

(22-5) 식과 (22-6) 식을 연립으로 풀면 X와 Y의 몰농도를 구할 수 있다.

$$[X] = 9.00 \times 10^{-6}$$

$$[Y] = 1.12 \times 10^{-5}$$

(2) 개별 스펙트럼의 흡수띠가 크게 겹쳐 있는 경우

이 경우도 개개 흡수 스펙트럼의 겹침이 적은 경우와 같은 방법으로 혼합물 스펙트럼에서 개개 성분들의 스펙트럼을 분리해 내지 않고 각 성분의 농도를 구하는 것이 가능하다. 그러나 이 경우는 흡광도를 측정할 파장, λ', $\lambda''\cdots$,를 선정하는 데 겹침이 적은 경우에 비해 훨씬 신중해야 한다.

파장은 가능하면 겹침이 적은 곳을 선택해야 하지만 덧붙여 다음과 같은 요인도 고려해야 한다. 우선 파장 오차(wavelength error)를 줄이기 위해 파장에 따른 흡광도 변화($dA/d\lambda$)가 작은 곳을 골라야 한다. 이런 곳으로는 흡수띠의 봉우리나 바닥, 그리고 어깨 띠 같은 곳을 들 수 있다. 그리고 흡광도나 투과도가 너무 크거나 작은 곳도 오차가 크기 때문에 피해야 한다. 용질-용질, 용질-용매 사이의 상호 작용 때문에 생기는 용액 효과는 앞 절에서 언급한 것과 같고 그 외에도 몰 흡광도 크기, 분해능 같은 것도 고려해야 한다.

이제 개개 흡수 스펙트럼이 크게 겹쳐 있는 Cu^{2+}와 Zn^{2+} 2성분 혼합 용액을 자외선/가시광선 분광법으로 정량 분석할 수 있는 간단한 방법을 알아보자. 그림 22.5는 PAR 용액, Cu^{2+}-PAR과 Zn^{2+}-PAR 착화합물 용액, 그리고 (Cu^{2+} + Zn^{2+}) - PAR 혼합 용액(미지 시료)의 가시광선 흡수 스펙트럼이다. 2-pyridyl-azo-resorcinol (PAR) ethanol은 발색 물질로 쓰였다. 때문에 각 금속은 용액에서 Cu^{2+}-PAR, Zn^{2+}-PAR 착화합물로 존재하게 된다. Cu^{2+}-PAR(X)과 Zn^{2+}-PAR (Y) 착화합물의 스펙트럼은 전 파장 범위에 걸쳐 많이 겹쳐 있다. 발색 물질 PAR이 단파장 영역에서 상당한 크기의 흡광도를 가지고 있으므로 이를 피하기 위해 450 ~ 560 nm 영역에서 흡광도를 측정하였고 보정 흡광도를 사용하여 도시하였다. 보정 흡광도란 시료의 흡광도에서 PAR의 흡광도를 빼준 값을 말한다.

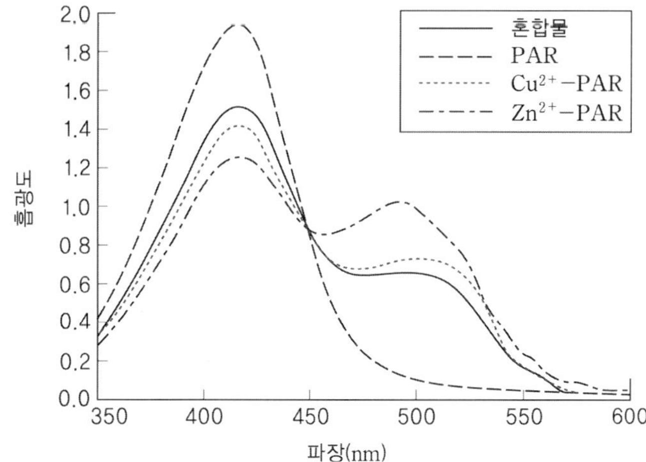

그림 22.5 PAR 표준 용액, Cu^{2+}-PAR과 Zn^{2+}-PAR 착화합물 표준 용액, 그리고 (Cu^{2+} + Zn^{2+}) - PAR 혼합 시료 용액의 가시광선 흡수 스펙트럼. 각 표준 용액과 발색 물질의 농도는 다음과 같다; $[Cu^{2+}] = 1.57 \times 10^{-5}$ M, $[Zn^{2+}] = 1.53 \times 10^{-5}$ M, $[PAR] = 7.0 \times 10^{-5}$ M . (출처: M. Blanco, H. Iturriaga, S. Maspoch, and P. Tarin, J. Chem. Edu. 1989, 66,178)

특정 파장에서 혼합 용액의 흡광도를 A_m이라 하고 각 성분을 X, Y라 하면 Beer 법칙을 이용하여 이들 사이의 관계를 다음과 같이 쓸 수 있다.

$$A_m = \varepsilon_X b[X] + \varepsilon_Y b[Y] \tag{22-7}$$

또, X와 Y의 표준 용액을 준비해야 하는데 이들의 농도를 각각 $[X]_s$, $[Y]_s$라 하고 같은 파장에서 측정한 흡광도를 각각 A_{X_S}, A_{Y_S}라 하면 다음 관계식을 쓸 수 있다.

$$A_{X_s} = \varepsilon_X b[X]_s \tag{22-8}$$

$$A_{Y_s} = \varepsilon_Y b[Y]_s \tag{22-9}$$

이 식에서 $\varepsilon_X = A_{X_s}/b[X]_s$, $\varepsilon_Y = A_{Y_s}/b[Y]_s$이므로 이것을 (22-7) 식에 대입하여 정리하면 다음 식을 얻을 수 있다.

$$\frac{A_m}{A_{X_s}} = \frac{[Y]}{[Y]_s}\left(\frac{A_{Y_s}}{A_{X_s}}\right) + \frac{[X]}{[X]_s} \tag{22-10}$$

혼합 용액과 표준 용액의 스펙트럼을 측정한 뒤 여러 파장에서 흡광도를 구하여 A_m/A_{X_s} 값을 A_{Y_s}/A_{X_s}에 대해 도시하면 기울기는 $[Y]/[Y]_s$가 되고 절편은 $[X]/[X]_s$가 된다. 그런데 표준 용액의 농도 $[X]_s$와 $[Y]_s$는 이미 값을 알고 있기 때문에 이 기울기와 절편 값을 이용해 미지 혼합 용액에서 [X]와 [Y] 값을 구할 수 있는 것이다. 그림 22.5에 있는 스펙트럼의 흡광도와 이들의 비를 표 22.3에 정리하였다.

표 22.3 그림 22.5의 Cu^{2+}와 Zn^{2+}의 흡광도 값과 이들의 비. λ는 흡광도를 측정한 파장, A_{PAR}은 발색 물질 PAR 표준 용액의 흡광도, A_{X_s}는 Cu^{2+} 표준 용액의 흡광도, A_{Y_s}는 Zn^{2+} 표준 용액의 흡광도, A_m은 혼합 시료 용액의 흡광도이다. $A_m - A_{PAR}$, $A_{X_s} - A_{PAR}$, $A_{Y_s} - A_{PAR}$는 보정 흡광도에 해당한다.

λ(nm)	A_{PAR}	A_{X_s}	A_{Y_s}	A_m	$A_m - A_{PAR}$	$A_{X_s} - A_{PAR}$	$A_{Y_s} - A_{PAR}$	$\frac{A_m - A_{PAR}}{A_{X_s} - A_{PAR}}$	$\frac{A_{Y_s} - A_{PAR}}{A_{X_s} - A_{PAR}}$
480	0.211	0.698	0.971	0.656	0.445	0.487	0.760	0.914	1.561
496	0.137	0.732	1.018	0.668	0.531	0.595	0.881	0.892	1.481
510	0.100	0.732	0.891	0.627	0.527	0.632	0.791	0.834	1.252
526	0.072	0.602	0.672	0.498	0.426	0.530	0.600	0.804	1.132
540	0.056	0.387	0.306	0.290	0.234	0.331	0.250	0.707	0.755

(출처: M. Blanco, H. Iturriaga, S. Maspoch, and P. Tarin, J. Chem. Edu. 1989, 66, 178)

그림 22.6은 $(A_m - A_{PAR} / A_{X_s} - A_{PAR})$를 $(A_{Y_s} - A_{PAR} / A_{X_s} - A_{PAR})$에 대해 도시한 그림이다. 이 직선의 기울기는 0.254이고 y축 절편은 0.514이다. (22-10) 식을 이용하여 다음과 같이 Cu^{2+}와 Zn^{2+}의 농도를 구할 수 있다.

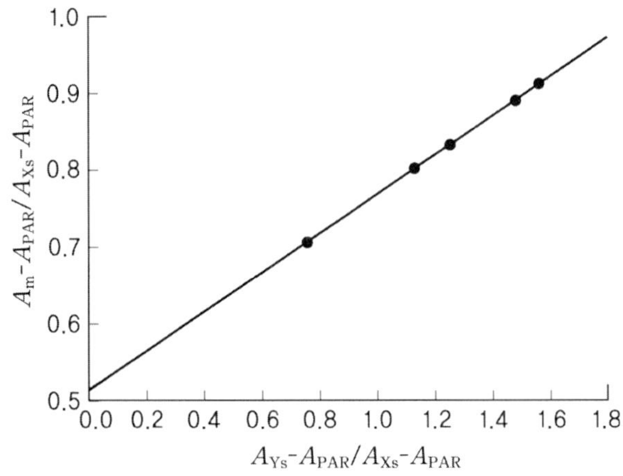

그림 22.6 표 22.3에 있는 자료를 이용하여 Cu^{2+}와 Zn^{2+} 혼합 용액에 대한 금속 용액의 흡광도 비를 도시한 그림. 직선의 기울기는 0.254이고 절편은 0.514이다(출처: M. Blanco, H. Iturriaga, S. Maspoch, and P. Tarin, J. Chem. Edu. 1989, 66, 178).

기울기: $[Y]/[Y]_s = [Zn^{2+}]/[Zn^{2+}]_s = 0.254$이므로

$[Zn^{2+}] = 0.254([Zn^{2+}]) = 0.254(1.53 \times 10^{-5}\ M) = 3.89 \times 10^{-6}\ M$

절편: $[X]/[X]_s = [Cu^{2+}]/[Cu^{2+}]_s = 0.514$이므로

$[Cu^{2+}] = 0.514[Cu^{2+}]_s = 0.514(1.57 \times 10^{-5}\ M) = 8.07 \times 10^{-6}\ M$

여기서 스펙트럼을 2성분으로 나누기 위해 여러 개의 파장에서 흡광도를 측정하였다. 이때 가능한 한 개개 스펙트럼의 모양이 많이 다른 파장을 선택하는 것이 가장 좋다. 이 파장에서 혼합물의 흡광도를 읽으면 오차가 가장 작아지기 때문이다. 그래서 450~560 nm 영역에서 흡광도를 측정하여 농도를 구하는 데 사용하였다.

5 형광 분광법의 응용

형광 분광법은 감도가 매우 높고 선형 농도 범위가 매우 크다. 흡수 분광법과 비교하면 검출 한계가 최대 10^3배 정도 낮아서 제한된 조건에서 특정 화합물의 경우 단일 분자가 형광 분광법으로 검출된 사례도 있다. 뿐만 아니라 형광 방출 스펙트럼 외에도 형광 들뜸 스펙트럼, 형광 수명 등 여러 가지 변수를 측정할 수 있다는 장점도 갖고 있다. 그러나 가장 결정적인 약점은 형광을 방출하는 화학종이 많지 않다는 것이다. 그러나 퀴놀론 항생제와 같은 의약품, 플라보노이드(flavonoid) 계열 화합물과 같은 생리 활성 물질뿐 아니라 발암물질 가운데에는 방향족 화합물, 특히 안트라센(anthracene) 같은 여러 고리 방향족이 많은데 이들 중에는 형광을 방출하는 화합물이 아주 많다. 이들은 자체가 형광을 방출하기 때문에 형광 분광법으로 직접 정량 분석할 수 있다. 그래서 최근에는 생명 과학, 환경화학 등에서 형광 분광법이 많이 활용되고 있다.

많은 화합물이 형광을 방출하지 않지만 형광 방출단(fluorescent moiety)을 결합시켜 분석하는 여러 가지 방법이 개발되었다. 플로로세인(fluorescein)은 강한 형광을 내는 분자이므로 발광단으로 쓸 수 있다. 그래서 플로로세인을 많은 화합물과 결합시켜 분석 목적으로 널리 쓰고 있다. 형광 표지(fluorescent labeling)를 지문처럼 쓰는 방법은 범죄 수사에서도 널리 쓰인다. 특히 대부분 유기 킬레이트 시약은 형광 양자 수율이 매우 낮아 형광 스펙트럼을 측정하기 힘들다. 그러나 이들이 금속과 착화합물을 만들게 되면 화합물의 구조가 단단하게 되어 형광 양자 수율이 크게 증가하여 강한 형광을 방출한다. 이러한 성질을 이용하면 유기 킬레이트 시약으로 여러 가지 중금속을 형광 분광법으로 정량 분석하는 것이 가능하다.

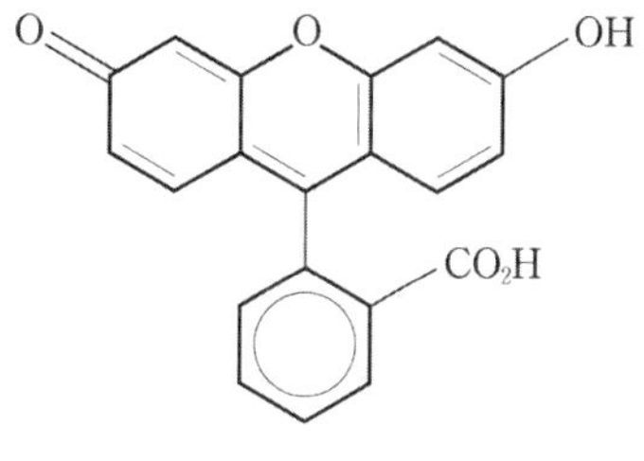

플로로세인(fluorescein)

옥살산 하이드라자이드(oxalic acid hydrazide)로부터 유도된 Schiff base 리간드는 흡수 또는 발광 시약으로 분광 및 형광 광도법으로 금속을 정량 분석하는 데 많이 쓰여 왔다. 이러한 리간드의 일종으로 수용성인 N, N'−oxalylbis(2−pyridyl−3'−sulphobenzoylhydrazone)(OPSH)를 이용하여 Fe^{3+}를 형광 광도법으로 정량 분석할 수 있다(그림 22.7).

그림 22.7 OPSH의 분자 구조

OPSH는 염기성일 때 410 ~ 420 nm 부근에서 방출띠가 나타난다. OPSH가 Fe^{3+}와 착물을 형성하면 이 방출띠의 세기가 크게 증가한다. 이는 OPSH가 염기성에서 Fe^{3+}와 매우 안정한 착화합물을 만든다는 것을 의미한다. 그러나 OPSH가 Fe^{3+} 이외의 다른 많은 전이 금속과도 이 조건에서 안정한 착물을 형성하기 때문에 시료에 Fe^{3+} 이외의 다른 전이 금속이 존재하면 Fe^{3+}의 농도를 구하기 어렵다. 용액이 산성이 되면 OPSH가 Fe^{3+}를 제외한 대부분의 금속과 안정한 착화합물을 형성하지 못하므로 다른 금속의 방해를 피할 수 있다. pH = 3에서도 OPSH는 Fe^{3+}와 착화합물을 형성한다. OPSH$-Fe^{3+}$ 착화합물은 그림 22.8에서 보는 것처럼 410 nm 부근에 있는 방출띠는 약하지만 367 nm 부근에서 강한 방출띠가 나타나므로 이 띠의 세기를 측정하여 Fe^{3+}의 농도를 구할 수 있다. pH = 3에서는 다른 금속의 방해를 거의 받지 않는다. 이 방법으로 수돗물에 포함되어 있는 미량의 Fe^{3+} 농도(0.171 ppm)를 구할 수 있었다.

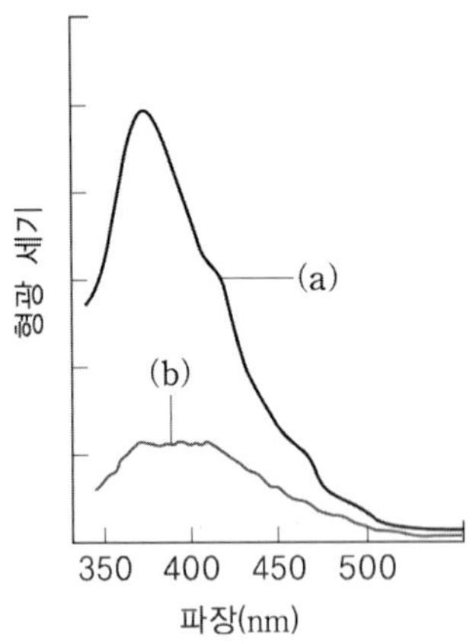

그림 22.8 OPSH $-$ Fe^{3+} 착화합물(a)과 OPSH(b)의 형광 방출 스펙트럼; pH = 3, λ_{ex} = 290 nm; [OPSH] = 2.0×10^{-5} M, [Fe^{3+}] = 1.0×10^{-5} M

6 흐름 주입 분석법

시료와 반응할 반응물이 녹아있는 운반 액체가 계속적으로 흐르고 여기에 액체 시료를 주입하여 분석하는 방법이 최근 많이 쓰인다. 이러한 분석법을 **흐름 주입 분석법**(flow injection analysis)이라고 부른다. 반응물이 더 필요하면 이 흐름에 추가적으로 더 주입할 수 있다. 시료가 주입기에서부터 검출기로 흘러가는 동안 시료 영역이 넓어지면서 반응물과 반응하여 검출기가 감응할 수 있는 생성물이 만들어진다. 보통 실험실에서 개개 시료를 따로따로 준비해서 측정하는 실험과 비교하면 흐름 주입 분석법은 실험 속도, 자동화된 시료 다루기, 저렴한 비용 등 여러 가지 장점을 갖고 있다. 흐름 주입 분석법에서는 보통 매 시간당 100개 정도의 시료를 취급할 수 있다. 자동화된 분석에서는 자동화 시료 주입기에 수백 개의 시료를 한꺼번에 넣는 것이 가능하다. 토양이나 수질 분석 실험실에서는 일상적으로 많은 수의 시료를 반복해서 측정해야 하는데 이런 곳에서 흐름 주입 분석법은 매우 유용하다.

대표적인 예로서 그림 22.9에서 보여 주는 것과 같이 식품에 남아있는 아세토클로르(acetochlor)라는 제초제를 흐름 주입 분석법으로 분석하는 방법을 소개하고자 한다(출처: J. Shah, M. Rasul Jan, N. Bashir, "Flow Injection Spectrophotometric Determination of Acetochlor in Food Samples," Am. Lab. News Ed., March 2008, p. 12).

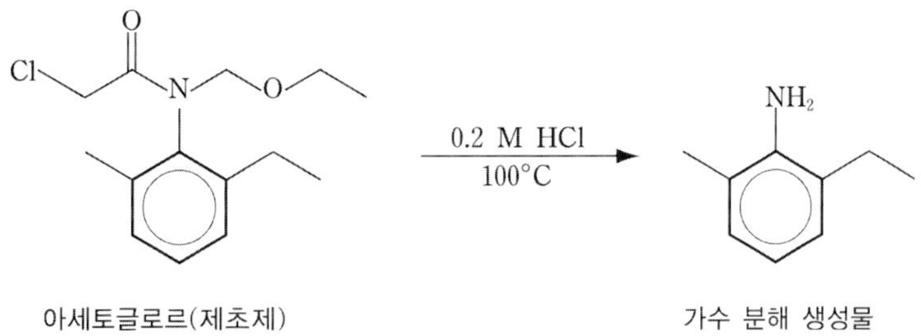

0.2 M HCl
100°C

아세토클로르(제초제)　　　가수 분해 생성물

식품에 남아있는 아세토클로르 제초제를 유기 용매로 추출한 다음 이것을 0.2 M HCl에서 100 ℃로 가열하여 가수 분해한다. 이 가수 분해 생성물을 시료로 사용하는 것이다. 액체 운반체에는 반응물로서 diazonium 염이 들어 있는데 이것이 시료와 반응하여 400 nm에서 최대 흡광도를 갖는 연한 연두색을 띤 생성물을 만든다. 따라서 400 nm에서 흡광도를 측정해서 이 생성물의 농도를 구할 수 있고 이 결과로부터 제초제 농도를 구할 수 있다.

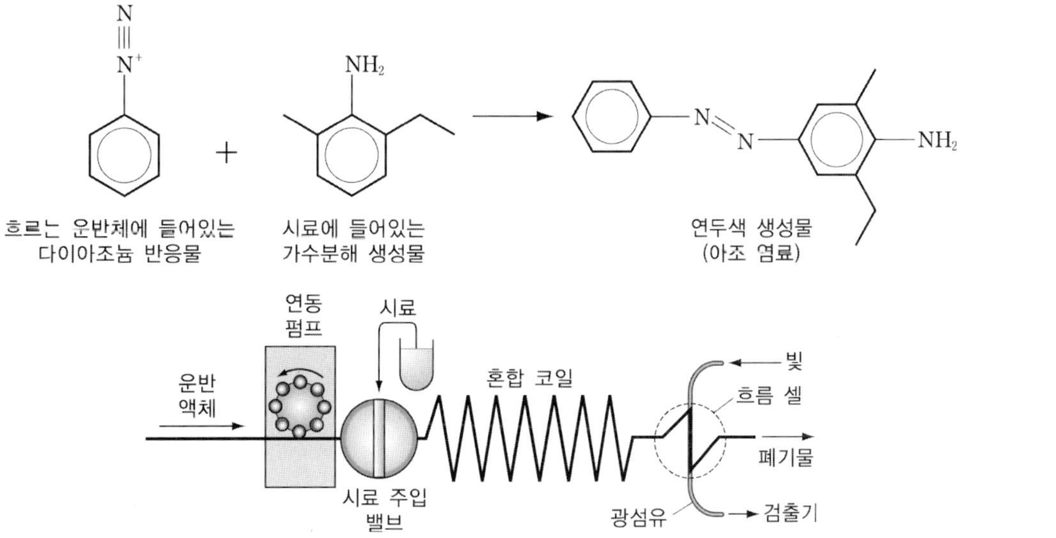

흐르는 운반체에 들어있는 다이아조늄 반응물
시료에 들어있는 가수분해 생성물
연두색 생성물 (아조 염료)

연동 펌프
시료
운반 액체
혼합 코일
빛
흐름 셀
폐기물
시료 주입 밸브
광섬유
검출기

그림 22.9 흐름 주입 분석법을 보여 주는 개략적인 그림. 반응물을 포함하고 있는 흘러가는 운반체에 시료를 주입하면 반응물이 시료와 반응하여 흡광도를 갖는 생성물을 만든다. 이 생성물은 흘러서 자동으로 흐름 셀에서 흡광도가 측정된다. 연동 펌프는 운반 액체를 천천히 밀어서 흘려 보내는 역할을 한다.

원형 관에서 유체가 천천히 흐르면 이 흐름을 층류(laminar flow)라 부른다. 관의 벽과 유체 사이의 마찰 때문에 벽에서 유체의 속도는 0이 되고 관의 중심에서 유속은 평균 유속의 2배 정도 된다. 그래서 관의 중심과 벽 사이에서 유속은 포물선 모양의 분포를 보인다.

그림 22.10에서 시료 영역의 이러한 속도 분포와 분산을 보여 주고 있다. 벽 부근에 있는 화합물과 관의 중심 부분에 있는 화합물은 유체의 진행 방향에 수직인 방향으로 확산에 의해 서로 섞인다. 관의 지름이 작을수록 이러한 혼합이 빨리 일어나므로 보통 지름이 0.5~0.75 mm 정도의 관을 쓴다. 그림 22.9에서 본 것처럼 시료 주입기와 검출기 사이의 혼합 코일은 나선형으로 감겨 있어서 유체의 흐름에 교란이 생기게 되고 이러한 섞임은 더욱 촉진된다.

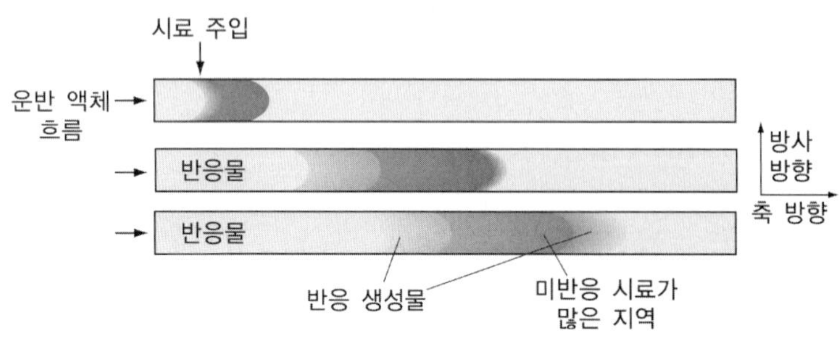

그림 22.10 시료가 운반 액체에 주입된 뒤 계속 흘러감에 따라 시료가 분산되고 반응 생성물이 만들어지는 과정을 보여 준다. 분산은 축 방향과 방사 방향으로 일어난다.

시료 덩어리가 혼합 코일을 따라 이동하는 동안 시료 영역 앞과 뒷부분에서 운반체에 있는 반응물과 반응이 일어나게 된다. 시료 영역의 길이가 관의 직경보다 훨씬 크기 때문에 흐름이 교란될수록 시료와 반응물이 잘 섞인다. 생성물이 만들어지는 속도는 반응 속도뿐만 아니라 시료와 반응물이 섞이는 속도에 의해서도 크게 영향을 받는다. 보통 시료 주입 후 몇십 초 후면 생성물이 검출기에 도달한다. 대부분의 분석 방법과 달리 흐름 주입 분석법에서는 시료와 반응물의 혼합이 완전히 이루어지지 않고 평형 상태에 도달하지도 못한다. 때문에 실험의 재현성을 확보하기가 쉽지 않다.

이 방법에서 실험 결과의 정밀도를 결정하는 핵심은 흐름 주입의 재현성이다. 검출기를 지나가는 생성물의 농도 분포는 시료의 부피, 운반체의 유속, 반응 속도, 온도 등과 같은 여러 가지 실험 조건에 의해 결정된다. 이러한 실험 조건에 재현성이 있어야 재현성 있는 결과를 얻을 수 있다. 위의 아세토클로르 제초제 분석의 경우 식품의 제초제 잔류 농도가 1 ppm 정도 되는 경우 실험 결과의 표준 편차가 1.6%였다고 한다.

그림 22.9를 보면 검출기의 흐름 셀(flow cell)은 Z자 형태로 되어 있다. 입사광이 지나가는 셀의 길이에 비례해서 흡광도가 커지기 때문에 셀을 이런 형태로 만든다. 광섬유를 통해 들어온 단색의 입사광이 셀을 통과한 후 다시 또 다른 광섬유를 통해 검출기까지 이동한다. 경로 길이(path length)가 10 mm이고 부피가 60 μL인 흐름 셀이 일반적으로 널리 쓰인다. 보통 주입하는 시료의 부피는 몇십 μL 정도이다. 흐름 주입 분석법에서는 보통 피크 면적 대신 피크 높이를 측정해서 분석 신호로 사용한다.

연습문제

1. 분광 광도법을 사용할 시료를 준비할 때 어떤 용매를 선택하느냐 하는 문제는 매우 중요하다. 용매 선택에 대한 다음 물음에 답하시오.
   (1) 용매는 흡수 스펙트럼의 모양에 어떤 영향을 주는가?
   (2) 용매의 극성과 흡수 피크의 위치는 어떤 관계에 있는가? 또, 이런 현상이 나타나는 이유는 무엇인가?
   (3) 차단 파장이란 무엇을 의미하는가?
2. 정량 분석에서 자외선/가시광선 분광 광도법은 많은 장점을 갖고 있다. 어떤 장점을 갖고 있는지 간추려 설명하시오. 또 이 방법이 갖는 약점에 대해서도 간략하게 설명하시오.
3. 발색단이란 무엇인가?
4. 흡광도를 측정하기 위한 입사광의 파장은 흡수띠의 피크에 해당하는 파장으로 선택한다. 이렇게 하는 이유는 무엇인가?
5. 어떤 시료의 pH를 바꿔가면서 흡수 스펙트럼을 측정하였더니 등흡광점(isosbestic point)이 나타났다. 등흡광점이 왜 나타나며 이것이 있다는 것은 무엇을 의미하는가?
6. 흡광도가 너무 작은 경우(보통 0.3 이하) 상대적으로 오차가 커지기 때문에 재현성 있는 결과를 얻기 어렵다. 그 이유는 무엇인가?
7. 적외선 분광법은 정량 분석에는 잘 쓰이지 않고 주로 정성 분석에 쓰인다. 그 이유를 설명하시오.
8. 형광 분광법도 정량 분석에 많이 쓰인다. 자외선/가시광선 흡수 분광법과 비교해서 형광 분광법이 정량 분석에서 갖는 장단점을 설명하시오.
9. 유기 킬레이트 시약을 사용하여 여러 가지 전이 금속을 형광 분광법으로 정량 분석하는 방법이 많이 쓰인다. 이런 방법이 가능하고 또 인기 있는 이유는 무엇인가?
10. 그림 22.6은 보정 흡광도를 사용하여 도시하였다. 여기서 보정 흡광도를 써야 하는 이유를 설명하시오. 또 보정 흡광도는 어떻게 구하는지 설명하시오.
11. 흐름 주입 분석법에 대한 다음 물음에 답하시오.
    (1) 흐름 주입 분석법이란 어떻게 하는 방법인지 간략하게 설명하시오.
    (2) 이 방법은 어떤 장점을 갖고 있으며 주로 어떤 용도로 쓰이는지 설명하시오.
    (3) 이 분석법의 재현성을 향상시키기 위해서 어떤 방법을 쓸 수 있는지 설명하시오.
    (4) 그림 22.9에 있는 실험 장치를 보면 혼합 코일이 상당히 길다. 혼합 코일을 길게 하는 이유는 무엇인가?
12. 분광 광도법에서 보통 떠돌이 빛(stray light)은 그 양이 많지 않기 때문에 큰 문제가 되지 않는다. 그러나 이것이 큰 문제가 되는 경우가 종종 있다. 어떤 경우에 소량의 떠돌이 빛이 큰 문제를 일으키는가?
13. 자외선/가시광선 흡수 스펙트럼을 살펴보면 $n \rightarrow \pi^*$ 전이에 비해 $\pi \rightarrow \pi^*$ 전이의 몰흡광도가 훨씬 크다. 그 이유는 무엇인가?
14. 아닐린($C_6H_5NH_2$)의 B 흡수띠의 피크(λ_{max})는 280 nm에 나타나고 최대 몰흡광도(ε_{max})는 1430이다. 그런데 아닐리늄 이온(anilinium ion, $C_6H_5NH_3^+$)의 B 흡수띠는 λ_{max}가 254 nm에 나오고 ε_{max}이 160이다. 이렇게 차이가 나는 이유를 간략하게 설명하시오.

15. 분자량이 292.16인 어떤 화합물 일정량을 용매에 녹여 10.00 mL의 용액을 만들었다. 이 용액 1.00 mL를 덜어 내어 10 mL짜리 부피 플라스크에 넣고 눈금까지 묽혔다. 1.000 cm짜리 큐벳으로 흡광도를 측정하였더니 340 nm에서 0.372가 나왔다. 340 nm에서 몰흡광도(ε_{340})는 6130 M^{-1} cm^{-1}이다.

(1) 큐벳에 있는 화합물의 농도를 계산하시오.

(2) 처음 10.00 mL 시료 용액을 만드는 데 사용된 화합물의 무게는 얼마인가?

16. 철을 운반하는 데 쓰이는 단백질 transferrin의 농도를 구하기 위해 Fe^{3+} 표준 용액으로 적정하였다. 철과 결합하지 않은 transferrin을 apotransferrin이라 부르는데 가시광선 영역에서 흡광도가 없다. Fe^{3+}가 2개 결합한 transferrin은 465 nm 근처에 흡수띠를 가지므로 붉은색을 띤다. 적정하는 동안 465 nm에서 흡광도를 측정하면 적정 곡선을 얻을 수 있고 이것으로부터 종말점을 찾을 수 있다.

$$\underset{\text{무색}}{\text{Apotransferrin}} + 2Fe^{3+} \rightarrow \underset{\text{붉은색}}{(Fe^{3+})_2\text{transferrin}}$$

적정 곡선을 그리고 적정 곡선이 왜 이런 모양으로 나오는지 설명하시오. 또 종말점은 어떻게 구하는지 설명하시오.

17. 분광 광도법 적정(spectrophotometric titration)은 흡광도를 측정하여 종말점을 구하는 방법을 말한다. 다음과 같은 반응을 생각하자.

$$A + B \rightarrow C$$

A는 미지 시료이고 B는 적정 시약이며 C는 생성물을 의미한다. A와 C의 몰흡광도는 0이고($\varepsilon_A = \varepsilon_C = 0$)이고 B만 상당한 크기의 몰흡광도를 갖는 경우 적정 곡선이 어떤 모양으로 나타나는지 그림을 그려서 설명하시오.

18. 어떤 화합물 X와 Y가 섞여 있는 시료가 있다. 272 nm와 327 nm에서 이들 각각의 흡수띠가 많이 겹치지 않기 때문에 이 파장에서 흡광도(A)를 측정하였더니 272 nm에서 $A = 0.233$이고 327 nm에서는 $A = 0.200$이었다. 이때 큐벳은 0.100 cm짜리를 사용하였다. 이들의 몰흡광도 ε(M^{-1} cm^{-1})은 다음과 같다.

파장 λ(nm)	X	Y
272	16400	3870
327	3990	6420

이 시료에 있는 X와 Y의 몰농도를 계산하시오.

19. 착화합물 $Fe(SCN)^{2+}$은 580 nm에서 최대 흡광도를 갖는데 여기서 몰흡광도 ε은 7.00×10^3 L cm^{-1} mol^{-1}이 된다.

(1) 이 용액의 농도가 3.49×10^{-5} M이라면 1.00−cm cell을 사용하였을 때 흡광도 A는 얼마인가?

(2) 백분율로 위 용액의 투과도(% transmittance)는 얼마가 되는가?

23장 원자 분광법

원자는 분자처럼 진동 운동이나 회전 운동을 할 수 없고 원자 내에서 오직 전자 전이(electronic transition)가 일어날 때에만 에너지를 흡수하거나 방출할 수 있다. 원자가 가질 수 있는 전자 에너지는 양자화되어 있기 때문에 폭이 매우 좁은 선 스펙트럼이 얻어진다. 시료에 여러 개의 원소가 섞여 있더라도 그 중 특정 원소를 골라 선택적으로 정량 분석할 수 있고 여러 원소들을 동시에 분석하는 것도 가능하다. 뿐만 아니라 자동화 장치를 이용하여 이러한 정량 분석을 자동적으로 수행할 수도 있다. 이렇게 월등하게 뛰어난 선택성 외에도 원자 분광법의 감도는 보통 ppm(μg)에서 ppb(pg/g) 범위까지 가능하고 분석 속도나 편리성도 뛰어나기 때문에 원자 분광법은 원자 분광기의 가격이 비교적 비싸지만 분석 화학에서 중요한 도구로 널리 활용되고 있다.

원자 분광법에서는 우선 시료를 다양한 방법으로 고온(2000~8000 K)에서 기화시켜 원자나 가끔 Fe^{+}, Mg^{+}, Al^{+}와 같은 원소 이온(elementary ion)으로 분해한다. 이 과정을 원자화(atomization)라 하는데 모든 원자 분광법은 이 단계로부터 시작한다. 이 방법의 감도, 정밀도, 정확도는 대부분 원자화 단계의 효율과 재현성에 의해 결정되기 때문에 원자화는 원자 분광법에서 가장 중요한 핵심 단계라 할 수 있다. 그 후 이들에 대한 복사선의 흡수나 방출을 측정하는 것이다. 원자 분광법으로 정성 분석 및 정량 분석을 할 수 있는 원소는 대략 70여 개 정도이다.

원자 분광법은 특히 흔적량 원소의 분석이 필요한 실험실에서 널리 쓰인다. 환경 시료가 중금속으로 오염되었는지 의약품에 금속 불순물이 있는지 분석하고, 제철 산업에서는 미량 성분뿐 아니라 주성분을 분석하는 데에도 쓰인다. 높은 감도가 요구되면 특별한 테크닉이 사용될 수도 있다.

1 원자 분광법의 원리

(1) 원자의 에너지 준위 도표

원소의 외곽 전자에 대한 **에너지 준위 도표**(energy level diagram)을 살펴보는 것은 원자 분광법을 이해하는 데 필수적이다. 하나의 최외각 전자(원자가 전자)를 갖는 Na 원자에 대한 것이 그림 23.1에 있다. 에너지 단위는 전자 볼트(eV)이고 3s 오비탈의 에너지를 0으로 두었다. 3s 오비탈에 있는 1개의 전자를 떼어내는 데 필요한 에너지(이온화 에너지)는 5.14 eV이다.

수평으로 그은 선은 원자 오비탈의 에너지인데 p 오비탈은 에너지가 약간 다른 2개의 준위로 분리되어 있다. 전자는 궤도 운동과 스핀 운동을 동시에 하는데 스핀 운동의 방향이 궤도 운동 방향과 같거나 아니면 반대일 것이다. 전자는 전하를 갖기 때문에 이들 운동에 의해 자장이 생기는데, 두 운동의 방향이 반대이면 인력이 작용한다. 반대로 두 운동의 방향이 같으면 반발력이 작용한다. 따라서 전자의 스핀 운동이 궤도 운동과 반대인 전자의 에너지는 스핀 운동이 궤도 운동과 방향이 같은 전자의 에너지보다 약간 낮아지기 때문에 p 오비탈의 에너지 분리가 일어난다. d와 f 오비탈에서도 같은 현상이 나타나지만 그 차이가 너무 적기 때문에 하나의 에너지 준위로 그림에 표시된다. Mg^{+} 이온은 Na 원자와 마찬가지로 1개의 최외각 전자를 가지기 때문에 Mg^{+}와 Na 원자의 에너지 준위 도표는 서로 비슷하다. 다른 알칼리 금속 원자도 이와 비슷한 에너지 준위 도표를 갖는다.

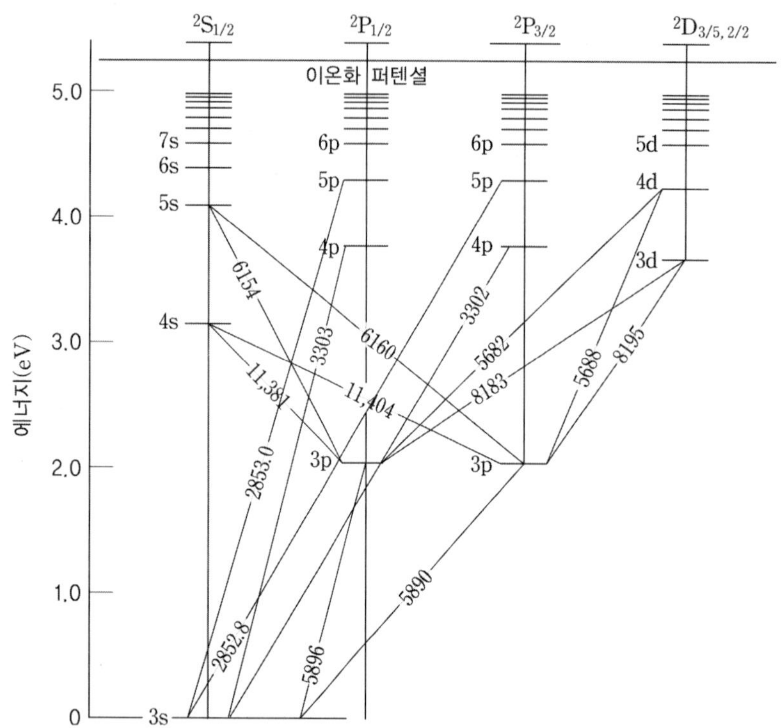

그림 23.1 Na 원자의 에너지 준위 도표. 에너지 준위간 에너지 차이는 파장(Å)으로 표시하였다.

그림 23.2에서 Mg 원자의 에너지 준위 도표를 볼 수 있다. Mg은 3s 오비탈에 2개의 전자가 있기 때문에 이 전자의 스핀이 반대인 단일항 상태(singlet state)와 스핀이 서로 나란한 삼중항 상태(triplet state)의 에너지 준위 도표가 서로 다르다. 우선 분자에서와 마찬가지로 들뜬 삼중항 상태가 단일항 상태보다 에너지가 낮다. 삼중항 상태의 p, d, f 오비탈의 에너지 준위는 3개의 준위로 분리되는데 물론 이들 사이의 에너지 차이는 적다. 이 현상은 2개의 외곽 전자의 스핀 운동 때문에 생기는 자장과 모든 전자들의 궤도 운동 때문에 생기는 전체 자장 사이의 상호 작용 때문에 생긴다. 단일항 상태에서는 2개의 최외각 전자가 짝을 짓고 있어

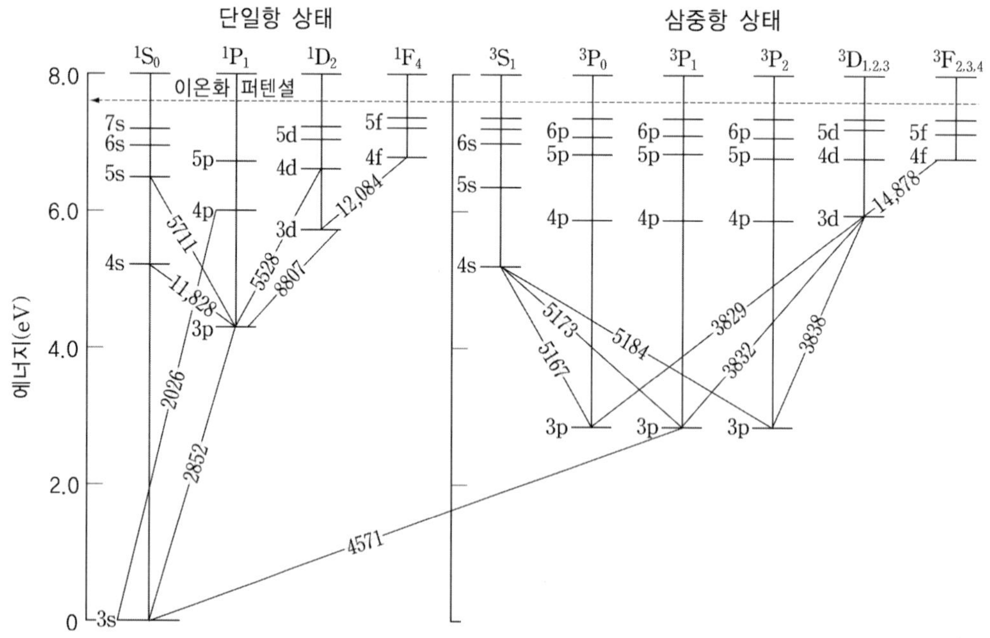

그림 23.2 Mg 원자의 에너지 준위 도표. 에너지 준위간 에너지 차이는 파장(Å)으로 표시하였다.

서 스핀 운동 때문에 생기는 자장이 서로 상쇄되기 때문에 이런 에너지 준위의 분리가 없다. 그러나 삼중항 상태에서는 2개 스핀이 나란하기 때문에 이 스핀 운동에 의한 자기장과 전자들의 궤도 운동에 의해 생기는 자기장의 상호 작용에 의해 p 오비탈이 3개의 준위로 분리되는 것이다. 2개의 최외각 전자를 갖는 알칼리 토금속 이나 B^+, Si^{2+} 이온들도 이와 비슷한 에너지 준위 도표를 갖는다.

(2) 원자 분광법의 개관

원자 분광법에는 **원자 흡수 분광법**(atomic absorption spectroscopy), **원자 방출 분광법**(atomic emission spectroscopy), **원자 형광 분광법**(atomic fluorescence spectroscopy)이 있다. 시료는 **원자화기**(atomizer)에서 원자로 만들어진다. 원자 흡수 분광법에서는 분자 분광법에서와 같이 이 원자들의 흡광도를 측정하여 농도를 구한다. 원자화기는 시료를 원자로 분해시키기 위해 온도가 매우 높다. 이때 생성된 원자 중 일부는 들뜬 상태에 존재하며 이들이 바닥 상태로 돌아가면서 여분의 에너지를 복사선으로 방출하는데, 이 복사선의 세기를 측정하여 정량 분석하는 방법을 원자 방출 분광법이라고 한다. 그래서 원자 방출 분광법은 광원을 필요로 하지 않는다. 원자화기에서 생성된 원자에 레이저나 강력한 램프 등으로 세기가 센 복사선을 쪼이면 이를 흡수한 원자들이 들뜬 상태로 들뜨게 된다. 이 원자들이 바닥 상태로 돌아가면서 형광을 방출할 수 있는데 이 형광의 세기를 측정하여 정량 분석하는 방법을 원자 형광 분광법이라고 한다. 원자 형광 분광법은 분자 형광 분광법과 유사한데 그렇게 많이 쓰이는 것은 아니다.

원자 분광 분석기(atomic spectrophotometer)는 구조에서 분자 분광 분석기(molecular spectrophotometer)와 몇 가지 중요한 차이가 있다. 첫째, 대부분의 물질은 화합물로 존재하므로 원자화기가 필요하다. 둘째, 원자 방출 분광법에서는 광원이 필요 없지만 원자 흡수 분광법에서는 **속빈 음극 램프**(hollow−cathode lamp) 같은 특수한 광원이 필요하다. 셋째, 원자 분광법에서는 시료 매트릭스, 불꽃, 플라스마, 또는 뜨거운 흑연로(graphite furnace)로부터 흡수, 발광, 빛의 산란이 강하게 일어나기 때문에 분석 신호를 구별하기 위해 **바탕 보정**(background correction)이 꼭 필요하다. 나머지 부분은 분자 분광 분석기와 기본적으로 같다.

원자 흡수 스펙트럼(atomic absorption spectrum)이나 원자 방출 스펙트럼(atomic emission spectrum)의 **띠너비**(bandwidth)는 보통 0.001 nm 정도로 매우 좁다. 액체나 고체 상태 분자의 이러한 스펙트럼 띠너비가 보통 10~100 nm, 어떤 경우는 이보다 더 넓은 경우도 많은데 비교하면 무척 대조적이다. 그래서 70종 이상의 원소들을 동시에 분석할 수 있는 기기도 쓰이고 있다. 이렇게 좁은 원자 스펙트럼의 띠너비도 실험 조건이나 원자의 특성에 따라 변하기 때문에 원자의 흡수나 방출띠가 어떤 요인에 의해 넓어지는지 그 메커니즘을 이해하는 것은 원자 분광법을 이해하는 데 중요하다. 띠너비를 어떤 진동수 범위에 걸쳐서 넓게 만드는 메커니즘에는 Doppler **효과**, 들뜬 상태 **수명 폭 넓어짐**(lifetime broadening), 그리고 **충돌 폭 넓어짐**(collision broadening)이 있다.

① Doppler 효과

파장이 λ인 복사선을 방출하는 물체가 검출기로부터 v의 속도로 멀어질 때 검출기에 기록되는 복사선의 파장은 λ'은 다음과 같다(그림 23.3).

$$\lambda' = (1 + v/c)\lambda$$

여기서 c는 광속도이다. 만약 파장 λ인 복사선을 방출하는 물체가 검출기로부터 v의 속도로 다가오는 경우 검출기에 잡히는 복사선의 파장은 λ"은 다음과 같다(그림 23.3).

$$\lambda'' = (1 - v/c)\lambda$$

특히 기체 상태에서 분자는 매우 빠르게 다양한 속도로 움직이므로 이들이 단일 파장의 복사선을 방출함에도 불구하고 고정된 위치의 검출기에는 이에 상응하는 범위의 파장을 가진 복사선이 잡힌다. 검출된 흡수 또는 방출띠의 모양은 시료에 있는 모든 Doppler 효과로부터 생기는 영향이 반영되어 결정된다.

분자의 속도는 Maxwell 분포로 나타내는데 이 분포는 종 모양의 가우스 곡선(Gaussian curve)으로 주어진다. 이 분포를 이용하여 어떤 온도에서 스펙트럼 띠의 모양을 계산하므로 Doppler 띠의 모양은 가우스 곡선으로 나온다. 절반 높이에서 띠의 모양은 다음과 같이 나타난다.

$$\Delta\lambda = 2(\lambda/c)(2kT\ln 2/m)^{1/2}$$

여기서 m은 원자의 질량, k는 Boltzmann 상수이다. 온도가 올라갈수록 원자들이 갖는 속도의 분포 범위가 넓어지므로 온도 증가에 따라 $\Delta\lambda$도 커진다. 불꽃 속에서 이 띠넓어짐의 크기는 수명 폭 넓어짐보다 대략적으로 수백 배 정도 크다.

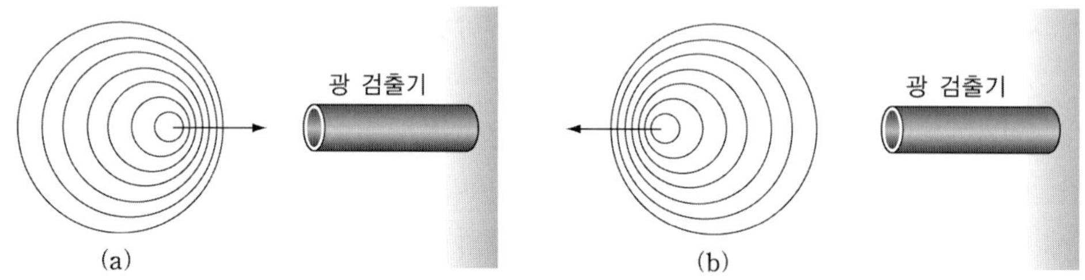

그림 23.3 Doppler 효과가 생기는 이유. (a) 복사선을 방출하는 원자가 광 검출기를 향해 움직이는 경우 검출기는 파동의 능선을 보다 자주 보게 되므로 검출되는 복사선의 진동수는 실제보다 커진다. (b) 복사선을 방출하는 원자가 광 검출기로부터 멀어지는 경우 검출기는 파동의 능선을 보다 적게 보게 되므로 검출되는 복사선의 진동수는 적어진다. 활동적인 매질에서 이러한 결과는 진동수의 통계학적 분포로 나타나게 되므로 스펙트럼 선의 띠넓어짐이 일어난다.

예제 | 23.1

들뜬 상태의 ^{57}Fe 원자는 300 nm 파장의 복사선을 방출한다. 온도가 2500 K일 때 Doppler 효과 때문에 생기는 방출띠의 너비는 얼마인가?

풀이

^{57}Fe 원자 1개의 질량은 9.455×10^{-26} kg이다. Doppler 선너비를 $\Delta\lambda$라 하면,

$$\Delta\lambda = 2(\lambda/c)(2kT\ln 2/m)^{1/2} = 2\left(\frac{300 \times 10^{-9}\ \text{m}}{2.997 \times 10^{8}\ \text{m/s}}\right)\left[\frac{2(1.380 \times 10^{-23}\ \text{J/K})(2500\ \text{K})\ln 2}{9.455 \times 10^{-26}\ \text{kg}}\right]^{1/2}$$

$$= 1.424 \times 10^{-12}\ \text{m} = 0.001424\ \text{nm}$$

이 값은 자연 선너비(natural line width)보다 10배 정도 큰 값이다.

② 수명 폭 넓어짐

온도가 매우 낮아지면 Doppler 효과는 뚜렷하게 나타나지 않는다. 그럼에도 불구하고 스펙트럼 선은 어느 정도 넓이를 갖는데 그 주된 이유 중 하나는 수명 폭 넓어짐(lifetime broadening)인데 이는 항상 일어나는 현상이다. 시간에 따라 변하는 어떤 계에 대한 Schrödinger 식을 풀어보면 양자 준위(quantum level)의 에너지를 정확하게 구하는 것이 불가능하다는 것을 알게 된다. 이것은 Heisenberg의 불확정성 원리(uncertainty principle) 때문에 나타나는 현상인데, 어떤 들뜬 상태에 있는 분자가 그 상태에 머무르는 시간이 평균적으로 t라고 하자. 이때 이 상태의 에너지가 갖는 불확정도(uncertainty) δE는 다음과 같다.

$$\delta E \geq \frac{h}{4\pi\delta t} \tag{23-1}$$

여기서 h는 Planck 상수이고 δt는 들뜬 상태에 머무르는 시간이 갖는 불확정도이다. 다시 말하면 들뜬 상태에 머무르는 시간이 평균 t의 근처 δt 범위 내에 있을 때 계의 에너지는 E에서 δE 범위 안의 어딘가에 있을 것이라는 것이다. t가 커지면 δt도 커지기 때문에 δE는 줄어든다. t가 무한히 커지는 경우 δt도 무한대로 커지고 δE는 0이 되기 때문에 이 상태의 에너지는 정확하게 결정할 수 있다. 수명이 무한대인 들뜬 상태는 없기 때문에 정확한 에너지를 갖는 들뜬 상태는 존재하지 않고 따라서 스펙트럼 선은 언제나 어떤 진동수 범위에 걸쳐 퍼져 있다. 들뜬 상태의 수명이 짧아지면 스펙트럼 선은 넓어지고 들뜬 상태의 수명이 길어지면 스펙트럼 선은 폭이 좁아진다.

불확정성 원리 때문에 스펙트럼 선의 넓이가 넓어지는 현상을 **자연 선너비**(natural linewidth)라고도 하는데 그 크기는 대략 10^{-5} nm 정도가 된다.

예제 | 23.2

보통 기체 상태 원자의 들뜬 상태 수명은 ~10^{-9} s 정도이다. 어떤 들뜬 상태 원자가 400 nm 형광을 방출하는데 들뜬 상태 수명이 1×10^{-9} s라고 하자. 이 형광 방출띠의 자연 선너비는 근사적으로 얼마인가?

풀이

(23−1) 식에서 δE의 최솟값은 $\delta E = \frac{h}{4\pi\delta t}$가 된다.

$\delta E\delta t = \frac{h}{4\pi}$이고 $\delta E = h\delta\nu$이다. 여기서 ν는 진동수이다. 그래서 $\delta\nu = \frac{1}{4\pi\delta t}$이 된다.

$\delta\nu = \frac{1}{4\pi(1\times 10^{-9}\ \text{s})} = 7.96 \times 10^{7}\ \text{s}^{-1}$이다.

$\nu = \frac{c}{\lambda}$인데(c는 광속도) ν에 대해 미분하면 $\delta\nu = -\frac{c}{\lambda^2}\delta\lambda$, $\quad \delta\lambda = -\frac{\lambda^2}{c}\delta\nu$

근사적으로 $\delta\nu$ 를 $\Delta\nu$라 하고 $\delta\lambda$를 자연 선너비 $\Delta\lambda_{1/2}$로 둘 수 있다. 그래서

$$|\Delta\lambda_{1/2}| = \frac{\lambda^2}{c}\Delta\nu = \frac{(400\times 10^{-9}\ \text{m})^2(7.96\times 10^{7}\ \text{s}^{-1})}{3\times 10^{8}\ \text{m/s}} = 4.25 \times 10^{-14}\ \text{m} = 4.25 \times 10^{-5}\ \text{nm}$$

이 값은 앞에서 계산한 Doppler 선너비에 비하면 30배 이상 작은 값이다.

들뜬 상태에 있는 원자가 바닥 상태로 돌아가는 과정은 자발적인 경우도 있지만 비자발적인 경우도 있다. 들뜬 상태의 원자가 갖고 있는 에너지를 빛으로 방출하지 않지만 다른 원자나 분자와 충돌할 때 에너지를 빼앗기고 바닥 상태로 돌아가는 경우가 있다. 이렇게 되면 들뜬 상태 수명이 짧아지므로 스펙트럼 선의 폭이 커지게 된다. 이 현상을 **충돌 비활성화**(collisional deactivation)라고 하는데 기체 상태에서는 압력이 올라갈수록 충돌이 많이 일어나므로 **압력 폭넓힘**(pressure broadening)이라고도 한다. 시료가 원자인 경우 이러한 폭넓힘에 의해 스펙트럼 선의 넓이가 0.001~0.01 nm 정도 넓어지는데 이 크기는 Doppler 효과에 의한 것과 비슷하다.

③ 충돌 폭 넓어짐

기체 상태의 원자들은 끊임없이 움직이고 서로 부딪치고 한다. 이러한 충돌에 의해 원자들이 조금씩 찌그러지

고 최소한 외곽에 있는 전자들의 바닥 상태 에너지에 약간의 변동을 가져오게 된다. 이 때문에 바닥 상태와 들뜬 상태 사이의 에너지 차이가 약간씩 달라진다. 자외선이나 가시광선 영역에서 흡수나 방출은 대부분 외곽에 있는 전자 껍질 간의 전이에 의해 일어나므로 이 영역에서 일어나는 흡수나 방출 스펙트럼 선의 넓이는 이러한 충돌에 의해 직접 영향을 받는데 이것을 충돌 폭 넓어짐이라고 한다. 온도가 올라가면 원자들의 운동 속도가 빨라지므로 충돌할 때 받는 충격이 크고, 또 충돌 횟수가 늘어나므로 이 폭 넓어짐이 커진다. 액체 상태에서는 기체 상태보다 충돌이 더 자주 일어나므로 이러한 영향이 더 크다.

2 원자화

원자 분광법에서는 다양한 방법으로 시료를 원자로 분해한다. 그 중에서 불꽃, 전기로 가열하는 전압 원자화기(electrothermal atomizer), 그리고 플라스마 원자화기(plasma atomizers)가 가장 널리 쓰인다. 불꽃 원자화기는 수십 년 동안 널리 사용되어 왔으나 요즘에는 전압 원자화기와 플라스마 원자화기가 많이 쓰이고 있다.

(1) 불꽃 원자화기

대부분의 불꽃 원자화기(flame atomizer)는 그림 23.4에서와 같이 **사전 혼합 버너**(premix burner)를 사용하여 연료, 산화제, 시료를 미리 혼합시킨 다음 불꽃으로 주입하는 방식을 사용한다. 시료 용액은 **기압식 분무기**(pneumatic nebulizer)를 사용하여 미세한 방울의 에어로솔(aerosol)로 바뀌어 버너에 들어가게 된다. 에어로솔이란 아주 미세한 액체 방울이나 고체 입자가 기체에 분산되어 있는 것을 말한다. 그림 23.4와 같은 동심관(concentric tube) 형태의 분무기가 가장 널리 쓰이는데 모세관의 끝 부분에 고압의 기체가 빠르게 흐르면 액체 시료가 Bernoulli 효과에 의해 모세관으로 빨려 나와 다양한 크기의 방울로 부서지게 된다. 대부분 산화제를 고압 기체로 사용하므로 이 산화제가 들어간 에어로솔에 연속해서 연료가 섞이게 된다. 이 분무액은 모세관 바로 앞에 있는 유리구슬에 부딪쳐 시료 방울이 더 작은 방울로 부서진다. 그 뒤에는 방울 차단 장치(baffle)들이 있는데 에어로솔이 여기를 통과하면서 계속 서로 섞이면서 큰 액체 방울은 걸려서 바닥으로 떨어진다. 이렇게 바닥에 모인 액체는 밖으로 관을 통해 빠져 나가게 된다. 대부분의 시료 방울은 이 단계에서 걸러지고 아주 미세한 방울만 불꽃 속으로 들어갈 수 있는데 그 양은 분무된 시료의 약 5% 밖에 되지 않는다. 에어로솔, 산화제, 연료는 좁고 긴 홈을 가진 버너로 들어가서 불꽃을 만든다. 이 불꽃은 분자 분광기에서 시료 셀과 같은 역할을 하는데 Beer에서 흡광도는 빛의 통과 거리에 비례하므로 이 길이를 늘이기 위해 버너

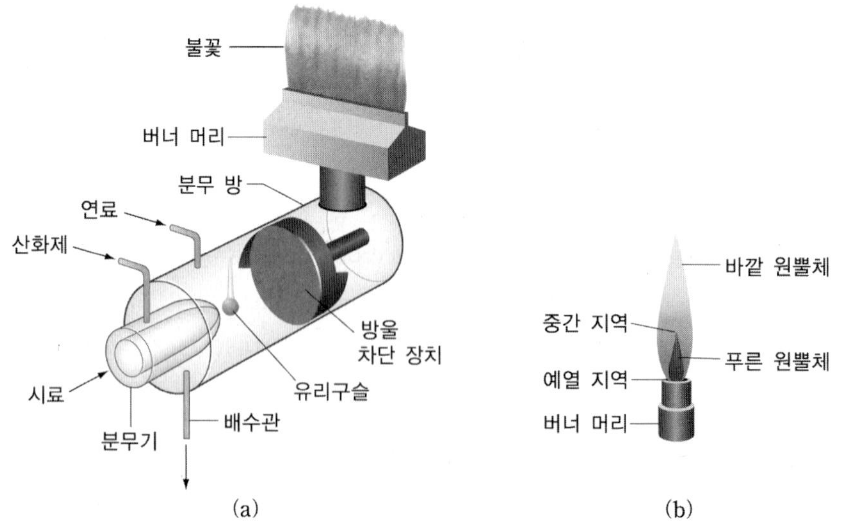

그림 23.4 (a) 사전 혼합 버너의 구조. (b) 버너 머리 측면에서 본 불꽃 모양. 버너 머리의 긴 틈은 넓이가 대략 0.5 mm 정도 된다.

의 머리 부분이 좁고 길게 만들어졌다. 입사광이 통과하는 불꽃의 길이는 일반적으로 5 또는 10 cm이다. 이런 버너를 유선형 흐름 버너(laminar flow burner)라 하는데 불꽃이 상대적으로 조용하고 길이가 길기 때문에 감도와 재현성이 향상된다.

분무된 시료가 불꽃으로 들어가면 버너의 끝 바로 위에 위치한 일차 연소 영역(primary combustion zone)에서 용매가 증발한다. 남은 미세한 고체 입자는 불꽃 중심에 있는 가장 뜨거운 중간 영역(interzonal region)에 들어간다. 여기에서 고체 입자로부터 기체 상태의 원자나 원소 이온(elementary ion)이 만들어진다. 원자 방출 스펙트럼을 위한 원자의 들뜸도 이 영역에서 일어난다. 마지막으로 원자나 이온들은 이차 연소 영역(secondary combustion zone)이라 부르는 가장자리로 이동하여 산화가 완결될 것이고 그 후 이들은 대기 중으로 흩어질 것이다. 분석 시료의 신호 세기를 얻으려면 전체 신호 세기에서 불꽃에서 나오는 신호 세기를 빼주어야 한다. 이것을 **바탕 보정**(background correction)이라고 한다. 불꽃을 통과하는 산화제-연료 혼합 기체가 빠르게 흐르므로 시료 중 일부만이 이런 모든 과정을 거칠 것이다. 불꽃은 상당히 비효율적인 원자화기인 셈이다.

불꽃의 온도가 높을수록 원자화가 잘 일어날 수 있고 또 여러 원자들의 방출 스펙트럼도 쉽게 얻을 수 있다. 불꽃 원자 분광법에서 많이 쓰이는 연료 및 산화제와 이들 혼합물로서 얻을 수 있는 대략적인 온도가 표 23.1에 나와 있다. 공기를 산화제로 쓰는 경우 여러 연료에서 얻을 수 있는 온도는 1700 ℃ ~ 2400 ℃ 정도이다. 이 온도에서는 알칼리 금속과 알칼리 토금속 정도만 쉽게 들뜨기 때문에 이들의 방출 스펙트럼을 얻을 수 있다. 알칼리 금속이나 알칼리 토금속보다 들뜨게 하는 데 더 높은 온도가 필요한 중금속의 방출 스펙트럼을 얻으려면 산소나 산화 이질소(N_2O)를 산화제로 쓴다. 이들 산화제를 흔히 쓰는 연료와 섞으면 2500 ℃ ~ 3100 ℃ 정도의 온도를 얻을 수 있다.

표 23.1 불꽃의 최대 온도

연료	산화제	온도(K)
천연가스	공기	2000~2200
천연가스	산소	3000~3100
아세틸렌, HC≡CH	공기	2400~2700
아세틸렌	산화 이질소, N_2O	2900~3100
아세틸렌	산소	3300~3400
수소	공기	2300~2400
수소	산소	2800~3000
사이아노젠, N≡C−C≡N	산소	4800

흡광도를 측정할 때 입사광이 불꽃의 어떤 부분을 통과하도록 하는 것이 좋은지 생각해 보자. 불꽃 밑부분부터 위로 올라갈수록 두 가지 상반된 효과가 나타난다. 첫째, 위로 올라갈수록 시료가 불꽃 속에 머무른 시간이 늘어나므로 원자의 수가 늘어난다. 둘째, 불꽃 속에 머무른 시간이 늘어갈수록 원자의 산화가 많이 일어나 원자의 농도는 감소하고 산화물의 농도가 올라간다. 산화물 또는 수산화물 같은 분자의 흡수 스펙트럼은 매우 넓고 원자와 다르기 때문에 결과적으로 원자의 흡광도는 감소한다. 그래서 시료의 Mg 농도를 구할 때 입사광의 위치가 불꽃 바닥으로부터 올라가면 처음에는 흡광도가 증가하다가 높이가 더 올라가면 다시 감소하게 된다. Ag 같은 경우는 산화가 잘 안 되기 때문에 입사광의 높이가 올라가면 계속 흡광도가 증가한다. 반면 Cr은 산화가 매우 잘되어 안정한 산화물을 형성하기 때문에 입사광이 위로 올라갈수록 계속해서 흡광도는 감소한다.

연료가 화학량론적으로 필요한 양보다 많이 공급되면 환원 불꽃이 만들어진다. 이때는 불꽃의 온도는 비교적 낮지만 산소가 부족해서 Cr 같은 원자가 산화물을 잘 만들지 않고 과량의 탄소가 금속 산화물과 수산화물을 환원시킬 수 있기 때문에 산화되기 쉬운 원소를 정량하는 데 유리하다. 산화제가 화학량론적으로 필요한 양보다 많이 공급되는 경우를 산화 불꽃이라고 하는데 이 불꽃은 온도가 높기 때문에 Ag과 같이 산화가 잘 되지 않는 원소를 정량하는 데 유리하다. 시료 용액의 유속이 너무 빨라지면 용매를 증발시키는 데 에너지가 많이 소모되므로 불꽃의 온도가 내려간다. 이렇게 되면 오히려 감도가 떨어지게 된다. 그래서 원자의 최대 흡수나 방출이 일어나는 불꽃의 위치나 연료와 산화제의 혼합 비율, 시료의 유속 같은 실험 조건은 정량하려는 개개 원소의 성질에 따라 적절하게 조절되어야 한다.

원자 흡수 분광법과 원자 형광 분광법에서 액체 시료에 사용하기 위해 현재까지 개발된 많은 방법 중 불꽃 원자화는 가장 재현성이 뛰어난 기술이다. 그러나 불꽃 원자화의 시료 효율(sampling efficiency), 다시 말해 감도는 다른 원자화 방법에 비해 현저히 떨어진다. 그 일차적인 이유는 두 가지로 요약할 수 있는데 우선 시료의 대부분이 불꽃에 도달하지 못하고 배수구로 빠져 나가기 때문이다. 다음은 생성된 원자가 불꽃 내의 광로(optical path)에 머무는 시간이 ~10^{-4}초 정도로 짧기 때문이다.

(2) 전압 원자화기

① 전압 원자화기의 구조

불꽃 원자화기의 감도가 낮다는 문제를 해결하기 위해 전기로 가열하는 전압 원자화기(electrothermal atomizer)가 1970년대에 처음 출현하였는데 탄소(흑연) 튜브로 구성되기 때문에 보통 **흑연로**(graphite furnace)라고도 부른다. 이 원자화기는 짧은 시간 내에 주입한 시료 전부가 원자화되고 평균적으로 원자들이 광로에 집중되어 머무르는 시간이 몇 초 정도로 길기 때문에 감도가 크게 향상된다. 그리고 불꽃에서는 시료 용액이 최소 1~2 mL 정도 필요하지만 여기서는 1~100 μL 정도면 된다. 전압 원자화기는 상대적으로 온도를 많이 올리기 힘들기 때문에 원자 흡수, 원자 형광 분광법에 쓰이고 방출 분광법에는 잘 쓰지 않는다.

그림 23.5에 전압 원자화기의 구조가 나와 있다. 흑연 튜브는 길이가 보통 5 cm, 내경은 1 cm보다 약간 작으며 가운데 시료를 주입할 수 있는 구멍이 뚫려 있다. 시료를 적절하게 효과적으로 원자화시키기 위해서는 3단계 또는 그 이상의 단계로 가열해야 한다. 고온에서 흑연이 산화되는 것을 막기 위해 흑연 튜브 주위로 실험하는 동안 Ar이 계속 흐르도록 해야 한다. 우선 몇 μL 정도의 시료를 흑연로에 넣고 낮은 온도에서 용매를 증발시킨다. 그 다음 온도를 올려 시료에 있는 유기 물질을 태운다. 각 단계가 끝나면 다음 단계로 넘어가기 전에 Ar

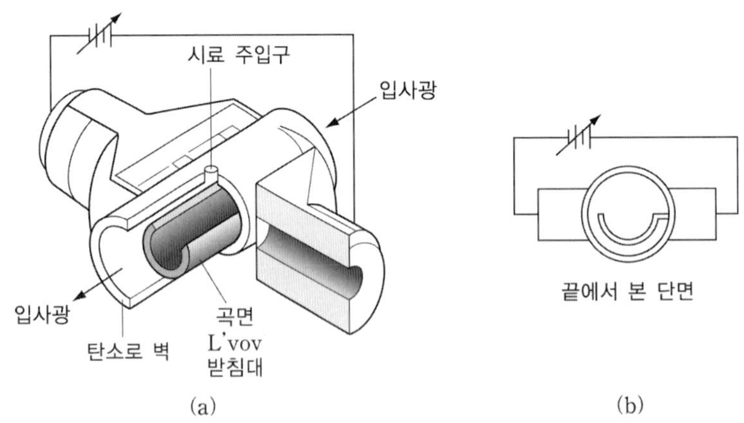

그림 23.5 (a) 가로 방향으로 가열하는 개량된 흑연로. 이렇게 함으로써 흑연로 전체가 거의 일정한 온도를 유지할 수 있기 때문에 기억 효과를 대폭 줄일 수 있다. L'vov 플랫폼은 전도에 의하지 않고 바깥벽으로부터 복사선의 조사에 의해 균일하게 가열되므로 측정 결과의 재현성을 높일 수 있다.

또는 N_2 기체를 흑연 튜브 내로 불어넣어 연기 등 다양한 기체 상태 화학종들을 제거해야 한다. 마지막으로 전류를 급격히 몇백 암페어까지 흘려서 최고 온도에 도달하도록 한다. 몇 밀리초에서 몇 초 정도의 시간 동안 이 온도를 유지하여 시료의 원자화가 일어나도록 한다. 이 원자화 단계에서는 생성된 원자들이 튜브 내에 머물러 있어야 하므로 Ar이나 N_2 기체가 흐르는 것을 중지시킨다. 이때 권장되는 최고 온도는 2550 ℃인데 이 온도를 7초 이하로 유지해야 한다. 광원에서 나온 입사광은 흑연로 양쪽 끝에 있는 창을 통하여 지나가게 된다.

불꽃 원자화기와 비교했을 때 전압 원자화기는 다양한 시료를 분석할 때 각 시료에 가장 적합한 실험 조건을 찾아내는 일이 훨씬 어려워 경험 많은 연구원의 숙련된 기술을 필요로 한다. 그럼에도 정밀도는 5~10%보다 좋게 하기가 어렵다.

혈액이나 혈청에 들어 있는 미량의 Cu, Pb, Hg 같은 중금속을 흑연로를 사용하여 분석하는 경우를 예로 들어 보자(출처: Anal. Chem. 47(13), 1975, 2281). 10 μL 혈액에 증류수 20 μL를 가해 묽혀서 아무런 전처리 과정 없이 흑연로에 직접 주입한다. 100 ℃에서 30초 동안 용매를 제거하여 말린다. 그 다음 유기물을 태워 제거하기 위해 460 ℃ ~ 520 ℃에서 60초 동안 태운다. 열분해가 잘되지 않는 유기 물질이 있는 경우는 1200 ℃~1400 ℃ 정도에서 보통 태우는데, 이 경우는 낮은 온도에서도 충분히 태울 수 있기 때문에 이 정도 온도로 충분하다. 그 후 7초 동안 2000 ℃~ 2300 ℃로 가열하여 원자화시켜서 흡광도를 측정하여 농도를 구한다. 이렇게 흑연로를 사용하는 경우 소량의 시료를 별다른 전처리 과정 없이 바로 사용할 수 있다.

그림 23.5에 있는 흑연로는 성능이 대폭 향상된 개량형이다. 우선 L'vov 플랫폼이라 부르는 받침대가 있는데 여기에 시료를 올려놓는다. 평면 받침대를 주로 써오다가 요즘에는 이 그림에서 보는 것과 같은 곡면으로 된 것을 많이 사용한다. 이 받침대 없이 흑연로에 시료를 넣으면 시료가 고르게 가열되지 않아 재현성이 떨어진다. 이 받침대는 열의 전도가 아니라 뜨거운 흑연로 벽에서 나오는 복사선에 의해 균일하게 가열되어 온도가 흑연로 벽보다 천천히 올라간다. 그래서 받침대 위에 있는 시료는 흑연로 벽의 온도가 일정한 값에 도달할 때까지 기화하지 않고 있다가 흑연로 내부의 온도가 일정해지면 기화하기 시작하므로 훨씬 재현성 있는 결과를 얻을 수 있는 것이다. 또 가열 속도를 2000 K/s 정도로 빠르게 하면 시료가 원자화되지 않은 상태로 있는 시간을 최소화하여 기체가 흑연로 내부에 있는 짧은 시간 동안 원자들의 농도가 커지게 되어 감도도 좋아진다.

얼마 전까지도 흑연로는 튜브 양쪽 끝에서 전류를 흘려보내 가열하는(세로방향) 방식을 사용하였다. 이런 경우 흑연로의 가운데가 양쪽 끝부분보다 더 뜨겁다. 이렇게 되면 가운데서 만들어진 원자가 양쪽 끝에서 응축된다. 흡광도 측정이 끝나면 3초 정도 짧은 시간 동안 흑연로의 온도를 조금 더 올려서 남은 시료들을 제거하는데, 이때 흑연로의 양쪽 끝에서 응축되었던 원자들은 잘 제거되지 않고 남아 있다가 다음 시료를 분석할 때 기화하여 방해를 할 수가 있다. 이런 현상은 **기억 효과**(memory effect)라고 하는데 이것을 줄이기 위해 그림 23.5에서 보는 것과 같이 흑연로 양쪽 옆(가로 방향)으로 가열하는 방식을 최근에 도입하였다. 이렇게 되면 흑연로 전체의 온도를 거의 일정하게 유지할 수 있으므로 기억 효과를 크게 줄일 수 있다. 또한 흑연 튜브 표면에 열분해 흑연(pyrolytic graphite)으로 생성된 층을 입혀 놓으면 기억 효과를 감소시킬 수 있다. 기체 상태 유기 화합물을 열분해하여 만든 열분해 흑연층은 조밀하여 흑연 표면의 작은 구멍을 메워주기 때문에 다른 원자나 분자가 표면에 흡수되는 것을 막아준다.

미량의 금속을 정량하기 위해 흑연로에서 농축시킬 수 있다. 일정량의 시료를 흑연로에 넣고 용매를 증발시킨다. 같은 양의 시료를 또 넣고 용매를 증발시킨다. 이런 과정을 여러 번 되풀이하면 검출 한계를 크게 낮출 수 있다. 보통 흑연로에서는 액체 시료를 사용한다. 그러나 고체 시료를 아무런 전처리 과정을 거치지 않고 직접 흑연로에 주입하여 정량 분석할 수도 있다. 액체 시료보다 고체 시료는 더 많은 양을 주입하여 분석할 수 있으므로 미량 성분의 검출 한계를 크게 낮출 수 있다. 텅스텐, 흑연, 실리콘 탄화물(silicon carbide), 시멘트, 강바닥의 침전물, 머리카락 등과 같은 것들을 직접 주입하여 분석할 수 있다.

② **매트릭스 변형제 사용**

시료에서 분석하고자 하는 화학종을 제외하고 나머지(용매 포함) 모두를 매트릭스(matrix)라고 부른다. 매트릭스는 시료에 있는 가연성 유기 물질을 태울 때 분해되어 기화되어 버린다면 가장 이상적이다. 그러나 복잡하고 다양한 물질들로 구성된 생물 시료나 환경 시료를 전처리 과정을 거치지 않고 직접 정량 분석할 때 여러 가지 방해 효과가 나타난다. 그 중 가장 흔히 나타나는 것은 유기물을 태울 때 분석 물질이 매트릭스와 같이 기화하여 신호의 세기가 감소하는 것이다. 이 문제를 해결하기 위한 간단한 방법 중 하나는 시료에 매트릭스의 휘발성을 증가시키거나 시료 물질의 휘발성을 낮추어 태우는 과정에서 분석 물질의 손실을 최소화할 수 있는 물질을 시료에 첨가하는 것이다. 이러한 물질을 **매트릭스 변형제**(matrix modifier)라고 한다.

예를 들어 바닷물에 들어 있는 미량의 납(Pb)을 흑연로를 이용하여 직접 정량하려고 할 때 가장 큰 문제는 바닷물에 존재하는 과량의 알칼리 또는 알칼리 토금속 할로젠화물이 원자화 전 단계에서 많은 양의 납이 손실되도록 한다는 것이다. 이는 Pb이 NaCl과 함께 기화하거나 $MgCl_2$ 매트릭스에서 기체 상태인 Pb의 염화물을 생성함으로써 Pb이 손실되어 일어난다. 이러한 방해를 최소화하기 위해 사용하는 방법 중 하나는 팔라듐(Pd)이나 백금(Pt)을 몇 마이크로그램(μg) 정도 매트릭스 변형제로서 시료에 가하는 방법이 있다(그림 23.6). Pb과 Pd 또는 Pb과 Pt은 보다 안정한 화합물이나 합금을 만들어서 Pb이 원자화되는 온도를 높인다. 그림 23.6은 Pb만 있는 시료, Pb에 Pd이나 Pt을 가한 시료에 대해 흑연로의 온도를 0.1 K/ms 속도로 올리면서 얻은 온도-시간 그래프와 흡광도-시간 그래프이다. 이 그림을 보면 Pt이나 Pd 매트릭스에서 Pb이 원자화되는 온도가 크게 상승한다. Pb만 있을 때는 1080 K(온도 곡선 a), Pt 매트릭스에서는 1500 K(온도 곡선 b), Pd 매트릭스에서는 1480 K(온도 곡선 c)임을 알 수 있다. 때문에 Pd나 Pt를 가하면 시료의 가연성 물질을 태우는 온도를 1470 K까지 올릴 수 있다. 이 온도에서는 바닷물에 포함되어 있는 염들이 쉽게 기화되기 때문에 Pb의 손실을 최소화할 수 있고 따라서 Pb을 ppb 수준까지 정량할 수 있게 된다.

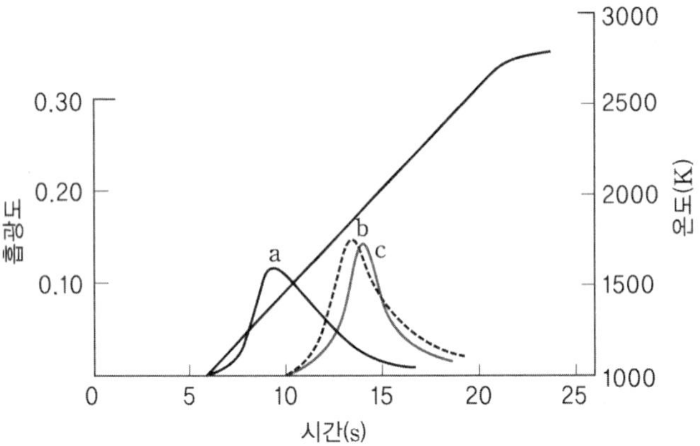

그림 23.6 Pb을 정량할 때 매트릭스 변형제가 없는 경우와 매트릭스 변형제로 Pd이나 Pt을 가한 경우 시간에 따른 흡광도 변화를 그린 그림. (a) 1.2 ng Pb, (b) 1.2 ng + 4 μg Pt, (c) 1.2 ng + 4 μg Pd. 모든 시료의 매질은 0.01 M HNO_3이다. 시간에 따른 흑연로의 온도 변화도 같이 표시하였다(출처: Ni Zhe-Ming, Shan Xiao-Quan, The reduction and elimination of matrix interferences in graphite furnace atomic absorption spectrometry, Spectrochim. Acta, *1987*, 42B, pp 937-949).

(3) 플라스마 원자화기

양이온과 전자들이 비교적 높은 농도로 섞여 있는 전도성 기체 혼합물을 플라스마(plasma)라고 한다. 원자분광법에서는 대부분 Ar 플라스마를 사용하는데 Ar 이온들과 전자가 주된 전도성 화학종이 된다. 한번 만들어진 Ar 이온들은 외부로부터 충분히 많은 에너지를 흡수할 수 있어서 매우 높은 온도를 유지할 수 있기 때문에 이온화가 계속 일어나 플라스마가 무제한 유지될 수 있다. 보통 10,000 K 이상의 온도가 얻어진다.

그래서 불꽃 원자화기와 전압 원자화기는 주로 원자 흡수 분광법에 쓰이는 반면 플라스마 원자화기는 주로 원자 방출 분광법에 쓰인다. 플라스마 원자화기는 1970년대 중반부터 본격적으로 쓰이기 시작했는데 다른 원자화기에 비해 여러 가지 장점을 갖고 있다.

Ar 플라스마 분광법에는 몇 종류의 플라스마 발생기가 쓰인다. 첫째는 전극 사이에 고압을 걸어 다량의 전류(~14 A)가 흐르게 하고 여기에 Ar 기체를 흘려보내면 중심 온도가 8000 K 이상이 되는 플라스마가 생성된다. 이러한 장치를 **직류 플라스마**(direct current plasma, DCP) 발생기라고 한다. DCP는 장치가 간단하고 가격이 싸다는 장점이 있다. 그 다음으로는 강력한 라디오파 발생기 또는 마이크로파 발생기에 Ar 기체를 흘려보내어 고온의 플라스마를 얻는 방법이다. 강력한 라디오파 발생기를 사용하는 방법을 **유도 결합 플라스마**(inductively coupled plasma, ICP)라 하는데 이 방법은 감도(sensitivity)가 뛰어나고 방해(interference)가 매우 적어 가장 널리 쓰인다. ICP에 대해 자세히 알아보자.

ICP 발생기의 단면도는 그림 23.7과 같다. 석영으로 만들어진 세 겹의 원통형 관은 윗부분이 열려 있는데 이 주위에 두 가닥의 유도 코일이 감겨 있다. 이 관의 최대 직경은 대략 2.5 cm이고 전체 Ar 기체의 유속은 11~17 L/min 정도가 된다. 이 수냉식 유도 코일에는 약 27 MHz에 2 kW의 출력을 낼 수 있는 라디오파 발생기에 의해 에너지가 공급된다. 테슬라 코일(Tesla coil)에서 일어나는 순간적인 방전에 의해 흐르는 Ar 기체의 일부가 이온화되어 Ar 양이온과 전자들이 생성된다. 이 플라스마 기체가 석영관의 아랫부분 플라스마 도입구를 통해 유입되면 유도 코일에서 만들어지는 강력한 라디오파 자기장에 의해 양이온과 전자들이 가속되어 관내에서 빠른 속도로 닫힌 고리 모양으로 회전하게 된다. 이때 생기는 마찰열에 의해 플라스마는 6000~10,000 K의 온도를 유지할 수 있게 된다. 플라스마의 온도 분포는 그림 23.8과 같다. 시료는 Ar 기체에 의해 에어로솔 형태가 되어 이 플라스마 불꽃 속으로 들어간다. 플라스마 온도가 매우 높기 때문에 Ar 냉각 기체를 흘려보내서 석영관이 과열되는 것을 방지해야 한다.

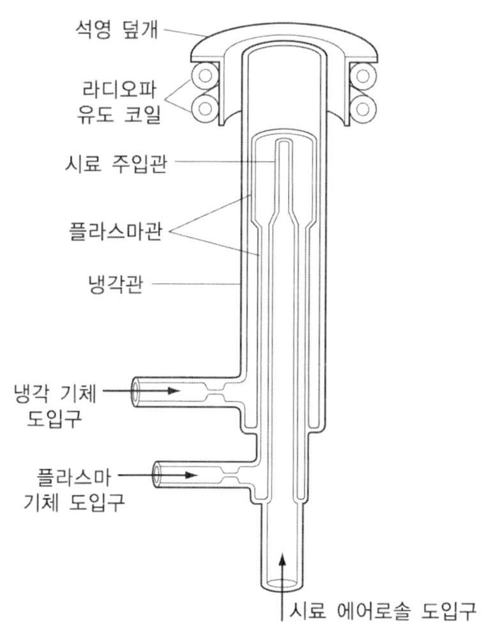

그림 23.7 유도 결합 플라스마 발생기 단면도(출처: R.N. Savage and G. M. Hieftje, "Miniature Inductively Coupled Plasma Source for Atomic Emission Spectrometry," Anal. Chem. 1979, 51, 408)

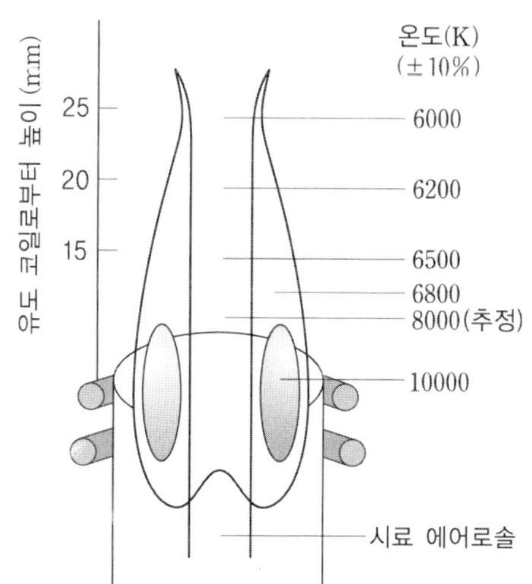

그림 23.8 유도 결합 플라스마의 온도 분포를 나타낸 그림 (출처: V. A. Fassel, "Simultaneous or Sequential Determination of the Elements at All Concentration Levels," Anal. Chem. 1979, 51, 1290A)

시료는 Ar을 운반 기체로 하여 불꽃 원자화기에서 사용하는 분무기를 사용하여 에어로솔로 만들어진다. 플라스마의 온도가 매우 높기 때문에 불꽃 원자화기에서와 같이 큰 액체 방울을 제거하지 않아도 별 문제가 되지 않는다. 그림 23.9와 같은 초음파 분무기(ultrasonic nebulizer)를 사용하면 감도를 크게 향상시킬 수 있다. 압전성 결정(piezoelectric crystal)의 진동수는 약 1 MHz인데 여기에 시료 방울이 떨어지면 아주 미세한 에어로솔이 만들어진다. 이 에어로솔이 가열관을 통과하면서 용매가 증발하고 이것을 다시 냉각기에서 응축시켜 용매를 제거한다. 이 에어로솔의 남아 있는 마지막 용매는 폴리테트라플루오로에틸렌(polytetrafluoroethylene) 막(membrane)이 들어 있는 탈 용매실에서 완전히 제거된다. 시료는 용매가 완전히 제거된 미세한 고체 입자 상태가 되어 플라스마 불꽃 속으로 들어가게 된다. 이때는 증발시킬 용매가 없기 때문에 대부분의 에너지가 시료를 원자화시키는 데 쓰이고, 보다 많은 양의 시료가 플라스마 불꽃 속으로 들어가게 되기 때문에 검출 한계가 크게 낮아진다. 유도 결합 플라스마의 장점에 대해서는 나중에 다시 총괄적으로 다룰 것이다.

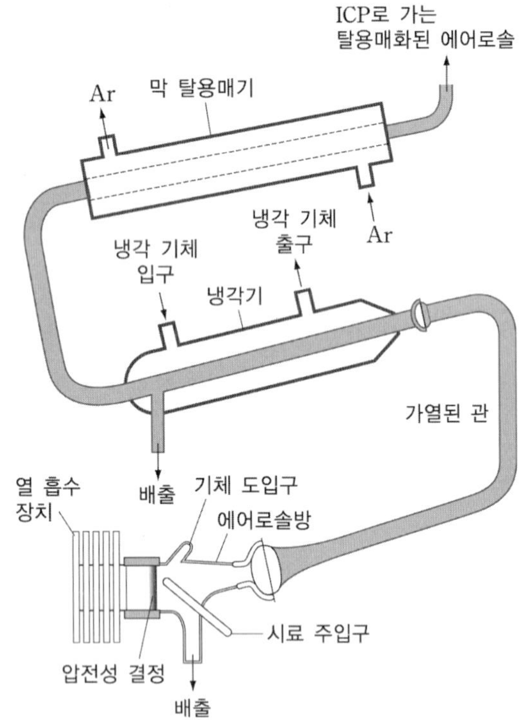

그림 23.9 초음파 분무기를 사용한 시료 공급 장치. 이 시스템을 사용하면 대부분의 원소에 대해 검출 한계를 10배 정도 낮출 수 있다(출처; Cetac Technologies, Omaha, NB, USA).

3 온도의 영향

원자화기의 온도와 이 온도의 시간과 위치에 따른 변화폭은 원자 분광법에서 매우 중요한 요인이다. 온도가 높으면 화합물이 원자 상태로 분해가 잘 될 뿐만 아니라 들뜬 상태의 입자수도 늘어난다. 또 원자는 이온으로 해리되기도 하는데, 일반적으로 온도가 높을수록 해리가 많이 일어난다. 그래서 원자화기의 온도가 어떤 영향을 미치는지 알아보는 것은 매우 중요하다.

(1) 바닥 상태와 들뜬 상태 사이의 입자수 분포

알칼리 금속인 Na 원자의 바닥 상태 전자 분포는 $1s^2 2s^2 2p^6 3s^1$이다. 589 nm 정도의 가시광선을 흡수하면 그림 23.10에서 보는 것처럼 3s 오비탈에 있던 전자가 3p 오비탈로 들뜨게 된다.

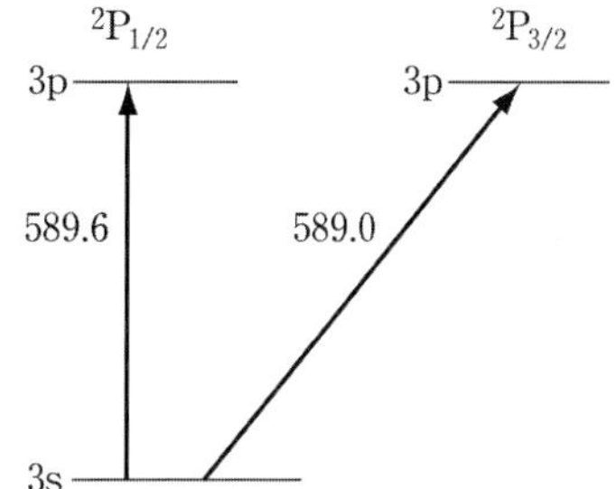

그림 23.10 Na 원자의 에너지 준위 도표. 3p 오비탈은 스핀-오비탈 짝지음(spin-orbital coupling) 때문에 에너지가 약간 다른 2개의 준위로 분리되어 있다. 화살표 옆 숫자는 들뜰 때 흡수해야 하는 복사선의 파장(nm)을 말한다.

여러 가지 가능한 에너지 준위에 분포되어 있는 원자나 분자 같은 입자수는 Boltzmann 분포(Boltzmann distribution)로 나타낸다. 이 분포에 의하면 에너지 E_i와 E_j를 갖는 상태에 있는 입자수 N_i와 N_j의 비는 다음과 같다.

$$N_i/N_j = (g_i/g_j)\exp[-(E_i - E_j)/kT] \qquad (23-2)$$

T는 온도(K)이고 k는 Boltzmann 상수이다. g_i, g_j는 각 에너지 준위에 존재할 수 있는 상태의 수를 말하며 축퇴도(degeneracy)라고 한다. Na 원자에서 3s의 축퇴도는 1이고, 3p는 두 상태의 에너지가 같다고 볼 수 있으므로 축퇴도가 2이다.

불꽃 원자화기에서 아세틸렌을 연료로, 산소를 산화제로 사용하면 3000 K 온도를 얻을 수 있다. Na 원자의 3s와 3p 준위 사이의 에너지 차는 들뜰 때 흡수하는 입사광의 파장을 589.3 nm라 할 때 다음과 같이 계산할 수 있다.

$$\Delta E = h\nu = hc/\lambda = (6.626 \times 10^{-34}\ \text{J}\cdot\text{s})(2.997 \times 10^{8}\ \text{m/s})/(589.3 \times 10^{-9}\ \text{m}) = 3.370 \times 10^{-19}\ \text{J}$$

ν는 진동수, h는 Planck 상수, c는 광속도, λ는 파장이다. 단, 이것은 Na 원자 1개가 들뜨는 데 필요한 에너지라는 것을 명심해야 한다. 이제 3000 K에서 Na 원자의 3s 준위의 입자수 N_{3s}와 3p 준위의 입자수 N_{3p}의 비를 계산할 수 있다.

$$\frac{N_{3p}}{N_{3s}} = \frac{2}{1}\exp\left[\frac{-(3.370 \times 10^{-19}\ \text{J})}{(1.380 \times 10^{-23}\ \text{J/K})(3000\ \text{K})}\right] = 5.83 \times 10^{-4}$$

들뜬 상태에 있는 Na 원자의 분율은 0.06%도 되지 않는다. 즉, 3000 K라는 고온에서도 들뜬 상태에 있는 원자의 수는 아주 미량이다. 만약 불꽃의 온도가 15 K 감소하여 2985 K가 되었다면 이 비율이 어떻게 되는지 계산해 보자.

$$\frac{N_{3p}}{N_{3s}} = \frac{2}{1}\exp\left[\frac{-(3.370 \times 10^{-19}\ \text{J})}{(1.380 \times 10^{-23}\ \text{J/K})(2985\ \text{K})}\right] = 5.60 \times 10^{-4}$$

들뜬 상태에 있는 Na 원자의 분율은 0.06% 이하로 미량이지만 들뜬 상태에 있는 원자의 분율은 4% 가까이 감소하였다[(100)(5.85−5.60)/5.83 = 3.9%].

(2) 흡수와 방출 스펙트럼에 미치는 온도의 영향

원자 흡수 분광법에서 흡수 신호의 세기는 바닥 상태에 있는 원자수에 비례한다. 그러나 원자 방출 분광법에서 방출 신호의 세기는 들뜬 상태에 있는 원자수에 비례한다. 다시 말해 들뜬 상태에 있는 원자수가 커지면 방출 신호도 커지는 것이다. 3s 상태에 있는 Na 원자의 숫자는 워낙 크기 때문에 온도가 15 K 내려가더라도 원자수는 표시가 날 만큼 변하지 않는다. 그러나 3p 상태의 숫자는 온도가 15 K 내려감에 따라 4% 정도 감소했는데 따라서 방출 신호의 세기도 4% 정도 감소하게 될 것이다. 즉 원자 흡수 분광법에서는 15 K 정도의 온도 변화는 무시할 수 있지만 원자 방출 분광법에서는 이 정도의 온도 변화를 무시할 수 없다. 원자 방출 분광법에서는 원자화기의 온도가 변하지 않고 매우 안정되어야만 한다.

현재 원자 흡수 분광법은 불꽃 원자화기와 전압 원자화기를 주로 사용하고, 원자 방출 분광법에서는 유도 결합 플라스마를 주로 사용한다. 우선 유도 결합 플라스마는 온도가 불꽃이나 전압 원자화기에 비해 2배 이상 높아 들뜬 상태에 존재하는 원자수가 상대적으로 많아서 방출 신호가 세지기 때문이다.

4 분광기

원자 분광법에 쓰이는 분광기는 통상적인 분자 분광법에 사용하는 분광기와 3가지 점에서 차이가 있다. 첫째, 원자화기가 시료 용기 역할을 한다는 점이고, 둘째는 특별한 광원을 사용하거나 아예 광원을 쓰지 않는다는 점이며, 셋째, 측정된 신호를 바탕 보정(background correction)해야 한다는 점이다. 여기서는 광원과 바탕 보정을 중심으로 알아보자.

(1) 속빈 음극 램프

앞에서 언급한 바와 같이 원자의 흡수띠는 폭이 매우 좁다(~0.001 nm 정도). Beer 법칙이 성립하려면 광원의 띠너비가 흡수띠의 넓이보다 훨씬 좁아야 한다. 광원의 띠너비가 흡수띠의 넓이보다 커지면 검정 곡선이 직선에서 크게 벗어난다. 뿐만 아니라 입사광의 일부만이 시료에 의해 흡수되기 때문에 검정 곡선의 기울기도 작아져서 감도도 크게 떨어진다. 그러나 단색화 장치(momochromator)는 원자의 흡수띠보다 폭이 좁은 띠를 분리해 낼 수가 없다.

이러한 문제는 다음과 같은 방법으로 해결할 수 있다. 앞에서 Na 원자는 589.6 nm의 흡수띠를 갖는다는 사실을 알았다. 들뜬 상태에 있는 Na 원자는 역시 이 파장의 띠를 방출한다. Na 원자가 내는 다른 방출띠는 필터나 단색화 장치로 제거하고 Na 농도를 구하고자 할 때 광원으로 사용하면 된다. 이때 광원의 온도와 압력을 원자화기보다 낮게 유지하면 방출띠의 Doppler 효과 등 띠넓어짐이 흡수띠의 띠넓어짐보다 작아지므로 위의 요구 조건이 충족되는 것이다. 원자 흡수 분광법에서는 속빈 음극 램프(hollow-cathode lamp)가 가장 널리 쓰인다.

그림 23.11에서 보는 바와 같이 속빈 음극 램프에는 소량, 약 130~700 Pa(1~5 Torr)의 Ne 또는 Ar이 들어 있고 음극은 원하는 선을 방출할 수 있는 원소로 만드는데 그 모양은 와인 잔을 옆으로 누인 것과 비슷하다. 텅스텐으로 만든 양극과 이 음극 사이에 약 300 V의 전압을 걸어 주면 충전 기체(Ne 또는 Ar)가 이온화되어 양이온은 음극으로, 전자는 양극으로 이동하면서 5~15 mA의 전류가 흐르게 된다. 양이온들은 음극으로 끌려가서 음극 표면과 충돌하는데, 이때 금속 원자가 기체 상태로 떨어져 나오게 된다. 이 기체 원자가 큰 운동에너지를 갖는 전자와 충돌하면 들뜨게 되고 다시 바닥 상태로 돌아가면서 특정 파장의 복사선을 방출하게 된다. 원자의 경우 이렇게 방출되는 복사선의 파장은 이 원자가 흡수할 수 있는 복사선의 파장과 정확히 일치한다. 속빈 음극 램프는 음극이 한 가지 이상의 물질로 만들어진 램프가 몇 가지 있지만 대부분 각각 원소에 대해 개별적인 별도의 광원이 필요하다는 단점이 있다.

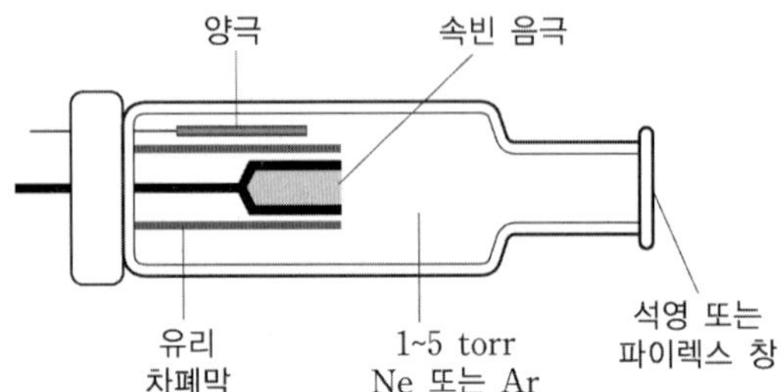

그림 23.11 속빈 음극 램프의 단면도

(2) 다원소 검출

원자 방출 분광법은 광원이 필요 없기 때문에 시료에 있는 여러 가지 원소를 동시에 측정할 수 있다는 장점이 있다. 이때 대부분 유도 결합 플라스마를 이용한다. 이러한 방출 분광법에서는 많은 수의 방출선을 동시에 측정하기 위해 여러 통로 검출기(multichannel detector)를 사용하는 기기가 주로 쓰인다. 이 여러 통로 검출기는 여러 개의 광전 증배관(PMT)을 사용하는 것과 전하 주입 검출기(charge－injection device, CID 또는 전하 결합 검출기(charge－coupled device, CCD)를 사용하는 것이 있다.

여러 개의 광전 증배관을 사용하는 예로 그림 23.12와 같은 Paschen－Runge 디자인을 살펴보자. 이 기기에서 입구 슬릿, 출구 슬릿, 회절발(grating) 표면은 모두 Rowland **원**(Rowland circle)이라 부르는 원을 따라 놓인다. Rowland 원의 곡률(curvature)은 오목 회절발의 초점 곡선에 해당하는데, 고정된 각 슬릿으로부터 들어온 빛은 모두 광전 증배관에 도달하게 된다. 유도 결합 플라스마에 있는 시료에서 발광된 빛은 다색화 장치(polychromator)에 들어가서 회절발에 의해 파장별로 분산된다. 특정 원소에서 방출되는 특정 파장에 해당하는 정확한 위치에 1개씩의 광전 증배관이 놓여 있어야 한다. 이렇게 파장에 따라 각기 다른 각도로 분산된 특정 방출광은 해당 위치에 있는 광전 증배관에 의해 그 세기가 측정된다.

전하 주입 검출기나 전하 결합 검출기는 다색화 장치에서 분산된 모든 신호를 동시에 측정하는데, 유도 결합 플라스마에서 나오는 방출선이 매우 많다. 온도가 높기 때문에 1개의 원소에서도 많은 숫자의 방출선이 나올 수 있는 것이다. 그래서 분해능을 높여야 하므로 보통 프리즘에서 수직 방향으로 1번, 회절발에서 수평 방향으로 1번, 이렇게 2번 분산시킨다. 이렇게 분산된 복사선을 전하 주입 검출기나 전하 결합 검출기에서 측정한다.

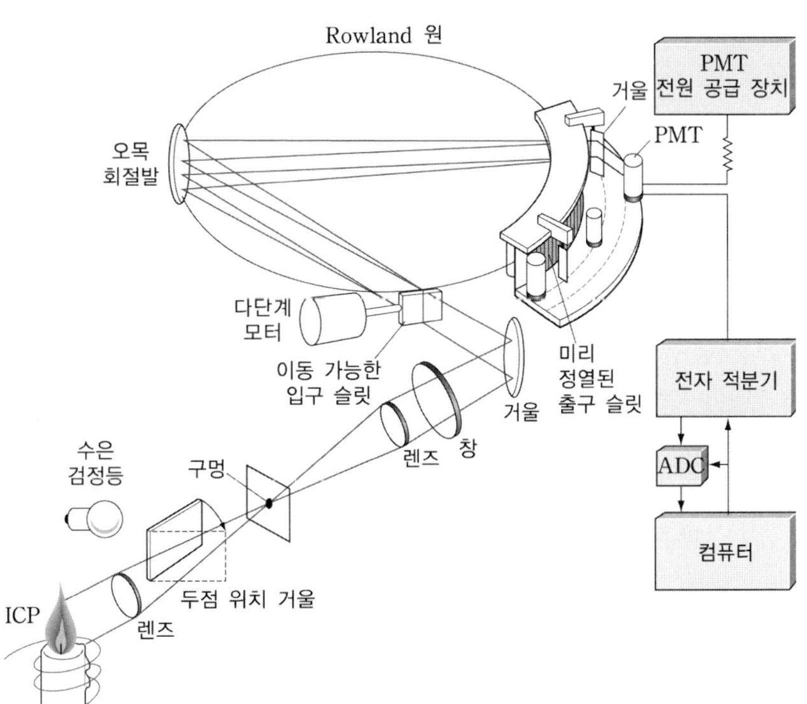

그림 23.12 여러 개의 광전 증배관을 사용하여 개별 피크의 세기를 직접 읽을 수 있는 ICP 원자 발광 분광기. 다색화 장치는 Paschen–Runge 디자인으로 만들어졌다. 이 디자인의 특징은 오목 회절발을 사용하여 Rowland 원 상에 스펙트럼이 만들어진다는 것이다. 개별 출구 슬릿에 의해 스펙트럼의 각 피크들이 개별적으로 분리되며 이 광학 신호가 광전 증배관(PMT)에 의해 전기적 신호로 전환된다(출처: J. D. Ingle Jr. and S. R. Crouch, Spectrochemical Analysis, p. 241, Upper Saddle River, NJ: Prentice–Hall, 1988).

(3) 검출 한계

검출 한계(detection limit)는 바탕선의 잡음과는 분명히 구분되는 크기의 신호를 내는 시료의 최소 농도를 말한다. 바탕선에 있는 잡음의 봉우리 대 봉우리 최대 크기보다 2배에 해당하는 신호를 내는 시료의 농도라고 정의하기도 한다. 정량 분석에서 정확한 결과를 얻으려면 보통 시료의 농도가 검출 한계보다 약 10~100배 커야 한다는 사실도 명심해야 한다. 실제 각 원소마다 검출 한계는 다르고, 또 검출 한계는 낮을수록 좋다. 불꽃, 흑연로, 유도 결합 플라스마의 검출 한계를 서로 비교해 보는 것은 의미 있는 일이다.

흑연로는 감도가 매우 좋아서 불꽃 원자화기와 비교해서 100 이상 검출 한계가 낮다. 유도 결합 플라스마의 검출 한계는 대개 불꽃과 유도 결합 플라스마의 중간 정도 된다. 유도 결합 플라스마에서 초음파 분무기를 측정하고 또 발광을 플라스마 불꽃의 세로 길이 방향에서 측정하면 흑연로와 비슷한 감도를 얻을 수 있다. 표준 용액을 준비하거나 용액을 묽힐 때 고순도의 용매를 사용해야 한다. 또 공기의 먼지를 걸러낸 청정실에서 용액을 준비하면 검출 한계를 낮추는 데 도움이 된다.

5 방해

원자 분광법에서는 2가지 형태의 방해(interference), 즉 **스펙트럼 방해**(spectral interference)와 **화학적 방해**(chemical interference)가 있다. 스펙트럼 방해는 방해하는 화학종의 흡수나 방출띠가 시료 원자의 것과 겹치거나 너무 가까이 있어서 단색화 장치로 분리하는 것이 불가능할 때 일어난다. 화학적 방해는 시료의 원자화 과정에서 일어나는 여러 가지 화학 반응 때문에 시료의 고유한 흡수나 발광과 관련된 특성에 변화가 일어나는 경우를 말한다.

(1) 스펙트럼 방해

원자 흡수 분광법에서 속빈 음극 램프의 방출선은 그 폭이 매우 좁기 때문에 흡수띠가 겹치는 경우는 드물다. 만약 시료에 있는 다른 원소의 흡수띠가 겹친다면 대부분 원소들은 여러 개의 다양한 흡수띠를 갖기 때문에 다른 파장에 있는 흡수띠를 이용하여 정량하는 것이 가장 좋은 방법이다. 분광기의 분해능이 뛰어나서 인접한 흡수선을 잘 분리한다면 이러한 스펙트럼 방해를 크게 줄일 수 있다.

이보다 훨씬 중요한 것은 시료 매트릭스, 불꽃, 플라스마 또는 뜨거운 흑연로에서 일어나는 흡수, 방출, 빛의 산란 같은 현상에 의해 생기는 바탕 신호 때문에 생긴다. 불꽃 원자화기에서 시료 매트릭스에서 내화성 산화물이 생겨 흡수나 산란을 일으킬 수 있다. 분자는 흡수띠가 매우 넓기 때문에 여러 개의 원자 흡수띠와 겹칠 수 있다. 또 불꽃이나 플라스마의 발광은 단색화 장치에서 대부분 제거되지만 어느 정도 크기를 갖는 바탕 신호를 만들 수 있다. 흑연로에서는 탄화 단계에서 많은 연기가 생기므로 이들이 빛을 산란시켜 바탕 신호를 만든다. 이러한 바탕 신호는 그 폭이 대단히 넓어서 폭이 매우 좁은 원소의 다양한 흡수나 방출선들과 겹친다. 이 바탕 신호를 빼주지 않으면 큰 계통 오차가 발생하게 된다. 이러한 문제가 심각하게 발생하는 예는 알칼리 토금속 혼합물에서 Ba을 불꽃 원자화기를 이용하여 원자 흡수 분광법으로 정량하고자 할 때 관찰할 수 있다. 시료 매트릭스에서 CaOH 같은 금속 수산화물이 생성되는데 분석에 사용하는 Ba의 흡수선이 넓은 CaOH 흡수띠의 중심 부분과 겹친다. 또, Ti, Zr, W 같은 원소가 포함된 진한 용액을 불꽃 원자화기를 이용하여 분석하고자 할 때 직경이 입사광의 파장보다 큰 내화성 산화물 입자가 만들어진다. 이 산화물 입자들은 입사광을 산란시키기 때문에 계통 오차를 일으킨다. 따라서 원자 분광법에서는 바탕 신호를 반드시 제거해 주어야 하는데 이를 **바탕 보정**(background correction)이라고 한다.

① 광원 변조

불꽃 원자화기를 이용하는 원자 흡수 분광법에서 광원 변조(source modulation)는 광원에서 나오는 빛과 불꽃에서 나오는 빛을 구분해 주는 데 유용하게 쓰인다. 광원 변조는 속빈 음극 램프와 같은 광원에서 나온 빛을 일정한 주기로 그 세기가 진동하는 펄스(pulse)로 바꿔 준다. 광원 변조에는 광원 앞에 빛살 토막틀(beam chopper)을 설치하고 이것을 일정한 속도로 회전시켜 빛살 토막을 만드는 방법이 있고, 또 광원에 전류를 공급하는 전선에 토막틀(chopper)을 달아 광원이 일정한 주기의 펄스를 방출하도록 하는 방법이 있다. 이때 광원에서 나온 빛살이 차단되거나 토막틀이 꺼져서 빛살이 나오지 않을 때 검출기에 측정되는 신호는 불꽃에 의한 것이다. 이것은 일종의 바탕 신호이다. 광원에서 펄스가 방출될 때 검출기에서 측정되는 신호는 불꽃 때문에 생기는 것과 시료의 흡수에 의한 것이 섞여 있다. 이렇게 검출되는 두 신호의 차이가 원하는 분석 신호, 즉 시료의 흡수에 의한 흡광도가 되는 것이다. 이러한 광원 변조로 불꽃에서 나오는 발광은 제거할 수 있지만 흑연로에서 문제가 되는 입사광의 산란은 보정해 주지 못한다. 그래서 원자 분광기는 다양한 바탕 신호를 보정할 수 있는 시스템을 갖추고 있는데, 흔히 쓰이는 방법으로는 **두 선 바탕 보정**(two−line correction method), **연속선 바탕 보정**(continuum−source correction method), Zeeman **효과를 이용한 바탕 보정**(background correction based on the Zeeman effect), **광원의 자체 역전을 이용한 바탕 보정**(background correction based on source self−reversal)이 있다.

② 바탕 보정

(a) 두 선 바탕 보정

이 방법은 광원에서 방출되는 선 중에서 분석에 사용하는 선(분석선)과 가능한 가까우면서도 시료에 의해 흡수되지 않는 선을 기준선으로 사용한다. 이러한 조건이 충족된다면 측정할 때 기준선의 세기가 감소하는 것은 전적으로 시료의 매트릭스 생성물에 의한 흡수나 산란 때문이라고 생각할 수 있다. 따라서 측정된 분석선의 흡광도에서 이 기준선에서 측정된 흡광도를 빼 주면 바탕 보정이 된다. 속빈 음극에 있는 불순물이나 램프에 들어 있는 Ar 또는 Ne으로부터 나온 선, 분석하고자 하는 원소에서 나온 비공명 방출선(nonresonant emission line) 등을 기준선으로 사용할 수 있지만 마땅한 기준선을 찾지 못하는 경우가 많다.

(b) 연속선 바탕 보정

이 방법은 많이 쓰이는데 그림 23.13에서처럼 자외선 영역에서 폭 넓은 방출선을 내는 중수소(D_2) 램프를 연속선 광원으로 사용한다. 토막틀이 회전하면서 D_2 램프에서 나온 방출선과 속빈 음극 램프에서 나온 방출선이 번갈아서 원자화기를 지나가도록 한다. 단색화 장치의 띠너비는 매우 넓게 조절하기 때문에 D_2 램프 방출선이 원자화기를 지나갈 때 분석 원소에 의해 일어나는 흡수는 무시할 수 있다. 그래서 D_2 램프에서 나온 빛이 지나갈 때 일어나는 흡수, 산란 등은 시료 매트릭스 성분에 의한 것으로 띠너비가 매우 크며 따라서

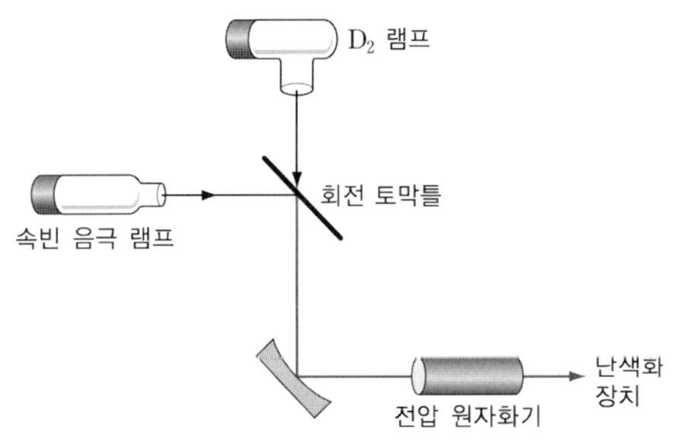

그림 23.13 연속선 바탕 보정 장치. 2개의 램프가 번갈아가며 펄스를 방출하게 한다면 회전 토막틀을 없앨 수 있다.

바탕 신호라고 할 수 있다. 반면 속빈 음극 램프에서 나온 빛이 지나갈 때 측정되는 신호에는 분석 원소에 의한 흡수와 바탕 신호가 같이 포함되어 있다. 이 두 신호 사이의 차이가 분석 원소에 의한 흡광도가 된다.

이 장치의 성능은 그다지 뛰어나지 못하다. 새로운 장치가 추가되면서 생기는 신호 대 잡음비의 저하, 원자화기 내에 있는 뜨거운 기체들은 화학 조성이나 입자들의 분포에 있어서 매우 불균일하다는 점 등이 큰 오차를 가져올 수 있다. 더군다나 D_2 램프는 가시광선 영역에서는 그 세기가 매우 약하기 때문에 파장이 350 nm보다 긴 영역에서 바탕 보정 방법으로 사용하기는 부적절하다.

(c) Zeeman 효과를 이용한 바탕 보정

전하를 가진 전자의 궤도 운동과 스핀 운동은 자장을 일으키는데 그 세기는 전자의 각운동량에 비례한다. 따라서 기체 상태의 원자가 10 kG 정도의 강한 외부 자장에 노출되면 원자의 전자 에너지 준위의 분리가 일어나게 되고, 따라서 각 전자 전이에 해당하는 흡수선이 몇 개로 나누어지게 된다. 이 분리된 흡수선 사이의 간격은 대략 0.01 nm 정도로 작고 이 흡수선들의 흡광도 합은 분리되기 전 원래 흡수선의 흡광도와 정확히 같다. 이러한 현상은 모든 원자 스펙트럼에서 관찰할 수 있는데 이것을 Zeeman 효과라고 한다. 이 Zeeman 효과를 바탕 보정에 이용할 수 있다.

그림 23.14에서와 같이 외부 자장이 걸리면 원자의 p 오비탈은 자기 양자수 m_l 값에 따라 3개로 분리된다. 그래서 3개의 흡수선이 나오는데 중요한 점은 각 방출선이 서로 반대 방향으로 회전하는 원편광(circularly polarized light)이라는 사실이다. $\Delta m_l = +1$과 -1에 해당하는 전이는 외부 자장이 걸리기 전의 파장보다 에너지가 일정액 크거나 작으며 각기 전자의 궤도 운동이 서로 반대 방향이므로 이에 해당하는 흡수선(σ선)도 원편광이고 편광의 회전 방향은 서로 반대가 되는 것이다. $\Delta m_l = 0$ 전이에 해당하는 흡수선(π선)은 원래 흡수선과 파장이 같아 스펙트럼에서 중심에 위치하고 선형 편광(linearly polarized light)이며 흡수선의 세기는 σ선보다 2배가 된다. π선은 외부 자장과 평행한 방향의 평면으로 편광된 빛만을 흡수하고 σ선은 외부 자장과 90° 방향으로 편광된 빛만을 흡수한다는 사실을 명심하자.

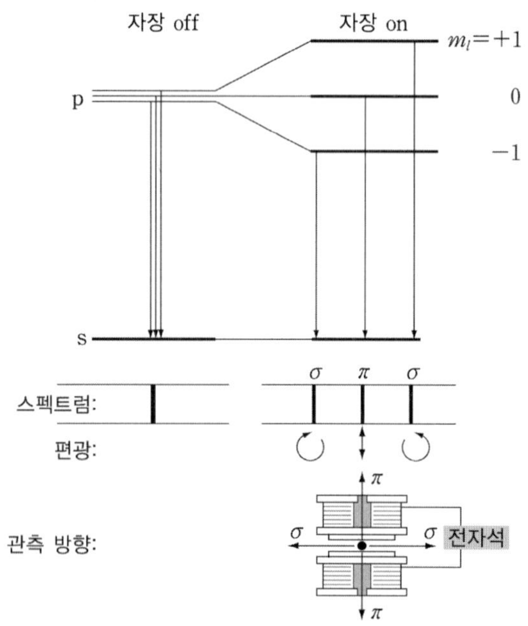

그림 23.14 Zeeman 효과

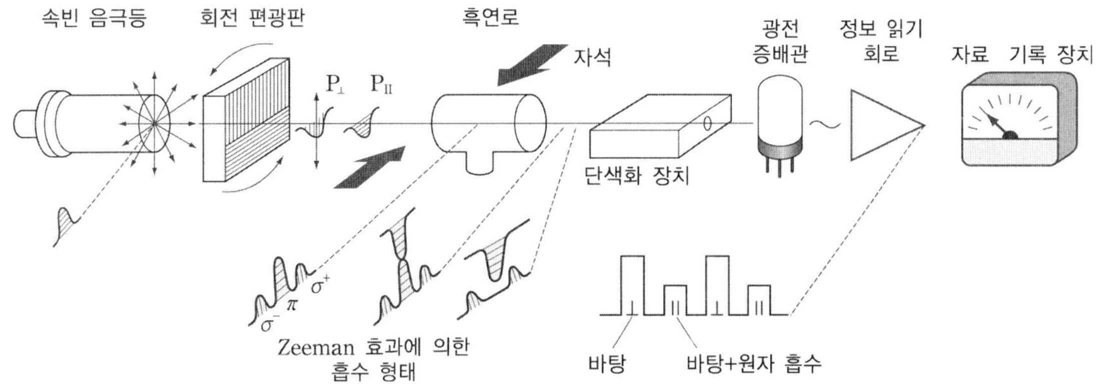

그림 23.15 Zeeman 효과를 이용하여 바탕 보정을 하는 전압 원자화 원자 흡수 분광기(출처: Hitachi Scientific Instruments, Mountain View, CA, USA)

이제 Zeeman 효과를 이용하여 어떻게 바탕 보정을 하는지 흑연로를 사용하는 경우를 예로 들어 알아보자(그림 23.15 참조). 우선 속빈 음극 램프에서 나오는 복사선을 서로 90° 방향인 2개의 평면 편광으로 나누어야 한다. 이를 위해 편광계(polarizer)를 램프 앞에서 일정한 속도로 회전시켜 입사광이 이를 통과하도록 하면 2개의 평면 편광이 번갈아 방출된다. 흑연로에 강한 외부 자장(보통 약 11 kG 정도)을 걸어 p 오비탈의 에너지 준위를 분리시키면 3개의 흡수띠로 나누어진다. 중심선(π선)은 외부 자장과 같은 방향으로 평면 편광된 복사선만을 흡수하므로 같은 방향으로 편광된 입사광이 광원에서 나오는 주기에 시료 원자가 이를 흡수하게 된다. 나머지 절반 주기 동안에는 편광면이 90° 다른 입사광이 나오므로 시료 원자에 의한 흡수는 일어나지 않는다. 분자인 매트릭스 생성물에 의한 넓은 흡수띠나 또 이들에 의한 산란은 어떤 주기에서도 늘 일어나기 때문에 이때 신호의 세기는 바탕 신호가 된다. 외부 자장과 같은 방향의 수평 방향 평면 편광이 나올 때는 시료의 흡수와 바탕 신호가 동시에 측정된다. 이 둘 사이의 차이가 원하는 시료 원자에 의한 흡수 신호가 되는 것이다.

외부 자장을 속빈 음극 램프에 걸어 주는 방법도 있다. 이때는 시료의 흡수 스펙트럼이 외부 자장에 의해 분리되는 위에 설명한 방법과는 달리 방출 스펙트럼이 분리된다. 원리는 위에 설명한 방법과 유사하다. 그러나 외부 자장이 원자화기에 걸리는 방법이 더 널리 쓰인다.

Zeeman 효과를 이용한 방법은 앞서 설명한 다른 어떤 방법보다도 바탕 보정을 정확하고 정밀하게 수행한다. 특히 혈액이나 오렌지 주스 등과 같이 매트릭스가 복잡한 시료를 전처리 과정 없이 전압 원자화기를 이용하여 바로 분석하려고 할 때 유용하다. 시료에 있는 유기 물질이 분해되고 연소하면서 큰 바탕 신호를 만들지만 이 방법을 이용하면 효과적으로 이들을 제거할 수 있다.

(d) 광원의 자체 역전을 이용한 바탕 보정

속빈 음극 램프에 많은 전류를 흘려보내면 음극에서 생성된 원자 중에서 바닥 상태에 있는 것의 농도가 많아지게 되는데 이 원자들이 들뜬 상태에 있는 원자가 방출하는 복사선을 흡수할 수 있다. 이렇게 많은 전류가 흐를 때는 방출선의 넓이가 매우 커진다. 결국 그림 23.16에서 보는 것처럼 원자의 흡수띠에 정확하게 해당되는 방출선의 중심 부분이 최소가 되어 혹이 2개 있는 쌍봉 낙타 등과 같은 모양의 방출띠가 만들어진다. 램프에 전류가 적게 흐를 때는 폭이 좁은 가우스 곡선(Gaussian curve) 모양의 방출띠가 나온다. 램프에 많은 전류와 적은 전류가 번갈아 흐르도록 하고 이것을 주기로 하여 계속 반복되게 한다. 적은 전류가 흐를 때는 시료 원자의 흡수와 바탕 흡수가 같이 일어난다. 많은 전류가 흐를 때는 흡수 피크에서 입사광의 세기가 최소이므로 시료에 의한 흡수는 적고 대부분 바탕 흡수가 된다. 첫 번째 흡수 신호(적은 전류가 흐를 때)에서 두 번째 흡수 신호(많은 전류가 흐를 때)를 빼주면 바탕 신호가 제거된다. 이때 물론 시료 원자의 흡수 신호도 일부 제거되지만 문제가 되지는 않는다. 이러한 측정 주기를 여러 번 반복하여 충분히 만족할 만한 신호 대 잡음비를 얻을 수 있다. 이렇게 속빈 음극 램프에서 방출되는 복사선의 자체 역전 또는 자체 흡수를 이용한 바탕 보정 방법은 Smith–Hieftje **바탕 보정 방법**이라고도 부르는데 매우 간단하면서도 Zeeman 효과를 이용한 기기가 보여 주는 장점을 대부분 제공한다.

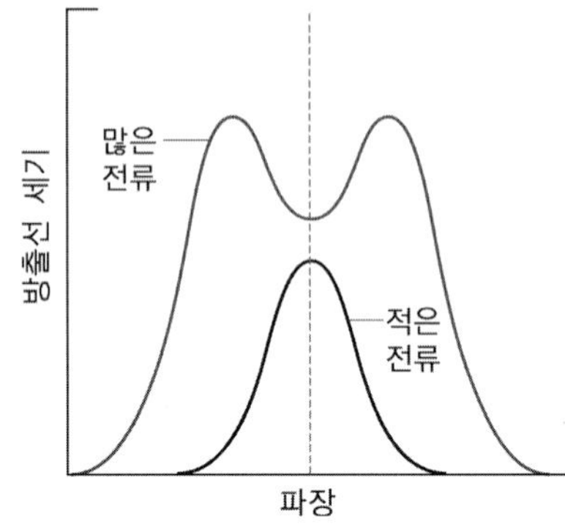

그림 23.16 속빈 음극 램프에 많은 전류와 적은 전류가 흐를 때 방출선의 모양(출처: S. B. Smith Jr. and G. M. Hieftje, Appl. Spectrosc., 1983, 37, 419; Science, 1983, 220, 183)

(2) 화학적 방해

화학적 방해는 스펙트럼 방해보다 훨씬 통상적으로 나타나는 현상이다. 많은 이론적, 실험적 연구 결과에 의하면 불꽃 내부에서 일어나는 많은 현상들을 근사적으로 평형의 개념으로 다룰 수 있다. 그래서 연소 기체를 용매 매질로 간주하여 열역학적 이론을 적용할 수 있다. 불꽃에서 주된 관심사가 되는 화학 평형에는 휘발성이 낮은 화합물의 생성, 해리 반응, 이온화 반응이 있다.

(a) 휘발성이 낮은 화합물의 생성

가장 흔히 마주치게 되는 화학적 방해의 한 형태는 음이온이 시료와 반응하여 휘발성이 낮은 화합물을 형성하는 것이다. 이렇게 되면 시료 중에서 원자화되는 비율이 낮아져서 결과적으로 측정된 농도가 실제보다 적게 나타난다. 예를 들어 SO_4^{2-}와 PO_4^{3-}는 칼슘과 휘발성이 낮은 화합물을 형성하여 칼슘이 원자화되는 것을 방해한다. 칼슘 농도를 고정해 놓고 SO_4^{2-}와 PO_4^{3-}의 농도를 증가시키면 음이온 대 양이온의 비가 0.5가 될 때까지 칼슘의 흡광도는 거의 음이온 농도에 비례하여 감소한다. 양이온이 방해하는 경우도 있다. Mg을 정량 분석할 때 Al이 존재하면 이것이 열에 강한 알루미늄–마그네슘 화합물을 만들어서 Mg 농도가 실제보다 적게 측정되도록 한다.

많은 경우 불꽃의 온도를 올려주면 휘발성이 낮은 화합물의 생성에 의한 방해가 제거되거나 완화된다. 다른 방법으로는 방해 화학종과 우선적으로 반응하여 이들이 시료와 상호 작용하는 것을 막을 수 있는 양이온을 첨가하는 것인데 이것을 **해방제**(releasing agent)라고 한다. 예를 들면 란타넘 이온(La^{3+})과 스트론튬 이온(Sr^{2+})은 PO_4^{3-}와 우선적으로 반응하여 Ca^{2+}를 유리시켜 주기 때문에 칼슘 정량에서 해방제로 쓰인다. 또 란타넘과 스트론튬은 알루미늄이 들어 있는 시료에서 마그네슘(Mg)을 정량할 때 해방제로 쓰여 왔다. 또, EDTA, 8-하이드록시퀴놀린(8-hydroxyquinoline), 그리고 1-pyrrolidinecarbodithioic acid의 알루미늄 염(APCD)은 시료와 안정하지만 휘발성이 있는 화합물을 형성하여 방해를 막아주는데 이들을 **보호제**(protective agent)라고 한다. 칼슘을 정량할 때 EDTA를 가해주면 Al, Si, SO_4^{2-}, PO_4^{3-}에 의한 방해를 막아주는 보호제 역할을 한다. 또, Ca이나 Mg을 정량할 때 8-하이드록시퀴놀린은 Al의 방해를 막는 보호제 역할을 한다.

(b) **해리 반응에 의한 방해**

불꽃이나 전압 원자화기 내에는 고온의 기체가 있으므로 금속 성분이 원소 상태로 변환되는 여러 가지 해리(dissociation) 반응이나 결합(association) 반응을 가정해 볼 수 있다. 실제로 이러한 화학 반응의 성질을 정량적으로 취급할 만큼 충분한 정보가 알려져 있지 않아서 주로 경험적인 관찰에 의존하여 예측한다. 그러나 최소한 이러한 반응의 일부는 가역적이고 열역학 법칙으로 다룰 수 있을 것이라 생각한다. 그래서 다음과 같은 평형을 나타내는 것이 가능할 것이다.

$$MO \rightleftarrows M + O$$

$$M(OH)_2 \rightleftarrows M + 2OH$$

여기서 M은 시료 원자이고 OH는 수산기 라디칼이다.

금속 산화물이나 수산화물이 포함되어 있는 해리 반응은 어떤 원소의 흡수나 발광 스펙트럼의 성질을 결정하는 데 중요한 역할을 한다. 예를 들어 알칼리 토금속 수산화물은 상대적으로 안정하여 불꽃에서 이들 때문에 생기는 분자 흡수띠는 스펙트럼의 대부분을 차지한다. 온도가 매우 높은 경우는 이들이 해리하지만 그렇지 않은 경우는 이들 띠가 원자나 이온들의 흡수띠보다 강하다. 반면에 알칼리 금속의 산화물이나 수산화물은 훨씬 쉽게 해리하기 때문에 비교적 낮은 온도에서도 이러한 문제가 심각하지 않다.

다른 예로서 해리 평형에 산소 이외의 음이온이 포함되어 있을 때 불꽃 원자화기의 흡수나 방출 스펙트럼에 이들이 영향을 미칠 수 있을 것이다. 예를 들어 Na의 흡수나 방출 세기는 HCl을 가해 주었을 때 크게 감소한다. 이는 평형에 대한 질량 작용 법칙을 생각해 보면 쉽게 알 수 있다.

$$NaCl \rightleftarrows Na + Cl$$

가해 준 HCl에서 생성된 Cl 원자에 의해 Na 원자의 농도가 줄어들기 때문에 Na 원자의 흡수나 방출선의 세기가 감소하게 된다.

(c) **이온화 방해**

불꽃의 온도가 비교적 낮을 때는 원자나 분자가 잘 이온화되지 않는다. 산소나 산화 이질소(N_2O)를 산화제로 사용하는 경우는 불꽃 온도가 높기 때문에 이온화가 많이 일어나서 흡수나 방출띠의 세기에 큰 영향을 준다. 특히 알칼리 금속은 이온화 퍼텐셜이 낮기 때문에 불꽃 온도가 상대적으로 낮을 때도 문제가 된다. 기체 상태에서 어떤 원소의 이온화 반응은 다음과 같은 평형으로 나타낼 수 있다.

$$M(g) \rightleftarrows M^+(g) + e^-, \qquad K = \frac{[M^+][e^-]}{[M]}$$

M은 중성 원자나 분자를 말하고 M^+는 그 이온을 나타낸다. 기체 용매에서 금속의 부분압이 10^{-6}기압일 때 온도가 2000 K이면 Na는 0.3%만 이온화하지만 3500 K에서는 90%가 이온화한다. 이온화 퍼텐셜이 좀 더 작은 K는 2000 K에서 3%가 이온화하고 3500 K에서는 99%가 이온화한다. Cs는 이온화 퍼텐셜이 더욱 작아서 2000 K에서는 11%가 이온화하고 3500 K에서는 99% 이상, 사실상 모든 이온이 이온화한다. Na^+, K^+ 같은 이온은 Na, K 같은 원자와 에너지 준위가 다르기 때문에 스펙트럼이 다르고 따라서 측정하고자 하는 원자의 흡수나 방출 신호가 달라지기 때문에 문제가 된다. 물론 이온에서 강한 신호가 나온다면 이것을 이용하여 분석할 수 있다.

이 문제는 분석하고자 하는 원소보다 이온화 퍼텐셜이 작은 원소를 가해 줌으로써 이온화를 줄일 수 있다. 이것을 **이온하 억제제**(ionization suppressor)라고 하는데 이들은 시료 원소보다 쉽게 이온화되기 때문에 이들이 이온화하여 전자를 내놓으면 기체 용매 내에 전자의 농도가 올라가고 때문에 시료 원자의 이온화가 감소하는 것이다. 예를 들면 K를 분석할 때 보통 CsCl이 1000 ppm 들어 있는 시료 용액을 준비한다. Cs는 K보다 이온화 퍼텐셜이 작기 때문에 쉽게 이온화하여 K의 이온화를 억제하게 되는 것이다. 불꽃의 온도가 낮고 중성 원자의 흡수나 방출띠를 측정하고자 할 때 이온화 억제제가 유용하게 쓰인다.

6 유도 결합 플라스마의 장점

유도 결합 플라스마(ICP) 기기는 다른 원자화기를 이용하는 분광기에 비해 장점을 많다. 이러한 장점 때문에 불꽃 원자화 기기에 비해 가격이 비싸고 운용과 유지 관리에 비용이 많이 든다는 단점에도 불구하고 불꽃 원자화 기기가 유도 결합 플라스마 기기로 빠르게 대체되어 가고 있다.

유도 결합 플라스마는 불꽃 원자화기보다 보통 2배 이상 온도가 높고 불꽃이 안정하여 온도 변동이 적다. 따라서 원자 방출 분광법에 많이 사용한다. 원자 방출 분광법은 광원이 필요하지 않기 때문에 여러 개의 원소를 동시에 분석할 수 있다는 장점이 있다. 6000 K 이상의 고온에서도 들뜬 상태에 있는 원자수는 바닥 상태에 비해 매우 적지만 원자 방출 분광법은 발광을 측정하기 때문에 감도는 원자 흡수 분광법에 비해 결코 뒤떨어지지 않는다. 플라스마는 비활성인 Ar 기체로 만들어지고 이들의 마찰에 의해 고온이 얻어지므로 화학적으로 매우 안정하여 산화물 같은 것이 거의 생성되지 않고 있어도 쉽게 분해된다. 또, 휘발성이 낮은 화합물 같은 것도 고온 때문에 쉽게 분해되어 버린다. 이러한 이유로 불꽃 원자화기나 전압 원자화기에서 나타나는 여러 가지 화학적 방해 작용이 여기서는 거의 일어나지 않는다. 이온화 방해 효과도 적은데 그 이유는 Ar의 이온화로 인해 많은 전자가 공급되는 관계로 플라스마 내에서 전자의 농도가 상당히 균일하게 유지되기 때문일 것이다. 이러한 이유 때문에 분석 시료가 플라스마 불꽃 내에 머무는 체류 시간이 불꽃 원자화기에 비해 2배 정도 길다. 따라서 원자화가 더욱 완전하게 일어나게 되고 따라서 감도도 증가하게 된다. 원자 방출 분광법에서는 보통 ICP 광원의 윗부분에 있는 유도 코일(induction coil)로부터 위로 15~35 mm 떨어진 곳에서 방출되는 시료의 발광을 측정하는데 이 부분에서 바탕 복사선 세기는 매우 약하다.

불꽃 원자화기에서 불꽃의 바깥 부분은 외부의 찬 공기와 접촉하므로 불꽃 내부에 비해 온도가 낮다. 따라서 불꽃 바깥 부분에는 들뜬 상태에 있는 원자수가 불꽃 내부보다 적게 된다. 불꽃 내부에서 들뜬 상태에 있는 원자에 의해 방출된 빛이 불꽃 외부에서 흡수될 수가 있다. 이런 현상을 **자체 흡수**(self-absorption)라고

표 23.2 원자 분석 방법의 규격 비교

	불꽃 흡수	흑연로 흡수	플라스마 방출
검출 한계(ng/g)	10~1000	0.01~1	0.1~10
선형 범위	10^2	10^2	10^5
정밀도			
짧은 시간(5~10분)	0.1~1%	0.5~5%	0.1~2%
긴 시간(몇 시간)	1~10%	1~10%	1~5%
방해			
스펙트럼 방해	거의 없음	거의 없음	많음
화학적 방해	많음	대단히 많음	거의 없음
시료 처리량	10~15초/원소	3~4분/원소	6~60분/원소
용해된 고체	0.5~5%	> 20% 슬러리와 고체	1~20%
시료 부피	크다	대단히 적음	중간 정도

하는데 이것은 시료의 농도가 커지면 증가한다. 자체 흡수는 검정 곡선(calibration curve)이 직선으로부터 벗어나게 하는 중요한 요인이다. 유도 결합 플라스마에서는 불꽃 내의 온도가 거의 균일하기 때문에 이러한 자체 흡수도 거의 일어나지 않는다. 이러한 이유로 농도가 약 10^5배 이상 되는 범위까지 ICP 원자 방출 분광법으로 얻은 검정 곡선은 직선을 나타낸다. 흔히 사용하는 불꽃이나 전압 원자화기에서는 이러한 직선 범위가 10^2 정도 된다. 질량 분석기를 유도 결합 플라스마와 연결하여 사용하는 유도 결합 플라스마 – 질량 분석법에서는 이 검정 곡선의 직선 범위가 10^8까지 늘어난다. 원자 분광법에서 가장 널리 쓰이는 불꽃 흡수, 흑연로 흡수, 플라스마 방출의 규격을 표 23.2에 정리하였다.

연습문제

1. 원자 분광법은 주로 정량 분석에 사용한다. 정량 분석에서 원자 분광법은 분자 분광법에 비해 어떤 장점이 있는지 설명하시오.

2. 원자 분광법에는 원자 흡수 분광법과 원자 방출 분광법이 주로 쓰인다. 이 두 방법의 장단점을 간략하게 설명하시오.

3. 원자 흡수 분광법과 원자 방출 분광법은 방법상 서로 어떻게 다른가?

4. 원자 흡수 분광법에서 원자화기로는 불꽃과 흑연로가 널리 쓰인다. 이 두 원자화기의 장단점을 서로 비교하여 간단하게 설명하시오.

5. 원자화기로 흑연로를 쓰면 불꽃을 쓸 때보다 감도가 훨씬 뛰어나다. 그 이유는 무엇인가?

6. 불꽃 원자화기의 불꽃 온도가 올라가면 원자 흡수띠의 폭이 넓어진다. 그 이유는 무엇인가?

7. 온도가 2500 K일 때 Mg 원자의 285.2 nm 방출선과 Na 원자의 589.0 nm 방출선의 Doppler 효과에 의한 띠넓힘을 계산하시오.

8. 불꽃은 산화 불꽃과 환원 불꽃으로 나눌 수 있다. 시료에 따라 산화 불꽃을 써야 좋은 것이 있고 환원 불꽃을 써야 좋은 것이 있다. 어떤 시료에 산화 불꽃을 쓰는 것이 좋고, 또 어떤 시료에 환원 불꽃을 쓰는 것이 좋은지 설명하시오.

9. 불꽃 원자화기로 Ag를 정량할 때는 Mg를 정량할 때에 비해 O_2를 불꽃에 과량으로 넣어주고 입사광이 불꽃의 윗부분으로 지나가도록 하면 더 좋은 결과를 얻을 수 있다. 그 이유를 설명하시오.

10. 어떤 농장에서 생산된 오렌지에 중금속이 함유되어 있다는 정보가 있어서 이 오렌지들을 원자 분광법으로 정량 분석하기로 하였다. 불꽃 원자화기를 사용했더니 몇몇 금속에 대해서는 재현성 있는 결과를 얻을 수 있었다. 그러나 의심이 가는 다른 금속들은 너무 미량이어서 검출이 안 되는 건지, 아예 시료에 존재하지 않는 것인지 판단할 수가 없어서 흑연로를 사용하여 다시 실험해 보기로 하였다.
    (1) 불꽃 원자화기에서 검출이 안 되는 금속을 흑연로를 사용하여 정량 분석하려 한 시도가 옳다면 그 이유가 무엇인지 설명하시오.
    (2) 흑연로를 사용하여 얻은 실험 결과는 불꽃 원자화기를 사용했을 때보다 재현성이 떨어졌다. 그 이유는 무엇인가?
    (3) 흑연로를 사용할 때 재현성을 향상시키기 위해 사용할 수 있는 기법에는 어떤 것이 있는가?

(4) 흑연로를 원자화기로 쓰는 경우 시료에 매트릭스 변형제를 첨가하는 경우가 많다. 매트릭스 변형제란 무엇이며, 또 이것을 시료에 첨가하는 이유는 무엇인가?

(5) 흑연로를 사용했더니 바탕 흡수가 심하게 나타났다. 그 이유는 무엇인가?

(6) 위에서 설명한 것 외에 흑연로가 갖는 장점에는 어떤 것이 있는가?

11. 흑연로에는 L'vov 플랫폼이라 부르는 받침대가 들어 있다. L'vov 플랫폼이 들어가는 이유를 설명하시오.

12. 그림 23.5를 보면 흑연로를 가로 방향으로 가열한다. 그 이유를 설명하시오.

13. 유도 결합 플라스마의 원리를 설명하고 또 이것이 원자 방출 분광법에 적합한 이유가 무엇인지 설명하시오.

14. 유도 결합 플라스마는 다른 원자화기에 비해 온도가 매우 높다. 원자화기의 온도가 높으면 어떤 좋은 점이 있는가?

15. 바닥 상태로부터 원자당 5.724×10^{-19} J만큼 에너지가 높은 들뜬 상태에 있는 원자가 방출하는 복사선의 파장(nm)을 계산하시오.

16. 유도 결합 플라스마를 사용하는 원자 방출 분광기는 고분해능 단색화 장치를 사용한다. 그 이유는 무엇인가?

17. 유도 결합 플라스마는 다른 원자화기인 불꽃이나 흑연로에 비해 여러 가지 장점을 갖고 있다. 어떤 장점을 갖고 있는가? 또 이러한 장점이 나타나는 이유는 무엇인가?

18. 유도 결합 플라스마를 사용하는 원자 방출 분광법은 불꽃 원자화기를 사용하는 원자 흡수 분광법과 비교해서 어떤 장점을 갖고 있는가?

19. 원자 방출 분광법으로 시료에 들어 있는 여러 개의 원자를 동시에 정량 분석해야 할 때는 유도 결합 플라스마를 사용하는 것이 불꽃 원자화기를 이용하는 방법에 비해 훨씬 유리하다. 그 이유는 무엇인가?

20. 그림 23.12에 있는 Rowland 원이란 무엇을 말하는가?

21. 유도 결합 플라스마에 시료를 주입하는 방법에는 어떤 것이 있는지 설명하시오.

22. 원자 분광법에서 원자화기의 온도를 얼마나 일정하게 유지하느냐 하는 것은 실험 결과에 많은 영향을 미친다. 원자화기의 온도 변화가 원자 흡수 스펙트럼과 원자 방출 스펙트럼에 미치는 영향을 설명하시오.

23. Mg 원자는 282.5 nm 빛을 흡수하면 첫 번째 들뜬 상태에 도달한다(3s → 3p). 3s의 축퇴도는 1이고 3p의 축퇴도는 3이다.

(1) 3s와 3p 사이의 에너지 차이(kJ/mol)를 계산하시오.

(2) 3000 K에서 N_{3p}/N_{3s}를 계산하시오. N_{3s}와 N_{3p}는 각 에너지 준위의 입자수를 말한다.

(3) 온도가 20 K 올라가면 N_{3p}/N_{3s}는 몇 %나 변하는지 계산하시오.

(4) 6000 K에서 N_{3p}/N_{3s}를 계산하시오.

24. 원자 흡수 분광법에서는 속빈 음극 램프를 광원으로 사용한다. 이러한 광원을 사용해야만 하는 이유는 무엇인가?

25. 속빈 음극 램프를 광원으로 사용하면 이 광원에서 나오는 입사광의 띠너비는 시료 원자의 흡수띠의 너비보다 좁아진다. 이렇게 되는 이유는 무엇인가?

26. 원자 분광법에서는 바탕 보정을 반드시 해 주어야 한다. 원자 분광법에서 바탕 보정이 꼭 필요한 이유는 무엇인가?

27. 원자 흡수 분광법에서 바탕 보정을 위해 광원 변조가 널리 쓰인다. 광원 변조란 무엇이며 이 방법을 많이 쓰는 이유는 무엇인가?

28. Zeeman 효과란 무엇인가?

29. Zeeman 효과를 이용한 바탕 보정 방법을 간략하게 설명하시오.

30. 바탕 보정하는 방법 중 광원의 자체 역전을 이용하는 방법(Smith－Hieftje 방법이라고도 한다)의 원리와 장단점을 설명하시오.

31. 원자 분광법에서 일어나는 방해는 크게 나누어 스펙트럼 방해와 화학적 방해가 있다. 이들이 왜 생기는지 간략하게 설명하시오.

32. 화학적 방해에는 어떤 것들이 있고, 어떻게 이러한 문제를 줄일 수 있는지 설명하시오.

33. 원자 분광법에서 이온화 방해는 왜 생기며, 또 어떻게 하면 효과적으로 줄일 수 있는가?

34. 원자 흡수 분광법에서 시료를 준비할 때 유기 용매를 사용하는 경우가 있다. 이때 어떤 장점이 있으며, 어떤 점들을 유의해야 하는지 설명하시오.

24장 질량 분석법

현재 우리가 활용할 수 있는 많은 분석법 가운데 가장 널리 쓰이는 것은 질량 분석법(mass spectrometry, MS)이다. 질량 분석법으로 얻을 수 있는 정보나 자료를 다음과 같이 정리할 수 있다; (1) 어떤 시료 물질에 있는 원소를 확인하고 농도를 구할 수 있다. (2) 유기 화합물, 무기 화합물, 생물학적 분자의 구조를 확인하는 데 탁월하다. 특히 1980년대 생화학이나 생물학에서 많이 접하던 비휘발성이거나 열에 약한 분자로부터 양이온을 얻는 기술이 개발되어 획기적인 발전이 이루어졌다. (3) 복잡한 혼합물의 조성에 대한 정성적, 정량적인 자료를 용이하게 얻을 수 있다. (4) 고체 표면의 구조와 조성에 대한 자료를 얻을 수 있다. (5) 시료에 있는 원자의 동위 원소 비를 구할 수 있다. 남극 빙하에서 채취한 얼음 시료에 포함되어 있는 수소와 산소의 동위 원소를 분석하여 지구의 기후가 어떻게 변해왔는지를 알 수 있는 자료를 제공하였다. 또 공룡 화석에 있는 두 산소 동위 원소인 ^{18}O과 ^{16}O의 비가 일정하다는 사실을 확인하여 공룡이 정온 동물이라는 정보를 제공하였다.

최근에는 질량 분석법이 크로마토그래피와 결합하여 검출기로 널리 쓰인다. 이것은 질량 분석법에 쓰이는 검출기 중 가장 뛰어나다고 할 수 있다. 서로 다른 화합물이지만 머무름 시간이 같은 화합물을 구분하여 확인하는 데 필요한 뛰어난 감도의 정성적, 정량적 자료를 함께 얻을 수 있다.

1 질량 분석법 개요

질량 분석법이란 한마디로 말하면 원자, 분자, 또는 분자의 조각들이 갖는 질량과 이들의 상대적인 농도를 측정하여 이로부터 필요한 자료를 얻는 방법을 말한다. 질량 스펙트럼을 얻으려면 우선 고체나 액체 시료인 경우 이들을 기체 상태로 만든 후 이온화한다. 이 이온을 전기장에서 가속하여 질량 대 전하 비(m/z)에 따라 분리시킨 후 검출기로 측정한다. 여기서 m은 질량, z는 전하를 말한다. 검출기 신호의 세기를 m/z 값에 따라 그린 것을 질량 스펙트럼(mass spectrum)이라고 한다.

다른 분석 기기와 달리 질량 분석기는 동위 원소의 질량을 구별해 낸다. 일반적으로 원자나 **분자 질량**은 원자 질량 단위(atomic mass unit, amu) 또는 돌턴(Dalton, Da)으로 표시하는데 탄소 동위 원소 중 하나인 $^{12}_{6}C$의 질량을 정확히 12 amu로 정의하고 이에 대한 상대적인 질량으로 나타낸다. 그래서 1 amu는 $^{12}_{6}C$ 질량의 1/12이 된다. 대부분의 원소는 2개 이상의 동위 원소를 갖는데 이들을 자연 존재비에 따라 가중 평균한 값이 원자 질량이 된다. 예를 들어 염소는 2개의 동위 원소를 갖는데 질량이 34.968 85 Da인 ^{35}Cl 75.78%와 질량이 36.965 90 Da인 ^{37}Cl 24.22%가 존재한다. 그래서 염소의 원자 질량은 (34.968 85)(75.78/100) + (36.965 90)(24.22/100) = 35.452 Da이 된다. 분자 질량은 분자를 구성하는 원자의 질량을 합친 값이 된다.

분자나 이온의 **명목 질량**(nominal mass)이란 이들을 구성하는 각 원자의 동위 원소 중 자연 존재비가 가장 큰 원자의 질량을 정수로 표시한 것이다. 예를 들어 C_6H_5Cl의 명목 질량을 구해 보자. 탄소, 수소, 염소의 자연 존재비가 가장 큰 원소는 ^{12}C, ^{1}H, ^{35}Cl이다. 그래서 C_6H_5Cl의 명목 질량 = (6 × 6) + (5 × 1) + (1 × 36) = 76이 된다.

모든 형태의 질량 분석계(mass spectrometer) 핵심 부분은 이온원(ion source), 질량 분석기(mass analyzer), 검출기(detector or transducer)이다. 이온원은 분자를 양이온으로 만들어 주는 곳이다. 대부분의 이온은 +1

전하를 가지기 때문에 이온의 질량 대 전하 비는 이온의 질량과 같다. 질량 분석기는 분광기의 단색화 장치와 같은 기능을 한다. 다만 질량 분석기에서는 질량 대 전하 비에 따라 이온의 분산이 이루어지는 점이 다를 뿐이다. 이온원에서 만들어진 양이온은 질량 분석기로 가서 질량 대 전하 비 값에 따라 분류된다. 검출기는 양이온 빔(beam)을 전기 신호로 바꾸어 세기를 측정한다. 질량 분석기가 대부분의 분광기와 다른 점은 신호 처리기나 화면 표시기를 제외한 대부분의 장치가 고도의 진공 상태에 놓여 있어야 한다는 점이다. 질량 분석계 내에서 생성된 이온이나 전자들이 다른 화학종들과 충돌하는 것을 막기 위함이다.

2 이온원과 질량 스펙트럼

분자의 질량 스펙트럼이 어떤 모양으로 나타나느냐 하는 것은 양이온을 만드는 방법에 의해 결정적으로 좌우된다. 시료 분자를 분해시켜 양이온을 만들어 주는 장치를 **이온원**(ion source)이라고 한다. 다양한 종류의 이온원이 쓰이는데, 크게 기체상 이온원(gas-phase source)과 탈착 이온원(desorption source)으로 나눌 수 있다.

기체상 이온원은 시료를 먼저 기화시킨 후 그 다음 이온화시킨다. 이와 달리 탈착 이온원은 고체나 액체 상태 시료를 직접 기체 양이온으로 만들어 준다. 비휘발성이거나 열에 약한 시료를 안정하게 기화시키기 어렵다. 이런 시료를 직접 양이온으로 만들어 줌으로써 이 문제를 해결하였다. 기체상 이온원은 대략 끓는점이 500 ℃ 이하인 열에 강한 화합물에 사용한다. 대부분의 경우 분자량이 약 10^3 Da 이하인 화합물이 이런 조건을 충족시킨다. 탈착 이온원은 시료를 기화시킬 필요가 없기 때문에 분자량이 10^5 Da 정도 되는 화합물에도 쓸 수 있다.

이온원은 또 센 이온원(hard source)과 약한 이온원(soft source)으로 나눌 수 있다. 센 이온원은 시료 분자에 많은 에너지를 가해서 분자가 높은 들뜬 상태로 올라가도록 해준다. 이 분자가 다시 바닥 상태로 이완되면서 화학 결합이 깨어지고 원자 간 재배열이 일어나 분자 이온(molecular ion)보다 질량 대 전하 비가 작은 양이온이 생성된다. 분자 이온이란 분자에서 전자가 1개 떨어져 나간 시료 분자와 실질적으로 분자량이 같은 양이온을 말한다. 시료 분자를 M이라 하면 분자 이온은 $M^{+\bullet}$로 표시할 수 있다. 안정한 분자에서 전자가 하나 떨어져 나가면 짝이 없는 전자 1개가 홀로 남게 된다. 센 이온원을 쓰면 스펙트럼에 많은 피크들이 나오기 때문에 시료 분자에 있는 작용기의 종류와 분자 구조에 관해 많은 유용한 정보를 얻을 수 있다. 약한 이온원에서는 시료 분자의 분열이 매우 적게 일어난다. 그래서 스펙트럼에 분자 이온 피크만 나오거나 다른 피크가 나오더라도 단지 몇 개만 나타나게 된다. 약한 이온원은 시료 분자의 분자량에 관해 정확한 정보를 제공해 준다.

이 장에서는 많은 이온원 중 가장 널리 쓰이는 **전자 충격 이온원**(electron impact source, EI), **화학 이온화 이온원**(chemical ionization source, CI), **매트릭스-지원 레이저 탈착 이온원**(matrix-assisted laser desorption-ionization, MALDI)에 대해 구체적으로 알아보고자 한다. 전자 충격 이온원과 화학 이온화 이온원은 기체상 이온원이고 매트릭스-지원 레이저 탈착 이온원(MALDI)은 탈착 이온원이다. 반면 전자 충격 이온원은 대표적인 센 이온원이고 화학 이온화 이온원과 매트릭스-지원 레이저 탈착 이온원은 약한 이온원이다.

(1) 전자 충격 이온원

전자 충격 이온원(EI)의 개략적인 구조는 그림 24.1에서 볼 수 있다. 이온원 내부의 필라멘트에서 방출된 전자는 70 V 전압에 의해 가속된다. 기화된 시료 분자가 이온원으로 들어가면 일부가 이 전자와 충돌하는데 이때 대략 분자는 12 ~ 15 eV(1 eV = 96.5 kJ/mol) 정도의 에너지를 흡수하여 분자 이온이 생성된다.

$$\underset{\text{시료 분자}}{M} + e^- \rightarrow \underset{\text{분자 이온}}{M^{+\bullet}} + 2e^-$$

분자가 70 eV 에너지를 가진 전자와 충돌하면 대부분의 경우 이온화 에너지가 가장 작은 전자가 충분히 제거되고도 남는다. 전자가 70 eV 정도의 운동 에너지를 갖고 있다면 이것은 분자의 이온화 에너지보다 훨씬 크기 때문이다. 이렇게 생성된 $M^{+\bullet}$는 보통 분해 반응을 일으킬 수 있는 충분한 에너지를 여분으로 갖고 있기 때문에 여러 가지 해리 반응에 의해 많은 양이온들이 만들어진다. 가끔 $M^{+\bullet}$가 너무 적게 생성되어 질량 스펙트럼에서 분자 이온 피크가 너무 작거나 아예 없는 경우도 있다.

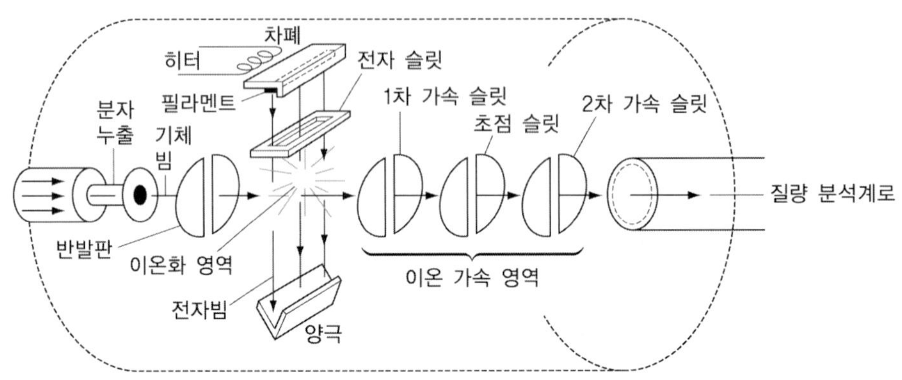

그림 24.1 전자 충격 이온원의 구조(출처: R. M. Silverstein and F. X. Webster, Spectrometric Identification of Organic Compounds, 6th Ed., p. 4, New York, USA: Wiley, 1998)

그림 24.2는 명목 질량이 72인 네오펜테인(neopentane), $C(CH_3)_4$의 질량 스펙트럼이다. 이 질량 스펙트럼에서는 분자 이온이 보이지 않는다. m/z = 57인 피크는 분자 이온에서 $-CH_3$기가 해리된 것이다. 어떤 미지 시료의 분자식과 분자 구조를 확인하는 데 가장 중요한 피크가 분자 이온 피크이다. 분자 이온 피크의 명목 질량이 바로 미지 시료의 분자량이기 때문이다. 이럴 때는 약한 이온원을 이용하여 분자 이온 피크를 확인해야 한다. 질량 스펙트럼에서 세기가 가장 큰 피크를 주피크(base peak)라고 한다. 그림 24.2에서는 m/z = 57인 피크가 주피크이다. 통상 질량 스펙트럼에서는 주피크의 세기를 100으로 하여 세로축 눈금이 매겨져 있다. 이렇게 하면 주피크에 대한 나머지 피크들의 상대적인 세기를 알 수 있다.

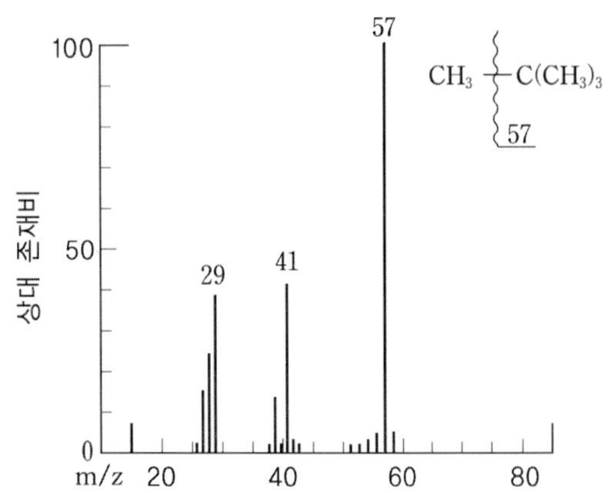

그림 24.2 네오펜테인(neopentane)의 전자 충격 이온원 질량 스펙트럼 (출처: F. W. McLafferty, "Interpretation of Mass Spectra", p.34, University Science Books, Mill Valley, CA, USA, 1980.)

만약 이온원에서 전자의 운동 에너지를 대폭 낮추면 이온이 생성되는 수율이 떨어지고 분자 이온의 토막내기가 적게 일어날 것이다. 이렇게 되면 분자 이온이 측정될 가능성이 매우 커진다. 그러나 자료실에 저장되어 있는 스펙트럼과 비교할 수 있는 재현성 있는 토막내기 방식이 전자의 운동 에너지를 70 eV로 했을 때 나타나기 때문에 통상적으로 70 eV를 사용한다.

(2) 화학 이온화 이온원

요즘 쓰이는 많은 질량 분석계는 전자 충격 이온원(EI)과 화학 이온화 이온원(CI)을 서로 바꿔가며 쓸 수 있도록 되어 있다. 이런 이온원을 EI−CI 이온원이라고 부른다. CI는 약한 이온원이기 때문에 EI에 비해 분자 이온의 토막내기가 적게 일어난다. 질량 분석계에서 CI는 아마 EI 다음으로 많이 쓰이는 이온원일 것이다.

CI에는 ~1 torr(~1 mbar, ~100 Pa) 정도 과량의 반응 기체(reagent gas)가 채워져 있는데 메테인, 아이소뷰테인, 암모니아 등이 주로 반응 기체로 쓰인다. 이 정도면 반응 기체의 농도가 시료보다 10^3 ~ 10^4배 정도 많은 셈이다. 여기에 100 ~ 200 eV의 고에너지 전자빔을 쪼여주면 전자빔은 거의 대부분 반응 기체하고만 반응하게 된다. CH_4를 반응 기체로 쓰는 경우 전자빔에 의해 다음과 같은 여러 가지 반응 생성물이 만들어진다.

$$CH_4 + e^- \rightarrow CH_4^{+\bullet} + 2e^-$$

$$CH_4^{+\bullet} + CH_4 \rightarrow CH_5^+ + {}^\bullet CH_3$$

$$CH_4^{+\bullet} \rightarrow CH_3^+ + H^\bullet$$

$$CH_3^+ + CH_4 \rightarrow C_2H_5^+ + H_2$$

CH_5^+나 $C_2H_5^+$는 시료 분자 M과 반응하여 MH^+나 $(M-1)^+$ 이온을 만든다. $(M-1)^+$는 M에서 H^-가 떨어져 나간 이온을 말한다. 보통 CI 질량 스펙트럼에서 가장 많이 생성되는 양이온은 MH^+이고 $(M-1)^+$가 주로 생성되는 경우도 있다.

$$CH_5^+ + M \rightarrow CH_4 + MH^+$$

$$C_2H_5^+ + M \rightarrow C_2H_4 + MH^+$$

$$C_2H_5^+ + M \rightarrow C_2H_6 + (M-1)^+$$

CH_4 대신 암모니아나 아이소뷰테인을 쓰는 경우가 있는데 이때는 MH^+의 토막내기가 더욱 줄어든다. 이들은 CH_4보다 강하게 H^+와 결합하는 관계로 MH^+가 형성될 때 MH^+에 주어지는 에너지가 적기 때문이다. 또 다른 활용도가 높은 반응 기체는 NO^+인데 이것도 암모니아나 아이소뷰테인처럼 약한 반응 기체이다.

(3) 매트릭스−지원 레이저 탈착 이온원

매트릭스−지원 레이저 탈착 이온원(matrix−assisted laser desorption−ionization, MALDI)은 주로 분자량이 몇천에서 몇십만 Da 정도 되는 극성 생화학고분자(polar biopolymer)의 정확한 분자량을 알아내는 데 쓰인다.

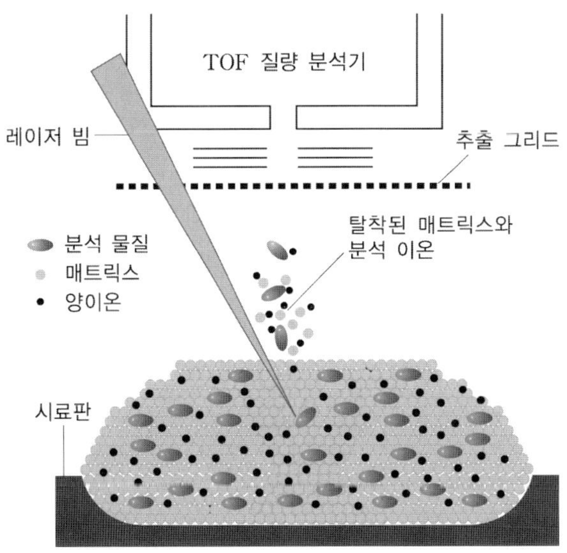

그림 24.3 MALDI 과정을 보여 주는 그림. 매트릭스에 균일하게 분포되어 있는 분석 물질을 금속 시료 판 위에 놓는다. 펄스 형태의 레이저 빔이 시료를 때리면 매트릭스, 분석 물질, 기타 이온들이 탈착되어 버섯구름처럼 피어오른다. 시료 물질은 양성자 첨가, 양성자 제거 또는 첨가 생성물로 바뀌어 TOF(비행 시간) 질량 분석기로 들어가게 된다.

이 방법에서는 고체나 액체 매트릭스에 낮은 농도의 시료를 골고루 일정하게 분산시킨 후 이것을 스테인리스 금속 탐침(stainless steel probe)의 끝이나 금속판 위에 고정시킨다. 보통 시료 대 매트릭스의 비는 $1:10^3$ ~ $1:10^5$ 정도로 한다. 이렇게 준비한 판을 기기 내 진공으로 된 공간에 넣고 레이저 광을 이 시료에 집광시켜 비추어 준다. 매트릭스는 이 레이저 광을 잘 흡수하는 물질로 되어 있지만 시료는 흡수하지 않는다. 이렇게 하면 매트릭스와 시료가 탈착되고 이온화되어 이온 구름이 형성된다. 이런 과정을 그림 24.3에서 볼 수 있다.

MALDI 이온원에서 양이온 구름이 만들어지는 메커니즘은 완전히 알려져 있지 않다. 그러나 우선 매트릭스가 레이저 빔을 흡수하고 그 다음 매트릭스로부터 시료로 에너지의 이동이 일어난다. 그 후 시료와 매트릭스의 탈착이 일어나는 것으로 생각된다. 시료는 일단 중성 분자로 탈착된 후 양성자가 첨가된 매트릭스 이온과 양성자 이동 반응에 의해 이온화되는 것으로 알려져 있다. 양성자가 첨가된 매트릭스 이온은 일련의 광화학 반응에 의해 만들어질 것이다.

3 질량 분석기

이온을 질량 대 전하(m/z) 비에 따라 분리하는 **질량 분석기**(mass analyzer)는 다양한 종류가 있다. 이상적으로 질량 분석기는 미세한 m/z 값 차이도 구별할 수 있어야 하고, 또 쉽게 측정할 수 있을 정도의 이온 전류가 흐를 수 있도록 충분한 개수의 이온이 통과할 수 있어야 한다. 분광 광도계의 단색화 장치처럼 이 두 성질은 전적으로 서로 양립할 수 없지만 용도에 맞게 잘 절충해서 기기를 설계해야 한다.

(1) 질량 분석기의 분해능

m/z 값이 미세하게 차이가 있는 이온들을 구별해 낼 수 있는 질량 분석기의 능력을 분해능이라고 하는데 다음과 같이 정의한다.

$$R = \frac{m}{\Delta m} \qquad (24-1)$$

여기서 R은 분해능, Δm은 겨우 서로 구별해 낼 수 있을 정도로 최대한 가까이 있는 두 이웃한 피크의 질량 차이, m은 두 피크 중 먼저 나온 피크의 명목 질량이다. 경우에 따라서 두 피크의 평균값을 m으로 간주하기도 한다. 보통 두 피크 사이의 골짜기 깊이가 피크 높이의 10% 이상이 되면 두 피크는 서로 분리되었다고 한다. 어떤 질량 분석기의 분해능이 5000이라면 m/z = 500.0인 피크와 500.1인 피크를 구별할 수 있다.

(2) 자기 부채꼴 분석기

자기 부채꼴 분석기(magnetic sector analyzer)는 영구 자석이나 전자석을 이용하여 이온원에서 나온 이온 빔이 180°, 90°, 또는 60° 원형 코스를 따라 이동하여 끝에 있는 검출기에 도달하도록 만들어져 있다. 전자 충격 이온원을 사용한 90° 부채꼴 분석기를 그림 24.4에서 볼 수 있다. 금속으로 된 분석기 관 내부는 $\sim10^{-7}$ torr 정도의 압력을 유지하도록 되어 있고 이온원에서 만들어진 전자는 슬릿 B를 통과하면서 전압에 의해 가속되어 관 내부로 들어간다. 자석의 자기장을 변화시키거나 슬릿 A와 B 사이에 걸어 주는 가속 전압을 변화시켜 다양한 질량을 가진 이온이 출구 슬릿을 통과하도록 주사할 수 있다. 출구 슬릿을 통과한 이온은 검출기에 도달하고 여기서 생긴 전기적 신호를 증폭시켜 기록하게 된다.

이온원의 출구 슬릿 B를 지나는 이온의 질량을 m, 갖고 있는 전하를 z라 하면 이온의 운동 에너지 KE는 다음과 같다.

$$KE = zeV = \frac{1}{2}mv^2 \qquad (24-2)$$

여기서 V는 슬릿 A와 B 사이에 걸린 전압, v는 가속된 뒤 이온의 속도, e는 전자가 갖는 전하량이다. 이 식에 의하면 전하량 z가 같은 모든 이온은 가속시킨 후 이온의 질량과는 관계없이 운동 에너지가 모두 같다는 사실이다. 슬릿 B를 빠져 나온 모든 이온은 같은 운동 에너지를 가지므로 가벼운 이온은 빠른 속도로, 무거운 이온은 느린 속도로 분석기 관을 지나가게 된다.

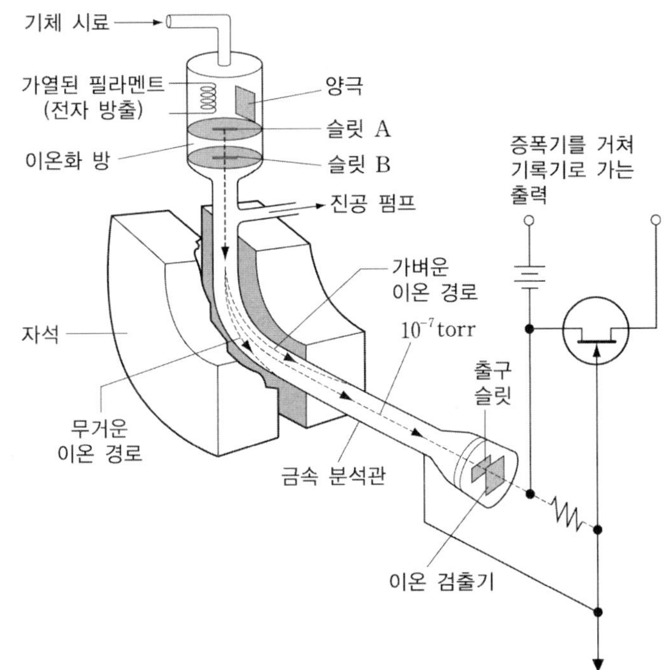

그림 24.4 자기 부채꼴 질량 분석기의 개략적인 구조

특정 질량과 전하를 가진 이온이 분석기 내에서 움직이는 경로는 이들 이온에 작용하는 두 종류의 힘, 즉 자기력 F_M과 구심력 F_C 간의 균형에 의해 결정된다. 이 두 힘은 다음과 같이 표시할 수 있다.

$$F_M = Bzev \tag{24-3}$$

$$F_C = \frac{mv^2}{r} \tag{24-4}$$

여기서 B는 자석의 자기장 세기, r은 자기 부채꼴 관의 곡률 반경이다. 어떤 이온에 작용하는 F_M과 F_C가 같다면 이 이온은 부채꼴 관의 중심을 따라 나선 경로로 이동하여 검출기에 도달할 것이다. (24−3) 식과 (24−4) 식을 같다고 놓고 정리하면 이온의 속도 v를 다음과 같이 쓸 수 있다.

$$Bzev = \frac{mv^2}{r}$$

$$v = \frac{Bzer}{m} \tag{24-5}$$

이온의 속도 v 값을 (24−2) 식에 대입하여 정리하면 이온의 m/z 값을 얻을 수 있다.

$$\frac{m}{z} = \frac{B^2er^2}{2V} \tag{24-6}$$

(24−6) 식에 따르면 어떤 m/z 값을 갖는 이온이 검출기에 도달할지를 결정하는 변수는 3개, 즉 B, V, r이다. 이 3개 변수 중 2개는 고정시켜 두고 나머지 하나를 변화시켜 주면 검출기에 도달하는 이온의 m/z 값이 변하기 때문에 질량 스펙트럼을 얻을 수 있다. 요즘 쓰이는 대부분의 자기 부채꼴 분석기는 전자석을

사용한다. V와 r은 고정해 놓고 전자석에 흐르는 전류를 조절하여 자기장 B를 변화시킴으로써 이온을 질량에 따라 분류해서 질량 스펙트럼을 얻게 된다. 이런 자기 부채꼴 분석기를 **단일 집중 질량 분석계**(single−focusing mass spectrometer)라고도 부르는데 분해능이 크게 뛰어나지 못하다. 그 이유는 (24−2) 식에 따라 같은 전하량을 가진 모든 이온을 가속시켰을 때 같은 운동 에너지를 갖는다고 가정하였다. 이 가정은 오직 근사적으로 그렇다는 것이다. 가속되기 전에 모든 개개 이온은 움직이는 속력과 방향이 제각기 조금씩 다르기 때문에 이 속력과 방향이 통계학적인 분포로 나타난다. 이 차이가 이온이 가속된 뒤에도 같은 분포로 남게 되어 분해능을 저하시킨다($R \le 2000$). 이러한 한계를 극복하고 분해능을 대폭 향상시킨 것이 **이중 집중 질량 분석계**(double−focusing mass spectrometer)이다.

(3) 사중 극자 질량 분석기

사중 극자 질량 분석기(quadrupole mass analyzer)의 핵심은 그림 24.5에 있는 것과 같이 전극 역할을 하는 4개의 평행하게 배열된 원통형 막대이다. 질량 스펙트럼을 측정하기 위해 이온들이 막대들 사이 공간으로 5~10 V 정도의 전압차에 의해 가속되어 들어간다. 반면 이들 막대에 직류(dc)와 교류(ac) 전압이 동시에 걸려 그 세기가 증가하는데 이때 이들 전압의 비는 일정하게 유지된다. 어떤 순간 특정 m/z 값을 갖는 이온을 제외한 나머지 모든 이온은 막대에 부딪쳐 중성 분자로 바뀌게 된다. 이렇게 막대에 부딪치지 않고 살아남은 좁은 범위의 m/z 값을 갖는 이온만이 검출기에 도달하게 된다.

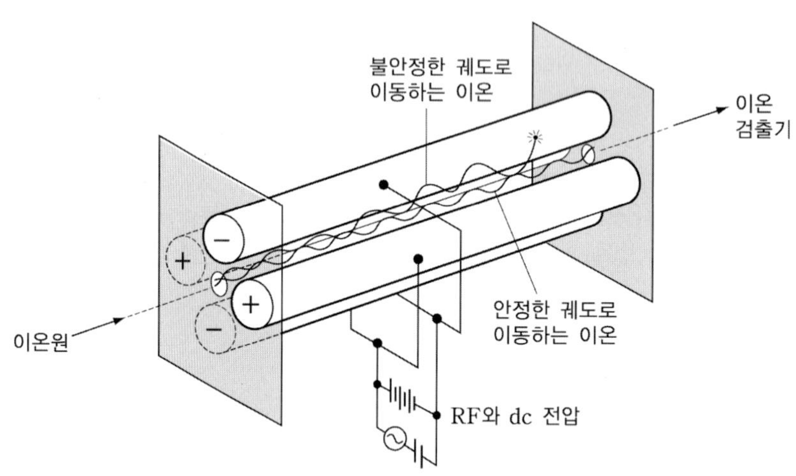

그림 24.5 사중 극자 질량 분석기의 구조

이 관계를 조금 더 자세히 살펴보자. 그림 24.5에서 보는 바와 같이 마주보는 2개 막대에는 양의 dc 전압이 걸려 있고 나머지 마주보는 2개 막대에는 음의 dc 전압이 걸려 있다. 일단 그림 24.6과 같이 양의 전압이 걸린 막대를 생각해 보자. x축상에 2개 막대가 있고 양이온은 z축 방향으로 이동한다고 하자. ac 전압이 걸리지 않으면 양이온은 막대 사이 가운데로 몰려 z축을 향해 움직일 것이다. 막대에 ac가 dc와 겹쳐 걸리는데 양의 반순환 과정(positive half cycle) 동안에는 양이온이 막대 사이 가운데로 밀리고 음의 반순환 과정(negative half cycle) 동안에는 막대로 끌려간다. 만약 이온이 무겁거나 ac 전압의 진동수가 매우 크면 이온은 ac 전압 변화에 잘 감응하지 않고 주로 dc 전압의 영향을 받을 것이다. 이렇게 되면 이온은 막대 사이의 공간에 남아 있을 수 있다. 반대로 이온이 가볍거나 ac 진동수가 작으면 이온은 주로 ac 전압의 영향을 더 크게 받아 ac 전압이 음의 순환 과정일 때 막대로 끌려 들어가 사라질 것이다. 그래서 무거운 이온이 이 막대 사이를 통과할 수 있으므로 양의 전압이 걸린 한 쌍의 막대는 xz 평면에서 지나가는 양이온에 대해 그림 24.7(a)와 같은 고분자량 통과 필터(high−pass mass filter) 역할을 하게 된다.

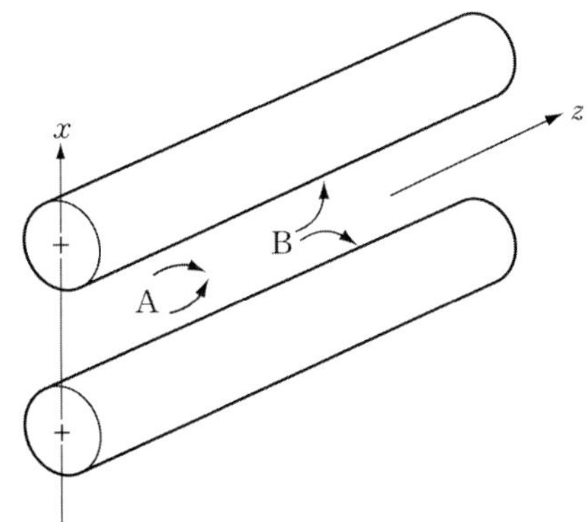

그림 24.6 xz 평면에서 사중 극자 분석기의 작동. A는 양이온, B는 음이온을 말한다. 양이온은 막대의 (+) DC 전압에 의해 가운데로 쏠리면서 z축을 향해 움직인다. 음이온은 x축 방향인 막대로 끌려들어간다.

이제 음의 dc 전압이 걸린 한 쌍의 막대를 생각하자. 여기에 ac가 걸리지 않으면 모든 양이온은 막대로 끌려들어가 사라져 버릴 것이다. 그러나 가벼운 양이온은 ac 전압의 진동에 쉽게 감응해서 움직이므로 막대로 끌려들어가지 않을 수 있는 반면 무거운 양이온을 ac 전압의 진동에 감응이 느려 막대로 쉽게 끌려들어간다. 그래서 그림 24.7(b)에 보는 바와 같이 yz 평면에 있는 이 막대들은 저분자량 통과 필터(low-pass mass filter) 역할을 하게 된다.

사중 극자를 지나 검출기로 가는 양이온은 xz와 yz에 있는 두 쌍의 막대에 모두 걸리지 않고 안정한 궤도로 이동해야 검출기에 도달할 수 있다. 이렇게 고분자량 통과 필터에도 걸리지 않고 저분자량 통과 필터에도 걸리지 않으려면 그림 24.7(c)에서 보는 바와 같이 아주 좁은 범위의 m/z 값을 가져야 한다. 다시 말해 아주 제한된 범위의 m/z 값을 갖는 양이온만 이 사중 극자를 무사히 지나 검출기에 도달할 수 있다는 것이다. 막대에 걸리는 dc와 ac의 전압을 조정해서 이렇게 통과하는 띠의 중심을 바꿀 수 있다. 그래서 이 질량 분석기에서는 dc와 ac 전압을 0부터 어떤 최댓값까지 동시에 증가시켜 가면서 질량 스펙트럼을 찍는다. 이때 ac 전압이 dc 전압보다 6배 가까이 더 크다. 이런 사중 극자 질량 분석기는 4000 m/z까지 넓은 범위의 스펙트럼을 초당 2~8장 정도 찍을 수 있다. 보통 이들의 분해능은 m/z 값이 0.3 차이가 나는 피크까지 분리할 수 있다.

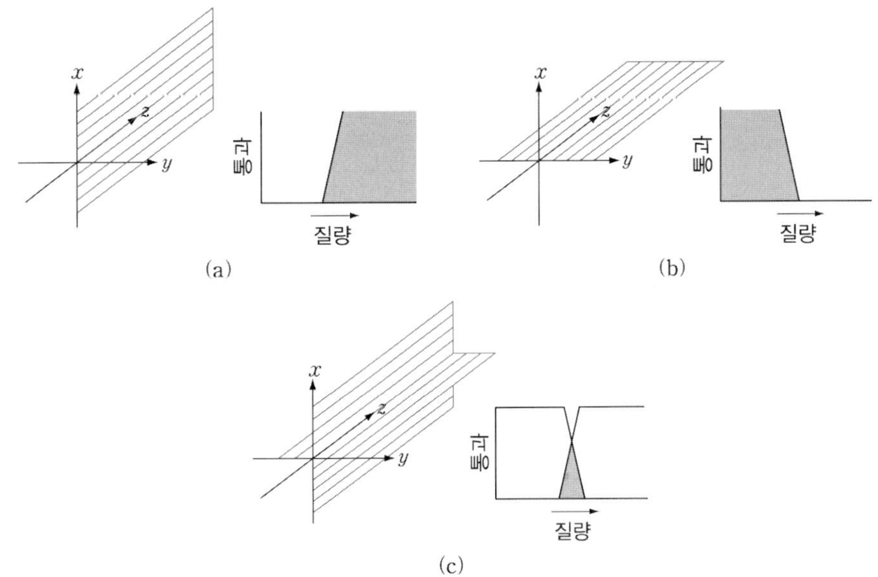

그림 24.7 (a) xz 평면에서 사중 극자 분석기는 고분자량 통과 필터로 작용한다. (b) yz 평면에서 사중 극자 분석기는 저분자량 통과 필터로 작용한다. (c) 고분자량 통과 필터와 저분자량 통과 필터가 함께 작용하면 좁은 띠 통과 필터가 된다(출처: P. E. Miller and M. B. Denton, J. Chem. Edu., 1986, 63, 619).

요즘 가장 널리 쓰이는 질량 분석기가 이 사중 극자 질량 분석기이다. 이 기기는 다른 형태의 질량 분석기와 비교해서 크기가 작고 가격이 싸며 훨씬 악조건에서도 잘 견딘다. 그리고 주사 속도(scan rate)가 매우 빨라서 전체 스펙트럼을 100 ms 이내에 찍을 수 있다. 크로마토그래피 피크를 실시간으로 찍을 수 있기 때문에 크로마토그래피에서 검출기로 광범위하게 쓰인다.

(4) 비행 시간 질량 분석기

비행 시간 질량 분석기(time-of-flight mass analyzer, TOF)에서는 먼저 전자, 다른 어떤 이온, 또는 레이저에서 발생한 광자의 짧은 펄스(pulse)를 시료에 때려서 양이온을 주기적으로 만들어 낸다. 보통 이 펄스의 진동수는 10~50 Hz이고 수명(lifetime)이 0.25 ms이다. 이렇게 생성된 양이온을 $10^3 \sim 10^4$ V 정도의 강력한 전기 펄스로 약 1 m 길이의 전기장이나 자기장이 걸려 있지 않은 유도관(drift tube)으로 쏘아 보낸다. 이 가속 펄스는 이온화 펄스와 같은 진동수를 갖지만 이보다 일정 시간 늦게 일으켜 생성된 양이온을 유도관으로 쏘아 보낼 수 있도록 되어 있다. 개략적인 구조는 그림 24.8과 같다.

m/z 값 차이에 의한 이온의 분리는 이들이 유도관의 끝에 위치한 검출기까지 이동하는 동안 일어난다. 이상적으로는 유도관으로 들어가는 모든 이온들이 같은 운동 에너지를 갖는다. 그래서 이들의 이동 속도는 (24-2) 식에서 보는 바와 같이 질량의 제곱근에 반비례하기 때문에 가벼운 이온이 검출기에 먼저 도착한다. 이온이 검출기에 도착하는 데 걸리는 시간(보통 비행 시간이라고 함) t_F는 (24-2) 식을 이용하여 다음과 같이 표현할 수 있다.

$$t_F = \frac{L}{v} = L\sqrt{\frac{m}{2zeV}} \qquad (24-7)$$

여기서 L은 이온원에서 검출기까지 거리이다. 1 m 길이의 유도관을 쓰는 경우 t_F는 보통 μs(1 μs = 1 × 10^{-6} s) 범위 정도 된다. 또 검출기에 도달하는 이온들 사이의 t_F 차이는 대부분 1 μs보다 훨씬 작기 때문에 TOF 기기의 데이터 처리 속도는 매우 빨라야 한다.

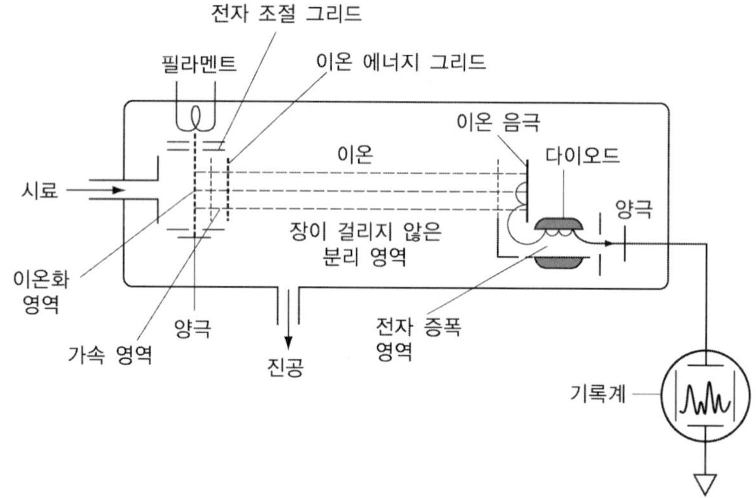

그림 24.8 TOF 질량 분석기의 개략적인 구조

TOF의 최대 약점 중 하나는 분해능이 상대적으로 좋지 않다는 것이다. 그 주된 이유는 다음과 같은 2가지로 정리할 수 있다. 우선 고압 펄스가 걸려 이온을 빠른 속도로 튕겨내는 반발판(repeller)에 가까이 있는 이온은 멀리 떨어져 있는 이온보다 큰 힘으로 가속될 것이다. 두 번째는 가속되기 전 이온들의 운동 에너지가 모두 동일하지 않고 조금씩 다르다는 것이다. 어떤 무거운 이온이 가속되기 전에 좀 더 큰 운동 에너지를 갖고 있었다면 상대적으로 작은 에너지를 갖는 가벼운 이온과 같은 시간에 검출기에 도달할 수도 있을 것이다.

이런 문제를 해결하기 위해 반발판에서 가속되어 유도관으로 들어간 양이온이 맞은편에 있는 양의 전압이 걸린 여러 개의 링 모양 전극에 의해 밀려서 처음 출발했던 방향으로 다시 되돌아오도록 설계된 TOF 질량 분석기가 최근 개발되었다. 그림 24.9에서와 같이 반발판에 가까이 있어 처음 속도가 빠른 이온은 정전기 거울에서 되돌려지기 전에 반사 영역 속으로 더 많은 거리를 뚫고 들어가게 된다. 처음 속도가 상대적으로 느린 이온은 반사 영역에서 빠른 이온보다 먼저 되돌려진다. 따라서 처음 속도가 빠른 이온은 느린 이온보다 검출기에 도달하기 위해 더 먼 거리를 이동해야 한다. 결과적으로 질량이 같은 두 이온이 처음 속도에 차이가 있었다 하더라도 같은 시간에 검출기에 도달할 수 있기 때문에 분해능이 크게 향상된다. TOF 기기의 분해능은 1000 ~ 25000 정도이고 m/z 정확도는 ~0.001 정도 된다.

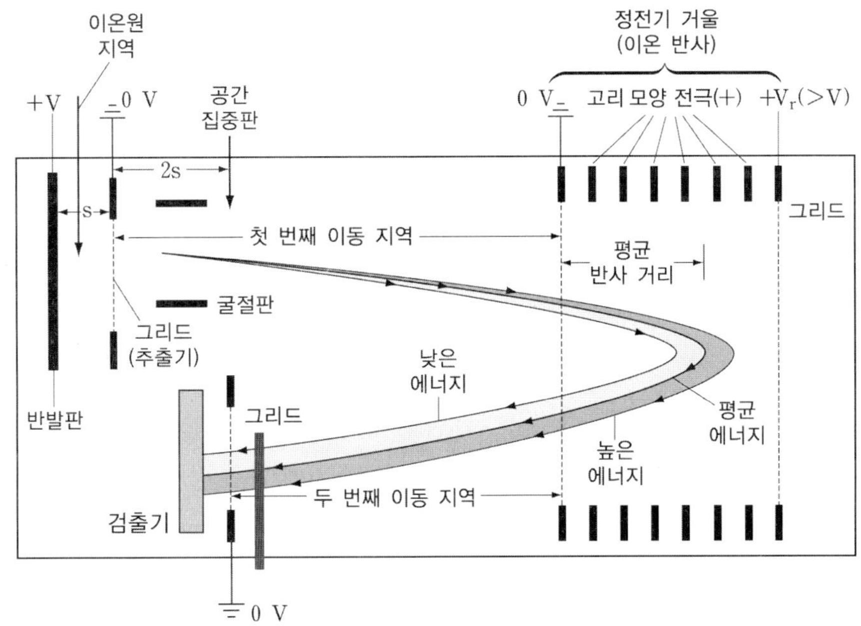

그림 24.9 최신 TOF 질량 분석기. 반발판에 주기적으로 펄스 형태로 +V의 전압을 걸어 주면 양이온이 이온원으로부터 급가속되어 이동 지역으로 들어간다. 같은 이온이지만 처음 속도가 서로 다를 것이다. 처음 속도가 빠른 이온은 느린 이온보다 더 먼 거리를 이동해야 검출기에 도달할 수 있다.

비행 시간 질량 분석기는 지기 부채꼴 질량 분석기나 사중 극자 질량 분석기에 비해 분해능이나 재현성 면에서 더 떨어진다. 뿐만 아니라 분석기 내의 압력도 10^{-9} torr 정도로 다른 분석기(대략 10^{-6} torr)보다 훨씬 낮게 유지되어야 한다. 그러나 TOF는 간단하고 다루기가 쉬우며 여러 가지 이온원에 쉽게 적용할 수 있고 m/z ≅ 10^6 정도의 분자량이 매우 큰 화합물에도 쓸 수 있다. 그래서 생명과학 분야에서 많이 다루는 분자량이 큰 생화학 화합물에 유용하게 쓰인다. 또, 매 초당 10^2 ~ 10^4개의 스펙트럼을 찍을 수 있을 정도로 데이터 수집 속도가 아주 빠르다. 하지만 사중 극자 질량 분석기만큼 널리 쓰이지는 않는다.

(5) 이온 포집 질량 분석기

이온 포집(ion trap)이란 전기장이나 자기장을 이용하여 이온을 만들고 이들을 상당히 오랫동안 가두어둘 수 있는 장치를 말한다. 이런 장치를 이용한 것을 **이온 포집 질량 분석기**(ion−trap mass analyzer)라고 한다. 그림 24.10에서와 같이 이 분석기는 중심의 도넛 모양 링(ring) 전극과 위 아래 한 쌍의 모자 모양(end−cap) 전극으로 구성되어 있다. 링 전극에는 여러 가지 무선 주파수(radio−frequency)의 전압을 걸어 줄 수 있고 2개의 모자 모양 전극은 접지되어 있다. 이 기기의 기본 원리는 다음을 생각하면 쉽게 이해할 수 있다. 링 전극에 걸린 교류 전압에 의해 이에 맞는 m/z 값을 갖는 이온들은 링 전극이 둘러싸고 있는 공간 내의 안정한 궤도에서 원운동을 할 수 있다. 만약 링 전극에 걸린 무선 주파수 전압이 강해진다면 무거운 이온의 궤도는 안정해지지만 보다 가벼운 이온들은 궤도를 이탈해서 링 전극의 벽에 충돌하게 될 것이다.

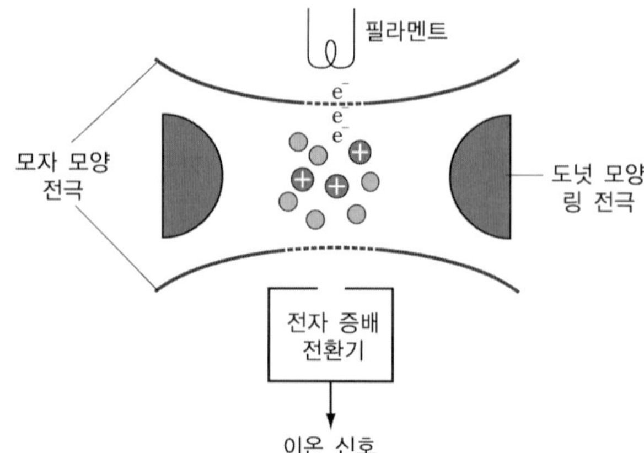

그림 24.10 이온 포집 질량 분석기의 개략적인 구조(출처: J. T. Watson, Introduction to Mass Spectrometry, p. 89, Philadelphia, Lippincott- Raven Press, 1997)

이제 이온 포집기를 사용한 질량 분석기를 생각해 보자. EI나 CI 같은 이온원에는 전압이 펄스로 걸리기 때문에 여기서 만들어진 한 무더기의 양이온이 위쪽에 있는 모자 모양 전극의 격자(grid)를 통해 이온 포집 분석기로 들어간다. 넓은 범위의 질량을 가진 다양한 이온이 동시에 포집되는 것이다. 이 이온 포집기는 안정한 이온은 15분 정도까지 머물 정도로 비교적 긴 시간 동안 이온을 가두어둘 수 있다. 이제 링 전극에 걸리는 무선 주파수를 가진 전압을 일정한 속도로 증가시켜서 갇혀 있던 이온들을 m/z 값 순서대로 순차적으로 유출시킨다. 이러한 기술을 질량 선택성 유출(mass－selective ejection)이라고 부른다. 포집된 이온이 궤도에서 불안정해지면 링 전극을 이탈하여 아래쪽에 있는 모자 모양 전극에 뚫린 구멍을 통해 빠져나간다. 이렇게 유출된 이온은 검출기로 들어가 전기적 신호로 바뀌게 된다.

이온 포집 질량 분석기는 간단하고 다루기가 쉽고 부피가 작으며 검출 한계도 낮을 뿐 아니라 다른 질량 분석기보다 값싸다는 장점을 갖고 있다. 덧붙여 이 질량 분석기는 EI나 CI뿐 아니라 전기 분무(electrospray)나 MALDI 이온원에도 쓸 수 있다.

4 검출기

질량 분석계에는 여러 가지 종류의 검출기(detector or transducer)가 쓰이고 있다. 그 중에서 가장 널리 쓰이는 대표적인 것에 대해 알아보기로 한다.

(1) 전자 증배관

가장 널리 쓰이는 검출기는 그림 24.11에서와 같은 **전자 증배관**(electron multiplier)이다. 이것은 자외선/가시광선 영역의 분광 광도계에 가장 널리 쓰이는 광전 증배관(photomultiplier tube)과 그 원리가 같다. 차이점은 광자 대신 이온이나 전자가 음극을 때린다는 것이다. 큰 운동 에너지를 갖는 이온이나 전자가 음극 표면에 부딪치면 다수의 전자가 방출된다. 이 전자들은 다시 다음 다이노드(dynode)로 끌려가서 더 많은 전자를 방출시킨다. 다이노드들이 계속 연결되어 있기 때문에 계속 전자의 숫자가 늘어서 20개의 다이노드를 쓰는 전자 증배관에서는 1개의 이온에서 보통 10^7개의 전자를 얻을 수 있다.

일반적으로 전자 증배관은 견고하고 신뢰성이 높으며 감도(sensitivity)가 뛰어날 뿐 아니라 나노초(nanosecond) 정도의 빠른 감응 시간을 갖고 있다. 그러나 이 검출기에 들어오는 이온은 상당히 큰 운동 에너지를 가져야 한다. 그래야만 처음 충돌하는 음극에서 전자의 방출이 일어날 수 있다. 그래서 전자 증배관은 자기 부채꼴 질량 분석기에 적합하다. 사중 극자처럼 운동 에너지가 작은 이온 빔을 사용하는 질량 분석기에 이 검출기를 쓰려면 분석기에서 나오는 이온들을 수천 전자 볼트(eV)로 사전에 가속시켜 주어야 한다.

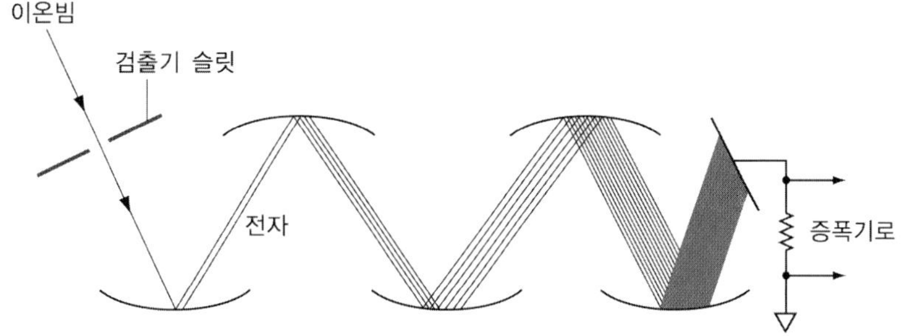

그림 24.11 다이노드가 분리되어 있는 전자 증배관. 각 다이노드에 걸리는 전압은 다단계 전압 분할기에 의해 연속적으로 증가하도록 되어 있다.

(2) Faraday 컵

이 검출기의 핵심은 **수집기 전극**(collector electrode)이다. 그림 24.12에서와 같이 질량 분석기에서 나온 이온들이 수집기 전극에 충돌하도록 되어 있다. 이 전극은 여기서 반사된 이온이나 전자들이 빠져나가는 것을 막기 위해 통(cage) 같은 것으로 둘러싸여 있다. 또 전극은 이온이 들어오는 경로에 대해 비스듬하게 기울어져서 전극에 부딪힌 이온이 튕겨서 우리 밖으로 나가지 못하도록 되어 있다. 수집기 전극과 우리는 큰 저항을 거쳐 접지(ground)와 연결되어 있다. 수집기 전극에 충돌한 양이온의 전하를 중화시키기 위해 접지로부터 저항을 거쳐 전자가 흐르게 된다. 이렇게 저항을 건너가면서 전압 강하가 일어나게 되고 이것을 고임피던스(high-impedance) 증폭기로 증폭하여 측정한다. 이러한 검출기의 감응은 이온이 갖는 에너지, 질량, 화학적 성질과는 무관하다.

Faraday 컵 검출기는 가격이 싸고 구조적으로나 전기적으로 간단하다. 가장 큰 단점은 고임피던스 증폭기 때문에 감응이 느리다는 것이다. 또 Faraday 컵에서는 전자 증배관처럼 검출기 자체에서 증폭이 일어나지 않기 때문에 감도가 그보다 낮다.

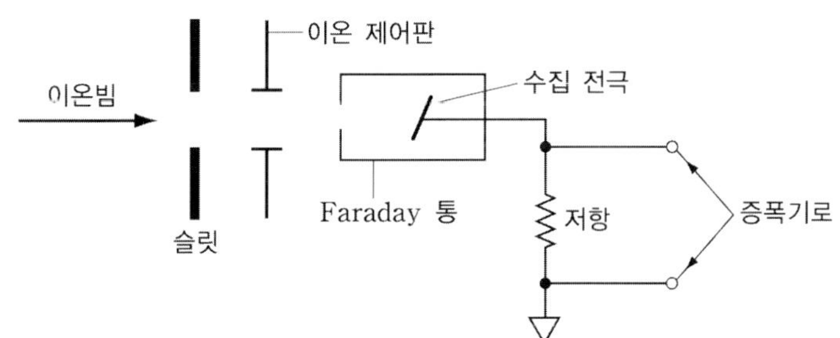

그림 24.12 Faraday 컵 검출기. 질량에 따라 감응이 달라지는 것을 최소화하기 위해 이온 제어판에 걸리는 전압을 조절한다.

5 질량 스펙트럼의 분석 및 이해

질량 스펙트럼에서 각 피크는 분자나 그 분자의 조각에 해당한다. 덧붙여 고분해능 질량 분석계를 이용하여 각 피크의 질량을 정확히 측정한다면 원소 조성을 명확하게 확인할 수 있다. 동위 원소의 자연 존재비를 알면 많은 이온의 원소 조성을 어렵지 않게 구할 수 있는 것이다. 이러한 분자 조각들을 이용하여 미지 시료의 구조를 알아낼 수 있다. 동위 원소의 자연 존재비는 질량 스펙트럼을 이해하는 데 기본이 된다.

(1) 동위 원소 형태

분자 이온, $M^{+\bullet}$와 그 다음으로 질량이 큰 $(M+1)^+$ 피크의 상대적인 세기는 원소 조성을 이해하는 데 귀중한 정보를 제공한다. 그림 24.13과 같은 나프탈렌($C_{10}H_8$) 분자의 전자 충격 이온원 질량 스펙트럼을 생각해 보자. 방향족 화합물은 워낙 안정하기 때문에 $M^{+\bullet}$ 피크의 세기가 커서 이 피크가 주피크(base peak)가 되는 경우가 많다. 나프탈렌도 마찬가지로 m/z = 128이 분자 이온 피크이자 주피크이다. 그림 24.13을 보면 m/z = 129 피크의 세기는 분자 이온 피크 세기의 약 11%이다. 이 사실을 가지고 이 스펙트럼이 나프탈렌에 대한 것이 맞는지 확인해 보자.

m/z	상대 존재비	m/z	상대 존재비	m/z	상대 존재비
38	1.8	64	10.	102	7.1
39	3.9	64.5	1.1	103	0.6
40	0.2	74	4.7	125	0.8
50	6.4	75	4.9	126	6.1
51	12.	76	3.3	127	9.8
52	1.6	77	4.1	128	100.
61	1.4	78	2.7	129	11.
62	2.7	87	1.4	130	0.5
63	7.4	89	0.7		
63.5	0.9	101	2.7		

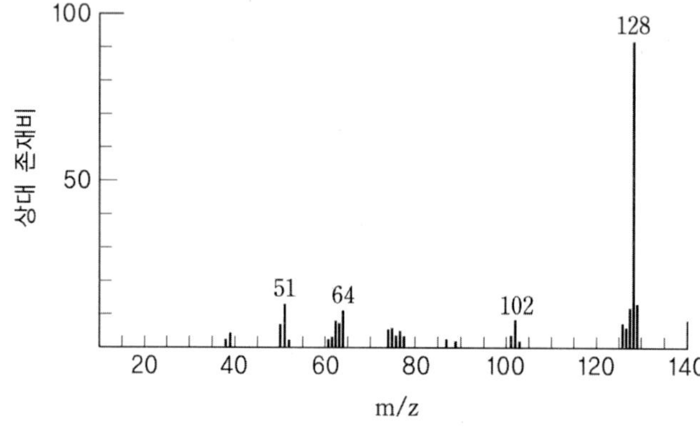

그림 24.13 나프탈렌($C_{10}H_8$) 분자의 전자 충격 이온원 질량 스펙트럼(출처: F. W. McLafferty, "Interpretation of Mass Spectra", p.76, University Science Books, Mill Valley, CA, USA, 1980.)

표 24.1에서 주요 원자들에 대한 동위 원소의 자연 존재비를 정리하였다. 탄소의 경우 ^{12}C가 98.93%이고 ^{13}C가 1.07%이다. 이 두 동위 원소의 비 $^{13}C/^{12}C = 1.07/98.93 = 0.0108 = 1.08\%$이다. 수소의 경우는 $^{1}H = 99.988\%$이고 $^{2}H = 0.012\%$이므로 $^{2}H/^{1}H = 0.012/99.988 = 0.00012 = 0.012\%$이다. 그래서 어떤 C_mH_n 분자의 $M^{+\bullet}$ 피크에 대한 $(M+1)^+$ 피크의 세기를 이 동위 원소 비를 이용하여 다음과 같이 계산할 수 있다.

C_mH_n 분자의 분자 이온에 대한

$$(M+1)^+ \text{ 피크의 상대적 세기} = m \times 1.08\% + n \times 0.012\% \tag{24-8}$$

$C_{10}H_8$의 경우, m/z = 129 피크의 분자 이온 피크에 대한 상대적 세기는 다음과 같이 계산할 수 있다.

$$\text{질량 129 피크의 상대적 세기} = (10 \times 1.08)\% + (8 \times 0.012)\% = 10.90\%$$

그림 24.13에 의하면 질량 129 피크의 상대적 세기는 분자 이온 피크의 11%이므로 예측한 값과 잘 일치한다. 측정값이 예측한 값의 ±10% 이내면 보통 쓰고 있는 질량 분석계의 정밀도 안에 들어간다고 할 수 있기 때문이다.

표 24.1 몇 가지 원소들의 동위 원소 자연 존재비

원소	질량수	질량 (Da)	존재비 (원자 %)	원소	질량수	질량 (Da)	존재비 (원자 %)
양성자	1	1.007276467	–	Cl	35	34.96885	75.78
중성자	1	1.008664916	–		37	36.96590	24.22
전자	–	0.000548580	–	Ar	36	35.96755	0.336
H	1	1.007825	99.988		38	37.96273	0.063
	2	2.01410	0.012		40	39.96238	99.600
B	10	10.01294	19.9	Fe	54	53.93961	5.845
	11	11.00931	80.1		56	55.93494	91.754
C	12	12.00000000	98.93		57	56.93540	2.119
	13	13.00335	1.07		58	57.93328	0.282
N	14	14.00307	99.632	Br	79	78.91834	50.69
	15	15.00011	0.368		81	80.91629	49.31
O	16	15.99491	99.757	I	127	126.90447	100
	17	16.99913	0.038	Hg	196	195.96581	0.15
	18	17.99916	0.205		198	197.96675	9.97
F	19	18.99840	100		199	198.96826	16.87
Si	28	27.97693	92.230		200	199.96831	23.10
	29	28.97649	4.683		201	200.97029	13.18
	30	29.97377	3.087		202	201.97063	29.86
P	31	30.97376	100		204	203.97348	6.87
S	32	31.97207	94.93	Pb	204	203.97303	1.4
	33	32.97146	0.76		206	205.97445	24.1
	34	33.96787	4.29		207	206.97588	22.1
	36	35.96708	0.02		208	207.97664	52.4

(출처: D. C. Harris, Quantitative Chemical Analysis, 8th Ed. Freeman, New York, NY, USA, 2010.)

Br이나 Cl 원자를 갖는 이온은 특이한 동위 원소 피크를 나타낸다. 그 이유는 표 24.1에 있는 동위 원소 자연 존재비를 확인하면 알 수 있다. 브로민은 ^{79}Br과 ^{81}Br의 자연 존재비가 비슷하므로 질량 2 차이가 나는 세기가 비슷한 2개 피크가 있으면 Br이 존재한다는 것을 말한다. 염소의 경우는 ^{35}Cl과 ^{37}Cl의 자연 존재비가 약 3:1이다.

(2) 분자 이온과 분자 구조 확인

각 질량 스펙트럼이 품고 있는 많은 정보를 이해하는 데 가장 중요한 역할을 하는 것은 분자 이온, $M^{+\bullet}$ 피크이다. 분자 이온으로부터 미지 시료의 분자량을 알 수 있기 때문이다. 전자 충격 이온원을 쓰는 경우 분자 이온이 너무 효율적으로 잘 분해되는 덕에 분자 이온이 나타나지 않는 경우가 있다. 그렇다 해도 피크들로부터 미지 시료의 구조를 확인하는 데 필요한 귀중한 정보를 많이 얻을 수 있다. 분자량을 구하려면 화학 이온화 이온원 같이 약한 이온원을 쓰면 토막내기가 적게 일어나기 때문에 분자 이온을 쉽게 찾을 수 있다.

m/z	상대 존재비	m/z	상대 존재비	m/z	상대 존재비
12	2.7	38	0.7	63	32.
13	3.0	47	6.5	64	0.7
14	0.6	47.5	0.2	95	1.5
24	4.0	48	5.9	96	67.
25	15.	49	4.2	97	2.4
26	34.	50	1.8	98	43.
27	0.7	51	0.7	99	1.0
31	0.3	59	2.6	100	7.0
35	7.0	60	24.	101	0.1
36	1.9	61	100.		
37	2.3	62	9.9		

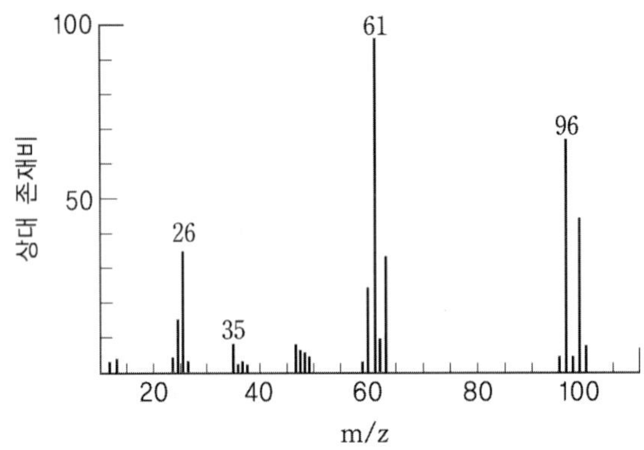

그림 24.14 전자 충격 이온원으로 얻은 $C_2H_2Cl_2$(*trans*-1,2-dichloroethylene) 분자의 질량 스펙트럼(출처: F. W. McLafferty, "Interpretation of Mass Spectra", p.35, University Science Books, Mill Valley, CA, USA, 1980.)

그림 24.14는 전자 충격 이온원으로 얻은 $C_2H_2Cl_2$(trans-1,2-dichloroethylene) 분자의 질량 스펙트럼이다. m/z = 100이 분자 이온이다. 만약 이 스펙트럼이 미지 시료에서 얻은 것이라면 분자 이온과 분자 구조를 어떻게 확인할 것인지 생각해 보자. 이러한 과정은 미지 시료의 분자 구조를 확인하는 데 일종의 지침이 될 수 있다.

1. 분자 이온은 동위 원소나 불순물로부터 나올 수 없는 스펙트럼 중에서 분명하게 나오는 피크 중 m/z 값이 가장 큰 것이다. 이런 피크들을 확인하려면 경험이 좀 있어야 한다. 전자 충격 이온원을 쓰는 경우 분자 이온 피크의 세기는 보통 주피크의 5 ~ 20% 선을 넘지 않는다. 그림 24.14에서 m/z = 100에 있는 피크는 질량이 가장 무겁고 세기도 주피크의 10% 미만이다.
2. M + 1, M + 2 등에 있는 동위 원소 피크의 세기가 예상한 분자식에 대한 것과 잘 일치해야 한다. m/z 값이 96과 98에 있는 큰 피크는 m/z = 100 피크를 분자 이온으로 지명하는 데 의구심을 갖게 한다. 어떤 흔히 보는 동위 원소도 이런 형태의 동위 원소 집단에 해당되지 않기 때문이다. 이 문제를 해결하는 데 질량이 작은 이온 조각에서 유용한 힌트를 얻을 수 있다. 특히 이 스펙트럼에서 m/z = 63/61 세기 비는 염소 원자가 들어 있다는 표시가 된다. m/z = 96으로부터 m/z = 61이 만들어지려면 35 Da이 없어져야 하는데 이것은 2번째 염소 원자도 존재한다는 사실을 암시한다. 이 사실은 m/z = 96, 98, 100 피크들의 상대적인 세기가 동위 원소 자연 존재비와 일치하는지 확인하면 된다.

3. 분자 이온 다음으로 가장 무거운 이온 조각에 해당하는 피크의 m/z 값이 $M^{+\bullet}$에서 작은 조각이 떨어져 나감으로써 생기는 질량 손실에 의해 생길 수 있는 가능한 값이어야 한다. 흔히 일어나는 질량 손실은 15(CH_3), 17(OH 또는 NH_3), 18(H_2O), 29(C_2H_5), 31(OCH_3), 43(CH_3CO 또는 C_3H_7) Da 등이다. m/z = 26은 C_2H_2 피크라고 보는 것이 가장 타당한데 m/z = 96 피크에서 ^{35}Cl 2개가 떨어져 나간 것이다($M^{+\bullet} - Cl_2 = 96 - 70 = 26$). 그래서 $M^{+\bullet}$에 C 원자가 2개 들어 있다는 사실을 알 수 있다. 또 $M^{+\bullet}$에 있는 C 개수는 $M^{+\bullet}$와 $(M - 1)^+$에 해당하는 여러 피크들의 상대적인 세기가 원소들의 자연 존재비와 일치하는지 확인하면 더욱 확실하게 할 수 있다.
4. 만약 조각 이온에 어떤 특정 원소, 예를 들어 2개의 Cl 원소가 있다는 것을 안다면 분자 이온에도 최소한 2개의 Cl이 있어야 한다. 위에서 이 사실을 확인할 수 있었다.

이 모든 사실을 종합하면 시료가 $C_2H_2Cl_2$라는 것을 확인할 수 있다. 다만 표준 스펙트럼이 없다면 이 자료만 가지고 분자가 *cis*-인지 *trans*-인지 확인하는 것은 어렵다.

6 크로마토그래피 – 질량 분석법

질량 분석법(MS)은 정성적 자료와 정량적 자료를 모두 제공해 주기 때문에 크로마토그래피(chromatography)에서 가장 강력한 검출기 중 하나로 널리 쓰이고 있다. 질량 분석계는 특정 화합물에 대해 대단히 선택적일 수 있다. 따라서 복잡한 혼합물로 되어 있는 시료를 준비하거나 각 성분을 크로마토그래피로 완전히 분리시키는 일을 쉽게 할 수 있고 신호 대 잡음비도 향상 시킬 수 있다. 혼합물을 각 성분별로 분리시키는 일과 분리된 성분들이 어떤 화합물인지 확인하는 2가지 일을 한꺼번에 할 수 있기 때문이다.

이 방법에서는 크로마토그래피 칼럼에서 분리되어 나오는 화합물이 직접 질량 분석계로 들어가서 스펙트럼을 찍는다. 질량 분석계 내부는 이온이 분리되는 동안 이들이 다른 분자와 충돌하는 것을 막기 위해 고진공 상태를 유지해야 한다. 반면 크로마토그래피는 대량의 이동상이 필요하므로 본질적으로 높은 압력을 사용한다. 이렇게 상반된 특징을 가진 기기를 서로 연결하기 위해서는 시료가 질량 분석계로 들어가기 전 칼럼에서 나오는 엄청난 양의 이동상을 제거해 주어야 한다. 기체 크로마토그래피(gas chromatography, GC)에서는 요즘 대부분 좁은 모세관으로 만든 열린관 칼럼을 쓰는데, 이 칼럼의 용출액은 질량 분석계의 진공 시스템이 갖는 펌프질 용량(pumping capability)을 초과하지 않는다. 그래서 열린관 칼럼을 질량 분석계의 입구에 직접 연결해서 쓸 수 있다.

액체 크로마토그래피(liquid chromatography, LC)에서는 칼럼과 질량 분석계의 연결 부위에서 이동상이 기화되면 매우 큰 부피의 기체로 변한다. 이 기체가 질량 분석기에 들어가지 않도록 대부분을 제거해야 한다. 또 이동상에 비휘발성 첨가물을 넣어서도 안 된다. 액체 크로마토그래피 용출액이 질량 분석계로 직접 들어가도록 하기 위해서 특별한 기술이 필요하다. 요즘은 **전기 분무 이온화**(electrospray ionization)나 **대기압 화학 이온화**(atmospheric pressure chemical ionization) 법이 주로 많이 쓰인다. 액체 크로마토그래피–질량 분석계(LC–MS)보다는 기체 크로마토그래피–질량 분석계(GC–MS)가 더 간단하고 많이 쓰이기 때문에 이 절에서는 GC–MS에 대해 간단하게 알아보기로 한다.

그림 24.15는 흔히 볼 수 있는 모세관 열린관 칼럼을 사용하는 GC–MS 기기이다. GC에서 모세관 칼럼이 쓰이기 전에는 충전 칼럼(packed column)을 썼는데 이때는 칼럼에서 용출되는 많은 양의 운반 기체(carrier gas)를 줄이기 위한 장치가 필요하였다. 그러나 이런 장치에서는 상당한 양의 시료도 같이 제거되기 때문에 비효율적이다. 요즘 사용되는 GC–MS 시스템은 전부 모세관 칼럼을 쓰기 때문에 이런 장치가 필요 없다.

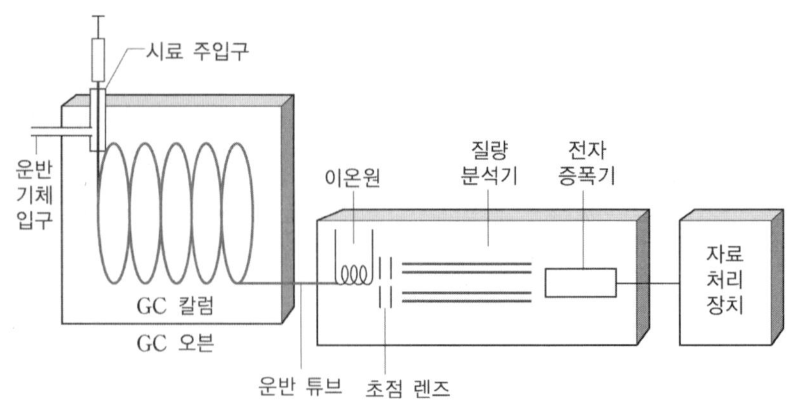

그림 24.15 흔히 쓰이는 GC–MS 기기의 개략적인 구조. GC 칼럼으로는 열린관 칼럼이 사용되었다. GC 칼럼에서 나온 용출 기체는 질량 분광기의 도입부로 들어간다. 여기서 분자는 분해, 이온화, 분리 과정을 거쳐 최종적으로 검출된다.

GC−MS에서 부딪치는 어려운 문제 중 하나는 시료가 열분해되는 현상이다. 열분해는 GC의 연료 주입구, 칼럼뿐 아니라 질량 분석계의 이온원에 있는 뜨거운 금속 표면에서도 일어날 수 있다. 이 문제를 최소화하기 위해서는 가능한 범위 내에서 온도를 낮추어야 한다. GC−MS에서 가장 널리 쓰이는 이온원은 전자 충격 이온원과 화학 이온화 이온원이다. 또 가장 널리 쓰이는 질량 분석기는 사중 극자와 이온 포집기이다. GC가 휘발성이 낮고 분자량이 큰 화합물을 분리시키는 데 적당하지 않기 때문에 비행 시간 질량 분석기는 그렇게 많이 쓰이지 않는다.

질량 분석계는 주사 속도가 매우 빠르기 때문에 크로마토그래피 칼럼에서 시료가 분리되어 나오는 동안 반복해서 많은 스펙트럼을 찍을 수 있다. 예를 들어 크로마토그래피로 한 번 시료를 분리시키는 데 10분이 걸리고 질량 분석계는 1초에 2번 주사한다고 가정하면 이 시간 동안 1200장의 질량 스펙트럼을 찍을 수 있다. 이렇게 측정한 자료를 몇 가지 다른 방법으로 분석할 수 있다. 우선 총 이온 크로마토그램(total−ion chromatogram)을 측정하는 것인데 이것은 각 스펙트럼에 있는 다량의 이온을 합쳐서 하나의 피크로 만들어 시간의 함수로 도시한 것이다. 여기서는 하나의 스펙트럼이 하나의 피크로 나타나므로 이 도시는 흔히 보는 크로마토그램과 비슷한 모양으로 나타난다. 그 다음으로는 크로마토그램에서 특정 시간에 용출되는 시료가 무엇인지 확인하기 위해 이 시간에 나오는 피크의 질량 스펙트럼을 보여 주는 것이다. 그러면 이 피크가 어떤 화학종에 의한 것인지 확인할 수 있다. 마지막으로 어떤 하나의 질량 대 전하비(m/z) 값을 선택하여 크로마토그래피 실험을 하는 동안 이 값을 갖는 이온만 찾아서 검출해 내는 것이다. 이 방법을 **선택 이온 검출법**(selected−ion monitoring)이라고 한다.

1. 분석 화학에서 질량 분석법이 널리 쓰이는 이유가 무엇인지 쓰시오.

2. 질량 스펙트럼을 해석할 때 분자 이온 피크를 찾는 것이 가장 중요하다. 분자 이온이란 무엇인가? 질량 스펙트럼에서 분자 이온이 왜 중요한가?

3. 질량 스펙트럼을 분석하고 이해하는 데 각 원소의 동위 원소 자연 존재비에 대한 정보가 매우 중요하다. 그 이유는 무엇인가?

4. 질량 분광법에서 이온원은 기체상 이온원과 탈착 이온원으로 나눌 수 있다. 이들의 차이점과 장단점을 설명하시오.

5. 이온원을 센 이온원과 약한 이온원으로 나눌 수 있다. 화합물의 질량 스펙트럼은 사용한 이온원에 따라 크게 달라진다. 센 이온원과 약한 이온원에는 각각 어떤 것이 있는지 알아보고 또 이들을 사용하여 얻은 스펙트럼은 어떻게 다른지 간략하게 설명하시오.

6. 질량 분광기의 이온원으로는 전자 충격 이온원과 화학 이온화 이온원이 가장 널리 쓰인다. 이에 대한 다음 물음에 답하시오.
   (1) 전자 충격 이온원에서 양이온이 만들어지는 과정을 간략하게 설명하시오.
   (2) 화학 이온화 이온원에서 양이온이 만들어지는 과정을 간략하게 설명하시오.
   (3) 전자 충격 이온원을 사용할 때와 화학 이온화 이온원을 사용할 때 나오는 질량 스펙트럼은 많이 다르다. 어떻게 다른지 설명하시오.
   (4) 보통 질량 분광기에는 이 두 가지 이온원을 모두 쓸 수 있고 상호 보완적인 관계에 있다. 이들의 장단점을 비교하여 설명하시오.
   (5) 분자량이 크고 휘발성이 낮은 시료를 이들 이온원에 쓰기는 어렵다. 그 이유는 무엇인가?

7. 이온원 중에서 매트릭스-지원 레이저 탈착 이온원(MALDI)이 요즘 많이 쓰이고 있다. 이에 대한 다음 물음에 답하시오.
   (1) 이 이온원의 원리를 간단하게 설명하시오.
   (2) MALDI는 특히 생명과학 분야에서 널리 쓰인다. 그 이유는 무엇인가?
   (3) 여러 가지 화합물이 매트릭스로 쓰일 수 있다. 특정 시료에 적합한 매트릭스는 어떻게 선택하는가?
   (4) MALDI에서는 비행 시간 질량 분석기를 많이 쓴다. 그 이유를 설명하시오.

8. 질량 분광계에서 질량 분석기는 어떤 역할을 하는가?

9. 자기 부채꼴 질량 분석기 중 단일 집중 질량 분석계는 분해능이 크게 뛰어나지 못하다. 다음 물음에 답하시오.
   (1) 이 기기의 분해능을 제한하는 주된 요인이 무엇인지 설명하시오.
   (2) 자기 부채꼴 질량 분석기의 분해능을 향상시키려면 어떻게 하면 되는가?

10. 분석 화학 분야에서 질량 분석기는 사중 극자와 비행 시간 질량 분석기가 많이 쓰인다. 다음 물음에 답하시오.
    (1) 사중 극자 질량 분석기에는 고분자량 통과 필터와 저분자량 통과 필터가 함께 있다. 이들의 원리를 간략하게 설명하시오.
    (2) 사중 극자 질량 분석기의 장단점을 설명하시오.
    (3) 사중 극자 질량 분석기와 비교해서 비행 시간 질량 분석기의 장단점을 설명하시오.
    (4) 비행 시간 질량 분석기의 원리를 간단히 설명하시오.
    (5) 최신 비행 시간 질량 분석기에는 정전기 거울이 있어서 이온원에서 출발한 양이온이 특정 지점에서 반사되어 원래 방향으로 되돌아가도록 되어 있다. 이렇게 하면 어떤 좋은 점이 있고, 또 그렇게 되는 이유가 무엇인지 설명하시오.

(6) 기체 크로마토그래피－질량 분석계(GC－MS)에서는 대부분 사중 극자 질량 분석기를 쓴다. 그 이유를 설명하시오.

11. 이온 포집 질량 분석기에 대한 다음 물음에 답하시오.

(1) 도넛 모양 링 전극은 어떤 역할을 하는지 간략하게 설명하시오.

(2) 이 질량 분석기의 장단점을 설명하시오.

12. 검출기로 널리 쓰이는 전자 증배관의 원리는 광전 증배관의 원리와 거의 같다고 한다. 두 검출기의 원리가 거의 같은 이유는 무엇이며 어떠한 차이가 있는지 설명하시오.

13. 질량 스펙트럼에서 가장 중요한 피크는 분자 이온 피크이다. 분자 이온 피크를 어떻게 찾는지 그 방법을 간략하게 설명하시오.

14. 그림 24.14에 있는 질량 스펙트럼에 대한 다음 물음에 답하시오.

(1) $m/z = 96$ 피크가 분자 이온에 해당하는 피크라고 한다. $m/z = 100$ 피크가 왜 분자 이온에 해당하지 않는가?

(2) $m/z = 61$이 주피크이다. 이 주피크는 어떤 이온 조각에 해당하는가?

(3) 분자 이온에는 Cl 원자가 2개 들어 있다고 한다. 이 사실을 어떻게 확인할 수 있는가?

(4) 분자 이온에 C 원자가 2개 들어 있다면 이 사실을 어떻게 증명할 수 있는가?

(5) $m/z = 26$ 피크는 어떤 이온 조각에 해당하는가?

15. 분석 화학 분야에서 질량 분광계는 대부분 크로마토그래피와 연결하여 사용되는 경우가 많다. 질량 분광계가 크로마토그래피의 검출기 역할을 하는 것이다. 다음 물음에 답하시오.

(1) 질량 분광계가 크로마토그래피의 검출기로 각광 받는 이유는 무엇인가?

(2) 이러한 방법 중에서도 기체 크로마토그래피－질량 분석계(GC－MS)가 가장 널리 쓰인다. GC－MS가 가진 가장 중요한 장점은 무엇인가?

(3) 액체 크로마토그래피의 검출기로 질량 분석계를 사용하고자 할 때 일어나는 가장 어려운 기술적인 문제는 무엇인가?

(4) 액체 크로마토그래피－질량 분석법(LC－MS)의 등장은 생명과학 분야의 발전에 큰 공헌을 하였다. 그 이유는 무엇인가?

(5) 선택 이온 검출법은 어떻게 하는 것인가?

(6) 총 이온 크로마토그램이란 무엇을 말하는가?

25장 분리 분석의 기초

1 화학에서 분리 분석의 용도

식량문제를 해결하기 위해 특히 제3세계 국가들의 식량증산을 위한 녹색 혁명이 1940년대부터 시작되었다. 이때부터 잡초와 해충을 퇴치하기 위해 제초제, 살충제 등 농약 사용이 급격히 증가하게 되었다. 제초제의 생산량은 꾸준히 증가하여 현재 농업에 쓰이는 농약의 2/3 정도를 차지하고 있다. 이러한 화합물들이 현재 우리가 마시는 물, 음식 등에 잔류하여 건강을 위협하고 있다. 2,4-dichlorophenoxyacetic acid(2,4-D)와 2,4,5-trichlorophenoxyacetic acid(2,4,5-T)는 잡초나 덤불을 제거하기 위한 제초제로, 또 군사용 고엽제로 대량 제조되어 사용되었는데, 이들이 음용수나 음식에 잔류하여 문제를 일으켜서 특별한 관심의 대상이 되어 있다.

물, 토양에서부터 식물이나 동물 조직에 이르기까지 복잡한 환경 시료에서 농약 잔류물을 측정하는 다양한 방법이 현재 개발되어 있다. 이때 대부분의 경우 가장 먼저 해야 할 일은 시료에 포함되어 있는 많은 성분 중에서 특정 성분을 분리해 내는 것이 된다. 이렇게 대부분의 실제 분석에서는 복잡한 혼합물에서 하나 또는 그 이상 몇몇 성분들을 먼저 분리한 후 이들을 확인하고 정량하게 된다. 이러한 분야를 **분리 분석**(analytical separation)이라고 한다.

시료에 소수의 화합물만 존재한다면 쉽게 정량 분석할 수 있는 방법은 많다. 그러나 지하수나 음식에 들어있는 2,4-D나 2,4,5-T 같이 많은 화학종으로 구성된 복잡한 시료에 포함되어 있는 미량 성분의 분석은 쉽지 않은 일이다. 이러한 시료에서 분석에 방해가 될 수 있는 수많은 화학종들로부터 이들을 분리해 내는 분리 분석은 매우 중요하다. 만약 지하수에 2,4,5-T와, 이와 관련된 제초제가 얼마나 있는지 분석하려면 분리 분석을 해야 하는 또 다른 이유를 발견할 수 있다. 이때는 우선 관련된 모든 제초제를 시료 매트릭스에서 분리해 낸다. 그 다음 개개 제초제 성분을 하나씩 분리하여 이들을 각기 그 세기가 농도와 함수 관계를 갖는 분석 신호를 측정할 수 있는 기기를 이용하여 정량해야 한다. 이러한 분리 분석은 대부분 **추출**(extraction)과 **크로마토그래피**(chromatography)로 이루어진다.

2 용매 추출

분석 화학에서는 어떤 특정 분석 물질을 유리시키거나 농축시킬 필요가 있는 경우, 또는 정량 분석을 방해하는 화학종들을 분석 물질과 분리시켜야 하는 경우가 많이 있다. 이때 **추출**(extraction)이라는 분리 기술을 사용한다. 추출이란 서로 녹지 않는 두 상(phase)에 대한 특정 용질의 용해도 차이를 이용하여 이 용질을 한 상에서 다른 상으로 옮기는 것이라 생각하면 쉽게 이해할 수 있을 것이다. 서로 녹지 않는 상은 2개의 섞이지 않는 액체, 액체와 고체, 또는 기체와 고체가 될 수 있다. 가장 흔히 볼 수 있는 경우는 수용액에 녹아 있는 어떤 물질을 유기 용매를 이용하여 추출하는 것이다. 다이에틸 에터(diethyl ether), 톨루엔(toluene), 헥세인(hexane) 같은 유기 용매는 물과 섞이지 않으며 물보다 가벼워 물 위에 뜬다. 클로로폼(chloroform), 다이클로로메테인(dichloromethane), 사염화 탄소(carbon tetrachloride) 등도 물과 섞이지 않고 물보다 무거워 물 아래로 가라앉는다.

2개의 서로 섞이지 않는 액체를 이용한 추출을 그림 25.1에서 설명하고 있다. 상 1은 시료이고 상 2는 추출제(extractant)라 하는데 두 상이 모두 액체이기 때문에 액체－액체 추출이라고 한다. 상 1에는 특정 용질이 녹아 있고 추출제로는 보통 순수한 용매를 사용한다. 용질이 두 액체 사이에 분산되고 각 액체 층이 명확히 구분되면 각 층을 분리해 낼 수 있다. 이 예에서 위층(상 2)은 새로운 액체를 가해 좀 더 추출을 계속하거나 아니면 폐기 처분하고 아래층 액체는 나중에 사용하거나 분석을 위해 보관한다. 이 추출에서 용질이 상 1에서 상 2로 이동하였다.

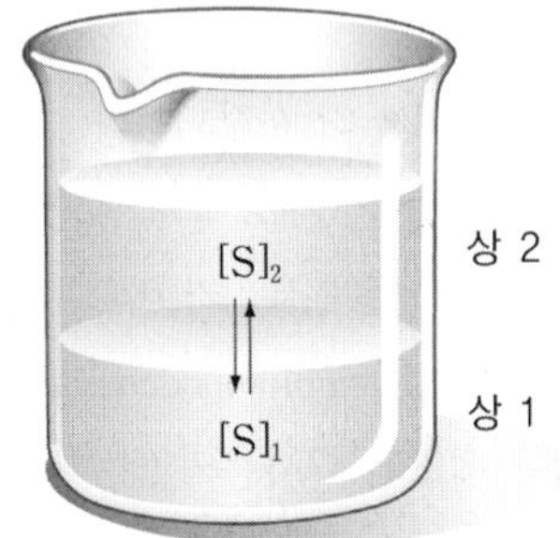

그림 25.1 서로 섞이지 않는 두 액체상 사이에 용질 분자의 분배가 일어난다.

추출에서 두 상 사이에 용질이 분포되는 것은 용해도 평형의 한 예가 될 수 있다. 두 액체, 상 1과 상 2를 이용하여 시료 분자 S를 추출하는 경우를 생각해 보자.

$$S_{상\ 1} \rightleftarrows S_{상\ 2}$$

이러한 추출을 평형으로 취급할 수 있으며 분배 계수(partition coefficient) K는 다음과 같이 정의한다.

$$K = \frac{A_{S2}}{A_{S1}} \cong \frac{[S]_2}{[S]_1} \qquad (25-1)$$

이때 A_{S1}, A_{S2}는 상 1과 상 2에서 용질의 활동도인데 활동도 계수를 알지 못하기 때문에 근사적으로 몰농도로 표시한다. 그림 25.1에 대해 좀 더 논의해 보자. 상 1의 부피를 V_1, 상 2의 부피를 V_2라 하고 S의 몰수를 n이라 하자. 또 평형 상태에서 상 1에 남아 있는 S의 분율은 r이라고 한다. 이때 상 1에 남아 있는 S의 몰농도는 nr/V_1이 된다. 상 1에서 상 2로 이동한 S의 분율은 $(1 - r)$이 되므로 상 2에 있는 S의 몰농도는 $(1 - r)n/V_2$가 된다. 이것을 (25－1) 식에 대입하면 다음과 같다.

$$K = \frac{[S]_2}{[S]_1} = \frac{(1 - r)n/V_2}{nr/V_1}$$

이것을 r에 대해 풀면 추출 후 상 1에 남아 있는 S의 분율을 구할 수 있다.

$$r = \frac{V_1}{V_1 + KV_2} \qquad (25-2)$$

이 식에서 상 1에 남아 있는 용질의 분율은 분배 계수와 두 상의 부피에 의해 결정된다는 것을 알 수 있다.

(1) 다른 화학 평형의 영향

용질 분자와 반응하여 용질이 추출제로 많이 이동할 수 있도록 해 주는 화합물을 가해주는 경우를 추출할 때 많이 볼 수 있다. 예를 들어 용질이 약한 산인 CH_3COOH이고 시료 용액이 염기성이면 용질은 대부분 짝염기인 CH_3COO^- 형태로 녹아 있을 것이다. 이온은 물에는 잘 녹지만 유기 용매에는 잘 녹지 않으므로 추출이 어려울 것이다. 이때 시료에 센 산인 HCl을 가하여 시료의 액성을 산성으로 바꿔주면 산이 대부분 CH_3COOH로 존재할 것이기 때문에 유기 용매로 추출이 가능하게 된다. 아세트산을 HA라 간단히 표기하기로 하고 산 해리 상수는 K_a, 수용액은 상 1, 유기 용매는 상 2라 하자. 또 두 상 사이에서 중성형인 HA의 분배 계수는 K인 반면, 짝염기 A^-는 유기 용매에는 녹지 않고 수용액에만 녹는다고 가정하자. 이 경우 용액의 pH가 추출에 어떤 영향을 주는지 자세히 알아보자.

HA와 같이 용질이 2개 이상의 화학종으로 존재하는 경우는 분배 계수 K 대신 **분포 계수**(distribution coefficient)를 사용한다.

$$\text{분포 계수: } D = \frac{\text{상 2에서 용질의 전체 농도}}{\text{상 1에서 용질의 전체 농도}} \tag{25-3}$$

HA의 경우 분배 계수는 다음과 같다. 상 1과 상 2에서 용질이 오직 하나의 형태로 존재한다면 D = K가 된다. 그러나 용질이 어떤 상에서 여러 가지 형태로 존재한다면 D와 K 값은 달라진다.

$$D = \frac{[HA]_2}{[HA]_1 + [A^-]_1} \tag{25-4}$$

여기서 $K = \frac{[HA]_2}{[HA]_1}$, $K_a = \frac{[H^+][A^-]_1}{[HA]_1}$이므로 이것을 (25-4) 식에 대입하면 분포 계수는 다음과 같이 된다.

$$D = K\frac{[H^+]}{[H^+] + [K_a]} = K \cdot \alpha_{HA} \tag{25-5}$$

α_{HA}는 상 1에 HA로 존재하는 약한 산의 분율이다. 일반적으로 전하를 가진 이온은 유기 용매보다는 극성이 매우 큰 물에 잘 녹기 때문에 물에 녹아 있는 약한 산을 유기 용매로 추출하려면 센산을 가하여 용매의 pH가 낮아지게 해야 한다.

마찬가지로 수용액에 녹아 있는 어떤 약한 염기 B를 유기 용매로 추출하려 할 때를 생각해 보자. 역시 짝산인 BH^+는 물에만 녹는다고 가정하면 위와 같은 방법으로 분배 계수와 분포 계수 사이의 관계를 얻을 수 있다. 두 상 사이의 분포 계수 D는 다음과 같이 표현할 수 있다.

$$D = \frac{[B]_2}{[B]_1 + [BH^+]_1} = K\frac{K \cdot K_a}{K_a + [H^+]} = K \cdot \alpha_B \tag{25-6}$$

수용액에 센염기를 가하여 pH를 올려주면 대부분 염기는 중성형인 B로 존재할 것이고 이렇게 되면 유기 용매로 추출하는 것이 훨씬 쉬워진다.

금속 킬레이트제를 추출에 이용하는 경우도 흔히 볼 수 있다. 전하를 가진 금속 이온은 물에는 잘 녹지만 극성이 작은 유기 용매에는 거의 녹지 않는다. 수용액에 있는 금속 양이온을 유기 용매로 추출하기 위해서는 양이온을 전기적으로 중성인 화합물로 바꾸어 주어야 한다. 이를 위해 금속 양이온과 선택적으로 결합하여 전기적으로 중성인 착화합물을 만들 수 있는 리간드를 이용한다. 그림 25.2에서 보는 것처럼 이렇게 형성된 착화합물은 유기 용매에 녹기 때문에 추출로 분리할 수 있게 된다. 이러한 목적으로 흔히 사용되는 리간드에는 8-하이드록시퀴놀린(8-hydroxyquinoline), 다이싸이존(dithizone), 쿠페론(cupferron) 등이 있다. 이들 리간드는 약한 산 HL로 쓸 수 있으며 양성자를 하나 잃은 음이온이 착화합물을 형성한다. 관련된 화학 평형은 다음과 같다.

$$HL(aq) \rightleftarrows H^+(aq) + L^-(aq) \qquad K_a = \frac{[H^+]_{aq}[L^-]_{aq}}{[HL]_{aq}} \tag{25-7}$$

$$nL^-(aq) + M^{n+}(aq) \rightleftarrows ML_n(aq) \qquad K_f = \frac{[ML_n]_{aq}}{[M^{n+}]_{aq}[L^-]^n_{aq}} \tag{25-8}$$

이러한 리간드는 여러 가지 다양한 금속 이온들과 착화합물을 형성할 수 있다. 하지만 pH를 조절하여 특정 금속 이온과 보다 쉽게 반응할 수 있도록 할 수 있는 얼마간의 선택성은 확보할 수 있다.

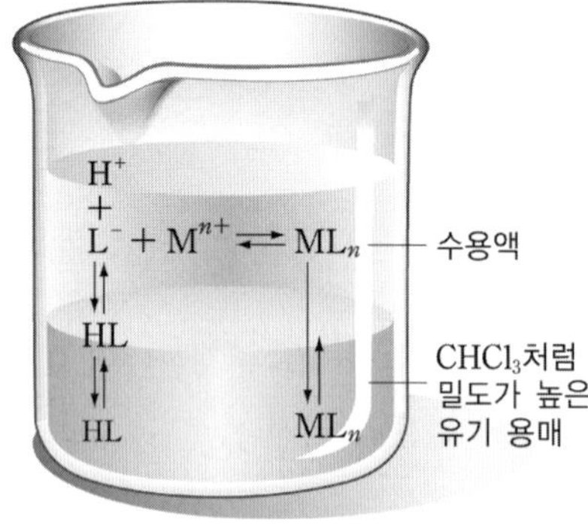

그림 25.2 킬레이트제를 이용한 금속 이온의 추출. 금속은 수용액상에서는 주로 양이온(M^{n+}) 형태로 존재하고 유기 용매에서는 주로 착화합물(ML_n) 형태로 존재한다.

(2) 일반적인 추출 유형

여러 가지 형태의 추출 방법이 있는데 지금까지는 액체－액체 추출에 대해서만 알아보았다. 이들을 나누는 방식은 우선 추출에 사용한 상을 가지고 분류하는 것이다. 예를 들어 액체－액체 추출은 서로 섞이지 않는 상을 사용하여 추출하는 것이고, 고체－액체 추출은 고체와 액체를 사용하는 것이다. 두 번째 분류 방법은 화합물을 분리시키는 메커니즘에 따라 나누는 것이다. 가장 널리 쓰이는 방법의 메커니즘은 두 상에 대한 용질의 용해도 차이를 이용하는 '분배(partitioning)'이다. 액체－액체 추출은 이 방법의 대표적인 예이다. 한 상이 고체인 경우에는 흡착(adsorption)을 이용한다. 이때 용질이 고체의 표면에 흡착되어 분리가 이루어진다. 대표적인 추출 유형을 표 25.1에 정리하였다.

표 25.1 대표적인 추출 유형

추출 유형	추출 방법
액체－액체 추출	액체 시료를 액체상으로 추출
기체－고체 흡착	기체 혼합물을 고체 물질로 흡착하여 분리시킴
고체상 추출	액체나 기체 혼합물을 분리하기 위해 흡착면을 갖고 있거나 특정 용질과 반응할 수 있는 화합물이 표면에 피복되어 있는 고체를 사용함
급속 용매 추출 (accelerated solvent extraction)	추출 속도나 추출 범위를 크게 하기 위해 높은 온도와 압력 사용
Soxhlet 추출	고체 시료로부터 특정 화합물을 얻기 위해 증류와 추출을 같이 사용함
초임계 유체 추출 (supercritical fluid extraction)	추출상으로 초임계 유체를 사용함

(3) 다단계 추출

시료에서 추출하고자 하는 성분을 보다 많이 뽑아내기 위해서 그림 25.1에서 설명한 추출을 여러 번 반복할 수 있다. 따로 준비한 같은 부피의 상 2(추출제)로 여러 번 추출할 때 매회 제거되고 남은 용질의 분율은 같지만 추출되는 용질의 전체 양은 늘어날 것이다. 두 상을 분리한 후 새로운 용매(상 2)를 V_2 mL 가한 후 평형에 도달했을 때 상 1에 남아 있는 용질의 분율 $r_{상1,2}$은 다음과 같이 된다.

$$r_{상1,2} = r \cdot r = \left(\frac{V_1}{V_1 + KV_2}\right)^2$$

같은 V_2 부피로 이런 추출을 n번 반복했을 때 상 1에 남아 있는 용질의 분율 $r_{상1,n}$은 다음과 같이 표시할 수 있다.

$$r_{상1,n} = r^n = \left(\frac{V_1}{V_1 + KV_2} \right)^n \qquad (25-9)$$

3 크로마토그래피란 무엇인가?

추출은 시료에서 특정 성분을 분리해 내거나 방해가 되는 성분을 제거하는 데 유용하지만 물리적, 화학적 성질이 비슷한 화합물들을 분리하는 데는 한계가 있다. 이러한 화합물들을 분리하거나 복잡한 혼합물을 분석하는 데 **크로마토그래피**(chromatography)를 사용한다. 크로마토그래피의 기본적 원리는 추출과 같지만 강력한 분리 능력이 있다. 상 하나는 고정되어 있고 이 상과 접촉하는 다른 상이 이동한다는 점이 추출과 다르다.

크로마토그래피는 1903년 러시아 식물학자 Mikhail Tswett가 엽록소나 크산토필 같은 식물의 색소를 분리하기 위하여 발명하였다. 그는 유리관에 미세하게 부순 탄산 칼슘을 채우고 여기에 이들 색소가 녹아 있는 용액이 흘러내리도록 하여 분리하였다. 분리된 색소는 관에서 색깔을 가진 띠로 나타났다. 이 때문에 그리스어로 '색깔'을 의미하는 chroma와 '쓴다'는 의미를 갖는 graphein이 합쳐져서 chromatography라는 이름이 붙었다.

최근 50여 년 이상 크로마토그래피는 폭발적으로 그 쓰임새가 성장하였다. 그 배경에는 새로운 여러 가지 크로마토그래피 기술이 발달한 점도 있고 과학자들에게 복잡한 혼합물의 조성 및 특성을 분석하기 위해 보다 나은 방법이 필요하다는 인식이 빠르게 증가한 탓도 있다. 과학에서 크로마토그래피 분야가 차지하는 큰 비중은 1952년 A. J. P. Martin과 R. L. M. Synge가 이 분야에서 거둔 업적으로 노벨 화학상을 받음으로써 입증되었다. 그 이후에도 크로마토그래피가 핵심적인 역할을 했던 연구업적에 대해 많은 노벨 화학상이 수여되었다.

(1) 크로마토그래피의 정의

하나의 상은 분리관 내에서 불활성 고체 입자 표면에 물리적으로 흡착되거나 화학적으로 결합되어 있기 때문에 움직이지 않는다. 이것을 **정지상**(stationary phase)이라고 한다. 어떤 경우는 고체 입자 자신이 정지상이 되기도 한다. 다른 상은 정지상이 채워져 있는 분리관을 흘러내리는데 이것을 **이동상**(mobile phase)이라고 한다. 액체나 기체가 이동상으로 쓰인다. 시료에 있는 용질들은 이 두 상 사이를 자유로이 이동할 수 있다. 용질의 성질에 따라 두 상 사이에 이들의 분포가 달라진다. 따라서 분리관을 통과하는 시간이 각기 달라지므로 용질들을 분리해 낼 수 있는데 이러한 분리 기술을 크로마토그래피라고 한다.

그림 25.3에서 보는 것과 같이 유리관에 정지상을 채우고 다시 용매를 채우면 분리관이 된다. 용매는 이동상 역할을 하게 될 것이다. 용질 A와 B가 녹아있는 시료를 분리관 위에 붓고 분리관 아래 출구를 열면 용질 A와 B는 아래쪽으로 이동하게 된다. 분리관 입구에 새로운 용매를 계속해서 부어 주면 A와 B는 계속 흘러내린다. 용질 B가 A보다 정지상에 더 잘 녹는다고 가정하면 B는 정지상에 녹아 있는 시간이 더 길고 A는 상대적으로 이동상에 녹아 있는 시간이 더 길 것이다. 결과적으로 용질 A는 B보다 더 빨리 흘러내려 분리관을 빠져나올 것이다. 분리관 아래 출구에 검출기를 두면 이들이 각각 따로 분리되어 나오는 것을 확인할 수 있고, 또 비커로 각각을 따로 모을 수 있다. 분리관으로 들어가는 액체는 **용리액**(eluent)이라 하고 분리관에서 흘러나오는 액체는 **용출액**(eluate)이라고 한다. 크로마토그래피 분리관을 이동상이 통과하는 과정을 **용리**(elution)라고 한다. 용리 과정에서 성분 A와 B의 농도 분포가 어떻게 변하는지 그림 25.4에서 볼 수 있다. 시간이 지남에 따라 피크 A와 B 사이의 거리는 멀어지는 반면, 각 피크의 폭이 넓어지는 현상을 확인할 수 있다.

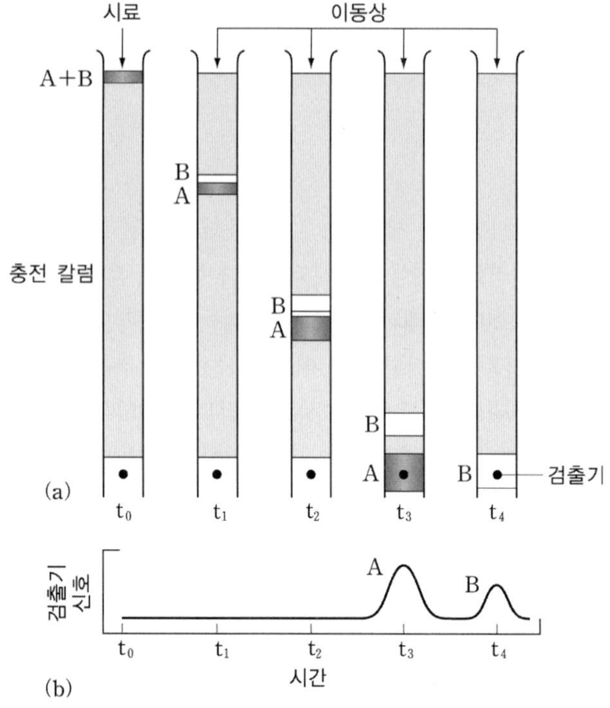

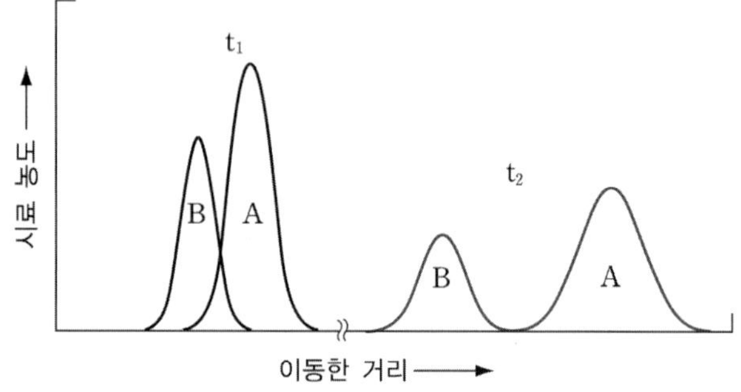

그림 25.3 (a) 화합물 A와 B가 섞인 혼합물을 관 크로마토그래피로 분리시키는 과정. (b) (a)에서 보는 바와 같이 여러 가지 용리 단계에서 검출기에 나타나는 신호

그림 25.4 그림 25.3(a)와 같이 용질이 관을 따라 흘러내릴 때 성분 A와 B의 피크가 시간에 따라 변하는 모양. 시간 t_1과 t_2는 그림 25.3(a)에 표시되어 있다.

분리관에는 **충전 칼럼**(packed column)과 **열린관 칼럼**(open tubular column)이 있다. 충전 칼럼은 그림 25.3에서 보는 것처럼 정지상 입자들로 채워져 있다. 열린관 칼럼은 내부가 비어 있는 가는 모세관인데 정지상은 관의 내부 벽에 코팅되어 있다.

(2) 크로마토그래피의 종류

다양한 형태의 크로마토그래피가 쓰이고 있다. 이들의 이동상, 고정상, 지지 입자에 따라 이들을 분류할 수 있다. 가장 일반적인 방법은 이동상에 따라 나누는 것이다. 이동상이 기체이면 **기체 크로마토그래피**(gas chromatography, GC), 이동상이 액체이면 **액체 크로마토그래피**(liquid chromatography, LC)라고 한다. 초임계 유체(supercritical fluid)를 이동상으로 이용하는 경우도 있는데 이 방법은 **초임계 유체 크로마토그래피**(supercritical fluid chromatography, SFC)라고 한다.

크로마토그래피를 용질과 정지상 사이에 일어나는 상호 작용의 메커니즘에 따라 분류하면 다음과 같다.

① **흡착 크로마토그래피**(adsorption chromatography)

최초로 등장한 크로마토그래피로서 1903년 Tswett에 의해 개발되었다. 고체 지지 입자 표면이 정지상 역할을 하며 이동상으로는 액체나 기체를 사용할 수 있다. 용질은 고체 입자에 흡착됨으로써 이동 속도가 느려지는데 강하게 흡착될수록 이동 속도는 더욱 느려진다. 활용성이나 사용의 편의성 등에서 분배 크로마토그래피에 밀리기 때문에 최근에는 이용이 줄어들고 있다.

② **분배 크로마토그래피**(partiton chromatography)

액체 상태의 정지상은 고체 지지 입자 표면에 흡착되거나 화학적으로 결합되어 있고 이동상으로는 기체나 액체를 사용한다. 용질은 두 상에 모두 녹을 수 있어서 용해도에 따라 분배되어 평형에 도달한다. 정지상에 잘 녹는 용질은 정지상에 머무르는 시간이 길기 때문에 분리관을 통과하는 데 시간이 많이 걸린다. 크로마토그래피에서 가장 널리 쓰이는 방법이다.

③ **이온 교환 크로마토그래피**(ion-exchange chromatography)

각종 이온들을 분리하는 데 사용하는 방법이다. 정지상으로 폴리스타이렌 수지(resin)에 설폰산기($-SO_3^-H^+$), 3차 아민기[$-N(CH_3)^+OH^-$] 같은 이온성기를 공유 결합으로 연결해 놓은 입자를 사용한다. 이동상은 전해질 용액을 사용한다. 정지상의 이온성기는 반대 전하를 가진 이온들을 정전기적 인력으로 끌어당기기 때문에 이온 교환 평형이 일어난다. 정지상에 강하게 결합하는 이온은 분리관을 통과하는 데 보다 많은 시간이 걸린다.

④ **분자 배제 크로마토그래피**(molecular exclusion chromatography)

분자량이 매우 큰 화합물을 분리하는 데 매우 유용한 기술이다. 정지상은 다양한 크기의 구멍이 있는 다공성 젤을 사용한다. 정지상과 용질 사이에는 아무런 물리적 상호 작용이 없는 경우가 이상적이다. 용질 분자는 단순히 그 크기에 따라 분리된다. 정지상 젤에 있는 구멍보다 부피가 큰 분자는 젤에 들어가지 못하고 작은 분자는 구멍에 들어갈 수 있다. 분자의 부피가 클수록 젤에 들어갈 수 있는 기회가 적기 때문에 칼럼을 빨리 통과할 수 있다. 작은 분자는 더 많은 구멍 속으로 들어갈 수 있다. 이들이 칼럼을 통과하기 위해서는 이동상이 더 많이 흘러야 하기 때문에 시간이 더 많이 걸린다. 따라서 분자의 부피와 칼럼을 통과하는 데 걸리는 시간은 반비례하게 된다. 이 방법은 **젤 거르기**(gel filtration), **젤 투과**(gel permeation), **크기 배제**(size exclusion) 크로마토그래피라고도 한다.

⑤ **친화 크로마토그래피**(affinity chromatography)

정지상에 고정되어 있는 분자와 어떤 용질 분자 사이에 특별한 상호 작용이 있는 경우 이 용질 분자만 분리해 낼 수 있다. 때문에 크로마토그래피 중에서 가장 선택성이 높은 분리 방법이다. 예를 들어 특정 단백질과 상호 작용할 수 있는 항체를 정지상 입자에 화학적으로 결합해 놓은 경우를 생각해 보자. 시료에 수백 종의 단백질이 들어 있지만 이 항체는 특정 단백질 하나하고만 결합하게 된다. 따라서 시료가 칼럼을 통과할 때 이 항체와 결합한 단백질만 칼럼 내에 남고 나머지는 전부 빠져나간다. 모든 용질 분자들을 칼럼에서 씻어내고 난 뒤 칼럼 내에 남아 있는 특정 단백질은 이온 세기, pH 같은 이동상의 조성이나 환경 등을 바꿔줌으로써 회수할 수 있다.

(3) 크로마토그래피의 용도

크로마토그래피가 갖고 있는 최대 강점은 복잡한 시료에 있는 개개 성분들을 분리해 내어 이들을 보다 쉽게 확인하고 정량 분석할 수 있다는 점이다. 많은 분석 방법들이 간단한 시료를 다룰 때는 아무런 문제가 없지만 복잡한 시료를 분석하려 할 때는 난관에 봉착하는 경우가 많다. 이럴 때 흔히 크로마토그래피가 필수적인 수단으로 쓰인다. 동시에 칼럼을 통과해 나오는 용질을 관찰하여 이들이 어떤 화합물인지 확인하고 정량 분석하기 위해서는 크로마토그래피 외 또 다른 분석기기가 필요하였다. 결국 크로마토그래피는 시료를 분리하는 부분과 이를 검출하는 부분을 하나의 시스템으로 결합하는 방향으로 발전하여 이제는 간단한 시료든 환경 시료처럼 복잡한 시료든 관계없이 분석에 매우 유용한 도구가 되었다.

① 크로마토그래피를 이용한 분리

분석 화학에서 크로마토그래피 실험을 하는 가장 통상적인 방법은 소량의 시료를 칼럼에 주입하고 난 후 각 성분이 이를 통과하는 데 걸리는 시간이나 이동상의 부피를 측정하는 것이다. 이처럼 분리에 걸리는 시간이나 용리에 필요한 이동상의 부피는 칼럼 끝에 위치한 검출기의 감응을 이용한 그래프를 그려서 구한다. 그림 25.5에서와 같은 그래프를 **크로마토그램**(chromatogram)이라고 한다. 이 그림은 아주 일반적인 크로마토그램을 보여 주는데 이러한 도시(plot)를 설명하는 데 필요한 몇 가지 용어를 알아보자.

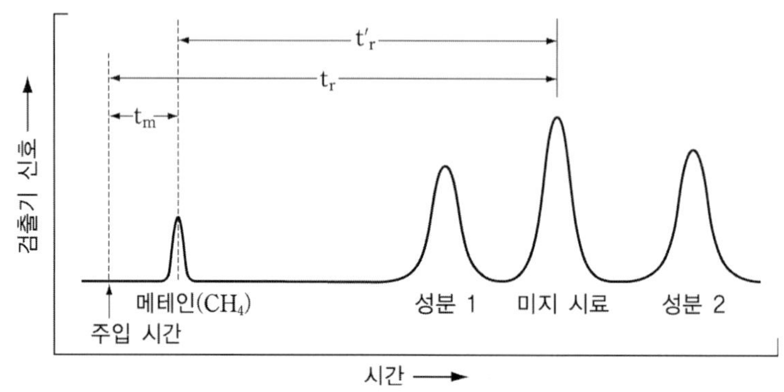

그림 25.5 기체 크로마토그램(gas chromatogram)의 머무름 시간을 어떻게 측정하는지 보여 주는 그림. 성분 1과 성분 2는 어떤 화합물인지 알고 있는 표준 물질을 뜻한다.

칼럼에 주입된 시료의 각 성분이 검출기까지 도달하는 데 걸리는 시간을 **머무름 시간**(retention time, t_r)이라고 한다. 이동상은 칼럼을 가장 빨리 통과한다. 정지상과 전혀 결합하지 않는, 다시 말해 정지상에 전혀 머무르지 않는 용질도 이동상과 같은 속도로 칼럼을 통과할 것이다. 이 용질과 이동상이 칼럼을 통과하는 데 걸리는 시간을 **틈새 시간**(void time, t_m)이라고 한다. 머무름 시간의 크기는 용질 분자의 구조뿐 아니라 정지상과 이동상의 형태와 성질에 의해 결정된다. 머무름 시간은 크로마토그램에서 피크를 확인하는 유용한 수단이 된다. 기체 크로마토그래피에서는 일반적으로 CH_4의 머무름 시간과 부피를 t_m과 V_m으로 사용한다.

크로마토그래피에서 물질의 이동을 용리 부피(elution volume)로 표시할 수도 있다. 용질이 칼럼을 통과하는 데 필요한 이동상의 평균 부피를 **머무름 부피**(retention volume, V_r)라고 한다. 마찬가지로 정지상에 전혀 머무르지 않는 용질이 칼럼을 통과하는 데 필요한 이동상의 부피를 **틈새 부피**(void volume, V_m)라고 한다. t_r과 V_r, t_m과 V_m 사이의 관계는 다음과 같다.

$$V_r = t_r F \quad (25-10)$$

$$V_m = t_m F \quad (25-11)$$

여기서 F는 이동상의 유속인데 단위 시간당 부피로 표시한다.

예제 | 25.1

어떤 용질이 칼럼을 통과하는 데 걸리는 머무름 시간은 10.37분이고 이동상의 유속은 1.46 mL/분이라 가정하자. 또 같은 조건에서 틈새 시간은 0.73분이다. 머무름 부피와 틈새 부피는 얼마인가?

풀이

$V_r = t_r F = (10.37분)(1.46\ mL/분) = 15.14\ mL$

$V_m = t_m F = (0.73분)(1.46\ mL/분) = 1.07\ mL$

그림 25.4를 보면 크로마토그램의 각 피크는 머무름 시간이 길어질수록 폭이 넓어진다. 이러한 현상을 **띠넓어짐**(band broadening)이라 하는데 정지상에 거의 머무르지 않는 용질에서도 일어난다. 띠넓어짐은 용질이 같은 분자라 할지라도 개개 분자들의 머무름 시간이 동일하지 않고 서로 차이가 생기기 때문에 일어난다. 이상적인 경우 개별 분자의 머무름 시간은 가우스 분포(Gaussian distribution)를 갖는다.

② 크로마토그래피의 응용

여러 가지 화합물이 섞여 있는 혼합물의 크로마토그램에서 우선 얻을 수 있는 정보는 피크의 개수, 위치 그리고 크기 같은 총체적인 것이다. 여기서 분석하고자 하는 시료의 특성을 나타내는 지문 형태, 대략적인 화학적 성질 같은 정보를 얻을 수 있다. 머무름 시간이나 머무름 부피는 화합물의 구조와 연관되어 있어서 화학적으로 확인하는 데 쓰일 수 있다. 크로마토그래피로 정량 분석도 가능한데 이를 위해서는 특정 성분의 피크가 다른 성분의 피크와 겹치지 않고 완전히 분리되어야 한다. 널리 쓰이는 방법으로는 특정 화합물의 표준 용액을 준비하여 이것을 칼럼에 주입한다. 크로마토그램에서 피크의 높이나 면적을 측정하여 검정 곡선을 그리고, 이를 이용하여 이 성분의 농도를 구할 수 있다. 시료의 전처리 과정이나 주입에서 생기는 변수들을 보정하기 위해 표준물 첨가법으로 정량 분석할 수도 있다.

4 크로마토그래피의 원리

(1) 크로마토그램

용질은 정지상에서 일정 시간 동안 머무르기 때문에 칼럼을 통과하는 데 틈새 시간 t_m보다 더 많은 시간이 걸린다. 우리가 필요로 하는 정보는 이렇게 추가로 더 걸리는 시간인데, 이것을 조정 머무름 시간(adjusted retention time, t_r') 이라고 한다. 머무름을 용리 부피로 표시하면 같은 방법으로 조정 머무름 부피(adjusted retention volume, V_r')로 표시할 수도 있다.

조정 머무름 시간: $t_r' = t_r - t_m$ (25-12)

조정 머무름 부피: $V_r' = V_r - V_m$ (25-13)

조정 머무름 시간과 조정 머무름 부피는 머무름 시간과 머무름 부피에서 칼럼의 틈새 시간과 틈새 부피에서 생기는 효과가 보정되어 있다. t_r' 과 V_r' 는 시료와 고정상, 시료와 이동상 사이의 상호 작용이 얼마나 큰지를 나타내는 직접적인 척도라고 할 수 있다.

크로마토그램의 각 띠에 대한 **머무름 인자**(retention factor) k도 t_m과 V_m을 보정한 것이다.

머무름 인자: $k = \dfrac{t_r - t_m}{t_m} = \dfrac{t_r'}{t_m}$ 또는 $k = \dfrac{V_r - V_m}{V_m} = \dfrac{V_r'}{V_m}$ (25-14)

머무름 인자를 이전에는 **용량 인자**(capacity factor)라 불렀고 기호도 k가 아니라 k'을 사용하였다. 위 식으로 k를 계산할 때 분모와 분자에 같은 단위를 사용해야 한다. 그리고 k를 머무름 시간으로 계산하든 머무름 부피로 계산하든 결과는 같다. 어떤 성분의 머무름 인자가 크다는 말은 이 성분이 정지상에 오래 머무른다는 말이고 따라서 칼럼을 통과하는 데 시간이 오래 걸린다는 것을 의미한다. 머무름 인자는 이동상의 유속에 영향을 받지 않기 때문에 머무름을 나타내는 지표로서 t_r이나 t_r'보다 더욱 신뢰할 수 있다. 또 다른 장점으로는 k는 t_r'을 t_m으로 나눈 상대적인 값이기 때문에 단위가 없다는 점이다.

두 성분 1과 2의 머무름 시간이 얼마나 다른지 나타내는 척도를 상대 머무름(relative retention, α)이라고 한다. 상대 머무름은 선택 인자(selectivity factor), 또는 분리 인자(separation factor)라고도 한다.

$$\text{상대 머무름: } \alpha = \frac{t'_{r2}}{t'_{r1}} \tag{25-15}$$

항상 조정 머무름 시간이 긴 성분을 분자로 두기 때문에 $t'_{r2} > t'_{r1}$이고 $\alpha > 1$가 된다. α 값이 클수록 두 성분 피크 사이의 거리는 멀어지기 때문에 분리가 잘 된다. 또 상대 머무름은 이동상의 유속과는 거의 무관하기 때문에 유속이 다른 크로마토그램에서 특정 성분의 피크를 확인하는 데 유용하게 쓰인다. 두 성분의 조정 머무름 시간 대신 머무름 시간의 비를 사용할 때도 있는데 이것을 **조정 없는 상대 머무름**(unadjusted relative retention, γ)이라 부른다.

$$\text{조정 없는 상대 머무름: } \gamma = \frac{t_{r2}}{t_{r1}} \tag{25-16}$$

머무름 시간의 역수는 용질이 칼럼 내를 이동하는 속도이므로 γ는 두 성분의 이동 속도 비의 역수가 된다.

(2) 머무름 시간에 영향을 주는 인자-분배 계수

크로마토그래피에서 용질의 머무름 시간은 용질, 정지상, 이동상 사이에 일어나는 분자간 힘에 의해서 결정된다. 이러한 화학종 사이에 작용하는 힘에는 분산력(dispersion force), 쌍극자－쌍극자 상호 작용, 수소 결합, 이온간 상호 작용 등이 있다. 이들 개개의 힘은 화학 결합을 만드는 힘에 비하면 매우 약하지만 화합물의 끓는점, 용해도 그리고 두 상 사이에 용질의 분배 등의 결정에 매우 중요한 역할을 한다.

이제 특정 성분의 머무름 시간과 분배 계수 사이의 관계에 대해 생각해 보자. 어떤 용질이 정지상과 상호 작용이 전혀 없어서 정지상에 머무르지 않고 모든 시간을 이동상에서만 보낸다면 용리 시간은 t_m과 같다. 이때 (25－14) 식에 의해 머무름 인자 $k = 0$이 된다. 용질이 정지상에 머무르지 않기 때문에 정지상에 머무르는 용질의 농도는 0이다. 용질－정지상, 용질－이동상 사이의 상호 작용이 똑같다고 가정하면 용질이 정지상과 이동상에서 보내는 시간이 평균적으로 같을 것이다. 이때는 정지상에 머무르는 용질의 몰수와 이동상에 머무르는 용질의 몰수가 같게 된다. 그래서 $t_r = 2t_m$이 되고 $k = 1$이 된다. 용질－정지상 사이의 상호 작용이 용질－이동상 사이의 상호 작용보다 강해서 용질이 정지상에서 보내는 시간이 이동상에서 보내는 시간보다 평균적으로 2배 길다고 가정하자. 마찬가지로 정지상에 머무르는 용질의 몰수는 이동상에 머무르는 용질 몰수의 2배가 될 것이다. 이때는 $t_r = 3t_m$이고 $k = 2$가 된다. 따라서 머무름 인자의 정의를 다음과 같이 표현할 수 있다.

$$k = \frac{\text{용질이 정지상에 머무르는 시간}}{\text{용질이 이동상에 머무르는 시간}} = \frac{\text{정지상에 머물고 있는 용질의 몰수}}{\text{이동상에 머물고 있는 용질의 몰수}}$$

이것을 수식으로 표현하면 다음과 같다.

$$k = \frac{c_s V_s}{c_m V_m} \tag{25-17}$$

여기서 c_m은 이동상에 머무르고 있는 용질의 농도, V_m은 이동상의 부피이며 c_s는 정지상에 머무르고 있는 용질의 농도, V_s는 정지상의 부피이다.

용매 추출과 같이 분배를 바탕으로 하는 분리에서는 정지상과 이동상 사이에서 시료 성분이 평형을 이룬다. 크로마토그래피에서는 추출과 달리 이동상과 시료 성분이 칼럼 내를 움직이지만 그 이동 속도가 충분히 느리다면 이러한 평형을 적용할 수가 있다. 크로마토그래피 피크의 중심 부분에서 주입된 시료가 두 상 사이에서 국부 평형(local equilibrium)에 근접해 가는 것을 관찰할 수 있다. 시료에 해당하는 피크가 칼럼을 통해 이동함에 따라 피크의 중심과 국부 평형의 위치도 더불어 이동해 나가게 된다. 그래서 칼럼 내 피크의 중심

부분에서 평형이 이루어졌다고 가정하면 정지상과 이동상에서 용질의 농도비 c_s/c_m는 용매 추출에서 설명한 분배 계수(partition coefficient) K가 된다.

$$K(\text{분배 계수}) = \frac{c_s}{c_m}$$

이 관계식을 식 (25－17)에 대입하여 머무름 시간과 분배 계수 사이의 관계식을 얻을 수 있다.

$$k = K\frac{V_s}{V_m} \qquad (25-18)$$

위 식은 머무름 시간을 분배 계수, 이동상과 정지상의 부피로 나타낸 것인데 머무름 인자 k 값은 분배 계수 K에 비례하는 것을 알 수 있다. 그래서 두 성분 1, 2에 대한 상대 머무름 α는 다음과 같이 쓸 수 있다.

$$\text{상대 머무름:} \quad \alpha = \frac{t'_{r2}}{t'_{r1}} = \frac{K_2}{K_1} \qquad (25-19)$$

여기서 t'_{r1}, t'_{r2}, 그리고 K_1, K_2는 각각 성분 1, 2의 머무름 인자와 분배 계수를 말한다. 또 식 (25－14)에서 $k = t'_r / t_m$이므로 상대 머무름 α는 각 성분의 머무름 인자의 비로 표시할 수도 있다.

$$\alpha = \frac{k_2}{k_1} \qquad (25-20)$$

여기서 k_1, k_2는 성분 1, 2의 머무름 인자이다.

5 띠넓어짐과 칼럼 효율

크로마토그래피에서 화합물들이 잘 분리되려면 우선 각 성분에 해당하는 띠의 머무름 시간의 차이가 커야 한다. 머무름 시간이 차이가 조금 있더라도 띠의 폭이 넓으면 띠의 일부가 겹칠 수 있어 분리가 나빠진다. 이 절에서는 용질이 칼럼을 통과하는 동안 띠가 왜 넓어지는지 알아보고 칼럼의 효율을 보다 정량적으로 다루어보기로 한다.

(1) 속도 이론

용리 띠(elution peak)의 넓이나 모양을 정량적인 항으로 나타내고자 할 때 크로마토그래피의 속도 이론에서는 용질 분자의 칼럼 내 이동을 무작위 운동(random－walk) 메커니즘으로 다루게 된다. 크로마토그램을 살펴보면 용리 띠의 모양이 가우스 오차 곡선(Gaussian error curve)과 매우 흡사하다는 것을 알 수 있다. 분자들이 칼럼을 이동하는 동안 여러 개개 분자들의 무작위적인 운동이 더해져서 이러한 현상이 나타나는 것이다.

용리하는 동안 용질 분자는 이동상과 정지상 사이를 수천 번 이상 오가게 된다. 분자가 다른 상으로 이동하려면 에너지가 필요한데 이 에너지는 주위에서 얻어야 한다. 또 어떤 상에 머무르는 시간이 매우 불규칙하여 어떤 때는 특정상에 좀 오래 머물게 되고 어떤 때는 잠시 머무르고 다른 상으로 재빨리 이동할 것이다. 분자는 이동상에 머무르는 동안에만 이동이 가능하다는 점을 명심하라. 어떤 분자가 우연히 이동상에 평균보다 오랫동안 머무르면 빨리 이동할 수 있는 반면, 정지상에 평균보다 오래 머무르다면 다른 분자들보다 느리게 이동하게 된다. 이러한 무작위적인 개별 과정 때문에 분자들의 이동 속도는 평균값을 중심으로 대칭적인 분포를 갖게 되어 용리 띠가 가우스 오차 곡선 모양이 된다.

칼럼 아래로 내려갈수록 같은 용질 분자가 존재하는 띠의 넓이는 넓어진다. 그만큼 분자가 퍼질 수 있는 시간이 길어지기 때문이다. 띠의 넓이는 칼럼에 머무르는 시간에 직접 비례하고 이동상이 흐르는 유속에는 반비례한다.

크로마토그램에서 띠의 모양이 가우스 오차 곡선과 다르게 나타나는 띠도 흔히 볼 수 있다. 봉우리가 서서히 올라가다가 정점을 지난 뒤 급하게 떨어지는 경우와 봉우리 뒷부분이 보다 천천히 감소하는 꼬리 끌기(tailing) 현상이 생기는 경우가 있다. 이런 일은 일반적으로 분배 계수가 농도에 따라 달라지기 때문에 생긴다. 봉우리 뒷부분이 급격하게 떨어지는 경우는 시료가 칼럼에 적정량보다 많이 주입된 경우에 흔히 나타난다. 일부 용질이 정지상의 어떤 부분에 머무르는 시간이 길어지면 꼬리 끌기가 나타난다. 예를 들면 칼럼이나 정지상 입자 표면에는 $-OH$기가 있는데 이것들은 용질이 극성 분자인 경우 이들과 수소 결합을 형성한다. 이런 강한 상호 작용이 꼬리 끌기를 야기한다. 이 $-OH$기를 $(CH_3)_3SiNHSi(CH_3)_3$(hexamethyldisilazine)과 반응시켜 비극성기로 바꿔주면 꼬리 끌기를 현저히 줄일 수 있다.

$$\begin{array}{c} OH \quad\quad OH \\ | \quad\quad\quad | \\ -Si-O-Si- \\ | \quad\quad\quad | \end{array} + (CH_3)_3SiNHSi(CH_3)_3 \longrightarrow \begin{array}{c} (CH_3)_3SiO \quad\quad OSi(CH_3)_3 \\ | \quad\quad\quad | \\ -Si-O-Si- \\ | \quad\quad\quad | \end{array} + NH_3 \qquad (25-21)$$

(2) 칼럼 효율

크로마토그래피 칼럼의 효율을 나타내는 정량적인 척도로 **단높이**(plate height, H)와 **이론단수**(number of theoretical plate, N)가 널리 쓰인다. 원유를 끓는점 차이를 이용하여 가솔린, 등유, 경유 등으로 분리하는 분별 증류에서는 증류탑을 사용한다. 증류탑 내부에는 여러 개의 단(plate)이 있어서 각 단에서 기체–액체 평형이 불연속적인 단계로 이루어진다. 크로마토그래피 칼럼에는 실제 단이 없지만 개별로 분리된 많은 수의 좁은 단이 연속적으로 존재하는 것으로 가정한다. 이 단을 **이론단**(theoretical plate)이라 부른다. 단높이는 이론단 해당 높이(height equivalent to a theoretical plate, HETP)라고도 한다. 근사적으로 단높이는 정지상과 이동상 사이에서 용질이 한번 평형을 이루는 데 필요한 칼럼의 길이에 해당한다. 그래서 용질의 이동을 한 단에서 다음 단으로 이동상이 평형을 이루며 단계적으로 이동하는 것으로 다룰 수 있다. 그러나 실질적으로 일정한 속도로 움직이는 이동상과 평형 상태는 절대 이루어질 수 없다.

① 단높이의 정의

이론단수는 칼럼에 있는 단의 개수를 말한다. 이론단수와 단높이 사이의 관계는 다음과 같다.

$$N = L/H \qquad (25-22)$$

여기서 L은 칼럼의 길이인데 시료가 주입되는 지점부터 검출기까지의 거리로 정의한다. 단높이가 작아지면 이론단수는 증가하고 이에 따라 크로마토그래피 칼럼의 효율은 높아진다. 칼럼의 형태, 정지상과 이동상의 차이로 인하여 칼럼의 효율은 매우 다양하다. 같은 칼럼에서도 다른 용질의 단높이는 서로 다르다. 뒤에 언급하겠지만 확산 계수가 용질마다 다르기 때문이다. 단높이를 비교해 보면 기체 크로마토그래피에서 약 0.1~1 mm

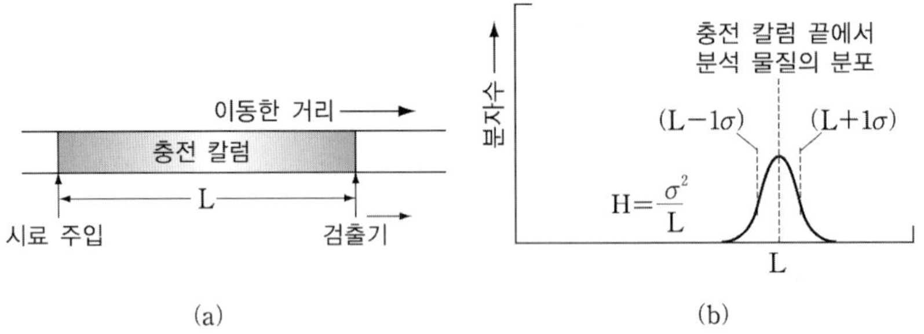

그림 25.6 이론단 높이 H의 정의. (a) 칼럼 길이는 시료가 주입되는 지점부터 검출기까지의 거리를 말한다. (b) 시료 분자들의 분산이 가우스 분포와 같다는 것을 알 수 있다.

정도이고 고성능 액체 크로마토그래피에서는 약 10 μm이며 모세관 전기 이동법에서는 1 μm 이하가 된다.

가우스 오차 곡선의 넓이는 표준 편차 σ와 가변도(variance) σ^2으로 나타낸다. 크로마토그래피 띠의 모양은 이러한 가우스 곡선과 같다고 가정할 수 있으므로 칼럼의 효율은 칼럼의 단위 길이당 가변도로 정의하는 것이 편리하다.

$$H = \frac{\sigma^2}{L} \qquad (25-23)$$

여기서 H는 단높이인데 이것은 칼럼의 효율을 나타내는 지표가 된다. 그림 25.6은 시료가 칼럼의 끝에 도달했을 때, 즉 머무름 시간에서 용질 분자들의 분포를 보여 준다. 분포는 가우스 곡선이며 L은 cm, σ^2은 cm^2 단위를 가지므로 H의 단위는 cm가 된다. 단높이는 L과 $L-\sigma$ 사이에 있는 시료의 분율이 포함된 칼럼의 길이라고 생각할 수 있다. 가우스 오차 곡선에서 $\pm 1\sigma$ 경계 내의 면적은 띠 전체 면적의 약 68%이고 위 정의에 따라 단높이에는 대략 시료의 34%가 포함되어 있다.

② 단높이와 이론단수의 측정

이상적인 가우스 피크를 가진 크로마토그램을 그림 25.7에서 볼 수 있다. 크로마토그램은 가로축의 단위가 시간이므로 그래프에서 직접 얻은 시료 띠의 가변도의 단위는 s^{2}이 되고 보통 τ^2으로 표시한다. σ^2의 단위가 cm^{2}인 것과 혼동하지 않도록 조심해야 한다. 이들 표준 편차 σ와 τ 사이의 관계는 다음과 같다.

$$\tau = \frac{\sigma}{L/t_r} = \frac{\sigma}{v'} \qquad (25-24)$$

v'은 용질의 평균 속도(cm/s)이다.

그림 25.7에서 크로마토그래피 피크의 양쪽 면에 있는 변곡점에서 접선을 긋고 이것을 연장하면 크로마토그램의 바탕선과 만나 삼각형을 이룬다. 이 피크가 가우스 곡선이라면 삼각형의 면적은 대략적으로 이 피크 전체 면적의 96%가 된다는 것을 알 수 있다. 또 가우스 피크의 꼭짓점에서 $\pm 2\sigma$ 범위에 속하는 면적은 피크 전체 면적의 96%에 해당한다는 것도 잘 알려져 있다. 그래서 시료 피크의 최댓값으로부터 근사적으로 $\pm 2\sigma$ 되는 곳에서 절편이 나온다. 그리고 $W = 4\tau$가 되는데 여기서 W는 삼각형의 밑변의 길이를 말한다. 이러한 관계식을 식 (25-24)에 대입하고 정리하면 다음 식을 얻을 수 있다.

$$\sigma = \frac{LW}{4t_r} \qquad (25-25)$$

이 식을 식 (25-23)에 대입하면 단높이에 대한 식을 얻는다.

$$H = \frac{LW^2}{16t_r^2} \qquad (25-26)$$

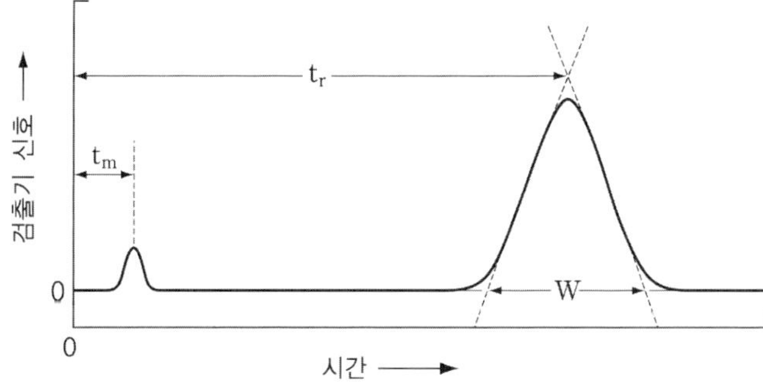

그림 25.7 크로마토그램의 피크가 이상적인 가우스 분포를 가질 때 이론단수를 결정하는 방법

이 식을 식 (25-22)에 대입하면 N 값을 얻을 수 있다.

$$N = 16\left(\frac{t_r}{W}\right)^2 \tag{25-27}$$

그래서 크로마토그램에서 t_r, W, L을 구하면 단높이와 이론단수를 계산할 수 있다. 그러나 이 계산은 어디까지나 근사적인 것이고 크로마토그램의 띠 모양이 가우스 피크라는 가정하에서만 가능하다는 점을 기억해야 한다.

(3) 분리도

용질은 크로마토그래피 칼럼을 지나가는 동안 점차 옆으로 퍼지기 때문에 띠는 가우스 곡선 모양이 되는데 그 폭은 표준 편차 σ에 의해 결정된다. 머무름 시간이 길수록 폭은 더욱 넓어진다. 띠의 폭은 $W_{1/2}$과 W 두 가지로 정의한다. $W_{1/2}$은 띠 전체 높이의 중간 지점에서 띠의 넓이이고 W에 대한 정의는 앞에서 설명하였다. 가우스 곡선의 정의에 의하면 $W_{1/2} = 2.35\sigma$이고 $W = 4\sigma$이다.

크로마토그램에 있는 두 띠의 분리도(resolution)는 다음과 같이 정의한다.

$$\text{분리도} = \frac{\Delta t_r}{W_{av}} = \frac{\Delta V_r}{W_{av}} = \frac{0.589\Delta t_r}{W_{1/2av}} \tag{25-28}$$

여기서 Δt_r, ΔV_r은 각각 시간과 부피 단위로 표시한 띠 사이의 거리이고 W_{av}는 시간이나 부피 단위로 표시한 바탕선에서 측정된 두 띠의 평균 폭이다. $W_{1/2av}$는 띠 전체 높이의 중간 지점에서의 평균 넓이인데 이 값은 측정이 쉽기 때문에 선호하는 경향이 있다.

두 개의 대칭인 띠가 가까이 있는 경우 이론단수와 분리도 사이의 관계식은 다음과 같이 쓸 수 있다.

$$\text{분리도} = \frac{\sqrt{N}}{4}(\gamma - 1) \tag{25-29}$$

여기서 N은 이론단수, γ는 식 (25-16)에서 정의한 조정 없는 상대 머무름이다. 이 식에서 우선 분리도는 $\sqrt{N}$에 비례한다는 것을 알 수 있다. 칼럼 길이를 2배로 하면 N이 2배가 되고 분리도는 $\sqrt{2}$ 배로 증가하게 된다. 또 분리도는 γ에 비례한다. 조정 없는 상대 머무름은 두 성분의 머무름 시간의 비이다. 이 비가 크다는 것은 칼럼을 지나가는 두 성분의 속도가 크게 다르다는 것을 의미하므로 γ가 커지면 분리도가 커지게 된다.

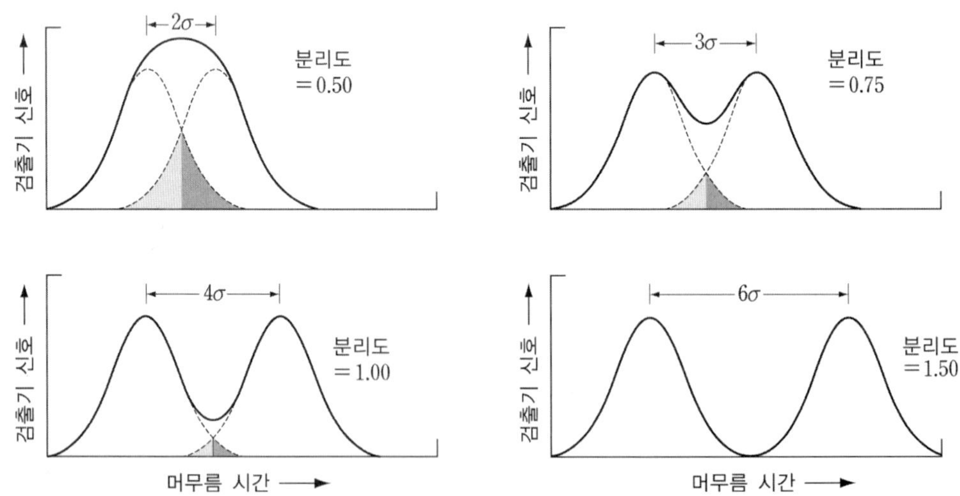

그림 25.8 면적과 띠너비가 같은 두 가우스 피크의 분리도. 점선은 개별 피크를 말하고 두 피크의 합은 실선으로 표시하였다. 두 피크가 겹치는 부분은 검게 칠하였다.

칼럼 내에서 시료에 있는 각 성분들의 상대적인 이동 속도, 다시 말해 머무름 시간을 조정하기 위해 기체 크로마토그래피에서는 정지상을 바꿔준다. 액체 크로마토그래피에서는 보통 이동상을 바꿔주고 그래도 안 되면 다른 정지상을 사용한다. 그림 25.8에서 분리도에 따라 두 피크가 얼마나 겹치는지 볼 수 있다. 정량 분석하려면 두 피크의 겹침이 없어야 하기 때문에 분리도가 1.5 이상 되어야 이상적이다.

6 띠넓어짐이 일어나는 이유

용질은 항상 크로마토그래피 칼럼을 통과하는 동안 계속 퍼지기 때문에 띠의 넓이가 검출기에 도달할 때까지 계속 넓어진다. 띠의 넓이는 이론적으로 표준 편차 σ로 표시한다. 띠넓어짐을 일으키는 메커니즘에는 여러 가지가 있는데 이들 각각이 표준 편차 σ_i를 일으키게 된다. 다시 말해 각 띠넓어짐 메커니즘이 모두 합쳐져서 최종적으로 크로마토그램에 나타나는 띠의 넓이가 결정되는 것이다. 측정된 띠의 σ^2_{obs}(가변도)는 띠넓어짐을 일으키는 모든 개개 메커니즘의 가변도 합이 된다.

$$\sigma^2_{obs} = \sigma^2_1 + \sigma^2_2 + \sigma^2_3 + \ ... \ = \sum \sigma^2_i \qquad (25-30)$$

단, 가변도는 가감성(additive)을 갖지만 표준 편차는 그렇지 않다는 사실을 명심해야 한다.

(1) 칼럼 밖에서 일어나는 띠넓어짐

시료는 일정한 부피를 갖고 있기 때문에 칼럼에 주입된 용질이 무한히 얇은 띠에 모여 있을 수가 없다. 즉 시료가 칼럼 안으로 들어갈 때 이미 어느 정도의 넓이를 갖게 된다. 용질이 칼럼에 주입될 때 시간 단위로 측정해서 Δt의 폭을 갖는다고 가정하면 이것이 최종적으로 측정되는 띠넓어짐에 미치는 기여는 다음과 같다.

$$\sigma^2_{\text{주입}} = \frac{(\Delta t)^2}{12} \qquad (25-31)$$

검출기에서도 동일한 현상이 일어난다. 용질이 검출기를 통과하는 데 걸리는 시간을 Δt'이라 하면 검출기에서도 주입 때와 같은 최종 띠넓어짐의 가변도에 대한 기여가 일어난다.

$$\sigma^2_{\text{검출}} = \frac{(\Delta t')^2}{12}$$

검출기에서 일어나는 띠넓어짐을 없애기 위해서 길림에시 용질을 직접 검출할 수도 있다. 주입기에서 칼럼을 연결하는 관과 칼럼에서 검출기를 연결하는 관을 용질이 지날 때 띠넓어짐이 일어난다. 그래서 이런 연결관의 길이를 최소한으로 줄이는 것이 좋다. 최악의 경우는 크로마토그래피 칼럼 바로 뒤에 큰 불감 공간(dead space)이 존재하는 경우에 생긴다. 이 공간에 이미 칼럼을 통과해 나온 용출액이 상당량 남아 있다면 여기에 새로 칼럼을 빠져 나오는 용출액이 섞여 버릴 것이다. 이러한 불감 공간을 최소한으로 줄여야 띠넓어짐을 최소화시킬 수 있다. 이와 같이 칼럼 밖에서 일어나는 띠넓어짐은 보통 칼럼 내에서 일어나는 것에 비하면 작지만 크로마토그래피 시스템이 작거나 고효율 장비인 경우에는 중요한 문제가 될 수도 있다.

(2) 띠넓어짐 이론

지난 40여 년 이상 다양한 형태의 칼럼에 대해 단높이에 영향을 주는 여러 가지 실험적 변수를 설명하기 위한 정량적인 관계를 발전시키기 위해 많은 노력을 해왔다. 단높이를 계산하는 수십 가지 수식들이 제안되어 어느 정도의 성공을 거두었지만 어느 것도 칼럼 효율을 떨어뜨리는 복잡한 물리적 상호 작용과 그 효과를 설명하는 데 충분히 만족스러운 것은 없었다. 완전하진 않지만 그중 일부는 칼럼 효율을 높이기 위해 나아가야 할 방향을 제시해 주고 있다.

단높이(H)는 크로마토그래피 띠의 가변도(σ^2)에 비례하기 때문에 단높이가 작을수록 띠의 폭이 좁아진다. 칼럼과 이동상의 유속이 단높이에 미치는 영향은 다음과 같이 쓸 수 있다.

$$H \approx A + \frac{B}{u_x} + Cu_x \qquad (25-32)$$

이것을 단높이에 대한 van Deemter 식이라고 한다. 여기서 u_x는 이동상의 선형 유속(linear flow rate)이고 A, B, C는 띠넓어짐에 기여를 나타내는 상수인데 칼럼과 정지상에 의해 크기가 결정된다. A는 소용돌이 확산(eddy diffusion), 또는 다통로항(multiple paths)이라 하며 유속과 무관하다. B는 세로 확산(longitudinal diffusion)에 의한 기여를 나타내는데 이 항은 유속에 반비례한다. C는 이동상에서 물질 이동과 정지상에서 물질 이동이 미치는 효과를 합친 것으로 유속에 비례한다. 그래서 van Deemter 식에 의하면 띠넓어짐 메커니즘을 크게 3가지로 나눌 수 있음을 알 수 있다. 최근 들어 이 van Deemter 식이 칼럼의 효율을 설명하는 데 상당히 만족스럽다는 사실이 실험적으로 확인되었다.

유속의 변화가 띠넓어짐 과정에 미치는 영향이 각기 다르기 때문에 최종 결과는 그림 25.9에서 보여 주는 것처럼 U자 형태의 곡선으로 나타난다. 단높이가 최소일 때를 **최적 단높이**(H_{opt})라 하고 이때 유속을 **최적 선형 속도**(u_{opt})라고 한다. 이 van Deemter 도표를 이용하여 이동상의 유속이 얼마일 때 칼럼 효율이 최고가 되는지 알 수 있다. 또 이 도표를 이용하여 다른 정지상이 들어 있는 칼럼의 단높이를 비교해 볼 수 있다.

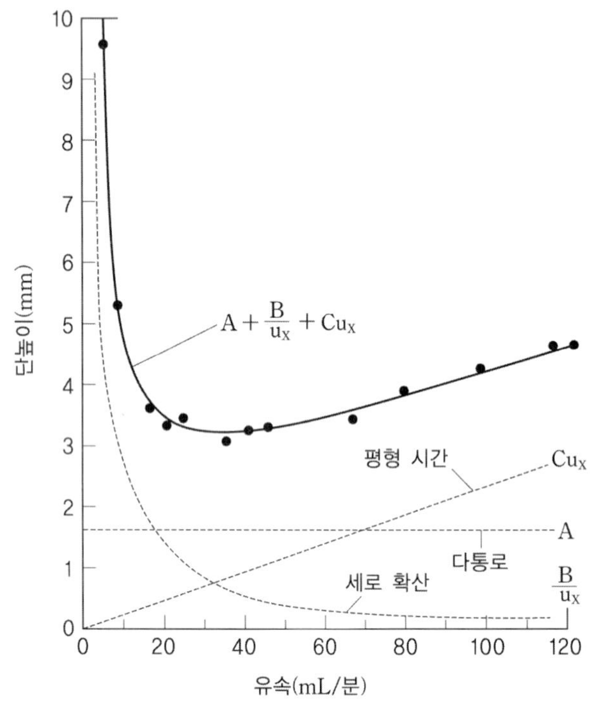

그림 25.9 기체 크로마토그래피에서 이동상의 유속에 따른 단높이 변화. van Deemter 식의 3개 항이 유속에 따라 단높이에 기여하는 정도가 각기 다르다. (출처: H. W. Moody, "TheEvaluation of the Parameters in the van Deemter Equation," J. Chem. Ed. 1982, 59, 290)

① 세로 확산

칼럼에 주입된 용질의 띠가 넓어지는 주된 이유 중 하나가 **확산**(diffusion)이다. 용질이 농도가 높은 곳에서 낮은 곳으로 이동하는 것을 확산이라고 하는데 칼럼에 주입된 용질은 그림 25.10에서 보는 것처럼 칼럼의 축을 따라 확산되기 때문에 세로 확산이라고 한다. 이러한 확산은 용질이 이동상의 흐름에 의해 칼럼을 통과하는 동안 계속 일어나기 때문에 유속이 빠르면 칼럼을 통과하는 데 시간이 적게 걸리므로 확산에 의한 띠넓어짐은 작아진다.

용질이 칼럼을 통과하는 동안 확산에 의해 퍼져나가게 되면 띠는 가우스 분포식으로 나타낼 수 있다. 그래서 확산에 의한 가변도(σ^2)는 다음과 같이 표현할 수 있다.

$$\sigma^2 = 2D_m t = \frac{2D_m L}{u_x}$$

여기서 D_m은 이동상에서 용질의 확산 계수이다. t는 칼럼을 통과하는 데 걸리는 시간, L은 칼럼의 길이이므로 $t = L/u_x$가 된다. u_x는 선형 유속이다. 그래서 세로 확산에 의해 일어나는 단높이 H_D는 식 (25−22)에 의해 다음과 같이 쓸 수 있다.

$$H_D = \frac{\sigma^2}{L} = \frac{2D_m}{u_x} = \frac{B}{u_x} \qquad (25-33)$$

기체에서는 액체에 비해 확산 속도가 훨씬 빠르기 때문에 기체 크로마토그래피에서 최적 선형 속도는 액체 크로마토그래피에 비해 빠르다.

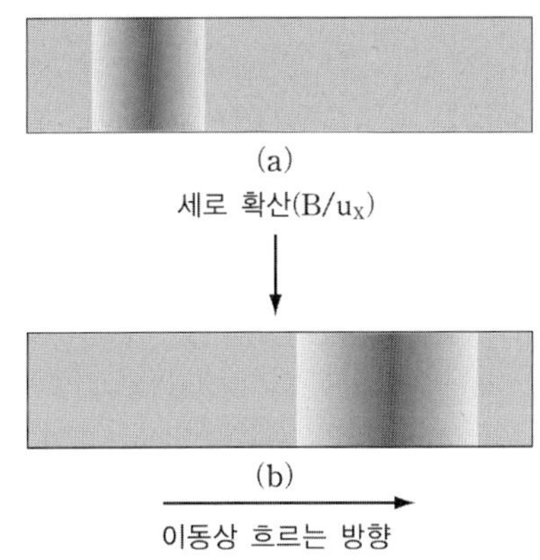

그림 25.10 (a) 시료가 칼럼에 주입되고 짧은 시간이 지난 후 시료의 분포. (b) 시료가 주입되고 긴 시간이 지난 후의 시료의 분포. 시료는 농도가 높은 중심 부분으로부터 계속 확산되어 그 영역이 넓어진다. 이동상의 흐름이 빠를수록 시료가 칼럼에서 보내는 시간이 짧아지므로 세로 확산이 적게 일어난다.

② 다통로

이 항은 소용돌이 확산(eddy diffusion)이라고도 하는데 아직 이론적으로 정확하게 규명하기 어려운 여러 가지 복합적인 요인에 의해 발생한다. 그중 하나는 그림 25.11에서와 같이 충전 칼럼에서 용질 분자들이 흘러가는 통로가 다양하게 존재하고 이들 통로의 길이가 각기 다르다는 점이다. 이렇게 되면 용질 분자가 칼럼을 빠져나오는 시간이 달라지고 띠의 폭은 넓어진다. 이러한 효과는 어떤 흐름에 있던 용질이 확산에 의해 다른 흐름으로 이동하게 되면 이러한 차이가 부분적으로 상쇄되기 때문에 이동상의 유속에 영향을 받는다. 이동상의 유속이 매우 느리면 각 분자는 칼럼을 이동하는 동안 이러한 흐름 사이를 확산으로 이동하는 횟수가 매우 많을 것이다. 이렇게 되면 개개 분자가 칼럼 안을 이동하는 속도가 어떤 평균값으로 접근하게 된다. 결국

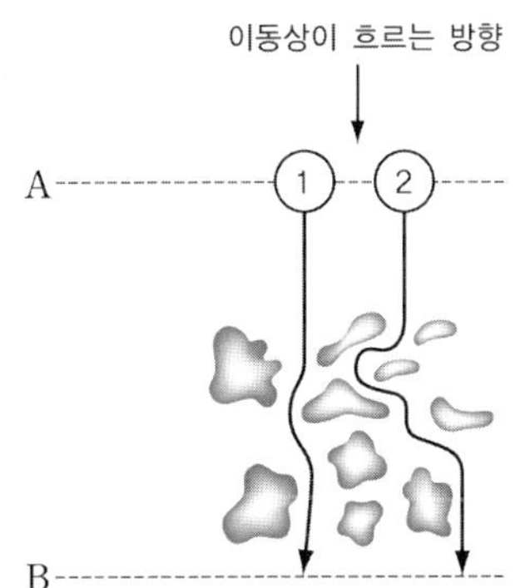

그림 25.11 용리되는 동안 일반적으로 볼 수 있는 두 분자의 이동 경로 차이. 분자 2는 분자 1보다 더 먼 거리를 이동해야 하므로 분자 2는 B 지점에 분자 1보다 늦게 도달하게 된다.

이동상 속도가 매우 느릴 때는 다통로에 의한 띠넓어짐 영향은 뚜렷하게 드러나지 않는다. 이동상의 흐름이 좀 빨라지면 흐름 사이에 확산에 의한 이동이 일어날 수 있는 시간이 충분하지 않아 평균화되는 효과가 적어지고 다통로에 의한 띠넓어짐이 나타난다. 이동상의 유속이 더욱 빨라지면 다통로 때문에 생기는 띠넓어짐은 유속과 무관하게 된다.

다통로 효과에 덧붙여 일어나는 또 다른 현상은 정지상에 정체되어 괴어 있는 이동상 웅덩이 때문에 생긴다. 고체 입자가 정지상인 경우를 생각해 보자. 고체 표면에 있는 움푹 파인 부분에 일정 분량의 이동상이 고여 있으면 용질 입자가 정지상과 이동상 사이를 이동하기 위해 이 웅덩이를 확산에 의해 건너가야만 한다. 이런 현상은 액체 상태의 정지상이 다공성 고체 표면에 결합되어 있는 경우에도 나타난다. 이렇게 결합되어 있는 액체 정지상이 이 구멍들을 다 채우지 못하기 때문이다. 이동상이 고여 있는 웅덩이가 존재하게 되면 두 상 사이의 용질 교환이 느려진다. 그래서 단높이가 이동상의 유속에 직접 비례하고 또 이동상에서 용질의 확산 계수에 반비례하는 효과를 보인다.

결론적으로 이 다통로 항은 여러 가지 요인들이 포함되어 있기 때문에 이 항이 단높이에 미치는 영향은 유속과 거의 상관이 없다는 것이 실험적으로 확인되었다.

③ 이동상과 정지상에서 질량 이동: 상 사이에 평형이 이루어지는 데 필요한 시간

van Deemter 식의 Cu_x 항은 용질이 이동상과 정지상 사이에서 평형을 이루려면 용질 분자가 이동해야 하는데 이때 소요되는 시간 때문에 생기는 현상이다(그림 25.12). 평형을 이루는 데 필요한 시간 때문에 일어나는 단높이를 **물질 이동항**(mass transfer term, $H_{물질\ 이동}$)이라고도 하는데 여기에는 정지상에서 물질 이동 속도와 이동상에서 물질 이동 속도가 포함되어 있다.

$$H_{물질\ 이동} = Cu_x = (C_s + C_m)u_x \qquad (25-34)$$

여기서 C_s는 정지상에서 질량 이동 속도이고 C_m은 이동상에서 질량 이동 속도인데 이들을 정량적으로 표현하는 식은 크로마토그래피의 종류에 따라 달라진다.

우선 정지상에서 일어나는 물질 이동을 생각해 보자. 정지상이 고체 입자 표면에 흡착되어 있는 액체인 경우에 정지상의 두께를 d_f, 정지상 내에서 용질의 확산 계수를 D_s라 하자. 이때 물질 이동 계수는 d_f^2에 비례하고 D_s에 반비례한다. 정지상이 두꺼워지면 용질 분자가 정지상-이동상 경계면에 도달하기 위해 평균적으로 더 먼 거리를 이동해야 하고 확산 계수가 작아지면 용질이 같은 거리를 이동하는 데 시간이 더 많이 걸린다. 이 때문에 물질 이동 속도는 느려지고 단높이는 커지게 된다.

이동상에서 일어나는 물질 이동 과정은 매우 복잡해서 정량적으로 완벽하게 다룰 수 없다. 하지만 이동상

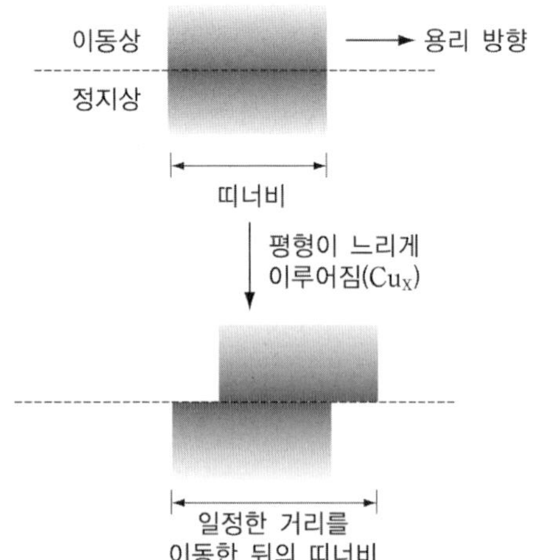

그림 25.12 시료 분자의 분포가 이동상과 정지상 사이에서 평형 상태를 이루려면 일정한 시간이 필요하다. 띠넓어짐에 대한 이 영향을 van Deemter 식의 Cu_x 항으로 나타낸다. 이동상의 유속이 느리면 평형이 보다 완전하게 이루어지므로 띠넓어짐이 적게 일어난다. 유속이 빠르면 반대가 된다.

에서의 물질 이동이 단높이에 영향을 주는 변수들을 정성적으로 충분히 이해할 수 있고 이 결과를 활용하여 모든 종류의 크로마토그래피 칼럼의 분리 효율을 높이는 데 많은 발전을 이룩하였다.

이동상에서 물질 이동 계수 C_M은 이동상에서 용질 분자의 확산 계수 D_M에 반비례한다. 충전 칼럼에서 C_M은 충전 입자 지름의 제곱, d_p^2에 비례하고 열린관 칼럼에서 C_M은 칼럼 지름의 제곱, d_c^2에 비례한다. 단높이에 대해 이동상에서의 물질 이동이 차지하는 몫은 물질 이동 계수 C_M에 이동상 자체의 속도를 곱한 것이 된다. 그래서 단높이에 대한 C_Mu의 전체적인 기여는 이동상의 유속에 비례하지 않고 복잡한 방식으로 변한다.

(3) 띠넓어짐을 줄이기 위한 방법-요약

충전 칼럼에서 칼럼의 효율에 영향을 주는 가장 중요한 변수는 칼럼을 채우고 있는 입자의 지름이다. 열린관 칼럼에서 중요한 변수는 칼럼 자체의 지름이다. 기체 크로마토그래피에서 충전 입자의 지름이 미치는 영향을 그림 25.13에서 확인할 수 있다.

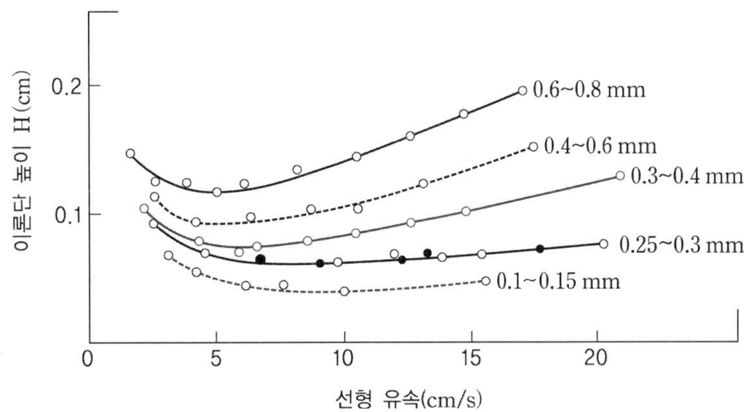

그림 25.13 기체 크로마토그래피에 쓰이는 충전 칼럼에서 충전 입자의 크기가 칼럼의 단높이에 미치는 영향. 각 곡선의 오른쪽 끝에 있는 숫자는 충전 입자의 지름을 말한다(출처: J. Boheman and J. H. Purnell, in Gas Chromatography 1958, D. H. Desty, Ed., New York, NY, USA: Academic Press, 1958).

이동상이 기체일 때 온도를 낮춤으로써 세로 확산의 속도와 확산 계수의 크기를 크게 줄일 수 있다. 이동상의 유속이 느릴 때 세로 확산 항(B/u)이 단높이의 크기에 큰 기여를 하게 되는데 이때 칼럼의 온도를 낮춰주면 단높이를 줄일 수 있다. 이동상이 액체인 액체 크로마토그래피에서는 용질의 확산 속도가 느려서 이 항이 전체 단높이에 미치는 영향이 매우 작기 때문에 이러한 효과는 보통 무시할 수 있다. 그리고 대부분의 크로마토그래피 실험에서 이동상의 유속은 최적 속도보다 높게 설정하므로 물질 이동항(C 항)이 칼럼의 효율을 결정한다.

액체 정지상을 사용하는 경우는 충전 입자에 흡착된 액체의 두께가 최대한 얇아야 칼럼 효율이 올라간다. (25-32) 식의 C_s 항이 이 두께의 제곱에 비례하기 때문이다.

7 칼럼의 종류

크로마토그래피에 사용되는 칼럼에는 충전 칼럼(packed column)과 열린관 칼럼(open tubular column)이 있다. 기체 크로마토그래피에서는 충전 칼럼과 열린관 칼럼을 모두 쓸 수 있는데 열린관 칼럼이 갖는 여러 가지 장점 때문에 현재는 충전 칼럼보다 훨씬 널리 쓰이고 있다. 액체 상태에서 용질의 확산 속도는 기체에 비해 100배 이상 느리기 때문에 액체 크로마토그래피에서는 열린관 칼럼을 사용하는 것이 적절하지 않다. 이동상과 칼럼 벽 사이의 마찰 때문에 칼럼의 중심에서 벽 쪽으로 갈수록 이동상의 속도가 느려지고 용질 분자가 정지상을 만나기 위해 관을 횡단하는 데 시간이 너무 많이 걸리기 때문이다. 또 관의 중심 부분의 유속이 가장 빠르고 중심에서 멀어질수록 유속이 느려지는데 이 현상 때문에 일어나는 띠넓어짐이 문제가 된다. 액체 크로마토그래피에서는 용질 분자들이 먼 거리를 확산으로 이동하지 않아도 정지상을 만날 수 있도록 충전 칼럼을 사용한다. 기체 크로마토그래피에서는 용질 분자의 확산 속도가 빨라 이러한 문제가 눈에 띄지 않는다.

(1) 충전 칼럼

기체 크로마토그래피에서 사용하는 충전 칼럼은 작은 고체 입자 표면에 액체 정지상이 흡착된 입자가 채워져 있다. 고성능 액체 크로마토그래피(high－performance liquid chromatography)에 사용하는 충전 칼럼은 정지상을 고체 입자 표면에 화학적으로 결합시킨 입자를 칼럼에 채워서 만든다. 흡착 크로마토그래피에서는 고체 입자 자체가 정지상이 된다.

기체 크로마토그래피에 사용되는 충전 칼럼은 열린관 칼럼에 비해 상대적으로 분리도가 낮아 띠너비가 넓어지고 머무름 시간이 길어지지만 많은 양의 시료를 주입할 수 있기 때문에 시료의 불순물을 제거하기 위한 목적에 적합하다. 또 기체 시료는 머무름 시간이 너무 짧아 분리가 힘든 경우가 많은데 이런 경우에 유용하게 쓰일 수 있다. 충전 입자의 크기가 균일하면 van Deemter 식의 다통로 항이 작아지기 때문에 단높이가 줄어들어 분리도는 증가한다. 입자의 크기가 작아지면 정지상과 이동상이 만나는 면적이 늘어나기 때문에 두 상 사이에서 용질의 평형이 빨리 이루어지기 때문에 단높이는 작아진다. 그러나 입자 크기가 작아지면 이동상이 흐르도록 하기 위해 필요한 압력이 높아진다.

(2) 열린관 칼럼

대부분 용융 실리카(SiO_2)로 만든 가는 관을 사용한다. 칼럼은 내경이 보통 0.1~0.53 mm 정도이고 길이가 15~100 m 되는 것이 사용되는데 30 m 짜리가 가장 널리 쓰인다. 칼럼의 내경이 0.32 mm 이상이 되면 질량 분석기(mass spectrometer)에 직접 연결해서 사용하기는 힘들다. 질량 분석기의 내부는 진공 상태가 유지되어야 하는데 여기에 과부하를 일으킬 수 있기 때문에 기체 흐름을 나누어 일부만 질량 분석기로 들어가도록 해야 한다. 칼럼을 지탱해 주고 대기 중의 수증기로부터 칼럼을 보호하기 위해 열에 강한 폴리이미드(polyimide)로 코팅되어 있다. 칼럼의 종류로는 정지상이 칼럼 내벽에 얇게(0.1~5 μm) 입혀져 있는 **내벽 피복 열린관 칼럼**(wall－coated open tubular column, WCOT), 얇게 정지상이 입혀진 입자를 칼럼 내벽에 붙인 **지지 입자 피복 열린관 칼럼**(support－coated open tubular column, SCOT), 다공성 고체 입자를 칼럼 내벽에 붙인 **다공성 층 열린관 칼럼**(porous－layer open tubular column, PLOT)이 있다. 지지 입자 피복 칼럼은 정지상이 입혀진 입자의 표면적이 크기 때문에 내벽 피복 칼럼보다 많은 시료를 주입할 수 있다. 하지만 분리도가 충전 칼럼보다는 좋지만 내벽 피복 칼럼보다는 떨어진다. 다공성 층 칼럼은 입자 표면이 정지상 역할을 한다. 이러한 열린관 칼럼의 구조를 그림 25.14에서 볼 수 있다.

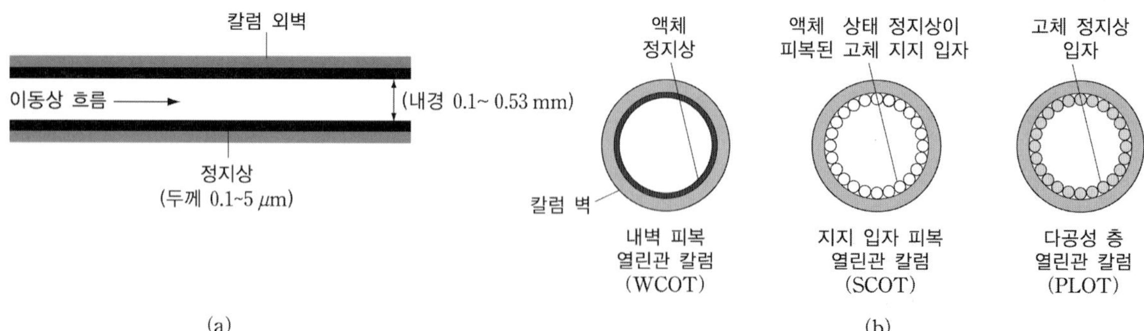

그림 25.14 (a) 기체 크로마토그래피에 널리 쓰이는 열린관 칼럼의 구조, (b) 내벽 피복 열린관 칼럼, 지지 입자 피복 열린관 칼럼, 다공성 층 열린관 칼럼의 단면도

열린관 칼럼에서는 van Deemter 식의 다통로 항이 0이 되기 때문에 단높이가 작아진다. 그림 25.9에서와 같이 충전 칼럼에 대한 van Deemter 식에서 최적 선형 속도에서 다통로 항은 전체 단높이의 절반 정도가 된다. 열린관 칼럼에서 다통로 항이 없어지면 단높이는 절반 정도로 줄어들기 때문에 분리도가 크게 증가한다. 칼럼에 입자가 채워져 있으면 이동상이 빨리 흐르도록 하기가 힘들다. 열린관 칼럼에서는 이동상의 유속을 훨씬 빠르게 할 수 있기 때문에 충전 칼럼에 비해 같은 크기의 압력을 걸었을 때 칼럼 길이가 100배 정도 길어도 같은 유속을 유지할 수 있다. 만약 단 높이가 같다면 칼럼 길이가 100배가 되면 이론단수도 100배 커지고 분리도는 (25－29) 식에서와 같이 이론단수의 제곱근에 비례하므로 분리도는 10배 정도 커지게 된다. 열린관 칼럼의 분리도를 증가시키기 위해서 칼럼의 반지름은 작아야 하고 정지상은 얇아야 한다. 그래야 정지상과 이동상 사이에 평형이 빨리 이루어진다.

연습문제

1. 분리 분석은 화학뿐 아니라 그 응용 분야에서도 널리 쓰인다. 분리 분석이 화학 분야에서 중요한 비중을 차지하는 이유를 쓰시오.
2. 물에 녹아 있는 어떤 물질을 톨루엔으로 추출하려고 한다. 150 mL의 톨루엔으로 한 번 추출하는 것과 톨루엔을 50 mL씩 사용해서 3번 추출하는 것 중 어느 것이 더 효과적인지 설명하시오.
3. 물(상 1)과 사염화 탄소(상 2) 사이에서 어떤 용질 S의 분배 계수 K가 3.0이라고 하자.
   (1) 사염화 탄소에서 S의 농도($[S]_2$)가 0.060 M이라면 수용액에서 S의 농도($[S]_1$)은 얼마일까?
   (2) 수용액의 부피가 100.0 mL이고 사염화 탄소 용액의 부피가 20.0 mL라면 두 상에서 S의 몰수비(사염화 탄소에서 S의 몰수/수용액에서 S의 몰수)는 얼마인가?
4. 물에 녹아 있는 어떤 약산을 유기 용매를 이용하여 추출하고자 한다. 이때 수용액의 pH를 어떻게 하는 것이 좋은가? 그 이유는 무엇인가?
5. 수용액에 녹아 있는 어떤 금속을 금속 킬레이트제를 사용하여 추출하고자 한다. 어떻게 하면 이러한 목적을 달성할 수 있는지 이에 대한 일반적인 원리를 간난히 설녕하시오.
6. 추출과 크로마토그래피는 방법상 어떻게 다른가?
7. 크로마토그래피에서 정지상은 무엇이며 이동상은 무엇인가?
8. 크로마토그래피에는 여러 기지 형테가 있다. 다음 크로마토그래피의 원리와 용도를 간략하게 설명하시오.
   (1) 분배 크로마토그래피
   (2) 흡착 크로마토그래피
   (3) 이온 교환 크로마토그래피
   (4) 분자 배제 크로마토그래피
   (5) 친화 크로마토그래피
9. 흡착 크로마토그래피는 분배 크로마토그래피로 분리가 잘되지 않는 특정 부류의 화합물을 분리시키는 데 유용하게 쓰인다. 어떤 화합물을 분리시키는 데 유리하며, 또 그 이유는 무엇인가? 그리고 흡착 크로마토그래피의 단점은 무엇인가?

10. 이상적인 크로마토그램의 피크는 그 모양이 가우스 오차 곡선과 같다. 피크 모양이 이렇게 나타나는 이유를 설명하시오.

11. 어떤 크로마토그램의 피크에서 꼬리 끌기 현상이 나타났다. 이러한 현상은 왜 생기는가? 어떻게 하면 이러한 현상을 없앨 수 있는가?

12. 크로마토그래피에 대한 다음 물음에 답하시오.
   (1) 만약 용질 A와 B의 머무름 인자 k가 각각 1.5, 3.0이라면 이 값이 구체적으로 무엇을 의미하는지 분배 계수와 연결지어 설명하시오.
   (2) 어떤 용질 A와 B에 대한 상대 머무름 α는 1.1이고 용질 B와 C에 대한 α는 1.5라고 하자. 이러한 α값이 무엇을 의미하는지 A, B, C 용질의 성질과 관련지어 설명하시오.
   (3) 시료에 들어 있는 두 화합물의 상대 머무름(α)이 비슷하면 어떤 결과가 나타나는가? 이 문제를 해결하려면 어떻게 하면 되는가?

13. 가장 많이 쓰이는 혼합물 분리 방법은 분배 크로마토그래피이다. 이 방법의 일반적 개념에 대한 물음이다.
   (1) 용매 추출과 분배 크로마토그래피는 그 기본 원리가 같다고 한다. 왜 그런지 설명하시오.
   (2) 분배 크로마토그래피에서 시료에 있는 각 성분들이 어떻게 분리되는지 그 원리를 간략하게 설명하시오.
   (3) 어떤 시료에 들어 있는 각 용질들의 정지상에 대한 용해도가 많이 다르면 보통 분리시키기가 쉽다고 말한다. 그 이유는 무엇인가?
   (4) 여러 가지 크로마토그래피 방법 중에서 분배 크로마토그래피가 가장 널리 쓰이는 이유는 무엇인가?
   (5) 머무름 인자와 상대 머무름은 무엇인지 그 의미를 설명하시오.
   (6) 크로마토그래피에서 어떤 용질의 분배 계수는 다음과 같이 정의한다.

   $$K = C_s/C_m$$

   여기서 C_s = 고정상에서 용질의 농도, C_m = 이동상에서 용질의 농도이다.
   분배 계수가 커질수록 머무름 인자는 커진다. 그 이유는 무엇인가?
   (7) 크로마토그램의 분리도는 머무름 인자와 상대 머무름의 크기에 의해 어떤 영향을 받는가? 그 이유는 무엇인가?
   (8) 칼럼에 있는 정지상의 양은 분리도에 어떤 영향을 주는가? 그 이유는 무엇인가?

14. 분배 크로마토그래피를 이용하여 혼합물을 분리하고자 한다. 분리도를 향상시키려면 피크 간의 분리를 크게 하거나 피크의 폭을 좁히면 된다. 그중에서도 피크 폭을 줄이는 것이 최선의 방법이다. 다음 물음에 답하시오.
   (1) 머무름 시간의 크기는 어떤 요인에 의해 결정되는가?
   (2) 크로마토그램의 피크와 피크 사이의 거리를 멀게 하려면 어떻게 하면 되는가?
   (3) 이동상의 유속을 빠르게 하면 피크 폭이 어떻게 변하는가? 또, 이동상의 점도를 낮추면 피크 폭이 어떻게 변하는가?
   (4) 충전 칼럼의 충전 입자 크기를 작게 하면 이동상의 유속이 빨라도 분리도에 큰 영향을 미치지 않는다. 그 이유를 설명하시오.
   (5) 충전 칼럼에서 충전 입자의 크기가 작아지면 분리도가 향상되는데 그 이유를 간략하게 설명하시오.
   (6) 어떻게 하면 크로마토그램의 피크 폭을 좁힐 수 있는지 그 외의 여러 가지 가능한 방법을 간략하게 설명하시오.

15. 이론단의 높이에 대한 다음 물음에 답하시오.
   (1) 이론단의 높이는 무엇을 뜻하며 이것의 크기는 어떤 요인들에 의해 결정되는가?
   (2) 이론단의 높이 H와 이동상의 유속 사이의 관계를 보면 처음에는 유속이 증가함에 따라 H 값이 빠르게 감소한다. 그 후 최저점을 보인 후 이보다 유속이 더 빨라지면 유속이 빨라짐에 따라 H 값이 서서히 완만하게 증가한다. H 값의 크기와 이동상의 유속 사이의 관계가 이렇게 나타나는 이유는 무엇인가?
   (3) 충전 칼럼의 충전 입자 크기가 작아지면 이론단의 높이 H는 크게 감소한다. 그 이유는 무엇인가?

(4) 이동상의 점도는 이론단 높이 H 값의 크기에 어떤 영향을 주며 그 이유는 무엇인가?

16. 크로마토그램에서 가까이 있는 어떤 두 용질의 조정 없는 상대 머무름(γ) 값은 1.05이다. 다음 물음에 답하시오.

(1) 분리도가 1.5가 되려면 이론단수는 얼마가 되어야 하는가? 또 분리도가 2.0이 되려면 이론단수가 얼마가 되어야 하는가?

(2) 기체 크로마토그래피에서 단높이가 0.7 mm라면 분리도가 1.5가 되기 위해 칼럼의 길이는 얼마가 되어야 하는가?

17. 그림 25.9에서 적정 유속은 대략 얼마인가? 그렇게 판단하는 이유를 설명하시오.

18. 기체 크로마토그래피에서는 열린관 칼럼을 많이 쓴다. 이에 대한 다음 물음에 답하시오.

(1) 열린관 칼럼은 충전 칼럼에 비해 많은 장점을 갖고 있다. 어떤 장점들이 있으며 그 이유는 무엇인가?

(2) 열린관 칼럼이 충전 칼럼에 비해 분리도가 높은 이유는 무엇인가?

(3) 칼럼의 내경을 크게 하면 어떤 장점 및 단점이 있는가?

(4) 칼럼의 내경을 작게 하면 분리도가 어떻게 되는가? 그 이유는 무엇인가?

(5) 칼럼의 정지상의 두께가 얇아지면 분리도가 좋아진다. 그 이유는 무엇인가?

(6) 정지상의 두께를 두껍게 하면 어떤 장점 및 단점이 있는가?

(7) 칼럼 내경이 작고 정지상의 두께를 얇게 했을 때 어떤 장점 및 단점이 나타나는가?

(8) 지지 입자 피복 열린관 칼럼은 어떤 경우에 쓰는 것이 좋은가?

19. 시료가 적정 양보다 많이 들어가면 칼럼이 과부하되었다고 하는데 이것은 어떤 현상을 말하는가? 칼럼이 과부하되면 크로마토그램에 어떤 영향을 미치는가?

26장 기체 크로마토그래피

이동상이 기체인 경우를 **기체 크로마토그래피**(gas chromatography, GC)라 부르는데, 여기에는 **기체-고체 크로마토그래피**(gas-solid chromatography, GSC)와 **기체-액체 크로마토그래피**(gas-liquid chromatography, GLC)가 있다(그림 26.1). 기체 상태 시료나 많은 휘발성 물질을 분리하는 데 기체 크로마토그래피는 매우 유용하다. 시료는 기체 상태가 되어 이동상에 의해 칼럼을 통과하게 되는데 이동상을 보통 **운반 기체**(carrier gas)라 부른다. GSC는 고체 입자 자체가 정지상이 되는데 머무름은 이 고체 표면에 용질 분자가 직접 흡착됨으로써 일어난다. 그래서 GSC는 흡착 크로마토그래피에 속한다. 용질이 극성이거나 활성이 있어서 비정상적으로 정지상에 오래 머무는 경우가 생길 수 있다. 이때는 크로마토그램 띠에 심각한 꼬리 끌기 현상이 나타나기 때문에 널리 쓰이지는 않는다. 그러나 어떤 특정 부류의 분자량이 작은 기체 상태의 분자들을 분리하는 데 유용하게 쓰일 수 있다.

GLC는 과학의 모든 분야에서 널리 쓰이고 보통 GC라고 하면 이 GLC를 의미한다. GLC의 정지상은 불활성 고체 충전 입자에 코팅되거나 모세관 내벽에 코팅되어 있는 비휘발성 액체이다. GLC는 기체 이동상과 이 정지상 사이에서 용질 분자의 분배에 의해 일어나기 때문에 분배 크로마토그래피에 해당한다. GLC에 대한 이론적 개념은 1941년 Martin과 Synge가 처음 제창했는데 이들은 액체-액체 분배 크로마토그래피의 발전에도 기여하였다. 그 이후 10여 년 이상이 지난 뒤에 GLC의 가치가 실험적으로 증명되고 일상적인 실험실 장비로서 널리 쓰이게 되었다.

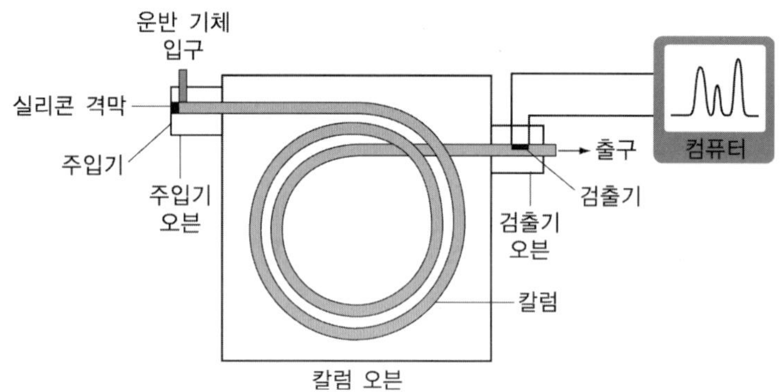

그림 26.1 기체 크로마토그래프의 개략적인 구조

1 기체 크로마토그래피에 영향을 주는 요인

(1) 시료가 갖춰야 할 조건

기체 크로마토그래피(GC)로 시료를 분리하기 위해서는 시료가 휘발성이 있어야 하고 고온에서 잘 견딜 수 있도록 열적 안정성이 좋아야 한다. 우선 GC에서는 시료가 주입구에서 기화되어 칼럼으로 들어가서 이를 통과해야 하기 때문에 시료가 기체이거나 쉽게 기체 상태로 바뀔 수 있어야 한다. 그래서 보통 분자량이 600 g/mol 이상 되는 화합물은 휘발성이 너무 없어서 GC에 쓸 수가 없다. 분자량이 작고 극성기를 가지는 화합물은 GC에 쓰기가 어려운 경우가 있다. 그래서 GC로 분석이 가능한지를 판단하려면 화합물의 끓는점을 따져봐야 하는데 보통 1기압에서 끓는점이 500 ℃ 이하이면 큰 문제가 없다.

시료는 휘발성 외에도 열적 안정성이 좋아야 GC로 분석할 수 있다. 그렇지 않으면 GC에 주입되어 분리되는 동안 고온 때문에 시료가 분해될 것이다. 어떤 특정 화합물이 GC로 분석할 수 있을 정도로 열적 안정성이 있는지 실험하기 전에 판단하기는 쉽지 않다. 이 안정성은 간단히 확인해 볼 수 있는데 새 시료를 준비하여 GC에 주입하여 얻은 크로마토그램에서 이 화합물이 좋은 머무름 시간과 검출 성질을 가진 명확한 단일 피크로 나타나는지 관찰하면 된다. 만약 열적 안정성이 문제가 된다면 적절한 시료 주입 방법을 찾아 바꾸거나 유도체화 반응을 이용하여 이 문제를 최소화하거나 회피할 수 있는 경우가 있다.

많은 화합물들이 GC에 바로 주입하기에는 휘발성이나 열적 안정성이 부족한 경우가 많다. 이때 시료의 분자 구조를 바꾸어 보다 휘발성이 크고 열에 안정한 화합물로 바꾸어 줄 수 있다. 이렇게 시료 분자의 화학적 구조를 바꾸어 주는 것을 **유도체화 반응**(derivatization)이라고 한다. GC 실험에서 가장 흔히 사용하는 유도체화 반응은 알코올이나 아민 같은 극성기 하나 또는 그 이상을 극성이 적은 기로 바꾸어 보다 휘발성이 크고 열에 안정한 화합물로 만들어 주는 것이다.

(2) 머무름 시간을 결정하는 요인

화합물을 분리시키는 크로마토그래피의 능력은 머무름(retention)과 칼럼 효율이라는 두 가지 요인에 의해 결정된다는 것을 배웠다. 다시 말해 머무름 시간이 길수록 피크와 피크 사이의 거리가 멀어지고 칼럼 효율이 높을수록 띠너비가 좁아져서 분리도가 증가하는 것이다. GC에서 머무름 시간은 다음 3가지 요인에 의해 영향을 받을 것이다. 첫째, 시료 분자의 휘발성, 둘째, 칼럼의 온도, 셋째, 시료 분자가 정지상과 상호 작용하는 정도이다.

시료가 칼럼을 지나가는 동안 밀도가 낮은 기체인 이동상은 이 시료 분자와 상호 작용을 거의 하지 않는다. 시료 분자의 휘발성은 분리하는 동안 이 분자들이 이동상에 머무르는 시간을 결정하는 주된 요인이 된다. 시료에 있는 휘발성이 가장 큰 성분들은 대부분의 시간을 이동상에 머무르려고 하기 때문에 칼럼에서 가장 먼저 용출되어 나올 것이다. 다양한 크기의 포화 단일 사슬 탄화수소인 n-알케인(alkane)으로 이루어진 시료를 생각해 보자. 그림 26.2에서 보는 것처럼 이 동족 계열 화합물로 이루어진 시료에서 탄소 사슬의 길이가 길어지면 휘발성이 감소하고 따라서 머무름 시간은 늘어난다.

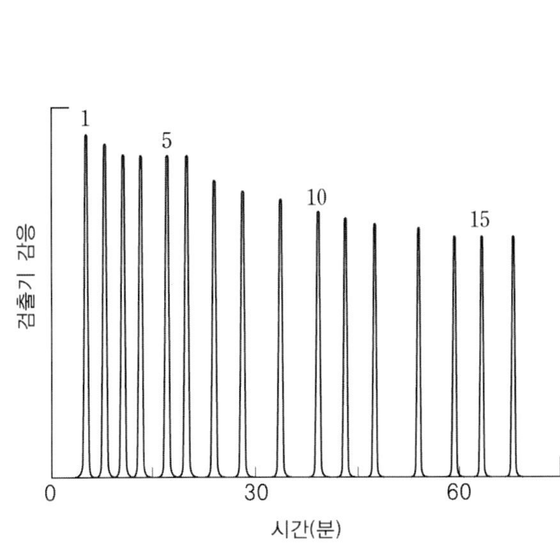

피크 번호	화학명	분자식	끓는점 (℃)
1	n-Hexane	$CH_3(CH_2)_4CH_3$	69
2	n-Heptane	$CH_3(CH_2)_5CH_3$	98
3	n-Octane	$CH_3(CH_2)_6CH_3$	126
4	n-Nonane	$CH_3(CH_2)_7CH_3$	151
5	n-Decane	$CH_3(CH_2)_8CH_3$	174
6	n-Undecane	$CH_3(CH_2)_9CH_3$	196
7	n-Dodecane	$CH_3(CH_2)_{10}CH_3$	216
8	n-Tetradecane	$CH_3(CH_2)_{12}CH_3$	254
9	n-Hexadecane	$CH_3(CH_2)_{14}CH_3$	287
10	n-Octadecane	$CH_3(CH_2)_{16}CH_3$	316
11	n-Eicosane	$CH_3(CH_2)_{18}CH_3$	343
12	n-Tetracosane	$CH_3(CH_2)_{22}CH_3$	391
13	n-Octacosane	$CH_3(CH_2)_{26}CH_3$	432
14	n-Dotriacontane	$CH_3(CH_2)_{30}CH_3$	468
15	n-Hexatriacontane	$CH_3(CH_2)_{34}CH_3$	498
16	n-Tetracontane	$CH_3(CH_2)_{38}CH_3$	525

그림 26.2 일련의 n-알케인 화합물을 GC로 분리한 크로마토그램. 온도 프로그래밍을 사용하여 혼합물을 분리하였다(출처: D. S. Hage, J. D. Carr, "Analytical Chemistry and Quantitative Analysis", Pearson Education, Inc. Upper Saddle River, NJ, USA, 2011, P. 512).

칼럼의 온도 역시 머무름 시간에 많은 영향을 주는데 이 효과를 그림 26.3에서 확인할 수 있다. 칼럼 온도가 내려가면 주입된 시료의 증발이 느려져서 이동상에서 보내는 시간이 짧아지기 때문에 머무름 시간이 길어진다. 온도가 올라가면 반대 효과가 나타난다. 이 효과 때문에 온도를 정확히 조절하기 위해 칼럼이 오븐 안에 들어가 있다.

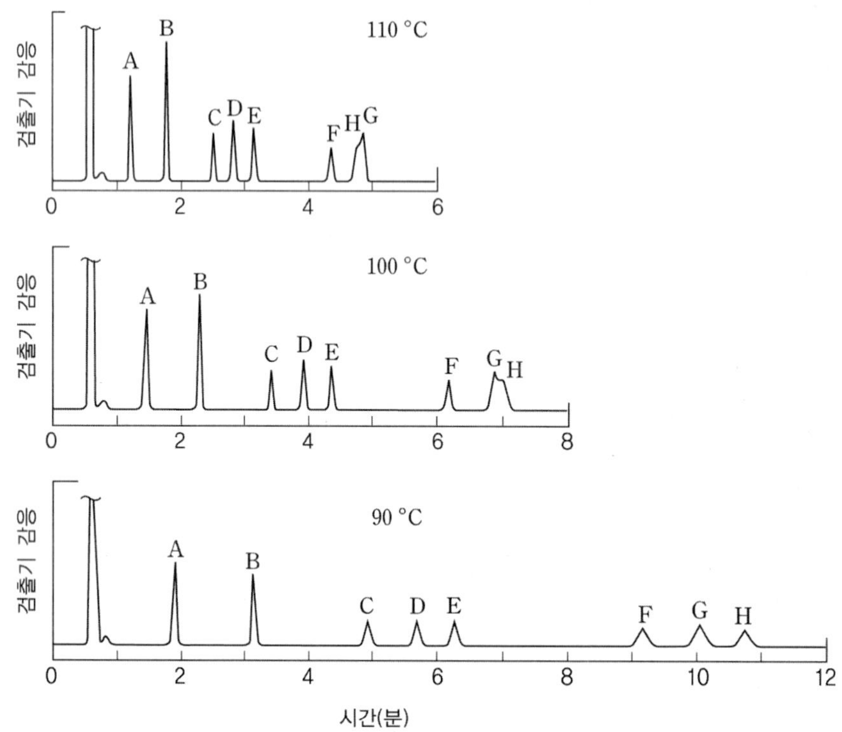

그림 26.3 8개의 화합물이 섞인 칼럼 시험용 시료를 여러 가지 온도에서 GC로 분리한 크로마토그램. 시료에 들어 있는 화합물은 다음과 같다; (A) n-nonane, (B) n-decane, (c) 1-octanol, (D) n-undecane, (E) 2,6-dimethylphenol, (F) 2,4-dimethylaniline, (G) naphthalene, (H) n-dodecane (출처: J. V. Hinshaw, "Optimizing Column Tempereture," LC-GC, 9, *1991*, 94-98)

주입된 시료 분자와 정지상 사이의 상호 작용도 머무름 시간에 큰 영향을 준다. 화합물과 정지상 사이의 상호 작용이 커지면 머무름 시간은 길어지게 된다. Squalane이나 poly(dimethylsiloxane) 같은 극성이 없는 화합물을 정지상으로 사용하면 이들은 대부분의 시료 분자와 약한 분자간 상호 작용을 한다. 그래서 비극성 정지상으로 만든 칼럼을 사용하면 시료의 머무름 시간은 주로 용질 분자의 휘발성에 의해 결정된다. 정지상으로 쓰이는 대표적인 극성 물질로는 Carbowax[poly(ethylene glycol)]을 들 수 있다. Carbowax와 극성 분자 사이에는 수소 결합이나 쌍극자-쌍극자 힘 같은 강한 분자간 힘이 작용할 수 있다. 그래서 Carbowax를 정지상으로 사용했을 때 시료의 머무름 시간은 이들의 휘발성과 이들과 정지상 사이의 상호 작용에 의해 결정된다.

정지상의 극성에 따라 다양한 시료 분자들의 상대적인 머무름 시간이 어떻게 변하는지 그림 26.4에서 확인할 수 있다. 정지상이 비극성 화합물일 때는 끓는점이 가장 낮은 용질부터 시작하여 끓는점이 증가하는 순서와 거의 일치하여 용리되어 나온다. 극성이 큰 정지상을 사용하면 극성이 큰 용질의 머무름 시간이 길어진다. 따라서 비극성 분자인 알케인이 가장 먼저 용리되고 그 다음에 케톤, 마지막으로 알코올이 용리된다. 알코올과 정지상 사이의 수소 결합이 가장 강한 분자간 힘이고 그 다음이 케톤과 쌍극자-쌍극자 상호 작용이다.

어떤 용질의 머무름 시간을 n-알케인(n-alkane) 분자의 머무름과 관련지어 나타내는 지표를 Kovats **머무름 지수**(retention index) I라고 한다. I는 n-알케인의 탄소 원자 개수에 100을 곱한 것이다. 그래서 탄소가 6개인 헥세인은 $I = 600$이고 탄소가 7개인 헵테인은 $I = 700$이 된다. 어떤 헥세인과 헵테인 사이에서 용리한다면 이 화합물의 머무름 지수 I는 600과 700 사이의 값이 될 것이다. 이 머무름 지수는 다음과 같이 계산한다.

$$I = 100\left[Z + \frac{\log t_r'(x) - \log t_r'(z)}{\log t_r'(z+1) - \log t_r'(z)}\right] \qquad (26-1)$$

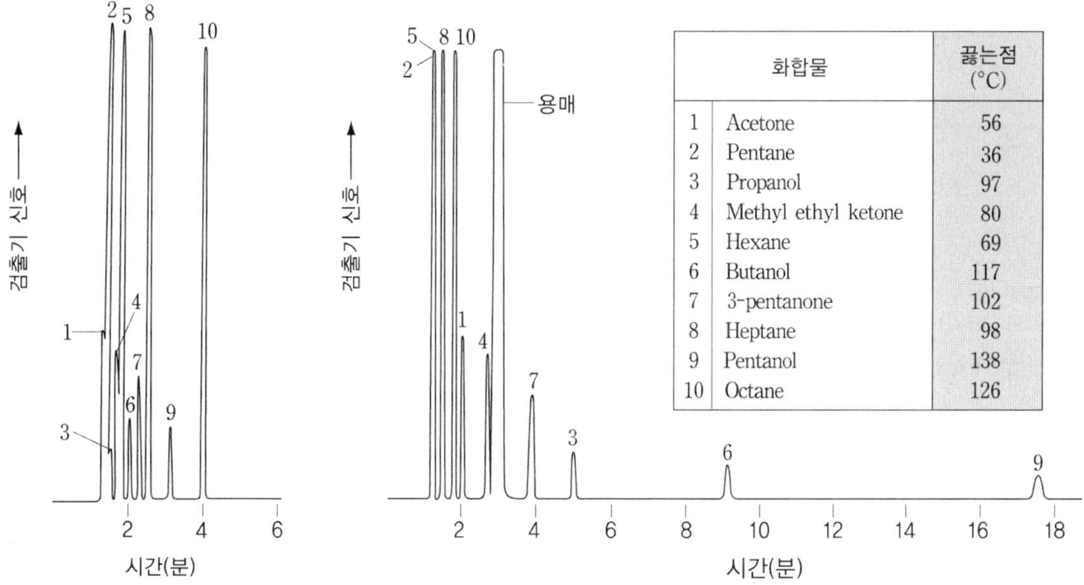

	화합물	끓는점 (°C)
1	Acetone	56
2	Pentane	36
3	Propanol	97
4	Methyl ethyl ketone	80
5	Hexane	69
6	Butanol	117
7	3-pentanone	102
8	Heptane	98
9	Pentanol	138
10	Octane	126

그림 26.4 극성이 크게 다른 두 정지상을 사용하여 10개의 화합물을 70 ℃에서 정지상 두께 1 μm, 내경 0.32 mm, 길이 30 m인 열린관 칼럼으로 분리시킨 크로마토그램. 사용한 정지상은 (a) 비극성인 poly(dimethylsiloxane), (b) 극성이 매우 큰 poly(ethylene glycol)이다(출처: D. C. Harris, Quantitative Chemical Analysis, 8th Ed. Freeman, New York, **2010**, p. 575).

여기서 $t_r'(x)$는 시료 분자의 조정 머무름 시간, $t_r'(z)$는 시료 분자 바로 전에 용리되는 n-알케인의 조정 머무름 시간, $t_r'(z+1)$은 시료 분자 바로 뒤에 용리되는 n-알케인의 조정 머무름 시간이다. (26-1) 식에 있는 z, $z+1$은 n-알케인에 있는 탄소 원자의 개수를 말한다. n-알케인은 동족체이므로 z개의 탄소 원자를 갖는 n-알케인은 $z+1$개의 탄소 원자를 갖는 n-알케인보다 먼저 유출된다.

몇몇 극성 및 비극성 화합물의 Kovats 머무름 지수가 비극성 정지상을 가진 칼럼과 극성 정지상을 가진 칼럼에서 어떻게 달라지는지 표 26.1의 자료에서 볼 수 있다. Squalane 칼럼을 사용했을 때 이들의 Kovat 머무름 지수는 큰 차이 없이 n-펜테인($I = 500$)과 n-헵테인($I = 700$) 사이의 값을 가진다. 정지상의 극성이 큰 Carbowax 칼럼을 사용하면 이들 화합물과 정지상 사이의 상호 작용이 커지기 때문에 머무름 지수가 커진다. 특히 1-뷰탄올, 피리딘, 1-나이트로프로페인처럼 정지상과 수소 결합이나 강한 쌍극자-쌍극자 상호 작용을 할 수 있는 화합물의 머무름 지수가 두드러지게 큰 값을 보여 준다.

(3) 칼럼 효율

GC에서는 기체를 이동상으로 쓰기 때문에 칼럼 효율이 매우 높다. 피크들이 예리하고 폭이 좁아서 매우 적은 양의 시료도 쉽게 측정할 수 있고 많은 화합물이 섞여 있는 복잡한 시료도 쉽게 분리할 수 있다. GC의 이러한 장점은 전적으로 이동상이 기체라는 데에서 생겨난다. 우선 기체에서 용질 분자의 확산 속도가 빠르기 때문에 세로 확산을 제외한 띠넓어짐을 일으키는 요인들이 줄어든다. 다시 말해 두 상 사이에 평형이 빨리 이루어지고 다통로 항의 크기도 감소하는 것 등을 의미한다. 피크의 폭이 좁아지면 피크의 겹침이 줄어들기 때문에 각 성분들을 확인하기가 용이해진다. 또 기체는 점도가 낮아서 칼럼의 길이를 길게 할 수 있다. 칼럼의 길이가 길어지면 이론단수가 많아지고 따라서 분리도가 증가한다. 무엇보다 GC에서는 열린관 칼럼을 쓸 수 있다는 것이 큰 장점이다. 열린관 칼럼의 장점에 대해서는 앞 장에서 다루었다. 기체는 액체보다 점도가 매우 낮기 때문에 액체 크로마토그래피와 비교해서 GC에서는 훨씬 길이가 길고 효율이 좋은 칼럼을 사용할 수 있다.

표 26.1 몇 가지 대표적인 화합물에 대해 서로 다른 기체 크로마토그래피 칼럼을 사용했을 때 생기는 머무름 차이

주입한 화합물명과 구조	Squalane의 Kovats 머무름 지수 ($I_{squalane}$)	Carbowax 20 M의 Kovats 머무름 지수 ($I_{Carbowax\ 20\ M}$)	머무름 차이 Δ ($I = I_{Carbowax\ 20\ M} - I_{squalane}$)
Benzene (구조식)	653	975	332
1-Butanol $CH_3CH_2CH_2CH_2OH$	590	1126	536
2-Pentanone $CH_3C(=O)CH_2CH_2CH_3$	627	995	368
1-Nitropropane $CH_3CH_2CH_2NO_2$	652	1224	572
Pyridine (구조식, N)	699	1209	510

(출처: W. O. McReynolds, "Characterzation of Some Liquid Phases", J. Chromat. Sci., 8, 1970, 685-691)

2 기체 크로마토그래피를 이용한 분리 과정

(1) 기체 크로마토그래프의 구조

기체 크로마토그래피에 쓰이는 기기를 기체 크로마토그래프(gas chromatograph)라고 하는데 널리 쓰이는 기기의 대략적인 구조는 그림 26.1에서 보았다. 기체 크로마토그래프는 크게 기체 용기, 주입기(injector), 칼럼, 검출기(detector)로 이루어져 있다. 기체 용기는 이동상을 공급하는 역할을 하며 보통 고압 기체 탱크를 사용하는데 압력 조절기가 장착되어 있어서 이동상의 유속을 조절할 수 있다. 주입기는 주입 고리(injection loop) 또는 주입구(injection port)로 구성되어 있으며, 고온으로 가열되어 있어 시료가 주입되면 재빨리 기체 상태로 기화된다. 칼럼에는 정지상이 들어 있는데 칼럼 자체가 칼럼 오븐 안에 들어 있어서 칼럼의 온도를 정확하게 조절하고 유지할 수 있다. 검출기는 칼럼을 빠져나온 시료의 성분을 탐지하는 기능을 한다.

시료는 주사기를 이용하여 실리콘 고무 격막을 통해 고온의 주입구 안으로 들어가서 재빨리 기화된다. 운반 기체(이것이 이동상 역할을 한다)로는 He, N_2, H_2 등이 쓰이는데, 기화된 시료는 이들에 의해 칼럼을 통과하면서 분리된다. 용질이 적절한 시간 내에 용리되기 위해 필요한 증기압을 충분히 유지할 수 있도록 칼럼의 온도는 높아야 한다. 이렇게 분리된 시료 성분이 검출기를 통과할 때 발생하는 신호는 기록계로 기록되거나 컴퓨터에 저장된다. 시료 성분들이 계속 기체 상태를 유지해야 하기 때문에 검출기 온도는 칼럼보다 조금 높게 유지되도록 한다.

검출기 신호를 머무름 시간에 대해 도시한 기체 크로마토그램의 예는 그림 26.2에 있다. 주입된 시료의 성분을 확인하기 위한 단서는 이 피크의 머무름 시간과 특정 화합물이 들어간 알려진 시료를 주입하여 측정된 머무름 시간을 서로 비교하여 얻을 수 있다. 이러한 확인 과정은 선택적으로 탐지할 수 있는 검출기나 용리되는 화합물의 분자 구조에 대한 정보를 제공해 줄 수 있는 검출기를 사용하면 크게 도움이 된다. 이렇게 피크가 어떤 화합물인지 확인되면 이 피크의 면적(또는 높이)과 같은 성분을 포함하고 있는 표준 용액을 주입하여 얻은 피크의 면적(또는 높이)을 비교하여 시료에 들어 있는 이 성분의 농도를 구할 수 있다. 시료의 전처리 과정이나 시료를 칼럼에 주입하는 과정에서 시료의 손실이 흔히 일어나는데 문제를 피하기 위해 내부 표준(internal standard)을 흔히 사용한다.

(2) 칼럼

① 충전 칼럼

충전 칼럼(packed column)은 미세한 고체 입자 표면에 비휘발성 정지상을 입힌 후 이것을 스테인리스강(stainless steel)이나 유리관에 채워서 만든다. 흡착 크로마토그래피에 사용하는 칼럼은 고체 입자 자체가 고정상이 된다. 보통 내경은 3~6 mm이고, 길이는 1~5 m 정도 된다. 고체 입자는 주로 실리카(silica)를 이용하여 만드는데 극성 용질과 수소 결합하는 것을 방지하기 위해 **실란화**(silanized, (25−21) 반응)되어 있다. 이 고체 입자에 강하게 결합하는 용질이 있으면 테플론(Teflon)이 유용한 대안이 될 수 있는데 이것은 200 ℃ 이하에서만 쓸 수 있다.

정지상과 용질 사이의 상호 작용이 증가하면 머무름 시간이 길어져서 분리도가 증가하게 된다. 비극성 용질을 분리할 때는 비극성 칼럼을 쓰는 것이 좋고, 중간 정도의 극성을 갖는 용질을 분리하기 위해서는 중간 정도의 극성을 갖는 칼럼을 사용하는 것이 유리하다. 마찬가지로 극성이 큰 용질을 분리시키기 위해서는 극성이 큰 칼럼을 쓰는 것이 좋다.

② 열린관 칼럼

25장에서 설명한 것처럼 충전 칼럼에 비해서 **열린관 칼럼**(open tubular column)은 분리도가 높고 분석 시간을 줄일 수 있으며 감도가 높지만 주입할 수 있는 시료의 양이 적다. 따라서 불순물을 제거하기 위한 목적으로는 부적합하고 감도가 높은 검출기를 사용해야 한다.

유속이 일정할 때 정지상의 두께가 두꺼워지면 주입할 수 있는 시료의 양을 늘릴 수 있고 머무름 인자 k가 5보다 작은, 비교적 머무름 시간이 짧은 피크들의 분리도가 좋아진다. 반면 끓는점이 높은 시료들은 머무름 시간이 너무 길어질 수 있다. 정지상이 두꺼우면 용질이 직접 실리카 표면에 닿는 것을 막아주기 때문에 꼬리 끌기를 줄일 수 있는 반면, 정지상이 고온에서 분해되거나 증발하는 출혈(bleeding) 현상이 증가할 수 있다. 가장 널리 사용하는 정지상 두께의 표준은 0.25 μm인데, 끓는점이 낮은 시료를 사용할 때는 정지상을 두껍게 하는 것이 보통 유리하다.

칼럼을 오래 사용하다 보면 고온 때문에 정지상이 서서히 분해되어 출혈 현상이 일어나게 된다. 그러면 칼럼 표면에 있는 실란올기(Si−OH)가 노출되어 꼬리 끌기가 증가하게 된다. 표준물질을 사용하여 머무름 인자, 이론단수, 그리고 피크 모양의 대칭성을 주기적으로 점검하여 칼럼의 성능을 확인해 볼 수 있다. 칼럼의 성능이 저하되면 이들 인자의 값이 변하게 된다. 정지상과 실리카 표면을 공유 결합으로 연결시키거나 정지상끼리 서로 다리 결합(cross linkage)으로 연결시키면 정지상이 분해되거나 증발하는 것을 줄일 수 있다.

고온에서 정지상이 분해되어 유출되면 대부분 검출기의 바탕 신호가 증가하게 된다. 따라서 신호 대 잡음비(S/N)가 감소하게 되고 검출기가 오염된다. 아릴렌(arylene) 정지상은 열에 대해 안정하기 때문에 고온에서도 분해나 증발이 잘 일어나지 않는다. 아릴렌 칼럼은 특히 기체 크로마토그래피–질량 분석법에 많이 쓰인다. 정지상이 열에 의해 분해되거나 증발하는 출혈 현상을 줄이려면 원하는 분리도를 손상시키지 않는 범위 내에서 정지상의 두께가 얇고 내경이 좁으며 길이가 짧은 칼럼을 사용하는 것이 좋다. 정지상이 산소에 의해 산화되는 것도 칼럼에서 출혈 현상이 일어나는 중요한 원인 중 하나가 된다. 1 ppb 정도의 O_2가 존재하더라도 칼럼 성능이 서서히 저하되므로 고순도의 이동상을 사용하고 칼럼으로 들어가기 전에 O_2 제거 장치를 통과하도록 한다. O_2보다 덜 심각하지만 H_2O도 가수 분해를 일으켜 정지상을 분해시킬 수 있다. 모세관의 실리카 표면에 있는 실란올기(Si–OH)는 정지상 분해가 시작되는 기폭제 역할을 하므로 칼럼을 제작할 때 실란올기가 노출되지 않도록 한다.

흡착 크로마토그래피에 사용하는 다공성 층(porous–layer) 칼럼에는 다공성 고분자, 표면적이 큰 탄소 입자, 알루미나(Al_2O_3) 등이 사용된다. 제올라이트(zeolite)는 결정성 알루미늄 규산염 광물(aluminosilicate mineral)인데 작은 분자들이 들어가서 일부 머무를 수 있는 공동(cavity)을 갖고 있기 때문에 분자체(molecular sieve) 역할을 할 수 있다(그림 26.5). H_2, O_2, N_2, CO_2, CH_4와 같은 기체들을 분리할 수 있고 H_2O 분자는 공동에 강하게 흡착되므로 기체에 포함된 수분을 제거하는 데에도 쓰인다.

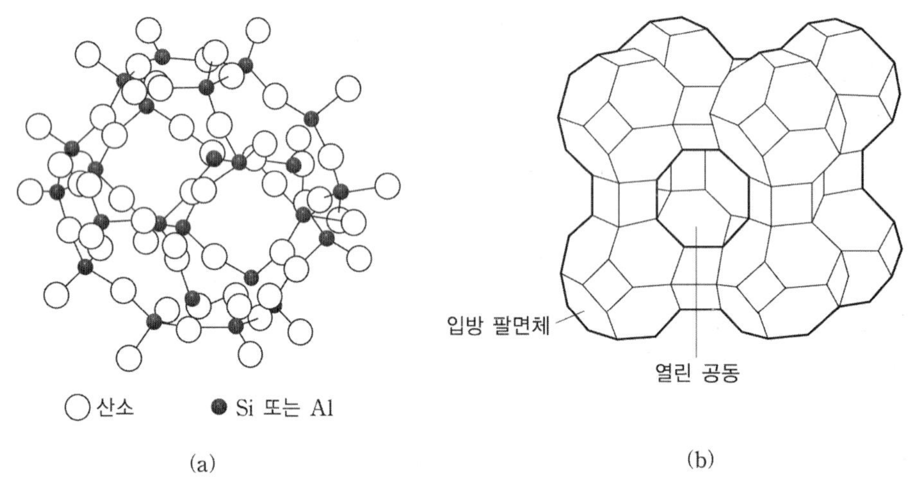

그림 26.5 분자체 $Na_{12}(Al_{12}Si_{12}O_{48}) \cdot 27H_2O$의 구조. (a) 제올라이트의 입방 팔면체 하나에 대한 규산염 광물 골격. (b) 8개의 입방 팔면체를 서로 연결하면 작은 분자가 들어갈 수 있는 공동이 생긴다.

3 기체 크로마토그래피에서 용리 방법

(1) 일반적인 용리 문제

GC에서 칼럼의 온도는 시료의 머무름 시간을 결정하는 중요한 요소이다. 시료를 분리시킬 때 온도를 처음부터 끝까지 일정하게 유지시켜 주는 방법을 등온법(isothermal method)이라 하는데, 시료가 비교적 간단하거나 몇 가지 알려진 성분만 들어 있는 경우는 이 방법이 유용하다. 보통 이 방법은 시료에 끓는점이 100 ℃ 이하인 휘발성이 큰 성분만 들어 있는 경우에 보통 쓰인다. 이 방법의 최대 강점은 간편하다는 것이다. 또 등온법에서는 칼럼의 온도를 낮추거나 평형 상태로 되돌리는 과정이 불필요하기 때문에 시료 주입 후 다음 시료를 주입할 때까지 지체되는 시간을 최소로 줄일 수 있다.

그러나 현실은 대부분 그렇지 못하다. 실제 실험해야 하는 복잡한 시료는 그 성분들이 갖는 끓는점 범위가 넓고 정지상과의 상호 작용의 크기도 다양하다. 어떤 성분들은 머무름 시간이 짧아서 피크들이 서로 많이 겹쳐져서 분리가 어렵다. 시료의 또 다른 성분들은 머무름 시간이 매우 길어서 분리는 잘 되지만 피크의 폭이 넓고 용리 시간이 너무 길어진다. 이 양극단의 중간이 가장 바람직하다. 다시 말해 모든 피크들이 겹치지 않고 분리가 잘 되면서도 용리 시간이 너무 길지 않고 알맞은 경우가 이상적이다.

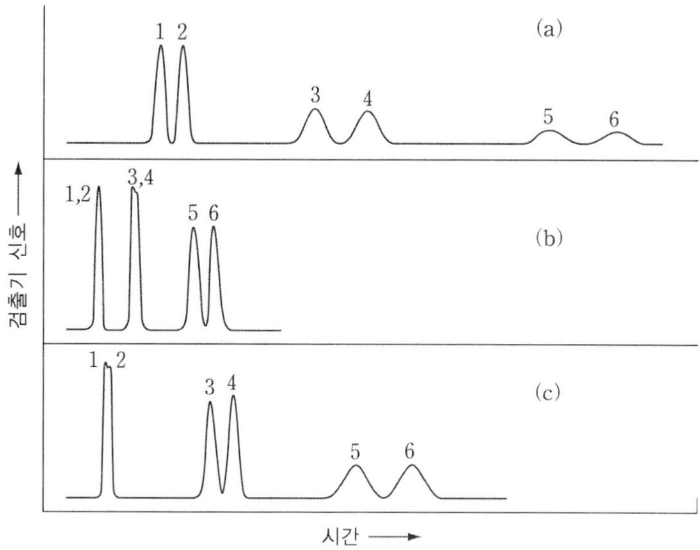

그림 26.6 크로마토그래피로 다양한 분배 계수와 머무름 인자(k)를 갖는 복잡한 혼합물을 분리시키려 할 때 직면하게 되는 일반적인 용리 문제. (a) 성분 1과 2의 k를 1~5 사이의 적정한 값으로 조절하였다. 이때 다른 성분들의 k는 너무 커서 특히 성분 5와 6은 너무 늦게 용리되고 피크도 너무 넓어진다. (b) 성분 5와 6이 적정 k 값을 갖도록 조정하였더니 전체 용리 시간은 이상적이지만 나머지 성분들은 분리가 제대로 되지 않았다. (c) 성분 3과 4가 적절한 k 값을 갖도록 조절하였더니 성분 1과 2는 분리가 제대로 안되고 성분 5와 6은 용리 시간이 너무 길다.

단 한 가지 조건에서 복잡한 시료의 모든 성분들이 적절한 분해능을 갖고 알맞은 용리 시간 내에 분리되도록 한다는 것은 크로마토그래피나 다른 분리 방법에서도 사실상 쉽지 않다. 혼합물 분리에서 이러한 어려움을 **일반적인 용리 문제**(general elution problem)라고 한다(그림 26.6). 이 문제를 해결하기 위해 시료를 분리하는 동안 실험 조건을 일정한 형태로 바꿔주는 방법이 있는데 이러한 방식을 **기울기 용리**(gradient elution)라고 한다. 기울기 용리의 일반적인 방법은 우선 빨리 용리되는 성분들의 머무름 시간은 길어지도록 하여 이들이 보다 잘 분리되도록 한다. 그 다음 분리 조건이 시간에 따라 변하도록 해서 나머지 성분들이 좋은 분해능을 유지하면서 적절한 시간 내에 용리되도록 한다.

(2) 온도와 압력 프로그래밍

GC에서는 보편적으로 칼럼의 온도를 시간에 따라 바꿔주는 방법으로 기울기 용리를 수행하는데 이러한 방법을 **온도 프로그래밍**(temperature programming)이라고 한다. 이 방법은 칼럼의 온도가 올라가면 용질의 증기압이 증가하여 머무름이 감소하는 관계를 이용하여 분리를 향상시킨다. 일련의 n-알케인을 일정한 온도에서 용리시킨 크로마토그램과 온도 프로그래밍으로 용리시킨 크로마토그램을 그림 26.7에서 비교해 볼 수 있다. 처음에는 칼럼 온도를 낮게 하여 휘발성이 가장 큰 화합물들이 좀 더 오래 머무르도록 하여 분리시킨다. 그 후에는 온도를 점진적으로 올려서 시료에 있는 다른 성분들이 적절한 머무름 시간을 가져 서로 잘 분리되도록 한다.

온도 프로그래밍에서 처음 시작할 때는 낮은 온도를 일정하게 유지시킨다. 시료가 주입되는 이 시간 동안 휘발성이 가장 큰 화합물들이 칼럼에서 분리된다. 두 번째 단계는 온도 경사(temperature ramp)라고 부르는데 보통 온도가 시간에 따라 일정하게 증가하게 한다. 이렇게 하는 것이 간단하고 또 넓은 범위의 휘발성을 가진 화합물을 분리시킬 수 있기 때문이다. 이 단계에서는 온도가 올라가는 속도를 매 실험마다 적절하게 조절해야 하는데 1~30 ℃/min 범위에 들어가는 것이 보통이다. 이 온도 경사 단계에서는 중간 정도의 휘발성을 가진 화합물부터 휘발성이 낮은 화합물이 순서대로 용리된다.

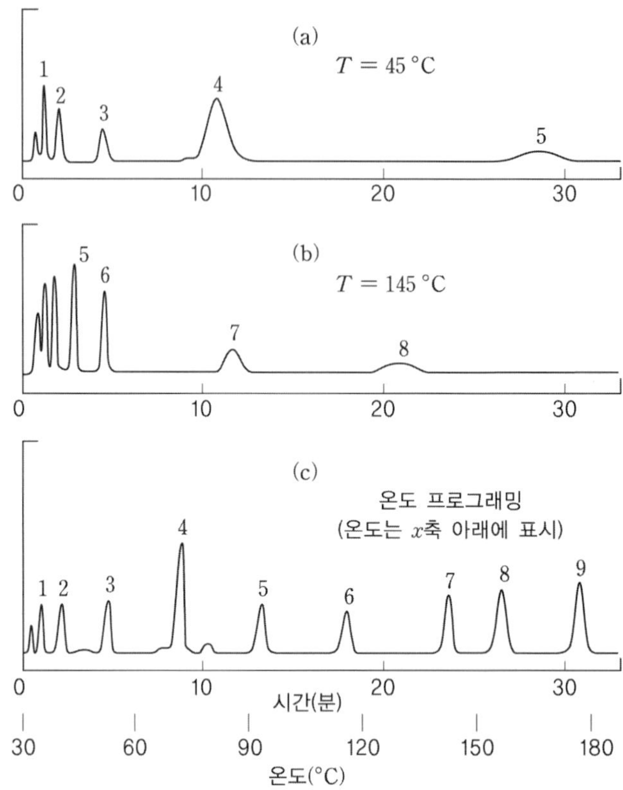

그림 26.7 기체 크로마토그램에서 칼럼 온도의 영향. (a) 45 ℃에서 등온 용리, (b) 145 ℃에서 등온 용리, (c) 30 ℃에서 180 ℃까지 온도 프로그래밍(출처: W. E. Harris, H. W. Habgood, Programmed Temperature Gas Chromatography, New York: Wiley: *1966*, P. 10)

온도 경사가 끝난 다음에는 이 온도 경사의 최고 온도를 일정 시간 동안 그대로 유지시켜 주는 등온 과정이다. 이 단계는 건너 뛸 수도 있는데 모든 시료 성분이 용리될 수 있는 충분한 시간을 주고 다음 번 시료를 주입하기 전에 칼럼에 휘발성이 낮은 성분이 남아 있지 않다는 점을 확인하는 데 유용하다. 온도 프로그래밍의 마지막 단계는 칼럼의 온도를 처음 온도로 되돌리는 냉각 과정이다. 칼럼의 온도를 충분히 식히지 않아 온도가 너무 높다면 다음 번 시료가 주입되었을 때 휘발성이 가장 큰 성분들의 머무름 시간이 너무 짧아져서 분리가 제대로 되지 않을 것이다.

GC에서 칼럼에 걸리는 압력을 조절하여 기울기 용리를 할 수도 있는데 이것을 **압력 프로그래밍**(pressure programming)이라고 한다. 대부분 GC 기기에는 이동상인 운반 기체의 압력을 조절할 수 있는 장치가 부착되어 있다. 칼럼 입구의 압력을 증가시키면 이동상의 유속이 빨라지기 때문에 머무름 시간이 줄어든다. 휘발성이 낮아 늦게 용리하는 성분들의 머무름 시간을 줄이기 위해 온도 프로그래밍 대신 압력 프로그래밍을 사용하는 경우가 있다. 압력 프로그래밍은 열에 약한 화합물을 분리시키는 데 유용하게 쓰인다. 온도 프로그래밍을 사용할 때는 다음 시료를 주입하기 위해 뜨거운 칼럼을 식히는 데 상당한 시간이 걸린다. 그러나 압력 프로그래밍에서는 한 번 실험이 끝난 뒤 다음 번 시료를 주입하기 위해 칼럼의 압력을 재빨리 초기 압력까지 낮출 수 있기 때문에 이러한 시간을 줄일 수 있다.

(3) 운반 기체

어떤 형태의 크로마토그래피와 마찬가지로 GC에서도 시료를 칼럼에 넣고 운반하기 위해 이동상은 필요하다. 다른 크로마토그래피와 비교했을 때 GC에 사용되는 기체 이동상이 갖는 가장 중요한 차이점은 이들이 시료의 머무름 시간에는 거의 영향을 주지 않고 단순히 시료를 운반하는 역할만 한다는 점이다. 그래서 GC에서는 보통 이동상을 **운반 기체**(carrier gas)라고 부른다. 머무름 시간은 시료 분자의 휘발성, 칼럼 온도, 시료 분자와 정지상의 상호 작용에 의해 결정된다.

운반 기체로 흔히 쓰이는 것은 H_2, He, N_2 등이다. 이들은 GC 칼럼이나 기기를 손상시키거나 오염시키지 않도록 순도가 높아야 한다. 덫(trap)이나 필터를 사용하여 운반 기체에 포함되어 있을 수 있는 물, 산소, 유기 물질, 미세 입자 같은 불순물을 칼럼에 들어가기 전에 제거한다. 운반 기체가 이동하는 관은 강철이나 구리 같은 금속관을 사용한다. 이들 금속관은 플라스틱이나 고무 재질의 관에 비해 기체가 잘 빠져나가지 못하고 휘발성 오염물질을 방출하지 않기 때문이다. 운반 기체 저장 용기에는 압력과 유속을 통제하기 위한 조절기가 붙어 있다. 온도나 압력 프로그래밍을 사용할 때는 칼럼의 온도나 압력 변화에도 불구하고 일정한 유속을 유지하기 위한 특별한 장치가 필요하다.

유속이 빠를 때 H_2와 He을 사용하면 N_2를 쓰는 경우보다 단높이가 작아져서 분리도가 좋아진다. 이는 N_2 기체에 비해 H_2나 He 기체 속에서 용질의 확산 속도가 빠르기 때문이다. 용질의 이동 속도가 빠를수록 이동상과 정지상 사이에 평형이 빨리 이루어지므로 van Deemter 식((25−32) 식)의 물질 이동항(Cu_x)의 크기가 작아진다. 정지상의 두께가 약 0.5 μm 이하로 얇으면 물질 이동항의 크기는 정지상보다는 이동상에서 용질의 확산 속도가 지배적인 영향을 미친다. 이들 이동상에서 용질의 확산 계수 크기는 다음과 같다; H_2 > He > N_2. 사실 H_2와 He의 확산 계수는 차이가 크지 않지만 N_2의 확산 계수는 He과 차이가 좀 많이 난다. 그림 26.8에서 보면 이들 3가지 운반 기체의 유속에 따른 단높이가 서로 다름을 볼 수 있다. 특히 N_2는 유속이 12 cm/s 정도로 느릴 때 단높이가 최소로 되고, 유속이 그 이상 빨라지면 단높이가 가파르게 증가하는 것을 확인할 수 있다. H_2나 He은 유속이 빨라져도 단높이의 증가가 완만하다. 2개의 화합물을 같은 칼럼으로 같은 온도 프로그래밍으로 분리시켰을 때 운반 기체 때문에 생기는 분리능의 차이를 그림 26.9에서 확인할 수 있다. H_2를 사용하면 유속이 훨씬 빨라져도 분리능이 크게 향상된다.

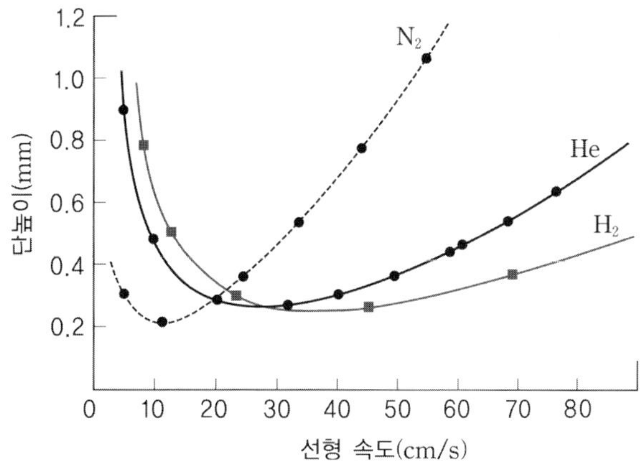

그림 26.8 내벽 피복 열린관 칼럼으로 175 ℃에서 N_2, He, 또는 H_2를 운반 기체로 사용하여 용질 n-$C_{17}H_{36}$의 기체 크로마토그래피에 대해 측정한 van Deemter 곡선. 칼럼은 내경이 0.25 mm이고 길이가 25 m이며 정지상으로는 OV-101이 쓰였다(출처: R. R. Freeman, Ed., "High Resolution Gas Chromatography", Palo Alto, CA, USA: Hewlett Packard Co., 1981).

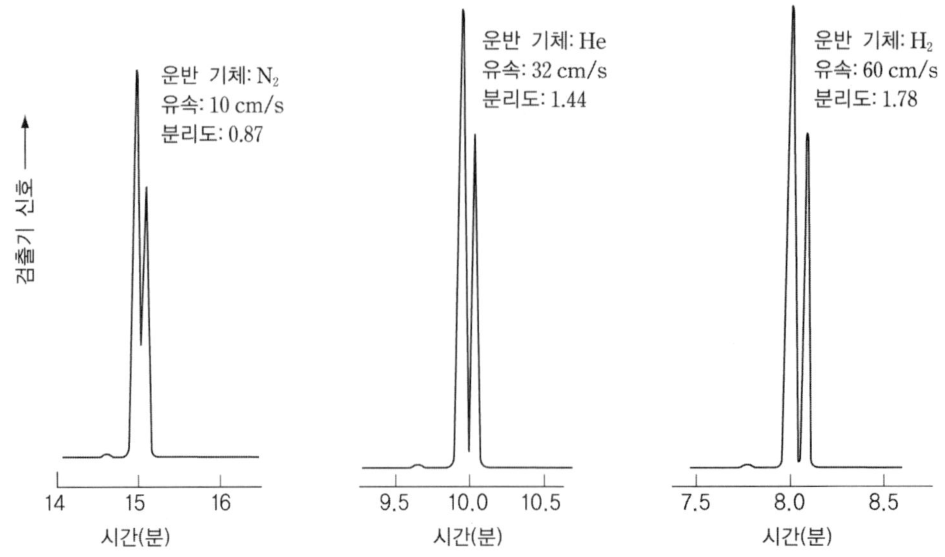

그림 26.9 서로 다른 운반 기체를 사용하여 2개의 여러 고리 방향족 화합물을 내벽 피복 열린관 칼럼으로 분리시킨 크로마토그램. N_2, He, H_2 순서로 분리도가 증가하므로 이 순서대로 용리 시간이 단축된다(출처: D. C. Harris, Quantitative Chemical Analysis, 8th Ed. Freeman, New York, *2010*, p. 575).

GC에서 가장 많이 쓰는 운반 기체는 He인데, 그 이유는 유속이 빨라도 단높이의 증가가 크지 않고 화학적으로 불활성이며 대부분의 검출기에 사용하기가 적합하기 때문이다. 불꽃 이온화 검출기(flame ionization detector)를 사용할 때 N_2 기체를 쓰면 He을 쓸 때보다 검출 한계가 더 낮아진다. H_2를 운반 기체로 사용하면 유속이 빨라져도 단높이가 크게 증가하지 않으므로 시료를 가장 빨리 분리시키는 것이 가능하다. 지금까지 H_2가 많이 사용되지 않았던 것은 공기 중에 H_2 농도가 4%(vol%) 이상이 되면 폭발할 수 있고 금속 표면에서 불포화 탄화수소와 반응할 수 있기 때문이다. 열린관 칼럼을 쓰면 운반 기체의 양이 적어서 수소가 폭발할 수 있는 농도에 도달하지 않는다. 기체 크로마토그래피-질량 분석법(GC-MS)에서 H_2 기체를 사용하면 H_2가 확산 펌프에는 큰 영향을 미치지 않지만 고성능 진공 펌프의 효율을 떨어뜨리는 문제점이 발생한다.

보통 실험할 때 운반 기체의 유속은 van Deemter 식에서 단높이가 최솟값이 되는 적정 유속보다 1.5~2배 정도 빠르게 조절한다. 이렇게 해야 단위 시간당 최대 분리 효율을 얻을 수 있다. 최대 효율을 나타낸다는 것은 이론단수가 최대로 된다는 말이다. 유속이 적정 값보다 빠르면 분리도는 낮아지지만 분석 속도가 빨라지기 때문에 충분한 보상이 된다.

칼럼은 보통 내경이 좁기 때문에 운반 기체의 흐름이 너무 느려서 검출기 성능이 충분히 발휘하지 못하는 경우도 있다. 이럴 때 칼럼과 검출기 사이에 보충 기체(makeup gas)를 추가해서 넣어주는 경우가 있다. 보충 기체는 검출기가 최고의 성능을 낼 수 있는 것을 사용하는데, 운반 기체와 같은 것을 쓰는 경우도 있고 다른 기체를 쓸 수도 있다.

(4) 보호 칼럼과 머무름 간격

GC에서는 칼럼 앞에 보통 3~10 m 길이의 빈 모세관을 설치하는 경우가 있다. 이 모세관은 실란화(silanize)되어 있어서 용질이 모세관의 실리카 벽에 머무르지는 않는다. 이 모세관을 **보호 칼럼**(guard column) 또는 **머무름 간격**(retention gap)이라고 하는데 같은 모세관을 사용 목적에 따라 다르게 부른다.

시료에 비휘발성 불순물이 섞여 있으면 이들이 크로마토그래피 칼럼을 오염시켜 성능을 떨어뜨린다. 이러한 불순물을 제거하기 위한 목적으로 칼럼 앞에 빈 모세관을 설치하였다면 **보호 칼럼**이라고 한다. 시료와 함께 주입된 불순물이 이 모세관 벽에 흡착되어 제거되는 것이다. 크로마토그램의 피크가 이상적인 대칭 모양으로 나오다가 비정상적인 모양으로 바뀌기 시작하면 보호 칼럼을 일부 잘라내는 것이 좋다. 시료 주입구의 라이너(injection inlet liner)를 교환할 때는 10~20 cm 정도의 보호 칼럼을 잘라내는 것이 좋다.

2 μL 이상 되는 많은 양의 시료를 비분할(splitless) 주입이나 칼럼 내 주입(on−column injection) 방법으로 주입한 경우 칼럼의 앞부분 벽에 몇 미터 정도에 걸쳐 미세한 용매 방울이 생길 수 있다. 이 용매 방울에 뒤따라오던 용질이 녹을 수 있고 이들이 뒤늦게 용리되면 크로마토그램에 일련의 작은 띠가 나타나게 된다. 칼럼 앞에 빈 모세관이 있으면 이 모세관을 지나는 동안 주입된 용매가 전부 증발해 버려 위와 같은 현상은 일어나지 않는다. 칼럼 앞에 있는 빈 모세관을 이와 같은 목적으로 설치하였다면 이를 **머무름 간격**이라고 한다. 정지상과 극성이 크게 다른 용매가 소량만 있어도 불규칙한 피크들이 생길 수 있다. 이렇게 머무름 간격을 설치하면 용매를 용질로부터 분리시켜 주기 때문에 피크의 모양을 이상적으로 개선하는 데 많은 도움이 된다. 주입되는 용매 1 μL당 최소한 1 m의 머무름 간격이 필요하다.

4 시료 주입

(1) 기체 시료

GC에서는 분석을 위해 시료가 기체 상태로 들어가야 하기 때문에 시료가 비교적 농도가 진한 기체 상태로 존재한다면 이것을 직접 채취하여 주입할 수 있다. 이때는 그림 26.10에 있는 것과 같이 기체가 새지 않는 밸브(gas−tight valve)를 많이 사용한다. 이 밸브는 고성능 액체 크로마토그래피에서 사용하는 것과 비슷하다. 이러한 밸브 대신 기체가 새지 않는 주사기를 사용하여 일정 부피의 기체 시료를 주입할 수도 있다.

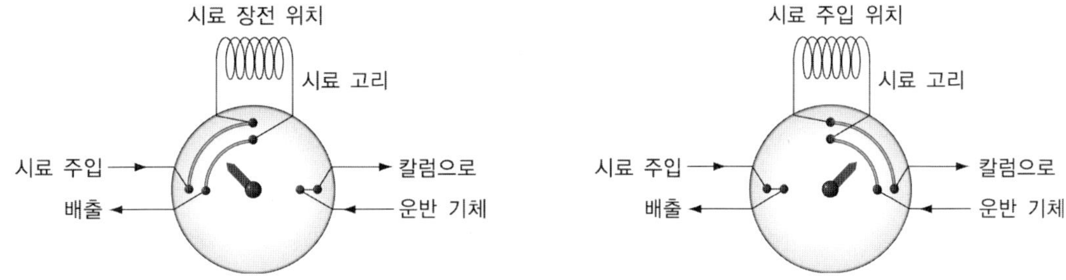

그림 26.10 기체 시료를 GC 칼럼에 주입하기 위해 쓰이는 기체가 새지 않는 밸브. 시료와 운반 기체는 시료 장전 위치나 시료 주입 위치 밸브 중 어느 쪽으로나 흐르게 할 수 있다.

공기 중에 있는 휘발성 유기 화합물과 같은 미량의 기체 성분을 분석하기 위해서는 보통 GC에 주입하기 전에 이 시료를 채취하여 농축하는 과정이 필요하다. 큰 부피의 기체 시료를 기체 상태 추출 카트리지(gas−phase extraction cartridge)나 시료가 녹을 수 있는 액체에 통과시켜서 시료를 채취하거나 농축할 수 있다. 또 다른 방법으로는 기체를 저온 트랩(cryogenic trap)에 통과시켜 시료를 모을 수 있다. 매우 낮은 온도를 유지하고 있는 속이 빈 관이나 코일에 기체를 흘려보내면 시료가 응축하여 모인다. 시료를 다 모으고 나면 온도를 올려줌으로써 이 시료 물질을 GC에 주입할 수 있다.

(2) 액체 시료

그림 26.11에 있는 주입구(injection port)는 실란화된 유리 라이너(liner)로 이루어져 있는데 주로 액체 시료를 주입하는 데 사용한다. 주입구에서 기화된 시료는 운반 기체에 의해 칼럼 안으로 들어간다. 분석용으로 쓸 때 보통 한 번에 주입하는 시료의 부피는 0.1 2 μL 정도이다. 시간이 지나면서 분해된 시료, 비휘발성 물질,

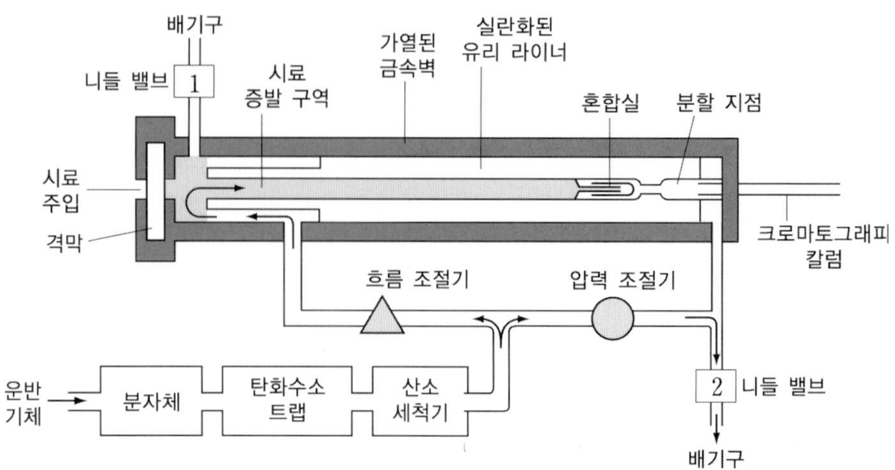

그림 26.11 열린관 칼럼으로 시료를 분할 주입할 때 쓰는 주입구의 구조. 비분할 주입일 때는 유리 라이너의 혼합실을 제거한다. 오염된 시료를 쓸 때는 분할 주입을 주로 하는데, 이때는 라이너 내부에 충전물을 넣어 시료에 들어 있는 불필요한 성분이 흡착되게 할 수 있다.

고무 또는 실리콘 격막(septum)에서 떨어져 나온 부스러기 같은 것들이 유리 라이너에 쌓이게 되므로 라이너는 일정 주기마다 교환해 주어야 한다. 어떤 라이너에는 이런 입자나 열분해 찌꺼기 같은 것들이 칼럼 안으로 들어가는 것을 방지하기 위해 바닥 부분에 유리 솜(glass wool)을 두기도 한다.

액체 시료를 주입할 때 그림 26.12처럼 일명 '샌드위치(sandwich)' 주입법을 사용하면 많은 장점이 있다. 우선 주사기를 용매로 여러 번 씻은 후, 공기, 용매, 공기, 시료, 공기 순으로 차례차례 조금씩 빨아들이는 것이다. 다시 말해 공기를 먼저 빨아들이고 다음 용매를 빨아들인다. 다음에는 다시 공기를 빨아들이고 다음에 시료, 마지막으로 공기를 빨아들이는 식이다. 이렇게 시료를 채운 주사기 바늘을 격막을 통해 뜨거운 주입구에 찔러 넣는 순간 주사기 바늘에는 시료가 없기 때문에 시료는 즉시 증발하지 않는다. 만일 바늘 내에 시료가 들어 있었다면 바늘이 격막을 통해 들어가는 순간 주사기로부터 본격적으로 시료가 주입되기도 전에 휘발성이 가장 큰 성분은 빠르게 증발하기 시작해서 거의 소모되어 버릴 수도 있다. 시료 뒤에 위치한 공기는 시료와 용매가 섞이는 것을 막아주고 용매는 시료를 주사기 밖으로 씻어내고 맨 마지막에 있는 공기는 용매를 밀어내게 된다. 많은 자동 시료 주입기(autosampler)는 이러한 '샌드위치' 주입법을 사용한다.

액체 시료를 주입하는 방법에는 분할 주입, 비분할 주입, 칼럼 내 주입법이 있다. 이들 방법에 대한 대표적인 주입 조건은 그림 26.13과 같다.

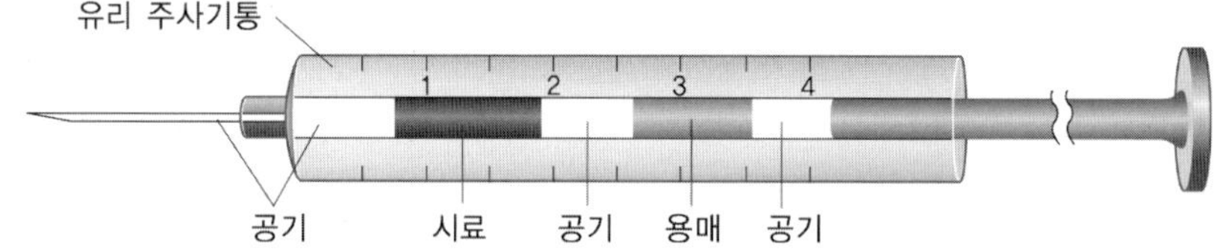

그림 26.12 주사기를 이용한 '샌드위치' 주입법(출처: J. T. Watson, Introduction to Mass Spectrometry, 3rd Ed., Philadelphia: Lippincott-Raven, 1997)

① 분할 주입

GC에서 액체 시료를 주입할 때 가장 문제가 되는 것은 주입구에 시료가 들어가서 기화되면 부피가 상당히 늘어난다는 점이다. 주입관의 시료를 운반 기체가 운반하여 칼럼으로 들어가는 데 시간이 오래 걸려서 피크가 넓어지고 꼬리 끌기가 심하게 나타난다. 기체 상태의 시료가 좁은 칼럼으로 한꺼번에 들어갈 수 없기 때문에 시료가 주입구에서 빨리 사라지지 않고 운반 기체가 계속 주입구에 들어가면서 시료와 섞여 농도가 묽어지기 때문이다. 이런 문제가 열린관 칼럼에서 더욱 심각하고 더구나 열린관 칼럼의 내경이 작으면 정지상의 부피가 작아 정지상이 수용할 수 있는 시료의 양이 매우 적다. 마이크로주사기(microsyringe)를 써서 시료를 주입하더라도 칼럼에 과부하가 걸리기 십상이다.

이러한 한계는 보통 **분할 주입**(split injection)으로 극복한다. 주입구의 기본 구조는 그림 26.11과 같다. 시료가 빨리 증발하게 하기 위해 주입구의 온도는 통상적으로 칼럼보다 높은 350 ℃ 이상을 유지하도록 한다. 격막을 통해 주입된 시료는 운반 기체에 의해 빠르게 이동하여 혼합실로 들어간다. 여기서 시료는 완전히 증발하고 골고루 잘 섞이게 된다. 분할 지점에서 대부분의 시료는 배기 밸브 2를 통해 빠져나가고 작은 일부(보통 0.01%~10%)만 칼럼으로 들어간다. 이렇게 함으로써 모든 시료가 짧은 시간에 칼럼 속으로 들어가게 되고 칼럼에 시료가 수용 한계를 넘어 많이 들어가는 것을 막아 준다. 이런 문제는 특히 내경이 보통이거나 좁은 열린관 칼럼에서 주로 일어난다. 분할 주입은 시료 내 주요 성분이 0.1% 이상 존재하는 비교적 농도가 진한 시료에 적합하고 주입 과정에서 많은 시료가 버려지기 때문에 미량 성분을 분석하기는 어렵다. 그리고 감도(sensitivity)가 좋은 검출기를 써야 한다. 분할 주입의 또 다른 문제는 여러 성분들의 휘발성이 크게 다르면 이들이 칼럼 안으로 들어가는 비율이 같지 않을 것이다. 휘발성이 큰 성분이 휘발성이 작은 화합물보다 먼저 증발되어 배기 밸브로 더 쉽게 빠져나갈 것이다. 이렇게 실제 시료의 조성과 칼럼으로 들어가는 시료의 조성에 차이가 생겨서 문제가 될 수 있다. 주입구의 온도가 높으면 이러한 문제를 최소화할 수 있다. 그러나 주입구의 온도가 너무 높으면 시료가 열분해될 수도 있기 때문에 조심해야 한다.

② 비분할 주입

시료에 포함되어 있는 주요 성분의 농도가 0.01% 이하로 미량이거나 검출기의 감도가 좋지 못하면 **비분할 주입**(splitless injection)을 선택하는 것이 좋다. 이때에도 분할 주입에서 사용했던 것과 같은 주입구를 사용하는데 혼합실을 없애고 배기 밸브 2를 닫아둔다(그림 26.11). 기화된 시료가 분할되지 않고 칼럼에 들어가려면 시간이 많이 걸리기 때문에 그동안 열분해가 일어나는 것을 막기 위해 온도는 220 ℃ 정도로 비교적 낮게 유지한다. 비분할 주입에서는 보통 시료의 80% 정도가 주입된다.

비분할 주입에서 운반 기체의 유속이 1 mL/분이고 기화된 시료가 칼럼으로 들어가는 데 1분이 걸린다고 하면 크로마토그램의 피크 넓이는 1분보다 더 좁아지지 않는다. 그래서 피크의 폭을 좁혀 문제되지 않을 정도의 분리도를 얻기 위해 **용매 트래핑**(solvent trapping)과 **냉각 트래핑**(cold trapping) 방법을 사용한다. 용매 트래핑에서는 칼럼의 처음 온도를 용매의 끓는점보다 40 ℃ 정도 낮게 설정한다. 이렇게 되면 주입구에서 기화된 용매가 칼럼 입구에서 응축되어 좁은 띠를 만들고 뒤따라온 기체 상태 용질이 이 응축된 용매에 도달하면 용질이 용매에 다시 녹게 된다. 칼럼의 온도가 서서히 올라가면 칼럼 입구에 응축되어 있던 용매가 증발하고 용질이 휘발성 순서대로 증발하여 용리된다. 이렇게 용매 트래핑을 하면 용질의 피크 넓이가 매우 좁은 크로마토그램을 얻을 수 있다. 냉각 트래핑에서는 칼럼의 처음 온도를 분리하고자 하는 용질의 끓는점보다 낮은 150 ℃ 정도로 조절한다. 용매와 끓는점이 낮은 성분은 빨리 용리되지만, 끓는점이 높은 용질은 칼럼 입구에 응축된다. 용매와 끓는점이 낮은 용질이 다 빠져나가고 나면 칼럼의 온도를 올려주어서 끓는점이 높은 용질이 용리되도록 한다. 끓는점이 매우 낮은 용질을 분리하기 위해 초기 칼럼의 온도를 상온보다 낮게 맞추는 경우도 있다.

③ 칼럼 내 주입

칼럼 내 주입(on-column injection) 법은 시료가 끓는점 이상이 되면 쉽게 열분해되거나 정량 분석할 때 유용하다. 시료를 주사기로 고온의 주입구가 아닌 칼럼에 직접 주입하므로 열분해가 일어날 가능성이 거의 없다. 칼럼의 초기 온도는 가능한 낮게 설정하여 용질이 칼럼 입구의 좁은 영역에 응축되도록 하여 크로마토그램의 피크 폭이 넓어지는 것을 피할 수 있다. 그 후 칼럼의 온도를 높여서 시료를 용리시킨다. 칼럼의 처음 온도가 매우 낮기 때문에 주입 과정에서 시료의 손실도 일어나지 않는다. 내경이 0.53 mm인 열린관 칼럼에는 GC에 쓰는 부피가 μL 단위로 표시된 표준 주사기의 바늘이 쉽게 들어간다. 더 높은 분리도를 얻기 위해 내경이 0.20~0.32 mm인 칼럼을 사용하려면 가는 실리카 바늘을 가진 특수한 주사기가 있어야 한다.

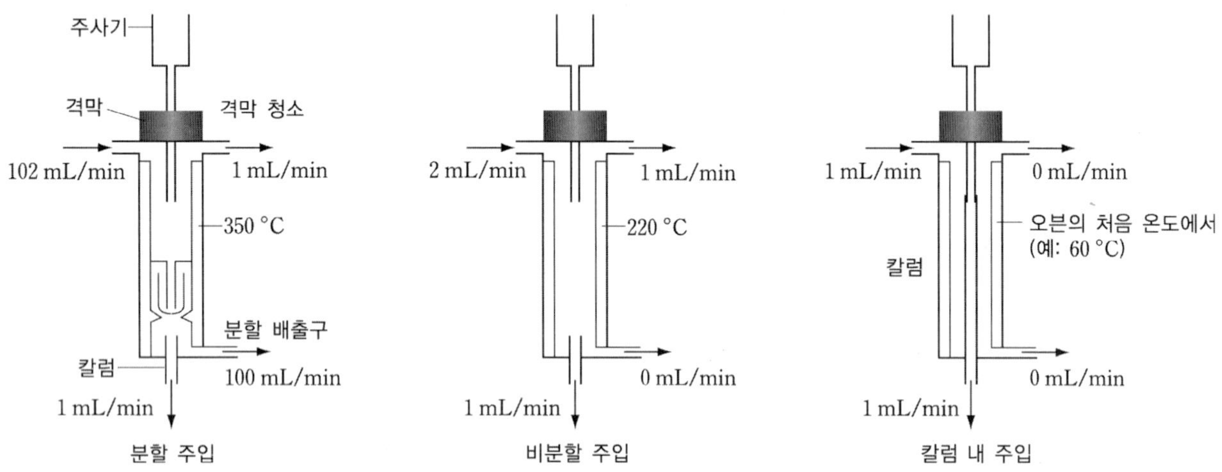

그림 26.13 열린관 칼럼으로 시료를 주입하는 분할, 비분할, 칼럼 내 주입법에 대한 대표적인 주입 조건(출처: D. C. Harris, Quantitative Chemical Analysis, 8th Ed. Freeman, New York, 2010, p. 578)

5 검출기

검출기는 칼럼에서 어떤 용질이 용리되어 나올 때 이 화합물의 농도를 측정하거나, 이 화합물이 무엇인지 확인하는 데 필요한 자료를 얻기 위해 사용한다. 검출기는 거의 모든 화합물이나 넓은 범위의 화합물에 감응하는 만능 검출기(universal detector)와 제한된 부류의 화합물에만 감응하는 선택성 검출기(selective detector)로 나눌 수 있다. 흔히 쓰이는 검출기들을 표 26.2에 정리하였다.

표 26.2 기체 크로마토그래피에 많이 쓰이는 대표적인 검출기

형태	사용할 수 있는 시료	일반적인 검출 한계
불꽃 이온화	탄화수소	1 pg/s
열전도도	만능 검출기	500 pg/mL
전자 포획	할로젠 화합물	5 fg/s
질량 분광 분석기(MS)	모든 화학종에 사용	0.25~100 pg
열이온	질소와 인 화합물	0.1 pg/s(P), 1 pg/s(N)
전해질 전도도(Hall)	할로젠, 황, 질소를 가진 화합물	0.5 pg Cl/s, 2 pg S/s, 4 pg N/s
광 이온화	UV에 의해 이온화되는 화합물	2 pg C/s
Fourier 변환 IR(FTIR)	유기 화합물	0.2~40 ng

(출처: D. A. Skoog, F. J. Holler, S. R. Crouch, Principles of Instrumental Analysis, 6th Ed., 2007, Thomson Brooks, Belmont, CA, USA)

크로마토그램의 피크를 확인하는 일반적인 방법은 머무름 시간을 서로 비교하는 것이다. 미지 시료에 어떤 순수한 용질을 소량 첨가했을 때 이 용질이 미지 시료의 성분과 같은 화합물이라면 미지 시료에 해당하는 피크의 면적이 커질 것이다. 여러 개의 다른 칼럼으로 바꿔서 실험해도 동일한 결과가 나온다면 같은 화합물이라고 확실하게 결론 내릴 수 있다. 질량 분석계(mass spectrometer)를 검출기로 사용하면 미지 시료를 확인하는 데 유용한 많은 정보를 얻을 수 있다.

정량 분석(quantitative analysis)을 하려면 크로마토그램의 피크 세기를 측정해야 하는데 피크 세기는 피크의 면적을 의미한다. 선형 감응 범위(linear response range) 내에서 피크 면적은 농도에 비례한다. 요즘 쓰이는 대부분의 기기에서는 컴퓨터가 자동으로 측정된 피크 면적을 계산한다.

(1) 만능 검출기

① 열전도도 검출기

열전도도 검출기(thermal conductivity detector, TCD)는 칼럼에서 용출(eluate)되는 운반 기체와 시료 혼합물이 뜨거운 금속 필라멘트로부터 열을 빼앗아 식히는 능력, 즉 열전도도의 변화를 측정한다. 흔히 쓰이는 TCD 중 한 가지는 휘트스톤 브리지(Wheatstone bridge)라는 전기 회로를 사용한다. 그 구조는 그림 26.14와 같다. 이 회로는 한쪽에 저항이 2개씩 모두 4개의 저항이 병렬 회로(parallel circuit)를 구성하고 있다. 이 회로들이 적절하게 전기적으로 균형을 맞추고 있으면 회로의 중심에서 측정한 전위차는 영(zero)이지만 저항 중 어느 하나의 전기적 성질이 바뀌면 전위차는 영이 아닌 어떤 값을 가지게 될 것이다. 이 회로를 TCD에 쓰려면 최소한 2개의 저항은 텅스텐－레늄(tungsten－rhenium) 합금과 같은 금속으로 만들어진 필라멘트가 되어야 하고 이 필라멘트는 칼럼에서 용출되는 순수 운반 기체나 운반 기체－시료 혼합물과 접촉하도록 되어 있다. 휘트스톤 브리지에 전류가 흘러 필라멘트를 가열시킨다. 이 필라멘트 주위로 기체가 흐르게 되면 열을 일부 빼앗아 필라멘트가 어느 정도 냉각된다. 그림 26.14에서 R_4에는 순수한 운반 기체가 흐르고 R_3에는 칼럼에서 용출된 기체(운반 기체 + 시료 성분)가 흐르면 필라멘트 R_3와 필라멘트 R_4의 온도가 달라진다. 온도가 변하면 전기 저항이 변하고 필라멘트에 걸리는 전위차가 달라진다. 이렇게 측정된 전위차는 칼럼에서 용출된 시료의 농도와 관련된 전기 신호가 된다.

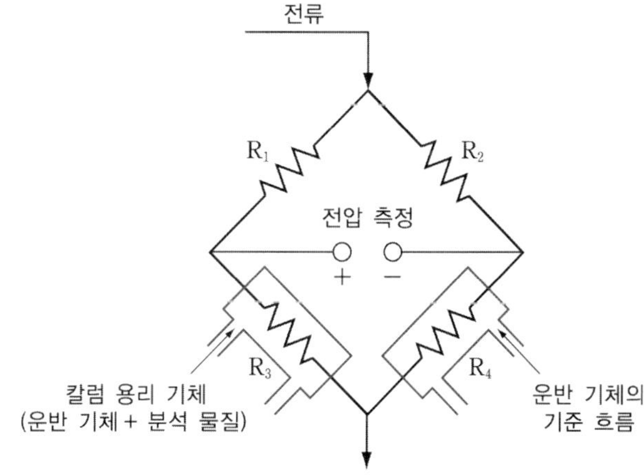

그림 26.14 GC의 열전도도 검출기로 쓰이는 간단한 휘트스톤 브리지 회로. R_1, R_2, R_3, R_4는 이 회로에 있는 4개의 저항을 나타낸다. 이 저항에 쓰이는 물질은 텅스텐이나 텅스텐-레늄 합금인데 이 금속은 온도가 변하면 이에 따라 전류를 운반하는 능력이 변한다. 이 그림은 2개의 셀(cell)로 이루어진 검출기를 보여 주고 있다. 4개의 셀로 이루어진 검출기도 쓰인다.

TCD에 쓰는 운반 기체는 검출하고자 하는 시료와 열전도도가 많이 달라야 한다. H_2나 He은 대부분의 시료보다 월등히 높은 열전도도를 갖고 있기 때문에 H_2나 He을 TCD에서 운반 기체로 쓴다. H_2는 He보다 열전도도가 높지만 안정성 때문에 He이 가장 널리 쓰인다. He 기체에 H_2를 제외한 어떤 시료 성분이 섞이더라도 열전도도는 순수한 He보다 낮아진다. 운반 기체에 시료 성분이 섞이게 되면 그림 26.14의 휘트스톤 브리지에서 R_3의 온도가 R_4보다 높아져서 시료를 검출할 수 있다.

TCD의 가장 큰 장점은 대부분의 유기 및 무기 화합물에 감응하는 만능 검출기라는 점이다. 또 TCD는 시료를 파괴시키지 않기 때문에 용출된 시료가 두 번째 검출기를 통과하도록 해서 좀 더 분석하거나 시료를 모아서 나중에 다시 이용할 수도 있고 구조가 매우 단순하다. **선형 감응 범위**(linear response range)는 10^5 정도 된다. 이런 이유 때문에 TCD가 널리 사용되어 왔다. TCD의 단점은 우선 운반 기체에 섞여 있는 불순물, 칼럼에서 떨어져 나온 정지상, 또 기기 속으로 새어 들어온 공기에 대해 감응한다는 점이다. 또 TCD는 온도 프로그래밍하는 동안 일어나는 온도 변화에 민감할 수 있다. TCD는 검출 한계가 다른 검출기에 비해 높기 때문에 충전 칼럼에는 유용하게 쓸 수 있지만 내경이 작은 열린관 칼럼에 사용하기는 힘든 경우가 많고 다른 검출기에서 감지하기 어려운 H_2, N_2, CO, H_2O, SO_2, NO_2, CO_2 같은 기체를 검출하는 데 유용하다.

TCD의 감도는 운반 기체의 유속에 반비례하기 때문에 유속이 느릴수록 감도가 좋아진다. 또 검출기 외부 몸체와 필라멘트 사이의 온도차가 클수록 감도가 좋아지기 때문에 검출기 몸체는 시료 성분이 응축되지 않는 범위 내에서 가장 낮은 온도를 유지하도록 해야 한다.

② 불꽃 이온화 검출기

불꽃 이온화 검출기(flame ionization detector, FID)는 거의 모든 탄화수소를 검출할 수 있기 때문에 만능 검출기로 분류하였다. 하지만 탄화수소가 아닌 운반 기체로 쓰는 He, H_2, N_2나 그 외 CO, NO, O_2, CO_2, H_2O, NH_3, H_2S, SiF_4에 대해서는 감도가 아주 낮거나 아예 신호가 나오지 않아 만능 검출기라고 하기는 어렵다.

FID의 구조는 그림 26.15와 같다. 칼럼에서 용출된 시료는 H_2에 공기를 산화제로 섞어 만든 불꽃 속으로 들어가 연소된다. 검출 한계를 낮추고 적절한 유속을 유지하기 위해 운반 기체와 H_2가 불꽃에 들어가기 전 N_2와 같은 보충 기체(makeup gas)를 함께 넣어 주는 경우도 있다. 카보닐(carbonyl)과 카복실(carboxyl) 탄소를 제외한 탄소 원자에 의해 CH 라디칼이 만들어지고 이 라디칼이 불꽃에서 CHO^+와 전자를 생성한다고 알려져 있다.

$$CH + O \rightarrow CHO^+ + e^-$$

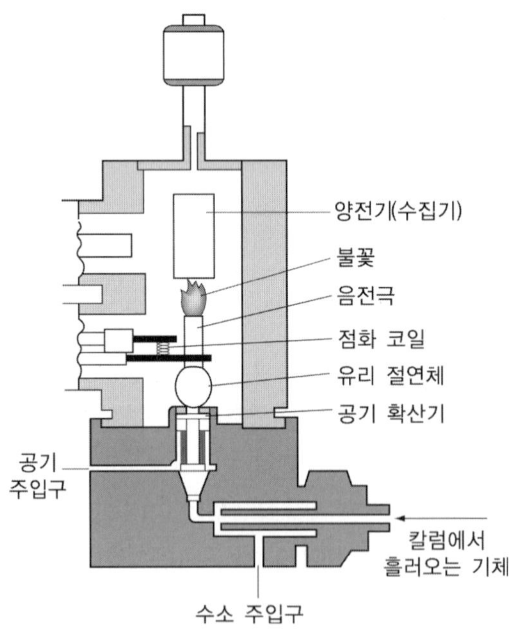

그림 26.15 불꽃 이온화 검출기의 구조(출처: Varian Associates, Palo Alto, CA, USA)

대략 탄소 원자 10^5개 중 1개의 이온이 만들어진다고 하지만 생성된 양이온의 양은 불꽃으로 들어가는 반응할 수 있는 탄소 원자의 개수에 비례한다. 불꽃 바로 위에는 수집기(collector)라 부르는 전극이 있는데 이 전극에는 불꽃 끝 부분에 대해 +200에서 +300 V 사이의 일정한 전압이 걸려 있어서 분석 시료가 없을 때 ~10^{-14} A 정도의 매우 약한 전류가 흐른다. 칼럼에서 용출되는 시료가 불꽃에 들어가면 수집기에 흐르는 전류가 증가하므로 시료 성분을 검출할 수 있게 된다.

유기 화합물을 분석할 때 FID의 장점을 살펴보자. FID는 운반 기체로 쓰이는 He, Ar, N_2나 운반 기체에 흔히 들어 있는 불순물인 O_2, CO_2, H_2O 같은 많은 작은 무기 화합물에 대해 전혀 감응하지 않거나 거의 무시할 수 있을 정도의 감응만 보인다. 그래서 FID는 바탕 신호가 작아서 유기 화합물에 대한 검출 한계가 TCD와 비교해서 100배에서 1000배 정도 낮다. He 대신 N_2를 운반 기체로 사용하면 검출 한계는 다시 50% 정도 줄어든다. 또 FID는 온도 프로그래밍을 사용할 때 쓸 수 있고 10^7 정도의 넓은 선형 감응 범위를 갖고 있다. 따라서 내경이 작은 열린관 칼럼을 사용하여 일상적으로 유기 화합물을 분석할 때 FID는 좋은 선택이 될 수 있다. FID의 단점은 측정하는 동안 시료 분자가 파괴된다는 것이다. 따라서 FID에 다른 형태의 검출기를 직접 연결하여 쓸 수 없고 시료를 다시 수집하여 정성 분석으로 확인하는 것이 불가능하다. 칼럼에서 용출된 운반 기체를 둘로 나누어 일부는 FID로 보내고 나머지는 다른 검출기로 보내는 것은 가능하다.

(2) 선택성 검출기

선택성 검출기는 특정 부류의 화합물에만 매우 민감하게 감응하므로 이 성분들이 미량 존재하는 경우 분석하기에 유리하다. 또 복잡한 시료를 분석할 때 특정 화합물을 제외한 나머지 대부분의 화합물과 불순물에는 거의 감응하지 않아 크로마토그램이 간단해져서 분해능이 좋고 미지 성분을 확인하기에 용이하다.

① 전자 포획 검출기

전자 포획 검출기(electron capture detector, ECD)는 할로젠 원자(F, Cl, Br, I)나 나이트로기($-NO_2$)처럼 전기 음성도가 큰 원자나 작용기를 갖고 있는 분자들을 검출하는 데 쓰이고, 여러 고리 방향족 화합물, 무수물(anhydride), 콘쥬게이션 카보닐 화합물(conjugated carbonyl compound) 등에 특별히 민감하기 때문에 이들을 검출하는 데 쓰인다. 탄화수소, 알코올, 케톤에는 상대적으로 감응하지 않는다. 일반적인 ECD의 구조는 그림 26.16과 같다. 이 검출기의 원리는 전기 음성도가 큰 원자나 작용기를 갖고 있는 분자가 전자를 포획한다는 사실을 바탕으로 한다.

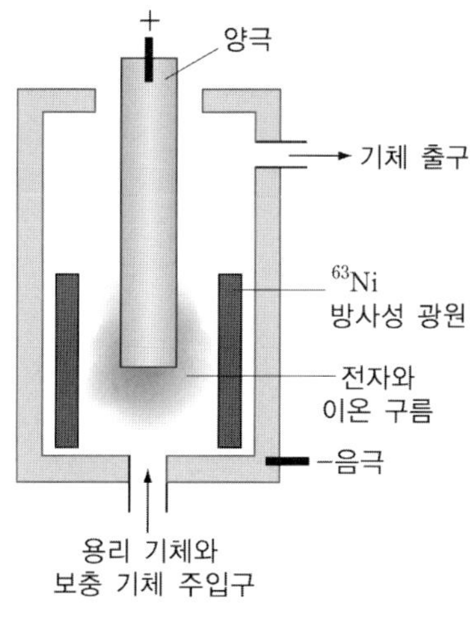

그림 26.16 전자 포획 검출기의 구조

방사성 원소인 ^{63}Ni이나 ^{3}H는 이들이 붕괴하면서 고에너지 전자 빔인 베타선(β-ray)을 방출한다. 운반 기체가 이 전자 빔과 충돌하면 전자가 갖고 있던 에너지를 일부 흡수하여 이온화하면서 낮은 에너지의 2차 전자를 대량 내놓게 되는데 이들이 (+)전압이 걸린 수집 전극으로 끌려간다. 이렇게 해서 흐르는 작은 전류는 칼럼에서 시료 분자가 용출되어 섞이지 않으면 일정한 크기를 유지한다. 전기 음성도가 큰 원자를 갖고 있는 시료 분자가 칼럼에서 용출되어 검출기에 들어오면 이 화합물이 2차 전자 일부를 포획하여 (+)전극에 도달하는 이 전자의 숫자가 감소한다. 따라서 수집 전극에 흐르는 전류가 감소하므로 이 신호를 검출하는 것이다.

ECD는 위에서 설명한 것과 같은 전자 친화력이 큰 화합물에 대해 감도가 매우 좋지만 선형 감응 범위는 10^4 정도로 상대적으로 좁다는 단점이 있다. 또 다른 단점으로는 전자빔을 방출하는 소스(source)가 있어야 한다는 점이다. ECD에서는 방사성원(radioactive source)을 쓰는데 ^{3}H가 ^{63}Ni보다 강한 β선을 방출하지만 방사능 위험에서 보다 안전한 ^{63}Ni을 주로 사용한다. 운반 기체로는 H_2나 He보다 크기가 큰 Ar이나 N_2를 선택하는 것이 좋다. 운반 기체의 크기가 클수록 방출되는 β 입자와 충돌하기가 쉽기 때문이다. 운반 기체에 소량의 CH_4를 가하면 2차 전자의 생성을 유지하고 검출기 감응을 안정화시키는 데 큰 도움이 된다.

② 질소-인 검출기

질소-인 검출기(nitrogen-phosphorus detector, NPD)는 불꽃 이온화 검출기(FID)를 개량한 것인데 **알칼리 불꽃 검출기**(alkali flame detector)라고도 한다. NPD는 N과 P 원자를 갖고 있는 화합물에 특히 민감해서 N과 P에 대한 감응은 C 원자에 비해 10^4~10^6배 정도 더 크다. 이 검출기는 많은 의약품, 농약, 제초제 등을 분석하는 데 유용하다. NPD는 칼럼에서 용출되는 화합물에서 생성된 이온을 측정한다는 점에서 FID와 유사하다. 그러나 NPD에서는 구슬을 가열하고 뜨거운 구슬 표면에 접촉하는 전자 친화력이 있는 화학종이 전자를 얻어 음이온이 만들어지고 이 음이온이 (+)전압이 걸려 있는 전극으로 이동함으로써 전류가 흐르게 된다. 이런 메커니즘에 의해 음이온이 만들어지는 현상은 질소나 인을 포함하고 있는 화합물에서 특히 효과적으로 일어나기 때문에 NPD는 이런 부류의 화합물에 선택적으로 감응하는 검출기가 되는 것이다.

최근 널리 쓰이는 질소-인 검출기 구조는 그림 26.17과 같다. FID에서와 같이 칼럼에서 용출되는 시료가 섞인 운반 기체는 수소 기체, 공기와 섞인다. 흘러들어가는 수소 기체의 양은 너무 적어서 수소 불꽃은 만들어지지 않는다. 수소 불꽃 대신에 Rb_2SO_4가 함유되어 있는 유리구슬을 가열 코일로 뜨겁게 달구어 사용한다. 유리구슬의 뜨거운 표면에서 일부 수소와 시료 성분이 구슬의 뜨거운 표면에서 해리하여 탄소 라디칼과 자유 수소 원자가 만들어진다.

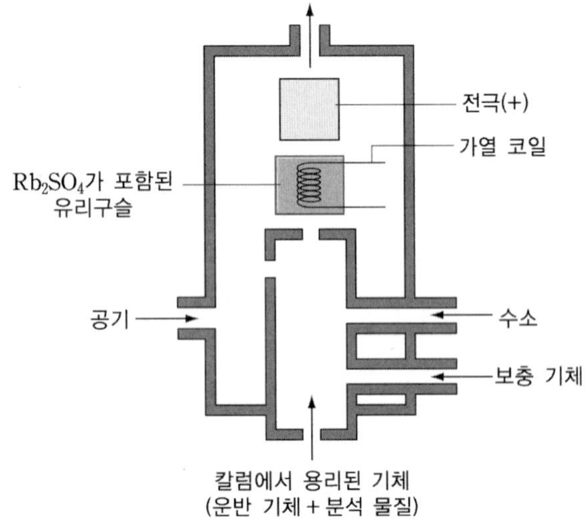

그림 26.17 질소-인 검출기의 구조

질소나 인을 포함하고 있는 분자가 이 뜨거운 표면과 접촉하면 분해되어 ·CN이나 ·PO_2 같은 라디칼을 만든다. 홀전자(unpaired electron)를 갖고 있는 이 라디칼들은 전자를 끌어당기는 힘이 대단히 커서 뜨거운 유리구슬에서 여분의 전자를 빼앗아서 CN^-나 PO_2^- 같은 음이온이 만들어진다. 이 이온들은 유리구슬 위에 있는 (+)전압이 걸려 있는 전극으로 끌려들어가므로 전류가 흐르게 되고 이 전류가 용출되는 시료 성분을 분석하기 위한 신호가 된다.

NPD의 최대 장점은 질소와 인 원자를 갖고 있는 화합물에 대한 뛰어난 선택성과 낮은 검출 한계이다. FID와 마찬가지로 NPD는 여러 운반 기체와 불순물에 감응하지 않는다. 이 부류의 화합물에 대해 사용되는 검출기 중에서 NPD의 검출 한계가 가장 낮다. 유리구슬은 시간이 지남에 따라 Rb_2SO_4가 소모되어 서서히 활성이 떨어지므로 주기적으로 교환해 주어야 한다. 안정하며 신뢰할 수 있는 신호를 얻기 위해서 유리구슬의 가열 상태와 수소 기체의 유속을 세심하게 조절해야 한다. 여러 가지 운반 기체를 쓸 수 있으며 구슬의 가열 상태와 수소의 유속은 이동상에 따라 최적 조건이 달라지므로 이동상이 바뀌면 다시 최적화시켜야 한다.

③ 기타 선택성 검출기

불꽃 광도 검출기(flame photometric detector)는 FID에서와 같은 수소-공기 불꽃으로 칼럼에서 용출되는 시료를 통과시키면 일부 들뜬 원자들이 고유한 특정 파장의 빛을 방출한다. 이 발광의 파장과 세기를 측정하여 시료를 확인하고 또 정량 분석할 수 있다. P, S, Pb, Sn 그 외 몇몇 선택된 원소를 포함한 화합물을 검출하는 데 쓰인다.

광이온화 검출기(photoionization detector)는 방향족 화합물이나 불포화 화합물을 검출하는 데 사용한다. 진공 자외선(vacuum ultraviolet) 광원에서 나온 빛을 이들 화합물에 쪼이면 이온화되어 전자가 생성되는데 이것을 전극에 모아서 측정하는 것이다.

황 화학 발광 검출기(sulfur chemiluminescence detector)는 보통 FID에 연결하여 2차 검출기로 황의 총량을 측정하기 위해 사용한다. 시료에 포함되어 있던 황 원소는 FID에서 SO로 산화되는데 여기에 오존(O_3)을 섞어 주면 들뜬 상태의 SO_2가 생성된다. 들뜬 상태의 SO_2는 푸른색과 자외선을 방출하고 이 발광을 측정하여 분석한다. 방출 세기는 황의 출처와는 관계없이 용출된 질량에 비례하는데 황에 대한 감응은 탄소에 대한 감응보다 10^7배 정도 더 크다. 이와 유사한 검출기로 **질소 화학 발광 검출기**(nitrogen chemiluminescence detector)가 있다. 칼럼에서 나오는 용출 기체를 1800 ℃ 정도 고온에서 태우면 시료에 포함되어 있던 N 원자가 NO로 바뀌는데 여기에 오존을 넣어 반응시키면 화학 발광을 하는 생성물이 만들어진다. 이 검출기의 질소에 대한 감응은 탄소에 비해서 10^7배 정도 더 크다.

(3) 기체 크로마토그래피-질량 분석법

질량 분석법(mass spectrometry, MS)은 모든 물질에 내해서 감응을 나타내기 때문에 크로마도그래피와 연결하여 만능 검출기로 쓸 수 있고 특정한 화합물만 검출하기 위한 목적으로도 쓸 수 있다. 질량 분석법은 미지 화합물을 확인하는 데 필요한 정성적인 정보를 제공해 줄 뿐만 아니라 시료에 포함된 각 성분의 농도를 구하는 데 필요한 정량적인 정보도 같이 제공해 준다. 질량 분석법은 기체 크로마토그래피(GC)뿐 아니라 액체 크로마토그래피(LC)에서도 검출기로서 매우 유용하다. 칼럼에서 용출되는 시료 성분이 어떤 화합물인지 확인하고 또 농도를 측정하기 위하여 GC와 MS를 서로 연결한 기기를 **기체 크로마토그래피-질량 분석법**(gas chromatography-mass spectrometry, GC-MS)이라고 한다. 특히 GC에서 널리 쓰이는 열린관 칼럼은 내경이 좁은 모세관으로 만들어져 있어서 칼럼을 질량 분석계의 입구에 연결해도 기기 내부를 진공으로 유지하는 데 거의 무리가 생기지 않는다.

가장 먼저 칼럼에서 용출된 기체 상태 화합물은 분리해서 검출할 수 있는 이온으로 바뀐다. 생성된 이온에는 분자 이온(molecular ion)과 토막 이온(fragment ion)이 있다. 분자 이온은 용질 분자에 전하만 주어진 것이므로 분자 이온의 질량은 용질의 분자량과 같다. 이 분자 이온이 해리 반응을 하면 토막 이온이 만들어지므로 어떤 토막 이온이 만들어지는지 관측하면 용질 분자의 구조를 확인할 수 있다. 미지 성분을 확인하는 일반적인 방법은 여기서 얻은 질량 스펙트럼을 기준 물질의 질량 스펙트럼과 비교하는 것이다. 질량 스펙트럼에서 얻은 전체적인 토막 이온의 분포가 기준 물질의 알려진 형태와 일치한다면 이 미지 성분과 기준 물질은 같은 화합물일 것이다.

질량 분석계에서 이온이 만들어지는 데 널리 쓰이는 이온원(ion source)은 전자 충격 이온원(electron-impact ionization, EI)과 화학 이온화 이온원(chemical ionization, CI)이다. 용질 분자를 M이라 하면 EI 이온원에서 M이 70 eV 정도의 에너지를 가진 전자 빔과 충돌하면 일부 분자는 전자가 제거되어 분자 이온, $M^{+\bullet}$으로 변하고 나머지 분자들은 분해나 자리 옮김 반응에 의해 토막 이온이 만들어진다. 많은 토막 이온이 만들어지므로 분자를 확인하는 데 필요한 많은 정보를 질량 스펙트럼에서 얻을 수 있다. CI는 이온원에 메테인, 아이소뷰테인, 암모니아 등(이들을 시약 기체라 함)을 1 mbar 정도 채우고 100~200 eV 정도의 고에너지 전자 빔을 쏘아서 이온화시킨다. CI는 보다 부드러운 이온원이므로 토막 이온은 적게 만들어지고 분자 이온에 해당하는 피크가 크게 나온다. EI를 썼을 때 분자 이온에 해당하는 피크가 나오지 않으면 CI를 써서 분자 이온을 확인할 수 있다. 이렇게 생성된 이온은 **질량 대 전하 비율**(mass-to-charge ratio, m/z)에 따라 질량 분석기(mass analyzer)에서 분리되는데, 이때 널리 쓰이는 것이 **투과형 사중 극자 질량 분석기**(transmission quadrupole mass analyzer)와 **비행 시간 질량 분석기**(time-of-flight mass analyzer)이다. 이들의 원리는 24장에서 다루었다.

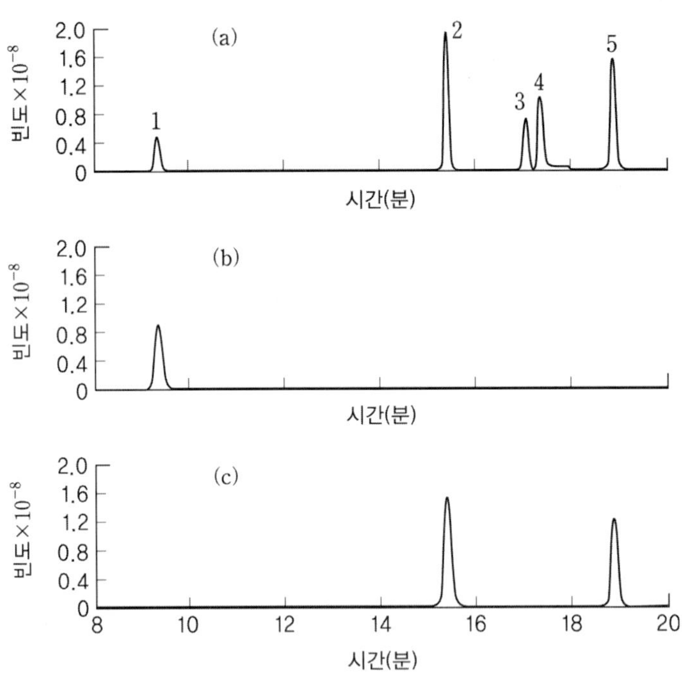

그림 26.18 전형적인 GC-MS 기기에서 얻을 수 있는 실험 결과. (a) 총 이온 크로마토그램인데 시료가 5개 화합물이 섞인 혼합물이라는 것을 알 수 있다. 각 성분은 다음과 같다; 1. *N*-nitrosodimethylamine, 2. bis(2-chloroethyl)ether, 3. bis(2-chloroisopropyl)ether, 4. *N*-nitrosodi-n-propylamine, 5. bis(2-chloroethoxy)methane. (b) m/z=74에서 측정한 질량 크로마토그램. 이 피크는 n-nitrosodimethylamine($C_2H_6N_2O$)을 어미 이온(parent ion)으로 해서 생성된 것이다. (c) m/z=93에서 측정한 선택 이온 크로마토그램. 토막내기 생성물 때문에 피크 2와 5는 이 m/z 값에서 감응한다(출처: J. A. Masucci and G. W. Caldwell, in "Modern Practice of Gas Chromatography", 4th Ed., R. L. Grob and E. F. Barry, Eds., New York: Wiley-Interscience, 2004, p. 356).

GC－MS를 이용해서 얻은 정보를 가시적으로 보여 주는 방법, 즉 그래프에는 몇 가지가 있다. 우선 각 머무름 시간에 측정된 이온의 개수를 도시한 **질량 크로마토그램**(mass chromatogram)을 그리는 방법이 있다. 다른 검출기를 사용하여 얻은 크로마토그램과 마찬가지로 질량 크로마토그래피는 가로축이 머무름 시간이고 세로축은 신호의 세기를 표시한다. 이것을 **총 이온 크로마토그램**(total ion chromatogram)이라고 한다. 그림 26.18(a)에 있는 질량 크로마토그램은 각 머무름 시간에 측정되는 모든 이온에서 나오는 신호를 합쳐서 각각의 피크가 만들어진 총 이온 크로마토그램이다. 필요하면 앞서 설명한 각 피크에 해당하는 질량 스펙트럼을 확인할 수 있다. 그 다음 방법은 특정 머무름 시간에서 수집된 자료를 이용하여 만든 **질량 스펙트럼**(mass spectrum)이다. 크로마토그램의 특정 피크에 해당하는 시료 성분의 질량 스펙트럼을 보여 주는 것이다. 이것을 **선택 이온 크로마토그램**(selected－ion chromatogram)이라고 한다. 질량 스펙트럼으로 이 피크에 해당하는 성분이 어떤 화합물인지 확인할 수 있다. 선택 이온 크로마토그램은 특정 질량 대 전하 비율을 가지는 이온에 대한 신호를 머무름 시간에 대해 그릴 수도 있다. 그림 26.18의 (b)와 (c)는 이러한 선택 이온 크로마토그램이다. 따라서 모든 이온의 신호를 이용하여 질량 크로마토그램을 그리면 질량 분석계가 만능 검출기가 되지만 특정 이온에 대해 그리면 질량 분석계는 선택성 검출기가 되는 것이다.

넓은 범위의 이온들에 관한 정보를 수집하여 질량 분석계를 만능 검출기로 사용하는 경우를 보통 **온나비 주사 방식**(full－scan mode)이라 부른다. 온나비 주사 방식을 사용하면 시료에 포함된 거의 모든 성분의 피크가 크로마토그램에 나타나므로 한 번 실험으로 넓은 범위의 화합물을 찾거나 여기서 얻은 질량 스펙트럼으로 미지 화합물이 무엇인지 결정하는 데 유용하다. 관심을 가지고 있는 화합물들의 단지 하나 혹은 몇 개의 이온에 대한 정보를 얻기 위해 GC－MS 기기를 사용하는 방법에는 **선택 이온 검출법**(selected ion monitoring, SIM)과 **추출 이온 검출법**(extracted ion monitoring, EIM)이 있는데 이 두 방법은 유사하다.

SIM은 검출 한계를 낮춰야 할 필요가 있을 때 많이 사용한다. SIM을 쓰려면 분석해야 할 시료에 포함되어 있는 화합물이 어떤 것이고 이들이 질량 분석계에서 어떤 이온들을 생성하는지 사전에 알고 있어야 한다. SIM에서는 온나비 주사 방식에 비해 검출 한계가 대략 100~1000배 정도 내려가는데 그 주된 이유는 다음 2가지로 설명할 수 있다. 첫째, SIM은 특정 시료 분자와 관련된 단지 몇몇 m/z 값을 갖는 이온들만 측정하므로 이들 이온에 대한 신호를 수집하는 데 보다 많은 시간을 쓸 수 있다. 둘째, 이들 특정 이온만을 측정하기 위해 보다 특화된 검출 기술을 사용할 수 있기 때문에 시료에 포함된 다른 화합물들에 의한 방해를 피해갈 수 있다.

6 기체 크로마토그래피를 이용한 혼합물 분리

기체 크로마토그래피를 이용한 실험을 할 때는 합리적인 결과를 얻기 위해서 선택해야 할 요소들이 매우 많다. 모든 요소를 100% 만족시키는 방법은 존재할 수 없기 때문에 이들 사이에 균형을 잘 맞추는 것이 핵심이다. 이제 특정 문제를 해결하기 위해 필요한 절차나 기구, 장비를 적절하게 선택하는 합리적인 방법을 생각해 보자. 만족할 수 있는 해결 방법은 많이 있다. 실험 방법을 선택하는 데 도움을 주기 위해서 다음 주제들을 순서대로 따져 볼 것이다.

(1) 분석 목적, (2) 시료 준비, (3) 검출기 선택, (4) 칼럼 선택, (5) 시료 주입 방법 선택

(1) 분석 목적

실험 방법을 선택할 때 분석 목적에 따라 요구되는 요소들의 수준이 다양하다. 따라서 분석 목적을 정확하게 이해해야 이들 요소들 사이의 균형이 잘 맞는 합리적인 선택을 할 수 있다. 이를 위해 다음과 같은 요소들을 면밀히 따져보아야 한다.

- 실험에서 얻고자 하는 것이 무엇인지 파악한다.
- 혼합물에서 각 성분의 정성적인 확인만 하면 되는지 아니면 더 이상 해야 하는지 확인한다.
- 크로마토그램에서 시료에 있는 모든 성분을 높은 분리도로 분리해야 하는지 아니면 일부 성분만 높은 분리도로 분리해도 되는지 확인한다.
- 분석 시간을 줄이기 위해 분리도가 좀 낮아져도 문제가 안 되는지 확인한다.
- 정량 분석을 특정 한 개의 성분에 대해서만 할 것인지 아니면 여러 개 많은 성분에 대해 해야 하는지 확인한다.
- 얼마나 높은 정밀도가 요구되는지 확인한다.
- 시료에 포함되어 있는 성분의 농도가 분석하는 데 적절한지 아니면 분리하기 전에 농축을 해야 하는지, 그리고 매우 미량 존재하는 성분을 분석하기 위해 대단히 감도가 높은 검출기를 사용해야 하는지 확인한다.
- 분석하는 데 비용이 얼마나 드는지 확인한다.

(2) 시료 준비

복잡한 시료를 제대로 분리시키려면 휘발성 성분을 분리해 내서 칼럼에 주입해야 한다. 그렇지 않으면 복잡한 시료 매트릭스에 있는 성분들이 제대로 분리되지 않고 크로마토그램에 이들이 뭉쳐 만들어진 피크들이 넓게 분포되어 나타날 것이다. 또 비휘발성 물질이 주입되면 비싼 칼럼을 망가뜨린다. 복잡한 시료에서 휘발성 성분을 분리해 내는 방법으로는 고체상 미량 추출(solid−phase microextraction), 교반 막대 수착 추출(stir−bar sorptive extraction), 액체 추출, 초임계 유체 추출, 고체상 추출, 퍼지(purge)와 포착(trap), 열탈착(thermal desorption) 등 다양한 방법이 있다. 이들 방법은 시료에 있는 원하는 성분을 방해 물질로부터 분리해 내고 이들의 농도가 너무 낮다면 농축시켜서 쉽게 검출할 수 있을 정도로 농도를 높인다.

(3) 검출기 선택

시료에 들어 있는 모든 성분을 분석하려면 만능 검출기를 선택하고 특정 원소나 특정 부류의 화합물만 분석하려면 선택성 검출기를 사용하는 것이 좋다.

일반적인 용도로 가장 널리 쓰이는 검출기는 불꽃 이온화 검출기이다. 거의 모든 탄화수소를 검출할 수 있고 선택성 검출기인 전자 포획, 질소−인, 화학 발광 검출기보다는 감도가 낮지만 내경이 작은 열린관 칼럼을 쓸 수 있고 시료 성분의 농도가 10 ppm 이상 정도만 되면 분할 주입을 해도 된다. 열전도도 검출기는 만능 검출기이지만 감도가 낮기 때문에 여러 가지 제약이 따른다. 열린관 칼럼을 쓰는 경우 가장 보편적으로 선택하는 검출기는 질량 분석계인데 상대적으로 기기가 비싸다.

선택성 검출기는 특정 부류의 화합물에 매우 높은 감응을 보이기 때문에 초미량 분석에 유용하다. 전자 포획 검출기는 할로젠 원자를 가진 화합물, 나이트릴(nitrile)이나 나이트로(nitro) 화합물, 콘쥬게이션된 카보닐(conjugated carbonyl)에만 선택적으로 감응하므로 미량의 이 화합물을 분석하는 데 사용한다. 질소−인 검출기는 탄화수소에도 감응하지만 질소나 인 중 어느 하나라도 포함되어 있으면 특별히 높은 감도를 나타낸다. 광이온화 검출기는 방향족 화합물이나 불포화 화합물에 선택적으로 감응하므로 이들을 검출하는 데 쓴다. 황 화학 발광 검출기는 황 원소에만, 질소 화학 발광 검출기는 질소 원소에만 특별히 민감하게 감응한다. 불꽃 광도 검출기는 P, S, Pb, Sn 같이 선택된 원소에만 감응한다. 선택성 검출기는 칼럼에서 용출되는 일부 성분에 대해서만 감응하기 때문에 크로마토그램이 간단해져서 분리도가 좋다. 또 운반 기체나 불순물에 감응하지 않으므로 검출 한계가 낮다. 질량 분석법을 이용하는 GC−MS에서 시료의 분리가 제대로 안되어 크로마토그램이 복잡하게 나오는 경우 선택 이온 검출법을 이용하면 시료 내의 특정 성분만을 측정할 수 있다.

시료에 포함되어 있는 성분이 어떤 화합물인지 확인하기 위해 정성적인 자료가 필요하면 질량 분석계나 적외선 분광기를 검출기로 이용하는 것이 좋다. 다만 적외선 분광기는 감도가 낮아 분리도가 높은 내경이 좁은 열린관 칼럼에 사용하기에는 적합하지 않다.

(4) 칼럼 선택

칼럼을 고를 때 필수적인 선택 사항은 기본적으로 극성과 같은 정지상의 성질, 칼럼의 내경, 칼럼의 길이, 마지막으로 정지상의 두께이다. 다음 장에서 배울 액체 크로마토그래피도 마찬가지인데 비극성 정지상이 가장 유용하게 널리 쓰인다. 극성이 큰 화합물을 분리시키려면 극성이 큰 정지상을 꼭 써야 할 경우도 있다. 하지만 용질과 정지상의 극성이 큰 경우 이들 사이의 강한 쌍극자–쌍극자 상호 작용 때문에 꼬리 끌기가 일어나기 쉽고 물과 같은 극성이 큰 불순물에 의해 칼럼이 쉽게 오염되기 때문에 가능한 극성이 큰 정지상은 잘 쓰지 않는다. 비극성 정지상으로 분리할 수 없는 경우는 중간 정도의 극성을 가진 정지상을 이용하여 대부분 분리할 수 있다. 광학 이성질체나 물리, 화학적 성질이 비슷한 화합물을 분리시키기 위해서는 특별한 정지상을 사용해야 한다.

요즘 GC에서는 대부분 열린관 칼럼을 사용하기 때문에 열린관 칼럼의 내경, 정지상의 두께, 칼럼의 길이 등을 실험 목적에 따라 어떻게 선택하는 것이 합리적인지 생각해 보자. 내경과 정지상의 두께가 다른 몇 가지 칼럼의 장단점을 표 26.3에 간략하게 정리하였다. 칼럼 내경이 좁을수록 분리도는 증가한다. 끓는점이 높은 화합물을 분리하려면 정지상의 두께가 얇고 내경이 좁은 칼럼이 특히 유용하다. 정지상의 두께가 두꺼워지면 이런 화합물의 머무름 시간이 너무 길어지기 때문이다. 그러나 정지상의 두께가 얇고 칼럼의 내경이 작으면 머무름 시간이 감소하여 분리를 빠르게 끝낼 수 있고 피크의 폭이 좁아 분리도가 증가한다. 하지만 주입할 수 있는 시료 양이 매우 작아서 불꽃 이온화 검출기를 쓰기가 힘든 경우가 생길 정도로 검출기의 감도가 좋아야 하고 끓는점이 낮은 화합물은 머무름이 너무 적어서 분리가 힘들고 칼럼의 실리카 벽에 있는 –OH기가 노출되어 꼬리 끌기가 나타날 수도 있다.

분리도에서는 좀 손해를 보지만 주입할 수 있는 시료 용량을 늘리기 위해 내경이 좁은 칼럼을 쓰되 정지상의 두께를 두껍게 할 수 있다. 이러한 칼럼은 정지상이 얇은 칼럼보다 머무름 시간이 길어져서 머무름 시간이

표 26.3 기체 크로마토그래피에 쓰이는 열린관 칼럼의 비교

	○	○	○
칼럼 특성	내경이 작고 얇은 막	내경이 작고 두꺼운 막	내경이 크고 두꺼운 막
내경	0.10~0.32 mm	0.25~0.32 mm	0.53 mm
막 두께	약 0.2 μm	약 1~2 μm	약 2~5 μm
장점	•분리도가 높다. •미량 분석 •빠른 분리 •낮은 칼럼 온도 •끓는점이 높은 화합물 용리에 유리	•시료 용량이 적절함 •분리도가 좋다(4000 단/m) •사용이 쉽다. •끓는점이 낮은 화합물의 머무름 시간이 길다. •질량 분석법에 적합	•시료 용량이 높다. (용질/100 ng) •열전도도 및 적외선 검출기 사용 가능 •주입 방법이 간단
단점	•시료 용량이 작다. (용질당 1 ng 이하) •감도가 높은 검출기 필요 •활성 실리카 표면이 노출	•분리도는 보통 •끓는점이 높은 화합물의 머무름 시간이 길다.	•분리도가 낮다(500~2000 단/m). •끓는점이 높은 화합물의 머무름 시간이 길다.

(출처: D. C. Harris, Quantitative Chemical Analysis, 8th Ed. Freeman, New York, 2010, p. 578)

너무 짧은 휘발성이 높은 용질을 분리하는 데 유용하고 열전도도 검출기를 제외한 대부분의 칼럼을 사용할 수 있다. 내경이 크고 정지상이 두꺼운 칼럼은 많은 양의 시료를 수용할 수 있어서 열전도도 검출기와 적외선 검출기를 사용할 수 있고 휘발성이 높은 화합물을 분리하는 데 적합하지만 머무름 시간이 길고 분리도가 낮다.

어떤 칼럼이 실험 목적에서 요구하는 조건을 대부분 만족시키지만 분리도가 낮다면 다른 모든 것은 똑같이 하고 내경만 더 좁은 칼럼을 선택하면 좋은 결과를 얻을 것이다. 칼럼의 길이가 모두 같을 때 내경을 줄이면서 이에 비례하여 정지상의 두께도 얇게 해주면 머무름 시간이 비슷해진다.

분리도를 증가시키기 위해 칼럼의 길이를 길게 하면 분리도가 증가한다. 칼럼 길이가 2배가 되면 이론단수도 2배가 되고 분해능은 $\sqrt{2}$ 배가 된다((25-29) 식 참조). 그러나 머무름 시간도 2배가 되므로 분리도를 증가시키기 위해 칼럼 길이를 늘이는 것은 최선이 아닌 경우가 많다. 칼럼의 내경을 줄이면 머무름 시간은 늘어나지 않고 분리도가 증가하게 된다. 이런 방법으로 원하는 성분들을 만족할 만한 정도로 분리시킬 수 없으면 칼럼을 바꾸면, 다시 말해 정지상을 바꿔주면 쉽게 분리될 수도 있다. (25-29) 식을 보면 분리도는 **보정 없는 상대 머무름**(unadjusted relative retention), γ에 비례하는데 정지상이 달라지면 γ가 달라지기 때문이다.

칼럼의 길이를 짧게 하고 대신에 내경을 줄이면 분리도를 감소시키지 않고도 분석 시간을 줄일 수 있다. 분리도에서 손해 보지 않고 머무름 시간을 줄이려면 운반 기체를 N_2 대신에 He이나 H_2로 바꿔주면 된다. He과 H_2 사이에도 상당한 차이가 있는데 He 대신 H_2를 운반 기체로 쓰는 경우에 운반 기체의 유속이 1.5~2배 정도 빨라져도 분리도에서는 별 차이가 생기지 않는다(그림 26.8 참조).

GC에 쓰이는 내벽 피복 열린관 칼럼(wall-coated open tubular column)과 검출기의 시료 주입량에 대해 생각해 보자. 보통 1회 주입하는 액체 시료의 부피는 1 μL인데 이것을 무게로 따지면 약 1 mg이다. 시료의 농도를 1 ppm이라 가정하면 시료 내에 있는 용질의 질량은 $(1\times10^{-3})(1\times10^{-6}) = 1\times10^{-9} = 1$ ng이 된다. 이 정도 시료 양이면 통상적으로 쓰이는 대부분 열린관 칼럼을 쓸 수 있고, 검출기는 불꽃 이온화, 질소-인, 온나비 주사 질량 분석계, 선택 이온 질량 분석계를 쓸 수 있다. 이 정도 시료 양은 열전도도 검출기를 쓰기에는 너무 적고 전자 포획 검출기를 쓰기에는 너무 많다. 선택 이온 질량 분석계에는 이 시료 양이 사용 가능한 상한선에 가깝다. 똑같은 양의 시료를 분할 주입했는데 주입된 시료의 1%가 칼럼에 들어간다고 가정하면 10^{-11} g이 칼럼에 들어가게 된다. 이때는 불꽃 이온화, 전자 포획, 질소-인, 온나비 주사 질량 분석계, 선택 이온 질량 분석계를 검출기로 쓸 수 있다. 칼럼에 주입되는 시료의 양이 10^{-11} g보다 적어지면 주입기와 칼럼에서 흡착이나 분해로 인하여 소실되는 시료의 양을 무시할 수 없는 수준이 되기 때문에 재현성 있는 결과를 얻기가 어려워진다. 용질이 극성 분자이면 흡착에 의한 시료의 손실이 더 많이 일어날 수 있다.

(5) 시료의 주입 방법 선택

마지막으로 결정해야 할 중요한 사항은 시료의 주입 방법을 선택하는 것이다. 분할 주입법은 시료의 농도가 진하거나 기체일 때 가장 좋은 선택이 되지만 정량 분석에서는 매우 부적절하다. 분할 주입법은 높은 분리도를 얻을 수 있지만 시료를 주입하는 동안 휘발성이 낮은 성분은 손실될 우려가 있다. 시료 주입관에 흡착제 충전물을 채우면 불순물이 많이 들어 있는 시료도 사용할 수 있다. 열에 약한 화합물은 주입구의 고온 때문에 주입할 때 분해될 수 있기 때문에 주의해야 한다.

비분할 주입법은 시료의 농도가 매우 낮을 때 사용하고 주입구의 온도가 분할 주입 때보다 낮다. 그래서 열적 안정성이 조금 낮아 분할 주입에서 쓰기 곤란한 시료를 쓸 수 있는 경우가 많다. 이 방법에서는 시료가 칼럼 안으로 들어가는 데 시간이 많이 걸리기 때문에 용매 트래핑이나 냉각 트래핑을 사용해야 높은 분리도를 얻을 수 있고 따라서 등온 크로마토그래피에서는 이 방법을 쓸 수 없다. 또 시료가 주입되는 동안 휘발성이 낮은 화합물은 손실될 수 있기 때문에 정량 분석에는 적합하지 않다. 시료에 포함된 각 성분의 농도가 100 ppm 미만인 경우 칼럼에 있는 정지상의 두께가 1 μm 이하라 하더라도 비분할 주입법으로 분리할 수 있다. 각 성분의 농도가 100~1000 ppm 정도되면 정지상의 두께가 1 μm 이상이어야 비분할 주입법을 쓸 수 있다.

칼럼 내 주입법은 열에 약한 화합물을 분리할 때나 정량 분석할 때 가장 좋은 방법이다. 이 방법은 분리도가 낮으며 칼럼의 내경이 0.2 mm 이하이면 쓸 수가 없다. 묽거나 진한 시료 모두에 사용할 수 있고 주입할 수 있는 시료의 부피도 작거나 큰 것 모두 가능하다. 그 외 칼럼에 요구되는 조건들은 비분할 주입에서와 동일하다.

연습문제

1. 기체 크로마토그래피(GC)는 고성능 액체 크로마토그래피(HPLC)에 비해 많은 장점을 갖고 있다. 어떤 장점들이 있는가?

2. 어떤 시료는 GC에 쓸 수 없는 경우도 있다. 어떤 시료를 GC에서 쓸 수 있는가?

3. GC 기기를 이용하여 분배 크로마토그래피 방법을 이용하여 혼합물을 분리하고자 한다. 다음 물음에 답하시오.
   (1) 머무름 시간의 크기는 어떤 요인에 의해 결정되는가?
   (2) 어떻게 하면 분리도를 향상시킬 수 있는가? 분리도를 향상시키기 위해서 어떻게 하는 것이 최선의 방법인가?
   (3) 크로마토그램의 피크간 거리를 크게 하려면 어떻게 하면 되는가?
   (4) GC에서 어떻게 하면 피크의 폭을 좁힐 수 있는지 가능한 방법을 간략하게 설명하시오.

4. 다양한 분자량을 가진 여러 가지 혼합물이 섞여 있는 복잡한 시료를 기체 크로마토그래피로 분리하려 할 때 일반적으로 부딪히는 문제가 있다. 이러한 문제는 일정한 온도에서 시료를 분리시키려 할 때 정도의 차이는 있지만 늘 나타나는 문제이다.
   (1) 일정한 온도에서 시료를 분리시키려 할 때 통상적으로 항상 나타나는 문제란 구체적으로 어떤 것인가?
   (2) 시료에 들어 있는 두 화합물의 상대 머무름(α)이 비슷하면 어떤 결과가 나타나는가? 이 문제를 해결하려면 어떻게 하면 되는가?
   (3) 이런 문제에 부딪힐 때 이를 해결하기 위해 기울기 용리라는 방식을 이용한다. 기울기 용리란 무엇인지 그 방법을 설명하시오.
   (4) GC에서 가장 손쉽게 사용하는 방법은 온도 프로그래밍이다. 온도 프로그래밍이란 어떤 것이며 이 방법을 사용하면 왜 좋은 결과를 얻을 수 있는지 설명하시오.
   (5) 압력 프로그래밍이란 어떻게 하는 것이며 어떤 장점을 갖고 있는지 설명하시오.

5. 운반 기체로는 N_2, He, H_2가 쓰인다. 다음 물음에 답하시오.
   (1) N_2를 쓸 때와 비교하여 H_2를 사용하면 분리도가 크게 좋아진다. 그 이유는 무엇인가?
   (2) H_2를 사용하면 분리도가 매우 좋지만 H_2를 운반 기체로 잘 쓰지 않는다. 그 이유를 설명하시오.
   (3) N_2를 선호하는 경우가 많다. 어떤 경우이며 그 이유는 무엇인지 설명하시오.
   (4) He은 어떤 경우에 주로 쓰는가? 그 이유는 무엇인가?

6. 극성이 큰 화합물은 가능한 한 정지상으로 잘 쓰지 않으려고 한다. 그 이유는 무엇인가?

7. 정지상의 극성에 따라 시료 성분의 Kovats 머무름 지수가 많이 달라진다. 그 이유는 무엇인가?

8. 기체 크로마토그래피에 쓰이는 칼럼에는 충전 칼럼과 열린관 칼럼이 있다. 이 두 종류 칼럼의 장점과 단점을 설명하시오.

9. 충전 칼럼에 들어 있는 입자의 크기를 작게 하면 분리도가 좋아진다. 그 이유는 무엇인가?

10. 열린관 칼럼은 충전 칼럼에 비해 분리도가 뛰어나다. GC에서는 열린관 칼럼을 많이 사용한다. 그 이유는 무엇인가?

11. 열린관 칼럼의 내경을 작게 하면 어떤 장단점이 있는가? 그 이유를 설명하시오.

12. 열린관 칼럼의 정지상 두께를 두껍게 하면 크로마토그램은 어떻게 변하는가? 또, 어떤 경우에 정지상을 두껍게 하는 것이 유리한가?

13. 다음과 같은 2종류의 내벽 피복 열린관 칼럼이 있다.
(1) 직경이 작고 정지상이 얇은 것, (2) 직경이 작고 정지상이 두꺼운 것
이 2종류 칼럼의 장점 및 단점을 서로 비교하여 설명하시오.

14. 어떤 시료에 들어 있는 화합물들의 분자량이 비교적 크고 농도는 묽다고 가정하자. 이 시료를 분리하기 위해 정지상이 두껍고 내경이 작은 열린관 칼럼을 사용했더니 만족할 만한 결과를 얻기가 어려웠다. 그 이유는 무엇이며 어떻게 하면 분리도가 좋은 크로마토그램을 얻을 수 있는가?

15. GC에 널리 쓰이는 열린관 칼럼에는 정지상이 얇고 직경이 작은 것, 정지상이 두껍고 직경이 작은 것, 그리고 정지상이 두껍고 직경이 큰 것이 있다. 어떤 시료에 들어 있는 화합물들이 비교적 끓는점이 낮고 또 시료의 양도 모자라지 않기 때문에 정지상이 두껍고 직경이 작은 칼럼을 쓰기로 결정하였다. 이 결정이 잘한 것이라면 그 이유는 무엇인가? 또, 정지상이 두껍고 직경이 작은 칼럼은 어떤 장단점을 갖고 있는가?

16. 보호 칼럼과 머무름 간격은 어떻게 다른가?

17. 어떤 크로마토그램의 피크에서 꼬리 끌기 현상이 나타났다. 이러한 현상은 왜 생기는가?

18. 시료 주입 방법에는 분할 주입, 비분할 주입, 칼럼 내 주입이 있다. 시료의 형태가 달라지면 다른 시료 주입 방법이 요구된다.
(1) 분할 주입은 어떤 시료에 대해 쓰는가?
(2) 비분할 주입은 어떤 시료에 대해 쓰는가?
(3) 분할 주입과 비분할 주입의 장점 및 단점을 간략하게 설명하시오.
(4) 분할 주입과 비분할 주입의 실험 방법을 간략하게 설명하시오.
(5) 비분할 주입에서 분리도를 향상시키기 위해 용매 트래핑이나 냉각 트래핑 기법을 사용한다. 이 기법은 어떻게 하는 것인지 간략하게 설명하시오.
(6) 용매 트래핑이나 냉각 트래핑을 사용하면 왜 피크의 폭을 크게 줄일 수 있는가?
(7) 칼럼 내 주입은 어떤 경우에 많이 쓰는가?

19. 크로마토그래피에서 시료가 적절한 양보다 많이 들어가면 칼럼이 과부하되었다고 한다. 칼럼이 과부하되면 크로마토그램에 어떤 영향을 미치는가?

20. GC에 쓰이는 검출기는 만능 검출기와 선택성 검출기로 나눌 수 있다.
(1) 만능 검출기란 어떤 것이며 어떤 검출기가 여기에 속하는가?
(2) 선택성 검출기란 어떤 것이며 여기에 속하는 검출기에는 어떤 것이 있는지 예를 들어 보시오.
(3) 선택성 검출기는 어떤 장점을 갖고 있는가?

21. 기체 크로마토그래피에서 검출기로는 열전도도 검출기와 불꽃 이온화 검출기가 가장 널리 쓰인다.

(1) 열전도도 검출기의 원리를 간략하게 설명하시오.

(2) 불꽃 이온화 검출기의 원리를 간략하게 설명하시오.

(3) 두 검출기의 용도에 대해 각각 설명하시오.

(4) 두 검출기의 장점과 단점을 서로 비교하여 설명하시오.

22. 기체 크로마토그래피(GC) – 질량 분석법(MS)은 요즘 가장 널리 쓰이는 분석 방법 중 하나이다. 여기서 MS는 GC의 검출기 역할을 한다.

(1) GC−MS의 장점을 간략하게 설명하시오.

(2) 이 방법에서 많이 쓰이는 질량 분석기(mass analyzer)는 어떤 것인가?

(3) 총 이온 크로마토그램이란 무엇인가?

(4) 질량 분석계는 만능 검출기로 쓸 수 있다. 어떻게 하면 만능 검출기가 되는가?

(5) 질량 분석계는 선택성 검출기로도 쓸 수 있다. 어떻게 하면 선택성 검출기가 되는가?

23. 검출기를 선택할 때 필수적으로 고려해야 할 사항이 여러 가지가 있다. 어떤 것들이 있는가?

24. GC를 이용하여 혼합물을 분리할 때 실험 방법을 합리적으로 선택하기 위해 다른 경우와 마찬가지로 분석 목적을 정확하게 이해하는 일이 매우 중요하다. 분석 목적을 정확하게 이해해야 하는 이유를 설명하시오.

25. 시료를 준비할 때는 휘발성 성분을 잘 분리해 내어 칼럼에 주입해야 한다. 왜 이렇게 해야 하는가?

27장 액체 크로마토그래피

보통 실험실에서는 액체 크로마토그래피(LC)보다 기체 크로마토그래피(GC)를 선호한다. GC는 이동상이 기체이기 때문에 기기가 싸고 실험 비용이 적게 들며 분리도도 우수하고 폐기물을 적게 배출하기 때문이다. 그러나 과학의 여러 분야, 산업계, 공공 부분 등에서 중요한 역할을 하는 많은 물질들이 휘발성이 작고 열에 약해서 GC를 쓰기에 부적합하다. 이러한 화합물의 예를 들어보면, 아미노산(amino acid), 단백질, 핵산(nucleic acid), 탄화수소, 탄수화물, 의약품, 터펜류(terpenoid), 농약, 항생제, 스테로이드(steroid), 각종 착화합물, 그리고 여러 가지 무기 화합물 등이 있다. 또 GC는 주입 과정에서 시료의 손실이 일어나기 때문에 정량 분석이 쉽지 않은 점도 있다.

액체 크로마토그래피(LC)는 이동상이 액체이므로 액체 시료를 그대로 직접 분리시킨다. 러시아 식물학자 Mikhail Tswett가 1903년에 발명한 최초의 크로마토그래피도 LC인데 충전 칼럼을 통해 액체 이동상과 식물 엽록소 혼합물이 중력에 의해 흘러내리도록 하였다. 이러한 방법은 지금도 다양한 시료에서 불순물을 제거하기 위해 널리 쓰이고 있다. 칼럼은 직경이 보통 10 ~ 50 mm이고 길이는 50 ~ 500 cm인 유리관에 고체 입자를 채워 만드는데 이 입자 표면에 정지상 역할을 하는 액체가 흡착에 의해 코팅되어 있다. 이 고체 입자의 크기는 이동상이 적절한 유속으로 흐르게 하기 위해 150 ~ 200 μm보다는 커야 한다. 그래도 이동상의 유속은 최고로 잘해야 분당 몇십 mL 정도 밖에 안 되어서 흔히 분리하는 데 몇 시간이 걸릴 정도로 오랜 시간이 소요된다. 유속을 올리기 위해 진공을 걸어 주거나 압력을 가하면 이동상의 유속이 최소 단높이에 해당하는 최적 유속보다 빨라진다. 때문에 단높이가 커져서 비효율적이 된다. LC에서 칼럼의 효율을 올리려면 충전 입자의 크기를 줄여야 한다는 것이 밝혀졌다. 충전 입자 크기가 줄어들면 이동상이 흐르는 데 저항이 커지기 때문에 고압으로 액체를 흘려보내는 펌프 같은 정교한 가압 장치가 필요하다. 지름이 3 ~ 10 μm 정도의 충전 입자를 사용하고도 적절한 유속을 유지할 수 있는 기술이 1960년대 후반에 개발되었다. 이러한 기기를 원래 있는 중력에 의해 이동상이 흐르는 방법과 구별하기 위해 **고성능 액체 크로마토그래피**(high-performance liquid chromatography, HPLC)라고 부른다. 요즘에는 대부분의 LC가 이러한 가압 장치를 이용하기 때문에 LC라 하면 HPLC를 의미한다.

HPLC가 널리 쓰이는 이유는 휘발성이 낮고 열에 약한 여러 분야에서 중요한 많은 화합물을 높은 분리도로 분리할 수 있다는 것 외에도 감도가 좋고 정밀한 정량 분석을 쉽게 할 수 있으며 자동화가 쉽다는 점 등이 있기 때문이다. 이 장에서는 주로 액체-액체 분배 크로마토그래피를 다루고 그 외 액체-고체 흡착, 이온 교환, 분자 배제, 친화 크로마토그래피에 대해서도 간단하게 다룰 것이다.

1 고성능 액체 크로마토그래피 개요

그림 27.1에서와 같이 HPLC는 시료 주입 장치, 용매 운반 장치, 칼럼, 그리고 검출기로 구성되어 있다. 정지상은 충전 입자에 코팅되어 금속 칼럼에 채워져 있다. 액체 상태에서는 용질의 확산 속도가 기체 상태에 비해 매우 느려서 열린관 칼럼은 적합하지 않아 사용하지 않는다. 용질이 빠르게 용매 흐름을 가로지를 수 없기 때문이다. 주입 밸브로 시료를 주입하면 고압 펌프에 의해 이동상으로 쓰이는 용매가 시료와 함께 칼럼

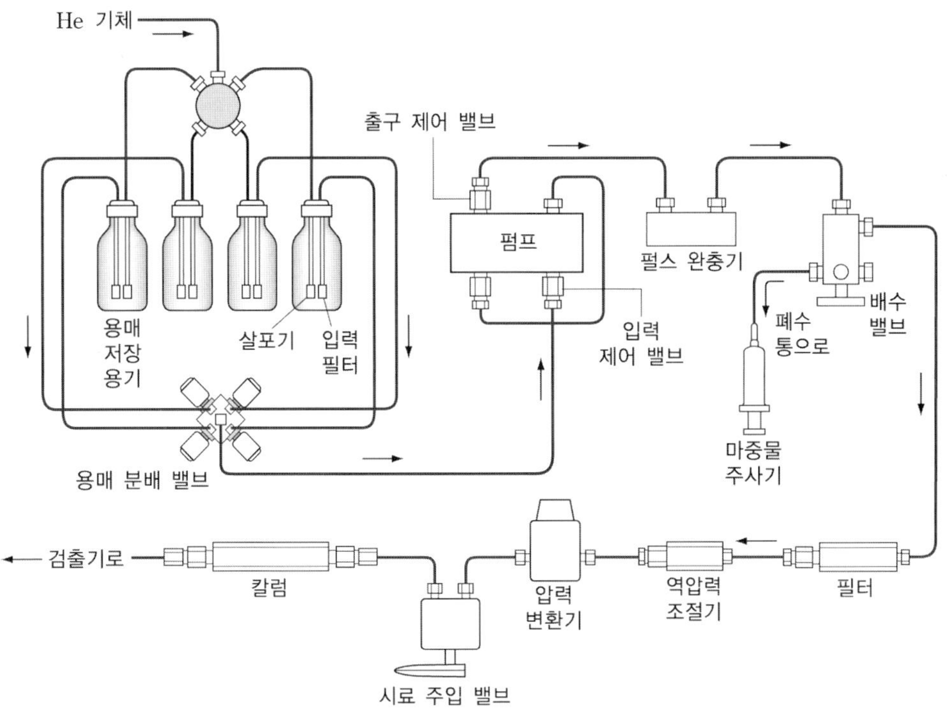

그림 27.1 흔히 쓰이는 HPLC 기기의 개략적인 구조(출처: Perkin-Elmer Corp., Norwalk, CT, USA)

으로 흘러들어간다. 칼럼을 오븐(oven)에 넣어 온도를 일정하게 유지시켜 주면 더 좋은 실험 결과를 얻을 수 있다. 칼럼에서 용출되는 시료 성분은 검출기에서 감지되어 측정된다. 검출기 뒤에 수집 장치를 두어서 검출기에서 감지된 시료 성분을 모을 수 있다. 크로마토그램에 검출기 감응에 대한 시료 성분이 칼럼을 통과하는 데 걸린 시간 또는 흐른 이동상의 부피가 도시(plot)된다. 크로마토그램에서 피크의 머무름 시간이나 머무름 부피는 시료의 성분을 확인하는 데 쓰이고 피크의 면적은 시료에 포함된 성분의 농도를 구하는 데 사용된다.

HPLC로 분리시키려면 시료를 용매에 녹여야 한다. 그 다음은 시료에 들어 있는 각 성분들의 머무름 시간이 서로 달라야 분리시킬 수 있다. GC에서는 이동상이 운반 기체 역할만 하기 때문에 칼럼의 온도를 변화시키거나 다른 정지상을 선택함으로써 성분들의 머무름 시간을 바꿀 수 있었다. HPLC에서는 용질이 이동상과 정지상 모두와 상호 작용하기 때문에 용질의 머무름 시간은 두 물질 사이의 상호 작용, 용질–이동상과 용질–정지상에 의해서 결정된다. 그래서 HPLC에서 머무름 시간은 1차적으로 이동상을 바꿔서 조절한다. 이런 특징 때문에 GC에 비해 HPLC는 훨씬 융통성 있게 분리에서 얻는 머무름의 정도를 최적화하고 통제할 수가 있다.

2 고성능 액체 크로마토그래피의 분리 방법 선택

HPLC를 이용하여 시료에 포함되어 있는 성분들을 분리하는 방법은 여러 가지가 있는데, 실험 목적에 가장 잘 부합하는 적절한 방법을 찾는 일은 매우 중요하다. HPLC에서 용질의 머무름 시간은 용질–정지상, 용질–이동상 간의 상호 작용에 의해 결정되는데, 복잡한 혼합물의 성분들이 겹치지 않고 분리되려면 머무름 시간이 어느 정도 길어야 한다. 대부분 실험에서 용질이 정지상에 머무는 시간이 이동상에 머무는 시간보다는 길어야 원하는 결과를 얻을 수 있는 경우가 많다. 또 크로마토그래피에는 여러 종류가 있지만 분배 크로마토그래피가 가장 널리 쓰이는데 이 방법은 정지상과 이동상에 대한 용질의 용해도 차이에 의해 분리된다. 그래서 분리 방법을 선택할 때는 용질의 극성과 이동상으로 쓸 수 있는 용매에 대한 용해도를 이용하여 판단하는 것이 가장 합리적이다.

그림 27.2는 분리를 위한 출발점을 체계적으로 선택하는 데 많은 도움을 줄 수 있을 것이다. 이때 분자량이 작은 분자와 큰 분자는 약간의 차이가 있기 때문에 분자량 2000을 기준으로 두 집단으로 나눈다. 두 집단 모두 첫 번째 단계는 용질이 유기 용매에 녹는지 물에 녹는지 따져보는 것이다. 유기 용매에 녹으면 다음 단계에서 이를 좀 더 세분하여 비극성이거나 극성이 약한 용매($CHCl_3$보다 극성이 약한 용매)에 녹는 것, 적당히 극성이 있는 용매($CHCl_3$, CH_2Cl_2 등)에 녹는 것, 그리고 극성이 큰 용매(알코올, 아세토나이트릴, 아세트산 에틸 등)에 녹는 것으로 나눈다. 비극성 용매에 녹으면 역상 크로마토그래피(reversed-phase chromatography, RPC)를 사용하고 극성이 큰 용매에 녹으면 정상 크로마토그래피(normal-phase chromatography, NPC)를 선택한다. RPC와 NPC에 대해서는 뒤에 다룰 것이다. $CHCl_3$와 같이 중간 정도의 극성이 있는 용매에 잘 녹는 용질은 실리카 입자를 이용한 액체-고체 흡착 크로마토그래피로 좋은 결과를 얻는 경우가 많다. 물에 녹는 용질은 두 부류로 나누어 비이온성 용질은 정상 크로마토그래피, 이온성 용질은 이온 교환 크로마토그래피를 선택한다.

분자량이 2000 이상인 경우 유기 용매에 녹는 용질은 분자 크기에 따라 선택을 달리 해야 한다. 통상 분자 크기가 30 nm 정도 이하가 되면 역상 크로마토그래피로 분리할 수 있다. 분자가 이보다 커지면 분자 배제 크로마토그래피를 사용해야 한다. 물에 녹으면 이온성과 비이온성 화합물로 나누어 이온성 화합물은 이온 교

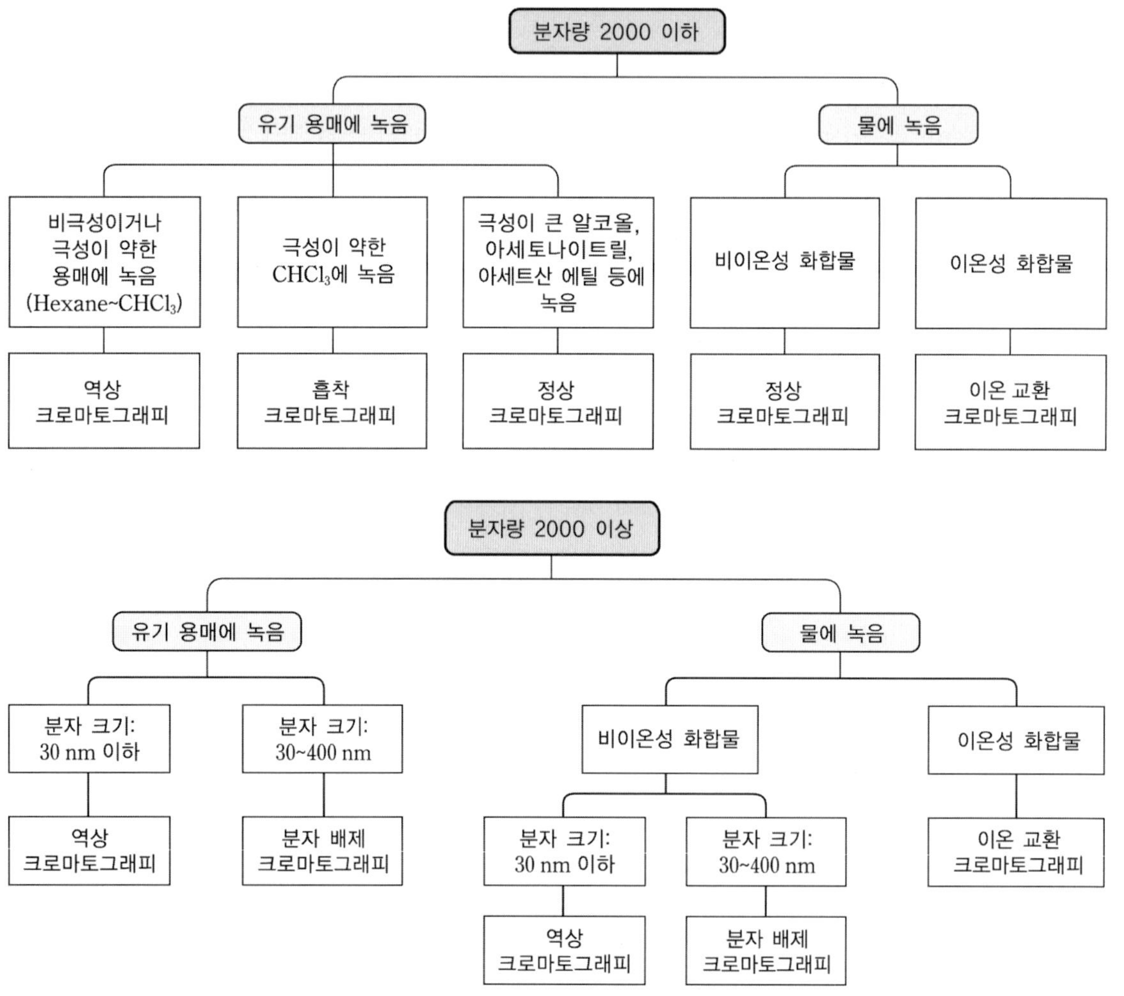

그림 27.2 HPLC 분리 방법을 체계적으로 선택하는 데 길잡이가 될 수 있는 계통 그림

환 크로마토그래피로 분리한다. 비이온성 화합물은 크기에 따라, 화합물 크기가 30 nm 이하이면 역상 크로마토그래피를 선택하는 것이 좋고 이보다 큰 분자는 분자 배제 크로마토그래피를 선택하는 것이 좋다.

3 분배 크로마토그래피를 이용한 분리

(1) 칼럼의 효율

충전 칼럼을 채우는 정지상이 코팅된 입자의 크기가 작아지면 우선 칼럼 내에서 이동상의 흐름이 균일해지기 때문에 van Deemter 식(식 (25-32))의 다통로 항의 크기가 작아진다. 또 입자가 작아지면 표면적이 늘어나서 두 상이 만나는 면적이 커지고 이들 사이에 평형이 이루어지기 위해 용질이 이동해야 하는 확산 거리도 감소한다. 따라서 이동상과 정지상 사이에 평형이 빨리 이루어지기 때문에 van Deemter 식의 C 항도 줄어들게 된다. 그래서 단높이는 작아지고 이론단수는 커져서 피크의 폭이 좁아진다. 이렇게 되면 이동상의 최적 유속(optimum flow rate)도 빨라져서 칼럼의 효율이 좋아진다(그림 27.3 참조).

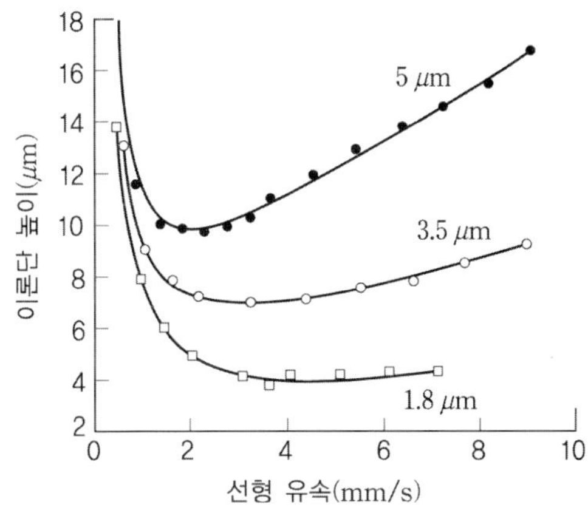

그림 27.3 지름이 각기 5.0, 3.5, 1.8 μm인 구형 미세 다공성 입자를 정지상으로 사용했을 때 이론단의 높이를 이동상의 선형 유속(mm/s)의 함수로 나타낸 van Deemter 곡선. 용질은 나프탈렌이고 C_{18}–실리카 칼럼(길이 50 mm × 직경 4.6 mm)으로 24 ℃에서 CH_3CN 60vol%/H_2O 40 vol% 혼합 용매를 이동상으로 용리시켰을 때 얻은 측정값이다(출처: MAC-MOD Analytical, Chadds Ford, PA, USA).

요즈음 HPLC에 널리 쓰이는 정지상 입자의 지름은 1.7 ~ 5 μm 정도이다. 그림 27.4에 있는 크로마토그램에서 입자 크기가 작아짐에 따라 이론단수가 증가하고 피크의 폭이 좁아지는 것을 볼 수 있다. 이동상의 용리액 세기를 크게 하여 용리 시간을 줄여도 피크가 겹치지 않고 시료가 잘 분리되어 나오는 것을 볼 수 있다. 덧붙여서 내경이 좁은 칼럼을 쓰고 정지상 입자의 크기가 작아서 이동상의 유속을 빠르게 하면 분석 물질이 칼럼을 통과하는 동안 이동상에 의한 희석이 상대적으로 적게 일어난다. 이렇게 되면 정량 분석 한계(limit

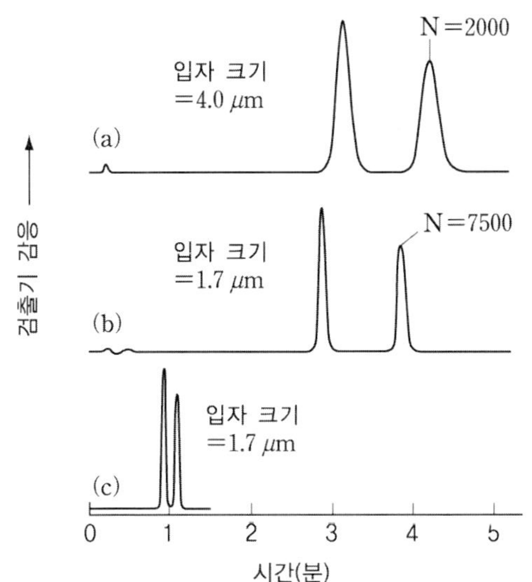

그림 27.4 (a)와 (b)는 길이 5.0 cm인 C_{18}–실리카 충전 칼럼으로 같은 시료를 분리한 것인데 두 칼럼의 충전 입자 크기만 서로 다르다. N은 이론단의 개수를 말한다. (c)에서는 같은 시료를 (b)와 같은 칼럼으로 분리했는데 용질이 보다 빨리 용출되게 하기 위해 용리 세기가 훨씬 큰 이동상을 사용하였다(출처: Y. Yang and C. C. Hodges, "Assay Transfer from HPLC to UPLC for Higher Analysis Throughput," LCGC Supplement, May 2005, p. 31).

of quantitation)를 대폭 낮출 수 있다.

이렇게 정지상 입자의 크기가 작을 때 생기는 가장 큰 문제는 이동상이 칼럼을 통과해서 흘러가도록 하는 데 매우 큰 압력이 필요하다는 것이다. 정지상 입자의 크기를 얼마나 줄이느냐 하는 문제는 이동상을 밀어 보내는 고압 펌프의 성능에 달려 있다. 이동상을 칼럼을 통해 흘려보내는 데 필요한 압력 P는 다음과 같이 나타낸다.

$$P = f\frac{u\eta L}{\pi r^2 d^2} \tag{27-1}$$

여기서 u는 이동상의 유속, η는 이동상의 점도, L은 칼럼 길이, r은 칼럼의 반지름, d는 정지상 입자의 지름이다. f는 정지상 입자의 모양과 칼럼 내에 충전된 상태에 따라 결정되는 인자이다. 중요한 점은 칼럼에 이동상이 흐르도록 하는 데 필요한 압력은 유속과 칼럼 길이에 비례하고 칼럼 반지름의 제곱과 입자 지름의 제곱에 반비례한다는 사실이다. 요즘 대부분 HPLC에서 가해지는 압력은 약 70 ~ 400 bar(1000 ~ 6000 psi, 1 atm = 14.7 psi) 정도이고 이렇게 해서 약 0.5 ~ 5 mL의 유속을 얻을 수 있다.

HPLC에서 띠넓어짐을 줄이기 위한 여러 가지 형태의 입자와 충전 형태들이 연구되어 왔다. 흔히 쓰이는 다공성 입자는 이동상이 입자 주위로 흐를 뿐 입자를 관통해서 흐르지는 못한다. 이렇게 되면 용질은 정지상에 도달하기 위해 상대적으로 속도가 느린 확산에 의해 이동할 수밖에 없는데 이 때문에 상당한 띠넓어짐이 일어난다. 이 문제를 개선시키기 위한 한 가지 방법으로 관류(perfusion) 입자가 쓰인다. 이 입자는 보다 큰 구멍이 있어서 이동상이 입자를 관통해 흐를 수 있고 입자 바깥 주위로 흐를 수 있다. 이렇게 되면 용질이 정지상에 도달하기 위해 확산으로 이동해야 하는 거리가 평균적으로 줄어들어 띠넓어짐이 적게 일어나게 된다. 미세한 구멍이 없는 입자나 표면에 얇은 다공성 층을 갖고 있는 입자를 이용하여 비슷한 효과를 얻을 수 있다.

정지상 입자의 크기가 작아지면 나타나는 또 다른 문제점으로는 이동상이 입자들 사이를 흐를 때 생기는 마찰열이 증가해서 칼럼 내의 위치에 따라 온도가 달라진다는 점이다. 칼럼의 중심 부분이 바깥쪽보다 온도가 높아지고 칼럼의 출구 부분이 입구 쪽보다 뜨거워진다. 여러 연구 결과에 의하면, 칼럼의 길이와 내경이 각각 10 cm, 2.1 mm이고 충전된 정지상 입자의 지름이 1.7 μm일 때 이동상의 유속을 1.0 mL/min로 유지하면 칼럼의 출구와 입구 사이는 10 ℃ 정도 온도가 높고 칼럼의 중심 부분은 바깥벽보다 2 ℃ 정도 온도가 높다고 한다. 이러한 온도 차이에 의한 띠넓어짐을 줄이려면 정지상 입자의 지름이 1.7 μm인 경우 칼럼의 내경은 2.1 mm 이하가 되도록 해야 한다.

(2) 칼럼

HPLC에 쓰이는 칼럼(그림 27.5)은 스테인리스강이나 플라스틱 재질로 만들며 내경은 1 ~ 5 mm, 길이는 5 ~ 30 cm 정도 된다. 칼럼은 비싼데다가 시료나 이동상에 있는 먼지, 입자, 기타 불순물에 의해 쉽게 오염되어 성능이 떨어진다. 시료는 주입하기 전에 원심 분리하거나 0.5 μm 필터로 걸러준다. 흔히 **보호 칼럼**(guard column)을 분리 칼럼 앞에 연결하여 칼럼이 오염되는 것을 막는다. 보호 칼럼은 분리 칼럼과 같은 정지상으로 충전되어 있고 길이가 짧다. 미세 입자나 정지상에 강하게 흡착하는 불순물은 이 보호 칼럼에서 제거된다. 칼럼의 압력이 증가하거나 어떤 정해진 횟수만큼 시료를 주입한 후, 또는 어떤 일정한 사용 시간이 경과한 후 보호 칼럼을 교체해 준다.

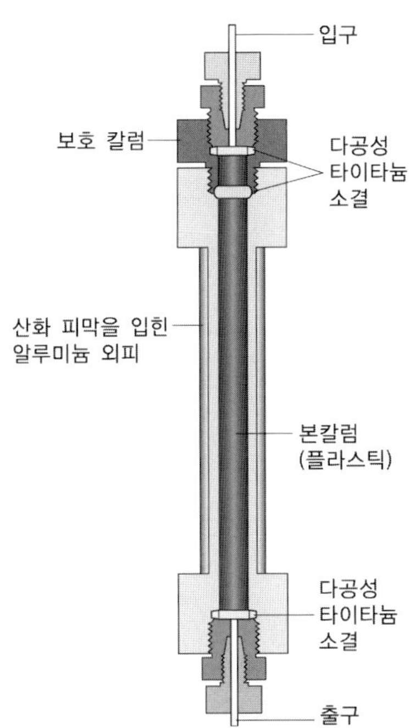

그림 27.5 흔히 쓰이는 HPLC 칼럼. 비가역적으로 흡착될 수 있는 불순물을 제거하기 위해 교환 가능한 보호 칼럼이 장착되어 있다. 타이타늄 소결에는 정지상이 들어 있고 유입되는 액체를 칼럼 전체에 골고루 배분하는 기능을 한다(Upchurch Scientific, Oak Harbor, WA, USA).

HPLC 칼럼의 온도를 상온보다 높게 해서 사용하는 경우가 있다. 칼럼의 온도가 올라가면 이동상의 점도가 내려가기 때문에 칼럼에 걸리는 압력을 낮추거나 유속을 높일 수 있다. 또 온도가 올라가면 머무름 시간이 줄어들고 용질의 확산 속도가 빨라지므로 분리도가 향상된다. 그러나 온도가 높으면 정지상이 쉽게 손상되고 칼럼의 수명도 단축시킨다. 온도를 조절하지 않으면 주위 온도 변화에 따라 칼럼 온도도 변한다. 칼럼 온도를 일정하게 유지시켜 주면 머무름 시간과 피크 세기의 재현성이 향상된다. 칼럼 온도를 실내 온도보다 10 ℃ 정도 높게 설정하는 것이 일반적이고 실내 온도보다 50 ℃ 혹은 60 ℃ 높게 설정하여 실험하는 경우도 있다. 이렇게 칼럼의 온도를 올려서 사용할 경우 시료 주입기와 칼럼 사이에 가열 장치를 두어서 이동상과 칼럼의 온도가 같도록 만들어주어야 한다.

불과 얼마 전까지만 해도 가장 널리 쓰이는 칼럼의 지름은 4.6 mm이었는데 지금은 지름 2.1 mm 칼럼이 가장 널리 쓰이게 되었다. 칼럼의 지름이 작아지면 그만큼 질량 분석계를 검출기로 이용하기가 유리해진다. 또 칼럼이 좁아지면 주입하는 시료의 양도 줄어들고 이동상이 적게 소요되므로 폐기물도 적게 생긴다.

(3) 정지상

고순도 실리카로 만들어진 구형 미세 다공성 입자(microporous particle)를 칼럼에 충전하는 지지체로 가장 널리 사용한다. 이 입자는 이동상이 투과할 수 있고 표면적이 1 g당 수백 제곱미터(m^2)에 달한다. 정지상은 이 입자 표면에 공유 결합을 형성하여 붙어 있다. 염기성에서 대부분의 실리카는 녹기 때문에 pH = 8 이상이 되면 이 지지체를 사용할 수 없다. 실리카 구조에 에틸렌 다리(ethylene bridge)를 갖도록 하면 가수 분해에 대한 저항력이 커져서 pH = 12까지도 견딜 수 있다(그림 27.6 참조). pH = 8 ~ 12 정도인 염기성 시료를 분리하려면 에틸렌 다리를 갖는 실리카나 폴리스타이렌(polystyrene) 같은 고분자 지지체를 사용한다.

실리카 표면에는 실란올기(Si－OH)가 1 m^2당 최대 8×10^{-6}몰 붙어 있다. pH가 대략 2 ~ 3 정도 되면 실란올기는 모두 H^+가 결합된 형태(Si－OH)로 존재하지만 pH > 3이 되면 H^+가 해리하여 $Si-O^-$로 존재하게 된다. 노출된 $Si-O^-$ 기는 양전하를 가진 화학종과 강하게 상호 작용하여 꼬리 끌기를 일으킨다(이런 실리카를 A형이라고 한다). 뿐만 아니라 실리카 내에 있는 금속 불순물도 꼬리 끌기를 일으킬 수 있어 이런 실리카는 요즘 쓰지 않는다. 요즘에는 단위 면적당 노출된 실란올기가 적고 금속 불순물도 적어서 꼬리 끌기를

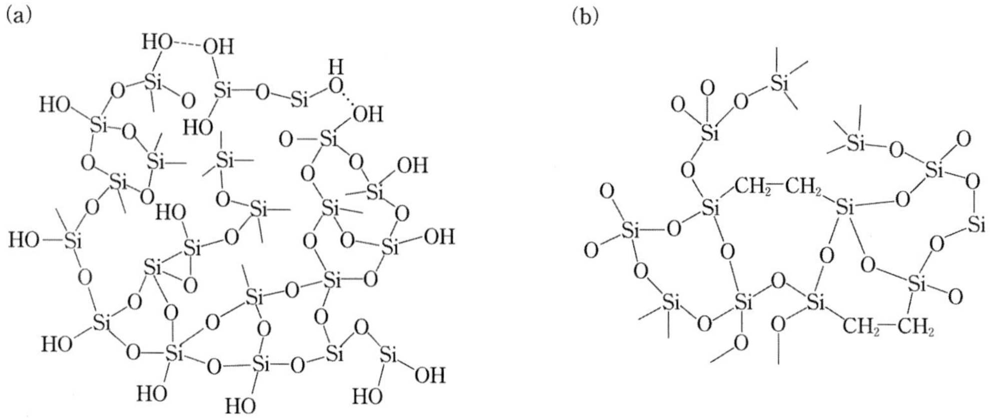

그림 27.6 (a) 실리카 입자의 대략적인 구조(출처: R. E. Majors, LCGC, May 1997, p.58). (b) 일부 실리콘 원자 사이에 산소 다리 대신 에틸렌(ethylene)을 삽입한 실리카. 이 실리카는 염기에 의한 가수 분해에 잘 견디고 보다 튼튼해서 지름이 2 μm 이하이면서도 고압에 잘 버틸 수 있는 입자를 만드는 데 적합하다.

많이 일으키지 않는 실리카가 개발되어 널리 쓰인다(B형 실리카). 또 다른 C형 실리카는 Si－OH 기의 90% 정도를 Si－H 기로 치환하기 때문에 실리카와 용질 분자 사이에 수소 결합이 거의 없어서 이 지지체를 쓰면 꼬리 끌기가 더욱 감소한다.

액체－고체 흡착 크로마토그래피에서는 이러한 실리카 충전 입자를 그대로 정지상으로 사용한다. 액체－액체 분배 크로마토그래피에서는 실리카 입자 표면에 정지상을 코팅한다. HPLC에서는 이동상이 고압에 의해 흐르기 때문에 정지상을 GC 칼럼에서와 같이 흡착시켜 놓으면 쉽게 씻겨나간다. 이런 현상을 막기 위해 HPLC에서는 대부분 정지상을 실리카 표면에 공유 결합으로 결합시킨다. 이런 형태를 **결합형 정지상**(bonded stationary phase)이라고 한다. 결합형 정지상이 만들어지는 반응은 다음과 같다.

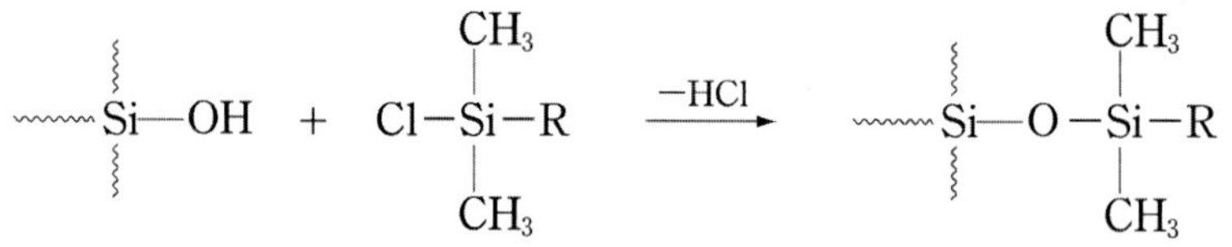

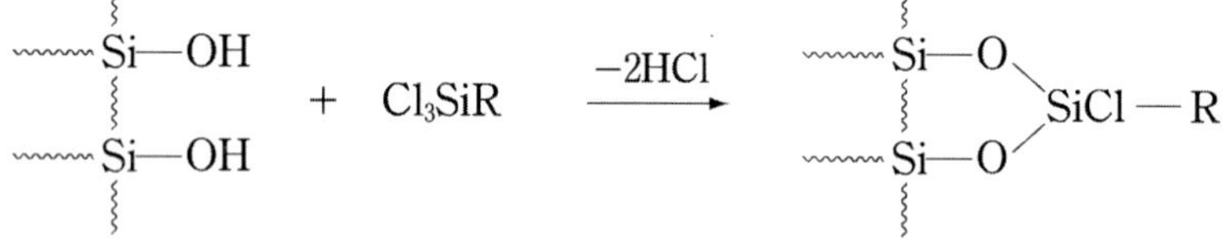

$$\sim Si{-}OH + Cl{-}Si(CH_3)_2{-}R \xrightarrow{-HCl} \sim Si{-}O{-}Si(CH_3)_2{-}R$$

$$\begin{matrix}\sim Si{-}OH \\ \sim Si{-}OH\end{matrix} + Cl_3SiR \xrightarrow{-2HCl} \begin{matrix}\sim Si{-}O \\ \sim Si{-}O\end{matrix}\!\!> SiCl{-}R$$

여기서 R은 결합형 정지상이다. HPLC에서 일반적으로 널리 쓰이는 정지상은 다음과 같다.

극성 정지상		비극성 정지상	
R = $(CH_2)_3NH_2$	아미노(amino)	R = $(CH_2)_{17}CH_3$	옥타데실(octadecyl)
R = $(CH_2)_3CN$	사이아노(cyano)	R = $(CH_2)_7CH_3$	옥틸(octyl)
R = $(CH_2)_2OCH_2CH(OH)CH_2OH$	다이올(diol)	R = $(CH_2)_3C_6H_5$	페닐(phenyl)
		R = $(CH_2)_3C_6F_5$	F_5-페닐(F_5-phenyl)

이렇게 정지상을 실리카 표면에 결합시키면 표면적 1 m^2당 대략적으로 4×10^{-6}몰 정도의 R기가 존재하고 이 R기는 화학적으로 지지체 표면에 결합되어 있기 때문에 용리하는 동안 떨어져 나와 분리를 방해하는 일은 거의 일어나지 않는다.

정지상의 극성이 큰 경우 정지상과 용질 사이의 강한 쌍극자-쌍극자 상호 작용 때문에 꼬리 끌기가 일어나기 쉽고 물과 같은 불순물에 의해 칼럼이 오염되기 쉬워 특별한 경우가 아니면 극성이 큰 정지상은 잘 쓰지 않는다. 옥타데실(octadecyl) 정지상은 보통 C_{18}로 표기하고 약자로 ODS라고도 하는데 대부분의 경우 옥틸(octyl)(C_8)보다 분리능이 우수하다. 그래서 ODS 정지상은 HPLC에서 가장 널리 쓰인다. 같은 정지상으로 만든 같은 규격의 칼럼이라도 제조회사에 따라 같은 용질 분자에 대해 머무름 인자가 상당히 다른 경우가 많다. 이러한 차이는 주로 충전 입자의 표면적이 서로 다르기 때문에 생긴다. 퍼플루오로페닐(perfluorophenyl)(F_5-phenyl)은 비극성 정지상이지만 ODS와 선택성이 많이 다르며 특히 방향족 화합물을 분리하는 데 유용하다.

실리카 입자 표면에 정지상을 결합한 위와 같은 칼럼은 pH = 2 ~ 8 범위에서만 쓸 수 있다. pH < 2 이하가 되면 실리카 표면과 결합하는 실록세인(siloxane) 결합(Si－O－SiR)이 가수 분해되고 pH > 8이 되면 실리카가 녹기 때문이다. 이 문제를 개선시키기 위해 그림 27.7에서처럼 Si 원자에 부피가 큰 isobutyl 기를 결합시켜 놓으면 산의 공격을 차단해서 가수 분해를 막을 수 있기 때문에 pH < 2 이하에서도 사용할 수 있고 고온에서도 칼럼이 안정하다. pH = 0.9이고 온도가 90 ℃일 때도 별 문제가 생기지 않는다.

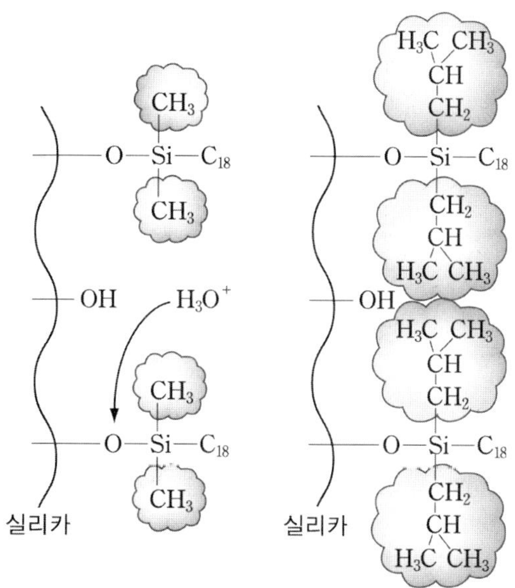

그림 27.7 부피가 큰 아이소뷰틸(isobutyl) 기는 낮은 pH에서 실록세인(siloxane) 결합이 가수 분해되는 것을 막아주는 기능을 한다(출처: J. J. Kirkland, Am. Lab., June 1994, p.28k).

긴 탄화수소 사슬에 극성기가 들어가 있는 비극성 정지상도 쓰이고 있다. 그 예를 그림 27.8에서 볼 수 있는데 극성인 아마이드(amide)기가 탄화수소 사슬 중 실록세인 결합과 가까운 위치에 들어가 있다. 이러한

Si—O—Si—NH—C(=O)—$(CH_2)_{14}CH_3$

Si—OH

Si—O—Si—NH—C(=O)—$(CH_2)_{14}CH_3$

그림 27.8 탄화수소 사슬에 극성 아마이드기가 결합되어 있는 정지상

정지상은 ODS와 선택성이 다르고 특히 염기를 분리할 때 장점이 있다. 또 다른 비극성 정지상은 100% 수용액에 노출되면 유기 용매와 다시 평형을 이루기가 매우 어렵기 때문에 사용할 수 없는데 극성기가 중간에 들어간 이런 정지상은 100% 수용액에도 사용할 수 있다.

보통 지름이 5 μm 정도인 통기성이 없는 실리카 입자(nonporous silica particle) 표면에 이보다 훨씬 크기가 작은 다공성 실리카 입자를 0.25 μm 두께로 붙여서 만든 충전 입자를 **표면 다공성 입자**(superficially porous particle)라고 한다. ODS 같은 정지상은 표면에 있는 얇은 다공성 입자층 전체에 고루 결합되어 있다. 이때 정지상이 용질 성분과 접촉하는 장소가 0.25 μm 두께의 얇은 층에 국한되어 있으므로 평형을 이루기 위해 확산으로 이동해야 하는 거리가 짧아서 평형이 빨리 이루어진다. 그래서 이동상의 유속을 빠르게 할 수 있으므로 칼럼의 효율이 올라간다. 반면 충전 입자의 크기는 5 μm로 큰 편이므로 이동상을 흘려보내는 데 큰 압력을 필요로 하지 않는다. 다시 말해 두께 0.25 μm 다공성 층 안으로 용질이 이동해야 하는 거리는 같은 조건에서 입자 전체가 다공성으로 되어 있고 반지름이 2.5 μm인 입자 속으로 이동하는 거리보다 약 10배가 짧다. 그래서 정지상-이동상 사이에 평형이 약 10배 빨리 이루어질 것이므로 이동상의 적정 유속이 크게 빨라지는 것이다. 이러한 표면 다공성 충전 입자는 확산 속도가 느린 단백질 같은 거대 분자를 분리하는 데 특히 유용하다. 그 예를 그림 27.9에서 볼 수 있다.

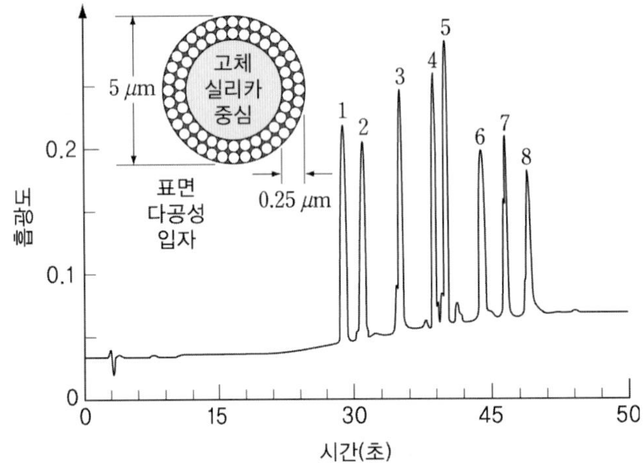

그림 27.9 표면 다공성 C_{18}-실리카 입자(Poroshell 300SB-C18)를 사용한 2.1 × 75 mm 칼럼으로 단백질을 빠르게 분리시킨 크로마토그램. 이동상 A: 0.1 wt% 트라이플루우오로아세트산(trifluoroacetic acid) 수용액. 이동상 B: 트라이플루우오로아세트산 농도가 0.07 wt%인 아세토나이트릴(CH_3CN) 용액. 용매는 1분 동안 95 vol% A/5 vol% B에서 100 vol% B까지 연속적으로 변하도록 하였다. 온도 70 ℃, 압력 26 MPa(260 bar)이고 유속은 3 mL/분이며 자외선 검출기(215 nm)를 사용하였다. 피크; (1) angiotensin II, (2) neurotensin, (3) ribonuclease, (4) insulin, (5) lysozyme, (6) myoglobin, (7) carbonic anhydrase, (8) ovalbumin. (출처: D. C. Harris, Quantitative Chemical Analysis, 8th Ed. 2010, W. H. Freeman, New York, NY, USA)

4 분배 크로마토그래피의 용리 과정

(1) 용리 과정

GC에서 이동상은 용질을 운반하는 역할만 하고 머무름 시간에는 아무런 영향을 주지 않는 데 비해 HPLC에서 머무름 시간은 이동상과 정지상 모두와 용질 사이의 상호 작용에 의해 결정된다. 용질이 정지상과 상호 작용은 약하고 이동상에 더 잘 녹으면 용질이 이동상에 머무르는 시간이 길 것이다. 이렇게 되면 용질이 칼럼에서 빨리 용출되므로 이 이동상은 강한 이동상이라고 한다. 반대로 용질이 이동상보다 정지상에 잘 녹거나 이동상이 용질과 정지상 사이의 상호 작용이 커지도록 도와준다면 용질의 머무름 시간은 길어지게 된다. 이러한 이동상을 약한 이동상이라고 한다. 어떤 시료 성분의 머무름 시간을 조정하는 가장 중요한 방법 중 하나는 이동상의 조성을 바꾸는 것이다.

흡착 크로마토그래피(adsorption chromatography)에서는 용질 분자와 이동상 분자가 정지상의 흡착 자리를 놓고 서로 경쟁해서 이동상 분자에 의해 정지상에 흡착된 용질 분자가 떨어지면서 이동하게 된다. 이동상의 이러한 능력을 **용리액 세기**(eluent strength, ε°)라고 한다. 용리액 세기는 용매의 흡착 에너지 크기를 나타내는 척도인데 깨끗한 실리카 표면에 펜테인이 흡착될 때 용리액 세기를 0으로 하고 이것을 기준으로 용매들의 상대적인 흡착 에너지를 비교하여 용리액 세기를 결정한다. HPLC에 흔히 쓰이는 이동상의 용리액 세기를 표 27.1에 정리하였다. 강한 이동상을 사용하면 용리액 세기가 커서 머무름 시간이 짧아지고 약한 이동상을 사용하면 용리액 세기가 약해서 머무름 시간이 길어진다.

표 27.1 실리카 흡착 크로마토그래피에서 흔히 사용되는 용매의 용리 세기

용매	용리액 세기(ε°)	용매	용리액 세기(ε°)
펜테인(Pentane)	0.00	아세트산 에틸(Ethyl acetate)	0.48
헥세인(Hexane)	0.01	메틸 *t*-뷰틸 에터(Methyl *t*-butyl ether)	0.48
헵테인(Heptane)	0.01	다이옥세인(Dioxane)	0.51
트라이클로로트라이플루오로에테인 (Trichlorotrifluoroethane)	0.02	아세토나이트릴(Acetonitrile)	0.52
톨루엔(Toluene)	0.22	아세톤(Acetone)	0.53
클로로폼(Chloroform)	0.26	테트라하이드로퓨란(Tetrahydrofuran)	0.53
다이클로로메테인(Dichloromethane)	0.30	2-프로판올(2-Propanol)	0.60
다이에틸 에터(Diethyl ether)	0.43	메탄올(Methanol)	0.70

(출처: L.R. Snyder in High-Performance Liquid Chromatoghaphy (C. Horváth, ed.), Vol. 3 (New York: Academic press, 1983) ; Burdick & Jackson Solvent Guide, 3rd ed. (Muskegon, MI: Burdick & Jackson Laboratories, 1990).

분배 크로마토그래피는 이동상과 정지상의 상대적인 극성에 따라 두 가지 형태가 있다. 초기의 액체 크로마토그래피는 트라이에틸렌 글리콜(triethylene glycol)이나 물과 같이 극성이 매우 큰 화합물을 정지상으로 사용하고 헥세인이나 아이소프로필 에터(*i*-propyl ether) 같이 비극성이거나 극성이 매우 작은 용매를 이동상으로 사용하였다. 이런 형태의 크로마토그래피를 역사적인 이유 때문에 **정상 크로마토그래피**(normal-phase chromatography)라 부른다. 탄화수소처럼 비극성 물질을 정지상으로 쓰고 상대적으로 극성이 큰 물, 메탄올(methanol), 아세토나이트릴(acetonitrile), 테트라하이드로퓨란(tetrahydrofuran) 같은 용매를 이동상으로 쓰는

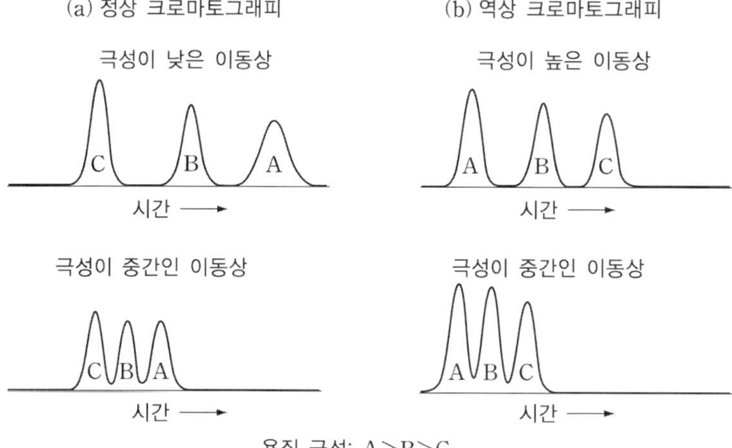

그림 27.10 정상 및 역상 크로마토그래피에서 이동상과 용질의 극성과 용리 시간 사이의 관계

경우를 **역상 크로마토그래피**(reversed-phase chromatography)라고 한다. 정상 크로마토그래피에서는 극성이 가장 작은 성분이 가장 먼저 용출되고 극성이 가장 큰 성분이 가장 늦게 용출된다(그림 27.10 참조). 이동상의 극성이 커지면 용리액 세기가 커지기 때문에 머무름 시간이 감소한다. 역상 크로마토그래피에서는 극성이 가장 큰 성분이 가장 먼저 용출되고 용질의 극성이 작으면 머무름 시간이 길어진다. 이동상의 극성이 작아지면 용리액 세기가 커져서 머무름 시간이 줄어든다.

(2) 등용매 용리

복잡한 시료의 각 성분들을 분리시키기 위해 이동상의 조성을 바꿔주는 것은 가장 손쉽게 선택할 수 있는 중요한 수단이다. 일정한 조성의 이동상을 이용하여 용리시키는 경우를 **등용매 용리**(isocratic elution)라고 한다. 이때 통상적으로 이동상은 약한 이동상과 다른 강한 이동상을 섞은 혼합 용매를 사용한다. 이러한 혼합 용매는 시료에 대해 중간 정도의 용리액 세기를 갖는 새로운 이동상이 된다. 등용매 용리는 실험하기에 간단하고 경비도 적게 들지만 시료에 포함된 모든 성분들을 알맞은 시간 내에 잘 분리시키는 것이 어렵다. 26장에서 언급한 일반적인 용리 문제가 복잡한 혼합물에서는 거의 어김없이 나타나는 것이다. 시료에는 머무름 인자(k)의 크기가 다양하다. 단일 조건에서 k가 작은 성분들을 분리하는 것은 어렵지 않고 k가 큰 성분들을 분리하는 것도 크게 어렵지 않다. 또 k가 중간 정도 크기를 갖는 성분들만을 분리하는 것도 어렵지 않다. 그러나 이 모든 성분들을 동시에 만족할 만한 수준의 분리능을 갖도록 하면서 적절한 시간 내에 분리하는 것은 매우 어렵다. 이럴 때 **기울기 용리**(gradient elution)를 하는데 이 방법은 용리하는 동안 이동상의 조성을 바꿔주는 것으로 용매 프로그래밍(solvent programming)이라고도 한다. 기울기 용리에서는 우선 약한 이동상에서 시작하여 머무름 시간이 너무 짧아 분리가 잘 되지 않는 성분들이 칼럼에서 천천히 용출되도록 한다. 계속해서 용리액 세기가 센 성분을 증가시켜 이동상의 세기를 세게 하여 머무름 시간이 긴 성분들이 순차적으로 빨리 칼럼에서 용리되도록 한다.

이제 역상 크로마토그래피 칼럼을 사용하여 등용매 용리를 했을 때 일어나는 일반적인 용리 문제를 그림 27.11을 이용하여 좀 더 구체적으로 살펴보자. 역상 칼럼을 썼기 때문에 용매의 극성이 커지면 용리액 세기는 감소하여 머무름 시간이 길어진다. 그림 27.11(a)는 수용액(A로 표기) 10%와 90% CH_3CN(B로 표기)으로 구성된 혼합 용매를 이용하여 얻은 크로마토그램이다. 여기서 백분율은 부피 %를 말하고 수용액은 25 mM KH_2PO_4와 0.1 g/L 아자이드화 소듐(sodium azide)이 포함되어 있고 HCl로 pH를 3.5로 맞춘 완충 용액이다. 이때는 용리액 세기가 큰 CH_3CN의 함량이 높아 모든 용질이 너무 빨리 용리되어 개개 피크들의 분리가 잘 되지 않고 많이 겹쳐 있다. 따라서 이동상의 CH_3CN 함량을 줄여서 시료의 머무름 인자를 키워야 분리가 가능하다는 것을 알 수 있다. (b)에서 이동상을 30% A + 70% B 혼합 용매로 바꾸어 용리액 세기를 낮추면 머무름 인자가 길어져서 분리도가 향상되지만 1, 2, 3번 성분과 6, 7번 성분은 전혀 분리되지 않는다. (c)에서는 50% A + 50% B 혼합 용매를 썼다. 머무름 시간이 길어져서 불완전하나마 1번과 6, 7번 성분이 분리되어 나타나지만 2, 3번 성분은 완전히 겹쳐져 있다. 1, 2, 3번 성분과 6, 7번 성분을 완전히 분리시키려면 용리액 세기를 더 약하게 해야 한다. (d)는 70% A + 30% B 혼합 용매를 이동상으로 써서 얻은 크로마토그램이다. 1, 2, 3번은 잘 분리되었지만 7, 8번 성분은 머무름 시간이 너무 길어서 비현실적이다. 그래서 다시 이동상의 CH_3CN 함량을 약간 올려서 (e)는 65% A + 35% B를 사용하여 얻은 것이다. 1, 2, 3번을 분리시키는 데 성공하여 모든 성분이 분리되었지만 8번 성분은 머무름 시간이 2시간 이상 걸리기 때문에 상당히 비현실적이다.

용리액 세기가 센 이동상을 사용했을 때 1, 2, 3번 성분은 머무름 인자가 너무 작아 빨리 용출되어 분리가 되지 않고 6, 7번 성분은 상대 머무름이 작아서 서로 분리가 되지 않았다. 이들을 분리시키기 위해 용리액

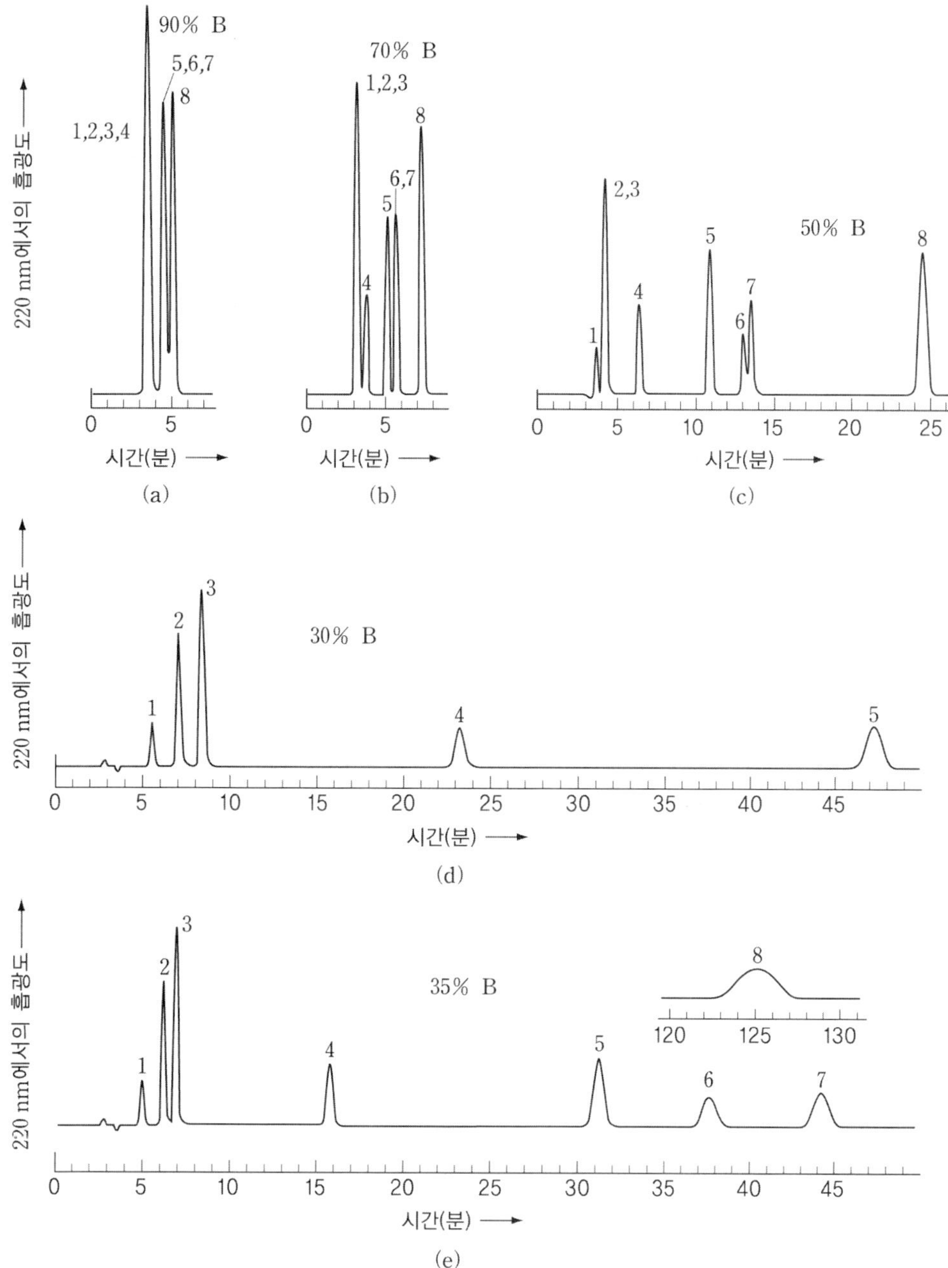

그림 27.11 HPLC로 상온(~22 ℃)에서 0.46 × 25 cm, 5-μm 실리카 C_{18} 칼럼을 사용하고 유속을 1.0 mL/분으로 하여 여러 가지 방향족 화합물이 섞인 혼합물을 등용매 용리한 실험 결과: (1) benzyl alcohol, (2) phenol, (3) 3',4'-dimethoxyacetophenone, (4) benzoin, (5) ethyl benzoate, (6) toluene, (7) 2,6-dimethoxytoluene, (8) *o*-methoxybiphenyl(출처: D. C. Harris, Quantitative Chemical Analysis, 8th Ed. 2010, W. H. Freeman, New York, NY, USA)

세기를 계속 낮춰주면 8개 성분을 모두 분리시킬 수는 있지만 8번 성분의 머무름 시간이 너무 길어서 실제 이 조건에서 실험하기는 어렵다. 다시 말해 단일 조건인 등용매 용리를 이용해서는 만족스러운 결과를 얻을 수 없다. 이 경우에는 기울기 용리법을 사용하는 것이 현실적이다.

(3) 기울기 용리

HPLC에서 기울기 용리는 시료의 각 성분들이 갖는 머무름 인자가 많이 다른 경우에 효과적으로 분리시킬 수 있는 가장 효율적인 방법 중 하나이다. 역상 크로마토그래피에서는 처음 용리액 세기가 약한 이동상에서 출발하여 점점 유기 용매의 비율을 올려서 용리액 세기를 크게 해준다. 이렇게 되면 머무름 인자가 작은 성분은 늦게 용리되어 등용매 분리 때보다 분리가 좋아지고 머무름 인자가 긴 성분은 보다 빨리 용리되므로 크로마토그램의 피크 간격이 줄어들어 분리 시간이 짧아진다. 또 피크 모양이 좋아지며 띠넓어짐이 줄어들어 검출 한계도 내려간다. 역상 크토마토그래피에서 기울기 용리를 할 때 생기는 한 가지 문제는 칼럼이 한번 실험이 끝나고 다음 번 실험을 할 때 처음 시작하는 이동상과 다시 평형을 이루어야만 한다는 점이다. 1-프로판올(1-propanol)을 각 이동상에 가해 농도가 3% 되도록 맞춰주면 칼럼이 이동상과 다시 평형을 이루는 데 걸리는 시간을 크게 줄일 수 있고 칼럼의 효율도 올라간다.

① 체류 시간과 체류 부피

기울기 용리를 위한 두 가지 이상의 용매는 칼럼에 훨씬 앞서서 섞이게 되므로 이렇게 섞인 용매가 칼럼에 도달하려면 시간이 걸린다. 이 시간을 **체류 시간**(dwell time)이라 하고 t_D로 표시한다. 또 용매가 섞이는 지점부터 칼럼 입구까지의 부피를 **체류 부피**(dwell volume)라고 한다. 체류 부피는 기기마다 다른데 보통 0.5~10 mL 사이에 들어간다. 만약 체류 부피가 6 mL인데 이동상의 유속이 1.0 mL/분이라면 체류 시간은 6분이 된다. 기울기 용리를 시작하고 6분이 지나야 이 용매가 칼럼에 도달하게 된다.

HPLC 기기의 체류 부피를 측정하려면 맨 먼저 칼럼을 떼어내고 칼럼 입구에 연결된 관을 칼럼 출구에 연결된 관에 직접 연결한다. 두 개의 용매 저장 용기 A와 B에 물을 채우고 자외선 검출기를 사용하는 기기라면 저장 용기 B에 자외선을 흡수하는 아세톤 같은 시약을 소량 가한다. 만약 이동상 조성이 0% B에서 100% B로 가는 데 30분 걸리도록 프로그램을 설정하고 시간 t = 0에서 기울기 용리를 시작하였다고 하자. 검출기에 B가 도달하게 되면 그림 27.12와 같은 자외선 검출기의 감응이 나타난다. 기울기 용리는 t = 0에서 시작되지만 t_D가 되어야 B가 검출기에 도달하는 것이다.

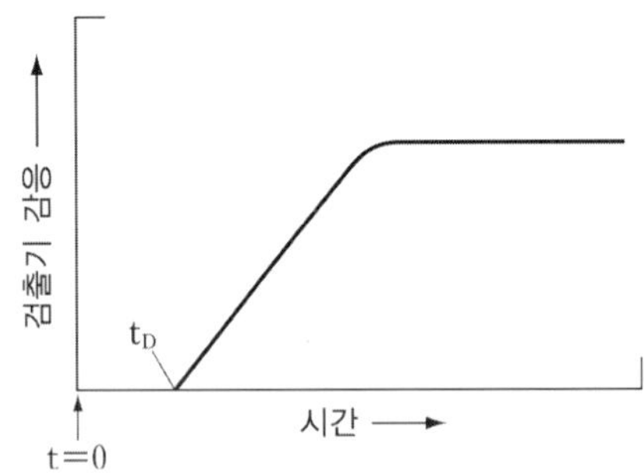

그림 27.12 저장 용기 A에는 흡광도가 없는 용매를 사용하고 저장 용기 B에는 흡광도가 조금 있는 용매를 사용하여 측정한 체류 시간. B가 0%에서 100%로 변하는 용매의 기울기가 t = 0에서 시작되지만 t = t_D가 될 때까지는 B가 검출기에 도달하지 않는다.

기기마다 체류 부피가 다르기 때문에 기기가 바뀌면 기울기 용리 조건도 달라져야 한다. 그리고 실험 결과를 보고할 때는 체류 부피를 표시하는 것이 좋다. 시료를 t=0에서 주입하지 말고 t_D에서 주입하면 체류 부피 때문에 생기는 차이를 보정할 수 있다.

② 기울기 용리 선택 기준

어떤 혼합물을 분리시키기 위해 등용매 용리와 기울기 용리 중 어떤 방법을 선택하는 것이 좋을지 판단하는 빠른 방법은 그림 27.11에서 보는 것과 같이 이동상의 용리액 세기 범위를 매우 넓게 잡아서 기울기 용리를 해보는 것이다. 예를 들어 그림 27.11에 있는 등용매 용리에서 사용한 시료를 같은 칼럼과 이동상으로 기울기 용리를 하는데 이동상의 조성은 CH_3CN 10% + 수용액 90%에서 시작하여 CH_3CN 90% + 수용액 10%까지 일정한 비율로 40분 동안 변하게 하였다. 여기서 용매의 조성이 처음부터 마지막까지 변하는 데 40분이 걸렸는데, 이것을 기울기 시간(gradient time)이라 하고 t_G로 표기한다. 첫 번째 피크와 마지막 피크 사이의 머무름 시간 차이를 Δt라고 하면 그림 27.13(a)에서 Δt = 35.5 − 14.0 = 21.5분이라는 것을 알 수 있다. 모든 피크가 기울기 용리의 좁은 범위 내에서 분리된다면 Δt가 작아질 것이고 이때는 등용매 용리를 선택해도 괜찮은 결과를 얻을 수 있을 것이다. 그러나 피크가 넓은 기울기 용리 범위에 걸쳐서 나타난다면 Δt가 커지고 기울기 용리를 선택하는 것이 합리적이 될 것이다. 그래서 등용매 용리와 기울기 용리 중 어느 것을 선택할 것인지 판단하는 데 널리 쓰이는 기준은 다음과 같다.

$\frac{\Delta t}{t_G} < 0.25$이면 등용매 용리를 선택한다.

$\frac{\Delta t}{t_G} > 0.25$이면 기울기 용리를 선택한다.

그림 27.13(a)의 크로마토그램에서 $\frac{\Delta t}{t_G} = \frac{21.5}{40} = 0.54$가 된다. 따라서 이 경우는 기울기 용리를 선택하는 것이 좋다.

③ 기울기 용리 실험 방법

기울기 용리를 할 때 최적 조건을 찾기 위해 가장 먼저 해야 하는 일은 이동상으로 쓰이는 용매의 조성이 변하는 범위를 최대한 넓게 잡아 분리하는 것이다. 그래서 그림 27.13(a)처럼 10% CH_3CN에서 90% CH_3CN까지 기울기 범위를 잡았고 기울기 시간은 40분으로 설정하였다. 이 실험에서 체류 시간 $t_D = 5$분인데 기울기 용리를 $t = 0$에서 시작했으므로 $t = 5$분이 되어야 기울기 용매가 칼럼에 도착한다. 이렇게 해서 얻은 크로마토그램이 그림 27.13(a)이다. 8개의 모든 성분이 분리되었고 분리 시간은 36분이 걸렸다. 이 크로마토그램을 살펴보면 1번 피크가 나오는 데 시간이 많이 걸린다는 것을 알 수 있다. 이 시간을 줄이고 피크 사이의 간격을 좀 넓히려면 이 용매 기울기 폭을 좁혀야 한다. 1번 피크는 CH_3CN 함량이 28%인 $t = 14$분에서 나타났고 마지막 8번 피크는 CH_3CN 함량이 71%인 $t = 35.5$분에 나타났다. 그래서 용리를 대략 CH_3CN 함량 28% ~ 71% 정도의 범위에서 하면 된다는 것을 알 수 있다. 용매의 기울기 범위를 CH_3CN 30% ~ 82%로 하고

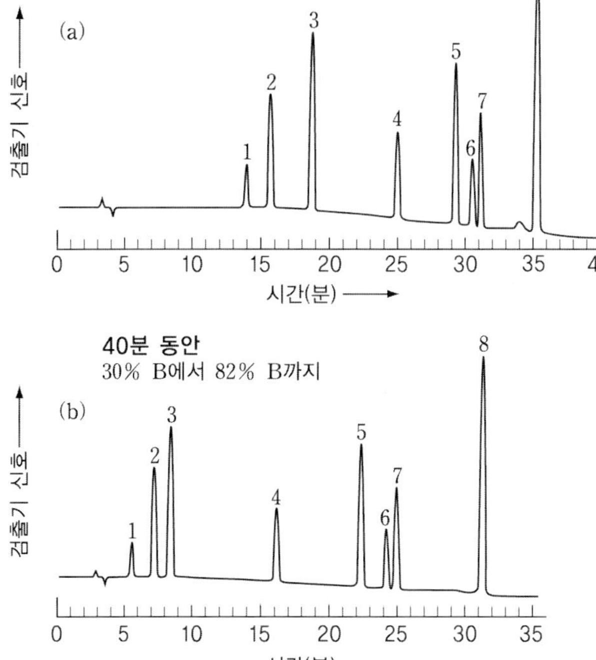

그림 27.13 그림 27.11에서 사용한 것과 같은 혼합 시료를 같은 칼럼과 같은 용매 계(용매 A는 완충 용액, 용매 B는 CH_3CN)를 사용하고 유속은 1.0 mL/분으로 하여 선형 기울기 용리로 분리한 크로마토그램(출처: D. C. Harris, Quantitative Chemical Analysis, 8th Ed. 2010, W. H. Freeman, New York, NY, USA)

분리 시간은 그대로 40분으로 하여 얻은 크로마토그램이 그림 27.13(b)에 있다. 6번 피크와 7번 피크 사이의 간격이 넓어져 정량 분석이 더 용이해지고 분리 시간도 32분으로 약간 줄어들었다.

④ 용매

이동상에 불순물이 존재하면 칼럼을 손상시키거나 검출기에 바탕 신호를 만들 수 있기 때문에 가능하면 HPLC용 용매를 이동상으로 사용하는 것이 좋다. 요즘 나오는 HPLC 기기에는 1개 또는 여러 개의 500 mL 또는 그 이상의 부피를 가지는 이동상 저장 용기가 딸려 있다. 이동상은 사용하기 전에 용해된 기체나 먼지를 제거해야 한다. 용해된 기체는 유속을 불규칙하게 하거나 띠넓어짐을 일으킬 수 있고 먼지나 입자 같은 것은 대부분의 검출기, 펌프, 주입기에 문제를 야기하고 칼럼을 막히게 한다. 용해된 기체를 제거하기 위해 사용하는 방법으로는 진공 펌프나 증류 시스템을 사용하거나 가열해서 저어주는 방법, He 같이 이동상에 잘 녹지 않는 기체를 불어넣는 방법 등이 있다. 기체와 불순물을 제거하는 시스템이 기기의 일부로 장착되어 있지 않는 경우는 용매를 소동공 필터(Millipore filter)로 진공 펌프를 이용하여 거른 후 저장 용기에 넣어 주는 방법이 많이 쓰인다. 이 방법은 기체와 먼지 같은 입자 불순물을 동시에 제거하는 편리한 방법이다.

⑤ 대칭형으로 띠모양 유지

크로마토그램의 띠는 폭이 좁고 대칭이어야 한다. HPLC를 사용하기 전에 표준 시료를 주입하여 띠 모양과 머무름 시간을 확인하여 기기에 문제가 없는지 확인하는 것이 중요하다.

우선 시료를 준비할 때 이동상보다 용리액 세기가 작거나 이동상과 같은 용매를 사용하여 용질을 녹이는 것이 좋다. 이동상의 용리액 세기에 비하여 시료를 만들기 위해 사용한 용매의 용리액 세기가 훨씬 큰 경우에는 크로마토그램에 띠가 이중으로 나타나거나 머무름 시간이 변할 수 있다.

꼬리 끌기가 나타나면 이동상에 첨가제를 가하여 제거할 수 있다. 아민 염기가 꼬리 끌기를 일으키면 이동상에 30 mM 트라이에틸아민(triethylamine)을 첨가한다. 만약 산성 물질이 꼬리 끌기를 일으킨다면 30 mM 아세트산 암모늄(ammonium acetate)을 첨가하면 제거될 수 있다. 미지의 화합물이 꼬리 끌기를 일으키는 경우는 30 mM 트라이에틸아세트산 암모늄(triethyl ammonium acetate)을 첨가하는 것이 효과적이다. 이렇게 해도 꼬리 끌기가 제거되지 않으면 10 mM 다이메틸옥틸아민(dimethyloctylamine) 또는 다이메틸옥틸아세트산 암모늄(dimethyloctyl ammonium acetate)을 첨가하여 효과를 볼 수도 있다. 이러한 첨가제를 사용할 때는 새로운 이동상으로 바꿔줄 때 칼럼이 이동상과 평형을 이루는 데 시간이 많이 걸린다는 점을 명심하라.

시료를 칼럼이 수용할 수 있는 양보다 많이 들어가는 경우를 과주입(overloading)이라 하는데 이때 띠의 모양이 변형된다. 주입하는 시료의 양을 처음 주입했던 양의 1/10로 줄인 후 띠너비가 줄어드는지, 또 머무름 시간이 증가하는지 관찰한다. 이 둘 중 어느 하나라도 관찰된다면 시료가 과주입됐다는 것을 의미하므로 시료 주입량에 따라 띠의 모양과 머무름 시간이 변하지 않을 때까지 시료의 주입량을 줄인다.

HPLC 기기의 주입기에서 검출기까지 전체 부피 중에서 칼럼이 차지하는 부피를 제외한 나머지 부피를 **칼럼외 부피**(extra−column volume) 또는 **불감 부피**(dead volume)라고 한다. 이 부피는 가급적이면 적어야 한다. 칼럼외 부피가 커지면 이동하는 동안 용질이 확산되고 서로 섞이기 때문에 띠의 넓이가 커져 분리능이 떨어지게 된다. 가능한 범위 내에서 내경이 작은 관을 사용하고 관의 길이는 짧게 한다. 또 관과 칼럼을 서로 연결할 때는 내경과 모양이 잘 맞는 부품을 사용한다. 이렇게 함으로써 칼럼외 띠넓어짐 현상을 최소화할 수 있다.

새로운 칼럼을 장착했을 때 칼럼에 걸리는 압력, 분리도, 띠의 모양을 기록해 두면 칼럼을 양호한 상태로 유지 관리하는 데 큰 도움이 된다. 칼럼을 사용함에 따라 처음과 같은 이동상의 유속을 유지하기 위해 필요한 압력이 점진적으로 증가한다. 보통 기기가 큰 무리 없이 견딜 수 있는 최대 압력은 17 MPa 정도 된다. 가능하면 압력이 14 MPa을 넘지 않도록 해야 한다. 주입기와 칼럼을 연결하는 부품을 프릿(frit)이라 하는데 이곳이 막히면 띠가 갈라지거나 꼬리 끌기가 나타날 수 있다. 칼럼을 떼어내서 이동상을 반대 방향으로 20 ~ 30 mL 정도 흘러 보내면 프릿이 뚫리기도 한다. 펌프의 압력이 14 MPa을 넘어 17 MPa에 접근해가면 이 프릿을 새것으로 교체해 준다. 이렇게 해도 압력이 내려가지 않으면 칼럼을 새것으로 바꿔야 할 것이다. 규격에 나와 있는 분리도를 얻을 수 없거나 꼬리 끌기가 심각해지고 이 문제가 해결되지 않으면 칼럼을 교체해야 한다.

5 고성능 액체 크로마토그래피 기기

여기서는 시료와 이동상을 칼럼에 주입하는 데 필요한 주입 밸브와 펌프, 그리고 칼럼을 통과하는 동안 분리된 시료 성분을 검출하는 검출기를 다루도록 한다.

(1) 주입 밸브와 펌프

HPLC에서 측정 결과의 정밀도는 흔히 시료를 얼마나 재현성 있게 주입하느냐에 의해 결정되는 경우가 많다. 시료가 주입되는 데 시간이 많이 걸리게 되면 띠넓어짐이 일어나기 때문에 주입되는 시료의 부피는 0.1 μL 이하에서부터 약 500 μL 정도까지 매우 작아야만 한다. 더군다나 시료 주입은 기기 내부의 압력을 떨어뜨리지 않고 이루어져야 한다.

HPLC에 가장 널리 쓰이는 시료 주입법은 그림 27.14와 같은 주입 밸브(injection valve)를 사용하는 것이다. 여기에는 일정한 부피를 가지고 교환할 수 있는 고리(loop)가 장착되어 있다. 이들 고리는 각각 1 ~ 1000 μL의 부피를 가진다. 우선 밸브를 장전 위치(load position)에 두고 주사기로 고리를 씻어낸 다음 시료를 채운다. 이때는 이동상의 흐름이 고리를 통과하지 않는다. 밸브를 주입 위치(inject position)로 돌리면 고압이 걸린 이동상이 고리를 통과하면서 시료를 칼럼으로 운반하게 된다. 최근에는 자동 주입기(autoinjector)도 많이 쓰인다. 이들은 시료 고리와 주사기 펌프를 갖고 있는데 대략 1 μL ~ 1 mL의 부피를 주입할 수 있다.

HPLC에 쓰는 펌프는 매우 안정되고 재현성 있는 흐름을 만들 수 있어야 한다. 유속에 요동이 생기면 검출기에 잡음을 일으켜 약한 신호가 가려질 수도 있다. 2개의 사파이어(sapphire) 피스톤을 이용하여 압력

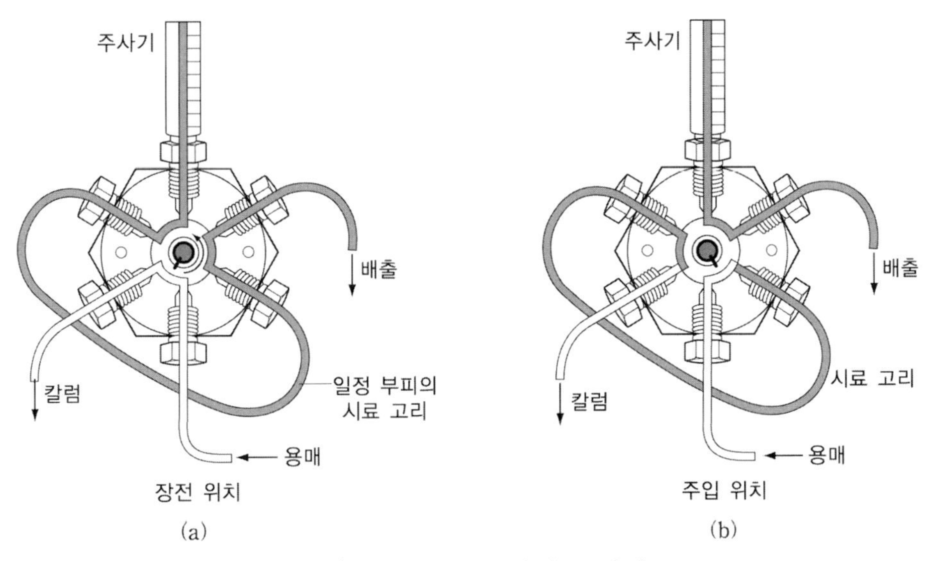

그림 27.14 HPLC에 사용되는 주입 밸브

40 MPa(400 bar 또는 6000 pounds/inch^2)에서 프로그램이 가능하고 10 mL/분까지 일정한 유속의 흐름을 만들어 낼 수 있는 펌프를 그림 27.15에서 볼 수 있다. 기울기 용리를 할 때는 낮은 압력에서 최대 4개의 용매를 4방향 밸브를 통해 배분하여 섞은 다음 이 혼합 용매를 고압에서 칼럼으로 보낼 수 있다. 기울기는 0.1 부피 % 증가 정도까지 프로그램으로 자동으로 조절할 수 있다

왼쪽 용기에 있는 용매는 큰 피스톤과 동시에 움직이는 전자 흡입 밸브를 통해 왼쪽 실린더로 흘러 들어간다. 이때 용매가 증발하여 거품이 생기는 것을 최소화할 수 있도록 설계되어 있다. 스프링이 달린 출구 밸브는 일정한 배출 압력이 유지되도록 해주는데, 급격한 압력 변동은 일정한 바깥 압력과 연동되어 있는 제동기에 의해 더욱 줄어든다. 보통 이러한 압력 변동의 크기는 작동 압력의 1% 이내가 된다. 큰 피스톤이 내려가면서 왼쪽의 큰 실린더 속으로 액체를 빨아들이는 동안 오른쪽에 있는 작은 피스톤은 작은 실린더 속에 있는 액체를 밀어 올려 칼럼으로 밀어내게 된다. 작은 피스톤이 내려가는 동안 큰 피스톤은 올라가면서 액체를 오른쪽 작은 실린더 안으로 보내어 액체가 칼럼으로 흘러가면서 비게 되는 공간을 채우게 된다. 액체가 이동하는 속도는 피스톤이 한번 움직이는 부피에 의해 조절된다.

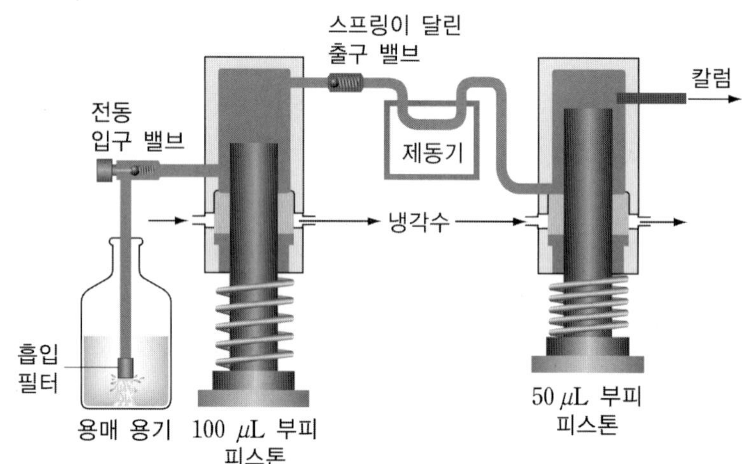

그림 27.15 HPLC에 쓰이는 고압 피스톤 펌프(출처: Hewlett-Packard Co., Palo Alto, CA, USA)

(2) 검출기

HPLC에 쓰는 이상적인 검출기는 GC에서와 비슷하게 감도(sensitivity), 안정성, 재현성이 좋아야 하고 선형 감응 범위(linear response range)가 넓어야 한다. 또 유속에 따라 크로마토그램이 달라지지 않도록 감응 시간이 짧아야 하고 온도와 용매 조성이 변하는 데 민감하게 감응하지 않아야 한다. 검출기로 인해 띠의 넓이가 넓어지는 것을 방지하기 위해 검출기의 부피는 크로마토그램의 피크가 차지하는 부피의 20% 이하가 되어야 한다. 이동상이 칼럼을 빠져나올 때 생기는 압력 감소로 기포가 발생할 수 있는데 이 기포가 잡음을 일으키므로 이를 막기 위해 검출기에 압력을 걸어 주기도 한다.

GC에서는 불꽃 이온화 검출기나 열전도도 검출기 같은 만능 검출기가 유용하게 쓰인다. 그러나 HPLC에서는 쉽게 활용할 수 있는 유용한 만능 검출기가 없는 셈이다. HPLC에서는 통상적으로 쓰는 분석 기기를 액체에 포함되어 있는 낮은 농도의 용질을 측정하기 위해 쓰는 흐름 셀(flow cell)에 맞게 개조하여 이용한다.

HPLC에 쓰는 검출기는 기본적으로 두 가지 형태가 있다. 첫째, 본체 성질(bulk property) 검출기가 있다. 이것은 용질이 섞여 들게 되면 굴절률, 유전 상수, 밀도 같은 이동상의 본체 성질이 달라지는데 이러한 현상을 이용한 검출기를 말한다. 둘째, 용질 성질(solute property) 검출기가 있다. 이 검출기는 이동상에는 없고 용질만이 갖는 자외선 흡수, 적외선 흡수, 형광, 확산 전류 같은 성질에 감응한다. 대표적인 몇 가지 검출기에 대해 알아보자.

① 자외선 흡수 검출기

HPLC로 분리할 수 있는 많은 유기 화합물이 자외선 영역에 흡광도를 갖기 때문에 가장 널리 사용되는 검출기이다. 이 검출기는 그림 27.16에 있는 것과 같은 Z자 형태의 흐름 셀을 사용한다. 이 셀은 칼럼의 띠넓어짐을 방지하기 위해 부피는 가능한 한 작게 하는데, 보통 셀 부피는 1 ~ 10 μL 정도이고 셀의 행로 길이는 2~10 mm 정도이다.

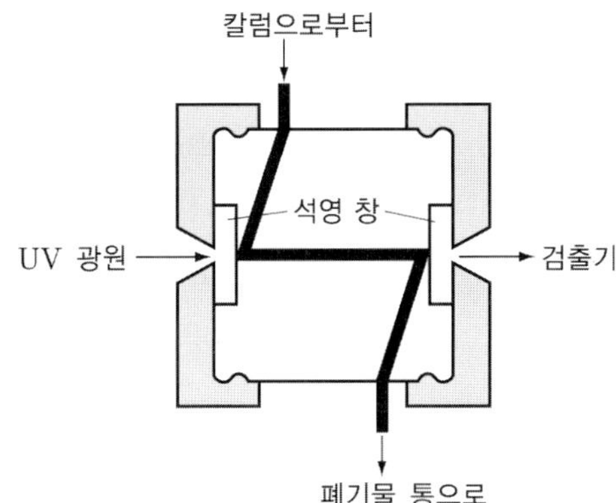

그림 27.16 HPLC에 사용되는 자외선-가시광선 흡수 셀

가장 널리 쓰이는 간단한 검출기는 수은 램프를 광원으로 이용하여 여기서 방출되는 254 nm 자외선으로 흡광도를 측정한다. 그 외에도 아연이나 카드뮴 램프를 광원으로 하여 여기서 나오는 특정 자외선을 이용하는 검출기도 있다. 이 검출기는 이런 특정 파장에 흡광도를 갖는 용질만을 검출할 수 있다.

최근에는 단색화 장치를 가진 분광 광도계도 많이 쓰인다. 자외선 영역에만 쓸 수 있는 것도 있고 자외선-가시광원 전체를 다 쓸 수 있는 검출기도 있다. 중수소, 제논, 텅스텐 램프를 광원으로 사용하여 분석 물질에 따라 다양한 파장을 골라서 사용할 수 있다. 배열 광다이오드(photodiode array)를 사용하면 약 1초 안에 전체 스펙트럼을 찍을 수 있다. 그래서 크로마토그램의 각 피크에 대한 스펙트럼을 찍어서 정량 분석뿐 아니라 정성 분석 자료로도 활용할 수 있다.

② 형광 검출기

형광 검출기는 형광 광도계와 구조가 비슷하다. 가장 간단한 검출기는 수은 램프를 광원으로 쓰고 한 개 이상의 필터를 사용하여 방출되는 형광을 분리시킨다. 좀 더 정교한 검출기는 광원으로 제논 램프를 사용하고 방출되는 형광을 분리하기 위해 회절발 단색화 장치를 사용한다. 레이저 유도 형광 검출기도 쓰이는데 이것은 감도와 선택성이 뛰어나다. 형광 분광법은 흡수 분광법에 비해 감도가 뛰어나지만 형광을 방출하는 소수의 화합물을 분석하는 데 쓸 수 있다. 그럼에도 불구하고 형광 분광법이 갖는 이러한 장점 때문에 형광을 방출하는 시료의 성분을 HPLC로 분리하고 정량하는 데 이 검출기가 많이 활용되고 있다. 형광을 방출하는 화합물은 의약품, 천연물, 임상 시료, 석유화학제품 등과 같은 물질을 분석할 때 흔히 만나게 된다. 또 형광 검출기의 활용도를 높이기 위해 시료에 특정 유도체를 공유 결합을 통해 결합시켜 형광을 방출하는 화합물로 만들어 주기도 한다. 이러한 과정을 **유도체화 반응**(derivatization)이라 하는데 시료에 반응물을 미리 섞어서 칼럼에 주입하거나 칼럼과 검출기 사이의 용출액에 반응물을 첨가하는 방법이 있다. 후자를 **용리후 유도체화**(post-column derivatization)라고 한다.

③ 전기 화학 검출기

전기 화학 검출기는 전류법(amperometry), 전압-전류법(voltammetry), 전기량법(coulometry), 전도도법(conductometry)을 기반으로 만들어진다. 아직 전기 화학 검출기는 분광학 검출기에 비해 널리 쓰이지는 않지만 많은 예에서 감도가 높고, 사용하기에 간편하고 넓은 응용성을 가지고 있다. 전기 화학 검출기는 페놀, 방향족 아민, 머캅탄(mercaptan), 케톤, 알데하이드, 콘쥬게이트된 나이트릴(conjugated nitrile), 방향족 할로젠 화합물, 방향족 나이트로 화합물(aromatic nitro compound)과 같이 산화되거나 환원될 수 있는 화합물에 대해 감응한다. 전기 화학 검출기는 유속 변화와 온도 변화에 민감하여 기울기 용리에 적합하지 않다는 단점이 있다.

전류법 검출기에 쓰이는 **얇은 층 유통 셀**(thin-layer flow-through cell)의 한 가지 예를 그림 27.17에서 볼 수 있다. 여기서 작업 전극은 이동상이 흐르는 관의 벽 일부로 되어 있고 기준 전극과 보조 전극은 작업 전극보다 하류(downstream)에 위치해 있어서 이 그림에는 보이지 않는다. 작업 전극으로는 백금, 금, 유리질 탄소(glassy carbon), 탄소 반죽(carbon paste)이 주로 쓰인다. 셀의 부피는 보통 1 ~ 5 μL 정도 된다. 기기 내의 관에서 빠져나온 금속 이온이 방해를 할 수 있는데 이동상에 EDTA를 첨가해 주면 이 방해를 가려 막을 수 있다.

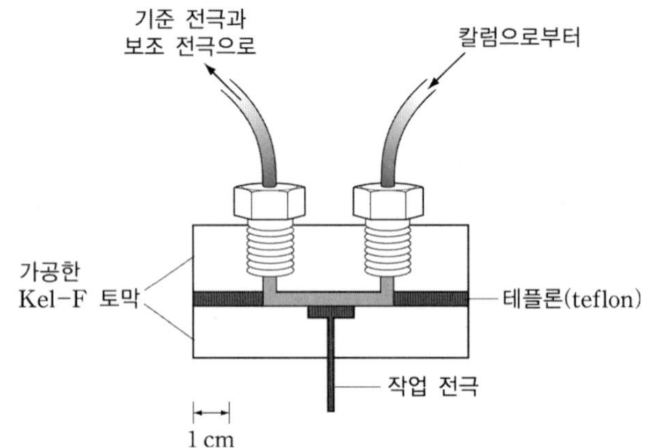

그림 27.17 HPLC에 쓰이는 전류법 얇은 층 검출기 셀 (amperometric thin-layer detector cell)

백금이나 금 전극을 작업 전극으로 하여 펄스(pulse)를 이용한 전기 화학적 측정을 하면 알코올, 탄수화물 그리고 황 화합물까지 검출할 수 있다. 흔히 쓰이는 방법은 다음과 같다. 우선 작업 전극에 SCE를 기준으로 +0.8 V의 전압을 120 ms 동안 걸어 주면 전극 표면에 있던 유기 화합물이 산화되어 제거되고 전극 표면도 산화된다. 그 다음 전극에 200 ms 동안 −0.6 V를 걸어서 전극 표면을 원래 금속으로 환원되도록 한다. 이렇게 전극을 준비한 후 시료를 산화 또는 환원시키는 데 필요한 작업 전압을 걸어 준다. 이때 충전 전류(charging current)를 제거하기 위해 19장의 표본 전류 폴라로그래피(sampled current polarography)에서 했던 것처럼 전압을 걸어 주고 400 ms 기다린 후 200 ms 동안 전류를 측정하여 이것을 분석 신호로 삼는다. 용출액이 칼럼을 빠져나올 때부터 시작해서 이러한 펄스 기술을 반복해서 적용하여 원하는 실험 결과를 얻을 수 있다.

④ 굴절률 검출기

미분 굴절률 검출기(differential refractive−index detector)의 개략적인 구조를 그림 27.18에서 볼 수 있다. 셀(cell)은 2개의 칸으로 나뉘어 있는데 한쪽 칸으로는 이동상인 용매가 흐르고 다른 칸으로는 용출액이 흐른다. 셀을 두 칸으로 나누는 유리판은 두 칸에 흐르는 각 용액의 굴절률이 달라지면 입사광의 굴절이 일어날 수 있는 각도로 되어 있다. 입사광의 각도가 바뀌면 검출기의 빛에 감응하는 표면에 도달하는 입사광의 위치가 변하게 되고 이것이 출력 신호를 만들어 내게 된다.

굴절률 검출기는 기체 크로마토그래피의 불꽃 이온화 검출기나 열전도도 검출기처럼 거의 모든 용질에 대해 감응하는 만능 검출기이다. 그리고 신뢰할 수 있고 유속의 영향을 받지 않는다는 장점도 있다. 그러나

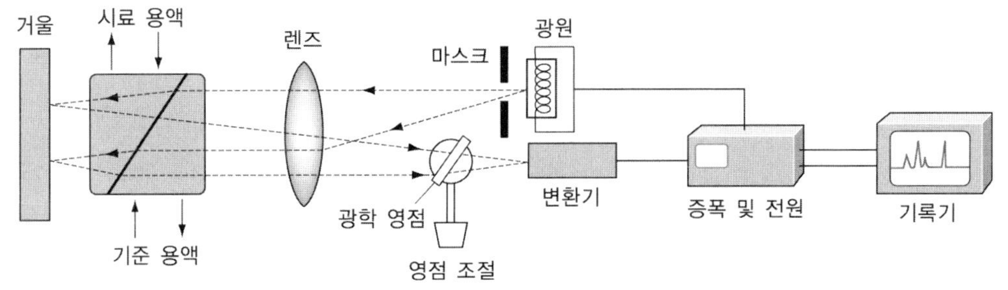

그림 27.18 미분 굴절률 검출기의 개략적인 구조

굴절률 검출기는 감도가 낮아서(자외선 검출기의 1/1000 정도) 미량 분석에는 쓸 수가 없고 선형 감응 범위가 정량 한계부터 약 500배밖에 안 될 정도로 매우 좁다. 이 검출기는 온도와 압력 변화(약 0.01 ℃)에도 매우 민감하다. 뿐만 아니라 굴절률 검출기는 기울기 용리에 쓸 수 없다. 이동상의 조성이 변하는 동안 시료 용액과 기준 용액의 조성이 똑같도록 맞추는 것이 불가능하기 때문이다.

⑤ 증발 광산란 검출기

HPLC에 쓰이는 새로운 검출기 중 하나가 그림 27.19와 같은 증발 광산란 검출기(evaporative light-scattering detector, ELSD)이다. 칼럼을 빠져나온 용출액은 검출기의 윗부분에 있는 분무기로 들어가는데 여기서 질소 기체와 섞여 미세한 방울로 바뀐다. 이 미세한 방울은 고온의 표류관(drift tube)으로 들어가는데 여기서 이동상은 증발하고 미세한 시료 입자가 만들어져 검출기 아랫부분으로 이동한다. 이 미세한 입자들은 레이저 빔을 통과하면서 빛을 산란시킨다. 산란된 빛은 레이저 빔과 직각 방향에 위치한 실리콘 광 다이오드에 의해 검출된다.

ELSD는 이동상보다 휘발성이 훨씬 낮은 모든 분석 물질에 대해 감응한다. 그리고 이 검출기의 감응은 용질의 분자 구조나 분자량과는 무관하며 용질의 양에 의해 변한다. 따라서 검출기의 감응이 모든 비휘발성 용질에 대해 거의 동일하며, 크로마토그램에 있는 큰 띠에는 작은 띠보다 더 많은 양의 분석 물질이 있다. ELSD는 기울기 용리에 적합하고 검출 한계가 0.2 ng/μL 정도로 굴절률 검출기보다 훨씬 감도가 좋다. 다만 휘발성이 있는 용매만 이동상으로 쓸 수 있다. 만약 완충 용액을 이동상으로 써야 한다면 휘발성이 높은 시약으로 만들어야 한다.

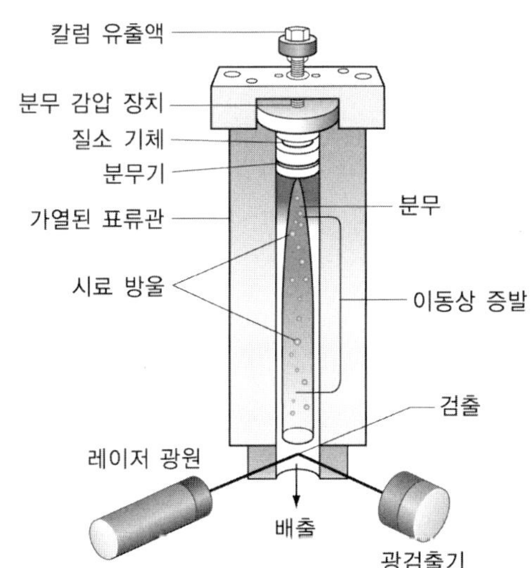

그림 27.19 증발 광산란 검출기의 구조와 작동 원리

6 분배 크로마토그래피에서 분리 방법 찾기

HPLC에서 분리 방법을 찾는 일은 기체 크로마토그래피보다 훨씬 복잡하다. 기체 크로마토그래피에서 이동상은 분리 과정에는 거의 기여하지 않고 단순히 시료 성분을 운반하는 역할만 하지만 HPLC에서는 시료 성분이 정지상과 이동상 모두와 상호 작용하기 때문이다. HPLC에서 분배 크로마토그래피의 성공 여부는 어떤 이동상을 쓰느냐 하는 것이 핵심이다. 정지상을 바꾸려면 칼럼을 바꿔야 하는데 분배 크로마토그래피에 쓸 수 있는 정지상의 종류가 다양하지 않기 때문이다.

새롭게 개발된 분석 방법은 3가지 조건을 충족할 수 있어야 한다. 첫째, 대상 시료에 대해 누구나 수용할 수 있는 적절한 분해능을 얻을 수 있어야 하고, 둘째, 분리 시간이 짧아야 하며, 셋째, 실험 과정의 신뢰성을 가져야 한다는 것이다. 여기서 실험 과정의 신뢰성이라 하는 것은 시간이 지남에 따라 나타나는 칼럼의 성능 저하, 이동상의 조성이나 pH, 온도의 변화, 같은 규격의 칼럼이지만 구입 시기가 다르거나 제조 회사가 달라졌을 때 예상할 수 있는 약간의 차이 같은 것들이 실험 결과에 심각한 영향을 주어서는 안 된다는 것을 의미한다.

새로운 분리 방법을 찾을 때는 맨 먼저 실험 목표를 결정하고, 시료의 전처리 방법을 결정하며, 시료에 포함된 성분을 검출하기 위해 검출기를 선택한다. 그런데 이 과정은 앞에서 다룬 기체 크로마토그래피에서 했던 것과 비슷하기 때문에 생략하고 나머지 부분을 다루기로 한다.

(1) 좋은 결과를 얻기 위한 기준

분리가 제대로 되려면 크로마토그램에 있는 모든 피크의 머무름 인자(retention factor) k 값이 0.5 ~ 20 범위 내에 있어야 한다. 머무름 인자는 다음과 같이 정의한다.

$$k = \frac{t_r - t_m}{t_m}$$

t_r은 시료 성분의 머무름 시간이고 t_m은 이동상이 칼럼을 통과하는 데 걸리는 시간이다. 맨 먼저 나오는 성분의 k 값이 너무 작으면 t_r과 t_m 값이 비슷하기 때문에 이 성분들의 띠가 용매 피크와 겹쳐져서 띠의 세기(띠의 면적으로 표시함)를 정확하게 측정하기 힘들다. k 값이 20 이상으로 너무 커지면 분리하는 데 시간이 너무 많이 걸려서 부적절하다.

이론상 피크와 피크 사이의 분리도가 1.5 이상이면 정량 분석을 할 수 있다. 그러나 실험 방법이 신뢰성을 가지려면 분리도가 2 정도는 되어야 한다. 이렇게 되면 실험 조건이 약간 변하거나 칼럼의 성능이 조금씩 떨어지더라도 적절한 분리도를 얻을 수 있다.

실험하는 동안 걸리는 압력이 기기가 견딜 수 있는 최대 압력을 넘어서지 않도록 해야 한다. 압력이 대략 15 MPa(2200 psi) 이하가 되도록 유지해 주면 펌프, 밸브, 칼럼 등의 수명이 늘어난다. 칼럼을 사용함에 따라 점진적으로 막히기 때문에 노후 칼럼인 경우 같은 유속을 유지하기 위해 새 칼럼일 때보다 압력이 2배까지 증가할 수도 있다.

마지막으로 크로마토그램의 모든 피크는 대칭이어야 한다. 모든 피크의 비대칭 인자 A/B 값(그림 27.20 참조)이 0.9 ~ 1.5 범위에 들어가야 한다. 비대칭 인자가 이 범위를 벗어난다면 최적의 분리 조건을 결정하기 전에 비대칭형 피크의 모양을 개선해야 한다.

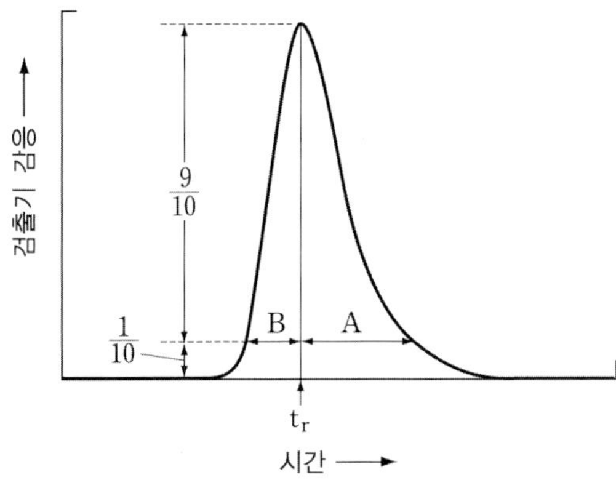

그림 27.20 비대칭 피크의 이론단수를 예측하는 데 사용되는 비대칭 인자(A/B)를 구하는 방법

(2) 분배 크로마토그래피에서 칼럼 선택

분배 크로마토그래피에서 칼럼을 선택하는 기준은 보통 시료 분자의 극성과 정지상의 극성이 대략 비슷하도록 맞추는 것이다. 이동상으로는 용리를 위해 이들과 전혀 다른 극성을 갖는 용매를 선택한다. 이 방법이 용질과 이동상의 극성을 비슷하게 맞추고 정지상은 극성이 전혀 다른 것을 쓰는 것보다 보통 성공 가능성이 훨씬 높기 때문이다. 용질과 이동상의 극성이 비슷하면 정지상이 용질과 상호 작용에서 이동상과 경쟁하기 힘들기 때문에 머무름 시간이 성분들을 분리시키기에 너무 짧아진다. 반대로 용질과 정지상의 극성이 비슷하고 이동상은 완전히 반대가 되면 머무름 시간은 너무 길어진다. 때문에 적절한 시간 내에 각 성분들이 잘 분리되려면 용질, 이동상, 정지상의 극성이 잘 조화를 이루도록 해야 한다. 시료의 각 성분들과 이동상이나 정지상 사이의 상호 작용은 이론적으로 정확하게 잘 이해하지 못하고 있다. 따라서 최선의 방법은 보통 쓰이는 일반적인 형태의 정지상을 먼저 결정한다. 그 다음 여러 가지 이동상을 바꿔가면서 만족할 만한 결과가 나올 때까지 크로마토그램을 측정하는 일종의 시행착오 방법을 쓰는 것이 최선이다.

(3) 역상 크로마토그래피에서 이동상의 선택

분자량이 크지 않고(대부분 2000 이하인 경우에 쓴다) 비극성이나 극성이 약한 유기 용매에 녹는 유기 화합물을 분리시키는 데는 역상 크로마토그래피가 가장 좋다. 대학이나 기업체의 실험실에서 혼합물을 분리해야 할 일이 생겼을 경우 이 방법이 가장 널리 쓰인다. 그리고 대부분 등용매 용리로 분리를 시도하고 이렇게 해서 적질한 결과를 읻기가 불가능하디고 핀단되면 그때 기울기 용리를 사용하여 분리를 시도한다.

① 하나의 용매를 이용한 최적화

역상 크로마토그래피에 사용하는 대부분의 이동상은 3개의 유기 용매, 아세토나이트릴(acetonitrile), 메탄올(methanol), 테트라하이드로퓨란(tetrahydrofuran, THF)과 물(또는 완충 수용액)을 섞은 혼합 용액을 사용한다. 이들 혼합 용매는 많은 화합물들과 다양한 범위의 쌍극자-쌍극자, 양성자 주개, 양성자 받개 상호 작용을 하기 때문에 많은 용질들을 분리시킬 수 있다. 항상 아세토나이트릴-물 혼합 용액을 우선적으로 선택한다. 아세토나이트릴은 극성이 크고 비양성자성 용매이며 점도가 낮기 때문에 상대적으로 칼럼에 걸리는 압력을 낮출 수 있다. 또 자외선 차단 파장이 짧아서 190 nm까지 흡광도를 측정할 수 있다. 아세토나이트릴로 만족할 만한 결과를 얻지 못할 때 두 번째로 선택하는 용매는 메탄올이다. 메탄올은 극성이 크고 양성자성 용매이므로 용질과 수소 결합 상호 작용을 할 수 있고 점도는 아세토나이트릴보다 높다. 자외선 차단 파장은 약간 길어서 210 nm이다. 극성이 작은 테트라하이드로퓨란은 마지막으로 선택되는데, 자외선 차단 파장이 220 nm이므로 비교적 쓸 수 있는 자외선 파장 범위가 좁고 산화에 의해 서서히 분해된다. 또 정지상과 평형이 이루어지는 데 시간이 많이 걸린다. 일반적으로 쓰이는 역상 크로마토그래피의 초기 조건은 표 27.2에 정리하였다.

표 27.2 일반적으로 쓰이는 역상 크로마토그래피의 초기 조건

정지상	• pH 2~7.5 범위에서는 지름이 5 또는 3 μm인 구형 B형 실리카의 C_{18}이나 C_8을 이용 • pH 8~12 범위에서는 에틸렌 다리를 가지는 실리카를 이용(그림 24.6) • 50 °C 이상에서는 입체적으로 보호된 실리카(그림 24.8)를 이용 • 고분자나 지르코니아(zirconia) 정지상이 넓은 pH와 온도 범위에서 안정하므로 대안이 될 수 있다.
칼럼	• 5 μm 입자의 경우: 0.21 × 15 cm 칼럼 • 3 μm 입자의 경우: 0.21 × 10 cm 칼럼 입자 크기를 바꿀 때에는 (칼럼 길이/입자 지름)을 일정하게 유지하여 같은 선형 유속에서 비슷한 분리도를 얻는다. • 5 μm 입자의 경우: 0.46 × 15 cm 칼럼 • 3 μm 입자의 경우: 0.46 × 10 cm 칼럼(시간은 짧고 분리도는 비슷)
유속	• 지름이 0.46 cm인 칼럼의 경우: 1.0 mL/min • 지름이 0.21 cm인 칼럼의 경우: 0.2 mL/min=$(\frac{0.21\ \text{cm}}{0.46\ \text{cm}})^2(1.0\ \frac{\text{mL}}{\text{min}})^2$
이동상	• 중성 물질인 경우: CH_3CN/H_2O • 이온성 유기 물질인 경우: CH_3CN/완충 수용액[a] • 기울기 용리의 경우: H_2O에 5~95 vol% CH_3CN
온도	• 30~40 °C 범위에서 조절 • 일부 연구자들은 일상적으로 50~60 °C를 선호함
시료량	• 0.21 cm 지름의 칼럼: 각 분석 물질이 25~50 μg 포함된 2 μL • 0.46 cm 지름의 칼럼: 각 분석 물질이 25~50 μg 포함된 5~10 μL
질량 분석법	• 입자 크기가 3 μm인 0.21 × 5 cm C_{18}−실리카 칼럼은 30~60 °C에서 사용 • 이동상은 아세토나이트릴이나 메탄올 + 휘발성 완충 수용액 • 완충 수용액은 1 L당 2 mM 폼산 암모늄(ammonium formate)과 1~10 g 폼산 포함(pH≈2.7~1.7), 폼산 암모늄 완충 용액은 pH≈2.8~4.8 범위에서 사용 가능, 아세트산 암모늄 완충 용액은 pH≈3.8~5.8 범위에서 사용 가능, NH_3, 폼산, 아세트산 등을 이용하여 pH 조절 • 탄산 암모늄은 pH≈8~11 범위에서 사용 가능 • 대기압 화학 이온화 혹은 전기 분무 이온화 방법으로 LC와 연결 • 전기 분무를 위해서는 분석물이 용액 내에서 전하를 띠고 있어야 함

[a] 완충 용액은 H_3PO_4를 KOH로 처리함으로써 만들어진 pH 2~3의 25 mM 인산염이다. K^+는 Na^+보다 유기 용매에 더 잘 용해되므로 꼬리 끌기를 줄여 준다. 이러한 인산염의 농도는 UV 검출에 적합하다. 만약 완충 용액을 빨리 사용하지 않는다면, 1리터당 0.2 g의 아자이드화 소듐을 보존제로 가한다(출처: D. C. Harris, Quantitative Chemical Analysis, 8th Ed. Freeman, New York, 2010, p. 575).

CH_3CN−완충 용액을 이동상으로 하여 최적 조건을 찾아가는 일반적인 방법은 그림 27.11에서 설명하였다. 이것을 다시 한 번 간단히 정리해 보자. 처음에는 이동상의 용리 세기를 세게 하여 모든 용질 성분들이 빠른 시간 내에 용출되도록 한다. 이때는 많은 성분들이 서로 겹쳐서 제대로 분리가 되지 않을 것이다. 성분들이 잘 분리되도록 하려면 이동상의 용리 세기를 낮춰줘야 한다. 이를 위해 이동상의 CH_3CN 함량을 낮춰준다. 이렇게 하면 각 성분의 분리는 좋아지지만 분리 시간이 크게 늘어난다. 이 예에서 (CH_3CN 35% + 완충 용액 65%)를 사용했을 때 모든 성분의 분리가 이루어졌다. 용매 때는 2.7분에 나오기 때문에 $t_m = 2.7$분이고 첫 번째 띠는 4.9분, 마지막 8번 띠는 125.2분에 용출되었다. 그래서 첫 번째 띠의 머무름 인자 k 값은 0.8이고 마지막 띠의 k 값은 45이다. 등용매 분리로 만족할 만한 결과를 얻으려면 모든 띠의 k 값이 0.5 ~ 20 범위에 들어가는 것이 바람직하다. 이 시료는 8번 띠의 k 값이 너무 크므로 물−아세토나이트릴 혼

합 용매를 사용하려면 기울기 용리를 하는 것이 좋다. 만약 8번 띠가 용출되지 않아도 무방하다면 7번 띠의 머무름 시간이 44.5이므로, k 값은 약 16으로 등용매 분리를 해도 무방할 것이다.

② 2~3개의 용매를 이용한 최적화

k 값이 너무 커지면 분리하는 데 시간이 너무 많이 걸리기 때문에 가능하면 k 값을 적게 유지해야 한다. 만약 일부 띠가 겹친다면 k 값을 키우기보다 k 값은 거의 일정한 값으로 유지하는 반면, 이들 띠에 대한 선택 인자(selectivity factor) α를 크게 해주는 것이 최선이다. 이렇게 하는 가장 편리한 방법은 이동상의 화학적 성질을 바꿔주는 것이다. 이렇게 이동상을 조정하는 데 가장 널리 쓰이는 접근법이 용매 선택성 삼각형(solvent selectivity triangle)을 사용하는 것이다. 적절한 용매 혼합물은 이동상과 용질 사이의 상호 작용을 고려하여 체계적으로 고안된 방법으로 찾을 수 있다.

역상 크로마토그래피에서 물은 이동상의 용리 세기를 조절하여 알맞은 k 값을 갖도록 해주는 역할을 한다. 물의 함량이 많을수록 용리 세기가 약해져서 k 값이 커진다. 메탄올, 아세토나이트릴, THF는 변형제(modifier)로, 주로 시료 성분의 선택 인자를 조절하는 역할을 한다. 그림 27.21에서 용매 선택성 삼각형을 볼 수 있다. 3개의 꼭짓점은 3개의 물 + 변형제로 구성된 2성분 혼합 용매가 차지한다. 이 그림은 3개의 유기 용매와 물의 혼합물 10개를 보여 준다. 괄호에 있는 숫자는 CH_3OH, CH_3CN, THF 순으로 용매의 혼합 비율을 나타낸다. 예를 들어, 점 4는 CH_3OH와 CH_3CN이 50 : 50으로 섞인 혼합 용매이고 점 7은 CH_3OH, CH_3CN, THF가 33.3 : 33.3 : 333.3으로 섞인 혼합 용매를 의미한다. 보통 7 ~ 10번 정도의 실험을 하면 충분히 k 값이 적절한 범위에 있으면서 최적의 선택 인자를 갖는 이동상 조성을 찾아낼 수 있다.

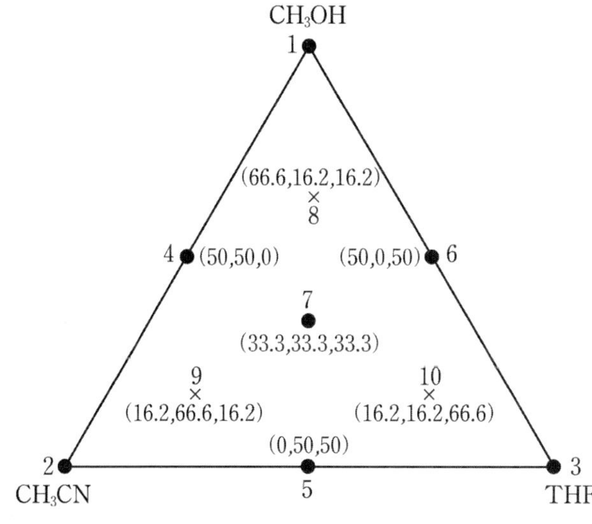

그림 27.21 역상 크로마토그래피로 분리시킬 때 적절한 용매를 찾기 위해 사용되는 용매 선택 삼각형. 3개의 유기 용매[methanol, acetonitrile, tetrahydrofuran(THF)]를 섞은 10개의 혼합 용매를 괄호에 상대적인 혼합비(CH_3OH, CH_3CN, THF)를 표시하여 나타내었다. 물은 용매의 용리 세기를 유지하고 k 값이 적절한 범위 내에 들어가도록 하기 위해 쓰인다.
(출처: D. A. Skoog, F. J. Holler, S. R. Crouch, "Principle of Instrumental Analysis" 6th Ed., Thomson, 2007, Belmont, CA, USA)

용매 선택성 삼각형을 이용하여 6개의 스테로이드(steroid) 화합물이 섞인 혼합물을 어떻게 체계적으로 분리시키는지 그 예를 그림 27.22에서 보여 주고 있다. (a), (b) 2개의 크로마토그램은 모든 성분을 분리시키기 위해 마지막으로 용출되는 띠가 가져야 하는 k 값이 최소 얼마 정도가 되어야 할 것인지를 구하기 위한 실험이다. (a)는 마지막 띠의 k 값이 5인데 모든 성분을 분리시키기에는 너무 작다. 물의 함량을 높여서 마지막 띠의 k 값이 10이 되도록 한 것이 (b)인데 x축은 6개 성분을 분리시킬 수 있는 공간을 갖고 있지만 1, 3 성분이 전혀 분리되지 않고 5, 6번 성분도 일부 겹쳐져 있다. 이제 k 값은 그대로 유지하면서 이들 성분이 만족할 만한 수준으로 분리되도록 최적의 선택 인자를 찾아야 한다. 단, 이동상의 물의 함량은 마지막으로 용출되는 성분의 머무름 상수 k가 10이 되도록 조정해 주면 된다. CH_3CN-H_2O 이동상으로는 더 좋은 크로마토그램을 얻을 수 없으므로 이제 이동상을 CH_3OH로 바꾼다. 이때 크로마토그램 (b)를 얻을 때 사용한 이

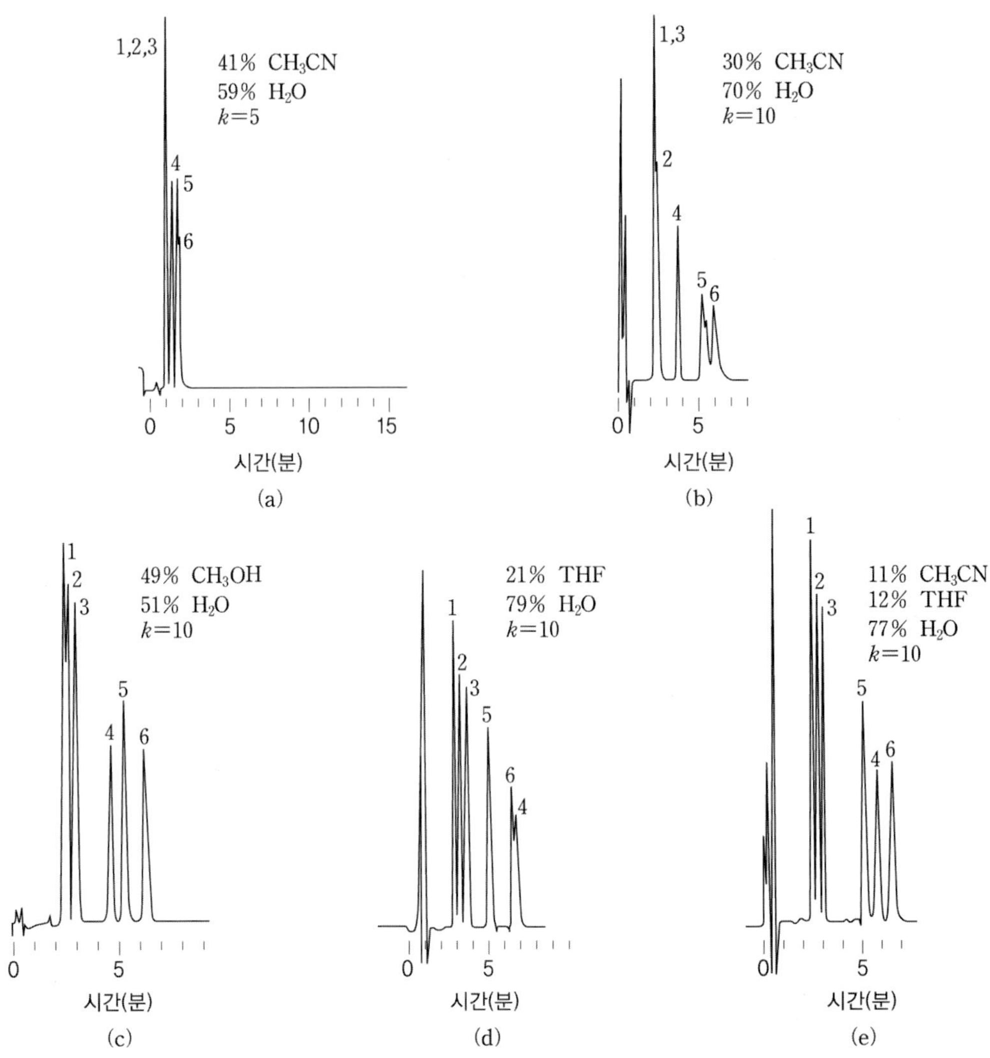

그림 27.22 6개의 스테로이드 화합물이 섞인 혼합물을 체계적으로 분리시키는 방법. k 값을 조절하기 위해 물을 어떻게 사용하는가 하는 것은 (a)와 (b)에서 볼 수 있다. k 값이 일정할 때 α 값이 변함에 따라 생기는 효과는 (b), (c), (d), (e)에서 볼 수 있다. 칼럼: 0.4 × 150 mm, 5 μm C_8 결합 역상 입자 사용. 온도: 50 ℃. 유속: 3.0 cm^3/분. 검출기: 자외선 254 nm. THF = tetrahydrofuran. 시료 성분: (1) prednisone, (2) cortisone, (3) hydrocortisone, (4) dexamethasone, (5) corticosterone, (6) cortoexolone (출처: D. A. Skoog, F. J. Holler, S. R. Crouch, "Principle of Instrumental Analysis" 6th Ed., Thomson, 2007, Belmont, CA, USA)

동상과 같은 용리 세기를 가진 CH_3OH-H_2O 혼합 용매를 사용하면 k = 10을 그대로 유지할 수 있다. 이렇게 얻은 크로마토그램이 (c)인데 성분 1과 2가 제대로 분리되지 않았다. 그래서 다시 용매를 바꿔서 같은 용리 세기를 가지는 THF－물을 이동상으로 사용하여 얻은 크로마토그램이 (d)이다. 여기서는 성분 6과 4가 제대로 분리되지 않았다. 이제 유기 용매를 하나만 이동상으로 사용해서는 만족할 만한 분리를 얻을 수 없다는 것을 알았다. 다음 단계는 이동상으로 유기 용매 2개를 쓰는 것이다. 크로마토그램 (e)는 앞서 사용한 이동상과 같은 용리 세기를 가지는 CH_3CN－THF－물 혼합 용매를 사용하여 얻었다. 이것이 현재까지 얻은 크로마토그램 중에서 가장 잘 분리된 것이다. 이 실험 결과에 만족한다면 이제 분리 방법 개발은 끝나는 것이다.

③ 온도 변수

보통 HPLC 칼럼은 상온에서 실험하지만 더 분리도가 좋은 크로마토그램을 얻기 위해 온도를 조절할 수도 있다. 용질의 상대 머무름 시간은 칼럼 온도의 영향을 받는다. 고온에서는 이동상의 유속을 빠르게 할 수 있으므로 고속 크로마토그래피도 가능하다. 단, 고온에서 실험할 때는 이동상의 pH를 6 이하로 해야 한다. 그렇지 않으면 칼럼의 실리카가 쉽게 녹는다.

7 이온 교환 크로마토그래피

이온 교환 크로마토그래피(ion-exchange chromatography)는 액체 크로마토그래피의 한 종류로서 다양한 이온들을 분리시키는 데 사용한다. 무기 이온(inorganic ion), 유기 이온(organic ion), 아미노산, 단백질, 핵산(nucleic acid) 등이 이에 해당한다. 고체 입자 표면에 전하를 띤 기(group)가 고정되어 있는데 이것이 정지상 역할을 한다. 정지상과 반대 전하를 가진 용질 이온이 여기에 흡착될 수 있기 때문에 머무름이 생긴다. **음이온 교환체**(anion exchanger)에는 양전하를 가진 기가 붙어 있어 음이온이 흡착될 수 있고, **양이온 교환체**(cation exchanger)에는 음전하를 가진 기가 붙어 있어서 양이온이 흡착될 수 있다. 이온 교환은 공장에서 제품에 포함된 이온을 제거하거나 다른 이온으로 교체하는데 일상적으로 사용하는 기술이다. 가정에서 쓰는 물 연화 장치(water softener)도 이온 교환 기술을 응용하는 하나의 예가 된다.

(1) 이온 교환 평형

① 이온 교환체

비결정성 고분자 물질을 수지(resin)라 하는데 작고 미세한 구멍이 많은 다공성 수지 입자를 이온 교환 크로마토그래피에서 정지상으로 널리 사용하여 왔다. 이온 교환 칼럼의 충진제로는 주로 그림 27.23에서 보는 것과 같은 폴리스타이렌(polystyrene) 수지를 쓰는데 이것은 스타이렌(styrene)과 다이바이닐벤젠(divinylbenzene)을 공중합(copolymerization)하여 만든다. 다이바이닐벤젠이 들어가면 고분자 사슬끼리 서로 연결하는 다리 결합(cross-linking)이 만들어진다. 보통 다이바이닐벤젠은 반응물의 8% 정도 들어가는데 이 양을 늘리게 되면 다리 결합이 더 많아지고 비례하여 수지는 더욱 단단해지고 미세 구멍의 크기가 작아진다. 또, 가교 결합이 많을수록 수지가 물에 의해 잘 부풀어 오르지 않고 이온 교환 능력과 다른 이온들에 대한 선택성은 커지지만 용질이 입자의 안과 바깥에서 평형에 도달하는 데 걸리는 시간이 길어진다. 반면 가교 결합이 적으면 이러한 평형은 빨리 이루어지지만 수지가 물에 의해 쉽게 수화되어 부풀어 오르게 된다. 이렇게 수지가 수화되면 이온 교환이 일어날 수 있는 자리가 감소하고 선택성도 줄어들게 된다. 예를 들어, 만약 이 수지의 벤젠 고리에 설폰산기(sulfonate group, $-SO_3^-$)를 화학적으로 결합시키면 양이온 교환 수지가 되고 암모늄기($-NR_3^+$)를 결합시키면 음이온 교환 수지가 된다.

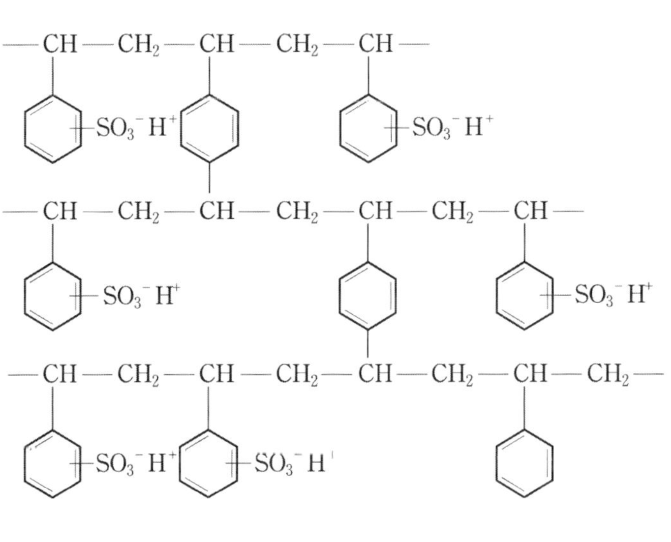

그림 27.23 다리 결합을 가진 폴리스타이렌 이온 교환 수지의 구조. $-SO_3^-H^+$ 기 대신 $-COO^-H^+$, $-NH_3^+OH^-$, $-N(CH_3)_3^+OH^-$ 기가 달린 비슷한 구조의 수지도 이온 교환체로 쓰인다.

이온 교환체는 강한 산성, 약한 산성, 강한 염기성, 약한 염기성으로 분류할 수 있다. 앞서 언급한 설폰산기($-SO_3^-$)는 강한 산성 이온 교환체인데 강한 산성인 경우를 포함해 모든 pH에서 음이온 상태를 유지한다. 카복실기($-COO^-$)는 약한 산성 이온 교환체로서 대략 pH < 4가 되면 양성자(H^+)가 결합하여 양이온 교환 능력을 상실한다.

$$-COO^- + H^+ \rightarrow -COOH$$

사차 암모늄기($-CH_2NR_3^+$)는 강한 염기성 이온 교환체인데 모든 pH 영역에서 양이온으로 존재하여 이온 교환 기능을 상실하지 않는다. 삼차 암모늄기($-CH_2NHR_2^+$)는 약한 염기성 이온 교환체이므로 용액의 염기성이 증가하면 양성자 제거 반응(deprotonation)이 일어나 음이온 교환 기능을 잃어버린다.

$$-CH_2NHR_2^+ \rightarrow -CH_2NR_2 + H^+$$

폴리스타이렌 이온 교환 수지는 상당히 큰 전하 밀도를 가지기 때문에 단백질처럼 큰 전하를 가지는 거대 분자가 비가역적으로 결합될 수도 있다.

단백질 같은 분자를 분리하는 데 셀룰로스(cellulose)나 덱스트란(dextran) 이온 교환체를 쓰는 것이 좋다. 이 물질은 폴리스타이렌 수지에 비해 고체에 있는 다공성 구멍의 크기가 매우 크고 전하 밀도가 낮아서 단백질과 같은 거대 화합물을 이온 교환으로 분리시키는 데 적합하다. 그 외에도 폴리사카라이드 아가로스(polysaccharide agarose)나 폴리아크릴아마이드(polyacrylamide)를 바탕으로 한 거대 다공성(macroporous) 이온 교환체도 있다.

이온 교환 수지의 기공에 들어갈 수 없는 단백질이나 핵산 같은 거대 분자들을 분리하기 위해 이온 교환 젤(gel)을 쓰기도 한다. 온도가 높거나, 강한 복사선이 쪼인다거나, 강한 염기성 용액, 강한 산화제의 존재 등 극한 조건에서 분리해야 하는 경우는 Zr, Ti, Sn, W의 가수된 산화물(hydrous oxide) 같은 무기 이온 교환체를 사용한다.

② 이온 교환 선택성

양이온 교환 수지의 양이온이 붙을 수 있는 자리를 R^-라 하고 이 자리를 두고 K^+와 Na^+가 서로 경쟁하고 있다고 생각하자. 그래서 다음과 같은 평형이 존재할 것이다.

$$R^-K^+ + Na^+ \rightleftarrows R^-Na^+ + K^+ \qquad K = \frac{[R^-Na^+][K^+]}{[R^-K^+][Na^+]} \qquad (27-2)$$

평형 상수 K는 **선택 계수**(selectivity coefficient)라 부른다. 선택 계수가 클수록 이온 교환체에 강하게 결합한다는 것을 의미한다. 양이온 및 음이온 교환 수지의 몇 가지 이온들에 대한 선택 계수를 표 (27.3)에 정리하였다. 다이바이닐 벤젠의 함량이 커지면 폴리스타이렌 수지에 다리 결합이 많아지고 기공(수지 입자에 생기는 작은 구멍)의 크기가 작아진다. 이렇게 되면 Cs^+와 같이 수화 반지름(hydrated radius)이 작은 이온들은 이온 교환 수지 입자 속으로 쉽게 들어가지만 Li^+, Na^+처럼 수화 반지름이 상대적으로 큰 이온들은 이들 수지 입자 내부로 쉽게 들어가지 못한다. 다이바이닐 벤젠의 함량이 많아지면 선택 계수가 커진다. 일반적으로 이온 교환체는 이온의 전하가 클수록, 수화 반지름이 작을수록, 편극률(polarizability)이 클수록 더 강하게 결합한다. 일반적으로 말할 수 있는 양이온들의 선택 계수 크기를 순서대로 정리하면 다음과 같다.

$$La^{3+} > Ce^{3+} > Pr^{3+} > Eu^{3+} > Y^{3+} > Al^{3+} \gg Ba^{2+} > Pb^{2+} > Sr^{2+} > Ca^{2+} > Ni^{2+} > Cd^{2+} > Cu^{2+} > Co^{2+} > Zn^{2+} > Mg^{2+} \gg Ti^+ > Ag^+ > Rb^+ > K^+ > NH_4^+ > Na^+ > H^+ > Li^+$$

표 27.3 이온 교환 수지의 상대적 선택 계수

설폰산 양이온 교환 수지				사차 암모늄 음이온 교환 수지	
양이온	다이바이닐벤젠 함량(%)에 따른 상대적인 선택 계수			음이온	상대적 선택 계수
	4%	8%	10%		
Li^+	1.00	1.00	1.00	F^-	0.09
H^+	1.30	1.26	1.45	OH^-	0.09
Na^+	1.49	1.88	2.23	Cl^-	1.0
NH_4^+	1.75	2.22	3.07	Br^-	2.8
K^+	2.09	2.63	4.15	NO_3^-	3.8
Rb^+	2.22	2.89	4.19	I^-	8.7
Cs^+	2.37	2.91	4.15	ClO_4^-	10.0
Ag^+	4.00	7.36	19.4		
Tl^+	5.20	9.66	22.2		

출처: Amberlite Ion Exchange Resins-Laboratory Guide (Rohm & Haas Co., 1979)

식 (27-1) 평형에서 K^+의 선택 계수가 Na^+보다 크기 때문에 K^+가 이온 교환체와 더 단단히 결합하고 있을 것이다. Na^+의 수화 반지름이 K^+보다 크다는 것을 안다면 쉽게 이해할 수 있다. 그러나 Na^+의 농도가 높으면 평형이 오른쪽으로도 약간 진행되어 일부 K^+가 Na^+로 대체될 것이다.

(2) 이온 교환 크로마토그래피의 실행

이온 교환 크로마토그래피에 쓰이는 정지상, 즉 이온 교환체로는 수지(resin), 젤(gel), 무기 이온 교환체가 쓰인다. 이온 교환 크로마토그래피에 쓰이는 이동상은 다른 형태의 크로마토그래피에서 요구되는 일반적인 성질을 갖고 있어야 한다. 좀 더 구체적으로 이동상에 시료가 녹아야 하고 용매 세기는 적절한 머무름 시간(k 값)을 가질 수 있는 범위에 들어가야 하며 합리적인 선택성(α 값)을 가질 수 있도록 용질들과 상호 작용이 있어야 한다. 이온 크로마토그래피의 이동상으로 메탄올이나 다른 물에 녹는 유기 용매가 적절하게 섞인 수용액이 쓰인다. 이러한 용액에는 또 이온성 화학종이 들어 있는데 보통 완충 용액의 형태로 포함되어 있다. 이동상의 용매 세기나 선택성은 첨가된 성분의 종류나 농도에 의해 결정된다. 이동상에 있는 이온은 정지상의 이온이 붙을 수 있는 활성 자리를 두고 분석하려는 시료 이온과 경쟁하게 된다.

이온 크로마토그래피에서 기울기 용리(gradient elution)가 널리 쓰인다. 이때 이동상의 이온 세기를 점진적으로 증가시키거나 pH를 변화시키는 방법을 쓴다. 혼합물에 있는 양이온 A^+와 B^+를 분리시킨다고 가정해 보자. 또, A^+가 B^+보다 더 강하게 정지상에 결합한다고 하자. 이동상에 있는 C^+ 이온으로 용리시키는데 C^+는 A^+나 B^+보다 선택 계수가 작아서 정지상에 약하게 결합한다. C^+는 시료 이온보다 선택 계수가 작지만 C^+ 농도가 높으면 먼저 B^+ 일부를 치환시킬 수 있으므로 B^+는 A^+보다 먼저 칼럼 아래로 이동하게 된다. C^+의 농도가 점점 더 증가하게 되면 C^+가 A^+도 일부 치환하게 되므로 A^+도 용리된다. 그래서 B^+가 칼럼을 먼저 나오고 A^+는 나중에 나오게 되어 A^+와 B^+는 분리된다.

이온 크로마토그래피에는 억제 칼럼(suppressor column)을 이용한 크로마토그래피와 억제 칼럼을 쓰지 않는 단일 칼럼 이온 크로마토그래피 이렇게 두 가지 형태가 있다. 이 두 방법의 차이는 검출기에서 시료의 전기 전도도를 측정할 때 용출되는 전해질(이동상)의 전도도가 이를 방해한다. 이를 막기 위해 억제 칼럼 이온 크로마토그래피에서는 시료를 제외한 이동상의 이온들을 대부분 제거한다. 반면 단일 칼럼 이온 크로마토그래피에서는 억제 칼럼을 쓰지 않는다.

① 억제 칼럼을 이용한 이온 크로마토그래피

무기 이온들을 분리시키기 위해 이온 크로마토그래피를 활용하려 할 때 가장 큰 걸림돌은 크로마토그래피 띠의 면적을 이용하여 정량 분석을 할 수 있는 좋은 만능 검출기가 없다는 점이다. 전도도 검출기(conductivity detector)는 감도가 우수하고, 농도 변화에 따른 신호 세기를 예측할 수 있으므로 정량 분석에 이용할 수 있다. 뿐만 아니라 전하를 띤 모든 화학종에 감응하는 만능 검출기이다. 더군다나 전도도 검출기는 구조가 간단하고, 가격이 싸고 유지비가 적게 들며, 오랜 기간 잔 고장 없이 쓸 수 있고 소형화하기가 쉽다. 유일하게 심각한 문제는 시료 이온 대부분을 적절한 시간 내에 용출시키려면 이동상의 전해질 농도가 매우 높아야 한다는 사실이다. 이동상에 있는 이온들의 전도도가 매우 높기 때문에 시료 이온들에 의해 생기는 전도도는 상대적으로 약해서 잘 드러나지를 않는다. 그래서 전도도 검출기의 감도가 매우 약해진다.

이 문제는 이온 교환 칼럼 바로 다음에 용리 억제 칼럼(eluent suppressor column)을 연결하여 검출기에서 전도도를 측정하기 전에 이동상에 있는 시료 이온을 제외한 전해질 이온을 제거함으로써 해결하였다. 이때 시료 이온에 의한 전도도는 영향을 받지 않게 된다.

음이온 Cl^-와 Br^-를 분리시키는 경우를 생각해 보자. NaCl, NaBr 시료를 음이온 교환 칼럼(anion−exchange column)에 주입하고 NaOH 용액으로 용리시킨다. 이 칼럼을 억제 칼럼과 대비하여 분리 칼럼(separator column)이라 부르는데 OH^- 형의 강한 염기성 음이온 교환체를 사용한다. 이때 분리 칼럼에서 시료 음이온이 활성 자리를 놓고 OH^-와 경쟁하게 된다. Cl^-가 먼저 나오고 Br^-가 나중에 나올 것이다. Na^+는 머무름 없이 그냥 칼럼을 통과한다. 분리 칼럼에서 나온 용출액은 억제 칼럼으로 들어간다. 그림 27.24에서 보는 것처럼 억제 칼럼에는 양이온 교환막(cation−exchange membrane)이 둘러싸고 이 막 바깥에는 센 산 용액이 막 안쪽의 용리액과 반대 방향으로 흐른다. 양이온 교환막으로는 양이온만 통과할 수 있다. 막 내부에 있는 이동상에는 Na^+ 농도가 높으므로 Na^+ 이온이 농도가 낮은 막 바깥으로 확산되어 나간다. 막 바깥의 산 용액은 H^+ 농도가 높고 막 안쪽은 낮기 때문에 H^+ 이온은 막 안쪽으로 확산되어 들어간다. 이렇게 막 안쪽으로 들어온

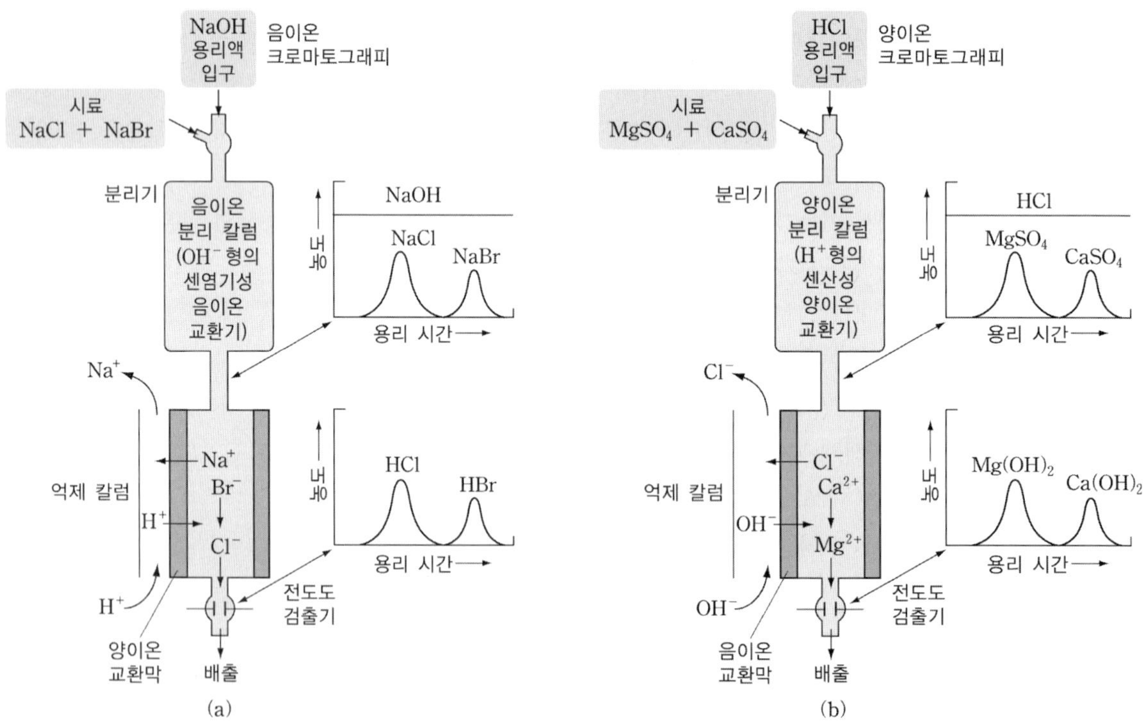

그림 27.24 억제 칼럼을 이용한 (a) 음이온 크로마토그래피와 (b) 양이온 크로마토그래피의 원리

H^+는 OH^-와 만나 H_2O이 된다. 결과적으로 전도도가 높은 NaOH 용리액이 전도도가 낮은 H_2O로 바뀐 셈이 된다. 이제 용리액의 전도도가 매우 낮아졌기 때문에 Cl^-와 Br^-가 검출기에 도달하게 되면 전도도가 갑자기 증가하기 때문에 쉽게 검출할 수 있다.

양이온도 비슷한 방법으로 분리할 수 있다. Mg^{2+}와 Ca^{2+}를 분리하는 경우를 생각해 보자. 분리 칼럼은 H^+형의 강한 산성 양이온 교환체를 사용하고 HCl 용액으로 용리시킨다고 하자. Mg^{2+}이 먼저 용출되고 그 다음 Ca^{2+}가 용출될 것이다. 억제 칼럼에 있는 음이온 교환막(anion-exchange column) 바깥으로는 강한 염기성 용액이 용리액과 반대 방향으로 흐른다. 이 막으로 음이온만 통과할 수 있으므로 용리액의 Cl^- 이온은 농도가 낮은 바깥으로 확산되고 바깥쪽의 OH^-는 농도가 낮은 막 안쪽으로 확산된다. 이렇게 막 안쪽으로 들어온 OH^-는 H^+와 결합하여 H_2O가 된다. 따라서 전도도가 높은 HCl 용리액은 전도도가 낮은 물로 바뀌게 된다.

최근에는 억제 칼럼을 쓰는 대신 전해 용기를 사용하는 방법으로 대체되어 간다. 이 전해 용기에 H_2O만 공급해 주면 전극에서 H^+나 OH^-가 생성되어 분리 칼럼을 지나온 용출물을 중화시킨다. 이런 장치를 이용함으로써 이온 크로마토그래피는 많이 단순화되고 자동화되었다.

② 단일 칼럼 이온 크로마토그래피

억제 칼럼을 쓰지 않아도 되는 이온 크로마토그래피 기기도 쓰이고 있다. 이러한 기기를 사용한 분리 방법을 **단일 칼럼 이온 크로마토그래피**(single-column ion chromatography)라 하는데 시료 이온과 과량의 용출 이온 사이의 작은 전도도 차이를 이용하여 시료를 검출한다. 이 차이를 확대하기 위해 용량이 적은 이온 교환체를 사용하므로 전해질 농도가 낮고 전도도가 낮은 용리액으로 용리한다. 이런 용리액은 전도도 바탕 값이 낮기 때문에 칼럼에서 분리되어 나오는 시료 이온에 의해 생기는 작은 전도도 변화를 검출해 낼 수 있는 것이다. 붕산염(borate), 규산염(silicate), 황화물(sulfide), 사이안화물(cyanide) 같은 약한 산의 음이온은 H_2S처럼 전도도가 매우 낮은 생성물로 바뀌기 때문에 단일 칼럼 크로마토그래피를 이용하여 분리할 수 있다.

억제 칼럼 없이 음이온을 분리시키는 경우 교환 용량이 5 μmol/g 정도 되는 수지를 이온 교환체로 사용하고 용리액으로는 농도가 10^{-4} M 정도인 벤조산, p-하이드록시벤조산, 프탈산의 Na^+나 K^+ 염을 보통 사용한다. 묽은 카복실산 용액도 약한 전해질이므로 용리액으로 쓰이기도 한다. 단일 칼럼으로 양이온을 분리시킬 때, +1가 이온인 경우는 묽은 HNO_3 용액, +2가 이온인 경우는 에틸렌다이암모늄(ethylenediammonium, $^+H_2NCH_2CH_2NH_2^+$) 염의 용액이 보통 용리액으로 쓰인다.

(3) 검출기

앞 절에서 설명한 이유 때문에 전도도 검출기가 가장 널리 쓰인다. 억제 칼럼을 쓰면 용리액의 전도도가 0에 가까워지기 때문에 쉽게 시료를 검출할 수 있고 용리액의 농도를 일정한 속도로 변화시켜 주는 기울기 용리를 할 수도 있다. 단일 칼럼 크로마토그래피로 음이온을 분석할 때는 시료이온의 전도도가 용리액에 있는 전해질보다 높아서 시료가 검출기에 도달하면 전도도가 증가하므로 시료를 검출할 수 있다. 이러한 전도도 검출기의 검출 한계는 보통 ppm 이하에서 ppb 정도 된다.

간접 검출법으로 분리된 이온을 검출할 수 있다. 음이온을 분리하기 위해 용리액을 벤조산염이나 프탈산염으로 만들면 이 용액은 자외선 영역에서 일정한 크기의 강한 흡광도를 갖는다. 시료 음이온이 자외선 영역에서 흡광도를 갖지 않는다면 이 음이온이 검출기에 들어올 때 흡광도가 감소하므로 그림 27.25와 같은 크로마토그램을 얻을 수 있다. 시료 음이온이 검출기에 들어오면 그만큼 용리액에 있는 음이온의 양이 감소하기 때문이다. 양이온을 같은 방법으로 검출할 때는 용리액은 $CuSO_4$로 만든다. $CuSO_4$ 용액은 자외선 영역에 흡광도를 갖기 때문이다.

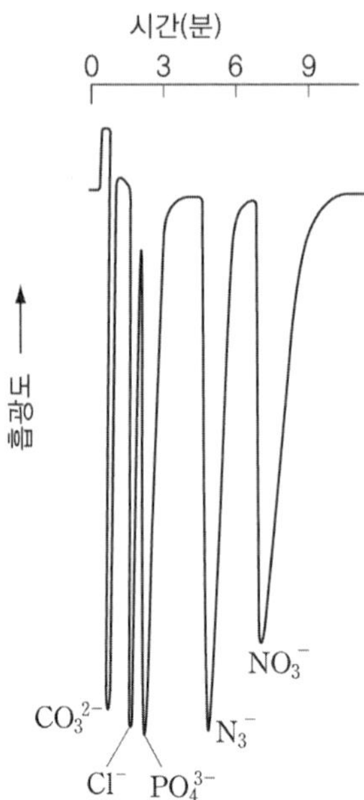

그림 27.25 간접 분광 광도 검출법으로 흡광도가 없는 이온을 검출한 크로마토그램. 1 mM 프탈산 소듐 +1 mM 붕산 완충 용액(pH 10)을 이동상으로 사용하여 용리시켰다(출처: H. Small, "Indirect Photometric Chromatography," Anal. Chem. 1982, 54, 462).

8 분자 배제 크로마토그래피

분자 배제 크로마토그래피(molecular exclusion chromatography)는 **크기 배제**(size exclusion), **젤 거르기**(gel filtration) 또는 **젤 투과**(gel permeation) 크로마토그래피라고도 부르는데 분자량이 매우 큰 화학종을 그 크기에 따라 분리하는 데 특별히 유용하다. 여기에 쓰이는 칼럼은 직경이 대략 10 μm 되는 작은 실리카나 고분자 입자가 정지상으로 충전되어 있는데 동공(pore)이 그물망 구조로 일정하게 만들어져 있다. 이 동공 속으로 용질이나 용매 분자가 확산될 수 있다. 크기가 작은 용질 분자는 이 동공 속으로 확산되어 들어갈 수 있지만 크기가 큰 분자는 동공 속으로 들어가지 못하고 입자 사이를 흘러 지나갈 것이다. 동공에 머무르는 평균 시간은 시료 분자의 실제적인 크기에 의해 결정된다. 정지상의 동공 크기보다 훨씬 큰 분자는 어떤 동공 속으로도 확산되어 들어갈 수 없기 때문에 실제적인 머무름이 없어서 가장 먼저 용출될 것이다. 동공 크기보다 훨씬 직경이 작은 분자는 미로 같은 모든 동공 속으로 침투해 들어갈 수 있어 머무름 시간이 가장 길어서 마지막에 용출될 것이다. 직경이 이 양극단 사이에 있는 중간 크기의 분자들은 크기에 따라 동공 속으로 침투해 들어가는 정도가 결정된다. 이 부류에 속하는 분자들의 머무름 시간은 주로 분자 크기에 의해 직접 결정되고 분자의 모양도 어느 정도 영향을 주기 때문에 분리가 일어나게 된다. 이 분자 배제 크로마토그래피에서는 시료와 정지상 사이에 어떤 물리적, 화학적 상호 작용도 없다고 간주한다. 이러한 상호 작용은 칼럼의 효율을 떨어뜨리므로 최대한 줄인다. 또, 다른 크로마토그래피와 달리 정지상에 완전히 침투해 들어가는 용질보다 더 긴 머무름 시간을 갖는 분자는 없기 때문에 머무름 시간에 상한선이 존재한다.

(1) 분자 배제 크로마토그래피의 개념

정지상이 채워져 있는 칼럼 내부에는 이동상이 들어갈 수 있는 두 종류의 공간이 존재한다. 첫째는 정지상 입자 내부에 있는 동공이고 둘째는 정지상 입자와 입자 사이에 있는 공간이다(이것을 흔히 **틈새 부피**(void volume)라 부른다). 정지상 입자 내부에 있는 동공의 총부피를 V_i라 하고 틈새 부피를 V_0라 하자. 칼럼 내부에 들어갈 수 있는 이동상의 총 부피를 V_t라 하면 V_t는 위 2가지 공간의 합이 된다.

$$V_t = V_i + V_0$$

어떤 특정 분자는 입자의 크기가 큰 동공에는 들어가지만 크기가 작은 동공에는 들어갈 수가 없다. 이 분자가 들어갈 수 있는 동공의 총 부피를 V_s라 하면 이 용질 분자에 대한 머무름 부피(retention volume) V_r은 다음과 같이 쓸 수 있다.

$$V_r = V_s + V_0$$

정지상 입자에 있는 동공의 전체 부피에서 특정 용질 분자가 확산해서 들어갈 수 있는 동공 부피의 비를 K라 하면 다음과 같이 정의할 수 있다.

$$K = \frac{V_r - V_0}{V_t - V_0} \qquad (27-3)$$

동공 속으로 들어갈 수 없는 크기가 큰 분자인 경우는 $V_s = 0$이므로 $V_r = V_0$가 되어 $K = 0$이 된다. 모든 동공 속으로 자유로이 들어갈 수 있는 작은 분자인 경우는 $V_r = V_t$이므로 $K = 1$이 된다. 중간 정도의 크기를 갖는 분자는 0 ~ 1 사이의 K 값을 갖게 된다. 비활성이고 동공에 침투할 수 없는 큰 분자를 칼럼에 주입했을 때 측정한 용리 부피(elution volume)를 V_0 값으로 한다. 이러한 목적으로 푸른색 염료인 Blue Dextran 2000 (분자량 2×10^6)이 많이 쓰인다.

크기가 너무 커서 머무름이 없는 분자들은 분리되지 않고 한꺼번에 가장 먼저 머무름 부피 V_0에서 용출될 것이고 모든 동공 속으로 자유로이 침투할 수 있는 작은 분자들도 분리되지 않고 맨 마지막, 즉 머무름 부피가 V_t인 지점에서 용출될 것이다. K = 0 ~ 1 사이의 값을 갖는 분자들은 큰 분자부터 순차적으로 용출되어 크로마토그램에 나타날 것이다. (27-3) 식에서 용질과 정지상 사이에 흡착과 같은 상호 작용이 없는 것으로 가정하였다. 이러한 상호 작용이 있다면 K 값은 1보다 커질 수 있다.

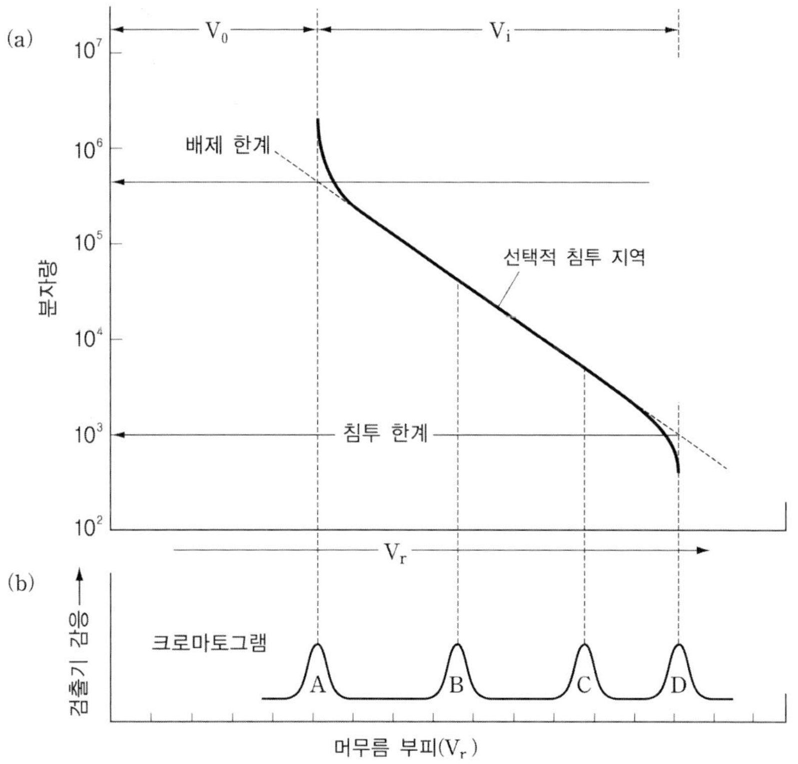

그림 27.26 (a) 분자 배제 크로마토그래피 칼럼에 대한 검정 곡선. (b) 이 크로마토그램에서 피크 A는 모든 성분 화합물의 분자량이 배제 한계보다 크고, 피크 B와 C에 해당하는 화합물의 분자량은 모두 선택적 침투 지역에 속하며, 피크 D에 들어 있는 화합물은 모두 침투 한계보다 분자량이 작다는 사실을 확인할 수 있다(출처: D. A. Skoog, F. J. Holler, S. R. Crouch, "*Principle of Instrumental Analysis*" 6th Ed., Thomson, 2007, Belmont, CA, USA).

분자 배제 크로마토그래피를 이용하여 분리할 수 있는 분자량 범위는 그림 27.26과 같은 가상적인 검정 곡선을 이용하여 쉽게 설명할 수 있다. 이 그림은 분자 크기와 직접적으로 관련이 있는 분자량을 머무름 부피 V_r에 대해 도시하였다. 머무름 부피는 머무름 시간에 부피 유속(volumetric flow rate)을 곱한 값이다. 어떤 용질이 동공으로 침투해 들어갈 수 있는 최대 분자량을 배제 한계(exclusion limit)라 하는데 이보다 분자량이 큰 모든 용질들은 머무름 없이 모두 같이 용출되어 크로마토그램에서 피크 A로 나타난다. 용질 분자가 모든 동공에 완전히 침투해 들어갈 수 있는 최대 분자량을 침투 한계(permeation limit)라고 한다. 이 침투 한계보다 분자량이 적은 모든 용질들은 크로마토그램에서 맨 마지막에 단일 결합으로 나타난다. 분자량이 배제 한계에서 작아질수록 용질 분자들은 평균적으로 점점 더 많은 시간을 동공 속에서 보내게 되므로 머무름 시간이 점진적으로 길어진다. 이렇게 선택적으로 침투가 일어나는 영역에서 용질의 분리가 일어나므로 크로마토그램에 개개 용질 분자의 피크가 나타난다.

(2) 정지상

불순물을 제거하는 용도로 쓰이는 정지상은 Sephadex나 Bio−Gel P로 만들어진 젤이 주로 쓰인다. Bio−Gel P는 그림 27.27에서 보는 바와 같이 *N*, *N′*-메틸렌비스아크릴아마이드(methylenebisacrylamide)가 다리 결합한 폴리아크릴아마이드(polyacrylamide)이다. 다리 결합이 많은 젤의 가장 작은 동공의 크기는 분자량이 700 이상인 용질을 배제하고 가장 큰 동공은 분자량이 10^8 이상인 용질을 배제하므로 분자량이 이 범위에 들어가는 용질을 분리할 수 있다. 정지상 젤 입자의 크기가 작을수록 이동상의 유속이 느려지고 분리도는 증가한다. 분자 배제 크로마토그래피에 쓰이는 친수성 HPLC용 정지상으로는 폴리(바이닐 알코올)[poly(vinyl alcohol)], 폴리아크릴아마이드(polyacrylamide), 설폰화된 폴리스타이렌(sulfonated polystyrene) 등이 쓰인다. 실리카도 정지상으로 쓰이는데 용질의 흡착을 최소화하기 위해 표면을 친수성 물질로 코팅한다. 이 실리카는 보통 pH = 8 이상에서는 사용할 수 없다. 하이드록시화 폴리에터(hydroxylated polyether) 수지도 동공의 크기를 잘 조절하여 정지상으로 쓰이는데 pH = 2 ~ 12 범위에 걸쳐 사용할 수 있다. 동공의 크기가 다른 여러 가지 젤 입자를 혼합하여 정지상으로 사용하면 넓은 범위에 걸친 다양한 크기의 분자들을 분리할 수 있다.

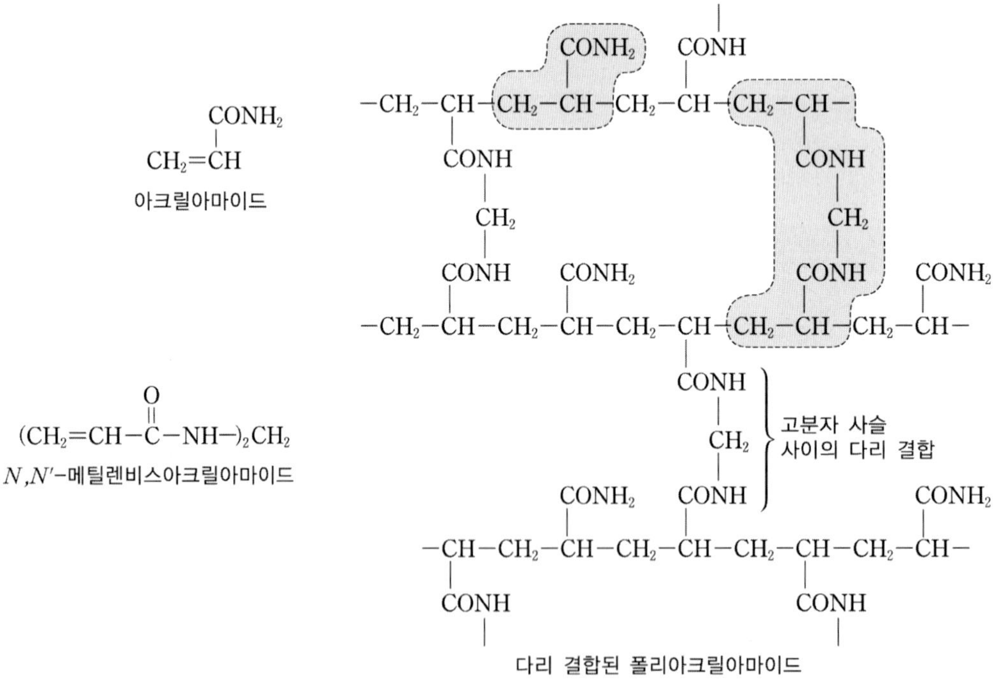

$CH_2{=}CH{-}CONH_2$

아크릴아마이드

$(CH_2{=}CH{-}\overset{O}{\overset{\|}{C}}{-}NH{-})_2CH_2$

N,*N′*-메틸렌비스아크릴아마이드

고분자 사슬 사이의 다리 결합

다리 결합된 폴리아크릴아마이드

그림 27.27 폴리아크릴아마이드의 구조

소수성 고분자를 분리하기 위한 HPLC용 정지상은 다리 결합된 폴리스타이렌(polystyrene)으로 만들어진 구형 입자를 사용한다. 이 입자에는 5 nm에서 수백 nm에 이르는 다양한 크기의 동공을 갖고 있다. 지름이 5 μm 정도 되는 이러한 입자를 사용하면 칼럼의 이론단수가 칼럼 1 m당 80,000 정도까지 나온다.

(3) 분자 배제 크로마토그래피의 응용

분자 배제 크로마토그래피에는 **젤 거르기**(gel filtration)와 **젤 투과**(gel permeation)가 있는데 이 두 가지가 서로 상호보완적으로 사용된다. 젤 거르기는 수용성 물질을 분리하는 데 쓰이고 젤 투과는 극성이 적은 유기 용매에 녹은 물질을 분리하는 데 쓰인다. 대표적인 응용 분야 몇 가지를 살펴보자.

우선 유용한 응용 분야는 자연계에 존재하는 고분자 천연물을 분자량이 작은 분자들과 염으로부터 분리해 내는 것이다. 예를 들면 배제 한계가 몇천 정도 되는 젤을 사용하여 단백질들을 아미노산이나 분자량이 작은 펩타이드(peptide)로부터 깨끗하게 분리해 낼 수 있다. 젤 투과 크로마토그래피를 사용하면 동족체(homologue)나 소중합체(oligomer)를 분리할 수 있다.

분자 배제 크로마토그래피의 또 다른 응용 분야는 거대 고분자나 천연 생성물의 분자량이나 분자량 분포를 빠르게 결정하는 것이다. 여기서 핵심은 분자량 검정을 정확하게 해야 한다는 것이다. 분자량 검정은 분자량을 알고 있는 표준 화합물을 이용하거나 공인된 검정 방법을 이용한다. 공인된 검정 방법이란 분자의 고유 점성도(η)에 분자량(M)을 곱한 값은 유체역학적 부피(hydrodynamic volume, V_h)에 비례한다는 원리를 이용한다. 유체역학적 부피란 용매화 층(solvation sheath)이 포함된 유효 부피(effective volume)를 말한다.

$$V_h \propto \eta M$$

이상적인 경우라면 분자 배제 크로마토그래피에서 용질 분자는 유체역학적 부피에 따라 분리될 것이다. 그래서 log(ηM)을 머무름 부피 V_r에 대해 도시하면 공인된 검정 곡선을 얻을 수 있다.

분자 배제 크로마토그래피의 장단점을 간단히 살펴보자. 장점으로는 우선 용질 분자가 모두 V_0에서 $V_0 + V_i$ 사이에 칼럼으로부터 용출되기 때문에 짧은 시간 내에 좋은 분리 결과를 얻을 수 있고 띠의 넓이가 좁아서 분리도뿐 아니라 감도(sensitivity)도 좋다는 것이다. 또, 용질 분자와 정지상 사이에 상호 작용이 없어서 시료의 손실이 없고 칼럼의 활성이 저하되지 않는다는 장점도 있다. 단점으로는 우선 크로마토그램의 시간 단위가 짧아서 제한된 숫자의 띠만 수용할 수 있다는 점이다. 또, 분자량은 같으나 구조가 다른 분자는 서로 다른 용리 성질을 보여 주기 때문에 분자량을 해석하는 데 주의해야 하고 크기가 비슷한 분자, 즉 이성질체 같은 것은 분리할 수 없다는 단점도 있다. 적절한 분리를 얻으려면 일반적으로 분자량이 10% 정도는 달라야 한다.

9 친화 크로마토그래피

친화 크로마토그래피(affinity chromatography)는 어떤 특정한 화합물만이 정지상에 결합한다면 복잡한 혼합물 속에 섞여 있는 이 화합물 하나를 골라서 분리해 내는 방법을 말한다. 시료를 칼럼에 주입하면 하나의 용질 분자만 정지상에 결합하고 나머지 화합물은 모두 머무름 없이 칼럼에서 용출될 것이다. 이렇게 특정 화합물만 정지상에 남기고 나머지는 모두 씻어낸다. 그 후 정지상과 결합하고 있는 특정 화합물이 용출될 수 있도록 이동상의 pH나 이온 세기를 변화시키면 순수한 특정 화합물을 얻을 수 있다.

생화학 분야에서 친화 크로마토그래피가 특히 많이 활용된다. 여기서 효소(enzyme)와 기질(substrate), 항체와 항원 또는 수용체(receptor)와 호르몬 사이에 작용하는 특별한 상호 작용을 이용한다. 정지상에는 시료에 포함된 특정 분자와 선택적이고 가역적으로 결합할 수 있는 항체, 효소 억제제(enzyme inhibitor) 같은 친화 리간드(affinity ligand)라 부르는 반응물이 공유 결합으로 부착되어 있다.

의약품으로 쓰이는 어떤 유기 화합물이 여러 개의 광학 이성질체를 갖고 있다면 개개 광학 이성질체는 보통 완전히 다른 치료 효과를 보인다. 친화 크로마토그래피를 이용하면 이러한 광학 이성질체를 각기 분리해 낼 수 있다.

의약품 후보 물질로 합성한 어떤 화합물이 2개의 카이랄 탄소(chiral carbon)를 갖고 있다고 하자. 각 카이랄 탄소에서 2개의 입체 구조가 가능하므로 이 화합물은 4개의 광학 이성질체를 갖는다. 광학 이성질체는 모두 물리적, 화학적 성질이 거의 동일하므로 친화 크로마토그래피가 아니면 분리가 거의 불가능하다. 이들 이성질체 혼합물을 단백질에 결합시켜 여러 단계의 생물학적 과정을 거쳐 **단일 클론 항체**(monoclonal antibody)라 부르는 한 종류의 항체를 얻을 수 있다. 이 항체는 4개의 광학 이성질체 중에서 특정 이성질체하고만 결합할 수 있다. 이 단일 클론 항체를 친화 리간드로 하여 정지상을 만들면 4개의 광학 이성질체가 섞인 혼합물을 칼럼에 주입했을 때 한 종류의 이성질체만 정지상에 결합한다. 나머지 모든 이성질체가 칼럼에서 용출된 뒤에 이동상의 pH나 이온 세기 등 용리 조건을 바꿔주면 정지상에 결합되었던 이성질체를 용출시킬 수 있다.

연습문제

1. 고성능 액체 크로마토그래피(HPLC)는 전반적으로 기체 크로마토그래피에 비해 분리도가 떨어진다. 그 이유는 무엇인가?
2. HPLC는 기체 크로마토그래피에 비해 어떤 장점이 있는가?
3. HPLC에서는 충전 칼럼을 사용한다. 칼럼 내의 정지상 입자의 크기를 작게 하면 분리도에 어떤 영향을 주는가? 또, 이 입자의 크기를 작게 했을 때 생길 수 있는 문제에는 어떤 것이 있는가?
4. 정지상 입자 크기가 작아지면 이동상의 적정 유속이 빨라진다. 그 이유는 무엇인가?
5. 이동상의 유속이 적정선 이상으로 빨라지면 단높이가 증가한다. 그 이유는 무엇인가?
6. 이동상으로 쓸 용매는 사용하기 전에 전처리 과정을 거쳐야 한다. 용매를 이동상으로 쓰기 위해서는 어떤 전처리 과정이 필요한가? 그 이유는 무엇인가?
7. 칼럼의 온도는 크로마토그램에 어떤 영향을 미치는가?
8. 고성능 액체 크로마토그래피는 분자량이 크고, 끓는점이 높은 혼합물을 분리시키는 데 주로 사용한다. 일반적으로 용질이 극성 분자이면 무극성 분자일 때보다 분리시키기가 어렵다. 그 이유는 무엇인가?
9. 보호 칼럼은 어떤 역할을 하는가?
10. 긴 탄화수소 사슬에 아마이드 같은 극성이 있는 기가 들어간 정지상도 쓰인다. 이러한 정지상은 어떤 용도로 쓰는가?
11. 표면 다공성 입자를 정지상으로 쓰는 경우도 있다. 이러한 정지상은 어떤 장점을 갖고 있는가?
12. 자외선 흡수 검출기의 원리를 설명하시오.
13. 굴절률 검출기는 어떤 장점 및 단점을 갖고 있는가?

14. 증발 광산란 검출기는 어떤 장점이 있는가?

15. 어떤 크로마토그램의 피크에서 꼬리 끌기 현상이 나타났다. 이러한 현상은 왜 생기는가? 어떻게 하면 이 문제를 해결할 수 있는가?

16. HPLC에는 정상 크로마토그래피(NPC)와 역상 크로마토그래피(RPC)의 용리 방법이 있다.
(1) NPC와 RPC는 각각 어떤 방법인지 간단히 설명하고 장단점도 서로 비교하시오.
(2) 화학자들은 가능하면 RPC를 이용하려고 한다. 그 이유는 무엇인가?
(3) NPC에서 용리 세기를 크게 하려면 이동상의 조성을 어떻게 바꾸어야 하는가?
(4) RPC에서 용리 세기를 크게 하려면 이동상의 조성을 어떻게 바꾸어야 하는가?
(5) RPC는 어떤 부류의 화합물을 분리시키는 데 적합하며 그 이유는 무엇인가? 또, RPC는 NPC에 비해 어떤 장점을 갖고 있으며, 그 이유는 무엇인가?
(6) NPC는 어떤 부류의 화합물을 분리하는 데 적합하며 그 이유는 무엇인가?
(7) NPC를 RPC에 비해 많이 쓰지 않는 이유는 무엇인가?

17. 어떤 시료에 있는 용질들은 모두 분자량이 2000 이하이고 극성이 거의 없는 용매에 잘 녹는다. 이 시료를 분리하기 위해 여러 가지 HPLC 방법 중 어떤 것을 선택하는 것이 좋은지 설명하시오.

18. C_{18} 칼럼을 사용하여 혼합물을 분리하고자 한다. 이동상은 CH_3CN－완충 수용액을 혼합하여 사용하였다. CH_3CN 함량을 90%로 하였더니 머무름 인자(k)가 너무 작아서 분리가 잘되지 않았다. 그래서 이동상의 CH_3CN 함량을 50%로 줄였다고 가정하자. CH_3CN 함량이 줄어들면 k 값은 어떻게 변하겠는가?

19. C_{18} 칼럼으로 혼합물을 분리하려고 한다. H_2O/CH_3CN 혼합 용매를 이동상으로 사용할 때 용리 세기를 약하게 하려면 이 혼합 용매의 조성을 어떻게 해야 하는가? 또, 용리 세기를 약하게 하면 크로마토그램은 어떻게 변하는가?

20. 역상 크로마토그래피에 대한 다음 물음에 답하시오.
(1) 피크들이 서로 겹치는 것을 피하기 위해 머무름 인자를 크게 하였다. 그 결과 머무름 시간은 충분히 길게 되었지만 어떤 2개의 피크가 완전히 분리되지 않고 겹쳐 있었다. 이런 현상이 왜 생기는지 그 이유를 설명하고 더 이상 머무름 시간을 길게 하지 않고 이 2개의 피크를 분리시키려면 어떻게 하면 되는지 설명하시오.
(2) 역상 크로마토그래피는 극성 분자를 분리하는 데 적합하지 않다. 그 이유는 무엇인가?

21. HPLC에서 용리 방법에는 등용매 용리와 기울기 용리가 있다. 다음 물음에 답하시오.
(1) 어떤 시료를 잘 분리시키기 위해 등용매 용리를 선택할지, 아니면 기울기 용리를 선택 할지 어떻게 판단하는가?
(2) 기울기 용리는 어떻게 수행하는지 그 방법과 원리를 간략하게 설명하시오.
(3) 기울기 용리는 어떤 장점이 있는지 간단히 설명하시오.

22. 어떤 복잡한 혼합물을 HPLC로 분석했는데 이동상으로 CH_3CN-H_2O 혼합 용매를 사용하였다. 혼합 용매의 조성을 바꿔가면서 다음과 같은 5개의 크로마토그램을 얻었다. 각 크로마토그램을 얻는 데 사용한 이동상의 조성은 다음과 같다.
(A) CH_3CN 90% + H_2O 10% (B) CH_3CN 80% + H_2O 20% (C) CH_3CN 60% + H_2O 40%,
(D) CH_3CN 50% + H_2O 50% (E) CH_3CN 35% + H_2O 65%
이 5개의 크로마토그램 중 어느 것도 만족할 만한 결과를 주지 못하였다.
(1) 이 크로마토그램들은 각각 어떤 문제가 있는가? 만족할 만한 결과를 얻기 어려운 이유는 무엇이라고 생각하는가?
(2) 이 문제들을 한꺼번에 해결할 수 있는 방안을 구체적으로 설명하시오.

23. 어떤 시료에 들어 있는 화합물을 분리하기 위해 역상 크로마토그래피 칼럼을 사용하고 H_2O/CH_3OH 혼합 용매를 이동상으로 사용하였다.

(1) 머무름 인자(k)를 크게 하려면 이동상의 조성을 어떻게 하면 되는가?

(2) (1)번에서 k 값을 충분히 크게 해도 어떤 2개의 피크가 잘 분리되지 않고 겹쳐 있었다고 하자. 이들을 분리시키려면 어떻게 해야 하는지 설명하시오.

24. 고성능 액체 크로마토그래피에서 최근에는 전기 화학 검출기가 많이 쓰인다. 어떤 실험실에서 네모파 전류 전압법을 HPLC의 검출기로 사용하기로 하였다고 가정하자. 네모파 전압 전류법을 HPLC 검출기로 쓰는 것이 가능한 이유가 무엇인지 설명하고, 또 네모파 전압 전류법을 검출기로 썼을 때 예상할 수 있는 장점을 설명하시오.

25. 이온 교환 크로마토그래피에 사용하는 양이온 이온 교환 수지는 어떻게 만들며 분자 구조는 어떻게 되는가? 또, 음이온 이온 교환 수지는 어떻게 만들며 분자 구조는 어떻게 되는가?

26. 이온 교환체에는 양이온 교환체와 음이온 교환체가 있다. 이들이 어떤 것인지 간단히 설명하시오.

27. 이온 크로마토그래피를 이용하여 음이온을 분리시키고자 한다. 이동상으로 어떤 것을 쓰면 되는가? 또, 기울기 용리로 분리시키려면 일반적으로 어떤 방식으로 하는가?

28. 억압 음이온 크로마토그래피에 대한 다음 물음에 답하시오.

(1) 분리 칼럼에서 이온들이 어떻게 분리되는지 그 원리를 간단히 설명하시오.

(2) 억압 칼럼은 왜 필요한지 간단하게 설명하시오.

29. KOH 용액을 이동상으로 하여 NO_3^-, SO_4^{2-} 등 음이온을 이온 크로마토그래피로 분리하려고 한다. 이때 이동상에 있는 K^+와 OH^- 이온을 억압 칼럼에서 제거해야만 전도도 검출기를 쓸 수 있다.

(1) 억압 칼럼에서 K^+와 OH^- 이온을 제거하는 메커니즘을 설명하시오.

(2) 이동상의 KOH 농도를 올리면 용질 이온의 머무름 시간이 어떻게 변하겠는가?

30. 이온 크로마토그래피를 사용하여 K^+와 Ca^{2+} 이온을 분리시키고자 한다. 양이온 분리 칼럼에서 일어나는 화학 평형을 설명하고 K^+와 Ca^{2+}가 쉽게 분리되는 이유를 설명하시오.

31. 이온 쌍(ion-pair) 크로마토그래피란 어떤 것이며 이 방법은 어떤 장점을 갖고 있는지 설명하시오.

32. 분자 배제 크로마토그래피를 사용하여 시료를 분리시키고자 한다. 이 방법의 원리를 이해하는 데 핵심은 K이고 이 값은 다음과 같이 정의한다.

$$K = \frac{V_r - V_0}{V_t - V_0}$$

여기서 V_t, V_0, V_r은 각각 무엇을 의미하는가?

33. 분자 배제 크로마토그래피는 분자량이 큰 시료에 사용한다. 어떻게 혼합물이 분리되는지 그 원리를 간결하게 설명하시오.

34. 분자 배제 크로마토그래피는 어떤 분야에 많이 쓰이는지 간단하게 설명하시오.

35. 질량 분광기(MS)를 HPLC 검출기로 사용하고자 할 때 일어나는 가장 어려운 기술적인 문제는 무엇인가? 또, HPLC-MS 기기가 갖는 장점은 무엇인가?

36. 어떤 시료를 분리하기 위해 CH_3CN-H_2O 혼합 용매를 이동상으로, C_{18}을 정지상으로 사용하여 역상 크로마토그래피로 분리하기로 결정하였다. 처음 용리액 세기를 세게 하였더니 모든 성분이 빨리 용리되어 나왔지만 머무름 시간이 짧은 성분은 제대로 분리되지 않고 겹쳐서 나왔다. 그래서 용리액 세기를 약하게 하였더니 이번에는 머무름 시간이 짧은 성분은 잘 분리된 반면 일부 성분은 머무름 시간이 너무 길어서 현실적으로 모든 성분을 용리시키는 것이 거의 불가능하였다. 이것은 일반적인 문제인데 어떻게 해결해 나가야 하는지 체계적으로 서술하시오.

37. 2개의 용매를 이동상으로 사용하여 역상 크로마토그래피로 등용매 분리를 하고자 한다. 이때 최선의 조건을 찾아나가는 일반적인 방법을 단계적으로 간략하게 설명하시오.

초임계 유체 크로마토그래피와 모세관 전기 이동

초임계 유체(supercritical fluid)를 이동상으로 사용하는 크로마토그래피를 **초임계 유체 크로마토그래피**(supercritical fluid chromatography, SFC)라고 한다. SFC는 1970년대에서 1980년대 초에 걸쳐 개발되었는데 오늘날 환경, 생명과학, 의학, 식품 분야의 시료를 분석하는 데 쓰이고 있다. 기기는 1980년대 중반부터 널리 공급되기 시작해서 그 사용이 급격하게 증가하여 이제는 중요한 분리 방법 중 하나가 되었다.

전하를 띤 화학종에 전압을 걸어 주면 이들이 이동하게 되는데 그 이동 속도는 화학종의 전하량과 크기에 따라 달라진다. 이러한 사실을 이용하여 전하를 띤 거대 분자를 분리하는 방법을 **전기 이동**(electrophoresis)이라고 한다. 이 분리 방법은 1930년대 스웨덴 화학자 Arne Tiselius가 혈청에 있는 단백질을 분리하기 위해 처음 개발하였다. 전기 이동은 생화학, 생물학, 생물의학, 생물공학 연구에서 중요한 전하를 가진 거대 분자를 분리할 수 있는 유일한 방법이다. **모세관 전기 이동**(capillary electrophoresis)은 전기 이동 방법을 기기(instrument)적으로 변형시킨 방법이라고 할 수 있는데 1980년대 중반에서 후반에 걸쳐 개발되었다. 모세관 전기 이동법은 이 방법이 가지는 중요한 장점 때문에 넓고 다양한 분야의 분리 문제를 해결하는 데 중요한 수단이 되었다.

이 장에서는 초임계 유체 크로마토그래피와 모세관 전기 이동에 대해 알아보자.

1 초임계 유체 크로마토그래피

(1) 초임계 유체의 성질

상평형 그림(phase diagram)에서 액체와 기체상 사이의 평형을 나타내는 곡선을 액체의 증기 압력 곡선이라고 한다. 증기 압력 곡선은 특정 지점에서 끝나는데 이 점을 **임계점**(critical point)이라고 한다. 이 임계점에서의 온도를 **임계 온도**(critical temperature), 압력을 **임계 압력**(critical pressure)이라고 한다. 임계 온도와 임계 압력 이상이 되면 액체와 기체의 구별이 없어지는데 이 상태에 존재하는 물질을 **초임계 유체**(supercritical fluid)라고 한다. 다시 말해 임계 온도 이상에서는 기체에 아무리 높은 압력을 가해도 액화가 일어나지 않는 것이다.

표 28.1 액체 및 기체와 초임계 유체의 성질 비교

성질	기체(STP)	초임계 유체	액체
밀도(g cm^{-3})	$(0.6 \sim 2) \times 10^{-3}$	$0.2 \sim 0.5$	$0.6 \sim 2$
확산 계수(cm^2 s^{-1})	$(1 \sim 4) \times 10^{-1}$	$10^{-3} \sim 10^{-4}$	$(0.2 \sim 2) \times 10^{-5}$
점도(g cm^{-1} s^{-1})	$(1 \sim 3) \times 10^{-4}$	$(1 \sim 3) \times 10^{-4}$	$(0.2 \sim 3) \times 10^{-2}$

초임계 유체가 갖는 밀도, 점성도, 그 외 다른 성질들은 표 28.1에서 보는 바와 같이 기체와 액체가 갖는 값의 중간에 놓인다. 이들은 밀도가 높기 때문에 분자량이 큰 비휘발성 화합물을 녹일 수 있다. 예를 들어 이산화 탄소(CO_2) 초임계 유체에는 n-알케인(alkane), 다이-n-프탈산염(di-n-alkylphthalate), 다양한 여러 고리 방향족 화합물이 녹을 수 있다. 초임계 유체에 녹은 용질 분자는 초임계 유체가 비교적 낮은 온도에서 쉽게 증발하기 때문에 회수하기가 용이하다. 이산화 탄소는 임계 온도가 31.3 ℃로 상온과 비슷하기 때문에

쉽게 제거할 수 있다. 액체 용매에 비해 초임계 유체에서 용질의 확산 속도는 10배 이상 빠르고 점성도는 10배 이상 낮다. 그 외에도 많은 초임계 유체는 값이 싸며 무해하고 독성이 없다. 대표적인 초임계 유체의 물리적 성질을 표 28.2에 정리하였다. 대부분 SFC에서 이산화 탄소가 이동상으로 사용된다.

표 28.2 몇 가지 초임계 유체의 물리적 성질

유체	임계 온도(℃)	임계 압력(atm)	임계점에서 밀도(g/mL)	400 atm에서 밀도(g/mL)
CO_2	31.3	72.9	0.47	0.96
N_2O	36.5	71.7	0.45	0.94
NH_3	132.5	112.5	0.24	0.40
n-Butane	152.0	37.5	0.23	0.50

(출처: D. A. Skoog, F. J. Holler, S. R. Crouch, Principles of Instrumental Analysis, 6th Ed., 2007, Thomson Brooks, Belmont, CA, USA)

(2) 초임계 유체 크로마토그래피

초임계 유체 크로마토그래피(SFC)는 기체 크로마토그래피(GC)와 액체 크로마토그래피를 섞어서 이들 각각이 갖고 있는 최대 장점 일부를 결합한 분리 분석 기술이라고 보면 된다. 초임계 유체는 액체처럼 용질을 녹일 수 있기 때문에 HPLC처럼 분리시킬 수 있고 칼럼에서 용출된 뒤에는 금방 기체로 바꿀 수 있으므로 GC에서 사용하는 검출기를 쓸 수 있다. HPLC는 GC와 달리 마땅한 우수한 만능 검출기가 없다는 것이 가장 큰 취약점이라는 사실을 상기하라. 뿐만 아니라 HPLC에서는 쓰지 못하는 **열린관 칼럼**(open tubular column)을 SFC에서는 쓸 수 있어 어떤 응용 분야에서는 GC나 HPLC보다 우수하다. SFC는 GC 또는 HPLC로 실험하기 힘든 화합물들을 분리하고 정량할 수 있기 때문에 그 중요성이 부각되는 것이다. 이러한 화합물에는 다음과 같은 것들이 있다. 첫째, 휘발성이 없거나 열에 약해서 GC로 분석하기 어려운 화합물이 있고, 둘째, 이런 화합물을 HPLC로 분석하려고 했을 때 흔히 쓰이는 검출기에 감응하지 않는 화합물들이 여기에 속한다. 대부분 HPLC에서는 분광학적 방법이나 전기 화학적 방법으로 시료를 검출하는데 여기에 감응하는 작용기를 갖지 않는 분자는 HPLC로 분석하기 어렵다.

① 기기 및 작동 변수

SFC 기기는 HPLC 기기와 대부분 비슷하지만 초임계 유체를 이동상으로 써야 하므로 상태 유지에 필요한 온도와 압력을 조절할 수 있어야 한다. SFC와 HPLC의 큰 차이는 온도와 압력 조절이다. 첫째, SFC는 칼럼의 온도를 정밀하게 조절하기 위해 GC에 쓰이는 오븐과 같은 칼럼 온도 조절용 오븐이 있어야 한다. 두 번째

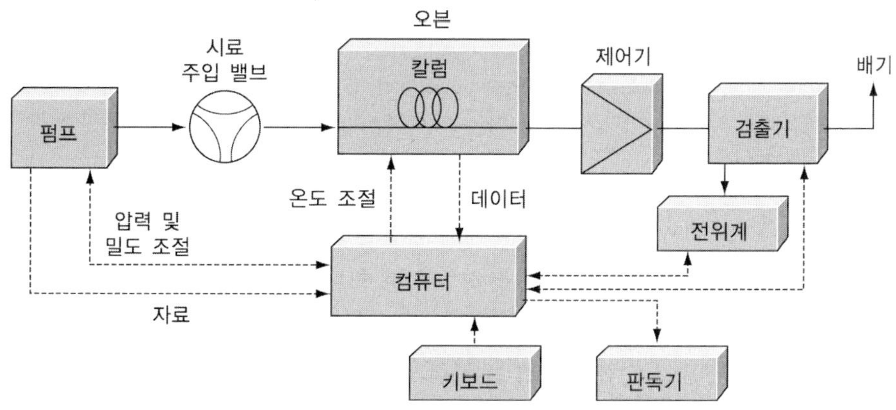

그림 28.1 초임계 유체 크로마토그래피(SFC) 기기의 개략적인 구조

는 **조절기**(restrictor) 또는 역압력(back−pressure) 장치가 있어야 한다. 이 장치는 칼럼에 필요한 압력을 유지시켜 주고 칼럼에서 용출되는 초임계 유체를 검출기로 보내기 위해 기체로 바꿔주는 기능을 한다. 내경이 50 또는 100 μm 열린관 칼럼을 쓰는 경우라면 보통 칼럼의 끝에 직접 연결한 길이가 2 ~ 10 cm이고 내경은 5 ~ 10 μm인 모세관이 조절기 역할을 한다. 내경이 다른 조절기로 바꿔 주면 어떤 특정 펌프질 압력에서 다른 유속을 얻을 수 있다. 또, 조절기가 칼럼의 한 부분으로 결합되어 있는 경우도 있다. 이러한 SFC 기기의 개략적인 구조를 그림 28.1에서 구역 도표(block diagram)로 나타내었다.

(a) 압력의 영향

압력이 증가하면 초임계 유체의 밀도는 압력에 비례하지 않지만 급격하게 증가한다. 이동상의 밀도가 증가하면 용질이 이동상에 더욱 잘 녹게 되므로 머무름 시간 t_r이 짧아진다. SFC에서 압력 변화는 머무름 시간과 머무름 인자 k에 큰 영향을 미친다. 분리를 잘 하기 위해 GC에서는 온도 프로그래밍을 사용하고 HPLC에서는 기울기 용리법을 이용하는데, SFC에서는 압력 프로그래밍을 이용하여 비슷한 효과를 얻을 수 있다. 압력 프로그래밍에서는 칼럼의 압력을 시간에 따라 직선형으로 증가시키거나 이동상의 밀도가 직선형으로 증가하도록 압력을 조절한다. 압력 프로그래밍에 의해 크로마토그램이 얼마나 좋아지는지 그 예를 그림 28.2에서 볼 수 있다. 주의해야 할 점은 초임계 유체가 칼럼을 지나는 동안 압력이 떨어지면 온도 변화를 일으킬 수 있다는 점이다. 온도 변화는 시료의 분리와 열역학적인 측정에 영향을 줄 수 있다. SFC에서 가장 널리 사용되는 압력 프로그래밍 방법은 처음 일정 시간 동안은 압력을 일정하게 유지하고 그 다음 이어서 최종 압력까지 직선형 또는 점진적으로 증가시키는 것이다. 압력 프로그래밍에 덧붙여서 온도 프로그래밍이나 이동상의 기울기 용리를 같이 쓸 수도 있다.

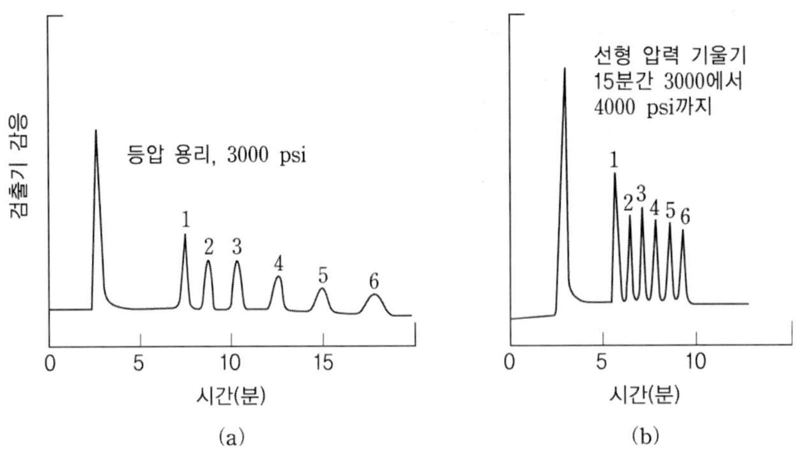

그림 28.2 SFC에서 압력 프로그래밍의 효과. 일정한 압력에서 용리시킨 크로마토그램 (a)보다 압력 프로그래밍으로 용리시킨 크로마토그램 (b)에서 용리 시간이 크게 줄어든 것을 확인할 수 있다. 시료: (1) cholesteryl octanoate, (2) cholesteryl decylate, (3) cholesteryl laurate, (4) cholesteryl myristate, (5) cholesteryl palmitate, (6) cholesteryl stearate, 칼럼; DB−1, 이동상; CO_2, 온도; 90 ℃, 검출기; 불꽃 이온화 검출기. (출처: D. A. Skoog, F. J. Holler, S. R. Crouch, "Principle of Instrumental Analysis" 6th Ed., Thomson, 2007, Belmont, CA, USA)

(b) 정지상

초임계 유체는 점성도가 낮기 때문에 GC처럼 충전 칼럼뿐 아니라 열린관 칼럼도 쓸 수 있다. 충전 칼럼은 열린관 칼럼보다 이론단수가 더 많고 더 많은 부피의 시료를 주입할 수 있다. HPLC 칼럼보다 훨씬 더 긴 칼럼을 쓸 수 있기 때문에 열린관 칼럼인 경우 보통 길이는 10 ~ 20 m 정도이고 내경은 50 또는 100 μm짜리를 사용한다. 열린관 칼럼인 경우 용융 실리카 내벽 코팅 칼럼을 주로 쓴다. 충전 칼럼은 보통 스테인리스강으로 만들고 길이는 10 ~ 25 cm 정도 되도록 한다.

GC나 HPLC에서와 마찬가지로 SFC 충전 칼럼의 실리카 입자 표면이나 열린관 칼럼 내부의 실리카벽은 극성기를 가진 분자가 흡착되어 꼬리 끌기 현상을 일으킬 수 있다. 그래서 폴리실록세인(polysiloxane)을 화학적으로 표면에 결합시켜 코팅함으로써 이런 현상을 피할 수 있다(식 (25-21) 참조). 정지상의 필름 두께는 0.05 ~ 0.4 μm 정도 된다.

(c) 이동상

SFC에서 사실 거의 전부라고 해도 될 정도로 가장 널리 쓰이는 이동상은 이산화 탄소(CO_2)이다. 이산화 탄소의 임계 온도는 31 ℃이고 임계 압력은 72.9 atm이므로 요즘 쓰이는 HPLC의 작동 한계 내에서 넓은 범위에 걸쳐 다양한 온도와 압력을 선택할 수 있다. 이산화 탄소 초임계 유체는 비극성 유기 화합물을 녹일 수 있는 좋은 용매이고 자외선 영역에서 흡광도가 없어 자외선 검출기를 사용할 수 있다. 또, 독성이 없고 냄새가 없으며 가격이 무척 싸다. 시료에 대한 상대 머무름 α 값을 조정하기 위해 CH_3OH 같은 변형제(modifier)를 소량(약 1%) 가해서 사용하는 경우도 있다.

에테인, 펜테인, 다이클로로다이플루오로메테인(dichlorodifluoromethane), 다이에틸 에터(diethyl ether), 암모니아, 테트라하이드로퓨란(tetrahydrofuran)도 SFC에서 이동상으로 쓸 수 있다.

(d) 검출기

SFC에서는 GC와 HPLC에 쓰이는 주요 검출기를 모두 쓸 수 있다는 점이 최대 장점 중 하나이다. 그 중에서도 특히 불꽃 이온화 검출기(FID)를 사용할 수 있다는 점은 큰 장점이다. FID는 대부분 유기 화합물에 감응하는 만능 검출기이고 감도가 매우 높으며 고장이나 사소한 문제가 거의 발생하지 않아 유지 관리가 아주 쉽다. HPLC 경우보다 훨씬 쉽게 질량 분광기(mass spectrometer)를 검출기로 이용할 수 있다. 그 외에도 HPLC에서 사용하는 UV 흡수, IR 흡수, 형광 검출기도 사용할 수 있다.

② 초임계 유체 크로마토그래피의 장점

앞서 SFC의 장점에 대해 간단히 언급하였지만 GC나 HPLC에 비해 크로마토그래피 분야에서 SFC가 차지하는 위상을 이해하기 위해서는 SFC가 갖는 장점을 좀 더 자세히 알아볼 필요가 있다. 표 28.1에서와 같이 초임계 유체의 밀도, 확산 계수, 점성도 같은 물리적 성질은 액체와 기체의 중간 정도가 되기 때문에 SFC는 GC와 HPLC가 갖고 있는 특성 일부를 모두 가지고 있다. 초임계 유체의 점성도가 액체와 기체의 중간 크기를 갖기 때문에 SFC에서 이동상의 유속은 GC보다는 느리지만 HPLC보다는 빠르게 할 수 있다. 초임계 유체에서 용질 분자의 확산 속도는 기체에서보다는 느리고 액체에서보다는 빠르다. SFC에서 띠넓어짐의 크기는 GC와 HPLC의 중간이다. 초임계 유체의 이러한 특성 때문에 이론상으로 SFC는 HPLC보다 분리가 빠르고 세로 확산에 의한 띠넓어짐은 GC에서보다 작다.

그림 28.3에서 CO_2 초임계 유체를 사용하여 용리시키는 SFC와 역상 크로마토그래피법으로 용리시키는 HPLC의 충전 칼럼 성능을 비교하였다. HPLC에서는 이동상의 평균 유속이 0.15 cm/sec일 때 H 값이 최소가 되고 그 이상이 되면 H 값이 빠르게 증가한다. 그러나 SFC에서는 평균 유속이 HPLC에 비해 3배인 0.45 cm/sec일 때 H 값이 최소이고 유속이 증가해도 H 값은 완만하게 증가한다. SFC의 띠넓어짐은 HPLC에 비해 크게 줄어들고 용리 시간도 훨씬 짧아진다. SFC의 이러한 장점은 그림 28.4에 있는 2개의 크로마토그램을 비교해 보면 쉽게 알 수 있다. HPLC에 비해 SFC를 사용하면 훨씬 짧은 시간에 더 좋은 크로마토그램을 얻을 수 있다.

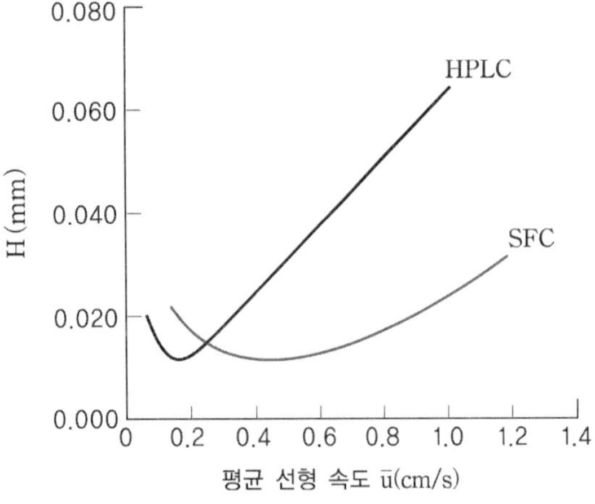

그림 28.3 직경이 5 μm인 C_{18} 결합 실리카 칼럼을 사용하여 통상적으로 사용하는 이동상으로 용리시킨 경우(HPLC)와 CO_2 초임계 유체를 이동상으로 용리시킨 경우(SFC)에 대해 이동상의 평균 유속과 단높이(H) 사이의 관계를 그린 그림(출처: D. R. Gere, Application Note 800-3, Hewlett-Packard Corp., Palo Alto, CA, 1983)

예제 | 28.1

그림 28.3에서와 같이 HPLC와 SFC의 평균 유속을 똑같이 0.7 cm/s로 했을 때 HPLC의 H 값은 0.045 mm인 반면 SFC인 경우는 0.015 mm였다. SFC의 띠너비는 HPLC에 비해 얼마나 줄어드는가?

풀이

SFC에 비해 HPLC의 단높이가 3배이므로 이론단수 N은 1/3이 된다. N은 띠너비의 제곱근에 반비례하므로 SFC의 띠너비는 HPLC에 비해 $\sqrt{3}$ 배만큼 감소한다.

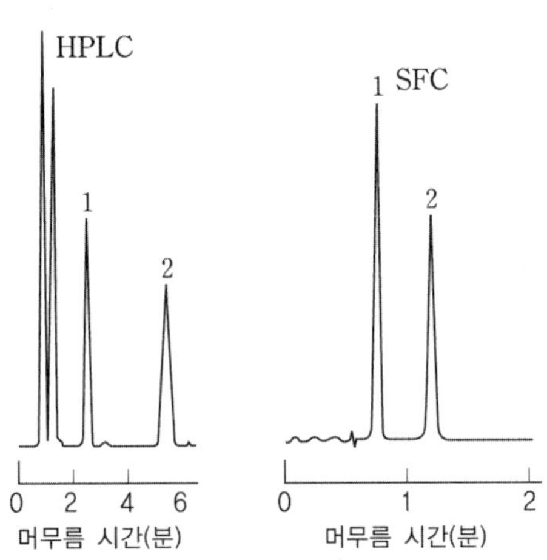

그림 28.4 같은 시료를 고성능 액체 크로마토그래피(HPLC)와 SFC로 분리시킨 크로마토그램의 비교. 10 μm, 20 cm × 4.6 mm 역상 결합 충전 칼럼을 사용하였다. 시료: (1) biphenyl; (2) terphenyl. HPLC: 이동상; CH_3OH 65%/H_2O 35%, 유속; 4 mL/min, 시료 부피; 10 μL. SFC: 이동상; CO_2, 유속; 5.4 mL/min, 시료 부피; 3 μL(출처: D. R. Gere, T. J. Stark, T. N. Tweenten, *Application Note 800-4*, Hewlett-Packard Corp., Palo Alto, CA, 1983)

GC에서 이동상은 단지 용질을 운반하는 한 가지 역할만 한다. HPLC에서 이동상은 용질을 운반할 뿐 아니라 용질과 상호 작용하여 녹이기 때문에 상대 머무름 α 값에 영향을 준다. 초임계 유체에도 용질이 녹는데 초임계 유체는 액체가 아니기 때문에 녹는 과정이 증발과 유사하다. 그러나 증발이라고 하더라도 GC에서보다 훨씬 낮은 상온에 가까운 온도에서 열에 불안정하고 분자량이 큰 고분자 물질이나 생화학 분자들이 초임계 유체에 녹는다. SFC에서는 이동상을 변화시킴으로써 용질 분자들의 상대 머무름을 바꿔줄 수 있다. 결국 SFC는 열린관 칼럼과 불꽃 이온화 검출기의 사용, 좁은 띠너비, 분리 시간 단축 등과 같은 GC의 장점을 갖는 반면 HPLC의 장점인 이동상을 바꾸거나 이동상의 조성, 밀도 등을 바꿔줌으로써 상대 머무름도 조절할 수 있다. SFC에서 분리할 수 있는 분자량 범위는 HPLC와 비슷하다.

③ SFC의 응용

SFC는 천연물, 의약품, 음식물, 농약, 계면 활성제, 화석 연료, 폭약과 같은 매우 다양한 화합물을 분리시키는 데 활용할 수 있다. 가장 중요한 SFC의 응용 중 하나는 카이랄 화합물(chiral compound)을 분리시키는 것인데 이러한 일은 제약 산업에서 특히 중요하다. SFC는 이동상의 점성도가 낮아 정지상과 이동상 사이에 평형이 빨리 이루어지고 이동상의 유속을 빠르게 할 수 있기 때문에 HPLC에 비해 분리도가 뛰어나고 피크의 폭이 좁아서 거울상 이성질체를 보다 쉽게 분리시킬 수 있다. 원하는 결과를 얻기 위해 HPLC에서는 많은 다양한 이동상과 정지상을 사용하여 최선의 분리 방법을 찾아내느라 많은 시간을 소비하지만 SFC에서는 이렇게 시행착오를 겪는 시간을 대폭 줄일 수 있다. 칼럼 한 개로 좋은 결과가 나오지 않을 때는 다른 정지상을 갖는 칼럼을 연결해서 쓰기도 하는데 SFC에서 칼럼에 걸리는 압력이 HPLC에 비해 낮기 때문에 이러한 일을 쉽게 할 수 있다. 뿐만 아니라 대용량 카이랄 화합물의 분리에서 SFC는 CO_2를 날려 보냄으로써 간단하게 이동상을 제거할 수 있어 매우 매력적이다.

2 모세관 전기 이동

직류 전기장을 걸어 주면 전하를 가진 화학종이 움직이게 되는데 이때 화학종의 전하량과 크기에 따라 이동 속도가 달라진다. 이러한 원리를 이용한 분리 방법을 **전기 이동**(electrophoresis)이라고 한다. 이 분리 방법은 1930년대 스웨덴의 화학자 Arne Tiselius가 혈청에 있는 단백질을 연구하기 위해 처음으로 개발하였고 그 공로로 1948년에 노벨 화학상을 받았다. 전기 이동이 갖는 특별한 강점은 이것이 생물학, 생화학, 생물의학, 생물 공학의 연구나 관련 산업에서 관심의 대상이 되는 전하를 띤 거대 분자를 분리할 수 있는 유일한 방법이라는 것이다. 오랫동안 전기 이동은 효소, 호르몬, 항체와 같은 단백질이나 DNA, RNA 같은 핵산을 분리하는 데 핵심 역할을 수행하여 왔다. 만약 전기 이동이 없었다면 인간 게놈 계획(Human Genome Project)은 불가능했을 것이라고 볼 수 있다.

오랫동안 사용되어 왔던 전통적인 전기 이동법을 살펴보면 우선 종이나 반고체 같은 편평한 다공성 평판을 완충 용액에 듬뿍 적신다. 이 평판에 시료를 점이나 작은 띠 모양으로 미량 주입한 뒤 고압의 직류 전압을 정해진 시간 동안 걸어 준다. 시료에 들어 있던 이온들이 전극으로 이동하는데 이들의 전하 대 크기 비에 따라 이동 속도가 다르기 때문에 분리가 일어나게 된다. 분리가 끝나고 나면 전기장을 끊고 분리된 시료는 얇은 층 크로마토그래피에서 하던 방식과 같이 착색하여 육안으로 확인할 수 있다. 여러 개의 시료를 동시에 분리할 수 있지만 중성 분자는 분리할 수 없다. 다만 이 방법을 변형하면 중성 분자도 분리할 수가 있다. 이러한 평판 전기 이동법은 분리 시간이 길고 노동력이 많이 들 뿐만 아니라 자동화하기가 어렵고 정량적인 정보를 아주 정확하게 얻을 수 없다.

모세관 전기 이동(capillary electrophoresis)은 1980년대 중, 후반에 걸쳐 개발되었는데 위에서 설명한 전기 이동 실험을 간편하고 편리하게 할 수 있도록 만든 기기라고 할 수 있다. 이 새로운 방법은 많은 전기 이동 분리 문제에서 평판 전기 이동법을 충분히 대체할 수 있는 좋은 결과를 보여 줄 뿐만 아니라 평판 전기 이동법에 비해 중요한 의미를 갖는 여러 가지 장점도 갖고 있다. 그림 28.5에서 모세관 전기 이동에 널리 사용되는 기기를 보여 주고 있다. 용융 실리카(SiO_2)로 만든 모세관을 사용했는데 길이는 50 cm, 내경은 25 ~ 75 μm 정도이고 여기에 약 30 kV의 전기장을 걸어 준다. 여러 가지 용질 이온들은 크기와 전하량이 다양하므로 모세관을 따라 이동하는 속도도 달라 분리가 일어난다. 실험 방법을 조금 바꾸면 중성 분자도 분리할 수 있다.

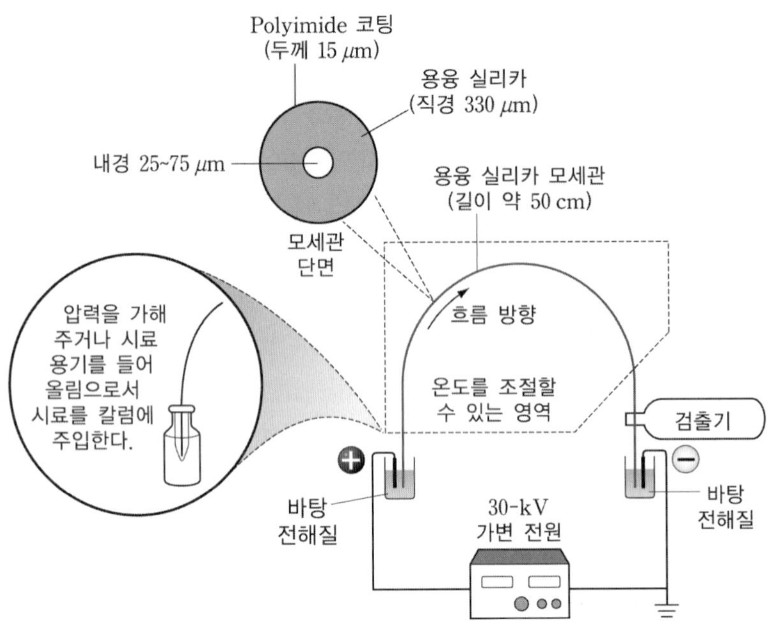

그림 28.5 모세관 전기 이동에 일반적으로 쓰이는 기기의 구조

모세관 전기 이동법은 분리 속도가 빠르고 0.1 ~ 10 nL 정도의 극히 소량의 시료를 분리할 경우에도 뛰어난 분해능을 보여 준다. 또, 고성능 액체 크로마토그래피에서 사용하는 검출기를 쓸 수 있기 때문에 모세관 한쪽 끝에 이러한 검출기를 설치하여 분리된 시료에 대한 정량적인 자료를 얻을 수 있다. 모세관 전기 이동법의 분해능이 왜 뛰어난지 좀더 자세히 살펴보자. 크로마토그래피에서 충전 칼럼을 사용하여 시료를 분리하는 경우 띠넓어짐이 일어나는 이유를 van Deemter 식 (25−32)에서는 간략하게 3가지 메커니즘으로 요약하였다. 즉 다통로 효과(A항), 세로 확산($\frac{B}{u_x}$항), 두 상 사이에 평형이 이루어지는 데 필요한 일정 시간, 즉 물질 이동항(Cu_x)을 말한다. 모세관 전기 이동에서는 열린관 칼럼과 같이 모세관을 사용할 뿐 아니라 정지상이 없다. 열린관 칼럼을 쓰는 경우 다통로 효과가 없기 때문에 단높이가 줄어들어 분해능이 증가한다고 배웠다. 모세관 전기 이동에서는 정지상이 없으므로 두 상 사이에 평형이 이루는 데 필요한 일정 시간 때문에 생기는 띠넓어짐 효과, C 항도 없어져서 단높이는 더욱 작아지고 분해능은 더욱 향상된다. 이상적인 조건 하에서 이론상으로 띠넓어짐을 일으키는 원인은 세로 확산에 의한 것만 남는다. 물론 실제 실험에서는 띠넓어짐을 일으키는 다른 여러 요인들이 있다. 보통 모세관 전기 이동에서 이론단수는 50,000 ~ 500,000 정도 되는데 크로마토그래피에 비하면 분해능이 10배 이상 뛰어나다.

(1) 전기 이동

q 쿨롱(coulomb)의 전하를 갖는 이온에 세기가 E(V/m)인 전기장이 걸리면 이 이온은 qE 뉴턴(newton)의 힘을 받는다. 용액 속에서 이온이 움직이면 이 움직임을 저지하는 마찰력이 생기는데 마찰 계수(friction coefficient)가 f이고 이온의 속도가 u_{ep}이면 마찰력은 fu_{ep}가 된다. 전기장이 이온을 끌어당기는 가속력과 마찰력이 같아지면 이온은 일정한 속도로 움직일 것이다.

$$qE = fu_{ep}$$

$$u_{ep} = \frac{q}{f}E \equiv \mu_{ep}E \qquad (28-1)$$

μ_{ep}는 **전기 이동 이동도**(electrophoretic mobility)라 하는데 용질 이온의 전하량에 비례하고 이동을 저지하는 마찰 계수에 반비례한다. 이온들의 전하량이 다르거나 이들이 용액 속을 움직일 때 받는 마찰력이 다르다면 이들의 이동 속도가 다르기 때문에 분리될 것이다. 마찰력은 이온의 크기와 모양, 그리고 용액의 점성도에 의해 결정된다. 전하를 띠지 않는 화학종은 분리되지 않는다. 이온들의 크기가 같다면 전하가 클수록 전장에서 힘을 많이 받기 때문에 이동 속도가 빨라진다. 전하량이 같은 이온이라면 크기가 작을수록 마찰력이 작아서 이동 속도가 빠르다.

(2) 전기 삼투

용융 실리카 내벽에는 많은 실란올기(Si−OH)가 있는데 pH > 3에서는 이들이 이온화(Si−O$^-$)하여 음전하를 띠게 된다. 전해질 용액에 있는 양이온은 이 음전하를 띤 모세관 내벽으로 모여들어서 실리카−용액 경계면에 전기 이중층(electric double layer)을 형성한다. 모세관 표면에 단단하게 흡착되어 고정된 양이온이 부분적으로 표면의 음전하를 중화시킨다. 모세관 벽에 가까운 전기 이중층의 확산 영역에 있는 많은 양이온들이 나머지 음전하를 중화시킨다. 이렇게 전기 이중층을 이루는 확산 영역의 두께는 이온 세기가 증가하면 얇아진다. 따라서 이온 세기가 1×10^{-3} M일 때 확산 영역의 두께는 대략 10 nm이고 이온 세기가 1 M일 때는 두께가 줄어 대략 0.3 nm이다.

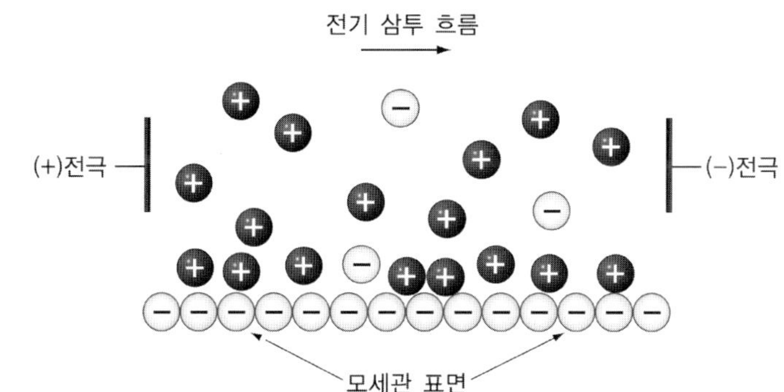

그림 28.6 음전하를 가진 실리카 표면과 인접한 양이온으로 형성되는 전기 이중층, 그리고 이 때문에 생기는 전기 삼투 흐름

전기 이중층의 바깥 부분에 있는 이 확산층의 양이온들은 음극으로 끌려가는데 이들은 용매화되어 있기 때문에 용매를 같이 끌고 움직인다. 그림 28.6에서 보는 것처럼 이렇게 음극 쪽으로 일어나는 펌프 작용을 전기 삼투(electroosmosis 또는 electroendosmosis)라 하는데 모세관 벽으로부터 약 10 nm 이내에 있는 양이온에 의해 일어난다. 그림 28.7처럼 전기 삼투는 흐름이 모세관 벽에서 시작되기 때문에 모세관을 가로질러 속도 분포가 일정하다. 이러한 흐름은 HPLC에서 볼 수 있는 압력 차에 의해 생기는 일반적인 유체역학적 흐름의 속도 분포와는 확연히 다르다. 유체역학적 흐름에서 속도 분포는 모세관을 가로질러 포물선 모양으로 나온다. 다시 말해 모세관 중심에서 가장 빠르고 모세관 벽 쪽으로 갈수록 속도는 줄어들어 모세관 벽에서는 속도가 0이 된다. 유체역학적 흐름의 이러한 속도 분포는 HPLC에서 띠넓어짐을 일으키는 요인 중 하나인데 전기 삼투에서는 속도 분포가 균일하기 때문에 이러한 띠넓어짐이 일어나지 않는다.

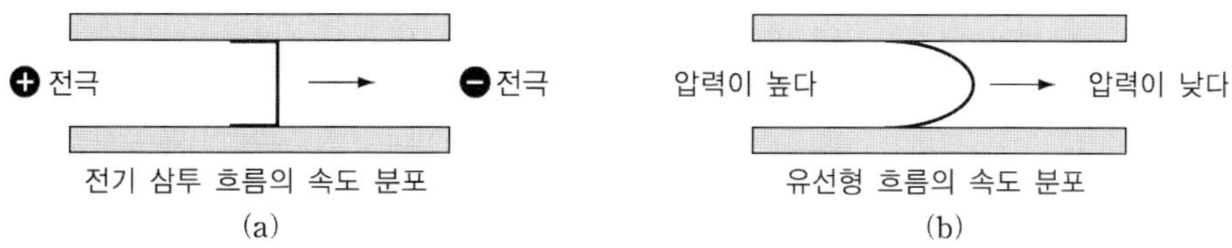

그림 28.7 (a) 전기 삼투는 모세관 단면의 99.9% 이상 유속이 균일한 흐름을 만든다. 모세관 벽 근처에서 급작스럽게 유속이 감소한다. (b) 유체역학적 흐름은 포물선 모양의 속도 분포를 갖는다. 모세관의 중심에서 유속이 가장 빠르고 벽에서는 유속이 0이 된다.

전기 삼투 속도(electroosmotic velocity, u_{eo})는 (28−1) 식과 비슷하게 걸어 준 전기장의 세기, E에 비례한다.

$$u_{eo} = \mu_{eo}E \qquad (28-2)$$

μ_{eo}는 전기 삼투 이동도(electroosmotic mobility)라 부른다. μ_{eo}는 실리카 표면의 음전하 밀도에 비례한다. 전해질 용액의 pH가 작아지면 모세관 표면의 음전하 밀도가 감소한다.

$$Si - O^- + H^+ \rightarrow Si - OH$$

따라서 pH가 작아지면 전기 삼투 속도는 작아진다. 이온 세기가 커지면 전기 이중층이 얇아지기 때문에 μ_{eo}는 전해질 용액의 이온 세기의 제곱근에 반비례한다. 농도가 0.020 M이고 pH=9인 붕산 완충 용액(borate buffer)의 전기 삼투 흐름의 속도는 보통 2 mm/s 정도인데 pH=3이 되면 속도가 10배 가까이 빨라진다.

보통 전기 삼투 흐름의 속도는 개개 이온의 전기 이동 속도보다 빠르다. 전기 삼투 흐름은 모든 양이온과 중성 분자뿐만 아니라 음이온까지도 음극 쪽으로 모두 끌고갈 수 있으므로 특정 지점에서 이들 모두를 검출할 수 있다. 양이온들이 먼저 나오는데 가장 빠른 양이온이 가장 먼저 나오고 그 다음 속도에 따라 양이온들이 순차적으로 분리된다. 그 다음에 중성 분자들은 모두 하나의 단일 띠로 나온다. 마지막으로 음이온이 나오는데 가장 느린 음이온이 가장 빨리 나오고 순차적으로 빠른 음이온들이 나온다. pH가 낮아서 전기 삼투 속도가 양극 쪽으로 움직이려는 일부 음이온을 끌고 갈 만큼 강하지 못하면 이들 음이온은 양극 쪽으로 움직이게 된다. 이러한 속도를 그림 28.8에서 서로 비교해서 상대적으로 나타내었다. 이렇게 얻어진 전기 이동 그림(electropherogram)은 크로마토그램과 모양이 비슷하게 나오지만 피크의 폭은 더 좁다.

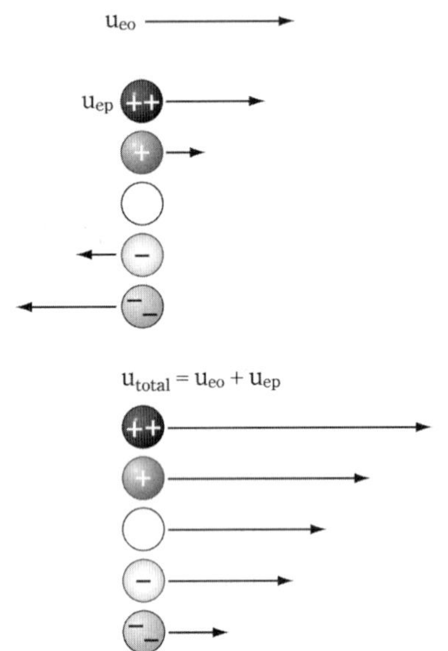

그림 28.8 전기 삼투 흐름이 있을 때 이온이나 분자들의 이동 속도. u_{eo} = 전기 삼투 속도, u_{ep} = 전기 이동 속도, u_{total} = 실제 이온이나 분자의 속도를 말한다. 이온 다음에 있는 화살표의 길이는 속도의 상대적 크기를 말하고 화살표 방향은 이동 방향을 나타낸다. 이 그림에서 (−) 전극은 오른쪽에, (+) 전극은 왼쪽에 위치한다.

모세관 내에서 이온이 흐르면 마찰열이 발생한다. 그래서 대부분의 모세관은 냉각수를 이용해 모세관 내부의 온도를 조절해 준다. 보통 모세관 내의 중앙 부분은 가장자리보다 0.02 ~ 0.3 K 정도 온도가 더 높다. 온도가 올라가면 용액의 점성도가 작아지므로 이러한 온도 차는 전기 삼투 흐름의 속도가 균일하지 않게 한다. 내경이 50 μm인 모세관에서는 이런 마찰열이 문제가 되지 않지만 내경이 1 mm 이상인 모세관에서는 모세관 내의 위치에 따른 온도 차가 심해서 문제가 된다.

(3) 이동도

이온의 **전기 이동 이동도** μ_{ep}와 용액의 **전기 삼투 이동도** μ_{eo}를 합한 값을 이온의 **겉보기 이동도**(apparent mobility) μ_{app}라고 한다.

$$\mu_{app} = \mu_{ep} + \mu_{eo} \tag{28-3}$$

양이온은 μ_{ep}와 μ_{eo}의 부호가 같고 음이온인 경우는 이 두 항의 부호가 반대이다. 어떤 용질의 겉보기 이동도는 그 용질의 알짜 속도(u_{net})를 전기장(E)으로 나눈 것으로 정의한다.

$$\mu_{app} = \frac{u_{net}}{E} = \frac{L_d/t}{V/L_t} \tag{28-4}$$

여기서 L_d는 주입구에서 검출기까지에 해당하는 칼럼 길이이고 t는 용질이 주입구에서 검출기까지 가는 데 걸리는 시간이다. 또, V는 모세관 양끝에 걸린 전압이고 L_t는 모세관의 전체 길이를 말한다. 용질의 알짜 속도는 주입구에서 검출기까지 움직인 거리를 걸린 시간으로 나눈 것이며 전기장의 세기는 모세관에 걸린 전압을 모세관의 총길이로 나눈 것이다($u_{net} = \frac{L_d}{t}$, $E = \frac{V}{L_t}$).

전기 삼투 흐름의 속도는 중성 분자가 모세관을 통과하여 검출기에 도달하는 시간을 측정하여 구한다. 이것을 **이동 시간**($t_{중성}$)이라고 한다.

전기 삼투 이동도(μ_{eo})는 전하를 갖지 않는 중성 화학종의 속도($u_{중성}$)를 전기장(E)으로 나눈 값으로 정의한다.

$$\mu_{eo} = \frac{u_{중성}}{E} = \frac{L_d/t_{중성}}{V/L_t} \tag{28-5}$$

전기 이동 이동도 $\mu_{ep} = \mu_{app} - \mu_{eo}$이다.

실험에서 가장 좋은 정밀도를 얻기 위해서 이동도는 내부 표준물질에 대한 상대적인 값으로 측정한다. 이렇게 하면 용질과 모세관 벽 사이의 상호 작용이 시간에 따라 변하지 않는 한 매 실험 때 나타나는 절댓값의 차이는 내부 표준물과 시료 사이의 상대적인 이동도에 영향을 미치지 않게 된다. 따라서 정밀도는 크게 향상된다.

모세관 전기 이동법으로 정량 분석을 하려면 전기 이동 그림의 피크 면적을 이동 시간으로 나눈 값을 사용해야 한다. 이 값을 **정규화된 피크 면적**(normalized peak area)이라고 한다. 크로마토그래피에서는 모든 용질이 검출기를 통과하는 속도가 같기 때문에 크로마토그램의 피크 면적을 그대로 정량 분석에 사용한다. 반면 모세관 전기 이동에서는 개개 용질의 실제 이동 속도가 모두 달라서 검출기를 통과하는 데 걸리는 시간이 서로 다르다. 겉보기 이동도가 클수록 검출기를 빨리 통과하므로 검출기에서 보내는 시간이 짧아지는 것이다. 시료가 검출기에서 보내는 시간이 길수록 비례하여 신호의 세기는 커진다. 이 문제를 해결하기 위해서 모세관 전기 이동법을 이용하여 정량 분석할 때 정규화된 피크 면적을 사용하는 것이다.

(4) 이론단수와 분리도

이론상으로 모세관 전기 이동에서 띠넓어짐은 세로 확산에 의해서만 일어난다. 어떤 모세관의 시료 주입부로부터 검출기까지의 길이를 L_d라 하자. 이론단수 N은 다음과 같이 정의한다.

$$N = \frac{L_d^2}{\sigma^2} \tag{28-6}$$

σ는 피크의 표준 편차인데 다음 값으로 주어진다.

$$\sigma = \sqrt{2Dt}$$

D는 확산 계수이고 t는 이동 시간인데 다음과 같이 쓸 수 있다.

$$t = \frac{L_d}{u_{net}} = \frac{L_d}{\mu_{app}E}$$

전기장 E는 다음과 같이 정의된다.

$E = V/Lt$ (V는 전압)

이 값과 σ 값을 식 (28−6)에 대입하면 이론단수 N은 다음과 같이 쓸 수 있다.

$$N = \frac{\mu_{app}V}{2D}\frac{L_d}{L_t} \qquad (28-7)$$

몇 가지 양이온에 대해 이론단수 N이 얼마나 되는지 계산해 보는 것도 의미가 있다. $L_t = 60$ cm, $L_d = 50$ cm, 전압(V) = 20,000 V, 이동 시간 t = 10 min = 600 s라 하고 이때 Na^+와 리보뉴클레이스(ribonuclease, FM 13,700)의 이론단수를 계산해 보자. Na^+와 리보뉴클레이스의 확산 계수는 각각 $1.3 \times 10^{-9}\ m^2/s$, $1.2 \times 10^{-10}\ m^2/s$이다.

(28−4) 식에서 $\mu_{app} = \dfrac{50\ cm/600\ s}{20000\ V/60\ cm} = 2.5 \times 10^{-8}\ m^2/V\cdot s$이다.

$$Na^+:\ N = \frac{\left(\frac{2.5 \times 10^{-8}\ m^2}{V\cdot s}\right)(20000\ V)(0.50\ m)}{2(1.3 \times 10^{-9}\ m^2/s)(0.60\ m)} = 1.60 \times 10^5 \text{ 단}$$

$$\text{리보뉴클레이스: } N = \frac{\left(\frac{2.5 \times 10^{-8}\ m^2}{V\cdot s}\right)(20000\ V)(0.50\ m)}{2(1.2 \times 10^{-10}\ m^2/s)(0.60\ m)} = 1.7 \times 10^6 \text{ 단}$$

위 결과를 보면 이론단수가 매우 크고 따라서 전기 이동 그림의 피크가 매우 좁고 분리도가 뛰어나다는 사실을 확인할 수 있다. 분자량이 큰 리보뉴클레이스는 Na^+에 비해 확산 속도가 느리기 때문에 이론단수가 더 크다. 또, (28−7) 식에 의하면 이론단수는 L_d/L_t에 비례하기 때문에 이 값이 일정하다면 모세관 전기 이동에서는 모세관 길이가 길어진다고 해서 분리도가 증가하지 않는다. 이것이 크로마토그래피와 다른 점이다.

실제 실험에서 분리도는 이론단수에서 예측된 값보다 커진다. 세로 확산 이외에 일어날 수 있는 띠넓어짐의 원인으로는 다음과 같은 것들을 생각해 볼 수 있다. 모세관에 주입되는 시료가 일정한 넓이의 폭을 갖고 있으며, 모세관 안쪽에서 발생하는 열로 인해 전기 삼투 흐름 속도 분포가 균일하지 못하고 포물선형으로 되며, 검출기가 일정한 길이를 갖는다. 또, 일부 용질이 모세관 벽에 흡착되어 정지상으로 작용하기도 하고 용질과 완충 용액에 있는 이온들의 이동도 차이로 인해 전기 이동이 이상적으로 일어나지 못하는 현상 등을 들 수 있다.

(28−7) 식에 따르면 걸어 준 전압이 올라갈수록 이론단수가 커져서 분리도가 향상된다는 사실을 알 수 있다. 그러나 전압이 올라가면 모세관에서 열이 많이 발생하게 되고 이 때문에 띠넓어짐이 일어나게 된다. 큰 문제없이 올릴 수 있는 최대 전압은 완충 용액의 농도 및 조성, 항온조의 온도 그리고 냉각시스템에 의해 결정된다.

크로마토그래피에서와 같이 이웃해 있는 두 피크 A, B 간의 분리도는 이론단수 N과 조정 없는 상대 머무름 γ(식 (25−16) 참조)에 의해 결정된다. 이들 사이의 관계는 (25−29) 식으로 정의하였다. 전기 이동에서 γ는 다음과 같이 정의할 수 있다.

$$\gamma = \frac{u_{net,A}}{u_{net,B}} = \frac{t_B}{t_A}$$

이론단수가 증가하면 피크의 폭이 좁아져서 분리도가 좋아지고 조정 없는 상대 머무름이 커지면 피크 A와 B 사이의 거리가 멀어지기 때문에 분리도가 좋아지는 것이다.

(5) 모세관 전기 이동의 실행

최적의 분리 결과를 얻기 위해 실험 조건, 방법, 또 실험할 때 유의해야 할 점 등을 살펴보자. 전기 이동법을 조금 변형하면 중성 분자나 과학 이성질체도 분리할 수 있으며 검출 한계도 크게 낮출 수 있다.

① 모세관 내부 환경 조절

모세관 내벽의 상태는 전기 삼투 흐름의 세기에 큰 영향을 미치므로 그 상태를 조절해 주는 것이 우선 중요하다. 내벽에 음전하가 많으면 전기 삼투는 강해지지만 단백질 같이 여러 개의 양전하를 가진 용질은 내벽에 강하게 흡착될 수 있다.

용융 실리카 모세관을 맨 처음 사용하기 전에 보통 해주는 전처리 과정은 다음과 같다.

1 M NaOH 수용액을 분당 칼럼 부피 4배 정도의 유속으로 1시간 정도 흘려보내고, 이어서 물로 1시간, 다음에 6 M HCl 수용액으로 1시간, 마지막으로 실험에 사용할 완충 용액으로 1시간 정도 씻어준다. NaOH 수용액은 모세관의 실리카 표면에 Si-OH 기를 만들어주고 HCl은 모세관 표면에 있는 금속 양이온을 제거시키는 것으로 알고 있다. 이어서 높은 pH에서 이 모세관을 사용하려면 0.1 M NaOH로 10초 정도 씻고 증류수로 다시 씻어낸 다음 사용할 완충 용액으로 최소 5분 정도 씻어낸다. 실험에 사용하는 완충 용액을 바꾸려면 새 완충 용액을 최소 5분 이상 흐르도록 해서 평형이 이루어지게 한다. pH = 4 ~ 6 정도의 범위에서는 평형이 느리게 이루어지는데 이때 실험 결과의 재현성이 나빠지면 0.1 M NaOH로 자주 모세관을 재생해 주어야 한다. 모세관을 담그는 양쪽의 완충 용액은 전압이 걸리게 되면 들어 있는 이온들이 소모되고 전기 분해에 의해 음극에서는 pH가 올라가고 양극에서는 pH가 내려간다. 따라서 이 완충 용액은 정기적으로 바꾸어 주어야 한다. 모세관 입구는 전극으로부터 2 mm 정도 이상 떨어지게 하여 전극에서 전기 분해에 의해 만들어진 산이나 염기가 칼럼에 들어가는 것을 최소화해야 한다. 모세관을 보관할 때는 증류수를 반드시 채워둔다.

시료의 특성에 따라 필요한 전기 삼투 흐름의 세기가 달라진다. 양이온을 분리할 때는 전기 삼투 흐름이 강하지 않아도 되지만 이동도가 높은 작은 음이온이나 큰 음전하를 가진 단백질 같은 거대 분자는 전기 삼투 흐름이 강하지 않으면 음극 쪽으로 이동하지 않는다. 완충 용액이 pH=3 정도로 산성일 때는 모세관 표면의 실란올기가 대부분 Si−OH로 존재하므로 전하 밀도가 낮아서 전기 삼투 흐름이 약한 반면, 완충 용액이 염기성이 되면(pH > 8) 실란올기가 대부분 $Si-O^-$로 되어 전기 삼투 흐름이 강하다.

양전하를 가진 치환기가 많이 결합되어 있는 단백질은 음전하를 가진 모세관 벽에 단단히 흡착되어 문제를 일으킨다. 0.03 ~ 0.06 M 정도의 다이아민프로페인(diaminopropane, 양성자가 첨가된 형태는 $^+H_3NCH_2CH_2CH_2NH_3^+$이다)을 완충 용액에 가해주면 모세관 벽의 전하가 중화되어 이 문제가 해결된다. 전하가 없는 친수성 치환기를 가진 실레인(silane)을 모세관 벽에 공유 결합으로 부착시키면 이 벽의 전하가 거의 0으로 줄어든다. 그러나 염기성 용액에서 이러한 코팅은 대부분 안정하지 못한 것이 문제이다.

브로민화 다이도데실다이메틸암모늄[didodecyldimethylammonium bromide, $(n\text{-}C_{12}H_{25})_2N(CH_3)_2^+Br^-$]과 같은 양이온성 계면 활성제를 완충 용액에 가하여 전기 삼투 흐름이 지금까지 다뤘던 것과는 반대 방향, 즉 (+)전압이 걸린 전극 쪽으로 흐르게 할 수 있다. 이 분자는 양전하를 갖고 있는 친수성 부분과 2개의 긴 탄화수소 꼬리로 이루어진 소수성 부분으로 되어 있다. 이 계면 활성제의 양전하 부분은 실리카 표면의 음전하가 있는 부분에 흡착되고 꼬리는 표면에서 멀리 떨어지려 하기 때문에 용액 내부로 향한다. 이 소수성인 꼬리 부분을 보호하기 위해 두 번째 층의 다른 계면 활성제 분자는 반대방향으로 배향하여 두 층의 계면 활성제 꼬리 부분이 비극성 탄화수소 층을 만들고 양전하를 가진 친수성기는 용액 쪽으로 향하게 된다. 이 계면 활성제 분자 층은 모세관 벽에 단단히 붙어 있어서 효과적으로 모세관 벽의 전하가 음에서 양으로 바뀌게 된다. 전기 이중층이 벽 표면에 만들어지는데 이제는 음이온이 표면으로 모여 확산 층을 형성한다. 음이온은 (+)극으로 끌려가므로 그림 28.6에서 본 것과 반대인 양극 쪽으로 전기 삼투 흐름이 생긴다(그림 28.9 참조). 최선의 실험 결과를 얻기 위해서는 실험할 때마다 새로운 계면 활성제 층이 모세관 표면에 만들어지도록 해야 한다. 이 방법에서는 음이온의 μ_{ep}와 μ_{eo} 부호가 같기 때문에 음이온을 빠르게 분리하려 할 때 흔히 사용된다.

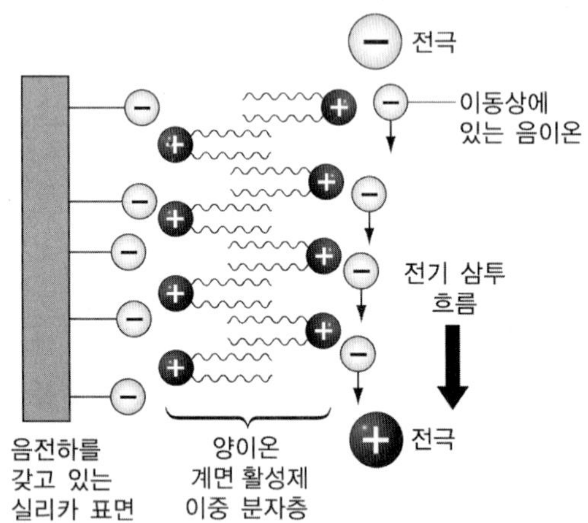

그림 28.9 양이온성 계면 활성제 이중층이 모세관 벽에 피복됨으로써 표면의 전하가 (−)에서 (+)로 바뀌게 된다. 이 표면에 음이온이 많이 모여 확산층을 형성하므로 그림 28.6과는 반대인 (+)극 쪽으로 전기 삼투 흐름이 생기게 된다. 다이도데실다이메틸암모늄 이온[$(n\text{-}C_{12}H_{25})_2N(CH_3)_2^+$]을 알기 쉽게 ⊕로 표시하였다.

② 시료 주입

가장 널리 사용되는 시료 주입법으로는 **유체역학적 주입**(hydrodynamic injection)과 **동전기 주입**(electrokinetic injection)이 있다. 유체역학적 주입은 압력으로 밀거나 끌어당겨서 모세관에 시료를 넣는 것이고 동전기 주입은 전기장을 걸어서 시료가 모세관으로 들어가게 하는 것이다.

유체역학적 주입은 시료가 들어가는 모세관 끝을 시료가 들어 있는 용기에 담그고 다른 쪽 모세관 끝에 진공을 걸어 빨아 당기거나 시료에 압력을 가해 밀어 넣거나 시료가 들어 있는 용기를 높이 올려서 주입한다. 이 방식은 이온의 이동도에 따라 주입 속도가 달라지지는 않지만 젤(gel)을 채운 모세관에는 사용할 수 없고 시료의 점도가 매우 높아도 사용하기 어렵다. 동전기 주입에서는 완충 용액에 담겨 있는 모세관 한쪽 끝과 그 전극을 떼어내어 시료가 들어 있는 작은 용기에 담근다. 양쪽 모세관 끝에 일정 시간 동안 전압을 걸어 주면 이온과 전극 사이의 정전기적 인력과 전기 삼투 흐름에 의해 시료가 모세관으로 들어가게 된다. 그 다음 모세관 끝과 전극을 원래 있던 완충 용액으로 옮겨서 분리를 시작한다. 이 방법에서는 이동도가 큰 이온들이 이동도가 느린 이온들보다 더 많이 주입되기 때문에 주입된 시료의 조성이 시료의 원래 조성과 달라질 수 있다는 문제점이 있다. 하지만 이 방법은 다음에 설명할 모세관 젤 전기 이동(capillary gel electrophoresis)에서 가장 유용한 방법이다. 유체역학적 주입과 동전기 주입 모두에서 주입한 시료 부피는 주입 시간을 통해 조절하는데 보통 주입하는 부피는 5 ~ 50 nL 정도이다. 만약 완충 용액의 밀도와 점성도가 물과 비슷한 경우 유체역학적 주입을 하는 데 높이 차이가 5 cm, 주입 시간이 10초이고 내경이 75 μm인 모세관을 썼다면 주입되는 시료의 부피는 약 6 nL이다.

③ 쌓임: 전도도 효과

만일 시료가 모세관에 주입될 때 시료 띠의 길이가 10 mm이었다면 이 시료에 들어 있던 어떤 성분의 띠도 검출기에 도달할 때 띠의 넓이가 10 mm보다 좁아질 수가 없다. 시료가 주입된 뒤 모세관에서 처음 이동을

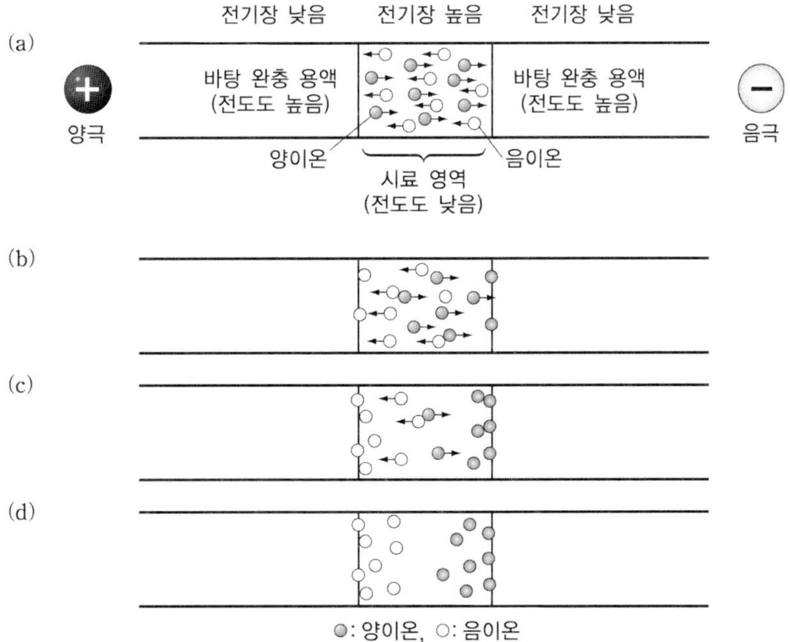

그림 28.10 시료 영역의 전장이 바탕 전해질보다 훨씬 높기 때문에 전도도가 낮은 시료 영역의 양쪽 끝에 양이온과 음이온의 쌓임이 일어난다. 시간은 (a)에서 순서대로 (d)까지 증가한다. 표시하지는 않았지만 바탕 전해질 이온들이 이동하여 용액에는 항상 전기적인 중성 상태가 유지된다.

시작할 때 모든 성분을 좁은 공간에 모아야 한다. 이렇게 용질들을 좁은 띠로 집중시키는 과정을 **쌓임**(stacking)이라고 한다.

쌓임이라는 과정은 전해질 용액에 전압을 걸었을 때 용액 내의 전기장의 세기는 용액의 전도도에 반비례한다는 사실 때문에 일어난다. 전해질의 이온 세기가 커지면 비례해서 전도도가 커지고 따라서 저항이 작아지므로 전기장이 낮아진다. 시료 용액과 전기 삼투를 일으키는 바탕 전해질(바탕 완충 용액)은 모두 완충 용액으로 되어 있다는 사실을 명심하라. 시료 용액의 전해질 농도는 바탕 완충 용액의 전해질 농도에 비교해서 1/10 정도가 되도록 조절하는 것이 적절하다. 시료 용질의 농도는 보통 바탕 완충 용액 농도의 1/500이 되도록 한다. 시료 용액의 이온 세기가 바탕 완충 용액에 비해 훨씬 낮기 때문에 모세관 내의 시료 용액이 차지하고 있는 공간은 전기장이 높고 바탕 완충 용액이 있는 부분은 상대적으로 전기장이 훨씬 낮다. 이런 연유로 해서 시료 용액이 점하고 있는 공간에 있는 이온들은 높은 전기장 때문에 매우 빨리 움직이는 반면 바탕 완충 용액에 있는 이온들은 이에 비해 훨씬 느리게 움직인다. 그림 28.10에서 보는 것처럼 시료 용액에 들어 있는 이온들은 빠르게 움직이다가 시료 용액과 바탕 완충 용액이 만나는 경계면에 도달하면 속도가 대폭 떨어진다. 바탕 완충 용액에서는 전기장이 약해지기 때문이다. 양이온은 (−)극 쪽으로 끌리고 음이온은 (+)극 쪽으로 끌리기 때문에 오른쪽 시료−바탕 용액 경계면 주변에는 양이온이 쌓이게 되고 왼쪽 시료−바탕 용액 경계면 주변에는 음이온이 쌓이게 된다. 이러한 쌓임 과정은 시료에 들어 있던 대부분의 양이온과 음이온이 각각 오른쪽과 왼쪽 경계면에 모일 때까지 계속된다. 결국 시료가 처음 주입될 때는 용질 이온들이 시료 용액이 점유하는 공간 속에 분산되어 있었지만 쌓임 과정을 통해 양이온과 음이온이 각각 경계면에 모여 매우 좁은 띠를 형성하므로 띠넓어짐이 크게 줄어 분리도가 대폭 향상된다. 그리고 많은 시료를 주입해도 띠너비가 증가하지 않는다. 쌓임에 의해 신호 세기가 크게 증가하는 예를 그림 28.11에서 볼 수 있다.

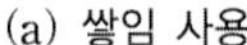
(a) 쌓임 사용

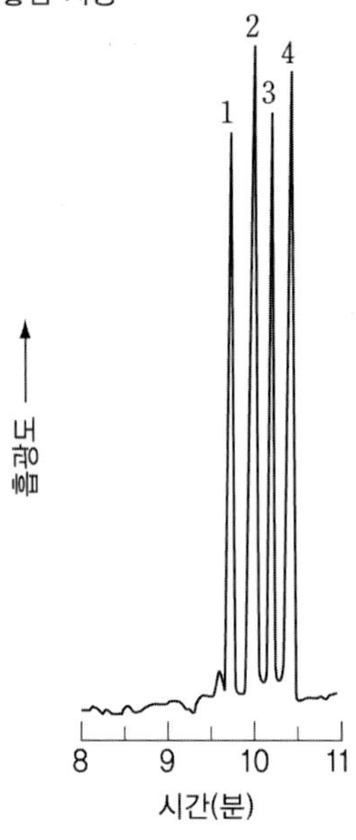

(b) 쌓임 사용 안 함

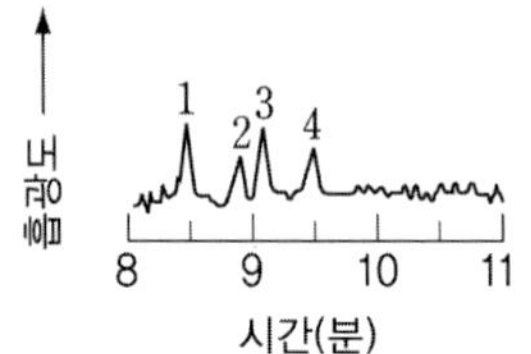

그림 28.11 (a) 쌓임 기술을 이용한 전기 이동 그림. 시료를 30 초 동안 동전기 주입하였다. (b) 쌓임 기술을 쓰지 않고 시료를 2초 동안 동전기 주입한 전기 이동 그림. (a)에서는 (b)에서보다 15배나 많은 시료가 들어갔지만 띠넓어짐 없이 신호의 세기가 15배 증가하였다.(출처: Y. Zhao, C. E. Lunte, "pH–Mediated Field Amplification On–Column Preconcentration of Anions in Physiological Samples for Capillary Electrophoresis," *Anal. Chem.* **1999**, *71*, 3985)

④ 검출기

모세관 전기 이동에서 쓰이는 검출기는 모양이나 기능이 HPLC에서 사용하는 검출기와 비슷하다. 몇 가지 대표적인 검출기와 검출 한계는 표 28.3에서 찾아볼 수 있다.

표 28.3 모세관 전기 이동에 쓰이는 검출기와 이들의 검출 한계

검출기 형태	대표적 검출 한계* (검출된 아토 몰수)
분광법	
흡수†	1 − 1000
형광	1 − 0.01
열 렌즈†	10
라만†	1000
화학 발광†	1 − 0.0001
질량 분석법	1 − 0.01
전기 화학	
전도도†	100
전위차법†	1
전류법	0.1

(출처: D. A. Skoog, F. J. Holler, S. R. Crouch, "Principle of Instrumental Analysis" 6th Ed., Thomson, 2007, Belmont, CA, USA)

*인용된 검출 한계는 18 pL부터 10 nL까지 주입 부피를 바꿔가면서 측정한 값이다.

† 주입 부피가 1 nL일 때 농도 검출 한계로부터 얻은 질량 검출 한계

(a) **자외선 흡수 검출법**

시료나 바탕 완충 용매는 대부분 물을 용매로 사용하는데 물은 자외선이 잘 통과하므로 이 검출기는 185 nm까지 사용할 수 있다. 대부분의 용질은 이렇게 짧은 파장 영역에서 큰 흡광도를 갖기 때문에 이 검출기는 널리 쓰인다. 그러나 시료 용액이나 바탕 완충 용액에 사용된 전해질이 이 짧은 파장 영역에서 흡광도가 없거나 매우 낮은 흡광도를 가져야 한다. 이 조건을 충족시키는 대표적인 것이 붕산염 완충 용액(borate buffer)이다. 검출 부피(detection volumn)가 나노리터(nanoliter)나 그 이하가 되도록 하기 위해서 칼럼 상에서 직접 검출한다. 모세관의 특정 부분이 검출기 셀(cell) 역할을 하는 것이다. 문제는 모세관의 굵기는 25 ~ 75 μm 정도인데 흡광도를 측정하기 위한 입사광의 광로 길이(optical pathlength)가 이렇게 너무 짧으면 감도가 크게 낮아진다는 점이다.

광로 길이를 늘여서 흡수 검출법의 감도를 증가시키는 셀을 그림 28.12에서 소개하고 있다. 모세관 끝을 직각으로 굽혀서 Z자 형태로 만든 셀은 광로 길이를 모세관 내경보다 10배 정도 늘릴 수 있다. 그러나 셀의 이런 모양 때문에 띠넓어짐이 일어나고 근접해 있는 띠들 사이의 거리가 3 mm 정도는 떨어져 있지 않으면 이 띠들은 검출기에서 중첩된다. 모세관의 끝 부분을 기포(bubble) 모양으로 만든 기포 셀도 광로 길이를 크게 늘일 수 있다. 내경이 50 μm인 모세관을 사용하는 경우 광로 길이를 150 μm인 기포 셀을 만들 수 있다.

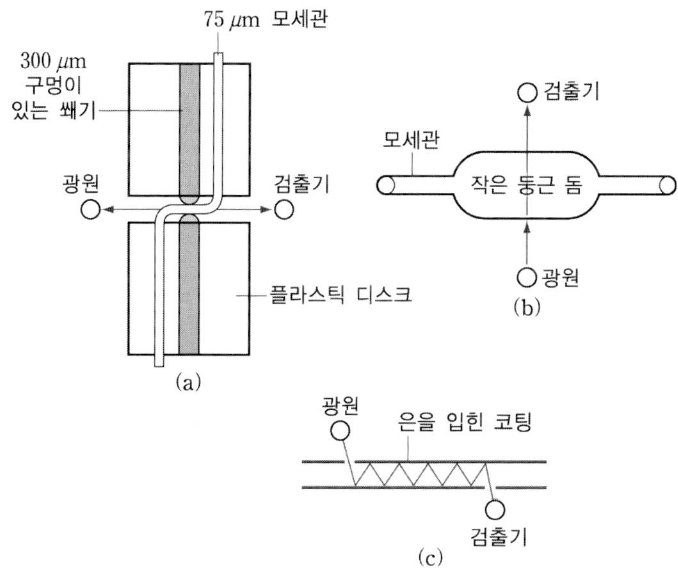

그림 28.12 모세관 전기 이동에서 자외선 흡수 검출기에 쓰이는 시료 셀. 흡광도 측정 때 감도를 올리기 위해 이런 형태로 만든다. (a) 3 mm Z 자 형태의 셀, (b) 150 μm 둥근 돔 형태의 셀, (c) 여러 번 반사하는 형태의 셀

(b) **형광 검출법**

시료가 형광을 방출하는 화합물이라면 HPLC에서 사용한 것과 같은 형광 검출기를 쓸 수 있다. 형광 검출기는 감도가 우수하고 선택성이 좋다. 작은 모세관 셀에 입사광을 조사해야 하므로 광원으로 레이저를 선호하며 이 경우 광원의 세기 때문에 검출 한계가 대폭 낮아진다.

(c) **전기 화학 검출법**

두 가지 형태의 전기 화학 검출법이 사용되고 있는데 하나는 전도도법이고 다른 하나는 전류법(amperometry)이다. 이 검출법에서 가장 중요한 문제는 분리를 위해 모세관에 걸리는 고전압의 영향을 검출기 전극이 받지 않도록 이들을 고립시켜야 한다는 것이다. 고립시키는 한 가지 방법은 다공성 유리나 탄소로 된 이음매를 모세관 끝과 검출기 전극이 들어가 있는 2번째 모세관 사이에 집어넣는 것이다.

(d) **질량 분석 검출법**

모세관 전기 이동의 부피 유속은 보통 1 μm/min 이하로 대단히 작기 때문에 모세관의 용출액이 질량 분광기의 이온화 원(ionization source)에 직접 주입되도록 하는 것이 가능하다. 이런 목적으로 가장 널리 쓰이는 시료 주입 및 이온화 연결 장치는 전기 분무(electrospray)이며 그 외에도 고속 원자 충격(fast atom bombardment), 매트릭스-지원 레이저 탈착 이온화(matrix-assisted laser desorption-ionization, MALDI) 분광법, 유도 결합 플라스마 질량 분광법(inductively coupled plasma mass spectrometry, ICPMS) 같은 방법도 쓰인다. 액체 시료가 질량 분광기에 들어가기 전에 기화되어야 하기 때문에 여기서는 휘발성이 있는 완충 용액을 써야 한다는 점이 중요하다. 모세관 전기 이동-질량 분광법 기기는 자연계에 존재하는 단백질, DNA 조각, 펩타이드(peptide) 같이 분자량이 큰 생체 분자를 분석하는 데 매우 유용하다.

(e) **간접 검출법**

간접 흡수 분광법은 몰흡광도가 작아서 유도체화 반응을 시키지 않고서는 검출하기 어려운 시료에 사용한다. 우선 일정한 크기의 흡광도를 갖는 화합물을 바탕 완충 용액에 첨가한다. 시료 성분은 흡광도가 없거나 매우 적다. 시료 성분이 모여 있는 띠에서 흡광도가 큰 화합물은 시료 성분에 의해 밀려나기 때문에 이것의 농도가 작아진다. 그래서 검출기에 일정한 크기의 흡광도가 잡히다가 분석 시료 띠가 검출기를 통과할 때는 흡광도가 크게 감소한다. 이 원리를 그림 28.13에서 볼 수 있다. 크로뮴산염(chromate), 벤조산염(benzoate), 프탈산염(phthalate) 등이 바탕 전해질로 널리 쓰인다. 이러한 방법은 흡수 분광법 이외에도 형광 검출법, 전기 화학 검출법 등 다른 형태의 검출기에도 적용할 수 있다.

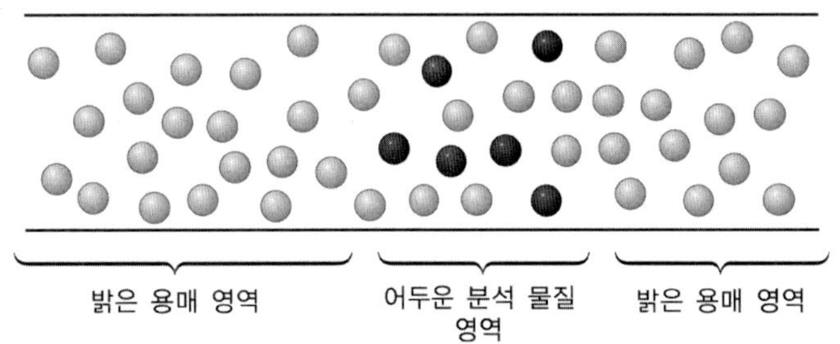

그림 28.13 간접 검출법의 원리. 흡광도가 없는 시료가 모세관에서 나와 검출기로 들어가면 바탕 물질이 희석되어 강한 바탕 신호의 세기가 크게 감소한다.

그림 28.14에서 6개의 음이온이 들어 있는 혼합 용액을 분리하여 간접 검출법으로 측정한 전기 이동 그림을 볼 수 있다.

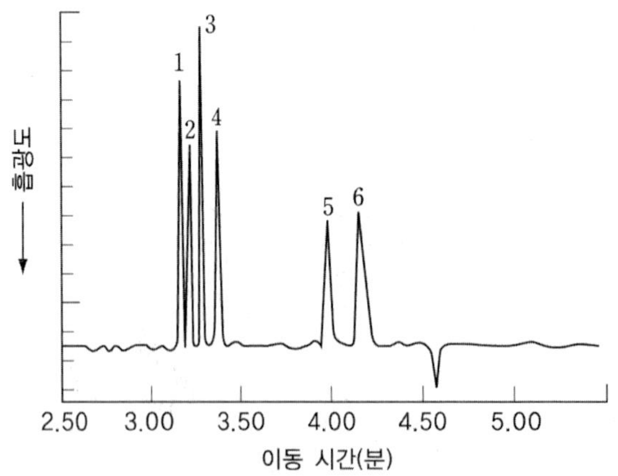

그림 28.14 6개의 음이온이 섞인 혼합물을 254 nm에서 4×10^{-3} M 크로뮴산 이온을 사용하여 간접 측정법으로 얻은 전기 이동 그림. 피크: (1) Br^-(4 ppm), (2) Cl^-(2 ppm), (3) SO_4^{2-}(4 ppm), (4) NO_3^-(4 ppm), (5) F^- (1 ppm), (6) PO_4^{3-}(6 ppm) (출처: D. A. Skoog, F. J. Holler, S. R. Crouch, "Principle of Instrumental Analysis" 6th Ed.,Thomson, 2007, Belmont, CA, USA)

(6) 다른 형태의 모세관 전기 이동

지금까지 공부한 것은 **모세관 띠 전기 이동**(capillary zone electrophoresis)이라고 한다. 그 외에도 시료의 특성에 따라 다양한 형태의 모세관 전기 이동 분리법이 발전하였다. 대표적인 것으로는 **모세관 젤 전기 이동**(capillary gel electrophoresis), **모세관 전기 크로마토그래피**(capillary electrochromatography), **마이셀 동전기 크로마토그래피**(micellar electrokinetic chromatography) 등이 있다.

모세관 띠 전기 이동은 화학종들의 전기 이동 이동도가 서로 다르다는 사실을 이용하여 분리한다. 모세관 벽이 음전하를 띠므로 전기 삼투 흐름은 음극 쪽으로 향하게 된다. 용리 순서는 양이온이 가장 빠르고 그 다음에 중성 화학종, 마지막으로 음이온이 나온다. 양이온성 계면 활성제를 모세관 벽에 흡착시켜 모세관 벽이 양전하를 갖게 되면 전기 삼투는 양극 쪽으로 향한다. 용리 순서는 반대가 되어 음이온이 가장 빠르고 중성 화학종이 그 다음, 양이온이 가장 마지막으로 나온다. 이 두 방법 모두 양이온과 음이온은 전하량, 크기, 모양에 따라 이동도가 다르므로 분리되지만 중성 분자는 모두 전기 이동 이동도가 0이므로 분리되지 않는다. 이러한 문제들을 해결하기 위해 모세관 띠 전기 이동을 변형시킨 여러 가지 전기 이동법이 나오게 되었다.

① 마이셀 동전기 크로마토그래피

마이셀 동전기 크로마토그래피(micellar electrokinetic chromatography, MEKC)는 모세관 전기 이동의 한 형태로서 전하가 없는 화학종들을 분리시키기 위해 개발되었다. 전하를 가진 화학종들도 물론 분리시키는 것이 가능하다. 계면 활성제는 이온성 또는 극성 머리 부분(친수성)에 긴 비극성 탄화수소 꼬리(소수성)가 달린 화합물이다. MEKC에서는 이온성 계면 활성제가 쓰인다. 수용액에서 이들의 농도가 증가하여 일정 수준[임계 마이셀 농도(critical micelle concentration, CMC)이라 부른다] 이상이 되면 이들이 모여서 구형의 집합체를 만드는데 이것을 마이셀(micelle)이라 부른다. 이들의 탄화수소 꼬리는 안으로 뭉치고 이온성 머리 부분은 바깥쪽의 물속으로 노출된다. 보통 40 ~ 100개 정도의 계면 활성제 분자가 모여 하나의 마이셀을 만든다. 마이셀 내부는 계면 활성제의 비극성 탄화수소가 모여 있기 때문에 여기에 비극성 화학종이 녹을 수 있다.

음이온성 계면 활성제인 sodium dodecyl sulfate(SDS, n-$C_{12}H_{25}OSO_3^-Na^+$)가 이런 목적으로 가장 널리 쓰인다. 전기 이동에 쓰는 바탕 완충 용액에 SDS를 임계 마이셀 농도 이상 가하면 이들이 마이셀을 만든다. 이 마이셀의 표면은 많은 음전하를 가지기 때문에 큰 전기 이동 이동도를 갖는다. 하지만 대부분의 바탕 완충 용액은 음극 쪽으로 향하는 전기 삼투 흐름의 속도가 빠르기 때문에 음이온성 마이셀도 음극 쪽으로 움직이지만 그림 28.15에서 보는 것처럼 속도가 매우 느리다. 이제 실험을 하는 동안 바탕 완충 용액에는 빨리 흐르는

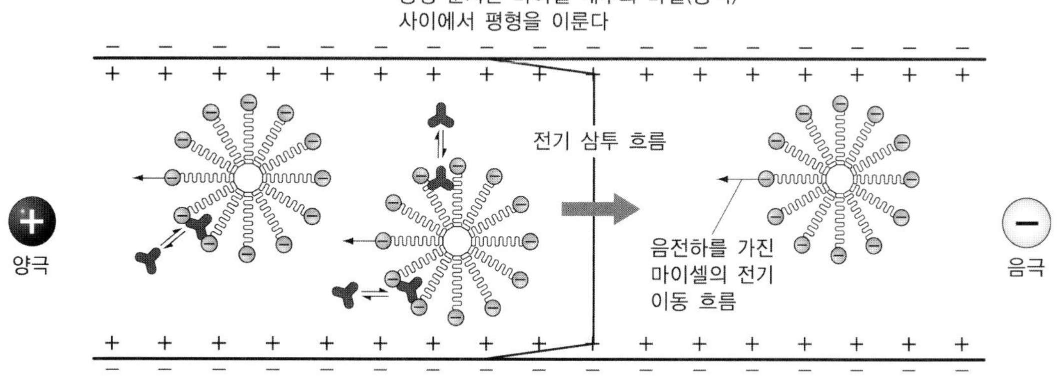

그림 28.15 sodium dodecyl sulfate 마이셀은 음전하를 띠고 있어서 전기 삼투 흐름과 반대 방향으로 이동하려 한다. 중성 분자는 바깥 용액과 마이셀 내부 사이에서 동적 평형을 이루고 있다. 중성 분자가 마이셀 내부에서 시간을 많이 보낼수록 음극 쪽으로 이동하는 속도가 늦어진다.

수용액과 천천히 흐르는 마이셀 이렇게 2개의 상이 존재한다. 시료가 주입되면 각 성분들은 극성이 큰 수용액과 마이셀 내부의 비극성 탄화수소 사이에 분배된다. 이러한 분배 평형의 위치는 시료 용질의 극성에 의해 결정된다. 극성이 큰 성분은 수용액에서 보내는 시간이 길어질 것이므로 빠르게 이동하게 되고 극성이 없거나 작은 성분은 마이셀 내부에서 보내는 시간이 길 것이므로 느리게 움직이게 된다.

이 현상은 HPLC 칼럼 내에서 일어나는 현상과 매우 유사하다. 수용액은 이동상이고 마이셀은 비록 천천히 움직이기는 하지만 정지상[유사 정지상(pseudostationary phase)이라고 보통 부른다] 역할을 하는 것이다. 이렇게 MEKC에서 각 성분이 분리되는 메커니즘은 HPLC와 동일하므로 실질적으로 크로마토그래피의 한 형태라 볼 수 있고 이 방법을 "마이셀 동전기 크로마토그래피"라고 부르는 것이다. 양이온과 음이온의 이동 시간도 용액과 마이셀 사이의 이온 분배와 이들 이온과 마이셀 사이의 정전기적 상호 작용 때문에 마이셀의 영향을 받는다. van Deemter 식((25−32) 식)의 질량 이동항 Cu_x 값이 MEKC에서 0이 아니지만 이 값이 매우 작아서 질량 이동 때문에 생기는 띠넓어짐은 별로 문제가 되지 않는다. 마이셀의 크기가 대단히 작아서(마이셀의 반지름이 계면 활성제 분자 길이와 비슷한 크기라는 사실을 상기해 보자) 용액과 마이셀 내부 사이에서 일어나는 분자의 이동이 매우 빠르기 때문이다.

복잡한 시료를 분리시키기 위해 우리가 동원할 수 있는 변수는 여러 가지가 있다. 계면 활성제도 양이온성, 음이온성, 그리고 중성 분자로 종류가 다양한데 여러 가지 계면 활성제를 첨가해서 시료 성분의 분배 계수를 바꿀 수 있다. 아세토나이트릴(acetonitrile)이나 *N*-메틸폼아마이드(*N*-methylformamide) 같은 용매를 가해서 바탕 완충 용액과 마이셀 사이의 분배 계수를 바꿀 수 있다. 사이클로덱스트린(cyclodextrin)을 가해서 거울상 이성질체를 분리한 경우도 있다.

MEKC는 뚜렷한 장점이 있어서 앞으로 발전 가능성이 많다. HPLC와 비교했을 때 우선 칼럼 효율이 매우 높다. 그리고 MEKC에서는 바탕 완충 용액의 마이셀 조성만 바꿔주면 되므로 정지상을 바꾸는 것이 아주 간단하다. HPLC에서 정지상을 바꾸려면 칼럼의 충전물을 바꾸거나 칼럼을 바꿔야 한다.

② 모세관 젤 전기 이동

생화학 분야에서 전하를 가진 거대 분자를 그 크기에 따라 분리하기 위해 고분자 젤(gel)을 평평한 얇은 판으로 만들어 사용해 왔는데 이 젤을 모세관에 채워서 사용하는 분리 방법이 **모세관 젤 전기 이동**(capillary gel electrophoresis, CGE)이다. 그림 28.16에서 보는 것처럼 젤에는 고분자 사슬 사이가 화학 결합으로 연결되어 있는 화학 젤(chemical gel)과 이러한 다리 결합이 없고 단순히 고분자 사슬이 서로 엉켜있는 물리 젤(physical gel)이 있다. 화학 젤은 보통 아크릴아마이드(acrylamide)와 다리 결합 화합물을 섞어 공중합(copolymerization)시켜서 만든다. 다리 결합이 많이 만들어질수록 고분자 사슬 사이의 공간은 작아진다. 화학 젤은 딱딱하여 평판 전기 이동에서는 많이 사용했으나 모세관에는 이것을 채우기도 뽑아내기도 힘들다. 그래서 CGE에서는 물리 젤을 많이 사용한다. 물리 젤로 흔히 사용되는 것으로는 아가로스(agarose, 해양 조류에서 추출한 다당류), 메틸 셀룰로스(methyl

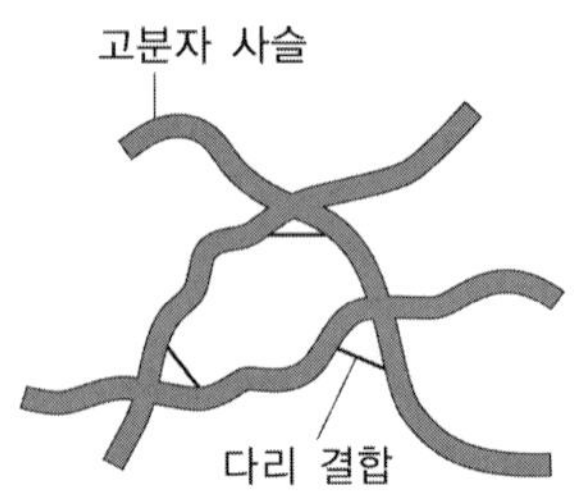

(a) 화학 젤(사슬 사이에 화학 결합을 갖는다.)

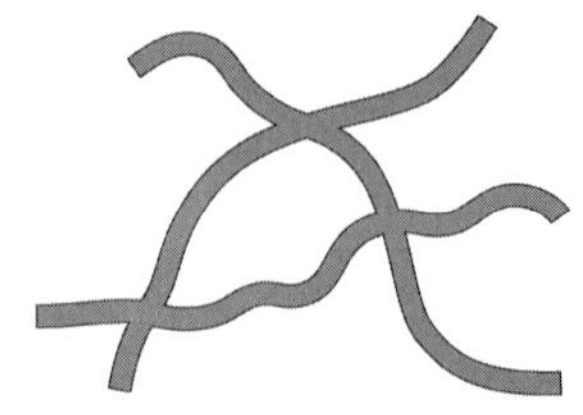
(b) 물리적 젤(사슬 사이에 결합은 없고 엉켜 있다.)

그림 28.16 (a) 화학 젤은 다른 고분자 사슬을 서로 연결하는 공유 결합을 갖고 있다. 이러한 화학 결합을 다리 결합이라고 한다. (b) 물리 젤에는 고분자 사슬 사이에 다리 결합이 없고 단지 서로 엉켜 있다. 이들의 성질은 이러한 엉킴에 의해 나타난다.

cellulose), 폴리바이닐 알코올(polyvinyl alcohol), 폴리에틸렌옥사이드(polyethyleneoxide), 덱스트란(dextran), 폴리다이메틸아크릴아마이드(polydimethylacrylamide), 폴리에틸렌 글리콜(polyethylene glycol) 등이 있다. 물리 젤은 분리할 때마다 쉽게 모세관에서 뽑아내고 또, 새로운 젤로 채워서 신선한 모세관을 만들어 쓸 수 있기 때문에 많이 사용한다.

CGE에서 모세관에 채워진 젤은 고운 체(sieve)와 같은 역할을 한다. 모세관에 전압을 걸어 주면 전하를 가진 거대 분자들이 고분자 사슬 사이의 공간을 통해 이동하는데, 크기가 작은 분자가 큰 분자들보다 빠르게 이동한다. 이 CGE를 이용하여 인간 게놈 계획(Human Genome Project)에서 인간 게놈에 있는 핵산의 순서를 밝혀냈다.

③ 모세관 전기 크로마토그래피

모세관 전기 크로마토그래피(capillary electrochromatography)는 HPLC와 모세관 전기 이동의 장점을 합쳐놓은 분리 방법이라 할 수 있다. 이 방법에서는 마이셀 동전기 크로마토그래피와 달리 실제 정지상을 사용하지만 모세관에 펌프로 압력을 가하는 대신 전압을 걸어 전기 삼투에 의해 이동상이 흐르도록 한다. 모세관 내부는 단결정 실리카 구조(monolithic silicate structure)로 되어 있는데 이 표면에는 양전하를 가진 4차 암모늄기가 공유 결합으로 부착되어 있다. 이렇게 단결정 구조로 된 칼럼을 사용하면 분리도에 손상 가는 일 없이 유속을 많이 올릴 수 있다. 이 표면에 모여든 음이온들이 (+)극 쪽으로 끌려가면서 용액 전체가 (+)극 쪽으로 흐르게 된다. 4차 암모늄 양이온에는 HPLC에서 설명한 것과 같은 옥타데실(octadecyl, C_{18}) 기가 결합되어 있는데 이것이 정지상이다. 그래서 이동상이 전기 삼투에 의해 흐른다는 것을 제외하면 HPLC와 유사하다. 용질은 이동상과 정지상 사이의 분배에 의해 분리되는 데 C_{18} 기가 비극성이므로 역상 HPLC 칼럼처럼 비극성 용질을 분리하는 데 유용하다. 입자 크기가 같고 길이가 비슷한 HPLC 칼럼과 비교했을 때 모세관 전기 이동의 이론단수는 약 2배에 달한다. 또 이동상이 압력에 의해 흐르는 것이 아니므로 칼럼에 작은 입자를 충전했다고 해서 큰 압력 강하가 나타나지 않는다. 모세관 전기 크로마토그래피는 거울상 이성질체 분리, 이온 교환 분리, 미량 성분 분리 등 그 응용 범위가 넓다.

(7) 모세관 전기 이동 실험 방법 찾기

모세관 전기 이동법은 HPLC보다는 널리 사용되지 않는다. 그 이유에는 이 방법이 HPLC에 비해 20년 정도 늦게 개발되었다는 점도 포함될 것이다. 모세관 전기 이동법은 HPLC에 비해 분리도가 높고 폐기물이 적게 생기며 실험 장치가 간단하다는 장점이 있다. 그러나 이 방법은 검출 한계가 높고 재현성이 낮을 뿐 아니라 전해질 용액에 녹지 않아 사용할 수 없는 시료가 제법 있으며 시료 주입량이 적어서 대용량 분리(preparative separation)를 할 수 없다는 단점이 있다. 재현성 문제는 동적 코팅(dynamic coating) 기술 덕분에 많이 향상되었다. 이 방법은 분석이 한번 끝날 때마다 모세관 내부를 다시 코팅하여 시료가 실리카 표면에 흡착되어 남아 있는 것을 제거해 줌으로써 이동 시간의 재현성이 ±5% 이내로 줄어들게 되었다.

모세관 전기 이동법을 이용할 때 최상의 결과를 얻기 위해 고려해야 할 점은 다음과 같다.

1. 원하는 검출 한계를 충족시킬 수 있는 적절한 검출 방법을 선택한다. 간접 검출법이나 유도체화 방법을 사용할 수도 있다.
2. 가능하다면 시료를 음이온 형태로 분리하는 것이 좋다. 음이온은 음전하를 띤 모세관 벽에 흡착되지 않기 때문이다. 단백질과 같이 큰 양전하를 가진 이온을 낮은 pH에서 분리하려면 모세관 벽을 코팅하거나 첨가제를 가하여 벽의 전하를 바꾸어 주는 것이 좋다.

3. 시료의 모든 성분이 용매나 이동상으로 쓰는 완충 용액에 녹아야 한다. 만약 시료가 수용액에 잘 녹지 않으면 6 M짜리 요소나 계면 활성제를 첨가해서 문제를 해결할 수 있다. CH_3CN이나 CH_3OH 같은 유기 용매를 쓸 수도 있는데 이때는 이 용매가 장비의 플라스틱으로 만들어진 부품들을 녹이지 않아야 하고 전류의 흐름을 낮게 유지하여 용매가 증발하거나 기체가 방출되는 것을 최소화해야 한다.
4. 존재하는 피크의 숫자를 확인하고 각 피크가 무슨 화합물에 해당하는지 알아낸다. 이때는 검증된 시료(authentic sample)를 사용하거나 배열된 광다이오드 검출기(photodiode array detector) 같은 다채널(multichannel detector) 검출기 또는 질량 분석기를 사용할 수 있다.
5. 본격적인 실험을 하기 전에 탐색 실험을 통해 짧은 시간 내에 시료의 이동 방향과 넓은 피크가 나타나는지 여부를 확인한다. 넓은 피크가 나타난다면 모세관을 코팅해야 한다. 이러한 탐색 실험은 길이가 짧은 모세관을 이용해서 할 수 있다.
6. 우선 pH만을 조절해서 적절하게 분리시킬 수 있는지 시도해 본다. 산인 경우는 먼저 pH = 9.3인 50 mM 붕산염 완충 용액으로 시작하고 염기인 경우는 pH = 2.5인 50 mM 인산염 완충 용액을 갖고 시작한다. 만족할 만한 결과가 나오지 않으면 용질의 pK_a를 평균한 값과 비슷한 pH를 가진 완충 용액으로 분리를 시도한다.
7. pH만 조절해서는 좋은 결과를 얻을 수 없거나 분석 물질이 중성이면 계면 활성제를 사용하여 마이셀 동전기 크로마토그래피를 사용한다. 분석 물질이 카이랄 분자라면 사이클로덱스트린(cyclodextrin)을 가하여 분리한다.
8. 분리가 끝나고 나면 모세관을 세척해야 하는데 다음 사항을 참고하여 알맞은 방법을 선택한다. 세척하지 않아도 재현성 있는 결과를 매번 얻을 수 있다면 세척할 필요가 없다. 이동 시간이 길어진다면 0.1 M NaOH로 5 ~ 10초 정도 세척한 후 실험에 사용한 완충 용액으로 다시 5분 정도 세척한다. 그래도 이동 시간이 일정하지 않으면 0.1 M NaOH로 세척하는 시간을 몇 초 정도 늘리거나 줄여 본다. 만약 이동 시간이 짧아진다면 0.1 M H_3PO_4로 세척해 준다. 모세관 벽에 단백질이나 양이온들이 흡착되어 있으면 0.1 M sodium dodecyl sulfate(음이온성 계면 활성제)로 세척하거나 아니면 시판되는 코팅된 모세관을 사용해도 무방하다.
9. 시료를 세척할 필요가 있다면 적절한 방법을 찾는다. 분리도가 낮게 나오거나 염의 농도가 높거나 모세관이 쉽게 오염된다면 시료의 세척이 필요할 수 있다. 고체상 추출(extraction), 단백질 침전(precipitation), 투석(dialysis) 같은 방법으로 시료 세척이 가능하다.
10. 시료의 농도가 너무 낮으면 쌓임(stacking)이나 훑기(sweeping) 같은 방법으로 모세관 내의 분석 시료를 농축할 수 있다.
11. 정량 분석을 해야 하는 경우에는 농도와 신호의 세기가 비례하는 선형 구간을 구하여 분석 물질의 최소 농도와 최고 농도를 결정해야 한다. 내부 표준물질을 사용할 수도 있다.

연습문제

1. 초임계 유체란 어떤 물질을 말하는가?

2. 초임계 유체는 어떤 특성을 갖고 있는가?

3. 초임계 유체 크로마토그래피(SFC)는 무엇인지 간략하게 설명하시오.

4. SFC가 기체 크로마토그래피(GC)와 비교해서 어떤 장점을 갖고 있는지 설명하시오.

5. SFC가 고성능 액체 크로마토그래피(HPLC)와 비교해서 어떤 장점을 갖고 있는지 설명하시오.

6. SFC에 대한 다음 물음에 답하시오.
   (1) SFC 기기는 HPLC 기기와 어떻게 다른가?
   (2) SFC 기기는 GC 기기와 어떻게 다른가?
   (3) CO_2를 이동상으로 가장 많이 사용한다. 그 이유를 설명하시오.
   (4) 압력은 크로마토그램에 어떤 영향을 주는가?
   (5) 압력 프로그래밍이란 어떻게 하는 것인지 설명하시오.
   (6) SFC에서는 충전 칼럼뿐 아니라 열린관 칼럼도 쓸 수 있다. 열린관 칼럼을 쓸 수 있는 이유를 설명하시오.
   (7) SFC에서 가장 많이 쓰이는 검출기는 무엇인가? 또, 이 검출기가 갖는 장점은 무엇인가?
   (8) SFC에서는 질량 분광기를 검출기로 쓰기가 용이하다. 그 이유는 무엇인가?
   (9) SFC가 어떤 분야에서 많이 응용되고 있는지 조사해 보자.

7. 전기 이동이란 무엇을 말하는가? 개념을 간략하게 설명하시오.

8. 모세관 전기 이동(CE)은 HPLC에 비해 분리도가 뛰어나다. 그 이유는 무엇인가?

9. 어떤 시료에 양이온, 음이온, 중성 분자 등 다양한 화학종이 섞여 있다고 하자. 모세관 전기 이동으로 이들을 분리시키려 할 때 이들의 이동 속도가 어떤 순서로 되는지 설명하시오.

10. CE에서는 2가지 힘에 의해 혼합물이 분리된다. 이 2가지 힘은 어떤 것인가?

11. 바탕 전해질의 pH를 크게 하면 전기 삼투 흐름의 속도는 어떻게 변하는가? 그 이유를 설명하시오.

12. 모세관 전기 이동(CE)에 대한 다음 물음에 답하시오.
    (1) 전기 삼투란 무엇인가? 모세관 전기 이동에서 전기 삼투 흐름이 어떻게 생기는지 메커니즘을 설명하시오.
    (2) 전기 삼투 흐름의 세기를 조절하는 방법에는 서로 다른 3가지가 있다. 어떻게 조절하는지 설명하시오.
    (3) 전기 삼투 흐름의 세기는 분리에 어떤 영향을 주는가?
    (4) 모세관은 내경이 매우 작은 것을 쓴다. 이렇게 좁은 모세관을 쓰는 이유는 무엇인가?
    (5) 이온의 겉보기 이동도란 무엇인지 설명하시오.
    (6) 이동상으로 완충 용액을 사용한다. 그 이유는 무엇인가?
    (7) 이동상의 이온 세기가 커지면 어떤 영향을 주는가?
    (8) 분리도를 향상시키기 위해 여러 가지 방법을 쓴다. 어떤 방법이 있는지 간략하게 설명하시오.
    (9) 기기의 구조를 보면 검출기는 대부분 음극 쪽에 설치되어 있다. 음극 쪽에서도 음이온을 검출할 수 있기 때문이다. 음극 쪽에서 음이온을 검출할 수 있는 이유는 무엇인가?
    (10) 가장 널리 쓰이는 시료 주입 방법에는 2가지가 있다. 이 시료 주입법을 간략하게 설명하고 장단점도 같이 설명하시오.

13. 피크의 폭을 좁혀서 분리도를 향상시키기 위해 시료를 주입할 때 쌓임(stacking)이란 방법을 CE에서 널리 사용한다. 쌓임은 어떻게 하며 분리도가 왜 향상되는지 간략하게 설명하시오.

14. CE에서 전극에 걸어 주는 전압을 증가시키면 피크 폭이 좁아지고 분리도가 증가한다. 이러한 현상이 나타나는 이유를 설명하시오.

15. 전기 삼투 흐름이 양극 쪽으로 향하게 할 수 있다. 어떻게 하면 되는지 간략하게 설명하시오.

16. CE에서는 어떤 검출기가 널리 쓰이는지 조사해 보시오.

17. 중성 분자는 sodium dodecyl sulfate와 같은 계면 활성제를 사용하여 분리시킬 수 있다. 이런 방법을 마이셀 동전기 크로마토그래피(MEKC)라고 한다. 다음 물음에 답하시오.
    (1) 마이셀이란 무엇인가?
    (2) 이 방법을 크로마토그래피라고 부르는 이유는 무엇인가?
    (3) MEKC에서 혼합물이 분리되는 메커니즘을 간략하게 설명하시오.
    (4) HPLC와 비교해서 MEKC가 갖는 장점은 어떤 것인가?

18. 모세관 전기 크로마토그래피에 대한 다음 물음에 답하시오.
    (1) 이 방법의 원리를 간략하게 설명하시오.
    (2) HPLC와 비교해서 이 방법은 어떤 장점을 갖는가?
    (3) 이 방법의 응용 분야를 조사하시오.

19. 모세관 젤 전기 이동이란 어떻게 하는 방법인지 간략하게 설명하시오.

부록

1 용해도곱 상수

화합물	화학식	K_{sp}	비고
Aluminum hydroxide	$Al(OH)_3$	3×10^{-34}	
Barium carbonate	$BaCO_3$	5.0×10^{-9}	
Barium chromate	$BaCrO_4$	2.1×10^{-10}	
Barium hydroxide	$Ba(OH)_2 \cdot 8H_2O$	3×10^{-4}	
Barium iodate	$Ba(IO_3)_2$	1.57×10^{-9}	
Barium oxalate	BaC_2O_4	1×10^{-6}	
Barium sulfate	$BaSO_4$	1.1×10^{-10}	
Cadmium carbonate	$CdCO_3$	1.8×10^{-14}	
Cadmium hydroxide	$Cd(OH)_2$	4.5×10^{-15}	
Cadmium oxalate	CdC_2O_4	9×10^{-8}	
Cadmium sulfide	CdS	1×10^{-27}	
Calcium carbonate	$CaCO_3$	4.5×10^{-9}	Calcite
	$CaCO_3$	6.0×10^{-9}	Aragonite
Calcium fluoride	CaF_2	3.9×10^{-11}	
Calcium hydroxide	$Ca(OH)_2$	6.5×10^{-6}	
Calcium oxalate	$CaC_2O_4 \cdot H_2O$	1.7×10^{-9}	
Calcium sulfate	$CaSO_4$	2.4×10^{-5}	
Cobalt(II) carbonate	$CoCO_3$	1.0×10^{-10}	
Cobalt(II) hydroxide	$Co(OH)_2$	1.3×10^{-15}	
Cobalt(II) sulfide	CoS	5×10^{-22}	α
	CoS	3×10^{-26}	β
Copper(I) bromide	$CuBr$	5×10^{-9}	
Copper(I) chloride	$CuCl$	1.9×10^{-7}	
Copper(I) hydroxide	Cu_2O[a]	2×10^{-15}	
Copper(I) iodide	CuI	1×10^{-12}	
Copper(I) thiocyanate	$CuSCN$	4.0×10^{-14}	
Copper(II) hydroxide	$Cu(OH)_2$	4.8×10^{-20}	
Copper(II) sulfide	CuS	8×10^{-37}	
Iron(II) carbonate	$FeCO_3$	2.1×10^{-11}	

화합물	화학식	K_{sp}	비고
Iron(II) hydroxide	$Fe(OH)_2$	4.1×10^{-15}	
Iron(II) sulfide	FeS	8×10^{-19}	
Iron(III) hydroxide	$Fe(OH)_3$	2×10^{-39}	
Lanthanum iodate	$La(IO_3)_3$	1.0×10^{-11}	
Lead carbonate	$PbCO_3$	7.4×10^{-14}	
Lead chloride	$PbCl_2$	1.7×10^{-5}	
Lead chromate	$PbCrO_4$	3×10^{-13}	
Lead hydroxide	PbO[b]	8×10^{-16}	노랑
	PbO[b]	5×10^{-16}	빨강
Lead iodide	PbI_2	7.9×10^{-9}	
Lead oxalate	PbC_2O_4	8.5×10^{-9}	$\mu = 0.05$
Lead sulfate	$PbSO_4$	1.6×10^{-8}	
Lead sulfide	PbS	3×10^{-28}	
Magnesium ammonium phosphate	$MgNH_4PO_4$	3×10^{-13}	
Magnesium carbonate	$MgCO_3$	3.5×10^{-8}	
Magnesium hydroxide	$Mg(OH)_2$	7.1×10^{-12}	
Manganese carbonate	$MnCO_3$	5.0×10^{-10}	
Manganese hydroxide	$Mn(OH)_2$	2×10^{-13}	
Manganese sulfide	MnS	3×10^{-11}	분홍
	MnS	3×10^{-14}	초록
Mercury(I) bromide	Hg_2Br_2	5.6×10^{-23}	
Mercury(I) carbonate	Hg_2CO_3	8.9×10^{-17}	
Mercury(I) chloride	Hg_2Cl_2	1.2×10^{-18}	
Mercury(I) iodide	Hg_2I_2	4.7×10^{-29}	
Mercury(I) thiocyanate	$Hg_2(SCN)_2$	3.0×10^{-20}	
Mercury(II) hydroxide	HgO[c]	3.6×10^{-26}	
Mercury(II) sulfide	HgS	2×10^{-53}	검정
	HgS	5×10^{-54}	빨강
Nickel carbonate	$NiCO_3$	1.3×10^{-7}	
Nickel hydroxide	$Ni(OH)_2$	6×10^{-16}	
Nickel sulfide	NiS	4×10^{-20}	α
	NiS	1.3×10^{-25}	β
Silver arsenate	Ag_3AsO_4	6×10^{-23}	
Silver bromide	AgBr	5.0×10^{-13}	
Silver carbonate	Ag_2CO_3	8.1×10^{-12}	
Silver chloride	AgCl	1.82×10^{-10}	
Silver chromate	$AgCrO_4$	1.2×10^{-12}	
Silver cyanide	AgCN	2.2×10^{-16}	

화합물	화학식	K_{sp}	비고
Silver iodate	$AgIO_3$	3.1×10^{-8}	
Silver iodide	AgI	8.3×10^{-17}	
Silver oxalate	$Ag_2C_2O_4$	3.5×10^{-11}	
Silver sulfide	Ag_2S	8×10^{-51}	
Silver thiocyanate	$AgSCN$	1.1×10^{-12}	
Strontium carbonate	$SrCO_3$	9.3×10^{-10}	
Strontium oxalate	SrC_2O_4	5×10^{-8}	
Strontium sulfate	$SrSO_4$	3.2×10^{-7}	
Thallium(I) chloride	$TlCl$	1.8×10^{-4}	
Thallium(I) sulfide	Tl_2S	6×10^{-22}	
Zinc carbonate	$ZnCO_3$	1.0×10^{-10}	
Zinc hydroxide	$Zn(OH)_2$	3.0×10^{-16}	비결정성
Zinc oxalate	ZnC_2O_4	8×10^{-9}	
Zinc sulfide	ZnS	2×10^{-25}	α
	ZnS	3×10^{-23}	β

출처: D. A. Skoog, D. M. West, F. J. Holler, Fundamentals of Analytical Chemistry, 7th Ed. Saunders College Publishing, Philadelphia, PA, USA, 1996. 특별한 언급이 없으면 이온 세기는 0.0이고 온도는 25 ℃이다.

[a] $u_2O(s) + H_2O \rightleftarrows 2Cu^{+} + 2OH^{-}$

[b] $PbO(s) + H_2O \rightleftarrows Pb^{2+} + 2OH^{-}$

[c] $HgO(s) + H_2O \rightleftarrows Hg^{2+} + 2OH^{-}$

2 산 해리 상수

산	화학식	K_a(25 ℃)	pK_a
Acetic acid	CH_3COOH	1.75×10^{-5}	4.757
Acetylsalicylic acid	$C_6H_4(C_2H_3O_2)COOH$	3.3×10^{-4}	3.48
Adipic acid	$HOOC(CH_2)_4COOH$	3.71×10^{-5}	4.43
	$HOOC(CH_2)_4COO^{-}$	3.89×10^{-6}	5.41
Alanine	$^{+}H_3NCH(R)COOH$	$4.5\underline{7} \times 10^{-3}$	2.34
	$^{+}H_3NCH(R)COO^{-}$	$1.3\underline{5} \times 10^{-10}$	9.87
4-Aminopyridine*	$C_5H_5NNH_3^{+}$	4.26×10^{-10}	9.37
Ammonium	NH_4^{+}	5.62×10^{-10}	9.25
Arginine	$^{+}H_3NCH(RH^{+})COOH$	$1.5\underline{1} \times 10^{-2}$	1.82
	$^{+}H_3NCH(RH^{+})COO^{-}$	$1.0\underline{2} \times 10^{-9}$	8.99
	$H_2NCH(RH^{+})COO^{-}$	7.9×10^{-13}	12.1
Ascorbic acid	$C_6H_8O_6$	7.94×10^{-5}	4.10
	$C_6H_7O_6^{-}$	1.62×10^{-12}	11.79

산	화학식	K_a(25 ℃)	pK_a
Asparagine	$^{+}H_3NCH(R)COOH$	$6.9\underline{2} \times 10^{-3}$	2.16
	$^{+}H_3NCH(R)COO^{-}$	$1.8\underline{6} \times 10^{-9}$	8.73
Aspartic acid	$^{+}H_3NCH(RH)COOH$	$1.0\underline{2} \times 10^{-2}$	1.99
	$^{+}H_3NCH(RH)COO^{-}$	$1.2\underline{6} \times 10^{-4}$	3.90
	$^{+}H_3NCH(R^{-})COO^{-}$	1.0×10^{-10}	10.00
Benzoic acid	C_6H_5COOH	6.28×10^{-5}	4.202
Boric acid	$B(OH)_2OH$	5.79×10^{-10}	9.237
Bromoacetic acid	$BrCH_2COOH$	2.05×10^{-3}	2.69
Butanoic acid	C_3H_7COOH	1.52×10^{-5}	4.82
Carbonic acid	H_2CO_3	4.46×10^{-7}	6.351
	HCO_3^{-}	4.69×10^{-11}	10.329
Chloroacetic acid	$ClCH_2COOH$	1.40×10^{-3}	2.85
Chromic acid	H_2CrO_4	1.8×10^{-1}	0.74
	$HCrO_4^{-}$	3.20×10^{-7}	6.49
Citric acid	$HOOC(CH_2COOH)COOH$	7.45×10^{-4}	3.128
	$HOOC(CH_2COOH)COO^{-}$	1.73×10^{-5}	4.761
	$^{-}OOC(CH_2COOH)COO^{-}$	4.02×10^{-7}	6.396
Cysteine	$^{+}H_3NCH(RH)COOH$	$2.\underline{0} \times 10^{-2}$	1.7
	$^{+}H_3NCH(RH)COO^{-}$	$4.3\underline{7} \times 10^{-9}$	8.36
	$^{+}H_3NCH(R^{-})COO^{-}$	$1.8\underline{2} \times 10^{-11}$	10.74
1,6-Diaminohexane*	$^{+}H_3N(CH_2)_6NH_3^{+}$	1×10^{-10}	10.0
	$H_2N(CH_2)_6NH_3^{+}$	8×10^{-12}	11.1
Dimethylamine*	$(CH_3)_2NH_2^{+}$	1.7×10^{-11}	10.77
Ethylamine*	$CH_3CH_2NH_3^{+}$	2.3×10^{-11}	10.63
Ethylenediaminetetraacetic acid	$H_6EDTA \rightleftarrows$	$1.\underline{0}$	0.0
	H_5EDTA^{+}	$3.\underline{2} \times 10^{-2}$	1.5
	H_4EDTA	$1.0\underline{2} \times 10^{-2}$	1.99
	H_3EDTA^{-}	$2.1\underline{4} \times 10^{-3}$	2.67
	H_2EDTA^{2-}	$6.9\underline{2} \times 10^{-7}$	6.16
	$HEDTA^{3-}$	$6.4\underline{6} \times 10^{-11}$	10.19
Formic acid	$HCOOH$	1.77×10^{-4}	3.75
Glutamic acid	$^{+}H_3NCH(RH)COOH$	$6.9\underline{2} \times 10^{-3}$	2.16
	$^{+}H_3NCH(RH)COO^{-}$	$5.0\underline{1} \times 10^{-5}$	4.30
	$^{+}H_3NCH(R^{-})COO^{-}$	$1.1\underline{0} \times 10^{-10}$	9.96
Glutamine	$^{+}H_3NCH(R)COOH$	$6.4\underline{6} \times 10^{-3}$	2.19
	$^{+}H_3NCH(R)COO^{-}$	$1.0\underline{0} \times 10^{-9}$	9.00
Glycine	$^{+}H_3NCH_2COOH$	$4.4\underline{7} \times 10^{-3}$	2.35
	$^{+}H_3NCH_2COO^{-}$	$1.6\underline{6} \times 10^{-10}$	9.78

산	화학식	K_a(25 ℃)	pK_a
Histidine	$^{+}H_3NCH(RH^{+})COOH$	$2.\underline{5} \times 10^{-2}$	1.6
	$^{+}H_3NCH(RH^{+})COO^{-}$	$1.0\underline{7} \times 10^{-6}$	5.97
	$^{+}H_3NCH(R)COO^{-}$	$5.2\underline{5} \times 10^{-10}$	9.28
Hypochlorous acid	$HOCl$	2.95×10^{-8}	7.53
Hydrofluoric acid	HF	6.8×10^{-4}	3.17
Hydrogen cyanate	$HOCN$	3.3×10^{-4}	3.48
Hydrogen cyanide	HCN	4.93×10^{-10}	9.31
Hydrogen sulfide	H_2S	9.5×10^{-8}	7.02
	HS^{-}	1×10^{-14}	14
Hydrogen thiocyanate	$HSCN$	8×10^{-2}	1.1
Hypobromous acid	$HOBr$	2.06×10^{-9}	8.69
Hypoiodous acid	HOI	2.3×10^{-11}	10.64
Hypophosphorus acid	H_3PO_2	6.3×10^{-2}	1.2
Iodoacetic acid	ICH_2COOH	7.5×10^{-4}	3.12
Isoleucine	$^{+}H_3NCH(R)COOH$	$4.7\underline{9} \times 10^{-3}$	2.32
	$^{+}H_3NCH(R)COO^{-}$	$1.7\underline{4} \times 10^{-10}$	9.76
Lactic acid	$CH_3CH(OH)COOH$	1.35×10^{-4}	3.87
Leucine	$^{+}H_3NCH(R)COOH$	$4.6\underline{8} \times 10^{-3}$	2.33
	$^{+}H_3NCH(R)COO^{-}$	1.82×10^{-10}	9.74
Lysine	$^{+}H_3NCH(RH^{+})COOH$	$1.7\underline{0} \times 10^{-2}$	1.77
	$^{+}H_3NCH(RH^{+})COO^{-}$	$8.5\underline{1} \times 10^{-10}$	9.07
	$H_2NCH(RH^{+})COO^{-}$	$1.5\underline{2} \times 10^{-11}$	10.82
Malic acid	$HOOCCH_2CH(OH)COOH$	3.9×10^{-4}	3.40
	$HOOCCH_2CH(OH)COO^{-}$	7.8×10^{-6}	5.11
Malonic acid	$HOOCCH_2COOH$	1.49×10^{-3}	2.83
	$HOOCCH_2COO^{-}$	2.03×10^{-6}	5.69
Methionine	$^{+}H_3NCH(R)COOH$	$6.6\underline{1} \times 10^{-3}$	2.18
	$^{+}H_3NCH(R)COO^{-}$	$8.3\underline{2} \times 10^{-10}$	9.08
Methylamine	$CH_3NH_3^{+}$	2.70×10^{-11}	10.657
2-Nitrobenzoic acid	$C_6H_4(NO_2)COOH$	6.6×10^{-3}	2.18
3-Nitrobenzoic acid	$C_6H_4(NO_2)COOH$	3.5×10^{-4}	3.46
4-Nitrobenzoic acid	$C_6H_4(NO_2)COOH$	3.6×10^{-4}	3.44
2-Nitrophenol (*o*-nitrophenol)	$C_6H_4(NO_2)OH$	6.8×10^{-8}	7.17
3-Nitrophenol (*m*-nitrophenol)	$C_6H_4(NO_2)OH$	5.3×10^{-9}	8.28
4-Nitrophenol (*p*-nitrophenol)	$C_6H_4(NO_2)OH$	7.0×10^{-8}	7.15
Nitrous acid	HNO_2	4.6×10^{-4}	3.37

산	화학식	K_a(25 ℃)	pK_a
Oxalic acid	HOOCCOOH	5.90×10^{-2}	1.23
	$HOOCCOO^-$	6.40×10^{-5}	4.19
Phenol	C_6H_5OH	1.28×10^{-10}	9.89
Phenylalanine	$^+H_3NCH(R)COOH$	$6.3\underline{1} \times 10^{-3}$	2.20
	$^+H_3NCH(R)COO^-$	$4.9\underline{0} \times 10^{-10}$	9.31
Phosphoric acid	H_3PO_4	7.11×10^{-3}	2.148
	$H_2PO_4^-$	6.34×10^{-8}	7.198
	HPO_4^{2-}	4.22×10^{-13}	12.375
Phosphorous acid	H_3PO_3	1.0×10^{-2} (18 ℃)	2.00
	$H_2PO_3^-$	2.6×10^{-7} (18 ℃)	6.59
Phthalic acid	$HOOCC_6H_4COOH$	1.12×10^{-3}	2.950
	$HOOCC_6H_4COO^-$	3.90×10^{-6}	5.408
Piperazine	$^+H_2NC_4H_8NH_2^+$	2.76×10^{-6}	5.56
	$HNC_4H_8NH_2^+$	1.48×10^{-10}	9.83
Piperidine	$C_5H_{10}NH_2^+$	7.53×10^{-12}	11.123
Proline	$^+H_3NC(R)COOH$	$1.1\underline{2} \times 10^{-2}$	1.95
	$^+H_3NC(R)COO^-$	$2.2\underline{9} \times 10^{-11}$	10.64
Propanoic acid	C_3H_7COOH	1.34×10^{-5}	4.87
Pyridine	$C_5H_5NH^+$	5.62×10^{-6}	5.25
Pyrophosphoric acid	$H_4P_2O_7$	1.4×10^{-1}	0.85
	$H_3P_2O_7^-$	3.2×10^{-2}	1.49
	$H_2P_2O_7^{2-}$	1.7×10^{-6}	5.77
	$HP_2O_7^{3-}$	6×10^{-9}	8.22
Salicylic acid	$C_6H_4(OH)COOH$	1.07×10^{-3}	2.97
	$C_6H_4(OH)COO^-$	3.98×10^{-14}	13.40
Serine	$^+H_3NCH(R)COOH$	$6.4\underline{6} \times 10^{-3}$	2.19
	$^+H_3NCH(R)COO^-$	$6.1\underline{7} \times 10^{-10}$	9.21
Succinic acid	$HOOC(CH_2)_2COOH$	6.21×10^{-5}	4.207
	$HOOC(CH_2)_2COO^-$	2.32×10^{-6}	5.635
Sulfuric acid	H_2SO_4	물에서 센산	–
	HSO_4^-	1.03×10^{-2}	1.987
Sulfurous acid	H_2SO_3	1.54×10^{-2}	1.81
	HSO_3^-	1.02×10^{-7}	6.91
Tartaric acid	$HOOC(CHOH)_2COOH$	1.05×10^{-3}	2.98
	$HOOC(CHOH)_2COO^-$	4.57×10^{-5}	4.34

산	화학식	K_a(25 ℃)	pK_a
Threonine	$^{+}H_3NCH(R)COOH$	$8.1\underline{3} \times 10^{-3}$	2.09
	$^{+}H_3NCH(R)COO^{-}$	$7.9\underline{4} \times 10^{-10}$	9.10
Trichloroacetic acid	CCl_3COOH	$1.9\underline{9} \times 10^{-1}$	0.70
Trimethylamine*	$(CH_3)_3NH^{+}$	1.6×10^{-10}	9.80
Tryptophan	$^{+}H_3NCH(R)COOH$	$4.2\underline{7} \times 10^{-3}$	2.37
	$^{+}H_3NCH(R)COO^{-}$	$4.6\underline{8} \times 10^{-10}$	9.33
Tyrosine	$^{+}H_3NCH(RH)COOH$	$5.7\underline{5} \times 10^{-3}$	2.24
	$^{+}H_3NCH(RH)COO^{-}$	6.46×10^{-10}	9.19
	$H_2NCH(RH)COO^{-}$	3.39×10^{-11}	10.47
Valine	$^{+}H_3NCH(R)COOH$	$5.1\underline{3} \times 10^{-3}$	2.29
	$^{+}H_3NCH(R)COO^{-}$	$1.9\underline{1} \times 10^{-10}$	9.72
Water	H_2O	1.01×10^{-14}	13.997

*염기에 대해서는 그에 해당하는 짝산에 대한 K_a와 pK_a 값이 주어졌다.

3 표준 환원 전위

반쪽 반응	E°(V) (25 ℃에서)
Aluminum	
$Al^{3+} + 3e^{-} \rightleftarrows Al$	−1.71
Arsenic	
$H_3AsO_4 + 2H^{+} + 2e^{-} \rightleftarrows HAsO_2 + 2H_2O$	+0.58
(or $H_3AsO_4 + 2H^{+} + 2e^{-} \rightleftarrows H_3AsO_3 + H_2O$)	
Barium	
$Ba^{2+} + 2e^{-} \rightleftarrows Ba$	−2.90
Bismuth	
$Bi^{3+} + 3e^{-} \rightleftarrows Bi$	+0.31
$BiOCl + 2H^{+} + 3e^{-} \rightleftarrows Bi + Cl^{-} + H_2O$	+0.16
Bromine	
$2BrO_3^{-} + 12H^{+} + 10e^{-} \rightleftarrows Br_2 + 6H_2O$	+1.52
$Br_2 + 2e^{-} \rightleftarrows 2Br^{-}$	+1.09
Calcium	
$Ca^{2+} + 2e^{-} \rightleftarrows Ca$	−2.76
Cadmium	
$Cd^{2+} + 2e^{-} \rightleftarrows Cd$	−0.40

반쪽 반응	E°(V) (25 ℃에서)
Cerium	
$Ce^{4+} + e^- \rightleftarrows Ce^{3+}$	+1.72
$Ce^{4+} + e^- \rightleftarrows Ce^{3+}$(1.0 M $HClO_4$)	+1.70
$Ce^{4+} + e^- \rightleftarrows Ce^{3+}$(1.0 M HNO_3)	+1.61
$Ce^{4+} + e^- \rightleftarrows Ce^{3+}$(0.5 M H_2SO_4)	+1.44
$Ce^{4+} + e^- \rightleftarrows Ce^{3+}$(1.0 M HCl)	+1.47
Chlorine	
$HClO + H^+ + e^- \rightleftarrows 1/2Cl_2 + H_2O$	+1.63
$Cl_2 + 2e^- \rightleftarrows 2Cl^-$	+1.40
Chromium	
$Cr_2O_7^{2-} + 14H^+ + 6e^- \rightleftarrows 2Cr^{3+} + 7H_2O$	+1.36
$CrO_4^{2-} + 4H_2O + 3e^- \rightleftarrows Cr(OH)_3 + 5OH^-$	−0.12
$Cr^{3+} + e^- \rightleftarrows Cr^{2+}$	−0.42
$Cr^{3+} + 3e^- \rightleftarrows Cr$	−0.74
$Cr^{2+} + 2e^- \rightleftarrows Cr$	−0.89
Cobalt	
$Co^{2+} + 2e^- \rightleftarrows Co$	−0.28
Copper	
$Cu^{2+} + 2e^- \rightleftarrows Cu$	+0.34
$Cu^{2+} + e^- \rightleftarrows Cu^+$	+0.16
Fluorine	
$F_2 + 2e^- \rightleftarrows 2F^-$	+2.87
Gold	
$Au^+ + e^- \rightleftarrows Au$	+1.68
$Au^{3+} + 3e^- \rightleftarrows Au$	+1.42
Hydrogen	
$2H^+ + 2e^- \rightleftarrows H_2(g)$	0.000···
$2H_2O + 2e^- \rightleftarrows H_2(g) + 2OH^-$	−0.83
Indium	
$In^{3+} + 3e^- \rightleftarrows In$	−0.34
Iodine	
$IO_3^- + 6H^+ + 5e^- \rightleftarrows 1/2I_2 + 3H_2O$	+1.20
$I_2 + 2e^- \rightleftarrows 2I^-$	+0.53
Iron	
$FeO_4^{2-} + 8H^+ + 3e^- \rightleftarrows Fe^{3+} + 4H_2O$	+2.20
$Fe^{3+} + e^- \rightleftarrows Fe^{2+}$	+0.77
$Fe^{3+} + e^- \rightleftarrows Fe^{2+}$(1 M $HClO_4$)	+0.77
$Fe^{3+} + e^- \rightleftarrows Fe^{2+}$(1 M HNO_3)	+0.75
$Fe^{3+} + e^- \rightleftarrows Fe^{2+}$(0.5 M H_2SO_4)	+0.68

반쪽 반응	E°(V) (25 ℃에서)
$Fe^{3+} + e^- \rightleftarrows Fe^{2+}$(1 M H_3PO_4)	+0.44
$Fe^{3+} + e^- \rightleftarrows Fe^{2+}$(1 M HCl)	+0.73
$Fe^{2+} + 2e^- \rightleftarrows Fe$	−0.41
$Fe^{3+} + 3e^- \rightleftarrows Fe$	−0.04
Lead	
$PbO_2 + SO_4^{2-} + 4H^+ + 2e^- \rightleftarrows PbSO_4 + 2H_2O$	+1.68
$PbO_2 + 4H^+ + 2e^- \rightleftarrows Pb^{2+} + 2H_2O$	+1.46
$Pb^{2+} + 2e^- \rightleftarrows Pb$	−0.13
Lithium	
$Li^+ + e^- \rightleftarrows Li$	−3.04
Magnesium	
$Mg^{2+} + 2e^- \rightleftarrows Mg$	−2.36
Manganese	
$MnO_4^- + 4H^+ + 3e^- \rightleftarrows MnO_2 + 2H_2O$	+1.68
$MnO_4^- + 8H^+ + 5e^- \rightleftarrows Mn^{2+} + 4H_2O$	+1.51
$Mn^{3+} + e- \rightleftarrows Mn^{2+}$	+1.51
$MnO_2 + 4H^+ + 2e^- \rightleftarrows Mn^{2+} + 2H_2O$	+1.21
$MnO_4^- + 2H_2O + 3e^- \rightleftarrows MnO_2 + 4OH^-$	+0.59
Mercury	
$Hg^{2+} + 2e^- \rightleftarrows Hg$	+0.85
$Hg_2^{2+} + 2e^- \rightleftarrows 2Hg$	+0.80
$Hg_2Cl_2 + 2e^- \rightleftarrows 2Hg + 2Cl^-$	+0.268
$Hg_2Cl_2 + 2e^- \rightleftarrows 2Hg + 2Cl^-$(0.1 M KCl)	+0.334
$Hg_2Cl_2 + 2e^- \rightleftarrows 2Hg + 2Cl^-$(saturated KCl)	+0.242*
$Hg_2Cl_2 + 2e^- \rightleftarrows 2Hg + 2Cl^-$(saturated NaCl)	+0.236
Nickel	
$Ni^{2+} + 2e^- \rightleftarrows Ni$	−0.23
Nitrogen	
$NO_3^- + 3H^+ + 2e^- \rightleftarrows HNO_2 + H_2O$	+0.94
Oxygen	
$O_3 + 2H^+ + 2e^- \rightleftarrows O_2 + H_2O$	+2.07
$H_2O_2 + 2H^+ + 2e^- \rightleftarrows 2H_2O$	+1.78
$O_2 + 4H^+ + 4e^- \rightleftarrows 2H_2O$	+1.23
$O_2 + 2H^+ + 2e^- \rightleftarrows H_2O_2$	+0.68
$O_2 + 2H_2O + 4e^- \rightleftarrows 4OH^-$	+0.40
Phosphorus	
$H_3PO_4 + 2H^+ + 2e^- \rightleftarrows H_3PO_3 + H_2O$	−0.28

반쪽 반응	E°(V) (25 ℃에서)
Plutonium	
$Pu^{4+} + e^- \rightleftarrows Pu^{3+}$	+0.97
$Pu^{3+} + 3e^- \rightleftarrows Pu$	−2.00
Ruthenium	
$Ru^{3+} + e^- \rightleftarrows Ru^{2+}$	+0.25
Silver	
$Ag^+ + e^- \rightleftarrows Ag$	+0.80
$AgCl + e^- \rightleftarrows Ag + Cl^-$	+0.222
Sodium	
$Na^+ + e^- \rightleftarrows Na$	−2.71
Sulfur	
$S + 2H^+ + 2e^- \rightleftarrows H_2S(g)$	+0.17
$S + 2H^+ + 2e^- \rightleftarrows H_2S(aq)$	+0.14
Thallium	
$Tl^{3+} + 2e^- \rightleftarrows Tl^+$	+1.25
$Tl^+ + e^- \rightleftarrows Tl$	−0.34
Tin	
$HSnO_2^- + H_2O + 2e^- \rightleftarrows Sn + 3OH^-$	−0.91
$Sn^{4+} + 2e^- \rightleftarrows Sn^{2+}$	+0.14
$Sn^{2+} + 2e^- \rightleftarrows Sn$	−0.14
Uranium	
$U^{3+} + 3e^- \rightleftarrows U$	−1.8
Vanadium	
$VO_2^+ + 2H^+ + e^- \rightleftarrows VO^{2+} + H_2O$	+1.00
$VO^{2+} + 2H_2O + e^- \rightleftarrows V^{3+} + H_2O$	+0.34
$V^{3+} + e^- \rightleftarrows V^{2+}$	−0.26
$V^{2+} + 2e^- \rightleftarrows V$	−1.2
Zinc	
$Zn^{2+} + 2e^- \rightleftarrows Zn$	−0.76

출처: 이 표의 대부분 자료는 다음 책에서 인용하였다; D. S. Hage, J. D. Carr, Analytical Chemistryand Quantitative Analysis, Pearson Education, Upper Saddle River, NJ, 2011.

*이 전위차는 포화 칼로멜 전극을 기준 전극으로 해서 측정한 값이다.

4 형성 상수(25 ℃에서)

리간드	양이온	$\log K_1$	$\log K_2$	$\log K_3$	$\log K_4$	이온 세기
Acetate (CH_3COO^-)	Ag^+	0.73	−0.9			0.0
	Ca^{2+}	1.18				0.0
	Cd^{2+}	1.93	1.22			0.0
	Cu^{2+}	2.21	1.42			0.0
	Fe^{3+}	3.38[a]	3.1[a]	1.8[a]		0.1
	Hg^{2+}	$\log K_1K_2 = 8.45$				0.0
	Mg^{2+}	1.27				0.0
	Pb^{2+}	2.68	1.40			0.0
Ammonia (NH_3)	Ag^+	3.31	3.91			0.0
	Cd^{2+}	2.55	2.01	1.34	0.84	0.0
	Co^{2+}	1.99[a]	1.51	0.93	0.64	0.0
			$\log K_5 = 0.06$	$\log K_6 = -0.74$		0.0
	Cu^{2+}	4.04	3.43	2.80	1.48	0.0
	Hg^{2+}	8.8	8.6	1.0	0.7	0.5
	Ni^{2+}	2.72	2.17	1.66	1.12	0.0
			$\log K_5 = 0.67$	$\log K_6 = -0.03$		0.0
	Zn^{2+}	2.21	2.29	2.36	2.03	0.0
Bromide (Br^-)	Ag^+		$Ag^+ + 2Br^- \rightleftarrows AgBr_2^-$	$\log K_1K_2 = 7.5$		0.0
	Hg^{2+}	9.00	8.1	2.3	1.6	0.5
	Pb^{2+}	1.77				0.0
Chloride (Cl^-)	Ag^+		$Ag^+ + 2Cl^- \rightleftarrows AgCl_2^-$	$\log K_1K_2 = 5.25$		0.0
			$AgCl_2^- + Cl^- \rightleftarrows AgCl_3^{2-}$	$\log K_3 = 0.37$		0.0
	Cu^+		$Cu^+ + 2Cl^- \rightleftarrows CuCl_2^-$	$\log K_1K_2 = 5.5$[a]		
	Fe^{3+}	1.48	0.65			0.0
	Hg^{2+}	7.30	6.70	1.0	0.6	0.0
	Pb^{2+}		$Pb^{2+} + 3Cl^- \rightleftarrows PbCl_3^-$	$\log K_1K_2K_3 = 1.8$		0.0
	Sn^{2+}	1.51	0.74	−0.3	−0.5	0.0
Cyanide (CN^-)	Ag^+		$Ag^+ + 2CN^- \rightleftarrows Ag(CN)_2^-$	$\log K_1K_2 = 20.48$		0.0
	Cd^{2+}	6.01	5.11	4.53	2.27	0.0
	Hg^{2+}	17.00	15.75	3.56	2.66	0.0
	Ni^{2+}		$Ni^{2+} + 4CN^- \rightleftarrows Ni(CN)_4^-$	$\log K_1K_2K_3K_4 = 30.22$		0.0
	Zn^{2+}	$\log K_1K_2 = 11.07$		4.98	3.57	0.0

리간드	양이온	$\log K_1$	$\log K_2$	$\log K_3$	$\log K_4$	이온 세기
EDTA	표 14.3 참조(175쪽)					
Fluoride (F^-)	Al^{3+}	7.0	5.6	4.1	2.4	0.0
	Fe^{3+}	5.18	3.89	3.03		0.0
Hydroxide (OH^-)	Al^{3+}		$Al^{3+} + 4OH^- \rightleftarrows Al(OH)_4^-$	$\log K_1K_2K_3K_4 = 33.4$		0.0
	Cd^{2+}	3.9	3.8			0.0
	Cu^{2+}	6.5				0.0
	Fe^{2+}	4.6				0.0
	Fe^{3+}	11.81	11.5			0.0
	Hg^{2+}	10.60	11.2			0.0
	Ni^{2+}	4.1	4.9	3		0.0
	Pb^{2+}	6.4	$Pb^{2+} + 3OH^- \rightleftarrows Pb(OH)_3^-$	$\log K_1K_2K_3 = 13.9$		0.0
	Zn^{2+}	5.0	$Zn^{2+} + 4OH^- \rightleftarrows Zn(OH)_4^{2-}$	$\log K_1K_2K_3K_4 = 15.5$		0.0
Iodide(I^-)	Cd^{2+}	2.28	1.64	1.0	1.0	0.0
	Cu^+		$Cu^+ + 2I^- \rightleftarrows CuI_2^-$	$\log K_1K_2 = 8.9$		0.0
	Hg^{2+}	12.87	10.95	3.8	2.2	0.5
	Pb^{2+}		$Pb^{2+} + 3I^- \rightleftarrows PbI_3^-$	$\log K_1K_2K_3 = 3.9$		0.0
			$Pb^{2+} + 4I^- \rightleftarrows PbI_4^{2-}$	$\log K_1K_2K_3K_4 = 4.5$		0.0
Oxalate ($C_2O_4^{2-}$)	Al^{3+}	5.97	4.96	5.04		0.1
	Ca^{2+}	3.19				0.0
	Cd^{2+}	2.73	1.4	1.0		1.0
	Fe^{3+}	7.58	6.23	4.8		1.0
	Mg^{2+}	3.42[b]				
	Pb^{2+}	4.20	2.11			1.0
Sulfate (SO_4^{2-})	Al^{3+}	3.89				0.0
	Ca^{2+}	2.13				0.0
	Cu^{2+}	2.34				0.0
	Fe^{3+}	4.04	1.34			0.0
	Mg^{2+}	2.23				0.0
Thiocyanate (SCN^-)	Cd^{2+}	1.89	0.89	0.1		0.0
	Cu^+		$Cu^+ + 3SCN^- \rightleftarrows Cu(SCN)_3^{2-}$	$\log K_1K_2K_3 = 11.60$		0.0
	Fe^{3+}	3.02	0.62[a]			0.0
	Hg^{2+}	$\log K_1K_2 = 17.26$		2.7	1.8	0.0
	Ni^{2+}	1.76				0.0

리간드	양이온	$\log K_1$	$\log K_2$	$\log K_3$	$\log K_4$	이온 세기
Thiosulfate ($S_2O_3^{2-}$)	Ag^+	8.82[a]	4.7	0.7		0.0
	Cu^{2+}		$\log K_1K_2 = 6.3$			0.0
	Hg^{2+}		$\log K_1K_2 = 29.23$	1.4		0.0

출처: D. A. Skoog, D. M. West, F. J. Holler, Fundamentals of Analytical Chemistry, 7th Ed. Saunders College Publishing, Philadelphia, PA, USA, 1996.

[a] 20 ℃

[b] 18 ℃

연습문제 해답

1장

1. 정성 분석은 시료의 화학식량, 구조, 성질 등을 알아내는 것이 목적이고 정량 분석은 농도를 구하는 것이 목적이다.
2. 환경문제를 다루는 데 필요한 기초 자료, 즉 유해물질의 종류와 농도를 구할 수 있다.
3. 혈액이나 소변에 들어 있는 여러 가지 화학종의 농도를 구한다.
4. 고전적인 방법은 비커, 플라스크, 뷰렛 등과 같은 초자 기구를 주로 사용하여 정량 분석하는 것이고 기기 분석은 분광 기기, 전기 화학 기기 등 첨단 기기를 사용하여 정량 분석하는 것이다.
5. 시료가 대표성을 가져야 한다.
6. 흡광도, 형광, 복사선의 산란 등을 측정하여 농도를 구한다.
8. 농도를 정확하게 아는 용액
9. 실험 결과에 포함되어 있는 불확정성

2장

2. 무엇이 위험하고 왜 위험한지 숙지해야 하고 위험한 일은 하지 않는 것
6. 전자기 힘을 이용한다.
7. 데시케이터에 넣어둔다.
8. 15.80 g
10. 적정할 때
12. TC: to contain, TD: to deliver
13. 표준 용액을 만들 때
14. 일정 부피의 액체를 옮길 때
15. 부피 피펫. 눈금 있는 부분이 가늘다.
17. 24.995_1 mL
18. 14.246 mL
20. 0.0049_9 M

3장

3. 통제되지 않거나 통제가 불가능할 수도 있는 변수들에 의해 생기기 때문이다.
4. (1) 우연 오차 (2) 우연 오차
   (3) 우연 오차 (4) 계통 오차
5. (1) 2개 (2) 4개 (3) 2개
6. (1) 5.43 (2) 0.04675
   (3) 1.535×10^{-3} (4) 2.09×10^{5} (5) 3.03
7. (1) 8.13 (2) 12.82 (3) 53 (4) 250
   (5) 0.808 (6) 0.00505
8. (1) 2.9 (2) 8382.35 (3) 0.0628 (4) 13.2
   (5) 5.46 (6) 1.6×10^{-6}
10. 측정값의 표준 편차 크기. 표준 편차가 작을수록 재현성이 좋다.
11. 정밀도는 측정값의 재현성을 말하고 정확도는 측정값과 참값 사이의 차이를 말한다.
12. 계통 오차와 정밀도는 관계가 없다. 정확도에는 계통 오차와 우연 오차가 모두 관계된다. 계통 오차가 적으면 정확도가 좋아지고 계통 오차와 우연 오차가 모두 작으면 정확도가 뛰어나게 된다.
13. (1) 0.2 (2) 0.02 (3) 0.01 (4) 0.01
    (5) 0.03 (6) 0.02
14. (1) 절대 불확정도: ±0.002,
    상대 불확정도: ±0.00003
    (2) 2.541×10^{-4} mM, 2×10^{-7}
15. Ag의 함량: 14.0(±0.004)%
    절대 불확정도: ±0.004, 상대 불확정도: ±0.0003

4장

1. 표준 편차가 작으면 정밀도가 좋다는 의미이다. 정확도는 참값을 알아야 하므로 표준 편차와 정확도 사이에는 명확한 상관관계가 없다.
2. 측정 횟수가 무한히 많은 자료의 평균은 모집단 평균이고 측정 횟수가 제한된 자료의 평균은 산술 평균이다. 측정 횟수가 많아지면 산술 평균은 모집단 평균에 접근해간다.
3. (1) 0.683 (2) 0.955 (3) 0.997
   (4) 0.683 (5) 0.955
4. 신뢰 구간이 커지면 이 구간에 참값이 포함되어 있을 확률이 올라간다.
5. $\pm 0.001_7$ mL 범위에 참값이 포함되어 있을 확률이 90%이다. 50% 신뢰 구간은 참값이 포함될 확률이 작기 때문에 신뢰 구간이 작아진다.
6. 체중계에 계통 오차가 없다는 것을 확인한 후 측정 횟수를 많이 해서 평균을 구하면 된다.
7. (1) 0.2026 (2) 0.048 (3) 0.4052
9. 참값이 포함될 확률이 올라가려면 신뢰 구간이 넓어야 한다.
10. (1) $G_{calculated} < G_{table}$이므로 0.22를 포함시켜야 한다.
    (2) 평균 = 0.16, 표준 편차 = 0.033
    (3) 90% 신뢰 구간 = 0.16±0.0242
    95% 신뢰 구간 = 0.16±0.0305
11. $t_{calculated} = 1.957$, $t_{table} = 2.776$
    $t_{calculated} < t_{table}$이므로 95% 신뢰 수준에서 일치한다.
12. $\bar{x} = 102.1$, s = 1.59
    95% 신뢰 구간 = 102.1±1.974 = 100.1~104.1
    $\bar{x}$는 95% 신뢰 구간 내에 들어간다.
    98% 신뢰 구간 = 102.1±2.664 = 99.4~104.8
    $\bar{x}$는 98% 신뢰 구간 내에 들어간다.

5장

1. 실험 결과가 처음 의도했던 목적에 맞는지 검정하는 것이다.
3. 불필요하게 정확도와 정밀도를 올리려고 더 많은 경비와 시간을 쓸 필요가 없다.
4. 방법 특이성, 직선성, 정확도, 정밀도, 범위, 검출 한계, 정량 한계, 안정성
5. 측정 자료: 1차적으로 측정한 실험 결과
   처리한 자료: 검정 방법을 이용하여 측정 자료로부터 얻은 농도
6. 측정값에서 바탕 신호를 보정해 주기 위해서 필요하다.
7. 정량 분석 방법의 특성을 설명해 줄 수 있는 성질을 감도 지수라고 한다. 방법 특이성, 직선성, 정확도, 정밀도, 범위, 검출 한계, 정량 한계, 안정성이 있다.
8. 특이성: 혼합물에서 특정 화합물을 구별해 낼 수 있는 능력
   직선성: 검정 곡선이 직선에 얼마나 가까운지 나타내는 척도인데 R^2으로 나타낸다.
9. 검출 한계: 신호를 검출할 수 있는 최소 농도
   정량 한계: 정량 분석이 가능한 최소 농도
   기기 검출 한계: 하나의 시료를 7회 이상 반복 측정해서 얻은 값
   방법 검출 한계: 7개 이상의 시료를 각 1번씩 측정해서 얻은 값
10. 농도는 같지만 기기의 감응이 서로 다르다.
11. 최소 제곱법
12. (1) 농도와 신호 세기 사이의 관계를 얻기 위해서
    (2) 표준 용액의 신호 세기를 측정하여 그린다.
    (3) 매트릭스가 신호 세기에 영향을 준다.
    (4) 그림 5.4 참조
    (5) 미지 시료와 표준 용액의 매트릭스를 똑같이 만들기 힘들 때
13. 신호 세기와 농도 사이의 관계가 직선이 되어야 한다.
14. 표준 용액을 가해도 매트릭스의 변화가 거의 없어야 하기 때문이다.
15. 같은 실험을 반복할 때 일정한 양을 칼럼에 주입하기 힘들다.

6장

2. (2) NaCl의 몰수 $= \dfrac{0.85\ \text{g}}{58.44\ \text{g/mol}} = 0.015\ \text{mol}$

   NaCl의 몰농도 $= \dfrac{0.015\ \text{mol}}{0.500\ \text{L}} = 0.030\ \text{M}$

   (3) 용액의 무게 = 500 mL × 1.00 g/L = 500 g

$$\text{무게 백분율} = \frac{\text{용질의 질량}}{\text{용액의 총 질량}} \times 100$$

$$= \frac{0.85\ g}{500\ g} \times 100 = 0.17\%$$

$$ppm = \frac{\text{용질의 질량}}{\text{용액의 총 질량}} \times 10^6$$

$$= \frac{0.85\ g}{500\ g} \times 10^6 = 1.70 \times 10^3\ ppm$$

3. (1) $61.83\ g/mol \times 0.050\ mol/L = 3.09\ g$

(2) $\text{무게 백분율} = \frac{3.09\ g}{1000\ g} \times 100 = 0.309\%$

$$ppm = \frac{3.09\ g}{1000\ g} \times 10^6 = 3.09 \times 10^3\ ppm$$

4.

(1) $$\frac{(25.00\ mL \times \frac{0.7914\ g}{mL})/32.042\ g/mol}{0.5000\ L}$$

$= 1.235\ M$

(2) 용액의 무게 $= 1.454\ g/mL \times 500.0\ mL = 727.0\ g$

메탄올 무게 $= 25.00\ mL \times 0.7914\ g/mL$

$= 19.78\ g$

$$\text{몰랄 농도:}\ \frac{19.78\ g/(\frac{32.042\ g}{mol})}{0.707\ kg} = 0.873\ m$$

(3) $ppm = \frac{19.78\ g}{727\ g} \times 10^6 = 2.72 \times 10^4\ ppm$

5. (1) $6.067\ M \times 1.00\ L = 6.067\ mol$ 에틸렌 글리콜

$$6.067\ mol \times \frac{62.07\ g}{1\ mol} = 376.6\ g$$

(2) $(1.00 \times 10^3\ mL) \times 1.046\ g/mL = 1046\ g$

$= 1.046\ kg$

몰랄 농도: $6.076\ mol\ /\ 0.669\ kg = 9.07\ m$

(3) $\text{무게 백분율} = \frac{376.8\ g}{1046\ g} \times 100 = 36.02\%$

$$ppm = \frac{376.8\ g}{1046\ g} \times 10^6 = 3.60 \times 10^5\ ppm$$

6. (1) $95.3\ g/mol \times (1.27 \times 10^{-3}\ mol/L)$

$$\times \frac{1\ L}{1000\ mL} \times 250\ mL = 0.030\ g$$

(2) $\frac{0.030\ g}{250\ g} \times 10^6 = 120\ ppm$

7.

Na_2CO_3의 몰수 $= 0.8576\ g \times \frac{1\ mol}{106\ g}$

$= 8.01 \times 10^{-3}\ mol$

Na_2CO_3 1 mol과 2 mol의 H^+ 반응

$x\ mol \times 0.02647\ L = 2(8.01 \times 10^{-3})$

$x = 0.6045\ M$

8. I^- 몰수 $= 0.100\ M \times 0.0135\ L = 1.35 \times 10^{-3}\ mol$

1 mol Hg^{2+}와 2 mol의 I^-이 반응하므로

$6.75 \times 10^{-4}\ mol\ Hg^{2+}$ 존재

$$\frac{6.75 \times 10^{-4}\ mol}{(\frac{50.0}{1000})\ L} = 0.0135\ M$$

9.

$$0.558\ g\ AgBr \times \frac{1\ mol}{187.8\ g} = 2.97 \times 10^{-3}\ mol\ AgBr$$

$$\frac{2.97 \times 10^{-3}\ mol}{0.100\ L} = 0.0297\ M$$

10.

Na_2CO_3의 몰수 $= 3.56\ g \times \frac{1\ mol}{105.98\ g}$

$= 0.0335\ mol$

$0.0335\ mol\ Ag_2CO_3 \times 275.8\ g/mol = 9.26\ g$

11.

(1) $Al(OH)_3\ 3.00\ g \times \frac{1\ mol}{78.004\ g} = 0.0384\ mol$

$3(0.0384\ mol) \times 36.448\ g/mol = 4.21\ g$

(2) $0.115\ mol \times 133.3\ g/mol = 15.4\ g\ AlCl_3$

12. $0.255\ M\ HCl \times 0.0763\ L = 0.0194\ mol$

$0.0194\ mol\ NaOH \times 39.998\ g/mol = 0.778\ g$

13.

$$25.0\ g \times \frac{1\ mol}{78.048\ g} \times 156.9\ g/mol = 50.3\ g$$

14. $0.250\ M \times 0.0250\ L = 6.25 \times 10^{-3}\ mol\ AgNO_3$

$(6.25 \times 10^{-3}\ mol) \times 58.44\ g/mol = 0.365\ g$

15.

(1) $C_2H_5NH_2\ 15.0\ g \times \frac{1\ mol}{45.0627\ g} = 0.333\ mol$

$2(0.333\ mol) \times 44\ g/mol = 29.3\ g\ CO_2$

(2) $8.60\ g \times \frac{1\ mol}{28\ g} = 0.307\ mol\ N_2$

$(15/2)(0.307)\ mol\ O_2 \times 32.00\ g/mol = 73.7\ g$ 필요

16. $5.87\ g \times 0.225 = 1.32075\ g\ Ba(NO_3)_2$

$$1.32\ g \times \frac{1\ mol}{261.3\ g} = 5.05 \times 10^{-3}\ mol\ Ba^{2+}\ \text{존재}$$

5.05×10^{-3} mol = 3.20 M × V
V = 1.57 mL 필요

17. $18.43\ \text{g} \times \dfrac{1\ \text{mol}}{63.55\ \text{g}} = 0.2900\ \text{mol Cu}$

3 : 8 반응이므로
$8/3(0.2900)HNO_3 \times 63.015$ g/mol
$= 48.72$ g HNO_3

18. (1) Fe_2O_3의 몰수 $= 637.0\ \text{g} \times \dfrac{1\ \text{mol}}{159.7\ \text{g}}$

$= 3.989$ mol

Fe_2O_3 2 mol과 C 3 mol이 반응하므로
3/2(3.989) mol C × 12.00 g/mol = 71.79 g

(2) Fe_2O_3 2 mol이 반응하여 Fe 4 mol이 생성되므로
7.978 mol Fe × 55.85 g/mol = 445.5 g

19. $H_2C_2O_4$ 농도:

$$2.50\ \text{g} \times \frac{1\ \text{mol}}{90.036\ \text{g}} \times \frac{1}{0.500\ \text{L}} = 0.056\ \text{M}$$

$H_2C_2O_4$ 용액: $40.0\ \text{mL} = (0.0556\ \text{mol/L})\ \dfrac{40.0}{1000}\ \text{L}$

$= 2.22 \times 10^{-3}$ mol

0.100 M NaOH × (100.0/1000) L = 0.0100 mol
$0.0100\ \text{mol} - 2(2.22 \times 10^{-3}) = 5.56 \times 10^{-3}$ mol

7장

1. 평형 상수의 대괄호로 표시한 항이 각 화학종의 표준 상태에 대한 농도 비이기 때문이다.

2. (1) $K = \dfrac{[NaCl]^2}{[CaCl_2][Na_2CO_3]}$

(2) $K = \dfrac{[NH_4^+][OH^-]}{[NH_3]}$

(3) $K = \dfrac{[Ag(NH_3)_2^+]}{[Ag^+][NH_3]^2}$

(4) $K = \dfrac{[CoCl_4^{2-}]}{[Co(H_2O)_6^{2+}][Cl^-]}$

3. A: $3.7 \times 10^3\ \text{Pa} \times \dfrac{1\ \text{bar}}{10^5\ \text{Pa}} = 0.037$ bar

D: $5.1 \times 10^4\ \text{Torr} \times \dfrac{133.3\ \text{Pa}}{1\ \text{Torr}} \times \dfrac{1\ \text{bar}}{10^5\ \text{Pa}}$

$= 67.83$ bar

$$K - \frac{67.983^3}{0.037 \times (1.9 \times 10^{-2})^2} = 2.4 \times 10^{10}$$

4. (1) 역반응 (2) 정반응 (3) 정반응

5. $\Delta H < T\Delta S$가 되어 $\Delta G < 0$일 때 자발적인 흡열 반응이 가능하다.

6. $CH_3COONa(aq) \rightarrow CH_3COO^-(aq) + Na^+(aq)$
$CH_3COO^-(aq) + H_2O \rightleftarrows CH_3COOH(aq) + OH^-(aq)$
염기성이다.

7. (1) $K_{sp}\,[Cu^+][Br^-] = x^2 = 5 \times 10^{-9}$
$x = 7.1 \times 10^{-5}$ M

(2) $[Cu^+] = \dfrac{K_{sp}}{[Br^-]} = \dfrac{5 \times 10^{-9}}{0.10}$
$= 5 \times 10^{-8}$ M

8. (1) pH = 9.5 $[H^+] = 10^{-9.5}$, $[OH^-] = 10^{-4.5}$
$F_{R_3NH^+} = F_{Br^-}$

$[R_3NH^+] + [R_3N] = [Br^-]$

$\dfrac{[R_3N][H^+]}{[R_3NH^+]} = 2.3 \times 10^{-9}$

$[R_3NH^+][Br^-] = 4.0 \times 10^{-8}$ $\dfrac{[R_3N]}{[R_3NH^+]} = 7.273$

$(7.273 + 1)[R_3NH^+] = [Br^-]$

$\dfrac{[Br^-]^2}{8.273} = 4.0 \times 10^{-8}$

$F_{Br^-} = [Br^-] = 5.75 \times 10^{-4}$

(2) pH가 감소하면 R_3NHBr의 용해도 감소, pH가 증가하면 R_3NHBr의 용해도 증가

9. (1) $K_{sp} = [Hg^{2+}][Cl^-]^2 = x \times (2x)^2$
$= 1.2 \times 10^{-18}$
$x = 6.69 \times 10^{-7}$ M

(2)

$[Hg^{2+}] = \dfrac{K_{sp}}{[Cl^-]^2} = \dfrac{1.2 \times 10^{-18}}{0.020^2} = 3.0 \times 10^{-15}$

(3) 공통 이온 효과

10. pH가 증가하면 M^{2+} 농도 감소, pH가 감소하면 반대가 된다.

11. (1) $C_6H_6OH + KOH \rightarrow C_6H_6OK + H_2O$
$C_6H_6OK \rightarrow C_6H_6O^- + K^+$
$C_6H_6O^- + H_2O \rightleftarrows C_6H_6OH + OH^-$

(2) 여분의 OH^-가 생성되므로 액성은 염기성이 된다.

12. $CH_3NH_3Cl \rightarrow CH_3NH_3^+ + Cl^-$
$CH_3NH_3^+ \rightleftarrows CH_3NH_2 + H^+$
산성이다.

13. (1) $\dfrac{1}{2}\{0.0548 \times 1^2 + 0.0548 \times 1^2\} = 0.0548$

(2) $\frac{1}{2}\{0.00751 \times 2^2 + 2 \times 0.00751 \times 1^2\}$

$= 0.02253$

(3) $\frac{1}{2}\{2 \times 0.00164 \times 1^2 + 0.00164 \times 2^2\}$

$= 0.00492$

(4) $\frac{1}{2}\{0.000965 \times 3^2 + 3 \times 0.000965 \times 1^2\}$

$= 0.00579$

14. 이온 세기가 커지면 이온 주위에 이온 분위기가 많이 형성되어 농도가 증가한다. 그래서 활동도 계수는 작아진다.

15. 전하량이 커지면 이온 분위기가 많이 만들어지기 때문에 활동도 계수는 감소한다.

16. (1) Mg^{2+} 이온의 크기가 작아 전하 밀도가 더 크기 때문이다.

(2) Na^+ 이온의 크기가 작아 전하 밀도가 더 크다.

(3) 이온 세기가 증가할수록 이온 분위기가 커진다.

17. $\log\gamma = \dfrac{-0.51z^2\sqrt{\mu}}{1 + (\alpha\sqrt{\mu}/305)}$

(1) Li^+ $\alpha = 700$, $z = +1$, $\mu = 0.05$

$\log\gamma = -0.075$

$\gamma = 0.84$

(2) SCN^- $\alpha = 400$, $z = -1$, $\mu = 0.005$

$\log\gamma = -0.033$

$\gamma = 0.93$

(3) Ni^{2+} $\alpha = 700$, $z = +2$, $\mu = 0.1$

$\log\gamma = -0.374$

$\gamma = 0.42$

(4) Fe^{3+} $\alpha = 900$, $z = +3$, $\mu = 0.01$

$\log\gamma = -0.354$

$\gamma = 0.49$

18. (1) KNO_3를 가하면 이온 세기가 증가하여 이온 분위기가 커지기 때문이다.

(2) 이온 분위기가 커지면 활동도 계수가 작아진다.

(3) 이온 사이에는 쿨롱 힘이 작용하기 때문이다.

19. 미지 시료와 표준 용액의 매트릭스를 같게 해 주어야 한다.

20. (1) $[Ag^+][Cl^-] = x^2 = 1.8 \times 10^{-10}$

$[Ag^+] = 1.3 \times 10^{-5}$ M

(2) $[Ag^+] = \dfrac{K_{sp}}{[Cl^-]} = 1.8 \times 10^{-9}$

(3) $\mu = \frac{1}{2}(0.1 \times 1^2 + 0.1 \times (-1)^2) = 0.10$ M

$\gamma_{Na^+} = 0.79$, $\gamma_{Cl^-} = 0.775$, $\gamma_{Ag^+} = 0.75$

$[Ag^+] = 3.1 \times 10^{-9}$ M

21. (1) $[Pb^{2+}][I^-]^2 = x \times (2x)^2 = 7.9 \times 10^{-9}$

$x = 1.3 \times 10^{-3}$ M

(2) $[Pb^{2+}] = \dfrac{K_{sp}}{[I^-]^2} = 7.9 \times 10^{-8}$

(3) $\mu = \frac{1}{2}(0.1 \times 1^2 + 0.1 \times (-1)^2) = 0.10$ M

$\gamma_{K^+} = 0.775$, $\gamma_{I^-} = 0.775$, $\gamma_{Pb^{2+}} = 0.38$

$[Pb^{2+}] = 3.5 \times 10^{-6}$ M

22. (1) $[Zn^{2+}]^2[Fe(CN)_4{}^{4-}] = (2x)^2 \times x = 2.1 \times 10^{-16}$

$x = 3.7 \times 10^{-6}$ M

(2) $0.050^2x = 2.1 \times 10^{-16}$

$x = 8.4 \times 10^{-14}$

(3) $\mu = \frac{1}{2}(0.05 \times 2^2 + 0.05 \times (-2)^2) = 0.20$ M

Zn^{2+} $\alpha = 700$, $z = +2$, $\mu = 0.2$

$\log\gamma = -0.450$

$\gamma = 0.35$

$Fe(CN)_6{}^{4-}$ $\alpha = 500$, $z = -4$, $\mu = 0.2$

$\log\gamma = -2.11$

$\gamma = 7.84 \times 10^{-3}$

$[Fe(CN)_6{}^{4-}] = 8.5 \times 10^{-11}$ M

8장

1. 전하 균형: 전해질에서 양이온의 총 전하량과 음이온의 총 전하량은 같다.

질량 균형: 화학 반응이 일어날 때 물질이 변하지 않고 보존된다는 것이다. 질량의 보존이 아니라 원자의 보존을 말한다.

2. 이온 사이의 상호 작용의 크기와는 관계없이 화학종의 실제 개수를 말하기 때문이다.

3. (1) $[H^+] + [Na^+] = [Cl^-] + [HCO_3{}^-]$

(2) $2[Ca^{2+}] + [H^+] = 2[SO_4{}^{2-}] + [OH^-]$

(3) $[H^+] + [K^+] = 2[SO_4{}^{2-}] + [OH^-]$

(4) $2[Fe^{2+}] + [H^+] + 2[Mn^{2+}] + 3[Fe^{3+}]$

$= [MnO_4{}^-] + [OH^-]$

4. (1) $[H^+] = [Cl^-] + [OH^-]$

$[Cl^-] = 1.0 \times 10^{-8}$ M

(2) $[H^+] = [HCOO^-] + [OH^-]$

$[HCOOH] + [HCOO^-] = 0.050$ M

(3) $[Na^+] + [H^+] = 2[CO_3{}^{2-}] + [HCO_3{}^-]$

$+ [OH^-]$

$[Na^+] = 2\{[CO_3^{2-}] + [HCO_3^-] + [H_2CO_3]\}$
$= 0.200$ M

(4) $[Na^+] + [H^+] = [CH_3COO^-] + [OH^-]$
$[Na^+] = [CH_3COO^-] + [CH_3COOH]$
$= 0.200$ M

5. (1) $CaCO_3(s) \rightleftarrows Ca^{2+} + CO_3^{2-}$
$CO_3^{2-} + H_2O \rightleftarrows HCO_3^- + OH^-$
$HCO_3^- + H_2O \rightleftarrows H_2CO_3 + OH^-$
$H_2O \rightleftarrows H^+ + OH^-$

(2) $2[Ca^{2+}] + [H^+] = 2[CO_3^{2-}] + [HCO_3^-] + [OH^-]$
$[Ca^{2+}] = [CO_3^{2-}] + [HCO_3^-] + [H_2CO_3]$

(3) 산성이 되면 (1)의 2번째 평형이 오른쪽으로 이동하여 CO_3^{2-} 농도가 감소한다.
따라서 $CaCO_3(s)$의 용해도가 증가한다.

6. (1) $2[Hg_2^{2+}] + [H^+] = [IO_3^-] + [OH^-]$
$2[Hg_2^{2+}] = [IO_3^-]$

(2) $K_{sp} = [Hg_2^{2+}][IO_3^-]^2 = 4[Hg_2^{2+}]^3 = 1.3 \times 10^{-18}$
$[Hg_2^{2+}] = 6.87 \times 10^{-7}$

7. $2[Mn^{2+}]+[K^+]+[H^+] = [OH^-]$
$[K^+] = 0.001$ M
$K_{sp} = [Mn^{2+}][OH^-]^2 = 1.58 \times 10^{-13}$
$$[Mn^{2+}] = \frac{K_{sp}}{[OH^-]^2} = 1.58 \times 10^{-7} \text{ M}$$

8. 전하 균형: $[CH_3NH_3^+]+[H^+] = [OH^-]$
질량 균형: $F_{CH_3NH_2} = [CH_3NH_2]+[CH_3NH_3^+]$
$F_{CH_3NH_2}-[CH_3NH_3^+] = [CH_3NH_2]$
$$[CH_3NH_3^+] = [OH^-]+[H^+] = [OH^-]+\frac{K_w}{[OH^-]}$$
$$K_b = \frac{[CH_3NH_3^+][OH^-]}{[CH_3NH_2]}$$
$$= \frac{([OH^-] + \frac{K_w}{[OH^-]})[OH^-]}{F_{CH_3NH_2} - ([OH^-] + \frac{K_w}{[OH^-]})} = 4.29 \times 10^{-4}$$
$[OH^-]^3 + K_b[OH^-]^2$
$+ (K_w-4.29 \times 10^{-4}F_{CH_3NH_2})[OH^-]$
$+ (4.29 \times 10^{-4})K_w = 0$
$[OH^-] = 6.33 \times 10^{-3}$,
$[H^+] = 1.58 \times 10^{-12}$,
$[CH_3NH_3^+] = 6.33 \times 10^{-3}$,
$[CH_3NH_2] = 0.0937$

9. (1) pH = 9.00 $[H^+] = 1.00 \times 10^{-9}$,
$[OH^-] = 1.00 \times 10^{-5}$
전하 균형: $[Ag^+] + [H^+] = [CN^-] + [OH^-]$
질량 균형: $[Ag^+] = [HCN] + [CN^-]$
$K_{sp} = [Ag^+][CN^-] = 2.2 \times 10^{-16}$
$$K_b = \frac{[HCN][OH^-]}{[CN^-]} = 1.6 \times 10^{-5}$$
$$K_b = \frac{[HCN]}{[CN^-]} = 1.6$$
$[Ag^+] = 2.6[CN^-]$
$$[CN^-]^2 = \frac{2.2 \times 10^{-16}}{2.6}$$
$[Ag^+] = 2.4 \times 10^{-8}$ M
$[CN^-] = 9.2 \times 10^{-9}$ M
$[HCN] = 1.5 \times 10^{-8}$ M

(2) pH가 내려가면 K_b 평형이 오른쪽으로 이동하여 CN^- 농도가 감소하고 따라서 AgCN(s)의 용해도가 증가한다. pH가 올라가면 반대 현상이 일어난다.

10. (1) 전하 균형:
$2[Ba^+] + [H^+] = 2[C_2O_4^{2-}] + [HC_2O_4^-] + [OH^-]$
질량 균형:
$[Ba^{2+}] = [H_2C_2O_4] + [HC_2O_4^-] + [C_2O_4^{2-}]$
$$K_{a1} = [HC_2O_4^-] = \frac{[C_2O_4^{2-}]}{5.42 \times 10^3}$$
$$K_{a2} = [H_2C_2O_4] = \frac{[C_2O_4^{2-}]}{(5.42 \times 10^3)(5.4 \times 10^6)}$$
$[Ba^{2+}]$
$$= (1+\frac{1}{5.42 \times 10^3}+\frac{1}{(5.42 \times 10^3)(5.4 \times 10^6)})[C_2O_4^{2-}]$$
$[Ba^{2+}]^2$
$$= (1+\frac{1}{5.42 \times 10^3}+\frac{1}{(5.42 \times 10^3)(5.4 \times 10^6)})K_{sp}$$
$[Ba^{2+}] = 1.0 \times 10^{-3}$ M

(2) pH가 내려가면 K_{a2} 평형이 왼쪽으로 이동하여 $C_2O_4^{2-}$ 농도가 감소하므로 $Ba(C_2O_4)(s)$의 용해도는 증가한다.

11. 전하 균형:
$2[Pb^{2+}] + [H^+] = 2[SO_4^{2-}] + [HSO_4^-] + [Cl^-] + [OH^-]$
질량 균형:
$[Pb^{2+}] = [SO_4^{2-}] + [HSO_4^-] + [H_2SO_4]$
$K_{sp} = [Pb^{2+}][SO_4^{2-}] = 1.6 \times 10^{-8}$
$$K_{a1} = \frac{[HSO_4^-][H^+]}{[H_2SO_4]} \gg 1$$

$$K_{a2} = \frac{[SO_4^{2-}][H^+]}{[HSO_4^-]} = 1.2 \times 10^{-2}$$

$K_{a1} \gg 1$이므로 $[H_2SO_4] = 0$,

$[Pb^{2+}] \approx [SO_4^{2-}] + [HSO_4^-]$

$[H^+] \approx 0.100$ M

$$\frac{[SO_4^{2-}]}{[HSO_4^-]} = 0.12 \Rightarrow [Pb^{2+}] \approx (1 + \frac{1}{0.12})[SO_4^{2-}]$$

$$[Pb^{2+}]^2 = (1 + \frac{1}{0.12})K_{sp}$$

$[Pb^{2+}] = 3.9 \times 10^{-4}$ M

12. (1) 전하 균형: $2[Ca^{2+}] + [H^+] = [F^-] + [OH^-]$
    질량 균형: $[Ca^{2+}] = [F^-] + [HF]$

$K_{sp} = [Ca^{2+}][F^-]^2 = 3.9 \times 10^{-11}$

$$K_b = \frac{[HF][OH^-]}{[F^-]} = 1.5 \times 10^{-11}$$

$pH = 3.00 \Rightarrow [H^+] = 1.00 \times 10^{-3}$ M,

$[OH^-] = 1.00 \times 10^{-11}$ M

$$K_b = \frac{[HF][OH^-]}{[F^-]} = \frac{[HF]}{[F^-]} = 1.5$$

$[HF] = 1.5[F^-]$

$$[Ca^{2+}] = 2.5[F^-] \Rightarrow [F^-] = \frac{[Ca^{2+}]}{2.5}$$

$[Ca^{2+}]^3 = 2.5^2 K_{sp}$

$[Ca^{2+}] = 6.2 \times 10^{-4}$ M

(2) pH가 증가하면 F^-의 농도가 증가하므로 CaF_2 용해도는 감소한다.

9장

1. 결정핵이 생성되는 단계와 핵이 성장하는 단계

2. (1) 온도를 올려 과포화도를 낮춘다.
   (2) 세게 저어주면서 침전제를 천천히 가한다.
   (3) 용액의 부피를 크게 하여 시료와 침전제의 농도를 낮게 유지한다.

3. 과포화도가 낮으면 핵의 생성 속도가 늦어져 결정이 크게 자랄 수 있는 기회가 많아진다.

4. 침전제가 용액 속에서 천천히 생성되므로 입자가 큰 침전을 쉽게 만들 수 있다.

5. 전해질 용액의 이온 세기가 크면 결정 주위의 전기 이중층이 잘 형성되지 않아 결정이 쉽게 자란다.

6. 결정에 들어 있는 불순물은 많지 않기 때문에 용매에 녹여서 다시 침전시키면 대부분 제거된다.

7. 불순물이 소량 존재함에도 불구하고 생성물과 함께 침전되는 현상

8. $$3.38 \text{ g } Na_2CO_3 \times \frac{1 \text{ mol } Na_2CO_3}{105.98 \text{ g } Na_2CO_3} \times \frac{2 \text{ mol } AgNO_3}{1 \text{ mol } Na_2CO_3} \times \frac{169.87 \text{ g } AgNO_3}{1 \text{ mol } AgNO_3} = 10.8 \text{ g } AgNO_3$$

$$3.38 \text{ g } Na_2CO_3 \times \frac{1 \text{ mol } Na_2CO_3}{105.98 \text{ g } Na_2CO_3} \times \frac{1 \text{ mol } Ag_2CO_3}{1 \text{ mol } Na_2CO_3} \times \frac{275.75 \text{ g } Ag_2CO_3}{1 \text{ mol } AgNO_3} = 8.79 \text{ g } Ag_2CO_3$$

9. $0.550 \text{ M NaCl} \times 0.0500 \text{ L} = 0.0275 \text{ mol NaCl}$

$0.625 \text{ M } AgNO_3 \times 0.0300 \text{ L} = 0.01875 \text{ mol } AgNO_3$

$AgNO_3$가 한계 반응물

$$0.01875 \text{ mol } AgNO_3 \times \frac{1 \text{ mol AgCl}}{1 \text{ mol } AgNO_3} \times \frac{143.32 \text{ g AgCl}}{1 \text{ mol AgCl}} = 2.69 \text{ g AgCl(s)}$$

10. $$374 \text{ g } Fe_2O_3 \times \frac{1 \text{ mol } Fe_2O_3}{156.69 \text{ g } Fe_2O_3} \times \frac{3 \text{ mol C}}{2 \text{ mol } Fe_2O_3} \times \frac{12.01 \text{ g C}}{1 \text{ mol C}} = 42.2 \text{ g C}$$

$$374 \text{ g } Fe_2O_3 \times \frac{1 \text{ mol } Fe_2O_3}{156.69 \text{ g } Fe_2O_3} \times \frac{4 \text{ mol Fe}}{2 \text{ mol } Fe_2O_3} \times \frac{55.85 \text{ g Fe}}{1 \text{ mol Fe}} = 262 \text{ g Fe}$$

11. $$1.00 \times 10^5 \text{ g } CaAl_2Si_2O_8 \times \frac{1 \text{ mol } CaAl_2Si_2O_8}{278.21 \text{ g } CaAl_2Si_2O_8} \times \frac{2 \text{ mol Si}}{1 \text{ mol } CaAl_2Si_2O_8} \times \frac{28.01 \text{ g Si}}{1 \text{ mol Si}} = 20.2 \text{ kg Si}$$

12. $0.150 \text{ M } AgNO_3 \times 0.0500 \text{ L} = 7.50 \times 10^{-3} \text{ mol } AgNO_3$

$$7.50 \times 10^{-3} \text{ mol } AgNO_3 \times \frac{1 \text{ mol } Ag^+}{1 \text{ mol } AgNO_3} \times \frac{1 \text{ mol NaCl}}{1 \text{ mol } Ag^+} \times \frac{58.4 \text{ g NaCl}}{1 \text{ mol NaCl}} = 0.438 \text{ g NaCl}$$

$$7.50 \times 10^{-3} \text{ mol } AgNO_3 \times \frac{1 \text{ mol AgCl}}{1 \text{ mol } AgNO_3} \times \frac{143.32 \text{ g AgCl}}{1 \text{ mol AgCl}} = 1.07 \text{ g AgCl(s)}$$

13. $0.116\ g\ CeO_2 \times \frac{1\ mol\ CeO_2}{172.115\ g\ CeO_2} \times \frac{1\ mol\ Ce}{1\ mol\ CeO_2}$

$\times \frac{140.116\ g\ Ce}{1\ mol\ Ce} = 0.0944\ g\ Ce$

$\frac{0.0944\ g\ Ce}{5.24\ g} \times 100 = 1.80\%\ Ce$

14. $1.08\ g\ BaSO_4 \times \frac{1\ mol\ BaSO_4}{233.38\ g\ BaSO_4} \times \frac{1\ mol\ SO_4^{2-}}{1\ mol\ BaSO_4}$

$= 4.63 \times 10^{-3}\ mol\ SO_4^{2-}$

$(x\ mol\ K_2SO_4 \times \frac{174.26\ g\ K_2SO_4}{1\ mol\ K_2SO_4})$

$+ \{(4.63 \times 10^{-3} - x)\ mol\ (NH_4)_2SO_4$

$\times \frac{132.14\ g\ (NH_4)_2SO_4}{1\ mol\ (NH_4)_2SO_4}\} = 0.778\ g$

$x = 3.95 \times 10^{-3}$

$3.95 \times 10^{-3}\ mol\ K_2SO_4 \times \frac{174.26\ g\ K_2SO_4}{1\ mol\ K_2SO_4}$

$= 0.688\ g\ K_2SO_4$

$\frac{0.688\ g\ K_2SO_4}{0.778\ g} \times 100 = 88.4\%\ K_2SO_4$

15. $2.63\ g\ CH_4 \times \frac{1\ mol\ CH_4}{16.04\ g\ CH_4} \times \frac{1\ mol\ CO_2}{1\ mol\ CH_4}$

$\times \frac{44.01\ g\ CO_2}{1\ mol\ CO_2} = 7.22\ g\ CO_2$

$2.63\ g\ CH_4 \times \frac{1\ mol\ CH_4}{16.04\ g\ CH_4} \times \frac{2\ mol\ H_2O}{1\ mol\ CH_4}$

$\times \frac{18.015\ g\ H_2O}{1\ mol\ H_2O} = 5.91\ g\ H_2O$

16. $(2.423 - 2.129)\ g\ O \times \frac{1\ mol\ O}{16.00\ g\ O} \times \frac{1\ mol\ Fe_2O_3}{3\ mol\ O}$

$\times \frac{156.69\ g\ Fe_2O_3}{1\ mol\ Fe_2O_3} = 0.978\ g\ Fe_2O_3$

$\frac{0.978\ g\ Fe_2O_3}{2.423\ g} \times 100 = 40.4\%\ Fe_2O_3$

17. $2C_6H_5COOH + 15O_2 \rightarrow 14CO_2 + 6H_2O$

$6.536\ mg\ C_6H_5COOH \times \frac{1\ mol\ C_6H_5COOH}{122.12\ g\ C_6H_5COOH}$

$\times \frac{14\ mol\ CO_2}{2\ mol\ C_6H_5COOH} \times \frac{44.01\ g\ CO_2}{1\ mol\ CO_2}$

$= 16.49\ mg\ CO_2$

$6.536\ mg\ C_6H_5COOH \times \frac{1\ mol\ C_6H_5COOH}{122.12\ g\ C_6H_5COOH}$

$\times \frac{6\ mol\ H_2O}{2\ mol\ C_6H_5COOH} \times \frac{18.015\ g\ H_2O}{1\ mol\ H_2O}$

$= 2.893\ g\ H_2O$

18. $3.46\ g\ N_2 \times \frac{1\ mol\ N_2}{28.014\ g\ N_2} \times \frac{3\ mol\ H_2}{1\ mol\ N_2} \times \frac{2.016\ g\ H_2}{1\ mol\ H_2}$

$= 0.747\ g\ H_2$

$3.46\ g\ N_2 \times \frac{1\ mol\ N_2}{28.014\ g\ N_2} \times \frac{2\ mol\ NH_3}{1\ mol\ N_2}$

$\times \frac{17.031\ g\ NH_3}{1\ mol\ NH_3} = 4.21\ g\ NH_3$

19. O_2 26.40 g 반응

N 몰분율 =

$$\frac{46.23\ g\ N_2(\frac{1\ mol\ N}{14.007\ g\ N})}{46.23\ g\ N_2(\frac{1\ mol\ N}{14.007\ g\ N}) + 26.40\ g\ O_2(\frac{1\ mol\ O}{16.00\ g\ O})} = 0.6667$$

O 몰분율: $1-0.6667 = 0.3333$

∴ 생성물은 N_2O

O_2 52.80 g 반응: NO

O_2 105.6 g 반응: NO_2

O_2 132.00 g 반응: N_2O_5

20. $12.123\ mg\ CO_2 \times \frac{12.01\ g\ C}{44.01\ g\ CO_2} = 3.308\ mg\ C$

$2.529\ mg\ H_2O \times \frac{2.016\ g\ H}{18.015\ g\ H_2O} = 0.2830\ mg\ H$

무게 백분율은 다음과 같다.

C: $\frac{3.308\ mg}{3.308\ mg + 0.283\ mg} \times 100 = 92.12\%$,

H: $100\% - 92.12\% = 7.88\%$

조성비를 구하면

$$C: \frac{3.308\ mg \times \frac{1\ mol}{12.01\ g}}{3.308\ mg \times \frac{1\ mol}{12.01\ g} + 0.283\ mg \times \frac{1\ mol}{1.008\ g}} = 0.4952$$

H: $1-0.4952 = 0.5048$

∴ 실험식은 CH

21. 질량 조성비를 몰 조성비로 바꾸면

$$\text{C: } \frac{21.7 \times \dfrac{1\ \text{mol}}{12.01\ \text{g}}}{21.7 \times \dfrac{1\ \text{mol}}{12.01\ \text{g}} + 9.6 \times \dfrac{1\ \text{mol}}{16.00\ \text{g}} + 68.7 \times \dfrac{1\ \text{mol}}{19.00\ \text{g}}} = 0.300$$

$$\text{O: } \frac{9.6 \times \dfrac{1\ \text{mol}}{16.00\ \text{g}}}{21.7 \times \dfrac{1\ \text{mol}}{12.01\ \text{g}} + 9.6 \times \dfrac{1\ \text{mol}}{16.00\ \text{g}} + 68.7 \times \dfrac{1\ \text{mol}}{19.00\ \text{g}}} = 0.10$$

F: $1 - 0.300 - 0.10 = 0.60$, 실험식은 C_3F_6O이다.

22.

$$\text{C: } \frac{10.4 \times \dfrac{1\ \text{mol}}{12.01\ \text{g}}}{10.4 \times \dfrac{1\ \text{mol}}{12.01\ \text{g}} + 27.8 \times \dfrac{1\ \text{mol}}{32.06\ \text{g}} + 61.7 \times \dfrac{1\ \text{mol}}{35.45\ \text{g}}} = 0.249$$

$$\text{S: } \frac{27.8 \times \dfrac{1\ \text{mol}}{32.06\ \text{g}}}{10.4 \times \dfrac{1\ \text{mol}}{12.01\ \text{g}} + 27.8 \times \dfrac{1\ \text{mol}}{32.06\ \text{g}} + 61.7 \times \dfrac{1\ \text{mol}}{35.45\ \text{g}}} = 0.250$$

Cl: $1 - 0.249 - 0.250 = 0.501$

실험식: $CSCl_2$

23.

$$\text{C: } \frac{46.21 \times \dfrac{1\ \text{mol}}{12.01\ \text{g}}}{46.21 \times \dfrac{1\ \text{mol}}{12.01\ \text{g}} + 9.02 \times \dfrac{1\ \text{mol}}{1.008\ \text{g}} + 13.74 \times \dfrac{1\ \text{mol}}{14.007\ \text{g}} + 31.03 \times \dfrac{1\ \text{mol}}{16.00\ \text{g}}} = 0.2448$$

$$\text{H: } \frac{9.02 \times \dfrac{1\ \text{mol}}{1.008\ \text{g}}}{46.21 \times \dfrac{1\ \text{mol}}{12.01\ \text{g}} + 9.02 \times \dfrac{1\ \text{mol}}{1.008\ \text{g}} + 13.74 \times \dfrac{1\ \text{mol}}{14.007\ \text{g}} + 31.03 \times \dfrac{1\ \text{mol}}{16.00\ \text{g}}} = 0.5694$$

$$\text{N: } \frac{13.74 \times \dfrac{1\ \text{mol}}{14.007\ \text{g}}}{46.21 \times \dfrac{1\ \text{mol}}{12.01\ \text{g}} + 9.02 \times \dfrac{1\ \text{mol}}{1.008\ \text{g}} + 13.74 \times \dfrac{1\ \text{mol}}{14.007\ \text{g}} + 31.03 \times \dfrac{1\ \text{mol}}{16.00\ \text{g}}} = 0.06242$$

O: $1 - 0.2448 - 0.5694 - 0.06242 = 0.1234$

C : H : N : O $= 3.922 : 9.122 : 1 : 1.977$

실험식: $C_4H_9NO_2$

10장

1. 당량점은 이론적으로 계산한 값이고 종말점은 실제 실험에서 얻은 값이다.

2. 미지 시료만 없고 나머지는 똑같은 시료를 준비해서 적정하는 것이 바탕 적정인데 이것은 당량점과 종말점 사이의 차이, 즉 적정 오차를 줄이기 위해서 한다.

3. 1차 표준물질이 될 수 없는 시약으로 표준 용액을 만들 때 쓴다. 1차 표준물질로 만든 표준 용액으로 적정해서 이 용액의 정확한 농도를 구하는 과정을 말한다. 농도를 정확하게 아는 용액을 표준 용액이라고 한다.

4. 조해성이 있거나 공기 중의 CO_2를 흡수하거나 분해되는 화합물은 1차 표준물질이 될 수 없다.

5. 적정 시약을 과량 가한 후 남아 있는 농도를 다른 표준 용액으로 적정해서 구하는 방법. 적정 반응의 평형 상수가 너무 작거나 반응 속도가 너무 느리거나 종말점을 찾을 수 있는 마땅한 방법이 없을 때 쓴다.

6. 평형 상수가 클수록 당량점 이전과 이후에 시료의 농도 변화가 커진다.

7. 지시약이 결정 표면에 흡착되면 색깔이 변한다.

8. 가해준 적정 시약의 무게를 측정하는 적정법. 부피를 측정하는 것보다 무게를 측정하는 경우 정밀도가 더 높다.

9. $1 \times 0.0550\ \text{M} \times 25\ \text{mL} = 2 \times 0.106\ \text{M} \times \text{V}$

$\text{V} = 6.4\ \text{mL}$

10. (1) 당량점 이전: 10.0 mL

$$[\text{Br}^-] = \frac{(0.10 \times 25.0 - 0.10 \times 10)\ \text{mL}}{35.0\ \text{mL}} = 0.043\ \text{M}$$

$$[\text{Ag}^+][\text{Br}^-] = K_{sp} = 5.4 \times 10^{-18}$$

$$[\text{Ag}^+] = \frac{K_{sp}}{[\text{Br}^-]} = \frac{5.4 \times 10^{-18}}{0.043\ \text{M}} = 1.26 \times 10^{-11}\ \text{M}$$

(2) 당량점: 25.0 mL

$$[\text{Ag}^+] = \sqrt{K_{sp}} = 7.35 \times 10^{-7}\ \text{M}$$

(3) 당량점 이후: 30.0 mL

$$[\text{Ag}^+] = \frac{(0.10 \times 30.0 - 0.10 \times 25.0)}{55.0} = 9.09 \times 10^{-3}\ \text{M}$$

11. (1) 15.0 mL

$$[\text{Cl}^-] = \frac{(0.05 \times 25.0 - 0.05 \times 15)}{40.0} = 0.0125\ \text{M}$$

$$[\text{Ag}^+] = \frac{K_{sp}}{[\text{Cl}^-]} = \frac{1.77 \times 10^{-10}}{0.0125\ \text{M}} = 1.416 \times 10^{-8}\ \text{M}$$

(2) 25.0 mL

$$[\text{Ag}^+] = \sqrt{K_{sp}} = 1.33 \times 10^{-5}\ \text{M}$$

(3) 30.0 mL

$$[\text{Ag}^+] = \frac{(0.05 \times 30.0 - 0.05 \times 25.0)}{55.0} = 4.54 \times 10^{-3}\ \text{M}$$

12. $0.0750\ \text{M} \times 25\ \text{mL} = 0.0532\ \text{M} \times \text{V}_e$

$\text{V}_e = 35.2\ \text{mL}$

(1) 30.00 mL

$$[\text{I}^-] = \frac{0.279\ \text{mmol}}{55.0\ \text{mL}} = 5.07 \times 10^{-3}\ \text{M}$$

$$[\text{Ag}^+] = \frac{K_{sp}}{[\text{I}^-]} = \frac{8.52 \times 10^{-17}}{5.07 \times 10^{-3}} = 1.68 \times 10^{-14}\ \text{M}$$

$\text{pAg}^+ = 13.77$

(2) 당량점

$[\text{Ag}^+] = \sqrt{K_{sp}} = 9.2 \times 10^{-9}$

$\text{pAg}^+ = 8.04$

(3) 37.0 mL

$$[\text{Ag}^+] = \frac{(0.0532 \times 37.0 - 0.0750 \times 25)\ \text{mmol}}{(37.0 + 25)\ \text{mL}} = 1.51 \times 10^{-3}\ \text{M}$$

$\text{pAg}^+ = 2.81$

13. (1) $0.0503\ \text{M} \times 50\ \text{mL} = 0.0983\ \text{M} \times x$

$\text{V}_{e1} = 25.6\ \text{mL}$

$0.0576\ \text{M} \times 50\ \text{mL} = 0.0983\ \text{M} \times x$

$x = 29.3\ \text{mL}$

$\text{V}_{e2} = 54.9\ \text{mL}$

(3)

① 10.0 mL

$$[\text{I}^-] = 0.0503\ \text{M} \times \frac{15.6}{25.6} \times \frac{50.0\ \text{mL}}{60.0\ \text{mL}} = 0.0255\ \text{M}$$

$$[\text{Ag}^+] = \frac{K_{spAgI}}{\text{I}^-} = 3.3 \times 10^{-15}\ \text{M}$$

$\text{pAg}^+ = 14.48$

② 25.6 mL

$[\text{Ag}^+][\text{Cl}^-] = K_{spAgI}$, $\quad [\text{Ag}^+] = [\text{Cl}^-]$

$[\text{Ag}^+] = \sqrt{K_{spAgI}}$

$[\text{Ag}^+] = 9.1 \times 10^{-9}$

$\text{pAg}^+ = 8.04$

③ 40.3 mL

$[Cl^-] = 0.0576\ M \times (\frac{14.7}{29.3}) \times (\frac{50.0\ mL}{90.3\ mL})$

$= 0.0160\ M$

$[Ag^+] = \frac{K_{spAgCl}}{[Cl^-]} = 1.1 \times 10^{-8}$

$pAg^+ = 7.96$

④ 54.9 mL

$[Ag^+] = \sqrt{K_{spAgCl}} = 1.3 \times 10^{-5}\ M$

$pAg^+ = 4.89$

⑤ 60.0 mL

$[Ag^+] = 0.0983\ M \times \frac{5.1}{60.0} \times \frac{60.0}{110.0}$

$= 4.6 \times 10^{-3}\ M$

$pAg^+ = 2.34$

14. Ag^+의 몰수 $= 0.0523\ M \times 0.0452\ L$

$= 2.36 \times 10^{-3}$ mol

x mol KI $\times \frac{166.0\ g\ KI}{1\ mol\ KI}$

$+ (2.36 \times 10^{-3} - x)$ mol KCl

$\times \frac{74.55\ g\ KCl}{1\ mol\ KCl} = 0.257\ g$

$x = 8.86 \times 10^{-4}$

8.86×10^{-4} mol KI $\times \frac{166.0\ g\ KI}{1\ mol\ KI} = 0.147$ g KI

$\frac{0.147\ g\ KI}{0.257\ g} \times 100 = 57.25\%$ KI

11장

1. OH^- 농도가 올라가므로 물의 해리도는 감소한다.

2. $K_b = \frac{K_w}{K_a} = 1.6 \times 10^{-5}$

3. (1) $pH = -\log[H^+] = 2.00$

(2) $pH = -\log[H^+] = 11.0$

(3) $[H^+] = [OH^-] + [Br^-]$

$[Br^-] = 1.00 \times 10^{-8}\ M$

$[H^+][OH^-] = K_w$

$[H^+] = 1.05 \times 10^{-7}\ M$

$pH = 6.98$

(4) $[OH^-] = [H^+] + [K^+]$

$[K^+] = 1.00 \times 10^{-7}\ M$

$[H^+][OH^-] = K_w$

$[OH^-] = 1.62 \times 10^{-7}\ M$

$pH = 7.21$

4. (1) $ClCH_2COOH \rightleftarrows ClCH_2COO^- + H^+$

(2) $ClCH_2COO^- + H_2O \rightleftarrows ClCH_2COOH + OH^-$

(3) $CH_3CH_2NH_2 + H_2O \rightleftarrows CH_3CH_2NH_3^+ + OH^-$

(4) $CH_3CH_2NH_3^+ \rightleftarrows CH_3CH_2NH_2 + H^+$

5. Cl의 전기 음성도가 커서 $ClCH_2COO^-$가 CH_3COO^-보다 안정하기 때문이다. 염기성의 세기는 CH_3COO^-가 더 크다. 산의 세기가 약할수록 그 짝염기의 염기성은 더 강하다.

6. $CH_3NH_2 + HCl \rightarrow CH_3NH_3Cl$

$CH_3NH_3Cl \rightarrow CH_3NH_3^+ + Cl^-$

$CH_3NH_3^+ \rightleftarrows CH_3NH_2 + H^+$

CH_3NH_2는 염기이고 $CH_3NH_3^+$는 산이다. 여분의 H^+가 생성되므로 용액은 산성이다.

7. $C_6H_5OK \rightarrow C_6H_5O^- + K^+$

$C_6H_5O^- + H_2O \rightleftarrows C_6H_5OH + OH^-$

여분의 OH^-가 생성되므로 용액은 염기성이다.

8. $CH_3COONa(aq) \rightarrow CH_3COO^-(aq) + Na^+(aq)$

$CH_3COO^-(aq) + H_2O \rightleftarrows CH_3COOH(aq) + OH^-(aq)$

여분의 OH^-가 생성되므로 용액은 염기성이다.

9. $NH_4Cl(s) \rightarrow NH_4^+(aq) + Cl^-(aq)$

$NH_4^+(aq) \rightleftarrows NH_3(g) + H^+(aq)$

여분의 H^+가 생성되므로 용액은 산성이다.

10. (1) $K_b = K_w/K_a = 3.98 \times 10^{-10}$

$K_b = \frac{x^2}{0.10 - x} = 3.98 \times 10^{-10}$

$x = [OH^-] = 6.31 \times 10^{-6}\ M$

$[H^+] = K_w/[OH^-] = 1.58 \times 10^{-9}$

$pH = 8.80$

(2) 해리도는 증가한다.

11. (1) $K_a = \frac{x^2}{F - x} = 1.80 \times 10^{-4}$

$x = [H^+] = 2.91 \times 10^{-3}\ M$

$pH = 2.54$

$[CH_3COO^-] = 2.91 \times 10^{-3}\ M$

$[HCOOH] = 0.047\ M$

$[OH^-] = 3.44 \times 10^{-12}\ M$

(2) $\alpha = \frac{x}{F} = 0.058$

(3) $HCOOH + OH^- \rightarrow HCOO^- + H_2O$

$pH = pK_a + \log\frac{[HCOO^-]}{[HCOOH]} = 3.67$

12. $\alpha = \frac{[A^-]}{F} = 0.0025$

$[A^-] = [H^+] = 1.25 \times 10^{-4}$

$K_a = 3.13 \times 10^{-7}$

13. (1) $pH = pK_a + \log \frac{[A^-]}{[HA]} = 4.69$

(2) $pH = pK_a + \log \frac{[A^-]}{[HA]} = 4.80$

14. (1)

$$\frac{0.955\ g/(\frac{31.056\ g}{mol})}{0.25\ L} = 0.123\ M$$

$K_b = \frac{x^2}{F-x} = 4.29 \times 10^{-4}$

$x = [OH^-] = 7.05 \times 10^{-3}\ M$

$pH = 11.85$

(2) $pH = pK_a + \log\frac{[A^-]}{[HA]} = 10.80$

(3) $pH = pK_a + \log\frac{[A^-]}{[HA]} = 10.38$

(4) HCl이 가해지면 염기인 $CH_3NH_3^+$가 중화시킨다.

15. (1) $[CH_3COOH] = \frac{1.50\ g/60.05\ g/mol}{0.500\ L}$

$= 0.0500\ M$

$K_a = \frac{x^2}{F-x} = 1.75 \times 10^{-5}$

$x = [H^+] = 9.27 \times 10^{-4}\ M, \quad pH = 3.03$

$[CH_3COOH] = 0.049\ M$

$[CH_3COO^-] = 9.27 \times 10^{-4}\ M$

(2)

① 10.0 mL:

$pH = pK_a + \log \frac{[A^-]}{[HA]} = 4.58$

② 15.0 mL:

$pH = pK_a + \log \frac{[A^-]}{[HA]} = 4.93$

(3) CH_3COOH와 CH_3COO^-가 평형을 이루고 있는 완충 용액이므로 pH 변화가 적게 일어난다.

16.

(1) $$\frac{1.50\ g/(\frac{88.102\ g}{mol})}{0.0500\ L} = 0.3405\ M$$

$K_a = \frac{x^2}{F-x} = 1.52 \times 10^{-5}$

$x = [H^+] = 2.27 \times 10^{-3}\ M, \quad pH = 2.64$

(2) $pH = pK_a + \log \frac{[A^-]}{[HA]} = 4.56$

(3) $pH = pK_a + \log \frac{[A^-]}{[HA]} = 4.45$

17. $pH = pK_a + \log\frac{[A^-]}{[HA]}, \quad K_a = 1.80 \times 10^{-4}$

$4.150 = 3.745 + \log \frac{[A^-]}{[HA]}$

$10^{0.405} = \frac{[A^-]}{[HA]}, \quad [A^-] = 0.254\ M$

$0.254\ mol\ HCOONa \times \frac{68.005\ g\ HCOONa}{1\ mol\ HCOONa}$

$= 17.273\ g\ HCOONa$

18.

(1) $$\frac{25.5\ g/(\frac{121.135\ g}{mol})}{0.500\ L} = 0.421\ M$$

$K_b = \frac{x^2}{F-x} = 1.18 \times 10^{-6}$

$x = [OH^-] = 7.04 \times 10^{-4}\ M, \quad pH = 10.85$

(2) $pH = pK_a + \log \frac{[B]}{[BH^+]}$

$= 8.072 + \log\frac{0.11}{0.1} = 8.11$

(3) $pH = pK_a + \log \frac{[B]}{[BH^+]}$

$= 8.072 + \log\frac{0.09}{0.12} = 7.95$

19. (1) 활동도 계수가 반영되지 않았다.

(2) 용액의 온도가 25 ℃가 아닐 것이다.

(3) $[HA] = F_{HA}$, $[A^-] = F_{A^-}$라는 가정이 성립 안 할 수 있다.

(4) 표에 나와 있는 산이나 염기의 pK_a 값이 실제 측정값과 차이가 좀 있을 수 있다.

(5) 산이나 염기 외의 다른 이온이 산이나 염기와 이온 쌍 반응을 통해 pH에 영향을 줄 수 있다.

12장

1. $A^{2-} + H_2O \rightleftarrows HA^- + OH^-$

$K_{b1} = K_w/K_{a2} = 1.00 \times 10^{-6}$

$HA^- + H_2O \rightleftarrows H_2A + OH^-$

$K_{b2} = K_w/K_{a1} = 1.00 \times 10^{-10}$

$$K_{b1} = \frac{[HA^-][OH^-]}{[A^{2-}]} = \frac{x^2}{0.050 - x}$$

$x = [OH^-] = [HA^-] = 2.24 \times 10^{-4}$ M,

$[H^+] = 4.46 \times 10^{-11}$ M,

$[H_2A] = 1.00 \times 10^{-10}$ M

pH = 10.35

2. (1) pH = 1.66, $[HA^-] = 0.022$ M,
$[H_2A] = 0.078$ M, $[A^{2-}] = 4.90 \times 10^{-10}$ M

(2) pH = 5.75, $[HA^-] = 0.100$ M,
$[H_2A] = 2.82 \times 10^{-5}$ M, $[A^{2-}] = 2.75 \times 10^{-5}$ M

(3) $K_{b1} = 2.04 \times 10^{-5}$, $K_{b2} = 1.58 \times 10^{-12}$
pH = 11.15, $[HA^-] = 1.42 \times 10^{-3}$ M,
$[H_2A] = 1.58 \times 10^{-12}$ M, $[A^-] = 0.0986$ M

3.

$$K_{b1} = \frac{[BH^+][OH^-]}{[B]} = \frac{x^2}{0.050 - x}$$

$$= 6.62 \times 10^{-5}$$

$[OH^-] = 0.0018$ M

pH = 14.00 − pOH = 11.26

4. (1)

$$K_{a1} = \frac{[HA^-][H^+]}{[H_2A]} = \frac{x^2}{0.1 - x} = 4.70 \times 10^{-3}$$

pH = 1.71, $[HL] = [H^+] = 0.0195$ M

$[H_2L^+] = 0.0305$ M, $[L^-] = 1.80 \times 10^{-10}$ M

(2) 평형 상수 값이 측정값이다.

5. $HA^- \rightleftarrows H^+ + A^{2-}$, $K_a = 1 \times 10^{-5}$

$HA^- + H_2O \rightleftarrows H_2A + OH^-$, $K_b = 1 \times 10^{-7}$

K_a 값이 훨씬 크지만 생성된 H^+가 두 번째 평형의 OH^-와 결합하여 H_2O를 만들므로 두 번째 평형이 오른쪽으로 기울어진다. 그래서 실제로는 두 반응이 비슷한 정도로 일어난다.

6.

$$pH = pK_a + \log\frac{[HCOO^-]}{[HCOOH]}$$

$$= 3.74 + \log\frac{[HCOO^-]}{[HCOOH]}$$

pH = 2.00일 때 주화학종은 HCOOH, pH = 5.00일 때 주화학종은 $HCOO^-$

7. (1)

$$pH = pK_{a1} + \log\frac{[HA^-]}{[H_2A]} = 3.50 + \log\frac{[HA^-]}{[H_2A]}$$

$$pH = pK_{a2} + \log\frac{[A^{2-}]}{[HA^-]} = 8.00 + \log\frac{[A^{2-}]}{[HA^-]}$$

pH = 2.0일 때 주화학종은 H_2A

pH = 5.0일 때 주화학종은 HA^-

pH = 9.0일 때 주화학종은 A^{2-}

(2) $$pH = pK_a + \log\frac{[HA^-]}{[H_2A]}$$

$$\log\frac{[HA^-]}{[H_2A]} = 0.5, \quad \frac{[HA^-]}{[H_2A]} = 10^{0.5} = 3.16$$

$$\log\frac{[HA^-]}{[H_2A]} = -0.7, \quad \frac{[HA^-]}{[H_2A]} = 10^{-0.7} = 0.20$$

(3) $pK_{b1} = 14 - pK_{a2} = 14.00 - 8.00 = 6.00$
$pK_{a2} = 14 - pK_{b1} = 14.00 - 3.50 = 10.5$

8. $pK_{a1} = 1.25$, $pK_{a2} = 4.27$

$$pH = pK_{a1} + \log\frac{[HOx^-]}{[H_2Ox]}$$

$$pH = pK_{a2} + \log\frac{[Ox^{2-}]}{[HOx^-]}$$

(1) H_2Ox (2) HOx^- (3) Ox^{2-}

9. $H_2A \rightleftarrows HA^- + H^+$, $pK_{a1} = 4.00$

$HA^- \rightleftarrows A^{2-} + H^+$, $pK_{a2} = 8.00$

$$pH = pK_{a1} + \log\frac{[HA^-]}{[H_2A]}$$

$$pH = pK_{a2} + \log\frac{[A^{2-}]}{[HA^-]}$$

(1) pH = 2.0, 주화학종: H_2A

(2) pH = 4.0, $[H_2A] = [HA^-]$

(3) pH = 6.0, 주화학종: HA^-

(4) pH = 7.0, 주화학종: HA^-

(5) pH = 8.0, $[HA^-] = [A^{2-}]$

(6) pH = 10.0, 주화학종: A^{2-}

10. (1)

$$K_{a1} = \frac{[HA^-][H^+]}{[H_2A]} = \frac{x^2}{0.050 - x} = 4.53 \times 10^{-3}$$

pH = 1.89, $[BH_2^+] = 0.037$ M,

$[BH] = 0.013$ M, $[B^-] = 1.36 \times 10^{-10}$ M

11. (1)

(a) pH = 2.16, $[H_2A] = 4.31 \times 10^{-2}$ M,
$[HA^-] = 6.94 \times 10^{-3}$ M,
$[A^{2-}] = 3.90 \times 10^{-6}$ M

(b) $pH = \frac{1}{2}(pK_{a1} + pK_{a2}) = 4.18$

$[H_2A] = 2.94 \times 10^{-3}$ M, $[HA^-] = 0.050$ M,
$[A^{2-}] = 2.95 \times 10^{-3}$ M

(c) pH = 9.05, $[H_2A] = 8.93 \times 10^{-12}$ M,
$[HA^-] = 1.13 \times 10^{-5}$ M,
$[A^{2-}] = 4.99 \times 10^{-2}$ M

(2)

$$pH = pK_{a1} + \log\frac{[HA^-]}{[H_2A]} = 2.95 + \log\frac{[HA^-]}{[H_2A]}$$

$$pH = pK_{a2} + \log\frac{[A^{2-}]}{[HA^-]} = 5.41 + \log\frac{[A^{2-}]}{[HA^-]}$$

(a) $pH = 1.50$; 주화학종 $= H_2A$

(b) $pH = 4.0$; 주화학종 $= HA^-$

(c) $pH = 6.50$; 주화학종 $= A^{2-}$

12. $H_2CO_3 \rightleftarrows HCO_3^- + H^+$

$K_{a1} = 4.46 \times 10^{-7}$, $pK_{a1} = 2.95$

$HCO_3^- \rightleftarrows CO_3^{2-} + H^+$,

$K_{a2} = 4.69 \times 10^{-11}$, $pK_{a2} = 10.33$

$$pH = pK_{a2} + \log\frac{[CO_3^{2-}]}{[HCO_3^-]}$$

K_2CO_3 몰수 $= 0.0289$, $[K_2CO_3] = 0.058$ M

$$10.80 = 10.33 + \log\frac{0.058}{[HCO_3^-]}$$

HCO_3^- 몰수 $= 9.83 \times 10^{-3}$ mol

필요한 $NaHCO_3$:

$$9.83 \times 10^{-3}\ \text{mol} \times \frac{84.007\ \text{g}}{\text{mol}}\ NaHCO_3$$

$= 0.826$ g $NaHCO_3$

가한 H^+ 몰수 $= 0.0100$ mol

$CO_3^{2-} + H^+ \rightleftarrows HCO_3^-$

$$pH = pK_{a3} + \log\frac{0.0189}{0.01983} = 10.31$$

13. $H_3PO_4 \rightleftarrows H_2PO_4^- + H^+$, $pK_{a1} = 2.149$

$H_2PO_4^- \rightleftarrows HPO_4^{2-} + H^+$, $pK_{a2} = 7.199$

$HPO_4^{2-} \rightleftarrows PO_4^{3-} + H^+$, $pK_{a3} = 12.15$

$$pH = pK_{a2} + \log\frac{[PO_4^{3-}]}{[HPO_4^{2-}]} = 12.15 + \log\frac{0.008}{0.01}$$

$= 12.05$

14. $H_2PO_4^- \rightleftarrows HPO_4^{2-} + H^+$, $pK_{a2} = 7.199$

$$pH = pK_{a2} + \log\frac{[HPO_4^{2-}]}{[H_2PO_4^-]} = 7.199$$

$[H_2PO_4^-] = [HPO_4^{2-}]$가 되어야 한다.

필요한 NaOH는 0.150 mol

$$0.150\ \text{mol NaOH} \times \frac{39.997\ \text{g}}{\text{mol}} = 6.000\ \text{g NaOH}$$

13장

1. 당량점 부근에서 적정 곡선의 변화가 크지 않다.

2. H^+ 이온의 농도가 급격히 변하기 때문이다.

3. (1) $$\text{몰농도} = \frac{\dfrac{0.751\ \text{g}}{60.052\ \text{g/mol}}}{0.25\ \text{L}} = 0.050\ \text{M}$$

$[H^+] = \sqrt{K_a \times C} = 9.35 \times 10^{-4}$

$pH = 3.03$

(2) F = HA의 처음 농도 × 희석률 = 0.0279 M

($V_e = 39.68$ mL)

$$K_b = \frac{x^2}{F - x} = 5.71 \times 10^{-10}$$

$x = [OH^-] = 4.00 \times 10^{-6}$

$pH = 8.60$

4. (1) 적정 전

$$K_b = \frac{x^2}{0.05 - x} = 1.0 \times 10^{-5}$$

$[OH^-] = 7.07 \times 10^{-4}$, $pH = 10.85$

(2) 10.0 mL

$$pH = pK_a + \log\frac{[B]}{[BH^+]} = 9.18$$

(3) 25.0 mL

$$F = 0.033\ \text{M},\ \frac{x^2}{0.033 - x} = 1.0 \times 10^{-9},$$

$[H^+] = 5.77 \times 10^{-6}$, $pH = 5.24$

(4) 27.0 mL

$[H^+] = H^+$의 농도 × 희석률 $= 0.0026$ M

$pH = 2.59$

5. (1)

(a) 5.00 mL

$[OH^-] = OH^-$의 처음 농도 × 남아 있는 OH^- 분율 × 희석률 $= 0.03636$, $pH = 12.57$

(b) 15.0 mL

$[OH^-] = OH^-$의 처음 농도 × 남아 있는 OH^- 분율 × 희석률 $= 0.01538$, $pH = 12.18$

(c) 25.0 mL

$K_w = [H^+][OH^-] = 1.0 \times 10^{-14}$, $pH = 7.00$

(d) 30.0 mL

$[H^+] = H^+$의 처음 농도 × 희석률 $= 0.00625$ M

$pH = 2.2$

6. (1)

$$K_a = \frac{[H^+][A^-]}{[HA]} = 1.8 \times 10^{-5},\ pH = 3.02$$

(2)

(a) NaOH 10.0 mL

$$pH = pK_a + \log\frac{[A^-]}{[HA]} = 4.76$$

(b) NaOH 13.0 mL

$$pH = pK_a + \log\frac{[A^-]}{[HA]} = 5.02$$

(3) 완충 용액이므로 크게 차이가 나지 않는다.

(4) $F = 0.05\ M \times \frac{40\ mL}{60\ mL} = 0.0334\ M$

$$K_b = \frac{x^2}{F-x} = 5.71 \times 10^{-10}$$

$x = [OH^-] = 4.37 \times 10^{-6}$

pH = 8.64

(5) $[OH^-] = OH^-$의 농도 × 희석률

$= 7.1 \times 10^{-4}\ M$

pH = 10.85

(6) 약한 염기성에서 색이 변하는 지시약을 사용한다.

7. 당량점에서 약한 산은 거의 전부 짝염기로 존재한다.

8. (1)

(a) 적정하기 전

$$K_a = \frac{[H^+][A^-]}{[HA]} = 1.00 \times 10^{-5},\ pH = 3.00$$

(b) 10.0 mL

$$pH = pK_a + \log\frac{[A^-]}{[HA]} = 4.82$$

(c) 25.0 mL

$$F = 0.100\ M \times \frac{50\ mL}{75\ mL} = 0.0667\ M$$

$$K_b = \frac{x^2}{F-x} = 1.0 \times 10^{-9}$$

$x = [OH^-] = 8.17 \times 10^{-6}$

pH = 8.91

(d) 30.0 mL

$[OH^-] = OH^-$의 농도 × 희석률 = 0.0125 M

pH = 12.10

9. (1)

(a) 적정 전

$$K_b = \frac{x^2}{0.05-x} = 4.29 \times 10^{-4}$$

$[OH^-] = 4.43 \times 10^{-3}$, pH = 11.65

(b) 5.0 mL

$$pH = pK_a + \log\frac{[B]}{[BH^+]} = 11.23$$

(c) 10.0 mL

$$pH = pK_a + \log\frac{[B]}{[BH^+]} = 10.81$$

(d) 24.0 mL

$$pH = pK_a + \log\frac{[B]}{[BH^+]} = 9.25$$

(e) 25.0 mL

F = 0.0333 M,

$$K_a = \frac{x^2}{0.0333 - x} = 2.33 \times 10^{-11}$$

$[H^+] = 8.81 \times 10^{-7}$, pH = 6.06

(f) 26 mL

$[H^+] = H^+$의 농도 × 희석률 = 0.00132 M

pH = 2.88

(4) 지시약의 변색 범위가 당량점에서의 pH에 가장 가까운 지시약을 사용한다.

10. 산성형은 무색이고 염기성형은 붉은색이다.

11. HA가 주화학종이면 용액은 붉은색을 띠고 A^-가 주화학종이면 용액은 노란색을 띤다.

12. (1) $ClCH_2COO^-$가 CH_3COO^-보다 안정하다.

(2) 클로로아세트산:

$$ClCH_2COOH + OH^- \rightarrow ClCH_2COO^- + H_2O$$

$$K = K_a \times (\frac{1}{K_w}) = 1.36 \times 10^{11}$$

아세트산:

$$CH_3COOH + OH^- \rightarrow CH_3COO^- + H_2O$$

$$K = K_a \times (\frac{1}{K_w}) = 1.75 \times 10^{9}$$

(3) 클로로아세트산:

(a) 적정 전

$$\frac{x^2}{0.0500 - x} = K_a = 1.36 \times 10^{-3},$$

$[H^+] = 7.59 \times 10^{-3}$, pH = 2.12

(b) 5.0 mL

$$pH = pK_a + \log\frac{[A^-]}{[HA]} = 2.69$$

(c) 12.0 mL

$$pH = pK_a + \log\frac{[A^-]}{[HA]} = 4.25$$

(d) 12.5 mL

F = 0.033 M,

$$K_b = \frac{x^2}{0.033 - x} = 7.4 \times 10^{-12}$$

$[H^+] = 2.02 \times 10^{-8}$, pH = 7.69

(e) 13.0 mL

$[OH^-]$ = OH^-의 농도 × 희석률 = 0.0136 M

$[H^+] = 7.35 \times 10^{-12}$, pH = 11.13

아세트산:

(a) 적정 전

$$\frac{x^2}{0.0500 - x} = K_a = 1.75 \times 10^{-5}$$

$[H^+] = 9.27 \times 10^{-4}$, pH = 3.03

(b) 5.0 mL

$$pH = pK_a + \log\frac{[A^-]}{[HA]} = 4.58$$

(c) 12.0 mL

$$pH = pK_a + \log\frac{[A^-]}{[HA]} = 6.14$$

(d) 12.5 mL F = 0.033 M,

$$K_b = \frac{x^2}{0.033 - x} = 5.71 \times 10^{-10},$$

$[H^+] = 2.30 \times 10^{-9}$, pH = 8.64

(e) 13.0 mL

$[OH^-]$ = OH^-의 농도 × 희석률 = 0.0136 M,

$[H^+] = 7.35 \times 10^{-12}$, pH = 11.13

(5) 농도가 묽어지면 종말점 부근에서 곡선의 변화 폭이 작아진다.

13. (1)

(a) 10.0 mL

$$pH = pK_a + \log\frac{[B]}{[BH^+]} = 9.67$$

(b) 15.0 mL

$$pH = pK_a + \log\frac{[B]}{[BH^+]} = 9.32$$

(2) F = 0.033 M,

$$K_a = \frac{x^2}{0.033 - x} = 3.18 \times 10^{-10},$$

$[H^+] = 3.24 \times 10^{-6}$, pH = 5.49

(3) 30.0 mL

$[H^+]$ = H^+의 농도 × 희석률 = 0.00625 M

pH = 2.20

14. 어떤 용액에 산이나 염기를 가했을 때 pH가 변하는 정도를 말한다. $(1/2)V_e$에서 최대. V_e는 당량점을 말한다.

15. 당량점 부근에서 측정한 자료가 없어도 종말점을 정확하게 구할 수 있다.

16. 적정 반응의 평형 상수가 너무 작거나 시료의 농도가 너무 묽은 경우에는 당량점 부근에서 H^+의 농도 변화가 적어서 종말점을 정확하게 찾기 힘들다.

17. $H_2A \rightleftarrows HA^- + H^+$ $pK_{a1} = 4.00$

$HA^- \rightleftarrows A^{2-} + H^+$ $pK_{a2} = 8.00$

(1)

(a) $V_b = 0$

$$\frac{x^2}{0.100 - x} = 1.00 \times 10^{-4},$$

$[H^+] = 3.16 \times 10^{-3}$, pH = 2.50

(b) $V_b = 2$

$$pH = pK_{a1} + \log\frac{[HA^-]}{[H_2A]} = 3.05$$

(c) $V_b = 10$

$pH = pK_{a1} = 4.00$

(d) $V_b = 19$

$$pH = pK_{a1} + \log\frac{[HA^-]}{[H_2A]} = 5.28$$

(e) $V_b = 20$

$$pH = \frac{1}{2}(pK_{a1} + pK_{a2}) = 6.00$$

(f) $V_b = 21$

$$pH = pK_{a2} + \log\frac{[A^{2-}]}{[HA^-]} = 6.72$$

(g) $V_b = 30$

pH = 8.00 + log(1) = 8.00

(h) $V_b = 39$

$$pH = pK_{a2} + \log\frac{[A^{2-}]}{[HA^-]} = 9.28$$

(i) $V_b = 40$

$K_{b1} = 1.00 \times 10^{-6}$, $F' = 0.033$

$$\frac{x^2}{0.033 - x} = 1.00 \times 10^{-6},$$

$[H^+] = 5.49 \times 10^{-11}$, pH = 10.26

(j) $V_b = 41$

$[OH^-] = 1.64 \times 10^{-3}$, $[H^+] = 6.10 \times 10^{-12}$,

pH = 11.2

(k) $V_b = 50$

$[OH^-] = 1.43 \times 10^{-2}$, $[H^+] = 6.99 \times 10^{-13}$,

pH = 12.2

18. (1) (a) $V_a = 0$ mL

$$K_b = \frac{x^2}{0.0500 - x} = 5.38 \times 10^{-5}$$

$[OH^-] = 1.64 \times 10^{-3}$, pH = 11.21

(b) $V_a = 5$ mL

$$pH = pK_{a2} + \log\frac{[B]}{[BH^+]} = 10.33$$

(c) $V_a = 20$ mL

$$pH = pK_{a2} + \log\frac{[B]}{[BH^+]} = 9.13$$

(d) $V_a = 24$ mL

$$pH = pK_{a2} + \log\frac{[B]}{[BH^+]} = 8.35$$

(e) $V_a = 25$ mL

$$[H^+] = \sqrt{\frac{K_{a1}K_{a2}F + K_{a1}K_w}{K_{a1} + F}} = 2.94 \times 10^{-8}$$

$pH = 7.53$

(f) $V_a = 26$ mL

$$pH = pK_{a1} + \log\frac{[BH^+]}{[BH_2^{2+}]} = 6.71$$

(g) $V_a = 40$ mL

$$pH = pK_{a1} + \log\frac{[BH^+]}{[BH_2^{2+}]} = 5.16$$

(h) $V_a = 49$ mL

$$pH = pK_{a1} + \log\frac{[BH^+]}{[BH_2^{2+}]} = 3.95$$

(i) $V_a = 50$ mL

$$K_{a1} = \frac{x^2}{0.0500 - x} = 4.65 \times 10^{-6}$$

$[H^+] = 4.82 \times 10^{-4}$, $pH = 3.32$

(j) $V_a = 51$ mL

$[H^+] = 9.90 \times 10^{-4}$, $pH = 3.00$

(k) $V_a = 60$ mL

$[H^+] = 9.09 \times 10^{-3}$, $pH = 2.04$

19. OH^-는 유리와 반응하여 유리를 녹이고, 대기와 접촉하면 대기 중의 CO_2와 반응하므로 염기의 농도가 감소한다.

20. 산이나 염기의 세기는 어디까지나 상대적인 것이다.

21. 질량이 크면 상대적으로 오차를 줄일 수 있다.

14장

1. 리간드: 중심 이온에 전자쌍을 제공하는 화합물
주개 원자: 리간드에 있는 원자 중 직접 전자쌍을 제공하여 배위 결합을 형성하는 화합물

2. 2개 이상의 배위 결합을 만들 수 있는 리간드

3. 킬레이트제는 비슷한 한자리 리간드보다 훨씬 안정한 착화합물을 만든다.

4. (1) Y^{4-} 형으로 존재하는 EDTA의 분율

(2) $K_f' = \alpha_{Y^{4-}} K_f = (4.2 \times 10^{-3})(4.47 \times 10^{10})$
$= 1.87 \times 10^8$

(3) $$K_f' = \frac{[CaY^{2-}]}{[Ca^{2+}][EDTA]} = 1.87 \times 10^8$$

$[Ca^{2+}] = 2.31 \times 10^{-5}$ M

5. (1) pH가 일정해야 K_f' 값이 상수가 된다.

(2) $NH_3-NH_4^+$ 완충 용액으로 조절한다.

(3)

(a) 10.0 mL

$$[Mg^{2+}] = 0.050 \times \frac{40}{50} \times \frac{50}{60} = 0.033 \text{ M}$$

(b) 15.0 mL

$[Mg^{2+}] = 0.027$ M

(c) 30.0 mL

$[Mg^{2+}] = 0.013$ M

(d) 40.0 mL

$[Mg^{2+}] = 0.0056$ M

(e) 45.0 mL

$[Mg^{2+}] = 0.0026$ M

(f) 50.0 mL

$$[MgY^{2-}] = (0.050) \times \frac{50}{100} = 0.025 \text{ M}$$

$$K_f' = \frac{[MgY^{2-}]}{[Mg^{2+}][EDTA]} = 2.2 \times 10^8$$

$[Mg^{2+}] = 1.07 \times 10^{-5}$ M

(g) 55.0 mL

$$[EDTA] = 0.050 \times \frac{5}{105} = 2.38 \times 10^{-3} \text{ M}$$

$$[MgY^{2-}] = 0.050 \times \frac{50}{105} = 2.38 \times 10^{-2} \text{ M}$$

$$[Mg^{2+}] = \frac{[MgY^{2-}]}{K_f'[EDTA]} = 4.5 \times 10^{-8} \text{ M}$$

(h) 65.0 mL

$$[EDTA] = 0.050 \times \frac{50}{115} = 6.52 \times 10^{-3} \text{ M}$$

$$[MgY^{2-}] = 0.050 \times \frac{50}{115} = 2.17 \times 10^{-2} \text{ M}$$

$$[Mg^{2+}] = \frac{[MgY^{2-}]}{K_f'[EDTA]} = 1.5 \times 10^{-8} \text{ M}$$

6. $K_f' = \alpha_{Y^{4-}} K_f = (2.9 \times 10^{-7})(6.03 \times 10^{18})$
$= 1.75 \times 10^{12}$

(1) 5.0 mL

$$[Cu^{2+}] = 0.050 \times \frac{20}{25} \times \frac{50}{55} = 0.036 \text{ M}$$

(2) 10.0 mL

$[Cu^{2+}] = 0.025$ M

(3) 20.0 mL

$[Cu^{2+}] = 0.0071$ M

(4) 24.0 mL

$[Cu^{2+}] = 0.0014$ M

(5) 25.0 mL

$$[CuY^{2-}] = (0.050) \times \frac{50}{75} = 0.033 \text{ M}$$

$$K_f' = \frac{[CuY^{2-}]}{[Cu^{2+}][EDTA]} = 1.75 \times 10^{12}$$

$[Cu^{2+}] = 1.37 \times 10^{-7}$ M

(6) 26.0 mL

$$[EDTA] = 0.100 \times \frac{1}{76} = 1.32 \times 10^{-3} \text{ M}$$

$$[CuY^{2-}] = 0.050 \times \frac{50}{76} = 3.33 \times 10^{-2} \text{ M}$$

$$[Cu^{2+}] = \frac{[CuY^{2-}]}{K_f'[EDTA]} = 1.43 \times 10^{-11} \text{ M}$$

(7) 30.0 mL

$$[EDTA] = 0.100 \times \frac{5}{80} = 6.25 \times 10^{-3} \text{ M}$$

$$[CuY^{2-}] = 0.050 \times \frac{50}{80} = 3.13 \times 10^{-2} \text{ M}$$

$$[Cu^{2+}] = \frac{[CuY^{2-}]}{K_f'[EDTA]} = 2.83 \times 10^{-12} \text{ M}$$

7. $K_f' = \alpha_{Y^{4-}} K_f = (0.041)(2.82 \times 10^{16})$
$= 1.16 \times 10^{15}$

(1) 5.0 mL

$$[Co^{2+}] = 0.050 \times \frac{20}{25} \times \frac{50}{55} = 0.036 \text{ M}$$

(2) 20.0 mL

$[Co^{2+}] = 7.14 \times 10^{-3}$ M

(3) 24.0 mL

$[Co^{2+}] = 1.35 \times 10^{-3}$ M

(4) 25.0 mL

$$[CoY^{2-}] = 0.050 \times \frac{50}{75} = 0.033 \text{ M}$$

$$K_f' = \frac{[CoY^{2-}]}{[Co^{2+}][EDTA]} = 1.16 \times 10^{15},$$

$[Co^{2+}] = 5.33 \times 10^{-9}$ M

(6) 26.0 mL

$$[EDTA] = 0.100 \times \frac{1}{76} = 1.32 \times 10^{-3} \text{ M}$$

$$[CoY^{2-}] = 0.050 \times \frac{50}{76} = 3.29 \times 10^{-2} \text{ M}$$

$$[Co^{2+}] = \frac{[CoY^{2-}]}{K_f'[EDTA]} = 2.16 \times 10^{-14} \text{ M}$$

(7) 30.0 mL

$$[EDTA] = 0.100 \times \frac{5}{80} = 6.52 \times 10^{-3} \text{ M}$$

$$[CoY^{2-}] = 0.050 \times \frac{50}{80} = 3.13 \times 10^{-2} \text{ M}$$

$$[Co^{2+}] = \frac{[CoY^{2-}]}{K_f'[EDTA]} = 4.32 \times 10^{-15} \text{ M}$$

8. (1) 5.0 mL

$$[Mn^{2+}] = 0.050 \times \frac{20}{25} \times \frac{25}{30} = 0.033 \text{ M}$$

(2) 20.0 mL

$[Mn^{2+}] = 5.56 \times 10^{-3}$ M

(3) 24.0 mL

$[Mn^{2+}] = 1.02 \times 10^{-3}$ M

(4) 25.0 mL

$$[MnY^{2-}] = 0.0500 \times \frac{25}{50} = 0.025 \text{ M}$$

$$K_f' = \frac{[MnY^{2-}]}{[Mn^{2+}][EDTA]} = 4.1 \times 10^{11}$$

$[Mn^{2+}] = 2.47 \times 10^{-7}$ M

(5) 26.0 mL

$$[EDTA] = 0.0500 \times \frac{1}{51} = 9.80 \times 10^{-4} \text{ M}$$

$$[MnY^{2-}] = 0.0500 \times \frac{25}{51} = 2.45 \times 10^{-2} \text{ M}$$

$$[Mn^{2+}] = \frac{[MnY^{2-}]}{K_f'[EDTA]} = 6.09 \times 10^{-11} \text{ M}$$

(6) 30.0 mL

$$[EDTA] = 0.0500 \times \frac{5}{55} = 4.55 \times 10^{-3} \text{ M}$$

$[MnY^{2-}] = 2.27 \times 10^{-2}$ M

$$[Mn^{2+}] = \frac{[MnY^{2-}]}{K_f'[EDTA]} = 1.23 \times 10^{-11} \text{ M}$$

9. 금속 양이온이 염기성 용액에서 금속 수산화물로 침전하는 것을 방지하고 용액의 pH를 일정하게 유지시키기 위해 보조 착화제가 필요하다.

10. NH_3 농도가 커지면 적정 반응의 평형 상수가 적어지므로 당량점 부근에서 적정 곡선의 급격한 변화 폭이 줄어든다.

11. pH가 변하면 K_f' 값이 변하므로 그에 따른 적정 곡

선의 변화가 일어난다.

12. 지시약 자체의 색깔이 pH에 따라 변하기 때문이다.

13. 시료 이외의 다른 이온이 EDTA와 반응하지 못하도록 하기 위해 사용하는 화합물을 말한다.

14.
$$\alpha_{Zn^{2+}} = \frac{1}{1 + \beta_1[L] + \beta_2[L]^2 + \beta_3[L]^3 + \beta_4[L]^4}$$
$$= 1.8 \times 10^{-5}$$
$$K_f'' = \alpha_{Zn^{2+}}\alpha_{Y^{4-}}K_f = (1.8 \times 10^{-5})(0.30)(10^{16.5})$$
$$= 1.7 \times 10^{11}$$

15. $\log K_f = 16.5 \qquad K_f = 10^{16.5}$
$$K_f'' = \alpha_{Zn^{2+}}\alpha_{Y^{4-}}K_f = 1 \times \alpha_{Y^{4-}} \times 10^{16.5} \geq 10^8$$
$$\alpha_{Y^{4-}} = 3.16 \times 10^{-9}$$
pH = 4 이상

16.
$$0.2284 \text{ g } CaCO_3 \times \frac{1 \text{ mol } CaCO_3}{100.087 \text{ g}} \times \frac{1 \text{ mol } Ca^{2+}}{1 \text{ mol } CaCO_3}$$
$$\times \frac{50.0 \text{ mL}}{250 \text{ mL}} = 4.56 \times 10^{-4} \text{ mol } Ca^{2+}$$
$$4.56 \times 10^{-4} \text{ mol } Ca^{2+} \times \frac{1 \text{ mol EDTA}}{1 \text{ mol } Ca^{2+}}$$
$$= 4.56 \times 10^{-4} \text{ mol EDTA}$$
$$\frac{4.56 \times 10^{-4} \text{ mol}}{0.04136 \text{ L}} = 1.10 \times 10^{-2} \text{ M EDTA}$$

17 $0.001000 \text{ M} \times 0.246 \text{ mL} = x \text{ M} \times 0.100 \text{ mL}$
$$x = 0.00246 \text{ M } Ca^{2+}$$

18.
(1) $\mathrm{pH} = \mathrm{p}K_a + \log\dfrac{[NH_3]}{[NH_4^+]}$
$$10.00 = 9.25 + \log\frac{0.10 \text{ M}}{[NH_4^+]}$$
$$[NH_4^+] = 0.018 \text{ M}$$

(2) Zn^{2+}이 수산화물로 침전되는 것을 방지하고 용액의 pH를 일정하게 유지시키기 위해서

(3) $K_f'' = \alpha_{Zn^{2+}}\alpha_{Y^{4-}}K_f$
$$= (1.8 \times 10^{-5})(0.30)(3.16 \times 10^{16})$$
$$= 1.7 \times 10^{11}$$
$$K_f' = \alpha_{Y^{4-}}K_f = (0.30)(3.16 \times 10^{16}) = 9.5 \times 10^{16}$$

(a) 5.0 mL
$$C_{Zn^{2+}} = 1.00 \times 10^{-3} \times \frac{20}{25} \times \frac{50}{55}$$
$$= 7.27 \times 10^{-4} \text{ M}$$
$$[Zn^{2+}] = \alpha_{Zn^{2+}}C_{Zn^{2+}} = 1.3 \times 10^{-8} \text{ M}$$

(b) 20.0 mL
$$C_{Zn^{2+}} = 1.43 \times 10^{-4} \text{ M}$$
$$[Zn^{2+}] = \alpha_{Zn^{2+}}C_{Zn^{2+}} = 2.6 \times 10^{-9} \text{ M}$$

(c) 24.0 mL
$$C_{Zn^{2+}} = 2.7 \times 10^{-5} \text{ M}$$
$$[Zn^{2+}] = \alpha_{Zn^{2+}}C_{Zn^{2+}} = 4.9 \times 10^{-10} \text{ M}$$

(d) 25.0 mL
$$[ZnY^{2-}] = 1.00 \times 10^{-3} \times \frac{50}{75} = 6.7 \times 10^{-4} \text{ M}$$
$$K_f'' = \frac{[ZnY^{2-}]}{[C_{Zn^{2+}}][EDTA]} = 1.7 \times 10^{-11} \text{ M}$$
$$C_{Zn^{2+}} = 6.3 \times 10^{-8} \text{ M}$$
$$[Zn^{2+}] = \alpha_{Zn^{2+}}C_{Zn^{2+}} = 1.1 \times 10^{-12} \text{ M}$$

(e) 26.0 mL
$$[EDTA] = 2.00 \times 10^{-3} \times \frac{1}{76} = 2.6 \times 10^{-5} \text{ M}$$
$$[ZnY^{2-}] = 1.00 \times 10^{-3} \times \frac{50}{76} = 6.6 \times 10^{-4} \text{ M}$$
$$[Zn^{2+}] = \frac{[ZnY^{2-}]}{K_f'[EDTA]} = 2.7 \times 10^{-15} \text{ M}$$

(f) 30.0 mL
$$[EDTA] = 2.00 \times 10^{-3} \times \frac{5}{80} = 1.25 \times 10^{-4} \text{ M}$$
$$[ZnY^{2-}] = 1.00 \times 10^{-3} \times \frac{50}{80} = 6.25 \times 10^{-4} \text{ M}$$
$$[Zn^{2+}] = \frac{[ZnY^{2-}]}{K_f'[EDTA]} = 2.1 \times 10^{-17} \text{ M}$$

15장

2. (1)
$$Cu \rightarrow Cu^{2+} + 2e^- \qquad E_a° = -0.339$$
$$Fe^{2+} + 2e^- \rightarrow Fe \qquad E_c° = -0.44$$
$$Cu + Fe^{2+} \rightarrow Cu^{2+} + Fe \qquad E_{cell}° = -0.779$$
$$E = E_{cell}° - \frac{0.05916}{2}\log\frac{[Cu^{2+}]}{[Fe^{2+}]} = -0.767$$

(2)
$$Pb(s) + 2F^- \rightarrow PbF_2(s) + 2e^- \qquad E_a° = 0.350$$
$$2AgCl(s) + 2e^- \rightarrow 2Ag(s) + 2Cl^- \qquad E_c° = 0.222$$
$$Pb(s) + 2AgCl(s) + 2F^-$$
$$\rightarrow PbF_2(s) + 2Ag(s) + 2Cl^- \qquad E_{cell}° = 0.572$$
$$E = E_{cell}° - \frac{0.05916}{2}\log\frac{[Cl^-]^2}{[F^-]^2} = 0.572$$

(3)
$$Cu(s) \rightarrow Cu^{2+} + 2e^- \qquad E_a° = -0.339$$
$$2Ag^+ + 2e^- \rightarrow 2Ag(s) \qquad E_c° = 0.799$$
$$Cu(s) + Ag^+ \rightarrow Cu^{2+} + 2Ag(s) \qquad E_{cell}° = 0.460$$

$$E = E_{cell}° - \frac{0.05916}{2} \log\frac{[Cu^{2+}]}{[Ag^+]^2} = 0.422$$

(4) $Fe(s) \rightarrow Fe^{2+} + 2e^-$ $E_a° = 0.44$
$Cu^{2+} + 2e^- \rightarrow Cu(s)$ $E_c° = 0.339$

$Fe(s) + Cu^{2+} \rightarrow Fe^{2+} + Cu(s)$ $E_{cell}° = 0.779$

$$E = E_{cell}° - \frac{0.05916}{2} \log\frac{[Fe^{2+}]}{[Cu^{2+}]} = 0.787$$

3.
$$\text{흐른 전자의 몰수} = \frac{(4.00\frac{C}{s})(30\ min)(60\frac{s}{min})}{(96490\ C/mol)}$$

$= 0.0746$ mol

석출된 Pb의 질량
$= (1/2)(0.0746\ mol)(207.2\ g/mol) = 7.73\ g$

4. (1) 양극: Zn 전극, Zn이 산화된다.
음극: Ni 전극, Ni이 환원된다.

(2) $Zn(s) \rightarrow Zn^{2+} + 2e^-$ $E_a° = 0.762$
$Ni^{2+} + 2e^- \rightarrow Ni(s)$ $E_c° = -0.236$

$Zn(s) + Ni^{2+} \rightarrow Zn^{2+} + Ni(s)$ $E_{cell}° = 0.526$

(3) $E = E_{cell}° - \frac{0.05916}{2} \log\frac{[Zn^{2+}]}{[Ni^{2+}]} = 0.570$

5.
(1) $I = \frac{E}{R} = \frac{8.00\ V}{25000\ \Omega} = 3.00 \times 10^{-4}\ C/s$
$= 3.11 \times 10^{-9}$ mol

(2) $p = \frac{E \cdot q}{s} = (8.00\ V)(96490\ C/s)$
$= 7.72 \times 10^5\ J/s$

(3) $C = (3.00 \times 10^{-4}\ C/s)(60.0\ min)(60\ s/min)$
$= 10.8\ C = 1.12 \times 10^{-5}$ mol

6. 양극에서 산화 반응에 의해 생성된 전자가 외부 회로를 통해 음극으로 이동하여 음극에서 환원 반응으로 소모된다. 염다리를 통해 같은 양의 전하가 음극에서 양극으로 이동한다.

7. (1) $Cd(s) \rightarrow Cd^{2+} + 2e^-$
$2Ag^+ + 2e^- \rightarrow 2Ag(s)$

$Cd(s) + 2Ag^+ \rightarrow Cd^{2+} + 2Ag(s)$

(2) 표준 수소 전극(SHE, E° = 0)을 이용하여 측정한다.

(3) 양극과 음극의 전하 균형을 맞추어 준다.

(4) $C = (1.00\ C/s)(5.00\ hr)(60.0\ min/hr)(60.0\ s/min)$
$(1\ mol/96490\ C) = 0.187$ mol
Cd 질량 $= (0.187\ mol)(112.411\ g/mol) = 21.02\ g$

8.
(1) $E = E° - \frac{0.05916}{2} \log(1) = 1.35\ V$

(2) 흐른 전하량

$$= \frac{(0.0150\frac{J}{s})(24\ hr)(60\frac{min}{hr})(60\frac{s}{min})}{1.35\ V}$$

$= 960\ C = 0.0099$ mol
ZnO의 F.W. = 81.39 g/mol
ZnO의 질량 $= (1/2)(0.0099\ mol)(81.39\ g/mol)$
$= 0.403\ g$

9. 표준 수소 전극을 이용하여 측정한다.

10. (1) $Fe(s) \rightarrow Fe^{2+} + 2e^-$ $E_a° = 0.44$
$Cu^{2+} + 2e^- \rightarrow Cu(s)$ $E_c° = 0.339$

$Fe(s) + Cu^{2+} \rightarrow Fe^{2+} + Cu(s)$ $E_{cell}° = 0.779$

$$E = E_{cell}° - \frac{0.05916}{2} \log\frac{[Fe^{2+}]}{[Cu^{2+}]} = 0.787$$

(2) Cu 몰수 $= \frac{10.0\ g}{63.546\ g/mol} = 0.157$ mol
흐른 전하량 $= (0.157\ mol)(96490\ C/mol)$
$= 1.515 \times 10^4\ C$

(3) $I = C/t = \frac{1.515 \times 10^4\ C}{(10\ min)(60\frac{s}{min})} = 25.25\ C/s$

(4) $q = \frac{10.0\ J}{0.787\ V} = 12.71\ C = 1.32 \times 10^{-4}$ mol
생성된 Cu $= (1/2)(1.32 \times 10^{-4}\ mol)(63.546\ g/mol)$
$= 4.19 \times 10^{-3}\ g$

(5) 표준 수소 전극을 사용하여 측정한다.

(6) E° 값이 클수록 환원이 잘 되고 따라서 좋은 산화제가 된다.

11. 액간 접촉 전위를 줄이기 위해서

12. (1) $Zn(s) \rightarrow Zn^{2+} + 2e^-$ $E_a° = 0.762$
$Cu^{2+} + 2e^- \rightarrow Cu(s)$ $E_c° = 0.339$

$Zn(s) + Cu^{2+} \rightarrow Zn^{2+} + Cu(s)$ $E_{cell}° = 1.101\ V$

$$E = E_{cell}° - \frac{0.05916}{2} \log\frac{[Zn^{2+}]}{[Cu^{2+}]} = 1.106$$

(2) 양쪽 전극의 전하 균형을 맞춘다.

(3) 액간 접촉 전위를 줄이기 위해서

(4) 양극은 왼쪽에 위치한다.

(5)
$q = (0.030\ C/s)(100\ hr)(3600\ s/hr)(\frac{1}{96490\ C/mol})$
$= 0.112$ mol

반응한 Zn 질량 = (1/2)(0.112 mol)(65.39 g/mol)
= 3.66 g

13. (1) $Cd(s) \rightarrow Cd^{2+} + 2e^-$
$2Ag^+ + 2e^- \rightarrow 2Ag(s)$

$Cd(s) + 2Ag^+ \rightarrow Cd^{2+} + 2Ag(s)$

(2) $q = (0.0010\ \frac{C}{s})(30\ day)(24\ \frac{hr}{day})(3600\ \frac{s}{hr})$

$(\frac{1}{96490\ C/mol}) = 0.0269\ mol$

석출된 Ag = (0.0269 mol)(107.8682 g/mol)
= 2.90 g

14. Zn의 환원 전위가 Fe보다 적기 때문에 Zn이 희생 양극이 되는 것이다. 다시 말해 Zn이 산화가 더 잘 된다.

15. (1) $Ni(s) \rightarrow Ni^{2+} + 2e^-$ $E_a° = 0.236$
$2Ag^+ + 2e^- \rightarrow 2Ag(s)$ $E_c° = 0.799$

$Ni(s) + 2AgCl(s) \rightarrow Ni^{2+} + 2Ag(s) + 2Cl^-$
$E_{cell}° = 1.035\ V$

$$E = E_{cell}° - \frac{0.05916}{2} \log [Ni^{2+}][Cl^-]^2 = 1.175\ V$$

(2) E > 0이므로 갈바니 전지이다.

16. $Cu(s) \rightarrow Cu^{2+} + 2e^-$ $E_a° = -0.339$
$2Ag^+ + 2e^- \rightarrow 2Ag(s)$ $E_c° = 0.799$

$Cu(s) + 2Ag^+ \rightarrow Cu^{2+} + 2Ag(s)$
$E_{cell}° = 0.460\ V$

$$E = E_{cell}° - \frac{0.05916}{2} \log \frac{[Cu^{2+}]}{[Ag^+]^2} = 0.463\ V$$

E = +0.463 V, $[Cu^{2+}] = 0.0100$ M을 대입하면
$[Ag^+] = 0.112\ M$

17. $Zn^{2+} + 2e^- \rightleftarrows Zn(s)$ $E_a° = -0.763$
$Zn(s) + S^{2-} \rightleftarrows ZnS(s) + 2e^-$ $E_c° = +1.44$

$Zn^{2+} + S^{2-} \rightleftarrows Zn(s)$ $E_{cell}° = 0.677\ V$
$K_{sp} = 10^{nE°/0.05916} = 7.76 \times 10^{22}$

18. $H_2(g) \rightleftarrows 2H^+ + 2e^-$ $E_a° = 0$
$Zn^{2+} + 2e^- \rightleftarrows Zn(s)$ $E_c° = -0.762$

$H_2(g) + Zn^{2+} \rightleftarrows 2H^+ + Zn(s)$ $E_{cell}° = -0.762\ V$

$$E = E_{cell}° - \frac{0.05916}{2} \log \frac{[H^+]^2}{P_{H_2}[Zn^{2+}]} = 0.45\ V$$

$[H^+] = 3.24 \times 10^{-21}$

19. 어떤 금속에 Mg 같이 산화가 잘 되는 금속을 연결해 놓으면 Mg이 먼저 산화되면서 이 금속이 산화되는 것을 막는다. Mg이 희생 양극이 되는 것이다.

20. (1) $Fe(s) \rightleftarrows Fe^{2+} + 2e^-$ $E_a° = 0.44$
$2Ag^+ + 2e^- \rightleftarrows 2Ag(s)$ $E_c° = 0.799$

$Fe(s) + 2Ag^+ \rightleftarrows Fe^{2+} + 2Ag(s)$ $E_{cell}° = 1.239\ V$
$\Delta G° = -nFE° = -(2)(96490)(1.293)$
$= -2.50 \times 10^5\ J$
$K = 10^{nE°/0.05916} = 7.76 \times 10^{41}$

(2) $2Cr^{2+} \rightleftarrows 2Cr^{3+} + 2e^-$ $E_a° = 0.42$
$Tl^{3+} + 2e^- \rightleftarrows Tl^+$ $E_c° = 1.280$

$Tl^{3+} + 2Cr^{2+} \rightleftarrows Tl^+ + 2Cr^{3+}$ $E_{cell}° = 1.700$ V
$\Delta G° = -nFE° = -(2)(96490)(1.700)$
$= -3.28 \times 10^5\ J$
$K = 10^{nE°/0.05916} = 2.95 \times 10^{57}$

16장

1. 지시 전극의 전위차를 측정하기 위해 쓰이는 일정한 전위를 갖는 전극

2. (1) $AgCl(s) + e^- \rightleftarrows Ag(s) + Cl^-$
$E° = +0.222\ V$
$Hg_2Cl_2(s) + 2e^- \rightleftarrows 2Hg(l) + 2Cl^-$
$E° = +0.268\ V$

(2) 전해질 용액에서 Cl^-의 농도가 일정하면 전위차가 일정하다.

(3) 은-염화 은 전극은 60 ℃ 이상에서도 쓸 수 있고 간편하지만 Ag^+ 이온이 시료의 어떤 성분과 침전을 만들기 쉽다. 포화 칼로멜 전극은 간편하게 준비할 수 있어서 많이 쓰이지만 전위차가 온도 변화에 따라 크게 변한다.

3. (1) 0.856 (2) 0.166 (3) −0.020 (4) −1.413
(5) 0.919 (6) 1.821

4. 금속 전극: 산화 환원 반응 때문에 생긴다.
이온 선택성 전극: 특정 이온만 막을 통과할 수 있기 때문에 생긴다.

5. $Ag^+ + e^- \rightleftarrows Ag(s)$ $E° = 0.799\ V$
$E = E_c - E_a$
$= \{0.799 - 0.05916\log(1/[Ag^+])\} - 0.241$
$E = 0.558 + 0.05916\log[Ag^+]$
용액에 AgCl(s)이 있다면 $[Ag^+] = K_{sp}/[Cl^-]$를 대입하면 다음 식을 얻는다.

$$E = 0.558 + 0.05916\log\frac{K_{sp}}{[Cl^-]}$$

6. (1) $Pd^{2+} + 2e^- \rightleftarrows Pd(s)$ $E° = 0.915$ V

(2) $E_c = 0.915 + \frac{1}{0.05916} \log \frac{1}{[Pd^{2+}]} = 0.885$

$E = 0.885 - 0.241 = 0.644$ V

7. $Ag^+ + e^- \rightleftarrows Ag(s)$ $E° = 0.799$ V

$E_{SCE} = 0.241$ V

(1) 10.0 mL $[Ag^+] = 0.100 \text{ M} \times \frac{40}{50} \times \frac{25}{35}$

$= 0.0571$ M

$E_+ = 0.799 - 0.05916 \log \frac{1}{[Ag^+]} = 0.725$ V

$E = E_+ - E_{SCE} = 0.725 - 0.241 = 0.484$ V

(2) 50.0 mL(당량점)

$AgCl(s) \rightarrow Ag^+ + Cl^-$

$K_{sp} = [Ag^+][Cl^-] = [Ag^+]^2 = 1.8 \times 10^{-10}$

$[Ag^+] = 1.34 \times 10^{-5}$

$E_+ = 0.799 - 0.05916 \log \frac{1}{(1.34 \times 10^{-5})} = 0.511$

$E = 0.511 - 0.241 = 0.270$

(3) 60.0 mL

$[Cl^-] = 0.050 \text{ M} \times \frac{10}{85} = 5.88 \times 10^{-3}$ M

$K_{sp} = [Ag^+][Cl^-] = [Ag^+](5.88 \times 10^{-3})$

$= 1.8 \times 10^{-10}$

$[Ag^+] = 3.06 \times 10^{-8}$

$E_+ = 0.799 - 0.05916 \log \frac{1}{(3.06 \times 10^{-8})} = 0.354$

$E = 0.354 - 0.241 = 0.113$

8. $Cu \rightleftarrows Cu^{2+} + 2e^-$ $E°_a = -0.339$ V

$2Ag^+ + 2e^- \rightleftarrows 2Ag(s)$ $E°_c = 0.799$ V

$Cu + 2Ag^+ \rightleftarrows Cu^{2+} + 2Ag(s)$ $E°_{cell} = 0.440$ V

$E_{cell} = 0.440 - \frac{0.05916}{2} \log \frac{[Cu^{2+}]}{[Ag^+]^2} = 0.463$ V

$[Ag^+] = 0.245$ M

9. 액간 접촉 전위를 줄이기 위해서

10. 액간 접촉 전위를 줄이기 위해서

11. 선형 감응 농도 범위가 크다. 시료가 파괴되지 않고 오염되지 않는다. 감응 시간이 짧다. 시료의 색깔이나 탁도의 영향을 받지 않는다.

12. 다른 이온의 방해가 얼마나 되는지 나타내는 지표. 방해가 적을수록 선택 계수는 작아진다.

13. 이온 선택성 전극은 어떤 화합물과 착화합물을 형성하지 않은 자유 이온에만 감응한다.

14. pH가 7보다 큰 것과 작은 것 이렇게 2개의 표준 완충 용액을 준비하여 검정한다.

15. (1) 고체막은 LaF_3 결정인데 여기에 EuF_2를 미량 도핑하여 만들기 때문에 F^-가 비어 있는 공간이 생긴다. 이 공간을 이용하여 F^-가 이동할 수 있다.

(2) 위 11번 참조

(3) 매트릭스가 같으면 시료의 활동도 계수가 같아지므로 검정 곡선에서 농도를 직접 읽을 수 있다.

(4) OH^-의 방해와 $F^- + H^+ \rightarrow HF$ 반응을 막기 위해서

(5) 상수 $= -0.195$

$E = 0.0655$ V일 때, $[F^-] = 3.87 \times 10^{-5}$ M

16. $(0.05916)(3.74) = 0.221$ V $= 221$ mV

17. (1) 수화된 유리 표면은 음전하를 가지므로 H^+가 쉽게 흡착된다. 다른 양이온에 비해 H^+가 월등히 잘 흡착된다.

(2) 유리 표면은 시료 용액과 평형을 이루어야 한다.

(3) H^+ 농도가 너무 높으면 H^+가 유리 표면에 쉽게 흡착되지 못한다.

(4) H^+ 농도가 너무 낮으면 Na^+의 방해가 커진다.

(5) 염다리가 AgCl 침전으로 막히는 경우가 생기기 때문이다.

18. 역방향 바이어스되어 있으면 pn 접합에 결핍 영역이 생긴다.

19. Si 결정에 P(인)을 도핑한 것이 n형이고 Al(알루미늄)을 도핑한 것이 p형이다.

20. pn 접합에 걸린 전압이 역방향 바이어스되어 있다.

17장

1. (1) $Ce^{4+} + Fe^{2+} \rightarrow Ce^{3+} + Fe^{3+}$

(2) $Fe^{3+} + e^- \rightleftarrows Fe^{2+}$

$Ce^{4+} + e^- \rightleftarrows Ce^{3+}$

(3) $2Fe^{3+} + 2Hg(l) + 2Cl^- \rightleftarrows 2Fe^{2+} + Hg_2Cl_2(s)$

$2Ce^{4+} + 2Hg(l) + 2Cl^- \rightleftarrows 2Ce^{3+} + Hg_2Cl_2(s)$

(4) $E_+ = 0.767 - 0.05916 \log \frac{[Fe^{2+}]}{[Fe^{3+}]}$

$E_+ = 1.70 - 0.05916 \log \frac{[Ce^{3+}]}{[Ce^{4+}]}$

(5) $Ce^{4+} + e^- \rightleftarrows Ce^{3+}$ $E° = 1.70$ V

$Fe^{3+} + e^- \rightleftarrows Fe^{2+} \qquad E° = 0.767\ V$

$E_{SCE} = 0.241\ V$

당량점 이전:

$E = E_+ - E_{SCE}$

$= (E° - 0.05916 \log \frac{[Fe^{2+}]}{[Fe^{3+}]}) - 0.241$

당량점에서:

$2E_+ = 2.467 - 0.05916 \log \frac{[Fe^{2+}][Ce^{3+}]}{[Fe^{3+}][Ce^{4+}]} = 2.467$

$[Ce^{3+}] = [Fe^{3+}]$, $[Ce^{4+}] = [Fe^{2+}]$, $E_+ = 1.23$

당량점 이후:

$E = E_+ - E_{SCE}$

$= (E° - 0.05916 \log \frac{[Ce^{3+}]}{[Ce^{4+}]}) - 0.241$

(a) 1.00 mL E = 0.444 V
(b) 3.00 mL E = 0.475 V
(c) 7.00 mL E = 0.502 V
(d) 12.5 mL E = 0.526 V
(e) 20.00 mL E = 0.562 V
(f) 24.00 mL E = 0.608 V
(g) 25.00 mL E = 0.99 V
(h) 26.00 mL E = 1.37 V
(i) 30.00 mL E = 1.42 V

2. (1) $2Ce^{4+} + Sn^{2+} \rightarrow 2Ce^{3+} + Sn^{4+}$

(2) $Ce^{4+} + e^- \rightleftarrows Ce^{3+} \qquad E° = 1.47\ V$

$Sn^{4+} + 2e^- \rightleftarrows Sn^{2+} \qquad E° = 0.139\ V$

(3) $Sn^{4+} + 2Hg(l) + 2Cl^- \rightleftarrows Sn^{2+} + Hg_2Cl_2(s)$

$2Ce^{4+} + 2Hg(l) + 2Cl^- \rightleftarrows 2Ce^{3+} + Hg_2Cl_2(s)$

(4) $E_+ = E° - 0.05916 \log \frac{[Ce^{3+}]}{[Ce^{4+}]}$

$E_+ = E° - \frac{0.05916}{2} \log \frac{[Sn^{2+}]}{[Sn^{4+}]}$

(5) $E_{SCE} = 0.241\ V$

당량점 이전:

$E = E_+ - E_{SCE}$

$= (E° - \frac{0.05916}{2} \log \frac{[Sn^{2+}]}{[Sn^{4+}]}) - 0.241$

당량점에서:

$3E_+ = 1.748 - 0.05916 \log \frac{[Sn^{2+}][Ce^{3+}]}{[Sn^{4+}][Ce^{4+}]} = 1.748$

$2[Sn^{4+}] = [Ce^{3+}]$, $2[Sn^{2+}] = [Ce^{4+}]$, $E_+ = 0.583$

당량점 이후:

$E = E_+ - E_{SCE}$

$= (E° - 0.05916 \log \frac{[Ce^{3+}]}{[Ce^{4+}]}) - 0.241$

(a) 1.00 mL E = −0.140 V
(b) 3.00 mL E = −0.124 V
(c) 6.00 mL E = −0.113 V
(d) 10.00 mL E = −0.102 V
(e) 15.00 mL E = −0.088 V
(f) 19.00 mL E = −0.064 V
(g) 20.00 mL E = 0.342 V
(h) 21.00 mL E = 1.152 V
(i) 25.00 mL E = 1.193 V

3. (1) 지시약의 환원형과 산화형의 색깔이 다르다.

(2) 지시약의 색이 변하는 전압과 당량점에서의 전압이 비슷해야 한다.

(3) 1번은 Diphenylbenzidine sulfonic acid, 2번은 Indigo tetrasulfonate를 쓰는 것이 좋다

4. (1) $Sn^{2+} + Tl^{3+} \rightleftarrows Tl^+ + Sn^{4+}$

(2) $Tl^{3+} + 2e^- \rightleftarrows Tl^+ \qquad E° = 0.77\ V$

$Sn^{4+} + 2e^- \rightleftarrows Sn^{2+} \qquad E° = 0.139\ V$

(3) $Sn^{4+} + 2Hg(l) + 2Cl^- \rightleftarrows Sn^{2+} + Hg_2Cl_2(s)$

$Tl^{3+} + 2Hg(l) + 2Cl^- \rightleftarrows Tl^+ + Hg_2Cl_2(s)$

(4) $E_{Ag/AgCl} = 0.197\ V$

당량점 이전:

$E = E_+ - E_{Ag/AgCl}$

$= (E° - \frac{0.05916}{2} \log \frac{[Sn^{2+}]}{[Sn^{4+}]}) - 0.197$

당량점에서:

$2E_+ = 0.909 - \frac{0.05916}{2} \log \frac{[Sn^{2+}][Tl^+]}{[Sn^{4+}][Tl^{3+}]} = 0.909$

$[Sn^{2+}] = [Tl^{3+}]$, $[Tl^+] = [Sn^{4+}]$, $E_+ = 0.4545$

당량점 이후:

$E = E_+ - E_{Ag/AgCl}$

$= (E° - 0.05916 \log \frac{[Tl^+]}{[Tl^{3+}]}) - 0.197$

(a) 1.00 mL E = −0.096 V
(b) 3.00 mL E = −0.080 V
(c) 6.00 mL E = −0.069 V
(d) 10.00 mL E = −0.058 V
(e) 15.00 mL E = −0.044 V
(h) 19.00 mL E = −0.020 V
(g) 20.00 mL E = 0.258 V
(h) 21.00 mL E = 0.535 V
(i) 25.00 mL E = 0.555 V
(j) Phenosafranine (E° = 0.28 V)

5. 종말점 이전에 얻은 측정값으로 종말점을 구할 수 있고 도시가 직선이 되므로 보다 정확한 값을 얻을 수 있다.

18장

1. 전극은 인접해 있는 반응물이나 생성물과 반응한다. 보통 산화 환원 반응 속도는 이들이 전극을 향해서 또는 전극으로부터 이동하는 속도보다 훨씬 빠르기 때문이다.

2. 전극 크기를 크게 하고 용액을 저어 주거나 온도를 올려준다.

3. 과전위 때문

4. (1) E = E(cathode) − E(anode)

$$= [0.330 - \frac{0.05916}{2}\log\frac{1}{[Cu^{2+}]}$$

$$- [1.229 - \frac{0.05916}{2}\log\frac{1}{(P_{O_2})^{1/2}[H^+]^2}$$

$$= -0.905\ V$$

(2) 과전위

(3) E = E(cathode) − E(anode) − IR − 과전위
전극과 인접한 층의 Cu^{2+} 농도가 감소함으로써 전류가 감소하고 따라서 IR과 과전위도 감소한다. E(anode)는 거의 일정하므로 E(cathode)도 따라서 감소한다.

(4) 기준 전극, 작업 전극, 보조 전극

(5) (1/2)(5.0 C/s)(10.0 hr)(3600 s/hr)(1 mol/96490 C)(63.546 g/mol) = 59.27 g

(6) 음극의 전압이 변하면 원하지 않는 반응이 일어날 수 있다. 3개 전극을 갖는 전해 전지를 이용하여 조절 전위 전해를 하면 된다.

5. PbO_2 몰수 = (0.124 g)/(239.2 g/mol)
$= 5.18 \times 10^{-4}$ mol
$Pb(CH_3CHOHCO_2)_2$ 질량
$= (5.18 \times 10^{-4}$ mol)(385.3 g/mol) = 0.1996 g
$Pb(CH_3CHOHCO_2)_2$ 질량 백분율
= [(0.1996 g)/(0.391 g)] × 100 = 51.05%

6.
(1) $$\frac{(\frac{300.0\ C}{1000\ s})(29.00\ min)(60\ \frac{s}{min})}{96490\ C/mol}$$

$= 0.00541$ mol

(2) (0.00541 mol)(112.411 g/mol) = 0.608 g

(3) (0.00541 mol)/(100.00/1000) L = 0.0541 M

7. 반응이 진행되는 동안 전극의 전압이 변한다.

9. 기준 전극과 작업 전극 사이의 전위차를 조절한다.

10. 전극의 표면적을 크게 하고 반응 속도를 줄인다.

11. 반응 속도가 빠르고 농도차 편극을 줄일 수 있다.

12. 용액의 색깔 변화를 관찰한다.
용액에 새로 노출된 표면에 석출이 일어나는지 관찰한다.
용액을 미량 덜어내어 정성적인 테스트를 한다.

13. 전극 전위가 크게 변하는 것을 막아준다.

14. $Cu^{2+} + 2e^- \rightleftarrows Cu(s)$　　$E° = 0.337\ V$
$Sn^{2+} + 2e^- \rightleftarrows Ag(s)$　　$E° = -0.136\ V$
Cu^{2+} 99.9%가 석출되면
남은 Cu^{2+} 농도 $= 5.0 \times 10^{-6}$ M

$$E(cathode) = 0.330 - \frac{0.05916}{2}\log\frac{1}{5.0 \times 10^{-6}}$$

$$= 0.173\ V$$

가능하다.

16.
(1) $$E = 0.993 - \frac{0.05916}{2}\log\frac{(P_{O_2})^{1/2}[H^+]^2}{[Ni^{2+}]}$$

$$= 1.082\ V$$

(2) $$R = \frac{E}{I} = \frac{1.082\ V}{0.500\ A} = 2.164\ \Omega$$

(3) $140\ cm^2 = 0.0140\ m^2$

$$전류\ 밀도 = \frac{0.500\ A}{0.0140\ m^2} = 35.7\ A/m^2$$

(4) 1.082 + 0.75 = 1.832 V

(5) $$E = 0.933 - \frac{0.05916}{2}\log\frac{(1.00)^{1/2}(1.0 \times 10^{-2})^2}{5.0 \times 10^{-5}}$$

$$= 0.984\ V$$

필요한 전압 = 0.984 + 0.75 = 1.734 V

19장

1. 전극이 작아야 농도차 편극이 잘 이루어진다.

2. 계속 새로운 전극이 만들어지므로 전극을 닦을 필요가 없고 정밀도가 높다. 높은 과전위 때문에 H^+의 환원이 잘 일어나지 않는다. 수은 전극에서 금속 양이온의 환원 전위가 작다.

3. 수은 전극에서 과전위가 매우 크다.

4. 충전 전류 때문이다.

5. 전극에서 반응 속도가 반응물이 전극으로 이동하는 속도에 의해 결정될 때 대류와 전극−반응물 사이의 정전기적 인력을 없애면 반응물은 확산에 의해서만 이동하게 된다. 이때 측정된 전류가 확산 전

류이다. 확산 속도가 농도에 비례하므로 확산 전류의 크기는 농도에 비례하게 된다.

6. 전극에 전압이 걸리면 전극 표면에 전기 이중층이 만들어져 전극의 일부 전하가 상쇄된다. 이를 보충하기 위해 흐르는 전류가 충전 전류이다.

7. 전극-반응물 이온 사이의 정전기적 인력을 없애기 위해서 들어가며 전극 반응을 방해하지 않는 전해질을 사용한다.

8. 다른 방법으로는 검출되지 않는 극미량 성분을 정량 분석하기 위해서 쓴다. 감도가 뛰어나지만 정밀도가 낮다.

9. 환원 펄스와 산화 펄스를 번갈아 걸어 주므로 1개의 수은 방울로 실험을 끝낼 수 있다.

10. 충전 전류가 대부분 제거되므로 감도가 뛰어나고 신호가 피크 모양으로 나오기 때문에 분해능이 좋다.

11. 크기가 μm(10^{-6} m) 단위인 전극을 말한다.

12. 아주 작은 장소에 쓸 수 있다. 저항이 큰 비수용성 용액에 쓸 수 있다. 주사 속도를 매우 빨리 할 수 있다. 검출 한계가 낮다.

13. 그림 19.11 참조

14. (3) 전극의 재질이 바뀌면 환원 전위도 바뀐다.
(4) 충전 전류를 제거하기 위해서

15. Cd^{2+} 총 몰수 $= (5 \times 10^{-4}\ \text{mol/L})(50.0/1000\ \text{L}$
$= 2.50 \times 10^{-5}\ \text{mol}$

환원된 Cd^{2+} 몰수

$$= \frac{(1/2)(15.0 \times 10^{-6}\ \text{C/s})(3.7\ \text{min})(60\ \text{s/min})}{96490\ \text{C/mol}}$$

$= 1.73 \times 10^{-8}\ \text{mol}$

$$\text{환원된 } Cd^{2+} \text{ 백분율} = \frac{1.73 \times 10^{-8}}{2.50 \times 10^{-5}} \times 100$$

$= 0.0692\%$

16. 반응 속도가 느리면 미처 반응이 일어나지 못하므로 피크가 제대로 나오지 않는다.

17. 공기 중의 O_2가 시료 용액에 녹아 들어가지 못하도록 하기 위해서

18. 매달린 수은 방울은 주사가 끝날 때까지 수은 방울을 떨어뜨리지 않는다. 적하 수은 전극에서는 일정한 간격으로 수은 방울을 강제로 떨어뜨린다.

20장

1. 간섭, 회절 등

2. 빛의 입자성을 설명해 준다.

3. (1) 276 nm

$$\nu = \frac{c}{\lambda} = \frac{3.00 \times 10^8\ \text{m/s}}{2.76 \times 10^{-7}\ \text{m}} = 1.09 \times 10^{15}\ \text{Hz}$$

$$\bar{\nu} = \frac{1}{\lambda} = \frac{1}{2.76 \times 10^{-7}\ \text{cm}} = 3.62 \times 10^4\ \text{cm}^{-1}$$

$E = h\nu = (6.626 \times 10^{-34}\ \text{J s})(1.09 \times 10^{15}\ \text{s}^{-1})$
$= 7.22 \times 10^{-19}\ \text{J}$

$E_m = (7.22 \times 10^{-19}\ \text{J})(6.02 \times 10^{23}/\text{mol})$
$= 4.35 \times 10^5\ \text{J/mol}$

(2) 355 nm

$$\nu = \frac{3.00 \times 10^8\ \text{m/s}}{3.55 \times 10^{-7}\ \text{m}} = 8.45 \times 10^{14}\ \text{Hz}$$

$$\bar{\nu} = \frac{1}{3.55 \times 10^{-7}\ \text{cm}} = 2.82 \times 10^4\ \text{cm}^{-1}$$

$E = h\nu = (6.626 \times 10^{-34}\ \text{J s})(8.45 \times 10^{14}\ \text{s}^{-1})$
$= 5.60 \times 10^{-19}\ \text{J}$

$E_m = (5.60 \times 10^{-19}\ \text{J})(6.02 \times 10^{23}\ /\text{mol})$
$= 3.37 \times 10^5\ \text{J/mol}$

(3) 562 nm

$$\nu = \frac{3.00 \times 10^8\ \text{m/s}}{5.62 \times 10^{-7}\ \text{m}} = 5.34 \times 10^{14}\ \text{Hz}$$

$$\bar{\nu} = \frac{1}{5.62 \times 10^{-7}\ \text{cm}} = 1.78 \times 10^4\ \text{cm}^{-1}$$

$E = h\nu = (6.626 \times 10^{-34}\ \text{J s})(5.34 \times 10^{14}\ \text{s}^{-1})$
$= 3.54 \times 10^{-19}\ \text{J}$

$E_m = (3.54 \times 10^{-19}\ \text{J})(6.02 \times 10^{23}\ /\text{mol})$
$= 2.13 \times 10^5\ \text{J/mol}$

(4) 680 nm

$$\nu = \frac{3.00 \times 10^8\ \text{m/s}}{6.80 \times 10^{-7}\ \text{cm}} = 4.41 \times 10^{14}\ \text{Hz}$$

$$\bar{\nu} = \frac{1}{6.80 \times 10^{-7}\ \text{cm}} = 1.47 \times 10^4\ \text{cm}^{-1}$$

$E = h\nu = (6.626 \times 10^{-34}\ \text{J s})(4.41 \times 10^{14}\ \text{s}^{-1})$
$= 2.92 \times 10^{-19}\ \text{J}$

$E_m = (2.92 \times 10^{-19}\ \text{J})(6.02 \times 10^{23}\ /\text{mol})$
$= 1.76 \times 10^5\ \text{J/mol}$

4. (1) 전이할 때 쌍극자 모멘트의 변화가 일어나지 않는다.

(2) 충돌 폭 넓어짐, Doppler 효과, 수명 폭 넓어짐
(3) 충돌 폭 넓어짐과 Doppler 효과 때문

5. 회전 전이: 영구 쌍극자를 갖는 분자에서만 가능하다.
진동 전이: 영구 쌍극자의 변화가 수반되는 진동만 이 가능하다.
전자 전이: 전자 전이가 일어날 때 분자의 쌍극자 모멘트의 변화가 일어나면 가능하다.

6. 비대칭 신축 진동을 할 때는 쌍극자 모멘트의 변화가 일어나지만 대칭 신축 진동을 할 때는 쌍극자 모멘트의 변화가 없기 때문이다.

7. Franck－Condon 원리 때문이다. 전자 전이는 빠르기 때문에 전자 전이가 일어날 때 분자의 결합 길이나 결합각은 거의 변하지 않는다.

8. $n \rightarrow \pi^*$ (T_1) 전이는 양자 역학적으로 금지된 전이이고 $n \rightarrow \pi^*$ (S_1) 전이는 양자 역학적으로 허용된 전이이기 때문이다.

9. (1) 흡광도가 너무 크면 Beer 법칙이 잘 성립하지 않는다.
(2) 시료를 묽혀서 측정하면 된다.
(3) 단백질은 분자가 커서 입사광을 많이 산란시키기 때문이다.

10. 흡광도가 너무 크거나 작으면 오차가 커진다.

11. P_0와 P를 동시에 측정하므로 정밀도가 높고 스캔이 가능하므로 스펙트럼을 얻을 수 있다.

12. 셀에 용매를 담아서 P_0를 측정하고 같은 셀에 시료를 담아서 P를 측정한다.

13. (1) 진동 구조뿐 아니라 회전 구조까지 관찰할 수 있지만 벤젠은 영구 쌍극자가 없어서 회전 구조는 잘 나타나지 않는다.
(2) 대부분의 미세 구조는 없어지고 진동 구조는 나타난다.
(3) 극성 용매이므로 진동 구조도 뭉쳐져서 두리뭉실하게 나온다.

14. 시료의 농도가 묽어야 하고 흡광도는 흡수 피크의 꼭짓점에 해당하는 파장에서 측정하며 산란광이 많이 생기지 않도록 해야 한다.

15. 복사 전이: 형광($S_1 \rightarrow S_0$), 인광($T_1 \rightarrow S_0$)
비복사 전이: 진동 이완, 내부 전환, 계간 전이

16. 대부분의 분자에서 내부 전환 속도가 형광 방출 속도보다 훨씬 빠르다(수천 배에서 수만 배 이상).

17. 진동 이완 속도가 형광 방출 속도보다 훨씬 빠르다(수천 배에서 수만 배 이상).

18. 형광 방출 전에 진동 이완이 일어나고 용매 효과도 일정 부분 기여한다. 용매 효과란 전자 전이 속도가 분자의 기하 구조 변경이나 용매 분자의 재배열 속도보다 훨씬 빠르기 때문에 생기는 효과를 말한다.

19. 입사광을 많이 흡수하면 들뜬 상태 분자수가 많아지므로 형광도 많이 방출된다.

20. 용매의 극성이 증가하면 용매와 용질 사이의 상호작용이 커지므로 18번에서 설명한 용매 효과가 커지기 때문이다.

21. 형광 방출 스펙트럼: 일정 파장의 입사광을 시료에 쪼여서 방출되는 형광의 세기를 파장에 따라 측정한 스펙트럼
형광 들뜸 스펙트럼: 시료에 쪼이는 입사광의 파장을 일정한 속도로 바꿔주면서 특정한 파장에서 방출되는 형광의 세기를 측정한 스펙트럼

22. 대부분의 화합물에서 흡수 스펙트럼과 형광 들뜸 스펙트럼은 거의 같기 때문이다.

21장

1. 연속 광원: D_2 램프, 텅스텐 램프, Xe 램프
선 광원: 레이저, 저압 Hg 램프, Na 램프

2. (1) 단일 파장, 부합성, 강한 세기, 직진성, 편광
(2) 모든 파동의 위상이 같거나 위상차가 동일한 경우를 말한다.
(3) 활성 물질은 안정해야 하고 양자 수율이 좋으며 비교적 안정한 들뜬 상태를 가져야 한다.
(4) 들뜬 상태 입자수가 바닥 상태 입자수보다 많은 경우를 말한다. 입자수 반전이 이루어져야 흡수보다는 형광 방출이 많이 일어나기 때문에 레이저 광을 얻을 수 있다.
(5) 광자가 들뜬 상태에 있는 화합물을 때려서 일어나는 방출이 자극 방출이다.
(6) 그림 21.3 참조
(7) 4－준위 시스템의 입자수 반전이 더 쉽기 때문이다.

3. 분해능이 감소하여 스펙트럼의 미세 구조가 없어지기 때문에 피크가 두리뭉실하게 나온다.

4. 신호가 세져서 S/N 비가 향상되기 때문이다.

5. 회절발의 홈수가 많아지면 분산이 커져서 분해능이 좋아진다. 출구 슬릿이 넓어지면 분해능은 나빠지고 신호의 세기는 강해진다.

6. 그림 21.7 참조

7. 회절발이 회전하면 입사각이 변한다. (21−2) 식에서 보면 입사각 i가 변하면 파장 λ가 변한다는 것을 알 수 있다.

8. 다른 차수의 빛이 통과하는 것을 막을 수 있다.

9. (1) $\lambda = d(\sin i + \sin r)$,

   $500\ \text{nm} = d(\sin 40° + \sin 25°)$,

   $d = 4.693 \times 10^{-5}\ \text{cm}$

   $$1\ \text{cm당 홈수} = \frac{1\ \text{cm}}{4.693 \times 10^{-5}\ \text{cm}} = 2.131 \times 10^{4}\text{개}$$

   (2) $d = 6.570 \times 10^{-5}\ \text{cm}$

   $$1\ \text{cm당 홈수} = \frac{1\ \text{cm}}{6.570 \times 10^{-5}\ \text{cm}} = 1.522 \times 10^{4}\text{개}$$

   (3) $700\ \text{nm} = (4.693 \times 10^{-5}\ \text{cm})(\sin 40° + \sin r)$

   $\sin r = 0.8487, \quad r = 58.07°$

10. (1) $\dfrac{\lambda}{\Delta\lambda} = \dfrac{456.36}{456.36-456.32} = 11409$

   (2) $\dfrac{456.32}{456.32 - \lambda_1} = 5 \times 10^{4}, \quad \lambda_1 = 456.31\ \text{nm}$

   (3) $d = (1/300)\ \text{mm} = 3333\ \text{nm}$,

   $\cos 4° = 0.9976, \quad \Delta\lambda = 0.0400\ \text{nm}$

   n = 1일 때,

   $$\Delta r = \frac{\Delta\lambda}{d\cos r} = 1.203 \times 10^{-5}\ \text{radian} = 0.0006893°$$

   n = 10일 때

   $$\Delta r = \frac{(10)\Delta\lambda}{d\cos r} = 1.203 \times 10^{-4}\ \text{radian} = 0.006893°$$

11. 분해능이 좋아지면 신호의 세기가 약해지므로 S/N 비가 작아진다.

12. 광 검출기: 광전 효과를 이용, 자외선이나 가시광선 영역에서 사용, 감도가 뛰어나지만 파장에 따라 감도가 크게 변한다.

   열 검출기: 입사광의 평균적인 세기에 감응, 적외선 영역에서 사용, 감도가 낮지만 파장에 따른 감도의 변화가 적다.

13. 감도가 대단히 좋고 감응 시간이 빠르다. 파장에 따라 감도가 크게 변한다.

14. 온도 상승에 따라 분극의 크기가 작아지는 열전기 효과(pyroelectric effect)를 이용

15. 같은 스펙트럼을 여러 번 찍어 평균함으로써 S/N 비를 크게 향상시킬 수 있다. 빠른 스펙트럼 변화를 측정할 수 있다. 크로마토그래피나 흐름 주입 분석법에서 검출기로 쓰면 전체 스펙트럼을 찍을 수 있다.

16. 위 15번과 같다.

17. (1) 적외선은 진동수가 많아서 시간 영역 스펙트럼을 측정할 수가 없다.

   (2) 같은 스펙트럼을 여러 번 찍어 평균할 수 있고 검출기에 도달하는 복사선의 세기가 크기 때문에 S/N 비가 뛰어나다. 분해능과 스펙트럼의 재현성이 뛰어나다. 자료 처리 속도가 빠르다.

   (3) $\delta = \dfrac{1}{2\Delta\bar{\nu}}$

   $$\Delta\bar{\nu} = \frac{1}{2\delta} = \frac{1}{2(1.525 \times 10^{-4}\ \text{cm})} = 3279\ \text{cm}^{-1}$$

18. 광섬유 중심은 굴절률이 큰 물질로 되어 있고 바깥 부분은 굴절률이 적은 물질이 둘러싸고 있다. 빛이 임계각보다 큰 각도로 입사하면 두 물질의 경계면에서 전반사가 일어난다. 그래서 손실 없이 빛을 멀리 보낼 수 있다.

19. (1) 백색 잡음: 띠너비를 좁힌다. 회로의 전기 저항을 줄이고 온도를 낮춘다.

   (2) 깜박이 잡음: 신호의 진동수를 크게 한다.

   (3) 환경 잡음: 차폐, 접지 등

22. 직류 신호를 깜박이 잡음이 적은 고주파 신호로 바꾸는 것을 변조라고 한다. 이 고주파 신호를 증폭하여 다시 원래 진동수를 가진 신호로 복조시키면 S/N 비가 크게 향상된다.

22장

1. (1) 용매의 극성이 증가하면 스펙트럼의 미세 구조가 없어져서 피크가 두리뭉실하게 된다.

   (2) 용매의 극성이 커지면 용매와 용질 사이의 상호작용이 증가하여 단파장 쪽으로 이동한다.

   (3) 용매가 입사광을 흡수하기 시작하는 파장을 말한다.

2. 이중 결합이 있는 대부분의 화합물에 대해 사용할 수 있고 실험이 간편하며 정밀도가 높다. 선형 감응 범위가 비교적 넓은 편이고 감도도 괜찮다.

3. 시료 분자에 있는 입사광을 흡수하는 작용기를 말한다.

4. 파장에 따른 몰 흡광도의 변화가 적다.

5. 2개 주화학종의 몰흡광도가 특정 파장에서 같으면 이것이 등흡광점이 된다. 등흡광점이 있다는 것은 이 2개 화학종이 서로 평형을 이루고 있다는 의미이다.

6. 흡광도가 너무 작다는 것은 투과도가 크다는 것이다. 투과도가 크면 P_0와 P의 세기가 비슷해지므로 오차가 증가한다.

7. 검출기의 감도가 낮고 광원도 약하기 때문에 분광기의 감도가 낮아서 정량 분석에는 부적당하다. 반면 많은 흡수 피크가 나오기 때문에 정성 분석에서는 유용하다.

8. 장점은 감도가 뛰어나고 선형 감응 범위가 넓은 편이며 여러 가지 변수를 측정할 수 있다는 점이다. 반면 단점으로는 형광을 방출하는 화합물이 많지 않고 재현성이 낮다는 점이다.

9. 유기 킬레이트 시약은 대부분 형광 양자 수율이 낮지만 이들이 금속과 착화합물을 만들면 강한 형광을 방출한다. 형광 분광법은 감도가 뛰어나기 때문이다.

10. 시료의 매트릭스가 약한 흡광도를 갖거나 입사광을 산란시키기 때문이다. 시료의 흡광도에서 바탕 시료의 흡광도를 빼준다.

11. (2) 실험 시간을 절약할 수 있고 자동화가 가능하며 경비가 적게 든다. 일상적으로 많은 수의 시료를 반복해서 측정해야 하는 실험실에서 유용하다.
   (3) 시료의 부피, 운반체의 유속, 반응 속도, 온도와 같은 실험 조건을 재현성이 있도록 맞추어야 한다.
   (4) 시료가 반응하는 데 시간이 걸리기 때문이다.

12. 투과도가 매우 낮거나(흡광도가 크다) 광원의 세기가 약한 파장일 때

13. $\pi \rightarrow \pi^*$ 전이가 일어날 때 몰 흡광도의 변화가 훨씬 크다.

14. 아닐린의 N 원자는 비공유 전자쌍을 갖고 있어서 벤젠 고리의 π 전자와 콘쥬게이션하지만 아닐리늄 이온의 N 원자는 비공유 전자쌍을 갖고 있지 않다.

15. (1) $A = \varepsilon bc$

   $c = \dfrac{A}{\varepsilon b} = 6.07 \times 10^{-5}$ M

   (2) 원래 시료의 농도 $= 6.07 \times 10^{-4}$ M

   용질의 몰수
   $= (6.07 \times 10^{-4}\ \text{mol/L})(10.00/1000)\ \text{L}$
   $= 6.07 \times 10^{-6}\ \text{mol}$

   용질의 무게를 x라면
   $x = (6.07 \times 10^{-6}\ \text{mol})(292.16\ \text{g/mol})$
   $= 1.773 \times 10^{-3}\ \text{g}$

16. 당량점에 도달할 때까지는 흡광도가 있는 생성물의 농도가 올라가므로 흡광도가 증가하다가 당량점을 지나고 나면 흡광도가 더 이상 증가하지 않는다.

17. 당량점에 도달할 때까지는 흡광도가 없다가 당량점을 지나고 나면 흡광도가 증가한다.

18. $A_{272} = \varepsilon_{272}b[\text{X}] + \varepsilon_{272}b[\text{Y}]$
   $= 1640[\text{X}] + 387[\text{Y}] = 0.233$
   $A_{327} = \varepsilon_{327}b[\text{X}] + \varepsilon_{327}b[\text{Y}]$
   $= 399[\text{X}] + 642[\text{Y}] = 0.200$
   $[\text{X}] = 8.04 \times 10^{-5}$ M, $[\text{Y}] = 2.61 \times 10^{-4}$ M

19. (1) $A = \varepsilon bc = (7.00 \times 10^{3}\ \text{L/cm}\cdot\text{mol})(1.00\ \text{cm})(3.49 \times 10^{-5}\ \text{mol/L}) = 0.244$
   (2) $A = -\log\ \text{T} = 0.244$, $\text{T} = 10^{-0.244} = 0.570$
   투과도 = 57.0%

23장

1. 폭이 좁은 선 스펙트럼이 얻어지므로 복잡한 시료에서 특정 원소를 선택적으로 정량 분석할 수 있고 여러 개의 원소를 동시에 정량 분석할 수도 있다. 감도가 좋고 분석 속도가 빠르며 편리하다.

2. 원자 흡수 분광법은 정밀도가 좋고 온도의 영향이 적으나 속빈 음극 램프를 광원으로 써야 한다. 원자 방출 분광법은 광원이 필요없어 여러 원자를 동시에 정량 분석할 수 있으나 온도의 영향이 크고 분광기의 분해능이 좋아야 하며 정밀도가 다소 떨어진다.

3. 원자 흡수 분광법은 원자의 흡광도를 측정하여 정량 분석한다. 반면 원자 방출 분광법은 고온의 원자화기에서 들뜬 상태에 있는 원자가 방출하는 형광의 세기를 측정하여 정량 분석한다.

4. 불꽃: 쓰기 간편하고 재현성이 좋으나 감도가 뛰어나지 못하고 시료의 전처리가 필요하며 비교적 많은 양의 시료가 필요하다.
   흑연로: 감도가 뛰어나고 시료의 전처리가 필요 없으며 소량의 시료만 있으면 된다. 그러나 좋은 결과를 얻기 위해서는 많은 경험이 필요하고 재현성

이 많이 떨어진다.

5. 주입한 시료 대부분이 빠르게 원자화되고 입사광이 지나가는 곳에 원자들이 평균적으로 머무르는 시간이 길다.

6. Doppler 효과와 충돌 폭 넓힘 때문이다.

7. Mg 원자;

$$\text{Mg 원자 질량} = \frac{24.305\ \text{g/mol}}{6.02 \times 10^{23}\ /\text{mol}} = 4.037 \times 10^{-26}\ \text{kg}$$

$$\Delta\lambda = 2(\lambda/c)(2kT\ln2/m)^{1/2}$$

$$= 2\left(\frac{285.2 \times 10^{-9}\ \text{m}}{2.997 \times 10^{8}\ \text{m/s}}\right)\left(\frac{2 \times (1.380 \times 10^{-23}\ \text{J/K})(2500\ \text{K})\ln2}{4.037 \times 10^{-26}\ \text{kg}}\right)^{\frac{1}{2}}$$

$$= 2.071 \times 10^{-12}\ \text{m} = 0.002071\ \text{nm}$$

Na 원자;

$$\text{Na 원자 질량} = \frac{22.990\ \text{g/mol}}{6.02 \times 10^{23}\ /\text{mol}} = 3.819 \times 10^{-26}\ \text{kg}$$

$$\Delta\lambda = 2(\lambda/c)(2kT\ln2/m)^{1/2}$$

$$= 2\left(\frac{589.0 \times 10^{-9}\ \text{m}}{2.997 \times 10^{8}\ \text{m/s}}\right)\left(\frac{2 \times (1.380 \times 10^{-23}\ \text{J/K})(2500\ \text{K})\ln2}{3.819 \times 10^{-26}\ \text{kg}}\right)^{\frac{1}{2}}$$

$$= 4.398 \times 10^{-12}\ \text{m} = 0.004398\ \text{nm}$$

8. 산화가 잘 되는 원자는 환원 불꽃을 쓰고, 환원이 잘 되는 금속은 산화 불꽃을 쓰는 것이 좋다.

9. Ag은 산화가 잘 안 되기 때문이다.

10. (1) 흑연로는 감도가 뛰어나기 때문이다.
(2) 매번 실험 조건을 똑같이 맞추기가 쉽지 않다.
(3) L'vov 플랫폼을 쓰고 흑연로를 가로 방향으로 가열한다.
(4) 시료가 원자화되는 온도를 올려서 매트릭스를 태우는 과정에서 시료가 원자화되는 것을 막아준다.
(5) 태우는 연기에 의한 빛의 산란 등
(6) 시료의 전처리가 불필요하고 미량의 시료만 있어도 분석이 가능하다.

11. 재현성을 향상시키기 위해서

12. 흑연로의 온도가 균일하도록 하기 위해서

13. 원리는 2장 3절 참조. 온도가 높기 때문에 원자 방출 분광법에 적합하다.

14. 원자화가 잘 일어나고 산화물이나 수산화물 같은 것에 의한 방해가 적고 시료를 많이 주입할 수 있다. 들뜬 상태에 있는 원자가 많아진다.

15.
$$E = \frac{hc}{\lambda}$$

$$\lambda = \frac{hc}{E} = \frac{(6.626 \times 10^{-34}\ \text{J s})(3.00 \times 10^{8}\ \text{m/s})}{5.724 \times 10^{-19}\ \text{J}} = 3.473 \times 10^{-7}\ \text{m} = 347.3\ \text{nm}$$

16. 여러 개의 원자를 동시에 분석하려 할 때는 방출 피크가 매우 많이 나오기 때문이다.

17. 불꽃 온도가 높고 간섭이 적으며 원자화가 잘 일어난다. 산화물이나 수산화물도 거의 생기지 않고 불꽃 온도가 아주 균일하다. 마찰열에 의해 온도가 올라가므로 불꽃이 화학적으로 안정하다.

18. 광원이 필요 없으니 여러 가지 원자를 동시에 분석할 수 있다. 나머지는 위 17번과 같다.

19. 광원이 필요 없고 불꽃 온도가 훨씬 높기 때문이다.

20. Rowland 원은 오목 회절발의 초점에 해당하는 거리에 있는 원이다.

21. 기압식 분무기나 초음파 분무기를 사용할 수 있다.

22. 원자화기의 온도가 조금 변할 때 바닥 상태에 있는 원자수는 거의 변하지 않으나 들뜬 상태에 있는 원자수는 민감하게 변한다. 흡광도는 바닥 상태 원자수에 의해 결정되고 방출 세기는 들뜬 상태의 원자수에 의해 결정된다. 따라서 원자 방출 스펙트럼은 조그만 온도 변화에도 매우 민감하게 변한다.

23. (1)

$$E = \frac{hc}{\lambda} = \frac{(6.626 \times 10^{-34}\ \text{J s})(3.00 \times 10^{8}\ \text{m/s})}{282.5 \times 10^{-9}\ \text{m}} = 7.036 \times 10^{-19}\ \text{J}$$

$$(7.036 \times 10^{-19}\ \text{J})(6.02 \times 10^{23}) = 423.57\ \text{kJ/mol}$$

(2)
$$\frac{N_{3p}}{N_{3s}} = \left(\frac{g_{3p}}{g_{3s}}\right)\exp\left[\frac{-(E_{3p}-E_{3s})}{kT}\right]$$

$$= (3)\exp\left[\frac{-(7.036 \times 10^{-19}\ \text{J})}{(1.380 \times 10^{-23}\ \text{J/K})(3000\ \text{K})}\right] = 1.248 \times 10^{-7}$$

(3)
$$\frac{N_{3p}}{N_{3s}} = (3)\exp\left[\frac{-(7.036 \times 10^{-19}\ \text{J})}{(1.380 \times 10^{-23}\ \text{J/K})(3020\ \text{K})}\right] = 1.396 \times 10^{-7}$$

$$\frac{1.396-1.248}{1.248} \times 100 = 11.86\%$$

(4) $\frac{N_{3p}}{N_{3s}} = (3)\exp[\frac{-(7.036 \times 10^{-19}\ J)}{(1.380 \times 10^{-23}\ J/K)(6000\ K)}]$

$= 6.116 \times 10^{-4}$

24. 입사광의 띠너비가 흡수 피크의 띠너비보다 좁아져야 하기 때문이다.

25. 원자화기는 광원보다 온도가 훨씬 높기 때문에 Doppler 효과와 충돌 폭 넓힘에 의해 피크가 넓어진다.

26. 원자화기에서 연기에 의한 입사광의 산란, 산화물이나 수산화물의 형성 그외 여러 가지 요인에 의한 바탕 신호가 크기 때문이다.

27. 광원에서 나오는 입사광을 펄스로 바꿔준다. 펄스가 쪼일 때는 시료에 의한 신호와 바탕 신호가 같이 나오지만 펄스가 쪼이지 않을 때는 바탕 신호만 나온다. 이 두 신호를 빼주면 바탕 신호가 제거된다.

28. 원자가 강한 자장에 노출되면 원자의 에너지 준위의 분리가 일어나고 따라서 흡수 선이 몇 개로 나누어진다.

31. 스펙트럼 방해는 서로 다른 원자의 흡수 피크가 겹치거나 바탕 신호와 겹쳐서 생긴다. 화학적 방해에는 휘발성이 낮은 화합물의 생성, 해리 반응, 이온화 반응 등이 있다.

33. 시료 원자가 이온화되는 경우를 말한다. 이온화 억제제를 사용하면 효과적으로 줄일 수 있다.

34. 유기 용매는 물보다 표면 장력이 작아서 쉽게 작은 방울로 만들어지고 쉽게 증발한다. 불꽃 원자화기를 쓸 때는 유기 용매가 연소하기 때문에 연기가 많이 날 수 있고 연료와 산화제 비율을 조정해 주어야 한다.

24장

2. 시료 분자를 M이라 할 때 M^+나 MH^+ 이온을 분자 이온이라 한다. 분자 이온 피크를 찾으면 바로 분자량을 확인할 수 있다.

3. 미지 시료의 원소 조성과 분자 구조를 알아내는 데 꼭 필요하다.

4. 기체상 이온원은 시료를 기화시킨 후 이온화한다. 탈착 이온원은 액체나 고체 시료를 바로 기체 양이온으로 만든다.

5. 센 이온원: 전자 충격 이온원. 피크가 많이 나오므로 분자 구조에 관한 많은 유용한 정보를 얻을 수 있다. 분자 이온 피크가 나오지 않는 경우도 있다.
약한 이온원: 화학 이온화 이온원과 매트릭스-지원 레이저 탈착 이온원이 있다. 스펙트럼에 분자 이온 피크만 나오거나 소수의 피크만 나온다.

6. (1) 전자와 충돌하여 M^+ 이온이 만들어지고 이것이 분해 반응을 일으켜 여러 가지 양이온이 만들어진다.
(2) CH_4 같은 반응 기체가 대량으로 들어가는데 이 반응 기체가 전자 빔과 충돌하여 CH_5^+, $C_2H_5^+$ 이온을 만든다. 이들 이온이 시료 분자와 반응하여 양이온을 만든다.
(3) 전자 충격 이온원을 쓰면 피크가 많이 나온다. 분자 이온 피크가 나오지 않는 경우도 있다. 화학 이온화 이온원을 쓰면 스펙트럼에 분자 이온 피크만 나오거나 소수의 피크만 나온다.
(4) 전자 충격 이온원을 쓰면 피크가 많이 나오므로 분자 구조에 관한 많은 유용한 정보를 얻을 수 있지만 분자 이온 피크가 나오지 않는 경우도 있다. 화학 이온화 이온원을 쓰면 분자 이온 피크는 쉽게 확인할 수 있지만 미지 시료를 확인하고 분자 구조를 이해하는 데 필요한 정보를 많이 얻을 수 없다.
(5) 기화시키기가 어렵다.

7. (1) 그림 24.3 참조
(2) 시료를 기화시킬 필요가 없으므로 분자량이 매우 큰 단백질 같은 화합물의 정확한 분자량을 알아낼 수 있다.
(3) 레이저 광을 잘 흡수할 수 있어야 한다.
(4) 시료의 분자량이 매우 크기 때문이다.

8. 양이온은 m/z 값에 따라 분류하는 역할을 한다.

9. (1) 양이온이 가속되기 전에 각기 다양한 방향으로 움직이고 있었고 운동 에너지도 각기 달랐다.
(2) 이중 집중 질량 분석계를 사용한다.

10. (2) 주사 속도가 빠르고 분해능도 크게 나쁘지 않고 크기가 작으며 값이 싸고 악조건에서도 잘 견딘다. 그러나 분자량이 큰 화합물에는 쓸 수 없다.
(3) 주사 속도가 빠르지만 분해능은 다소 떨어진다. 분자량이 매우 큰 화합물에 적합하다.
(4) 이온이 날아가는 속도는 질량의 제곱근에 반비례한다.
(5) 반발판에 가까이 있어서 초기 속도가 빠른 이온은 너 먼 거리를 이동하게 되고 처음 느렸던 이

온은 좀 더 짧은 거리를 이동하게 된다. 그래서 분해능이 향상된다.

(6) GC에서는 분자량이 큰 시료는 쓸 수 없기 때문에 사중 극자 질량 분석기가 적합하다.

11. (1) 여러 가지 무선 주파수의 전압을 걸어 양이온을 m/z 값에 따라 분류하는 기능을 한다.

(2) 기기가 간단하고 다루기 쉽고 크기가 작으며 검출 한계도 낮다. 가격도 싸다.

12. 광전 증배관에서는 광자가 음극을 때리는데 반해 전자 증배관에서는 이온이나 전자가 음극을 때린다. 음극에서 방출된 전자가 다이노드를 거치면서 증폭되는 것은 같다.

13. **5** 질량 스펙트럼의 분석 및 이해 참조

14. (1) m/z = 100이 분자 이온이라면 m/z = 96과 98에 있는 큰 피크의 존재를 설명할 수 없다.

(2) $M^{+\bullet} - Cl$

(3) m/z = 96으로부터 m/z = 61이 만들어지려면 35 Da이 없어져야 한다.

(4) m/z = 26은 m/z = 96 피크에서 ^{35}Cl 2개가 떨어져 나간 C_2H_2 피크라고 볼 수 있으므로 C가 2개 있다고 할 수 있다.

(5) C_2H_2 피크

15. (1) 만능 검출기이고 시료의 분자량, 분자 구조, 성질 등과 같은 정성적인 자료도 제공해 준다.

(2) 열린관 칼럼은 직접 질량 분석계에 연결해도 무리가 없다.

(3) 액체 크로마토그래피의 이동상을 제거하는 문제

(4) 생명과학 분야에서 주로 다루는 단백질 같은 거대 분자도 쓸 수 있다.

(5) 특정 m/z 값을 갖는 이온만 찾아서 검출해내는 방법

(6) 크로마토그램의 각 피크에 해당하는 질량 스펙트럼의 이온을 모두 합쳐서 하나의 피크로 표시한 것이다. 질량 분광계를 만능 검출기로 쓰는 방법이다.

25장

1. 분석 목적뿐 아니라 불순물을 제거하는 목적으로도 널리 쓰인다.

2. 50 mL씩 3번 추출하는 것이 효과적이다

3. (1) $K = \frac{[S]_2}{[S]_1}$ $[S]_1 = \frac{[S]_2}{K} = 0.020$

(2) $몰수비 = \frac{(0.060\ \frac{mol}{L})(\frac{20.0}{1000}\ L)}{(0.020\ \frac{mol}{L})(\frac{100.0}{1000}\ L)} = 0.60$

4. 산성으로 한다. 이온보다 분자가 유기 용매에 잘 녹는다.

5. 킬레이트제를 가해 금속 이온을 전하가 없는 착화합물로 바꾸어 주면 유기 용매로 추출할 수 있다.

6. 원리는 같지만 크로마토그래피에서 하나는 정지상으로 칼럼에 고정되어 있고 하나는 이동상인데 칼럼을 통해 흐르도록 되어 있다. 이동상이 흐르면서 두 상 사이에 연속적으로 용질의 분배가 일어난다.

7. 3절 참조

8. 3절 참조

9. 분자량이 적은 입체 이성질체를 분리시키는 데 유용하다. 이런 이성질체는 용해도는 같지만 분자 구조 때문에 고체 표면에 흡착되는 성질은 다르다. 용질의 흡착과 탈착이 비교적 자유롭지 못하다.

10. 개개 분자의 머무름 시간 차이는 가우스 분포를 갖는다.

11. 정지상의 극성기와 극성인 용질 사이에 강한 쌍극자-쌍극자 상호 작용이 있는 경우에 나타난다. 정지상의 극성기가 이동상에 노출되지 않도록 하면 된다.

12. (1) 정지상에 대한 B의 용해도는 A보다 2배 크다.

(2) 정지상에 대해 A와 B는 용해도 차이가 크지 않고 B와 C는 용해도 차이가 크다.

(3) 분리가 잘되지 않고 피크가 겹쳐 나온다. 이동상을 바꾸거나 칼럼을 바꾸거나 아니면 다른 실험 조건을 바꾸어야 한다.

13. (2) 정지상과 이동상 사이의 용해도 차이에 의해 분리된다.

(3) 정지상에 대한 용해도가 많이 다르면 머무름 시간의 차이가 커진다.

(4) 실험이 간편하고 분리가 잘된다.

(5) 머무름 인자는 각 용질의 머무름 시간의 크기를 말하고 상대 머무름은 2개 용질 사이의 머무름 시간 차이를 말한다.

(6) 분배 계수가 크다는 것은 정지상에 용질이 잘 녹는다는 것을 의미한다.

(7) 분리도는 머무름 인자의 크기보다는 상대 머무름의 크기에 더 큰 영향을 받는다. 식 (25-29)

에 의하면 분리도는 상대 머무름에 비례한다. 상대 머무름이 크다는 것은 피크 사이의 거리가 멀다는 의미이다.

(8) 정지상이 많으면 피크가 넓어져 분리도가 떨어진다.

14. (1) 정지상에 대한 용해도에 의해 결정된다.
(2) 상대 머무름이 크도록 한다.
(3) 적정 유속보다 빨라지면 피크 폭이 넓어진다. 이동상의 점도가 낮아지면 일반적으로 피크 폭이 좁아진다.
(4) 두 상이 만나는 면적이 늘어나므로 두 상 사이에 용질의 평형이 빨리 이루어진다.
(5) 두 상 사이에서 용질의 평형이 빨리 이루어지고 다통로 항도 작아진다.

15. (1) 이론상으로 존재하지만 각 단에서 정지상과 이동상 사이에 평형이 이루어진다고 가정한다. van Deemter (25−32) 식에 있는 3개 항의 크기에 의해 결정된다.
(2) 유속이 매우 느릴 때는 세로 확산이 가장 큰 영향을 미치지만 유속이 빨라지면 두 상 사이의 질량이동이 더 큰 영향을 미치게 된다.
(3) 다통로 항이 작아지고 두 상이 만나는 면적이 커지므로 상 사이의 질량 이동항도 작아진다.
(4) 점도가 작아지면 질량 이동이 빨라지므로 일반적으로 H 값이 작아진다.

16.
(1) 분리도 $R = \frac{\sqrt{N}}{4}(\gamma - 1) = 1.5$

$$N = \left(\frac{4R}{\gamma - 1}\right)^2 = 14400$$

R = 2.0일 때

$$N = \left(\frac{4R}{\gamma - 1}\right)^2 = 25600$$

(2) N = L/H

L = HN = (0.7 mm)(14400) = 10.080 m

17. 30 mL/분. H 값이 최소가 되는 지점이 적정 유속이다.

18. (1) 분리도가 좋다. 분석 시간이 짧다. 감도가 좋다. 필요한 시료 양이 적다.
(2) 다통로 항이 없어 H 값이 작다.
(3) 주입할 수 있는 시료 양이 적어 검출기 감도가 낮아도 되지만 분리도는 떨어진다.
(4) 상 사이에 물질 이동이 빨라지므로 분리도가 좋다.
(5) 상 사이의 눌실 이동이 빨라지기 때문이다.
(6) 시료를 많이 주입할 수 있으나 분리도는 떨어진다. 머무름 인자가 커지므로 끓는점이 낮은 시료를 분리시키는 데 좋다.
(7) 분리도가 좋고 끓는점이 높은 시료에 적합하다. 검출기 감도가 좋아야 하고 꼬리 끌기가 나타날 수 있다.
(8) 정지상의 양이 많아 많은 시료를 주입할 수 있다.
(9) 직경이 작으므로 분리도가 좋다. 반면 정지상이 두꺼우므로 머무름 인자가 커지고 따라서 끓는점이 낮은 시료에 적합하다.

19. 시료가 너무 많이 들어가면 정지상에 시료가 너무 많이 녹는다. 피크 모양이 서서히 증가하다가 급격히 떨어지는 모양으로 변한다.

26장

1. 분리도가 좋고 기기가 값싸고 간편하며 운용하는 데 경비가 적게 든다.

2. 휘발성이 있고 열에 강한 화합물

3. (1) 정지상에 대한 용해도 크기에 의해 결정된다.
(2) 열린관 칼럼이면 내경을 작게 하고 정지상을 얇게 하며 칼럼 길이를 길게 한다.
(3) 상대 머무름을 크게 하면 된다.
(4) 열린관 칼럼의 내경을 작게 하고 정지상을 얇게 한다.

4. (1) 어떤 화합물은 머무름 시간이 너무 짧아서 분리가 안 되고 또 어떤 화합물은 머무름 시간이 너무 길어서 분리를 못 시키는 일이 늘 일어난다.
(2) 분리가 제대로 안 된다. 칼럼을 바꾸거나 칼럼 온도를 바꿔야 한다.
(3) 용리하는 동안 실험 조건을 연속적으로 바꿔주는 방법이다.
(4) 용리하는 동안 칼럼 온도를 바꿔주는 방법이다. 처음 낮은 온도에서 출발해서 일정한 속도로 칼럼의 온도를 올려준다. 이렇게 하면 머무름 시간이 너무 짧은 화합물과 머무름 시간이 너무 긴 화합물이 섞인 혼합물을 분리시킬 수 있다.
(5) 이동상의 압력을 처음에는 낮게 설정해서 점차 압력을 올려주는 방법이다. 열에 약한 화합물을 분리시키는 데 유용하다. 그 외 장점은 온도 프로그래밍과 비슷하다.

5. (1) H_2의 점도가 매우 낮다.
(2) 고온에서 수소 첨가 반응이 일어날 수 있고 수소는 인화성 물질이다.

(3) 검출기가 FID일 때 N_2를 쓰면 감도가 좋아진다.
(4) 검출기가 TCD일 때 쓴다. He은 열전도도가 크다.

6. 꼬리 끌기가 잘 일어나고 칼럼에 불순물이 잘 흡착된다.

7. 정지상의 극성에 따라 시료의 용해도가 많이 변한다.

8. 충전 칼럼은 많은 시료를 주입할 수 있으나 분리도가 낮다. 열린관 칼럼은 시료를 많이 주입할 수 없어서 감도가 좋은 검출기를 써야 하지만 분리도가 좋고 시간이 적게 걸린다.

9. 다통로 항이 작아지고 두 상 사이의 물질 이동이 빠르다.

10. 다통로 항이 없고 칼럼을 길게 할 수 있다.

11. 두 상 사이의 물질 이동이 빨리 일어나서 분리도는 좋아지는데, 주입할 수 있는 시료의 양은 적다.

12. 머무름 시간이 길어져 전반적으로 분리도가 좋아진다. 끓는점이 낮은 시료에 적합하다.

13. (1) 분리도가 아주 좋고 빠른 분리가 가능하다. 끓는점이 높은 시료에 적합하다.
(2) 분리도가 좋고 머무름 시간이 길다. 시료를 많이 주입할 수 있다. 끓는점이 낮은 시료에 적합하다.

14. 내경이 크고 정지상이 얇은 칼럼을 사용하는 것이 더 좋을 것이다.

15. 끓는점이 낮은 시료이므로 정지상이 두꺼운 것이 좋다. 정지상이 얇으면 머무름 인자가 너무 작아 분리가 잘 안 될 수 있다.

16. 보호 칼럼은 불순물을 제거하기 위해 쓰인다. 머무름 간격은 비분할 주입이나 칼럼 내 주입을 할 때 칼럼 앞부분 벽에 미세한 용매 방울이 생기는 것을 막기 위해 쓰인다.

17. 칼럼 벽이나 정지상에 있는 극성기(−OH 같은 기)와 용질 사이의 강한 쌍극자−쌍극자 상호 작용에 의해 일어난다.

18. (1) 농도가 진한 용액 (2) 농도가 묽은 용액
(3) 분할 주입: 분리도가 뛰어나고 빠른 분리가 가능하나 검출기 감도가 좋아야 한다.
비분할 주입: 묽은 용액에 적합하고 감도가 낮은 열전도도 검출기를 쓸 수 있다.
(5) 용매 트래핑: 칼럼의 처음 온도를 용매의 끓는점보다 낮게 설정하고 그 뒤 서서히 온도를 올린다.
냉각 트래핑: 칼럼의 처음 온도를 분리하고자 하는 용질의 끓는점보다 낮게(~150 ℃ 정도) 시작한 뒤 온도를 서서히 올린다.
(6) 주입구에서 기화되었던 용매와 용질이 칼럼 입구에서 다시 응축하기 때문이다.
(7) 정량 분석할 때 쓴다.

19. 피크 모양이 찌그러진다.

20. (1) 모든 시료에 감응하는 검출기. 열전도도 검출기, 불꽃 이온화 검출기, 질량 분광기가 있다.
(2) 특정 부류의 화합물에만 아주 높은 감도를 나타내는 검출기. 전자 포획 검출기, 질소−인 검출기, 불꽃 광도 검출기 등이 있다.
(3) 특정 부류의 화합물이 아주 미량 존재하더라도 검출할 수 있다.

21. (1) 운반 기체에 시료 분자가 섞이면 열전도도가 떨어지기 때문에 필라멘트의 온도가 올라간다.
(2) 탄화수소를 H_2 불꽃에서 태우면 CHO^+와 전자가 생성되어 전류가 흐른다.
(3) 열전도도 검출기는 만능 검출기이고 충전 칼럼에 쓴다. 불꽃 이온화 검출기는 열린관 칼럼에 대부분 사용된다.
(4) 열전도도 검출기는 만능 검출기이지만 감도가 낮아 열린관 칼럼에는 쓰지 못한다. 불꽃 이온화 검출기 대부분의 탄화수소를 검출할 수 있고 감도가 좋아 열린관 칼럼에 쓸 수 있다.

22. (1) 만능 검출기이고 용질의 분자량, 분자 구조 등 정성적인 자료도 얻을 수 있다.
(2) 사중 극자 질량 분석기
(3) 크로마토그램의 어떤 피크에 해당하는 모든 이온을 모아서 하나의 신호로 만든다.
(4) 총 이온 크로마토그램을 측정하면 된다.
(5) 선택 이온 크로마토그램을 측정한다.

23. 감도, 검출 한계, 선형 감응 범위

24. 분석 목적을 정확히 알아야 실험 방법(시료 준비, 검출기 선택, 칼럼 선택, 주입 방법 선택)을 적절하게 설계할 수 있다.

25. 시료에 들어 있는 분리를 방해하는 물질을 제거해야 하기 때문이다.

27장

1. 액체는 기체에 비해 점도가 커서 물질의 이동 속도가 느리다.

2. 비휘발성이거나 열에 약한 화합물을 분리시킬 수 있다.

3. 정지상 입자가 작아지면 van Deemter 식의 A 항과 C 항이 작아져서 분리도가 증가하지만 보다 강력한 펌프가 필요하다.

4. 정지상과 이동상 사이의 물질 이동이 빨라지기 때문이다.

5. van Deemter 식의 C 항이 증가한다.

6. 불순물을 제거하고 녹아있는 기체를 제거해야 한다. 용존 기체를 제거하지 않으면 거품이 생겨 펌프 작동에 문제가 생길 수 있다.

7. 칼럼 온도가 올라가면 분리도가 좋아진다.

8. 용질이 극성 분자이면 정지상도 극성 분자여야 하기 때문이다.

9. 시료에 들어 있는 불순물을 제거하여 칼럼을 보호하는 역할을 한다.

10. C_{18} 칼럼과 선택성이 달라지고 염기를 분리할 때 피크 모양이 좋아지며 100% 수용액을 사용해도 견뎌낸다.

11. 분리도가 좋아지고 펌프에 부담이 적게 간다.

12. 자외선 영역에서 흡광도를 측정한다.

13. 만능 검출기이지만 감도가 낮고 선형 감응 범위가 좁고 기울기 용리에는 쓸 수 없다.

14. 만능 검출기이고 검출기 감응이 용질의 양에 비례한다.

15. 정지상에 있는 극성기 때문에 생긴다.

16. (1) NPC는 정지상이 극성이고 이동상이 비극성이며 RPC는 정지상이 비극성이고 이동상은 극성이다. NPC는 극성 물질을 분리시키는 데 쓰고 RPC는 비극성 물질을 분리시키는 데 쓴다.
(2) RPC는 분리가 잘 되고 칼럼이 잘 오염되지 않는다.
(3) 이동상의 극성을 크게 하면 된다.
(4) 이동상의 극성을 낮춘다.
(5) 비극성 물질. 용질이 정지상에 잘 녹아야 분리를 잘 시킬 수 있다.
(6) 극성 물질
(7) 꼬리 끌기가 잘 나타나고 칼럼이 불순물에 잘 오염된다.

17. 역상 크로마토그래피

18. 용리 세기가 약해져서 머무름 인자가 커진다.

19. H_2O의 함량을 늘리면 되고 크로마토그램의 머무름 인자가 커진다.

20. (1) 용질들의 상대 머무름이 비슷해서 생긴다. 이동상을 바꿔주고 그래도 안 되면 칼럼을 바꿔야 한다.
(2) 극성 분자는 비극성 정지상에 잘 녹지 않는다.

21. (1) $\dfrac{\Delta t}{t_G} > 0.25$이면 기울기 용리를 선택하는 것이 좋다.
(2) 용리하는 동안 이동상의 조성을 바꿔주는 것이다. 처음에는 용리 세기를 약하게 하고 차츰 용리 세기를 세게 한다.
(3) 다양한 특성을 가진 용질이 섞인 복잡한 혼합물을 분리시킬 수 있다.

22. (1) 용질들의 머무름 시간이 서로 많이 다르기 때문에 하나의 이동상을 모든 피크를 만족할만한 수준으로 분리시키는 것은 어렵다.
(2) 기울기 용리를 한다. 처음에는 용리 세기를 약하게 해서 머무름 시간이 짧은 용질을 분리시키고 점진적으로 용리 세기를 올리면 머무름 시간이 긴 용질도 분리되어 나온다.

23. (1) H_2O의 함량을 올린다.
(2) 이동상을 바꿔서 상대 머무름이 크도록 하면 된다.

24. 네모파 전압 전류법은 주사 속도가 빠르기 때문에 검출기로 쓸 수 있다. 이 방법을 쓰면 시료의 성질에 대한 정보를 얻을 수 있다.

25. 양이온 교환 수지: 다리 결합을 가진 폴리스타이렌 수지에 $—SO_3^-$, $—COO^-$ 같은 기를 결합시킨다.
음이온 교환 수지: 같은 수지에 $—NH_3^+$, $—N(CH_3)_3^+$ 같은 기를 결합시킨다.

26. 양이온 교환체: $—SO_3^-$, $—COO^-$
음이온 교환체: $—NH_3^+$, $—N(CH_3)_3^+$

27. KOH 용액. KOH 농도를 연속적으로 증가시킨다.

28. (1) 이온 교환 선택 계수의 차이에 의해 분리된다. 이동상으로는 높은 농도의 선택성이 약한 전해질 용액을 사용한다.
(2) 이동상의 전해질을 제거해야 전도도 검출기에서 신호 세기를 측정할 수 있다.

29. (1) 억압 칼럼은 양이온만 통과할 수 있는 막으로 되어 있고 바깥쪽으로는 높은 농도의 센산 용액이 흐르고 있다. K^+는 밖으로 확산되어 나가고

바깥의 H^+는 안으로 들어가 OH^-와 결합하여 H_2O가 된다.

(2) 짧아진다.

30. Ca^{2+}는 K^+보다 전하량이 많기 때문에 선택성이 크다. 그래서 K^+가 더 빨리 용출된다.

31. 계면 활성제를 이용하여 역상 크로마토그래피에 쓰는 C_{18} 칼럼으로 이온을 분리시키는 방법. 따로 이온 교환 크로마토그래피용 칼럼을 준비하지 않아도 된다.

32. V_t: 칼럼 내의 모든 공간의 합

V_o: 정지상 입자 사이의 공간(틈새 부피)

V_r: 특정 이온이 들어갈 수 있는 동공의 부피 + 정지상 입자 사이의 공간

33. 작은 분자는 입자 내부에 있는 많은 동공에 들어갈 수 있어 천천히 이동하게 되고, 큰 분자는 입자 내부 동공에 많이 들어갈 수 없어 이동 속도가 빠르다.

34. 분자량이 매우 큰 분자들을 분리하거나 고분자 화합물의 평균 분자량을 측정하는 데 쓴다.

35. HPLC 이동상을 제거하는 일. 혼합물 분리와 이들의 확인을 한 번에 할 수 있다.

36. 등용매 분리로 분리를 우선 시도한다. 이것이 실패하면 기울기 용리로 분리를 시도한다.

37. 먼저 CH_3CN−완충 용액 혼합 용매로 분리를 시도한다. 안 되면 다음으로 CH_3OH−완충 용액으로 분리한다. 마지막으로 THF−완충 용액으로 분리한다. 2개 용매를 섞은 혼합 용매로 만족스러운 결과가 나오지 않으면 차례대로 3개 용매(CH_3CN−CH_3OH−완충 용액, CH_3OH−THF−완충 용액 …)를 섞어 분리를 시도한다.

28장

1. 임계 온도와 임계 압력 이상인 상태에 존재하는 물질
2. 액체와 기체의 구별이 없어진다. 임계 온도 이상에서는 아무리 큰 압력을 가해도 액화가 일어나지 않는다.
3. 초임계 유체를 이동상으로 사용하는 크로마토그래피
4. SFC는 GC의 장점을 거의 모두 가지고 있고 덧붙여 이동상이 혼합물 분리에 상당한 기여를 한다.
5. 열린관 칼럼을 쓸 수 있고 불꽃 이온화 검출기 같이 GC에 쓰는 검출기를 대부분 쓸 수 있다.
6. (1) 초임계 유체의 상태를 유지하기 위해 필요한 온도와 압력을 정밀하게 조절할 수 있어야 한다.
   (2) 칼럼의 압력을 정밀하게 조절해야 한다.
   (3) CO_2의 임계 온도가 낮고(31.3 ℃) 냄새나 독성이 없다.
   (4) 압력이 증가하면 초임계 유체의 밀도가 증가하여 용질이 잘 녹는다. 따라서 용리 세기가 증가하여 머무름 시간이 짧아진다.
   (5) 이동상의 압력을 일정한 속도로 증가시켜 준다.
   (6) 초임계 유체는 점도가 낮아서 용질이 빠르게 움직일 수 있다.
   (7) 불꽃 이온화 검출기. 감도가 매우 높고 선형 감응 범위가 넓으며 유지 관리가 아주 쉽다.
   (8) 이동상을 제거하기가 쉽다.
7. 전기장을 걸어 주면 정전기적 인력에 의해 전하를 가진 이온이 움직인다.
8. van Deemter 식의 A 항과 C 항이 없어지기 때문에 단 높이가 작다.
9. 양이온 > 중성 분자 > 음이온
10. 전기 이동과 전기 삼투
11. pH가 커지면 모세관 벽에 음전하의 밀도가 커져서 전기 이중층이 두꺼워진다. 그래서 전기 삼투 흐름이 빨라진다.
12. (1) 모세관 벽이 음전하를 띠면 양이온이 여기에 모여 전기 이중층을 만든다. 이 양이온이 음극으로 끌려가면서 용액이 음극 쪽으로 흐르게 한다.
    (2) 바탕 용액의 pH와 이온 세기, 그리고 전극에 걸리는 전압의 세기
    (3) 전기 삼투 흐름이 강하면 보통 분리도가 좋아지고 음이온도 음극 쪽으로 움직인다.
    (4) 모세관 내경이 작아야 전기 삼투 흐름이 잘 일어난다.
    (5) 겉보기 이동도 = 전기 이동 이동도 + 전기 삼투 이동도
    (6) 전기 삼투 흐름의 세기는 이동상의 pH에 큰 영향을 받는다.
    (7) 전기 이중층이 얇아져서 전기 삼투 흐름이 약해진다.
    (8) 전극의 전압을 올리고 이동상의 pH를 올리며 이온 세기를 작게 한다.
    (9) 전기 삼투 흐름이 전기 이동보다 강하면 음이온이 음극 쪽으로 이동한다.
    (10) 유체역학적 주입은 압력으로 시료를 밀거나 끌

어당겨서 주입하는 방법이다. 주입 속도가 이온의 이동도와 무관하지만 젤을 채운 모세관에는 쓸 수 없고 시료의 점도가 매우 높아도 사용하기 어렵다. 동전기 주입은 전기장을 걸어서 주입하는 방법인데 이동도가 큰 이온이 더 많이 주입되어 주입된 시료의 조성이 원래 조성과 다를 수 있다는 문제점이 있다. 그러나 이 방법은 모세관 젤 전기 이동에서 가장 유용한 시료 주입법이다.

13. 시료 용액의 이온 세기를 바탕 완충 용액의 전도도보다 낮게 하면 전도도 효과에 의해 용질 이온이 좁은 띠로 모이게 되어 피크 폭이 좁아진다. 전해질 용액에 전압을 걸었을 때 용액 내 전기장의 세기는 용액의 전도도에 반비례하기 때문에 이러한 쌓임이 일어난다.

14. 이론단수가 걸어 준 전압에 비례하기 때문이다.

15. 양이온성 계면 활성제를 가하면 모세관 벽의 전하가 (−)에서 (+)로 바뀐다. 그러면 음이온이 모세관 벽에 모여 전기 이중층을 만들고 이들이 양극으로 이동하면서 양극 쪽으로 전기 삼투 흐름이 생기게 된다.

16. HPLC에 쓰는 검출기와 비슷하다.

17. (1) 계면 활성제의 농도가 임계점 이상이 되면 이들이 모여 마이셀이라고 하는 집합체를 형성한다.
    (2) 마이셀이 정지상과 유사한 기능을 하기 때문이다.
    (3) 마이셀은 매우 느리게 움직이므로 마이셀에 잘 녹는 화합물은 느리게 이동한다.
    (4) 마이셀은 크기가 작으므로 마이셀과 이동상 사이의 이동이 빨라서 피크의 폭이 줄어든다.

18. (1) 모세관에 정지상이 있지만 펌프 대신 전압을 걸어 전기 삼투에 의해 이동상이 흐른다.
    (2) HPLC보다 분리도가 뛰어나다.

19. 모세관에 고분자 젤을 채우고 전압을 걸면 전하를 가진 분자량이 큰 거대 이온들이 고분자 사슬 사이를 통해 이동한다. 작은 이온은 빨리 이동하고 큰 이온은 이동 속도가 느리다.

찾아보기

ㅇ

ㅈ

ㅊ

ㅋ

ㅌ

ㅍ

ㅎ

| 저자 소개 |

박기민

서울대학교 화학과 이학석사
미국 University of Rhode Island 화학과 이학박사 (Ph.D)
현) 경상대학교 화학교육과 교수

분석화학

저　　자	박기민
발 행 인	주정희
발 행 처	자유아카데미
주　　소	경기도 파주시 회동길 37-42 파주출판도시
전　　화	031-955-1321
팩　　스	031-955-1322
전자우편	main@freeaca.com(대표) editor@freeaca.com(편집) crm@freeaca.com(영업)
홈페이지	www.freeaca.com
등　　록	제406-2003-017호, 1980. 7. 12
제1판1쇄	2017년 12월 30일 발행
정　　가	39,000원

저자와의
협의하에
인지생략

ISBN 979-11-5808-157-7　93430